HISTOIRE

DES

MATHÉMATIQUES.

TOME QUATRIEME.

JÉROME DE LA LANDE.

Du Ciel devenu son Empire,
Son Génie a percé les vastes profondeurs;
Mais il règne encor sur nos cœurs,
Et nous l'aimons autant que l'Univers l'admire.

De Cubières, 1779.

J. Ely del. 1790. A. de St. Aubin scu

HISTOIRE
DES
MATHÉMATIQUES,

Dans laquelle on rend compte de leurs progrès depuis leur origine jusqu'à nos jours ; où l'on expose le tableau et le développement des principales découvertes dans toutes les parties des Mathématiques, les contestations qui se sont élevées entre les Mathématiciens, et les principaux traits de la vie des plus célèbres.

NOUVELLE ÉDITION, CONSIDÉRABLEMENT AUGMENTÉE, ET PROLONGÉE JUSQUE VERS L'ÉPOQUE ACTUELLE ;

Par J. F. MONTUCLA, *de l'Institut national de France.*

TOME QUATRIEME.

Achevé et publié par Jérôme DE LA LANDE.

A PARIS,

Chez Henry AGASSE, libraire, rue des Poitevins, n°. 18.

AN X. (mai 1802)

HISTOIRE
DES
MATHÉMATIQUES.

CINQUIEME PARTIE,

Qui comprend l'Histoire de ces Sciences pendant le dix-huitième siècle.

LIVRE CINQUIÈME,

Qui traite de l'Astronomie planétaire, des Etoiles et des Eclipses.

I.

Idée du Système du monde.

Nous avons fait connoître dans la quatrième partie les progrès remarquables de l'Astronomie pendant les dernières années du dix-septième siècle ; celui que nous allons parcourir ne lui a pas été moins favorable : on peut même dire qu'une nouvelle ardeur pour cette science a paru s'être emparée des esprits ; et comme la Géométrie et l'Analyse ont fait aussi des progrès tels, que la Géométrie du siècle précédent n'est presque plus que de la Géométrie élémentaire, l'Astronomie, aidée de ce nouveau secours, est parvenue à traiter à fond des phénomènes qu'on avoit seulement entrevus auparavant, et même à en découvrir de nouveaux ; aussi l'Astronomie dans ce siècle ici a eu des époques bien nombreuses et bien mémorables : en 1728, l'aberration ; en 1737, la mesure du degré de la terre, faite en Suède, qui nous a prouvé d'une manière incontestable l'applatissement de la terre ; en 1748, la découverte de la nutation des étoiles a fait connoître les plus petites variations qui influent dans tous les calculs et dans toutes les observations ; en 1759, le retour de la comète de 1682, prédite depuis 1705, a mis le dernier degré d'évidence au système de l'univers ; en 1769, le passage de Vénus sur le Soleil, observé dans toutes les parties du monde, a fait connoître toutes les distances des astres et leurs véritables grandeurs ; une nouvelle planète et plusieurs satellites découverts ; les grandes inégalités de Jupiter et de Saturne ; les inégalités de la Lune, des autres planètes et des satellites, calculées exactement ; cinquante mille étoiles déterminées ; des instrumens nouveaux pour la terre et pour la mer ; tout cela fait que l'Astronomie a pris une nouvelle face dans le dix-huitième siècle. Mais nous allons commencer par présenter un tableau général de l'Astronomie, que nous diviserons en plusieurs parties.

D'abord, l'Astronomie peut être partagée en deux grandes divisions ; l'une que nous appelerons l'Astronomie purement observatrice et géométrique ; l'autre, l'Astronomie physico-géométrique. La première se borne pour ainsi dire à observer les phénomènes et à en calculer les circonstances et les retours ; c'est elle qui présente en quelque manière les faits dont la comparaison doit servir à former une théorie exacte. L'autre, pénétrant plus avant, recherche les causes mécaniques de ces phénomènes, les assujétit au calcul. En effet, tous les phénomènes de la nature, et en particulier ceux du mouvement des corps célestes, tiennent à l'action de forces différemment appliquées ; et c'est à reconnoître ces forces, leurs rapports et les mouvemens qui en résultent, que s'occupe l'Astronomie physique. Pour nous faire mieux entendre, nous prendrons pour exemple la théorie de la lune. L'astronome observateur et purement géomètre travaille à déterminer les différentes inégalités ou écarts de la lune, par rapport à un chemin régulier dans le ciel, selon ses différens aspects et éloignemens, tant de la terre que du soleil. On a pu, par ce moyen, reconnoître et calculer comme expérimentales les différentes équations du mouvement de la lune ; c'est ainsi que Tobie Mayer, de Gottingen, fonda sa théorie et ses tables de la lune, qui approchoient déjà extrêmement de la vérité. Mais les astronomes physiciens et profonds analystes, tels que Euler,

Clairaut, d'Alembert, Lagrange, Laplace, partant du principe de l'attraction mutuelle des corps célestes les uns sur les autres, en particulier de l'action combinée du soleil et de la terre sur la lune, ont travaillé à déterminer la courbe que cette dernière décrit autour de notre globe, et par-là à établir les règles du calcul de ses mouvemens.

Nous commencerons donc par l'Astronomie purement observatrice et géométrique. Nous ferons d'abord connoître les divers travaux de ce genre, ainsi que les hommes qui s'y sont illustrés depuis le commencement de ce siècle. Mais il sera utile de commencer par le tableau des principales parties de notre système solaire, qui est digne d'intéresser nos lecteurs.

Le Soleil, dispensateur de la lumière qui vivifie notre globe, doit à toute sorte de titres nous occuper le premier. Placé au milieu de notre systême, il domine toutes les planètes et les comètes qui, comme ses satellites, l'environnent et circulent autour de lui. Il est presque immobile, car par les lois du mouvement, il doit tourner lui-même autour du centre de gravité de tout le systême, lequel est à peine hors de sa surface, quand toutes les planètes se trouvent du même côté. Nous ne disons rien de son mouvement de rotation autour de son axe, qui est indépendant de son mouvement autour du centre de gravité commun.

Il y a encore un mouvement de translation du soleil, qui doit être commun au soleil et à tout le systême solaire, suivant la remarque du cit. de la Lande, dans les Mémoires de l'Académie pour 1776.

La densité du soleil, qui est le quart de celle de la terre, ne permet pas de penser que ce soit une simple flamme ; il est beaucoup plus probable que c'est un corps solide embrâsé. Ce seroit même absolument un corps semblable à la terre, mais seulement dans un état de fusion, si l'on admettoit les idées de Buffon sur la formation des planètes ; car tout le monde sait que ce célèbre naturaliste a expliqué fort au long une hypothèse suivant laquelle les planètes avoient fait primitivement partie du soleil. Suivant cette hypothèse, une comète, en rasant la surface du soleil, en arracha et projeta des parties qui se formèrent par l'effet de l'attraction mutuelle de leurs parties en globes, qui ont continué de circuler autour du soleil par un effet de la combinaison de leur force centripète avec la force centrifuge. Quelques parcelles détachées des masses principales ont formé les satellites qui circulent autour de celles-ci. Les unes et les autres se sont successivement réfroidies, les plus petites plus promptement, les plus grosses plus lentement. Buffon a même tenté de calculer le temps de ce refroidissement ; et d'après l'observation du temps qu'employent des globes de différentes masses à se refroidir, il a trouvé que la lune, ainsi que les satellites des autres planètes, étoient déjà refroidis à la température de la glace et au-delà ; que la terre avoit resté soixante-quinze mille ans à se refroidir jusqu'à la température actuelle ; qu'elle continue à perdre sa chaleur insensiblement, et que dans quatre-vingt-treize mille ans environ, la chaleur étant réduite à un vingt-cinquième de celle qui a lieu actuellement, la zône des glaces polaires croissant de plus en plus, la zône aujourd'hui torride deviendra glaciale et mettra fin à l'espèce humaine.

Tout cela est ingénieux, peut-être, mais ne sauroit soutenir l'examen d'une analyse sévère. Il en est de même de Robinet qui, dans son livre de la nature, faisoit sortir les planètes secondaires des entrailles des planètes principales : « Et qui sait, disoit-il, si dans quelque grande commotion de la terre, nous ne nous verrons pas tout à coup enrichis d'une seconde lune ? les tremblemens de terre ne sont peut-être que les tranchées préliminaires de l'enfantement qui donnera une seconde lune ».

Buffon a eu sur, la cause de l'embrâsement du soleil, une idée qui ne paroît pas plus fondée. « Le soleil est, dit-il, en quelque sorte le pivot sur lequel roule tout l'univers, ou du moins notre système ; tous les corps qui le composent pèsent sur lui ; il tourne autour de son axe, chargé de ce poids énorme : faut-il donc s'étonner qu'il s'enflamme et que ce feu soit perpétuel et inextinguible » ? Tout cela est fondé sur une comparaison qui ne prouve rien en physique, et sur une idée qui, analysée, est absolument illusoire.

Les taches du soleil sont un phénomène sur lequel jusqu'à présent les conjectures des astronomes et des physiciens sont en défaut. En regardant le soleil comme une mer immense d'un fluide enflammé, il est bien aisé de conjecturer que ces taches sont comme des scories surnageant la matière en fusion. Mais le soleil est-il un fluide de cette nature ? et quand il le seroit, quelle seroit la cause de cette formation de nouvelles scories ? Il faudroit pour cela que de nouveaux corps fussent tombés dans le soleil. Car lorsqu'un grand creuset de métal ou de verre fondu a été suffisamment purgé des impuretés de sa première fusion, il ne s'y forme plus de nouvelles scories sans l'accession de quelque nouvelle matière dont partie a de la peine à s'assimiler ou à se combiner avec la première. Mais le fluide solaire a eu le temps de s'assimiler et de jeter toutes ses scories ; cependant on voit se former sur le soleil de nouvelles taches. On dira peut-être que c'est quelque comète qui est tombée dans cet astre ; mais s'il y en tombe quelquefois, ce qui n'est même encore qu'une conjecture, c'est assez rarement, et la cause ne répond pas à l'effet.

Quelques physiciens astronomes ont pensé que le soleil est formé d'un noyau solide recouvert d'un fluide enflammé et sujet à des mouvemens de flux et de reflux, quelle qu'en soit la cause, et que par un effet de ce mouvement les aspérités ou les montagnes dont ce noyau est semé sont tantôt mises à découvert, tantôt découvertes, ce qui produit la naissance et la disparition successive des taches solaires. Mais ce système est, comme le précédent, sujet à beaucoup de difficultés, et le P. Scheiner le rejette comme ne pouvant soutenir la discussion. En effet, tout est, dans ce système, fondé sur des suppositions arbitraires, et l'on peut dire contraires à l'observation. Car si une tache du soleil étoit une montagne élevant son sommet au-dessus du fluide enflammé qui recouvre le noyau solaire lorsqu'une tache arrive près du bord du soleil, elle y formeroit par son élévation sur sa surface une échancrure noire ; or c'est ce qu'on a rarement observé : au contraire, la tache se rétrécissant de plus en plus, finit par disparoître ; d'où il suit que le noyau d'une tache solaire solaire n'est point une éminence au-dessus de la surface du soleil. On peut voir au surplus, dans les Mémoires de l'Académie pour 1719, une discussion plus détaillée de cette explication des taches du soleil, et de laquelle l'historien de l'Académie conclut qu'il est encore plus naturel de croire qu'il se fait dans le soleil des générations nouvelles, quelle qu'en soit la cause.

Le cit. de la Lande croit qu'il y a des scories qui sont fixées par le pied à des sommets de montagnes, parce que de grandes et grosses taches, après avoir disparu plusieurs années, se sont reformées précisément au même point. C'est le résultat d'un grand travail qui se trouve dans les Mémoires de l'Académie de 1776 et 1778. Wilson publia dans les *Transactions philosophiques* de 1774, une hypothèse bien différente ; mais pour l'entendre, il est besoin de quelques préliminaires.

Les taches du soleil sont pour l'ordinaire composées d'un noyau noir ou fort obscur, bordé d'un limbe moins clair que le reste du disque solaire, et qui ressemble à une ombre, à une nébulosité, à une autre atmosphère qui borde le noyau obscur de la tache à peu près également de tout côté quand la tache est vers le milieu du disque.

Wilson considérant donc attentivement une tache considérable qui parut en novembre 1769, apperçut que cette tache s'approchant du bord du soleil pour sortir de son disque, son limbe obscur du côté opposé au bord du soleil se rétrécissoit de plus en plus, de sorte qu'arrivée vers le bord du disque, il disparoissoit entièrement, tandis que la partie de la tache qui étoit du côté du bord du soleil conservoit ses dimensions et son ombre. Lorsque la tache reparut, après une demi-révolution au bord opposé, la partie voisine du bord ne présentoit point d'atmosphère; le limbe le plus voisin du centre, de linéaire qu'il étoit, s'élargit successivement, jusqu'à ce que la tache étant arrivée vers le milieu du disque, elle paroissoit bordée également de tous les côtés par ce limbe obscur.

La considération de ce phénomène conduisit donc Wilson à penser que le soleil est formé d'un noyau obscur et recouvert, seulement jusqu'à une certaine profondeur, d'une matière lumineuse non fluide; qu'une tache est une excavation dans cette matière, une espèce de volcan qui laisse à découvert une partie du noyau solaire, ce qui forme le noyau de la tache; et enfin que ce limbe grisâtre qui environne le noyau n'est autre chose que les bords rampans de cette espèce de précipice et la matière qui coule pour le remplir, que l'on ne voit point dans la partie qui est tournée de notre côté. Or il est aisé de voir qu'à mesure qu'on appercevra plus ou moins obliquement ces bords rampans, ils paroîtront plus ou moins larges; l'un d'eux peut ou doit disparoître à mesure que la tache approchera du bord du soleil, ou se développer à mesure qu'elle approchera du milieu; et que lorsque la tache disparoît, c'est que ce précipice est comblé. Ce sera d'abord le noyau noir qui disparoîtra; mais il restera encore quelque temps une espèce de tache seulement obscure, parce que l'excavation ne sera pas encore totalement comblée. On remarque en effet ce phénomène pendant quelques jours, suivant Wilson, dans le lieu où étoit la tache noire.

Il y a dans ce systême sur la cause des taches du soleil une apparence de vérité qui le rend séduisant, et il le seroit davantage si toutes les taches du soleil présentoient constamment la même apparence. Wilson ne disconvient pas que cela n'est pas général comme de la Lande le lui avoit objecté, et il tache d'en donner des raisons dans un mémoire postérieur. (*Trans. phil.* 1783.) Mais cette explication des taches du soleil a trouvé des contradicteurs, d'abord en Angleterre, dans M. Wollaston, et en France dans le cit. de la Lande, qui a adopté celle que nous avons présentée avant celle-ci, en y ajoutant de nouveaux développemens pour expliquer quelques phénomènes. M. Wilson y a répondu par un mémoire inséré dans les *Transactions philosophiques* de 1783. Enfin M. Herschel, dans les Transactions de 1795, a donné un grand mémoire, où il entreprend de prouver que les taches du soleil sont au-dessous du niveau de la surface solaire. Il y a selon lui une atmosphère lumineuse qui se sépare quelquefois comme les nuages pour laisser paroître le fond noir du soleil; le cit. de la Lande l'a réfuté dans la Connoissance des temps de l'an VI (1798) et dans la Décade philosophique, parce que le mémoire de M. H. avoit paru dans la décade de janvier 1796.

Nous allons rapporter un passage de cette réfutation.

« Dans l'année 1783, dit M. Herschel, j'observai une grande tache et la suivis jusqu'au bord du soleil; là je remarquai que la tache étoit visiblement abaissée au-dessous de la surface apparente. Dans l'année 1791, j'examinai une grande tache sur le soleil et je trouvai qu'elle étoit visiblement abaissée au-dessous de la surface.

Le 26 août 1792, je regardai le soleil; mon télescope de 7 pieds, dont la perfection est très-grande me montra les taches comme à l'ordinaire, c'est-à-dire beaucoup plus basses que la surface de la partie lumineuse. Le 2 septembre 1792, je vis à l'œil nu, deux taches sur le soleil; chacune d'elles étoit certainement au-dessous de la surface du disque lumineux ». Ainsi M. Herschel répète quatre fois qu'il a vu les taches abaissées, mais il ne dit pas une seule fois de qu'elle manière il pourroit s'assurer de cet abaissement.

« Il y a 45 ans, dit le cit. Lalande, que j'observe les taches du soleil. J'ai donné un grand travail sur cette matière dans les Mémoires de l'Académie pour 1776 et 1778; mais je n'ai jamais vu et je ne comprends pas encore comment on peut voir et distinguer qu'une tache est au-dessous de la surface; M. Herschel a de l'imagination, et il me semble qu'il avance comme un fait, ce qui n'est que le résultat de ses idées.

Cependant il ne peut s'empêcher d'admettre de grandes montagnes sur la surface du soleil, et il croît, par ce moyen, concilier mon opinion, qui consiste à supposer que les taches du soleil sont des montagnes, avec celle de Wilson, qui regardoit les taches comme des éruptions de volcans. (*Transactions philosophiques*, 1774 *et* 1783). Mais la mienne est prouvée ce me semble, par les grandes taches qui ont reparu après plusieurs révolutions au même point physique du globe solaire; elle l'est encore par les échancrures que l'on a vues sur le bord du soleil, et qui étoient formées par des taches. M. Herschel a vu lui même, le 13 octobre 1794, une tache sur le limbe du soleil, où le bord élevé cachoit entièrement le fond noir du soleil; ainsi je vois dans les observations de M. Herschel de quoi confirmer mon hypothèse, et je n'y vois rien qui établisse la sienne. »

Nous laissons aux astronomes le soin de prononcer entre M. Herschel et le cit. de la Lande; mais nous ne savons point ce que c'est que la lumière, le feu et la chaleur, ainsi que la manière dont ils sont produits : car ce ne sont que des affections de nos sens, et il n'y a pas de nécessité pour les produire que le soleil soit feu ou lumière; c'est ce que la chimie moderne nous apprend; aussi M. Herschel pense que le soleil est richement peuplé d'habitans.

Comme le systême de l'émission de la lumière paroît, malgré les difficultés qu'il présente, être celui qui réunit le plus de suffrages, il en résulte une question curieuse à examiner relativement au soleil : cet astre est la source d'un torrent continuel de particules lumineuses; comment, depuis tant de siècles, n'est-il pas entièrement épuisé ? comment, depuis 2000 ans que nous avons des observations astronomiques, ne paroît-il pas avoir sensiblement diminué de masse et de volume ? On s'est servi des comètes pour l'alimenter; mais on peut dire avec assez de vraisemblance que quelques milliers d'années ne sont rien relativement à l'immensité de ce volume et a l'extrême ténuité de la lumière.

Niewentiit a calculé que la quatorzième partie d'un grain de cire qui se consume en une seconde de temps, produit un plus grand nombre de particules de lumière que mille fois mille millions de terres égales à la nôtre ne seroient capables de contenir de grains de sable. Cela peut donner une idée de l'immense ténuité des molécules lumineuses.

Le soleil est aussi environné d'une lumière qui le déborde considérablement, connue sous le nom de lumière zodiacale, qui est d'une forme lenticulaire à peu près couchée sur le plan de l'équateur solaire, et qui lui forme une sorte d'atmosphère lumineuse. Si donc notre soleil étoit vu des environs de quelque étoile voisine de l'axe solaire prolongé, il devroit paroître à l'observateur que nous y supposons un point lumineux plongé dans une nébulosité ronde, semblable à celles que l'on a vues autour de beaucoup d'autres étoiles, et que M. Herschel a reconnues n'être point des grouppes de plus petites étoiles, mais des espaces remplis d'une matière lumineuse. Vu des étoiles voisines du plan de son équateur, le soleil doit paroître plongé dans une atmosphère lenticulaire. Ce phénomène de l'atmosphère solaire ou de la lumière zodiacale est sans doute un des plus difficiles à expliquer parmi ceux de la physique astronomique. On demandera d'abord comment cette lumière se soutient dans des espaces vides ou qu'elle remplit seule; il suffit qu'elle soit retenue par une force centrifuge, très-puissante et par conséquent provenante d'une révolution très-rapide, ce qui me semble indiqué par sa forme lenticulaire très-applatie. Il faut qu'elle ait un mouvement incomparablement plus rapide que celui du soleil. On doit voir sur ce sujet le savant Traité de Mairan, sur les aurores boréales; car ce physicien ayant entrepris de trouver dans

cette

cette atmosphère solaire et lumineuse qui s'étend jusqu'à la terre, la cause des aurores boréales, il a examiné avec plus de détail, que personne, la nature et les phénomènes de la lumière zodiacale.

La Lune nous intéresse a tant de titres, que quoiqu 'elle cède en grandeur et en importance dans le systême solaire à toutes les planètes principales, elle a droit après le soleil de nous occuper avant tout autre. Compagne inséparable de notre globe, elle paroît destinée à nous consoler par sa lumière douce et tranquille de l'absence du soleil. C'est elle qui par son attraction met en mouvement les mers, et peut-être empêche les eaux de ce réservoir de contracter des qualités nuisibles. Elle contribue à ce mouvement continu de l'air qui règne entre les tropiques et qu'on connoît sous le nom de vent alisé; vent peut-être nécessaire pour porter au loin les vapeurs aqueuses des mers, et en féconder les continens, comme aussi pour balayer de ceux-ci les exhalaisons nombreuses et la plupart méphytiques qu'y élève une chaleur vive et constante.

Aussitôt qu'on parle de la lune comme objet d'astronomie physique, plusieurs questions se présentent à l'esprit. Qu'elle est la nature de ce corps? que sont ces taches que nous y appercevons? ce globe a-t-il une atmosphère, et est-il habité?

Sur la première de ces questions, il est aisé de répondre qu'il suffit d'avoir considéré la lune avec quelque attention et à l'aide d'une lunette ou d'un télescope d'une certaine force, pour être persuadé qu'elle est un corps assez semblable à celui de notre terre; hérissé d'aspérités en forme de montagnes, la plupart tout à fait ressemblantes à celles que forment les cratères de nos volcans, on remarque en effet dans la lune une foule de montagnes en forme de pics, ayant au sommet une cavité fort ressemblante à un cratère de volcan. Telle est sur notre terre l'aspect que présente une montagne volcanique. On voit ces pics jetter leur ombre sur le disque de la lune, du côté opposé à celui où est la lumière du soleil, et au contraire celle de la cavité du même côté. On voit cette ombre diminuer à mesure que la lumière du soleil est moins oblique, et elle est projetée en sens contraire quand le soleil a passé du côté opposé.

Ces montagnes sont même relativement au corps de la lune, beaucoup plus élevées que celles de notre terre. Galilée avoit déjà trouvé par un procédé géométrique, que quelques-unes de ces montagnes avoient jusqu'à trois milles et plus d'Italie, ou une lieu de hauteur. Hévélius, dans sa *Sélénographie*, trouva à peu près les mêmes résultats et donna les hauteurs de diverses montagnes, qu'il évaluoit à 2640 toises; Herschel les réduit à 1500. Les montagnes de la lune sont donc plus hautes que les nôtres à proportion. La lune présente l'aspect d'un vaste et immense glacier, et les glaciers de la Suisse ou ceux des zones glaciales, et les immenses plaines du Canada ou de la Tartarie, lorsqu'elles sont couvertes de neige, auroient peut-être la même apparence aux yeux d'un spectateur transporté à quelques milliers de lieues au-dessus, ou dans la lune même, pourvu qu'il fût aidé d'un télescope. La lune est peut-être un corps sur lequel le fluide aqueux, qui servoit autrefois à la végétation, est retombé en neige et en frimats et s'y conserve sous cette forme comme sur les croupes et les sommets des cordilières du Pérou.

C'est ici le lieu de parler de la curieuse découverte faite par M. Herschel, et qui constate l'existence des volcans de la lune. Ce savant et laborieux observateur examinant la lune au commencement de mai 1783, vit, du 4 au 13, se former deux montagnes sur sa surface, et le 4 du même mois il vit un point lumineux près de la tache *d'Aristarchus*; cette lumière lui parut encore plus vive les 19 et 20 avril 1787, ensorte qu'il ne doute pas que ce ne fût un volcan formé dans cette partie de la lune.

La nouvelle de cette découverte, d'abord portée en France, y excita les astronomes à s'en assurer. Mais les tentatives ne furent pas d'abord heureuses; il n'y a que certain temps où le volcan paroît. Mais on l'a parfaitement vu en Angleterre, le 7 mars 1794, car deux personnes à trente lieues l'une de l'autre assurèrent avoir vu à la vue simple une étoile sur la disque obscur de la lune : *Transactions philosophiques*, 1794; et le cit. de la Lande observe que c'est au même endroit de la lune où Herschel avoit vu une lumière le 20 avril 1787, et où le cit. Caroché l'avoit vue le 27 février 1789, auprès de la tache Hélicon; l'endroit est marqué comme volcan sur la carte de la lune, qui est dans la troisième édition de l'*Astronomie* de la Lande. C'est probablement un volcan qui, à l'instar du Vésuve et de l'Etna, a ses intermissions.

On peut remarquer que quelques astronomes avoient déjà vu sur la lune quelque chose de semblable. Louville observant l'éclipse totale de soleil de 1724, vit une lumière qu'il regarda comme un éclair; mais il ne dit pas dans quelle partie de la lune. On avoit regardé jusqu'ici cette apparence comme un effet d'un œil fatigué, et peut-être n'étoit-ce pas autre chose. Don Ulloa, officier espagnol, qui observa en mer l'éclipse totale de soleil, du 24 juin 1778, vit aussi sur le disque de la lune une lumière, comme si cette planète étoit percée en cet endroit d'outre en outre; peut-être étoit-ce un volcan en pleine éruption qu'il apperçut alors.

Nous ajouterons qu'avant eux, c'est-à-dire en 1671, le

célèbre J. D. Cassini avoit vu dans la lune, auprès de Gauricus, petite tache située au-dessous de Tycho, une espèce de nuage blanchâtre qui subsista quelques mois, et auquel parut en 1673 avoir succédé une nouvelle tache.

On n'a pas, sur les taches obscures de la lune, les mêmes lumières que sur celles dont nous venons de parler. Sont-ce des mers ? sont-ce des forêts qui par leur nature réfléchissent moins de lumière que les autres? Ceux qui ont donné aux taches de la lune leurs dénominations ont pensé que c'étoient des mers : delà les noms de quelques-unes, *mare Nubium, mare crisium, &c.* mais rien n'est moins démontré ; tout ce qu'on peut dire, c'est que ce sont des parties de la lune qui, par leur contexture, sont moins propres à réfléchir la lumière.

On demande souvent quelle force amplifiante devroit avoir un télescope pour faire appercevoir dans la lune un objet grand comme Paris. La Hire a démontré facilement qu'une tache de la grandeur de Paris, placée au milieu du disque de la lune et vue par une lunette grossissant cent fois, y seroit vue très-distinctement : un calcul plus développé apprend qu'avec une pareille lunette on appercevroit un objet d'environ six cents toises de diamètre ; ainsi avec une lunette qui grossiroit cinquante fois autant, ou cinq mille fois, on distingueroit un objet de douze toises de diamètre. Pour appercevoir donc un objet d'une toise de dimension, il faudroit un pouvoir amplifiant six fois aussi grand que ce dernier, c'est-à-dire un instrument qui grossît soixante mille fois ; on ne peut guère porter à plus de deux mille le grossissement de nos meilleurs télescopes, ainsi l'on peut juger du peu d'apparence qu'il y a de voir jamais dans la lune des êtres de notre espèce. Mais M. Herschel croit y avoir vu des changemens qui n'ont pu être produits que par le travail des habitans de la lune ; ce sera une manière de s'en assurer, quand on aura décrit dans un grand détail les moindres parties des taches de la lune, comme l'a déjà fait M. Schrœter, bailli de Lilienthal, dans ses Observations publiées en 1789, en un volume *in*-4°.

Une question fort agitée parmi les astronomes et les physiciens, est celle qui regarde l'atmosphère de la lune. Il y a de fortes raisons pour penser que cette atmosphère n'existe pas. En effet, si la lune a une atmosphère semblable à celle de la terre, elle doit être sujette à des variations et à des phénomènes à peu près semblables à ceux de la nôtre : il s'y engendreroit donc des nuages et des amas étendus de vapeurs qui en troubleroient la transparence. Nous ne pouvons douter que chez nous de vastes étendues de pays ne soyent à-la-fois couverts de nuages, qui en ôteroient l'aspect à des observateurs placés sur la lune ; or elle ne présenta jamais rien de semblable. Quand notre atmosphère est suffisamment débarrassée de nuages et de vapeurs, nous voyons constamment les mêmes taches et les mêmes détails sur le disque de la lune ; et puisqu'une étendue grande comme Paris, y est perceptible pour un observateur muni d'une lunette de vingt pieds de longueur, à plus forte raison y appercevroit-on un nuage de vingt lieues ; mais le moindre détail qu'on aura vu aujourd'hui dans la lune, on le reverra toutes les fois qu'on considérera la lune dans la même situation.

Si la lune avoit une atmosphère comme la terre, lorsqu'elle approche d'une étoile, on devroit voir cette étoile éprouver l'effet de la réfraction causée par cette atmosphère ; les étoiles éprouvent bien un rapprochement de deux ou trois secondes, que du Séjour appelloit Inflexion, mais elle peut être produite par l'irradiation ou le débordement de la lumière de la lune, et si c'est une réfraction, elle est si petite, qu'elle indique une atmosphère presque nulle.

Les phénomènes qu'on observeroit, si l'on étoit dans la lune, sont assez singuliers pour que nos lecteurs désirent d'en trouver ici quelque chose. Et d'abord comme la lune fait sa révolution autour de la terre, en un mois, et lui présente toujours à peu-près le même hémisphère, il s'ensuit qu'elle est successivement éclairée par le soleil, dans l'espace d'un mois. Ainsi, un jour lunaire, est à peu-près de quinze jours des nôtres, ou quatorze jours dix-huit heures, et la nuit, d'autant : telle est l'apparence que lui présenteroit le soleil. Mais à l'égard de la terre, elle est bien plus variée et plus singulière. Un habitant de la lune, placé à peu-près au milieu de son disque tourné vers la terre, verroit toujours la terre à peu-près à son zénith et vacillant seulement de quelques degrés, à cause du mouvement de libration ou de balancement qu'éprouve la lune. Mais l'habitant placé dans l'autre hémisphère tourné du côté opposé à la terre, ne la verroit jamais, la face que nous voyons étant toujours la même, et toujours tournée vers nous. Si nous éprouvions pareille chose à l'égard de la lune, il y auroit sûrement des astronomes qui feroient le voyage des antipodes, pour voir cet astre sans cesse croissant et décroissant de lumière. Mais le phénomène le plus singulier, est celui que présente la terre aux habitans que nous supposons placés au bord du disque de la lune. Car ils doivent voir cet astre tantôt monter sur l'horizon, jusques à une hauteur de quelques degrés, puis se plonger au-dessous de l'horizon par un mouvement rétrograde, pour disparoître pendant quelques jours. Il y a cependant des points d'où la terre sembleroit devoir paroître toujours à l'horizon : ce sont ceux où le cercle du bord moyen de la lune, coupe le cercle de la libration apparente; mais la libration en latitude dérangeroit encore cette égalité. Voyez l'*Astronomie* de la Lande, *Liv.* XX.

Il y a donc une moitié de la lune traitée à l'égard de l'autre, d'une manière fort inégale. Car ayant une nuit de quatorze jours dix-huit heures, elle ne voit point la terre qui est pour elle, ce que la lune est pour nous : l'hémisphère tourné vers nous, a bien plus d'avantages. S'il est, comme l'autre, privé, pendant quinze jours, de la lumière du soleil, il a au moins l'aspect de la terre, qui lui donne en son plein, une lumière treize à quatorze fois aussi forte que celle de la pleine lune, ou égale à celle de treize à quatorze lunes semblables à la nôtre, qui se trouveroient à-la-fois sur l'horizon. Cette lumière seroit très-suffisante, mais il n'y auroit pas de chaleur. Si donc il y a des habitans dans la lune, il est probable que le plus grand nombre se sera retiré sur l'hémisphère tourné vers nous; mais on sera plus tenté de croire cet astre absolument inhabité, car étant privé d'atmosphère, il n'est nullement propre à la végétation, et d'après tous les phénomènes que nous montre son inspection, tout paroît y être dans un état de torpeur mortelle pour une nature animale, du moins analogue à la nôtre. Voyez cependant les *Mondes* de Fontenelle, et surtout l'édition que le cit. de la Lande a donnée, en 1801, avec des notes où il a rectifié plusieurs erreurs.

Divers astronomes se sont attachés à nous donner des représentations exactes de la surface apparente de la lune. Telles sont les planches qu'Hévélius a données dans sa *Sélénographie* et qui sont un très-beau travail. Cassini entreprit, vers l'année 1670, un travail bien plus considérable; il s'attacha à faire dessiner en grand les différentes parties de la lune, telles qu'on les voit avec une très-forte lunette, et de toutes ces parties réunies, il forma une carte de la lune, de vingt pouces, que l'on peut voir à l'Observatoire, et dont le type original de douze pieds, est au Louvre, dans le cabinet du cit. du Fourny. Les trente-un desseins détaillés, sont entre les mains du cit. Cassini. La Hire avoit fait un semblable travail, et quelques astronomes lui ont attribué la carte de douze pieds. Tobie Mayer avoit fait à Gottingue un ouvrage pareil; mais il n'a jamais été publié. M. Schrœter l'a fait à Lilienthal, et il a publié un volume in quarto où il y a beaucoup de figures détaillées.

Comme dans la grande carte de Cassini, on n'a pas mis les noms des taches qui l'auroient défigurée et qu'ils sont cependant nécessaires à un astronome, son arrière-petit-fils en a fait graver une réduction de huit pouces de diamètre en manière noire, avec les noms des taches.

Après avoir parlé du soleil et de la lune, il nous reste à parler aussi des planètes, et nous commencerons par celles qui sont les plus voisines du soleil.

Mercure est toujours tellement enveloppé des rayons du soleil, à cause de son peu d'élongation, par rapport à cet astre, qu'on n'a jamais rien pu y voir qu'un disque étincelant de lumière. On n'a donc pu savoir encore s'il a un mouvement de rotation autour de son axe; mais l'analogie doit persuader qu'il en a un comme les autres planètes. M. Vidal et M. Schrœter croient déjà en avoir quelques preuves par le plus ou moins de lumière qu'on lui voit dans certains temps.

On se demandera si Mercure, vu sa proximité au soleil, est susceptible d'être habité; mais parmi les êtres organisés qu'on peut imaginer, il est facile de croire qu'il y en ait à qui il faut un grand degré de chaleur.

Vénus s'écartant davantage du soleil, il a été possible aux astronomes de l'observer d'une manière plus satisfaisante que Mercure; Cassini avoit commencé, dès 1666, à observer les taches de cette planète, dans la vue de déterminer si elle avoit une rotation autour de son axe. Il lui en avoit, par ce moyen, trouvé une qui lui avoit paru de vingt-trois heures environ. Mais les détails de son travail, sur ce sujet, n'ont jamais été publiés, et il paroît n'en avoir pas été très-satisfait, comme on le voit dans les *Elémens d'Astronomie* de son fils. Bianchini essaya de faire à Rome de pareilles observations, en 1726, avec des objectifs de Campani et de Divini, de cent vingt et cent cinquante palmes de foyer. L'exposé de ses travaux est l'objet de son ouvrage intitulé : *Hesperi et Phosphori nova phenomena*, &c., 1728, *in-folio*.

Il en résulte, suivant lui, que cette planète a son équateur environné d'une tache presque continue, formant différentes sinuosités, comme des promontoires et détroits; ce qui a engagé M. Bianchini à lui donner le nom de mer, et même à appeller ces caps et détroits, du nom de nos célèbres navigateurs, comme Christophe Colomb, Vespuce, Tristan-d'Acunha, &c. Il y a aussi dans Vénus, selon sa description, de petites mers circonpolaires. C'est au moyen de ces taches et de leur mouvement apparent, que Bianchini crut trouver que la rotation de Vénus est de vingt-quatre jours et environ huit heures, que son axe, toujours parallèle à lui-même, comme celui de la terre, est incliné seulement à l'équateur de 7°; que ses nœuds enfin, avec l'écliptique ou ses points équinoxiaux, sont placés à 1^s 20° et 7^s 20° de longitude; ainsi quand

Vénus est à ces points de son orbite, il se équinoxe pour ses habitans, s'il y en a.

Ce résultat est si différent de celui de Cassini, qu'on peut dire que nous ne savons rien là-dessus. M. Herschel a voulu observer les taches de Vénus, avec ses grands télescopes; mais il les a trouvées si difficiles à voir, qu'il n'a pas osé décider si la rotation étoit de vingt-quatre heures. M. Schrœter prétend avoir été plus heureux; mais il a été réfuté par M. Herschel, dans les *Transactions philosophiques*.

On a beaucoup parlé d'un satellite de Vénus, sur-tout en 1761. Cassini avoit cru en voir un en 1672, du moins il avoit vu quelque chose de ressemblant à un satellite de Vénus; elle étoit alors en croissant, et ce phénomène, qui étoit égal à peu-près au quart du diamètre de Vénus, étoit aussi en forme de croissant. Il ne paroît pas qu'il ait fait alors beaucoup d'attention à cette observation; mais ayant revu, en 1686, le même phénomène, imitant pareillement la phase de Vénus qui étoit seulement diminuée de rondeur, comme la lune entre sa première quadrature et la pleine lune, il y fit plus d'attention. Il l'observa environ pendant quinze minutes; il raconta cette observation, dans son ouvrage sur *la Découverte de la Lumière zodiacale*, imprimé en 1681. Il conjecturoit que ce pouvoit être un satellite de Vénus, que quelque circonstance rend moins propre à se faire appercevoir dans certaines situations que dans d'autres; mais il ne dissimuloit pas que quelque effort qu'il eût fait depuis pour le voir de nouveau, il n'y avoit pu parvenir.

On ne songeoit plus à ce satellite de Vénus, lorsque le hasard l'offrit de nouveau à Short, célèbre opticien Anglois et habile observateur. Essayant le 3 novembre, 1740, au matin, sur Vénus, un télescope à réflexion, de seize pouces de longueur et grossissant le diamètre des objets cinquante à soixante fois, il vit à côté de cette planète, comme une petite étoile fort voisine, ce qui l'engagea à la considérer avec des oculaires de plus grande en plus grande force successivement, et il vit distinctement ce petit corps lumineux imitant parfaitement la phase de Vénus, à une distance qu'il estima de 10′ 20″. Short le considéra à différentes reprises et avec différens télescopes, pendant une heure, jusqu'à ce que le crépuscule le lui ravit entièrement. Mais il lui arriva comme à Cassini; quelque soin qu'il ait pris depuis pour réitérer cette observation, en y employant même son fameux télescope de douze pieds, qui grossissoit les objets de six à douze cent fois, il n'a pu avoir cette satisfaction, en sorte que son observation est aussi isolée et stérile que celles de Cassini.

Le cit. Baudouin de Guemadeuc, maître des Requêtes et amateur d'Astronomie, engagea Montaigne, astronome de Limoges, à s'en occuper. Il espéroit que ce satellite pourroit passer, avant ou après Vénus, sur le disque du soleil, le 3 juin ; mais il falloit le chercher d'avance. Le 3 mai, 1761, ayant tourné du côté de Vénus, une lunette de neuf pieds de longueur, grossissant quarante à cinquante fois, il vit à côté de la planète, à vingt minutes environ de distance, un petit croissant dans le même sens, qui lui parut environ un quart de celui de Vénus. Il continua à le voir les jours suivans. Baudouin se hâta d'informer l'Académie des Sciences, du succès de ces observations ; il ébaucha une théorie de ce satellite, dont le cit. de la Lande lui fournit les calculs. Mais Montaigne eut le même sort que Cassini et Short : après les quatre observations dont nous venons de parler, il n'a jamais pu revoir son nouvel astre, aidé même d'instrumens supérieurs à celui avec lequel il l'avoit vu la première fois.

D'autres astronomes, Rodkier et Horrebow, Danois, crurent avoir vu le satellite ; mais le P. Hell, astronome de Vienne, fit voir que ce n'étoit qu'une illusion d'optique : c'est l'objet d'une dissertation latine, qu'il publia dans les Éphémérides de Vienne, 1766, *de Satellite Veneris*. Il fait voir que ce n'est qu'une de ces petites images qu'on apperçoit à côté, au-dessus ou au-dessous de l'image principale d'un objet lumineux regardé avec une lunette, et qui sont produites par la réflexion des rayons sur la cornée de l'œil ou sur la surface de l'oculaire, dont la concavité est tournée vers l'œil ; ce qu'il établit fort au long et avec beaucoup de soin, par un grand nomhre d'expériences. On ne peut disconvenir que la dissertation du P. Hell ne rende cette illusion fort probable dans bien des cas. Il faut supposer qu'il n'étoit pas vrai que Short eût changé plusieurs fois d'oculaires à son télescope, et qu'il en eût toujours résulté une pareille image parasite, aussi Lambert n'a pas laissé de donner dans les Mémoires de Berlin, année 1773, un *Essai sur la théorie du Satellite de Vénus*. Dans ce mémoire, Lambert, employant d'abord les quatre observations de Montaigne, ensuite les observations de Rodkier et de Montbaron d'Auxerre, parvient à former une hypothèse sur la position et la grandeur de l'orbite du satellite ; mais malgré le travail de cet habile géomètre, les astronomes ne croient plus au satellite de Vénus.

Mars est la planète qui, après Vénus, nous avoisine le plus ; elle a un diamètre qui n'est qu'environ la moitié de celui de la terre, et dont le volume n'est qu'un cinquième de celui de notre globe.

Cette

Cette planète a une rotation autour d'elle-même, soupçonnée avant 1643, par Fontana, astronome et physicien Napolitain (1).

Il étoit réservé à Dominique Cassini, de mettre hors de doute l'existence des taches de Mars et sa rotation; ce qu'il fit dans son ouvrage intitulé : *Martis circa proprium axem revolubilis Observationes Bononiae habitae*. Bon. 1666, *in-folio*. Il faut remarquer ici que ces taches sont fort variables; car d'abord Cassini vit Mars avec une zone obscure et assez large passant par son centre; et dans la même année, cette zone disparut et fit place, dans un de ses hémisphères, à une tache oblongue, terminée à ses deux bouts par autant de taches à peu-près rondes, tandis que dans l'autre hémisphère, il s'en forma deux autres fort grosses, oblongues et irrégulières; elles se montrèrent sous d'autres formes, en 1667. Maraldi l'ancien, les ayant observées en 1704, elles lui parurent n'avoir plus aucune espèce d'analogie avec ce qu'avoit vu Cassini, et en 1719, elles avoient encore changé de forme. Mais comme ces altérations ne sont pas instantanées, elles n'ont pas empêché qu'on ne déterminât avec assez d'exactitude, la révolution diurne de Mars sur son axe. Cassini la trouva de $24^h\ 40'$, et, suivant lui, cet axe est presque perpendiculaire à l'écliptique, en sorte que les habitans de Mars, s'il y en a, jouissent d'un équinoxe à peu-près perpétuel. Les observations de M. Maraldi lui ont fait retrancher une minute seulement de la durée de cette révolution qu'il fait de $24^h\ 39'$.

Mais M. Herschel a complетté et rectifié nos connoissances sur cette planète, au moyen de ses excellens télescopes. Il a fait, en 1781 et 1783, une longue suite d'observations qui l'ont mis en état de démontrer que Mars a un mouvement de révolution diurne de $24^h\ 39'\ 21\frac{2}{3}$ secondes; que son équateur est incliné à son orbite propre, de $28^\circ\ 42'$; qu'il a aux environs de ses pôles, deux zones de glace qui, suivant ses expositions au soleil, croissent ou diminuent comme, sans doute, on verroit la terre d'une planète voisine; que sa figure est celle d'un sphéroïde aplati par les poles, et dont l'axe est au diamètre équatorial, dans le rapport de quinze à seize; que le diamètre équatorial apparent vu du soleil, seroit de $9''\ 8'''$. Or comme la terre, d'après les dernières observations de la parallaxe horizontale du soleil, auroit, étant vue du soleil, un diamètre apparent de $17''\ \frac{1}{3}$, il suit que le volume de Mars est environ $\frac{1}{7}$ de celui de la terre. Suivant M. Herschel, Mars paroît avoir une atmosphère assez étendue et beaucoup plus élevée à proportion que celle de la terre; ce qui, suivant lui, doit procurer

(1) *Novae celestium ac terrestrium observationes*, &c. Neap. 1646, *in*-4°.

à ses habitans un état assez semblable à celui dont nous jouissons sur notre globe. Car il n'est nul doute que si sur les pics de nos montagnes, il fait si froid, cela ne vient que de la tenuité de l'atmosphère qui les surmonte et du défaut de réflexion de chaleur par les corps environnans.

Jupiter est, parmi les planètes qui composent notre système, la plus considérable par son volume et sa masse. Car d'après les observations les plus exactes, son diamètre équivaut à onze fois celui de la terre. Ainsi son volume est mil deux cent quatre-vingt une fois celui de notre globe.

Sa rotation est aussi des plus rapides. Car quoique la circonférence de son équateur soit plus que décuple de celle de l'équateur terrestre, son mouvement s'achève en $9^h\ 56'$ environ. Ainsi cette vîtesse d'un point équatorial de Jupiter, est environ vingt-six fois aussi grande que celle d'un point de notre équateur. Aussi remarque-t-on dans Jupiter, un applatissement sensible. Il est, suivant les observations, d'environ $\frac{1}{13}$, c'est-à-dire, que le diamètre de son équateur, est $\frac{1}{14}$ plus grand que celui d'un pôle à l'autre.

Les taches de Jupiter, comme celles de Mars, sont fort variables. Cependant elles affectent, en général, une forme de zones parallèles à son équateur. Il y en a de brunes et quelquefois de plus éclatantes que le reste du disque. Elles s'élargissent, se réunissent et se divisent. Il n'y a quelquefois que trois ou quatre bandes sensibles, et quelquefois il en est tout couvert. Il semble que ce soient des nuages sujets à varier. Herschel, *Philos. Trans.* 1781 et 1795.

Saturne est de toutes les planètes, celle qui, vue avec un excellent télescope, présente l'aspect le plus singulier par son anneau et ses satellites multipliés. On a vu l'histoire de la découverte des cinq premiers, par Huygens et Cassini (t. 2, p. 551). M. Herschel en a ajouté deux.

Saturne est à une telle distance de nous, que la curiosité des astronomes avoit, jusqu'à présent, échoué contre diverses questions relatives à sa constitution. Saturne a-t-il un mouvement de rotation autour de son axe, qu'est-ce qui soutient cet anneau lumineux dont il est environné et quelle est sa composition? cette planète n'auroit-elle pas encore quelque satellite qui nous a échappé, &c.? Telles sont les questions qu'on étoit fondé à se faire. Mais les secours donnés jusques-là, par l'optique, pour résoudre ces problêmes, avoient été insuffisans, et M. Pound lui-même, avec son objectif de cent vingt-cinq pieds, n'avoit pu y réussir. Il avoit seulement vu sur le tranchant de l'anneau, une ligne obscure qui sembloit en indiquer une division; il étoit réservé à M. Herschel, de donner la solution de toutes les questions précédentes; il reconnut la division de l'anneau (*Philos. Trans.*, 1792) et sa rotation en $10^h \frac{1}{2}$, et celle de Saturne, $10^h\ 16'$. *Philos. Trans.*, 1794. M. de la Place a reconnu par la théorie, qu'il faut que l'anneau de Saturne tourne en 10^h, pour que la force centrifuge lui conserve sa figure applatie à la distance où il est de la planète. *Mém. de l'Acad.*, 1787. M. Herschel a aussi observé l'applatissement de Saturne; il a trouvé qu'un de ses diamètres est à l'autre, dans le rapport de 10 à 11, ce qui s'accorde bien avec sa rotation.

On comparoît l'anneau à un pont, dont toutes les parties se soutenoient, par leur pesanteur, comme une voûte. Roberval conjecturoit que l'anneau n'étoit qu'un amas de satellites qui faisoient leur révolution autour de la planète principale, et qui étoient si voisins les uns des autres, qu'on ne pouvoit appercevoir leur intervalle d'aussi loin qu'est notre globe. Maupertuis pensoit que ce pouvoit être une queue de comète, qui, passant dans la proximité de Saturne, auroit été dépouillée de cet accompagnement, et il a même calculé, d'après les lois de l'attraction, la forme qu'un pareil fluide auroit dû prendre pour circuler autour de Saturne. Mais malgré ce calcul, cette idée a paru plus ingénieuse que solide. Il est bien plus probable que cet anneau est de la même nature que le corps même de la planète, que la force centrifuge des parties intérieures les plus voisines du centre, excédant la force centripète, ce qui exige une grande vîtesse de rotation, les applique intérieurement à l'anneau, et que les parties extérieures pèsent sur l'anneau par un effort résultant de l'attraction de l'anneau et de la planète, moins celui de la force centrifuge. Du Séjour, *Essai sur l'anneau de Saturne. Traité analytique des mouvemens célestes.*

Les découvertes de M. Herschel, sur Saturne, ne se sont pas bornées-là. Nous ne connoissions à cette planète que cinq satellites, tous extérieurs à l'anneau. Ce célèbre observateur lui en a découvert deux nouveaux, en 1790. Le plus voisin fait sa révolution dans 23 heures, et il est éloigné de Saturne de 28″, seulement 5″ plus loin que le bord extérieur de l'anneau; l'autre emploie 33 heures, et en est éloigné de 37 secondes.

On seroit porté à penser que les habitans de Saturne, s'il y en a, ne doivent jouir que d'une bien foible lumière. Mais Saturne paroît assez éclatant, vu au télescope; le calcul nous montre que, malgré son eloignement du soleil, il doit y faire encore un assez beau jour. Car Saturne étant environ dix fois autant éloigné du soleil que nous, la lumière qu'il reçoit de cet astre, est la centième environ de celle que nous en récevons. Or, un centième de la lumière du soleil fait encore un assez beau jour. On en a la preuve dans les éclipses annulaires du soleil, par exemple, dans celle du premier avril, 1764. L'anneau lumineux du soleil étoit à peine la neuf centième du disque total, et cependant on y voyoit très clair. Ajoutez à cela, pour les nuits des habitans de Saturne, les sept satellites dont ils jouissent, ainsi que l'anneau qui, pour ceux qui voient le côté éclairé, est un immense réservoir de lumière; et l'on restera convaincu que ces habitans n'ont pas à se plaindre de l'éloignement où la nature les a placés du foyer de la lumière.

Un phénomène qui a particulièrement occupé les observateurs en 1715, 1773 et 1789, est celui des disparitions et des réapparitions de l'anneau de Saturne. Plusieurs causes contribuent à cette apparence; car d'abord l'anneau de Saturne étant fort mince, disparoît lorsque son plan passe par la terre, c'est-à-dire, que la terre s'avançant sur son orbite, arrive près du point où cet orbite est coupée par le plan de l'anneau prolongé; car comme il n'y a plus qu'un filet de lumière, l'éloignement énorme de Saturne le fait disparoître à nos yeux, même aidés des meilleures lunettes qu'on ait eu pendant long-temps. *Voyez* tome II, page 550.

La seconde cause de la disparition de l'anneau, a lieu lorsque le plan de l'anneau prolongé passe par le soleil; car alors la surface plane de l'anneau, est dans l'ombre ou très-foiblement éclairée; le tranchant seul est éclairé du soleil, en sorte que l'apparence de l'anneau est encore réduite à un foible filet de lumière qui, à un si grand éloignement, échappe à nos yeux.

L'une et l'autre de ces disparitions, la dernière, sur-tout, ne sont pas de longue durée, à moins que le cours de la terre, sur son orbite, ne la porte du côté opposé à celui de l'anneau qui est alors éclairé du soleil. Car, dans ce cas, il est aisé de voir qu'il faut environ une demi-révolution de la terre, pour la ramener du côté opposé. Ainsi ces disparitions et réapparitions sont sujettes à des périodes très-irrégulières en apparence; mais toutefois susceptibles du calcul. Car étant donné le lieu de Saturne, et celui de la terre, on peut trouver qu'elle est sur le plan de l'écliptique, la section du plan de l'anneau prolongé, et connoissant aussi le lieu de la terre, on saura si l'anneau est apparent, et quand il doit disparoître.

On trouvera ces méthodes dans le XXe. Livre de l'*Astronomie* de la Lande, et dans l'ouvrage de Du Séjour, publié en 1776.

Nous avons dit que le filet de lumière produit par le tranchant éclairé de l'anneau, disparoît à nos yeux ; mais M. Herschel, avec son télescope de quarante pieds, tandis que l'anneau étoit perdu pour tous les Observatoires de l'Europe, le voyoit comme un filet linéaire éclairé.

Herschel est la dernière planète de notre système. On ne connoissoit que les cinq planètes dont nous venons de parler, lorsque le hasard en fit trouver une sixième. William Herschel, né à Hanovre en 1738, s'occupoit à Bath, à faire des télescopes ; il en avoit un de sept pieds, qui étoit excellent, et le 13 mars 1781, examinant la partie du ciel étoilé qui avoisine l'écliptique vers les pieds des Gémeaux, il remarqua parmi les étoiles que lui offroit son télescope, une étoile de la sixième à la septième grandeur, d'un éclat plus fixe que les autres, et qui sembloit avoir un diamètre sensible, ce qui lui donna l'idée d'en déterminer spécialement la configuration avec les étoiles voisines. Il apperçut au bout de quelques heures, que cette configuration avoit un peu changé. Le lendemain il répéta son observation, et vit que cette étoile avoit eu un mouvement sensible ; il douta d'abord si c'étoit la même, mais quelques jours d'observations ultérieures, ne lui permirent plus d'en douter, et il fut bientôt assuré que cet astre nouveau avançoit en faisant, chaque jour, environ une demi-minute : il en donna avis à M. Maskelyne, qui l'observa comme une comète ; car on donnoit ce nom à tous les astres nouveaux qui avoient un mouvement. Mais lorsqu'au bout de quelques mois, on eût reconnu quelle tournoit presque concentriquement aux autres planètes, on la proclama sixième planète, et M. Herschel lui donna le nom de *Georgium sydus.* Ce nom n'a pas été adopté par les astronomes du continent ; de la Lande voulant préférer de lui donner le nom de l'inventeur même, en l'appelant Herschel dans les *Mémoires de l'Académie*, vol. de 1779, où parut le premier mémoire qui ait été publié pour les élémens de cette planète ; il la désigna aussi par une caractérisque particulière, savoir : une H surmontée d'un globe. Les astronomes Allemands consultant l'analogie des autres planètes, l'ont appellé *Uranus*, parce que Uranus étoit le père de tous les Dieux, même de Saturne. Et comme les planètes les plus éloignées portent les noms des Dieux les plus anciens, la plus éloignée de toutes parut ne pouvoir être mieux nommée qu'Uranus ou le plus ancien des Dieux. Quelque soit, au reste, le nom que le consentement final des astronomes adoptera un jour, les fastes de l'Astronomie conserveront toujours la mémoire du célèbre astronome à qui cette découverte est due, et du souverain qui le protège.

Cette découverte, on peut aisément le penser, excita la plus grande attention des astronomes. Les télescopes furent aussitôt tournés de toute part, de ce côté du ciel, pour suivre les mouvemens de la nouvelle planète; et il n'en fût pas comme des satellites de Jupiter, d'abord révoqués en doute. Tout le monde applaudit à M. Herschel, et se mit à suivre le cours de sa planète. Il en est résulté que cette planète met quatre-vingt-trois ans à faire sa révolution dans le ciel, et que sa distance est de six cent cinquante-six millions de lieues. Le cit. de Lambre en a donné des tables très-exactes qui sont dans la troisième édition de l'*Astronomie* du cit. de la Lande. M. Herschel s'attacha aussi à déterminer le diamètre apparent de sa nouvelle planète; et par des procédés ingénieux et plusieurs fois répétés, il le trouva alors environ de 4″; ce qui donna son diamètre réel, environ 4 fois et $\frac{1}{3}$ celui de la terre.

Mais ce n'est pas à cela que s'est bornée la découverte de M. Herschel : quelques années après, c'est-à-dire, en janvier 1787, ayant considéré cette planète avec un télescope de vingt pieds, il y découvrit deux satellites, desquels il détermina les orbites. En 1798, il en découvrit quatre autres; voici les distances en secondes et les révolutions en temps.

1	25″	5j	21h
2	33	8	17
3	39	10	23
4	44	13	11
5	88	38	2
6	177	107	17

Chaque seconde de distance fait environ trois mille lieues.

Les orbites de ces satellites sont presque perpendiculaires à celle de la planète. Ils ont fait connoître que la densité de la planète est à celle de la terre, comme 22 est à 100; ce qui donne une masse égale à 17 fois $\frac{1}{4}$ celle de notre planète; enfin que les corps tombant à sa surface, d'un mouvement accéléré, y parcourent quatorze pieds dans la première seconde. Ces dernières déterminations paroîtront, sans doute, à quelques-uns de nos lecteurs, fort extraordinaires. Mais ils doivent se rappeller ce qu'on a dit ailleurs, sur les moyens de mesurer les densités et les masses dans les planètes qui ont au moins un satellite.

I I.

Des Etoiles.

Le spectacle du ciel, dans une belle nuit, est si frappant, que les hommes s'en occupèrent dans la plus haute antiquité.

Ils divisèrent, pour ainsi dire, en groupes, les étoiles fixes, et formèrent des constellations auxquelles ils donnèrent des noms et dont ils marquèrent les positions. Mais ce sont sur-tout les astronomes modernes qui ont étendu et fixé nos connoissances à cet égard. La découverte du télescope les a mis à portée de pénétrer dans ces abîmes immenses, et d'y découvrir des phénomènes nouveaux et absolument inattendus. Les bornes de l'Univers ont été reculées au-delà de ce que l'imagination se figuroit.

Un premier fait de ce genre et qui doit exciter ici notre attention, c'est que les étoiles ont un mouvement très-lent, différent de celui qu'elles paroissent avoir en longitude, qui n'est qu'apparent et l'effet de la rétrogradation réelle des points équinoxiaux, mais un mouvement plus lent par lequel elles changent de latitude et de longitude en divers sens. Tycho-Brahé l'avoit déjà remarqué, et Halley, dans les *Trans. phil.* de l'année 1718, l'appuye sur la comparaison des latitudes de diverses étoiles remarquables, avec celles que donne Ptolémée, en faisant voir que l'on ne peut rejetter entièrement cette différence sur le peu d'exactitude des observations anciennes. Il trouve, par exemple, que la constellation des *Gémeaux* s'est, en général, abaissée du nord au sud, à l'égard de l'écliptique; et l'on a fait voir que cela tenoit au déplacement de l'orbite de la terre, ainsi que la diminution de l'obliquité de l'écliptique. Ce mouvement des étoiles est donc encore purement apparent. Mais les étoiles brillantes de Sirius, de l'œil du Taureau, d'Arcturus, celle de l'épaule orientale d'Orion et quelques autres ont eu un mouvement contraire et assez considérable depuis Ptolémée, comme d'un demi-degré. On auroit pu élever des doutes sur l'exactitude des anciennes observations; mais le phénomène a été depuis constaté par divers astronomes modernes, par Tobie Mayer, et en dernier lieu, par le cit. de la Lande, dans la *Connoissance des Temps*, où il a donné le mouvement propre de plusieurs étoiles.

Voilà donc les étoiles sujettes à de petits mouvemens, d'où il suit que si le monde et la terre durent assez, le spectacle du ciel étoilé sera un jour tout différent de ce qu'il est pour nous.

On peut s'étonner, avec raison, de ces mouvemens si singuliers, et en rechercher la cause. Cependant Newton, sans s'en douter, a jeté les principes propres à en rendre raison. Il a fait voir que si l'on a un systême de corps qui, comme les planètes de notre systême, tournent à l'entour d'un soleil, le centre de gravité de tout le systême est en repos ou a un mouvement uniforme. Mais il n'y a qu'un cas pour le repos absolu de ce centre de gravité de notre système, et de ces systêmes solaires à l'infini; tandis qu'il y en a une infinité pour un mouvement dans un sens ou dans un autre et avec une plus grande ou moindre vîtesse. Il est donc beaucoup moins probable que notre soleil et les fixes qui sont des soleils répandus dans l'immensité de l'espace, soient en repos, qu'il ne l'est qu'il aient un mouvement propre plus ou moins considérable, et déjà le cit. de la Lande a fait voir que le soleil doit avoir un mouvement de translation (*Mémoires de l'Académie*, 1776). Quant aux étoiles, il est facile de sentir que ce mouvement n'a pu encore se manifester que dans les étoiles les plus brillantes, qui sont probablement les plus voisines de nous. Il semble même que ce mouvement est nécessaire à la conservation de l'Univers. Car de même que la nature a établi le mouvement périodique des planètes et des comètes de notre systême autour du soleil, sans quoi tout seroit promptement tombé dans ce centre, de même a-t-elle peut-être établi le mouvement des centres eux-mêmes et en divers sens, pour les empêcher de retomber un jour les uns sur les autres. En effet, si tous ces centres étoient en repos, comme ils exercent tous les uns sur les autres une attraction, ils tendroient (à moins que le systême général ne soit absolument infini) à se rapprocher, et quoique cette tendance mutuelle soit à raison de leur éloignement immense excessivement foible, comme elle agiroit par un mouvement sans cesse accéléré, après des millions d'années, ils pourroient bien se confondre.

Tobie Mayer qui a savamment traité du mouvement des étoiles (1), ne pensoit pas que le soleil eut un mouvement, et alléguoit encore contre ce mouvement une raison qui lui paroissoit décisive. Car, disoit-il, si le soleil se meut vers une partie de l'Univers, les étoiles fixes qui sont de ce côté, paroîtront s'écarter les unes des autres, et au contraire, celles du côté opposé paroîtront se resserrer. Or cela n'arrive pas, disoit Mayer, conséquemment notre systême solaire est immobile.

Ce raisonnement de Mayer n'est pas sans réplique. Car 1°. on pourroit dire que le mouvement en question est si lent et qu'il y a si peu de temps qu'on le soupçonne et qu'on a des positions suffisamment exactes des étoiles, qu'il ne seroit point surprenant que cette dilatation d'un côté et ce resserrement de l'autre, eussent échappé aux observations. 2°. Les étoiles elles-mêmes ayant un mouvement propre, elles pourroient en avoir de tels, que l'un contrariant l'autre, cet écartement

(1) Tob. Mayeri, *Opera inedita*.

n'auroit

n'auroit pas lieu. Mais quoiqu'il en soit, de ces deux raisons M. Herschel a cru devoir examiner jusqu'à quel point le mouvement de notre systême, dans l'espace indiqué par le cit. de la Lande, peut se concilier avec les mouvemens reconnus dans quelques fixes, et il a trouvé qu'en supposant notre soleil en mouvement vers le côté du ciel, où est la constellation d'Hercule, il en résultoit un écartement entre diverses étoiles situées de côté, comme entre la brillante de la Lyre et Arcturus, la brillante de l'Aigle et celle du Verseau avec celle du Serpentaire et de la grande Ourse; comme au contraire il résulteroit un resserrement entre celles qui sont situées du côté opposé, comme entre Sirius et Aldebaran, entre Procyon et la brillante du Bélier, &c., &c. Il trouve enfin que de quarante-deux étoiles qui paroissent avoir éprouvé des mouvemens particuliers, il y en a plus de trente, dont partie des mouvemens est conforme à ce qui doit résulter du mouvement de notre soleil vers les unes, et de son éloignement des autres. J'ai dit une partie de leur mouvement, car ces étoiles ayant elles-mêmes leurs mouvemens propres en divers sens, on sent que leur mouvement apparent doit être compliqué de celui du soleil vers elles ou loin d'elles, et de leur mouvement propre. Ce mémoire de M. Herschel est inséré dans les *Trans. phil. de* 1788. M. Prévot est parvenu au même résultat. Le citoyen de la Lande ayant calculé plusieurs mouvemens des étoiles, en a trouvé qui s'accordoient avec cette hypothèse et d'autres qui résistoient à cette explication (*Connoissance des temps* de l'an VI, 1798).

La position des étoiles dans le ciel est un des élémens les plus importans de l'Astronomie, car elle présente une multitude de points fixes auxquels on peut comparer la position des astres errans qui traversent les espaces célestes.

Les Astronomes se sont donc dans tous les temps donné beaucoup de peine pour former des catalogues des étoiles fixes avec leur longitude et latitude, ou ce qui est plus commode, avec leur ascension droite et leur déclinaison; car les instrumens avec lesquels on observe donnent immédiatement ces deux déterminations dont on déduit ensuite les deux autres au moyen du calcul trigonométrique.

Les catalogues de Ptolémée, d'Ulugbeg, de Tycho-Brahé étoient insuffisans; les étoiles de l'hémisphère austral manquoient totalement, ce fut un des objets qui engagèrent en 1677, Halley à faire le voyage de l'île Sainte-Hélène, où malheureusement il ne trouva pas un ciel aussi favorable aux observations qu'il l'espéroit. Il y observa néanmoins trois cent soixante-dix-sept étoiles, il détermina leurs positions, mal connues jusqu'alors par le défaut d'observations ou le peu d'exactitude de celles qui avoient été faites par des astronomes ou des navigateurs mal fournis d'instrumens.

Ce catalogue de Halley fut publié à Londres, en latin, et ensuite à Paris, avec une traduction françoise, par Royer, architecte, peut-être plus intelligent en architecture qu'en astronomie; car sa traduction fourmille de fautes.

Mais c'est à Flamsteed qu'on doit le travail le plus étendu qui ait été fait en ce genre. Ce laborieux et célèbre Astronome, ayant été mis en 1676, en possesssion de l'observatoire de Greenwich, qu'il avoit fait bâtir lui-même aux frais du roi, passa une partie de sa vie à observer principalement les étoiles fixes, pour en former un catalogue, qui parut d'abord en 1714, ensuite en 1725 avec les observations elles-mêmes; ce travail entier est en trois volumes *in-f°.*, intitulés: *Historia celestis, Britannica*, 1725. Il contient deux mille huit cent soixante-seize étoiles, mais dont plus de cent n'existent pas à la place qu'il leur a assignée, comme le cit. de la Lande l'a reconnu. Ce catalogue a été réimprimé avec des additions et des corrections dans le huitième volume des *Ephémérides* du cit. de la Lande. Il a été publié aussi dans la *Connoissance des temps* de 1785, mais d'une manière absolument inutile aux Astronomes.

En 1755 Lemonnier fit graver par Deulhand, la carte des étoiles zodiacales du catalogue de Flamsteed; elle fut accompagnée d'une explication faite par Seligny, officier au service de la compagnie des Indes, où l'on trouve les longitudes, latitudes, ascensions droites et déclinaison de chacune pour le commencement de 1755, et la manière de réduire, sans erreur sensible, ces positions à une année quelconque après 1756, jusques vers la fin du siècle.

Il manquoit cependant à l'ouvrage de Flamsteed une partie essentielle pour compléter nos connoissances sur le ciel étoilé; car Flamsteed n'avoit jamais quitté l'Angleterre, et Halley à Sainte-Hélène avoit observé peu d'étoiles. Ce fut un des objets qui engagèrent la Caille à proposer un voyage au cap de Bonne-Espérance qui étant au trente-quatrième degré de latitude sud, permettoit d'y voir les étoiles circompolaires australes à une hauteur assez grande pour les observer avec plus d'exactitude. Il partit en effet en 1750, et exécuta seul et dans l'espace d'un an, un des travaux les plus considérables que l'Astronomie ait jamais entrepris; car il y observa toutes les étoiles situées entre le tropique du capricorne et le pôle, au nombre de près de dix mille, on ne se le persuaderoit pas si les détails de ses observations n'étoient pas consignés dans l'ouvrage publié en 1763, sous le titre de *Coelum australe stelliferum*.

Nous ne pouvons qu'inviter le lecteur à y recourir pour

prendre une idée des moyens qu'il employa pour exécuter une opération aussi laborieuse ; on y admirera l'assiduité avec laquelle il passoit les nuits à la lunette pour y voir successivement les étoiles comprises dans une zone ou bande céleste d'une certaine largeur ; il falloit à chacune inscrire le moment auquel elle arrivoit au fil méridien, pour avoir l'ascension droite et aux fils obliques pour avoir leurs différences de déclinaison ; car c'est-là le moyen qu'il mit en usage ; l'exactitude n'étoit pas peut-être telle qu'il l'auroit désirée, mais du moins jamais travail en Astronomie ne fut exécuté avec plus de célérité, et on l'admirera d'autant plus lorsqu'on saura que dans ce même intervalle de temps il mesura un degré du méridien, qu'il fit des observations de la lune correspondantes à celles du cit. de la Lande, que l'Académie avoit envoyé à Berlin, pour y déterminer la parallaxe de la lune au moyen d'observations directes faites aux extrémités d'un arc du méridien de plus de quatre-vingt-cinq degrés. La Caille fit encore un voyage à l'île de France et à celle de Bourbon (de la Réunion), dans des vues astronomiques, et fit dans ces divers endroits des observations nombreuses sur l'histoire naturelle et civile de ces pays. Une mort précipitée ayant enlevé en 1762, ce grand astronome, aussi recommandable par ses qualités morales que par son savoir, l'abbé Brotier, littérateur distingué, a jeté en 1763 quelques fleurs sur son tombeau en publiant sa vie; Carlier a publié son voyage au cap; quant aux détails astronomoques, il faut les voir, soit dans l'ouvrage cité ci-dessus, soit dans les *Mémoires de l'Académie*, dont le volume pour 1751, contient le récit de son voyage et de ses observations, quoique lu seulement en juillet 1754.

Le voyage de la Caille a enrichi le ciel de quelques nouvelles constellations ; car le ciel austral étoit si peu garni qu'il y avoit d'assez vastes espaces sans figures célestes. La Caille en saisit l'occasion pour former de nouvelles constellations ; mais il ne transporta point dans le ciel des héros, fléaux le plus souvent du genre humain, ou des grands de la terre, ou des animaux nuisibles ou indifférens qui ne disent rien à l'eprit. Ses nouvelles constellations, comme la machine pneumatique, l'horloge astronomique, la boussole ou le compas marin, sont en quelque sorte des monumens de ces grandes découvertes si utiles au genre humain ; les astronomes ont adopté unanimënt ces nouvelles constellations dans leurs globes ou leurs planisphères. Il est seulement fâcheux que ces monumens de la sagacité de l'esprit humain, soient placés dans un hémisphère où il n'y a point d'observateur.

Parmi ce grand nombre d'étoiles, la Caille en choisit quatre cents, observées avec un soin extrême, et que le cit. de la Lande a publié à plusieurs reprises dans la *Connoissance des temps*, jusqu'à ce qu'il en eût fait lui-même un de six cents étoiles déterminées avec une exactutide encore plus grande, et que l'on y publie actuellement (1801) chaque année.

Bradley avoit observé beaucoup les étoiles, et l'on en a déduit les positions de trois cent quatre-vingt-neuf étoiles, ce catalogue a été imprimé plusieurs fois.

Tobie Mayer avoit aussi donné une attention spéciale a observer les positions des étoiles zodiacales, et en dressa un catalogue qui en comprend neuf cent quatre-vingt-dix-huit; il a été inséré dans ses *Opera inedita*, et dans la *Connoissance des temps* de 1778.

Le cit. Delambre les a observées de nouveau et a donné les positions d'un grand nombre dans la *Connoissance des temps*.

Enfin, le cit. de la Lande a laissé bien loin tout ce qui s'étoit fait dans ce genre, il a entrepris, en 1789, un travail immense qu'il a terminé avec le secours de son neveu, Michel le François de la Lande, dans l'espace douze ans, c'est l'observation exacte de cinquante mille étoiles, qui sont imprimées partie dans les *Mémoires de l'Académie* pour 1789 et 1790, et dans l'*Histoire céleste française* qui est actuellement sous presse.

Il y a déjà douze mille étoiles calculées et réduites dans divers volumes de la *Connaissance des temps*, et qui forment le plus grand catalogue qu'on eût osé espérer.

Parmi les phénomènes que présente le ciel étoilé, il en est un qui par sa singularité mérite bien l'attention de l'observateur, ce sont les changemens de ces points étincellans dispersés dans les espaces célestes, et la quantité des espèces d'étoiles qu'on appelle nébuleuses, parce qu'elles paroissent au télescope environnées d'une nébulosité semblable à une atmosphère éclairée. Il y a des étoiles de couleurs différentes, comme rouges, vertes, bleues, jaunes; d'autres qui ont des périodes de lumière et d'obscurcissement, au point même de disparoître entièrement pour un temps; quelques-unes enfin ont paru tout-à-coup, et disparu ensuite tout-à-fait comme la nouvelle étoile de Cassiopée en 1572, celle du Serpentaire en 1604, dont nous avons donné l'Histoire dans le second volume de cet ouvrage; quelques autres ont paru, et depuis ce temps continué à peu près dans leur état, tandis qu'il y en a qui paroissent avoir été connues aux Astronomes antérieurs et qu'on ne retrouve plus. Quelles sont les causes de ces phénomènes? C'est un grande question pour l'esprit humain. Un phénomène enfin digne de remarque, c'est que quelque profondément qu'on pénètre à l'aide du télescope dans les espaces célestes illimités, on y découvre des étoiles de plus en plus reculées, à mesure qu'on fait usage d'instrumens plus parfaits, au point que le cit. de la Lande évalue à cent millions le nombre des étoiles que nous pouvons distinguer quant à présent avec un télescope de quarante pieds.

Nous commencerons l'histoire de ces singularités par celle des étoiles périodiques, ou qui après avoir paru pendant quelque temps ont disparu à nos yeux, ou au contraire qui paroissent être des feux nouvellement allumés dans l'univers. Ce sujet nous a déjà occupé le cinquième livre de la quatrième partie de cet ouvrage, page 285; mais l'assiduité des observateurs modernes a beaucoup augmenté la masse de ces faits singuliers et si propres à exciter notre étonnement.

Maraldi, (l'ancien) fut le témoin d'un de ces phénomènes au commencement de ce siècle. Il vit en 1704, une nouvelle étoile changeante dans l'hydre. Il avoit, à la vérité, été mis sur la voie par des remarques manuscrites de Montanari qui l'avoit vue en 1670. Il la chercha, mais cependant ne put la voir qu'en mars 1704, comme une étoile de la quatrième grandeur; cet éclat se maintint jusqu'en avril de la même année qu'elle commença à diminuer, de sorte qu'à la fin de mai on ne la voyoit plus à la vue simple, mais on la suivit encore quelque temps avec les lunettes. Enfin elle disparut totalement et ne se montra de nouveau qu'à la fin de novembre 1705, lorsque la partie du ciel où elle est située fut dégagée des rayons du soleil. Elle étoit alors probablement sur son déclin, car elle ne parut que fort foible et au lieu d'augmenter elle alla toujours en diminuant jusqu'au mois de février 1706, qu'on l'appercevoit à peine à la lunette. Maraldi la revit au mois de mars 1708 jusqu'en juin 1709, qu'il la perdit de vue; elle reparut en novembre 1709 jusqu'en février 1710, ensuite depuis le mois de mai 1712 jusqu'au mois de juin de la même année, qu'il la perdit entièrement de vue, et il ne paroît pas qu'il ait pu l'appercevoir depuis. On la crut en conséquence perdue; mais on se trompoit, car M. Edward Pigott, dans un mémoire curieux sur les étoiles changeantes, inséré dans les *Trans. philos.* de 1786, nous apprend l'avoir observée en janvier 1784 et en mai 1785; et de ses observations comparées aux anciennes, il déduit le temps de sa période de quatre cent quatre jours et non de deux années comme Maraldi l'avoit cru.

Ces observations sur les étoiles changeantes ont été fort négligées par les Astronomes, mais depuis peu d'années quelques observateurs anglois, MM. Pigott père et fils, et M. Goodricke, se sont remis sur la trace de ces phénomènes. Ce dernier annonça en 1784, la découverte d'une singulière variation qu'éprouve l'étoile *Algol*, ou la principale étoile de la tête de Méduse, dans la constellation de Persée ; cette étoile qui dans son état ordinaire est de la seconde grandeur, éprouve toutes les soixante-neuf heures une diminution qui la réduit à celui d'une étoile de la quatrième ou cinquième grandeur, dans l'espace d'environ trois heures et demie, et elle en emploie ensuite à peu près autant à reprendre son premier éclat. On peut voir dans les *Trans. philos.* de 1783, le détail des observations de M. Goodricke sur ce sujet, et dans celles de 1784. Il y a quelques autres observations du même phénomène dans les *Ephémérides* du cit. de la Lande, tome VIII, dans celles de Berlin, où M. Wurm en a donné plusieurs, et dans la *Connoissance des temps* de l'an IX, mélanges, p. 481. Enfin le cit. de la Lande à déterminé la période 2j 20^{h} $48'$ $59''$. Montanari avoit connu les changemens de cette étoile, mais il ne paroît pas qu'il l'eût observée de manière à y reconnoître une période. Les explications les plus probables qu'on puisse donner de ce phénomène, sont 1°. la rotation de l'étoile dont une partie seroit plus obscure que l'autre ; 2°. une planète faisant à l'entour de l'étoile, une révolution d'environ trois jours, et mettant environ trois heures et demie à passer devant son disque, dont alors elle intercepte une partie de la lumière, telle est l'opinion de M. Goodricke ; 3°. un applatissement considérable qui feroit que l'étoile nous présenteroit quelquefois son tranchant.

On doit aussi à cet amateur de l'Astronomie, l'observation d'une période de variation dans une autre étoile, celle de la tête de Céphée, marquée δ dans les catalogues. Celle-ci n'est ordinairement que de la troisième à quatrième grandeur, et suivant les observations de M. Goodricke, elle passe en cinq jours 8 heures et 37 min. à sa moindre clarté, dans lequel état elle ne paroît plus que comme une étoile de la quatrième ou cinquième grandeur, même plus près de la dernière, elle est pendant un jour et 13 heures dans son plus grand éclat, elle diminue pendant un jour et 18 heures, après quoi elle reste 36 heures dans sa moindre clarté, et revient à la première en 13 heures. Les observations de Goodricke sont confirmées par de toutes semblables de M. Edward Pigott, son ami. On trouve les détails de leurs observations dans les *Trans. philos.* de 1786.

M. Edward Pigott, dont nous venons de parler, à fait une remarque semblable sur l'étoile η d'Antinoüs. Elle est ordinairement de la troisième à la quatrième grandeur, mais elle diminue et augmente périodiquement comme il suit. Elle reste quarante-quatre heures dans son plus grand éclat, après quoi elle diminue et parvient en soixante-deux heures à son moindre éclat ; enfin après avoir resté en cet état, qui est celui d'une étoile de la cinquième grandeur, pendant trente heures elle recommence à augmenter de lumière et arrive à son premier état en trente-six heures. Il conclud enfin par des combinaisons de ces observations, que le période de ces accroissemens et décroissemens de lumière est de 7j 4h 30'. *Trans. phil.* de 1786.

On doit encore à M. Pigott, une détermination plus exacte de la période d'accroissement et de diminution de la changeante du col du cygne. Il la trouve de 396j et 21h.

M. Herschel a déterminé la période de la changeante de la baleine 331j 10h 19', *Philos. trans.* 1792.

Mais il seroit trop long d'entrer dans des détails semblables sur toutes les étoiles qui présentent une pareille singularité. Nous nous bornerons à dire encore que M. Pigott a inséré dans les *Trans. philos.* de 1786, un catalogue de toutes les étoiles dans lesquelles on a observé ou soupçonné un pareil changement périodique, et où il comprend les étoiles qu'on a vu naître et qui ont ensuite disparu, comme celles de 1572 et de 1604; celles enfin qu'on soupçonne avoir été vues par les anciens et avoir disparu depuis; car on peut penser avec vraisemblance qu'elles n'ont ainsi cessé de frapper nos regards que parce qu'elles sont sujettes à des apparitions et disparitions fort éloignées. Ces étoiles sont dans ce catalogue au nombre de cinquante, sur chacune desquelles M. Pigott fait ensuite des réflexions particulières et intéressantes. Il y en a jusqu'à présent douze, dont on connoît la période. *Astronomie* de la Lande, art. 809 et suiv., en y comprenant deux étoiles, dont une dans le bouclier de Sobieski varie en soixante-deux jours et une dans la couronne boréale en dix mois et demi. *Phil. trans.* 1797. Sans la mort de Goodricke, nous en saurions davantage.

Les Nébuleuses, sont des étoiles foibles et obscures ou des blancheurs irrégulières, qu'on voit dans différentes parties du ciel; on peut les diviser en trois classes. La première est de celles qui ne paroissent nébuleuses que parce que ce sont des amas d'étoiles assez rapprochées pour produire sur la vue une impression confuse. De ce genre est surtout la nébuleuse du cancer, *Praesepe*, qui n'est au fond qu'un amas d'étoiles qu'une lunette fort médiocre fait distinguer aisément les unes des autres, sans qu'on aperçoive entre elles aucune lumière différente du fond du ciel. Il en est un grand nombre qui sont de cette nature. Tel nous paroîtroit le grouppe des Pléïades, s'il étoit à une distance double ou triple de nous, et tel il paroît à des yeux affoiblis. Il y en a une dans la constellation de Persée, à l'extrémité de sa main droite; une autre vers la pointe de l'aiguillon du Scorpion; la troisième à la tête du

Sagitaire près de l'œil droit, et la quatrième dans la tête d'Orion. Ces quatre nébuleuses ainsi que celle du Cancer, furent indiquées par Ptolémée dans son catalogue. Mais lorsque Galilée tourna vers elles sa lunette, il compta dans la nébuleuse du Cancer, trente-six étoiles et même trente-huit; dans la nébuleuse de la tête d'Orion, quatorze, et neuf dans celle de l'œil du Sagitaire.

Plusieurs nébuleuses du même genre ont été ensuite ajoutées à ces cinq de Ptolémée, par Tycho, Longomontanus, et surtout par Hodierna, qui a traité exprès de ces apparences célestes dans un livre *de Systemate orbis cometici de que admirandis cœli caracteribus*, (Panormi 1654, *in*-4°.). Aux dix nébuleuses observées avant lui, il en ajouta cinq; savoir, une au-dessus de l'aiguillon du Scorpion; la seconde au-dessus du Sagitaire; la troisième au-dessus d'Algol ou de la tête de Méduse, dans l'épaule gauche de Persée; une quatrième qui précède le bec du cygne, située dans la ligne qui joint la brillante de l'aigle avec la lyre; une cinquième enfin près du triangle boréal. Tout ce qui dit au reste sur ce sujet est fort embrouillé, et ses figures qui sont en manière noire avec les étoiles laissées en blanc, sont si étrangement rendues qu'on n'y distingue presque rien (1).

La seconde classe des nébuleuses est celle des espaces célestes qui ne présentent qu'une nébulosité ou nuage blanchâtre sans apparence de centre lumineux, et sans que des lunettes ordinaires résolvent cette lumière en petites étoiles célestes. Je dis lunettes ordinaires, parce que des télescopes d'une force extraordinaire comme ceux de M. Herschel ont fait disparoître une partie de ces nébuleuses en faisant voir qu'elles ne sont que des amas d'étoiles extrêmement serrées. Mais pour suivre le fil des découvertes à cet égard, nous nous conformerons encore à cette division. Il y a dans le ciel un assez grand nombre de nébuleuses de cette seconde espèce.

Une des plus remarquables et des plus anciennement remarquées, est la grande nébuleuse d'Andromède : elle est perceptible à la vue simple, car elle occupe près d'un quart de degré d'étendue; cependant il paroît que Simon Marius est le

(1) Cette manière néanmoins de représententer le ciel, mérite d'être remarquée, et M. Goldbach à fait à Leipzig en 1800, des cartes célestes exécutées ainsi avec la propreté convenable, et si au lieu de ce noir on employoit un bleu foncé, avec des étoiles marquées par des points blancs assez bien gradués pour représenter leurs différens degrés de grandeur, rien n'approcheroit davantage de l'apparence que nous présente le ciel dans une belle nuit. On pourroit même y désigner les constellations par un trait extrêmement fin et plus foncé, ce qui permettroit d'y étudier les constellations avec plus de facilité.

le premier qui en ait fait mention dans la préface de son *Mundus jovialis*, imprimé en 1612. Suivant lui elle paroissoit jeter quelques rayons de son centre, et il la compare à la flamme d'une chandelle vue à travers la corne, peut-être étoit-ce l'effet de l'imperfection de son instrument, car il ne pouvoit alors en avoir que de fort imparfaits. Elle ne présente plus aujourd'hui, suivant Legentil (mars 1759), qu'une lumière uniforme, très-approchante de la figure ronde, et assez claire pour que quelques minutes avant d'entrer dans le champ de la lunette elle annonce son arrivée par une légère clarté qui la devance. Hodierna, dans le livre cité ci-dessus, paroît s'attribuer la première remarque sur cette nébuleuse, mais apparemment il ne connoissoit pas l'écrit de Marius.

Au-dessous de cette nébuleuse, a environ un demi degré, Legentil en a découvert une autre de la même espèce, mais beaucoup plus petite; car celle-ci n'occupe qu'environ une minute d'étendue (1). Il s'étonne avec quelque raison de ce que tant d'observateurs ayant examiné la première, aucun n'ait vu celle-ci.

Le nombre de ces nébuleuses s'est accru considérablement depuis le temps de Marius. On attribue ordinairement à Huygens, la découverte de celle qui est sur le milieu de l'épée d'Orion. Mais je trouve qu'Hodierna l'a décrite quoique moins bien, dès 1644. Elle paroît à la vue simple comme une étoile de la troisième grandeur, mais à la lunette c'est un petit nuage lumineux et irrégulier, dans lequel néanmoins paroissent plusieurs petites étoiles, ce qui ne doit pas empêcher de la ranger dans la classe des vraies nébuleuses. Lorsqu'on considère les différentes formes que lui ont donné les astronomes qui l'ont observée, on est tenté de penser qu'elle a changé de forme. Ce qui a engagé le cit. Messier a en donner un dessin scrupuleusement exact dans les *Mémoires de l'Académie* de 1771, au moyen de quoi nos successeurs pourront reconnoître décidément ce qu'il en est. Voyez aussi les *Mémoires* de 1759, le *Traité de l'aurore boréale*, par Mairan, et l'*Astronomie* du cit. de la Lande.

Boulliau, découvrit aussi dans la ceinture d'Andromède une petite nébuleuse différente des deux précédentes, au moyen d'une bonne lunette : c'est une lumière pâle, d'où part un trait lumineux dirigé au nord-est.

Il y en a une semblable entre la tête et l'arc du Sagittaire, tout près du point solstitial dont Halley (*Phil. trans.* n°. 4), attribue la remarque à Abraham Ihle, astronome allemand;

(1) Mémoires présentés à l'Académie par divers savans, tom. II.

une dans le Centaure et sur la croupe du cheval, remarquée par Halley en 1677, et qui paroît comme une étoile de la quatrième ou cinquième grandeur; une au-devant du pied droit d'Antinoüs, reconnue par Kirch; une autre enfin dans la constellation d'Hercule, remarquée par Halley en 1714.

A ces nébuleuses, on doit joindre les deux taches lumineuses, connues des navigateurs dans l'Inde, sous le nom de *Nuées de Magellan* ou *du Cap*, et qui sont d'une étendue assez considérable (la Caille, Mém. 1755). Le nombre de ces apparences célestes fut augmenté par la Caille; car parmi les étoiles qu'il observa au Cap, il remarqua quarante-deux nouvelles nébuleuses, dont quatorze sont de l'espèce qui nous occupe, c'est-à-dire, des nébulosités accompagnées d'une ou plusieurs étoiles visibles dans leur intérieur. Elles sont partout assez multipliées dans le ciel, soit que ce soient de simples nébuleuses sur lesquelles on rapproche des étoiles situées en de-çà, soient que ce soit des amas d'étoiles, parmi lesquelles s'en trouvent quelques-unes d'un diamètre plus considérable. La Caille en remarque quatorze de cette troisième espèce, dans le récit de son voyage au cap de Bonne-Espérance (mém. de 1755). Le cit. Messier en observant les comètes, découvrit plusieurs nébuleuses. Le cit. Méchain en ajouta plusieurs autres, dont le catalogue parut dans les *Ephémérides* du cit. de la Lande, et dans les volumes de la *Connoissance des temps* de 1783 et 1784, avec de courtes notes sur chacune d'elles. Il étoit difficile que les citoyens Messier et Mechain, qui ont si long-temps cherché et trouvé des comètes, n'eussent pas reconnu des nébuleuses, car c'est sous cette forme que se présentent ordinairement les comètes lorsqu'on les aperçoit pour la première fois dans un grand éloignement.

Malgré toutes ces observations on étoit bien peu avancé sur les nébuleuses, lorsque M. Herschel, ayant fait de meilleurs télescopes, entreprit de nouvelles recherches et forma le projet de passer en revue toutes les étoiles qui s'élèvent sur notre horizon; bientôt un nouveau champ s'ouvrit devant lui; une foule d'étoiles qui jusques-là avoient paru simples aux yeux des astronomes, aidés des meilleurs instrumens, lui parurent doubles, triples, quadruples, et différemment colorées; des nébulosités jusqu'alors réputées simples et comme une expansion de matière lumineuse, lui ont paru des composés d'étoiles distinctes et comme grumelées ensemble. Aussi dans le style figuré qu'il emploie quelquefois, leur donne-t-il le nom de grappes. On doutoit avant lui si la blancheur de la voie lactée étoit, suivant la conjecture de Démocrite, due à des étoiles amoncelées. Les télescopes de M. Herschel le lui ont prouvé, il commença en 1776, temps apparemment où il fut en possession de son premier télescope, qui étoit un télescope neutonien, de sept pieds anglois et quelques pouces de foyer, où l'oculaire est appliqué sur le côté; il y mettoit des oculaires de différentes forces, qui lui donnoient des grossissemens en diamètre depuis cent soixante-dix fois jusqu'à cinq cent et plus : quelque extraordinaire que paroisse ce dernier grossissement, on voit par un écrit de M. Herschel, inséré dans les *Trans. philos.* de 1782, qu'il n'en est pas moins réel, vu le petitesse des oculaires que la perfection extrême de ses miroirs lui permettoit d'employer.

M. Herschel donna en 1782, dans les *Trans. philos.* le premier essai de ses observations sur les étoiles. Il consiste en un catalogue contenant deux cent soixante-neuf étoiles, doubles, triples, quadruples, toutes observées par lui, quelques-unes à la vérité avant lui, mais toujours dans ces derniers cas avec des détails de grandeurs, de positions et de couleurs, qui lui sont particuliers. Elles sont dans ce catalogue et dans les suivans divisées en six classes; dont la première contient celles qui sont si petites ou si voisines les unes des autres qu'elles ne peuvent être discernées que dans les temps les plus favorables et par des télescopes de la plus grande force, comme grossissant au moins quatre ou cinq cent fois les objets. Car il en est qui sont si voisines les unes des autres qu'elles se couvrent à demi, et n'ont paru doubles à M. Herschel que lorsqu'il y employoit des grossissemens de mille à quinze cent fois, ce qui a lieu aussi pour celles qui ne sont éloignées les unes des autres que d'une ou deux secondes. La seconde classe comprend celles dont l'éloignement va jusqu'à 5″; la troisième, celles où il va de 5 à 15″; la quatrième, la cinquième et la sixième enfin, celles où cet éloignement est 15 à 30″, de 30″ à 1′, et de 1′ à 2′ ou un peu plus.

Les télescopes de M. Herschel lui représentent les étoiles fixes sous un diamètre apparent et même assez bien terminé; et cependant à mesure que le grossissement est plus considérable ce diamètre apparent diminue; enfin la distance entre deux étoiles voisines, comme distantes de quelques secondes, augmente en plus grand rapport que la grandeur apparente des deux étoiles.

Il étoit important pour les vues particulières de M. Herschel, de mesurer ces distances et ces diamètres : les micromètres ordinaires seroient ici d'un usage nul ou défectueux, car il n'est aucun filet, si délié soit-il, qui, vu avec des oculaires tels qu'il les emploie, ne couvre la plus grande étoile, c'est pourquoi il a imaginé un micromètre qu'il appelle *à lampe*;

il consiste en un mécanisme particulier, au moyen duquel il présente à l'observateur, deux points lumineux extrêmement déliés et de telle manière, qu'en les éloignant ou les rapprochant par un effet de ce mécanisme, l'observateur qui regarde l'objet d'un œil, puisse apercevoir de l'autre les points lumineux et les faire tomber sur les deux étoiles dont il veut mesurer la distance ; alors connoissant la distance des deux points lumineux et leur éloignement de l'œil, on a l'angle apparent sous lequel est vue la distance des deux étoiles, et cet angle étant divisé par le nombre de fois que l'instrument grossit l'objet, donne la distance angulaire des deux étoiles.

Le P. Christian Mayer, à Manheim, avoit observé beaucoup d'étoiles doubles, et il avoit donné dans les *Mémoires de l'Académie* de Manheim, un essai *de Novis in cœlo sydereo phenomenis.* On y trouve ses observations des étoiles doubles ; son objet étoit de faire servir ces observations à déterminer s'il n'y a pas des étoiles qui tournent à l'entour d'autres comme leurs satellites ; ce qu'il crut même avoir découvert, mais qui n'a pas paru confirmé, et c'est par politesse que M. Herschel en parle dans les *Trans. philos.* de 1782, à la suite de son premier catalogue d'étoiles doubles ou multiples.

Ce premier mémoire n'étoit en quelque sorte que l'annonce de divers autres beaucoup plus étendus ; car en 1785, il publia dans les *Trans. philos.*, un second catalogue d'étoiles doubles ou plus que doubles, qui en contient trois cent trente-quatre de plus que le premier, ensorte que sans compter celles qui ont pu lui échapper, ou qu'il ne pouvoit voir comme ne montant jamais sur l'horizon de Londres, elles excèdent déjà le nombre de sept cents, présentant beaucoup de variétés singulières. Car il en est de blanches plus ou moins éclatantes, c'est le plus grand nombre, de roses, de rouges, de bleues, de vertes, de couleur de grenats, de gris cendré, d'obscures ou ternes.

M. Herschel a eu en vue de reconnoître s'il y a une parallaxe annuelle des étoiles d'où dépend la connoissance de leur éloignement. Il fait voir dans un mémoire particulier sur ce sujet, inséré dans les *Trans. philos.* de 1784, comment on peut au moyen d'une de ces étoiles doubles, ayant certaines conditions de position, et au moyen d'instrumens convenables, déterminer la parallaxe de l'orbite terrestre, fût-elle moindre qu'une seconde, comme il dit avoir lieu de le croire (1). Il faut pourtant convenir que cette détermination seroit toujours fondée

(1) Si la parallaxe de l'orbite solaire à l'égard de l'étoile la plus voisine de nous, comme Sirius, n'étoit que d'une seconde, la tangente d'une seconde étant cent six mille fois plus petite que le rayon, la distance de Sirius seroit sept millions de millions de lieues.

sur la vérité de quelques suppositions, par exemple que toutes les étoiles sont à peu près de même grandeur et égales à notre soleil, ensorte qu'une étoile de la seconde grandeur, soit à une distance double de celle de l'étoile de première grandeur.

M. Herschel a aussi prodigieusement augmenté le nombre des nébuleuses; car aidé de ses excellens télescopes, il en a trouvé plus de deux mille trois cents dont il a donné le catalogue et les particularités qui les distinguent dans les *Trans. philos.* de 1786 et 1789. Mais ce n'est pas là tout, avant lui on n'avoit pu apercevoir la plus grande partie de ces nébuleuses que comme des nuages lumineux, ce qui avoit donné lieu de penser qu'elles n'étoient que des espèces de mers de matière lumineuse répandue et immobile dans les espaces célestes. On avoit la même idée de la lumière que répand la voie lactée. Mais les télescopes de M. Herschel lui ont démontré que toutes ou presque toutes ces taches lumineuses ne sont que des groupes d'étoiles conglobées et de différentes formes; les unes fort irrégulières, les autres approchant davantage de la régularité, d'autres enfin rondes et de figure sphérique dont la lumière et l'accumulation des petites étoiles va en augmentant de la circonférene au centre. Cependant il juge qu'il y a des nébuleuses qni ne sont pas des amas d'étoiles. *Philos. trans.* 1791 et 1795. M. Herschel a aussi observé onze nébuleuses rondes comme des planètes, et qu'il appelle nébuleuses planétaires. *Philos. trans.* 1785, 1786 et 1789.

Quant à la voie lactée qu'il croit n'être qu'une nébulosité semblable dont notre soleil est une des étoiles, il a également jugé au moyen de son télescope de vingt pieds de foyer qu'elle est formée par une multitude innombrablable d'étoiles: les compter seroit une chose impossible, mais on peut se former une idée de leur nombre d'après un calcul qu'il fait : en tournant son télescope sur une des parties médiocrement éclatantes de la voie lactée, il a compté dans l'étendue du champ de son instrument qui étoit d'un demi degré, tantôt cent dix, tantôt quatre-vingt-dix, soixante, soixante-dix, soixante-quatorze, soixante-trois étoiles, et par un calcul moyen soixante-dix-neuf. Si donc nous supposons une zone de deux degrés de largeur sur quinze degrés de longueur, qui est ce que M. Herschel pouvoit observer ou balayer dans une heure, on trouvera que cet espace contient plus douze mille (1) étoiles tant grandes

(1) M. Herschel dit *fifty thousand*, 50 000; mais je soupçonne qu'il y a faute d'impression, et qu'il devroit y avoir *fifteen*, car le nombre de 12 000 est celui qui résulte d'un calcul assez rigoureusement fait. Mais en y ajoutant celles que l'instrument lui faisoit quelquefois entrevoir, ce nombre pourroit facilement monter à 15 000 et plus.

que petites. Quel peut donc être le nombre de celles que contient la vaste nébulosité de la voie lactée.

Il nous reste à dire quelque chose des conjectures de M. Herschel sur ce qu'il appelle la construction des cieux. Qu'on se représente une multitude innombrable de grouppes d'étoiles, disséminées de loin en loin, comme des îles dans un vaste océan, l'espace intermédiaire étant semé d'étoiles ou soleils isolés. Tel est l'état actuel ; mais en remontant à un temps antérieur, on peut concevoir la formation de ces groupes en supposant seulement dans cet espace illimité cette multitude d'étoiles de grandeurs inégales disséminées à des distances elles-mêmes inégales. Car de cette supposition et de celle de l'attraction mutuelle des parties de la matière, il suivra que dans différens points quelque étoile supérieure en force condensera en quelque sorte autour d'elle les plus voisines, et acquérant par-là une nouvelle force, elle établira dans son voisinage une espèce de courant qui amènera vers ce centre commun, par un mouvement fort lent et peu-à-peu accéléré, les étoiles qui ne se trouveront pas contrebalancées par quelque pouvoir central voisin. Il a fallu peut-être des millions d'années pour amener les choses à l'état où elles sont. Mais qu'est-ce que des millions d'années dans la durée infinie du temps ; cela n'est effrayant que pour des êtres aussi limités en durée et en intelligence que nous le sommes.

Un fait qui vient à l'appui de cette formation des nébulosités ou groupes d'étoiles, c'est qu'en général aux environs de ces nébulosités, les espaces célestes sont beaucoup moins garnis d'étoiles, et cela au point que M. Herschel est en état de prévoir l'arrivée prochaine d'une nébuleuse dans son télescope, en y voyant passer un espace presque dénué de ces points lumineux.

Ces nébulosités sont donc dans un état continuel de formation dont la maturité, pour ainsi dire, est la forme globuleuse et peut-être enfin la confusion entière de tous ces points lumineux, ou de ces foyers de feu et de lumière en un seul, lorsque l'équilibre qui les maintient à une certaine distance sera enfin rompu. Alors peut-être de même qu'un édifice met cent ans à s'acheminer vers sa chûte, et arrivé à son point de maturité parfaite s'écroule en un instant ; ainsi un systême ou groupe d'étoiles retombera dans un temps fort court sur lui-même, et se confondra en un vaste et immense foyer de lumière. Telle fut peut-être l'origine de la nouvelle étoile qui parut tout-à-coup en 1572 dans Cassiopée, comme un feu nouveau et qui s'évanouit au bout d'environ dix-huit mois. Mais il est plus difficile d'expliquer pourquoi cette nouvelle masse de feu ne seroit pas aussi permanente que celle de chaque étoile dont elle seroit composée.

Notre soleil est situé dans une vaste nébulosité de cette espèce ; savoir, la voie lactée qui est encore fort informe. M. Herschel en tire les preuves de son apparence circulaire, car elle environne tout le ciel à-peu-près comme un grand cercle de la sphère. Sa forme annonce qu'elle peut être comparée à un *stratum*, une couche d'étoiles fort voisines les unes des autres, de peu d'épaisseur, qui se bifurque en deux, vers une de ses extrémités et de l'autre se termine en pointe. Cela résulte d'un moyen ingénieux, par lequel M. Herschel en sonde en quelque sorte la profondeur dans ses différens sens et dont il faut donner ici une idée.

Supposons, en effet, une pareille couche peu épaisse, mais fort allongée dans un sens et médiocrement large dans l'autre, et que les étoiles qui la composent soient à-peu-près à des distances égales entr'elles ; il résultera de-là pour l'observateur placé vers le milieu de l'épaisseur de la couche, qu'en regardant dans le sens perpendiculaire à sa longueur et largeur, il n'appercevra qu'un médiocre nombre d'étoiles. Ainsi il n'appercevra de ce côté aucune clarté extraordinaire ; mais lorsqu'il tournera son télescope dans un sens oblique à cette longueur et largeur, il appercevra le champ de la lunette d'autant plus garni de petites étoiles, et ce nombre augmentera à-peu-près en même proportion que la direction de son télescope approchera davantage d'être en quelque sorte couché dans le sens de la longueur ou de la largeur de la couche ; ce nombre enfin sera le plus grand dans le sens de la longueur. M. Herschel est parvenu, d'après cette considération, et au moyen d'une longue suite d'observations, au nombre de près de 800, dont il donne le détail dans les *Trans. philos.* de 1785, à mesurer d'une manière approchée les différentes dimensions en longueur et largeur de la nébulosité dont notre système solaire et notre soleil font partie.

Quant à son épaisseur, elle doit être peu considérable, puisque dans le sens perpendiculaire aux deux autres dimensions le ciel ne présente point de clarté extraordinaire, et même que cette clarté ne s'étend qu'à quelques degrés, et fort irrégulièrement à gauche et à droite du cercle que paroît former la voie lactée.

Si l'on juge, comme M. Herschel, de l'ancienneté et de l'âge, pour ainsi dire, d'une nébuleuse par son plus grand ou moindre éloignement de la figure sphérique vers laquelle l'attraction doit nécessairement l'amener par degrés insensibles, notre nébuleuse doit être une des moins anciennes ; car sa figure est encore loin de la sphérique. Mais elle doit s'en rapprocher peu-à-peu, et peut-être que si nous en avions des peintures exactes et de cinq à six mille ans, nous verrions qu'elle a changé de forme ; on le soupçonne avec fondement de la belle nébuleuse d'Orion, qui ne ressemble plus guère à la figure qu'en a donné Huygens.

On trouvera de plus grands détails dans les mémoires de M. Herschel, dont le premier intitulé : *Account of some observations tending to investigate the construction of heavens*, se lit dans le volume des *Trans.* de 1784. On y voit entr'autres les nombreuses et différentes formes sous lesquelles les nébuleuses se sont présentées à son télescope de dix pieds ; le second, intitulé : *On the construction of heavens*, est dans les *Trans.* de 1785 ; et un troisième dans celles de 1786, où il donne le catalogue de mille de ces nébuleuses, découvertes et observées avec son télescope de vingt pieds de foyer et de dix huit pouces et demie d'ouverture ; le dernier enfin, dans les *Trans.* de 1790, où il présente avec des nouvelles réflexions un catalogue de mille autres nébuleuses. C'est dans ces mémoires que les astronomes physiciens pourront rechercher le développement de ce que la nature de cet ouvrage ne nous permet que d'esquisser.

III.

De la théorie du soleil, ou du mouvement de la terre.

Quoique la théorie du soleil, qu'on devroit plutôt appeler celle de la terre, ait toujours attiré la principale attention des astronomes du siècle dernier, on n'avoit point atteint la précision d'une minute dans les époques du moyen mouvement, dans la quantité de l'équation de l'orbite de la terre ; on n'avoit pas assez bien le lieu et le mouvement de son aphélie, ni l'obliquité de l'écliptique ; en effet, à mesure que l'astronomie s'est perfectionnée, on a eu l'ambition d'atteindre à une exactitude qui eût paru chimérique dans le commencement. D'ailleurs, l'on a été conduit par les vérités démontrées dans la physique céleste de Newton, à reconnoître de nouvelles causes d'inégalité dans le mouvement de la terre, ou le mouvement apparent du soleil, qui ont nécessité de nouvelles équations. Enfin, si l'on considère que l'observateur terrestre est sans cesse porté sur un observatoire mobile, savoir, la terre tournant autour du soleil, et que c'est de-là qu'il apperçoit les autres planètes dans l'étendue des cieux, on concevra facilement combien la perfection de la théorie du mouvement de la terre doit influer sur celle des

planètes

planètes elles-mêmes, d'où il résulte que la théorie du soleil n'est pas seulement importante par elle-même, mais qu'elle est en quelque sorte la base de toute l'astronomie planétaire.

Quand on sait que la terre se meut autour du soleil, dans une ellipse dont cet astre occupe un foyer, il est facile de concevoir qu'une grande partie de la théorie, dont nous parlons, consiste à déterminer avec la plus grande précision, la position de la ligne des apsides, le mouvement de cette ligne qu'on sait se faire selon l'ordre des signes, mais avec une lenteur très-grande; la quantité de l'excentricité ou de la distance entre le foyer occupé par le soleil et le centre de l'ellipse, qui est l'orbite de la terre, grandeur dont dépend celle de l'équation, ou de l'inégalité de son mouvement; enfin, la durée de l'année solaire ou de la révolution de la terre, d'où se déduit celle de sa révolution par rapport à l'aphélie; car ce sont là les élémens fondamentaux du calcul du lieu apparent du soleil, et de toute planète tournant autour de cet astre.

On ne doit donc pas s'étonner des soins qu'ont pris les astronomes et géomètres de tous les temps pour déterminer ces élémens avec la plus grande précision. Plusieurs astronomes imaginèrent des méthodes pour cet effet. On peut voir dans différens livres celles de Cassini, Halley, Flamsteed, la Caille, etc. rassemblées dans l'astronomie du cit. de la Lande. Elles sont en général fondées sur trois observations du lieu du soleil; et plus ces lieux ont été observés exactement ou dans des circonstances plus favorables, ou selon qu'on a pris pour base une hypothèse plus approchante de la véritable, on a obtenu des résultats d'autant plus approchans de la vérité. On peut voir dans l'astronomie du cit. de la Lande le tableau de ces déterminations, selon les astronomes du siècle dernier et de celui-ci. On doit un tribut d'éloge à chacun de ces astronomes, dont il n'est aucun qui n'ait contribué par ses observations ou par une combinaison de celles des autres, à approcher de plus en plus du but; si nous écrivions l'histoire de l'astronomie en particulier, nous entrerions dans des détails plus grands sur chacun d'eux. Il nous suffira de dire ici que pendant long-temps les tables solaires de Flamsteed, de Cassini, de la Hire, de Halley, de Tobie-Mayer, de le Monnier, de la Caille, ont eu successivement la préférence; actuellement c'est le cit. Delambre et M. de Zach à qui nous devons les meilleures tables du soleil.

La méthode de Flamsteed, pour déterminer rigoureusement le lieu du soleil et des étoiles, fut un des premiers moyens de perfection pour les tables solaires; le grand nombre des observations de la Caille vers 1750; le calcul des attractions des planètes sur la terre, par Clairaut; enfin, les observations de

M. Maskelyne, depuis 1765, ont amené successivement de nouveaux degrés d'exactitude, et nous n'ayons pas actuellement plus de sept à huit secondes d'incertitude sur le lieu du soleil, dans les tables du cit. Delambre.

La théorie de l'attraction a surtout contribué à la perfection des tables du soleil. La découverte de la nutation, en 1748, fit voir que les longitudes de tous les astres changeoient de dix-sept secondes en dix-huit ans. Les découvertes de Newton avoient aussi prouvé que le mouvement de la terre est dérangé tant par l'action de la lune que par celle des planètes, surtout Vénus et Jupiter. Nous parlerons d'abord de l'équation qui résulte de la lune.

Newton ayant démontré que lorsque plusieurs corps agissant les uns sur les autres, circulent à l'entour d'un troisième, leur centre de gravité commun décrit autour de ce dernier des aires proportionnelles au temps, il s'ensuit que ce n'est pas la terre elle-même qui se meut suivant cette loi autour du soleil, mais le centre de gravité commun de la terre et de la lune; ainsi, dans la première quadrature de la lune, la terre est plus en avant que son centre de gravité, et au contraire dans la seconde elle est moins avancée; cette différence est mesurée par le petit angle que fait en ce moment le rayon vecteur du centre de gravité et la ligne tirée du soleil au centre de la terre. Pour déterminer cet angle, il est donc nécessaire de connoître la distance à la terre du centre de gravité commun de la terre et de la lune, ainsi que la parallaxe horizontale du soleil; car si le rayon vecteur étant alors à peu de chose près perpendiculaire à la ligne qui joint les centres de la lune et de la terre, et cet angle étant fort petit, il sera à l'angle de la parallaxe horizontale en même rapport que la distance entre le centre de gravité dont nous parlons et le centre de la terre, au rayon terrestre.

Quant à la détermination de la distance du centre de gravité commun de la lune et de la terre, au centre de cette dernière, il est aisé d'appercevoir qu'elle tient à la connoissance des masses respectives de ces deux corps. Car connoissant leur distance moyenne centrale qui est de soixante demi-diamètres terrestres, il n'y a qu'à la diviser en deux parties qui soient en raison de ces deux masses, et la plus petite sera la distance du centre de gravité commun, au centre de la terre. En supposant, par exemple, ce qui est le plus probable, que la masse de la lune ne soit qu'un quarante-neuvième de celle de la terre, la distance du centre de gravité commun au centre de la terre sera un quarante-neuvième de la distance des deux planètes, ou un rayon et demie de la terre; supposant enfin que la parallaxe horizontale du soleil soit de 8″ $\frac{3}{4}$, on aura pour cette équation au temps des quadratures six secondes.

Euler nous paroît être le premier qui y ait eu égard, et qui l'ait annoncée dans ses *Opuscula varii argumenti*, (Berolini, 1746, *in*-4°.) et employée dans les tables solaires qui y sont jointes. Dans un mémoire de ce grand géomètre, qu'on lit dans le recueil de Pétersbourg pour les années 1745 et 1748, et qui a pour objet les perturbations causées par la lune dans le mouvement de la terre, il y fait quelque changement. Car il y observe que le centre commun de gravité de la terre et de la lune, éprouve lui même une perturbation qui l'empêche de décrire exactement une ellipse, et dans les trois suppositions les plus probables du rapport de la masse de la terre à celle de la lune; il trouve la plus grande équation lunaire entre 13 et 20″; mais on l'a diminué d'après les calculs les plus récens.

Nous n'avons envisagé jusqu'à présent la chose que sous l'aspect le plus simple; mais si l'on y vouloit faire entrer tous les élémens, comme l'excentricité de l'orbite terrestre, les distances variables du soleil à la terre et de la terre à la lune, on trouveroit pour cette équation une expression beaucoup plus composée, telle que celle que donna Clairaut dans les Mémoires de l'Acad. pour 1754. Elle y est déduite de sa solution générale du problême des trois corps. Il nous suffira de dire ici que combinant diverses observations de la Caille faites au cap de Bonne-Espérance et dans l'île Bourbon, il fixe par un résultat moyen l'équation dont il s'agit à 8″ 7.

D'Alembert ne pouvoit manquer d'examiner aussi cet objet; il l'a fait dans ses *Recherches sur différens points importans du systême du monde*; et en supposant la parallaxe du soleil de 15″, et la raison des masses de la lune et de la terre de 1 à 79, il trouvoit 11″. Mais d'Alembert connoissant peu les ouvrages des astronomes, choisissoit mal ses données, et ses résultats ont été presque toujours incomplets. Lacaille dans ses tables la réduisit à 8″4.

On ne doit point être étonné de cette variété de sentimens ou de résultats de calculs, jusqu'à l'époque où nous sommes arrivés. Car dans tous ces calculs, il entroit deux élémens encore fort incertains, celui de la parallaxe horizontale du soleil, et celui de la masse de la lune comparée à celle de la terre. Ces élémens ont été depuis déterminés plus exactement, le premier par les observations du passage de Vénus sur le disque du soleil, dont il résulte que la parallaxe du soleil n'excède pas 8″ $\frac{3}{4}$. L'autre a été déterminé d'après une multitude d'observations sur les marées; il en résulte que la masse de la lune est à celle de la terre, au plus, dans le rapport de 1 à 66, suivant le cit.

a Lande, 58,57 suivant le cit. la Place. (*Mém. de l'Acad.* 1770). Ce rapport combiné avec le précédent, donne la plus grande équation lunaire de 8″4, suivant les tables de la Caille ; Delambre l'a fait de 6″, la Place de 9″ Zach de 10, Triesnecker de 11 et Wurm de 12.

Je finirai par un ouvrage que je crois du P. Asclepi, savant jésuite de Rome, et qui est intitulé : *De Menstruâ solis parallaxi Senis observata*, de Rome 1764, *in*-4°. Ce savant astronome nous apprend qu'en 1754, il se transporta à Sienne pour y faire des observations tendantes à constater la valeur de cette équation, à laquelle il donne le nom de *parallaxe menstruelle du soleil ;* plus de cent observations faites dans cette vue pendant six années, qu'il compare ensemble avec beaucoup d'adresse et de travail, lui donnent la parallaxe menstruelle ou la plus grande équation de 8″ ; mais je ne sais si ses observations étoient d'une exactitude suffisante pour un objet si délicat.

Nous avons parlé de deux autres équations du mouvement de la terre, l'une dépendante de l'action de Vénus, l'autre de celle de Jupiter. Clairaut s'occupa à les démêler dans le volume de 1756, d'après sa solution du problême des trois corps, et une application de ses formules pour la construction des tables de ces équations, et elles ont été employées par la Caille dans ses tables solaires, où il les a même simplifiées.

Les détails où nous venons d'entrer sur ces divers points de la théorie du mouvement du soleil ou de la terre, nous ont souvent ramené au travail de la Caille, qui s'en occupa long-temps et avec succès. Aussi, les tables de la Caille ont été pendant long-temps les meilleures pour la théorie du soleil, leur écart des observations étoit à peine de 20″, et à cette époque il étoit impossible de faire mieux ; mais comme il n'est rien qui ne soit susceptible d'un degré de perfection ultérieure, ces tables quelque bonnes qu'elles soient, le cèdent aujourd'hui aux nouvelles, calculées par le cit. Delambre. Cet astronome, à qui je ne puis comparer que la Caille, ayant des observations de Maskelyne, caractérisées par la plus grande justesse, les a combinées, et au moyen de légers changemens faits dans les élémens de l'orbite du soleil, il est parvenu à les représenter à quelques secondes près. M. de Zach, célèbre astronome de Gotha, a fait un semblable travail et vers le même temps, il a obtenu à peu près les mêmes résultats ; et nous ne craignons plus que des erreurs de 7 à 8 secondes, ce qui est absolument insensible.

On a long-temps agité deux questions sur cette théorie du soleil. La durée de l'année solaire est-elle absolument constante ou sujette à une diminution successive? La plus grande équation du soleil ou l'excentricité de l'orbite terrestre dont elle dépend, est-elle constante ou variable?

A l'égard de la première de ces questions, Euler avoit pensé que l'année solaire, ou la révolution de la terre est aujourd'hui moindre que dans les temps anciens, d'où il suivroit que l'orbite de la terre se contracteroit sans cesse, et même par un mouvement accéléré, et qu'enfin cette planète finiroit par tomber dans le soleil et en être absorbée, après que Mercure et Vénus auroient eu auparavant le même sort.

Ce sentiment paroissoit fondé sur la comparaison des anciennes observations de Ptolemée, avec les observations modernes, cette comparaison sembloit donner une année plus longue de quelques secondes, que celle qu'on trouve en comparant les observations ou du moyen âge, ou de la fin du quinzième siècle, avec les observations de ce siècle-ci et du précédent.

Euler qui n'étoit pas pour l'hypothèse d'un vide absolu dans les espaces célestes, étoit porté à penser que la durée de l'année solaire devoit diminuer. On ne voit pas d'abord comment une retardation dans le mouvement progressif de la terre doit produire cet effet; car il sembleroit devoir en résulter tout le contraire. Mais d'après la nature des orbites décrites par un corps projeté à l'entour d'un centre d'attraction, cette orbite est d'autant plus grande, et le temps employé à faire une révolution est d'autant plus long que la force de projection est plus grande. Or, l'effet de la résistance d'un milieu est de diminuer la vîtesse du projectile, d'où il suit que ce projectile, la terre, par exemple, revenue à son aphelie après une révolution, partiroit de ce point pour sa seconde révolution avec une force de projection moindre que la première fois. Elle décriroit donc cette fois une ellipse plus resserrée; or, les carrés des temps des révolutions dans des ellipses de dimensions différentes, sont comme les cubes des distances; l'on doit, en effet, conclure que cette seconde révolution sera décrite en moins de temps. A mesure donc que l'orbite se contractera, la révolution sera moindre. Aussi, Euler avoit-il déjà adopté dans ses *tables solaires* (1), une diminution qui doit croître ensuite en raison doublée des temps, en sorte que si elle a été d'une seconde dans un siècle, elle sera de 4″ en deux siècles, et ainsi de suite; dans cette supposition enfin, l'orbite de la terre seroit une spirale approchant de son centre d'abord insensiblement, et ensuite par des rapprochemens de plus en plus sensibles.

La Caille avoit aussi remarqué dans ses calculs sur la grandeur de l'année solaire, que ses observations des solstices comparées

(1) *Opuscula varii argumenti.* Berol. 1746, *in*-4°.

avec quelques-unes de Picard faites quatre-vingt-dix ans auparavant, donnoit à l'année solaire seulement de 365j 5h 48′ 40″ ; tandis qu'elle étoit dans le siècle précédent de 365j 5h 48′ 50 ou 55 secondes. Mais il a reconnu dans la suite qu'il y avoit eu erreur dans une des observations de Picard, et il a pris en effet pour fondement de ses tables la quantité de 365j 5h 48′ 49 ou 50 secondes.

Le cit. de la Lande, dans un mémoire sur les moyens mouvemens des planètes, fit voir que les anciennes observations, du moins celles qu'on a droit de regarder comme les plus exactes, établissoient une égalité entre l'ancienne année solaire et celle de notre siècle. Il jette à cetta occasion beaucoup de doute sur l'habileté et même sur la véracité de Ptolémée ; car c'est surtout de ses observations comparées aux modernes que résulteroit le raccourcissement ; tandis que de celles d'Hipparque antérieur de près de 300 ans à Ptolémée, il ne résulte rien de semblable ; il a mis encore cette vérité hors de doute dans une pièce qui remporta le prix de l'académie de Copenhague, qui est dans les mémoires de l'académie de 1782, où il trouve la durée de l'année de 365j 5h 48′ 48″, et cela par des observations de divers siècles.

Tobie-Mayer a été du même avis, et il a rejeté cette accélération du mouvement de la terre. Il ne lui a donné aucune place dans ses tables luni-solaires.

Cependant l'effet de la résistance du milieu parut mériter d'être approfondi, et c'est-là ce qui engagea l'académie des sciences à proposer pour le prix de l'année 1762, la question de déterminer *si les planètes se meuvent dans un milieu dont la résistance produira quelque effet sensible sur leur mouvement.* Car il n'y avoit aucun doute que l'effet de cette résistance sur notre globe ne fixât principalement les recherches des concurrens. Deux pièces fixèrent surtout les regards de l'académie ; celle du cit. Bossut, auquel d'Alembert fit adjuger le prix, et celle de Jean Albert Euler, fils du célèbre Léonard Euler, qui n'eût que l'*accessit.*

Dans la première, le cit. Bossut tâchoit d'expliquer l'accélération de la lune par la résistance de la matière éthérée ; mais il étoit réservé au cit. de la Place d'en découvrir la véritable cause dans le changement d'excentricité de l'orbite terrestre.

Euler travailla à établir dans la sienne que les espaces célestes doivent être nécessairement remplis d'une matière qui, quelque ténuité qu'on lui attribue, ne fût-ce que le fluide de la lumière, doit opérer une résistance dans le mouvement des corps cé-

(1) *Mémoires de l'Académie*, 1757.

lestes ; il suppose ce fluide élastique plusieurs centaines de millions de fois moins dense que notre air, et il calcule au moyen d'une savante analyse la trajectoire d'un corps de densité donnée qui la traversera ; il arrive enfin à une formule qui, appliquée à l'orbite de la terre, lui donne le raccourcissement du rayon vecteur au bout d'une révolution, et le temps pendant lequel elle s'achèvera, lequel est toujours plus court que le précédent. Mais il entre dans ce calcul plusieurs données incertaines, comme la densité et l'élasticité du milieu ; il semble toujours en résulter que l'orbite de la terre éprouvera une altération et le temps de sa révolution un raccourcissement quelconque. Cette conséquence est fondée sur les lois de la mécanique ; mais la suite des siècles pourra seule mettre nos descendans à portée de décider sur le fait du raccourcissement de l'année solaire. S'il est réel, il faudra admettre dans les espaces célestes une matière quelconque capable de résister. Quant à présent, on n'admet de changement pour l'année tropique que seulement à raison de la précession des équinoxes, mais aucune dans l'année sidérale qui est la véritable révolution de la terre.

L'autre question que nous nous sommes proposée est de savoir si l'excentricité de l'orbite terrestre est variable ou si elle est constante. La Caille, de la Lande, Mayer et d'autres n'y admettent aucune variation. Lemonnier en admettoit une, mais alors les perturbations que la terre éprouve par les planètes n'étoient pas calculées et éclaircies. La terre étant tiraillée, pour ainsi dire, comme elle l'est, par les actions de Vénus et de Jupiter, et même par l'action passagère de quelques comètes, il est bien difficile de ne pas admettre dans cette excentricité quelque légère variation. Car est-il, à raison de cette action mutuelle de tous les corps célestes, quelque élément de leurs mouvemens qui soit absolument invariable. Mais ces légères variations ont leurs périodes de restitution ; et c'est ce que le cit. de la Grange a fait voir dans les Mémoires de Berlin pour 1782, où il trouve que l'équation du soleil diminue de dix-neuf secondes par siècle, mais cette diminution deviendra dans la suite une augmentation lorsque les aphélies auront changé de place.

Nous pourrions parler ici de l'obliquité de l'écliptique et examiner si elle est constante ou non. Mais cette question, ainsi que quelques autres relatives au mouvement de la terre, fera l'objet d'un article particulier.

IV.

Du mouvement de la lune, considéré astronomiquement, ou des inégalités que l'observation a fait connoître.

De toutes les planètes ou corps célestes qui changent continuellement de place, la lune est celle qui, de tout temps, a le plus exercé la sagacité des astronomes ; on est toutefois enfin venu à bout de la fixer, mais il a fallu toutes les ressources de l'analyse la plus profonde, et celles d'une imagination féconde à combiner toutes les circonstances des observations.

Nous ne parlerons dans cette article que du résultat des observations, réservant pour le suivant les causes physiques des irrégularités de la lune et le développement des calculs qui sont fondés sur ces causes. Mais nous croyons devoir d'abord présenter un tableau succint de ce qui a été déjà dit sur ce sujet.

Parmi les irrégularités de la lune, il en est surtout deux principales et plus sensibles. La première, semblable à celle de toutes les planètes, dépend de l'ovalité de l'orbite et de l'éloignement de la lune à son apogée. Elle est trop sensible pour n'avoir pas été bientôt reconnue ; elle se renouvelle tous les mois, et en quinze jours on voit 10 à 12 degrés de différence entre le vrai mouvement de la lune et son mouvement moyen. Mais il n'en est pas ainsi de la seconde, quoique encore bien considérable, puisqu'elle surpasse un degré ; tantôt nulle, elle n'affecte point la première ; dans d'autres circonstances conspirant avec elle ou la contrariant, elle l'augmente ou la diminue, en sorte que la première équation va tantôt à $7^{\circ} \frac{2}{3}$, tantôt seulement à 5°, dont le lieu de la lune est tantôt plus tantôt moins avancé qu'il ne devroit être si la première inégalité seule avoit eu lieu.

Après bien des efforts infructueux de la part des premiers astronomes, pour astreindre ces bisarreries à une loi, Ptolémée y parvint enfin et reconnut que cela dépendoit de la position de l'apogée de la lune relativement au lieu du soleil. Lorsque l'apogée de la lune coïncide avec le lieu du soleil, cette deuxième inégalité est nulle ; mais lorsque le soleil dépassant l'apogée de la lune (car il se meut environ dix-huit fois plus vîte) l'a laissé en arrière, alors cette inégalité commence à se montrer.

Ptolémée tentoit de représenter tout cela par une hypothèse purement mathématique ; mais nous avons montré, en parlant de cet ancien astronome, en quoi elle étoit défectueuse.

Pendant le grand nombre de siècles qui s'écoulèrent depuis cet

cet astronome jusqu'à Tycho, il ne se fit rien de remarquable sur la théorie de la lune. On accumula seulement des observations, on fixa mieux la durée de certaines périodes, on reconnut les défauts de l'hypothèse ancienne ; mais on n'y apporta aucun remède, ou du moins on n'y en apporta que d'insuffisans dans les nouvelles hypothèses que l'on proposa ; comme dans celle de Copernic. Nous remarquerons seulement que Reinhold eut l'idée d'appliquer l'orbite elliptique à la théorie de la lune. Il proposa une hypothèse dans laquelle en conservant en gros celle de Ptolémée, il faisoit elliptique l'orbite ou le déférent de l'épicycle qu'employoit cet astronome ; par ce moyen on représentoit un peu mieux les observations.

Cette idée a pu conduire Kepler à celle des orbites elliptiques dont le succès est bien reconnu aujourd'hui.

Tycho-Brahé accrut la théorie de la lune de bien des découvertes qui avoient échappé à ses prédécesseurs. Muni d'instrumens fort supérieurs à tout ce que l'Astronomie avoit employé jusqu'alors, et occupé d'observations pendant 20 ans, il démêla dans les mouvemens de cette planète plusieurs phénomènes nouveaux. Il reconnut une troisième inégalité de son mouvement qu'il appela variation, et dont la révolution se fait de la conjonction ou l'opposition jusqu'aux quadratures, en sorte qu'elle est la plus grande quand la lune est dans les octans ou éloignée du soleil de 45°. Il aperçut aussi l'équation annuelle qui dépend de l'éloignement du soleil, et qui est nulle deux fois l'année ; mais ne connoissant pas bien l'équation du temps solaire dans laquelle il la confondoit, il n'en détermina pas la véritable quantité. Il trouva que les nœuds qui ont un mouvement rétrograde, ne l'avoient pas toujours de la même quantité ; il aperçut la variation périodique de l'inclinaison de l'orbite lunaire au plan de l'écliptique, ce qui lui donna lieu d'introduire dans le calcul de la lune une équation nouvelle, très-nécessaire pour approcher de la vérité, et qui corrige à-la-fois l'inclinaison et le nœud. L'hypothèse par laquelle il représentoit ces mouvemens, hypothèse, au reste, purement mathématique, s'est trouvée d'accord avec la théorie.

Kepler fit dans la théorie de la lune des changemens analogues à ceux qu'il avoit faits dans celles des autres planètes. Il fit mouvoir la lune dans une orbite elliptique pour représenter sa première inégalité ; de sorte que je ne sais par quelle raison Newton attribue cette idée à Horrox, peut-être parce que Horrox avoit admis une excentricité variable (1). Mais cela ne suffisoit pas, il falloit trouver le moyen de représenter la seconde inégalité

(1) *Principes*, liv. III.

et de la soumettre au calcul, et il se servit pour cela d'un cercle sur lequel il faisoit mouvoir le centre de l'orbite lunaire. A l'égard de la troisième, que nous appelons variation, Kepler adoptoit sans changement l'équation empyrique proposée par Tycho, qui l'expliquoit avec un petit cercle placé sur le grand.

Celui qui, dans le siècle dernier avant Newton servit mieux l'Astronomie en ce qui concerne la théorie de la lune, fut Horroccius ou Horrox : ce jeune astronome, quoique dénué presque de tout secours, car il vivoit dans un petit bourg d'Angleterre, à quelques lieues de Liverpool, ne laissa pas de découvrir par la seule force de son génie deux des causes les plus difficiles des inégalités de cette planète. L'une tient à la variation de son excentricité, et l'autre à un mouvement de libration de son apogée. Cette variation d'excentricité se faisoit selon lui par un changement dans la position du centre de l'orbite; en sorte que ce centre se mouvoit sur un petit cercle, et que l'orbite de la lune s'applatissoit en quelque sorte.

La libration de l'apogée est un mouvement par lequel tantôt il avance tantôt il recule, suivant l'aspect de la lune avec le soleil, quoique avançant plus qu'il ne rétrograde, il se trouve à chaque révolution de la lune s'être avancé d'environ trois degrés. Ce mouvement étoit intéressant à démêler, puisque la quantité de la première équation de la lune, qui est considérable, en dépend.

Mais ces découvertes d'Horrox sur la théorie de la lune ont resté long-temps enfouies. Car il mourut peu après sa fameuse observation du passage de Vénus sous le soleil, en 1639, et ses papiers restèrent inconnus jusqu'à ce que le hasard les fit tomber entre les mains de Flamsteed, qui sentit tout le mérite de la découverte d'Horrox. Il s'en servit pour calculer des tables qui furent imprimées en 1673, dans les *Opera Posthuma* de cet astronome, par les soins du docteur Wallis.

L'équation annuelle que Tycho avoit entrevue, que Horrox avoit employée, fut mieux déterminée par Halley, dont la sagacité à observer et à combiner ses observations a été très-utile. Il revenoit à peine de son voyage à l'île Sainte-Hélène, qu'il reconnut cette nouvelle inégalité de la lune, dépendante de la distance de la terre au soleil. Elle consistoit en ce que la révolution périodique de la lune est moindre, lorsque la terre est aphélie que lorsqu'elle est périhélie, d'où naît une nouvelle équation pour le mouvement annuel de la lune, laquelle est la plus grande vers la fin du troisième signe de distance de la terre à son aphélie, où, suivant Halley, elle monte à 13′, qu'on a depuis réduit à 11′ 9″. Les mouvemens moyens de l'apogée de la lune et de ses nœuds sont sujets par-là à une semblable inégalité. Ainsi, Halley avoit en quelque sorte deviné ce que Newton a fait voir depuis être un des effets de l'attraction du soleil; savoir, que dans l'aphélie de la terre l'orbite de la lune est contractée, et conséquemment décrite en moindre temps; car les carrés des temps périodiques, sont en raison des cubes des distances, et qu'au contraire, elle est dilatée dans le périhélie, et conséquemment a besoin de plus de temps pour être décrite.

Halley reconnut aussi l'équation séculaire de la lune; comparant les observations les plus anciennes avec celles d'Albatégnius, et celles-ci avec les modernes, il vit que le moyen mouvement de la lune s'étoit ralenti de quelques secondes. On étoit d'abord tenté d'en conclure que la terre s'étoit rapprochée du soleil, que son mouvement s'étoit accéléré; il pouvoit, s'en suivre que la terre s'approchant sans cesse du soleil, et même par un mouvement qui devoit s'accélérer de plus en plus, pourroit enfin retomber dans cet astre pour en être dévorée. Mais, le cit. de la Place ayant trouvé que cette accélération est causée par la diminution d'excentricité de l'orbite terrestre, il s'ensuit qu'elle sera compensée dans la suite des siécles.

C'est ici le lieu de parler plus au long que nous n'avons fait, dans la quatrième partie de notre histoire, d'un autre travail de Halley, sur la théorie de la lune, et sur la manière de déterminer le lieu de cette planète, d'après la période de 18 ans ou 223 lunaisons, appelée saros, quoiqu'on ne sache pas bien ce que les Chaldéens appeloient saros. Il est certain qu'au bout de 223 lunaisons, faisant 18 ans et 10 à 11 jours, la lune revient à fort peu près à sa même position, quand à son apogée, son nœud et sa distance au soleil. Or, comme ce sont-là les causes principales des inégalités du mouvement de la lune, il est évident que ces inégalités seront, à peu de choses près, les mêmes dans les temps semblables de la période subséquente. Halley conçut donc l'idée d'observer, avec la plus grande assiduité, la lune pendant une période entière de 18 ans, et de consigner les erreurs des tables ou les différences entre le calcul et l'observation; il n'espéroit pas moins d'un travail de cette nature, que de pouvoir, dans toute la période suivante, et même la subséquente, déterminer le lieu de la lune, le renouvellement d'une éclipse, ou celui d'un passage de la lune auprès d'une étoile, à une ou deux minutes près de certitude, et cela suffisoit pour trouver les longitudes en mer. Il dit même, que dans l'intervalle qui s'écoula entre l'idée de ce projet et le moment où il put commencer à le mettre à exécution, ayant eu l'occasion de faire deux voyages en mer (en 1699 et 1700), il employa avec succès cette méthode, pour corriger la longitude de son vaisseau. Il se servoit, à cet effet, des observations de la lune, au nombre de plus de 200, qu'il avoit faites dans l'intervalle de 16 mois, des années 1682, 1683 et 1684.

Halley avoit annoncé son projet 1710, lorsqu'il fit réimprimer l'*Astronomia Carolina* de Street ; mais, lorsqu'il fut nommé astronome royal à l'observatoire de Greenwich, il s'écoula même encore quelques années entre cette époque et celle où il put véritablement mettre la main à l'œuvre. Car, qui le croira, les instrumens de l'observatoire de Greenwich appartenoient à Flamsteed. Ses héritiers les retirèrent, et en disposèrent sans que le gouvernement prît aucune mesure pour les acquérir. Il fallut que Halley s'en procurât d'autres ; heureusement il n'en falloit qu'un fort simple pour l'objet de Halley, savoir, une lunette méridienne, ou instrument des passages qu'il se procura, et de la justesse duquel il s'assura par différentes vérifications. Ce fut avec cet instrument que Halley, quoique déja âgé de 63 ans, se mit à observer avec l'assiduité la plus constante, tous les passages de la lune par le méridien, qu'il lui fut possible depuis le 13 janvier 1722, jusqu'au 27 décembre 1739, comme on le voit dans ses tables qui ont paru en 1749, sept ans après sa mort. Quand il eut rassemblé 1500 observations de la lune, pendant la première moitié de la période, ou 9 années qui forment une révolution de l'apogée, il crut dès-lors pouvoir publier ces observations, soit pour engager d'autres astronomes à le seconder, en observant la lune pendant l'autre moitié de la période, soit pour faire voir à quel point ces observations s'accordoient avec les tables qu'il avoit calculées d'après les principes de Newton. Dans le compte qu'il en rend, il s'attache aussi à faire voir, qu'au moyen des observations de ces 9 années, il étoit en état de prédire pour le reste de la période, le lieu de la lune à 2 minutes près, ce qui étoit suffisant, pour déterminer la longitude en mer à moins de 20 lieues près, sous l'équateur, ou de 15 dans les latitudes un peu élevées.

Le calcul des éclipses tiroit aussi une perfection de l'usage de cette période ; en effet, on observe qu'à quelque petite différence près pour la durée ou la grandeur, les éclipses, soit de lune, soit de soleil, se renouvellent après 18 ans 10 jours, $7^{h.}\ 43'\ 45''$. Au lieu de 10 jours, il peut y en avoir 11, parce que pendant ces 18 années, il peut y avoir cinq bissextiles, ou bien quatre seulement, ce qui donne le second cas, c'est-à-dire 11 jours dans l'un, et 10 dans l'autre. Halley avoit fait usage de ce moyen, pour prédire les éclipses de soleil, même en se servant de celle du 22 juin 1666, vue et observée à Danzig par Hevelius, pour déterminer les momens de celle de 1684, qui arriva à Londres le 2 juillet (*v. s.*); mais il faut observer que, comme le retour de la lune a sa même position à l'égard du soleil, de son apogée et de ses nœuds, n'est pas absolument et mathématiquement exact, ces éclipses varient de grandeur, augmentent ou diminuent jusqu'à un certain terme, après quoi elles n'ont plus lieu, et ne doivent se renouveller qu'après 521 ans.

Boulliau avoit fait cette remarque long-temps avant Halley; l'éclipse de lune du 31 janvier 1580 avoit été totale; celle du 10 février 1598 ne fut que 11 $\frac{1}{2}$ doigts. Ensuite celle du 27 avril 1706, de 5 $\frac{1}{2}$; celle du 29 mai 1760, de $\frac{3}{7}$ de doigts; enfin, le 10 juin 1798, après 10 périodes accomplies, il n'y avoit plus d'éclipses accomplies, parce que la période ne ramène pas la lune exactement à la même distance du nœud. (*Legentil, Mémoires de l'Académie*, 1756.)

C'est avec ces secours multipliés, que Halley se trouva dès l'année 1719, en état de former de nouvelles tables de la lune; elles furent imprimées dans le temps. Le désir de les porter à une plus grande précision, fit qu'il en suspendit encore la publication; mais il les communiqua de confiance à quelques astronomes, tels que Joseph Delisle, pour les vérifier de leur côté; elles n'ont vu le jour qu'en 1749, avec le recueil général des tables de Halley.

Elles ne pouvoient manquer d'être reçues avec le plus grand empressement; Delisle publia aussi à cette occasion, deux lettres très-intéressantes, où il trace le tableau curieux des travaux de Halley, et l'histoire de ces tables. Elles ont depuis été traduites en français, et réduites au nouveau style et au méridien de Paris, avec des augmentations; la première partie qui contient les tables du soleil et de la lune, avec les observations lunaires de la période de 18 ans, écoulée depuis 1722 jusqu'en 1739, et la comparaison des lieux observés avec les lieux calculés, a été donnée en 1754 par Chappe. C'est la seule qui nous intéresse ici; cependant, pour ne pas disjoindre des objets aussi voisins, nous ajouterons que la seconde partie, celle qui contient les tables pour le calcul des planètes, celles de comètes et des satellites a été traduite et publiée en 1759, par le citoyen de la Lande, avec des additions considérables.

Les tables de la lune données par Halley, ont été pendant long-temps celles qui ont eu le plus de cours parmi les astronomes; leur erreur étoit communément au-dessous de deux minutes, souvent beaucoup moindre; il y avoit cependant quelques cas très-rares où cette erreur paroissoit aller jusqu'à 7 à 8 minutes. Aussi, il ne faut pas être étonné que Halley n'en fût pas entiérement satisfait, et que les astronomes aient fait des efforts pour atteindre à un degré de précision encore supérieur.

Tobie Mayer, qui aidé par la théorie d'Euler et par des observations nombreuses, et doué d'un talent singulier pour les combiner, parvint à donner des tables lunaires bien supérieures à celles de Halley, et même à celles qui résultent des travaux des plus grands géomètres, pour la solution complète de ce problême, d'après les lois de l'attraction.

En effet, pendant que Euler, Clairaut, d'Alembert l'attaquoient du côté physico-mathématique, Tobie Mayer l'envisageoit d'un côté purement astronomique; et en combinant 200 observations, il parvint, en 1753, à établir la valeur de 10 équations, à employer dans le calcul du lieu de la lune, et il donna ses tables en 1753. Cette méthode est nommée *empyrique*, parce qu'elle est uniquement fondée sur la comparaison des observations avec le calcul; mais on n'auroit peut-être jamais osé penser qu'elle pût, dans une matière aussi difficile, conduire à des résultats aussi exacts.

Tobie Mayer, à qui nous avons la première obligation des bonnes tables de la lune, étoit né en 1723 dans le Wurtemberg, de parens peu aisés; mais l'ardeur de s'instruire surmonta les difficultés que son peu de fortune lui opposoit; en sorte que les intéressés à la *Calcographie géographique* d'Homman, à Nuremberg, se l'attachèrent de bonne heure, ainsi que Lowitz, pour les travaux astronomiques et géographiques qu'exigeoit leur établissement. Au milieu de ces occupations, il s'adonna spécialement à perfectionner la théorie de la lune, sans toutefois en exclure les autres branches de l'astronomie, sur chacune desquelles il a donné des mémoires intéressans, un en particulier *sur la libration de la lune*, imprimé dans le recueil allemand de la société cosmographique de Nuremberg, et qu'on trouve presque en entier dans le vingtième livre de l'astronomie du cit. de la Lande.

La réputation dont jouissoit Mayer le fit appeler en 1751, à Gottingue, pour y remplir une place de professeur d'astronomie dans cette université, et c'est-là qu'il mit la dernière main à ses tables, tant du soleil que de la lune, qu'il publia dans le recueil des mémoires de la société royale de Gottingue, pour l'année 1753. Elles ne tardèrent pas à obtenir parmi les astronomes, l'estime qu'elles méritoient, en sorte qu'elles furent bientôt répandues en Europe. On verra, à la fin de l'article suivant, quelques réflexions sur ces tables, comparées avec celles qui ont été calculées sur la théorie physique de l'attraction. Mayer fut directeur de l'observatoire de Gottingue, lorsque Segner, qui en étoit en quelque sorte le fondateur, et qui le dirigeoit, fut appelé à Hanovre pour une place d'administration. Mayer continua d'y servir l'astronomie de toutes ses forces, jusqu'au 20 février 1762, qu'il mourut, à 39 ans.

On a de Mayer divers autres ouvrages ou recherches astronomiques. J'ai déja parlé de son *Mémoire sur la libration de la lune ;* il a aussi travaillé sur la réfraction astronomique, dont il a donné une table particulière, fondée sur les observations. Lichtemberg, son successeur à l'observatoire de Gottingue, a publié en 1775 un volume de ses mémoires restés manuscrits, sous le titre de *Tob. Mayeri Opera inedita.* On y trouve un mémoire curieux sur la composition des couleurs, et un autre sur les corrections du baromètre ; un catalogue précieux de 1000 étoiles zodiacales, observées par Mayer depuis 1756 jusqu'à sa mort ; un mémoire sur le calcul des éclipses de soleil, contenant d'excellentes remarques ; la figure de la lune d'après ses observations ; elle est d'autant plus précieuse, qu'il a travaillé la plus grande partie de sa vie à cet ouvrage. Voyez son éloge dans la *Connoissance des Temps*, pour 1767.

Le citoyen de la Lande employa, dès 1760, les tables de Mayer pour les calculs de la connaissance des temps, qui se publie à Paris, et les tables que Mayer avoit encore perfectionnées furent adoptées par le bureau des longitudes d'Angleterre, pour être employées dans le *Nautical almanac*, qui se publie annuellement depuis 1767, sous la direction de M. Maskelyne ; ce savant astronome y ajouta même une petite équation, et corrigea de quelques secondes la longitude moyenne, le lieu de l'apogée et celui des nœuds.

M. Mason a encore ajouté à ces tables un nouveau degré de perfection, au moyen de quelques équations nouvelles, et de quelques corrections aux époques des longitudes moyennes de l'apogée et des nœuds ; elles s'accordoient avec l'observation, le plus souvent dans la demi-minute ; c'est ce qui a engagé le citoyen Méchain à les publier (en les réduisant au méridien de Paris), dans la *Connaissance des Temps* pour 1790, avec une explication détaillée de la manière de s'en servir. Le citoyen de la Lande les a aussi publiées dans la troisième édition de son *Astronomie*, en 1792, en y faisant quelques corrections. Enfin, l'Institut national des sciences, voyant que le grand nombre de bonnes observations faites depuis plusieurs années à l'observatoire de Grenwich, pouvoient fournir de nouvelles déterminations des équations de la lune ; et sachant que M. Burg, habile astronome de Vienne, en avoit calculé trois mille, proposa ce sujet pour le prix de 1799.

Le citoyen Bouvard s'en occupa aussi, et les deux pièces qui ont partagé le prix ont donné aux tables de la lune une nouvelle perfection. Le citoyen de la Place a fixé par la théorie de l'attraction, quelques équations qui, par leur petitesse, échappoient aux observations.

Enfin, le bureau des longitudes de France, voyant que le travail immense de M. Burg méritoit un dédommagement de plus, a proposé en 1800, un prix de 6000 francs pour le premier qui enverroit des tables de la lune, et l'on ne doute pas que celles de M. Burg n'arrivent incessamment.

Le voyage daus les mers lointaines, entrepris pour les progrès de la géographie et de l'histoire naturelle, au mois de septembre 1800, a déterminé le citoyen Burkhard, un de nos astronomes les plus habiles et les plus zélés, à calculer d'avance des tables de la lune d'après les nouveaux résultats de M. Burg, pour pouvoir les remettre aux astronomes qui sont de cette expédition; et ils se trouveront peut-être dans telle circonstance, où il seroit important d'avoir les longitudes plus exactement que par les calculs du *Nautical almanac* de Londres, ou la *Connoissance des Temps* de Paris.

Nous sommes donc enfin parvenus à avoir des calculs de la lune aussi exacts qu'il soit possible de les désirer, pour quelques recherches ou pour quelques applications que l'on puisse les employer. On peut regarder cette partie de l'astronomie, comme portée à son dernier degré de perfection.

V.

Théorie physique du mouvement de la lune; inégalités que l'attraction fit connoître à Newton.

Nous venons de considérer la lune du côté purement astronomique, et nous avons exposé les phénomènes de ses mouvemens, découverts par les astronomes, avec les moyens qu'ils ont imaginés pour les représenter et les soumettre au calcul. Il nous reste à l'envisager du côté physico-mathématique, et à rendre compte des causes d'où les géomètres déduisent ces phénomènes, d'après la théorie de l'attraction de Newton.

Ce n'est pas seulement à la fin du siècle dernier qu'on a commencé à soupçonner, que la cause des irrégularités nombreuses qui affectent le mouvement de la lune, est l'action combinée du soleil et de la lune sur elle. Cette idée heureuse avoit été assez bien entrevue par Kepler, et les germes en sont répandus en divers endroits de ses écrits, entr'autres dans la préface de son livre sur les mouvemens de Mars, et dans son

Epitome

Epitome astronomiae copernicanae. Elle fut aussi entrevue et comme adoptée par Horrox; mais personne, avant Newton, n'avoit eu une idée aussi complète de cette cause; et quand on considère combien il y a loin des idées vagues de Kepler, et de sa mauvaise physique, au mécanisme exact et précis, suivant lequel Newton explique ces inégalités, et même en déduit à *priori* quelques-unes que l'observation a confirmées; on ne pourra refuser au philosophe anglois l'honneur de cette belle découverte; nous allons sur ses pas expliquer ce mécanisme.

Pour nous borner aux phénomènes du mouvement de la lune en longitude, concevons cette planète comme se mouvant autour de la terre dans le plan de l'écliptique. C'est un fait suffisamment établi, par l'exposition de la théorie des planètes principales, que si le soleil étoit destitué à l'égard de la lune, de l'action qu'il exerce sur tous les corps de son système, la lune se mouvroit à l'égard de la terre, précisément comme font ces planètes à l'égard du soleil. Elle décriroit exactement à l'entour de notre globe, l'orbite elliptique et primitive où elle a été lancée, et décriroit à l'entour du foyer qu'occupe la terre, des aires précisément proportionnelles aux temps. Il n'en seroit pas autrement, si le soleil exerçoit sur la lune et sur la terre des actions égales et dirigées suivant des lignes parallèles. Il n'en résulteroit, d'après les principes de la mécanique, qu'un mouvement commun aux deux corps, sans que les mouvemens respectifs de la lune et de la terre en fussent dérangés.

Mais le soleil exerce à la fois sur la lune et la terre des actions le plus souvent inégales, et dont les directions partant du soleil même sont inclinées. Ainsi, il n'en sera plus de même, et la force oblique du soleil aura une partie dans la direction du mouvement de la lune, pour changer sa vîtesse, et une partie dans la direction de la terre, pour en changer l'action, ou pour y ajouter une nouvelle partie. Cette force, ajoutée à celle que la terre exerce déja sur la lune, ne troublera pas à la vérité la proportionnalité des aires aux temps, parce qu'elle tend au centre; mais, comme le composé de cette force avec celle qu'exerce la terre sur la lune, en raison inverse des quarrés des distances de cette dernière, ne formera plus dans ces différentes distances une force réciproquement proportionnelle à leurs quarrés; ce ne sera plus une ellipse qui sera décrite; mais Newton a démontré, que si à une force qui agit réciproquement comme les quarrés des distances, on en ajoute une, qui, avec cette première, en fasse une autre qui suive un rapport moindre que le réciproque de ces quarrés, la trajectoire décrite est une ellipse, dont la ligne des apsides a un mouvement; or, ce cas est précisément celui de la lune lorsqu'elle est vers les quadratures, et le contraire lorsqu'elle se trouve vers les syzygies. Car la force, surajoutée à celle de la terre sur la lune, vers les quadratures, étant à très-peu-près comme la distance, leur somme se trouve décroître en une raison moindre que le quarré de la distance n'augmente ; mais vers les syzygies, la force s'anéantit, et il ne reste que la force qui agit en sens contraire de la terre ; de sorte que l'attraction de la terre étant diminuée de cette force, il en reste une qui suit un rapport plus grand que l'inverse du quarré de la distance. Les apsides s'avanceront donc dans ce cas, et dans les situations moyennes, elles avanceront ou elles rétrograderont suivant que la combinaison des forces produira le premier résultat ou le second. Mais il faut remarquer qu'en général, les forces qui tendent à produire le mouvement progressif des apsides sont plus grandes et de plus de durée : ainsi, les apsides paroîtront avoir avancé au bout de chaque révolution, quoiqu'elles aient alternativement rétrogradé et avancé.

Ce n'est pas-là seulement ce qui suit des principes développés ci-dessus : on doit encore en conclure les faits suivans. Plaçons la lune dans une des quadratures, nous avons vu que sa pesanteur vers la terre est augmentée par l'action du soleil ; ainsi, la trajectoire qu'elle décrira tombera au dedans de celle qu'elle auroit décrite sans cette action : car la force impulsive restant la même, le corps qui a le plus de pesanteur tombe davantage vers le centre attirant. L'orbite de l'une sera donc plus courbe vers les quadratures, qu'elle n'eût été sans l'addition de la force solaire, et ce sera tout le contraire, vers les syzygies où nous avons vu la pesanteur vers la terre diminuée et la vîtesse accélérée. Ainsi, vers les syzygies, la lune décrira une orbite moins courbe qu'elle n'eût fait, la terre agissant seule sur elle ; de sorte qu'en supposant l'orbite primitive de la lune être un cercle, celle que lui feroit décrire l'action surajoutée du soleil, tomberoit au dedans de ce cercle en forme d'ovale, ayant son petit axe dans la ligne des sysigies.

Newton trouve que, dans la supposition qu'on vient de faire, la distance de la lune à la terre dans les syzygies, seroit à sa distance vers les quadratures, environ comme 69 à 70.

Les mêmes principes servent à expliquer pourquoi, dans chaque lunaison, l'excentricité varie et va en augmentant, toutes choses d'ailleurs égales, depuis les quadratures jusqu'aux syzygies. Supposons la lune partant de la quadrature, et s'avançant vers la syzygie suivante, en passant par l'apogée. On a vu plus haut, qu'aux environs de la quadrature, sa pesanteur (de la lune) vers sa planète centrale, la terre, est augmentée d'une force surajoutée qui la fait diminuer, moins que ne demanderoit la raison inverse du quarré de la distance qui va en croissant. La lune décrira donc une portion d'orbite moins allongée, que si la raison inverse du quarré de la distance eût resté sans altération ; car, si une force diminuée proportionnellement au quarré de la distance croissante, est capable de la soutenir sur son orbite elliptique, une force moins diminuée lui permettra moins de s'écarter de sa planète centrale, et lui fera décrire une portion d'orbite plus circulaire qu'elle n'eût fait. Voilà donc l'excentricité diminuée, car plus une orbite approche de la circulaire, moins elle a d'excentricité et réciproquement.

Mais la lune arrivée à la syzygie, et tendant à la quadrature suivante, est portée suivant ce qu'on a dit plus haut, vers la terre, avec une force qui croît davantage, que suivant la raison inverse du quarré de la distance, d'où il suit qu'elle tend à décrire une courbe plus excentrique, ou à la rapprocher du centre de la tendance plus qu'elle n'eût fait sans cela, ou bien, si l'on supposoit l'apogée de la lune entre la syzygie et la quadrature, on trouveroit que sa pesanteur diminueroit en plus grande raison que le quarré de la distance n'augmente, ce qui la feroit tendre à s'éloigner davantage du centre, que si la raison inverse du quarré de la distance avoit lieu exactement. Ainsi, voilà l'excentricité augmentée, et l'on peut maintenant concevoir, comment, dans les quadratures, l'excentricité de l'orbite est augmentée, et au contraire diminuée dans les syzygies ; parconséquent, comment elle va en augmentant d'un de ces termes à l'autre. On peut aussi, en suivant les mêmes traces, démontrer que jamais l'excentricité n'est plus grande que quand la ligne des apsides coincide avec la ligne des syzygies, et jamais moindre que quand elle est dans les quadratures.

Un autre phénomène dans le mouvement de la lune, est le retrécissement de son orbite, à mesure que la terre approche de son aphélie et la diminution de son temps périodique. Il s'explique suivant les mêmes principes ; car le soleil étant plus éloigné, détache moins la lune de la terre, celle-ci rapproche son satellite, l'orbite se rétrécit, et il faut moins de temps à la lune pour suivre sa révolution, c'est la cause de l'équation annuelle dont nous avons donné l'histoire, et parlant des découvertes de Tycho Brahé.

Nous avons supposé jusqu'à ce moment la lune se mouvant dans le plan de l'écliptique, et cette supposition ne pouvoit conduire à des erreurs sensibles, parce qu'il ne s'agissoit encore que des observations du mouvement en longitude ; mais ce mouvement se fait sur un plan incliné à celui de l'orbite de la terre, ce qui produit un changement continuel et alternatif dans la latitude. Les phénomènes et les observations particulières de ce second mouvement sont aussi des effets de cette force perturbatrice exercée par le soleil.

En effet, qu'on se représente le plan de l'orbite lunaire, faisant un angle avec celui de l'écliptique; lorsque le soleil est dans la ligne des nœuds, le plan de la lune passe par le soleil, il n'y a aucune raison pour laquelle il en dérange le plan, puisque sa force ne s'exerce que dans ce plan lui-même. Mais supposons que le soleil soit hors de cette ligne, il attire la lune obliquement, et si l'on décompose comme ci devant la force exercée par le soleil, en deux autres, l'une tendante au centre de la terre, l'autre parallèle à la ligne qui joint la terre et le soleil; la première étant sur le plan de l'orbite lunaire, ne produira aucun effet pour en écarter la lune; il n'y aura que la seconde, dont l'effet sera oblique à ce plan, et qui, par conséquent, peut être de nouveau décomposée en deux, l'une parallèle à ce plan, l'autre qui lui est perpendiculaire; cette dernière partie de la seconde force est ce qui produit tout le changement de plan. D'abord il est visible que cette force s'exerçant continuellement, et tendant à rapprocher la lune de l'écliptique, hâtera son retour à ce plan, et l'y fera arriver à un point antérieur à celui auquel ce retour seroit exécuté; conséquemment, le nœud aura rétrogradé, et il sera arrivé la même chose que si, tandis que la lune se mouvoit sur le plan de son orbite, cette orbite eût eu un mouvement, par lequel ses nœuds lui fussent un peu venus au-devant. Ainsi, les nœuds seront rétrogrades, et parce que la force, dont nous venons d'indiquer la nature et les effets, exerce toujours son effort dans le même sens, cette rétrogradation sera continuelle.

Mais elle ne sera pas toujours égale; car, d'abord, lorsque les nœuds seront dans les syzygies, elle sera nulle, puisqu'alors le plan de l'orbite passera par le soleil ou très-près; mais aussitôt que le soleil aura dépassé la ligne des nœuds, la force perturbatrice tirant la lune hors du plan de son orbite, commencera de naître, et produira quelque effet; et à mesure que le soleil aura dépassé cette ligne, et qu'il approchera d'en être éloigné de quatre-vingt-dix degrés, cette force augmentera, et sera la plus grande quand il sera à quatre-vingt-dix degrés des nœuds. Elle ira ensuite en diminuant, jusqu'à ce que de nouveau le soleil soit dans la ligne des nœuds, et ainsi successivement; le déplacement des nœuds sera d'autant plus rapide, que le soleil en sera plus écarté.

Tels sont les principes des inégalités du mouvement de la lune, jetés par Newton dans la proposition 66.e de son premier livre, et dans les corollaires qui la suivent. Une partie du 3e.

livre est employée à de plus grands développemens, et sur-tout à déterminer en particulier la quantité de ces forces et des effets qu'elles doivent produire. Ainsi, par exemple, il trouve que la force moyenne surajoutée à la gravité de la lune vers la terre, par l'action du soleil, est à la gravité moyenne de la lune vers la terre, comme 1 à 178 $\frac{1}{4}$, et que l'autre partie de la force perturbatrice du soleil, qui est celle par laquelle la lune est retirée de la terre, dans le sens parallèle à l'axe de l'orbite, passant par le soleil, est comme trois fois le cosinus de l'angle compris entre les lignes tirées de la terre à la lune et au soleil, ou de l'angle de l'élongation de la lune au soleil.

Ces premières déterminations servent à Newton comme d'échelons pour s'élever à plusieurs autres. Ainsi, il détermine ensuite quelle est l'accroissement de l'aire décrite par la lune à l'entour de la terre, son orbite étant supposée circulaire; car cette aire croit comme le temps, sans la force perturbatrice. Mais cette force se décompose en deux, dont l'une est dans la direction du rayon, et l'autre perpendiculaire à ce rayon; or, cette dernière tend à augmenter l'aire plus qu'en raison du temps. L'analyse conduit Newton à trouver que l'aire décrite dans un temps très-petit par la lune dans la quadrature, est à celle décrite dans le même temps vers les syzygies, c'est-à-dire, la vîtesse dans le premier cas est à la vîtesse dans le second, comme 10973 à 11073; et que la première de ces vîtesses est à celle qui a lieu dans un autre point quelconque, comme 10973 à 10973, plus la moitié du sinus verse du double de la distance de la lune à la quadrature la plus prochaine; d'où il suit encore que cet accroissement de l'aire décrite, est le plus grand dans les octans; car alors ce sinus verse devient égal au sinus total, et c'est-là la cause de la troisième inégalité de la lune, appelée la variation, qui dépend de sa distance aux octans.

Newton passant de-là à examiner ce dont la force perturbatrice du soleil augmente les diamètres de l'orbe lunaire dans les différentes positions de la lune à l'égard du soleil, trouve que ce diamètre, dans le sens des syzygies, est à celui dans le sens des quadratures, comme 69 à 70.

Examinant ensuite la quantité de la variation de la lune, il la trouve de 35′ 10″ dans les octans même, et pour les autres positions de la lune proportionnelle au sinus du double de la distance de la lune à la plus prochaine quadrature. Cette grandeur est au reste uniquement celle qui répond à la distance moyenne de la terre au soleil; car il trouve qu'elle doit croître en raison inverse du cube de la distance du soleil à celui de la distance moyenne. Ainsi, la terre étant périhélie, cette variation sera dans les octans de 37′ 11″, et la terre étant aphélie, elle ne sera que de 33′ 14″. Il y aura encore quelqu'inégalité relativement à la distance de la lune à la terre, laquelle est inégale à raison de l'ellipticité de son orbite, mais Newton abandonne aux astronomes le soin d'en faire le calcul. Tout cela n'étoit qu'une ébauche ; il falloit une analyse bien plus compliquée, pour développer ces inégalités, et ce n'est qu'en 1745 qu'Euler s'en occupa.

Vient ensuite le mouvement des nœuds de l'orbite lunaire que Newton cherche à déterminer, et d'abord il trouve que ce mouvement est en raison du produit de trois quantités ; savoir, le sinus de la distance de la lune à la quadrature, celui de la distance de la lune au nœud le plus voisin, et celui de la distance du nœud au soleil ; d'où il suit que si un seul de ces sinus est négatif, alors le mouvement, au lieu de rétrograde devient direct ; cela arrive lorsque la lune est entre la quadrature et le nœud voisin : mais de toutes les combinaisons des différens cas, il résulte que ceux où il est rétrograde, sont plus fréquens que ceux où il est direct, en sorte que le mouvement rétrograde l'emporte sur le mouvement direct, et que dans une révolution, il a toujours rétrogradé. Newton établit que quand la lune est dans les syzygies, et les nœuds dans les quadratures, le mouvement horaire rétrograde du nœud, est de 33″, d'où il est aisé d'en trouver la quantité dans les autres positions, au moyen du rapport du produit des trois sinus ci-dessus, au cube du sinus total. Quant au mouvement horaire moyen de ce nœud, savoir, celui qui tient un milieu entre tous ceux donnés par le rapport ci-dessus, il est donné par Newton de 16″, lorsque l'on suppose l'orbite lunaire circulaire, et les nœuds en quadrature avec le soleil ; pour trouver enfin le mouvement du nœud dans une révolution, Newton établit une courbe, dont les élémens sont ces mouvemens horaires, et dont la quadrature lui donne le mouvement rétrograde du nœud dans une révolution de la lune, la terre étant dans ses distances moyennes au soleil, et les déterminations directes des astronomes ne s'écartent de celle-là que de deux à trois minutes.

Enfin, Newton détermine la variation de l'inclinaison de l'orbite lunaire, et d'abord dans l'orbite supposée circulaire, il fait voir que la variation horaire de cette inclinaison est au mouvement horaire du nœud, comme le produit des trois sinus ci-dessus par celui de l'inclinaison moyenne qui est de 5°. 8′ 30″ au quarré quarré du sinus total, et dans le cas de l'orbite elliptique sans égard à l'excentricité, cette quantité doit être diminuée d'une 69e. Formant ensuite une courbe dont les ordonnées représentent les temps et les appliquées de ces variations horaires ; il trouve, par la quadrature approximée de cette courbe, la correction à faire à l'inclinaison moyenne, tantôt positive, tantôt négative, au moyen de laquelle on a l'inclinaison de l'orbite au moment donné. Il enseigne aussi une construction géométrique au moyen de laquelle on parvient au même objet.

Newton termine ces recherches et ces déterminations par le simple énoncé de plusieurs autres équations que sa théorie lui a suggérées; mais sans expliquer par quelle voie il les a trouvées. Telle est l'équation annuelle du moyen mouvement de la lune, causée par l'excentricité de l'orbite de la terre dont nous avons déjà parlé; Newton supposant l'excentricité de l'orbite terrestre de 16875, dont le rayon de la terre seroit 1000000, fixe cette équation annuelle du moyen mouvement de la lune à 11′ 49″, lorsqu'elle est la plus grande, sauf à l'augmenter dans la même raison que l'excentricité.

De ce nombre est encore la remarque faite par Newton, que les nœuds et l'apogée ont un mouvement plus rapide dans le périhélie de la terre que dans son aphélie, et cela en raison triplée de la distance de la terre au soleil, d'où naissent des équations annuelles du mouvement des nœuds et de l'apogée de la lune. Mais nous en supprimons ici les détails ainsi que plusieurs autres qui nous mèneroient trop loin. Nous nous bornons à dire que les PP. le Seur et Jacquier, les savans commentateurs de Newton se pénétrant l'esprit de la méthode et des idées de leur auteur, l'ont habilement suppléé à cet égard par un savant scholie où ils résolvent différens problêmes dont la solution a pu conduire Newton à tous ces résultats; mais tout cela étoit insuffisant vu le grand nombre et la complication des différentes circonstances qui doivent y entrer. Newton le comprit bien, il ne laissa entrevoir qu'une partie des moyens dont il s'est servi pour calculer les inégalités les plus considérables et semble avoir voulu se réserver le secret du surplus. Enfin, quoique ce qu'il dit dans son premier livre sur le mouvement de l'apogée de la lune, causé par une force qui suit une plus ou moins grande raison que celle de l'inverse du quarré de la distance, paroisse du premier coup d'œil promettre de grandes utilités pour le calcul de ce mouvement, on a trouvé, après un examen plus approfondi, qu'il en résultoit des difficultés de calcul presque insurmontables ou impossibles à concilier exactement avec les phénomènes. Cela a donné lieu à divers géomètres d'exercer leur sagacité sur ce sujet, soit en démontrant, sur les traces de Newton, les choses qu'il n'avoit pas assez démontrées, soit en s'ouvrant de nouvelles voies pour parvenir à représenter ces différentes inégalités.

Machin et Pemberton ajoutèrent les premiers quelque chose à ce que Newton avoit dit sur la théorie de la lune. Ils publièrent, en commun, un petit écrit contenant deux propositions ayant pour objet de faciliter la détermination du mouvement des nœuds.

Newton fut assez satisfait de cette proposition pour l'insérer dans l'édition de ses *Principes*, donnée en 1726. Je crois cependant qu'il seroit difficile d'établir la liaison de cette proposition avec les principes physiques de la théorie de la lune, et je la regarde comme ayant principalement l'avantage de représenter géométriquement le mouvement des nœuds.

Dans la suite Machin s'apperçut que ce qu'il avoit appliqué au mouvement des nœuds pouvoit s'appliquer de même à la détermination de la variation d'inclinaison de l'orbite lunaire, ainsi qu'à celle de l'accroissement de l'aire décrite en temps égaux, et d'où il tire des formules de calcul assez simples. Il développa toutes ces choses dans un livre intitulé *The laws of the moon's motion according to gravity*, qui parut en 1729 à la suite de la traduction angloise des *Principes*, par Benjamin Motte, secrétaire de la Société-Royale, et dont quelques exemplaires parurent aussi séparément.

Mais toutes ces propositions sont plus mathématiques que physiquement déduites des loix de l'attraction. On remarque néanmoins dans cet écrit un nouveau principe qui est, en quelque sorte l'extension de celui de Képler, c'est-à-dire de l'égalité des aires décrites par le rayon vecteur en temps égaux, lorsqu'un corps est attiré vers un point fixe. Celui de Machin est, que si un corps décrit une trajectoire tandis qu'il pèse vers deux centres à-la-fois, le solide que décrit continuellement le plan du triangle, formé par ce corps et les deux centres de tendance, croît également en temps égaux; d'où il suit que le plan qu'on peut mener par un de ces centres, et par chaque petit côté de la trajectoire décrite, variera sans cesse son inclinaison.

Machin proposoit, dans ce même écrit, une nouvelle manière de représenter la *variation* du mouvement de la lune, par un petit épicycle elliptique; il pensoit représenter par-là, à très-peu près, l'orbite vraie de la lune, et faisoit un raisonnement spécieux pour prouver cette conformité. Mais une analyse exacte de cette hypothèse faite par Clairaut, (*Mémoires de l'Académie de* 1743) dans son premier *Mémoire sur la théorie de la lune* a fait voir que cette hypothèse est insuffisante. Le P. Walmesley, a donné dans les *Trans. philos.*, un mémoire, *de in qualitatibus motuum lunarium*, où il démontre quelques-uns des théorèmes de Machin.

A l'égard du mouvement de l'apogée, Machin tentoit aussi de le représenter d'une manière semblable à celle qu'il avoit employée pour le mouvement des nœuds. Mais il avoue qu'il

est

est loin d'en être satisfait, car quoique cette méthode donne assez bien le rapport de ce mouvement (de l'apogée) dans les différentes positions de l'orbite lunaire, elle ne donne pour la quantité absolue de ce mouvement que la moitié de ce qu'il faudroit; ensorte, dit-il, qu'il paroît qu'il est besoin d'une plus grande force que celle qui provient de la variation de la gravité de la lune vers le soleil. Il va même jusqu'à craindre qu'il soit impossible d'expliquer toutes les circonstances de ce mouvement en s'en tenant aux seules forces centripètes ; mais Clairaut reconnut, en 1749, qu'il falloit seulement porter une plus grande rigueur dans l'analyse.

Wright, Grammatici, Flamsteed, calculèrent des tables de la lune sur les nombres donnés par Newton, mais ces nombres n'étoient pas assujétis aux observations. Halley ne pouvoit manquer de mettre à profit les découvertes de Newton sur la théorie et les inégalités de la lune. Il l'avoit même prévenu ou avoit concouru avec lui dans la découverte de l'altération à faire au mouvement moyen de la lune, suivant les différentes distances de la terre au soleil. Il adopta en entier la théorie de Newton, et fut même le principal instigateur de la publication de ses *principes*. C'est sur cette théorie, en partie, rectifiée dans quelques-uns de ses élémens, par le moyen de l'observation, que Halley construisit, dès 1719, ses tables de la lune, dont nous avons parlé.

V I.

Des inégalités de la lune, trouvées par une solution plus générale du problême des trois corps.

On a vu dans les articles précédens, les efforts des astronomes pour soumettre au calcul les mouvemens de la lune, et sans doute ils font l'éloge de l'esprit humain et de la sagacité particulière de ceux qui ont tenté les moyens dont nous venons de donner une idée; mais, il faut en convenir, tous ces moyens n'étoient, pour ainsi dire, que des machines insuffisantes pour soulever le fardeau. Ils ne pouvoient, tout au plus, être regardés que comme des pierres d'attente, jusqu'à ce qu'une géométrie plus puissante eût mis les géomètres en état de soumettre le problême à l'analyse. Ceux même employés par Newton pour rendre raison de tous les phénomènes lunaires devoient paroître encore insuffisans tant qu'on ne pourroit pas calculer rigoureusement l'effet des causes auxquelles il les attribuoit. Ils eussent été plus que suffisans dans l'ancienne manière de traiter l'astronomie physique. Mais dans la nouvelle on ne se borne plus à donner en gros l'explication d'un phénomène ; il faut que les plus petits détails calculés géométriquement, cadrent avec l'observation. Or, jusques vers le milieu de ce siècle, quelque progrès qu'eût fait la géométrie par les découvertes de Newton, elle ne s'étoit pas encore élevée au point d'être applicable à résoudre un problême tel que celui du mouvement de la lune.

Clairaut me paroît le premier (1) qui ait osé attaquer de front ce problême qu'on peut considérer comme un problême de pure dynamique. *Trois corps, le soleil, la terre et la lune étant lancés dans l'espace avec des vîtesses et des directions données, ainsi que leurs masses, et s'attirant les uns les autres suivant une loi donnée, (on suppose ici celle de l'inverse du quarré de la distance), on demande la courbe que l'un d'eux, par exemple la lune, décrit à l'entour de la terre.* Tel seroit le problême conçu dans sa plus grande généralité ; mais il faut convenir que présenté ainsi il éluderoit toutes les ressources de l'analyse et de la géométrie. Il devient moins difficile par quelques considérations particulières, savoir : 1°. que l'un des corps est d'une masse incomparablement plus grande que les deux autres, et à-peu-près en repos. 2°. Que sa distance aux deux autres est si grande qu'elle peut être considérée comme la même à l'égard de chacun d'eux. 3°. Enfin que l'orbite de la lune autour de la terre est fort approchante d'une ellipse, ensorte qu'il s'agit seulement de déterminer les aberrations par rapport à cette orbite. Le problême avec ces limitations, est encore assez difficile pour exiger toutes les ressources des analystes les plus profonds ; et même à peine ont-ils pu en donner une solution par approximation.

Clairaut qui avoit, dès 1742, résolu quelques problêmes de dynamique qui ont de l'analogie avec celui-là, le tenta vers 1743, et en fit l'objet d'un mémoire qu'il lut à l'Académie cette même année sous le titre, *de l'Orbite de la lune dans le systême de Newton.* C'est à cette date qu'il faut, ce semble, rapporter le commencement des méditations qu'on vit peu d'années après éclore sur ce sujet et qui furent l'ouvrage d'un petit nombre des plus forts géomètres de l'Europe.

Mais on peut dire que ce travail de Clairaut n'étoit que le prélude d'un autre beaucoup plus considérable, et plus profond de toutes manières qui vit le jour pour la première fois en 1747. En effet, ici Clairaut suppose l'orbite primitive de la lune être une ellipse dont elle est continuellement dérangée, au lieu que

(1) Fontaine, un des plus grands géomètres de ce temps-là, disoit que Clairaut n'en seroit pas venu à bout, sans la pièce d'Euler sur Saturne, en 1748 ; et les tables que Léonard Euler publia en 1746 prouvent qu'il s'en étoit occupé vers le même temps.

LA LANDE.

dans le premier mémoire, il l'avoit supposée un cercle ou très-approchante du cercle, sans quoi des intégrations auxquelles il parvenoit au moyen de cette supposition n'auroient pu réussir. Il y considéroit aussi spécialement le mouvement des apsides de la lune, sur lequel la théorie neutonienne avoit déjà paru en défaut, car Machin avoit désespéré de faire cadrer la théorie avec l'observation qui donnoit le double de ce qui paroissoit résulter de la première.

Clairaut ne trouva encore pour le mouvement annuel de l'apogée de la lune qui est de 19° 20′ que la moitié de cette quantité. Tout attaché qu'il étoit à la théorie neutonienne de l'attraction, il ne pouvoit le dissimuler, et il en fit l'aveu dans un mémoire lu à l'assemblée publique de l'Académie, du mois de novembre 1747. Il ne désespéroit cependant pas qu'il n'y eût un remède, qu'il soupçonnoit consister dans l'addition d'un terme à l'expression de la loi de l'attraction, lequel terme devenant nul ou comme nul dans les distances très-petites pouvoit produire, dans une distance comme celle de la lune, un effet sur le mouvement des apsides; ce fut bientôt le sujet d'un petit démêlé qu'il eut avec Buffon, et qui fut poussé avec quelque vivacité de part et d'autre. Mais les raisonnemens de Buffon étoient purement métaphysiques et ne pouvoient porter atteinte aux calculs.

Cet aveu de Clairaut causa une espèce de scandale dans le monde savant. D'un côté, les ennemis de la théorie neutonienne en triomphèrent et se hâtèrent de publier que le grand édifice élevé par Newton alloit s'écrouler. De l'autre, ceux des partisans de Newton qui étoient plus physiciens que géomètres inculpèrent d'erreur les calculs de Clairaut, et il y en eut d'autres qui travaillèrent, pour ainsi dire, à étayer l'édifice. Mais nous nous hâtons d'observer que ce triomphe des antineutoniens ne dura pas long-temps. Plus l'insuffisance de la loi de l'attraction en raison inverse du quarré des distances pour le mouvement de l'apogée de la lune, s'accordoit peu avec les conclusions tirées de cette loi pour les autres phénomènes célestes, plus il étoit naturel que Clairaut cherchât d'où pouvoit venir cette insuffisance apparente; il le trouva enfin, et il annonça au mois de mai 1749, qu'ayant considéré la question sous un nouveau point de vue, il étoit parvenu à concilier assez exactement le mouvement de l'apogée de la lune avec la loi de l'attraction en raison inverse du quarré de la distance (1). Il ne

(1) Le moyen que Clairaut employa pour reconnoître son erreur, consiste à chercher la valeur du petit terme qu'il avoit soupçonné devoir être ajouté à l'expression de la force centrale en raison inverse du quarré de la distance; comme ce terme devoit être petit, il falloit mettre dans le calcul une précision

faisoit pas alors connoître la route qui l'y avoit conduit, mais les fondemens de sa nouvelle méthode étoient consignés dans un écrit, remis cacheté au secrétaire de l'Académie le 21 janvier, et dans un semblable envoyé à la société royale de Londres, à l'adresse de Folkes son président. Aussi il paroît que si Clairaut fut le premier a causer l'espèce de scandale qui agita les neutoniens, il fut aussi le premier a le réparer.

En effet, nous devons faire ici deux remarques importantes. La première que tandis que Clairaut travailloit en secret sur la théorie de la lune, et parvenoit à y appliquer un calcul direct, Euler et d'Alembert, de leur côté, travailloient sur le même objet. Euler avoit déjà publié, en 1746, de nouvelles tables de la lune qui supposoient une théorie déjà faite; et quand Clairaut commença à lire, à l'Académie, son mémoire sur ce sujet, d'Alembert consigna le sien entre les mains du secrétaire pour prendre datte. Ce mémoire se trouve inséré dans le volume de l'Académie pour 1743, à la suite de celui de Clairaut; car l'Académie pensa, avec raison, ne devoir pas priver le public de ces deux savantes pièces, jusqu'au moment où seroit imprimé le volume de 1747. D'Alembert continua de s'en occuper dans ses *Recherches sur le système du monde*, *et dans ses opuscules*, où il a donné de savantes et ingénieuses recherches sur ce sujet.

La seconde observation est que Euler et d'Alembert ne trouvoient, comme Clairaut, pour le mouvement de l'apogée de la lune que la moitié de celui qu'il a réellement.

La date d'Euler, pour le problême des trois corps, remonte au moins à la même époque, car l'Académie ayant proposé en 1746 un prix dont l'objet étoit les dérangemens que se causent mutuellement Saturne et Jupiter, la pièce couronnée en 1748, se trouva contenir une résolution complette du problême des trois corps, d'après les principes de l'attraction, en raison inverse des quarrés des distances, et dès-lors Euler étoit conduit au même résultat que Clairaut et d'Alembert. Mais il a, comme eux, reconnu dans la suite que sa conclusion étoit précipitée. Enfin, il reste aujourd'hui démontré, non-seulement par les

singulière, et y faire entrer des inégalités qu'il avoit jusqu'à lors négligées; avec ces attentions, il parvint à un résultat qui donnoit zéro pour le terme additionnel, et cela lui apprit ce qu'il avoit eu tort de négliger.

Euler, qui désiroit connoître cette analyse de Clairaut, fit proposer par l'académie de Pétersbourg, la théorie de la lune pour sujet de prix. Quand il reçut, en 1750, la pièce de Clairaut pour la juger, il eut de la peine à se persuader que le résultat fût certain, et il n'y crut complètement, que lorsqu'il eut refait lui-même les calculs, sur lesquels Clairaut n'étoit pas entré dans d'assez grands détails. Ce sont ces deux grands géomètres qui m'ont raconté ces deux anecdotes.

LA LANDE.

calculs de ces géomètres, mais par ceux de divers autres, que, relativement au mouvement de l'apogée, la théorie neutonicienne soutient comme sur tout autre point l'épreuve de l'analyse et du calcul rigoureux.

J'ai dit plus haut que quelques neutoniens entreprirent d'étayer la théorie de Newton, et de démontrer que sa méthode pouvoit donner le mouvement de l'apogée, tel qu'il résulte de l'observation ; ce fut encore pour Clairaut le sujet d'une petite contestation. Dom Walmesley, bénédictin anglois, habile géomètre, entreprit de faire voir qu'on pouvoit reconcilier ce mouvement avec la loi de l'attraction neutonienne sans employer d'autres moyens que des moyens déjà connus. Il éleva plusieurs objections contre la méthode employée par Clairaut pour trouver l'orbite de la lune ; c'est l'objet d'un petit écrit qu'il publia sous le titre de *Théorie du mouvement des absides en général, et en particulier des absides de l'orbite de la lune*, Paris, 1749, in-8°. Il prétend y donner trois méthodes différentes, au moyen desquelles on trouve le mouvement tel qu'il est réellement ; et suivant lui, Machin y avoit également réussi : mais Clairaut eut un défenseur dans le chevalier d'Arcy, qui répondit au P. Walmesley, dans un écrit intitulé : *Réflexions sur la théorie de la lune, donnée par M. Clairaut, et sur les recherches de Dom Charles Walmesley, concernant la même matière*, Paris, 1749, in-8°. D'Arcy met hors de doute que l'attachement du père Walmesley pour son compatriote Newton lui avoit fait illusion ; il y fait voir que Newton avoit tellement reconnu lui-même l'insuffisance de sa méthode, que dans les éditions postérieures de son ouvrage, il avoit passé sous silence ce qu'il avoit dit dans la première, sur la quantité du mouvement de l'apogée ; que les différentes méthodes de dom Walmesley, traitées convenablement, ne donnoient comme celle de Newton et celle de Machin, que la moitié du mouvement.

Tel étoit, à cet égard, l'état des choses, lorsque l'académie de Pétersbourg jugea avec raison que le sujet de la théorie du mouvement de la lune, méritoit d'être proposé pour l'un de ses prix d'astronomie physique ; elle proposa donc en 1750, pour le prix de l'année 1752, d'examiner *si toutes les inégalités qu'on observe dans le mouvement de la lune sont conformes à la théorie de Newton, et quelle est la véritable théorie de ces inégalités, d'après laquelle on puisse déterminer avec exactitude le lieu de la lune à un moment donné ?* Clairaut remporta ce prix, et sa pièce fut imprimée la même année à Pétersbourg, *in* 4°. Il donna à ce travail un nouveau prix, en construisant de nouvelles tables lunaires, qu'il publia en 1754, sous le titre de *Tables de la lune, calculées suivant la théorie de la gravitation universelle*, Paris, *in*-8°.

Ces tables étoient plus exactes que celles d'Euler, et l'un et l'autre ont continué à les perfectionner, ainsi que d'Alembert, qui en publia vers le même temps, quoique avec moins de succès, faute d'y avoir employé des observations.

Clairaut publia en 1765 une nouvelle édition de sa pièce, couronnée en 1752 à Pétersbourg, avec beaucoup d'augmentations et de changemens. On trouva, dans cette édition, indépendamment de beaucoup de calculs revisés ou simplifiés, et même souvent poussés beaucoup plus loin, de nouvelles *Tables de la lune* un peu différentes pour la forme de celles qu'il avoit publiées en 1754. On y trouve aussi la comparaison de près de deux cents observations choisies, communiquées par Bradley et Maraldi, avec le calcul résultant de ses tables, et l'on y vit avec surprise et satisfaction, que sur toutes ces observations, il y en avoit neuf sur dix qui s'accordoient à moins d'une minute, souvent à quelques secondes près avec le calcul, mais il s'en est trouvé beaucoup qui se sont écartées de plus de deux minutes.

On sent aisément que nous ne pouvons suivre Clairaut au travers des calculs prolixes et multipliés qu'il lui fallut entreprendre pour parvenir aux résultats qu'il atteignit enfin. Nous renvoyons à l'astronomie de la Lande, où tous les élémens de ces calculs sont démontrés avec une extrême simplicité, et la méthode rendue pour ainsi dire élémentaire.

Il nous reste à parler un peu plus au long des travaux des plus grands géomètres, pour parvenir au même résultat. On a vu plus haut, que lorsque Clairaut lut (en 1747) son mémoire sur le problême des trois corps, d'Alembert remit aussi-tôt à l'académie celui qui contenoit ses recherches sur le même sujet. On le trouve, en effet, à la suite de celui de Clairaut, dans le volume de 1745, imprimé en 1749.

Dans ce mémoire, intitulé *Méthode générale pour déterminer les orbites et les mouvemens de toutes les planètes, en ayant égard à leur action mutuelle*, d'Alembert envisage même la question beaucoup plus généralement, et ce me semble plus directement que Clairaut, et par des détails d'analyse, dont il est d'autant plus difficile de rendre compte, qu'ils sont plutôt indiqués que développés; il parvient à une équation générale de l'orbite décrite par la planète troublée. Dans la supposition néanmoins que l'orbite primitive diffère peu du cercle, et que les forces perturbatrices soient assez peu considérables pour pouvoir négliger les termes où entrent leurs quarrés ou leur produit. Passant de-là au cas particulier de la lune, il en donne l'équation différentio - différentielle, dont il trouve ensuite l'intégrale en quantités exponentielles imaginaires, qu'il réduit en cosinus d'angles ; d'où il tire enfin l'équation entre le rayon vecteur de l'orbite, et l'angle fait par ce rayon avec l'axe primitif d'où le mouvement est supposé commencer.

Dans ce mémoire, d'Alembert trouvoit comme Clairaut, que d'après cette théorie le mouvement de l'apogée n'étoit que la moitié de ce que donne l'observation, et il en concluoit de même que Clairaut, qu'à la force de gravitation de la lune vers la terre, abstraction faite de la force solaire, devoit être ajoutée une autre petite force quelconque pour satisfaire à ce phénomène ; mais nous avons vu que des considérations ultérieures les ont conduits l'un et l'autre, ainsi que Léonard Euler, à reconnoître qu'il n'y avoit rien à ajouter.

On ne doit regarder, au surplus, ce travail de d'Alembert, que comme une esquisse de ceux qu'il a exécutés dans la suite sur le même sujet. Il en donna en 1754, les développemens dans la première partie de ses *Recherches sur différens points importans du systême du Monde*, et il y joignit des tables, principalement disposées pour servir de supplément à celles de Flamsteed, que Lemonnier avoit publiées dans ses *Institutions astronomiques* (1). Ensuite dans ses *Opuscules* et dans les autres volumes de ses *Recherches sur différens points importans du systême du Monde*, il développa davantage ses idées, et il en fit l'application à la pratique de l'astronomie, en construisant, d'après les expressions résultantes de son analyse, de nouvelles tables de la lune qu'il publia en 1756, dans le troisième volume de ses *Recherches*, mais sans y employer d'observation.

Dès 1754, d'Alembert s'aperçut que ses tables n'avoient pas le degré d'exactitude qu'il desiroit ; il y avoit en effet des cas où elles s'écartoient de l'observation de sept ou huit minutes. C'est pourquoi il entreprit un nouveau travail pour les rectifier, et il publia, au commencement de 1756 ces nouvelles tables, avec la manière de s'en servir, renvoyant au surplus à la troisième partie de ses *Recherches*, qui parurent la même année, la discussion des moyens qu'il avoit employés pour cette espèce de refonte.

C'est à cette époque que commence la querelle assez vive qui s'éleva entre Clairaut et d'Alembert. La théorie de Clairaut

(1) Le Monnier étoit son ancien ami ; aussi dans l'*Encyclopédie*, les articles d'astronomie, qui étoient tous de d'Alembert, se réduisoient souvent à dire : voyez les *Institutions astronomiques* ; je les refis presque tous dans les supplémens *in-fol.* qui parurent en 1776.

LA LANDE.

paroissoit réunir les suffrages publics; ses travaux avoient même été couronnés par l'académie de Pétersbourg. D'Alembert, dans la première partie de ses *Recherches* citées plus haut, s'attacha à discuter le travail de son concurrent, avec ce scrupule et cette espèce d'affectation qui décèle au moins l'envie de déprécier; Clairaut ne pouvoit s'y méprendre : il se tût néanmoins jusqu'au moment où il eut à rendre compte dans le *Journal des Savans*, de la troisième partie des *Recherches* de d'Alembert, qui parut en 1756. Comme celui-ci y continua cette espèce d'inquisition recherchée sur tous les points de la théorie de Clairaut, ce dernier en donna au mois de juin un extrait, dans lequel, par forme de représailles, il examina sévèrement tous les points de la théorie d'après laquelle d'Alembert avoit dressé ses tables, non cependant sans donner les louanges dues à sa sagacité et à ses talens géométriques. Cela occasionna de la part de d'Alembert une assez longue lettre, qu'il publia dans le *Mercure* de la même année. Clairaut y répliqua dans le *Journal des Savans* de février 1758, par une autre, dans laquelle il reprit celle de son adversaire, dans toutes ses parties, en y faisant des réponses.

Un nouvel aliment à cette animosité se présenta en 1758; Clairaut annonça à l'académie le calcul de l'effet que l'action des planètes supérieures avoit pu produire sur le retour de la fameuse comète de 1531, 1607 et 1682, attendu pour la fin de 1758. Clairaut pensoit que sa solution du problême des trois corps se prêtoit plus facilement que toute autre au cas particulier d'une comète, dont l'orbite est extrêmement excentrique, ensorte que tous les abrégés de calcul, résultans de la possibilité de négliger sans erreur sensible plusieurs termes de l'équation de la courbe, ne peuvent plus avoir lieu ici. D'Alembert lui contesta cet avantage, et la prédiction du retour de la comète établie sur les calculs de Clairaut, ayant retardé d'un mois sur l'événement, il parut divers écrits anonymes, dans lesquels on cherchoit à rendre cette erreur monstrueuse, en prétendant que cette différence d'un mois devoit se comparer à la différence des deux dernières révolutions, et non à la durée d'une révolution moyenne, ou plutôt de deux révolutions. Il vouloit même la comparer à un temps beaucoup plus court; il étoit facile à Clairaut de voir qu'une prétention aussi injuste ne pouvoit venir que de d'Alembert; c'est pourquoi, indépendamment des réponses qu'y fit la Lande, comme coopérateur de ce travail, Clairaut crut devoir repousser par lui-même cette attaque, ce qu'il fit par une réponse insérée au *Journal des Savans* de novembre 1759. Cette querelle se prolongea encore quelques années par des écrits publiés de part et d'autres, dans le *Journal des*

des Savans de décembre 1761, et le *Journal Encyclopédique* de février 1762.

En juin 1762, Clairaut rassembla en quelque sorte toutes ses forces, et publia dans le *Journal des Savans* de *Nouvelles Réflexions sur la contestation entre d'Alembert et lui*, non-seulement sur la comète de 1759, mais aussi sur la théorie de la lune. Elles paroissent avoir terminé la discussion; car je ne sache pas que d'Alembert y ait rien opposé; soit qu'il n'ait eu rien à y répliquer, soit qu'il ait cru avoir suffisamment mis les juges impartiaux à portée de prononcer. Il ne m'appartient pas de me mettre de ce nombre; mais cependant, je dirai qu'il me semble que Clairaut eut en tout ceci le mérite des procédés; et quand au fond, j'ajouterai qu'il semble que le public, sans rien perdre de la haute estime due à d'Alembert, a mis le travail de Clairaut, du moins quant à ses tables, au-dessus de celui de son concurrent. Les astronomes d'Angleterre, en particulier, paroissent en avoir pensé ainsi, par le silence qu'ils ont gardé sur celles de d'Alembert, dans l'appréciation faite des tables de Mayer, Euler et Clairaut, appréciation dans laquelle on n'a donné aucune place à celles de d'Alembert. Celui-ci n'avoit pas la patience de suivre de longs calculs appliqués aux observations; il ne vouloit que des formules élégantes, à peine les avoit-il évaluées, qu'il croyoit tout fini.

Euler est peut-être celui qui le premier a réussi dans ce fameux problême; c'eût été à dire vrai, une sorte de phénomène, que cet homme célèbre qui avoit déja traité les questions les plus épineuses de la dynamique, ne se fût pas occupé d'un problême dont la solution complète réside dans les principes de cette science. Aussi voyons-nous que, tandis que Clairaut et d'Alembert, en France, travailloient à le résoudre, Euler en faisoit l'objet de ses méditations. Il nous apprend dans les *Mémoires de Berlin*, 1763, page 183, que dès l'année 1742, il avoit publié une nouvelle forme de tables de la lune, où il y avoit quelques tables de corrections fournies par la théorie; mais il convient qu'il n'en fut pas satisfait, quoiqu'elles ne cédassent en rien aux Angloises; que Mayer rectifia ensuite toutes ses équations par les observations, et que ce sont les mêmes tables qui ont été reçues avec le plus grand applaudissement. Ainsi, je ne doute pas que dès ce temps-là, il n'ait analysé directement le problême des trois corps; son premier essai en ce genre fut un mémoire, dont on lit l'extrait dans l'*Histoire de l'Académie des sciences de Berlin*, pour l'année 1745, et dans lequel il déterminoit le mouvement des nœuds de la lune, et la variation de l'inclinaison de son orbite.

En 1746, dans le 1er. vol. de ses *Opuscula varii argumenti*, il publia de nouvelles tables de la lune, déduites de ses formules analytiques : il les publia aussi à part, sous le titre de *Novae correctae Tabulae ad loca lunae computanda*, (Berlin, 1746, *in*-4°.) Quand ces tables se trouveroient encore assez imparfaites, il ne faudroit point s'en étonner ; Euler convient lui-même, dans un mémoire qu'on lit parmi ceux de l'académie de Berlin, pour 1748, que l'erreur pouvoit y monter à deux minutes environ, vers le temps des syzygies.

Le prix proposé par l'académie des sciences, pour 1748, sur la question des inégalités des mouvemens de Jupiter et de Saturne, le porta bien d'avantage vers cet objet. Dans sa première pièce sur ce sujet, il expose tous les fondemens du calcul de l'action des planètes les unes sur les autres, et l'on y trouve la solution du problême des trois corps, qui pouvoit s'appliquer aux mouvemens de la lune ; ensorte que Clairaut et d'Alembert crurent devoir prendre datte, en remettant au secrétaire de l'académie, sous cachet, les piéces qui contenoient leurs recherches propres. Une chose à remarquer ici, c'est qu'Euler, comme les deux géomètres françois, ne trouvoit que la moitié du mouvement réel de l'apogée de la lune. Il paroît même avoir resté plus long-temps encore qu'eux, dans l'idée que pour rendre exactement compte de ce mouvement, il falloit recourir à quelqu'autre force que celle du soleil sur la lune. Voyez *les Mémoires de Berlin* de 1747, *Opuscula varii argum.* Mais il a reconnu, dans la suite, que la loi de l'attraction, en raison inverse du quarré de la distance, exercée par le soleil sur la lune, étoit suffisante pour rendre raison du mouvement de l'apogée.

En 1755, Euler publia le détail et les résultats de ses travaux sur la théorie de la lune, dans un ouvrage intitulé, *Theoria motuum lunae exhibens omnes corporum celestium inaequalitates*, (*Berolini* in-4°.) On y trouve de nouvelles tables de la lune beaucoup plus exactes que celles de 1746. Enfin Euler, toujours occupé du soin de perfectionner la théorie de la lune, publia en 1772 le résultat de vingt années de calculs, son dernier ouvrage sur ce sujet, sous le titre de *Theoria motuum lunae nova methodo pertractata, una cum tabulis astronomicis, etc.* (Petropoli, *in*-4°.) Il publia aussi à part, les nouvelles tables lunaires, sous le titre de *Novae tabulae lunares singulari methodo constructae quarum ope loca lunae ad quodvis tempus expedite computare licet*, (Petropoli, *in*-4°.) A l'aspect des calculs que contient cet immense ouvrage d'Euler, il est impossible de ne pas être étonné du courage qu'ils exigeoient de lui. Ce courage même eût été insuffisant ; car les forces humaines ont leur limite, si Euler n'eût pas trouvé dans son fils J.-A. Euler, ainsi que Kraft et Lexell, trois hommes aussi courageux et dévoués au bien public et à celui de la science. Ce sont eux qui, sous la direction d'Euler, exécutèrent la plus grande partie de ces calculs.

Ainsi, le monde savant étoit en 1772, en possession de trois nouvelles tables lunaires, qui se disputoient la prééminence, celles de Mayer, de Clairaut et d'Euler. Mais les premières ayant été assujéties à un grand nombre d'observations, eurent toujours la préférence : le citoyen de la Lande les publia en 1792 dans son astronomie, en corrigeant un peu les époques, les parallaxes. M. Maskelyne, chargé des calculs du *Nautical almanac*, ajouta aux équations de Mayer une petite équation empyrique de 16″. Il fit aussi quelques légères corrections aux longitudes moyennes de la lune de l'apogée et du nœud. Le bureau des longitudes de Londres, ne pouvant adjuger à Mayer, mort dès 1761, le prix annoncé pour celui des astronomes qui donneroit les tables de la lune les plus exactes, l'envoya à sa veuve. Les tables d'Euler furent jugées par le même bureau, approcher le plus du degré de perfection demandée ; et en conséquence, il fut décerné par la France à Euler, une autre gratification, sur la demande de Condorcet à M. Turgot, et Louis XVI fit remettre à Euler cette gratification, par forme de récompense et de reconnoissance de la marine françoise. Euler étoit effectivement celui dont la théorie avoit le plus servi aux tables de Mayer.

Il étoit intéressant pour les géomètres ou astronomes du continent, d'avoir une comparaison de ces diverses tables, quoique l'on dût toute confiance à celles qui avoient été faites par ordre du bureau des longitudes d'Angleterre. Le citoyen de la Lande engagea le citoyen Lémery a entreprendre ce travail ; il calcula plus de cinq cent lieux de la lune, tant par les tables de Mayer que par celles de Clairaut, pour les comparer aux lieux observés : et il mit le résultat dans la *Connoissance des Temps* de 1783 ; il en résulte, suivant Lémery, que pour la commodité et la facilité du calcul, les tables de Clairaut avoient l'avantage sur celles de Mayer ; mais qu'elles étoient un peu au-dessous pour l'exactitude, et que ces dernières, avec les légers changemens faits par M. Maskelyne, étoient les plus précises, quoique Duséjour ait toujours soutenu que les tables de Clairaut pouvoient soutenir la concurrence. Les tables d'Euler ayant beaucoup plus d'équations, auroient dû avoir plus d'exactitude ; mais elles se sont trouvées en avoir moins, parce qu'elles n'avoient pas été assujéties, comme celles de Mayer, à un grand nombre d'observations.

En effet, quelque savantes que soient les solutions du problême des trois corps dont nous avons parlé, il est fâcheux pour l'astronomie, qu'on soit encore dans le cas de dire, qu'elles laissent beaucoup à desirer pour l'exactitude des calculs astronomiques. On est forcé de convenir que la théorie, qui devroit absolument toucher au but, est encore, à cet égard, au-dessous de la méthode empyrique, employée par Mayer, Mason et Burg : c'est sans doute ce motif qui engagea en 1768, l'académie des sciences de Paris, à proposer pour son prix de 1770, ce sujet aux géomètres de l'Europe. Les pièces envoyées au concours ne parurent pas d'abord remplir ses vues, c'est pourquoi le prix fut remis et doublé pour 1772. A cette époque, deux pièces excellentes fixèrent sur-tout les regards de l'académie, l'une d'Euler et l'autre de la Grange ; et elles lui parurent toutes deux se balancer tellement en degré de mérite, qu'elle crut devoir leur partager le prix. Ces deux pièces se trouvent dans le 9e. volume des *Prix de l'Académie.*

Il y avoit encore une grande question à décider sur le mouvement de la lune; c'est celui de son équation séculaire, prouvée par Halley, vérifiée de nouveau par le citoyen de la Lande, employée par Mayer, et néanmoins regardée comme douteuse par les géomètres qui ne pouvoient pas l'expliquer. Nous n'entrerons pas ici dans des détails sur cet objet. Nous nous bornerons à dire que ce sujet faisant partie de celui du prix de l'académie des sciences, à décerner en 1772, il fut traité par le cit. de la Grange, qui fit voir que le calcul analytique ne donnoit et ne pouvoit donner aucun terme qui tendît à altérer la quantité du mouvement moyen de la lune, et la difficulté a subsisté jusqu'à ce que le cit. de la Place ait reconnu que cette équation provenoit de la diminution de l'excentricité de l'orbite lunaire. *Voyez* ci-après page 82.

Quoique dans le récit des travaux entrepris pour la résolution du problême des trois corps, nous ayons donné la première place à ceux d'Euler, Clairaut, d'Alembert, il seroit injuste de ne pas faire mention de ceux de divers autres géomètres-astronomes, qui, par leurs tentatives et par leurs différentes manières de l'envisager, ont contribué à jeter un nouveau jour sur cette intéressante question.

Parmi ces géomètres, je nommerai d'abord Thomas Simpson. Il donna une solution analytique dans son ouvrage intitulé, *Miscellaneous tracts on some curious and very interesting subjects in mechanics, physical astronomy etc.* (London, 1757, *in*-4°.) Il y traita spécialement le mouvement de l'apogée, partie comme on l'a vu la plus délicate et la plus difficile de cette théorie.

Le P. Frisi, dans son ouvrage *de Gravitate corporum uni-*

versali, qu'il publia en 1768, à Milan, (*in*-4°.) ayant pour objet d'analyser tous les phénomènes que l'attraction ou la gravitation universelle de la matière, peut produire sur la forme et les mouvemens des corps célestes, y traita les perturbations qu'éprouvent ces mouvemens, par leur action mutuelle; sa méthode a mérité des éloges pour l'élégance. Daniel Mélander, de l'académie d'Upsal, lui ayant écrit en 1769 une lettre accompagnée de ses recherches, propres sur l'analyse du problême dont nous nous occupons, cela a donné lieu à un nouvel ouvrage, intitulé, *Danielis Melandri et Paulli Frisii, de Theoria lunae, unius ad alterum commentarii*, (Parme, 1769, *in*-4°.) On y voit de l'un et de l'autre de ces géomètres, de nouvelles vues sur les difficultés particulières de ce problême, et sur les moyens de les surmonter.

Fontaine, dont la force en analyse ne le cédoit à celle d'aucun des géomètres ses contemporains, jugea aussi ce problême digne de l'occuper. On peut voir son analyse dans le volume de *Mémoires* qu'il publia en 1764. Il parvient à trois équations, dont une du septième degré, et une du quatrième, au moyen desquelles il indique comment on peut éliminer les inconnues, mais il s'en tint là. (1) Il eût sans doute été à desirer, qu'à l'exemple d'Euler, Clairaut et d'Alembert, il eût tenté de réduire sa solution à des expressions propres aux usages astronomiques; car, comme le remarque Euler en plus d'un endroit, on pourroit peut être résoudre les équations différentielles auxquelles conduit le problême, sans être plus avancé pour les calculs astronomiques.

On doit aussi à Lambert de savantes réflexions sur le problême des trois corps; elles font l'objet d'un mémoire inséré dans le recueil de Berlin pour 1767, sous le titre de *Solution générale et absolue du problême des trois corps, moyennant des suites infinies*. Assimilant ce problême à celui de la quadrature du cercle, il pense qu'il n'est tout au plus soluble que par des suites infinies, et que la question se réduit à en trouver qui soient convergentes et traitables. Prenant ensuite le cas de ce problême, qui semble le plus facile, et qui cependant ne l'est guères plus que celui du mouvement de la lune, savoir, celui où les trois corps se meuvent sur la même ligne, ce qui auroit lieu si le mouvement initial du projectile n'eût pas eu

(1) Euler avoit une si grande idée du génie de Fontaine, d'après ses premiers mémoires, qu'il me disoit en 1751: « S'il se fait quelque découverte à laquelle nous ne nous attendons pas, je crois que c'est Fontaine qui la fera; » mais il ne suivit pas long-temps cette belle carrière; il se retira à la campagne, et l'on n'y a pas l'émulation, qui seule enfante les grandes choses.

La Lande.

lieu, il détermine les séries qui exprimeroient les mouvemens des trois corps donnés après un certain temps écoulé, et il en résulte que ces séries mêmes ont un grand inconvénient, celui de ne point converger.

Nous avons indiqué tous les ouvrages de théorie où le problême des trois corps a été traité; nous ajouterons l'introduction à l'étude de l'astronomie physique du citoyen Cousin, qui a paru en 1787, *in*-4°., et sur-tout la mécanique céleste du citoyen de la Place, 1799, 2 volumes *in*-4°. C'est ici qu'on trouve le dernier état de l'analyse et les dernières découvertes qui étoient à faire dans l'astronomie physique.

VII.

De l'accélération de la lune.

Nous n'avons parlé qu'en passant de l'accélération de la lune, mais on en a été si longtemps occupé que cela doit faire un article dans l'histoire de l'astronomie. Cette accélération du mouvement moyen de la lune étoit un des phénomènes les plus singuliers de l'astronomie physique et dont on alloit tirer les conséquences les plus curieuses. Car si l'on démontroit une accélération proprement dite, il s'en suivoit où que le mouvement diurne de la terre éprouvoit une retardation successive, ou que la terre s'éloignoit continuellement du soleil; ou que la lune éprouvoit une diminution de sa force projectile autour de la terre. Dans le premier cas, la durée d'une révolution périodique de la lune étant mesurée par un certain nombre de révolutions diurnes de la terre, si ces révolutions étoient plus longues, la lune paroîtroit avoir achevé son cours en moindre temps. Dans le second, c'est-à-dire si la terre s'éloigne du soleil, ou décrit une orbite plus ample, c'est encore, comme on l'a dit ailleurs, une cause par l'effet de laquelle la lune ayant une orbite plus petite, la parcouroit plus promptement. Enfin si la lune éprouvoit de la part de l'Ether une résistance qui diminuât sa vîtesse de projection, elle décriroit une ellipse de plus en plus contractée, et par conséquent les quarrés des temps périodiques étant en raison des cubes des distances, ces temps diminueroient avec ces distances ou comme les racines quarrées de leurs cubes. Il étoit difficile d'admettre une pareille cause à l'égard de la lune sans l'admettre à l'égard de la terre, qui, dans ce cas, contracteroit aussi son orbite; mais douée de plus de masse elle pourroit éprouver une accélération beaucoup moindre et à peine sensible. Un phénomène d'où résulteroient des conséquences aussi singulières méritoit donc un examen particulier.

Halley fut le premier qui reconnut cette accélération, comme on le voit parce que dit Newton dans la seconde édition de ses *Principes*. Il est néanmoins probable qu'il ne regardoit pas le phénomène comme assez certain pour en faire la base d'une équation dans ses nouvelles tables de la lune. Quoiqu'il en soit voici quel étoit le fondement du résultat de Halley.

Ptolémée rapporte dans son almageste une éclipse de lune, totale observée à Babylone, et qui, réduite au calendrier Julien revient au 9 mars de l'an 720 avant l'ère vulgaire. C'est la plus ancienne de toutes les observations connues. Cette éclipse, dit-il, commença plus d'une heure après le lever de la lune et fut totale, circonstances qui permettent de fixer à-peu-près le moment du milieu de l'éclipse pour Babylone, et Halley la calcula. Mais en calculant ce moment d'après les meilleures tables déduites des observations modernes, c'est-à-dire des deux derniers siècles, on trouvera qu'elle auroit dû commencer trois heures plutôt, d'où il suit que le mouvement de la lune s'est accéléré depuis ce temps-là.

Deux autres éclipses du moyen âge, observées en 977 et 978 au Caire en Egypte par l'astronome *Ibn Iunis*, donnent une erreur sur la longitude de la lune dans le même sens, quoique moindre, d'où Halley tiroit encore la conséquence que le mouvement de la lune avoit accéléré.

Tel est le raisonnement de Halley qui a paru à Dunthorn assez fondé pour l'engager à travailler à lui donner une nouvelle force. Il a comparé pour cet effet (1) un plus grand nombre d'éclipses dans l'intervalle écoulé depuis l'an 720 avant l'ère vulgaire jusqu'à nos jours. Savoir une seconde observée à Babylone selon Ptolémée le 23 décembre de l'an 312 avant l'ère vulgaire. Une troisième, observée à Alexandrie par Hipparque, le 22 septembre de l'an 200 avant l'ère vulgaire; une de soleil observée par Théon d'Alexandrie l'an 364 de notre ère, le 16 juin, et rapportée dans son commentaire sur Ptolémée; les deux de 977 et 978 d'Ibn Iunis; une de soleil faite par Walther à Nuremberg, l'an 1408, le 29 juillet. Il les a discutées, et calculé au moyen de tables particulières, les momens auxquels elles auroient dû arriver, en supposant le mouvement tel qu'il est depuis environ deux siècles, et il a vu que la différence de l'observation avec le calcul étoit d'autant plus grande que l'intervalle entre ces observations et les nôtres étoient plus considérable. Cette suite d'observations paroît établir en effet une accélération continue dans le mouvement de la lune depuis la première des époques mentionnées, et cette consé-

(1) *Trans. phil.* ann. 1749 et 1750.

quence paroît d'autant plus probable que l'on voit cette différence du calcul avec l'observation, décroître à mesure qu'on approche de notre temps.

Le cit. de la Lande fit de semblables recherches dans les mémoires de l'Académie pour 1757, et parvint au même résultat. Mayer en parla dans les mémoires de Gottinge en 1752, et dans ses tables de la lune, il établit une équation qu'il appelle séculaire pour corriger selon le siècle antérieur ou postérieur à celui-ci, le moyen mouvement de la lune; cette équation, selon les dernières tables, est de 11 secondes pour ce siècle ci, et il la fait croître en raison des quarrés des temps, ensorte que si au bout d'un siècle, par exemple, le lieu moyen de la lune est plus avancé de 11 secondes, il le sera au bout de deux siècles de 44; et au contraire en rétrogradant, ensorte que sept cent ans avant l'ère vulgaire, il a dû être moins avancé de 1° 37′ environ, ce qui rend raison de la différence entre l'observation de l'an 720, et le calcul fait aujourd'hui d'après nos tables lunaires les plus exactes.

Ceux qui ne pouvoient expliquer cette accélération cherchoient à élever des doutes en disant que le temps de toutes ces observations anciennes n'étoit pas établi de manière à ne laisser aucun doute, que nous ignorions même d'après quelles données Ptolémée a fait les réductions de ces momens des trois premiers de ces phénomènes au méridien d'Alexandrie; on a même observé que les éclipses de 977 et 978, mentionnées par l'astronome Ibn Iunis présentoient dans le manuscrit d'où elles sont tirées, assez d'incertitude pour faire douter si elles avoient été observées ou calculées. Costard y répondit dans les transactions de 1780, et Bernoulli dans les mémoires de Berlin pour 1782, mais depuis qu'on a découvert le manuscrit d'Ibn Iunis où il y a beaucoup d'autres observations, ces objections ne sauroient plus avoir lieu. La théorie neutonienne de l'attraction pouvoit jeter quelque lumière sur ce sujet; c'est ce qui engagea l'Académie des Sciences de Paris de proposer pour prix de 1768, 1770, 1772 et 1774, la théorie de la lune. Les pièces d'Euler et la Grange sont dans le neuvième volume du *Recueil des prix de l'Académie* que le cit. de la Lande publia en 1777. Euler termina sa pièce de 1770 en disant : il paroît bien constaté que l'équation séculaire du mouvement de la lune ne sauroit être produite par les forces de l'attraction. Dans sa pièce de 1772, il dit qu'il ne reste plus aucun doute que l'équation séculaire ne soit l'effet de la résistance du milieu.

Pour le prix de 1774 l'Académie demandoit si l'on pourroit expliquer l'équation séculaire de la lune soit par les perturbations qu'excite dans le mouvement de cette planète l'attraction

de

de tous les corps célestes, soit par l'effet qui peut résulter de la non sphéricité de la terre et de la lune. Ce prix fut remporté par le cit. de la Grange, et sa pièce a été imprimée dans le septième volume des mémoires présentés à l'Académie par divers savans, année 1773. De la Grange observe d'abord qu'il ne résulte aucune erreur sensible des quantités qu'on néglige dans le calcul des inégalités de la lune. Il dit qu'après avoir soigneusement réfléchi sur cette question proposée déjà par l'Académie, et examiné les solutions de d'Alembert et d'Euler, il n'a pas cru qu'il y eût rien à y ajouter, et que comme ces solutions ne donnent aucun terme qui soit de nature à affecter le mouvement moyen de la lune, il se contente de déclarer avec eux que l'action du soleil et des planètes ne peut produire aucune accélération dans le mouvement de la lune.

Une des parties principales du mémoire du cit. de la Grange consiste donc à examiner quel effet peut résulter de la forme non sphérique tant de la terre que de la lune. Et après une analyse savante et digne de sa sagacité, il trouve encore que ces causes ne peuvent produire aucune accélération dans ce moyen mouvement; mais il est resté quelque doute à cet égard.

Il examine enfin les observations même, d'après lesquelles on a vu ou cru voir cette accélération; et cet examen le conduit à conclure, d'après les tables de Mayer et les observations que Bernoulli avoit calculées pour lui, que l'existence de cette prétendue équation séculaire étoit encore très-douteuse, et que le meilleur parti seroit, peut-être, de la rejeter entièrement, (page 60).

Le cit. de la Place, dans le même volume, (page 230), donne un grand mémoire dont une partie a pour objet le principe de la gravitation universelle et les équations séculaires des planètes, et n'est pas du même avis que le cit. de la Grange. A la vérité il convient avec lui que la théorie de la gravitation ne donne point d'équation qui affecte le mouvement moyen de la lune; du moins d'une manière aussi forte que les observations ont semblé l'indiquer, mais il n'admet point les conséquences que la Grange déduit de la discussion de ces observations. Il pense même devoir en tirer une conséquence toute contraire, savoir, que ces observations prouvent une accélération dans le mouvement moyen de la lune. Reconnoissant néanmoins que la résistance de l'éther seroit une cause insuffisante pour la produire, il en cherche une autre explication, et il la trouve dans une modification à faire à la loi de l'attraction neutonienne, et qui consiste à admettre qu'elle n'agit pas également sur un corps déjà en mouvement et sur un en repos. Il entre même à ce sujet dans des détails analytiques curieux, desquels il lu paroît résulter que l'hypothèse de la pesanteur agissant différemment sur les corps en repos ou en mouvement donne un moyen fort simple d'expliquer l'équation séculaire de la lune, (page 194.)

Si l'on admet que la pesanteur soit l'effet de l'action d'un fluide ou d'une émanation corporelle quelconque, agissant par des coups répétés, on peut bien penser que le corps déjà mis en mouvement par plusieurs de ces coups réitérés, se dérobera à l'action complète des autres. Il pourra même se mouvoir avec une telle rapidité qu'il n'en éprouveroit plus aucune action. Ainsi cette explication sera tout-à-fait dans le sens de ceux qui, admettant qu'on n'a encore donné aucune explication mécanique satisfaisante de la pesanteur ou de l'attraction, prétendent que ce n'est pas une raison pour croire qu'il n'en est aucune.

On parloit encore d'un moyen d'expliquer l'accélération du mouvement de la lune; c'étoit d'admettre une retardation dans le mouvement diurne de la terre, dont on pourroit peut-être trouver la cause dans l'action continuelle des vents d'Est contre les montagnes qui traversent la terre en longues chaînes du Nord au Sud. Il résulteroit en effet de cette retardation que le mouvement de la lune restant le même paroîtroit accéléré; il est vrai qu'alors il faudroit admettre une pareille accélération et la même dans le mouvement moyen de toutes les autres planètes. Mais comme ce mouvement est beaucoup plus lent que celui de la lune, cette objection seroit peut-être susceptible d'être résolue en disant que nous n'avons encore qu'un trop petit nombre d'observations de ces planètes, et trop peu anciennes pour qu'une pareille augmentation s'y soit manifestée, mais le cit. de la Place nous apprend dans le même endroit qu'il a trouvé que l'action des vents ne peut produire aucune retardation dans le mouvement diurne de la terre, (page 197.)

Tel étoit donc l'état actuel de nos connoissances sur ce phénomène intéressant, lorsque le 19 décembre 1787 le cit. de la Place annonça qu'il en avoit trouvé la cause. Il avoit eu l'idée heureuse de chercher quel changement l'action de la terre sur la lune devoit éprouver par la diminution d'excentricité, que l'attraction des planètes produit dans l'orbite de la terre, et il trouva une différence égale à cette accélération reconnue par les astronomes; il en fut parlé dans la *Connoissance des temps de 1790*, et elle fut développée dans le volume de l'Académie des Sciences pour 1786, imprimé en 1788. On y voit que ce qui paroît une accélération actuellement se convertira en un retardement dans la suite des siècles, parce que l'excentricité de la terre augmentera par l'action des planètes qui la font diminuer actuellement, à cause de la situation actuelle des aphélies.

VIII.

De la parallaxe de la lune.

La différence entre les situations de la lune, vues du centre et de la surface de la terre, c'est-à-dire sa parallaxe, est encore une circonstance importante de la théorie de cette planète, car la lune étant fort voisine de la terre sa parallaxe excède quelquefois un degré. Son mouvement étant d'ailleurs fort rapide, et conséquemment son éloignement de la terre variant aussi rapidement, cette parallaxe change sensiblement chaque jour. Enfin la terre n'étant pas un globe parfait, mais une ellipse, il en résulte que dans chaque cercle vertical où se trouve la lune pour un lieu déterminé, la parallaxe horizontale et celle de hauteur qui en dépend, sont différentes de ce qu'elles seroient si la coupe de la terre dans ce vertical étoit la même que dans le sens du méridien ou de tout autre vertical.

La parallaxe de la lune étant donc aussi variable, et d'ailleurs influant autant qu'elle fait sur les calculs des phénomènes, les anciens astronomes et ceux des siècles derniers avoient senti la nécessité d'y avoir égard dans tous les calculs où le lieu de la lune entroit pour quelque chose. On peut même dire qu'au défaut d'une manière directe d'en déterminer la quantité, ils y étoient néanmoins parvenus assez près, d'une manière indirecte et par des combinaisons ingénieuses. C'étoit l'objet d'un des livres d'Hipparque, que Kepler avoit entrepris de nous restituer, et qui a toujours resté parmi les *inedita* de cet homme célèbre. Nous croyons devoir au moins donner une idée d'une de ces méthodes; voici la plus simple.

Si dans une éclipse de lune on observe le moment où les deux cornes de la partie non éclipsée sont dans un même vertical, ou la ligne qui les joint perpendiculaire à l'horizon, il est aisé de démontrer, que le centre de la lune sera à cet instant à même hauteur que celui de l'ombre. Si donc on observe à cet instant la hauteur de chacune de ces cornes, la hauteur moyenne qui sera celle du centre de la lune, sera sa hauteur apparente et affectée de la parallaxe. Mais d'un autre côté on peut, par le calcul, déterminer exactement la hauteur vraie du centre de l'ombre; car, comme il est diamétralement opposé au soleil, cette hauteur sera égale à la dépression du soleil sous l'horizon, dépression qu'on peut trouver facilement, connoissant l'heure qu'il est, et le lieu du soleil. Ainsi, la différence de ces hauteurs sera la parallaxe de la lune à la hauteur observée, et comme les géomètres-astronomes ont vu facilement que la parallaxe diminue, comme les cosinus de la hauteur de l'astre, ou le sinus de la distance au zénit, on a eu aussitôt le moyen de déduire la parallaxe horizontale, de celle qui a été observée à une hauteur donnée.

Il y a plusieurs autres méthodes du même genre employées par les divers astronomes pour le même objet, comme celle des plus grandes latitudes, et celle des ascensions droites; l'une fut employée par Ptolémée, ensuite par Tycho, de nos jours par Lemonnier; l'autre fut imaginée par Régiomontanus, employée par Digge, Cassini, et dans ce siècle par Maskelyne; elles ont très-bien réussi : mais il seroit trop long de les développer, et nous croyons devoir renvoyer à l'astronomie du citoyen de la Lande, ou aux autres traités d'astronomie, dans lesquels ces méthodes sont expliquées.

C'est par ces moyens, plus ou moins susceptibles d'exactitude, ou employés avec plus ou moins d'adresse, que les astronomes étoient successivement parvenus à établir la parallaxe horizontale de la lune, dans ses plus grandes et moindres distances; on en voit le tableau dans l'astronomie citée. Ptolémée la faisoit de 54 minutes à 103, au lieu de 54 à 61 que nous trouvons actuellement.

Depuis le commencement de ce siècle, les astronomes, aidés de moyens d'observer si parfaits, s'accordoient tous à une minute près; mais une minute est une soixantième environ du total, et dans un siècle où la science avoit fait de si grands progrès, c'étoit une erreur considérable : ainsi, il étoit important de parvenir à une détermination plus approchante de la vérité, comme celle dont nous sommes aujourd'hui en possession, qui est telle, qu'on a l'assurance de ne pas se tromper sur la distance de la lune à la terre, de plus d'une cinquantaine de lieues, ou de deux secondes sur la parallaxe.

Le seul moyen de parvenir à une exactitude semblable, étoit de rechercher la parallaxe lunaire par des observations simultanées, faites aux extrémités d'un grand arc d'un méridien terrestre. Car on conçoit aisément que si deux observateurs A et B (*fig.* 1), sous un même méridien, et aux extrémités d'un grand arc AB de ce cercle, comme de 90 degrés, observent en même temps la lune passant par ce méridien, et qu'on mesure sa hauteur en ayant égard à la réfraction, on aura un triangle A L B, dont la base AB sera la corde de l'arc qui mesure la distance des deux observateurs, et dont les angles à cette base seront donnés; car chacun de ces angles est composé, savoir, de celui de la hauteur de l'astre, et celui qui fait la corde de l'arc, donné avec la ligne horizontale ou la tangente de cet arc. On aura donc par le calcul le plus simple, l'angle au sommet du triangle, qui est l'angle A L B.

C'est d'après des raisonnemens semblables ou équivalens, que vers le commencement de ce siècle, le baron de Krosigk, de Berlin, (mort en Hollande en 1714) entreprit de faire faire avec une dépense de prince, les observations nécessaires pour déterminer ainsi la parallaxe de la lune par une méthode directe. Le cap de Bonne-Espérance et Berlin lui parurent les lieux les plus propres à remplir ses vues; car il résultoit déjà de diverses observations, que ces deux lieux étoient à peu de chose près sous le même méridien; et comme la latitude australe du cap étoit de 33° 55′, et celle de Berlin, boréale, de 52° 31′. Il en résultoit une distance du sud au nord, de 86° 26′, la lune étant d'ailleurs toujours entre les zénits des deux lieux, on pouvoit choisir des positions où elle fut très-haute pour l'un et pour l'autre, et conséquemment où la réfraction fût fort petite, ensorte qu'à tout prendre, si l'on commettoit quelque erreur sur sa quantité, elle ne pouvoit être que de quelques secondes : ainsi, l'on pouvoit avoir avec une exactitude singulière, l'angle cherché, duquel dépend la parallaxe.

Il choisit donc deux astronomes qui avoient été chacun pendant près de quatre ans, coopérateurs du célèbre Eimart, astronome et artiste à Nuremberg; ce fut Pierre Kolbe et Jean-Guillaume Wagner. Kolbe partit pour le cap de Bonne-Espérance en 1705, et Wagner se rendit à Berlin.

Il faut rendre justice à Wagner, il remplit autant qu'il le pouvoit, sa mission en habile homme; mais il n'en fut pas ainsi de Kolbe. Il n'y fit presque aucune observation, et manqua celles qui étoient nécessaires pour établir exactement la longitude et la latitude du cap de Bonne-Espérance; il prétexta l'intempérie de l'air du pays, ainsi que le peu d'égards qu'on avoit eu aux lettres de recommandation qu'il avoit apportées; mais on a su depuis qu'il n'avoit fait au cap qu'y mener la vie d'un paresseux; que prêt à retourner en Europe, il s'étoit mis à faire quelques observations précipitées et inutiles, et qu'il avoit compilé à la hâte et sans choix, tout ce qu'on lui avoit dit sur le pays, les mœurs des Hottentots, etc. : tels furent les matériaux de la relation en trois volumes qu'il publia sur le cap de Bonne-Esperance, et qui eut du succès, tant à cause de la nouveauté du sujet, qu'à cause de quelques vérités dévoilées sur le gouvernement de ce pays-là. La Caille a fait voir que cette relation étoit pleine de mensonges. (*Journal historique du voyage fait au cap*, Paris, 1763.) Ce journal fut publié par l'abbé Carlier, auteur de l'*Histoire du Valois*.

Wagner ne trouva que deux observations correspondantes, et suppléa à celles de la longitude et de la latitude du cap, par celles qu'y avoient fait des missionnaires Jésuites allant à la Chine. Ce fut le sujet d'un mémoire qu'on lit dans les anciens *Mémoires de l'Académie de Berlin*, ou *Miscellanea Berolinensia*, tome 4. Il tira le parti qu'il pouvoit des données qu'il avoit en son pouvoir, et il trouva la parallaxe horizontale de la lune périgée de 1° 7′ 33″. Cette détermination est fort éloignée de la véritable ; car la parallaxe de la lune périgée n'a été trouvée depuis que de 61′ ; mais il y a apparence que cette erreur ne doit être imputée qu'au peu d'exactitude des observations de Kolbe.

Ce projet utile de déterminer par des observations simultanées, faites aux extrémités d'un très-grand arc terrestre, la parallaxe de la lune fut enfin repris en 1751. La Caille étant envoyé sur la demande de l'Académie, par le Roi, dans l'hémisphère austral, pour y faire un catalogue des etoiles qu'on ne voit point ici, le cap de Bonne-Esperance fut choisi comme une des stations les plus commodes, tant pour cet objet que pour la géographie ; et la détermination de la parallaxe de la lune, par des observations correspondantes avec celles des astronomes placés en Europe, fut un des principaux. On ne pouvoit faire choix d'un homme plus dévoué aux progrès de l'astronomie, et plus propre à cette mission ; car, independamment de son catalogue des étoiles australes, objet primitif de son voyage, il mesura presque seul et sans aide, un degré du méridien terrestre. Il y fit les observations nécessaires pour la détermination de la parallaxe lunaire, et une foule d'autres, sans compter son voyage à l'île de France et à celle de Bourbon, point de l'Océan indien dont il étoit important de déterminer la position précise pour l'utilité de nos navigateurs dans l'Inde ; mais nous nous bornerons ici à la parallaxe de la lune.

Prêt à partir pour le cap, la Caille publia un avis aux astronomes, dans lequel il les invitoit à redoubler d'assiduité à observer la lune, et leur indiquoit les jours d'observations, pour qu'elles correspondissent avec les siennes. Et en effet, plusieurs astronomes, comme Cassini à Paris, Wargentin à Stockholm, Zanotti à Bologne, Bradley à Greenwich, s'empressèrent de concourir aux vues de l'astronome françois. Cependant, pour mieux assurer encore le succès de ce voyage astronomique, l'académie des sciences crut devoir destiner un astronome à ces observations correspondantes, et fit choix du citoyen de la Lande, qui n'étoit pas de son corps, mais qui, élève depuis plusieurs années de Joseph Delisle et de Lemonnier, débutoit déjà dans la carrière astronomique, avec un zèle qui ne s'est point démenti (1). Elle le chargea de se transporter à Berlin, pour y faire des observations correspondantes à celles de la Caille. On savoit déjà que cette capitale étoit presque sous le même méridien que le cap; mais elle avoit de plus l'avantage d'avoir pour président de son académie Maupertuis, qui ne pouvoit que procurer à un observateur françois, tout ce dont il pourroit avoir besoin, pour remplir complétement sa mission. Ajoutons encore que M. Kies, astronome de Berlin, qui étoit à la tête de l'observoire royal, se fit un plaisir d'accueillir l'astronome françois, et de travailler de concert avec lui; et le Roi de Prusse y prit un intérêt marqué. Le citoyen de la Lande ne cessa, pendant plus de sept mois, d'observer la lune au méridien de Berlin, toutes les fois que le ciel le permit, en prenant en même temps la distance au zénith de l'un de ses bords, et y faisant d'ailleurs les autres observations nécessaires pour déterminer avec la plus grande exactitude, la position respective des deux méridiens de Berlin et du Cap. On peut voir la suite de ces observations dans les *Mémoires de l'Académie des Sciences* de Paris, de 1752, ainsi que dans ceux de Berlin.

On auroit pu choisir Stokholm pour ces observations correspondantes; car de la détermination de la longitude du Cap, scrupuleusement faite par la Caille, il résulte que Stokholm n'est que d'une minute et cinq secondes de temps plus à l'occident que le Cap, tandis que la différence de longitude entre ce point de la terre et Berlin, est de 20′ 5″; mais Wargentin ayant fait à Stokholm quantité d'observations, dont un grand nombre sont correspondantes à celle de la Caille; on n'a point à regreter de n'y avoir pas envoyé un astronome. D'ailleurs, la différence de longitude entre Berlin et le Cap est si peu considérable, qu'on est assuré que les réductions à faire pour rendre les observations absolument simultanées, ne sauroient être susceptibles d'une seconde erreur.

On ne sauroit exiger de nous que nous entrions dans le détail des observations que nous venons d'indiquer : nous nous bornerons donc aux résultats.

La Lande a trouvé que la parallaxe de la lune pour Paris est entre 53′ 28″ et 61′ 26″. La moyenne est 57′, avec toutes les équations qu'exigent les inégalités de la lune, (Astronomie, art. 1696) ce qui donne la distance entre 85403 et 91485 lieues de 25 au degré.

(1) Ce fut Lemonnier qui choisit le cit. de la Lande, son élève à dix-neuf ans, pour l'envoyer à Berlin, le faire connoître en astronomie et procurer sa réception à l'Académie. Il engagea Maupertuis, son ami, à faire demander un astronome par le roi de Prusse, et lui confia son mural de cinq pieds, fait en Angleterre, par Sisson.

Si la terre étoit sphérique, la parallaxe horizontale de la lune, en supposant sa distance à la terre invariable, seroit la même dans quelque vertical et de quelque lieu de la terre qu'on l'observât. Mais il n'en est pas ainsi, la terre étant un sphéroïde applati par les poles; car il en résulte que la coupe par le plan de chaque vertical, en supposant le lieu de l'observateur fixe, est une ellipse différente, qui ne passe même pas par le centre de la terre, à moins que ce lieu de l'observateur ne soit sur l'équateur, ou sous le pole; car la perpendiculaire à la surface de la terre ne passe pas par son centre, si ce n'est dans les cas ci-dessus. Cette dernière circonstance rend même le problême beaucoup plus compliqué; mais heureusement il se trouve que la différence est si peu considérable, qu'on peut absolument la négliger, ne pouvant monter à plus de douze secondes. Maupertuis, Euler, et plusieurs autres, donnèrent des méthodes pour y avoir égard; le citoyen de la Lande les a simplifiées dans son Astronomie.

On a coutume, dans les tables astronomiques et dans les éphémérides, de donner une table de la parallaxe horizontale de la lune, pour chaque degré d'anomalie; car le mouvement rapide de cette planète la fait changer, pour-ainsi-dire, à chaque heure de distance à la terre, et conséquemment tant de parallaxe que de diamètre apparent. La grandeur de la parallaxe horizontale de la lune est réciproquement proportionnelle au rayon vecteur de son orbite, et sa variation dépend des mêmes élémens que celle de rayon vecteur. C'est pourquoi, ceux qui ont travaillé à déduire les irrégularités du mouvement de la lune, des lois de l'attraction, Clairaut, Euler, Mayer, en donnant des formules, en expressions angulaires, pour chacune de ses équations, ont aussi dû donner une pareille formule pour la parallaxe horizontale de la lune, aux différens points de son orbite.

Quoique nous nous soyons déjà considérablement étendu sur l'objet de la parallaxe lunaire, il nous reste encore à parler de ses effets sur l'ascension droite et la déclinaison de la lune, ainsi que sur sa longitude et sa latitude. En effet, il est aisé de sentir que, suivant l'angle sous lequel l'orbite de la lune coupe le vertical dans lequel elle est observée, la différence entre son lieu vrai et son lieu apparent se répartit sur cette orbite et sur le cercle de latitude en différente proportion. Toutes les fois donc qu'on aura observé la lune, et que de cette observation on voudra déduire son lieu vrai tant en longitude qu'en latitude, ou lorsqu'ayant calculé son lieu vrai, on voudra, comme pour les éclipses de soleil, déterminer son lieu apparent, il faudra faire ce nouveau calcul.

La

La manière la plus commune de le faire, est celle du *nonagésime*. On appelle ainsi le degré de l'écliptique, éloigné de 90° du point de ce cercle qui se lève au moment donné de l'observation; il faut, dans cette méthode, calculer la hauteur de ce point, ou le point du vertical où il se trouve, l'angle de l'écliptique et de l'horizon, et divers autres élémens, ce qui rend ce calcul très-laborieux, et fait la principale difficulté du calcul des éclipses de soleil; mais on l'a bien simplifié par les tables qu'on a dressées pour ces calculs, comme on le peut voir dans l'astronomie du citoyen de la Lande, et dans les tables du nonagésime du citoyen Pierre Lévêque, célèbre professeur de Nantes, en 2 vol. *in*-8°. qui furent calculées et imprimées par les soins du citoyen de la Lande, en 1776.

Le diamètre de la lune est un élément qu'on ne sépare pas de la parallaxe; les dernières et les plus exactes observations que nous en ayons, sont celles que le citoyen de la Lande fit vers 1760, et qui ont été publiées dans les mémoires de 1788; il en résulte que le diamètre horizontal de la lune est de 32′ 46″ 6 quand la parallaxe est de 60′ pour Paris; il en faut ôter quatre secondes pour les cas où la lune paroît sur le soleil, à cause de l'irradiation qui n'a plus lieu sur le bord de la lune, comme quand elle est pleine, et qui peut même être en sens contraire, si le soleil couvre une partie de la lune par son débordement de lumière.

IX.

Des éclipses de soleil et de lune.

Les éclipses sont des phénomènes d'autant plus remarquables en astronomie, que ce sont ceux qui de tout temps ont le plus intéressé les hommes, on peut même dire que ce sont ceux qui ont le plus contribué à concilier du respect pour l'astronomie, par l'exactitude avec laquelle elle est en possession depuis bien des siècles, de prévoir et de prédire ces phénomènes si long-temps la terreur et l'admiration des peuples. Aussi, de tout temps, les astronomes se sont-ils appliqués à perfectionner de plus en plus les méthodes par lesquelles on parvient à les prédire. Il est en usage par-tout de les annoncer dans les calendriers, et il est ordinaire à tous ceux qui sont un peu curieux de ces phénomènes astronomiques, d'y rechercher d'abord quelles seront les éclipses qui doivent arriver, et qu'on pourra observer dans l'année à laquelle ce calendrier est destiné. Nous avons cru par ces raisons, devoir destiner ici un article à ces phénomènes, dont les calculs ont été beaucoup perfectionnés et généralisés dans ce siècle, par le secours de l'analyse.

Si le mouvement de la lune se faisoit sur l'écliptique même, il y auroit nécessairement chaque mois deux éclipses, l'une de soleil, l'autre de lune; car la lune passeroit nécessairement une fois chaque mois devant le soleil et derrière la terre, où elle rencontreroit une fois chaque mois l'ombre de la terre : mais comme la lune fait sa révolution sur un cercle qui coupe celui de l'écliptique sous un angle de 5° environ, il s'en suit qu'elle ne peut rencontrer l'ombre de la terre, et qu'il ne peut y avoir éclipse de lune, que lorsque l'opposition se fait près des points où son orbite coupe l'écliptique, c'est-à-dire des nœuds de la lune. Quand cette opposition se fait, lorsque la lune est vers les limites, à 90° de distance de ces nœuds, il y a cinq degrés de distance entre la lune et l'ombre de la terre, qui à l'endroit où elle est coupée par l'orbite de la lune, n'a pas un degré de demi-diamètre apparent. Les nœuds dont nous parlons sont d'ailleurs mobiles, et ont un mouvement rétrograde qui s'opère dans dix-huit ans. Il a donc fallu que les astronomes recherchassent d'abord quelle est à chaque opposition la place de ces nœuds, et à quelle distance de ces nœuds se fait l'opposition de la lune ou la pleine lune, et ils ont ensuite assez facilement déterminé à quelle distance du nœud le plus voisin se faisoit cette pleine lune; ils ont reconnu qu'une opposition de la lune qui se faisoit à plus de 12 $\frac{1}{2}$ degrés du nœud le plus voisin, ne pouvoit être écliptique ou accompagnée d'éclipse véritable, ou d'entrée de la lune dans l'ombre véritable de la terre. Cette distance est ce qu'on nomme la limite écliptique; mais s'il est question de la pénombre, qui, comme un cercle moins obscur accompagne le véritable cercle d'ombre, la limite est plus étendue.

Il est à propos d'observer ici que l'ombre de la terre varie suivant que le soleil est plus voisin ou plus éloigné de la terre. Lorsque le soleil est plus éloigné, l'ombre de la terre a son sommet plus éloigné, ce qui fait que son diamètre est alors plus grand à l'endroit où il est coupé par l'orbite de la lune. Il varie encore suivant que la lune est apogée ou périgée; car, lorsqu'elle est apogée, cette orbite coupe l'ombre dans un lieu plus éloigné de sa base, et conséquemment plus étroit; et d'un autre côté, le diamètre apparent de la lune est plus petit, ce qui tend évidemment à faire qu'elle rencontre plus difficilement cette ombre, ou si elle y entre, qu'elle y reste moins de temps.

On voit par-là, que le premier pas à faire pour calculer une éclipse de lune, est de déterminer si elle peut avoir lieu, c'est-à-dire, si l'opposition ou la pleine lune se fait dans les limites déterminées ci-dessus. Il suffit, pour cela, d'un calcul du lieu de la lune et du soleil, et de la latitude de la lune, rectifiés par leurs principales équations, ayant alors l'assurance que la pleine lune est écliptique, on procède à un calcul plus exact.

On détermine avec la plus grande exactitude possible, les lieux du soleil et de la lune, ainsi que le moment de l'opposition; la latitude de la lune, sa parallaxe, son mouvement horaire, son diamètre, de même que celui du soleil et celui de l'ombre, après quoi deux triangles rectilignes suffisent pour avoir toutes les phases de l'éclipse.

Ce qu'on vient de dire sur les éclipses de lune, est une introduction à celles du soleil. Si le spectateur terrestre étoit au centre de la terre, il n'y auroit d'autre différence dans le calcul, que de prendre ici le demi-diamètre du soleil, au lieu du demi-diamètre de l'ombre, et la conjonction au lieu de l'opposition de la lune; mais pour un spectateur placé sur la surface de la terre, il entre dans ce calcul plusieurs autres élémens qui le compliquent singuliérement, sur-tout la parallaxe de la lune, variable suivant les différentes hauteurs de cet astre sur l'horison; aussi, un calcul d'éclipse de soleil, fut-il toujours réputé très-laborieux et très-prolixe, comparé à celui d'une éclipse de lune, ce qui a engagé les astronomes à imaginer une méthode graphique dont nous donnerons une idée. Mais ici, nous renvoyons le lecteur qui desirera en prendre une connoissance complète des éclipses, aux livres d'astronomie, sur-tout à celui de la Lande, où l'on trouve tous les détails, les méthodes, les figures et les exemples.

Les éclipses de soleil ne demanderoient pas plus de calculs, si l'on ne considéroit que le globe de la terre en général; mais pour un point particulier de la surface, il y entre la parallaxe de la lune influant sur la longitude et la latitude apparente de cet astre, conséquemment sur le commencement, le milieu et la fin, ainsi que sur la grandeur de l'éclipse, suite nécessaire de la variation de hauteur de la lune pendant la durée du phénomène.

Kepler eut une idée ingénieuse qui facilite ce calcul, et qui a donné naissance à une manière de représenter les éclipses de soleil, qui met sous les yeux, comme dans un tableau, tous les lieux de la terre où elle doit paroître plus ou moins grande, ceux qui n'en verront que le commencement ou la fin, etc. Cette idée consiste à regarder une éclipse de soleil, comme une éclipse de la terre par la lune, et telle qu'elle seroit vue par un spectateur lunaire; telle enfin que la calculeroit un astronome, s'il y en avoit un dans la lune. Il y auroit seulement cette différence, que si l'astronome lunaire vouloit calculer l'appulse de l'ombre, aux taches du disque terrestre, il faudroit avoir égard au mouvement par lequel elles tournent dans les vingt-quatre heures pour lui, au lieu que les taches lunaires sont à-peu-près fixes pour nous.

Supposons donc la terre sans mouvement au tour de son axe, mais seulement avançant dans l'écliptique avec un mouvement précisément égal à celui dont le soleil nous paroît avancer. Elle paroîtra au spectateur lunaire un simple disque dont il pourroit calculer le lieu à chaque instant; mais pour l'observateur qui est sur terre, il ne suffit plus de représenter par un simple cercle le disque de la terre, il faut y placer l'axe de rotation, le méridien universel, les poles, l'équateur et ses parallèles, ce qui donne le moyen d'y placer le pays de la terre pour lequel on veut calculer l'éclipse.

Nous avons dit que Kepler est le premier auteur de l'idée d'envisager ainsi une éclipse de soleil; mais c'est sur-tout à Jean-Dominique Cassini qu'elle doit sa perfection et ce qu'elle a de plus intéressant; savoir, de mettre à portée de représenter comme dans un tableau, pour toute la terre les phases de l'éclipse. On voit en effet, par un mémoire de Cassini, de 1706, qu'il y avoit alors une cinquantaine d'années qu'il avoit imaginé cette méthode ingénieuse de représenter les éclipses solaires. On cite de lui un ouvrage imprimé à Bologne; mais la Lande croit que cet ouvrage n'existe pas; on en cite un autre, dont voici le titre : *Osservazioni dell'eclisse solare fatta in Ferrara l'anno 1664, con una figura intagliata in rame che rappresenta un nuovo metodo di trovar l'apparenze varie che fa nel medesimo tempo in tutta la terra. Ferrara*, 1664. Il publia une figure pour l'éclipse de soleil du 24 septembre 1699, qui fut totale pour une zone de la terre d'environ quarante-cinq lieues de largeur, commençant un peu à l'ouest de la Chine, traversant la Pologne, le nord de l'Écosse, jusqu'à la côte de l'Amérique septentrionale, vers le 60e degré, dont les habitans virent l'éclipse totale au coucher du soleil. Klimm publia aussi à Halle, en 1699, une description de cette éclipse.

Depuis ce temps-là, il n'y pas eu d'éclipse un peu considérable dont quelque astronome n'ait présenté un tableau semblable; c'est ce que fit entr'autres Halley, à l'occasion de l'éclipse solaire du 3 mai 1715, qui fut totale à Londres, en publiant une planche avec son explication, sous ce titre, *The path of moon's shadow trough England, etc.* c'est-à-dire, *La trace de l'ombre de la lune sur l'Angleterre, etc.* Wideburg en publia une description à Helmstad. Herman Wahn, astronome, annonça celle de 1733 par un pareil tableau, intitulé, *Projectio eclipsis terræ*, (Hambourg, 1733). Delisle et Lowitz, l'un en France, l'autre en Allemagne, en firent autant à l'égard de celle de 1748, particulièrement remarquable en ce qu'elle devoit être annulaire dans les parties septentrionales d'Angleterre. Le premier, en publiant un *Avertissement aux astronomes sur l'éclipse annulaire du soleil, que l'on attend le 25 juillet* 1748, (Paris, 1748, *in*-4°.) L'autre, par un écrit allemand, dont le titre, traduit en françois, est, *Explication de deux cartes astronomiques pour l'intelligence de la projection de l'éclipse de la terre, du* 25 juillet 1748, (Nuremberg, 1748, *in*-4°.) Nous donnerons quelques détails sur cette éclipse, que M. Lemonnier alla observer à Edimbourg.

Enfin, depuis plus de cinquante ans, on n'a pas manqué de mettre de pareils tableaux des éclipses de soleil, dans les éphémérides de Paris et de Bologne. La construction en est expliquée en détail dans l'astronomie de la Lande, 1764-1792.

Plusieurs auteurs en ont fait l'objet principal de leurs travaux; je trouve, dans ce nombre, le *P. Nicasio grammatici*, jésuite, professeur de mathématiques à Ingolstadt, auteur du livre intitulé, *Methodus nova representandi et geometrice delineandi eclipses solis et lunae, etc.* (Friburgi, 1720, *in*-4°.) où il a calculé toutes les éclipses, depuis cette date jusqu'en 1750. George Mathias Bose, qui professoit l'astronomie à Wittemberg, vers le milieu de ce siècle et au-delà, a donné un bon traité sur les éclipses solaires, sous le titre de *Commentatio de eclipsi terrae*, qu'il publia en 1733, à l'occasion de l'éclipse de cette même année. C'est lui qui éprouva de la part des théologiens de Wittemberg, une sorte de persécution, parce que, voulant célébrer la troisième année séculaire de l'instauration de l'astronomie en Allemagne, par Regiomontanus, il avoit intitulé son programme *Jubilé*. On trouva, dans cette annonce, quelque ressemblance avec le jubilé de l'église romaine, qui scandalisa quelques-uns des pasteurs de Wittemberg; et ce ne fut pas sans quelque peine, que Bose parvint à les calmer.

On a encore sur le même sujet, l'ouvrage de M. Gersten, habile astronome, et directeur de l'observatoire de Giessen, intitulé, *Methodus nova ad eclipses terrae, et appulsus lunae ad stellas supputandos*, (1740.) Celui de M. Adelbuner, qui a pour titre, *de methodo qua solis eclipses et stellarum occultationes per lunam ad distantias meridianorum investigandas usurpari queunt*, (Altorf. 1743, *in*-4°.)

Il y a un livre fort étendu à cet égard, qui porte pour titre, *Scientia eclipsium ex imperio et commercio sinarum illustrata, etc.* (Roma, 1745, *in*-4°.) en quatre parties, dont la première est due au père Simonelli, jésuite, savant astronome et missionnaire à la Chine : on y trouve le calcul, ou plutôt la méthode de représenter géométriquement des éclipses, et surtout celles du soleil, expliquée avec beaucoup d'étendue et de clarté. La seconde contient les observations de plusieurs années, faites par le père Kegler, président du tribunal des mathématiques à la Chine. La troisième et la quatrième, qui sont l'ouvrage du père Melchior de Briga, aussi jésuite, et professeur de mathématiques au collége romain, contiennent une multitude de détails astronomiques, physiques et philologiques sur le même sujet, qui font de ce livre un traité complet.

Quoique pour le calcul des éclipses solaires, nous n'ayons parlé que de la méthode graphique, on ne doit cependant pas la regarder comme suffisante. Les méthodes trigonométriques et analytiques sont les plus importantes et les plus exactes. Louville et Mayer, de Pétersbourg, avoient donné des méthodes analytiques, mais personne n'a poussé plus loin l'analyse que Duséjour, dans les *Mémoires de l'Académie*, pour 1765 et suiv. et dans son *Traité analytique des mouvemens des corps célestes*, (1786;) il a épuisé tous les problêmes et tous les cas de toutes les espèces d'éclipses. M. Goudin s'en est aussi occupé dans deux mémoires imprimés, et s'en occupe encore actuellement, avec autant de profondeur que de sagacité.

Pour connoître les méthodes anciennes, il faut consulter l'*Almageste de Ptolémée*, (livre 6;) l'*Almagestum novum* du père Riccioli; l'*Astronomie de Gregory;* ou bien l'*Astronomie de la Lande*. Celui-ci a adopté une méthode qu'il a simplifiée, au point de pas employer deux heures pour tirer tous les résultats d'une éclipse observée, ce qui intéresse le plus l'astronomie, comme on le verra dans l'article suivant.

Pour reconnoître si une conjonction ou une opposition sera accompagnée d'éclipse, les astronomes ont cherché à abréger par des moyens plus simples et en quelque sorte mécaniques. Je citerai seulement Lahire, qui décrit dans ses tables astronomiques une roue ou machine écliptique propre à cet effet. Le *P. Nicasio*, *grammatici*, jésuite, publia aussi en 1720 un ouvrage, où il décrivoit une machine ou méthode organique semblable pour le calcul des éclipses. Lambert s'est encore proposé le même objet dans son ouvrage intitulé, *Beschreibung und gebrauch einer ecliptischen tafel*, c'est-à-dire, *Description et usage d'une table (ou tableau) écliptique, au moyen de laquelle on peut calculer et projeter de la manière la plus facile, toute éclipse de lune ou de terre*, (de soleil) (Berlin, 1765, *in*-12.) On peut, en effet, au moyen de cette planche gravée et de l'instruction qui la précède, reconnoître aussi-tôt si une conjonction ou opposition sera accompagnée d'éclipse, et ensuite en calculer à-peu-près le moment et les différentes phases, par une méthode et des tables abrégées, qui réduisent ce calcul à la durée de quelques minutes.

Les éclipses de soleil, malgré leurs causes connues, ont toujours frappé les hommes de manière à faire sur eux une forte impression, sur-tout lorsqu'elles ont été totales ou à peu-près, et nous pourrions former un article assez long de celles dont l'astronomie ou l'histoire fait mention; voy. l'*Almagestum novum* de Riccioli. Mais pour abréger, nous nous bornerons à citer celles qui ont eu lieu depuis un siècle, pour notre climat, en 1699, 1706, 1715 et 1724, et les éclipses annulaires de 1748 et 1764.

L'éclipse du 12 mai 1706 fut totale, et avec demeure pour les parties méridionales de la France, et pour Paris de onze doigts; jamais éclipse, dit Cassini, *Mémoires de l'Académie* de 1706, n'eût des observateurs plus illustres que celle-là. En effet, quoique par les calculs de Cassini elle ne dût qu'approcher d'être totale pour Paris, le Roi (Louis XIV) voulut l'observer à Marly, avec le grand Dauphin et sa cour, et y manda Cassini, qui en fit l'observation en leur présence. Le grand Dauphin y prit une part spéciale, et fut le premier qui apperçut le bord du soleil échancré, au sortir des nuages.

Cette éclipse fut totale et avec demeure pour une longue bande de terre en Europe, depuis Séville, en traversant l'Espagne diagonalement, les parties méridionales de la France, une partie de la Suisse et de l'Allemagne, la Pologne, et les pays qui sont plus au nord-est, jusqu'à la mer glaciale. Montpellier fut une des villes où elle fut observée avec plus de soin par Bon, Plantade et Clapiez. La durée de l'obscurité totale fut d'environ cinq minutes. Dans cet intervalle de temps, on aperçut les planètes et les étoiles; les bestiaux épouvantés fuyoient des champs, et regagnoient leurs étables avec des signes de frayeur. Les oiseaux de nuit sortoient de leurs retraites, et ceux du jour voltigeant avec des signes d'épouvante, recherchoient leurs abris. On peut juger que les habitans des campagnes, encore moins instruits qu'ils ne le sont aujourd'hui, furent pénétrés de terreur. L'obscurité qui régnoit ne pouvoit être cependant comparée ni à la nuit véritable, ni au crépuscule. On voyoit à l'entour du disque obscur de la lune, une espèce d'anneau lumineux, qui s'étendoit en s'affoiblissant, jusqu'à quatre degrés et demi environ de tout côté. Ce ne pouvoit néanmoins être un anneau du disque solaire; car le soleil étant alors voisin de son apogée, et la lune presque périgée, le diamètre apparent de celle-ci excédoit de plus de deux minutes celui du soleil. D'ailleurs, au moment où la lune laissa apercevoir la plus partie du disque solaire, ses rayons formant comme un éclair, jettèrent une lumière incomparablement plus vive, et ramenèrent le jour; mais un jour d'abord pâle, et ayant au commencement quelque chose de funèbre.

Cette éclipse fut observée à Madrid par le père Cassani; à Avignon, par quelques jésuites astronomes; à Toulon, par le père Laval et M. de Chazelles; à Gênes, par M. Salvago; à Bologne, par Manfredi et Stancari; à Rome, par Bianchini; à Modène, par le père Fontana; à Strasbourg, par Eisenschmidt; à Nuremberg, par Wurzelbaur; à Berlin, par Hofmann, à Breslau, par le père Heinrich, etc. Elle fut totale avec plus ou moins de durée à Madrid, à Montpellier, à Avignon, à Marseille, Toulon, Genève, Zurich, Breslau, conformément à la trace lunaire que Cassini avoit marquée sur le planisphère, et qu'il avoit présentée à Louis XIV.

L'apparence d'un anneau lumineux que présenta cette éclipse, au moment de la plus grande obscurité, donna lieu à des conjectures sur la cause de ce phénomène. Il y eut des astronomes qui l'attribuèrent à une inflexion des rayons solaires, occasionnée par l'atmosphère de la lune. Mais Cassini n'étoit point de cet avis, et d'après les phénomènes qu'il avoit observés lors des occultations des étoiles par cette planète, il ne pensoit pas qu'elle eût un atmosphère aussi considérable. Il en trouve la cause dans cette lumière zodiacale, dont il avoit fait la découverte, et qui environne le soleil sous la forme d'une atmosphère lumineuse et lenticulaire; il appuie son explication de cette circonstance, que cet anneau lumineux étoit infiniment moins éclatant que la lumière même du soleil; car si-tôt qu'un trait de la lumière directe parut, l'anneau disparut. Sil n'y eût qu'un espace un peu éclairé autour de la lune, jusqu'à 4 à 5° de son disque, quoique l'atmosphère solaire s'étende beaucoup plus loin, cela vient, dit-il, de ce qu'elle décroît de splendeur à mesure qu'elle s'éloigne du soleil, et que l'obscurité n'étoit pas assez grande pour la faire apercevoir au-delà. Nous n'en dirons pas davantage ici sur ce sujet, parce nous aurons ailleurs occasion de parler de cet anneau lumineux, dont l'explication a beaucoup occupé Delisle, Maraldi, et plusieurs autres.

Suivant la période de dix-huit ans et dix jours, nous devons rencontrer des éclipses de soleil après celle-la à des intervalles égaux; et en effet, nous remarquons ici celle du 22 mai 1724, qui eut sa correspondante au 2 juin 1742, mais qui ne fut visible que dans les parties les plus occidentales de l'Amérique et dans la mer Pacifique, ce qui est cause qu'il n'en est presque pas mention dans les *Annales astronomiques*. Nous rencontrons encore dix-huit ans après au 13 juin 1760, une éclipse solaire qui fut observée dans toute l'Europe, et en particulier

à

à Paris, où elle fut de cinq doigts et demi. Elle a été suivie, à pareil intervalle de temps, de celle du 23 juin 1778, qui fut observée en mer par dom Antonio de Ulloa, chef d'escadre de la marine espagnole. Mais la période de dix-huit ans ne ramène pas les éclipses bien exactement; il n'y a que celle de cinq cent vingt-un ans, Astr. art. 1503.

L'éclipse de 1778 est remarquable par l'observation que firent les astronomes espagnols, d'un point lumineux vers le bord de la lune, qu'ils prirent pour une ouverture qui donnoit passage à la lumière du soleil; on est persuadé aujourd'hui que c'étoit le volcan aperçu ensuite par M. Herschel, sur cette planète, et plusieurs fois depuis. Cette éclipse fut totale et annulaire sur l'océan atlantique, que traversa le centre de l'ombre, avant de passer sur les côtes d'Afrique; elle fut observée d'environ cinq doigts à Paris.

Parmi les éclipses de soleil arrivées dans ce siècle, une des plus remarquables est celle qui eut lieu le 25 juillet 1748. Le soleil étant voisin de son périgée, et la lune de son apogée, il en devoit résulter pour les lieux où elle seroit centrale, une éclipse annulaire, puisque le diamètre apparent du soleil devoit excéder de quelques minutes celui de la lune. Ce n'étoit pas, à la vérité, à Paris qu'elle devoit avoir cette apparence, mais dans le nord de l'Angleterre. Ce phénomène est si rare, que Lemonnier fit le voyage d'Angleterre et d'Ecosse pour l'observer; et il eut l'avantage de prouver que le diamètre de la lune, vue sur le soleil, ne diminuoit pas autant que la Hire l'avoit pensé.

On n'avoit jamais vu en France, la lune toute entière sur le disque du soleil. On eut enfin ce spectacle le premier avril 1764, et on l'auroit eu à Paris, si un temps pluvieux ne l'eût dérobé aux yeux des astronomes de cette capitale; mais on en jouit dans beaucoup d'autres villes. L'approche de ce phénomène excita beaucoup d'astronomes à en calculer les phases; mais parmi les travaux de ce genre, on doit distinguer les cartes de cette éclipse, que madame Lepaute publia sous le titre de *Carte du passage de l'ombre de la lune au travers de l'Europe, dans l'éclipse centrale et annulaire du premier avril* 1764. On voit, dans une de ces cartes et dans son explication, que l'éclipse devoit être centrale et annulaire pour toute une ligne tirée à travers l'Europe, en commençant un peu au-dessus du cap Saint-Vincent, et traversant une partie de l'Espagne et du Portugal jusqu'à Saint-Ander; delà, passant sur la Normandie et la Bretagne, depuis Nantes jusqu'aux environs de Rouen, puis entrant dans la mer d'Allemagne, elle alloit se perdre à travers la Norwège et la Laponie, aux environs de

Wardhus, l'établissement le plus septentrional des Européens sur la mer Glaciale. Tous les pays situés à droite ou à gauche de cette ligne, jusqu'à environ vingt-trois lieues, devoient voir l'éclipse non centrale, à la vérité, mais la lune toute entière sur le disque du soleil; enfin, à Paris, on devoit voir la lune toucher le bord intérieur du soleil.

On remarquera ici comme une singularité, que cette carte fut l'ouvrage de trois femmes; les calculs, de madame Lepaute, élève du citoyen de la Lande; la gravure, de madame Lattré, et les ornemens, etc. de madame Tardieu.

Parmi les écrits qui parurent à cette occasion, l'on doit une place à celui de l'abbé Béraud, ex-jésuite, qui continuoit de diriger l'observatoire de Lyon. Il publia un *Mémoire sur les éclipses annulaires du soleil, et particuliérement sur celle du premier avril* 1764 : il fait honneur aux connoissances astronomiques de ce savant jésuite. (1)

Il y eut divers autres écrits sur cette éclipse, parmi lesquels il y en a un, dont l'auteur, prétendue dame Kraziowna, polonaise, paroît avoir eu pour objet, de jeter quelques vernis de ridicule sur madame Lepaute.

On ne doit pas, au surplus, imputer aux astronomes la fausse annonce qui fut insérée par erreur dans la *Gazette de France*, et d'après laquelle il devoit y avoir vers les dix heures du matin une obscurité totale; on en peut voir la preuve dans l'astronomie de la Lande.

On présume bien que tous les amateurs de l'astronomie se préparèrent à l'observation de cette éclipse; elle fut en effet observée dans tous les lieux où se trouvoient des astronomes. Louis XV qui, comme tout le monde sait, aimoit l'astronomie, voulut l'observer à Belle-Vue, où il manda M. Lemonnier. Jamais éclipse n'avoit été autant observée, et Duséjour rassembla toutes les observations, les calcula, les discuta, et en tira des conséquences intéressantes qui font une partie considérable de son grand ouvrage. *Traité analytique des mouvemens célestes.*

Les calculs des éclipses, pour un grand nombre d'années, ont toujours intéressé les astronomes et même les princes. Le père Verbiest, jésuite, et président du tribunal des mathématiques de Pékin, sachant que l'empereur Kang Hi desiroit un catalogue des éclipses qui devoient arriver pendant quelques siècles, les calcula pour plus de deux mille ans, à compter de l'année 1683; c'est ce qu'il nous apprend lui-même dans son livre intitulé, *Astronomia Europea jussu imperatoris Kang-Hi*, &c. Mais cette série d'éclipses ne se trouve que dans le livre chi-

(1) Montucla et la Lande avoient été ses disciples.

nois qu'il fit pour ce prince, et qui est intitulé, *Kang-Hi yung-nun lie fa. San-xe-eulhyven*, c'est-à-dire, *Kan-Hi, imperatoris astronomia perpetua, libri* 32. J'ignore si ce livre existe ailleurs qu'à la Chine.

Louis XV ayant témoigné au citoyen de la Lande le même desir, Duvaucel calcula toutes les éclipses de soleil qui seront visibles à Paris, jusqu'en 1900 inclusivement. Son mémoire commence à 1767, et est accompagné de la figure de la plus grande phase de chacune, visible à Paris. On y voit que nous n'avons pas à attendre d'éclipse de soleil fort remarquable pour nous, avant le 9 octobre 1847, qu'il y en aura une annulaire; le citoyen Goudin en a fait un calcul détaillé. Les plus considérables après celle-la, seront celles du 7 septembre 1820, du 15 mars 1858, qui seront de presque onze doigts. Ce travail du cit. Duvaucel est inséré dans le cinquième volume des *Mémoires* présentés à l'académie par des savans étrangers.

Pingré, à la sollicitation des auteurs de l'*Art de vérifier les dates*, fit une table des éclipses de soleil et de lune, depuis le commencement de l'ère chrétienne jusqu'en 1900, et ensuite en remontant à mille ans avant notre-ère (1). On sent aisément l'utilité de ce travail, pour vérifier les dates historiques attachées à l'apparition de ces phénomènes; c'est la raison pour laquelle l'académie des inscriptions a adopté la partie de ce travail, qui n'étoit pas imprimée, en l'insérant parmi ses mémoires, le citoyen Duvaucel les a étendus jusqu'à l'an 2000.

M. Heilbroner, auteur de l'*Historia mathesos universae*, dont nous avons parlé dans notre préface, a rassemblé dans les historiens les mentions éparses d'éclipses qu'on y rencontre. Il en fait même voir quelquefois l'utilité, pour confirmer ou infirmer des dates historiques controversées. On trouve aussi ce catalogue dans les tables astronomiques de l'académie de Berlin; mais c'est sur-tout dans l'*Art de vérifier les dates* qu'il faut chercher des discussions intéressantes et lumineuses sur ce sujet. Cet ouvrage, qui seul feroit honneur à la congrégation de Saint-Maur, qui en a fourni les auteurs, contient toutes les discussions et déterminations savantes qu'il étoit possible de donner, tant en chronologie qu'en histoire, dernier monument de cette congrégation savante, qui, n'ayant jamais participé au relâchement ou à l'égarement de quelques ordres religieux, n'en a pas moins été frappée du même coup, au grand préjudice de la littérature.

(1) Catalogue des éclipses arrivées mille ans avant notre ère, et visibles sur la terre depuis le pôle boréal jusqu'à l'équateur *Acad. des inscr.* t. XLII).

X.

Usage des éclipses pour trouver les longitudes géographiques.

On n'a connu, dans les commencemens de l'astronomie, qu'un seul moyen de déterminer les différentes longitudes des lieux de la terre. C'étoit l'observation de la différence des temps observés dans divers lieux, entre le commencement ou la fin d'une éclipse de lune. Mais à mesure qu'on a recherché plus d'exactitude, on n'a pas tardé de remarquer que ce moyen présentoit encore des difficultés, sur tout celle de déterminer le vrai commencement ou la vraie fin d'une pareille éclipse. Cela vient de ce que l'ombre de la terre n'est point tranchée, à cause de la pénombre, ou des parties de la lune qui ne sont éclairées que par une portion du soleil, et de l'atmosphère de la terre, qui disperse les rayons rompus dans cette atmosphère, ensorte que ce n'est que par des degrés presque insensibles que se fait le passage de la pénombre à l'ombre véritable.

Si l'on ajoute à ces causes d'indétermination de l'entrée de la lune dans l'ombre, celle qui résulte de la différence des vues et des forces des instrumens employés aux observations, on reconnoîtra aisément qu'avec toute l'attention et l'adresse que deux astronomes peuvent mettre en usage, il peut facilement résulter de ce moyen d'observer les longitudes, une indécision d'une minute de temps : or, une erreur d'une minute de temps en occasionne une d'un quart de degré sur la longitude, ce que les astronomes et même les géographes modernes regardent comme une erreur grossière.

Les observations des satellites de Jupiter sont à la vérité venues en quelque sorte au secours des astronomes et des géographes ; mais ce nouveau moyen a aussi ses indécisions et ses inconvéniens. Les satellites n'entrant dans l'ombre que par degrés et lentement, on les perd de vue plus tard ou plutôt, selon qu'on est doué d'une vue plus ou moins perçante, et selon qu'on emploie un instrument plus ou moins parfait. La hauteur plus ou moins grande de Jupiter doit encore occasionner à cet égard une inégalité, par l'affoiblissement qu'éprouve la lumière d'un astre près de l'horison : ainsi, de deux observateurs en deux lieux différens, l'un qui observera l'immersion d'un satellite, Jupiter étant fort élevé, la verra plus tard que l'autre, pour qui en ce moment Jupiter seroit voisin de son lever ou de son coucher.

Ces motifs ont fait chercher aux astronomes des moyens plus

précis pour déterminer les longitudes des lieux de la terre, et on les a trouvés dans les éclipses de soleil et dans celles des étoiles par la lune. Mais la parallaxe fait que suivant que l'éclipse arrive plus ou moins près de l'horison, le commencement de l'éclipse retarde ou avance selon la position de la lune, à l'égard du temps où on la verroit du centre de la terre. Cela n'a pas empêché les astronomes de corriger cette cause d'erreur, et de tirer des éclipses même de soleil, qui paroîtroient d'abord peu faites pour une pareille détermination, un moyen très exact de trouver la différence de longitude de deux lieux.

Kepler fit voir dans le dernier siècle, que ce moyen étoit le meilleur; Dominique Cassini en fit usage; il l'exposa et l'employa pour la première fois à l'occasion de l'éclipse solaire du 23 septembre 1699, en employant la méthode des projections, et il en déduisit la longitude de Nuremberg avec assez d'exactitude. Il a continué pendant plusieurs années, à donner dans les *Mémoires de l'Académie*, les observations des éclipses de soleil, et les résultats par une opération graphique, c'est-à-dire, par une figure de la projection. Cette méthode n'étoit pas assez rigoureuse; il en étoit de même des occultations des étoiles fixes par la lune, pour la détermination des longitudes. Cassini le fils exposa la méthode dans les *Mémoires de l'Académie* de 1705; c'est une extension extrêmement avantageuse de la méthode de son père; car les éclipses solaires sont aussi rares que les lunaires, et même davantage, au lieu que la lune couvre souvent les étoiles zodiacales.

La méthode, d'ailleurs, de Cassini le fils, a beaucoup d'analogie avec la précédente; on en trouve des exemples dans les *Mémoires* de 1711, et dans l'*Astronomie de Cassini*, imprimée en 1740. On en sentit bientôt l'utilité; et c'est pour cet objet que dans la *Connoissance des Temps* et les autres *Ephémérides* faites à son imitation, on trouve soigneusement annoncées les occultations d'étoiles un peu remarquables, comme de première, seconde et troisième grandeurs, qui doivent avoir lieu. Mais la méthode de Cassini étoit trop peu exacte, et les calculs des parallaxes étoient si longs, que les astronomes qui observoient toutes les éclipses et les occultations, n'en calculoient jamais. Lemonnier qui alloit sans cesse au-devant des progrès de l'astronomie, engagea Grischow en 1749, à résusciter la méthode de Kepler, pour trouver la conjonction vraie, par le moyen de l'observation d'une éclipse; son mémoire parut en 1750, dans le premier volume des *Mémoires présentés à l'Académie*. Enfin, en 1760, la Lande ayant simplifié la méthode, et publié des tables commodes, commença à mettre ces calculs à la mode; il engagea les citoyens Méchain et d'Agelet à calculer un grand nombre d'éclipses observées depuis cinquante ans, il en calcula lui-même plusieurs. Pingré et Duséjour suivirent l'exemple; Triesneker, à Vienue, en a calculé prodigieusement : aujourd'hui, l'on n'observe jamais d'éclipses de soleil ou d'étoiles, qu'on n'en donne le résultat, et c'est l'affaire de deux heures de calcul.

Quand on a trouvé le temps vrai de la conjonction vraie par l'observation faite en deux lieux différens, la différence des temps est nécessairement celle des longitudes. Tel est l'esprit de la méthode aujourd'hui si utile, qu'on peut la regarder comme une époque dans l'astronomie du dix-huitième siècle. On la trouvera détaillée dans l'astronomie du citoyen de la Lande, où elle est accompagnée d'exemples propres à l'éclairer complétement, et par différens procédés.

Nous avons parlé, en traitant des éclipses, de la méthode analytique de Duséjour, pour le calcul de ces phénomènes. Nous ne devons pas omettre, et il est aisé de le sentir, que cette méthode est également applicable à la détermination des longitudes; car, puisque d'après la longitude et la latitude d'un lieu, on détermine analytiquement le commencement, le milieu et la fin d'une éclipse solaire pour ce lieu; il est évident que la longitude étant dans ce calcul l'inconnue, et les autres élémens étant donnés par l'observation, et les tables, on doit en tirer la longitude, et la conjonction.

Il en est de même de l'occultation des fixes par la lune. D'après l'analyse de Duséjour, on peut, connoissant la longitude et la latitude d'un lieu, et la position d'une étoile, déterminer par une équation, le temps auquel arrivera le commencement, le milieu et la fin de l'occultation; ayant donc par l'observation ces momens ou l'un deux, on détermine la longitude du lieu. Ses mémoires et son livre font un *Traité complet d'Astronomie analytique;* mais il n'est donné qu'à un petit nombre d'astronomes de suivre son auteur à travers les sentiers difficiles qu'il s'est ouvert, et d'ailleurs ses méthodes, à force d'être générales, sont peut-être un peu longues.

X I.

Des passages de Mercure et de Vénus sur le Soleil.

Les passages des deux planètes inférieures sur le disque du soleil, sont des phénomènes dont le spectacle étoit réservé à l'astronomie moderne. Car il étoit nécessaire pour cela, que l'on fût en possession d'un instrument tel que le télescope, qui nous transporte en quelque manière dans les régions célestes, et nous y fait apercevoir des objets qui, sans son secours, eussent toujours été ignorés de l'esprit humain. Mais ce n'est pas-là seulement un objet de curiosité; ces passages sont si intéressans pour parvenir à la détermination de plusieurs points les plus délicats de l'astronomie, qu'on peut dire que sans leur observation, il manqueroit encore à l'astronomie une de ses connoissances les plus satisfaisantes, celle de l'étendue de notre système, et conséquemment celle de la grandeur véritable de tous les corps qui le composent.

Nous avons déjà parlé dans le cinquième livre de la quatrième partie, tome 2, page 323, des premières observations de ce genre, faites dans le siècle dernier. Nous allons reprendre le fil de notre récit.

Les passages visibles de Mercure sous le soleil sont assez fréquens. Nous avons vu que le premier fut observé le 7 novembre 1631, par Gassendi; il n'eut que quatre témoins en Europe, Gassendi, le père Cysatus, jésuite d'Inspruck, Remus Quietanus, médecin et mathématicien de l'Empereur, et un anonyme à Ingolstadt. Il en arriva un nouveau le 3 novembre 1651, mais il ne fut vu que par Jérémie Shakerley, qui fit exprès le voyage des Indes orientales, où il mourut, et son observation n'a pu servir. On en observa encore en 1661 et 1677; celle-ci fut vu à Saint-Hélène, par Halley, qui y fut envoyé exprès. Il y en eut un en 1690, mais qui fut observé en Europe, et à la Chine par le père Fonteney, jésuite. Enfin, le dernier du dix-septième siècle, fut celui de 1697, qui fut observé en divers endroits. On en tira des conséquences utiles pour déterminer la position des nœuds de l'orbite de Mercure. Ce n'est que depuis peu que le citoyen de la Lande a fait voir qu'on en pouvoit deduire le lieu de l'aphélie de Mercure et sou mouvement.

On a observé avec le même soin, tous les passages qui ont eu lieu depuis le commencement de ce siècle, en 1723, 1736, 1740 et 1743, le onzième est celui du 6 mai 1753. Celui-ci est un de ceux qui furent observés par un plus grand nombre d'astronomes, et qui occasionnèrent le plus grand nombre d'écrits. Il fut précédé d'un savant mémoire de Joseph Delisle, intitulé, *Avertissement aux astronomes, sur le passage de Mercure sous le soleil, qui doit avoir lieu le 6 mai de cette année* 1753, *in*-4°. C'est un vrai traité de cette sorte de phénomènes. Il en donne l'histoire, il en explique les utilités, et les meilleurs moyens de l'observer.

On en a encore observé en 1756, 1769, 1782, 1786, 1789 1799. Ils ont servi à avancer la théorie de Mercure, et le citoyen de la Lande en a déduit des tables d'une singulière précision. On peut voir, dans son astronomie, la table de tous les passages de Mercure, depuis 1605 jusqu'à 1894.

Les passages de Vénus sur le soleil, sont d'une toute autre importance, mais ils sont bien plus rares; on en trouve une table depuis 902 jusqu'à 2984 dans l'astronomie du citoyen de la Lande.

Il est peu de phénomènes qui aient été attendus avec autant d'impatience, et observé avec plus d'appareil, que le passage de Vénus sur le disque du soleil, du 6 juin 1761, au matin, et ensuite celui du 3 juin 1769, au soir. Horox, et son ami Crabtrée, avoient été jusques-là les seuls mortels qui eussent vu Vénus dans cette circonstance, et Horox s'étoit servi de cette observation pour rectifier en quelques points la théorie de Vénus; mais ses papiers ayant restés enfouis pendant plus de vingt ans après sa mort, il n'avoit pas même résulté pour l'astronomie cet avantage de ses observations: ce ne fut que vers 1678 qu'elles furent connues.

On savoit cependant dès-lors, car Kepler l'avoit annoncé, que ce phénomène ne pourroit être revu au plutôt qu'en 1761. On devoit l'attendre avec empressement, vu l'imperfection de l'observation d'Horox; car il ne put voir, à cause de sa position, Vénus sur le soleil, que pendant fort peu temps avant son coucher. Le citoyen de la Lande a fait voir que cette observation étoit insuffisante actuellement. Mais cet empressement fut bien augmenté par l'usage dont Halley montra en 1677, 1791 et 1716, que le passage de Vénus sur le soleil pouvoit être, pour déterminer avec plus d'exactitude, que par tout autre moyen, la parallaxe du soleil ou sa distance à la terre, de laquelle dépendent toutes les dimensions de notre systême; car on connoissoit bien avec une exactitude suffisante, les rapports respectifs de ces distances; mais les distances elles-mêmes n'étoient calculées que d'une manière fort incertaine. Cassini avoit, par des observations de Mars, trouvé la parallaxe horizontale du soleil de 10″, et l'on avoit trouvé plusieurs fois le même résultat. Mais les observations étoient si délicates, qu'on pouvoit, sans faire tort à Cassini, douter encore de leur résultat, à une ou deux secondes.

J'ai dit que Halley remarqua le premier l'avantage des observations de Vénus, lors du passage qui devoit avoir lieu en 1761. Voici le fonds de son raisonnement.

La distance de Vénus à la terre, au moment de sa conjonction inférieure avec le soleil, n'est que le tiers environ $\frac{01}{29}$ de la distance du soleil, d'où il suit que sa parallaxe est alors triple de celle de cet astre. Qu'on suppose à présent un spectateur

tateur qui observe le passage de Vénus d'un lieu tellement situé, que l'entrée et la sortie arrivent à-peu-près à la même distance de midi, le mouvement de ce spectateur occasionné par le mouvement de la terre, et qui se fera en sens contraire de celui de Vénus, raccourcira la durée de sa demeure sur le disque du soleil, d'un peu moins que le double du temps que Vénus employeroit à parcourir par son mouvement propre un arc égal à sa parallaxe. Halley trouvoit onze minutes; mais si l'on observe le passage de Vénus d'un lieu tel qu'on aperçoive son entrée sur le disque du soleil vers son coucher, et sa sortie vers son lever, ce qu'il pensoit pouvoir se faire en quelques lieux de l'Amérique septentrionale, le mouvement de Vénus sur le soleil sera retardé à l'égard de l'observateur terrestre, dont le mouvement se fera vers le même côté, et ce retardement prolongera le passage entier de six minutes de plus, que si cet observateur, placé au centre de la terre eût été immobile. Ainsi, voilà dix-sept minutes de différence entre les durées du passage pour deux lieux. Cette différence, observée avec soin, pouvoit indiquer la parallaxe, de manière que l'erreur n'excéderoit pas un cinq centième; l'expérience a fait voir que c'étoit à un centième que l'on pouvoit s'en assurer. La réputation de Halley ne permit pas, dans le temps, d'examiner à fonds ses raisonnemens et les calculs sur lesquels il étoit appuyé. Le phénomène attendu étoit encore bien éloigné, et les astronomes se bornoient à l'attendre avec impatience; mais lorsqu'aprocha l'année 1761, ils commencèrent à songer sérieusement aux moyens de rendre cette observation aussi utile à l'astronomie qu'elle le pouvoit être. Joseph Delisle, qui avoit coutume de publier, à l'aproche de chaque phénomène intéressant, quelqu'écrit toujours aussi savant que clair et méthodique, fit tous les calculs nécessaires, et publia une carte, où l'on voyoit tous les pays dans lesquels on pouvoit faire, avec avantage cette curieuse observation, et l'on en profita, comme le citoyen de la Lande l'a raconté fort au long dans l'*Histoire de l'Académie pour* 1757, page 83 et suiv. Nous allons en donner un extrait.

Legentil partit pour les Indes dès l'année 1759; il y avoit, dans tous les cas, un avantage manifeste à se transporter en un lieu où l'on verroit certainement la durée entière de ce passage, où l'on trouveroit un terme de comparaison pour toutes les autres observations, où l'on verroit le milieu du passage arriver presque au zénith, où l'on auroit enfin plus d'une occasion de faire pour l'astronomie et la géographie, d'utiles observations.

L'académie de Pétersbourg, chargea au mois de mars 1760,

Muller, son secrétaire perpétuel, de demander à l'académie des sciences de Paris, s'il seroit possible à quelqu'un de nos astronomes, de se transporter en Russie, pour aller observer le passage de Vénus dans l'endroit qu'on estimeroit le plus convenable entre tous les établissemens de la Sibérie. La Caille, à qui Muller s'adressa, en fit la proposition à l'académie; Pingré et Chappe témoignèrent beaucoup d'empressement à remplir l'intention de la compagnie, si l'on jugeoit le voyage utile. Ils étoient les seuls astronomes qui n'eussent pas voyagé pour l'utilité de l'astronomie; ils convinrent entr'eux que Chappe iroit en Russie, où il devoit être secondé par les astronomes de Pétersbourg, et que Pingré se réserveroit pour un autre voyage, sur lequel Chabert, la Lande et Cassini lurent des mémoires: *Histoire de l'Académie*, 1757, page 90.

L'académie considéra que l'île Rodrigue, située dans l'océan éthiopique, à 61° $\frac{3}{4}$ à l'orient de Paris, ou 81° $\frac{3}{4}$ de longitude, et vers 19° $\frac{1}{2}$ de latitude méridionale, au-delà des îles de France et de Bourbon, avoit un avantage de plus que les côtes d'Afrique, dont on avoit parlé; on pouvoit espérer d'y voir l'entrée et la sortie de Vénus, et par cette durée totale, trouver la parallaxe du soleil sans aucune supposition de longitude. On savoit aussi que le ciel est plus beau à l'île Rodrigue que sur la côte de Guinée, dans le mois de juin : de plus, cette île, qu'on est obligé de reconnoître dans le voyage des Indes, méritoit aussi d'être bien déterminée; enfin, on étoit sûr d'y arriver à temps sur un vaisseau de la compagnie des indes, sans être obligé d'attendre le succès d'une négociation dans les cours étrangères. On se détermina donc pour l'île Rodrigue, cette petite île étoit déja connue par le séjour que le Léguat et ses compagnons y firent autrefois, et par la description de Wolphert Hermansen, rapportée dans le premier volume des *Voyages de la compagnie;* elle a été appelée mal à propos par quelques auteurs, île de Diego Rodrigués : celle-ci est une autre île située beaucoup plus à l'orient, à un degré de latitude sud, et à quatre-vingt-onze degrés de longitude.

Cassini de Thury, dans le mémoire lu à la rentrée publique de l'académie, le 12 novembre 1760, annonça le choix que l'académie avoit fait des observateurs, et des lieux de leurs destinations, c'est-à-dire le départ de Chappe pour Tobolsk, et de Pingré pour l'île Rodrigue.

Il fit remarquer dans ce mémoire, que Tobolsk est une ville considérable de l'empire de Moscovie, capitale de la Sibérie, dont le voyage est facile, et dans laquelle on trouve toutes les commodités nécessaires pour l'avantage des observations. Delisle y alla en 1741, et Delisle de la Croyère, son frère, y étoit allé déja en 1734, dans l'espace de vingt-cinq jours, en traîneau. Tout cela annonçoit beaucoup de facilité pour Chappe, et justifioit le choix qu'on avoit fait de cette ville, pour y observer le passage de Vénus.

A l'égard de l'observateur, Chappe s'étoit fait connoître avant son entrée dans l'académie, par un long travail géographique entrepris par ordre du Roi, dans les environs de Bitche, par une très bonne édition des tables astronomique de Halley, avec des additions, et même par des observations d'histoire naturelle.

Pingré, plus ancien dans l'académie, étoit encore plus anciennement connu par les savans et pénibles calculs de l'état du ciel, ouvrage qu'il avoit donné pendant plusieurs années. Depuis ce temps-là, une multitude d'observations et de mémoires astronomiques donnés à l'académie, un grand traité sur les comètes, dont il préparoit l'impression, avoient appris à l'académie, combien il étoit digne de la confiance du ministère et des savans, dans une affaire importante qui exigeoit un astronome laborieux et consommé; les supérieurs de la congrégation de France voulurent bien s'en priver pour quelque temps.

L'île Rodrigue, pour laquelle Pingré partit au mois d'octobre 1760, étoit cultivée par vingt nègres, sous le commandement d'un officier; on y ramasse beaucoup de tortues de terre, et l'on y va fréquemment de l'île de France et de l'île de Bourbon. Suivant le calcul de Cassini de Thury, le contact intérieur de Vénus a son entrée sur le soleil, devoit y arriver une demi-heure après le lever du soleil; en sorte que Pingré pouvoit espérer d'avoir dans cette île une observation complète, l'entrée et la sortie : et comme nous l'avons dit, c'étoit une des principales considérations qui avoient déterminé le choix de l'île Rodrigue. Une entreprise aussi pénible, aussi dangereuse, ne parut à Pringré qu'un voyage agréable; il se préparoit à partir seul, sans demander que personne allât partager ses travaux. L'académie le prévînt, et toujours secondée avec une générosité et une confiance digne des lumières des ministres, elle obtînt aisément que Pingré auroit pour adjoint Thuilier, qui s'exerçoit depuis quelque temps aux observations astronomiques, et qui sollicitoit cet emploi comme une occasion de faire connoître ses talens et son zèle.

Dans le temps où l'on parloit encore des premiers projets d'un voyage en Afrique, il fut aussi beaucoup question de la mer du Sud, où il eût été utile de pouvoir observer le passage de Vénus. Le citoyen de la Lande insista beaucoup à ce sujet, dans son mémoire du 14 mai 1760; mais il avouoit que les îles étoient mal connues et si peu fréquentées, qu'on ne pouvoit espérer que difficilement d'y placer un observateur, et ce n'a été qu'en 1768 qu'on y a fait un voyage utile a l'astronomie. Quatre nations savantes imitèrent le zèle de la France. L'Angleterre avoit déja annoncé dans les nouvelles publiques le départ d'un observateur pour l'Amérique septentrionale, lorsque la carte de Joseph Delisle lui ayant appris l'inutilité de ce voyage, elle changea sa destination, et envoya M. Maskelyne, à l'île de Sainte-Hélène. Un astronome anglois. M. Mason s'embarqua aussi pour aller aux Indes, à Bencouli, dans l'île de Sumatra; mais les dangers de la navigation en temps de guerre, que cette fière nation croyoit ne pouvoir être que pour nous, déconcertèrent cette fois son projet, le vaisseau fut attaqué, désemparé de plusieurs agrès, et ne put arriver qu'au cap de Bonne-Espérance.

L'académie des sciences de Stokholm envoya des astronomes en Laponie, et en divers endroits du nord de la Suède, avec de bons instrumens. Le Roi de Dannemarck envoya à Drontheim en Norwège, et l'académie de Pétersbourg dépêcha jusque sur les confins de la Tartarie et de Chine, où l'empire de Russie se termine dans des forêts et des montagnes, dont nous ne connoissons presque que les noms.

Tout le monde sentoit l'usage des conséquences qu'on devoit tirer de ces observations, c'est-à dire l'utilité qu'on se proposoit d'en tirer. Nous avons dit, en commençant, que le passage de Vénus sur le soleil étoit de tous les phénomènes célestes, celui dont on devoit espérer la plus exacte détermination de la distance à la terre : presque toute l'astronomie suppose cette distance connue. La grandeur des orbites de toutes les planètes, la théorie des éclipses, la connoissance des masses, des volumes, des densités, des diamètres de tous les corps célestes tiennent à la parallaxe du soleil, et par conséquent à l'observation dont il s'agit.

Le passage de 1761 ne fut pas observé dans tous les endroits où il auroit été utile de se procurer des observations. En effet, celles que M. Gentil devoit faire à Pondichery, et celles que M. Mason alloit faire à Sumatra, n'ont point eu lieu, à cause des évènemens de la guerre. Maskelyne, qui étoit allé à l'île de Sainte-Hélène, ne put y observer la sortie de Vénus; et Pingré, qui étoit à l'île Rodrigue, ne put y observer l'entrée, l'un et l'autre à cause du mauvais temps.

Le passage fut observé dans le nord à Tobolsk et à Selinginsk; dans le midi, au cap de Bonne-Espérance, à Rodrigue, à Madras, à Trinquebar, à Pékin et en Amérique, à Saint-John's Newfoundland. Il n'y avoit de bien concluantes, que les observations du cap et de Rodrigue, mais l'une donnoit 8″ ½ pour la parallaxe du soleil, et l'autre donnoit 10″ 2.

Telle étoit la différence entre l'observation de Pingré et celle de Mason. Celui-ci étoit connu pour un excellent observateur; il avoit été pendant plusieurs années attaché à l'observatoire royal d'Angleterre, sous les yeux de Bradley, l'on ne pouvoit former aucun soupçon sur son habileté dans les observations, et la longitude du cap étoit parfaitement connue.

Aussi Pingré avouoit qu'il avoit été fortement tenté d'abandonner sa propre observation, en voyant qu'elle étoit contredite par celle de Mason. « J'ai été encore bien plus vivement » ébranlé, dit Pingré, lorsque mes calculs m'ont fait connoître » qu'en retranchant précisément une minute de l'heure que j'ai » marquée pour l'attouchement intérieur des bords du soleil et » de Vénus, mon observation procureroit les mêmes résultats » que celle du cap ». Le passage de 1769 a fait voir que ce doute étoit bien fondé. Cependant Pingré se détermina, après une ample discussion, pour une parallaxe de 10″ 2, (*Mémoires* 1761, page 481, 1763, page 357, 1764, page 343, 1765, page 32); et le citoyen de la Lande prenant un milieu, la supposoit de 9″ dans son *Astronomie* publiée en 1764, et qui fut adoptée par tous les astronomes, comme l'ouvrage le plus étendu et le plus complet qu'on eût sur cette science.

Au milieu de ces incertitudes, on attendoit le passage du 3 juin 1769. Il étoit encore plus important que celui de 1761, parce que l'effet de la parallaxe y devoit être plus sensible, en supposant que l'observation fût faite dans les points les plus favorables, tels que la mer du Sud, la Californie, et les parties les plus septentrionales de l'Europe. Aussi, tous les princes qui aimoient et qui favorisoient les sciences, firent pour cette observation des dépenses et des préparatifs considérables.

L'académie, et le duc de Choiseul, alors ministre, demandèrent à la cour d'Espagne des facilités pour un voyage dans le milieu de la mer du Sud; mais on ne put l'obtenir. L'abbé Chappe fut obligé de se contenter d'aller en Californie; il partit avec deux officiers espagnols, le 29 décembre 1768. Le citoyen de la Lande étoit destiné pour l'île de Saint-Dominique, où il s'agissoit aussi d'aller vérifier les horloges marines de Berthoud, commission dans laquelle Pingré le remplaça, ses occupations ne lui ayant pas permis de la remplir. Véron fut chargé d'aller faire le tour du monde, sur le vaisseau commandé par le célèbre Bougainville, pour revenir aux Indes, où Véron espéroit aussi faire l'observation du passage de Vénus; mais il ne put y parvenir, et il mourut au mois de mai 1770.

La société royale de Londres, sous la protection du Roi

d'Angleterre, envoya Dymond et Wales dans l'Amérique septentrionale, M. Green dans la mer du Sud, sur un vaisseau commandé par le fameux capitaine Cook, et Call à Madras, aux Indes.

L'académie de Pétersbourg demanda des astronomes; le citoyen de la Lande lui en procura de Genève et d'Allemagne; elle fit faire à Londres et à Paris un grand nombre d'instrumens. Elle envoya des observateurs dans trois endroits de la Laponie russienne; savoir, Rumouski à Kola, latitude 69°, longitude 50° ½; Mallet de Genève à Ponoi, latitude 67°, longitude 59; Pictet à Oumba; on envoya le capitaine Islenief dans la Russie asiatique, à Yakoutsk, sur la Léna, latitude 62°, longitude 147 ½; d'autres astronomes allèrent du côté de la mer Caspienne, dans le gouvernement d'Astracan; Lowitz à Gurief, latitude 47°, longitude 70; Kraft à Orembourg, latitude 52°, longitude 73°; et Christophe Euler à Orsk, latitude 51°, longitude 76. Chacun de ces observateurs étoit bien accompagné, et muni de toutes les choses nécessaires pour le succès de sa mission. Le citoyen de la Lande étoit sur le point d'aller à Pétersbourg, lorsqu'ayant appris que l'électeur Palatin vouloit bien contribuer à ces observations, en laissant voyager le père Christian Mayer, son astronome; il se reposa sur lui de cette commission; Mayer alla à Pétersbourg, où il fit l'observation avec Albert Euler, Lexell, Stahl et Kotelnikow qui y étoient déja. Toutes ces observations ont été imprimées successivement en Russie, et elles ont été encore insérées dans le quatorzième volume des *Mémoires de l'Académie de Pétersbourg.*

Le Roi de Dannemarck demanda le père Hell, astronome de Vienne, pour faire l'observation à l'île Wardhus, ou Vardoë, extrémité septentrionale de notre continent. Ces observations furent imprimées à Copenhague, mais on ne les reçut qu'au commencement de mars 1770, ce qui occasionna quelques soupçons. Planman observa à Cajanebourg, dans la Finlande, province de la Suède, et son observation fut envoyé sans délai, ensorte qu'elle eût toute l'authenticité possible, et le citoyen de la Lande en fit un grand usage. Il rassembla toutes ces observations dans un mémoire particulier imprimé en 1772, à Paris, chez Lattré. Le mauvais temps priva l'astronomie des observations que devoient faire Legentil à Pondichery, Call à Madras, Pictet à Oumba, Helland à Tornéo, et Mallet, suédois, à Pello.

L'empressement que le citoyen de la Lande avoit de savoir le résultat de tant de préparatifs, fut secondé par M. Maskelyne, astronome royal d'Angleterre, et par tous les autres astronomes, de manière que dès la fin de l'année 1769, il fut en état de comparer des observations assez éloignées, pour pouvoir en conclure, avec une précision suffisante, la parallaxe du soleil. Ce résultat fut publié dans la *Gazette de France du 10 janvier* 1770; les observations de Californie ne nous parvinrent que le 7 décembre 1770, et celles de la mer du Sud, au mois de septembre 1771.

Dymond et Wales ayant été envoyés dans le nord de l'Amérique septentrionale, avoient choisi leur station au fort du prince de Galles, sur la côte occidentale de la baie d'Hudson, près la rivière Churchil, à 58° 47′ 30″ de latitude septentrionale, et 6h 26′ 23″ à l'occident de Paris; ils observèrent le contact intérieur de l'entrée, à 1h 15′ 23″, et le contact intérieur de la sortie à 7h 0′ 47″, en prenant un milieu entre deux résultats, qui ne différoient que de 3″.

Le calcul de cette observation étoit donc indépendant de la longitude du lieu, avantage considérable, à cause de l'incertitude qu'il est si difficile de lever dans les observations de longitude; il en est de même de celles de Californie, de la mer du Sud et de Wardhus. Celle de Californie fut faite à Saint-Joseph, sous une latitude de 23° 3′ 36″, le contact intérieur de l'entrée fut à 0h 17′ 27″, et celui de la sortie à 5h 45′ 50″; il compara deux à deux les cinq durées qui avoient été observées en 1769, deux en Europe, et trois dans l'hémisphère occidental de la terre.

L'observation de Californie, comparée avec celle de la baie d'Hudson, lui donna la parallaxe moyenne de 8″ 56; celle de la baie d'Hudson comparée avec celle de Taïti, donna 8″ 55; celle de Californie avec celle de Taïti, 8″ 53, le milieu est 8″ 55. En prenant le milieu entre les observations de Cajanebourg et de Wardhus, comparées avec celles de Taïti, il trouva 8″ 62, à-peu-près comme par l'observation qui fut faite au cap de Bonne-Epérance en 1761, ce qui prouva qu'en effet Pingré s'étoit trompé d'une minute à Rodrigue.

L'observation de Cajanebourg et celle de Wardhus étant les seules qu'on eût de la durée entière dans le nord, et n'étant pas d'accord, la difficulté consistoit en deux ou trois dixièmes de seconde, dont l'observation de Cajanebourg donnoit moins que celle de Wardhus, quand on les comparoît avec l'observation de Taïti, ou avec celle de Californie. L'observation de Wardhus paroîssoit être plus complète; elle étoit annoncée avec plus d'assurance, mais elle n'avoit été publiée qu'au mois de mars 1770; et l'on croyoit alors que la parallaxe devoit être de 9″. (*Gazette de France du* 12 *janvier* 1770.) L'observation de Cajanebourg étoit annoncée comme exacte, quoique moins complète, parce qu'elle ne renfermoit point le second contact intérieur ; elle étoit très authentique, ayant été envoyée aux astronomes dès le mois de juillet 1769. Elle étoit d'un observateur très-exercé, et elle s'accordoit avec le résultat qu'on tiroit des observations d'Amérique, comparées entr'elles, qui est de 8″ 55 ; enfin, elle donnoit presque la même chose, à quelle observation qu'on la comparât. Pour juger du degré de confiance que méritent ces deux observations, le citoyen de la Lande comparoît ensemble les trois résultats que chacune donnoit, quand elle étoit comparée avec les trois observations éloignées. La plus grande différence des trois résultats avec Cajanebourg, est de 0″ 04, et avec Wardhus 0″ 36 : ensorte qu'il y avoit neuf fois plus de probabilité pour l'observation de Cajanebourg que pour celle de Wardhus; ainsi, prenant le milieu entre les deux résultats, en se tenant plus près de l'observation de Cajanebourg que de celle de Wardhus, dans le rapport de 1 à 9, et prenant ensuite le milieu entre les trois derniers résultats, il trouvoit 8″ 53, à-peu-près comme par les observations d'Amérique comparées entr'elles; mais comme la différence totale n'étoit pas d'un dixième de seconde, il prenoit comme un nombre rond huit secondes et demie pour la parallaxe moyenne du soleil. (*Astronomie*, *art.* 2150.)

Le résultat d'une immensité de calculs faits par lui, par Lexell, Euler, Pingré, Duséjour, sur toutes ces observations, ont donné 8″ 5, 8″ 7, et 8″ 8 pour la parallaxe du soleil, *Mémoires de l'Académie*, 1771, 1772, 1781 ; *Mémoires de Pétersbourg*, 1769, Duséjour, *Traité analytique*, *Astronomie de la Lande*. Celui-ci s'en tient à 8″ 6, et c'est d'après ce résultat qu'il a calculé la table des distances et des grosseurs de toutes les planètes que l'on trouvera ci-après.

Tel est le résultat de ce fameux passage de Vénus, qui a occasionné tant de voyages et tant de volumes, et qui nous a enfin appris beaucoup mieux qu'on ne le savoit, l'étendue de notre univers, ou du moins de notre système solaire, on peut regarder ce passage comme une des époques mémorables de l'astronomie du dix-huitième siècle.

XII.

De la théorie des planètes principales et de la découverte de la planète Herschel.

Après la théorie du soleil et de la lune, la plus intéressante pour nous est celle des planètes principales dont les mouvemens sont bien plus compliqués que ceux du soleil, soit en apparence

parence soit réellement par l'effet des attractions. Jupiter et Saturne, par exemple, à cause de leurs masses et de leur éloignement immense du soleil, sont régis moins impérieusement dans leur cours; ces deux planètes agissent assez fortement l'une sur l'autre, et troublent mutuellement leurs mouvemens d'une manière sensible; et il a été bien plus difficile de déterminer exactement la forme et les dimensions des orbites de ces planètes que celles de l'orbite de la terre ou du soleil. Mais que ne peut le génie aidé du travail et de l'observation assidue; on est parvenu complètement, dans le siècle dont nous parlons à démêler tous ces mouvemens si compliqués, et on les a démontrés d'une manière qui ne permet plus le moindre doute; puisque l'observation est toujours conforme aux phénomènes prédits et annoncés d'avance.

Nous verrons, sur-tout dans cet article, une découverte mémorable faite il y a peu d'années dans notre systême planétaire, c'est celle d'une nouvelle planète qui, jusqu'à ce moment, avoit échappé aux regards des Astronomes, au moins comme planète. Qui n'auroit cru notre systême solaire suffisamment connu à l'exception des comètes qui sont probablement en beaucoup plus grand nombre que celui qu'on connoit. Cependant M. Herschel nous a appris qu'il falloit être plus circonspect pour prononcer sur les grands phénomènes de la nature, Qui sait même si quelque hazard singulier ne nous fera pas connoître un jour une autre planète? c'est du moins dans cette intention que le cit. de la Lande a voulu avoir un catalogue de 50 mille étoiles, parmi lesquelles il se trouvera, peut-être, une huitième planète.

On a vû par le systême de Copernic que nous ne voyons point les planètes à leur véritable place, et que la situation de la terre change leur position relativement à nous; de-là viennent les stations et rétrogradations des planètes tant supérieures qu'inférieures. Il résulte de-là que pour calculer leurs lieux à notre égard, il faut d'abord calculer le lieu de la terre à l'égard du soleil; ensuite celui de la planète telle qu'elle seroit vue par un observateur placé au centre du soleil; enfin, par un calcul trigonométrique réduire le lieu de la planète réel ou vû du soleil a son lieu apparent pour la terre. Que notre globe, par exemple soit T (*fig.* 2.) la terre à l'égard du soleil S, et la planète Mars en M, le spectateur placé sur le soleil la verroit répondre au point P de la sphère des fixes. Le calcul des lieux de la terre et de Mars vû du soleil, donnera l'angle T S M qu'on appelle commutation, et qui est la différence de leurs longitudes héliocentriques; les tables donneront aussi les rayons vecteurs S T, S M, ou les distances de la terre et de Mars au soleil, en parties, dont la moyenne distance du soleil à la terre est réputée l'unité. Il importe peu ici que ce soient les distances réelles, pourvu que ce soient les distances relatives qui sont données fort exactement par la règle de Kepler qui a fait connoître les rapports des dimensions des orbites, et leurs positions. Ainsi le calcul trigonométrique donnera l'angle T M S ou P M O, qui, à cause de l'éloignement immense des fixes mesure l'arc P O; on ôtera l'angle S M T de la longitude du point P, ou du lieu héliocentrique de la planète, ou bien on l'ajoutera suivant que la planète sera à l'Orient ou à l'Occident; on appelle cette différence parallaxe annuelle de la planète. Par ce moyen l'on aura le lieu géocentrique de la planète, du moins en longitude.

Ainsi le premier pas à faire pour pouvoir calculer les mouvemens des planètes a été de déterminer leurs orbites autour du soleil, et comme Kepler et Newton ont démontré que ces orbites sont elliptiques, il a fallu trouver les dimensions de ces ellipses, leurs axes, leurs excentricités ou les distances de leurs foyers dont l'un est occupé par le soleil. Il a fallu encore déterminer la position du grand axe de chaque ellipse pour avoir leurs points d'Aphélie ou de plus grandes distances au soleil, et de Périhélie ou de moindre distance à cet astre. Il a été de plus nécessaire de s'assurer si cet axe a un mouvement ou non. Il entroit aussi parmi ces déterminations nécessaires celle du temps employé par la planète dans sa révolution soit périodique soit anomalistique, ou par rapport à son aphélie. Enfin, il a fallu déterminer l'angle sous lequel le plan de chacune de ces orbites coupe l'écliptique et le point d'intersection, ou le nœud, et le mouvement de ce nœud, car il a lui-même un mouvement particulier par l'effet des attractions. Tels sont les élémens du mouvement des planètes que l'astronomie a eus à fixer.

Nous ne pouvons donner ici qu'une idée légère des moyens employés pour ces déterminations. Mais il nous a paru nécessaire d'en parler; nous commençons par les planètes supérieures ou ces recherches sont plus faciles parce que leurs orbites embrassent celle de la terre. On s'est d'abord procuré un grand nombre d'observations, faites dans leurs oppositions au soleil, parce que dans ce cas le lieu héliocentrique et le lieu géocentrique ne diffèrent point, la terre étant alors avec la planète et le soleil dans une même ligne droite. Ces observations ont d'abord servi à déterminer le temps de la révolution, car si la planète a, par exemple, dans cent vingt ans fait quatre révolutions, il est clair qu'il lui faut trente ans pour en faire une, et s'il y a quelques degrés de plus, ce n'est qu'une affaire de calcul, de trouver combien elle a mis à faire une révolution juste. Plus la première de ces observations sera éloignée de la seconde plus le résultat du calcul sera exact ; l'erreur inévitable se répartissant sur un plus grand nombre de révolutions. On a donc eu d'abord par ce procédé le mouvement moyen de la planète, et conséquemment si elle se mouvoit uniformément on auroit le moyen de déterminer à chaque moment sa position ; mais quand on compare des observations faites en divers points de l'orbite, on trouve pour Mars $10^\circ \frac{2}{3}$ de plus ou de moins, ce qui annonce l'ovalité ou l'excentricité de son orbite, et donne la mesure de la plus grande équation. Il faut connoître aussi la position de son aphélie et de son périhélie ; il suffit pour cela de trouver deux longitudes héliocentriques éloignées de cent quatre-vingt degrés, et dont l'intervale soit d'une demi révolution ; on est sûr que ces deux longitudes sont l'une aphélie, et l'autre périhélie, parce que l'équation étant nulle, les longitudes n'éprouvent aucun changement.

Si l'on n'a pas de longitudes héliocentriques ainsi disposées on y supplée par des tatonnemens qui réussissent très-bien ; l'on prend deux longitudes aux environs des apsides, et une près de la moyenne distance, ou bien une vers l'apside et deux vers les moyennes distances. On calcule l'erreur des tables, et comme l'erreur produite par l'équation influe principalement dans les unes, et l'erreur sur l'aphélie influe seule sur les autres, on arrive en changeant ces deux élémens à faire disparoître les trois erreurs.

On trouvera toutes ces méthodes et tous ces détails dans l'astronomie du cit. de la Lande. Il me suffit de dire, comme historien, que l'on est parvenu à faire des tables de toutes les planètes où l'erreur ne va jamais qu'à quelques secondes. Le cit. Delambre pour le Soleil, Jupiter, Saturne et Herschel ; le cit. de la Lande pour Mercure et Vénus ; le cit. Michel-le-Français Lalande vient de faire la même chose pour Mars dans la Connoissance des temps de l'an 12, (1804.)

Il est un troisième élément nécessaire pour le calcul du lieu d'une planète ; c'est la position des points où son orbite coupe l'écliptique, et l'inclinaison de l'une à l'autre. Et d'abord quant à ces points d'intersections des deux plans, il est aisé de sentir que quelle que soit la position de la terre sur son orbite, lorsque la planète y passera elle paroîtra dans l'écliptique à l'observateur terrestre. Il faudra donc qu'il soit attentif à la suivre pour déterminer le point où elle paroîtra traverser ce cercle, ainsi que le moment où cela arrivera, et il aura le lieu du nœud. Quand la planète sera à quatre-vingt-dix degrés des nœuds elle aura la plus grande latitude possible et l'on jugera de son inclinaison sur l'écliptique.

Après ces détails préliminaires, nous allons passer successivement en revue les différentes planètes, et faire connoître ce que le mouvement de chacune a de particulier.

Mercure est, comme tout le monde sait, presque continuellement enveloppé dans les rayons du soleil. Il est des hommes, peut être même des astronomes, qui ne l'ont jamais vu. Sa théorie a donc dû être, pendant long-temps, très imparfaite, par le défaut des observations, et elle le seroit encore, si ses passages sur le disque du soleil, qui sont assez fréquens, n'avoient pas été fort utiles pour la perfectionner. Ajoutez à cela que l'orbite de Mercure a été facilement reconnue pour être la plus excentrique de toutes. En effet, tandis que, par exemple, dans celle de la terre ou du soleil, la distance du foyer au centre n'est que d'environ seize cent quatre-vingt parties, dont la distance moyenne est de cent mille, ce qui n'en est qu'environ la soixantième partie; elle est pour Mercure environ la cinquième partie de sa distance moyenne.

Le citoyen de la Lande entreprit en 1764, de faire des observations de Mercure dont on manquoit totalement, et il parvint à faire des tables plus exactes que celles de Halley; il s'en procura de tous les astronomes qui étoient à portée de les faire, le citoyen Vidal à Mirepoix en a fait à lui seul plus que tous les astronomes ensemble; enfin, les tables de Mercure du citoyen de la Lande ne présentent plus que des erreurs de quinze à vingt secondes, ce qui est absolument insensible.

Vénus n'est pas si difficile à voir que Mercure; c'est au contraire celle qu'on observe plus facilement, on la voit même en plein jour à la vue simple; aussi les tables de Cassini et de Halley étoient elles déja très-bonnes : mais les attractions de Jupiter et de la terre dérangent sensiblement le mouvement de Vénus, le citoyen de la Lande les calcula par la théorie de l'attraction; il sentoit que les conjonctions inférieures de Vénus étoient les circonstances les plus favorables pour déterminer exactement les mouvemens de Vénus, il est parvenu à avoir des tables de la plus grande exactitude.

Mars est une des planètes qui ont le plus occupé les astronomes, parce qu'elle est une des plus excentriques. Tycho-Brahé vouloit déterminer toutes les circonstances de son mouvement, et Kepler s'étant trouvé alors chez lui en 1600, s'occupa à discuter ces observations, et découvrit, par leurs moyens, que l'orbite de Mars étoit ovale, et que les aires étoient proportionnelles aux temps. Ces deux belles lois des mouvemens célestes, furent le résultat de ses recherches sur les inégalités de Mars.

Les tables de Cassini et de Halley étoient déja d'une assez grande exactitude pour l'orbite de Mars; mais il étoit possible de les perfectionner. Ce fut le premier objet de travail que Lemonnier proposa au citoyen de la Lande, son élève, qui venoit d'être reçu à l'académie des sciences, en 1753; il lui fournissoit des positions plus exactes des étoiles et des observations de Mars qui n'avoient jamais été calculées, il en résulta bientôt des tables plus exactes, dont on trouve les élémens dans les *Mémoires de l'Académie pour* 1755.

Il falloit aussi tenir compte des dérangemens ou des perturbations, le citoyen de la Lande en donna le calcul, et il n'a cessé d'observer Mars, et de calculer ces observations pour perfectionner les élémens, comme on le voit dans les *Mémoires de l'Académie de* 1775, et dans la *Connoissance des Temps de* 1790.

Mais ce travail a été refait avec tout le soin et tout le détail qu'on pouvoit y mettre, par le citoyen Michel le Français de la Lande, son neveu, qui a repris toutes les observations anciennes et modernes, sur tout celles de Bradley et de Maskelyne, le citoyen Burckhardt a recalculé les perturbations, et le citoyen le Français a dressé en 1800 des tables qui surpassent encore tout ce que l'on avoit fait, et qui ne sont plus exposées qu'à quelques secondes d'erreur : ces tables sont imprimées dans la *Connoissance des Temps de l'an XII* (1804.)

Jupiter et Saturne sont sujets à de si grands dérangemens, qu'on s'en est occupé long-temps avant que de pouvoir les assujétir au calcul.

Depuis que la philosophie neutonienne ou la doctrine de la gravitation universelle a subjugué par ses preuves victorieuses tous les esprits, on a reconnu les causes de diverses aberrations que subissent les mouvemens des planètes principales elles-mêmes. On se tromperoit en effet, si l'on pensoit qu'à cause de leur éloignement considérable les unes des autres, elles fussent entiérement exemptes des effets de l'action mutuelle. Il est vrai que c'est sur-tout dans Saturne et Jupiter que ce phénomène se manifeste : on observe que Jupiter et Saturne se dérangent mutuellement, de sorte que l'un et l'autre accélère ou retarde son mouvement, c'est-à-dire, est plus ou moins avancé qu'il ne devroit être, d'après le calcul des tables. On croyoit même apercevoir un retardement continu dans Saturne, et une accélération dans Jupiter. Ce phénomène paraissoit avoir lieu également dans tous les points de leurs orbites, indépendamment de leur aspect. En effet, les astronomes qui, en partant du mouvement moyen établi par les plus anciennes observations voisines de notre ère, ont entrepris de calculer le lieu de Saturne, par exemple, pour la fin du seizième siècle, l'ont constamment trouvé plus avancé de plusieurs minutes, suivant leur calcul, que ne le donnoit l'observation ; et cette erreur alloit sans cesse en croissant et dans le même sens, en calculant le lieu de Saturne pour des temps plus voisins de nous. Ainsi, par exemple, Lemonnier reconnut qu'en adoptant le mouvement moyen déterminé par la comparaison des observations anciennes avec les nôtres, il y avoit une erreur de 2′ en 1598, en 1657 de 20′ $\frac{1}{2}$, et en 1716 de 36′ $\frac{1}{2}$, dont Saturne étoit resté en arrière du lieu déterminé par le calcul. Que si, au contraire, on part du mouvement moyen établi par les observations des deux à trois derniers siècles, comparées aux nôtres, on trouve, suivant le même astronome, que Saturne est moins avancé selon le calcul qu'il ne l'étoit selon des observations anciennes, et notamment qu'il y auroit eu une erreur de six degrés dans une observation de Saturne faite par Ptolémée, ce qui ne sauroit être ; car cet astronome détermina son lieu par sa conjonction avec l'épi de la Vierge, dont il donne le lieu à deux minutes près de celui qu'il devoit être, selon nos connoissances modernes sur le mouvement propre des fixes. Il falloit conclure de-là que le mouvement moyen de Saturne étoit anciennement plus rapide qu'aujourd'hui, et qu'il avoit diminué continuellement depuis les plus anciens observateurs ; c'est ce qu'on appèle équation séculaire, et on a cru pouvoir la fixer à quarante-sept secondes pour un siècle, mais croissant comme les quarrés des temps ; car l'èffet de toute cause agissant uniformément et continûment, croît de cette manière.

Kepler, dès 1625, avoit remarqué ce retardement ; Flamsteed, en 1682, fit voir que toutes les tables astronomiques les plus estimées, faisoient le mouvement moyen de Saturne trop prompt, et au contraire celui de Jupiter trop lent ; ce qui fut encore par le témoignage de Maraldi l'ancien, qui, dans les *Mémoires de l'Académie de* 1704, dit que pour concilier les observations de Saturne faites par Tycho, il faudroit corriger le mouvement moyen de cette planète, et le diminuer d'un quart ou d'un tiers de degré dans l'intervalle des observations de Tycho aux nôtres, qui étoit de cent vingt ans environ. Maraldi revenant sur ce sujet en 1718, ajoute que pour concilier les observations anciennes avec les modernes, il faudroit supposer le moyen mouvement dans ces derniers temps, plus lent que dans ceux de ces anciennes observations, et que c'est tout le contraire à l'égard de Jupiter.

Le citoyen de la Lande, dans les *Mémoires de* 1757, donna des preuves plus exactes de ce phénomène. Enfin, les astronomes convenoient tous que, quelle qu'en fût la cause, les mouvemens moyens de Jupiter et Saturne n'étoient plus les mêmes qu'ils étoient il y a quelques siècles.

Euler, dans sa première pièce sur les perturbations des mouvemens de Jupiter et de Saturne, n'avoit trouvé aucune cause de variation dans leur moyen mouvement; mais dans la seconde, il en avoit trouvé une qui devoit produire une équation séculaire de 2′ 24″ pour le premier siècle, à compter de 1770, tant pour Jupiter que pour Saturne, et égale pour l'un et pour l'autre, ce qui est contraire à l'observation; ainsi, le problême restoit avec toute sa difficulté. Le citoyen de la Grange entreprit de la lever en 1773, et examinant la question d'après de nouveaux artifices analytiques, il crut trouver quelque chose de plus conforme aux observations; savoir, pour Saturne, une équation séculaire soustractive, et une additive pour Jupiter. Ce Mémoire fut inséré dans le tome troisième de la *Société de Turin*.

Le citoyen de la Grange a cependant remarqué lui-même depuis ce temps, que cette conclusion étoit précipitée, et que le citoyen de la Place ayant poussé plus loin l'approximation à laquelle le problême étoit réduit, et en ayant calculé plus rigoureusement les termes, il avoit trouvé qu'ils se détruisoient mutuellement à si peu de chose près, que le résultat finissoit par être trop petit pour y avoir égard; d'autant plus qu'il y avoit lieu de croire que poussant encore plus loin l'approximation, ce résultat deviendroit enfin absolument nul. Comme néanmoins cette conclusion, fondée seulement sur le résultat d'une série, n'étoit pas encore une démonstration rigoureuse, et que d'ailleurs de la Place proposoit sur la solution de la Grange quelques difficultés particulières, celui-ci crut devoir remplir ce sujet en 1776, dans un *Mémoire* inséré parmi ceux *de l'Académie de Berlin*, et il y fit voir par la nature de l'expression, du demi grand axe d'une orbite planétaire, qu'il ne peut être sujet qu'à des variations périodiques, et non à une diminution ou augmentation constante, ce qui paroissoit mettre hors de doute que les moyens mouvemens n'étoient aucunement altérés depuis les temps anciens, ou que s'ils l'étoient, cela tenoit à une autre cause qu'à l'action des planètes les unes sur les autres.

Dans le même temps que le citoyen de la Grange s'occupoit de cette grande question physico-astronomique à Berlin, elle excitoit aussi les recherches du citoyen de la Place. Ses premières méditations sur ce sujet sont consignées dans un mémoire donné en 1771 à l'académie des sciences, et inséré dans le tome septième des Mémoires présentés à cette académie, par divers savans. Là, après avoir discuté d'une manière aussi neuve que profonde les principes fondamentaux de la théorie de la gravitation, il examine d'abord ce que l'on doit penser de l'accélération admise par les astronomes dans le mouvement moyen de la lune : il passe de-là à l'examen de l'effet des planètes les unes sur les autres pour changer les élémens de leurs orbites, et il donne des formules qui font voir les variations que peuvent éprouver l'équation du centre, l'excentricité, le mouvement de l'aphélie et celui des nœuds, ainsi que la grandeur de l'axe. Les premières sont réelles et conformes aux observations; mais il n'en est pas de même de la variation de la distance moyenne. La formule qui l'exprime se réduit à zéro, tous les termes se détruisant; d'où résultoit une conclusion semblable à celle de la Grange; savoir, que cette variation est nulle, ou que si elle est réelle, elle ne tient pas à la théorie de la gravitation universelle. Il examine enfin quelques conjectures sur les autres causes qui pourroient produire un pareil phénomène, une des plus probables seroit la résistance que les planètes éprouveroient de la part d'une matière répandue dans les espaces célestes, soit un fluide extrêmement subtil, soit la lumière même du soleil lancée dans ces espaces, si elle consiste en une émission continuelle; mais il fait voir que ces causes sont insuffisantes, car le premier effet de cette résistance seroit en rétrécissant les orbites planétaires, de rendre le mouvement moyen plus rapide; aussi bien à l'égard de Saturne qu'à l'égard de Jupiter, tandis qu'au contraire le mouvement de Saturne éprouvoit un ralentissement.

On disoit aussi comme Euler, que ces variations pouvoient venir du passage de quelques comètes dans la proximité de l'une des deux planètes; elles sont en effet plus susceptibles d'éprouver un pareil dérangement à cause de leur extrême éloignement du soleil; mais cela étoit extrêmement improbable pour des effets si considérables et d'ailleurs si constans; il faudroit, dans ce cas, renoncer à tout calcul des lieux de ces planètes, puisqu'il seroit dès-lors impossible de compter sur leur moyen mouvement.

Il y avoit encore une cause plus cachée, dont le citoyen de la Place discutoit l'effet sur le mouvement des planètes, comme pouvant l'accélérer ou le retarder. On a toujours regardé comme un fait, que la force attractative des corps s'exerce *in instanti* de l'un à l'autre. Cela peut être, si cette propriété des corps est l'effet d'une cause immatérielle; mais si elle étoit l'effet de l'impulsion d'une matière, il est naturel de penser que cette propagation de la force attractive ne se feroit que dans un temps fixé, quoique selon les apparences excessivement court, et alors les mouvemens des corps célestes pourroient n'être plus exactement ce qu'ils seroient dans l'hypothèse d'une propagation instantanée; car dans ce dernier cas, quelque vîtesse qu'ils eussent,

eussent, ils éprouveroient la même action que s'ils étoient en repos; au lieu que dans le premier cas, ils s'y déroberoient en partie. Le citoyen de la Place n'étoit pas éloigné, dans la pièce que nous analysons, de penser que cette cause pourroit produire une variation séculaire dans le mouvement moyen des planètes, et spécialement dans celui de la lune. En total, néanmoins, il conclud de ses recherches que le phénomène, s'il existe, ne tient pas à l'action mutuelle des planètes les unes sur les autres, ou à la théorie de la gravitation, telle qu'elle a été conçue jusqu'à ce moment.

Cette question est si intéressante dans l'astronomie physique, qu'on ne sera pas surpris de voir la Grange la soumettre quelques années après à une nouvelle analyse; c'est ce qu'il fit dans les *Mémoires de Berlin de* 1782, où il examina les diverses variations que peuvent éprouver les excentricités, les aphélies, les inclinaisons des orbites des planètes, ainsi que leurs nœuds, et les dimensions de leurs axes; mais quoique l'objet y fût traité d'une manière différente de celle du Mémoire de 1778, il en résultoit encore que les moyens mouvemens des planètes, ou les grandeurs de leurs axes principaux dont ils dépendent, ne sauroient éprouver tout au plus que des variations périodiques par les attractions mutuelles, et non une diminution ou augmentation continuellement croissante, comme dans Jupiter et Saturne.

Tel étoit l'état de la question sur la variation séculaire des mouvemens moyens de Jupiter et de Saturne, lorsque de nouvelles recherches ont conduit le citoyen de la Place à une découverte tout-à-fait remarquable, et qui donne enfin le dénouement de ce problême astronomique. Il remarqua que la troisième puissance de l'excentricité produisoit des coéficiens de la forme 5—2, et que cinq fois le mouvement de Saturne, moins deux fois celui de Jupiter, étoit une quantité fort petite qui venant au dénominateur, produisoit une équation fort grande. Cette remarque heureuse le mit à portée d'annoncer à l'académie, le 10 mai 1786, qu'il y avoit dans le mouvement de Saturne une inégalité de 46′ 49″, dont la période étoit de huit cent soixante-dix-sept ans, dépendante de cinq fois le mouvement moyen de Saturne, moins deux fois celui de Jupiter.

Il trouva par le même calcul, que le mouvement de Jupiter étoit assujéti à une pareille inégalité, dont la période étoit la même; mais le plus haut qu'elle puisse s'élever est 20′, et elle est d'un autre signe que celle de Saturne.

C'est donc à cette double inégalité périodique que sont dues les apparences singulières d'un mouvement continuellement retardé dans Saturne, et accéléré dans Jupiter : il y a deux siècles environ que cette inégalité étoit parvenue à son *maximum*; et depuis cette époque elle va en diminuant, et sera nulle dans deux cents ans environ.

La justesse de cette découverte, l'une des plus intéressantes de l'astronomie physique, a été depuis appuyée par le calcul, et l'observation : le citoyen de la Place n'avoit pas négligé d'en faire voir l'accord ; mais il a été spécialement démontré par les calculs du citoyen de Lambre. Cet habile astronome a en effet trouvé que cette inégalité étant admise, ainsi que la loi, suivant laquelle elle croît et décroît dans le cours de sa période, on représente parfaitement les observations les plus anciennes, les moyennes et les plus récentes, ce qui est assurément la pierre de touche de toutes les découvertes astronomiques. Nous renvoyons, pour le surplus des détails de cette découverte, au mémoire du citoyen de la Place, et aux nouvelles tables de Saturne, données par le citoyen de Lambre, et insérées dans la troisième édition de *l'Astronomie de la Lande*.

Herschel est la dernière planète dont nous ayons à parler ; elle fut reconnue en 1781.

Voici l'histoire de cette mémorable découverte, d'après le huitième volume des *Ephémérides* que le citoyen de la Lande publia, pour les années 1785 et 1792.

William Herschel, né à Hanovre en 1738, étoit encore dans un régiment hanovrien, lorsqu'il passa en Angleterre. Il étoit distingué par son talent pour la musique, et ce musicien avoit été l'ouvrage de la simple nature; il n'en étoit que plus digne d'être remarqué; il fut choisi pour musicien de l'église de Bath en Angleterre. Là, un nouveau genre d'amusement, ou plutôt d'occupation, vint remplir ses loisirs; il s'occupa à faire des lunettes, ensuite des télescopes; et comme il avoit autant de patience que d'adresse, il y réussit supérieurement. On n'en faisoit guères qui pussent grossir les objets plus de quatre cents fois. Le nouvel opticien ayant facilement atteint ce terme ordinaire, voulut aller plus loin, il en fit qui grossissoient mille et deux mille fois, et dans les transactions de 1782, il parle d'un grossissement de six mille fois, dont il donne le calcul, et auquel il est parvenu, dans un télescope neutonien de sept pieds.

Ce fut le 13 mars 1781, que M. Herschel, regardant avec un télescope de sept pieds les étoiles qui sont vers les pieds des gémeaux, vit un petit astre un peu différent des étoiles de même lumière, qui paroissoit plus large, et qu'il soupçonna être une comète, (*Philosophical transactions*, 1781, page 492.) Il regarda cet astre avec un équipage qui grossissoit neuf cent trente-deux fois, et il trouva que son diamètre étoit encore plus grand, tandis que celui des étoiles ne changeoit pas, il le compara avec beaucoup de petites étoiles, et il en donna les configurations dans son mémoire, avec la description d'un micromètre de son invention. Il fut assuré, deux jours après, que ce n'étoit pas une étoile, en voyant que cet astre avoit changé de place; mais il l'avoit présumé dès la première vue, ce qui paroît surprenant, parce que, dans une lunette qui grossit cent vingt fois, cette planète ne paroît pas différente d'une étoile de sixième à septième grandeur; mais il seroit encore plus difficile de croire que M. Herschel se fût apperçu de son mouvement, si quelque raison n'avoit fixé son attention sur un aussi petit astre, confondu avec d'autres; il me paroît donc certain que M. Herschel dût cette découverte à la grande force de son télescope. Il en donna bientôt avis à M. Maskelyne, astronome royal d'Angleterre; celui-ci ayant examiné les petites étoiles auxquelles M. Herschel avoit comparé la planète, trouva sa position pour le 17 mars.

M. Maskelyne écrivit, dès les premiers jours d'avril, cette nouvelle à Paris. M. Messier commença le 16 août à observer cette comète, (car on l'apela ainsi) et continua jusqu'à la fin d'octobre. Lemonnier, la Lande, Méchain, d'Agelet, Lévêque continuèrent ces observations à Paris, de même que MM. Reggio et de Césaris à Milan, M. Slope à Pise, M. Toaldo à Padoue, M. Darquier à Toulouse, M. Bode à Berlin, M. Wargentin à Stokolm, etc.; le citoyen de la Lande en a rapporté un grand nombre dans les *Mémoires de l'Académie* pour 1779, qui ont paru en 1782.

Aussi-tôt qu'on eût à Paris quelques jours d'observations, on entreprit de calculer cet astre comme les comètes ordinaires, dans une parabole. Méchain, Boscovich, le président de Saron, de la Place, Lexell, firent diverses tentatives; mais comme on ne pensoit pas à supposer la planète dix-huit fois plus loin que le soleil, on représentoit fort bien quelques observations, et peu de jours après, l'écart étoit considérable. Le président de Saron fut le premier qui, le 8 mai 1781, s'apperçut que cette planète devoit être fort éloignée de nous; il l'estimoit au moins douze fois plus loin que le soleil, et les calculs commencèrent à s'accorder beaucoup mieux.

MM. Boscovich, Lexell, de la Place, de la Lande, calculèrent donc des élémens, et peu à peu on apperçut que la distance ne changeoit pas sensiblement, que l'orbite étoit presque circulaire, et qu'il falloit regarder cet astre comme une septième planète.

Dès qu'on eût une année d'observations, on commença à être assuré que la révolution était d'environ quatre-vingt-trois ans; on remarqua que la trente-quatrième étoile du taureau dans le catalogue de Flamsteed que l'on ne retrouvait plus, et la 964e. de Mayer qui manquait également, devaient être la nouvelle planète qui s'était trouvée successivement à ces deux places. Le citoyen Lemonnier la retrouva aussi parmi ses observations des petites étoiles, en sorte qu'on se trouva avoir tout d'un coup un siècle d'observations. Cela fournit au citoyen Delambre le moyen de faire d'excellentes tables, qui, actuellement même, au bout de dix ans, n'ont pas dix secondes d'erreur; ensorte que la nouvelle planète est aussi bien connue que les anciennes.

On peut voir de plus grands détails dans l'ouvrage intitulé: *Historia novi planetae* URANI, *cum tabulis pro locis planetae Heliocentricis etgeocentricis*; *edidit et supputavit J. F.* WURM, *Gothae*, 1791, *in*-8°. 186.

M. Wurm est un très-habile astronome d'Allemagne, à qui le citoyen de la Lande communiqua les tables qui s'imprimaient alors pour la troisième édition de l'astronomie, et que Delambre venait de terminer; elles parurent en effet dans le livre de Wurm avant de paraître à Paris: mais le citoyen de la Lande se plaignit qu'on eût mal reconnu un pareil sacrifice, en ôtant le titre des tables qu'on tenait de lui, qui étaient tables de la planète *Herschel*, pour les appeler tables d'*Uranus*; dénomination ridicule en soi, puisqu'une petite planète ne peut être appelée le ciel, insultante pour celui à qui l'on en doit la découverte, et désobligeante pour celui dont on défigurait le manuscrit, en profitant de sa complaisance à le communiquer.

Je terminerai cet exposé du système solaire par un tableau de toutes ses dimensions, d'après l'astronomie du citoyen de la Lande, et les changemens qu'il y a faits lui-même dans la *Connoissance des Tems*. Il contient ce qu'il y a de plus certain sur la figure, la disposition et les grandeurs des orbites des corps qui composent ce système. La distance moyenne de la terre au soleil, supposée de cent mille parties, est prise pour module ou mesure commune, elle équivaut à 34 357 480 lieues, chacune de 25 au degré, ou de 2 280 toises, ce qui revient à 1 529 000 myriamètres, le mètre définitif ayant été fixé en 1800 à 443 lignes 296 de notre ancienne toise.

Les longitudes suivantes en signes, degrés, minutes et secondes, sont pour le 1er. janvier 1800 à midi moyen au méridien de Paris. Au moyen des révolutions, on pourra trouver les longitudes moyennes; et au moyen de l'équation, trouver la longitude vraie. Mais pour les planètes, cela ne donne que la longitude vue du Soleil; et pour avoir la longitude vue de la terre, il faut calculer la parallaxe annuelle.

TABLEAU DES DIMENSIONS DU SYSTÊME SOLAIRE.

	Longitudes moyennes.				*Apogée.*				*Nœud.*				*Inclinaison.*			*Mouv. annuel des apsides.*	*Mouv. annuel des nœuds.*
SOLEIL. . .	9ˢ	9°	54′	0″	3ˢ	9°	29′	3″	. . . .				. . . . . .			1′ 3″6	
LUNE. . . .	11	5	38	33	1	15	27	10	1ˢ	3°	15′	58″	5°	8′	49″		
MERCURE.	3	18	10	41	8	14	21	1	1	15	56	48	7	0	0	56,1	41″3
VÉNUS. . .	4	25	9	1	10	8	36	12	2	14	52	8	3	23	35	48,5	30,5
MARS.. . .	7	22	34	9	5	2	24	14	1	18	1	58	1	51	0	1′ 5″9	24,5
JUPITER. .	2	21	48	46	6	11	8	21	3	8	24	7	1	18	50	1 6,8	30,9
SATURNE..	4	3	5	10	8	29	4	10	3	21	56	40	2	29	45	1 6,2	29,3
HERSCHEL.	5	23	29	12	11	17	20	49	2	12	50	58	0	46	26	52,9	82,4

Mouvement annuel de l'apogée de la lune.

13° 28′ 49″4

Mouvement du nœud rétrograde.

6° 24′ 27″3

	Révolution tropique.				*Révolution sidérale.*				*Equation.*			*Changement en un siècle.*
SOLEIL. . .	365ʲ	5ʰ	48′	48″	365ʲ	6ʰ	9′	12″	1°	55′	30″	— 17,7
LUNE. . . .	27	7	43	5	27	7	43	12	6	18	32	
MERCURE.	87	23	14	33	87	23	15	44	23	40	0	+ ...... 2″2
VÉNUS. . .	224	16	41	24	224	16	49	12	0	47	20	— 25,0
MARS.. . .	686	22	18	27	686	23	30	36	10	41	35	+ 37,1
JUPITER. .	4330	14	39	2	4332	14	27	11	5	30	38	+ 56,3
SATURNE..	10746	19	16	15	10759	1	51	11	6	26	42	— 1′ 50″6
HERSCHEL.	30589	8	39		30689	0	29		5	21	3	+ 11,0

Ces mouvemens sont par rapport aux points équinoxiaux qui rétrogradent de 50″ 1 par année ; ainsi il faut ôter 50″ 1 du mouvement annuel de l'apside du soleil, 1′ 3″ 6 pour avoir le mouvement réel.

	Distances moyennes.	*En lieues.*
MERCURE.	38710	13299742
VÉNUS. . .	72333	24851885
TERRE. . .	100000	34357480
MARS.. . .	152369	52350240
JUPITER. .	520279	178692550
SATURNE..	954072	327748720
HERSCHEL.	1918362	659100760

Distance de la lune à la terre, 86351

Diamètres en lieues.	
SOLEIL. . .	319314
TERRE. . .	2865
LUNE. . . .	782
MERCURE.	1166
VÉNUS. . .	2748
MARS.. . .	1490
JUPITER. .	31118
SATURNE..	28601
Anneau. . .	66737
HERSCHEL.	12370

Rotations des planètes.

Le SOLEIL en 25 jours, 10 heures, son équateur incliné de 7° 20′ sur l'écliptique.

MARS. . .	24ʰ	39′	22″	inclin.	28°	42′	sur l'orbite.
JUPITER..	9	55	33		3	12	sur l'orbite.
SATURNE.	10	16	1		30	0	sur l'orbite.
Anneau. .	10	32	15		30	0	sur l'orbite.

HISTOIRE

DES

MATHÉMATIQUES.

CINQUIEME PARTIE,

Qui comprend l'Histoire de ces Sciences pendant le dix-huitième siècle.

LIVRE SIXIÈME,

Qui traite de l'Astronomie physique.

Nota. Nous comprendrons sous le titre d'*Astronomie physique*, des parties qui exigent spécialement l'examen des causes physiques et les calculs qui en dépendent : la réfraction, l'applatissement de la terre, la diminution de l'obliquité de l'écliptique, les satellites, les comètes, la libration de la lune, le flux et le reflux de la mer.

I.

De la réfraction astronomique et des hypothèses physiques propres à la représenter.

LA réfraction que les rayons des astres éprouvent dans l'atmosphère est un des phénomènes les plus importans dans l'astronomie. Car depuis que l'on sait que la lumière en passant d'un milieu plus rare dans un plus dense, se détourne de son chemin. On a dû reconnoître que les rayons par lesquels nous appercevons les astres ne nous arrivent pas en ligne droite, mais sont rapprochés et infléchis par l'attraction de l'atmosphère qui environne la terre. Ainsi nous ne voyons jamais les astres précisément à leur place; mais nous les rapportons au lieu où arriveroit, étant prolongé directement, l'extrémité du rayon qui pénètre dans notre œil. Il est donc nécessaire de corriger cette erreur pour déterminer le vrai lieu où l'astre se trouve au moment où on l'observe; et c'est un objet qui a occupé avec raison un grand nombre d'astronomes et de géomètres.

Nous avons dit ailleurs, t. 1. page 312., que Ptolémée a reconnu la réfraction astronomique. C'est ce qui résulte clairement du témoignage de Roger-Bacon qui avoit vû son optique. Mais depuis l'impression de notre premier volume, le cit. Caussin qui a été garde des manuscrits de la bibliothèque nationale, y a trouvé en 1800 l'optique de Ptolémée, nº. 7310 *in-folio*. Du moins on y trouve ce titre: *Liber Ptolemei de opticis, sive aspectibus, translatus ab Ammiraco Eugenio, siculo, de arabico in latinum.* Le citoyen Caussin en a tiré un passage, *sermo quintus*, fol. 94. verso, où il est dit que les choses qui se lèvent et se couchent déclinent plus au septentrion que quand elles sont au milieu du ciel, et que pour les astres qui paroissent toujours, la distance au pole septentrional est plus petite lorsqu'ils sont dans le méridien vers l'horizon que quand ils approchent du point qui est sur notre tête, ce qui arrive à cause de la flexion du rayon produite par la surface qui sépare l'air et l'éther. Cela donne lieu de croire que cet ouvrage est postérieur à l'Almageste de Ptolémée qui fut terminé vers l'an 141, et où l'on n'apperçoit aucune trace de ce phénomène. Les opticiens du moyen âge, vers l'an 1100, Alhazen et Vitellion parlent expressement de la réfraction, et c'étoit d'après Ptolémée; mais Alhazen donne une preuve de justesse d'esprit en n'attribuant point à la réfraction la distance en apparence augmentée des astres vers l'horizon, mais à un jugement de l'ame comme on le fait actuellement.

Cependant les astronomes ne firent aucun usage de ce germe de connoissance jusqu'à *Walther*, le disciple de Régiomontanus; il est le premier qui en ait fait mention comme l'ayant apperçue par les observations faites près de l'horizon. Tycho-Brahé n'y fit long-temps aucune attention, mais enfin il sentit la nécessité de cette correction, cependant il sacrifia encore au préjugé, en pensant qu'à 45° d'élévation sur l'horizon elle n'étoit plus sensible. La réfraction est cependant encore à cette hauteur d'une minute et quelques secondes. Mais dans ce temps là on ne pouvoit encore s'assurer d'une si petite quantité.

Une autre erreur dans laquelle furent pendant quelques temps les astronomes du dernier siècle, c'est que la réfraction à même hauteur est plus grande pour un astre plus voisin de la terre que pour un plus éloigné, quoique ce soit la même chose.

Si l'atmosphère étoit terminée par une surface faisant la séparation du milieu dense et réfractif, et du vide qui est au-delà, et que cette surface fût plane; la loi suivant laquelle croîtroit la réfraction seroit facile à déterminer; car alors le sinus de l'angle rompu seroit toujours en même raison avec celui d'inclinaison, ou de la distance de l'astre au zénit. Connoissant donc, par exemple, quelle réfraction éprouve un astre à la hauteur de 30°. au-dessus de l'horison, ou à 60°. du zénit, on auroit par une simple proportion le sinus de l'angle de distance apparente au zénit, répondant à une autre distance donnée, conséquemment les angles eux-mêmes; et ôtant le moindre du plus grand, la différence seroit la réfraction.

Mais il n'en est pas ainsi dans la réalité; l'athmosphère n'est pas terminée par une surface où s'opéreroit la réfraction, et cette surface si elle avoit lieu ne seroit pas plane; conséquemment la règle ci-dessus n'a pas lieu. L'athmosphère terrestre diminue de densité à mesure qu'on s'élève au-dessus de la terre, et le rayon de l'astre ne nous arrive que par une courbe de plus en plus infléchie à mesure qu'elle approche davantage de la terre. Il a donc fallu recourir à d'autres moyens pour déterminer et calculer la réfraction pour chaque hauteur au-dessus de l'horizon.

Une autre considération vient encore augmenter la difficulté. D'après les raisons que nous avons dites plus haut, la réfraction doit être plus grande à mesure qu'on est plongé plus profondément dans le milieu qui l'opère; elle sera moindre au contraire quand on sera plus élevé comme sur une haute montagne. La chaleur ou la température de l'air en rendant le milieu plus dense ou plus rare, doit produire aussi une différence, en sorte que dans le même lieu et dans le même jour il peut y avoir des variations dans la quantité de la réfraction. Il a fallu avoir égard à toutes ces circonstances, c'est ce qu'on a fait dans ce siècle-ci, et c'est ce qui a rendu pendant tant d'années cette théorie fort imparfaite.

En effet, depuis Tycho jusqu'à Dominique Cassini la théorie des réfractions fit peu de progrès, Cassini sentit son imperfection et s'occupa à la rectifier; ce qu'il fit dans ses deux opuscules imprimés à Bologne en 1665 et 1666, l'une intitulée: *Epistola ad Geminianum Montanari de refractionum celestium methodo*; et l'autre, *De solaribus hypothesibus et refractionibus epistolae* 3. Il y démontre tant par l'observation que par le raisonnement la nécessité d'admetre une réfraction jusqu'au zénit où elle est nulle, et il donne une table des réfractions fondée sur ces principes. Arrivé en France il travailla à perfectionner fectioner sa nouvelle théorie en s'aidant des observations faites par Richer dans l'île de Cayenne, qui lui servirent en même-temps à confirmer sa détermination de l'obliquité de l'écliptique et de la parallaxe du soleil, car ces trois choses se tiennent les unes aux autres. C'est l'objet d'une partie de son écrit intitulé : *les Elémens de l'astronomie vérifiés*; qu'on lit parmi les mémoires de l'Académie des Sciences avant le renouvellement. On y trouve sa nouvelle table des réfractions qui a été long-temps comme classique en astronomie. Il y fait la réfraction à l'horison de 32′ 20″, et à 45′ de hauteur de 59″. Cassini son fils a néanmoins remarqué depuis que les réfractions sont un peu plus grandes à l'horison, qu'elles ne sont marquées dans cette table, qu'à très-peu de hauteur elles sont un peu moindres, et qu'ensuite elles commencent de nouveau à surpasser un peu celles de la table. Ces différences ne sont au surplus que de quelques secondes. Mais aujourd'hui l'on en est au point de ne plus négliger de pareilles différences.

Pour former cette table, il y a deux moyens qu'on a pu employer, l'un purement astronomique et l'autre fondé en partie sur des hypothèses de physique, probables, dont l'observation doit être ensuite la pierre-de-touche. Commençons par la méthode astronomique.

Supposons qu'on veuille déterminer la réfraction par l'observation; il faut d'abord connoître avec beaucoup d'exactitude la hauteur du pole du lieu, que l'observation donnera à moins d'une minute près si elle excède 45°. Il est vrai que sa détermination précise dépend elle-même d'une connoissance préliminaire de la réfraction. Mais on y parvient sauf une différence tout-à-fait insensible par un moyen que nous indiquerons ci-après. On choisira ensuite une étoile passant très-près du zénit et assez éloignée du pole pour qu'il n'y ait pas de réfraction sensible.

On observera avec précision la hauteur de cette étoile, dont ôtant celle du pole, on aura conséquemment la distance de l'étoile au pole. Or, connoissant ainsi la déclinaison d'une étoile, et le moment où cette étoile passe au méridien, on peut déterminer à quel moment elle arrivera à une hauteur donnée. Si donc on observe au même moment la hauteur de cette étoile, la différence de la hauteur calculée, qui est la vraie, et de la hauteur observée ou apparente, sera la réfraction à cette hauteur. On sent aisément que la même étoile dans le courant d'une nuit peut servir à plusieurs déterminations semblables ; et choisissant ensuite ou d'autres étoiles ou d'autres momens, on pourra compléter toute la table. C'est probablement ainsi ou par quelque artifice semblable que Dominique Cassini calcula sa première table de réfraction.

Voici maintenant comment on pourra rectifier la hauteur du pôle. Supposons qu'on l'ait observée de 45°. au moyen de l'étoile polaire, où il y a une erreur d'une minute environ, ou une erreur quelconque; car on l'ignore encore. Soit une étoile passant à 5° du zénit du même lieu, elle sera conséquemment éloignée du pôle de 40°. On cherchera le moment auquel cette étoile passera précisément à 45° de hauteur; et si par l'observation l'on trouve 45°. 1′ 10″; ce sera une preuve qu'à 45°. de hauteur l'effet de la réfraction est de 1′ 10″. et conséquemment que la hauteur du pôle n'étoit pas 45° mais 49°. 58′ 50″, d'où l'on conclura la distance corrigée de l'étoile au pôle de 40°. 1′ 10″. Supposant donc maintenant cette hauteur du pôle et cette distance de l'étoile, et refaisant les mêmes calculs on aura encore une correction, qui donnera à quelques secondes près la hauteur véritable du pôle dégagée de la réfraction, ou le premier élément du calcul et de l'opération ci-dessus.

Lacaille voulant établir les élémens de la théorie du soleil avec plus d'exactitude que l'on n'avoit encore fait, ne pouvoit se dispenser d'y faire entrer la théorie de la réfraction. Il s'en est effectivement occupé, vers 1750, avec une sagacité et une assiduité auxquelles on ne peut rien ajouter, en multipliant les observations et les différentes méthodes, et en les vérifiant les unes par les autres. Ce travail lui apprit que la réfraction est fort variable dans les six premiers degrés de hauteur, en sorte qu'on ne peut guères compter sur l'exactitude des observations faites dans cette étendue du ciel. Il y fait au surplus la réfraction comme Cassini de 32′ 20″, mais à 45° il l'a fait un peu plus grande, savoir de 1′ 6″. Nous ne croyons pas devoir entrer ici dans de plus grands détails sur ce travail curieux de Lacaille, on peut consulter son livre intitulé : *Astronomiae fondamenta* &c., ainsi que les Mémoires de 1755.

Mais nous remarquerons que l'observation pure et simple est insuffisante pour déterminer la réfraction à de grandes hauteurs, car quand cette réfraction n'est plus que de quelques secondes, il y auroit sans doute de la témérité à entreprendre de la déterminer directement. C'est le cas de toutes les hauteurs qui excèdent 45 à 50°. Et à l'égard des hauteurs moindres, il seroit à-peu-près impraticable d'obtenir les réfractions pour chaque degré de hauteur. Les erreurs même des observations, en les supposant seulement de quelques secondes, y jetteroient trop d'irrégularité, on a donc recouru au second moyen que voici.

On s'est procuré par des observations réitérées et faites avec tout le soin possible les réfractions pour un certain nombre de degrés de hauteur, comme de 10, 15, 20, 25°, &c. Ensuite on a considéré qu'on pouvoit faire plusieurs hypothèses sur la densité des couches de l'atmosphère, et déterminer par les lois de la réfraction, celle qu'un rayon souffriroit dans ces hypothèses; ces calculs faits on les a comparés avec les observations, et lorsque ces résultats ont cadré avec elles on a jugé avec raison que les réfractions calculées pour les points intermédiaires et pour les hauteurs, excédant 45 ou 50°, étoient les véritables.

Cette considération a conduit à la résolution d'un problême curieux et qui a piqué la curiosité d'un grand nombre de géomètres du premier ordre, savoir, de déterminer la courbure d'un rayon de lumière qui traverse l'atmosphère et qui arrive à nous. Nous avons en effet déjà observé, et nul physicien ne l'ignore, que les couches de l'atmosphère à mesure qu'elles sont plus élevées diminuent de densité. Ainsi le rayon de lumière n'éprouve d'abord qu'une courbure insensible, mais à mesure qu'il s'approche de la terre sa courbure augmente; ensorte que dans son trajet il ressemble assez à un arc hyperbolique, pris à quelque distance du sommet, et de là prolongé à l'infini.

Taylor me paroît le premier qui se soit proposé et ait tenté de résoudre ce problême, du moins dans le cas des couches circulaires et concentriques à différentes distances. Ce n'est pas que la Hire n'eût entrepris de déterminer la nature de cette courbe à travers un milieu de densité variable; mais indépendamment de ce qu'il supposoit les couches de différentes densités, planes, sa solution est vicieuse.

Taylor dans son livre intitulé : *Methodus incrementorum directa et inversa*, se proposa le problême dont nous parlons et il parvint, par une analyse fort élégante, à une équation différentielle qui, construite au moins par les quadratures, donne tous les points de la courbe.

Bouguer ignoroit sans doute ce que Taylor avoit fait sur ce sujet, lorsque se proposant le même problême dans sa pièce : *sur la Meilleure manière d'observer la hauteur des astres en mer*, couronnée par l'Académie en 1729; il dit qu'il est, peut-être, le premier qui entreprend de donner une solution légitime du problême de *la solaire*; car tel est le nom qu'il donne à la courbe cherchée, attendu qu'elle est la trace d'un rayon du soleil dans l'atmosphère. Mais la méthode de Bouguer est la première qui ait été utile à l'astronomie. Pour analyser ce problême, il suppose pour plus de généralité que les dilatations des couches de l'atmosphère sont représentées par les ordonnées d'une courbe ayant son axe dans le vertical de l'observateur, et il prend pour principe, ce qui est adopté par les opticiens, que la différentielle du sinus de l'angle rompu est proportionelle à la différence de condensation dans deux couches consécutives, au moyen de quoi il fait voir que les perpendiculaires tirées du centre de l'atmosphère sur les tangentes de la *solaire*, sont proportionnelles aux ordonnées de la courbe des densités à même distance. Ainsi connoissant la première de ces courbes on connoîtra la dernière, et *vice versa*, d'où découle cette conséquence, qu'il fait remarquer, que si la dilatation croissoit comme la distance au centre, la *solaire* seroit une logarithmique et réciproquement.

Delà Bouguer passe à déterminer l'équation de la courbe, et il trouve une équation différentielle facilement constructible au moyen des quadratures, dès qu'on connoîtra la loi des dilatations de l'air en s'élevant dans l'atmosphère : il trouve aussi pour la quantité de la réfraction une autre expression différentielle qui donneroit également en termes connus cette quantité, si la loi ci-dessus étoit connue ; mais comme elle ne l'est pas, qu'on est même certain que la loi simple des dilatations ne sauroit donner la réfraction telle qu'elle est observée, il suppose que cette loi est exprimée par une puissance indéterminée *m* de la hauteur, il en tire une autre expression qui peut être intégrée par les arcs de cercle ; et dans laquelle *m* reste indéterminée.

Bouguer suppose donc qu'on connoisse la réfraction à deux hauteurs différentes, comme à l'horizon, où les astronomes la supposent de 33′, et à 26° où elle est, selon la Hire de 2′ 12″, ce qui lui sert à fixer les deux indéterminées de la série, et lui donne, pour tous les autres degrés, la réfaction qui leur convient. Il calcula en conséquence une nouvelle table qui lui parut avoir l'avantage de corriger les défauts de celle de Cassini, reconnus par son fils.

Le voyage que Bouguer fut chargé de faire, en 1735, au Pérou pour la mesure de la terre, fut pour lui l'occasion d'une multitude de recherches utiles et curieuses sur la réfraction. Ce fut là qu'il reconnut parfaitement et démontra plusieurs faits importans dans cette théorie ; par exemple, que la réfraction horizontale dans la zone torride est moindre que dans les zones tempérées ; qu'à mesure qu'on s'élève dans l'atmosphère elle diminue, contre ce que pensoient quelques astronomes parmi lesquels on comptoit même Roemer. Bouguer détermina à Quito, qui est élevé de quatorze cents toises au-dessus du niveau de la mer, la réfraction horizontale de 22′ 50″ ; sur le Pitchintcha à deux mille toises environ de hauteur, de 20′ 48″, et sur le Chimboraço à deux mille trois cents quatre-vingt-huit toises 19′, 45″ seulement. Il y remarqua qu'elle n'étoit jamais plus grande que peu avant le lever du soleil, temps auquel le thermomètre est le plus bas. Il y reconnut enfin, la nécessité de faire entrer le baromètre et le thermomètre dans l'observation pour corriger par leur moyen la réfraction plus ou moins grande selon le degré que montre l'un et l'autre. Il y observa aussi la manière dont décroît la densité de l'atmosphère dans les différentes hauteurs au-dessus de la terre. Ainsi Bouguer a eu la gloire d'être le premier qui ait travaillé utilement à la théorie des réfractions.

Depuis le temps de Bouguer beaucoup de géomètres du premier ordre se sont attachés à cultiver cette théorie physico-astronomique de la réfraction, savoir Euler, Lambert, Simpson, Bradley, Boscovich, Lagrange, Mayer, Kramp et Borda qui s'en est occupé beaucoup la dernière année de sa vie, mais dont les recherches sont manuscrites. Celles de Simpson sont dans son ouvrage intitulé : *Mathématical dissertations*, (Lond. 1743. *in*-4°.) et dans l'astronomie de la Lande. Simpson fut conduit à penser que l'atmosphère est composée de deux espèces de fluides, l'un pur et qui occupe les régions supérieures; l'autre mélangé et plus réfractif qui en occupe la partie inférieure. Ses raisonnemens sur la constitution de notre atmosphère reçoivent beaucoup de vraisemblance, des découvertes modernes sur la composition de notre air commun qu'on sait être forme d'une certaine quantité d'un air vital éminemment respirable, et de plusieurs autres fluides qui sont les émanations des corps qui couvrent la surface de la terre, lesquels sont sans cesse dans un état de composition et de décomposition.

Fondé sur cette théorie de la composition de notre air, et en supposant que la densité de la matière réfractive décroît uniformément en séloignant de la terre, Simpson établit une règle pour déterminer la réfraction, à différentes hauteurs, connoissant déjà par observation la réfraction horizontale, et Bradley en a tiré une règle fort simple dont de la Lande a donné la démonstration, savoir, *que les réfractions sont proportionnelles aux tangentes des distances au zénith diminuées de trois fois la réfraction elle-même.*

Il se présente ici une difficulté; comme la réfraction entre elle-même dans ce calcul, quoiqu'on ne la conoisse pas, comment l'y employer? Mais on connoît à-peu-près cette réfraction, par exemple, on sait qu'au quarante-cinquième degré elle est à-peu-près d'une minute, et l'épreuve fait voir que cela suffit pour la déterminer beaucoup plus exactement. 2°. Comme cette réfraction est un arc fort petit, eu égard à la distance du zénith, on peut, pour première approximation, faire simplement les réfractions proportionnelles aux tangentes des distances au zénith, ou cotangentes des hauteurs, en prenant pour la première de ces distances, celle de 88° 21′ qui est le quart de cercle diminué de trois réfractions horizontales; il en résultera une première réfraction approchée pour la hauteur donnée, et étant employée suivant la règle ci-dessus, elle donnera la vraie réfraction.

C'est sur ce principe que Bradley a construit une Table de réfractions pour les différentes hauteurs sur l'horizon. Cette table a été fort accueillie par les astronomes, et elle est employée généralement depuis qu'elle a été publiée dans la Connoissance des temps. On a cru qu'il falloit ôter 1′ de la réfraction à 45° et à 15° en ajouter 7 à 8, mais cela n'est pas encore constaté. Lambert, *dans les Mémoires de Berlin* pour l'année 1772, dit que les particules hétérogènes même aqueuses, mélangées avec l'air, n'influent en rien sur sa puissance réfractive; cela seroit vrai si, comme le pense Lambert, elles y étoient simplement interposées, mais l'on sait aujourd'hui que l'air et l'eau se dissolvent mutuellement, et qu'il se fait une vraie combinaison chymique entre ces deux substances. Or, il n'y a aucun doute que de l'eau par exemple, saturée d'un sel, ne soit plus refringente que l'eau pure; et il doit en être de même d'une air humide ou combiné avec de l'eau.

Une découverte qui mérite d'être citée ici à cause de son rapport avec les réfractions est celle que Jean-André de Luc a faite sur la constitution de notre atmosphère; ces observations lui ont fait découvrir une règle très-simple d'après laquelle on peut trouver les hauteurs des lieux par celles du baromètre, en y faisant entrer la variation de la chaleur de l'air indiquée par le thermomètre. Cette règle est que lorsque le thermomètre de 80° est à 16° $\frac{3}{4}$ au-dessus de zéro, la différence des logarithmes tabulaires, des hauteurs du baromètre, exprimées en lignes, donne exactement la différence des hauteurs des lieux où le baromètre a été observé, exprimée en toises, si l'on ne prend que cinq chiffres; mais si le thermomètre est plus ou moins haut que 16° $\frac{3}{4}$, cette différence de hauteur, doit être corrigée en y ajoutant ou en soustrayant autant de fois $\frac{1}{215}$ de cette différence, que le thermomètre marquoit de degrés au-dessus de 16° $\frac{3}{4}$ ou au-dessous. Cette règle a servi au citoyen de la Grange pour faire voir que la chaleur diminue à mesure qu'on s'élève dans l'atmosphère, sinon exactement, du moins à-peu-près, en proportion arithmétique; au moyen de quoi il parvient à une expression analytique de la réfraction. On pourroit avec cette expression calculer une table de réfraction qui auroit l'avantage d'être fondée sur des données plus exactes et sur une théorie moins hypothétique que les précédentes. Le citoyen de la Grange compare cette formule avec celles de Simpson et de Bradley, et il en tire la conséquence qu'elles ne peuvent ni l'une ni l'autre se concilier avec les expériences de M. de Luc.

Tobie Mayer a aussi donné dans ses Tables une formule pour la réfraction, dans laquelle entrent la hauteur du baromètre et celle du thermomètre, il n'en a pas donné l'analyse, mais M. de Luc a publié plusieurs lettres à ce sujet adressées au citoyen de la Lande, dans le *Journal des Savans de* 1792, pages 75, 138, 602; *dans le Journal de* 1792, pages 217, 448 et 615, *et dans le Journal de Physique avril et décembre* 1793. Cependant il paroît que la formule de Mayer étoit empyrique plutôt que théorique.

Bonne fit aussi des expériences pour déterminer l'influence de la chaleur sur la dilatation de l'air, elles sont dans l'astronomie du citoyen de la Lande. Mayer se contentoit pour le climat où il observoit de cette règle que la réfraction moyenne changeoit de $\frac{1}{22}$ pour 15 lignes de variation de hauteur du baromètre, et pour dix degrés de variation du thermomètre, en prenant pour réfraction moyenne celle qui a lieu lorsque le baromètre est à 28 pouces de Paris, et le thermomètre à zéro. Mais la Caille réduisit à $\frac{1}{27}$ la correction répondante à 10° du thermomètre, et il avoit construit pour cela une table de correction; mais il est plus exact d'employer le volume de l'air à différens degrés de chaleur, et c'est ce que l'on fait aujourd'hui.

En considérant les différentes tables de réfractions on ne peut se dissimuler qu'on y desireroit plus d'accord, sur-tout entre les dernières. Et comme leurs plus grandes différences sont dans les cinq ou sept premiers degrés d'élévation, cela confirme ce que pensoit la Caille des réfractions horizontales ou presque horizontales. Elles sont si variables pour le même lieu qu'il n'est pas étonnant qu'elles diffèrent autant, pour des lieux de températures et de hauteurs différentes dans l'atmosphère. Chaque observatoire devroit avoir sa table de réfraction particulière; peut-être aussi sans employer aucune hypothèse physique sur la loi des densités qui règne dans l'atmosphère, uniquement fondée sur l'observation, au moins pour les quarante-cinq premiers degrés d'élévation; on pourroit par exemple, observer la réfraction pour les zéro 5, 10, 15, 20 etc. jusqu'à 45°. et ensuite employant les interpolations, trouver la réfraction correspondante aux degrés moyens. Quant aux quarante-cinq derniers degrés, la réfraction y décroît d'une manière si approchante de la progression des cotangentes des hauteurs qu'on n'a pas besoin d'une autre règle. C'est ce qu'on fait M. Cagnoli a Véronne, M. Piazzi à Palerme, et ce que l'on fera probablement ailleurs. Mais les variations de l'atmosphère seront toujours un grand obstacle à la détermination exacte des réfractions, et de tous les élémens de l'astronomie qui en dépendent.

La réfraction des rayons de lumière dans l'atmosphère terrestre donne lieu à divers phénomènes singuliers. Il en est d'abord un qu'observa Bouguer du haut des cordillières, d'où plongeant sur la mer du Sud, il étoit en état de voir le soleil même au-dessous de l'horizon, où il y avoit une réfraction terrestre.

Quoique cet article n'ait eu pour principal objet que les réfractions astronomiques, les refractions terrestres y sont tellement liées que nous avons pensé ne devoir pas omettre les réfractions terrestres, qui ont lieu entre les objets plongés dans l'asthmosphère même, et doivent être très-variables. On comprend facilement que la lumière ne peut se porter d'un lieu à l'autre, en ligne droite. Les couches athmosphériques et concentriques étant de différentes densités, il n'est que la direction verticale dans laquelle un rayon de lumière puisse suivre une ligne droite. Le sommet d'une montagne est toujours vu plus élevé qu'il n'est réellement; un objet aperçu dans la ligne horisontale est toujours au dessous, et il est nécessaire d'y avoir égard dans beaucoup d'opérations, comme dans de grands coups de niveaux. C'est cette réfraction qui fait tantôt apercevoir, tantôt soustrait à notre vue, un objet très-voisin de l'horison; aussi des côtes de Gènes on aperçoit quelquefois le sommet des montagnes de la Corse, quelquefois on ne peut les voir; aussi les observations des astres fort voisins de l'horison sont suspects quant à la hauteur; car suivant la constitution de l'athmosphère, la refraction vers l'horison varie de plusieurs minutes.

Plusieurs astronomes et géomètres avoient déjà fait cette observation, mais c'est principalement Lambert qui a examiné et travaillé à soumettre au calcul ces réfractions terrestres, dans la troisième partie de son ouvrage intitulé *les Routes de la lumière dans l'athmosphère*, il y fait voir diverses propriétés de la courbure que prend un rayon de lumière, et en particulier, ce qui simplifie beaucoup la question qu'on peut regarder, cette courbure comme circulaire, attendu qu'étant toujours un arc de peu de minutes d'amplitude, elle se confond avec le cercle osculateur. Il examine d'après sa théorie les hauteurs des montagnes, mesurées par Cassini, dans les Pyrénées, d'après leurs angles d'élévation sur l'horison, et il fait voir ce dont elles doivent être raccourcies à cause des réfractions.

Mais c'est surtout dans le nivellemement qu'il est utile d'avoir égard à cette correction de la réfraction. Ceux qui ont traité du nivellement se sont bornés à calculer combien il faut ôter de la huteur d'un objet vu dans la ligne horisontale, pour avoir son vrai niveau; mais cette correction a besoin d'une nouvelle réduction,

duction, à raison de la réfraction. C'est ce qu'on a fait sur-tout dans le grand travail de la méridienne, exécuté de 1792 à 1798, par les cit. Méchain et Delambre, où l'on a profité de toutes les perfections que l'astronomie avait acquises dans le dix-huitième siècle.

La réfraction terrestre est en général $\frac{1}{12}$ de l'arc intercepté entre les deux stations, mais elle varie beaucoup.

M. Roy a trouvé depuis $\frac{1}{24}$ jusqu'à $\frac{1}{3}$. *Phil. transac.* 1790, page 246; 1795, page 583.

Le cit. Delambre, en 1796, a trouvé, en été, $\frac{1}{13\frac{1}{3}}$; en automne, $\frac{1}{11}$; en hiver, $\frac{1}{11\frac{1}{2}}$, milieu de 106 comp. $\frac{1}{11\frac{1}{2}}$, dont l'objet observé est élevé. Ce seroit le double, si l'on prenoit l'angle des deux tangentes aux deux extrémités de la courbe décrite par le rayon.

Le mirage est un phenomène singulier qui fait voir les objets doubles à l'horizon de la mer.

Dans les *Décades du Caire*, on trouve un mémoire du cit. Gaspar Monge, sur le mirage dans les déserts de l'Egypte, il l'attribue à la chaleur de la couche inférieure de l'air, et à la réflexion faite par la surface de la couche plus dense; la surface qui sépare les deux couches, fait comme un miroir qui envoie à l'œil placé dans la couche dense, l'image renversée des parties bassses du ciel, que l'on voit alors au dessous du véritable horizon.

Il y a encore d'autres singularités des réfractions horizontales, qu'on trouve dans l'astronomie du cit. de la Lande, article 2256.

On n'a pas employé jusqu'ici dans le calcul des réfractions l'hygromètre, quoique probablement l'humidité de lair y influe. On a employé le thermomètre, mais peut être serait-il plus exact d'employer le manomètre, instrument qui mesure la densité de l'air, comme l'observe le cit. Kramp. *Analyse des réfractions*, 1798. *in*-4°.

I I.

De la figure de la terre, telle que la donnent les mesures des astronomes, exécutées dans le cours du dix-huitième siècle.

La question de la figure de la terre peut être envisagée sous deux points de vue différens. Sous le premier, c'est un fait, un pur phénomène. La terre est-elle un globe parfait ou un sphéroïde? et de quelle espèce est ce sphéroïde; est-il alongé ou applati et de combien? voilà ce qu'il s'agit de déterminer. Sous le second point de vue, la question de la figure de la terre tient à la gravitation universelle. Il s'agit de déterminer par les loix de la mécanique, la figure que la terre a dû prendre, suivant telle ou telle hypothèse et de concilier la figure actuelle avec ces principes. Pour mettre plus de clarté dans cette intéressante matière, nous la diviserons en deux articles.

La figure de la terre s'écarte si peu de la figure d'une sphère parfaite, qu'il falloit des phénomènes particuliers et des considérations délicates pour décider cette question. Mais quand on eut observé que Jupiter étoit aplati, et qu'on eut réfléchi que sa rotation pouvoit en être la cause ; quand Richer eut observé à Cayenne la diminution de pesanteur, on eut des raisons suffisantes pour soupçonner l'aplatissement de la terre.

Richer observa que pour que le pendule qui battoit précisément les secondes à Paris, continuât de les battre à la latitude de Cayenne, qui est de 4° 50', il falloit le raccourcir de plus d'une ligne. Huygens en conclut aussitôt que ce phénomène venoit de la diminution de la pesanteur dans les lieux voisins de l'équateur, et il en donna en même-temps la cause, savoir : l'excès de la force centrifuge qu'éprouvent les corps placés près de l'équateur, sur celle qu'ils éprouvent dans des lieux plus éloignés et vers le pôle. Mais il ne se borna pas là ; il fit voir en même-temps que cette force centrifuge devoit nécessairement écarter le pendule de sa direction primitive, si ce n'est sous l'équateur et sous les pôles ; et que si la terre étoit sphérique, la direction du pendule ne seroit plus perpendiculaire à la surface des eaux ou à celle de la mer dans son repos, d'où il suivroit qu'un corps léger reposant sur la surface de l'eau, ne la presseroit pas perpendiculairement, mais obliquement, et conséquemment n'y seroit pas en repos. Huygens voyoit d'ailleurs par un calcul fort simple de la force centrifuge, que sous l'équateur cette force étoit la 289e partie de la pesanteur, il en résultoit que sous la latitude d'environ 45°, le fil du pendule auroit dû s'écarter de la perpendiculaire à la surface de la terre, ou des eaux de plus de cinq minutes, ce qui est contre l'expérience ; et de tout cela il concluoit enfin que pour concilier ces phénomènes il falloit que les méridiens de la terre eussent une forme renflée du côté de l'équateur, d'où il suivoit que la figure de la terre étoit un sphéroïde élevé à l'équateur et aplati par les pôles, telle à-peu-près que celle du sphéroïde produit par une ellipse tournant à l'entour de son petit axe, dont les extrémités seroient les pôles.

Huygens n'alla pas plus loin alors ; mais dans son traité *de vi gravitatis*, qui n'a vu le jour qu'après sa mort, il tenta de déterminer la forme de la courbe des méridiens terrestres. D'après ce qu'il avait démontré sur l'écartement du pendule par rapport à la ligne tirée au centre de la terre, il réduisoit la détermination de cette courbe à un problême du genre de ceux où étant donnée la propriété de la tangente ou de la normale ; il s'agit de déterminer la courbe, problème auquel ne s'élevait pas la géometrie de ce temps-là. Il se désiste donc ici de ce moyen et employe, à l'exemple de Newton qu'il cite, la considération de deux tuyaux remplis de liquide, l'un du centre au pôle, et l'autre dans le plan de l'équateur, ou dans une inclinaison quelconque. A l'aide de cette considération, il détermine 1°. que le rapport de l'axe de la terre au diamètre de son équateur est de 578 à 579. 2°. que la courbe des méridiens est une courbe telle que l'on voit dans la figure 3 composée de deux parties, IPH KQL ayant leur sommet aux pôles et se croisant dans l'équateur, de manière que la terre eût été le solide formé par la circonvolution de la partie QAPB autour de l'axe QP. Cette courbe est du 4e. degré, mais elle dégénéreroit, en un systême, de deux paraboles, c'est-à-dire chacune de ses partiesseroit une parabole, KQL, IPH ayant son sommet au pôle si la force centrifuge à l'équateur étoit égale à celle de la pesanteur ; ce qui arriveroit si la terre fesoit une révolution 17 fois aussi rapide qu'elle est actuellement ; et alors le rapport du demi-axe de la terre au rayon de son équateur, seroit de 1 à 2 ; que si la terre faisoit une révolution encore plus rapide, la force centrifuge augmentant, le solide se dissiperoit. Il est à remarquer que dans ce cas et même dans celui qui a lieu actuellement, les deux branches de la courbe forment un angle à l'équateur, ensorte que les deux hémisphéres se couperoient à l'équateur sous cet angle; ce qui étant contraire à l'observation, exclud cette forme du méridien. Nous verrons ailleurs d'où vient que Huygens différoit dans cette détermination du philosophe anglois ; mais tout le surplus de ses raisonnemens est exact

Newton a ici l'avantage d'avoir été conduit *à priori*, et d'après les principes de sa philosophie à annoncer que la terre étoit aplatie par les pôles, il trouva qu'en supposant la terre uniformement dense et primitivement fluide et ronde, elle avoit dû par sa rotation prendre la forme d'un sphéroïde elliptique aplati par les pôles; car si l'on conçoit, disoit-il (1), deux canaux l'un dans le plan de l'équateur et allant du centre à la surface, l'autre allant du centre au pôle, le fluide contenu dans le premier perdra par l'effet de la force centrifuge une partie de son poids réel, tandis que l'autre gardera le sien en entier ; il faudra conséquemment dans le premier une plus grande hauteur, pour compenser la différence du poids ; ainsi le rayon de l'équateur sera plus grand que le demi-axe. Quant à cette différence, il la déterminoit par un raisonnement dont nous donnerons ailleurs

(1) *Principes*, liv. III, prop. 19, 20, &c.

une idée, et la trouvoit d'un 230e. de manière que suivant lui le demi-axe de la terre est au rayon de son équateur, comme 229 à 230.

Cette supposition que la terre ait été primitivement fluide, ne doit pas donner de la défiance sur la conséquence de Newton, car qu'on suppose la terre formée d'un noyau sphérique solide et recouvert d'un fluide en tout ou en partie, la conséquence est la même. Le fluide qui couvriroit uniformement la surface dans le cas du repos, lorsqu'il surviendra un mouvement de révolution le jettera du côté de l'équateur, et inondera les parties les plus élevées. Or puisqu'il ne le fait point et que d'ailleurs on ne sauroit douter du mouvement de révolution de la terre, il est naturel d'en conclure que sous l'équateur le rivage même de l'océan est plus éloigné du centre que sous le pôle. Il est vrai que de ce noyau il résulte, suivant la densité qu'on lui attribuera, quelques différences dans la quantité de l'aplatissement; mais ce n'est pas ici le lieu d'en parler.

Après ces raisonnemens de Newton et Huygens, on regardoit comme démontré parmi les physiciens astronomes que la terre étoit un sphéroïde aplati par les pôles, lorsque quelques années après on vit s'élever une autre opinion. *Eisenschmidt*, savant alsacien, versé dans les mathématiques et connu par son ouvrage sur les mesures anciennes, prétendit prouver que la terre loin d'avoir une figure aplatie par les pôles, étoit au contraire un sphéroïde allongé. Il tiroit sa prétendue démonstration des mesures d'*Eratostènes*, *Riccioli*, *Picard*, *Snellius*, qui semblent en effet donner aux degrés du méridien une étendue moins grande à mesure qu'on s'approche davantage du pôle; car le degré de Snellius étoit beaucoup plus petit que celui de Picard, mesuré vers le cinquantième degré de latitude, celui-ci étoit moindre que celui de Riccioli mesuré vers le quarante-deuxième, et enfin celui-ci étoit encore moindre que celui d'Erastostènes mesuré en Egypte.

Mais cette preuve de l'allongement de la terre dans le sens de ses pôles n'étoit pas de nature à faire beaucoup d'impression. Comment Eisenschmidt n'avoit-il pas vû que les différences qu'il trouvoit entre les mesures données par Snellius, Picard et Riccioli étoient trop grandes et trop irrégulières pour pouvoir être attribuées au seul alongement de la terre. Car le degré de Snellius différoit de celui de Picard de plus de deux mille cinq cent toises, quoiqu'il n'y eut que trois ou quatre degrés de différence en latitude, et celui de Picard étoit moindre que celui de Riccioli de près de cinq mille toises. Il en résulteroit que la terre eût été un sphéroïde prodigieusement allongé, et dont les axes eussent été au moins dans le rapport de 2 à 1; ce que la forme de l'ombre de la terre dans les éclipses dément absolument. De si grandes difficultés démontroient seulement que Riccioli et Snellius s'étoient considérablement trompés; et que l'on ne pouvoit tirer aucune conséquence légitime de leurs mesures.

Mais cette opinion de l'alongement de la terre parut quelques années après recevoir un degré de certitude. On a vu dans l'Histoire de l'astronomie, pour le siècle précédent, que l'on avoit commencé en 1672 à mesurer géométriquement toute l'étendue de la méridienne de Paris, prolongée au travers de la France. Cette opération astronomique, suspendue en 1673, reprise en 1700 et 1701, fut enfin achevée en 1716. Or, il parut résulter de cette mesure, que le degré loin de croître de l'équateur au pôle, alloit au contraire en décroissant. Car on trouvoit que la grandeur moyenne que donnoient les six degrés $\frac{1}{3}$ mesurés au au midi de Paris étoit de cinquante sept mille quatre-vingt douze toises, tandis que celle des degrés mesurés au nord n'étoit que de cinquante-six mille neuf cent soixante. Cette différence donne un accroissement de degré en allant du pôle à l'équateur, qui est d'environ trente toises, d'où l'on devoit conclure que la terre avoit la forme d'un sphéroïde alongé, et que le rapport de son axe au diamètre de son équateur, étoit de quatre-vingt seize à quatre-vingt-quinze.

Une chose assez singulière à remarquer ici, c'est que quoique ces premières mesures de la méridienne en France donnassent ou parussent donner un degré continuellement croissant du midi, on croyoit en tirer légitimement la conséquence que la terre étoit applatie par les pôles. Mais nous devons remarquer aussi que Cassini, Fontenelle se redressèrent eux-mêmes à cet égard et sans attendre, comme on l'a dit, qu'un nommé Roubaix de Turcoin, eût fait voir dans une dissertation particulière (1) que cet alongement des degrés du meridien en allant vers le midi indiquoit au contraire l'alongement de la figure de la terre vers les pôles, et non son applatissement; car l'ouvrage de Roubaix, ne parut qu'en 1719, et l'on avoit reconnu dans les *Mémoires de l'Académie* la vraie conséquence de l'allongement des degrés en allant vers l'équateur. Ceci nous engage à faire voir ici comment de l'accroissement ou de la diminution des degrés de latitude vers le nord, on doit conclure l'applatissement ou l'alongement de la figure de la terre dans le sens de son axe.

Pour juger de la figure de la terre par l'accroissement ou la diminution des degrés de latitude, on faisoit un raisonnement

(1) *Dissertation physique concernant la forme du globe de la terre, la diminution des graves et le flux et le reflux de la mer.* Leyde, 1719, *in*-8°.

dont nous allons montrer le vice, parce que c'est celui qui se présente d'abord aux personnes peu versées dans ces matières et qu'il a même induit en erreur quelques personnes plus instruites. On décrit sur le même axe que celui de l'ellipse génératrice de la terre un demi cercle qu'on divise en degrés, après quoi l'on tire les rayons aux points de divisions; et comme ils interceptent de plus grandes portions vers l'équateur que vers le pôle dans l'ellipse alongée du côté de l'équateur; ces personnes en tirent la conséquence que la diminution des degrés en allant vers le pôle doit donner la terre alongée de ce côté. Mais cette manière de déterminer sur le sphéroïde l'étendue des degrés de latitude est tout-à-fait vicieuse.

Ce qui doit mesurer la différence de latitude des extrémités d'un arc quelconque du méridien c'est l'angle que comprennent les deux perpendiculaires sur la courbe à ses extrémités; car c'est dans la perpendiculaire à la surface de la terre dans chaque lieu, que se trouve le zénith de ce lieu, et c'est la distance de ce zénith à celui d'un autre lieu qui forme la différence de leur latitude. Ainsi, dans un méridien elliptique afin que le petit arc A *a fig.* 4. réponde à un degré, il faut qu'il soit tel que les perpendiculaires à l'ellipse comme B A, *b a* prolongées se rencontrent en C sous un angle d'un degré. Mais il est facile de démontrer que vers le petit axe de l'ellipse cet arc A *a* sera plus grand; car l'ellipse y étant moins courbée, les perpendiculaires à distances égales vont se rencontrer plus loin et font des angles plus aigus. Ainsi il faut qu'elles soient plus éloignées pour faire des angles égaux.

Veut-on un raisonnement plus géométrique; le voici. Suivant la nature de l'ellipse les perpendiculaires A C *a* C, qui, à cause de leurs proximité peuvent être appelés les rayons de la développée, et qui partent de points voisins du grand axe, sont plus courbes que les perpendiculaires ou rayons de la développée E *D*, *e D* qui partent de près le petit axe. Ainsi lorsque les angles en C et *D* sont égaux et mesurent par exemple un degré, les étendues A a et E *e* sont comme les rayons A C et E D, et par conséquent si la terre est un sphéroïde applati le degré voisin de l'équateur sera moindre que celui du pôle.

Essayons de rendre encore ceci bien sensible par un autre raisonnement. Chaque petite portion de courbe peut être considérée comme appartenante à un cercle d'autant plus grand que la courbe est plus aplattie ou moins convexe. Mais il faut faire sur un grand cercle d'autant plus de chemin pour changer en latitude d'un degré que ce cercle est plus grand; ainsi dans les endroits où le méridien sera moins courbe il faudra faire plus de chemin du midi au nord pour éprouver le même changement de latitude que dans ceux où le méridien sera plus courbe. Si donc la terre est allongée vers les pôles et par conséquent aplatie vers l'équateur, les degrés de latitude diminueront de l'équateur au pôle ; et ce sera le contraire si la terre est aplatie vers les pôles et renflée vers l'équateur, les degrés iront en croissant à mesure qu'on avancera dans la même direction. Car dans un ellipse la courbure va en diminuant du sommet du grand axe, où elle est la plus forte, en allant vers le petit axe où elle est la moindre.

Lorsqu'on se fut redressé en France sur la conclusion à tirer des mesures de Cassini, on fut fort étonné d'en voir résulter une figure toute contraire à celle que Newton et Huygens avoient donnée à la terre. Leurs raisonnemens avoient paru concluans ; mais d'un autre côté les opérations faites par les Cassini, Maraldi, la Hire, etc. gens d'un grand nom devoient avoient avoir beaucoup de poids. On se partagea donc. Plusieurs philosophes du continent, en général plus attachés à la doctrine de Descartes qu'à celle de Newton, regardèrent la terre comme allongée vers les pôles. Jean Bernoulli, que des raisons particulières aliénoient de Newton et de ses opinions physiques, fit fort valoir cet alongement pour rétablir les tourbillons dans le crédit qu'ils avoient eu autrefois, et il s'en servit d'une manière ingénieuse pour déduire de cette hypothèse des tourbillons combinée avec l'alongement de la terre, l'inclinaison de l'orbite de cette planète à l'équateur solaire, la précession des équinoxes, &c. (1). Mais tout cet édifice est entièrement écroulé, l'aplatissement de la terre ayant été depuis démontré; et rien ne prouve mieux que cet ouvrage, combien on peut faire de raisonnemens illusoires semblables à ceux de Bernoulli, quelques conformes qu'ils paroissent à la mécanique.

D'Anville, célèbre géographe fut aussi un de ceux qui appuyèrent le plus le sentiment de la terre allongée par les pôles. Ses prétendues preuves se trouvent dans deux petits ouvrages qu'il fit imprimer; mais quand on les a parcourus, on est vraiment étonné de voir un homme qui s'est fait un si grande réputation dans la géographie s'étayer de preuves aussi frivoles que celles qu'il allègue contre l'aplatissement de la terre. Quelle confiance en effet peut-on avoir dans des opérations d'ingénieurs de grands chemins, qui, avec des graphomètres d'un demi-pied de rayon ont mesuré la distance d'Orléans à Blois ; comment peut-on opposer de pareilles opérations à celles des académiciens envoyés au Pérou et au Cercle Polaire. Que peut-on encore inférer des estimes de la traversée de la mer du Sud par des pilotes es-

(1) *Discours sur la physique céleste.*

pagnols du seizième siècle. Qui ignore aujourd'hui qu'aux erreurs de pareilles estimes en longitude, se joignoit celle qui résulte de l'ignorance où l'on étoit que cette mer à un courant qui la porte sans cesse de l'est à l'ouest; on ignoroit même alors la manière approchée de mesurer le sillage d'un vaisseau par le loc. Tous les raisonnemens de d'Anville sur ce sujet sont marqués à ce coin.

Mais l'Angleterre toujours fidèle à la théorie de Newton, et un petit nombre de philosophes du continent continuèrent de tenir pour la figure aplatie de la terre. Ils prétendirent avec fondement que la figure allongée de la terre ne pouvoit se concilier avec les lois de la mécanique; ils alléguèrent contre les opérations de Cassini que la différence des degrés mesurés en France étoit trop peu considérable pour pouvoir être déterminée assez exactement par des mesures telles qu'on les avoit, et ils soupçonnèrent dans ces opérations de petites erreurs qui non-seulement anéantissoient ces différences, mais en faisoient naître d'autres en sens contraire. Ils en appelèrent enfin à des opérations faites dans des circonstances plus favorables.

Les partisans de Cassini répliquaient de leur côté qu'il n'y avait pas d'apparence que cet astronome et ses coopérateurs eussent commis une erreur aussi considérable qu'il le fallait supposer, pour changer la figure de la terre en sphéroïde allongé, c'est cependant ce qui est arrivé. Ils tentoient aussi de montrer que quoique l'allongement de la terre semblât contraire aux lois de la mécanique, il n'était pas impossible de les concilier ensemble: ils faisaient enfin sur le raisonnement de Newton et Huygens diverses observations tendantes à en éluder la force. En effet, ces deux mathématiciens supposent que la terre ait été primitivement fluide, ou du moins qu'elle soit formée d'un noyau sphérique et solide, d'une densité au moins égale à celle de l'eau qui la recouvre. Dans ce cas, il est certain que la terre ne peut être qu'un sphéroide relevé sur l'équateur; mais si la terre était formée d'un noyau elliptique allongé dans le sens de son axe, il n'en serait plus de même. On fait voir, et les neutoniens même en conviennent, que dans ce cas, la terre recouverte d'un fluide pourrait conserver une figure allongée, pourvu que la force centrifuge ou la rotation qui la produit n'excédât pas certaines limites. Il est même encore possible, dans cette hypothèse, que la gravité aille en diminuant du pôle à l'équateur; car à la vérité, dans un sphéroide allongé et en repos, la pesanteur est plus grande à l'équateur qu'au pôle; mais si la pesanteur à l'équateur surpasse celle qui a lieu au pole de moins que n'est la force centrifuge à l'équateur, alors ôtant de la première cette force centrifuge, elle pourra rester moindre

moindre que celle du pôle. Il est vrai que cette hypothèse, que la terre ait été primitivement formée en sphéroïde allongé, est un peu difficile à admettre, ainsi que les autres dispositions ci-dessus. Néanmoins, si les mesures réitérées eussent continué à donner la terre allongée, il eût bien fallu le faire; tout ce qui n'implique pas contradiction est possible. Toutes ces raisons furent principalement mises en œuvre par Mairan, dans les *Mémoires de l'Académie, pour* 1720.

On resta ainsi pendant plusieurs années partagé sur la figure de la terre. En 1733, la question fut remise sur le tapis, et l'on commença sérieusement à songer aux moyens de lever cette incertitude. On eût bien voulu, comme Roubaix, cité plus haut, le proposait, mesurer deux degrés de latitude à de grandes distances, pour les comparer ensemble; mais cela ne pouvant se faire sans de grandes difficultés, on proposa un autre parti, ce fut de mesurer un ou plusieurs degrés du parallèle de Paris, et d'en comparer la grandeur avec celle du degré du parallèle à même latitude sur une sphère. En effet, en supposant la terre aplatie, on trouve qu'à même latitude le parallèle du sphéroide aplati est plus grand que celui de la sphère, c'est le contraire sur un sphéroïde allongé. En supposant donc la mesure exacte de quelques degrés du parallèle de Paris, on comptait avoir un moyen sûr de reconnaître lequel des deux sphéroïdes était celui de la terre; cela donna lieu dans l'académie à divers mémoires géométriques, sur les moyens de tracer sur la terre et de mesurer ce parallèle; car ce n'est point une droite apparente et perpendiculaire à la méridienne. Cette droite prolongée donne un arc de grand cercle qui s'écarte de plus en plus de l'arc du parallèle; et celui ci étant fort difficile à déterminer, on se décida sur la proposition de Cassini, à tracer une perpendiculaire à la méridienne de Paris, et à s'en servir pour en déduire l'arc du parallèle.

La description et la mesure de la perpendiculaire à la méridienne dans l'étendue de la France fut donc résolue, et le Roi donna des ordres pour y travailler. Cassini, accompagné de quelques autres astronomes de l'académie, mesura d'abord, en 1733 et 1734, la partie de cette ligne entre la méridienne de Paris et la partie la plus occidentale de la Bretagne; il en fit de même de la partie orientale de cette ligne, interceptée entre l'observatoire et le méridien de Strasbourg. Par un accord qui devait sembler fatal au sentiment de la terre aplatie, ces différentes mesures conspiraient à donner le parallèle moindre que dans l'hypothèse de la terre sphérique, et par conséquent à la faire encore allongée; mais ces sortes d'opérations étoient encore moins concluantes et moins susceptibles d'exactitude que celles du degré du méridien.

Malgré ces indices d'un sphéroïde allongé, les neutoniens ne se rendaient point, et ils avaient plusieurs raisons très-légitimes. D'abord, sans élever aucun soupçon contre la mesure géodésique, on peut dire que la manière de déterminer l'amplitude de l'arc était bien peu propre à un objet aussi délicat. En Bretagne, on se servit d'anciennes observations des satellites de Jupiter, faites par Picard et Lahire. Ces astronomes étaient sans doute d'habiles gens, et l'on ne peut douter que leurs observations n'eussent à-peu-près le degré d'exactitude dont elles étaient susceptibles de leur temps; mais l'horloge à pendule de Huygens était à peine connue, et sans doute ces astronomes se seraient alors trouvés contens de ne pas se tromper de dix secondes sur le temps. Or, une pareille erreur en donne une de 2′ ½ en longitude, ce qui, sur le parallèle du quarante-cinquième degré, fait une erreur de mille six cents toises sur la distance totale, ce qui est plus que la différence qu'on devait trouver entre le degré du parallèle, dans l'hypothèse de la terre allongée, et le même degré dans celle de la terre sphérique et même aplatie. Les observations employées à déterminer la différence de longitude dans la partie orientale du parallèle, avaient un semblable défaut et même plus grand. Comme Jupiter approchait de sa conjonction, lorsqu'on arriva à Strasbourg, on se borna à faire usage, pour en déterminer la longitude, de quelques anciennes observations des satellites faites par Eisenschmidt, et correspondantes à d'autres faites à l'observatoire de Paris. Cela n'était assurément pas d'une exactitude propre à l'importance de la question, Eisenschmidt était un habile géographe; mais sans doute on pouvait former contre ses observations des doutes encore plus fondés que contre celles de Picard et de Lahire.

D'ailleurs, des observations d'immersions et d'émersions des satellites, étaient peu propres à décider un point aussi délicat; car on ne pouvait dès-lors ignorer que le moment auquel on aperçoit l'immersion ou l'émersion d'un satellite, est sujet à de grandes variations, suivant la bonté de la vue des observateurs et la force de leurs lunettes; et depuis on a observé que la hauteur de la planète sur l'horison, la proximité du satellite à Jupiter, le clair de lune, le plus ou moins de pureté dans l'atmosphère contribuaient aussi à faire appercevoir le phénomène plus ou moins tôt. Ce n'est pas trop d'évaluer cette erreur possible à une demi-minute de temps. Encore ne parlé je que du premier satellite; car à l'égard des autres dont l'entrée dans l'ombre ou la sortie est plus lente, la différence peut être plus considérable encore : or, une demi-minute sur le temps dans une observation pareille, en entraîne une de 7′ ½ de longitude, ce qui ferait sur l'arc du parallèle entre le méridien de Paris et la côte de Bretagne, plus de cinq mille toises; et comme il y en avait environ six degrés et demi, cela fait pour chaque degré une erreur fort possible, de plus de sept cent cinquante toises, ce qui excède la différence possible d'un degré d'un parallèle quelconque, de même latitude, sur la sphère et sur le sphéroïde allongé ou applati.

Si donc l'on voulait porter la mesure d'un degré de parallèle à toute l'exactitude possible, ce ne serait pas par des observations de cette nature qu'il faudrait l'entreprendre. La Condamine, qui desirait fort mesurer un degré de l'équateur même, proposait pour cela, dans les *Mémoires de l'Académie de* 1735, un moyen plus exact, et qui eût été vraisemblablement employé dans la mesure de ce degré, si les ordres de la cour n'eussent pas borné l'objet du voyage à la mesure du degré du méridien. Il consiste à placer entre deux observateurs les plus éloignés qu'il est possible, un feu capable d'être aperçu de l'un et de l'autre, et susceptible d'être caché et mis à découvert dans un instant. Ces deux observateurs ayant réglé leurs pendules avec tous les soins imaginables, par les hauteurs correspondantes du soleil, ce qui peut se faire à une demi seconde près; ils auraient observé l'instant auquel le signal du feu aurait été fait dans le lieu intermédiaire, et par là ils auraient eu avec bien plus de précision, la différence de longitude entre les lieux des observations. On eût pu, je crois, sans témérité, espérer de ce moyen ou de quelqu'autre semblable, que l'erreur inévitable dans tout genre d'observations n'aurait guères excédé une ou deux secondes de temps: mais dans une opération si délicate, cette erreur eût-elle été considérable; car une à deux secondes de temps dans des observations de longitudes, répondent 15 à 30″ sur l'arc mesuré, et ces 15 à 30″ font 240 à 480 toises; de sorte que si l'on se bornait à un seul degré, l'incertitude excéderait presque la différence qui peut se trouver entre la grandeur du degré de l'équateur, dans le cas du sphéroïde, et celle du même degré dans le cas de la sphère, ou entre la grandeur du degré de l'équateur et celle du degré du méridien aux environs de ce cercle. On ne pouvait même guères aspirer à un plus grand degré de précision, en mesurant plusieurs degrés, comme l'on projetait de le faire au Pérou; car, à moins d'un bonheur particulier, il serait difficile de trouver un poste qu'on pût apercevoir de part et d'autre de plus d'une quinzaine de lieues; de sorte que deux degrés ou trois exigeaient au moins deux opérations, dans chacune desquelles l'erreur pouvant être dans le même sens, pourrait monter à la quantité qu'on a dit plus haut, et se multiplier à raison de l'étendue de l'arc mesuré. On voit par-là combien la détermination de la figure de la terre par la mesure d'un degré de parallèle, ou même de l'équateur, était délicate, et d'après cela on ne sera plus étonné que les partisans de la terre aplatie ne se rendissent pas aux opérations de Cassini. Il ne restait de moyen assuré pour décider la question, que d'avoir un degré mesuré à une distance considérable de celui de France, afin que leur différence ne pût être absorbée par les erreurs inévitables des observations. Ce fût ce qui inspira à la Condamine et à Godin, le projet de voyager vers l'équateur; il s'agissait d'abord de Cayenne; mais la double chaîne de montagnes qui forme la fameuse cordéllière du Pérou, et qui est assez bien alignée dans la méridienne, offrait de loin des points commodes pour la formation des triangles nécessaires à la mesure géodésique, et le pays était soumis à un souverain allié par le sang et par les intérêts avec la France : ainsi, il était aisé d'obtenir les facilités convenables pour cette grande expédition. Elle fut donc résolue, et le comte de Maurepas ayant demandé l'agrément du Roi d'Espagne, il fut accordé. Godin, Bouguer et la Condamine furent destinés pour cette expédition. Le désagrément de quitter peut-être pour bien des années une patrie chérie, et les dangers inséparables d'un pareil voyage ne les ébranlèrent pas; on leur adjoignit Joseph de Jussieu, frère des deux célèbres académiciens de ce nom, pour faire des observations sur l'histoire naturelle; Verguin, ingénieur, pour les plans et cartes; Morainville, dessinateur pour l'histoire naturelle; Couplet, neveu du trésorier de l'académie, et Godin des Odonnais, pour aider les académiciens dans leurs opérations; enfin, Seniergue et Hugo, le premier, chirurgien, et le second, horloger et ingénieur pour les instrumens de mathématiques. On voit, par-là, qu'on avait tout prévu, et jamais expédition savante ne fut faite avec tant de magnificence et de mesures pour la faire réussir. Elle fait le plus grand honneur au souverain sous les auspices duquel elle fut entreprise, ainsi qu'au comte de Maurepas qui la dirigea, et la fit agréer à Louis XV, et au cardinal de Fleury, premier ministre.

Ces académiciens et leur suite partirent de la Rochelle le 16 mai 1735, sur un vaisseau du Roi, et abordèrent à Saint-Domingue vers le milieu de juillet. Ils passèrent de-là à Carthagène, où ils arrivèrent en novembre, et où ils trouvèrent dom George Juan, commandeur de l'ordre d'Aliaga, et dom Antonio de Ulloa, alors lieutenant de vaisseau, que S. M. Catholique avait jugé à propos de nommer, pour prendre part aux opérations des académiciens français; l'un et l'autre, dignes de ce choix par leur zèle et par les talens dont ils firent preuve pendant le cours de ces opérations. Cette compagnie savante partit de-là pour Porto-Belo, d'où elle traversa l'isthme de Panama; elle s'y embarqua de nouveau pour la côte du Pérou, où elle arriva le 9 mars 1736. De-là, on se rendit séparément à Quito, lieu désigné pour le commencement des opérations. Mais nous laisserons ici nos académiciens préparer et ébaucher leurs opérations, et nous repasserons en Europe, où nous appèlent des travaux semblables, entrepris postérieurement, et qui, suivis plutôt, commencèrent à lever tous les doutes sur la question de la figure de la terre.

Pendant que Godin, Bouguer et la Condamine s'acheminaient vers le Pérou, on continuait de discuter à l'académie les moyens les plus assurés pour lever toute incertitude sur la figure de la terre. On voit sur ce sujet, dans les *Mémoires de l'académie des sciences*, divers mémoires de Maupertuis, Clairaut, Bouguer même, qui tout absent qu'il était, ne laissa pas de prendre part à ces discussions savantes, par divers mémoires envoyés d'Amérique. Ces mémoires décidèrent entiérement sur la nature des opérations à faire pour l'objet qu'on se proposait. Les académiciens envoyés au Pérou avaient eu ordre de mesurer un degré de l'équateur et un du méridien. Les ordres furent donnés pour se borner à la mesure de ce dernier; et si la partie la plus aisée des opérations projetées; savoir, la mesure du degré du méridien a éprouvé elle-même tant de difficultés, et a exigé un travail de tant d'années, qu'eût-ce été des deux ensemble. Il est sage quelquefois de ne pas tout entreprendre.

Ce fut sur ces entrefaites que Maupertuis, qui allait chez le comte de Maurepas, dans une convalescence de ce ministre (1), lui proposa un autre voyage moins long; savoir, celui du cercle polaire, pour mesurer dans le voisinage de ce cercle un degré de latitude. L'impatience légitime qu'on avait de décider la question de la figure de la terre, fit agréer ce projet. Maupertuis, accompagné de Clairaut, Camus, Lemonnier, académiciens, et de l'abbé Outhier, qui était élève à l'observatoire, partirent, munis des recommandations du ministère français pour le Roi de Suède. Ce Prince, non content de donner les ordres convenables pour l'exécution de ce dessein, combla de bontés les académiciens français, qui arrivèrent enfin en juillet 1736, au fond du golfe de Bothnie, lieu désigné pour leurs opérations.

On comptait effectivement, en partant de la France, trouver dans les îles de ce golfe un nombre suffisant de points fixes

(1) Maupertuis étoit agréable, il faisoit des chansons, il jouoit de la guitare, et cela lui aida à obtenir la commission qu'il demandoit.

pour servir aux mesures trigonométriques ; mais on s'était trompé : il fallut chercher ces points fixes dans le continent et au-delà de Tornéa, petite ville située au fond du golfe ; il fallut, en un mot, s'enfoncer dans la Laponie, en remontant vers le nord. Heureusement il se trouva à droite et à gauche du méridien des montagnes assez bien situées pour y établir les signaux nécessaires. On ne saurait trop admirer le zèle et l'espèce de dévouement avec lesquels ces mathématiciens surmontèrent tous les obstacles qui s'opposaient à leur dessein. On les vit traverser à pied des forêts épaisses, où les hommes n'avaient peut-être jamais pénétré ; escalader les montagnes les plus escarpées, et y séjourner des semaines entières, malgré les plus grandes incommodités ; mais que ne peut l'amour de la gloire et des sciences. Soixante-trois jours de pareilles fatigues les mirent en possession d'une suite de triangles les mieux conditionnés qu'ils pussent desirer, et qui s'étendaient d'environ un degré, depuis Tornéa, sous le soixante-cinquième degré cinquante-une minutes de latitude, jusqu'à la montagne de Kittis, au-delà du cercle polaire, où était le dernier signal. On fit ensuite à Kittis les observations nécessaires pour déterminer l'amplitude de l'arc, compris entre les parallèles extrêmes de cette suite de triangles. On se servit, pour cet effet, d'un excellent secteur de neuf pieds de rayon, ouvrage du célèbre Graham, rectifié par cet habile artiste, et que pour prévenir les dérangemens, on fit toujours porter dans sa boëte ou en bateau ou sur des brancards. A l'aide de ce secteur, on observa la distance du zénith de Kittis à l'étoile δ du dragon, et aussitôt qu'on eut un assez grand nombre d'observations réitérées, dont les plus éloignées ne diffèrent pas de trois secondes, on retourna à Tornéa pour y faire de pareilles observations. On les obtint pendant le mois de novembre, et le milieu entre toutes ces observations, dans la comparaison desquelles on eut égard à tous les petits changemens réels ou apparens, comme le mouvement propre, la nutation et l'aberration donna pour l'amplitude de l'arc céleste compris entre les deux observatoires, la quantité de cinquante sept minutes vingt-sept secondes On ne se borna pas là. On observa aussi à Tornéa l'étoile α du dragon, et les premières rigueurs de l'hiver étant passées, on retourna à Kittis pour y observer la même étoile. En prenant un milieu entre toutes les observations, on détermina l'amplitude de l'arc dont il s'agit, de $57' \, 30'' \frac{1}{2}$; de sorte que si l'on prend un milieu entre les résultats de ces deux déterminations, on aura pour cette amplitude $57' \, 28'' \frac{3}{4}$.

Tout l'ouvrage était ainsi arrêté vers la fin de novembre, sans qu'on sût encore quelle figure il donnerait à la terre. Il restait pour cela à connaître en toises la distance entre les parallèles de Kittis et de Tornéa, déja mesurée astronomiquement. Cette autre connaissance dépendait de la mesure actuelle d'une base pour en conclure la longueur de tous les côtés des triangles : on mesura cette base vers la fin de décembre. Elle fut prise sur la glace même du fleuve qui passe à Tornéa, et elle fut trouvée par les deux troupes différentes qui la mesurèrent séparément, de sept mille quatre cent six toises cinq pieds, sans qu'il y eût entre elle une différence de plus de quatre pouces; le reste est l'ouvrage du calcul trigonométrique. Il démontra que l'arc du méridien entre les deux signaux extrêmes de Kittis et Tornéa, était de 55 023 toises $\frac{1}{2}$; mais ce même arc était de 57′ 28″. Ainsi, dans cette latitude, un degré du méridien répondait à 57 437 toises; cette grandeur surpasse de 377 toises celle du degré entre Paris et Amiens, mesuré par Picard : ainsi, lorsqu'on considérait l'exactitude scrupuleuse avec laquelle ces académiciens avaient procédé dans cette mesure, on ne pouvait douter que le degré du méridien sous le cercle polaire ne fût beaucoup plus grand que celui de notre climat, ce qui est une des conséquences de l'applatissement de la terre. On dut donc déja conclure, de cette observation, que la figure de la terre était un sphéroïde applati. Quant à la quantité de cet applatissement, ou l'excès du rayon de l'équateur sur le demi axe, Maupertuis donna une règle pour la déterminer, en comparant deux degrés mesurés à différentes latitudes. En supposant cet applatissement peu considérable, comme nous en sommes assurés, et que le méridien est une ellipse, il trouva une formule très commode, pour en conclure l'applatissement total de la terre, Maupertuis appliquant cette formule à la question, et supposant le degré entre Paris et Amiens, de 57 060 toises, trouve pour le rapport des axes de l'ellipse génératrice du sphéroïde terrestre, celui de 128 à 129; mais on a reconnu que c'était beaucoup trop.

Une autre observation importante, qui entrait dans le plan du voyage projeté au cercle polaire, était celle de la longueur du pendule à secondes. On la trouva à Pello, dont la latitude est de 66° 3′, de $\frac{6}{10}$ de ligne plus long qu'à Paris. Mais pour prendre une connaissance plus approfondie de toutes ces choses, il faut lire l'ouvrage que Maupertuis publia en 1738, sous le titre *De la figure de la terre, déterminée par les observations faites au cercle polaire*, ouvrage où l'on voit éclater cette élégance et cette netteté qui caractérisent toutes ses productions. On peut aussi consulter les *Mémoires de l'Académie des Sciences, de 1737*. C'est dans ces ouvrages qu'on prendra l'idée convenable des difficultés qu'il a fallu surmonter, pour venir à bout de cette entreprise, des soins avec lesquels on fit les observations, des vérifications auxquelles on soumit toutes les opérations. Ceux qui desireroient encore plus de détails sur cet ouvrage, considéré du côté physique et politique, le trouveront dans l'ouvrage de l'abbé Outhier, chanoine de Lisieux, que Cassini avoit donné à nos académiciens, et qui leur fut un coopérateur utile. Celsius, habile astronome suédois, qui les avoit aussi accompagnés par ordre du Roi de Suède, a donné également une relation exacte de ce voyage.

Nous avons vu que les académiciens français envoyés vers l'équateur, s'étoient rassemblés à Quito; ils songèrent d'abord à la mesure d'une base. Ce ne fut pas sans peine que dans ce pays, hérissé de montagnes, ils trouvèrent un lieu commode pour cet objet. Ils y réussirent cependant assez heureusement, dans une plaine appelée Yarouqui, peu éloignée de Quito, et s'étant divisés en deux bandes, l'une formée de Godin et de dom George Juan, l'autre de Bouguer, la Condamine et Verguin; ils mesurèrent une ligne droite, un peu inclinée, et qui, réduite au plan de l'horison, fut trouvée de 6 272 toises 4 pieds 7 pouces $\frac{1}{2}$. La différence entre les deux mesures étoit à peine de 2 pouces $\frac{1}{2}$; les deux extrémités de cette base ont depuis été marquées par deux pyramides, avec des inscriptions, qui furent le sujet d'un singulier procès, dont on peut voir la relation dans l'ouvrage de la Condamine.

Mais les difficultés qu'on essuya dans la mesure de cette base, n'étoient que le léger prélude de celles qu'on rencontra, à former les triangles nécessaires pour la mesure de l'arc du méridien. On ne peut lire sans étonnement, le détail des incommodités qu'il fallut essuyer pour y parvenir. Qu'on se représente une chaîne de montagnes, dont les sommets, quoique sous la zône torride, sont couverts d'une glace perpétuelle, dont les parties un peu moins élevées, sont presque continuellement couvertes d'une neige aussi froide que la glace, ou de pluies pénétrantes; c'est là qu'il fallut établir ses stations, quelquefois y séjourner des mois entiers, pour attendre un moment de beau temps, afin d'appercevoir les signaux placés sur d'autres montagnes éloignées. Tant d'incommodités locales, jointes à celles que causa plus d'une fois la mauvaise volonté ou l'indolence des gens du pays, gens dont on pouvoit à peine tirer quelque service, malgré toute la dépense, prolongèrent cette opération pendant près de deux ans : elle fut enfin achevée en 1739. Godin et dom George Juan terminèrent la leur à Cuenca, pris d'abord pour le terme le plus austral de l'arc à mesurer; mais ils le prolongèrent ensuite de près d'un demi degré au-delà du côté du sud, jusqu'à un lieu nommé *Pueblo viejo de mira*, de de sorte qu'il comprenoit une étendue de près de trois degrés et demi.

L'arc, dont la mesure étoit entreprise par Bouguer et la Condamine, étoit un peu moins long, et s'étendoit par le moyen de trente-deux triangles, de la ligne équinoxiale jusqu'au-delà du troisiéme degré de latitude australe, les deux points de Cotchesqui, au nord, et de Tarqui, au sud, lui servoient de termes. Du reste, les mêmes précautions furent prises par les uns et les autres pour la vérification de leur mesure; tous les angles trop aigus furent évités, et ils furent mesurés à plusieurs reprises. Une base de 5 259 toises fut mesurée la toise à la main, et avec toutes les attentions les plus scrupuleuses, par Bouguer, la Condamine et Ulloa, à l'extrémité la plus australe de leur arc, et cette mesure s'accorda ensuite à une toise près, avec celle qu'ils trouvèrent en la calculant, comme un des côtés de leurs triangles; ce qui prouve que ce calcul étoit exact dans toutes ses parties, ou du moins que les petites erreurs inévitables dans de pareilles observations, se compensoient entr'elles avec une exactitude surprenante.

La mesure de Godin et des officiers espagnols fut mise à l'épreuve d'une vérification semblable, par le moyen d'une base qu'ils mesurèrent dans la plaine de Cuenca; mais comme on commença ici à travailler à part, nous rendrons aussi compte à part des opérations des uns et des autres, en commençant par celles de Bouguer et la Condamine, qui, les premiers de retour en France, furent aussi les premiers à instruire le public du succès de leur travail.

Ces deux académiciens ayant terminé leur mesure géométrique, songèrent aussi-tôt aux moyens de déterminer l'amplitude de l'arc céleste, compris entre les deux termes de leur arc. Ils avoient un secteur de douze pieds de rayon, apporté par Godin; mais l'envie d'atteindre encore à une plus grande précision, les fit recourir à un expédient nouveau, qui, par sa simplicité, porte avec lui la preuve de son exactitude. Ils retranchèrent le limbe de ce secteur, gradué à la manière ordinaire, et devenu superflu, parce que les étoiles qu'ils devoient observer, passoient fort près de leur zénit, et ils lui en substituèrent un autre, s'étendant également des deux côtés du rayon unique qu'ils conservèrent, et au dos duquel étoit placée la lunette d'une manière fixe et invariable. Ensuite du point de suspension du fil aplomb, ils tracèrent sur ce limbe un arc de cercle par un trait délié, sur lequel ils transportèrent une partie aliquote du rayon, capable de leur donner de part et d'autre du rayon un arc double de la distance au zénit pour l'étoile, ou les étoiles qu'ils devoient observer d'un des deux lieux. Cet arc, dont l'amplitude étoit déterminée avec la plus grande précision, au moyen des tables de sinus, étoit partagé à-peu-près en deux également, par la ligne de mire de la lunette, fixée au dos du rayon.

C'est de cette manière que Bouguer et la Condamine observèrent tantôt à Tarqui, antôt à Cotchesqui, termes de leur arc, une même étoile; savoir, celle d'Orion, que Bayer a nommé ε; les premières observations ne furent pas heureuses. Le secteur souvent dérangé par divers accidens, leur donnoit de jour à autre des irrégularités qui ne leur permirent pas de s'en tenir là. Ils se seraient épargné bien des peines et des inquiétudes, s'ils eussent d'abord pris le parti auquel ils recoururent enfin; savoir, celui de construire un second instrument, et de faire des observations absolument simultanées. En effet, ignorant alors la découverte de la nutation, et obligés de mettre un intervalle considérable entre les observations faites dans l'un et l'autre de ces lieux; (car il fallait démonter leur instrument unique, le transporter à travers quatre-vingt lieues de chemins affreux, le remonter et le rectifier par une suite d'observations) ils ne savoient à quoi imputer l'inconstance de leurs déterminations. Mais lorsqu'ils eurent pris le parti que nous venons de dire, cette inconstance cessa; ils conclurent unanimement que l'intervalle entre les zénits de leurs deux observatoires, étoit de 3° 7′ 1″, en prenant le milieu entre des résultats, dont les plus éloignés s'accordent, à trois ou quatre secondes près. C'est aussi à fort peu-près ce qui résulte des observations faites en 1740 et 1741, aussitôt que l'on put y faire les corrections convenables, pour la nutation de l'axe de la terre; mais il est évident que les dernières, dont un grand nombre sont simultanées, sont celles sur lesquelles on doit faire le plus de fond. Or, puisqu'on a trouvé par leur moyen la distance entre les parallèles de ces deux points, égale à 176 940 toises, (suivant Bouguer) le degré voisin de l'équateur est réduit au niveau du poste de la première base; (car c'est à ce niveau qu'ont été réduites les mesures précédentes) sera de 56 767 toises; mais ce niveau étoit de 1 226 toises plus haut que la superficie de la mer, suivant les mesures géométriques prises exprès par Bouguer: ainsi, réduisant la mesure ci-dessus à ce second niveau, et lui ajoutant 7 à 8 toises, à quoi il évalua l'erreur causée sur la mesure totale, par l'extension de la toise; il a le degré du méridien vers l'équateur, égal à 56 753 toises. La Condamine, qui ne diffère de Bouguer qu'en de légers détails de corrections, conclud ce degré de 56 749 toises, ou en nombres ronds de 56 750.

La manière dont Godin et les officiers espagnols qui s'étoient joints à lui, observèrent l'amplitude de leur arc, n'est pas moins ingénieuse; l'instrument qu'ils employèrent à cet effet, assez semblable à celui dans lequel Bouguer et la Condamine transformèrent leur secteur, étoit plus grand, et avoit 20 pieds de rayon; une barre de fer encastrée dans une pièce de bois de six pouces en quarré, portoit à son extrémité inférieure une autre barre à angles droits, sur laquelle étoit placé un limbe de cuivre. A cette base étoit attaché invariablement le tube de la lunette, et d'un point de cette même barre pendoit aussi le fil aplomb formé, dans l'endroit où il touchoit le limbe, d'un fil d'argent très-délié. La barre de bois tournoit facilement sur un pivot, ce qui permettoit de présenter le limbe tantôt du côté de l'orient, tantôt du côté de l'occident, et l'on pouvoit aussi, par un mécanisme facile à imaginer, incliner l'instrument dans son propre plan. Cela fait, nos observateurs ayant orienté l'instrument placé dans le plan du méridien, de manière qu'à travers la lunette on pût voir les étoiles ε d'Orion, α du Verseau et ζ d'Antinoüs, qui ne passent qu'à peu de distance du zénit de Cuenca, ils marquèrent sur le limbe un point aux environs de ceux que couvroit le fil aplomb. Ils tournèrent ensuite le limbe du côté de l'orient, si la première fois il l'étoit du côté de l'occident, et ils prirent un point semblable. Ils mesurèrent enfin, par un procédé qu'il seroit trop long d'expliquer, l'angle formé par les lignes tirées aux points susdits du centre, d'où pendoit le fil aplomb. Après ces préparations, la manière d'observer étoit la même que celle des autres académiciens que nous avons décrite. Ils faisoient tomber le fil aplomb exactement sur un des points marqués, et mesuroient à l'aide d'un micromètre, la distance dont l'étoile passoit de l'axe de la lunette; puis tournant l'instrument du côté opposé, ils faisoient la même chose, le fil aplomb tombant sur l'autre point; l'angle ci-dessus augmenté ou diminué, suivant les circonstances des deux distances de l'étoile à l'axe de la lunette, dans les deux positions de l'instrument, et ensuite partagé par la moitié, donnoit la vraie distance de l'étoile au zénit du lieu.

Telle fut la manière dont observèrent conjointement à Cuenca, Godin et les deux officiers espagnols. De-là, l'instrument fut transporté à Mira; mais ici, les deux officiers espagnols ayant été mandés par le Vice-Roi, pour prendre le commandement de deux frégates, contre les Anglois, qui venoient d'entrer dans la mer du Sud, Godin observa seul. Ces secondes observations, comparées à celles de Cuenca, donnèrent l'arc compris entre les deux extrêmes de sa mesure de trois degrés vingt-six minutes, d'où il conclud la grandeur du degré réduit au niveau de la mer. Enfin, après deux ans de courses réitérées pour le service du Roi d'Espagne, les deux officiers espagnols vinrent terminer eux-mêmes leurs opérations, par des observations des mêmes étoiles, faites à Mira. Ils conclurent, après les réductions convenables, l'arc compris entre leurs deux observatoires, de 3° 26′ 52″. Cette détermination donne le degré terrestre aux environs de l'équateur, de 56 768 toises ; ainsi, voilà trois déterminations aussi concordantes entr'elles qu'il est possible de l'attendre de plusieurs observateurs, je dirai plus d'un même observateur qui opère dans différentes circonstances. Loin donc que de la séparation qu'on a vue entre ces astronomes célèbres, pendant leurs opérations, on puisse tirer contr'elles des conséquences défavorables ; elles reçoivent au contraire delà un nouveau degré de certitude. Des observateurs qui ont opéré en divers temps, en divers lieux, par diverses méthodes, qui se sont même fait une espèce de mystère de leurs résultats, ne s'accordent point ainsi, à moins d'avoir tous atteint de fort près le but. Je ne dis rien ici des contestations qu'on a vu s'élever entre Bouguer et la Condamine, après leur retour, et qui occasionnèrent divers écrits. Nous n'en parlerions même pas, si nous n'avions remarqué que certaines personnes en tiroient des inductions contre la certitude des mesures prises à l'équateur. Pour dissipper ces nuages, il suffit d'observer que ces contestations ne regardent point le fond de la mesure, mais seulement les prétentions à quelques inventions et remarques d'astronomie-pratique, que le desir d'atteindre à une plus grande exactitude, a fait éclore pendant le cours de ces observations (1).

Nous n'avons parlé jusqu'à ce moment, que de la mesure du degré terrestre. C'étoit en effet l'objet principal de la mission de nos académiciens ; mais un voyage entrepris si loin, avec de si grands frais, ne devoit pas être borné à cet objet. Il y a des observations curieuses et utiles à faire dans ce climat ; les unes étoient prévues, c'étoit le raccourcissement du pendule sous l'équateur même, qui a tant d'analogie avec la figure de la terre ; la mesure des réfractions dans la zône torride et à différentes hauteurs au-dessus du niveau de la mer, elles entroient dans leurs

(1) Bouguer et la Condamine croyoient chacun de leur côté que la mesure n'auroit pu réussir sans lui, l'un à cause de sa géométrie, l'autre à cause de son activité et de son crédit, et chacun a tâché de prouver que seul il en seroit venu à bout. Je crois que Bouguer auroit eu plus de peine.

LALANDE.

instructions. D'autres furent suggérées par les circonstances, telles que celle de la déviation du fil aplomb, par l'attraction des énormes montagnes aux flancs desquelles on observoit, et d'autres observations tant physiques qu'astronomiques, parmi lesquelles on doit distinguer celle de la dépression du baromètre à différentes hauteurs dans l'atmosphère. Ces différens objets occupèrent nos académiciens, comme on le voit fort au long dans les trois grands ouvrages de Bouguer, de la Condamine, et des officiers espagnols.

Bouguer se mit le premier en route pour l'Europe; il suivit à-peu-près le chemin qu'il avoit tenu en venant, et il arriva en France au mois de juin 1744. Il rendit compte de ses opérations dans l'assemblée publique de l'académie, de novembre suivant. Ce compte est imprimé dans les mémoires de 1744, et depuis il publia son livre sur *la Figure de la Terre*, livre rempli d'une foule d'observations importantes d'astronomie-pratique et de recherches profondes sur la question de la figure de la terre, envisagée du côté géométrique et physique : nous aurons occasion d'en développer quelques-unes.

La Condamine suivit dans son retour une route plus dangereuse. Doué d'une intrépidité rare dans les savans et les gens de lettres, il osa traverser le continent de l'Amérique méridionale, en descendant la rivière des Amazones. Ce voyage, dont il nous a rendu compte par un ouvrage à part, nous a valu des lumières précieuses sur la position et le cours de cette fameuse rivière, dont on n'avoit encore que des relations fort imparfaites et presque fabuleuses. Il a servi par-là de deux manières et l'astronomie et la géographie. Enfin, après un voyage de plus d'un an et demi, au travers de mille dangers, il arriva en France vers le commencement de 1745. Après avoir rendu compte à l'académie de ses opérations, par plusieurs mémoires, il en instruisit plus au long le public, par son ouvrage partilier, *Mesure des trois premiers Degrés*. Il est divisé en deux parties, dont l'une intitulée, *Introduction historique*, contient la partie purement historique de cet intéressant voyage, et se fait lire comme un roman, par les agrémens d'un style pittoresque, et le tableau naif et animé des aventures et des dangers qu'il a courus, ainsi que des mœurs et des usages des pays qu'il a parcourus. L'autre, sous le titre de *Mesure des trois premiers degrés du méridien*, est le récit particulier des opérations faites pour cette mesure.

Les deux officiers espagnols, dom George Juan et dom Antonio de Ulloa, revinrent, en doublant le cap de Horn, la pointe la plus australe de l'Amérique. Ils arrivèrent en Espagne vers le milieu de 1746; le premier sans aventure fâcheuse, le second après avoir été pris par les anglois. Celui-ci amené ensuite à Londres, y reçut l'accueil qu'il devoit attendre d'une nation qui, au milieu des guerres les plus animées, montra toujours qu'elle faisoit cas des sciences et de ceux qui les cultivent. On lui rendit ses livres et ses papiers, et il fut admis dans la société royale de Londres. De retour dans sa patrie, il publia avec dom George Juan la relation de son expédition savante, avec beaucoup de détails curieux sur les pays qu'il avoit parcourus. Cet ouvrage, en 3 vol. *in*-4°. a été traduit en françois et imprimé à Amsterdam, en 2 vol. *in*-4°. : il est également intéressant et pour les savans et pour les amateurs de relations et de voyages dans les pays lointains.

Godin, après avoir été retenu au Pérou par diverses circonstances, jusqu'en 1748, et après avoir été témoin de l'horrible catastrophe qui renversa en 1746 le Callao et Lima, se remit en route pour revenir en Europe. Il traversa le haut Pérou, le Tucuman et le Paraguai, pour gagner Buenos-Aires, d'où il se rendit en France par le Portugal et l'Espagne, vers la fin de 1750. Mais, le Roi d'Espagne, dont pendant le séjour forcé qu'il avoit fait à Lima, il avoit accepté le service, en remplissant par *intérim* la place de dom Joseph de Peralta, professeur de mathématiques dans l'université de cette ville, se l'attacha peu de temps après, en le chargeant de la direction de l'école ou académie royale des gardes-marine de Cadix. Il se proposoit de donner la relation de son voyage; mais la privation de la vue qu'il éprouva dès son arrivée à Cadix, l'en empêcha. D'autres circonstances l'ont empêché après sa guérisson de remplir sa promesse, et il est mort en 1760, sans avoir rien donné, ce qu'on est fondé à regreter; car cette relation eût été extrêmement intéressante, à en juger par ce que je lui ai entendu raconter, pendant son voyage à Paris. Une partie de ses manuscrits est entre les mains du citoyen de la Lande, mais une partie est entre les mains de Ulloa, en Espagne. Un frère de Godin, surnommé des Odonnois, l'avoit accompagné dans son voyage; il étoit revenu au Paraguai, et il avoit mandé à sa femme de descendre la rivière des Amazones avec sa famille; elle eut le malheur de se perdre dans les forêts de l'intérieur de l'Amérique. Cela a donné lieu à une lettre touchante de la Condamine, imprimée en 1773, chez Cellot, sur le sort des astronomes qui ont eu part aux dernières mesures de la terre, depuis 1733. On y voit les horreurs qu'elle éprouva, en errant dans ces vastes solitudes, après avoir vu périr sept de ses compagnons, jusqu'à ce que le hasard lui eût fait rejoindre le bord du fleuve.

Joseph de Jussieu continua après le retour de Bouguer et

la Condamine, à faire des recherches d'histoire naturelle, et à cultiver la médecine au Pérou, jusqu'en 1748. Son dessein étoit de revenir avec Godin; mais s'en étant séparé pour aller herboriser dans les montagnes de *Santa-Cruz de la Sierra*, il revenoit chargé de richesses inestimables, de botanique et d'histoire naturelle, lorsque des circonstances imprévues l'obligèrent de prolonger son séjour en Amérique. On a craint, pendant long temps, qu'il n'eût succombé aux fatigues et aux dangers d'un si long voyage. Il arriva enfin en France; il n'a rien publié, ni aucun des siens, sur son voyage; voyez son éloge dans les *Mémoires* de 1779.

Seniergue, chirurgien de la compagnie, fut assassiné à Cuenca, dans la solemnité d'une course de taureaux. La Condamine, qui a donné dans sa relation du *Fleuve des Amazones*, celle de cette catastrophe, fit bien quatre ou cinq cents lieues pour obtenir la punition des assassins; l'un d'eux fut enfin condamné et exporté, pour la forme, dans l'île de Chiloë; mais bientôt il eut sa liberté. On dit au surplus que Seniergue fut victime d'une intrigue amoureuse. Dans ce pays-ci, on trouveroit la vengeance un peu cruelle; mais dans le pays dont nous parlons, un meurtre, sur-tout d'un étranger, s'excuse en pareil cas.

Après les opérations dont nous venons de rendre compte, il n'y eût plus de moyen de douter que les degrés terrestres, au lieu de croître en allant vers l'équateur, ne diminuassent au contraire, et cela confirmoit les soupçons que les partisans de l'applatissement de la terre jetoient depuis long-temps sur les mesures du degré de France. Il devenoit parconséquent important de vérifier ces mesures, soit pour constater l'erreur et en reconnoître la source, soit pour établir, d'une manière plus certaine, la grandeur du degré moyen qui tombe dans nos climats. Les académiciens revenus du nord ne tardèrent pas d'y travailler, et ils commencèrent par le degré de Picard. Ils y employèrent le même secteur qu'aux opérations du nord, et des observations de deux étoiles différentes, faites à Paris et à Amiens, ils conclurent la distance entre les tours des deux cathédrales, de 1° 2′ 29″; mais les observations de Picard avoient été faites à Malvoisine, (qui est, suivant sa mesure géodésique, de 19 394 toises plus austral que les tours Notre-Dame, ou de 20′ 24″ $\frac{1}{2}$) et à Amiens, dans un lieu plus boréal que la cathédrale, de 75 toises ou 5″, de sorte que réduisant ces observations aux termes des deux cathédrales, Picard, qui avoit trouvé son arc entier, de 1° 22′ 55″, eût trouvé la distance des deux cathédrales, de 1° 2′ 36″; de-là, il résultoit que le degré étoit de 57 183 toises, et l'applatissement de $\frac{1}{178}$. (*Degré du Méridien*, &c., 1740, *in*-8°.)

Mais les académiciens revenus du nord, venoient à peine de conclure cette correction au degré de Picard, qu'on reconnut dans sa mesure une erreur d'une autre espèce : voici comment et à quelle occasion. A peine le voyage au cercle polaire étoit fini, que Cassini de Thury, petit fils de Dominique Cassini, et fils de l'auteur du livre *de la grandeur et de la figure de la terre*, forma le dessein de vérifier les opérations de son père et de son grand-père, dans lesquelles la mesure faite sous le cercle polaire, ne permettoit plus de douter qu'il ne se fût glissé quelques erreurs.

Nous ne pouvons taire ici, car la vérité oblige l'historien de ne rien cacher, que ce ne fut pas sans quelque peine que les partisans de la terre allongée, à la tête desquels étoit naturellement Cassini, admirent la nouvelle mesure. On éleva quelques difficultés sur l'opération de Maupertuis et consorts. On fit même quelques plaisanteries sur sa manière de se mettre à son retour, et sur une Lapone qu'il avoit amenée de Tornéa, cela donna lieu à une petite vengeance de Maupertuis, qui publia en 1740 une brochure, intitulée, *Examen désintéressé des différens ouvrages qui ont été faits pour déterminer la figure de la terre;* ensuite les anecdotes physiques et morales : enfin, une *Lettre d'un horloger anglais*, qu'il supprima lorsqu'il fut racommodé avec les Cassini. Dans le premier ouvrage, en faisoit semblant de prendre le parti des opérations des Cassini, il les critiquoit d'une manière sanglante, en faisant voir que s'ils avoient tort, ils seroient tombés dans des erreurs trop grossières, pour que des hommes de ce mérite pûssent en être soupçonnés ; mais Maupertuis a depuis désavoué et en quelque sorte rétracté cette critique. Et en effet, nous nous hâtons d'observer, à la décharge de cette famille, si illustre dans les fastes de l'astronomie, que la plupart des erreurs qui avoient occasionné la fausse conséquence de l'allongement de la terre, ne sauroient lui être imputées, ou du moins étoient fort excusables ; si l'on considère en effet que les degrés terrestres mesurés en France, ne diffèrent de l'un à l'autre que de neuf toises ; si l'on fait attention que l'astronomie-pratique et le mécanisme de l'astronomie n'étoient point encore portés au point où on les a vus depuis ; qu'enfin, au temps de ces opérations, on ne soupçonnoit encore ni la nutation de l'axe de la terre, ni l'aberration des fixes, d'où naissent des corrections si importantes et si nécessaires; si, dis-je, on fait attention à toutes ces circonstances, on ne sera pas étonné que dans les observations de l'amplitude de l'arc céleste qui traverse la France, on se soit trompé de

quelques

quelques secondes. Enfin, ces astronomes, gênés souvent par le peu d'étendue des lieux où ils étoient obligés d'observer, comme des clochers de villages, n'avoient pu le faire avec des instrumens de grandeur convenable, et c'est de toutes ces causes que partoient les erreurs commises sur l'étendue et la mesure de la méridienne.

Cassini de Thury, voyant donc la contrariété des résultats des opérations du nord et de celles de France, entreprit de rectifier ces dernières; il fut aidé, dans ce travail, par Lacaille. Pour mettre plus d'ordre dans leurs opérations, ils partagèrent toute l'étendue de la méridienne en quatre parties, de deux degrés environ chacune. La première, de Dunkerque à Paris; la seconde, de Paris à Bourges; la troisième de Bourges à Rhodez; et la dernière, de Rhodez à Collioure. Ils commencèrent par la seconde; ils reprirent tous les triangles anciens, rejetant ceux qui étoient trop petits, ou dont les angles ne surpassoient pas trente degrés, et en se servant pour la mesure des angles d'un grand instrument, à la lunette duquel étoit adapté un bon micromètre. L'amplitude de l'arc du méridien entre Paris et Bourges fut aussi mesurée avec un grand secteur de six pieds, scrupuleusement vérifié. On conclut enfin la longueur en toises de cet arc, en partant de la base mesurée par Picard; ce fut alors qu'on commença à suspecter cette base, car Cassini et la Caille ayant mesuré aux environs de Bourges une nouvelle base pour vérifier leurs opérations, ils trouvèrent que les résultats étoient différens d'environ une toise par mille, comme si la toise dont on se servoit différoit d'un millième ou d'une ligne de celle de Picard. La grandeur moyenne du degré pris entre les parallèles de Paris et de Bourges, se trouvoit beaucoup plus grande que 57 060 toises, en employant l'ancienne base de Picard, ce qui étoit favorable à l'accroissement des degrés vers le midi; mais en se servant de la nouvelle, on le trouvoit de 57 071 toises. On passa à la partie du méridien, interceptée entre Bourges et Rhodez. Des opérations semblables aux précédentes, et une nouvelle base mesurée aux environs de Rhodez, donnèrent le degré considérablement plus petit que le précédent; il ne se trouva que de 57 040 toises: enfin, le degré moyen entre les parallèles de Rhodez et Perpignan se trouva de 57 048 toises; l'excès de ce dernier degré sur le précédent ne doit pas être objecté contre la diminution des degrés, en avançant vers l'équateur; car la différence est trop petite pour qu'on ne soit pas fondé à en rejeter la faute sur l'erreur inévitable qui accompagne toute observation. Il suffit que ce degré soit moindre que ceux de Bourges, de Paris, de Dunkerque, comme on le trouve en effet, pour confirmer cette diminution graduelle, en allant vers l'équateur.

La partie de la méridienne entre Paris et Dunkerque, fut la dernière qu'on vérifia. Il y avoit déja, comme nous l'avons dit plus haut, de grands soupçons sur la vraie longueur de la base de Picard, et ils étoient d'autant plus forts, que la base voisine de Bourges, avec laquelle elle n'étoit pas d'accord, mesurée deux fois, avoit encore été vérifiée par Lacaille, durant l'hiver de 1740, et avoit été trouvée de la même longueur. Ces soupçons exigeoient conséquemment qu'on commençât les opérations du nord de la méridienne, par vérifier la base de Picard. Cassini, aidé de Lacaille, s'en occupèrent en 1740. Ils trouvèrent effectivement, ainsi qu'on l'avoit soupçonné, que cette base étoit non de 5663 toises, comme Picard l'avoit trouvée, mais seulement de 5657, c'est-à-dire moindre d'environ une toise par mille. L'opération répetée cinq fois, donna toujours le même résultat, et à la cinquième fois, elle fut constatée par la présence des commissaires nommés par l'académie. Cependant, comme l'un des termes de la base de Picard n'étoit pas entièrement distinct, le moulin de Juvisy, auquel elle s'appuyoit d'un côté, ayant été détruit, et qu'on n'en trouvoit que les fondemens, Cassini employa une autre manière de la vérifier. Il mesura à-peu-près dans l'alignement de cette base, une distance, et par trois nouveaux triangles il alla rejoindre un de ceux de Picard. Cette opération lui donna un côté de ce triangle; savoir, celui qui joint la tour de Montlhéry et le clocher de Brie-Comte-Robert, de 13108 toises, au lieu de 13121, que Picard avoit conclues de sa base. C'étoit donc encore une différence d'une toise par mille sur ce côté, et par conséquent sur la base qui avoit servi à la mesurer. Lemonnier entreprit de vérifier ces triangles, et il s'en occupa souvent, soutenant toujours que la mesure de Picard étoit bonne. Il en parloit si souvent, que l'académie résolut en 1756, de lever toute difficulté, et de constater ce qu'on appelloit l'erreur de Picard, ou la différence des toises. On nomma huit commissaires, qui se divisèrent en deux compagnies, pour travailler à cette vérification; on trouva encore une toise par mille de différence sur la distance de la tour de Montlhéry au clocher de Brie-Comte-Robert; une des deux compagnies ne faisoit cette différence que quatre pieds et demi par mille toises. En s'en tenant à cette dernière détermination, il en résulte toujours ce fait, que Picard s'étoit du moins trompé de cette quantité dans la mesure de sa base. Au reste, cette erreur ne doit en rien préjudicier à la réputation si justement méritée par Picard; cela veut dire que sa toise n'étoit pas la même que celle des Cassini; elles ont été perdues toutes les deux, il ne reste plus que celles qui ont servi au nord et au Pérou.

Cette différence étant reconnue en 1740, Cassini et la Caille procédèrent à la vérification des triangles, depuis Paris jusqu'à Dunkerque. Ils en formèrent quelques nouveaux, qu'ils substituèrent à quelques-uns, dont les angles se trouvoient trop aigus, et pouvoient par-là entraîner sur la dimension des côtés une plus grande erreur. Ils vérifièrent leur mesure géodésique par une nouvelle base mesurée près Dunkerque, sur le rivage même de la mer; et ils conclurent enfin des observations astronomiques faites aux extrémités de l'arc du méridien, compris entre cette ville et Paris, que le degré moyen dans cette partie de la France, c'est-à-dire au cinquante-unième degré de latitude, étoit de 57 074 toises. On le conclut de 57 084 toises, par les observations astronomiques des académiciens revenus du nord, combinées avec la nouvelle mesure géodésique; la différence est si peu considérable, qu'il en résulte en quelque sorte une confirmation nouvelle pour l'une et l'autre de ces mesures. On voit enfin par-là, autant que le permet la légère différence qui se trouve entre les degrés de France, que ces degrés vont en croissant du midi au nord, d'une quantité à la vérité fort petite, mais qui suffit pour confirmer l'accroissement établi par les opérations faites au cercle polaire.

Enfin, on a fini par admettre, d'après un terme moyen entre tous les degrés mesurés en France, que le degré qui est partagé par le quarante-cinquième degré de latitude, est de 57 012 toises. On peut aussi le prendre pour le degré moyen de latitude sur la terre, ou celui qu'on trouveroit, si la terre étoit sphérique; car dans une ellipse très-peu applatie, le degré moyen est fort voisin du quarante-cinquième degré: ainsi, par un heureux hasard, il se rencontre que le degré de Picard se trouve encore le degré moyen, comme il étoit réputé l'être dans le temps où l'on croyoit la terre une sphère parfaite.

Nous ne devons pas oublier une autre opération importante que firent Cassini et Lacaille, et qui confirme encore l'applatissement de la terre. C'est la mesure d'un degré du parallèle, passant au quarante-troisième degré et demi de latitude. Nous avons parlé plus haut de la méthode proposée par la Condamine, et qu'il comptoit employer pour la mesure d'un degré de l'équateur, c'est celle dont se servirent Cassini et la Caille. Placés l'un sur le Mont Sainte-Victoire, près d'Aix, l'autre sur celui de Saint Clair, près de Cette: ils observèrent à plusieurs reprises, la seconde que marquoit leur pendule à l'instant qu'ils appercevoient un signal qu'on leur faisoit entre deux sur l'église de Sainte-Marie, village situé à l'embouchure du petit bras du Rhône. Ce signal consistoit en dix livres de poudre à canon, qui, s'enflammant subitement, leur paroissoit un éclair à peine d'une demi seconde de durée. Ils trouvèrent par-là une différence de 7′ 33″ $\frac{1}{4}$, qui répondent à 1° 53′ 19″, pour la différence des méridiens. La distance des deux postes extrêmes déterminée par six triangles et une base de plus de 9000 toises, mesurée dans la plaine de la Crau d'Arles, ensuite réduite au parallèle intercepté entre les deux méridiens, étoit de 78 663 toises, ce qui donne, pour la valeur du degré du parallèle à cette latitude, 41 358 toises. On l'eût trouvé moindre de 260 toises, dans l'hypothèse de la terre sphérique, et de plus de 500 dans celle de la terre allongée. On voit toutes ces opérations exposées avec les détails les plus satisfaisans, dans l'ouvrage que Cassini donna en 1744, sous le titre de *la Méridienne de Paris, vérifiée*, et qui sert de suite aux *Mémoires de l'Académie de* 1740. On sait que la plupart de ces calculs furent faits par Lacaille, dont l'exactitude étoit extrême.

Mais toutes ces opérations ont été refaites avec un nouveau soin, par les citoyens Delambre et Méchain, de 1792 à 1799, à l'occasion de la nouvelle mesure de France, qu'on vouloit faire de la dix millionième partie du quart du méridien.

L'intérêt que prenoit le gouvernement à l'établissement des nouvelles mesures, fit que l'académie en profita, pour faire entreprendre une nouvelle détermination de la grandeur de la terre, afin de lier la nouvelle mesure à une grande et importante opération. Borda, qui avoit autant de crédit que de mérite, vouloit y faire employer les cercles multiplicateurs, dont il avoit introduit l'usage dans l'astronomie, et auxquels il mettoit beaucoup d'importance, et il parvint à faire adopter le projet. Les citoyens Méchain et Delambre voulurent bien se charger de cette immense opération, dont nous allons donner les résultats, d'après le rapport de la commission. (*Connoissance des Temps de l'an* 10, 1802.)

La partie boréale depuis Dunkerque jusqu'à Rhodez, et la mesure des deux bases échut en partage au citoyen Delambre, et cette partie est déja imprimée. Le citoyen Méchain a fait la partie australe depuis Rhodez jusqu'à Barcelonne; il a bien regreté que les circonstances ne lui aient pas permis de pousser ses opérations qu'à l'île de Cabrera. Il avoit fait tous les préparatifs pour ce travail; il avoit entrepris les courses nécessaires pour examiner le local et les stations qu'il conviendroit d'employer; il avoit tracé sur le papier, tous les triangles qu'il s'agissoit de mesurer; de sorte que cette partie est entièrement préparée, et qu'il sera facile par la suite d'ajouter cet arc à celui qui a déja été mesuré, et de prolonger la méridienne encore de deux degrés. Espérons que des circonstances favorables permettront d'exécuter un jour ce qui n'a pu se faire jusqu'ici; nos relations avec l'Espagne nous donnent lieu de le croire. Nos deux astronomes ont formé des triangles dont ils ont mesuré tous les angles, avec les cercles multiplicateurs; ordinairement, il a été fait à chaque station plusieurs séries d'observations; les observateurs ont formé chaque série du nombre d'observations qu'ils ont cru nécessaire pour parvenir à un résultat constant et exact. Ils ont noté dans leurs registres les nombres indiqués par chaque observation, ainsi que les circonstances particulières qui avoient eu lieu, soit pour la manière dont les objets étoient éclairés, soit pour celle dont ils se projetoient, sur la partie à laquelle on pointoit, et sur l'état de l'atmosphère; en un mot, ils y ont marqué tout ce qui peut servir à constater l'exactitude intrinsèque d'une observation. Aussi, les commissaires qui ont été nommés pour le dépouillement des registres, ont-ils pu juger de cette valeur, et par les notes dont venons de parler, et par les renseignemens que les observateurs y ont ajoutés de vive voix, et par la marche de chaque série d'observations; enfin, par l'accord des différentes séries entr'elles.

Pour faire juger de la précision que les observateurs ont obtenue dans leur travail, précision que nous devons et à leur soin et à la perfection des instrumens qu'ils ont employés, il suffira de dire que sur quatre-vingt-dix triangles, lesquels forment la chaîne entière, il y en a trente-six dans lesquels la somme des trois angles diffère de moins d'une seconde, de ce quelle auroit dû être; c'est-à-dire, dans lesquels cette erreur des trois angles pris ensemble, est plus petite qu'une seconde; qu'il y en a vingt sept où cette erreur est au-dessous de deux secondes; que dans dix-huit autres, elle ne monte pas à trois secondes; qu'il n'y en a que quatre, dans lesquels elle est entre trois et quatre secondes; et trois seulement où elle est au dessus de quatre, mais au-dessous de cinq.

Après avoir mesuré tous les angles, on mesura deux bases, une vers Melun, l'autre vers Perpignan, pour connoître la longueur des côtés; on l'a fait avec quatre règles, exécutées par le citoyen Lenoir, sous les yeux et d'après les idées de Borda; ces quatre règles sont de platine, travaillé avec beaucoup de soin; chacune de ces règles est couverte jusqu'à quelques pouces de son extrémité d'une pareille lame de laiton, mobile selon la longneur de la règle de platine, et fortement vissée sur le platine à l'autre extrémité. Cette règle forme, par la différence qu'il y a entre les dilatations du platine et du laiton, un thermomètre métallique très-ingénieux et très-sensible, dont les divisions sont gravées sur l'extrémité antérieure, qui porte un vernier pour voir les sous-divisions. Avant qu'on se soit servi de ces règles, on a fait beaucoup d'expériences, par les soins de Lavoisier, pour constater la dilatation de ces métaux, l'état des thermomètres métalliques, leurs marches et leur comparaison aux thermomètres ordinaires. On a également comparé une des règles prise pour module avec les trois autres; la comparaison a été faite par des moyens, lesquels ne laissent pas de doute sur les deux cent millièmes parties. Le citoyen Borda a remis à la commission ce mémoire, qui contient le détail de toutes ces expériences, et cette pièce fera partie de l'ouvrage qu'on doit publier sur cette grande opération.

Avant qu'on ait entrepris la mesure des bases, la règle n°. 1 ou le module, a été comparé exactement à la toise de l'académie, dite la toise du Pérou, et on a employé dans cette comparaison des moyens qui permettent de s'assurer d'un cent millième de toise. Les détails de cette expérience son consignés dans le mémoire de Borda, dont nous avons déja parlé. Après son retour, le citoyen Delambre n'a pas manqué de faire la comparaison des règles qui avoient servi à la mesure des bases, il a trouvé qu'elles n'avoient pas subi le plus léger changement dans leur longueur, et qu'elles avoient avec la toise du Pérou le même rapport qu'elles avoient eu avant que d'être employées, sans aucune différence qu'on puisse assigner. Enfin, la commission elle-même a chargé quelques-uns de ses membres de faire encore la même comparaison, et même pour tirer de son travail toute l'utilité possible, de comparer à cette occasion entr'elles la toise du Pérou, celle du nord et celle de Mairan, qui est entre les mains du citoyen de la Lande, et qui a servi plus d'une fois.

Tout cela a prouvé de plus que le module est exactement la double toise ou douze pieds, lorsque le thermomètre centigrade est à douze degrés et demi, d'où il résulte, par ce calcul, confirmé par une expérience directe de Borda, qu'à la température de 16° $\frac{1}{4}$, ou de 13° du thermomètre ordinaire, divisé en quatre-vingt parties, ce module est plus court que la double toise, de deux centièmes de ligne, c'est-à-dire de moins que d'un quatre-vingt-cinq millième du total, quantité à laquelle il conviendra d'avoir égard, dans des déterminations qui exigent une grande exactitude.

Les observations d'azimuth sont nécessaires pour déterminer la direction des triangles. Ces observations délicates et difficiles ont été faites avec toute l'exactitude dont elles sont susceptibles, et calculées avec la plus grande précision. On auroit pu se contenter d'en faire une seule, pour déterminer la direction que forme avec la méridienne un des côtés d'un seul triangle, puisque cela suffit pour faire le calcul de la méridienne entière.

Mais il étoit extrêmement important d'en faire plusieurs, parce que la théorie fait entrevoir que si les azimuths calculés diffèrent des azimuths exactement observés, ces différences et leurs marches peuvent servir à perfectionner nos connoissances sur la figure de la terre, sur les irrégularités qui peuvent se trouver dans son intérieur, sur l'action même des causes locales; et il étoit de la plus haute importance de faire servir cette belle opération à tout ce qui peut contribuer au perfectionnement de nos connoissances sur ces intéressans objets. Les observateurs avoient trop à cœur ce perfectionnement auquel d'ailleurs ils contribuent eux-mêmes par leurs travaux, pour ne pas saisir avec empressement une occasion aussi favorable de faire des observations d'azimuth bien autrement exactes que celle qu'on faisoit anciennement dans de pareilles occasions. Ils en ont fait à Watten, à Bourges, à Carcassone, à Montjouy, à Barcelone, c'est-à-dire aux deux extrémités de la base et dans deux endroits intermédiaires, sans compter celles de Paris.

Les observations de latitudes ont été faites aussi dans cinq endroits, avec les mêmes cercles. On a vu dans les registres la multitude étonnante de ces observations; la marche régulière des séries, l'accord des différentes séries entr'elles, les précautions qu'on a prises, tant dans les observations que dans les réductions, les étoiles dont on a fait choix, leurs passages tant supérieurs qu'inférieurs qui ont été observés. Les membres de la commission qui ont été spécialement chargés de cet examen, se sont assurés qu'il n'y a sur aucune des latitudes déterminées par les citoyens Méchain et Delambre, une seconde d'incertitude, et que celle qui pourroit avoir encore lieu ne monte pas, à beaucoup près, à une demi seconde.

Les observations de latitude ont été faites à Dunkerque et à Evaux par le citoyen Delambre, à Carcassone et à Barcelone par le citoyen Méchain, et à Paris par le citoyen Méchain, à l'observatoire national, et par le citoyen Delambre dans son observatoire particulier, rue de Paradis au Marais. Mais comme le Panthéon étoit dans la chaîne des triangles, et que sa distance dans le sens du méridien à chacun des observatoires dont nous venons de parler, est suffisamment connue; on s'en est servi pour la latitude : or, on a trouvé pour le Panthéon, à un dixième de seconde, c'est-à-dire à une quantité insensible près, la même latitude, soit qu'on la déduisît des observations du citoyen Méchain, soit qu'on emploiât celles du citoyen Delambre, preuve de l'exactitude des unes et des autres.

Les latitudes observées dans les cinq stations, sont,

Pour la tour de l'église de Dunkerque,	51°	2′	10″	5
Pour le Panthéon de Paris,	48	50	49	7
Pour le clocher d'Evaux,	46	10	42	5
Pour la tour de S.-Vincent de Carcassone,	43	12	54	4
Pour Barcelone, à la Tour de Montjouy,	41	21	44	8

Les portions de la méridienne, comprises dans ces quatre intervalles, avoient été déja calculées par le citoyen Delambre.

Quatre commissaires nationaux et étrangers se sont encore chargés de les recalculer séparément et par différentes méthodes, pour ne rien laisser à desirer sur la certitude des résultats, soit pour les triangles, soit pour les parties de la méridienne, comprises entre les stations, où il a été fait des observations de latitude; et comme ces différences extrêmes entre ces différens calculs n'ont jamais excédé un quart de module, et ont été ordinairement beaucoup plus petites, il a pris un milieu entre les quatre calculs. Les détails se trouvent dans le rapport qui a été fait par la commission spéciale, dont les calculateurs étoient membres, à la commission génerale, dans les archives de laquelle cette pièce a été déposée.

La distance entre les parallèles de Dunkerque et du Panthéon à Paris, qui soutend un arc de 2° 18 910, et dont le milieu passe par la latitude de 49° 56′ 50″ en modules de 62 472m 59. On a vu ci-devant la valeur des modules en toises.

La distance entre les parallèles du Panthéon et d'Evaux, qui soutend un arc de 2° 66 868, et dont le milieu passe par la latitude de 47° 30′ 46″, est de 76 145m 74.

La distance entre les parallèles d'Evaux et de Carcassone, qui soutend un arc de 2° 96 336, et dont le milieu passe par la latitude de 44° 41′ 48″, est de 84 424m 55.

Enfin, la distance entre les parallèles d'Evaux et de Montjouy, qui soutend un arc de 1° 85 266, et dont le milieu passe par la latitude de 42° 17′ 20″, est en modules 52 749m 48.

D'où il résulte que la méridienne entière, entre Dunkerque et Montjouy, qui soutend un arc céleste de 9° 67 380, et dont le milieu passe par la latitude de 49° 11′ 58″, est de 275792m 36.

De ces données on a tiré plusieurs conséquences importantes; la première présente un phénomène, qu'on étoit sans doute bien loin

loin de soupçonner, très-remarquable et digne des recherches des mathématiciens, c'est que les degrés décroissent très-peu et très-lentement, ou de deux modules seulement, pour un degré de latitude entre les parallèles de 49° 56′ 30″, et 47° 30″ 46″, ensuite, avec une rapidité singulière, et d'une quantité considérable, ou de quinze modules et demi pour un degré de latitude entre les parallèles de 47° 30′ 46″, et de 44° 41′ 48″; enfin, beaucoup encore, mais plus lentement, savoir, de sept modules entre les parallèles de 44° 41′ 48″, et de 42° 17′ 20″; c'est-à-dire que les degrés terrestres décroissent très-peu et très-lentement de Dunkerque à Evaux, très-rapidement et très-fortement d'Evaux à Carcassone, et que cette diminution rapide se rallentit entre cette ville et Montjouy; ensorte que l'ellipse osculatrice de l'arc mesuré, auroit $\frac{1}{150}$ d'applatissement, ce qui est plus du double de ce que donne la mesure du Pérou. Ce fait si remarquable est intimément lié à celui que présentent soit les différences des azimuths calculés pour Bourges, pour Carcassone, pour Montjouy, d'après celui de Dunkerque pris pour base, et ces azimuths observés dans ces trois stations, soit la marche même de ces différences; de sorte que ces faits se servent mutuellement de confirmation, et que réunis, ils indiquent soit une irrégularité dans les méridiens terrestres, soit une ellipticité dans la figure de l'équateur et de ses parallèles, soit une irrégularité dans l'intérieur de la terre, soit un effet de l'attraction des montagnes, soit une action puissante de ces différentes causes réunies, ou de quelques-unes d'entr'elles; action qui n'avoit pas encore été démontrée d'une manière aussi évidente, qu'elle l'est par les résultats que nous venons de rapporter. Ce sera aux géomètres à fixer leur attention sur ces faits, pour tâcher d'en démêler les élémens, et de parvenir pour la figure de la terre à une théorie plus parfaite que celle que nous possédons jusqu'ici.

Après avoir discuté long-temps dans la commission, le choix qu'on pouvoit faire de ces différens degrés, on s'est déterminé à employer dans le calcul l'arc total entre Dunkerque et Montjouy, et qui est, comme l'avons dit, en mètres de 275 792^{m} 36. Cet arc est le plus grand de tous ceux qui ont été mesurés jusqu'ici, et par-là même il rend plus petite l'influence des irrégularités qui peuvent se trouver dans la figure et dans l'intérieur de la terre, et celles qui sont inséparables des opérations les mieux faites.

En prenant cet arc pour base, la commission en a déduit le quart du méridien par un calcul rigoureux, dans l'hypothèse elliptique. Il faut nécessairement employer, dans un pareil calcul, une hypothèse sur l'applatissement de la terre, et c'est encore l'expérience que la commission a consultée. Pour cet effet, elle a employé d'une part ce grand arc, que les citoyens Méchain et Delambre viennent de mesurer en France, et de l'autre celui que Bouguer, la Condamine et Godin avoient mesuré au Pérou il y a soixante ans, à-peu-près sous l'équateur. C'est un de ceux qui ont été déterminés avec le plus de soin, et discutés avec le plus d'attention et d'exactitude. Ils est d'ailleurs le plus grand de tous ceux qui ont été mesurés. Enfin, sa distance même de l'arc auquel on le compare, fait que les erreurs qui pourroient s'être glissées dans sa détermination, auront moins d'influence, puisqu'elles se trouveront distribuées sur un plus grand intervalle.

La comparaison de ces deux arcs faite avec le plus grand soin, et par différentes formules, a donné pour l'applatissement de la terre une trois cent trente-quatrième partie, et il est bien remarquable, que ce degré d'applatissement, calculé d'après les données que nous venons d'indiquer, est le même que celui qui résulte de la combinaison d'un grand nombre d'expériences, sur la longueur des pendules simples en différens endroits, et qu'il est encore conforme à celui que la théorie de la nutation et de la précision exige, suivant le citoyen de la Place. L'accord de ces trois résultats tirés de trois genres d'observations, bien différens, mérite la plus grande attention, et est très-propre à inspirer une entière confiance sur la certitude de chacun d'eux.

D'ailleurs, une légère erreur sur ce point auroit d'autant moins d'influence sur le résultat définitif, que le milieu de l'arc, qui est terminé par Dunkerque et par Montjouy, passe très-près du quarante-cinquième degré ou du degré moyen.

Ces élémens de calcul une fois arrêtés, le calcul même du quart du méridien ne pouvoit plus offrir de difficulté, et l'on a trouvé par différentes méthodes, en employant l'arc intercepté entre Dunkerque et Montjouy, et un trois cent trente-quatrième pour l'applatissement de la terre, que le quart du méridien terrestre est de 2565 370 modules, de deux toises chacun.

D'où il résulte définitivement que la dix millionième partie du quart du méridien, ou le mètre, unité des mesures, et base fondamentale du nouveau système métrique, est de $\frac{256537}{1000000}$ du module, ou en s'arrêtant à quatre décimales de $\frac{2565}{10000}$ du module.

Pour réduire cette longueur aux anciennes mesures, il faut considérer d'abord que si le module et la toise du Pérou étoient supposés tous deux à la température où étoit celle-ci lorsque les académiciens l'ont employée au Pérou dans les opérations qui ont servi de base à leur détermination, et qui se rapporte au treizième degré du thermomètre à mercure, divisé en quatre-vingt, et à seize degrés un quart du thermomètre centigrade, ce mètre seroit égal à 443, 291 lignes de cette toise; et ensuite, qu'en réduisant comme il convient de le faire, le mètre à la température qui a été adoptée pour le module dans l'expression de la longueur des bases qui ont servi à calculer la méridienne, et qui est de $11^{\circ} \frac{6}{10}$ du thermomètre centigrade. Le mètre vrai et définitif est de 443 lignes 296 de la toise du Pérou, toujours supposée, comme nous l'avons dit, à la température de seize degrés un quart du thermomètre centigrade, seul degré de température auquel cette toise peut être considérée, comme la toise qui a servi aux opérations faites au Pérou. Les variations de longueur que les métaux éprouvent à différentes températures, et les différences des dilatations du platine dont est fait le module, et du fer dont la toise est faite, exigent ces réductions. Cette longueur, de 443 lignes 296 du mètre vrai et définitif, pourra dans la pratique, et en n'employant que deux décimales, comme on a fait pour le mètre provisoire, être réduit à 443^{l} 30. Or, le mètre provisoire avoit été supposé de 443 lignes, 44; ainsi, le mètre vrai et définitif est plus court que le mètre provisoire de 0^{l} 14, ou un peu moins d'un tiers de millimètre. Le citoyen de la Lande en rapportant tout à la chaleur moyenne de la terre, qui est de 10° sur le thermomètre de 80, a trouvé le quarante-cinquième degré de 57 012 toises, au lieu de 57 023 qu'on avoit coutume de supposer, et c'est-là dessus qu'il a calculé la table qu'il a mise dans l'Abrégé de la Géographie de Guthrie.

Le nouveau mètre, déposé le 4 messidor an 7, (23 juin 1799) aux archives nationales, sera conservé avec soin; mais en tout cas on s'est ménagé un moyen de le retrouver facilement, par la longueur du pendule simple qui bat les secondes, et qui sera un étalon secondaire extrêmement précieux, encore offert par la nature même, et dont aucune cause destructive quelconque ne sauroit altérer la longueur. Aussi, l'académie des sciences, qui considéroit le système métrique en grand et dans tout son ensemble, avoit nommé des commissaires pour faire de nouvelles expériences sur la longueur du pendule. Elles ont été faites à l'observatoire national, par les citoyens Borda, Cassini et Méchain, avec une exactitude à laquelle il seroit difficile, pour ne pas dire impossible, de rien ajouter. Borda a décrit en détail toutes ces expériences dans un mémoire intéressant, dont il a présenté une copie à la commission, et qui sera publié dans le recueil des pièces relatives à l'objet des mesures. On a eu vingt expériences toutes faites avec la plus grande exactitude, et discutées avec cette sagacité rare qui caractérisoit Borda ; le milieu qui ne s'écarte pas des extrêmes d'un cent millième, donne la longueur du pendule simple qui bat les secondes à l'observatoire national, de 25 499 cent-millièmes du module, ou de la règle n°. 1, supposée à la glace fondante. Or, comme le mètre est égal à 256537 millionièmes du module, le pendule est de 993827 cent-millièmes parties du mètre. On pourra donc toujours, et quand on voudra, retrouver la longueur précise du mètre, en déterminant de nouveau la longueur du pendule simple à Paris. Une vérification aussi facile à faire dans tous les temps, doit être regardée comme un nouvel avantage du travail des mesures que nous venons d'exposer. On espère donner aussi la longueur du pendule à 45° et au bord de la mer, en y transportant un pendule décimal de platine, fait avec grand soin, dont le nombre de vibrations sera exactement déterminé à Paris. (Voyez les *Mémoires de l'Académie, de* 1745 *et* 1747, *Astronomie, art.* 2716.)

Une différence de onze toises sur le degré est une chose insensible ; elle ne mérite pas tout le temps qu'on y a mis, et toute la peine qu'on a prise ; mais on pensoit alors qu'on auroit le quarante-cinquième degré, et parconséquent le quart du méridien avec une extrême exactitude ; on ne s'attendoit pas aux irrégularités dont nous avons parlé ; mais quoiqu'on n'ait pas le quart du méridien aussi exactement qu'on l'espéroit, le mètre n'en est pas moins déduit de la nature, autant qu'il étoit possible de le faire.

Quoique les plus grandes et les plus importantes mesures des degrés soient celles dont nous venons de rendre compte, nous devons parler de quelques autres qui ont été exécutées en divers pays. La plus ancienne est celle de la Caille. Cet habile astronome étoit allé en 1750 au Cap de Bonne-Espérance, pour observer les étoiles australes, et pour déterminer la parallaxe de la lune par des observations faites à la fois aux deux extrémités d'un grand arc du méridien. Pendant le séjour qu'il fit au Cap, le sol lui parut propre à une nouvelle mesure d'un degré du méridien : d'ailleurs, on n'avoit point de degré mesuré dans l'hémisphère austral. La Caille entreprit donc cette mesure, et l'exécuta dans les mois de septembre et octobre de l'année 1751. Je n'entrerai point dans le détail de ses opérations, qu'on peut lire dans les *Mémoires de l'Académie, pour* 1751. Il trouva à la latitude moyenne de 33° 18′ $\frac{1}{2}$, le degré du méridien de 57 037 toises, c'est-à-dire presque égal à celui qui a été mesuré en France. On ne s'attendoit pas à un pareil résultat ; mais comme le remarque Lacaille, le devoir de l'astronome est uniquement de rendre compte de ses observations, et les irrégularités de la terre peuvent bien expliquer cette différence; il faut ajouter qu'il n'avoit peut-être pas d'assez bons instrumens.

Bientôt après, deux savans jésuites, les pères Maire et Boscovich, entreprirent un semblable travail en Italie, sous les auspices du pape Benoît XIV; chargés de lever la carte de l'état ecclésiastique, ils commencèrent en 1751, et achevèrent en 1753 la mesure d'une étendue de près de deux degrés entre Rome et Rimini, vers l'embouchure du fleuve Ausa, dans l'Adriatique; et ils trouvèrent sous cette latitude, qui est de 43°, que le degré contenoit 56 973 toises. Ils ont décrit avec le plus grand soin leurs opérations, dans un livre qui parut en 1755, sous ce titre, *De litterariâ expeditione per pontificiam ditionem ad dimetiendos duos meridiani gradus et ad corrigendam mappam geographicam, &c. Romae*, 1755, *in*-4°. Cet ouvrage a paru aussi en français en 1770; le père Boscovich a donné dans cet ouvrage des recherches profondes sur la question de la figure de la terre, envisagée soit du côté mathématique, soit du côté physique, et le tout exposé avec beaucoup d'élégance, et avec cette sobriété de calculs qui est propre aux géomètres italiens et anglois. Cet ouvrage étant difficile à se procurer en original, a eu un traducteur habile dans le père Châtelain-Hugon, l'une des victimes malheureuses de la catastrophe de la société.

Les belles et vastes plaines du Piémont présentoient un champ trop favorable à la mesure d'un degré du méridien, pour que quelque astronome, habitant de ce beau pays, ne saisît pas cette occasion d'effectuer une pareille mesure. Le père Beccaria, savant astronome et physicien, ayant pour coopérateur le chanoine Canonica, l'exécuta en 1777; il résulta de sa mesure, que sous le 44e degré 44′ de latitude, le degré du méridien étoit de 57 024 toises; mais il trouva de grandes inégalités aux approches des montagnes, comme on le voit dans son livre intitulé, *Gradus Taurinensis*, 1774, *in*-4°. L'auteur est mort en 1781.

Vers le même temps, deux astronomes anglois, Mason et Dixon, travailloient à une mesure du degré terrestre, dans la Pensylvanie; ils en publièrent les résultats en 1768, dans les *Transactions Philosophiques*. Ils trouvèrent dans ce pays, et sous la latitude de 39° 12′, le degré du méridien de 56 888 toises de Paris (1). Le citoyen de la Lande ayant envoyé à

(1) *Trans. philos.* 1768.

M. Maskelyne deux toises de Paris, pour y réduire les yards d'Angleterre.

L'on doit enfin au père Liesganig, ci-devant jésuite, la mesure de deux degrés du méridien, l'un en Hongrie, sous la latitude moyenne de 45° 57′, de 56 881 toises; l'autre, en Autriche, sous celle de 48° 43′, de 57 086 toises. On peut voir les détails de sa première opération dans son ouvrage intitulé, *Dimensio graduum meridiani, &c.* qu'il publia en 1770, à Vienne, *in*-4°.

Voici la table des dix degrés mesurés sur la surface de la terre; on les voit ici, à commencer par les plus voisins de l'équateur, avec les grandeurs qu'on a trouvées et les noms des astronomes qui les ont mesurées.

LATITUDES moyennes des degrés mesurés.		LONGITUDES des degrés EN TOISES.	AUTEURS DES MESURES.
D	M		
0.	0.	56753.	Bouguer, Godin, la Condamine.
33.	18. A	57037.	De la Caille.
39.	12.	56888.	Mason et Dixon.
43.	1.	56973.	Boscovich et Maire.
44.	44.	57024.	Beccaria.
45.	0.	57023.	Cassini de Thury, la Caille, &c.
		57012.	Delambre et Méchain.
45.	57.	56881.	Liesganig.
48.	43.	57086.	Le même.
49.	23.	57069.	Picard.
66.	20.	57419.	Maupertuis, Lemonnier, &c.

En comparant ces mesures entr'elles et relativement aux latitudes, on voit le degré de la Caille presque aussi grand que celui de Paris à Amiens, quoique pris sous la latitude de trente-trois degrés; celui du père Liesganig, en Hongrie, paroît de beaucoup trop petit.

On a essayé de les combiner tous pour voir ce qu'il en résultoit pour l'applatissement de la terre; il faut pour cela commencer par comparer entr'elles deux des mesures précédentes et en déduire le rapport des axes; car cette ellipticité, si la courbure du méridien terrestre est parfaitement celle d'une ellipse, devra être la même, ou du moins à-peu-près, quelles que soient les deux mesures qu'on comparera entr'elles. Comparons donc deux de ces degrés, par exemple, celui du Pérou avec celui des environs de Paris, qui est de 57 074 pour la latitude de 49° 20′ à-peu-près : on trouvera que l'excès d'un axe sur l'autre est de $\frac{1}{314}$; mais si l'on compare de même le degré mesuré au Pérou avec celui qui a été mesuré vers le cercle polaire, on aura pour le même excès $\frac{1}{213}$. La comparaison du degré de Paris ou entre Paris et Amiens, avec celui du Pérou, donne une ellipticité bien plus grande, savoir, $\frac{1}{128}$; enfin, si l'on comparoît tous les degrés mesurés de toutes les manières dont on peut le faire, en les prenant deux à deux, on trouveroit des différences plus grandes encore. Par exemple, le degré du Cap, comparé à celui d'Italie, donne une ellipse allongée seulement de $\frac{1}{486}$; mais il est évident que les degrés ayant toujours été trouvés décroissant à mesure qu'on s'approche de l'équateur, et celui du Cap étant dans un hémisphère différent des autres, on doit rejeter cette comparaison, et l'on ne doit comparer ce degré qu'avec celui de l'équateur, afin de déterminer l'applatissement de l'hémisphère austral, qu'on trouve par ce moyen de $\frac{1}{78}$.

On voit, par ces différentes comparaisons, qu'il est impossible de concilier la figure elliptique de la terre avec ces différentes mesures, ou plutôt qu'en les regardant comme exactes, on ne sauroit les concilier avec cette figure ; d'où l'on est fondé à conclure que la courbure d'un méridien de la terre n'est point celle de l'ellipse commune, mais une courbe irrégulière. Ces mesures semblent aussi nous apprendre que l'hémisphère austral est plus applati que le nôtre ; mais il y a plus encore, en comparant le degré moyen de France, avec celui d'Italie, qui, sous la même latitude est plus petit ; il s'ensuivrait que la courbure du méridien de la terre sous différentes longitudes ne seroit pas la même, de sorte que la terre ne seroit plus un solide de circonvolution. On ne doit cependant pas se hâter d'adopter une conséquence de cette nature, et comme le degré extrême et le plus méridional de France ne diffère pas beaucoup de celui d'Italie, je crois qu'il vaut mieux imputer leur différence, qui n'est que d'environ 60 toises, aux irrégularités locales dont nous avons parlé ci-dessus. Il y a aussi quelque chose pour les erreurs inévitables des observations ; en effet, 2 à 3″ d'erreur par défaut d'un côté et autant de l'autre par excès, suffisent pour les rapprocher et les rendre égaux, et quel observateur osera répondre de 2″.

Euler, dans un mémoire intitulé, *Elémens de la Trigonométrie sphérique, &c.* qu'on lit parmi ceux de l'*Académie de Berlin, pour l'année* 1752, discutoit les résultats des grandeurs des quatre degrés du méridien mesurés jusqu'alors, savoir, ceux du Pérou, de France, de Laponie et du Cap de Bonne-Espérance : il trouvoit que les degrés du Pérou, de la Laponie et du Cap se concilient en effet assez heureusement avec la figure elliptique, et le rapport de 229 à 230 entre les axes, en y allouant quelques légères erreurs, comme de 30 à 40 toises; car ce n'est-là pour l'amplitude de l'arc qu'une erreur de 2 à 3″. Mais en suivant ce procédé, il se trouve que le degré de France se refuse absolument à cette conciliation ; car il faudroit y supposer une erreur de 125 toises au moins, et le porter de 57 074 toises à 57 199. Euler, néanmoins, ne fait pas de difficulté d'admettre cette supposition, et par ce moyen, il trouve enfin que le méridien de la terre est une ellipse dont les axes sont dans le rapport trouvé par Newton, de 229 à 230.

Mais le moyen de penser qu'un degré mesuré et vérifié tant de fois, soit encore sujet à une erreur si considérable? Aussi Lacaille trouve, avec raison, que ce doute trop affirmativement énoncé par Euler, étoit injurieux aux académiciens françois, et il prit avec quelque vivacité leur défense, tant dans les *Mémoires de Berlin de* 1754, que dans ceux de l'*Académie des sciences de* 1756.

Quant à nous, il nous paroît certain, et il le paroîtra sans doute aussi à tous ceux qui voudront y réfléchir, que s'il est quelque degré sur la mesure duquel on puisse compter, c'est celui de Paris à Amiens, après toutes les vérifications qui en ont été faites. La prétention d'Euler ne sauroit d'ailleurs se concilier avec la mesure de la méridienne à travers la France.

Nous remarquons ici en passant, que dans ce mémoire, Euler propose un moyen de mesurer l'applatissement de la terre, autre que la mesure du méridien et des degrés du parallèle. Il suppose qu'on ait une grande plaine, comme de l'étendue de cinquante lieues, et que l'on mesure actuellement dans cette plaine une direction inclinée au méridien, un arc de cercle d'environ deux degrés; qu'on mesure ensuite, avec le plus grand soin, la différence des latitudes, il fait voir comment, au moyen des formules de sa trigonométrie sphéroïdique, on pourra en tirer le rapport des axes du sphéroïde ; mais, indépendamment de la difficulté de trouver un local convenable pour une pareille mesure, Euler convient lui-même que ce moyen tient plus à la pure spéculation qu'à la pratique.

Il semble donc qu'on ne peut se dispenser de reconnoître que la courbure du méridien terrestre n'est pas celle de l'ellipse ordinaire.

Bouguer observoit que pour déterminer la courbure du méridien

ridien terrestre par la mesure de ses degrés à différentes latitudes, il faudroit que cette mesure fît connoître la loi générale, suivant laquelle varient les rayons de sa développée; car on l'a remarqué plus haut, et il est aisé de voir que ces degrés donnent la grandeur de la développée de ce méridien en divers lieux; mais on n'a encore qu'un petit nombre de degrés ainsi mesurés. Donc, l'on ne sauroit déterminer cette loi que par approximation et conjecture; celles-là seront les mieux fondées, qui à la simplicité joindront l'avantage de s'accorder sans effort avec les observations, ou de n'exiger que de légères corrections.

Parmi les hypothèses qu'on peut faire sur l'accroissement des degrés du méridien, les plus simples sont celles qui les feroient croître, selon quelque puissance du sinus de la latitude ou de la latitude elle-même. Bouguer voulant concilier les différentes mesures connues de son temps, entra à ce sujet dans de curieuses recherches géométriques sur la nature des courbes qui jouiroient de ces propriétés. (*La Figure de la terre*, *&c.* 1749.) Il trouva que la courbe où les degrés et les rayons de la développée suivroient le rapport même des sinus de la latitude, seroit une cycloïde; c'est dans l'ellipse que les accroissemens des degrés sont comme les quarrés de ces sinus. Il donne pareillement l'équation des courbes où ces degrés seroient comme des puissances plus élevées des sinus de latitudes. Il remarque enfin que les courbes dans lesquels les degrés sont comme les latitudes elles-mêmes, où leurs puissances ne sont autres que celles qui naissent du développement du quart de cercle, et du développement de celles-ci, et ainsi de suite à l'infini.

Bouguer trouva que la proportion qui représentoit le mieux l'accroissement des degrés, étoit celle des quatrièmes puissances des sinus de latitude; or, en admettant ce rapport, on trouve que l'applatissement de la terre seroit de $\frac{1}{179}$.

Il est vrai que cette proportion sembla renversée par la mesure de Lacaille, selon laquelle le degré le plus méridional de la France est de 57 048, tandis que selon le rapport proposé par Bouguer, ce degré ne devroit être que de 56 969 toises; car le degré mesuré au cap ne paroît point devoir entrer en comparaison avec les degrés mesurés dans l'hémisphère boréal; mais en les combinant tous, le citoyen de la Lande trouvoit un trois centième. *Mémoires de l'Académie*, 1785.

Au reste, il faut l'avouer, la question est devenue beaucoup plus difficile depuis que de nouveaux degrés du méridien ont été mesurés. On s'en tient aujourd'hui à l'applatissement d'un trois cent trente-quatrième, et l'on en a vu les raisons.

III.

De la figure de la terre, déduite des calculs de l'attraction; et de l'anneau de Saturne.

Tandis que les astronomes s'efforçoient de mesurer la grandeur et l'applatissement de la terre, les géomètres, par de savantes théories, s'efforçoient d'en calculer la figure, et de discuter jusqu'à quel point celle que les observations donnent à la terre, se déduisent des lois de la gravitation, de concilier, s'il étoit possible, les conséquences tirées de ces observations, avec l'allongement du pendule, en allant au pole. Il naît enfin de ces considérations et de diverses autres qui en dépendent, une masse curieuse de recherches dont il est nécessaire de donner ici un précis.

Nous avons parlé au commencement de l'article précédent, de la différence des conclusions d'Huygens et de Newton, relativement à la quantité de l'applatissement de la terre. Ils avoient des idées fort différentes sur la cause et la mesure de la pesanteur. Huygens la supposoit la même à toutes les distances du centre de la terre, et d'après ce principe, il raisonnoit ainsi. Supposons deux canaux tirés l'un du centre à un point de l'équateur, l'autre du même centre au pole, et remplis l'un et l'autre de liqueur. Ils seroient égaux en longueur, si la terre étoit en repos; mais la rotation de la terre diminue dans le premier de ces canaux le poids de chaque particule du liquide, de la quantité de la force centrifuge que produit dans chacune d'elles la rotation. D'un autre côté, cette force centrifuge croît pour chaque particule en proportion de sa distance au centre, c'est à dire arithmétiquement. Nous avons donc une somme de poids égaux, dont le plus éloigné est diminué de tout l'effort de la force centrifuge; le plus voisin du centre n'éprouve aucune diminution, et les intermédiaires en éprouvent une proportionnelle à la distance au centre; d'où il suit que le poids total éprouve une diminution qui est la moitié de ce qu'elle produiroit, si toutes les parties qui les composent étoient à la plus grande distance: or, la diminution seroit alors de $\frac{1}{289}$; car Huygens voyoit que la force centrifuge est à l'équateur la 289ᵉ. partie de la gravité. Le canal étendu du centre à l'équateur, éprouvera donc une diminution d'une moitié de ce 289ᵉ., ou de $\frac{1}{578}$, et par conséquent pour contre-balancer celui qui est étendu le long de l'axe, il devra avoir $\frac{1}{578}$ de plus de longueur, à un infiniment-petit près; ainsi, le rapport du demi axe au rayon de l'équateur, sera comme 578 à 579.

Huygens déterminoit aussi la courbure du méridien, en imaginant un autre canal étendu du centre à un point quelconque du méridien. Considérant ensuite que la force centrifuge n'agissoit ici qu'en raison du sinus de l'angle entre ce canal et l'axe, il en déterminoit la longueur, et l'analyse lui donnoit l'équation de la courbe du méridien, que nous avons vu être formée de deux courbes, ayant leurs sommets aux poles, et se coupant à l'équateur, en sorte que si cela étoit, il y auroit comme un ressaut dans l'océan à l'équateur. Or, l'on n'a observé rien de semblable, et l'on ne peut douter que la courbe de l'océan ne soit une courbe continue; il résulte de-là que l'hypothèse d'une gravité constante n'est pas dans la nature. Huygens n'approuvoit pas les idées de Newton, en ce qu'il supposoit une attraction entre toutes les particules de la matière, en raison inverse des quarrés des distances; mais lui-même admettoit une chose bien moins naturelle.

Il est à remarquer que ce n'est pas seulement dans l'hypothèse d'une pesanteur primitive constante, que l'on trouve l'applatissement de la terre de $\frac{1}{178}$; toute autre hypothèse où l'on fera varier la pesanteur comme une puissance ou même une fonction quelconque de la distance au centre, donnera le même applatissement, si la force centrifuge n'est qu'une très-petite fraction de la pesanteur, comme cela a lieu sur la terre que nous habitons. Mais l'hypothèse dans laquelle on fait varier la pesanteur, comme la distance au centre, a cela de remarquable, que la courbure du méridien se trouve être une véritable ellipse, comme le démontre Herman, qui a le premier examiné ce cas, et qui a traité ce sujet d'une manière fort générale dans sa *Phoronomie*.

Mais Newton a envisagé la pesanteur d'une manière bien différente. La gravité sur la terre est le résultat de l'attraction de toutes les parties de la terre les unes à l'égard des autres, en raison inverse des quarrés de leurs distances. Par une suite de cette action, les particules plongées dans l'intérieur d'une sphère, pèsent moins vers le centre qu'à la surface. Il en est de même dans un sphéroïde peu différent de la sphère; ainsi, l'on sent déja que les particules contenues dans le canal équatorial, pesant moins à mesure qu'elles approchent plus du centre, doivent éprouver un plus grand écart de l'axe, par l'effet de la force centrifuge, ce qui doit donner un sphéroïde plus applati; la détermination de cet applatissement est aussi dans cette hypothèse bien plus difficile que dans l'hypothèse d'Huygens; et Newton n'y parvint que par une voie indirecte, que Herman croyoit vicieuse. Mais c'étoit lui qui étoit dans l'erreur, et ce qui justifie Newton, c'est que le calcul rigoureux appliqué depuis à cette question, donne à si peu-près son résultat, qu'on ne sauroit qu'admirer la sagacité avec laquelle ce grand homme savoit au besoin employer ces moyens subsidiaires ; car Newton, par son raisonnement, trouve le rapport du demi axe au demi diamètre de l'équateur, comme 230 à 231, et le calcul rigoureux le donne comme de 229 à 230.

Les choses en étoient là, et y restèrent jusqu'à l'époque des nouvelles opérations faites en France pour la mesure de la terre. Ces opérations, qui paroissoient contredire Newton, tournèrent de ce côté les vues d'un grand nombre de géomètres. On tenta de résoudre directement ce problême, que Newton n'avoit résolu que d'une manière indirecte ; les difficultés, enfin, qu'on a trouvées à concilier la théorie, soit avec les mesures, soit avec les observations de la longueur du pendule, ont donné lieu à une foule de recherches profondes et curieuses.

Stirling me paroît le premier qui entra dans cette carrière ; il donna en 1735, dans les *Transactions philosophiques*, quelques propositions tendantes à éclaircir la théorie de Newton. Il supposa un sphéroïde homogène, produit par la circonvolution d'une ellipse autour de son petit axe, et il examina quelle étoit la direction primitive et la quantité de la pesanteur à chacun de ses points. Il trouvoit que dans un pareil sphéroïde en repos, une particule ne sauroit rester sur la surface du sphéroïde, sans rouler du côté du pole ; ainsi, un fluide dont seroit recouvert, un pareil sphéroïde à une petite profondeur tendroit tout à couler du côté des pôles. Il faut donc une rotation à ce sphéroïde, pour que les graves tendent à sa surface perpendiculairement, et il détermine cette vîtesse. Le calcul fait voir ensuite à Stirling, qu'alors la force moyenne de la gravité sera à la force centrifuge en un point quelconque, comme le rectangle sous le sinus total et le diamètre moyen, au rectangle du cosinus de la latitude, par les $\frac{4}{5}$ de la différence entre les deux axes du sphéroïde, proportion qui, sous l'équateur, se change en celle du diamètre moyen, aux $\frac{4}{5}$ de la différence ; cette proposition est fort élégante.

On peut donc trouver par ce moyen, le rapport des deux diamètres du sphéroïde terrestre, en connoissant le rapport de la force centrifuge sous l'équateur à la pesanteur. Or, on sait que la première est à très-peu-près $\frac{1}{289}$ de la dernière, d'où résulte pour le rapport de ces deux diamètres, celui de 229 à 230 ; ce qui diffère insensiblement de celui de 230 à 231, trouvé par Newton, au moyen de sa méthode indirecte. Stirling se trompe, néanmoins, en disant que dans l'hypothèse de la gravitation universelle et réciproque, et celle d'une masse homogène, la terre ne doit pas être un sphéroïde formé par la révolution de l'ellipse ordinaire, mais seulement fort approchante. Divers géomètres ont fait voir le contraire.

Mais il n'est personne qui ait travaillé sur cette théorie avec autant d'étendue et de succès que Clairaut. Stirling venoit à peine de donner ses deux élégans théorêmes, que Clairaut enchérit beaucoup sur lui. On lit dans les *Transactions philosophiques*, n°. 445 et 447, deux mémoires de ce savant géomètre sur ce sujet, et il a depuis poussé encore plus loin ses recherches, dans son livre intitulé, *Théorie de la figure de la terre*, imprimé en 1743, Paris, *in*-8°. Voici le précis de ces différens écrits.

Avant que d'entreprendre de déterminer la figure que doit prendre un fluide en vertu de sa rotation, il est nécessaire d'entrer dans quelques considérations préliminaires, sans lesquelles on pourroit tomber en erreur. Lorsque Huygens conclud l'ellipticité de la terre, il ne fit attention qu'à la direction perpendiculaire des graves à la surface des fluides. Il supposa facilement que pourvu que la direction de la pesanteur des parties du fluide mis en rotation, des mers, par exemple, fût perpendiculaire à leur surface, ce fluide auroit une figure permanente. Newton déterminant la figure de la terre, employa un autre principe, celui de l'équilibre des canaux tirés du centre à la surface. Cela lui parut suffisant pour assurer l'équilibre de la masse entière, ou du moins il ne lui vînt pas en pensée d'examiner s'il falloit quelque chose de plus.

Cependant, l'un ou l'autre de ces principes isolés n'est point suffisant, c'est une observation importante que fit Bouguer. (*Mémoires de l'Académie*, 1733.) La direction de la pesanteur pourroit être perpendiculaire à la surface extérieure du fluide, sans que pour cela les canaux tirés du centre à la circonférence fussent en équilibre; et au contraire, les canaux pourroient être en équilibre, sans que la direction de la pesanteur fût perpendiculaire à la surface. L'une et l'autre de ces conditions sont néanmoins nécessaires; car, si la première manquoit, chaque particule du fluide tendant obliquement à la surface, seroit comme sur le penchant d'un plan incliné, elles s'écouleroient toutes dans ce sens, ce qui entretiendroit dans ce fluide un mouvement continuel. Or, rien de semblable ne s'observe; l'inconvénient ne seroit pas moindre, si le premier principe avoit seul lieu, il faut donc que l'un et l'autre se réunissent à donner la même figure. L'hypothèse de gravité qui donneroit un autre résultat, ne sauroit donner à la planète un état permanent, et conséquemment ne sauroit être celle de la nature.

Maclaurin a renchéri sur l'observation de Bouguer. Il a remarqué que ces deux principes réunis assureroient bien l'équilibre de la masse à la surface ; mais que l'équilibre interne et total exigeoit encore une condition plus générale, savoir, que deux canaux menés d'un point quelconque de la masse à la surface, seroit en équilibre.

Enfin, Clairaut a porté ce principe à toute sa généralité, en lui substituant celui-ci. *Pour qu'une masse fluide soit en équilibre et dans un état permanent, il faut que dans un canal quelconque, soit rentrant en lui-même, soit terminé de part et d'autre à la surface, les efforts des parties de fluide qu'il contient se détruisent mutuellement.* Ce principe renferme ceux d'Huygens et de Newton.

Sur ce principe, Clairaut a élevé une belle et savante théorie. Toute la première partie de son livre sur la *Figure de la terre*, est employée à examiner les lois de gravitation où cet équilibre peut avoir lieu, la manière de le reconnoître par l'analyse, et de déterminer la courbe qui terminera le fluide extérieurement. Il traite aussi par occasion quelques autres problêmes physico-mathématiques, concernant les mouvemens des fluides, et la cause de la suspension des liqueurs au-dessus du niveau dans les tubes capillaires ; mais ceci n'est pas de notre sujet.

Clairaut commence par examiner ce qui arrive à deux canaux, dont les extrémités sont à égales distances d'un axe autour duquel ils tournent ; et il trouve qu'en vertu de la force centrifuge que leur imprime cette rotation, ils font des efforts égaux, quelle que soit leur figure, pour se vider par les extrémités ; si donc on avoit un canal rentrant en lui-même, tous les efforts des particules de fluide les unes contre les autres se détruiroient, et cet équilibre ne seroit pas troublé par la force centrifuge. Ainsi, lorsqu'on voudra examiner si une loi de gravité est telle qu'une masse fluide autour d'un axe puisse prendre une forme permanente, on pourra ne faire aucune attention à la force centrifuge, c'est-à-dire que si cette masse peut avoir une forme constante sans tourner, elle pourra aussi en avoir une en tournant. D'un autre côté, tout canal contourné de telle manière qu'on voudra, se peut réduire à un canal placé dans le plan du méridien. Ainsi, pour s'assurer si une loi de gravité permet l'équilibre, il suffira d'examiner si, dans cette hypothèse, un canal quelconque placé dans le plan du méridien est en équilibre ; si cela arrive, il en sera de même de tous les autres, quelles que soient leur forme ou leur circonvolution.

Ce principe étant appliqué à quelques hypothèses simples, fait voir d'abord si l'équilibre dont nous parlons y est possible. Si, par exemple, la pesanteur tend vers un seul point, et suivant une loi quelconque de la distance à ce point, il sera facile de prouver que le fluide, dans le cas où il n'aurait aucune rotation, pourra se mettre en équilibre. Il en sera de même, s'il y a deux, trois, quatre ou plus de points de tendance, et que la gravitation vers chacun ne dépende que de la distance à ce point, d'où il suit que dans le cas de la gravitation réciproque et universelle, l'équilibre dont nous parlons sera encore possible, puisque ce cas n'est que celui d'une infinité de points de tendance, suivant un certain rapport de la distance. Il suffira donc, dans tous ces cas, d'employer l'un ou l'autre des principes de Newton ou d'Huygens, pour déterminer le solide engendré par la rotation. Celui de ces deux principes qu'on voudra, entraînera nécessairement l'équilibre dans quelque canal que ce soit, et parconséquent dans la masse totale.

Mais pour porter ceci à la généralité qu'exigent les mathématiques, il étoit besoin d'une méthode analytique pour reconnoître dans quelque hypothèse que ce soit, si cet équilibre d'un canal quelconque peut subsister. Clairaut a donné pour cela une méthode très-ingénieuse, qu'on peut voir dans son ouvrage. Il prouve que quelle soit la loi de la gravité, pourvu qu'elle dépende uniquement de la distance au centre, fût-elle exprimée par une somme de puissances quelconques de cette distance, si la force centrifuge a un rapport très-petit à la gravité, comme cela a lieu sur notre planete, l'équilibre pourra subsister, et l'excès du rayon de l'équateur sur le demi axe, sera à ce demi axe, comme la moitié de la force centrifuge est à la pesanteur. Ainsi, dans notre planète, si la loi de pesanteur ci-dessus avoit lieu, l'applatissement ne seroit que d'un 576e : nous avons déja tiré ailleurs cette conclusion de la même supposition.

On pourroit aussi supposer que chaque particule de matière gravitât vers plusieurs centres, et suivant une fonction quelconque de la distance à chacun de ces centres. Dans le cas où la gravitation vers chacun seroit proportionnelle à la distance, la courbe, ce qui est remarquable, seroit une ellipse plus ou moins allongée, dont les deux foyers seroient les points de tendance. Clairaut traite encore différentes hypothèses qu'on peut former sur la loi de la gravité ; mais la seule qui ait lieu dans la nature, est celle suivant laquelle les particules de la matière gravitent les unes vers les autres, en raison inverse des quarrés des distances.

La méthode indiquée ci-dessus pour déterminer la figure d'un sphéroïde engendré par la rotation, n'est pas d'une application aussi facile, dans le cas que nous avons à examiner ici, que dans le précédent. Comme il n'y a plus de relation entre la gravitation de chaque particule et sa distance à un point fixe, mais que cette gravitation dépend de la distance de chaque particule, à toutes les autres prises à la fois, il n'y a plus moyen de décomposer la force de la gravitation dans les deux directions perpendiculaire et parallèle à l'axe de rotation, ce que demandoit la méthode précédente : il faut prendre une autre route.

Le premier pas à faire dans la recherche présente, est de déterminer la loi suivant laquelle pèse un poids ou une particule quelconque, de matière placée en divers points de la surface d'un sphéroïde homogène. Supposons-la d'abord placée au pole même, et que ce sphéroïde ne diffère qu'extrêmement peu de sa sphère, comme nous le savons de la terre; dans cette supposition, qui simplifie beaucoup la question, Clairaut trouve, par le calcul intégral, l'attraction exercée par l'excès de matière du sphéroïde sur la sphère.

Lorsque le poids est placé sur un autre point du sphéroïde, soit à l'équateur, soit entre le pole et l'équateur, la difficulté est un peu plus grande; mais la supposition ci-dessus, savoir, que le sphéroïde ne diffère qu'extrêmement peu d'une sphère, la simplifie. Son analyse le conduit à prouver que la pesanteur en allant de l'équateur au pole, suit le rapport du quarré du cosinus de la latitude. Il prouve aussi par-là, que sur un pareil sphéroïde, la pesanteur à chaque point est réciproquement, comme la distance au centre, ce que Newton avoit seulement supposé, et que Clairaut a prouvé le premier, dans les *Transactions philosophiques de* 1737.

Maclaurin a considéré la chose plus généralement, et a recherché quelle étoit la loi de la gravitation dans un point quelconque pour un sphéroïde différent, tant qu'on voudra, de la sphère. Sa méthode est si belle, que Clairaut n'a pas fait difficulté de la substituer à la sienne, dans sa *Théorie de la Figure de la Terre.* Elle est fondée sur une propriété curieuse et nouvelle des ellipses semblables et concentriques, que l'on peut voir démontrée d'une manière très-simple dans l'*Astronomie du citoyen de la Lande.* Il détermine l'attraction au pole et à l'équateur, et il en conclut que l'ellipse satisfait à l'équilibre.

Clairaut démontre aussi que la diminution totale de la pesanteur de l'équateur au pole, c'est-à-dire le raccourcissement du pendule qui lui est proportionnel, sera d'une 230e. ; enfin, cette diminution suivra dans les différentes latitudes le rapport des quarrés des sinus de ces latitudes.

Telles sont les conséquences qui suivroient de la supposition d'une terre homogène; mais les expériences du pendule faites dans ces derniers temps avec tout le soin possible en divers lieux

lieux de la terre, apprennent que sa diminution est plus considérable, qu'il ne suit de la supposition précédente. Ce peu d'accord des faits avec la théorie précédente, conduit à penser que la terre n'est pas homogène dans sa contexture. Maclaurin et Clairaut ont examiné ce qui devoit arriver dans ce cas; mais le premier, faute de quelques attentions délicates qui lui ont échappé, est tombé dans l'erreur, c'est pourquoi ce sera uniquement Clairaut que nous prendrons ici pour guide.

Il ne seroit pas naturel de supposer à la terre des densités sans règle. Le problême de déterminer la loi de la pesanteur sur un pareil corps, ne seroit plus susceptible d'analyse et de solution. Si la terre est inégalement dense, il est possible que cette densité varie du centre à la circonférence, suivant une certaine loi; soit que la terre ait été primitivement fluide et l'amas d'une infinité de fluides de diverses densités, d'abord arrangés sphériquement, les plus denses occupant la place la plus basse, et ensuite ayant pris par l'effet de la rotation la figure d'un sphéroïde; soit que la terre soit composée d'un noyau sphérique ou elliptique, d'une densité variable ou constante, et recouvert d'un fluide.

Clairaut considère d'abord la terre dans cette dernière hypothèse; et en supposant le noyau composé d'une infinité de couches elliptiques, dont la densité et l'ellipticité varient suivant une loi quelconque, il recherche la loi de pesanteur sur un pareil corps, et la forme que prendra le fluide qui la recouvre. Il trouve que ce fluide, quelque soit sa profondeur, prendra une forme infiniment approchante de celle d'un sphéroïde elliptique, applati par les poles, si le noyau l'est lui-même, et qui pourra être allongé si le noyau l'est, et pourvu que la vîtesse de rotation ne soit pas trop grande. A la surface d'un pareil sphéroïde, la pesanteur décroîtra encore du pole à l'équateur, dans un rapport fort approchant de celui du quarré du sinus de la latitude.

L'analyse conduit ici Clairaut à une conséquence bien différente de ce qu'avoit pensé Newton. Celui-ci remarquant que les expériences du pendule donnent un plus grand raccourcissement du pole à l'équateur, qu'il ne devroit arriver dans l'hypothèse de l'homogénéité, avoit cru satisfaire à ce phénomène, en donnant à la terre un plus grand applatissement, et pour l'expliquer, il conjecturoit que les parties de la terre croissoient en densité à mesure qu'on approche du centre. Clairaut trouve au contraire que si la densité va en croissant de la surface au centre, l'applatissement sera moindre que dans le cas de l'homogénéité, à moins qu'on ne suppose l'ellipticité des couches décroître du centre à la surface, ce qui n'est pas probable.

Voici encore une conséquence remarquable à laquelle Clairaut est conduit par son analyse, c'est que sur un pareil sphéroïde, en supposant ce qui est dans le cas de notre terre, que la profondeur du fluide qui recouvre le noyau solide n'est qu'extrêmement petite, eu égard à son demi diamètre, la fraction qui exprime l'ellipticité qui auroit lieu dans le cas de l'homogénéité, est moyenne arithmétique entre les fractions qui expriment l'une le raccourcissement total du pendule du pole à l'équateur, et l'autre l'ellipticité actuelle. Ainsi, l'on trouvera cette dernière en retranchant de $\frac{2}{230}$ ou de $\frac{1}{115}$ la fraction qui exprime le raccourcissement du pendule du pole à l'équateur; d'où il suit que tous les phénomènes donnant le raccourcissement plus grand que d'un 230e. de sa longueur totale, qui est celui qui conviendroit à l'hypothèse de l'homogénéité, l'applatissement de la terre doit être moindre que de $\frac{1}{230}$, et c'est ce que les observations ont prouvé.

Le problême de déterminer la figure que doit prendre un fluide, d'abord sphérique, et composé de couches de différentes densités, lorsqu'on lui donne un mouvement de rotation autour d'un de ses axes, est d'une bien plus grande difficulté que le précédent. Clairaut le résoud dans le cas où la densité croît comme une puissance de la distance au centre.

Nous nous sommes bornés jusqu'ici à parler des vérités les plus utiles dans la recherche de la figure de la terre; mais cette question donne lieu à un grand nombre de problêmes curieux que résoud Clairaut. Si, par exemple, un globe composé de fluides variables en densité du centre à la circonférence étoit mis en mouvement autour de son axe, quelle forme prendroit-il? Si un globe étoit composé seulement de quatre, cinq ou six ou plus (en nombre fini) de couches de différens fluides, chacun incompressible, et de densité variable, quelle figure résulteroit-il de sa rotation? Qu'on suppose encore un globe recouvert d'une couche de fluide uniforme, mais fort profonde, comme d'une partie notable du rayon terrestre, quelle sera la figure qui en résultera? Ce cas est fort différent de celui de notre terre, ou la couche de fluide, c'est-à-dire l'océan n'est qu'une couche fort mince relativement au demi diamètre de la terre. On pourroit enfin supposer que la terre ne fût composée que d'une croûte peu épaisse, recouvrant un vaste vide et couverte d'eau, et demander quelle sera dans ce cas la forme qu'elle prendra? Clairaut examine même encore, dans une pièce qui remporta le prix de l'académie de Toulouse, quelle forme et quels phénomènes résulteroient de la supposition que le noyau de la terre fût composé de deux globes hétérogènes au surplus de sa masse, vers lesquels tendroit le fluide, comme vers deux foyers; mais ces questions sont plus curieuses qu'utiles; il nous suffira d'observer que de quelque façon qu'on se retourne, on est toujours conduit à la conclusion, que la plus grande ellipticité qui puisse avoir lieu, est celle du cas de l'homogénéité, ou de 230 à 231.

La question de la figure de la terre, malgré les savantes et ingénieuses recherches de Clairaut, offroit encore matière de s'exercer aux géomètres du premier ordre. Euler s'en est occupé, et a donné dans les *Mémoires de Berlin et de Pétersbourg* des recherches sur cette matière. Daniel Bernouilli en a fait aussi le sujet de quelques recherches, qu'on peut voir dans les mêmes recueils.

D'Alembert s'est aussi beaucoup occupé de ce sujet, dans ses *Recherches sur différens points importans du Systême du Monde*, t. II et III. Là, il envisage la courbure du méridien terrestre de la manière la plus générale, et fait voir comment, au moyen des longueurs des degrés pris à diverses latitudes, (longueurs toujours proportionnelles aux rayons osculateurs des points moyens de ces degrés) on peut déterminer la longueur du rayon terrestre, selon ses différentes inclinaisons à l'axe, et conséquemment l'équation de la courbe qui convient à ce méridien, pour satisfaire à toutes ces longueurs.

D'Alembert fait voir ensuite comment on peut, sur un pareil sphéroïde, déterminer l'attraction qu'il exerce sur un corpuscule situé à la surface au-dedans et même au-déhors, dans la prolongation d'un rayon; mais il faut en convenir, si tout cela prouve la prodigieuse facilité de d'Alembert en analyse, ces formules sont si compliquées, qu'il ne nous paroît pas qu'elles puissent jamais sortir de la classe des pures spéculations. Il y revient dans le troisième volume de ses *Recherches*, et il tire de sa solution quelques conclusions extraordinaires, et qui paroîtront d'abord paradoxales; par exemple, que l'inégalité de deux seuls degrés du méridien mesurés, l'un à l'équateur, l'autre dans un lieu quelconque, ne suffit pas pour établir l'inégalité des axes de la terre, comme de leur égalité on ne pourroit point en conclure l'égalité de ces axes; mais ce ne sont encore que de pures spéculations mathématiques. Il est en effet telle courbe comprise entre les mêmes points qui pourroit avoir à son sommet et à des points donnés des rayons osculateurs de grandeurs données; la courbure d'un méridien de la terre ressembleroit alors à un quart de cercle bossué en divers endroits.

Il y a encore d'autres doutes élevés par d'Alembert dans ce même opuscule, sur la perpendicularité exacte de la ligne du zénit, avec l'horison et sa situation dans le plan du méridien; mais, qu'est-ce que l'horison, sinon le plan perpendiculaire à la direction du fil aplomb, plan uniquement déterminé par là dans toutes les observations astronomiques? et qu'est-ce que le méridien, sinon le plan passant par cette verticale et par le pole?

D'Alembert revient aussi dans cette dissertation sur l'attraction des sphéroïdes, et généralise beaucoup ses recherches sur ce sujet; car il ne se borne plus à considérer des sphéroïdes homogènes, mais il les considère comme variant de densités suivant différentes lois, et même en ne les supposant plus de simples sphéroïdes de circonvolution, mais elliptiques dans quelque sens qu'on les coupe, pourvu toutefois encore qu'ils diffèrent fort peu d'une sphère, mais il est fâcheux que les formules données par ces solutions soient d'une extrême complication.

Divers autres ouvrages de d'Alembert nous offrent encore des recherches faites incidemment sur cette matière; mais pour nous restreindre, nous nous bornerons à en indiquer quelques résultats. Il fait voir, par exemple, et il est le premier qui en ait fait l'observation, que lorsqu'une masse fluide et homogène est mise en mouvement autour d'un axe avec une vîtesse donnée, il n'y a pas seulement un sphéroïde applati qui est compatible avec l'équilibre, mais qu'il en est plusieurs (on a depuis démontré qu'il y en a deux). Ainsi, en supposant la terre fluide et homogène, tournant avec une vîtesse de révolution de 23^h 56′ 4″, un de ces sphéroïdes auroit ses axes dans le rapport de 230 à 231; mais en vertu de cette même rotation, il pourroit les avoir encore dans celui de 1 à 681. Il faut cependant remarquer que dans les sphéroïdes extrêmement applatis, la pesanteur à l'équateur étant presque nulle, le fluide peut se dissiper avec beaucoup de facilité, et par conséquent cette figure d'équilibre ne doit pas être regardée comme bien stable (1).

Après les savantes recherches de d'Alembert, il ne falloit pas moins que la sagacité du célèbre la Grange pour faire quelques pas de plus dans la solution complète de ce problême. Il entre-

(1) Au sujet de cette espèce d'équilibre, le P. Boscovich, qui avoit donné sur cette matière des recherches ingénieuses et savantes en 1755, fut attaqué par d'Alembert (*Opusc.* 1761, t. I, p. 246.); il n'aimoit pas les Jésuites, parce que l'on avoit critiqué l'Encyclopédie dans le Journal de Trévoux, et il a persécuté le P. Boscovich toute sa vie; mais celui-ci prouva complettement que d'Alembert avoit tort, dans une note insérée, en 1770, dans la traduction de son ouvrage sur la mesure de la terre, *Voyage astron. et géograp.* p. 449. Le P. Boscovich ne faisoit pas autant de calcul intégral que d'Alembert, mais il avoit bien autant d'esprit.

LA LANDE.

prit de le traiter de la manière la plus générale, (*Mémoires de Berlin*, 1773) en supposant le sphéroïde être un ellipsoïde quelconque, dont la surface seroit exprimée par une équation à trois variables, ce qui permet de représenter généralement tous les sphéroïdes, même ceux qui sont elliptiques dans tous les sens; et il donna des expressions de la force suivant laquelle le corps est attiré dans la direction de chacun des trois axes de l'ellipsoïde, le corps étant sur la surface ou dans l'intérieur. Or, connoissant les directions et les quantités de trois forces qui agissent sur un corps, on peut aisément déterminer la force composée suivant laquelle il est attiré.

Cette analyse fait voir dans l'ellipsoïde homogène des propriétés analogues quant à l'attraction, à celles du sphéroïde: ainsi, par exemple, on trouve que dans ce cas, comme dans le sphéroïde de révolution, l'attraction vers le centre est proportionnelle à la distance; et que de même que dans l'intérieur du sphéroïde creux, un corpuscule n'éprouve aucune attraction, il en sera de même dans le solide dont nous parlons, si ces surfaces extérieures et intérieures sont semblables.

Un corpuscule placé dans l'intérieur d'un ellipsoïde solide, éprouve la même attraction dans le sens d'un des axes quelconques des co-ordonnées, que s'il étoit placé sur cet axe, au point où tombe sur l'axe la perpendiculaire tirée de ce corpuscule.

Le cas néanmoins le plus difficile de ce problême, est celui où le corpuscule est placé au déhors de l'ellipsoïde et dans la prolongation d'un rayon quelconque. Le citoyen de la Grange donne les expressions différentielles des attractions dans le sens des trois axes; mais ces expressions se refusant dans leur généralité à toute intégration, il y supplée par une suite très-convergente, pour le cas où l'ellipsoïde différeroit très-peu du sphéroïde de révolution, et celui-ci aussi peu de la sphère.

Il résoud enfin le problême pour le cas d'un corps placé au déhors dans l'axe d'un sphéroïde de révolution de dimention quelconque, et trouve une expression finie qui s'accorde avec celle de Maclaurin. Quant au problême conçu dans sa généralité, c'est-à-dire, supposant un ellipsoïde quelconque, et un corps placé dans une situation quelconque hors de l'ellipsoïde, il regarde les expressions différentielles résultantes de l'analyse, comme ne pouvant être intégrées par les méthodes connues jusqu'à présent.

Maclaurin ayant démontré synthétiquement, et d'une manière très-élégante, que le sphéroïde elliptique satisfait rigoureusement à l'équilibre des planètes, dans les hypothèses reçues, les géomètres se proposèrent de déterminer directement toutes les figures d'équilibres possibles. (*D'Alembert*, *opuscules*, t. V et VII. - *La Place*, *Mémoires de l'Académie*, 1772. Ils trouvèrent que l'ellipsoïde applati satisfaisoit de deux manières différentes, et ils parvinrent à exclure un grand nombre d'autres figures, comme ne pouvant remplir les conditions d'équilibre. Le citoyen Legendre, jeune géomètre, qui débutoit avec succès, prouva, en 1784, que l'ellipsoïde étoit absolument le seul qui satisfît à la question ; pour cela, il employa une espèce particulière de fonctions rationelles qui ne s'étoient pas encore présentées aux analistes. (*Mémoires*, 1784, page 370.) Le citoyen la Place démontra bientôt après cette proposition, d'une manière bien plus générale ; son mémoire parut dans le volume de 1782, qui s'imprimoit en 1784.

Le citoyen Legendre démontra encore dans son mémoire, que si l'on suppose qu'une planète en équilibre ait la figure d'un solide de révolution peu différent d'une sphère, et partagé en deux parties égales par son équateur, le méridien de cette planète sera nécessairement elliptique.

Le citoyen de la Place traita, par une méthode particulière, la question de la figure de la terre, en examinant de la manière la plus générale l'attraction du corps sur la surface d'un sphéroïde, au déhors ou au dedans. Les sphéroïdes de rotation ne sont qu'un cas particulier de ceux qu'il soumet à ses calculs; car il exprime la surface par une équation à cinq variables, ce qui lui donne le moyen de représenter généralement tous les sphéroïdes, même elliptiques dans tous les sens, à la différence des sphéroïdes de rotation, dont les coupes perpendiculaires à l'axe sont au moins circulaires. Clairaut n'avoit non plus presque considéré que les sphéroïdes de rotation dont la différence des axes est assez petite pour pouvoir en négliger les puissances supérieures, comme de nul effet.

Maclaurin avoit à la vérité considéré les sphéroïdes de circonvolution de tout rapport entre leurs axes; mais il n'avoit pu déterminer la gravitation que des corps situés à la surface du sphéroïde, et tout au plus celle du poids situé dans la prolongation de l'axe de rotation, au moyen d'une courbe de quadrature fort compliquée. Le citoyen de la Place envisage les cas où le poids seroit situé à une distance quelconque de la surface du sphéroïde; il y applique, avec une sagacité et une élégance toutes particulières, le calcul des différences partielles, et lors même que le calcul lui refuse ses secours; (car il est des formules différentielles, dont l'intégration a éludé presque tous les efforts des géomètres) il trouve le moyen d'y suppléer par des considérations particulières, qui lui font éluder la difficulté, en réduisant le problême, au cas où le corpuscule seroit placé sur la surface d'un ellipsoïde, semblable à l'ellipsoïde attirant.

Mais c'est sur tout dans sa Mécanique céleste que le cit. de la Place a traité complétement cette belle théorie dont nous venons de parler ; elle dépend de la loi de la pesanteur à la surface, et cette pesanteur, résultat des attractions de toutes les molécules qui la composent, dépend de la figure. La liaison de ces deux inconnues rend leur détermination très-difficile ; nous allons en rendre compte, d'après le citoyen Biot, qui a étudié cette matière avec un soin tout particulier.

Le citoyen de la Place résoud ce problême, en supposant la terre recouverte par un fluide ; la méthode qu'il emploie pour y parvenir est une application très-singulière du calcul aux différences partielles qui conduit par de simples différenciations aux résultats les plus étendus. Considérant d'abord un sphéroïde homogène, il forme l'expression de son attraction sur un point donné parallélement à trois axes rectangulaires. Cette expression dépend d'une intégrale triple qui est susceptible d'une transformation commode ; l'auteur en développe le principe général. Appliquant ces résultats aux sphéroïdes, terminés par des surfaces finies du second ordre, et supposant d'abord le point attiré intérieur au sphéroïde, il en conclut qu'un point placé dans l'intérieur d'une couche elliptique, dont les surfaces intérieure et extérieure sont semblables, et semblablement situées, est également attiré de toute part.

Il obtient ensuite les attractions du sphéroïde parallélement aux trois axes rectangulaires, au moyen d'une seule intégrale définie ; mais cette intégrale n'est possible en elle-même que dans le cas où le sphéroïde est de révolution ; elle donne alors, en termes finis la valeur de sa force attractive, sur un point placé dans l'intérieur, ou à la surface même du corps.

Le cit. la Place considère ensuite l'attraction des sphéroïdes sur un point extérieur. Cette recherche a plus de difficultés que la précédente, mais elle peut cependant y être ramenée. Pour cela, il faut se rappeler que les attractions du sphéroïde, parallélement aux trois axes, sont données par les différences partielles de la fonction qui exprime la somme des molécules du sphéroïde, divisées par leurs distances respectives au point attiré. Il obtient la valeur de cette fonction, quand le point attiré est à une très grande distance, et il donne une équation du second ordre aux différences partielles qui la détermine en général. Il fait voir ensuite, à l'aide des séries, que cette fonction est le produit de deux facteurs, dont l'un est la masse du sphéroïde, et l'autre est seulement fonction de ses excentricités et des co-ordonnées du point attiré, d'où il résulte que les attractions de deux sphéroïdes elliptiques qui ont le même centre, la même position des axes et les mêmes excentricités sur un même point extérieur, sont entr'elles comme les masses de ces sphéroïdes. Il suit encore de cette propriété, que pour avoir l'attraction du sphéroïde proposé sur le point attiré, il suffit de connoître l'attraction sur le même point d'un sphéroïde, dont les excentricités et la position des axes seroient les mêmes, et dont la surface passeroit par ce point; il fait voir qu'il n'y a qu'un seul sphéroïde elliptique qui remplisse cette condition.

La recherche de l'attraction de ces sphéroïdes sur les points qui leur sont extérieurs, se trouve ainsi ramenée au cas où le point attiré est sur leur surface; de-là résulte l'expression de cette attraction en termes finis, lorsque le sphéroïde est un ellipsoïde de révolution, ce qui complète la théorie de l'attraction des sphéroïdes elliptiques.

Le cit. la Place donne le moyen d'étendre ces résultats, au cas où le sphéroïde attirant seroit composé de couches elliptiques, variables de densité, de position et d'excentricité, en suivant une loi quelconque. Il considère ensuite, d'une manière générale, les attractions des sphéroïdes quelconques; il rappelle d'abord que cette attraction est donnée par une équation du second ordre, aux différences partielles. Toute la théorie de l'attraction des sphéroïdes découle de cette équation fondamentale; après lui avoir fait subir diverses transformations, le cit. la Place entreprend d'en déduire, par le moyen des séries, la valeur de la fonction cherchée; et d'abord il fait voir que pour les sphéroïdes très-peu différens de la sphère, on peut y parvenir sans le secours de l'intégration, au moyen d'une équation très-remarquable, qui a lieu à leur surface. Il suffit, pour cela, de développer leur rayon dans une suite de fonctions d'un genre particuliers, données par la nature de la question. L'auteur prouve que ce développement ne peut avoir lieu que d'une seule manière, et donne une méthode très-simple pour le former; il établit ensuite un très-beau théorême relatif à l'intégration définie des différentielles doubles qui sont le produit de deux de ces fonctions, et il en déduit que l'on peut faire disparoître les deux premiers termes du développement du rayon du sphéroïde, en fixant l'origine des co-ordonnées à son centre de gravité, et prenant pour la sphère dont il est peu différent, celle qui lui est égale en volume. A l'aide de ces considérations, il obtient, de la manière la plus simple, les attractions des sphéroïdes homogènes très-peu différens de la sphère sur les points qui leur sont intérieurs ou extérieurs, et il étend ces résultats au cas où les sphéroïdes sont hétérogènes, quelque soit d'ailleurs d'ailleurs la loi suivant laquelle varient la figure et la densité de leurs couches.

Passant ensuite à la recherche des attractions des sphéroïdes quelconques, lesquelles dépendent également de la fonction qui exprime la somme de leurs molécules, divisées par leurs distances respectives au point attiré ; l'auteur fait voir que cette fonction peut être facilement déterminée, lorsque l'on a son expression en série pour les deux cas où le point attiré est situé sur le prolongement de l'axe du pole ou dans le plan de l'équateur.

Cette considération, qui simplifie beaucoup la recherche dont il s'agit, étant appliquée à l'ellipsoïde, fournit une nouvelle démonstration du théorème dont nous avons parlé plus haut, et qui consiste en ce que la fonction qui détermine l'attraction de ces corps, est le produit de deux facteurs, dont l'un est la masse même de l'ellipsoïde, et l'autre ne dépend que des excentricités et de la position des axes. La Place considère ensuite la figure que les sphéroïdes, supposés fluides, doivent prendre en vertu de l'attraction mutuelle de toutes leurs parties, et des autres forces qui les animent. Pour cela, il cherche la figure qui satisfait à l'équilibre d'une masse fluide homogène, douée d'un mouvement de rotation uniforme autour d'un axe fixe. Il suppose que cette figure soit celle d'un ellipsoïde de révolution, dont l'axe est l'axe de révolution lui-même ; il détermine les forces attractives et centrifuges qui résultent de cette hypothèse, et les substituant dans l'équation de l'équilibre des fluides, il en tire une équation indépendante des co-ordonnées de la surface, et qui établit le rapport qui doit exister entre l'excentricité du sphéroïde et l'axe du pole, pour que l'équation de l'équilibre ait lieu. Il suit de-là que la figure elliptique satisfait aux conditions de l'équilibre, du moins lorsque le rapport de l'excentricité à l'axe du pole est convenablement déterminé en fonction de la force centrifuge et de la densité du corps. Dans cette supposition, la pesanteur au pole est à la pesanteur à l'équateur, comme le diamètre de l'équateur est à l'axe du pole, et l'on en déduit la relation générale de la latitude à la pesanteur. Ces résultats font aussi connoître le rapport de l'excentricité à l'axe du pole, et celui de la force centrifuge à la densité du corps, au moyen de la longueur du pendule à secondes, et de la grandeur du degré du méridien, observées l'une et l'autre à une latitude donnée.

Il applique ces formules à la terre, supposée un ellipsoïde de révolution et homogène ; il fixe dans cette hypothèse le rapport de l'axe du pole au rayon de l'équateur. L'auteur examine ensuite si l'équation qui donne le rapport de l'excentricité à l'axe du pole est susceptible de plusieurs racines réelles. Il fait voir que pour le même mouvement de rotation, le nombre de ces racines réelles se réduit à deux; d'où il résulte qu'au même mouvement angulaire de rotation, répondent deux figures différentes d'équilibre; mais la rapidité de ce mouvement est limitée, car l'équilibre ne sauroit avoir lieu avec une figure elliptique, quand sa durée de rotation ne surpasse pas le produit de $1^h\ 90''$ (décimales) par la racine quarrée, du rapport de la moyenne densité de la terre, à celle de la masse fluide. Les rotations observées de Jupiter et du Soleil sont les limites de cette durée. On peut croire que cette limite est celle où le fluide commenceroit à se dissiper, en vertu d'un mouvement de rotation trop rapide. L'auteur fait voir qu'il n'en est pas ainsi, puisqu'à ces limites la pesanteur à l'équateur surpasse encore le tiers de la pesanteur au pole, d'où il suit que si l'équilibre cesse d'être possible; c'est qu'avec un mouvement plus rapide, on ne sauroit donner à la masse fluide une figure elliptique, telle que la résultante de son attraction et de la force centrifuge, soit perpendiculaire à la surface.

L'auteur examine ensuite si l'équilibre peut subsister avec une figure allongée vers les poles, et il prouve que cela ne peut avoir lieu.

Ce qui vient d'être dit sur la possibilité de deux états d'équilibre relativement à un même mouvement angulaire de rotation, n'entraîne pas cette possibilité relativement à une même force primitive; pour savoir ce qu'on doit conclure à cet égard, l'auteur considère une masse agitée primitivement par des forces quelconques, et abandonnée ensuite à elle-même et à l'attraction mutuelle de toutes ses parties. Par le centre de gravité de cette masse supposée immobile, il conçoit un plan sur lequel la somme des aires, décrite par les projections des rayons vecteurs de chaque molécule, et multipliées par les masses respectives de ces molécules, soit au commencement du mouvement un *maximum*, ce plan jouira constamment de cette propriété; aussi, lorsqu'après un grand nombre d'oscillations, la masse fluide prendra un mouvement de rotation uniforme autour d'un axe fixe, cet axe sera perpendiculaire au plan dont nous venons de parler, qui deviendra parconséquent celui de l'équateur, et le mouvement de rotation sera tel, que la somme des aires sur ce plan, demeurera la même qu'à l'origine du mouvement. Cette considération détermine le mouvement de rotation et la figure du corps; d'où il suit que pour la même impulsion primitive, il n'y a qu'une seule figure elliptique qui satisfasse à l'équilibre.

L'axe autour duquel s'établit la rotation uniforme, étant dès l'origine du mouvement perpendiculaire au plan du *maximum* des aires, étoit aussi à cette époque l'axe des plus grands momens, et l'on voit qu'il conserve encore cette propriété pendant le mouvement. Cette constance, dans les propriétés initiales, forme une analogie remarquable, et jusqu'ici non apperçue entre l'axe des plus grands momens et la place du *maximum* des aires.

L'auteur, dans ce qui précède, a fait voir que la figure elliptique satisfait à l'équilibre, d'une masse fluide homogène, ayant un mouvement de rotation uniforme autour d'un axe fixe; mais pour résoudre simplement ce problême, il faudroit déterminer *à priori* toutes les figures possibles d'équilibre, ou s'assurer que la figure elliptique est la seule qui remplisse ces conditions. On sent, d'ailleurs, que dans la recherche de la figure des planètes, on ne doit pas se borner au cas de l'homogénéité; mais alors cette recherche, considérée sous le point de vue général, devient extrêmement difficile. Heureusement elle se simplifie relativement aux planètes et aux satellites, à cause du peu de différence qui existe entre la figure de ces corps et celle de la sphère, ce qui permet de négliger le quarré de cette différence, et les quantités qui en dépendent.

Pour traiter ce problême dans toute sa généralité, l'auteur considère l'équilibre d'une masse fluide, qui recouvre un corps formé de couches de densités variables, avec un mouvement de rotation autour d'un axe fixe, et sollicité par l'action de corps étrangers, et il établit l'équation générale de cet équilibre, lorsque le sphéroïde couvert diffère peu d'une sphère. Ce sphéroïde peut, d'ailleurs, être entièrement fluide; il peut être formé d'un noyau solide, recouvert par un fluide. Dans ces deux cas, qui se réduisent à un seul, si le sphéroïde est homogène, l'équation précédente détermine sa figure, celle des couches fluides qui le recouvre, et donne encore par la simple différenciation la variation de la pesanteur à sa surface. Lorsque les corps étrangers sont nuls, et qu'ainsi le sphéroïde supposé homogène et de même densité que le fluide, n'est sollicité que par l'attraction de ses molécules et la force centrifuge de son mouvement de rotation, sa figure devient celle d'un ellipsoïde de révolution, sur lequel les accroissemens de la pesanteur et les diminutions des rayons sont proportionnels aux quarrés des sinus de latitude; d'où l'auteur conclut que la figure elliptique est alors la seule qui satisfasse à l'équilibre. Cette démonstration repose uniquement sur la seule hypothèse que la figure du sphéroïde est peu différente de la sphère, mais elle exige le développement du rayon de ce sphéroïde, dans une suite de fonctions d'un genre particulier, ce que l'auteur a démontré plus haut être toujours possible.

Mais pour éviter toutes les difficultés que ce développement pourroit faire naître, il reprend le même problême par une méthode directe et indépendante des séries ; cette méthode consiste d'abord à transformer l'équation de l'équilibre, de manière à la rendre linéaire, par rapport au rayon vecteur du sphéroïde.

Supposant ensuite nulle l'action des forces étrangères, on déduit de cette équation, et par des différenciations seulement, que si le sphéroïde cherché est de révolution, il ne peut être qu'un ellipsoïde qui se réduit à une sphère, lorsqu'il n'y a pas de mouvement de rotation; ensorte que la sphère est la seule surface de révolution qui satisfasse à l'équilibre d'une masse fluide homogène immobile. De-là, on conclut ensuite généralement, que si la masse fluide est sollicitée par des forces quelconques très-petites, il n'y a qu'une seule figure possible de l'équilibre ; car, en supposant qu'il y en ait plusieurs, il y auroit donc plusieurs rayons différens, qui, substitués dans l'équation de l'équilibre la vérifieroient ; et comme cette équation est linéaire par rapport à ces rayons, la somme de deux quelconques d'entr'eux y satisferoient aussi bien que leur différence, de-là, l'auteur déduit habilement que cette différence doit être nulle, d'où il conclud que le sphéroïde ne peut être en équilibre que d'une seule manière.

Vient ensuite la considération de l'équilibre d'une masse fluide homogène qui recouvre un sphéroïde d'une densité différente; pour cela, on observe que l'on peut regarder cette sphère comme étant de même densité que le fluide, et placer à son centre une force réciproque au quarré des distances. Au moyen de cette considération, on obtient facilement l'équation de l'équilibre pour ce sphéroïde, et il en résulte qu'il y a généralement dans ce cas, et lorsque le sphéroïde est de révolution, deux figures d'équilibre. Lorsqu'il n'y a point de mouvement de rotation, et qu'on suppose nulles les forces étrangères à l'attraction mutuelle des molécules du corps, une de ces deux figures est sphérique, et elles le sont toutes deux, si le sphéroïde est homogène, ce qui confirme les résultats précédens.

Après avoir ainsi obtenu les figures de révolution, qui satisfont à l'équilibre d'une masse fluide homogène qui recouvre une sphère, l'auteur donne le moyen d'en déduire celles qui ne sont pas de révolution ; pour cela, il transporte à un point quelconque l'origine des angles qui déterminent la position du rayon vecteur dans l'espace, angles qui étoient précédemment comptés, à partir de l'extrémité de l'axe de révolution. Par ce moyen, ces angles entrent tous dans l'expression du rayon vecteur; et comme par ce qui précède, ce rayon satisfait à l'équation de l'équilibre, quelque soit la position de cette nouvelle origine d'une manière quelconque, cette variation n'influe que sur l'excès du rayon vecteur du sphéroïde, sur le rayon de la sphère dont il est peu différent; et puisque l'équation de l'équilibre est linéaire par rapport au rayon du sphéroïde, on y satisfera encore, si l'on ajoute un nombre quelconque de ces excès à la partie constante qui entre dans l'expression du rayon vecteur. Le sphéroïde auquel ce rayon appartient n'est plus de révolution, il est formé par la sphère dont le sphéroïde est peu différent, augmentée d'un nombre quelconque de couches semblables à l'excès du sphéroïde primitif de révolution sur cette sphère, ces couches étant d'ailleurs posées arbitrairement les unes au-dessus des autres. L'auteur fait voir que ces résultats peuvent se déduire également de la réduction en série des attractions des sphéroïdes, ce qui prouve que les résultats obtenus par cette méthode ont toute la généralité possible, et qu'il n'est pas à craindre qu'aucune figure d'équilibre leur échappe. Ce résultat confirme ce qu'on a vu précédemment, que la forme donnée au rayon des sphéroïdes, n'est point arbitraire, et découle de la nature même de leurs attractions. Le cit. de la Place reprend l'équation générale de l'équilibre des sphéroïdes, peu différens de la sphère, et recouvert de couches fluides, de densités variables; il en déduit l'équation de la figure de ces couches; examinant en particulier le cas où le sphéroïde supposé entièrement fluide, n'est sollicité par aucune action étrangére, il fait voir qu'il ne peut être alors qu'un ellipsoïde de révolution, dont les ellipticités croissent et les densités diminuent du centre à la surface; il obtient l'équation qui détermine le rapport de ces quantités entr'elles, et il en déduit les limites de l'applatissement du sphéroïde. La première répondant au cas de l'homogénéité, l'autre à celui où la gravité seroit dirigée vers un seul point. Telle doit avoir été la figure de la terre supposée primitivement fluide. Dans le cas dont il s'agit ici, les directions de la pesanteur de la surface au centre ne forment plus une ligne droite, mais une courbe, dont l'auteur détermine l'équation, et qui est la trajectoire à angles droits de toutes les ellipses, qui par leur révolution forment les couches de niveau du sphéroïde.

L'auteur considère encore le cas général dans lequel le sphéroïde, toujours fluide à sa surface, peut renfermer un noyau solide d'une figure quelconque, peu différente de la sphère. Le rayon mené du centre de gravité du sphéroïde à la surface, et la loi de la pesanteur à cette surface, ont quelques propriétés générales qui sont d'autant plus importantes, qu'elles sont indépendantes de toute hypothèse. La première consiste en ce que, dans l'état d'équilibre, la partie fluide du sphéroïde doit toujours se disposer de manière que le centre de gravité de la surface extérieure coincide avec celui du sphéroïde. L'état permanent d'équilibre dans lequel sont les corps célestes, fait connoître encore quelques propriétés de leurs rayons, car cet état exige que ces corps tournent, sinon exactement, du moins à très-peu-près autour d'un de leurs trois axes principaux. De-là résultent certaines conditions auxquelles leurs rayons doivent satisfaire; elles sont ici développés avec la plus grande simplicité.

On obtient ensuite, par la différenciation de l'équation générale de l'équilibre des sphéroïdes, la loi de la pesanteur à sa surface, et on en déduit la longueur du pendule à secondes, qui est proportionnelle à cette pesanteur. Enfin, l'expression développée du rayon du sphéroïde, donne le rayon osculateur, et parconséquent le degré du méridien. Ces formules ont l'avantage précieux d'être absolument indépendantes de la constitution intérieure du sphéroïde, c'est-à-dire de la figure et de la densité de ses couches; elles dépendent uniquement de l'expression de son rayon, à laquelle elles sont liées par des rapports très-simples. En comparant ces relations entr'elles, on voit que les parties des rayons qui entrent sous une forme finie dans l'expression de la pesanteur et de la longueur du pendule, subissent deux différenciations successives pour passer dans l'expression du degré du méridien, et en subiroient parconséquent trois dans la variation de deux degrés consécutifs; et comme la différentielle d'une quantité élevée à une puissance quelconque est toujours multipliée par l'exposant de cette puissance, il en résulte que des termes peu sensibles par eux-mêmes dans l'expression de la longueur du pendule, pourront, s'ils sont élevés à de grandes puissances, le devenir beaucoup dans la variation des degrés, ce qui explique d'une manière fort simple comment il est possible que les longueurs observées du pendule à secondes croissent de l'équateur au pôle à-peu-près proportionnellement au quarré du sinus de la latitude, tandis que les variations des degrés observés du méridien s'écartent sensiblement de cette loi. Par la même raison, l'aberration de la figure elliptique sera moins sensible dans la valeur de la parallaxe horizontale de la lune, qui est proportionnelle au rayon terrestre, que dans l'expression de la longueur du pendule, qui est donnée par la différenciation de l'équation de l'équilibre, dans laquelle le rayon du sphéroïde entre sous une forme finie. Les formules précédentes peuvent servir encore à vérifier les hypothèses propres à représenter les degrés mésurés du méridien. L'auteur en fait l'application à celle qu'a proposée Bouguer, de supposer les accroissemens des degrés de l'équateur au pôle proportionnels à la quatrième puissance du sinus de la latitude, et il prouve que cette loi ne peut pas être admise.

Le citoyen de la Place applique ces résultats généraux au cas où le sphéroïde n'étant point sollicité par des actions étrangères, est formé de couches elliptiques, ayant toutes leur centre au centre de gravité du fluide. On a vu que ce cas est celui de la terre, supposée privitivement fluide, et l'auteur prouve qu'il lui conviendroit encore dans l'hypothèse où les figures de ses couches seroient semblables. Il en déduit qu'alors les rayons diminuent, et les degrés augmentent de l'équateur au pôle, proportionnellement au quarré du sinus de latitude.

Il prouve encore, à l'aide des mêmes formules, que dans les suppositions les plus vraisemblables, suppositions qui deviennent nécessaires, si le sphéroïde a été originairement fluide, son applatissement doit être moindre que dans le cas de l'homogénéité. Enfin, il établit entre l'ellipticité de la terre et la variation du pendule de l'équateur au pôle, un rapport remarquable dont nous avons déja parlé. Autant l'ellipticité de la terre surpasse celle qui auroit lieu dans le cas de l'homogénéité, autant l'accroissement total du pendule de l'équateur au pôle, est surpassé par celui qui auroit lieu dans le même cas, et réciproquement; ensorte que la somme de cet accroissement et de l'ellipticité forme une quantité constante.

L'auteur détermine ensuite l'attraction des sphéroïdes, dont la surface est fluide et en équilibre, hypothèse qui a lieu pour la terre, et qu'il paroît naturel d'étendre aux autres corps du systême du monde. Il donne ensuite une expression extrêmement simple de la loi de la pesanteur à la surface des sphéroïdes homogènes en équilibre, quelque soit l'exposant de la puissance à laquelle l'attraction est proportionnelle; il fait usage pour cela de l'équation qui a lieu à la surface des sphéroïdes très-peu différens de la sphère. Il en déduit qu'en général, si le sphéroïde est fluide homogène, et doué d'un mouvement de rotation, la pesanteur varie de l'équateur au pôle, proportionnellement au quarré du sinus de la latitude; et ce qui est singulièrement remarquable, cette variation s'anéantiroit, si l'attraction étoit proportionnelle au cube de la distance, en sorte que dans ce cas, la pesanteur à la surface des sphéroïdes homogènes, seroit par-tout le même, quelque fût leur mouvement de rotation.

Dans les recherches précédentes, l'auteur a supposé l'effet de la force centrifuge et des attractions étrangères, très-petit par rapport à l'attraction du sphéroide, ce qui a permis de négliger le quarré et les autres puissances de ces forces, ainsi que les quantités du même ordre; mais il fait voir qu'il est facile d'étendre la même analyse, au cas où il faudroit les conserver. Il arrive enfin à cette conclusion importante, que l'équilibre est rigousement possible, quoiqu'on ne puisse assigner que par des approximations successives, la figure qui y satisfait.

Tel est le résultat des travaux du cit. de la Place, sur les attractions des sphéroïdes. La manière uniforme et directe avec laquelle cette théorie, si abstraite et si épineuse, dérive par de simples différenciations d'une seule équation fondamentale, est sans doute une des choses les plus remarquables qui aient été faites en analyse. C'est par-là que le citoyen Biot termine son extrait, dans le *Magasin encyclopédique*, floréal an 8, 5e. année, tome VI.

Pour comparer les résultats précédens aux observations, il est nécessaire de connoître la courbe des méridiens terrestres, et celle que l'on trace par une suite d'opérations géodésiques.

La ligne géodésique est une courbe, dont le premier côté est tangente, dans une direction quelconque à la surface de la terre. Son second côté est le prolongement de cette tangente, plié suivant une verticale et ainsi de suite. D'après cette condition, l'auteur détermine l'équation de cette courbe, qui est la plus courte que l'on puisse mener entre deux points donnés sur la surface de la terre. Ensuite, par une analyse très-délicate, il fait voir que si le premier côté de la ligne géodésique est parallèle au plan correspondant du méridien céleste, la différence de longitude des deux extrémités de l'arc mesuré, est égale à l'angle azimuthal de l'extrémité de l'arc divisé par le sinus de la latitude.

Ce résultat très-simple est indépendant de la constitution intérieure de la terre et de la connoissance de sa figure. Il est de la plus grande importance dans cette théorie, puisque si l'angle azimuthal observé, est tel qu'on ne puisse pas l'attribuer aux erreurs des observations, on en pourra conclure avec certitude que la terre n'est pas un sphéroïde de révolution.

L'auteur considère ensuite le cas où le premier côté de la ligne géodésique est perpendiculaire au plan correspondant du méridien terrestre, et il obtient une équation qui détermine la différence en latitude des deux extrémités de l'arc. Il est extrêmement remarquable que la fonction qui donne cette différence soit égale à l'angle azimuthal observé à l'extrémité du même arc, mesuré dans le sens du méridien, et divisé par la tangente de la latitude, au premier point de cet arc. Cette fonction pourra donc être déterminée de deux manières, et l'on pourra juger si les valeurs trouvées, soit de la différence des latitudes, soit de l'angle azimuthal, sont dues aux erreurs des observations, ou à l'excentricité des parallèles. Il calcule ensuite la différence en longitude des deux extrémités de l'arc, ainsi que l'angle azimuthal, formé par l'extrémité, avec le plan correspondant du méridien céleste. Enfin, il détermine les rayons osculateurs des lignes géodésiques, dirigées soit dans le sens du méridien, soit dans le sens des parallèles, et il en déduit celui de la ligne géodésique, qui forme avec le méridien un angle quelconque. Considérant ensuite l'ellipsoïde osculateur, il apprend à le déterminer d'après les mesures des degrés.

Les mesures ne pouvant s'accorder avec la figure d'une ellipse, l'auteur donne deux méthodes pour trouver l'ellipse où l'erreur est la plus petite; il les applique aux degrés mesurés. Il en résulte que dans l'hypothèse elliptique, on ne peut éviter une erreur de 189 mètres ou 97 toises, sur quelques-uns de ces degrés, erreur beaucoup trop considérable.

L'ellipticité correspondante à ce *minimum* d'erreur est égale à $\frac{1}{277}$, l'axe du pôle étant pris pour unité. L'ellipse la plus probable donne pour cette ellipticité $\frac{1}{312}$, et elle suppose une erreur de 336 mètres, dans le degré mesuré en Pensilvanie, ce qui ne peut être admis. Ce résultat confirme ce qui a été dit précédemment, que la terre s'écarte sensiblement d'une figure elliptique.

Il ne reste plus aucun doute à cet égard, lorsque l'auteur, appliquant la même analyse aux opérations faites nouvellement, et avec tant de soin, par Delambre et Méchain, en déduit $\frac{1}{150}$ pour l'ellipticité de la terre, applatissement qui ne peut subsister ni avec les phénomènes de la pesanteur, ni avec ceux de la précession et de la nutation; car ces phénomènes ne permettent pas de supposer à la terre un applatissement plus grand que dans le cas de l'homogénéité ou au-dessus de $\frac{1}{230}$, et l'extrême précision qu'on a apportée dans les opérations ne permet pas d'attribuer cet écart aux erreurs des observations : ainsi, ces mesures n'ont pu donner le 45e degré, comme on s'en étoit flatté en commençant, et l'on n'a pu en conclure le quart du méridien terrestre, sans adopter une hypothèse sur la figure de la terre; et au milieu des irrégularités qu'elle présente, la plus simple est celle d'un ellipsoïde de révolution. En partant de cette supposition, et comparant l'arc mesuré en France, avec le degré mesuré vers l'équateur, qui est le plus éloigné et le plus différent des nôtres, on en a déduit le quart du méridien et la longueur du mètre, qui en est la dix millionième partie. Cette comparaison donne $\frac{1}{334}$ pour l'ellipticité de la terre, comme nous l'avons déja raconté.

L'auteur fait voir ensuite, que quelque soit la figure de la terre, la diminution observée des degrés du méridien du pôle à l'équateur exige une augmentation correspondante dans les rayons terrestres, et parconséquent un applatissement dans le sens des pôles. Il passe ensuite à la comparaison de l'hypothèse elliptique, avec les longueurs observées du pendule à secondes. Prenant pour cet objet quinze observations choisies, il fait voir que l'on peut les concilier toutes avec une figure elliptique, en n'y admettant qu'une erreur égale au dix-huit cent millième de la longueur observée. L'ellipticité correspondante à ce *minimum* d'erreur est de $\frac{1}{335}$, et celle que donne l'ellipse la plus probable est $\frac{1}{336}$. On voit par-là que les aberrations de la figure elliptique sont moins sensibles dans les variations des longueurs du pendule, que dans celles des degrés du méridien, et l'on a vu que la théorie des attractions des sphéroïdes donne une explication bien simple de cette circonstance.

Lorsque Clairaut publioit sa *Théorie de la figure de la terre*, on n'avoit encore que deux mesures de degrés terrestres; celle de Paris et celle du cercle polaire; elles donnoient un aplatissement de la terre plus considérable que celui de 230 à 231; mais Clairaut a fait voir que dans toute hypothèse de densité croissante en allant au centre, il devoit résulter un aplatissement moindre que de 230 à 231, et plus grand que de 577 à 578. Cependant il ne désespéroit pas alors de concilier les faits avec la théorie, et il le faisoit assez heureusement, en supposant qu'entre les deux degrés mesurés, il eût pu se glisser une erreur de 80 toises, partie sur l'une, partie sur l'autre; car alors le rapport des axes de la terre pouvoit devenir de 260 à 261, ce qui auroit concilié les mesures avec ce qui résultoit de sa théorie; mais le degré mesuré vers l'équateur est venu déranger tout cela. Cette difficulté est même devenue bien plus considérable encore, à mesure qu'on a eu un plus grand nombre de degrés du méridien mesurés en divers endroits; car il en a résulté autant de rapports différens qu'on a fait de combinaisons différentes, comme on l'a vu dans l'article précédent.

Après tant de recherches savantes et profondes sur la figure de la terre, tant de tentatives peu satisfaisantes pour concilier les faits et la théorie, que devons-nous donc en conclure? il est temps d'en venir à ce résultat. A la vérité, il faudroit être Pyrrhonien pour douter que la figure de la terre ne soit pas aprochante de celle d'un sphéroïde aplati par les pôles; mais quel est la vraie quantité de cet aplatissement? Les méridiens de la terre sont ils tous semblables? sont ils même elliptiques? les deux hémisphères sont-ils semblables? Ce sont encore-là autant de questions indécises, et il semble même que plus on accumule de faits propres à les décider, plus elles deviennent incertaines, au point que d'Alembert disoit en 1776 (1), qu'il ne manquoit en quelque sorte plus rien pour rendre la question de la figure de la terre aussi obscure que le pyrrhonisme peut le desirer; mais les irrégularités locales dont nous avons parlé, et qui ont été sur-tout constatées en 1799, expliquent ces diversités de résultats. Il nous suffit donc d'être certains que la terre est un corps rond renflé à son équateur, où dont le rayon moyen de cet équateur est un peu plus grand que son axe de rotation ; mais c'est-là peut-être tout ce qu'on peut conclure avec certitude.

Lorsqu'on considère la diversité des matières dont est composé le globe terrestre, il est bien difficile de se persuader que sa contexture intérieure soit uniforme ; quelle multiplicité de nouveaux corps dont nous ne soupçonnons pas même l'existence, ne nous présenteroit peut-être pas l'examen de l'intérieur, s'il nous étoit accessible. De là viennent probablement les irrégularités qu'on observe dans les mesures, tant de la longueur des degrés que de la longueur du pendule à différentes latitudes; à l'égard des premières, on peut en rejeter partie sur les erreurs inévitables des observations : quel observateur auroit la confiance de vouloir répondre de 2 ou 3''. Joignez-y encore les déviations du fil aplomb qui peuvent résulter du voisinage de grosses masses, soit posées extérieurement, comme les Apennins à l'égard des observations faites en Italie pour la mesure du degré, soit intérieurement cachées, ce qui ne permet pas même de soupçonner l'erreur. On se persuadera, d'après ces considérations, qu'il a pu facilement se glisser dans ces observations 4 à 5 secondes d'erreur, ce qui permet de faire à chacun de ces degrés des corrections de 80 à 100 toises, pour les réduire à une uniformité compatible avec la figure régulière du méridien.

Il en est de même de la longueur du pendule; car, indépendamment de la difficulté de mesurer exactement des centièmes de ligne, si nous supposons un pareil pendule au-dessus d'une masse de la terre, beaucoup plus dense que le reste, comme une masse métallique, il devra accélérer son mouvement, la pesanteur étant plus grande. Ainsi, l'on trouvera le pendule plus long qu'on ne le trouveroit, si cette masse plus dense n'eût pas existé. Toutes ces causes d'erreurs, dans les observations, sont spécialement bien mises au jour et développées par le père Boscovich, dans la partie physico-astronomique de l'ouvrage *sur la Mesure du Méridien dans l'Etat ecclésiastique*, dont nous avons déja parlé.

(1) *Recherches sur différens points importans du système du monde*, tome III, préf.

Au reste, si l'on n'admet pas ces conjectures sur la quantité et la cause des erreurs dans les observations qui semblent se contrarier entr'elles et avec la théorie, il faudra dire que la terre, quoique aprochante d'un sphéroïde aplati par les pôles, est une espèce d'ellipsoïde assez irrigulier, dont les méridiens, et peut-être les deux hémisphères, sont un peu dissemblables. Pour décider cette question, il seroit à souhaiter que l'on eût un plus grand nombre de degrés mesurés en divers endroits de la terre, et sur-tout dans l'hémisphère austral, à la hauteur de celui mesuré par la Caille. On peut attendre une pareille mesure des astronomes espagnols ou portugais. La mesure d'un degré à la hauteur de Paris dans le Canada, pourroit servir à éclaircir cette question; mais en attendant, l'aplatissement de $\frac{1}{334}$ s'accordant avec la théorie et les observations de différentes espèces peut être adopté sans crainte d'erreur sensible.

L'anneau de Saturne est un objet que le citoyen de la Place a traité complétement dans sa mécanique céleste, et qui a beaucoup de rapport avec la théorie de la figure de la terre. C'est pourquoi nous placerons ici cet article.

L'auteur suppose qu'une couche fluide infiniment mince, répandue sur cette surface, y seroit en équilibre en vertu des forces dont elle est animée, et c'est d'après la condition de cet équilibre, qu'il détermine la figure des deux parties de l'anneau Pour y parvenir, il conçoit chaque partie de l'anneau comme engendré par la révolution d'une figure fermée, telle que l'ellipse mue perpendiculairement à son plan autour du centre de Saturne, placé sur le prolongement de l'axe de cette figure; introduisant ces circonstances dans l'équation du second ordre aux différences partielles, relative aux attractions des sphéroïdes, et supposant les dimensions de l'anneau très-petites, par rapport à sa distance au centre de Saturne, il en résulte une équation intégrale, qui est la même que si la surface annulaire étoit un cylindre d'une longueur infinie; et l'on voit en effet que ce cas est à fort peu-près celui de l'anneau, lorsque le point attiré est près de sa surface : mais comme cette première approximation n'est pas suffisante en général, l'auteur donne le moyen d'en obtenir de plus en plus exactes, et il fait voir que pour les obtenir, il suffira de connoître les attractions des anneaux sur des points placés dans le prolongement de l'axe de leur figure génératrice. Considérant en particulier le cas où cette figure est une ellipse, il donne les valeurs de ces attractions, tant sur un point éloigné des anneaux, que sur un point de leur surface. Il suppose ensuite que l'anneau soit une masse fluide homogène, et que la courbe génératrice soit une ellipse; l'équation générale de l'équilibre lui fait connoître dans cette hypothèse, le mouvement de rotation de l'anneau, et l'ellipticité de la courbe génératrice. Le citoyen de la Place en déduit encore les limites du rapport de la moyenne densité de Saturne à celle de l'anneau ; enfin, il obtient ce résultat remarquable, que le mouvement de l'anneau est le même que celui d'un satellite qui seroit autant éloigné du centre que l'est le centre de la figure génératrice, ce qui est entièrement conforme aux observations. Il fait voir ensuite que la théorie précédente subsisteroit encore dans le cas où l'ellipse génératrice varieroit de grandeur et de position dans toute l'étendue de la circonférence de l'anneau, qui pourroit ainsi être supposé d'une largeur inégale dans ses diverses parties, ce qui paroît avoir lieu dans la nature.

Enfin, il démontre que ces inégalités sont nécessaires pour maintenir l'anneau en équilibre autour de Saturne ; pour le prouver, il suppose que l'anneau soit une ligne circulaire, dont le plan passe par le centre de Saturne, mais sans que les deux centres coincident, et il fait voir qu'alors le centre de Saturne repoussera toujours le centre de l'anneau ; en sorte que quelque soit le mouvement de ce second centre autour du premier, la courbe qu'il décrira sera convexe vers Saturne ; il finiroit donc par s'en éloigner de plus en plus, jusqu'à ce que sa circonférence vînt se réunir à la surface de la planète. De-là, l'auteur déduit qu'en général, si l'anneau étoit semblable dans toutes ses parties, son centre serait toujours repoussé par le centre de Saturne, pour peu qu'il cessât de coincider avec ce centre, en sorte que la cause la plus légère pouvant troubler cette coincidence, l'attraction d'une comète ou d'un satellite précipiteroit l'anneau sur Saturne, et l'y réuniroit pour toujours. Il faut donc pour que l'équilibre soit ferme, que les anneaux de Saturne soient des solides irréguliers, d'une largeur inégale dans les différens points de leur circonférence, tel que leur centre de figure ne coincide pas avec leur centre de gravité.

Le citoyen de la Place considère aussi le mouvement des anneaux de Saturne autour de leurs centres de gravité, et il développe la cause qui les retient dans un même plan, malgré les actions du soleil et des satellites de Saturne. Pour y parvenir, il évalue les forces qui agissent sur ces anneaux, savoir l'action de Saturne et celle d'un astre éloigné, tel que le soleil. Il les substitue dans les équations du mouvement des corps solides dont il a déjà fait usage dans les chapitres précédens, et il en déduit trois autres équations fort simples, dont la première indique que le corps tourne uniformément et à très-peu près, autour d'un de ses axes principaux. Pour intégrer les deux dernières, l'auteur introduit, comme il a déjà fait, de nouvelles variables qui sont les sinus des angles que font avec l'équateur de Saturne les axes principaux des anneaux qui sont situés dans leurs plans ; l'intégration lui donne pour ces variables des valeurs périodiques, renfermant quatre arbitraires et un terme qui dépend de la figure de Saturne. Il faut donc pour que ces variables restent toujours très-petites, ce qui est le cas de la nature, que les coëfficiens des quantités périodiques dont elles sont composées soyent eux-mêmes très petits ; et c'est ce qui n'auroit pas lieu, comme le fait voir l'auteur, si la figure de Saturne étoit sphérique. Il faut donc que Saturne soit aplati à ses pôles ; et en effet, en introduisant cette circonstance dans le calcul, on voit que le terme de l'inclinaison des axes, qui dépend de la figure de Saturne, reste toujours très-petit et insensible, tant que Saturne est aplati en vertu d'un mouvement de rotation, tandis que si cet aplatissement n'existoit pas, ce même terme seroit très-considérable ; d'où l'auteur conclut que c'est l'action du sphéroïde aplati de Saturne qui retient les anneaux dans un même plan, en vertu de son mouvement de rotation.

Telle est la cause de ce phénomène qui avoit fait reconnoître à l'auteur le mouvement de rotation de Saturne, avant que M. Herschel l'eût observé par le mouvement de ses taches.

Un anneau pouvant être considéré comme une réunion de satellites, il résulte de ce qui précède, que si les divers satellites d'une planète se trouvent dans un même plan fort incliné à celui de son orbite, ils y sont maintenus par l'action de son équateur, et qu'ainsi cette planète a un mouvement de rotation autour d'un axe à peu près perpendiculaire au plan des orbites de ses satellites. De ces considérations, l'auteur conclut que la planète Herschel, dont tous les satellites se meuvent dans un même plan presque perpendiculaire à l'écliptique, tourne rapidement sur elle-même autour d'un axe très-peu incliné à ce plan ; peut-être un jour l'observation confirmera ce résultat de la théorie du citoyen Laplace, comme cela est arrivé pour l'anneau de Saturne.

IV.

De l'aberration des étoiles.

L'aberration est un petit changement de 20 secondes qui s'observe chaque année dans les étoiles, à raison du mouvement de la terre et de celui de la lumière. Elle est une suite si naturelle de la propagation successive de la lumière combinée avec le mouvement de la terre, qu'on seroit fondé à s'étonner que la découverte de l'aberration n'ait pas aussi-tôt suivi celle du mouvement de la lumière, faite en 1675. Cependant elle n'est venue qu'en 1728, et elle a été uniquement le fruit de l'observation. Nous allons raconter comment Bradley y fut conduit.

Quoique le mouvement de la terre soit suffisamment établi par une foule de raisons de convenance, d'harmonie et de mécanique, et par l'assemblage de toutes les parties du systême du monde, on étoit bien aise d'avoir une preuve absolument positive de cette vérité astronomique, telle que celle de la parallaxe annuelle des fixes (*Astronomie* art. 2784 et suiv.) Aussi, plusieurs astronomes ont-ils travaillé en divers temps à la démontrer et à la déterminer. Les changemens observés par Picard et Flamsteed dans la position des étoiles, firent croire d'abord que c'étoit l'effet de la parallaxe annuelle. En effet, si la terre tournant autour du soleil S (*fig.* 5) se trouve en six mois aller de A en B, elle doit voir l'étoile E dans deux directions différentes, à moins que l'étoile ne soit si éloignée que l'angle E ou la parallaxe annuelle ne soit absolument insensible.

Mais on reconnut que les changemens observés ne s'accordoient pas avec la parallaxe, et Hooke ayant cru l'avoir observée, la question étoit devenue difficile.

Ce fut pour l'éclaircir que Samuel Molyneux entreprit, vers l'année 1725, de nouvelles observations. Il éleva pour cet effet à Kew un instrument à-peu près semblable à celui que Hooke avoit employé pour le même objet, mais bien plus parfait et plus exact, fait à Londres par Graham. Cet instrument consistoit en un long tube d'environ 25 pieds, dont les extrémités portoient les verres de la lunette. Ce tube étoit suspendu vers sa partie supérieure par un axe perpendiculaire à celui du tube et passoit par le centre de l'objectif, de manière que ce tube étant livré à lui même la ligne de mire regardoit précisément le zénit. D'un point de l'axe sur lequel s'exécutoit ce mouvement, pendoit un fil à plomb très délié, dont la partie inférieure rasoit la surface d'une bande de laiton faisant corps avec le tube, et qui étoit marquée de plusieurs points placés à égales distances; à côté étoit une vis qui, en tournant, repoussoit le tube de la lunette hors de la situation verticale, mais toujours dans le plan du méridien, et qui par un cadran marquoit les tours qu'elle avoit faits. On peut voir la description et la figure d'un secteur semblable dans l'ouvrage de Maupertuis. (Degré du Méridien 1740).

Cette construction entendue, l'usage de l'instrument est facile à concevoir. On sent qu'il avoit d'abord fallu disposer la lunette de manière que, étant livrée à elle-même, son fil à plomb tombât sur le premier point de division du limbe. Après cela, lorsqu'il s'agissoit d'une étoile très-proche du zénit, on amenoit d'abord la lunette à la situation où le fil à plomb battoit sur un des points du limbe, position dont on reconnoissoit l'exactitude par le moyen d'un bon microscope à l'aide duquel on considéroit le fil et les divisions; en sorte même que le point et le filet extrêmement délié qui devoit lui répondre étant grossis par ce microscope, on pouvoit juger sans aucune erreur si l'un étoit parfaitement couvert par l'autre, ou si ce dernier passoit exactement par le centre du premier. Enfin, on continuoit de tourner la vis en comptant les tours et portions de tour, jusqu'à ce que l'étoile passât par le fil fixe ou invariable placé au foyer de l'oculaire de la lunette. Ces tours et portions de tour donnoient le nombre de secondes et portions de seconde à ajouter, ou à soustraire de la distance de l'étoile, donnée par la division à laquelle la lunette avoit d'abord été amenée pour avoir la vraie distance de l'étoile au zénit.

Molyneux et Bradley qui l'aida dans ses observations, firent choix de la brillante du dragon nommée γ par Bayer, et observèrent d'abord les phénomènes suivans.

Le 3 décembre 1725 et les jours suivans, cette étoile passa sans différence sensible à la même distance du zénit; mais vers le milieu du même mois, elle commença à s'écarter un peu du zénit vers le midi, ce qui continua jusques vers le commencement de mars 1726, où passant par le méridien elle étoit plus australe de 20″ qu'au commencement de décembre. Elle fut aussi stationnaire, c'est-à-dire, passant à la même distance du zénit pendant ce mois et une partie du suivant; mais au milieu d'avril, on s'aperçut qu'elle commençoit à se rapprocher du zénit et du nord; ce qu'elle fit jusques vers le commencement de septembre qu'elle parut plus rapprochée du zénit qu'en décembre précédent d'environ 20″, et 39″ plus qu'au mois de mars. Enfin depuis ce temps, elle se rapprocha de la première situation qu'elle avoit paru avoir un an auparavant, en ayant égard au changement de déclinaison occasionné par la précession des équinoxes. Il résultoit de là que l'étoile paroissoit s'être mue dans le courant d'une année entière sur une ligne droite AB (*fig.* 6) de 40″ de longueur, ensorte que les premiers trois mois, savoir du solstice d'hiver à l'équinoxe suivant, elle avoit parcouru la ligne CB; de l'équinoxe du printemps à celui d'automne, elle s'étoit mue le long de la ligne BA; et depuis cet équinoxe d'automne jusqu'au solstice suivant, elle avoit parcouru ou semblé parcourir la ligne AC.

Bradley continua d'observer durant le cours de 1727, et trouva

trouva constamment le même résultat. Il considéra différentes étoiles, et trouva qu'à proportion de leur éloignement à l'écliptique, cette variation en déclinaison n'étoit point la même ; qu'elle diminuoit, c'est-à-dire que cette ligne AB du nord au midi se contractoit à mesure que cet éloignement étoit moindre par rapport à l'écliptique. Cela le conduisit d'abord à reconnoître que ce phénomène n'étoit point l'effet de quelque nutation de l'axe terrestre ; car il est évident que dans ce cas, deux étoiles placées dans le colure des solstices auroient éprouvées la même variation en déclinaison.

Bradley ne tarda pas non plus à reconnoître que ces variations n'étoient point celles que devoit produire la parallaxe annuelle de l'orbite de la terre, si elle avoit lieu ; elles lui sont même tout à fait contraires, car il y avoit trois mois de différence entre les circonstances de la plus grande déclinaison observée et celle qui auroit eu lieu par la parallaxe annuelle.

Enfin, après avoir essayé les explications qui se présentoient pour ce singulier phénomène, M. Bradley reconnut qu'il étoit l'effet du mouvement de la lumière combiné avec celui de la terre sur son orbite. Voici comment cela se fait.

Que AB (*fig.* 7) représente une portion de l'orbite de la terre, et E une étoile qui envoye le rayon ET au point T de cette orbite ; comme la vîtesse de la lumière n'est pas infiniment grande, elle a avec celle de la terre sur son orbite un certain rapport. Supposons que ce soit celui de DT à TF, de sorte que tandis qu'une particule de lumière se porte de D en T, la terre aille de F en T. Dans l'instant que le spectateur terrestre arrive en T, son œil est choqué par la particule de lumière venue de D avec la vîtesse DT, tandis que lui-même se meut de F en T avec la vîtesse FT. De ces deux mouvemens il s'en compose un troisième suivant TG parallèle à DF, et c'est suivant cette dernière ligne TG que l'œil de l'observateur terrestre est choqué ; par conséquent, c'est suivant cette ligne qu'il apperçoit l'étoile. Car si un mobile se meut dans la direction et avec la vîtesse DT contre un plan AB, tandis que ce plan se meut en même-temps de la quantité FT, la direction de ce mobile à l'égard des points de ce plan qu'il atteindra, sera la diagonale du parallélogramme dont DT et FT seront les côtés. En effet, suivant les lois de la mécanique, nous pouvons fixer le plan AB et transférer au mobile en sens contraire le mouvement qu'avoit le plan, et tout restera de même à son égard. Ainsi le spectateur terrestre arrivant en T, sera affecté par la particule de lumière D qu'il rencontre à ce point, de la même manière qu'il l'eût été, si restant au point F, la particule de lumière D eût eu, outre son mouvement propre DT, un autre mouvement D*d* égal à TF; or dans ce dernier cas, F eût été frappé suivant la direction FD. Ainsi le même spectateur en T l'appercevra suivant la direction TG, parallèle de FD.

On rend encore ceci sensible par un autre moyen. Supposons un tube dans la direction FD déterminé ci dessus; il est évident que si pendant que la particule D de lumière qui passe par le centre de l'ouverture supérieure se meut vers T, ce tube s'avance lui-même par un mouvement propre de DF en GT, cette particule de lumière ne sortira point de l'axe du tube, si le rapport de sa longueur avec le chemin qu'il fait pendant que la lumière en parcourt la longueur, est le même que le rapport de DF à FT; ainsi l'œil qui sera à l'autre extrémité sera frappé seulement dans la direction de cet axe : conséquemment il appercevra l'astre dans la direction TG. Cette manière de rendre sensible l'effet de ce mouvement de la lumière est due à Bradley; elle a été aussi employée par Thomas Simpson (1) et par la Lande, dans le dix-septième livre de son *Astronomie*, où il en a ajouté plusieurs autres.

On voit par là que hors le cas où la terre se meut dans la direction du rayon venant de l'étoile, jamais cette étoile ne paroîtra dans sa vraie place, mais elle en paroîtra écartée de la quantité de l'angle DTG, dont la grandeur est donnée par le rapport de DT à FT, ou de la vîtesse de la terre à celle de la lumière, qui détermine l'angle DFT. Si l'étoile étoit au pôle de l'écliptique, ou fort voisine, elle paroîtroit décrire dans le cours de l'année un cercle autour de ce pôle, dont l'observation apprend que le rayon est de 20″. Dans les lieux moyens entre ce pôle et l'écliptique, ce cercle devient une ellipse, dont le grand axe parallèle à l'écliptique est de 40″, et le petit axe est au premier, ou à 40″, comme le sinus de la latitude de l'étoile est au sinus total; d'où il suit que si l'étoile est dans le plan de l'écliptique, le petit axe de cette ellipse devenant égal à zéro, cette ellipse dégénérera en une ligne droite de 40″ environ de longueur, dont le milieu est occupé par le lieu véritable de l'étoile; elle paroîtra seulement dans sa véritable place, lorsque la terre arrivera au point de contact de son orbite avec le rayon venant de l'étoile, ce que l'observation confirme parfaitement.

Ces choses sont faciles à démontrer, au moyen des considérations suivantes. Qu'on se représente un plan parallèle à

(1) *Essays on several curious and useful subjects in speculative and mix'd mathem.* Lond. 1740, *in*-4°.

celui de l'écliptique et de l'orbite de la terre réduite en un point T (*fig.* 8), comme elle l'est réellement à l'égard de la distance des fixes ; la ligne tirée de ce point au au lieu vrai de l'étoile représente par son angle avec le plan de l'écliptique TF la latitude de cette étoile, et cette même ligne coupe le plan ci-dessus parallèle à l'écliptique dans un point qui est le centre du cercle que paroît décrire annuellement l'étoile par l'effet de son aberration ; il se formera donc sur ce cercle, comme base, un cône dont les côtés sont les rayons d'aberration, et l'apparence que le cercle présente au spectateur terrestre n'est autre chose que la section de ce cône par un plan perpendiculaire à l'axe, Or cette section est une ellipse dont les deux axes sont dans le rapport de AB à AD, (AD est une perpendiculaire tirée de A sur TB), c'est à dire dans le rapport du sinus total au sinus de la latitude de l'étoile ; car l'angle du cône en T étant extrêmement petit, l'angle BAD peut être regardé comme égal à BTF qui mesure la latitude.

On voit voit par-là que si la ligne CD (*fig.* 9) représente le cercle de latitude, et AB qui lui est perpendiculaire une portion très-petite du grand cercle mené par ce point E perpendiculairement au cercle de latitude, en prenant cette portion AB de 40″ ou plus exactement de 40″ $\frac{1}{2}$ selon les observations de Bradley, et le petit axe FG à 40″ $\frac{1}{2}$ comme le sinus de la latitude de l'étoile au sinus total, l'ellipse dont AB et FG seront les deux axes représentera le chemin apparent de l'étoile autour de sa véritable place E pendant une révolution de la terre. On verra aussi avec quelqu'attention que si l'angle HEB représente l'élongation de l'étoile, ou sa distance au soleil, et que si l'on mène au grand axe la perpendiculaire, HK l'ordonnée KI représentera l'aberration en latitude, et la ligne EK la distance du lieu apparent au lieu vrai de l'étoile. Le dernier point ne fait aucune difficulté ; car il est facile de démontrer que cet éloignement est toujours comme le cosinus de l'élongation du soleil à l'étoile ; et quant au second il est encore assez apparent que si l'étoile étoit au pôle ou fort voisine du pôle de l'écliptique son aberration en latitude seroit exprimée par HK lorsque son élongation seroit mesurée par l'angle HEK. Conséquemment cette aberration décroissant comme le sinus de la latitude de l'étoile, ne sera ici que KI, puisque EC est à EF comme KH est à KI.

Il sera donc toujours facile de déterminer pour tous les temps de l'année la quantité de l'aberration d'une étoile dont la longitude et la latitude sont connues. Car d'abord la longitude de cette étoile étant donnée, on connoîtra à chaque jour de l'année son élongation ou sa différence de longitude avec le soleil, et l'on fera cette analogie, *comme le rayon est à* 20″ $\frac{1}{4}$, *ainsi le cosinus de cette élongation est à un quatrième terme*, ce sera l'aberration EK et on la réduira à l'écliptique par l'analogie suivante; *comme le cosinus de la latitude de l'étoile est au rayon*, *ainsi l'aberration* EK est à l'aberration en longitude. Or les deux analogies fondues en une se réduisent à celle-ci, comme le cosinus de la latitude de l'étoile, au cosinus de son élongation en longitude avec le soleil, ainsi 20″ $\frac{1}{4}$ à un quatrième terme qui donnera immédiatement le lieu apparent de l'étoile rapporté à l'écliptique.

L'aberration en latitude ne sera pas moins facile à déterminer. Ce que nous avons dit plus haut montre suffisamment qu'il n'y a qu'à faire ces deux analogies.

Comme le sinus total à 20″ $\frac{1}{4}$, ainsi le sinus de l'élongation de l'étoile au soleil a un quatrième terme qui sera KH et ensuite *comme le sinus total au sinus de la latitude*, *ainsi le quatrième terme ci-dessus à un autre*, qui sera l'aberration en latitude.

Ces deux analogies se réduisent à une seule qui est la suivante.

Comme le quarré du sinus total, au rectangle des sinus de latitude et d'élongation de l'étoile, ainsi 20″ $\frac{1}{4}$ a l'aberration demandée en latitude. Au reste, toutes ces propriétés et toutes ces règles se trouvent expliquées plus en détail, et par conséquent plus clairement dans l'astronomie du cit. de la Lande.

Il suffisoit de connoître l'aberration d'une étoile en longitude pour trouver celles qui ont lieu en déclinaison et en ascension droite. Car la position d'un point dans le ciel à l'égard de l'écliptique étant donnée, ce n'est qu'un problême facile de trigonométrie sphérique que de déterminer la position de ce même point à l'égard de l'équateur, c'est-à-dire sa déclinaison et son ascension droite. Cependant on a aussi donné des règles directes pour déterminer l'aberration en ascension droite et en déclinaison, et des tables soit générales soit particulières qui dispensent les astronomes et des formules et des calculs.

Après Bradley, auteur de la découverte de ce phénomène intéressant, mais dont à l'exemple des inventeurs il ne s'étoit pas attaché à développer tous les détails, divers auteurs ont écrit sur l'aberration des fixes. Mais parmi eux nous distinguerons Clairaut qui traita ce sujet avec sa clarté ordinaire dans les Mémoires de l'Académie des Sciences de 1737. Il y donna les analogies pour avoir les aberrations en longitude et latitude, en ascension droite et en déclinaison. Pendant le même temps Thomas Simpson trouvant aussi que cette matière n'avoit pas été mise dans tout le jour dont elle est susceptible la remanioit aussi en Angleterre. Il publia son écrit en 1740 dans un recueil intéressant intitulé : *Essays on several curious and useful subjects*... Et il assure qu'il étoit imprimé avant que le volume des Mémoires de 1737 eût paru ; son écrit est très-clair et très-élégant. Nous ne devons pas omettre ici l'ouvrage de Eustache Manfredi sur le même sujet qui parut à Bologne en 1737. Il est intitulé : *De annuis stellarum fixarum aberrationibus*. Il avoit déjà donné en 1731 dans le premier volume des Mémoires de l'institut de Bologne un mémoire intéressant sur le même sujet. Indépendamment de l'aberration dont traite Manfredi, il y parle aussi de la parallaxe annuelle sur laquelle il avoit fait un traité complet en 1729. Il fait voir que les phénomènes du déplacement apparent d'une étoile par la parallaxe de l'orbe terrestre sont fort différens de ceux de l'aberration, ce qu'il montre par une figure qui représente l'ellipse décrite en apparence par l'étoile en vertu de l'aberration, et les lieux qui seroient occupés par elle dans les divers mois de l'année en vertu de la parallaxe. Ce seroit bien une ellipse semblable que décriroit la même étoile en vertu de la parallaxe annuelle de l'orbe, en la supposant de 20″, mais les lieux de l'étoile y seroient différens de trois mois, ce qui renverse les prétentions de Horrebow dans son *Copernicus triumphans*.

On doit encore citer avec éloge un petit écrit sur le même sujet du P. Frisi, où les principes de cette théorie sont fort clairement présentés. On a enfin un ouvrage de Fontaine Descrutes intitulé : *Traité de l'Aberration*, 1744, *in*-8°. que Lemonnier lui fit faire dans le temps que cette matière étoit nouvelle, afin de le faire connoître, et où Lemonnier ajouta des mémoires intéressans sur l'histoire de l'astronomie et les éclipses.

Nous n'avons parlé jusqu'ici que de l'aberration des fixes occasionnée par la combinaison du mouvement de la lumière avec celui de notre globe. Mais ce mouvement successif de la lumière doit occasionner, dans le lieu apparent des planètes, un effet analogue à celui qu'elle produit sur le lieu apparent des fixes. La distance du foyer d'où part le rayon de lumière est ici absolument indifférente ; le phénomène ne résulte que du rapport de la vîtesse de la lumière avec celle de l'observateur terrestre qui est lui-même emporté sur l'orbite de la terre. Ainsi il y avoit lieu d'examiner cet effet sur les planètes et le soleil lui-même.

Clairaut se proposa cet objet et en fit la matière d'un mémoire dans le volume de l'Académie des Sciences de 1746.

Le phénomène de l'aberration sur les planètes paroît d'abord plus difficile à calculer que celui de l'aberration des fixes, car on n'avoit à l'égard de ces dernières qu'un corps mobile savoir l'observateur terrestre. Dans le phénomène de l'aberration des planètes toutes les deux sont en mouvement, et le corps d'où part la lumière, et l'observateur. Il y a encore plusieurs autres causes de complication ; mais ce surplus de difficulté ne pouvoit arrêter un géomètre, fait pour en surmonter bien d'autres. Il part d'une supposition semblable à celle qu'il avoit analysée dans son mémoire sur l'aberration des fixes en 1757. Là il supposoit un corps immobile comme un nuage d'où tomberoient une infinité de corpuscules comme de grêle ou de pluye perpendiculairement à un plan qui auroit lui-même un mouvement dans un sens quelconque et avec une vîtesse dont on auroit le rapport avec celle de ces corpuscules. Il s'agit dans cette supposition de déterminer sous quel angle ce plan seroit frappé par ces corpuscules, ensorte que si, par exemple, on leur présentoit un tube, il faudroit déterminer sous quel angle il devroit être incliné pour qu'un de ces corpuscules suivit la direction de son axe. Le problême est réduit par-là à une simple décomposition de mouvement ; il n'y a qu'à supposer immobile le plan, et donner au corps d'où partent les corpuscules en question un mouvement parallèle et égal, mais en sens contraire à celui du plan ; prendre sur la direction de ce mouvement une ligne quelconque, et sur celle du corpuscule tombant une autre qui soit à la première comme la vîtesse de la chute à la vîtesse du plan, rapport qui est donné. La diagonale du paraléllograme décrit sur ces deux lignes sera la direction du corps tombant à l'égard du plan. Si donc on place dans cette direction un tube, il sera enfilé parallèlement à ses côtés par les corpuscules tombans.

Mais si le nuage ou corps d'où l'on suppose que tombent ces corpuscules est lui-même porté dans l'espace avec une vîtesse donnée, c'est-à-dire, dont le rapport avec la vîtesse de ces corpuscules et celle du plan soit connu ; il s'agit de déterminer également l'angle que devra faire avec le plan le tube qui doit être enfilé parallèlement à son axe par ces corpuscules.

D'après ces considérations Clairaut calcula pour chacune des planètes deux formules qui, au moyen de la connoissance respective de leurs distances à l'égard de la terre, et de leurs directions et vîtesses respectives, toujours données par les tables, font connoître de combien le lieu de la planète est avancé ou retardé à l'égard du lieu qu'elle occupe réellement, tant en longitude qu'en latitude, cette quantité ne sauroit se négliger aujourd'hui dans l'astronomie puisqu'elle va à 60″ pour Mercure, 43 pour Vénus, 36 pour Mars, 29 pour Jupiter, 26 pour Saturne, et 25″ pour Herschel. Celle du soleil est de 20″ et ne doit point être négligée quand on calcule le lieu d'une planète ; il n'y a que peu d'années qu'on a fait cette remarque. Une règle bien simple pour trouver l'aberration d'une planète et qui est dans l'Astronomie, article 2882 consiste à prendre son mouvement vu de la terre pendant le temps que la lumière emploie à venir de la planète jusqu'à nous. Mais pour éviter de calculer les distances et les mouvemens on a fait des tables très-commodes; on peut voir celles du citoyen Delambre dans les *Ephémérides de la Lande et dans la Connoissance des temps de* 1794.

V.

De la Précession des équinoxes, et de la Nutation de l'axe de la Terre.

Après avoir traité de la figure de la terre, nous y joindrons deux phénomènes qui en sont une suite, et qui dépendent également de la gravitation universelle. L'un est la précession des équinoxes, et l'autre la nutation de l'axe de la terre.

La précession des équinoxes est un mouvement de l'équateur et des points équinoxiaux de 50 secondes par an. En effet, le mouvement par lequel les étoiles semblent s'éloigner des points équinoxiaux ne peut être que l'effet de la rétrogradation de ces points eux-mêmes. Ce fut aussi ce que reconnut Copernic aussitôt qu'il entreprit de remettre en honneur le vrai système de l'univers. Pour rendre raison du mouvement des étoiles en longitude, il supposa que l'axe de la terre, tandis que ce globe faisoit une révolution autour du soleil, au lieu de rester parfaitement parallèle à lui-même, avoit un petit mouvement de déviation par lequel il décrivoit avec lenteur la surface d'un cône. De-là il résultoit qu'à chaque révolution de la terre autour du soleil, son axe devoit arriver plutôt à cette position où il fait un angle droit avec la ligne menée du soleil à son centre, position qui fait que le plan de son équateur passe par le soleil et donne l'équinoxe. Ainsi l'équinoxe anticipe continuellement, en se faisant dans un point de l'écliptique antérieur à celui où s'étoit fait le précédent. L'étoile voisine de ce point paroît, après quelques révolutions, s'être avancée dans l'ordre des signes, tandis que c'est le point d'où l'on comptoit sa distance à l'équinoxe qui a rétrogradé. C'est ce mouvement, que depuis Copernic, on nomme la précession des équinoxes.

La nutation de l'axe terrestre est un balancement de 9 à 10 secondes qu'éprouve cet axe dans l'intervalle de dix-huit ans, ou d'une révolution des nœuds de la lune, et qui fait que l'angle de l'équateur avec l'écliptique diminue jusqu'à un certain point et revient ensuite à sa première situation, ensorte que lorsqu'il a produit son plus grand effet, ce qui arrive dans un intervalle de neuf ans et quelques mois, l'inclinaison augmente dans la demi période suivante de 18″, ainsi l'on doit regarder comme la véritable inclinaison de l'équateur à l'écliptique, celle qui tient un milieu entre la plus grande et la moindre.

Ce mouvement déjà soupçonné par Newton, d'après les principes de la gravitation universelle, a été vérifié par les observations de Bradley. Nous devons même observer encore qu'on voit par les ouvrages d'Horrebow, que Roemer avoit aussi été porté à imputer à une certaine vacillation de l'axe terrestre les irrégularités dans des déclinaisons d'étoiles qu'il ne pouvoit expliquer ni par les réfractions ni par la parallaxe annuelle; Flamsteed enfin avoit aussi eu une pareille idée et avoit espéré, vers 1690, pouvoir la vérifier au moyen des étoiles voisines du zénith, mais faute d'instrumens assez grands il y avoit renoncé (1). Mais tout cela diminue peu l'obligation qu'on a à Bradley de l'avoir démontrée; car il lui a fallu la séparer d'une autre inégalité, celle de l'aberration, chose qu'il n'a pu faire que par une sagacité, une constance a observer qui rendront à jamais son nom immortel dans les fastes de l'astronomie. C'est ainsi que Newton n'en est pas moins justement réputé l'auteur du systême de la gravitation universelle, quoique Kepler, Roberval, Fermat et Hooke l'eussent déjà entrevue. Pour exposer par quelle succession d'idées Bradley est parvenu à cette découverte, nous ne pouvons mieux faire à cet égard que de suivre la narration qu'il en fit lui-même dans une lettre qu'il écrivit à milord Macclesfield, en 1747, publiée dans les Transactions de janvier 1748. Il avoit reconnu en 1728 le changement annuel de 20 secondes dans toutes les étoiles, qu'il appeloit aberration, que nous avons expliquée. En continuant ses observations dans les années suivantes pour vérifier la quantité de cette aberration, et l'ayant mis dans le plus grand degré d'évidence, il ne tarda pas à s'appercevoir encore d'une nouvelle irrégularité dans les déclinaisons des étoiles, qui ne pouvoit se concilier ni avec la quantité connue de la précession, ni avec l'aberration. Il étoit encore incertain de la cause, et cherchant à la deviner il continua d'observer pendant neuf années pour démêler la période de cette irrégularité; il remarqua enfin qu'après un terme de quatre années où elle avoit continuellement augmenté, elle commença à diminuer, et qu'au bout de dix-huit années tout étoit rétabli dans le premier état, c'est-à-dire, que les lieux des étoiles calculés d'après la théorie de la précession et celle de l'aberration n'éprouvoit plus aucun écart. Or un intervalle de dix-huit ans et quelques mois, est celui que les nœuds de la lune

(1) *Hist. cœlestis*, t. III. p. 113.

mettent

mettent à revenir à leur première position ; ce qui donna lieu de soupçonner que cette irrégularité tenoit à la position de ces nœuds ; et comme une idée lumineuse en amène ordinairement bientôt un autre, que c'étoit l'effet de l'action de la lune sur l'équateur terrestre ; enfin, que cet effet étoit d'abaisser et élever alternativement le plan de l'équateur à l'égard de celui de l'écliptique. Les irrégularités observées pendant cette période d'années étant calculées d'après ce principe disparoissoient, ensorte que vers 1747, il se trouva en état d'annoncer cette nouvelle découverte.

Je remarquerai cependant que dès 1737 Bradley commença à faire plus que soupçonner la cause de cet écart apparent des étoiles ; car il l'annonça à le Monnier en l'invitant à en faire usage dans le calcul des Observations de Laponie, et le Monnier rendit compte, en 1745, à l'Académie des Sciences de ses observations qui s'accordoient avec celles de Bradley.

Mais il ne suffit pas de connoître la quantité de cet écart dans ses extrêmes ; il est nécessaire de pouvoir le calculer dans les état moyens. C'est aussi ce que fait Bradley au moyen d'une hypothèse dont il attribue l'idée à Machin, mais qui rentroit dans les épicycles dont les astronomes s'étoient servi de tous les temps pour expliquer les inégalités périodiques. Il suppose que le pôle décrit en 18 ans un cercle de 18 secondes de diamètre, et qu'il est toujours à 90° du nœud de la lune. C'est sur ce principe que Bradley a établi les analogies et les tables qu'il a données pour le calcul de la nutation à chaque moment, lorsqu'on connoît le lieu du nœud ascendant de la lune. Ces tables sont au nombre de trois, l'une pour le vrai point du ciel où l'équateur coupe l'écliptique, c'est-à-dire pour le point équinoxial ; la seconde, la vraie obliquité de l'écliptique, et la troisième la quantité de la précession elle-même ; car à raison de ce mouvement du pôle de la terre, le mouvement des points équinoxiaux est inégal, et conséquemment a besoin dans cette période de 18 ans 7 mois d'être rectifié par une petite équation.

Nous remarquerons néanmoins ici d'avance que d'après la théorie physique exacte de la nutation, la trace du pôle ne doit pas être un cercle, mais une ellipse dont le grand axe est de 18″ et le petit de 13″ ; Bradley l'avoit soupçonné lui-même. Mais ce fut d'Alembert qui en donna la preuve et le calcul en 1749 dans ses *Recherches sur la précession*, et le citoyen de la Lande en donna des tables dans l'édition française des Tables de Halley. Ces différences dans les positions des étoiles sont si peu considérables qu'il n'est pas étonnant qu'elles échappent à l'observation. Mais la théorie ici plus sûre que l'observation même exige qu'on employe cette considération.

Il restoit encore d'autres règles à donner pour calculer l'effet de la nutation sur le lieu des étoiles, c'est-à-dire, tant sur leurs déclinaisons que sur leurs ascensions droites. Quant à leur latitude, il est clair que l'étoile, le pôle de l'écliptique et l'écliptique elle-même étant immobiles, la latitude est invariable, ou que si elle éprouve quelque altération elle est due à une autre cause. Lacaille suppléa au travail de Bradley, et publia en 1748 les diverses analogies qu'il faut employer pour corriger le lieu apparent d'une étoile, et trouver son lieu vrai tant en déclinaison, qu'en ascension droite et en longitude, connoissant les déclinaisons, ascension droites et longitudes apparentes; *et vice versa.* Il en donne dans le même mémoire les démonstrations. Ces règles ont même été ensuite simplifiées par divers astronomes; on les trouvera en détail dans l'Astronomie de la Lande.

Depuis ce temps-là la nutation de l'axe terrestre a été employée dans tous les calculs astronomiques. Mais comme il seroit bien laborieux pour les astronomes de faire à chaque fois qu'ils voudroient corriger le lieu d'une étoile, un pareil calcul; de zélés astronomes ont publié des tables des principales étoiles où ce lieu se trouve corrigé tant en déclinaison qu'en ascension droite. De la Lande en donna dans la Connoissance des temps depuis 1760, dans ses Ephémérides; Triesnecker, Delambre, de Zach, et la duchesse de Gotha en ont calculé un grand nombre, avec les aberrations dont nous avons parlé.

Il entre maintenant dans notre plan de développer comment ces deux phénomènes, celui de la précession des équinoxes et celui de la nutation tiennent à la gravitation universelle; Newton le fit voir pour la précession par des méthodes adroites mais indirectes, il se trompa même dans sa solution, et d'Alembert fut le premier qui résolut complètement le problême.

Si la terre étoit une sphère parfaite, ou se mouvoit de manière que son axe fût toujours perpendiculaire à l'écliptique, il n'y auroit point de précession des équinoxes, puisque la terre jouiroit d'un équinoxe perpétuel; ni de mouvement des étoiles. Car il suit des principes de la gravitation universelle que dans le premier cas l'action du soleil sur la terre seroit absolument la même que si toutes ses parties étoient compénétrées à son centre; et dans le second cas, cette action seroit absolument égale sur les deux parties du sphéroïde au-dessus et au-dessous de l'écliptique. Conséquemment cette action ne produiroit aucune altération dans aucun de ses mouvemens.

Mais la terre n'étant pas sphérique et son axe étant incliné au plan de l'écliptique, il n'en est plus de même. Il se passera ici quelque chose de semblable à ce que nous avons vu arriver à la lune se mouvant autour de la terre dans un plan incliné à l'orbite de celle-ci; car la terre étant un sphéroïde applati par les pôles, ou renflé à l'équateur, on peut la considérer comme un noyau sphérique environné d'un anneau de matière qui est le plus épais sous l'équateur et qui va en diminuant d'épaisseur jusqu'au pôle, et chaque partie de cet anneau, dit Newton, peut être regardée comme une petite planète faisant autour de la terre une révolution dans vingt-quatre heures et coupant l'écliptique en deux points qui sont ses nœuds. Nous pourrons donc appliquer à chacune de ces parties ce qu'on a déja dit de l'orbite de la lune; et comme on a vu celle-ci, par un effet de l'action du soleil, couper à chacune de ses révolutions le plan de l'écliptique dans un point antérieur à celui par lequel elle avoit précédemment passé, ce qui fait rétrograder ses nœuds, de même on verra ici chaque particule de l'anneau équatorial de la terre, couper l'écliptique en un point antérieur à celui où elle l'avoit coupé vingt-quatre heures avant, et de l'action de toutes ces particules sur le globe de la terre, résultera à chaque jour une petite rétrogradation, ou un mouvement angulaire de la ligne d'intersection de l'équateur avec l'écliptique : cette rétrogradation sera infiniment petite à chaque révolution ou à chaque jour, à cause de la rapidité de cette révolution, et de la masse du noyau comparée à celle de l'anneau, mais cette rétrogradation étant répétée 365 fois dans le courant de l'année, il en résultera cependant au bout de l'année un mouvement de plusieurs secondes par l'action seule du soleil.

Mais ce n'est-là qu'une partie du mouvement de précession tel que le donnent les observations d'après lesquelles il est de 50″ par année. Aussi n'avons-nous encore analysé que la plus petite des causes qui opèrent ce mouvement. La seconde, la plus considérable et la plus compliquée, est l'action de la lune sur la terre. Car cette planète tournant autour de la terre doit produire sur l'anneau ou le ménisque dont le noyau sphérique de la terre est entouré, un effet semblable à celui que produit le soleil même, c'est-à dire faire rétrograder les nœuds de cet anneau à l'égard de son orbite propre, et comme cette orbite n'est inclinée à l'écliptique que de 5° $\frac{1}{3}$, cette rétrogradation rapportée à l'écliptique diffère à peine de ce qu'elle est à l'égard de l'orbite lunaire. Mais l'action de la lune est trois fois plus grande que celle du soleil, et c'est la somme des deux qui produit 50 secondes par année. Newton s'étoit trompé dans le calcul de la précession solaire. Il paroît aujourd'hui que la précession solaire est de 17″, et la précession lunaire de 33″ du moins suivant de la Lande, *Astronomie*, art. 3735.

Nous ne devons pas omettre une conséquence qui suit de la

théorie de Newton. C'est que si l'applatissement de la terre étoit plus considérable qu'il n'est, ce mouvement de régression seroit aussi plus fort, et au contraire il seroit nul si cette protubérance étoit nulle, c'est-à-dire, si la terre étoit une sphère parfaite. Il seroit enfin négatif, c'est-à-dire qu'il feroit un mouvement de progression si cette protubérance étoit négative, c'est-à-dire si la terre étoit un sphéroïde allongé.

On ne peut s'empêcher d'admirer la sagacité avec laquelle Newton est parvenu à donner une raison de ces phénomènes et à les soumettre au calcul dans un temps où ils étoient encore fort-au-dessus des forces de l'analyse et de la mécanique réunies. Il ne pouvoit, ainsi que pour le mouvement de la lune, de la figure de la terre, du flux et reflux de la mer, employer que des méthodes indirectes comme il a fait. Ainsi il ne faut pas s'étonner que les géomètres qui l'ont suivi, ayent trouvé ses solutions imparfaites; mais la gloire du premier inventeur éclipsera toujours celle des successeurs qui ont perfectionné ses théories.

D'Alembert qui, le premier, a résolu le problême complètement, et directement, reprocha à Newton d'avoir fait diverses suppositions sans preuves; la première est que toute la protubérance du sphéroïde terrestre sur la sphère étant rassemblée en un anneau ceignant son équateur, on peut considérer cet anneau comme formé d'une multitude de lunes qui circuleroient dans des temps égaux à l'entour de la terre, dans lequel cas chacune éprouveroit une rétrocession de ses nœuds. Or, on peut douter légitimement, suivant d'Alembert, si cet anneau formé de lunes adhérentes entr'elles éprouvera la même rétrocession de ses nœuds que ces lunes elles-même isolées et sans action les unes sur les autres.

La seconde supposition est que le mouvement de cet anneau, supposé isolé, doit être diminué dans le rapport de sa masse avec celle du globe auquel il est adhérent. Quelque spécieux que paroisse ce principe on peut encore le révoquer en doute suivant d'Alembert.

En troisième lieu, il ne paroît pas à d'Alembert que le mouvement de l'enveloppe extérieure du globe, et celui de l'anneau auquel Newton réduit cette enveloppe doivent être entr'eux comme les forces qui les animent, vu la différente disposition des masses mouvantes et des masses à mouvoir. On auroit eu droit, ce me semble, d'attendre d'un si habile géomètre qu'il donnât des preuves et non des conjectures sur ces prétendues erreurs de Newton, d'autant plus que Simpson a trouvé l'erreur de Newton dans un autre endroit de sa théorie, *Micellaneous tracts*, 1757, pag. 45.

Enfin Newton suppose la terre homogène, le rapport de ses axes de 230 à 231, et celui des forces du soleil et de la lune de 1 à 4; mais ces suppositions depuis le temps de Newton ont été rectifiées. Car dans le temps où écrivoit d'Alembert il paroissoit résulter des mesures de la terre qu'elle étoit applatie d'un 178e, il est prouvé qu'elle n'est point homogène, enfin, quant aux forces respectives de la lune et du soleil pour agir sur la terre, des observations multipliées sur les marées et faites dans des lieux où toutes les causes d'altération sont moindres ou à-peu-près nulles, semblent démontrer que ce rapport est bien près de 3 à 1, ce qui devoit affecter le résultat de Newton.

Quoiqu'il soit de ces observations de d'Alembert, il est évident que la solution de Newton étoit tellement indirecte qu'il importoit d'en avoir une directe et fondée sur des principes absolument incontestables. Personne ne l'avoit entrepris avant d'Alembert. Il a eu la gloire d'avoir le premier fixé les idées des astronomes par une solution de ce genre; et quand il n'auroit fait que cela il mériteroit une des premières places parmi ceux qui ont cultivé et enrichi l'astronomie physique. Nous allons faire nos efforts pour donner une idée de la manière dont il a envisagé et résolu ce problême.

Il falloit commencer par analyser l'action du soleil sur les différentes parties du sphéroïde terrestre, et suivant les différentes positions de l'axe terrestre à l'égard de la planète attirante; et comme; si la terre étoit un globe parfait, il n'y auroit ni précession ni nutation, cette recherche se réduit à celle de l'action du soleil sur les parties dont le sphéroïde terrestre excède le globe inscrit; sauf ensuite, d'après le rapport de ces deux masses, à faire la réduction convenable au total du mouvement imprimé. D'Alembert suppose donc une couronne infiniment mince de cette protubérance coupée par deux plans perpendiculaires à l'axe; un plan passant par l'axe de la terre et la ligne tirée du soleil à son centre, couchée dans le plan de l'écliptique et faisant avec cet axe un angle qui change depuis le solstice jusqu'à l'équinoxe, car cet angle varie depuis 66° $\frac{1}{2}$ qui est l'angle que forment ces lignes au moment du solstice, jusqu'à celui de 90° qui est celui qu'elles font au moment de l'équinoxe. Il trouve ensuite l'effort de cette couronne pour changer la position, ou faire varier l'angle de l'axe avec la ligne tirée du soleil au centre, dont l'intégrale est l'effort de latotalité de la protubérance sphéroïde sur la sphère pour faire varier cet angle.

La lune exigeoit un pareil calcul, mais beaucoup plus difficile soit à cause de sa proximité soit à cause de l'inclinaison de son orbite, tant à l'écliptique qu'à l'équateur terrestre, ce qui exigeoit une adresse particulière pour réduire les différentes forces agissantes dans différens plans à une seule agissant dans un même plan; En appliquant enfin son principe de dynamique à la question, il parvient à deux formules qui renferment la loi de la variation de l'axe terrestre. L'une exprime le chemin que fait l'axe de la terre autour de celui de l'écliptique, et l'autre l'inclinaison de cet axe au plan de l'écliptique. Le rapport de ces deux variables à chaque instant donne la projection sur le plan de l'écliptique, du chemin que décrit le pôle terrestre autour du pôle de ce dernier cercle; projection que d'Alembert, développant ensuite ses formules et y appliquant les données déterminées par les observations, trouve n'être pas précisément un cercle comme Bradley et Machin l'avoient annoncé, mais une ellipse dont le grand axe est au petit dans le rapport de 18 à 13, ce qui sert à déterminer enfin par une analogie fort simple la quantité de la nutation, ou ce dont l'obliquité moyenne de l'écliptique doit être augmentée ou diminuée suivant les positions du nœud de la lune pour avoir l'obliquité vraie.

Il résulte encore de ces formules que la précession des équinoxes est elle-même sujette à une inégalité, c'est-à-dire, que dans une révolution des nœuds, elle est tantôt plus rapide, tantôt plus lente, ensorte qu'elle a besoin d'être corrigée par une équation dont d'Alembert donne aussi la formule ou l'analogie. Cette équation peut monter à 17″ lorsque les nœuds de la lune sont à 90° des équinoxes, d'ailleurs proportionnelle au sinus de la distance à ce point.

D'Alembert examine ensuite l'effet de la nutation et de la precession sur le lieu apparent des étoiles tant en déclinaison qu'en ascension droite, et donne pour cet effet des analogies trigonométriques.

Je ne dois pas omettre ici que d'Alembert donne ensuite une seconde solution du problême de la précession, plus simple que la première. Leur accord seroit une confirmation, si la solution légitime d'un problême géométrique en avoit besoin.

Quelques autres questions analogues à son sujet ont aussi excité son attention. Par exemple, il avoit supposé la terre uniformément dense, mais quel seroit l'effet qui résulteroit d'une densité variable dans les couches de la terre, relativement à la précession et à la nutation. Une analyse savante le conduit à cette conséquence qu'*on ne sauroit regarder la terre comme un sphéroïde solide composé de couches elliptiques peu éloignées de la figure sphérique, quelles que soient les densités, les ellipticités et les épaisseurs de ces couches; cette supposition ne pouvant se concilier à la fois avec la quantité connue de la précession des équinoxes et la quantité aussi connue de l'applatissement de la terre.*

Comment donc concilier ces deux objets. D'Alembert en donne le moyen, c'est de considérer la terre comme un globe en partie solide, en partie fluide, ou recouvert d'une couche de fluide de peu de profondeur ; car il fait voir que dans ce cas le mouvement produit dans la partie fluide qui n'est autre chose que le flux et reflux de la mer ne causeroit aucun déplacement dans les parties du globe, et il établit ensuite qu'en supposant la figure de la terre d'une ellipticité donnée on peut déterminer le rapport de densité du noyau terrestre avec le fluide qui le recouvre, tel qu'il en résulte une précession conforme à l'observation. Je remarquerai en passant que cette conciliation est plus facile encore depuis qu'il est comme reconnu, par les physiciens-géomètres, que le rapport de l'applatissement de la terre par les pôles est beaucoup moindre que ne le trouvoit Newton, au lieu d'être plus grand.

Une autre question que d'Alembert examine est celle de la quantité de la précession, dans l'hypothèse où la terre n'auroit aucun mouvement de rotation sur son axe. Il paroîtroit d'abord que ce mouvement ne devroit influer en rien sur la quantité de la précession ; il avoit même fait un traité entier dans cette supposition, et il reconnut que le mouvement du pôle de la terre seroit dans ce cas bien différent de celui qu'il a, le globe terrestre ayant un mouvement de rotation autour de son axe.

Je passe pour abréger sur plusieurs recherches et observations de ce genre que contient ce savant ouvrage, pour dire un mot de quelques autres recherches sur le même sujet, quoique postérieures de plusieurs années aux précédentes. En effet, dans dans toutes les recherches qu'on vient de voir sur la précession des équinoxes et la nutation de l'axe terrestre, on a toujours supposé comme un fait que les méridiens de la terre sont semblables et que les parallèles à l'équateur sont des cercles. Mais les diverses mesures de la terre ont donné lieu de douter que cela soit exact. Ainsi naît de là une nouvelle question ; savoir, ce qui suivroit de la supposition que la terre eût ses méridiens dissemblables, et que les parallèles à l'équateur au lieu d'être des cercles, fussent eux-mêmes des ellipses. On ne s'étoit point encore élevé à la hauteur de cette question avant d'Alembert. Elle fait l'objet d'un mémoire inséré parmi ceux de l'Académie des Sciences de 1755. Voici ses résultats.

1°. Les lois de la précession sont sensiblement les mêmes dans un sphéroïde elliptique homogène dont les méridiens sont dissemblables, que dans un sphéroïde homogène dont les méridiens seroient semblables, et dont l'applatissement seroit égal à celui du méridien passant par le petit axe de cet équateur, augmenté de la moitié de celui de l'équateur

2°. Un sphéroïde dont l'axe seroit moyen proportionnel (soit géométrique soit arithmétique) entre les deux axes de l'équateur supposé elliptique, n'éprouveroit aucun mouvement sensible dans son axe. Il seroit à-peu-près comme s'il étoit une sphère parfaite.

On suppose, au surplus, dans toutes ces déterminations, que les applatissemens sont extrêmement petits ; car cette supposition est nécessaire pour éliminer du calcul des quantités qui la rendroient d'une difficulté insurmontable pour l'analyse connue.

D'Alembert tente encore une question plus difficile que les premières, en supposant que les méridiens et les parallèles soient des courbes d'une espèce quelconque avec la seule restriction qu'elles approchent très-près du cercle ; et au moyen d'un calcul plus épineux encore que les précédens, il parvient à deux équations générales, tant pour le mouvement de précession que pour celui de nutation.

Euler s'occupa aussi de ce problême. On lit dans les Mém. de l'Acad. de Berlin de la même année 1749, un mémoire de ce savant géomètre sur le même sujet, dans lequel il le traite à sa manière ; mais il a déclaré lui-même que c'étoit après d'Alembert qu'il s'en étoit occupé.

Divers géomètres ont encore fait de ce problême un sujet propre à y essayer leurs forces, soit qu'ils trouvassent à désirer quelque degré de clarté ou de simplicité dans les solutions précédentes, soit qu'ils pensassent entrevoir des chemins plus faciles pour arriver au même but. D'ailleurs, chaque esprit a sa manière d'envisager le même objet, et c'est non-seulement une richesse pour la science, mais une satisfaction pour ceux qui la cultivent, que de voir des principes différens conduire au même résultat. Les mathématiques seules offrent à chaque pas cet avantage.

Parmi ces mathématiciens, je nommerai d'abord M. de Saint-Jacques Silvabelle, géomètre marseillois (mort en 1801) qui donna en 1754 dans les *Trans. Philos.* un écrit sur ce sujet, réimprimé depuis, et avec des additions, sous le titre de *Traité des Variations* dans le premier volume des *Mémoires rédigés à l'Obs. de Marseille.*

On doit au P. Frisi, l'un des premiers géomètres qu'ait produit l'Italie, un travail sur le même sujet, qui mérite une attention particulière. Il est intitulé *de Vicissitudinibus diurni motus telluris.*

Thomas Simpson a aussi traité ce problême d'après ses vues particulières, dans un recueil de 1757 et dans les transactions, tom. L, p. 416, et personne n'a rien donné de plus simple.

C'est

C'est cette solution que le cit. de la Lande a adoptée dans son Astronomie, où il a tâché de la rendre encore plus élémentaire.

Enfin le P. Charles Walmesley, bénédictin anglois, s'en est occupé, et l'on peut lire son mémoire dans les *Trans. Phil.* de l'année 1756, t. XLIX, p. 704. Il est remarquable par divers théorêmes généraux sur la quantité de la précession, de la nutation, etc. qu'il tire de son analyse et de ses formules.

De toutes ces lumières réunies, il résulte une preuve nouvelle de la gravitation universelle des corps. Car toutes ces différentes manières d'envisager le problême conspirent au même but. Elles établissent toutes qu'en supposant cette gravitation universelle, le globe ou sphéroïde terrestre doit éprouver un mouvement qui dérange sans cesse son axe du parallélisme qu'il conserveroit sans cette action, et que de là naissent la précession des équinoxes, et le balancement continuel de cet axe découvert d'abord par l'observation, et même reconnu *à priori* par Newton. Si ces différentes solutions présentent quelques différences dans les détails des résultats, elles ne viennent que de quelques élémens qui ne sont pas encore exactement déterminés, comme le rapport des forces du soleil et de la lune, la quantité de l'ellipticité de la terre, l'homogénéité ou l'hétérogénéité des différentes couches de cette planète; mais l'applatissement de la terre et les conséquences que nous venons d'indiquer sont au nombre des vérités physiques démontrées autant que des vérités de ce genre peuvent l'être.

Le cit. de Laplace après avoir donné dans sa Mécanique céleste les formules du mouvement d'un sphéroïde tel que la terre, en déduit les expressions numériques de la longitude du nœud de l'équateur sur l'écliptique fixe et sur l'écliptique vraie, ainsi que l'obliquité de cet équateur par rapport aux mêmes plans. Il est visible que cette obliquité fait connoître immédiatement l'inclinaison de l'axe de la terre sur l'écliptique, et les mouvemens rétrogrades des nœuds de l'équateur sur l'écliptique qui produisent la précession des équinoxes, ainsi que les inégalités que renferme l'inclinaison de l'axe de la terre, dont la principale qui dépend de la longitude du nœud de l'orbe lunaire est la nutation. La valeur de cette inégalité dans ses formules ne diffère pas de deux secondes de celles que les observations font connoître.

Les résultats du cit. de Laplace ont été obtenus en négligeant les quarrés des excentricités et des inclinaisons des orbites. En conservant ces quantités, les termes qui écartent la terre de la figure de révolution disparoissent, et il en résulte que les phénomènes de la précession et de la nutation sont les mêmes que si la terre étoit un élipsoïde de révolution, dont l'applatissement seroit moindre que $\frac{1}{304}$, ce qui s'accorde d'une manière remarquable avec les résultats déduits des observations du pendule en différens pays de la terre.

V I.

De la diminution de l'obliquité de l'Ecliptique.

On a vu dans notre premier volume, p. 243, qu'Eratosthène détermina l'obliquité de l'écliptique de 23° 51'; elle n'est plus aujourd'hui que de 23° 28'. Cependant, la diminution de l'obliquité de l'écliptique a été pendant long-temps une question indécise, et qui mérite que nous y revenions et que nous fassions connoître ce qui résulte sur ce sujet, des observations et des recherches de l'Astronomie moderne.

Il y a déjà long-temps que les astronomes ont soupçonné la diminution de l'obliquité de l'écliptique. Il étoit impossible qu'il leur échappât que cette obliquité étoit beaucoup moindre de nos jours que du temps des anciens Tycho, en effet, ne la trouvoit que de 23° 31'; aussi en concluoit-il cette diminution et même il en trouvoit d'autres preuves dans le changement de latitude de diverses étoiles, et en particulier de quelques-unes situées près du colure des solstices. Mais il y en avoit qui auroient prouvé le contraire, comme celui de Sirius, dont la latitude augmente plutôt qu'elle ne diminue.

Les astronomes ont donc été partagés quelque temps sur ce point important de l'Astronomie-pratique et même physique. Lahire imputoit à l'erreur des observations les différences observées entre l'inclinaison de l'écliptique donnée par Ptolémée et les autres anciens astronomes, et celle des astronomes les plus récens; il lui sembloit que si on la voyoit continuellement diminuer depuis cet astronome ancien, cela venoit de ce que l'astronomié-pratique s'étoit successivement perfectionnée, et que conséquemment on s'étoit par degrés approché d'une détermination plus exacte. La question ne pouvoit être décidée que dans ces derniers temps, soit au moyen de l'observation, soit par les lumières de l'Astronomie-physique.

Mais c'est surtout vers l'année 1714 que cette question a commencé à être fort agitée, et c'est le chevalier de Louville qui la remit en quelque sorte sur le tapis en la traitant avec un grand appareil d'érudition astronomique, dans des mémoires dont on lit l'extrait dans ceux de l'Acad. des Sciences de 1714 et 1716. Personne n'a fait autant d'efforts que cet astronome pour établir cette variation. Il faisoit aussi valoir cette tradition des Caldéens, suivant laquelle ils avoient des observations de 403000 années, suivant Diodore; car il faisoit remarquer que c'est à-peu-près le nombre des années qu'emploiroit l'écliptique à passer de l'état perpendiculaire à l'équateur à celui qu'elle avoit vers le temps d'Alexandre, en supposant que son obliquité décrût d'une minute par siècle. Il a aussi savamment discuté l'observation de Pythéas, qui la donnoit pour son temps de 23° 49′; ainsi que le sentiment de Ptolémée, qui la trouvoit de 23° 51′. Et de tous ces faits, il en conclud que l'obliquité de l'écliptique diminue à-peu-près uniformément et continuellement d'une minute par siècle.

Mais lorsqu'on analyse ce sentiment et les preuves dont l'étaie Louville, on ne peut s'empêcher de reconnoître qu'elles sont fort fragiles. Car en premier lieu, l'observation de Pythéas nous est donnée d'une manière si vague, qu'on peut presque en tirer les conséquences qu'on veut, suivant les suppositions qu'on est fondé à faire des erreurs qu'il a pu commettre, faute de connoître à un quart ou un tiers de degré près, la latitude de Marseille, et du compte qu'il a tenu de l'ombre ou de la pénombre du sommet de son style.

La détermination de Ptolémée n'est pas plus concluante comme Lahire le fait voir dans un mémoire lu à l'Académie en 1716, où il analyse la manière dont Ptolémée raconte avoir observé la distance des points solsticiaux. Il y fait voir aussi diverses erreurs de ce genre commises par Ptolémée, comme sur la latitude d'Alexandrie qu'il fait de 30° 58′, tandis qu'il est bien constant qu'elle ne diffère pas de 31° 11 à 12′.

On ne peut donc rien conclure de bien certain de l'observation de Ptolémée, et d'autant plus que deux cents ans environ après lui, Pappus écrivoit dans ses collections mathématiques qu'elle étoit de 23° 30′. A la vérité, il ne nous rapporte pas ses autorités, mais il y a apparence qu'il y en avoit pour contre-balancer celle de Ptolémée.

Si de là nous passons aux Arabes, nous trouvons qu'à quelques minutes près, ils firent l'obliquité de l'écliptique de 23° et environ 30′. Les observateurs d'Almamoun, et Almamoun lui-même, la trouvèrent de 23° 33′ 52″; à la vérité, quelques exemplaires d'*Alfraganus* disent 35′. Mais j'ai fait voir en parlant de ces observateurs, que la première leçon paroît la véritable. Quoiqu'il en soit, les observateurs arabes flottèrent entre 23° 32′, et 23° 35′ : car les fils de Musa la trouvèrent de 23° 35′; Thébite de 23° 35′ 30″, et un autre astronome, Mahmoud de Cogend, cité par Lemonnier dans la préface de ses Institutions astronomiques, la trouvoit, vers 992, de 23° 32′ $\frac{1}{3}$. Cet astronome avoit, dit-on, fait son observation avec un instrument d'une grandeur considérable. La réfraction ignorée par les Arabes n'a pu mettre guère plus d'une minute d'erreur dans ces observations ; d'où l'on peut conclure que vers l'an 1000, l'obliquité de l'écliptique étoit probablement d'environ 23° 32 à 33'. Le cit. de la Lande trouve même 35' ⅔ dans un grand mémoire où il a discuté toutes les anciennes observations (*Mém.* 1780). Il paroît par-là même impossible qu'elle ait été au temps de Ptolémée de 23° 51'. Un pareil décroissement continué jusqu'à nos jours ne la donneroit aujourd'hui que de 23° 14 à 15'. Il y avoit donc certainement une erreur.

Par les observations de Walther, elle étoit vers la fin du quinzième siècle de 23° 29' 47". (*Mém.* 1757). Suivant celles de Tycho, 23° 29' 30" vers 1581. Les observations d'Hévélius donnent 23° 29' 0" pour 1660. Celles de Cassini au gnomon de S. Pétrone, 23° 29' 0" ; Flamsteed, pour 1690, 23° 28' 48" ; et il la croyoit constante. (*Historia cœlestis*).

Vers le milieu du dix-huitième siècle, Bradley, Lacaille et Mayer la trouvoient de 23° 28' 18", en 1800, avec les nouveaux cercles; Delambre, Méchain et Lefrançais ont trouvé 23° 28' 0". Ainsi, il y a un progrès incontestable dans le rapprochement de l'écliptique et de l'équateur, quoique beaucoup moindre que celui qu'on pourroit inférer des observations de Pythéas et de Ptolémée, comparées à celles de notre temps. On peut tout au plus la fixer à 4' dans l'intervalle de sept cents ans. En effet, si nous prenons, ce qui est assez vraisemblable, pour fort approchante de la vérité l'observation de Mahmoud de Cogend, qui donne l'obliquité de l'écliptique de 23° 32' 20", et que nous la comparions à l'obliquité actuelle, qui paroît bien près de 23° 28' 0", on trouvera une différence de 4' et quelques secondes pour les huit cents ans écoulés entre l'an 992 et 1792. Ce qui donne une diminution au plus d'une demi-minute par siècle. Legentil (*Mém.* 1757) la Lande (*Mém.* 1780) la réduisent à 36", et Lemonnier, après l'avoir fait nulle pendant plusieurs années, la faisoit de 20" sur la fin de sa vie.

Dès qu'on a parlé de la diminution de l'obliquité de l'écliptique, on a demandé : sera-t-elle continue, en sorte qu'un jour l'équateur de la terre coïncide avec l'écliptique? Cette idée est si séduisante, qu'elle a entraîné plusieurs physiciens à le croire ; c'est une perspective agréable pour l'esprit humain que de se représenter un équinoxe perpétuel régnant sur toute la terre ; car tel seroit l'effet de ce rapprochement absolu. Il est vrai que le temps en seroit prodigieusement éloigné. Car à une demi-minute par siècle, il faudroit douze mille ans pour une diminution d'un degré; et comme l'éloignement est encore de 23° ½ environ, il faudroit pour cette coïncidence totale environ deux cent quatre-vingt-deux mille ans. Si nous en croyons Buffon, la terre doit bien long-temps avant cette époque n'être qu'un glaçon inhabitable.

Mais ce rapprochement de l'écliptique avec l'équateur, au point de les faire coïncider un jour, n'est qu'une illusion qui disparoît à la lumière de la théorie. Euler, dès 1748, avoit montré que l'attraction de Jupiter étoit une des causes de cette diminution. Dans un mémoire inséré parmi ceux de l'Académie de Berlin pour 1754, il analysa les circonstances de cette diminution. Il en résulte que ce n'est qu'un déplacement occasionné par l'action de Jupiter et de Vénus sur la terre (celle des autres planètes est trop petite pour y avoir égard). Voici comment cela arrive.

Il est démontré aujourd'hui, tant par l'observation que par la théorie, que les orbites de toutes les planètes ont un mouvement par lequel leurs nœuds ou intersections avec l'écliptique rétrogradent chaque année. Mais l'écliptique n'étant que l'orbite de la terre, les mêmes causes qui font rétrograder ces intersections sur cette orbite, doivent causer le même mouvement de l'écliptique à l'égard des orbites des autres planètes; en sorte que si nous étions, par exemple, dans la planète de Vénus, nous verrions les nœuds de l'orbite de la terre rétrograder sur celle de Vénus. C'est ce mouvement qui produit, au moins en partie, la variation de la latitude des étoiles, et celle de l'écliptique à l'égard de l'équateur de la terre, toujours parallèle à lui-même, sauf le mouvement de précession des équinoxes et de nutation ou balancement alternatif. Ainsi l'écliptique déplacée par ces attractions planétaires, ne sera plus à la même distance de l'équateur, et ne passera plus par les mêmes étoiles.

Ce que nous venons de voir à l'égard de l'orbite de Vénus, qui des planètes est celle qui agit le plus puissamment sur la terre, est applicable à l'orbite de Jupiter et à celle de Saturne, sur les orbites desquels l'écliptique a aussi un mouvement rétrograde; il en résulte aussi une variation dans la latitude des étoiles, qui suivant qu'elle sera de même signe que celle occasionnée par le mouvement sur l'orbite de Vénus, ou d'un signe différent, conspirera à augmenter cette variation ou la rendra moindre; cela dépend de la position de l'étoile à l'égard des nœuds, tant de Vénus que de Jupiter et Saturne, qui sont susceptibles d'être calculés. C'est ce qu'a fait Euler et ensuite la Lande (*Mém.* 1758, 1761, 1760) et Lagrange (*Mém.* 1774).

D'après cette théorie, Euler n'hésitoit point à admettre dans l'inclinaison de l'écliptique à l'équateur une diminution successive, depuis les plus anciennes observations, savoir, celles de Pythéas jusqu'à nos jours, qui continuera à avoir lieu encore pour plusieurs siècles. A la vérité, il n'admet pas entièrement une déclinaison telle que Pythéas la trouvoit, savoir, de 23° 51′; mais il la réduit pour ce temps à 23° 41′ ½. Cette variation dans cent ans est pour ce siècle et pour les voisins, tant avant qu'après, de 47″ ½ par année; mais au temps de Pythéas, elle n'étoit que de 41 à 42″. Euler a construit, suivant ces principes, une table qui présente la déclinaison de l'écliptique, de cent ans en cent ans, depuis Pythéas jusqu'à l'an 2000.

J'observerai néanmoins ici que le citoyen de la Lande en admettant comme Euler une diminution progressive dans l'obliquité de l'écliptique et qui aura un terme, en diffère dans la quantité, parce qu'il prouve que la masse de Vénus est plus petite qu'on ne le croyoit avant lui.

Quoiqu'il en soit, il paroît par cette théorie, qu'il est un terme auquel cette diminution cessera d'avoir lieu, et qu'après ce terme lui succédera une augmentation qui rétablira les choses dans leur premier état; et ainsi dans la suite des siècles.

Il seroit sans doute curieux de connoître précisément le terme de cette diminution et le temps auquel elle se changera en une augmentation, mais le doute sur la masse de Venus rend la chose impossible actuellement, ce sont des milliers d'années; mais le calcul en dépend de tant d'élémens encore incertains et sujets à variation, que personne n'a jugé à propos de l'entreprendre. Il doit nous suffire de savoir que nous devons renoncer pour nos descendans à l'agréable perspective d'un printemps ou plutôt d'un équinoxe perpétuel. Je distingue en effet beaucoup l'un de l'autre, car il est fort incertain qu'un équinoxe perpétuel fut avantageux à l'espèce humaine. N'y auroit-il pas à craindre pour les régions voisines de l'équateur qu'elles fussent absolument grillées par un soleil qui passeroit constamment tout près de leur zénit? Les régions voisines des pôles n'ayant le soleil sur leur horizon que douze heures, et à la hauteur de leur équateur, seroient probablement toujours couvertes de glace, puisque les plus longs jours accompagnés d'une hauteur double du soleil ne parvient pas à la fondre entièrement dans les 20° les plus voisins du pôle. Enfin, je ne sais si dans une latitude moyenne comme de 40 à 50°, le soleil ne s'élevant jamais qu'à 45° environ il auroit la force de conduire les fruits à maturité. Si nous n'avions jamais que la chaleur de la fin de mars, la végétation feroit bien peu de progrès. Je sais bien que cela pourroit être compensé par la durée constante de douze heures de séjour du soleil sur l'horizon; je n'ignore pas que la chaleur du soleil au mois de mars succède au froid de l'hiver qu'il faut qu'elle commence à dissiper. Mais, malgré ces raisons, je crois la compensation fort inférieure; et ce qui me le persuade, c'est que malgré un été fort chaud, le soleil n'a pas plutôt atteint l'équinoxe d'automne, que dans ces climats les brumes et les frimats commencent à s'emparer de la surface de la terre. Ainsi l'équinoxe perpétuel pourroit être moins favorable que l'état actuel pour le plus grand nombre des habitans de la terre.

On trouve dans les *Tables de l'astronomie de la Lande*, l'obliquité de l'écliptique pour toutes les années ; mais il faut faire une attention sans laquelle on trouveroit les tables en contradiction avec ce qu'on vient de dire. C'est que cette diminution se combine avec la nutation de l'axe de la terre, dont la période est de dix-huit ans, et qui change l'obliquité de 9 secondes. Ainsi l'écliptique paroît dans cet intervalle de temps éprouver un balancement qui augmente alternativement et diminue l'angle qu'elle fait avec l'équateur ; mais au bout d'une période, la diminution se trouve toujours surpasser l'augmentation, et cette diminution paroît actuellement de 35″ par siècle, quoique d'autres la fassent de 50″ ; tel est le degré d'incertitude qui reste dans cet élément, mais qui sera levée dans le courant du siècle où nous allons entrer.

Le citoyen de la Place après avoir épuisé la théorie de la figure de la terre, dans sa *Mécanique céleste*, discute un effet bien remarquable de cette figure relativement à l'obliquité de l'écliptique, et dont on ne s'étoit jamais douté ; c'est l'influence de l'aplatissement sur la partie des variations qui ne vient que des planètes qui changent l'orbite de la terre.

Les mouvemens des corps célestes autour de leurs propres centres de gravité ont le plus grand rapport avec leur figure ; il considére donc ces mouvemens. Il reprend d'abord les équations qu'il avoit précédemment obtenues pour le mouvement d'un corps solide de figure quelconque ; il détermine et introduit dans les équations les momens d'inertie du sphéroïde par rapport à ses axes principaux. Ces momens s'obtiennent sous une forme très-simple, au moyen du développement du rayon du sphéroïde dans une suite de fonctions d'un genre particulier, dont il fait un fréquent usage ; et il en résulte que si le second terme de ce développement est nul, les trois momens d'inertie sont égaux entr'eux. Or, le second terme est donné par l'intégration d'une équation aux différences partielles du second ordre, dont l'auteur conclut que l'égalité des trois momens d'inertie, n'est pas particulière à la sphère, et qu'il y a une infinité de solides qui jouissent de cette propriété, et dont tous les axes sont aussi des axes principaux. Il examine ensuite le cas où le sphéroïde seroit composé de couches concentriques de densité variables, et il donne l'expression des momens d'inertie dans cette hypothèse.

Si l'on conçoit un astre qui agisse sur la terre, qu'on évalue l'action de cet astre sur chacune des molécules, et qu'on en retranche l'action du même astre sur le centre de gravité, on peut substituer ces résultats dans l'équation du mouvement des corps solides : alors l'auteur, par une analyse fort adroite, les réduit à une forme très-simple dans le cas où l'astre attirant est fort éloigné. Il prouve ensuite, d'une manière aussi simple qu'élégante, que ces équations seroient encore très-approchées, si l'astre étoit fort près de la terre, pourvu que la figure de cette planète fut elliptique, parce que dans ce cas, comme dans le précédent, les développemens des forces perturbatrices se réduisent à leur premier terme; d'où il suit que l'on peut calculer les mouvemens de l'axe de la terre dans l'hypothèse elliptique, sans craindre aucune erreur.

L'auteur substitue dans les équations précédentes de nouvelles co-ordonnées rapportées à un plan fixe qui est celui de l'écliptique à une époque donnée; il en résulte d'abord que si le sphéroïde attiré est de révolution, l'axe instantané de rotation fait un angle constant avec le troisième axe principal. S'il y a une petite différence entre les momens d'inertie relatifs aux deux premiers axes, cet angle renferme des inégalités périodiques. Mais ici elles sont insensibles, parce que les termes qui les produisent, déjà très-petits par eux-mêmes, n'aquièrent pas de petits diviseurs par les intégrations; dans ce cas, le mouvement du corps autour de son troisième axe principal, peut être regardé comme égal à sa vîtesse angulaire de rotation autour de cet axe.

Il développe les termes des forces pertubatrices en série de sinus et cosinus d'angles croissans proportionnellement. Ces forces résultent de l'action du soleil et de la lune sur le sphéroïde terrestre. Il discute soigneusement ces termes pour connoître ceux qui, restant toujours très-petits, peuvent être négligés, et ceux que les intégrations rendent sensibles, et auxquels il est nécessaire d'avoir égard. Enfin, intégrant ces résultats; il obtient l'expression variable de l'inclinaison de l'équateur terrestre à l'écliptique fixe, et le mouvement sur la même écliptique du nœud de l'équateur. Pour compléter ces expressions, il est nécessaire d'y ajouter les parties dépendantes du mouvement initial de la terre; l'auteur les évalue : mais en les comparant aux observations, il prouve qu'elles sont insensibles et qu'il est inutile d'y avoir égard. La partie variable des valeurs précédentes s'évanouit quand les momens d'inertie du corps sont égaux entr'eux, d'où il suit que dans ce cas, l'équateur terrestr[illegible]teroit toujours parallèle à lui-même, en vertu des actions r[illegible] du soleil et de la lune. C'est ce qui auroit lieu si la terre éto[illegible]érique, ensorte

ensorte que les variations du mouvement de son équateur sur l'écliptique fixe sont une suite de son applatissement.

L'auteur rapporte ces mouvemens à l'écliptique vraie qui est elle-même mobile sur l'écliptique fixe en vertu des forces perturbatrice de Jupiter et de Vénus.

Il en résulte que sans l'applatissement du sphéroïde terrestre, la variation de l'obliquité de l'écliptique vraie à l'équateur, par le déplacement de l'orbite terrestre que produisent les attractions planétaires seroit beaucoup plus grande, et qu'elle est réduite à-peu-près au quart de sa valeur par le mouvement de l'équateur qui résulte de cet applatissement et des actions réunies de la lune et du soleil. La même cause diminue également la variation de l'année qui auroit lieu par le seul mouvement de l'écliptique, et la réduit pareillement au quart à-peu-près de ce qu'elle seroit. Enfin, il discute les variations qui résultent de toutes ces actions dans la durée du jour moyen et dans le mouvement de rotation de la terre, et il fait voir quelles sont insensibles.

VII.

De la théorie des Satellites de Jupiter, de Saturne et de Herschel.

La théorie des satellites de Jupiter, portée au point où elle est aujourd'hui, est une de celles dont l'astronomie pourroit le plus s'énorgueillir. Car qui l'auroit cru, dans les siècles antérieurs à celui-ci, que non-seulement l'homme dût un jour découvrir ces petites planètes, mais encore qu'il dût calculer leurs mouvemens au point d'être en état de représenter à chaque instant leur position dans le ciel, et de prédire les momens où ils se cacheroient dans l'ombre de Jupiter, comme la lune le fait dans l'ombre de la terre lors de ses éclipses. C'est-là néanmoins ce qui est arrivé, et ce petit monde si éloigné du nôtre nous est peut-être plus connu qu'à ceux qui l'habitent.

On se tromperoit au surplus si l'on pensoit que ce fut un simple objet de curiosité. Ces petites planètes nous ont été d'une utilité aussi grande que notre lune elle-même pour les déterminations géographiques. C'est le premier satellite de Jupiter qui nous a, pour ainsi dire, appris que le mouvement de la lumière n'est pas instantané, et qui nous a mis à portée de calculer sa vîtesse.

Nous avons parlé assez au long dans le livre IV de la partie précédente, de la découverte des satellites de Jupiter. Galilée, qui eût le bonheur de la faire, comprit tout de suite que si l'on pouvoit calculer leurs mouvemens avec assez d'exactitude pour prédire leurs éclipses, elle pourroit être extrêmement utile à la navigation. Il le donna même à espérer, ensorte que les Etats d'Hollande lui dépêchèrent deux de leurs hommes les plus instruits, Hortentius et Blaew, pour en conférer avec lui. Ils virent en effet Galilée dans sa petite retraite d'Arceltri, mais il étoit trop tard; le chagrin de sa condamnation, une fluxion qui lui étoit tombée sur les yeux et son grand âge, ne lui permettoient plus de s'occuper de pareils objets. Ils se bornèrent à lui remettre de la part des Etats une chaîne d'or, comme témoignage de leur estime et de ce qu'ils attendoient un jour de sa découverte.

Galilée s'étoit occupé de la détermination des mouvemens des satellites de Jupiter; mais tout ce qu'il avoit fait à cet égard a été perdu. Il l'avoit confié, à ce qu'on croit, à son disciple Vincenzio Reineri, religieux olivetan, qui fut chargé par le grand duc de Toscane de suivre les observations commencées par Galilée, et de travailler sur ses erremens. Et d'après cela il promettoit, en 1639 (1), de publier des Tables de ces satellites. Mais l'attente du monde savant fut trompée, car Reineri donna en 1646 une nouvelle édition de ses *Tables Médiceennes*, sans y comprendre celles des *Satellites*; sur quoi Cassini juge qu'il avoit trouvé la chose plus épineuse qu'elle ne lui avoit paru en 1639. Riccioli nous apprend que Reineri avoit achevé ces tables, qu'il lui en avoit envoyé un essai; mais que tandis qu'il se préparoit à les publier, il mourut (en 1647) : et comme il étoit absent de chez lui, ses papiers et ses effets furent dilapidés, de sorte que malgré les récherches faites par ordre du grand duc, on n'en put rien retrouver.

Marius, qui avoit voulu disputer à Galilée la découverte des satellites de Jupiter, voulut aussi le prévenir dans la publication des tables de leurs mouvemens; mais son travail ne peut être regardé que comme un ouvrage précipité. Elles étoient à peine au jour, qu'elles ne représentoient déjà plus les mouvemens de ces planètes, et il ne paroît pas même avoir soupçonné les difficultés particulières dont cette matière étoit enveloppée.

Elles furent, à ce qu'il paroît, mieux senties par Peiresc, qui, ayant formé le même projet que Galilée, avoit engagé Gassendi a observer les satellites, et qui avoit envoyé à ses frais en Asie un observateur pour avoir un plus grand nombre d'observations.

Borelli nous apprend encore que J. B. Hodierna, astronome sicilien et auteur de quelques ouvrages physiques et astronomiques, s'étoit occupé des satellites de Jupiter; car il en cite

(1) *Tabulae mediceae universales, &c. in praefatione.*

plusieurs observations. Il en avoit même dressé des tables qui, selon Cassini, en peu d'années s'écartèrent tellement de la vérité, qu'elles ne représentoient pas même à-peu-près les configurations des satellites. C'est tout ce que nous en savons sur le rapport de Borelli; on ne devoit pas avoir confiance en un astronome qui prétendoit prouver par des raisons optiques, perspectives et astronomiques, que la terre est le plus grand de tous les corps célestes à l'exception du soleil (1). Cet Hodierna a aussi écrit sur les comètes un traité qui ne lui a pas fait grand honneur, mais cependant il fut le premier qui observa des éclipses des satellites, *medicaeorum ephemerides... menologiae jovis compendium*, Panormi, 1656.

On étoit fondé à attendre quelque chose de mieux d'Alphonse Borelli; ce savant géomètre mécanicien et astronome est celui qui, avant Cassini, raisonna le mieux sur les différentes apparences des orbites des satellites. Aidé des observations d'Hodierna et des siennes, il tenta d'établir la théorie de leurs mouvemens; et s'il n'a pas réussi aussi bien que Cassini qui le suivit de près, on ne peut au moins s'empêcher de donner à son travail des éloges en plusieurs points. Il publia en 1666 ce travail sous le titre de *Theoricae mediceorum planetarum ex causis physicis deductae*. (Florentiæ, *in*-4°.) Le soin que prend Cassini de le discuter, et ce qu'il en dit, prouvent que le travail de Borelli étoit digne d'attention.

Il est remarquable que Borelli dans cet ouvrage fait usage du principe de l'attraction mutuelle, et qu'il compare à cet égard les satellites à la lune. Mais il y avoit encore loin de cette idée a y appliquer le calcul comme Newton l'a fait dans la suite. D'ailleurs Borelli n'avoit pas une suite d'observations assez suivies et assez exactes, de sorte qu'il ne pouvoit atteindre à la détermination de la latitude et des nœuds de ces orbites.

Tandis que Borelli travailloit à Florence sur ce sujet, Cassini en faisoit autant à Bologne, où il publia en 1665 un écrit intitulé: *J.-D. Cassini, profess. Bonon. de difficultatibus circa eclipses in jove a mediceis syderibus effectas cum earum solutione.* Et bientôt après il publia à Rome, parmi ses *Opera astronomica*, 1666, ses tables intitulées : *Tabulae mediceorum syderum;* que deux ans après à Bologne ses *Ephémérides Bononienses mediceorum syderum ex hyp. et tabulis, J.-D. Cassini, in*-4°. C'est à cette époque qu'il faut rapporter la datte d'une théorie approchée des mouvemens de ces petites planètes; ce furent ces tables qui le firent appeler en France; car un exemplaire en

(1) *Il nunzio della terra assai maggiore di ciascheduna et di tutte le stelle insieme, excettuandone il sole. Palermo*, 1644, *in*-4°.

étant tombé entre les mains de Picard, il trouva que le calcul répondoit à l'observation, même mieux que Cassini ne l'avoit osé espérer. Sa réputation fut tellement établie parmi les astronomes françois, qui n'étoient pas jaloux, que Louis XIV en ayant entendu parler, voulut l'attacher à la France : ce qui eut lieu en 1669.

Cassini arrivé en France, parmi les nombreux travaux astronomiques de tout genre qui l'occupèrent, perfectionna la théorie des satellites, il se mit à les observer avec une nouvelle assiduité, et il publia en 1693 de nouvelles tables plus parfaites que les premières dans l'ouvrage intitulé : *les Hypothèses et les Tables des satellites de Jupiter, reformées sur de nouvelles observations, par Cassini*. Cet ouvrage est remarquable par la discussion savante de tous les points de la théorie de ces petites planètes, et l'exposition des difficultés qui, jusqu'à lui, avoient causé l'incertitude, et pour ainsi dire fait le désespoir des astronomes. Il les concilie et les résoud toutes d'une manière également satisfaisantes. Si ses premières tables avoient mérité l'accueil des astronomes, celles-ci en firent en quelque sorte l'admiration, au moins pour ce qui concerne le premier satellite; car elles en donnoient la configuration et les éclipses dans la minute, et souvent à peu de secondes près.

Ainsi la théorie du premier satellite de Jupiter acquit assez promptement, à peu de chose près, la perfection dont elle étoit susceptible. Ce satellite est si près de Jupiter, et se meut avec une telle rapidité, qu'il est peu dérangé par les actions des autres; mais il n'en est pas tout-à-fait ainsi des autres, à commencer par le second. C'est pourquoi Cassini ne dissimuloit point qu'il n'étoit pas aussi satisfait de son travail à leur égard qu'à celui du premier satellite. Mais il ajoute qu'il n'a pas cru devoir différer la publication des tables de celui-ci jusqu'à ce qu'il eut mis la dernière main à celles des autres; et c'est une vraie obligation que lui eurent les astronomes et les géographes; car ces tables leur furent d'une grande utilité pour perfectionner la geographie dans laquelle on reconnut à l'égard des longitudes une foule d'erreurs monstrueuses. Tout notre continent entr'autres en fut resseré dans la partie orientale de plusieurs degrés.

C'est ici le lieu de dire un mot de l'équation de la lumière qui entre dans le calcul des éclipses du premier satellite. Nous avons dit que Cassini avoit eu la même idée que Roemer, mais qu'ensuite il l'avoit abandonnée, ensorte que Roemer a seul l'honneur de la découverte du mouvement successif de la lumière et du moyen d'en mesurer la vîtesse. Comment Cassini, dira-t-on, a-t-il pu approcher autant de la vérité, sans admettre cette équation. Il est facile d'y répondre. Cassini sans admettre la raison physique du retardement observé dans les éclipses du premier satellite, admettoit néanmoins cette équation, comme dépendante de la distance de Jupiter à la terre, quelqu'en fut la cause. C'est pour lui une sorte d'équation purement empyrique ou donnée par l'observation. Elle paroît dans ses tables du premier satellite sous le titre de *Tabula secunda equationis conjonctionum primi satellitis jovis;* lorsqu'elle est la plus grande elle est de 14′ 10″.

S'il refusoit d'admettre cette équation comme dépendante du mouvement de la lumière, c'est que si elle avoit lieu, il falloit en admettre une toute semblable dans les autres satellites. Or, elle ne lui paroissoit point avoir lieu dans le calcul de leurs éclipses. Mais lorsque leur théorie eut été suffisamment perfectionnée pour démêler leurs inégalités bien plus compliquées que dans le premier satellite, il fut bien reconnu que cette équation leur devoit être appliquée. Maraldi l'ancien étoit subjugué, peut-être, par l'autorité de Cassini son oncle; car il est si facile de l'être par celle d'un homme à qui l'on tient de près et que tout le monde admire; et il se refusa toujours à admettre cette équation comme produite par le mouvement de la lumière, et comme applicable aux autres satellites. Mais son neveu, après avoir pendant quelque temps adopté les sentimens de son oncle, se rendit aux preuves démonstratives de ce mouvement, et de la nécessité de cette équation. Il l'a même établie par un très-bon mémoire donné en 1741, à l'académie, sur le troisième satellite.

Nous avons assez parlé du premier satellite de Jupiter; il est temps que nous parlions des autres, dont les irrégularités ont encore fatigué les astronomes pendant plus d'un siècle.

Maraldi oncle et neveu semblèrent s'être imposés la tâche de suppléer leur oncle en perfectionnant une théorie dont il avoit si heureusement jeté les fondemens, et on leur a en effet beaucoup d'obligations à cet égard. On a d'eux, et sur-tout du dernier, plusieurs mémoires insérés parmi ceux de l'Académie des Sciences, et qui roulent sur les principaux élémens de cette théorie. Tous ces mémoires contiennent beaucoup d'observations et de réflexions utiles sur les différentes parties de cette théorie.

Le quatrième satellite lui présenta de grandes difficultés. En 1750 Maraldi paroissoit désespérer de pouvoir concilier les phénomènes avec le calcul; mais des réflexions et des tentatives ultérieures le mirent à portée de le faire, et c'est l'objet d'un mémoire inséré parmi ceux de 1758. Il y fixe le lieu du nœud ascendant du satellite pour le premier janvier 1700, à 11 degrés 59′ du capricorne, son mouvement annuel de 5′ 33″; l'inclinaison de l'orbite sur celle de Jupiter à la même époque, de 2° 36′, et le demi-diamètre de la section de l'ombre, de 2° 8′;

et d'après ces suppositions, calculant plus de cinquante observations choisies des éclipses de ce satellite depuis 1678 jusqu'en 1756, il trouve que l'observation s'accorde avec le calcul, pour la demi-durée des éclipses sans que la différence excède sensiblement quatre minutes. Si l'on songe combien il est facile, dans l'observation même, de commettre sur le moment de l'émersion et de l'immersion de ce satellite une erreur même de 4 minutes, attendu la lenteur de son mouvement et la différence des vues et des instrumens, on sera porté à penser qu'il est difficile de frapper plus directement au but que l'a fait en cette occasion Maraldi.

Cet astronome ne se dissimuloit cependant pas une difficulté. Newton avoit démontré que les mouvemens des nœuds étoient en général rétrogrades, et celui du satellite se trouvoit selon la suite des signes. D'après l'autorité de Newton, Bradley dans ses tables donnoit aussi au nœud du quatrième satellite un mouvement rétrograde d'un degré en douze années. Wargentin d'un autre côté leur donnoit un mouvement progressif à-peu-près de moitié plus lent. Ce fut de la Lande qui, le premier fit voir comment le mouvement retrograde produisoit un mouvement direct (*Mémoires de l'Académie*, 1762).

Bradley s'occupa particulièrement des satellites, et ses recherches ont beaucoup contribué à jeter des lumières sur cette partie de l'astronomie. Il détermina d'abord les moyens mouvemens plus exactement qu'on n'avoit fait, par la comparaison d'anciennes observations avec les siennes propres faites à Wansted lorsque Jupiter, après quatre révolutions, revint dans la même situation sur son orbe. La comparaison des observations intermédiaires lui fit connoître dans les trois premiers satellites diverses inégalités dont la période lui parut être de 437 jours, et qui lui sembloient tenir à la théorie de l'attraction mutuelle de ces satellites, puisque c'est le temps au bout duquel ils reviennent entr'eux à la première situation. Maraldi en avoit déjà reconnu une au second satellite dont la période lui avoit paru de quatorze mois environ, ce qui aproche de 437 jours. Nous verrons dans la suite une relation bien plus marquée entre les mouvemens de ces trois premiers satellites. Une chose assez singulière à remarquer ici, c'est que le quatrième satellite de Jupiter semble faire avec les autres une sorte de bande à part; car tandis que les trois premiers sont en quelque manière enchaînés entr'eux, par des inégalités, attachées à une période commune de 437 jours et quelques heures, le quatrième n'y participe point. Il en est de même de la nouvelle et élégante loi que le cit. de la Place a trouvée régner entre ces satellites. Elle ne s'étend pas au quatrième, parce qu'il est trop éloigné. Bradley enfin découvrit diverses autres causes d'inégalités dans ces satellites et dans le quatrième dont la théorie étoit la moins avancée à cause de la rareté des éclipses de ce satellite. Il publia en 1719 de nouvelles tables des satellites de Jupiter, en même-temps que celles de Halley pour les autres parties de l'astronomie planétaire. Remarquons ici, pour rendre justice à tout le monde, que Pound, oncle de Bradley, l'aida beaucoup dans ses observations.

Mais quelque obligation qu'on ait à ces astronomes et à leurs devanciers, personne, ce semble, n'a aussi bien servi cette partie de l'astronomie que Wargentin, astronome suédois; on lui doit les premières tables exactes des satellites, et leur avantage, a duré jusqu'à l'année 1792, qu'ont paru celles de la Place et Delambre. Wargentin les publia pour la première fois en 1746 dans les *Acta societatis regiæ Upsaliensis ad ann.* 1741. Le citoyen de la Lande publiant en 1759 une traduction des *Tables de Halley*, les substitua avec raison à celles de Bradley, et et il ajouta les corrections et améliorations qu'un travail continuel et des observations ultérieures avoient suggérées à Wargentin, qui en avoit fait part à l'éditeur. Il en rend compte dans une instruction sur l'usage de ces tables. Toute l'Europe a applaudi au travail de Wargentin. Car il étoit encore des cas où les tables du premier satellite même, quoique presque toujours exactes dans les limites d'une minute, s'éloignoient de 5 à 6 minutes de l'observation. Cela étoit rare, à la vérité, mais enfin cela avoit lieu, et c'étoit un motif d'incertitude pour les opérations où l'on employoit les calculs des éclipses des satellites. Les tables de Wargentin eurent l'avantage de réduire cet écart à moins d'une minute.

Une chose à observer d'abord, c'est que ces tables furent uniquement le fruit de l'observation ou des observations combinées. Wargentin en effet voulant porter cette théorie à la perfection dont elle est succeptible, commença par se procurer toutes les observations des satellites qu'il put recouvrer et qui méritoient confiance par le nom de leurs auteurs; et c'est principalement de la combinaison de toutes ces observations comparées dans leurs différentes circonstances qu'il tira les résultats exacts qui caractérisent ses tables, et qui sont pour la plupart confirmés par la théorie physique. Nous renvoyons à l'instruction qui précède l'usage de ses tables, où l'on rend raison des changemens faits à quelques-uns des élémens employés par ses prédecesseurs; il nous suffira de dire à l'égard du premier satellite, que Wargentin y introduisit une nouvelle équation de 7′ 20″ dont la période est de 437j. 19h. 41″. C'est cette équation qui fait disparoître l'erreur à laquelle étoit encore sujet le calcul du premier satellite dans certaines circonstances. Il a continué toute sa vie à perfectionner ses tables.

Mais il en est de la théorie des satellites comme de celle de la lune. Elle peut être considérée sous deux aspects, l'un purement astronomique, l'autre physico-mathématique. Nous n'avons encore parlé que des travaux des astronomes qui l'ont considérée sous le premier aspect et qui, par des observations multipliées, sont parvenus à reconnoître les divers élémens du mouvement de ces petites planètes secondaires, et à en fixer les quantités. Il nous reste à parler des efforts que les géomètres ont faits pour découvrir *à priori*, et soumettre au calcul les inégalités.

Il étoit en effet naturel de penser que les causes qui influent d'une manière si frappante sur les inégalités de la lune devoient en produire aussi dans les satellites de Jupiter. Il y a cependant cette différence; c'est que Jupiter étant plus gros que la terre, et beaucoup plus éloigné du soleil, l'inégalité d'action du soleil sur Jupiter et ses satellites doit être beaucoup moindre, et avoir un moindre rapport à celle qu'il exerce lui-même sur eux. Si Jupiter n'avoit qu'un satellite, son mouvement seroit à peine troublé par le soleil; mais il est une autre cause d'inégalité dans son mouvement, et elle provient d l'action de ces satellites les uns sur les autres. Si Jupiter et Saturne troublent sensiblement leurs mouvemens mutuels, ensorte que Saturne est retardé et Jupiter accéléré, il est aisé de concevoir quel effet doivent produire les unes sur les autres, ces petites planètes si souvent en conjonction et toujours si voisines les unes des autres.

Ces difficultés multipliées engagèrent l'Académie a proposer en 1764 pour sujet de prix les attractions des satellites. L'infortuné Bailly attaqua aussi ce problême et y appliqua avec beaucoup de sagacité et un travail considérable le calcul des perturbations causées par l'action des planètes les unes sur les autres. Il commença à entreprendre ce travail en 1763, et donna sur ce sujet de 1763 à 1766 plusieurs mémoires à l'Académie des Sciences; il examina d'abord le dérangement occasionné dans les satellites par l'action seule du soleil, et le mouvement des apsides produit par la non-sphéricité de Jupiter lui-même; sujet sur lequel dans le même temps Euler entretenoit l'Académie des Sciences de Berlin *Mem.* 1763. Quelques réflexions sur ce dernier objet ne seront peut-être pas déplacées ici.

Il sembleroit d'abord, dit Euler dans ce mémoire, que vu l'éloignement immense du soleil, la masse considérable de Jupiter, qui est deux cents fois celle de la terre, et le peu de distance respective des satellites de Jupiter à cette planète, que leur mouvement dût être peu dérangé, et en particulier que les

les lignes de leurs apsides dussent être à peu-près immobiles, mais on seroit dans l'erreur. Il y a ici une cause particulière qui agit puissamment pour opérer ce dérangement : c'est la figure de la planète centrale qui, au lieu d'être sphérique, est un sphéroïde considérablement renflé à l'équateur. Car on sait que l'axe de Jupiter est à son diamètre équatorial à-peu-près comme 9 à 10 (1). Quoique l'action d'un corps sphérique soit le même que si toute sa masse étoit réunie à son centre, il n'en est pas de même d'un corps spéroïdique, à l'égard d'un corpuscule ou d'une masse qui circule à l'entour de lui, même dans le plan de son équateur. C'est ce que Euler fait voir dans le mémoire dont nous parlons, où il donne des formules exprimant l'action d'un pareil corps sur un autre qui circule autour de lui. Il en résulte une augmentation de pesanteur sur le premier, qui produit, comme Newton l'a anciennement démontré, un mouvement progressif de la ligne des apsides; comme il arrive à la lune à l'égard de la terre, et à celle-ci à l'égard du soleil. Appliquant ensuite ses formules au mouvement de chaque satellite, circulant dans le plan de l'équateur de Jupiter, et en supposant le rapport des axes à cette planète, celui de 8 à 9. Euler trouve que par l'action de cette cause seule, l'*apojove* du premier satellite doit s'avancer par révolution dans l'ordre des signes de 1° 23′ 48″, ce qui fait dans une année la quantité de 288°. Il en est de même des autres, mais les mouvemens y sont beaucoup moindres.

Tout cela est vrai dans la supposition des satellites circulant dans le plan de l'équateur de Jupiter, et en faisant abstraction de toute autre cause, celle de l'action du soleil, par exemple, qui, au surplus est fort petite, ou celle des autres satellites. Euler examine aussi le cas où le satellite se mouvroit dans un plan incliné à cet équateur, cas beaucoup plus difficile que le premier, et il résulte de son analyse une conséquence assez singulière, c'est que le mouvement de l'apside est dans ce cas moins rapide, au point que si l'angle de ce plan avec l'équateur étoit de 54° 44′, l'apside seroit immobile, et même rétrograde dans le cas où cet angle excéderoit la quantité ci-dessus. Euler détermine quel doit être l'effet de ce défaut de sphéricité dans Jupiter pour déranger le mouvement moyen de son satellite, en supposant qu'il ait une excentricité; car dans le cas d'une orbite absolument circulaire, cette inégalité seroit nulle. Nous remarquerons au surplus que toutes ces conclusions étoient fort hypothétiques, et uniquement fondées sur des rapports alors peu connus, tant de l'applatisse-

(1) Plus exactement comme 13 à 14.

ment précis de Jupiter que des excentricités de ses satellites. Ainsi, il n'est pas étonnant que des calculs postérieurs et fondés sur des données plus exactes ayent beaucoup modifié ces résultats.

L'Académie ayant proposé la question des inégalités des mouvemens des satellites de Jupiter, cela engagea Bailly a presser son travail, déjà fort avancé sur les autres parties de cette théorie, non afin de concourir au prix proposé (il ne le pouvoit pas étant membre de l'Académie), mais pour ne pas paroître avoir profité des pièces du concours pour ses recherches. Il les publia en effet en 1766, peu avant le jugement du prix, sous le titre d'*Essai sur la théorie des satellites de Jupiter, suivi des tables de leurs mouvemens déduits du principe de la gravitation universelle.* Il y joignit encore une histoire de l'astronomie de ces petits astres, fort étendue et fort instructive.

On voit dans l'ouvrage de Bailly combien ces satellites ont d'inégalités. Chacun a des dérangemens produits par diverses causes; savoir 1°. Un dérangement semblable à celui que la lune éprouve de l'action du soleil; il est vrai qu'à l'égard des satellites de Jupiter, l'éloignement où cette planète se trouve du soleil, fait que l'action du soleil sur eux s'exerce presque dans des lignes parallèles, et son effet pour les déranger seroit nul si ce parallélisme étoit exact. 2°. Chaque satellite est dérangé par chacun des trois autres, suivant la position où il se trouve à son égard, et suivant la masse de l'un et de l'autre. Ce n'est pas ici une médiocre difficulté de parvenir à connoître ces masses. 3°. Saturne lui-même agissant sur Jupiter, doit aussi agir sur ses satellites. 4°. Une des causes du dérangement de ces corps est, comme on vient de le voir, la forme sensiblement elliptique de Jupiter dont les observations les plus exactes nous apprennent que le petit axe est au plus grand, comme 13 à 14. 5°. L'excentricité de l'orbite de Jupiter seroit enfin une cause d'accélération ou de retardement; car la révolution périodique de la lune est différente lorsque la terre est aphélie ou lorsquelle est périphélie. Mais cette cause de dérangement est si peu sensible, qu'elle peut être négligée. Parmi les difficultés de cette recherche, il en est encore une, savoir celle qui résulte du peu de connoissance qu'on a des excentricités des orbites des satellites, et conséquemment de la position de leurs apsides; on a même pendant long-temps pensé que les trois premiers n'avoient que des orbites absolument circulaires.

Pour se conduire dans ces recherches, il falloit donc démêler à part chacune de ces causes de dérangement, calculer leurs effets sur chacun des satellites en particulier. Ainsi le dérangement du premier satellite, par exemple, sera composé de celui qui est occasionné par le soleil, de celui que cause la figure non sphérique de Jupiter, de ceux enfin qui sont produits par le second, par le troisième, et peut être par le quatrième.

Pour parvenir à démêler et calculer tous ces dérangemens, Bailly a suivi la route tracée par Clairaut dans sa *Théorie de la lune*, mais il y avoit beaucoup de difficultés particulières qu'il a su habilement surmonter. Il examine d'abord l'action du soleil sur chacun des satellites et en tire l'expression de l'anomalie vraie et du rayon vecteur, en termes usités dans les Tables astronomiques. Il détermine par une méthode pareille le mouvement des nœuds et celui des apsides. Mais il résulte de cette première partie de son analyse, que les inégalités produites par le soleil, tant dans le mouvement du satellite que dans celui des apsides et des nœuds sont très-petites et presque négligeables. Car appliquant le calcul au quatrième satellite qui devroit ressentir le plus d'action du soleil à cet égard, il ne trouve pour le mouvement annuel de l'*apo-jove* ou de la ligne des apsides, que 5′ 14″ 6 suivant l'ordre des signes; et pour celui des nœuds, que 5′ 14″ 8 en rétrogradant. Or, comme il prouve que ce satellite est celui qui doit éprouver le plus grand dérangement, il en conclud qu'à plus forte raison ces mouvemens seront fort petits dans les trois satellites intérieurs et d'un ordre à négliger. Il en est de même de Saturne, qu'on pourroit soupçonner produire du dérangement dans les satellites. Il fait voir que son action est environ 2000 fois moindre que celle du soleil, et conséquemment qu'on ne doit entenir aucun compte.

Il ne reste donc proprement que l'action des satellites les uns sur les autres à analyser et à soumettre au calcul; mais il se présente ici une difficulté embarrassante: c'est de connoître leurs masses; car cette action sera d'autant plus grande que la masse du satellite attirant sera plus grande. On ne peut arriver à cette connoissance que d'une manière indirecte. Bailly y parvient de cette manière; et comparant les observations avec des masses hypothétiques, il en déduit les véritables d'une manière assez probable. Il trouve le dérangement du premier satellite produit par le second, par le troisième et par le quatrième, celui du second, par l'action du premier, du troisième et du quatrième; celui du troisième par l'action du premier, du second et du quatrième; celui enfin du quatrième qu'il trouve n'être troublé sensiblement que par le troisième. Il détermine également le mouvement des nœuds de chaque satellite troublé sur l'orbite du satellite troublant; le mouvement des apsides produit par cette cause, ainsi que le changement de l'inclinaison de l'orbite. Celui des apsides étoit surtout dans le quatrième, car les trois autres satellites lui paroissoient être sans excentricité, ou du moins n'en avoir qu'une peu sensible.

D'après les résultats de ses calculs, il construisit des tables que l'on trouve à la suite de son ouvrage; elles sont d'une forme différente de celles de Cassini et de Wargentin; il les compare à celles de l'astronome suédois au moyen d'un grand nombre d'observations, et il paroît résulter de cette comparaison qu'elles avoient déjà quelque avantage sur les premières pour l'exactitude.

Nous avons dit que l'Académie des Sciences avoit proposé en 1764 pour le sujet du prix de 1766, la théorie physique des satellites de Jupiter. Ce prix fut remporté par Lagrange; la pièce de ce célèbre géomètre qui fut couronnée offrit aussi les inégalités dont nous venons de parler, calculées par des méthodes qui lui étoient particulières. Plusieurs résultats approchoient de ceux de Bailly, d'autres en différoient comme on le peut voir dans la comparaison faite dans l'*Astronomie* de la Lande.

On disputa pendant vingt ans sur les inégalités des satellites, et surtout du troisième. Les recherches précédentes ne contenoient que les inégalités dépendantes des premières puissances des forces perturbatrices. Le cit. de la Place comprit que cela étoit insuffisant, et il reprit en entier, par une analyse toute nouvelle, la théorie des satellites dans les *Mémoires de l'Académie pour* 1788 qui ont paru en 1791. Ce beau travail nous a procuré des tables complètes des quatre satellites de Jupiter, surtout l'équation du troisième satellite de Jupiter sur laquelle Wargentin, Maraldi, de la Lande travailloient depuis quarante ans.

Le citoyen de la Place a trouvé qu'il existoit réellement dans la théorie du troisième satellite deux équations très-distinctes, dont l'une dépend de la distance du troisième satellite à son apside, et l'autre dépend de sa distance à l'apside du quatrième. Ces deux équations sont presque égales, et leur somme peut aller à 15 ou 16′ de degrés ou 7′ de temps. Ces équations s'ajoutoient vers la fin du dernier siècle, et se retranchoient au contraire l'une de l'autre vers 1760; c'est la raison pour laquelle elles étoient peu sensibles vers 1760. Ces deux apsides étoient à-peu-près opposées, tandis qu'elles coïncidoient dans le dernier siècle; mais celle du troisième avance de 3° 3′ par an.

On n'avoit eu égard avant le citoyen de la Place qu'aux inégalités des satellites qui dépendent de la première puissance des forces perturbatrices; mais les rapports qui existent entre les moyens mouvemens des trois premiers satellites, donnent une valeur sensible à plusieurs inégalités dépendantes des quarrés et des produits de ces forces: c'est dans les inégalités de cet ordre, qu'il trouva la cause des deux rapports singuliers qu'il avoit remarqués et qui consistent, 1°. en ce que le moyen mouvement du premier satellite, plus deux fois celui du troisième est égal à trois fois le moyen mouvement du second satellite; 2°. en ce que la longitude moyenne du premier satellite, moins trois fois celle du second, plus deux fois celle du troisième est exactement et constamment égale à 180 degrés. Ces deux beaux théorêmes sont donnés par les observations, d'une manière si approchée, qu'il y a tout lieu de croire qu'ils sont rigoureux, et que l'on doit rejeter sur l'incertitude des tables des satellites, la différence très-petite quelles offrent à cet égard. Il est contre toute vraisemblance de supposer que dans l'origine, les trois premiers satellites ayant été placés exactement aux distances que ces théorêmes exigent : il est donc extrêmement probable qu'ils sont le résultats de l'action mutuelle des satellites : et comme les premières puissances de leurs forces attractives ne donnent aucun terme d'où ils puissent résulter, il est naturel d'en chercher la cause dans les quarrés et les produits de ces forces. En conséquence, le citoyen de la Place détermina avec soin toutes les inégalités de cet ordre qui peuvent influer d'une manière sensible sur les inégalités des satellites.

Leur mouvement est déterminé dans ce savant mémoire, par douze équations différentielles du second ordre, ensorte que leur théorie doit renfermer vingt-quatre constantes arbitraires. Quatre de ces constantes sont relatives aux moyens mouvemens des satellites, ou à leurs moyennes distances ; quatre sont relatives aux époques des longitudes moyennes : huit dépendent des excentricités et des aphélies, et huit autres dépendent des inclinaisons et des nœuds des orbites.

Les théorêmes précédens établissent deux relations entre les moyens mouvemens et les époques des longitudes moyennes des satellites, ce qui réduit à vingt-deux les constantes arbitraires. Le citoyen de la Place communiqua son travail au citoyen Delambre, qui le prit pour base d'un immense travail sur les satellites de Jupiter, d'où sont résultées les nouvelles tables de ces astres, imprimées dans la troisième édition de l'*Astronomie* du citoyen de la Lande, en 1792. Delambre se proposoit de publier une suite avec ses recherches qu'il vouloit perfectionner encore : mais ayant été chargé par l'Académie, de mesurer l'arc du méridien terrestre, qui a donné la mesure universelle, il ne pouvoit de longtemps s'occuper de la théorie des satellites. C'est ce qui détermina le citoyen de la Place a publier la suite de son travail, en y substituant aux résultats numériques qu'il avoit trouvés, les résultats plus exacts, que Delambre a tirés de la discussion d'un très-grand nombre d'observations. (*Mémoires de l'Académie* 1789, publiés en 1793).

De la Place examine aussi l'influence que ces rapports des moyens mouvemens peuvent avoir sur les autres élémens, et il détermine les inégalités qui en résultent. Il établit les rapports très-simples qui lient ces inégalités à celles du moyen mouvement; il discute les variations que peuvent éprouver, en vertu de la même cause, les expressions de la latitude au-dessus d'un plan fixe peu incliné à l'orbite. Il fait voir comment, au moyen de ces résultats, on obtient les valeurs de la latitude, de la longitude et du rayon vecteur de l'orbite troublée, variables qui déterminent la position des corps célestes. Cette partie de sa *Mécanique céleste* est extrêmement remarquable par l'importance du sujet, la beauté des méthodes, et la simplicité de l'exposition, avantages précieux, et qui se font principalement sentir dans la recherche des inégalités dépendantes des rapports des moyens mouvemens. Les géomètres savent que c'est à lui que cette théorie est dûe presque toute entière, et elle a produit la belle théorie des satellites que le citoyen de la Place a donnée dans les *Mémoires de* 1788 *et* 1789.

Les observations des satellites de Jupiter sont d'une utilité si journalière dans l'astronomie, la navigation et la géographie, qu'on ne sauroit faire trop d'efforts pour qu'elles soient exactes et susceptibles de se correspondre les unes aux autres. Il en est ici comme des thermomètres qui seroient des instrumens peu utiles si l'on n'avoit trouvé le moyen de les rendre correspondans. Les observations des satellites ont jusqu'ici manqué de cette perfection, car il est aisé de sentir que des observateurs doivent perdre de vue un satellite entrant dans l'ombre, ou le revoir lorsqu'il en sort à des momens différens suivant le degré de bonté de leurs vues ou des instrumens qu'ils emploient. De deux observateurs à côté l'un de l'autre, l'un employant un télescope neutonien ou une lunette acromatique, appercevra le satellite 30 à 40″ plutôt que l'autre qui employera un instrument plus foible; ou avec des instrumens d'égale bonté, l'un le verra plus longtemps que l'autre, parce ce qu'il a des yeux plus perçans. Voilà donc une espèce de nouvelle équation à introduire dans la pratique et l'emploi de ces observations. Cet inconvénient a frappé plusieurs observateurs qui ont cherché à y trouver remède.

Fouchy remarqua, (*Mémoires de l'Académie* 1732), qu'il devoit y avoir une inégalité optique dans les éclipses des satellites, à raison des distances: car la lumière des satellites étant moindre quand ils sont plus éloignés du soleil ou de la terre, ils disparoissoient plutôt et reparoissoient plus tard. Galilée avoit déjà remarqué que les satellites étoient beaucoup moins lumineux en approchant de Jupiter : le P. François Marie, capucin, avoit proposé en 1700 de couvrir un objectif de différens morceaux de glaces, en différens temps pour mesurer l'intensité de la lumière, (*Nouvelle découverte sur la lumière*). Bouguer, dans son Optique, avoit aussi parlé de cette méthode.

M. de Barros, gentilhomme portugais, suivit cette idée; il trouvoit que six morceaux de verre faisoient disparoître le premier satellite, et équivaloient à une couche d'air de 17205 toises; il déterminoit par-là l'équation qu'il falloit appliquer aux immersions observées avec sa lunette de quatorze pieds, et il en avoit fait une table pour différentes hauteurs. Mais il observoit que chaque lunette devoit avoir son équation différente : qu'il falloit aussi avoir égard à la différente distance du satellite à Jupiter, aux distances de Jupiter au soleil et à la terre, à la proximité de la lune, à la force du crépuscule, à la hauteur du baromètre, et qu'on pouvoit déterminer toutes ces quantités par expérience, avec des glaces placées sur le verre de la lunette (*Mémoires de Berlin*, 1755). Fouchy pensa qu'il valoit mieux employer des diaphragmes en carton, de différentes ouvertures, placés sur l'objectif de la lunette pour en diminuer l'ouverture; c'est la méthode que Bailly employa avec succès, et il a fait à ce sujet un travail très-considérable et très-utile dans les *Mémoires de l'Académie* pour 1771, dont on trouve un grand extrait dans l'*Astronomie* du citoyen de la Lande, qui a ajouté quelques considérations importantes au travail de Bailly.

Il nous reste à parler des satellites de Saturne et de leur théorie. Nous en avons raconté la découverte par Huygens et Cassini, tome II. page 551, mais leur théorie n'est pas, à beaucoup près, aussi avancée que celle des satellites de Jupiter. Ces petits astres sont si éloignés de nous, il faut pour les appercevoir des télescopes si forts, qu'il n'y a pas d'apparence que leur connoissance nous soit jamais d'une grande utilité. Il en est seulement résulté une nouvelle preuve de la loi générale qui règne dans l'univers entre les corps qui circulent à l'entour d'un autre; car les satellites de Saturne, comme ceux de Jupiter, ont confirmé les calculs de l'attraction.

Ces satellites, comme tout le monde sait, étoient depuis la fin du dernier siècle réputés au nombre de cinq; mais Herschel en 1789 en a découvert deux autres qui circulent entre l'anneau et le plus intérieur des anciens. L'un à 29″ et l'autre à 37″ de distance, le premier en 22h 37′, et l'autre en 32h 53′; l'anneau n'ayant que 22 à 23″ de rayon, le premier satellite n'est qu'à 6 ou 7″ du bord de l'anneau, et voilà pourquoi on a été si long-temps à l'appercevoir.

On doit à Dominique Cassini les premiers essais de la théorie des satellites de Saturne, comme de celle des satellites de Jupiter. On voit par les *Mémoires de l'Académie* de 1705, qu'il en détermina les périodes. Il promettoit dans ces mémoires de publier toutes ses observations et les tables qu'il avoit construites pour calculer les mouvemens de ces satellites, mais cela ne me paroît pas avoir eu d'exécution. Son fils y suppléa en 1714 et 1716, et surtout à cette dernière époque, qu'il publia dans les *Mémoires de l'Académie* des tables des mouvemens des cinq satelites qui ont été longtemps ce que nous avions de mieux, car Bradley leur donnoit la préférence sur celles que Pound, son oncle, avoit publiées dans les *Trans. philos.* Pound donna quelques observations dans les *Transactions Philosophiques* de 1718, après quoi les satellites de Saturne furent complètement oubliés, jusqu'à ce qu'en 1786 le citoyen de la Lande rappella l'attention des astronomes vers ces petits astres, et entreprit de calculer de nouvelles tables. Pour cet effet, il lui falloit de nouvelles observations; il n'y avoit pas alors à l'Observatoire un assez fort télescope; il s'adressa donc au cit. Bernard, à Marseille, et à M. Herschel en Angleterre. Il eut des observations dont il donna le calcul dans les *Mémoires* de 1786 et de 1788, et il fit des tables qui parurent dans la *Connoissance des temps de* 1792, imprimée en 1789; il fait voir que Cassini dans ses tables (*Mémoires* 1716) donnoit des erreurs de 18°. et que la méthode dont Cassini et Herschel se servoient pour calculer leurs observations étoit défectueuse. Ces tables cependant ne sont pas faites pour calculer rigoureusement les lieux de ces satellites; elles ne sont contruites que sur les mouvemens moyens, et ne peuvent servir que pour déterminer à-peu-près leurs positions respectives lorsqu'on veut les observer et les reconnoître. C'est presque à quoi se bornent nos connoissances à cet égard.

Disons maintenant quelques mots sur la constitution de ce petit monde saturnien, et sur la manière d'en déterminer les phénomènes. Les six premiers satellites de Saturne paroissent, autant qu'on a pu jusqu'à présent en juger, faire leurs révolutions dans le même plan que celui de l'anneau prolongé, et conséquemment dans celui de l'équateur de Saturne; car l'anneau et cet équateur paroissent être dans un même plan. Or, l'anneau de Saturne est incliné d'environ 30°. à son orbite, d'où il suit que telle est l'inclinaison des orbites de ces petites planètes à celle de Saturne. Ces orbites doivent conséquemment se resserrer en même temps que l'anneau, et dégénérer en lignes droites lorsqu'il disparoît, parce qu'alors la terre se trouve dans son plan prolongé. C'est en continuant de comparer ces satellites à l'anneau et au disque de Saturne, qu'on reconnoîtra si ces orbites

ont

ont leurs axes inégaux; ce seroit une sorte de phénomène qu'elles fussent absolument circulaires, et déjà le cit. de la Lande a eu lieu de juger que le sixième est excentrique.

A l'égard du dernier satellite qu'on appeloit le cinquième, et qui est le septième aujourd'hui, il diffère des autres : Cassini reconnut que son orbite fait, avec le plan de l'anneau, un angle de 15° $\frac{1}{2}$, et Cassini le fils soupçonne dans le mouvement de ce satellite, une inégalité de 6 à 7 degrés ; si cela est, son orbite a une excentricité à-peu-près semblable à celle de l'orbite lunaire. Cassini fils a aussi tenté de déterminer la position des nœuds de ce satellite, et ils lui ont paru, en 1714, de 17° plus avancés que les nœuds des quatre autres et ceux de l'anneau. Il étoit assez probable qu'ils avaient un mouvement comme les nœuds des planètes ou des satellites, et le cit. de la Lande l'a prouvé dans les *Mém.* de 1786.

Lorsqu'on entreprendra de soumettre au calcul les mouvemens de ces satellites, on éprouvera probablement de grandes difficultés résultantes de l'attraction mutuelle de ces sept corps et de l'anneau. Mais le dérangement produit par le soleil doit y être nul, puisqu'il est déjà insensible pour Jupiter.

Comme on n'a nul besoin de la position exacte de ces petites planètes, et qu'il est cependant utile de reconnoître leurs positions pour ne les pas confondre, on a imaginé un instrument formé de quelques cercles de carton tournant sur un centre commun, au moyen duquel on peut, sans aucun calcul, déterminer à-peu-près ces positions, on le nomme *saturnilabe*. On se sert de d'un instrument semblable appelé *jovilabe*, pour reconnoître les configurations des satellites de Jupiter. J'ai vu attribuer ces instrumens, et divers autres du même genre, au baron Zumbach de Koesfeld. On en trouve les figures dans l'*Astronomie* du cit. de la Lande.

La planète découverte par M. Herschel en 1781, a six satellites, que ce fameux observateur a découverts, deux en 1787 et quatre en 1798.

Voici leurs distances et leurs révolutions synodiques tirées des *Transactions philosophiques*.

Satellites.	*Distances.*	*Révolutions.*
1.	25″ 5.	5j ..... 21h..... 25′
2.	33, 0.	8 ..... 17 ..... 1 ..... 19″.
3.	38, 6.	10 ..... 23 4
4.	44, 2.	13 ..... 11 ..... 5 1
5.	88, 4.	38 ..... 1 49
6.	176, 8.	107 ..... 16 40

Ces satellites ont leurs orbites presque perpendiculaires à celle de la planète.

Ce seroit ici le lieu de traiter du satellite de Vénus que Cassini, Short et d'autres astronomes ont cru avoir apperçu. Voyez l'*Histoire de l'Acad.* 1741, *Phil. Trans.* n°. 429, *l'Encyclopédie in-folio*, tom. XVII, pag. 837, les *Mémoires de Berlin* 1773; mais on est persuadé que c'est une illusion optique, formée par les verres des télescospes. Voyez le P. Hell, *Ephem.* de Vienne 1766; Boscovich. 5e *Dissertation d'Optique;* la Lande, *Astron.* art. 3078.

VIII.

Des Comètes.

Nous avons exposé dans le livre VIII de la partie précédente de cet ouvrage, tom. 2, p. 634, les idées de *Newton* et *Halley*, sur la théorie des comètes, et nous y avons tracé en quelque sorte les premiers traits de ce tableau. Cette théorie est devenue, dans ce siècle, une des plus intéressante de l'astronomie physique, puisque ce fut en 1705 que Halley annonça que la comète vue en 1552, 1607 et 1682, reparoîtroit en 1758 ou 1759. C'est en 1759 qu'on a vu la prédiction se vérifier, et que des calculs immenses ont vérifié les dérangemens que l'attraction y avoit causés. Je me trompe, dit Newton, (*édit.* 1687, p. 480) ou les comètes sont des espèces de planètes qui reviennent continuellement dans leurs orbites autour du soleil. Mais ces orbites doivent approcher beaucoup des paraboles, et le calcul devient plus simple; en conséquence il considéra l'orbite de la comète de 1680 comme parabolique; il enseigna de quelle manière on peut, d'après trois observations, et, dans cette hypothèse, déterminer la position de l'orbite, c'est-à-dire la direction de son axe, et la distance de son sommet au soleil qui en occupe le foyer. Enfin, d'après ces déterminations, il calcula le mouvement journalier de la comète, et ses calculs ne s'écartèrent des observations faites par Flamsteed, que de deux minutes et demie. La même méthode appliquée aux comètes de 1664, 1665 et 1682, donnèrent des résultats aussi satisfaisans. On en trouve même une de plus ainsi calculée dans l'édition des *Principes* de 1726. Il resta Dès-lors comme certain que la trajectoire des comètes étoit une courbe parabolique dont le soleil occupoit le foyer.

Quelle que fut la sagacité de Newton, il ne paroît cependant pas qu'il eût porté ses vues jusques sur la détermination du retour des comètes. Cette idée paroît due à Halley. Il étoit naturel de se demander que devenoient, où alloient ces astres après leur apparition. Alloient-ils errans d'un système à l'autre, ou se perdre dans les immenses déserts qui séparent notre système solaire des plus voisins? Cela ne seroit pas dans l'ordre des choses de cet univers qui paroissent assujéties à des périodes réglées ; il étoit plus conforme à cet ordre de regarder ces corps comme des astres ayant des cours réglés autour de notre soleil, et Newton l'avoit indiqué. Comme une parabole, dans la partie voisine de son sommet, diffère peu d'une ellipse extrêmement allongée, il s'en suivoit que ces astres faisoient leur cours dans des ellipses si allongées, qu'ils échappoient à notre vue quand ils approchoient de leur plus grand éloignement du soleil, et ne frappoient nos regards que quand ils se rapprochoient du foyer où le soleil est placé.

En conséquence Halley rechercha toutes les observations de comètes, il en trouva 24 dont on avoit des observations présentant quelque degré d'exactitude. Dès-lors les astronomes furent très attentifs aux comètes, dans la vue d'en tirer des inductions propres à établir ou renverser la théorie neutoniene. Nous pouvons dire avec assurance qu'il n'en est aucune qui ne l'ait confirmé, au moins en ce point, qu'elles font leurs cours dans des orbites paraboliques, ou très-approchantes des paraboles, et qu'elles sont sujettes aux mêmes lois d'attraction que les planètes, le soleil occupant le foyer de leur orbite indéfiniment allongée ; mais alors on ne cherchoit pas les comètes, on se contentoit de les observer quand elles frappoient les yeux ; aussi de 1637 à 1757, on n'en observa que 20, et de 1757 à 1800, l'on en a vu 44.

Halley publia en 1705 les calculs qu'il avoit faits des 24 comètes observées (*Philos. Trans.* 1705, n°. 297, tom. 24, p. 188 ;) mais il ne donna pas la méthode par laquelle il trouvoit les élémens de chaque orbite autour du soleil, par les observations faites sur la terre.

Le Monnier, qui étoit ardent à suivre et à accélérer les progrès de l'astronomie, publia en 1743 sa *Théorie des Comètes*, où étoit la traduction de la *Cométographie* de Halley, et une méthode que Bradley lui avoit communiquée pour faire les calculs d'un orbite d'après trois observations.

La Caille, dans son discours sur les progrès de l'astronomie, qui est à la tête de ses *Éphémérides*, 1765-1774, p. xliij, dit que Maraldi s'étoit frayé une route particulière ; de sorte qu'au mois de juillet 1743, il lut à l'Académie la première théorie de comète qui ait été calculée en France.

La Caille fit aussi un excellent mémoire sur la manière de calculer les orbites des comètes par trois observations au moyen d'une méthode indirecte, mais simple, commode et générale ; c'est la première qui ait été publiée avec assez de détail pour être d'un usage général. *Mém. de l'Acad.* 1746.

Depuis ce temps-là on a calculé toutes les comètes qui ont paru, et toutes celles dont on a pu découvrir des observations dans les auteurs, Struyck, Pingré, la Lande, Mechain, et ensuite la plupart des astronomes ont donné des orbites de comètes, comme on le peut voir par la table qui est dans la *Cométographie* de Pingré. Tous les géomètres ont aussi donné des méthodes, Euler, Bouguer, Struyck, Boscovich, Duséjour, Lagrange, Condorcet, Fontaine, Laplace, Lambert, Olbers, Fontana, &c.

On peut voir l'histoire de toutes les méthodes et celles de toutes les apparitions de comètes jusqu'à l'année 1784, avec la table de leurs élémens dans la *Cométographie* de Pingré, en deux vol. *in*-4°, publiée en 1784; c'est le seul traité complet que nous ayons sur cette branche de l'astronomie, et il eût été difficile de rien faire de mieux.

Cependant M. Olbers y a ajouté quelque chose en 1797, dans un traité en allemand sur les comètes, où il y a des méthodes et des tables nouvelles, avec une table des orbites cométaires jusqu'à 1796.

Lorsque Halley eut calculé 24 paraboles de 1337 à 1698, il remarqua que celles de 1531, de 1607 et de 1682 avoient des élémens semblables, qu'il n'y avoit que la différence des périodes qui parut s'y opposer, et que les attractions des planètes pouvoient en être la cause; enfin il osoit prédire, avec confiance, son retour pour 1758; il y mit encore plus d'assurance dans les éditions suivantes de ce mémoire curieux, qui fut réimprimé plusieurs fois, entr'autres dans l'édition des tables de Halley, qui parurent en 1749, et que la Lande fit imprimer à Paris avec des augmentations en 1759. On voyoit encore des comètes citées aux années 1456, 1380, 1305, ce qui s'accordoit avec celles de 1531, 1607 et 1682; on croyoit même reconnoître cette comète aux années 1230, 1155, 1080 et 1006. (*Voyez* M. Pingré, tom. 2, p. 133.) Ainsi, comme les périodes longues et courtes sont à-peu-près alternatives, on jugeoit qu'elle reviendroit vers 1759, et actuellement il semble qu'elle reviendra vers le mois de janvier 1834, à son périhélie. Dans cette saison la terre n'est pas placée avantageusement pour qu'on puisse voir la comète dans tout son éclat. Mais comme on avoit lieu de douter de la date de 1758 ou 1759, les astronomes se préparèrent long-temps d'avance à chercher la comète. Il falloit calculer le lieu du ciel où cette comète devoit paroître; on ignoroit le temps précis de son retour; les astronomes ne pouvoient savoir le lieu du ciel où ils devoient l'attendre, qu'en faisant diverses suppositions du temps qu'elle devoit passer par son périhélie. C'est ce que Dirck Klinkenberg, artronome hollandois, avoit commencé de faire, il y avoit sept à huit ans, s'étant donné la peine de calculer les principaux points de 14 routes différentes, que la comète devoit tenir dans autant de différentes suppositions de son passage par son périhélie, presque de mois en mois, depuis le 19 juin 1757, jusqu'au 15 mai 1758. C'est aussi à-peu-près de la même manière que s'y prirent de l'Isle, la Lande et Pingré. En conséquence les astronomes se préparèrent à la chercher : le premier avertissement qui parut au sujet de la comète, fut celui que la Lande donna les *Mémoires de Trévoux* (novembre 1757). On ignoroit absolument alors si la période actuelle de la comète seroit de soixante-quinze ou de soixante-seize ans, et si la comète reparoîtroit en 1757 ou 1758. D'un autre côté, la terre devoit être, au mois de novembre 1757, dans une des positions les plus favorables pour l'appercevoir ; en supposant que la comète se fût trouvée dans cette partie de son orbite, qui est la plus peoche de la circonférence terrestre, il étoit donc important qu'on fûtaverti dès-lors, avec quelque précision, du lieu où il falloit lachercher.

Le cit. de la Lande exposa d'abord dans son mémoire l'imporportance dont il étoit pour les astronomes de ne pas manquer ce retour de la comète : « Elle a déjà paru, disoit-il, en 1305, en » 1380, en 1456, en 1531, en 1607, en 1682, avec des marques » sensibles d'identité, sur-tout les dernières fois. Ainsi l'on ne » sauroit douter qu'elle ne revienne encore; quand même les » astronomes ne la verroient pas, ils n'en seroient pas moins » persuadés de son retour; ils savent que le peu de lumière » et la grande distance de cette comète, peut-être même le » mauvais temps, pourroient nous en dérober la vue; mais le » public auroit peine à nous croire; il mettroit au nombre des » prédictions hasardées cette découverte qui fait tant d'honneur » à la physique moderne, les dissertations renaîtroient dans les » colléges, les dédains parmi les ignorans, les terreurs parmi le » peuple, et soixante-seize ans s'écouleroient avant qu'on eût » trouvé l'occasion de lever ces doutes ».

De l'Isle, qui ne laissoit échapper aucune occasion de signaler son zèle et d'exercer son habileté, avoit tracé des cartes pour y trouver le lieu de la comète à chaque jour dans différentes suppositions. Ces préparatifs ne furent pas infructueux entre les mains du cit. Messier, observateur qui avoit été choisi par de l'Isle, et agréé par le ministre de la marine, pour seconder de l'Isle dans les travaux de l'observatoire de la marine et du dépôt. Le cit. Messier avoit cherché la comète pendant une année et demie, et en attendant il avoit observé pendant plusieurs mois celle de 1758. Le ciel ayant été fort couvert pendant les mois de novembre et décembre 1758, il ne put pas chercher la comète attendue aussi souvent qu'il l'auroit souhaité, et ce ne fut que le 21 janvier 1759 qu'il eut le bonheur de la voir.

La journée du 21 janvier avoit été très-belle ; aussitôt que les étoiles purent paroître après le coucher du soleil, le cit. Messier en profita pour visiter, avec un télescope newtonien, de quatre pieds et demi, les environs de la ligne où la carte indiquoit la comète ; après bien de la peine, il reconnut, sur les sept heures du soir, une lumière foible, semblable à celle de la petite comète qu'il avoit observée en 1758. Il avoit déjà cru bien des fois appercevoir la comète attendue ; mais il avoit été trompé par des nébuleuses qui se trouvent dans cette partie du ciel en plus grand nombre qu'on ne l'a cru jusqu'ici ; et après les avoir observées quelques jours, il reconnoissoit par leur immobilité qu'elles étoient différentes de la comète.

Cette fois il reconnut son mouvement, et il continua de l'observer jusqu'au 3 juin 1759, comme on le voit fort au long dans les *Mémoires* de 1760, où de l'Isle rassembla toutes les observations, et où le cit. Messier donna des cartes de la route de la comète. Rien n'égala la joie que ressentit le patriarche de l'astronomie. On avoit été plus heureux en Allemagne, et l'on n'en avoit pas profité. Il parut un mémoire en allemand à Léipzig le 24 janvier 1759, que de Lille dit avoir vu, ayant pour pour titre : « Preuve de l'apparition réelle de la comète qui a » paru en 1682, et qui, suivant la théorie de Newton, a été » prédite par M. Halley, et des apparitions qu'elle aura dans la » suite des temps, donné par un amateur de l'astronomie ». Cet imprimé contient 15 pag. *in*-4°. Il y est dit que cette comète paroît réellement, quoique maintenant on ne puisse l'observer qu'avec des télescopes, l'auteur de ce mémoire s'étant servi d'une lunette astronomique de trois pieds pour la voir. Il étoit réservé (dit-il) à un paysan de Saxe, nommé Palitzch, à Prohlis, près de Dresde, de découvrir le premier cette comète, sans connoître le prix de sa découverte ; les observations des 25 et 27 décembre 1758, avec celle du docteur Hoffman, amateur d'astronomie, faite le 28 décembre, ont servi à faire connoître que c'étoit le retour de la comète de 1682. L'auteur de ce mémoire dit qu'il n'attendoit plus qu'un ciel serein pour la voir lui-même. Ce fut le 18 janvier que le ciel lui permit de la chercher avec une lunette de trois pieds ; le lendemain 19, il l'observa encore, son mouvement étoit rétrograde, et tel que la théorie l'exigeoit.

George Palitzch étoit un de ces hommes privilégiés qui, né dans une condition obscure et commune, celle de laboureur, avoit su y trouver le bonheur, et acquérir des connoissances qu'on trouve rarement ailleurs que dans des hommes qui ont eu une éducation soignée. Plus à portée que les habitans des villes d'être frappé du spectacle du ciel, il avoit de lui-même étudié et appris l'astronomie, ainsi que les parties de la géométrie, qu'elle suppose nécessairement, comme la trigonomitie plane et sphérique. Par une sage économie, il s'étoit formé un observatoire garni des instrumens les plus nécessaires à la pratique de l'astronomie. Peu d'observations intéressantes lui échappoient, et tout cela, sans que ses occupations d'agriculture en souffrissent. L'histoire naturelle et la botanique faisoient aussi ses délices; car il avoit un cabinet de productions naturelles très-bien arrangé, ainsi qu'un jardin de plantes rares qu'il cultivoit avec soin, et dont il étoit parvenu à acclimater quelques-unes. Sa modestie étoit extrême, et telle qu'il s'est toujours refusé à donner sur sa vie des détails qui eussent été intéressans. Tel étoit le philosophe et astronome Palitzch, à qui étoit réservé l'avantage de devancer tous les astronomes de l'Europe dans la découverte du retour de la comète dont nous parlons.

Ce qu'il y a encore de singulier, c'est que de l'Isle, dont l'activité étoit extrême et les relations immenses, n'eût point connoissance de cette découverte. Ce ne fut qu'au mois de janvier 1759, qu'il sut que la comète, vue à Léipzig, étoit annoncée dans la gazette de Bruxelles; il envoya au P. Mayer, professeur de mathématiques à Heidelberg, une lettre pour Heinsius, astronome de Léipzig, au sujet de cette annonce. Le P. Mayer lui envoya, le 20 février 1759, une traduction de la réponse de Heinsius, dans laquelle il est dit que M. Gaertner, qui avoit apperçu cette comète et qui l'avoit annoncé dans la gazette de Bruxelles, n'étoit point un astronome consommé, mais un habitant de la campagne qui s'est appliqué à faire quelques observations, sans en avoir eu aucune théorie, et qu'il ne pouvoit donner de position exacte de cette comète. Il est vraisemblable que si Gaertner avoit vu la comète, il en avoit eu connoissance par Palitsch, qui a passé constamment en Allemagne pour le premier qui l'eût vue.

Cette première époque de l'apparition commence donc au 25 décembre et finit au 14 février, temps où la comète se trouva approcher de sa conjonction avec le soleil. Pendant cette première apparition, M. Messier l'observa seul en secret, parce que de l'Isle aimoit à accumuler des richesses astronomiques et à se les réserver. Il est surprenant qu'une chose imprimée en Allemagne dès le mois de janvier, ait été ignorée de tous les astronomes de l'Europe, ensorte qu'il n'y en ait pas eu un seul dans les mois de janvier, février et mars, qui ait observé ou même soupçonné l'apparition. Lorsque de l'Isle en donna avis aux astronomes après le premier avril, la comète venoit d'être remarquée à Lisbone, à Bologne : Godin la vit à Cadix peu de jours après. On peut voir tous les détails dans les *Mémoires de l'Acad.* pour 1760.

Tandis que les astronomes se préparoient, en 1757, à observer la comète, Clairaut cherchoit à les éclairer sur le temps où elle devoit paroître.

La plus grande difficulté de Halley, quand il avoit prédit son retour, étoit l'inégalité des deux périodes précédentes : entre 1531 et 1607, la comète avoit employé soixante-seize ans et deux mois à revenir à son périhélie, tandis que du 26 octobre 1607, jusqu'au 14 septembre 1682, elle avoit employé moins de soixante-quinze ans : l'inégalité s'est trouvée encore plus grande à sa dernière apparition ; car la période a été de 27937 jours, plus longue de 585 jours que la période précédente. Halley attribuoit ces différences aux attractions planétaires ; il savoit déjà que le mouvement de Saturne étoit changé par l'attraction de Jupiter d'une manière très-sensible ; l'effet pouvoit être beaucoup plus grand sur une planète dont la vîtesse étoit moindre, et qui, dans un certain temps, s'approchoit de Jupiter plus que Saturne ; mais n'ayant pu calculer tous ces dérangemens, Halley ne pouvoit pas prédire quel effet dans la suite pourroit en résulter.

Il devoit être surtout fort incertain sur la période qui suivroit 1682 ; il ne pouvoit guère savoir si elle seroit de soixante-quinze ou soixante-seize ans ; on n'étoit pas en état, au commencement de ce siècle, de calculer des attractions si compliquées. Halley se contenta donc de quelques remarques générales auxquelles il n'attachoit aucune prétention. Il observe d'abord, à l'égard des trois périodes précédentes, qu'elles paroissoient avoir été alternativement de soixante-quinze et de soixante-seize ans, et comme la dernière étoit une période de soixante-quinze ans, il concluoit que la prochaine pourroit bien être de soixante-seize ; mais ne sachant point quelle étoit la cause de cette alternative de soixante-quinze et de soixante-seize ans, observée dans les trois périodes antérieures, ou par quelle combinaison de circonstances elle s'étoit formée, Halley devoit craindre que l'alternative de soixante-quinze et soixante-seize ans ne se soutînt pas.

Il employoit aussi, dans sa conjecture, une circonstance des attractions planétaires qui n'étoit guère plus concluante. La comète en descendant à son parihélie, en 1681, s'étoit trouvée pendant plusieurs mois si proche de Jupiter, que, suivant la théorie de la gravitation universelle, elle étoit attirée par Jupiter avec une force qui étoit environ $\frac{1}{50}$ de la force qui portoit la comète vers le soleil. Ainsi, la comète en descendant vers son perihélie, étoit sollicitée par les forces réunies de Jupiter et du soleil, et elle avoit été plus long-temps soumise à ces forces, qui accéléroient sa vîtesse, qu'elle n'avoit été retardée quelques mois après en repassant entre Jupiter et le soleil, parce qu'alors sa vîtesse, devenue plus grande, avoit dû la soustraire plutôt à la force qui pouvoit retarder cette vîtesse.

Halley

Halley concluoit de cette considération, que la vîtesse de la comète, dans son orbite, avoit été augmentée, et cependant il finissoit par dire : il est probable actuellement que son retour ne se fera guère qu'après soixante-seize ans au plus, c'est à-dire vers la fin de 1758, ou au commencement de 1759.

Cette conclusion, dont on ne voit guère la liaison avec ce qui la précède, ne lui parut pas mériter une bien grande confiance. En effet, il finit cet article en disant : mais tout ceci n'est qu'un léger essai; nous laissons le soin d'approfondir cette matière à ceux qui nous suivront, lorsque l'événement aura justifié nos prédictions.

En 1757, le cit. de la Lande, qui s'intéressoit vivement à cette comète, qui s'étoit occupé de la théorie de l'attraction en 1751, avec Euler, lisoit la pièce de Clairaut sur la lune, et faisoit des applications de cette théorie de Clairaut aux inégalités des planètes; il lui proposa de vérifier les conjectures de Halley, en calculant rigoureusement l'attraction de Jupiter sur la comète en 1681, pour les temps où elle avoit été fort près, et de chercher s'il pouvoit en résulter un effet tel que Halley l'avoit cru, ou si la période pouvoit être allongée par cette attraction, de manière que la comète ne dût reparoître qu'à la fin 1758, ou au commencement de 1759. Il ne pensoit alors, à l'exemple de Halley, qu'à cette seule circonstance, et ce ne fut qu'à la suite de ces caculs qu'il reconnut la nécessité de les étendre beaucoup plus loin. Quoique l'on ne songeât pas pour lors à ces calculs immenses que la comète a exigé, Clairaut en appercevoit trop encore pour les entreprendre seul. Le cit. de la Lande se chargea de toute la partie astronomique de ce travail : il calcula des tables des distances de Jupiter à la comète, et des forces avec lesquelles elle en avoit été attirée dans l'espace de plusieurs années, et Clairaut s'occupa tout en entier à trouver le résultat de ces forces attractives, par des méthodes analytiques, en étendant sa solution du problême des trois corps au cas particulier d'une comète, dont les distances et les vîtesses varient prodigieusement. Ces recherches renfermoient de nouvelles difficultés que Clairaut n'avoit pas rencontrées dans sa théorie de la lune; mais il vint à bout de les surmonter, comme l'événement l'a fait voir. La Lande, aidé de madame Lepaute, calculoit encore les ordonnées et les surfaces des courbes qui exprimoient les intégrales de ce problême ; ils forcèrent le travail pendant plus d'un an, au point d'en être malades.

Clairaut avoit supposé, à l'exemple de Halley, qu'il étoit permis de négliger l'action de Jupiter sur la comète dans les années où ces planètes étoient à de grandes distances l'une de l'autre ; mais il ne tarda pas à revenir de cette persuation, et les calculs lui firent voir que dans le temps même où la comète est la plus éloignée de Jupiter, son orbite ne laisse pas d'en être encore troublée à raison de l'action de Jupiter sur le soleil, parce que Jupiter déplaçant le soleil d'une petite quantité, donne à l'orbite de la comète un foyer différent.

Clairaut trouva le moyen de déterminer, par une synthèse fort élégante, ce qui devoit résulter de cette action sur le soleil, et combien elle affectoit les révolutions de la comète. Pour ce qui est de l'action directe de Jupiter sur la comète, il fallut déterminer toutes les quantités qui y entrent par des suites de termes dépendans des situations de la comète pendant 150 ans, et par les quadratures approchées de différentes courbes.

On reconnut bientôt, en voyant combien la pertubation causée par Jupiter avoit été considérable, que celle de Saturne ne pouvoit pas se négliger; il fallut donc entreprendre ce nouveau travail.

Le cit. de la Lande calcula les distances de Saturne à la comète, les élongations et ses forces attractives pendant 150 ans. Il carra de nouvelles courbes, et Clairaut en déduisit la quantité dont l'action de Saturne devoit influer sur le retour de la comète en 1759, c'est-à-dire de combien la période entre 1682 et 1759, devoit surpasser la période observée entre 1607 et 1682.

Tous ces calculs étant achevés au mois de novembre 1758, Clairaut annonça, à la rentrée publique de l'Académie, les conclusions définitives qu'il en avoit tirées; il trouva 618 jours pour l'excès de la période qui alloit finir en 1759, sur la période précédente; d'où il suivoit que la comète devoit se retrouver dans son périhélie vers le milieu d'avril.

Les méthodes et les résultats de ces immenses calculs furent imprimés dans sa *Théorie du mouvement des comètes* en 1760, avec quelques changemens. L'on y voit que la différence des deux périodes devoit être de 611 jours par les attractions de Jupiter et de Saturne, 511 pour l'un et 100 l'autre; l'événement justifia, à peu de chose près, cette belle théorie; car la comète qui devoit passer à son périhélie le 13 mars 1759 y passa le 4 avril.

Ainsi la plus fameuse de toutes les comètes a confirmé ce que Newton avoit dit que les comètes tournoient autour du soleil comme les planètes; mais elle est la seule quant-à-présent.

Il y a bien encore deux comètes dont on croit connoître les périodes et dont on espère le retour; la première est celle de 1532 et de 1661, qu'on attendoit pour 1789 ou 1790; elle se retrouve dans les historiens, et surtout en 1402, 1145, 891, 245, et même l'année 11 avant J. C. De manière que ce qu'on en rapporte s'accorde avec les élémens calculés par Pingré, pag. 135.

La pièce du cit. de la Grange, qui a remporté le prix de l'Académie en 1780, est relative au retour de cette comète, et le prix proposé pour 1782 avoit pour sujet la détermination des anciennes périodes ; mais il faut observer que si elle passe à son périhélie dans le mois de juillet, on la verra difficilement à son retour ; du reste, le cit Méchain, qui a remporté le prix de l'Académie en 1782, ne trouve pas que les anciennes observations soient assez bien d'accord pour mettre ce retour hors de doute ; (*Mémoires présentés*, tom. X,) et nous ne l'avons point vue, quoiqu'on en ait vu trois autres en 1790.

La comète de 1264 et de 1556 est attendue pour 1848 ; au sujet de cette dernière, on peut voir les *Mémoires de l'Acad.* 1760, et Pingré, pag. 136 ; on peut la reconnoître dans les comètes de 975, 395 et de 874, avant notre ère ; mais les observations de 1264 sont trop imparfaites pour qu'on puisse compter sur cette période.

La grande comète de 1680, sembloit à Halley être la même qui avoit paru 44 ans avant notre ère, ensuite dans les années 532 et 1106 ; dans ce cas-là ce seroit aussi celle dont parle Homère, (*Iliad.* IV, 75) elle auroit paru 619 ans avant notre ère. Si cette comète de 1680 achève sept révolutions en 4028 ans, elle a dû passer près de nous 2349 ans avant l'ère vulgaire, et peut servir à ceux qui veulent expliquer physiquement le déluge, comme Whiston (*New theory of the Earth*, p. 186).

Halley annonçoit son retour pour l'an 2254, mais il y a des doutes sur ces retours. Voyez à ce sujet la *Théorie des Comètes* de la Lande, p. 92, et Pingré, p. 137.

Struyck croyoit reconnoître la comète de 1652 dans celles de 1514, de 1378, 1240, 684, 132, avec une période de 138 ans ; mais cette période est fort douteuse. (Pingré, tom. II, p. 143).

Le même auteur, en 1740, donnoit à la comète de 1677 une période de 95 ans, et croyoit que c'étoit celle de 1582 ; il trouvoit aussi des rapports entre celles de 1558 et de 1337, de 1577 et de 1399, de 1676 et de 1596, de 1665 et de 1066, de 1684 et de 1110, de 1686 et de 1512, de 1702 et de 1402, de 1707 de 1557, de 1739 et de 1618, de 1718 et de 1299, de 1737 et de 1539, de 1743 et de 1582 ; enfin il pensoit que la belle comète de 1744, pouvoit être celle de 1538, observée par Apian et Gemma-Frisius ; mais ces identités sont très-suspectes. Pingré, tom. II, p. 149 ; et peut-être que les pertubations rendront les comètes très-difficiles à reconnoître et leurs périodes impossibles à déterminer.

La comète de 1770, est celle qui a le plus occupé les astronomes, après celle de 1759 ; elle fut observée long-temps, et l'on n'a jamais pu trouver une parabole qui satisfît aux observations. M. Prosperin reconnut d'abord qu'il falloit employer trois portions de paraboles différentes pour représenter son apparition toute entière. (*Brevis Comment. de motu Cometæ*, *an.* 1770). Cette dissertation a été insérée dans les *Mém. de l'Acad. d'Upsal.* On peut voir aussi sur cette comète le livre de M. Slop, (*Théor. Com.* 1759, 1770). Les *Transac. de la Société américaine de Philadelphie*, tom. I, 1771; *Mém. de l'Acad.* 1770, 1777; et M. du Séjour, *Traité analytique des Mouv. des Corps célestes*, tom. II). Lambert pensoit qu'elle avoit été dérangée par l'attraction de la terre. (*Mém. de Berlin*, 1770). M. du Séjour, (*Essai sur les Comètes*), crut que ces différences tenoient à la parallaxe. Enfin Lexell, après des calculs immenses, trouva qu'on ne pouvoit représenter ces observations que par une révolution de cinq ans et demi, chose très-extraordinaire, et qui vient ou des grands dérangemens que cette comète a éprouvés par des attractions étrangères, ou des erreurs commises sur les positions des étoiles dont on s'est servi. Quoi qu'il en soit, on peut voir les élémens qu'il a donnés (*Mém. de l'Acad.* 1776, p. 639; et 1777, p. 352. *Mém. de Pétersbourg*, 1777, p. 370), où le temps périodique étoit de cinq ans et demi, la distance 0,67, et le passage au 13 août. Le calcul fait sur ces élémens ne s'écarte presque jamais de deux minutes de l'observation, et en la supposant seulement une période de sept ans, on trouve pour quelques observations des erreurs qui ne sont pas vraisemblables.

L'institut ayant proposé cette question pour 1801, le cit. Burckhardt a fait un travail considérable; il a repris toutes les observations, vérifié toutes les étoiles, et il est retombé dans un résultat semblable à celui de Lexell. Voici ses élémens de deux manières:

	Avant l'attraction de la terre.	*Après cette attraction, le 3 juillet.*	
Temps du passage par le périhélie.	1770. août 13,5348	1770. 13 août 12^h 37′ 35″ ou août 13,5261	
Lieu du nœud ascendant.	4ˢ 11° 52′ 46″	4ˢ 11° 54′ 54″	
Inclinaison.	1 33 50	1 34 31	
Lieu du périhélie.	11ˢ 26° 16′ 2″	11ˢ 26° 15′ 11″	
Logarithme de la distance périhélie.	9. 8289667	9. 8288888	0,67435
Logarithme du paramètre.	0. 0807520	0. 0806421	
Logarithme de l'excentricité. . . .	9. 8952040	9. 8951316	
Logarithme du demi-grand axe. . .	0. 4977510	0. 4974080	3,1434
Durée de la révolution sydérale. . .	jours 2038,095	ans 5,573296 ou jours 2035,682	
	Direct.	Direct.	

N. B. Le grand axe, l'excentricité et le paramètre avant l'attraction de la terre ont été déduits de mêmes quantités après l'attraction, au moyen de la théorie. Les erreurs de ces élémens ne vont presque jamais à plus d'une demi-minute.

Mais, dira-t-on, si cette comète faisoit sa révolution en cinq ans, comment ne l'auroit-on pas vu un grand nombre de fois? On a dit à ce sujet que comme cette comète, dans son aphélie, est presque dans la région de Jupiter, il peut se faire qu'elle ait été dérangée par cette planète, et qu'elle ait eu une orbite très-différente de celle-ci (*Mém.* 1776, p. 648), sans cela elle auroit été vue plusieurs fois. Quoi qu'il en soit, le cit. de la Lande trouve dans cette comète de 1770, de quoi jeter du doute sur les retours des comètes, exceptés celle de 1759.

I X.

Des Comètes qui peuvent approcher de la terre.

Il n'y a rien de plus singulier dans l'histoire des comètes que la terreur de 1773, occasionnée par un mémoire du cit. de la Lande. Ce mémoire étoit destiné à l'assemblée publique de l'Académie des sciences, le 21 avril 1773, et il faisoit partie d'un travail plus considérable sur les comètes. Le mémoire ne fut pas lu; mais ce que l'on en dit ce jour-là après la séance, passa de bouche en bouche, et s'accrut beaucoup plus rapidement qu'on n'auroit pu le croire. Bientôt on dit qu'il avoit annoncé une comète, qui dans un an, dans un mois. . . . . dans huit jours, alloit causer la fin du monde, &c. Ces bruits populaires vinrent au point d'effrayer; et le lieutenant de police demanda au cit. de la Lande une explication prompte, capable de rassurer le public : elle parut en peu de mots dans la Gazette de France du 7 mai; mais cela ne suffisoit pas pour justifier l'auteur de toutes les choses absurdes qu'on lui imputoit presque généralement à Paris, et même dans les provinces; la multitude des lettres qu'il reçut, et des questions qu'on lui adressa à ce sujet, lui fit juger qu'il étoit indispensable de publier sans délai cette portion de son mémoire. Nous allons en donner une grande partie. On verra que les événemens dont il avoit parlé ne sont point à redouter, parce que le nombre des combinaisons nécessaires pour les produire est immense, ainsi que le nombre des hasards qui peuvent les éloigner.

Depuis la découverte des mouvemens et du retour des comètes, les physiciens ont compris qu'une multitude de corps tournant en différens plans autour du même centre, ils pouvoient quelquefois se trouver fort près les uns des autres, et occasionner des phénomènes très-singuliers.

Buffon a cru que l'état actuel du systême solaire pouvoit être l'effet du mouvement d'une comète; d'autres se sont contentés d'expliquer le déluge par la proximité d'un de ces astres.

Whiston publia en 1708 sa *Théorie de la Terre*, dans laquelle il tâche d'établir que la comète de 1680 a pu causer le déluge 2926 ans avant l'ère vulgaire, soit par son atmosphère condensée sur la terre, soit en soulevant les eaux intérieures de la terre, et les amenant à la surface. D'un autre côté les philosophes qui donnent plus aux causes finales qu'aux combinaisons fortuites des causes secondes, ont cru que de semblables révolutions ne pouvoient point arriver. Voltaire qui voulut orner la philosophie de Newton par les grâces d'un style qui étoit capable de la faire rechercher, s'en expliquoit ainsi en 1738, écrivant même de concert avec l'un de nos plus habiles géomètres, (Clairaut) et presque sous ses yeux.

« M. Cassini, dit-il, a trouvé que presque tous ces corps passagers ont une route différente de celles des planètes. On a » ignoré jusqu'ici de quelle conséquence sont ce nouveau zodiaque et ce retour périodique des comètes pour la conservation » du genre humain. Imaginez-vous, par exemple, que ce sont » des corps fortuits qui se trouvent par hasard dans notre écliptique ; quel désastre ne seroit-ce pas pour notre terre, si malheureusement elle venoit à se trouver au même point? L'idée de » deux bombes qui crèveroient en se choquant en l'air, est infiniment au-dessous de celle qu'on doit en avoir. Heureusement » pour nous on a découvert que la plupart des comètes, dans » les nœuds de leurs orbites, sont bien moins éloignées du soleil » que ne sont notre terre, Vénus et Mercure ; c'est ce qui fait » toute notre sûreté, et qui nous fait connoître combien nous » avons de grâces à rendre à Dieu pour un si grand bienfait ». *Élémens de la Philosophie de Newton*, 1738, p. 381.

Le nom de Cassini est si célèbre dans l'astronomie, qu'il inspire d'abord la plus grande confiance ; mais, dans le temps où le fameux Dominique Cassini écrivoit ses *Traités sur les Comètes* de 1664 et 1680, l'on n'avoit point encore déterminé les orbites des comètes, et l'on ne pourroit aujourd'hui rassurer l'univers sur sa parole. Halley étoit bien loin de penser de même lorsqu'il disoit : *Quae verò ab hujusmodi allapsu, vel contactu, vel denique collisione corporum caelestium, (quae quidem omnino non impossibilis est), consequi debeant rerum physicarum studiosis discutienda relinquo.* Phil. Tr. 1705, n°. 297, p. 1899.

Lambert dans ses *Lettres Cosmologiques*, ouvrage plein d'imagination d'esprit et de savoir, en parlant des dérangemens que les attractions réciproques peuvent produire, s'exprima ainsi : « Il est à croire qu'ils ont été sagement prévus et préordonnés, et que peut-être même ils concourent à maintenir » l'harmonie du système. En un mot, je m'imagine que tous

» ces corps ont exactement la masse, la position, la direc-
» tion, la vîtesse qu'il leur faut pour éviter les rencontres dan-
» gereuses. » (*Système du monde.* A Bouillon, 1770, p. 14.)

Enfin Whiston, que nous avons cité, dans l'édition même de sa *Théorie de la Terre*, publiée en 1737, assure plusieurs fois qu'aucune des comètes connues n'a pu produire le déluge, si ce n'est la comète de 1680 (*pages* 189, 467, 471, *Déluge demonstr.*, pages 3, 4.) Ce n'étoit que par un calcul positif qu'on pouvoit éclaircir ces conjectures, et aucun astronome ne s'en étoit occupé.

Le catalogue des comètes observées et calculées, de manière à pouvoir les reconnoître, en quel temps qu'elles reviennent, étoit en 1773 de 60, y compris celle de l'année 1772, dont le cit. de la Lande avoit calculé l'orbite, (*Connoissance des Temps*, 1774.)

Il voulut savoir si dans ce nombre de 60 comètes il y en avoit quelques-unes dont les nœuds tombassent à-peu-près sur la circonférence de l'orbite terrestre, et il trouva que dans les 60 il y en a 8 qui en diffèrent assez peu; ensorte qu'il est possible que dans la suite des révolutions de la terre et de ces différentes comètes, il s'en trouve une qui, se rencontrant dans son nœud, lorsque la terre y passe, la choque ou la déplace, l'entraîne, ou en soit entraînée, et consomme enfin cette grande révolution qui seroit pour le genre humain l'accomplissement des siècles, la fin du monde, ou le commencement d'un nouvel ordre de choses.

La figure 10 représente l'orbite de la terre à-peu-près circulaire, et l'orbite très-excentrique ou très-alongée d'une comète; le plan de cette ellipse passe toujours par le soleil; mais il est incliné sur l'écliptique ou sur le plan de l'orbite de la terre; il faut donc concevoir par le soleil S une ligne droite NO qui traverse l'ellipse, et cette ligne marquera les deux nœuds N, O, ou les deux points de l'ellipse par lesquels la comète perce ou traverse le plan de l'écliptique, pour aller du nord au sud, ou du sud au nord; la partie de l'ellipse qui est au-dessus de NO doit être supposée relevée au-dessus du plan de la figure ou du papier, que l'on suppose représenter le plan de l'écliptique; et tout ce qui est au-dessous de la ligne NO, c'est-à-dire, la partie NPO de l'ellipse, doit-être supposé au-dessous de la figure. Si la ligne des nœuds NO est sujette à changer peu à peu, et que la comète ait traversé le plan de l'orbite de la terre fort près du point N, c'est-à-dire, de la circonférence même où la terre se trouve nécessairement, la comète peut passer précisément en N dans une autre révolution. Si le nœud est un peu plus haut ou plus bas, la comète arrivée vis-à-vis du point N se trouvera au-dessus ou au-dessous du plan dont la terre ne sort jamais, et le concours n'aura plus lieu. Ainsi la question se réduisoit à voir si les 60 comètes que l'on connoissoit, considérées au moment où elles sont à une distance S N du soleil, égale à celle de la terre, se trouve aussi dans leur nœud, et par conséquent dans le plan même de l'écliptique.

Le cit. de la Lande calcula donc pour chacune de ces 60 comètes à quelle distance de ses nœuds elle peut se trouver deux fois dans chaque révolution, quand elle passe vers N et M à la hauteur de la terre, c'est-à-dire, lorsque sa distance au soleil égale celle du soleil à la terre.

Si cette distance de la comète au nœud se trouvoit exactement égale à zéro par le résultat du calcul, ce seroit une preuve qu'il y auroit dans ce point-là une véritable intersection des deux orbites de la comète et de la terre; mais il suffit que la distance soit fort petite pour mériter attention, parce qu'elle peut bientôt devenir nulle.

Il négligea toutes les comètes, qui, dans leur dernière apparition étoient à plus de 5° de leur nœud, quand elles avoient passé à la hauteur de l'orbite de la terre; mais il reconnut que plusieurs en avoient passé fort près; la comète de 837 étoit à 2° de son intersection avec l'orbite de la terre; celle de 1299 à 4°, celle de 1596 à 5°, celle de 1618 à 2°, celle de 1683 à 5°, celle de 1739 à 5°, enfin les comètes de 1763 et 1764 à un degré seulement; ces calculs ne furent faits qu'à-peu-près, en négligeant même l'excentricité de la terre.

Parmi les 8 comètes dont les nœuds approchent de l'orbite de la terre, celles de 1763 et 1764 n'étoient qu'environ à un degré de leurs nœuds; cependant elles étoient assez éloignées de l'écliptique, pour ne produire sur la terre aucun effet sensible, quand même la terre se fût trouvée au point N; mais pour faire rencontrer ces deux globes, il ne falloit changer le nœud que d'un degré, puisque dès-lors la comète se seroit trouvée précisément dans son nœud, et sur le passage même de la terre. Or un changement d'un degré est une différence qui arrivera souvent par le seul effet des attractions étrangères. Nous en avons vu un exemple dans la comète de 1759, en une seule période de 75 ans.

A quoi donc tenoit-il qu'une de ces comètes ne passât précisément sur l'orbite de la terre? Quelques degrés d'attraction de plus, occasionnés par la situation de quelques planètes, suffisoient pour produire cette rencontre, et pourroient l'occasionner à la première apparition.

En effet la comète de 1607 et de 1682, que nous avons vue reparoître en 1759, avoit son nœud plus avancé en 1759 de 2° $\frac{1}{2}$

par

par rapport à son périhélie, qu'elle ne l'avoit eu en 1607; et cette différence dans l'espace de 152 ans prouve bien que la situation des orbites cométaires peut être changée considérablement, et que celles qui n'auroient pas rencontré la circonférence de l'orbite terrestre pourroient un jour la couper.

Ainsi les huit comètes précédentes, quoique dans l'état actuelle des choses elles soient à quelques degrés du nœud, quand elles sont à la hauteur de la terre, pourroient dans leur première révolution se trouver sur le passage même de la terre.

La comète fameuse de 1680, qui passa si près du soleil, qu'elle fut échauffée 2000 fois plus qu'un fer rouge, ne paroît pas du nombre de celles qui peuvent influer sur la terre, quoique Whiston ait voulu la donner pour cause du déluge. Halley observe seulement que le 11 novembre 1680, elle n'étoit guère éloignée de l'orbite de la terre que comme la lune, c'est-à-dire de 84000 lieues; et du Séjour la regarde comme une de celles qui pourroient le plus approcher de la terre.

Si l'on a vu dans des systêmes ingénieux, Whiston supposer que la terre ait été elle-même une comète dans le chaos primitif d'où elle fut tirée pour être habitée, et Buffon imaginer qu'une comète a pu, en effleurant le soleil en détacher la matière dont nos six planètes sont composées, l'on me permettra facilement, dit l'auteur, d'examiner un fait analogue à ce qui se passe sous nos yeux, et dont la possibilité se présente dans le résultat de mes calculs : voyons donc ce qui peut arriver à la terre par l'action d'une seule de ces huit comètes. Je n'examinerai pas si une de ces comètes pourroit former autour de la terre un anneau semblable à celui de Saturne, ou bien entraîner la lune qui nous éclaire et qui nous suit, devenir un satellite de la terre, ou forcer la terre à devenir le sien; si une comète qui, par le changement de direction qu'elle éprouveroit alors, pourroit nous entraîner dans le soleil, ou s'en éloigner à jamais pour aller parcourir d'autres systêmes et d'autres mondes, tout cela s'est déjà présenté à l'imagination hardie de quelques physiciens célèbres, mais tout cela est peut-être impossible. Je ne parlerai pas même du choc de la comète contre la terre, qui confondroit les élémens, qui changeroit la durée des jours et des années, qui mettroit les mers à sec, inonderoit des continens, transporteroit notre atmosphère d'une partie de la terre à l'autre; et changeant la direction de la pesanteur, renverseroit les montagnes; enfin, qui feroit une seule planète de deux, en détruisant, pour ainsi dire, l'une et l'autre; le choc de ces deux corps suppose une coïncidence si précise des deux orbites, qu'on ne peut la regarder que comme infiniment rare et difficile.

Mais il est un événement qui rentre bien davantage dans l'ordre des possibilités, c'est de voir une de ces comètes approcher seulement à la distance de quelques diamètres de la terre, comme de douze à treize mille lieues : voyons quelles seroient les conséquences de ce rapprochement; le phénomène du flux et du reflux de la mer est celui qui mérite ici le plus d'attention.

La lune étant 70 fois moindre que la terre, produiroit à la distance où elle est, 70 pieds de marée, si elle étoit seulement aussi grosse que la terre : je suppose même que la lune dans son état actuel, ne produise qu'un pied de marée, ce qui résulte des observations qui ont été faites à l'île de Taïti, dans le milieu de la mer du Sud, c'est-à-dire, dans la mer la plus ouverte et la plus libre qu'il y ait sur notre globe. C'est-là le seul endroit où l'effet de l'attraction lunaire ne soit point augmenté par le resserement des terres, l'enfoncement des golfes ou la réflexion des côtes opposées, ainsi qu'à Saint-Malo où ces circonstances produisent jusqu'à 46 pieds de marée. On avoit cru jusqu'à présent que la lune seule pouvoit produire 6 pieds de différence dans les mers libres, mais les nouvelles observations ont fixé nos idées sur la force réelle et absolue des attractions du soleil et de la lune, en nous la montrant beaucoup moindre.

Ne supposons donc qu'un pied de marée dans l'état actuel; la lune en produiroit 70, si elle étoit aussi pesante et aussi massive que la terre, et toujours à la même distance qui est de 86000 lieues.

Il en est des comètes ainsi que des planètes que nous connoissons; il peut y en avoir de plus grosses que la terre, et de plus petites. Concevons qu'une comète égale à la terre se rapproche à 13 mille lieues de nous; la force attractive réduite à la direction du centre de la terre, augmente en raison inverse du cube de la distance (*Astronomie*, *art.* 3600); il suffiroit donc que la comète fût cinq ou six fois plus près que la lune, ou à 13 mille lieues de distance, par rapport à la terre, pour produire une marée de 3 mille toises; cela feroit 2 mille toises d'élévation au-dessus du niveau naturel des eaux : car la mer monte du double de ce qu'elle descend, par rapport au terme fixe qui auroit lieu sans ces attractions étrangères, (*Astronomie*, *art.* 3795).

Dans cet état les eaux de l'Océan seroient tirées de leurs abymes par l'attraction de la comète, et transformées en un corps ovale à-peu-près elliptique, dont le grand axe auroit 6 mille toises de plus que le petit axe, et seroit dirigé vers la comète, et vers le point opposé; telle est du moins la forme que donne la théorie ordinaire du flux et du reflux que le cit. de la Lande a expliquée dans son traité *du Flux et Reflux de la mer*, en 1781.

Sans parler du mouvement diurne de la terre, qui promène la marée en douze heures, autour de notre globe, le mouvement de la comète seroit alors si rapide, qu'en moins d'une heure, elle auroit dominé perpendiculairement sur un tiers de la terre, auroit fait tourner la marée presque tout autour de notre globe, et noyé, peut-être, les continens des quatre parties du monde. Les plus hautes montagnes où les hommes aient des habitations, qui sont celles de 1800 toises, même dans la Zone-Torride, seroient plongées dans ces flots supendus sur nos têtes; et dans l'espace de quelques heures, toute la circonférence de la terre seroit peut-être enveloppée dans cette submersion.

Il est vrai, que suivant la théorie des marées, l'élévation des eaux ne commenceroit qu'à 54° du sommet, c'est-à-dire, au point où se fait l'intersection d'un cercle et d'une ellipse, de même superficie. Ainsi, les parties éloignées de la route apparente de la comète, pourroient échapper à ce déluge, pourvu que les oscillations du reflux ne s'étendissent pas jusques-là.

D'ailleurs, les ravages de la mer seroient précédés par des ouragans, dont nous n'avons aucune idée, mais que la comète et les eaux produiroient à-la-fois. Ces tempêtes renverseroient les villes, et dévasteroient les campagnes, et seroient les avant-coureurs du dernier fléau de la nature.

On a peine à croire que les plus grands vaisseaux pussent résister à des tempêtes et à des marées si violentes; mais s'il restoit quelque espérance de conservation pour l'espèce humaine, dans un tel événement, ce seroit pour un petit nombre de navigateurs. La marine, qui fait aujourd'hui la gloire et la puissance des Empires, seroit-elle destinée à sauver encore le genre humain? Quoiqu'il en soit, ce grand art ajoute tant aux bienfaits de la nature envers les hommes, qu'il n'a pas besoin de cette considération pour être digne de nos plus grands efforts.

Il n'est pas nécessaire, pour former cet ellipsoïde aqueux, de supposer avec Whiston, que les abymes souterrains s'ouvrent, et que la croûte terrestre se fende. Il paroît fort douteux qu'il y ait des eaux dans l'intérieur de la terre, à une très-grande profondeur; mais le lit de la mer contient assez d'eau pour couvrir les montagnes. Dans le voyage de Verdun, Borda, et Pingré, on a fait sonder en mer, et des lignes de 1200 brasses ou de 1000 toises, n'ont pas suffi pour trouver le fond, quoique ce ne fût qu'à 20 lieues de la Côte d'Afrique : la profondeur de la mer égale probablement la hauteur des montagnes, et pourroit fournir de quoi submerger les trois grands continens, qui ne font guères qu'un tiers de la surface de notre globe.

La distance de 13 mille lieues, qui produiroit une marée de 2 mille toises, au-dessus du niveau, se trouvera moindre, et la possibilité de l'événement augmentera, si l'on suppose une comète ou plus dense, ou plus grosse que la terre; supposition qui est encore fort naturelle : car, si l'on fait attention, comme le dit Buffon, « à la fixité et à la solidité de la matière, » dont les comètes doivent être composées pour souffrir, sans » être détruites, la chaleur inconcevable qu'elles éprouvent au- » près du soleil; et si l'on se souvient en même-temps qu'elles » présentent aux yeux des observateurs, un noyau vif et solide, » qui réfléchit fortement la lumière du soleil, à travers l'atmos- » phère immense de la comète, qui enveloppe et doit obscurcir » ce noyau, on ne pourra guère douter que les comètes ne » soient composées d'une matière très-solide et très-dense, et » qu'elles ne contiennent, sous un petit volume, une grande » quantité de matière ». (*Hist. Nat.* t. I, p. 199 *in*-12).

Les planètes sont d'autant plus denses, qu'elles sont plus près du soleil; la terre est quatre fois plus dense que Jupiter qui est cinq fois plus éloigné du soleil; les comètes, en suivant cette loi, seroient encore plus denses. La comète de 1680, échauffée 2000 fois plus qu'un fer rouge, seroit 28000 fois plus dense que la terre, si l'on supposoit, avec Buffon, que cette densité doive être proportionnelle à la chaleur que les planètes doivent subir. Ainsi, l'on peut croire qu'une comète, sans nous approcher de plus près que 13 mille lieues, pourroit y produire une marée totale de plus de trois mille toises, et causer tous les ravages dont nous venons de parler.

Telles sont les suites qu'on entrevoit dans le concours d'une comète avec la terre, aux environs du nœud, mais aussi nous voyons que le danger seroit bientôt passé, et dès-lors il diminue beaucoup.

En effet, la terre parcourt, dans son orbite, six cent mille lieues en un jour; par conséquent, elle ne peut être qu'une heure de temps à la distance que l'on vient d'assigner pour la comète. Or, l'inertie des eaux est trop grande, pour qu'en une heure de temps elles pussent être portées à une si grande élévation. On craindra, peut-être, qu'une impression aussi violente ne continuât à s'exercer même après que la cause seroit passée, et que le reflux d'une si terrible marée ne produisît sur le reste de la terre, à-peu-près les mêmes ravages qu'auroit produit l'élévation même des eaux dans les parties de la terre qu'elle auroit surmontées; mais tout cela est douteux, et nous laisse de quoi nous rassurer sur de pareils événemens.

D'ailleurs, il y a beaucoup à parier contre toutes les circonstances nécessaires à de pareils événemens. 1°. Il est difficile que la coïncidence exacte du nœud qui n'est que passagere, se trouve arriver dans le temps où la comète y passera. 2°. En supposant que cette coïncidence y soit, ces deux planètes (dont les orbites se coupent exactement) se rencontreront difficilement à la fois au même point d'intersection. Par exemple, la terre n'ayant que 17″ de diamètre, vue du soleil, elle n'occupe que la 76 millième partie de la circonférence de son orbite. Supposons qu'une comète traverse précisément l'orbe de la terre, il y a, pour le moment où elle se trouve dans le nœud, 76 mille contre un à parier, que la terre ne se trouvera pas dans un point de son orbite où elle puisse être frappée.

La distance de 13 mille lieues, à laquelle on a dit que la comète pouvoit submerger une partie de la terre, est comprise 16 mille fois dans la circonférence de l'orbite terrestre; ainsi, il y auroit environ 8 mille contre un d'espérance, même à chaque fois que la comète passeroit dans son nœud, et précisément sur la circonférence de notre orbite.

Mais de plus, ces passages sont bien rares, puisque les révolutions de chaque comète exigent un ou plusieurs siècles, et qu'il peut se passer des milliers de révolutions, sans que les nœuds se trouvent placés dans l'endroit où nous les supposons.

On ne peut donc regarder ces événemens et ces dangers que comme des possibilités, qui ne sauroient entrer dans l'ordre moral des espérances ni des craintes. Les tables de mortalité nous apprennent qu'il meurt une personne à toutes les secondes, ou 3600 par heure, sur la surface de la terre, peuplée d'environ 800 millions d'habitans; mais personne de nous ne craint de mourir dans une heure, parce qu'il y a 277800 contre un à parier, pour chaque individu, qu'il ne sera pas du nombre. Les possibilités dont on vient de parler sont encore plus éloignées, et l'on peut dans l'ordre moral les regarder comme nulles.

Nous ne pouvons pas espérer que jamais il soit possible d'en prédire le temps, parce qu'il y a un trop grand nombre de comètes qui peuvent agir sur chacune de celles que l'on voudroit prédire, et peut-être même ne pourra-t-on jamais assurer que telle comète approchera de nous.

Lorsque Clairaut entreprit d'annoncer plus exactement le retour de la comète de 1682, d'après les tables que le cit. de la Lande avoit calculées, il se trouva un mois d'erreur dans le résultat. Il n'avoit pu faire de semblables calculs pour les attractions des autres planètes, encore moins pour celles de toutes les comètes que nous ne connoissons pas, et que peut-être les hommes ne connoîtront jamais.

De semblables inégalités doivent être bien plus sensibles dans les comètes qui vont à des distances énormes du soleil, puisque la plus voisine de toutes, celle de 1759, s'en éloigne jusqu'à 1256 millions de lieues. A de pareilles distances, la force centrale qui les retient vers le soleil est si foible, que la moindre attraction peut influer sur le moment de leur retour à l'orbe de la terre. Cependant nous avançons de 600 mille lieues par jour dans notre orbite; ainsi une demi-heure de plus ou moins sur l'arrivée de la comète, peut contredire toutes les prédictions que l'on auroit faites, et rendre indifférents les retours qu'on auroit crus funestes, sans que nous puissions d'avance le prévoir; après des siècles d'observations et de calculs, les astronomes ne pourront déterminer les périodes et les retours des comètes avec la précision nécessaire pour ces sortes de prédictions : nous ne connoîtrons jamais tous les élémens qui doivent entrer dans ces calculs. Ainsi l'objet du mémoire que nous venons de rapporter étoit seulement de faire voir que la chose est possible, et qu'elle est dans l'ordre naturel du systême solaire.

Cela rappelle nécessairement à un physicien l'idée des révolutions qui ont déjà bouleversé autrefois notre globe, dont la tradition paroît avoir existé il y a plus de 4 mille ans, et s'est transmise jusqu'à nous, et dont les traces se retrouvent encore sur les montagnes, comme dans le sein de la terre.

Tout cela pourroit naturellement s'expliquer par le choc ou la proximité de quelqu'une de ces comètes. Maupertuis, dans sa lettre sur la comète de 1742, considérant l'extrême chaleur que celle de 1680 avoit contractée vers le soleil, semble croire comme Whiston, que si la comète eût passé près la terre, elle l'auroit réduite en cendres, ou l'auroit vitrifiée, et que si sa queue seulement nous eût atteints, la terre eût été inondée par des exhalaisons brûlantes et destructives; je comprens que la terre pourroit également finir ainsi par le feu d'une comète embrâsée; mais Buffon a fait voir qu'il faudroit plus de temps que la comète n'en passe près du soleil pour qu'elle s'échauffât à ce point-là. C'est donc l'eau qui paroît jusqu'à présent le seul fleau que la terre puisse éprouver aux approches d'une comète, et ce danger est bien moindre que celui d'une conflagration universelle.

Entre les 52 comètes que l'auteur ne citoit point, comme pouvant rencontrer la terre, il y en a encore 44 qui seront elles-mêmes dans ce cas-là par la suite des temps, puisque l'attraction mutuelle de tous les corps célestes change perpétuellement les nœuds de toutes les comètes. Celles dont les nœuds sont actuellement les plus éloignés de la circonférence de l'orbite terrestre, y arriveront dans la suite des siècles, et ameneront la possibilité des révolutions dont il s'agit; mais les comètes dont on pourroit craindre actuellement quelque désastre, cesseront à leur tour d'être dans ce cas-là. On voit assez que de pareils changemens ne peuvent s'opérer que dans des milliers de milliers de siècles, sur lesquels nous voudrions inutilement étendre nos calculs.

Il y a huit comètes, parmi les 60 que l'on connoissoit, qui ne peuvent parvenir à l'orbite de la terre, parce qu'elles l'environnent extérieurement, c'est-à-dire, que leur distance périhélie est plus grande que celle de la terre au soleil. Mais combien d'autres comètes qui sont encore inconnues? Si depuis 44 ans qu'on observe les comètes avec plus d'attention, l'on en a vu jusqu'à 44, il est probable qu'il en existe dans le système solaire plus de trois cents, si l'on peut supposer les révolutions des comètes de trois siècles plus ou moins.

Lambert, après avoir discuté cette question, pense que c'est mettre les choses fort au rabais, que de supposer seulement trois cents comètes visibles; « Il y a lieu de croire, dit-il, que le nombre » va à quelques milliers, et une évaluation très-modique fera » mouvoir dans notre système pour le moins 500 millions de » comètes » (*Système du Monde*, p. 49 et 78); sans parler des comètes qui, n'appartenant à aucun système particulier, appartiennent à tous, et se promenant sans cesse de monde en monde, font peut-être le tour de l'univers. Ces conjectures de Lambert, sur ce grand nombre de comètes, sont peut-être trop vagues et trop hasardées; si l'on préfère l'évaluation de trois cents comètes, qui paroissent pouvoir exister vraisemblament dans notre système solaire, il en peut venir à-peu-près une chaque année, et puisque la huitième partie de celles que nous connoissons, peut approcher de la terre, il peut y en avoir 40 dans ce cas-là. Dès-lors tous les 7 ou 8 ans il y en auroit une des 40 que nous pourrions avoir à craindre. Mais quand même l'on supposeroit que les nœuds de toutes ces comètes seront exactement et rigoureusement placés sur l'orbe de la terre, la première fois qu'elles reparoîtront, ce qui est dans un ordre de possibilité prodigieusement éloigné, il y auroit encore 64 mille contre un à parier pour chaque année, qu'une de ces comètes n'approcheroit pas de 13 mille lieues de la terre.

Il seroit facile de suivre les mêmes calculs pour chacune des planètes que nous connoissons, et qui peuvent être rencontrées comme la terre, par des comètes; on trouveroit peut-être dans quelques-unes de ces orbites des intersections plus voisines de leurs circonférences; alors on verroit augmenter considérablement la probalité ou la possibilité du choc entre les masses énormes qui roulent sur nos têtes. C'est ainsi que l'ordre des mouvemens célestes, tout admirable qu'il est, semble renfermer dans lui même une cause immédiate, naturelle et nécessaire des plus énormes révolutions.

Ici finit le mémoire de la Lande. Je fus chargé par le magistrat de l'examen de ce mémoire, le 8 mai 1773, pour le faire imprimer. Voici les termes de mon approbation.

J'ai lu, par ordre de monseigneur le chancelier, un manuscrit, intitulé : *Réflexions sur les Comètes qui peuvent approcher de la Terre;* et je n'y ai rien trouvé qui puisse accréditer les terreurs conçues sur l'action prochaine d'une comète. Il m'a paru au contraire propre à les calmer, en faisant voir que l'événement redouté, quoique dans l'ordre des possibles, est de cet ordre de possibilité auquel il est d'usage à tout être raisonnable de ne faire aucune attention, vu son éloignement, suivant les lois de la probabilité.

Du Séjour crut que cela ne suffisoit pas, et il publia, en 1775, un volume entier, intitulé : *Essai sur les Comètes;* le principal objet de ce savant ouvrage étoit de rassurer le public; mais il n'y démontra autre chose, sinon le peu de probabilité dont nous avons parlé. Le cit. de la Lande examinant les objections de du Séjour, contre son mémoire, s'exprimoit ainsi.

Au sujet des marées, M. du Séjour observe premièrement, que la comète ne répond pas toujours au même point de la terre, puisqu'indépendamment du mouvement de rotation de la terre, la comète a un mouvement propre très-rapide.

Secondement, que les eaux de la mer n'environnent point tout le globe, et l'on sait, par l'exemple des mers Méditerranées, qui ne sont presque point sujettes au flux et au reflux, combien cette circonstance diminue l'effet des marées.

Enfin la comète ne seroit que très-peu de temps (et beaucoup moins que 10 heures), à une distance nuisible. Toutes ces raisons réunies me paroissent élever, dit-il, un préjugé légitime contre les grands désordres des marées produites par l'action des comètes.

Ces considérations sont un peu vagues, dit le cit. de la Lande, il en est de même de celles que du Séjour fait sur la proximité des comètes et sur la condition qu'il existe une ou plusieurs comètes dont la trajectoire coupe l'orbite terrestre; condition contre l'existence de laquelle on peut parier, dit-il, l'infini contre l'unité : « Le danger, ajoute-t-il, que nous courons de la » part des comètes, est donc, si j'ose m'exprimer ainsi, un » infiniment petit du second ordre. J'ai cru devoir insister sur cette » comète, pour calmer les inquiétudes de quelques personnes, qui » ont conçu des alarmes déplacées ». Quoi qu'il en soit, dit le cit. de la Lande, cet infiniment petit du second ordre, n'est nullement démontré; on voit seulement le peu de fondement de la terreur

terreur de 1773. Euler, dans le tom. XIX (1774) *des Mémoires de Pétesbourg*, donna aussi un mémoire pour rassurer le public. Ce fut encore un sujet du prix proposé par l'Acad. de Pétersb. pour 1787.

Du Séjour, dans son *Esai sur les Comètes*, examine s'il est possible que la lune ait été une comète que la terre ait forcé de tourner autour d'elle, il ne le pense pas; cependant il y a des cas où il convient qu'une comète pourroit devenir satellite d'une planète.

X.

De la libration de la Lune et de ses pôles de rotation.

La lune tourne toujours vers la terre, la même face. On démêle avec le télescope, après la nouvelle lune, à travers la lumière cendrée, les mêmes taches qu'elle nous présente dans son opposition au soleil. On les reconnoît aussi dans la partie éclairée avec cette seule différence que peut présenter une surface hérisée d'inégalités lorsqu'elle est éclairée obliquement ou lorsqu'elle l'est directement. Tel est le phénomène qu'elle présente au premier aspect à qui la considère superficiellement. Mais lorsqu'on l'examine avec cette scrupuleuse attention qui fait rechercher jusqu'aux moindres détails, on s'apperçoit que dans le courant d'une révolution, il y a sur les bords de la lune des taches qui paroissent et disparoissent alternativement, c'est-à-dire une petite portion de sa surface qui se laisse appercevoir de la terre, et qui se cache à elle successivement. Galilée avoit déjà remarqué que des deux taches que nous appelons mer des crises et grimaldi, on voit l'une se rapprocher du bord de la lune quand l'autre s'en éloigne; en sorte que la distance de la première au bord du disque est quelquefois double de ce qu'elle est dans d'autres temps. Ce mouvement, qu'on appelle libration, est fort compliqué, et peut être divisé en trois espèces; l'une est la libration en latitude; la seconde dépend de la parallaxe; la troisième est en longitude.

La libration en latitude est l'effet du parallèlisme de l'axe autour duquel la lune tourne dans l'intervalle d'une révolution. On a trouvé en effet que cet axe toujours parallèle à lui-même, comme tous les autres, fait avec le plan de l'écliptique un angle de 88° $\frac{1}{2}$, et conséquemment avec le plan de son orbite même, qui est inclinée à l'écliptique de 5° 10′, un angle d'environ 83° dans les plus grandes latitudes. Ainsi, dans cette position la lune doit exposer aux yeux du spectateur terrestre une partie de son disque voisine de son pôle, tantôt d'un côté, tantôt d'un autre. C'est ainsi que la terre, dont l'axe fait avec l'écliptique, un angle de 66° $\frac{1}{2}$, présenteroit à un spectateur placé dans le soleil, au temps du solstice d'été, une portion de son disque, voisine de son pôle boréal, et de 23° $\frac{1}{2}$ tout autour, qui peu-à-peu se rétréciroit à mesure que la terre se rapprocheroit de l'équinoxe, et ensuite une pareille étendue de son disque se développeroit successivement jusqu'au moment du solstice d'hiver. Ce spectateur pourroit penser d'abord que la terre a un mouvement de titubation.

Le second mouvement de libration est encore purement optique, et l'effet de la parallaxe lunaire qui est, comme l'on sait, d'environ un degré à l'horizon. Pour la concevoir, il suffit de remarquer que nous sommes plus élevés que le centre de la terre, par rapport à la lune située à l'horizon ; ainsi nous devons voir au-dessus de la lune un degré de plus que si nous étions au centre de la terre; lorsque la lune se lève, ce degré est de la partie occidentale : c'est le contraire quand elle se couche.

Mais ce mouvement apparent est à peine sensible; car il ne tend à découvrir, sur les bords de la lune, que l'espace d'un degré de son hémisphère apparent, dont la projection, sur son disque, répond à un sinus verse, qui n'est que la septième partie d'une seconde.

La découverte de ces deux espèces de librations de la lune, est une de celles que Galilée fit en si grand nombre dans le ciel, et sur la lune en particulier. Mais les instrumens dont il se servoit étoient encore trop imparfaits, pour qu'il pût en appercevoir davantage. Il étoit réservé à Hévélius, qui employoit des lunettes très-grandes, et qui d'ailleurs a donné une sélénographie fort détaillée, de reconnoître les mouvemens auxquels la lune est assujétie, surtout la libration en longitude ou dans le sens de l'équateur de la lune, en quoi néanmoins l'on doit lui associer le P. Riccioli, qui, en 1651, tentoit d'expliquer cette apparence par le mouvement de rotation de la lune combiné avec son mouvement inégal sur son orbite. Riccioli avoit raison, comme nous l'allons voir; mais séduit par je ne sais quelles difficultés, il abandonna cette explication dont Hévélius avoit eu concurremment l'idée avec lui, et qu'il fit valoir de manière à emporter les suffrages des astronomes.

Supposons, en effet, le mouvement de rotation de la lune sur son axe, uniforme et s'achevant précisément dans le temps d'une révolution périodique de cette planète. Ce mouvement, vu de la terre, ayant 7° $\frac{1}{2}$ d'inégalité, nous devons voir toute cette partie de plus ou de moins, tantôt à l'orient, tantôt à l'occident, et cela fait 1′ 20″, plus ou moins sur le disque de la lune.

Cassini soumit les deux librations à une hypothèse astronomique, qui les explique d'une manière satisfaisante : il suppose l'axe de rotation de la lune, faisant constamment avec l'écliptique, un angle de 87° ½, et avec le plan de l'orbite même de la lune, un de 82 ½, toujours parallèle à lui-même, et à un plan passant par les pôles de l'écliptique et par celui de l'orbite lunaire. Ajoutez à cela un mouvement de rotation de la même durée que le retour de la lune à l'un de ses nœuds, ou de 27j 5h et quelques minutes, on verra naître de ces suppositions tous les phénomènes que nous présente la libration de la lune en longitude et en latitude, comme on le peut voir dans les *Mém. de l'Acad.* pour 1721 et dans les *Élémens d'Astronomie* de Cassini le fils, publiés en 1740 ; car cette théorie ne vit le jour qu'après la mort de Dominique Cassini. Ce fut son fils Jacques qui la fit connoître ; mais comme il n'avoit point donné le détail des observations qui y conduisirent son père, le célèbre astronome et observateur *Tobie Mayer* en rechercha les preuves, et lui donna la perfection dont elle étoit susceptible. Son travail, à cet égard, a vu le jour dans les *Kosmographische Nachrichten de Nuremberg*, qui parurent en 1750. On y lit la première partie d'un mémoire de cet astronome, sur la rotation de la lune et le mouvement apparent de ses taches, qui devoit servir de base à une nouvelle *Sélénographie ;* c'est le traité le plus complet sur la théorie astronomique de la libration, et le cit. de la Lande l'a traduit presqu'en entier dans le 20e livre de son *Astronomie*.

Mayer trouva, par une multitude d'observations et de calculs de la plus grande élégance, que l'hypothèse astronomique de Cassini approchoit de fort près de la vérité, et ne pêchoit qu'en quelques déterminations. Il fit voir que l'équateur lunaire est incliné sur celui de l'écliptique d'un angle de 1° 29′ (au lieu de 2° 30′ que trouvoit Cassini) ; que la section de ces deux plans est toujours parallèle à la ligne des nœuds de l'orbite de la lune, et qu'elle tourne sur son axe d'occident en orient dans un intervalle de 27j 5h 6′ 56″ ; d'où il résulte que chaque point de l'équateur lunaire revient, après une révolution, au point équinoxial lunaire, ou à la ligne des nœuds. Quant à la différence qu'on trouve entre ces déterminations de l'axe lunaire, Mayer observe qu'on auroit tort d'en inférer que peut être il y a eu quelque changement dans cette inclinaison, et dit qu'on peut prouver, par des observations du temps de Cassini, qu'il s'étoit trompé dans sa détermination, ce qu'il promettoit d'établir dans la seconde partie de son écrit. Cette détermination de Mayer a été depuis confirmée, à certains égards, par les calculs du cit. de la Lande, qui, d'après des observations faites en 1763, a trouvé cette inclinaison de 1° 41′ (*Mém. de l'Acad.* de 1764). La différence est si peu considérable, relativement à la délicatesse de pareilles observations, qu'elle affermit plutôt qu'elle ne contredit la détermination de Mayer, dont les observations ont l'avantage d'avoir été répétées un grand nombre de fois pendant les années 1748 et 1749, qu'il se livra entièrement à ce travail, sur les taches de la lune, quoiqu'avec un instrument moins parfait que celui du cit. de la Lande.

Le P. Slaviceck, jésuite de Bohême, mort en Chine le 24 août 1735, dans sa 57e année, avoit fait une grande suite d'observations sur la libration de la lune; il écrivoit à ce sujet à Bayer, en juillet 1734, et lui promettoit, pour de l'Isle, un corps entier d'observations et de doctrine sur ce sujet, ouvrage auquel il travailloit, comme aussi à faire graver une figure de la lune; mais sa mort a fait perdre ce travail. (*Bibliot. German.* 1737, p. 198).

Nous venons de considérer la théorie de la libration de la lune du côté purement astronomique; cela eût à-peu-près suffi autrefois; mais aujourd'hui l'astronomie physique est tellement liée avec l'astronomie pure ou observatrice, qu'on ne peut se dispenser de remonter aux causes, et d'ailleurs tous les autres phénomènes astronomiques trouvent dans l'attraction universelle une explication si bien démontrée, qu'il étoit bien sûr que ce principe ne se démentiroit pas en cette occasion; mais il faut convenir ici que cette question, considérée du côté physique, est une des plus épineuses de l'astronomie.

C'est d'abord un phénomène bien singulier que cette constance de la lune à nous montrer toujours la même face; car il faudroit, pour cela, qu'elle eût reçu un mouvement de rotation précisément égal à celui d'une révolution lunaire. N'eût-il différé que d'une minute, cette différence, accumulée pendant les deux derniers siècles, auroit déjà considérablement changé la face de la lune. Il faut donc qu'il y ait une cause physique qui ramène sans cesse de notre côté cet hémisphère que nous voyons toujours.

Pour expliquer cette apparence, on peut conjecturer que si, comme il est probable, la lune n'est pas homogène, et a reçu, dans le temps où elle étoit comme fluide, un mouvement de rotation à peu de chose près égal à celui de la révolution, l'action de la terre sur elle ayant lieu, toujours du même côté, les matières les plus denses ont dépassé son centre de figure, ou qu'elle s'est allongée vers la terre; ce qui fait que son hémisphère, tourné du côté de la terre, a plus de pesanteur que l'autre, et a été déterminé par-là à se tourner toujours du même côté, sauf quelques oscillations semblables à celles d'un pendule, que l'action de la gravité ramène sans cesse à la perpendiculaire, et qui iroit et reviendroit ainsi éternellement sans la résistance de l'air. On ne peut guère, ce semble, expliquer autrement ce phénomène, qui a paru, suivant Cassini et Maraldi, se reproduire dans le quatrième satellite de Jupiter et le premier de Saturne, et que Herschel croit commun à tous les satellites ; d'où l'on seroit fondé à conclure, si cette loi étoit reconnue générale, que la figure de toutes ces planètes secondaires a été modifiée d'une manière uniforme par l'action de leurs planètes centrales ; car il seroit difficile de croire, comme étant hors de toute probabilité, que cet isochronisme même approchant, fût un effet du hasard ; et si D. Bernoulli a trouvé que les six planètes anciennes étant projetées dans l'espace, il y avoit prodigieusement à parier qu'elles ne seroient pas comprises dans la bande d'environ 14° de largeur que forme le zodiaque ; je crois qu'il y a au moins autant à parier que les 12 satellites de la terre, Jupiter et Saturne ne recevroient pas un mouvement de rotation tel que celui que nous voyons. Il paroît donc qu'il faut y reconnoître une cause à-peu-près semblable à celle qu'on a vue plus haut. Alors il suffiroit même que le satellite eût un mouvement de rotation approchant de celui de translation ou de révolution périodique, et l'on pourroit concevoir qu'il fût sujet à quelqu'irrégularité dépendante de l'action de la planète centrale qui occasionneroit ce balancement en quoi consiste la libration qu'il s'agit d'expliquer. D'Alembert, dans ses *Recherches*, avoit attaqué ce problême sans succès.

Le cit. delaGrange envisagea cette question sous un autre point de vue, dans le savant mémoire sur la libration de la lune, qui remporta le prix proposé par l'Académie des sciences, pour l'année 1763, et qu'on lit dans le tom. IX des *Mém. des Savans Étrangers*. D'Alembert s'exerça sur le même sujet dans les *Mémoires* de 1768 ; mais la Grange y revint dans les *Mémoires de Berlin* pour 1780, et c'est-là que se trouve la solution complète et rigoureuse de ce problême difficile qui n'avoit été résolu jusqu'alors d'une manière satisfaisante, ni du côté de l'analyse, ni par rapport à l'observation. Le systême de la gravitation universelle, qui a si bien rendu raison des différens mouvemens de la lune autour de la terre, n'avoit pas encore expliqué le point le plus remarquable de la théorie de cette planète ; la coïncidence des nœuds de l'équateur lunaire avec ceux de l'orbite de la lune. En revenant sur cette question, il la traita avec toute l'exactitude et tout le détail qui étoient dus à son importance et à sa difficulté ; et pour ne rien laisser à desirer sur les phénomènes qui peuvent dépendre de l'attraction de la terre sur la lune, supposée non sphérique, il examina non-seulement ceux qui ont rapport à la rotation de cette planète, mais aussi ceux qui regardent le mouvement de translation de la lune autour de la terre.

Dans la première partie de cet important mémoire, il expose une méthode générale et analytique pour résoudre tous les problêmes de la dynamique. Cette méthode, qu'il avoit donnée le premier dans sa pièce sur la libration de la lune, a l'avantage singulier de ne demander aucune construction, ni aucun raisonnement géométrique ou mécanique, mais seulement des opérations analytiques assujéties à une marche simple et uniforme. C'est le principe de dynamique de d'Alembert, réduit en formule au moyen de la loi des vîtesses virtuelles.

Dans la seconde section, Lagrange considère en général le mouvement d'un corps de figure quelconque, et il donne les formules nécessaires pour déterminer ce mouvement. Il indique ensuite une transformation très-utile pour faciliter le calcul, dans le cas où le mouvement de rotation se fait autour d'un axe fixe dans le corps, et mobile dans l'espace, mais qui demeure toujours à-peu-près perpendiculaire à un plan immobile; ce qui est le cas de la lune par rapport à l'écliptique.

En appliquant ces formules à la lune, il parvient directement à six équations différentielles du second ordre, qui contiennent toute la théorie de la lune, et même les termes qui dépendent de la non sphéricité de cette planète.

Il regarde la lune pour plus de simplicité, comme une sphéroïde elliptique homogène dont l'équateur et les méridiens seroient des ellipses très-peu excentriques; il prouve ensuite que cette figure est en effet celle que la lune auroit dû prendre, en vertu de la force centrifuge de ses parties combinées avec l'attraction de la terre, si elle avoit été primitivement fluide, et il détermine, dans cette hypothèse, les véritables dimensions de cette figure par une méthode et des formules plus simples que celles que l'on avoit déjà données par cet objet. Il en résulte que la lune devroit être élevée sous son équateur, mais quatre fois plus dans le sens du diamètre de cet équateur qui est dirigé vers la terre, et qui passe par conséquent par le centre apparent de la lune, que dans le sens du diamètre perpendiculaire à celui-ci, et qui passe par les bords apparens de cette planète.

La quatrième section traite, en particulier, des mouvemens de la lune autour de son centre; ces mouvemens se réduisent à la rotation de la lune autour d'un axe fixe dans l'intérieur de cette planète, et aux mouvemens de cet axe, ou du plan de l'équateur lunaire qui lui est perpendiculaire, par rapport au plan de l'écliptique. Suivant la théorie de la libration donnée par Mayer, le lieu moyen de la terre, vue du centre de la lune, et rapportée à l'équateur de cette planète, doit toujours répondre à un même point de cet équateur, et le méridien lunaire qui passe par ce point, est celui que Mayer prend pour le premier méridien de la lune, et auquel il rapporte les longitudes sélénographiques de ses taches; mais cette théorie suppose l'uniformité du mouvement de rotation de la lune. Si donc ce mouvement n'est pas uniforme, le lieu moyen de la terre, rapportée à l'équateur de la lune, ne répondra pas toujours à un méridien fixe, mais il y aura une petite différence qui exprimera la libration réelle et physique de la lune. Cette petite quantité est une des variables du problême, et se trouve déterminée par une équation qui, intégrée, donne directement la valeur de la libration réelle de la lune, toute séparée de sa libration optique, et cette valeur contient un terme proportionnel au sinus d'un angle qui croît très-lentement, dont l'effet est analogue au mouvement d'un pendule qui fait de très-petites oscillations.

Ce terme ayant un coéfficient arbitraire, sert à expliquer comment la lune peut nous présenter toujours à-peu-près la même face, sans qu'on soit obligé de supposer que la vîtesse primitive de rotation, imprimée à cette planète, soit exactement égale à sa vîtesse moyenne de translation autour de la terre.

L'auteur considère ensuite les mouvemens de l'axe lunaire, et pour cela il intègre les deux équations différentielles qui renferment la loi de ces mouvemens. Cette intégration y introduit quatre constantes arbitraires, et on voit d'abord qu'en supposant ces constantes nulles, qui est le cas le plus simple du problême, les nœuds de l'équateur lunaire doivent concider exactement avec les nœuds moyens de l'orbite de la lune; mais rien n'oblige à regarder ces constantes comme tout-à-fait nulles. Supposons donc, dit le cit. de la Grange, qu'elles aient seulement une valeur fort petite, et l'on trouve qu'alors les nœuds de l'équateur lunaire peuvent s'écarter des nœuds moyens de l'orbite d'un angle plus ou moins grand, mais qui sera toujours au-dessous de 90°; en sorte que leur mouvement moyen sera néanmoins exactement égal au mouvement moyen des nœuds de l'orbite; ce qui est parfaitement conforme aux observations.

Comme la valeur moyenne de l'inclinaison de l'équateur lunaire est à-peu près connue par les observations, le cit. de la Grange s'en est servi pour déterminer à très-peu-près une des constantes qui dépendent de la figure de la lune, laquelle, dans le cas où cette figure est supposée elliptique, exprime précisément l'allongement de la lune dans le sens du diamètre de l'équateur qui est dirigé vers la terre. Il trouva que cette quantité est nécessairement renfermée entre ces limites, 0,0006746 et 0,0005149, le demi axe de la lune étant pris pour l'unité; mais la supposition de la fluidité primitive de la lune donne, pour la même quantité, une valeur beaucoup plus petite ; d'où il suit, ou que la lune n'est pas homogène, ou que sa figure actuelle n'est pas celle qu'elle devroit avoir, si, ayant été originairement fluide, elle eût conservé, en se durcissant, la figure qu'elle auroit dû prendre par les lois de l'hydrostatique. Il n'y a, au reste à cela, rien de surprenant ; car on a trouvé aussi, par rapport à la terre, que les phénomènes de la précession des équinoxes et de la nutation, ne peuvent s'accorder avec l'hypothèse de l'homogénéïté de la terre et de sa figure elliptique, telle qu'elle résulte de la théorie.

A l'égard de l'inclinaison de l'équateur lunaire sur l'écliptique, elle seroit constante dans le cas de la coïncidence exacte des nœuds de l'équateur et de l'orbite de la lune ; mais dans l'autre cas elle est sujette à quelques variations périodiques, ce qui paroît s'accorder aussi avec les observations, et ce qui étant en même-temps contraire aux résultats des autres théories données avant celle de la Grange, prouve l'insuffisance de ces théories, et la nécessité où l'on étoit de traiter le problême de la libration de la lune, par des méthodes nouvelles et plus rigoureuses, comme l'a fait l'auteur du mémoire que nous venons d'analyser, et qu'il regarde lui-même comme son plus beau travail.

Le cit. de la Place, dans sa *Mécanique céleste*, traite aussi cette belle question. Pour cela, il applique à la lune les équations dont il avoit fait usage pour déterminer le mouvement de la terre autour de son centre de gravité ; et après y avoir introduit les circonstances qu'exige l'état de la question, il en déduit la différence du mouvement de rotation de la lune à son moyen mouvement de révolution. Cette différence, obtenue par l'intégration d'une équation différentielle du second ordre, est entièrement composée de quantité périodiques, et contient deux constantes arbitraires ; en sorte qu'il en résulte une libration dont l'étendue est aussi arbitraire, d'où l'auteur conclut que le moyen mouvement de rotation de la lune est exactement égal à son moyen mouvement de révolution.

Il observe aussi que pour que cette égalité subsiste, il n'est pas nécessaire qu'elle ait été rigoureusement exacte au commencement du mouvement, ce qui est peu probable ; il suffit qu'à cette époque la différence entre la vîtesse de rotation et la vîtesse de révolution de la lune, ait été comprise entre la plus grande et la plus petite des valeurs dont cette quantité périodique est susceptible. Alors l'attraction de la terre, ramenant sans cesse vers nous le sphéroïde lunaire, a suffi pour rendre cette égalité rigoureuse, à-peu-près comme la pesanteur ramène sans cesse vers la verticale un pendule qu'on en a écarté. Les trois premiers satellites de Jupiter, offrent l'exemple d'un cas semblable. La partie

arbitraire

arbitraire de la libration n'a pas été reconnue par les observations; d'où il suit qu'elle est peu considérable.

Il faut encore, pour la stabilité de l'équilibre, que les quantités qui multiplient le temps sous les signes périodiques soient réelles; car si elles étoient imaginaires, les argumens qui en dépendent se changeroient en exponentielles et en arcs de cercle susceptibles de croître indéfiniment, ou du moins la plus légère cause pourroit les y introduire. La condition de cette réalité exige que celui des axes principaux de la lune, qui est dirigé vers la terre, soit le plus grand.

Reprenant les équations précédentes, le cit. de la Place y introduit de nouvelles variables, qui sont les sinus des angles que font les axes principaux situés dans le plan de l'équateur, avec l'écliptique fixe à laquelle on rapporte les mouvemens du système; il intègre ensuite ces équations, ce qui introduit quatre nouvelles constantes arbitraires. Ces intégrales déterminent les mouvemens des axes principaux, et par conséquent de l'équateur lunaire sur l'écliptique fixe; en les rapportant au plan de l'écliptique mobile, les quantités dépendantes du mouvement séculaire de ce dernier plan disparoissent; d'où il résulte que le mouvement de l'équateur lunaire, sur l'écliptique vraie, est indépendant du mouvement de cette écliptique; en sorte que l'inclinaison moyenne de ces deux plans est une quantité constante. Au moyen des expressions précédentes, l'auteur obtient la valeur de la tangente que fait le premier axe principal situé dans le plan de l'équateur lunaire avec le nœud de cet équateur. Si l'on suppose d'abord nulles les arbitraires que contient cette tangente, on voit qu'elle répond à deux angles différens, mais dont un seul est admissible, parce qu'il satisfait aux observations sur la coïncidence du nœud descendant de l'équateur lunaire avec le nœud ascendant de l'orbite. Reprenant ensuite le cas général, où ces arbitraires ne sont plus nulles, l'auteur démontre qu'elles sont toutes très-petites par rapport à une d'entr'elles : et de-là résulte immédiatement la constante de l'inclinaison de l'équateur lunaire à l'écliptique vraie; d'où il suit que le phénomène de la coïncidence des nœuds de l'équateur et de l'orbite lunaire, et celui de la constance de l'inclinaison de l'écliptique à ce même équateur, sont liés l'un à l'autre par la théorie de la pesanteur, qui est ainsi admirablement confirmée par les observations qui font connoître simultanément ces deux résultats.

Les formules précédentes donnent trois conditions relatives aux limites des momens d'inertie du sphéroïde lunaire. En les comparant avec celles que donne la thorie de la figure de ce sphéroïde, le cit. de la Place fait voir que ces conditions ne peuvent être remplies, ni en supposant la lune homogène et fluide, ni en la supposant formée de couches primitivement fluides et de densités variables; d'où il conclu que la lune n'a point la figure qu'elle auroit prise, si elle avoit été primitivement fluide. Il considère ensuite l'action du soleil sur le sphéroïde lunaire, et prouve qu'elle est insensible en comparaison de celle de la terre ur la lune.

X I.

Du flux et du reflux de la mer.

Nous n'avons point parlé, dans nos premiers volumes, des marées, phénomène également connu et admiré du philosophe et du vulgaire, et l'un de ceux qui ont le plus excité les efforts des mathématiciens, pour en expliquer toutes les circonstances. On feroit un long dénombrement des opinions diverses, quelquefois absurdes et monstrueuses, qu'il a fait naître parmi les anciens philosophes, on les trouvera indiquées dans le *Traité du Flux et du Reflux de la Mer,* publié par le cit. de la Lande en 1781. Il nous suffira de dire un mot de celles de Galilée, de Wallis et de Descartes, et nous insisterons sur celle de Newton, au développement de laquelle cet article est principalement destiné.

De tout temps on a reconnu, et l'on ne sauroit se dispenser de reconnoître, que la lune est l'agent du flux et du reflux de la mer. Le mouvement de cet astre et ceux de la mer se suivent, et se sont suivis de tout temps, avec une telle régularité dans le même lieu, et avec une telle correspondance avec le mouvement de la lune, que prétendre, avec Vossius, que ce n'est-là que l'effet d'un synchronisme fortuit, ce seroit blesser toutes les règles de la philosophie. On pourroit, avec autant de raison, avancer que le soleil n'est pas la cause vivifiante de la nature sur notre globe. Aussi voyons-nous que la liaison du flux et du reflux de la mer avec les phases et les mouvemens de la lune, a de tout temps été presqu'universellement adoptée. Pline, Plutarque, etc. nous attestent sur cela le sentiment de l'antiquité.

Après bien des tentatives inutiles, et qui feroient peu d'honneur à la philosophie, Descartes proposa une explication assez raisonnable, et, qui du premier abord, paroit conforme aux lois de la mécanique. La lune, dit-il, passant sur l'horizon et au zénith d'un lieu couvert de l'Océan, pèse sur cet endroit, et par un effet de ce poids, oblige les eaux à s'abaisser au-dessous d'elle, mais elles ne peuvent s'abaisser que par un effet de l'équilibre des liqueurs, elles ne s'élèvent sur les côtés. Voilà la basse-mer au-dessous du zénith, ou à-peu près, du lieu où se trouve la lune, tandis qu'il est haute-mer à 90° de là. Les eaux s'éleveront donc et s'abaisseront alternativement de six en six heures environ dans chaque lieu ; et comme la lune retarde tous les jours son passage au méridien d'environ trois quarts d'heures, les mêmes marées retarderont aussi dans le même ordre, comme le fait voir l'observation journalière.

Cette explication a, pour le remarquer en passant, beaucoup d'analogie avec celle de l'ancien philosophe *Seleucus d'Erithrée*. Il disoit que la matière céleste étoit plus resserrée sous la lune que dans le reste des espaces célestes ; qu'ainsi resserrée, elle étoit obligée de s'y mouvoir plus rapidement, et de presser par-là les eaux de la mer, ce qui les contraignoit de s'abaisser dans le lieu vers le zénith duquel la lune se trouvoit.

Telle est, en substance, l'explication donnée par Descartes du flux et reflux de la mer; mais elle est sujette à de grandes difficultés. Une de ces difficultés à laquelle je ne crois pas qu'on puisse répondre, est qu'on ne sauroit dire que la lune presse sur les eaux de la mer qui sont au-dessous d'elle; car suivant le systême des tourbillons, chaque planète est dans la couche du tourbillon qui est de même densité qu'elle. Or, dans ce cas on ne sauroit admettre que la lune fasse sur la colonne de fluide, étendue jusqu'à la mer, un effet différent de celui qu'y feroit un volume égal de la matière de la couche qui la porte. Lorsqu'un globe de bois, d'une pesanteur spécifique égale à celle de l'eau, nage à la surface d'un fleuve, peut-on dire que le fond qui lui répond perpendiculairement au-dessous, est plus chargé que si la place étoit occupée par l'eau même ?

L'explication de Descartes pêche encore visiblement par un autre côté; l'observation nous apprend qu'en même-temps qu'il est haute ou basse-mer dans un lieu, il l'est également au lieu qui répond à son nadir. Or, comment la pression de la lune, en abaissant les eaux dans le lieu au zénith duquel elle passe, les abaissera-t-elle également dans le lieu qui répond au nadir du premier? Elle pourroit bien produire une espèce de vallée dans la surface de l'Océan, qui suivroit plus ou moins rapidement son passage sur l'horizon, et qui seroit d'autant plus profonde, qu'en passant par le méridien elle seroit plus voisine du zénith, ou qu'elle seroit plus voisine de la terre ; car les marées sont d'autant plus grandes que la lune est plus voisine de son périgée ; mais il n'y a aucune raison pour laquelle il en répondit une semblable à l'extrémité du diamètre terrestre.

Laissons donc là l'explication de Descartes, malgré les efforts de quelques-uns de ses partisans, pour en pallier les défauts, et passons à celles de Galilée et de Wallis.

Le célèbre philosophe italien se fondoit sur cette expérience. Lorqu'un vase plein d'eau, qui a été mu pendant quelque temps en avant, est subitement retardé, on voit cette eau s'élever du côté où elle est portée. Au contraire, si le mouvement du vase est subitement accéléré, l'eau restant en arrière s'elève contre le le bord postérieur du vase. C'est, suivant Galilée, une cause semblable qui fait alternativement élever et abaisser l'eau contre le rivage de la mer; car, disoit il, la terre se mouvant dans son orbite est portée de deux mouvemens, l'un de translation autour du soleil, l'autre de rotation autour de son axe. Or, lorsqu'un point de la terre est arrivé à la partie du méridien opposée au soleil, ces deux mouvemens conspirent, se faisant dans le même sens. Ainsi le mouvement de ce point est accéléré; c'est le contraire lorsque ce point arrivera en conjonction avec le soleil : l'un de ces mouvemens se fera en sens contraire de l'autre; ainsi le mouvement du point dont il s'agit sera moindre que le mouvement moyen de la circonférence terrestre. L'eau dont cette surface est couverte, devra donc, dans le premier cas, rester un peu en arrière, et pressée par celle qui la suit, elle s'élevera jusqu'à ce qu'elle ait repris le mouvement moyen de toute la masse. Dans le second, elle ira en avant avec plus de vîtesse que la terre, et s'élèvera, par une cause semblable à la précédente, en rencontrant les rivages qui, pour la plupart, présentent à la mer une barrière dirigée du nord au sud. Voilà les deux soulevemens des eaux qu'on observe chaque jour.

Il y auroit bien des objections à faire contre cette explication; il suffira d'observer que Galilée ne mettoit pour rien la lune dans la production de ce mouvement des marées. Suivant sa manière de les concevoir, il eût toujours été pleine mer à midi et à minuit environ, et basse-mer au lever et au coucher du soleil, tandis que les hautes et basses-mers parcourent successivement toutes les heures de la journée dans l'intervalle d'une révolution lunaire. Ainsi cette explication étoit absolument insuffisante.

Ce fut pour lever cette difficulté, en donnant à la lune l'influence qu'elle a, suivant toutes les observations sur les marées, que Baliani imagina son systême, dans lequel il faisoit de la terre un satellite de la lune, tandis que nous savons que c'est celle ci qui est le satellite de la terre. Par ce moyen il parvenoit, en suivant le principe de Galilée, à expliquer pourquoi l'eau monte quand la lune est dans le méridien, soit dans le demi-cercle supérieur, soit dans l'inférieur, et pourquoi elle baisse lorsque cette planète approche du lever ou du coucher. Mais cette opinion bizarre de Baliani, adoptée ensuite et présentée par le P. Alexandre, comme son ouvrage propre, ne soutient pas l'examen, Mairan a fait voir que de ce mouvement suivroient divers phénomènes qu'on n'observe point.

Wallis prit une autre route pour accorder l'explication de

Galilée avec les phénomènes des marées. Il considéra que ce n'est point la terre proprement qui se meut autour du soleil, mais le centre de gravité de la terre et de la lune, et que pendant que ce centre parcourt l'orbite annuelle de la terre, cette planète et la lune se meuvent autour de ce centre dans l'intervalle d'un mois périodique, choses encore vraies et reconnues aujourd'hui par tous les physiciens-astronomes. Supposons donc, disoit Wallis, la terre se mouvoir sur un petit cercle à l'entour de ce centre de gravité, on verra arriver, à l'égard de la terre, tout ce que nous avons vu arriver à l'égard du soleil dans l'explication de Galilée. Il y a, dans cette hypothèse, deux causes de flux et de reflux, le soleil et la lune, qui, concourant quelquefois tous deux comme dans les nouvelles et les pleines lunes, rendent les marées plus considérables, et se contrariant quelquefois comme dans les quadratures les rendent plus petites. Wallis publia cette explication en 1666, dans les *Trans. philos.* et en 1693, dans le second volume de ses Œuvres, recueillies en 3 vol. *in-folio.* Nous nous bornons à y renvoyer le lecteur qui desireroit plus de détails. Cette explication, quoiqu'ingénieuse, a aussi ses difficultés, qui ne permettent pas de l'admettre; d'ailleurs, l'explication neutonienne, si bien démontrée actuellement, nous dispense d'insister sur celle de Wallis.

Les découvertes modernes sur l'électricité, ont donné naissance à un systême assez spécieux sur la cause du flux et reflux. Quelques physiciens ont vu, et avec raison, dans l'électricité un des agens principaux de la nature, et ne se bornant pas à son activité, sur notre globe, ils ont pensé qu'elle s'étendoit à tout notre systême planétaire, et que toutes les lois qui le régissent en étoient une dépendance. Cette idée surtout a été surtout fort cultivée et mise dans un jour séduisant par le feu comte de Tressan (*Essai sur le fluide électrique, considéré comme agent universel. Paris*, 1786, *in*-8°). Selon ce systême, la lune, douée d'une électricité puissante, attire les eaux de la mer et les soulève au-dessus du point qu'elle domine; l'auteur en établit la possibilité et même la vraisemblance par cette expérience. Si à la surface d'une eau tranquille on présente un corps, par exemple, un tube de verre fortement électrisé, on voit, à une distance assez sensible de ce corps, l'eau former une éminence, venir au-devant de lui; et si l'on promène, à même distance, ce corps électrisé sur la surface de cette eau, l'on voit cette petite tumeur le suivre et avancer avec lui. L'électricité est même très-vraisemblablement la cause productrice de ces phénomènes connus des marins sous le nom de *trombes de mer.* Ici c'est le nuage electrique qui aspire, pour ainsi dire, l'eau; là c'est la lune qui, fortement électrique, ne fait, vu son éloignement, que soulever l'eau de la mer, au-dessous d'elle et dans les environs du point au-dessus duquel elle se trouve. Or, cet eau ne peut s'élever ainsi sans que celle qui en est à 90° n'accoure, pour ainsi dire, pour la remplacer selon les lois de l'équilibre, ce qui fait qu'à 90° de ce point la mer, doit s'abaisser, et conséquemment si les eaux de la mer, privées d'inertie, pouvoient sur-le-champ obéir à ces causes, on auroit *basse-mer* lorsque la lune est à l'horizon, comme *haute-mer* lorsqu'elle est au méridien.

L'on convient que cette idée est ingénieuse; mais indépendamment de ce que ce système, qui fait du fluide électrique le ressort principal et presqu'unique de la nature, n'est pas fondé sur des preuves suffisantes, on ne voit nul moyen d'expliquer par-là comment l'eau de la mer s'élève aussi au point diamétralement opposé à celui que la lune domine. Il étoit réservé à Newton de pénétrer ce mystère, comme tant d'autres; c'est une branche de sa théorie de la gravitation universelle; elle satisfait si bien à tous les phénomènes, qu'on ne peut plus avoir aucun doute à cet égard.

Il suit d'abord des principes de l'attraction, que si une sphère comme la terre est couverte d'un fluide dans une partie de sa surface, s'il y a une action d'un corps extérieur comme la lune, le fluide s'arrangera en forme de sphéroïde allongé, dont le grand axe est dirigé vers le corps attirant; c'est ici le cas de se ressouvenir de la décomposition des forces que nous avons faite en analysant l'action du soleil sur la terre et la lune. Une décomposition toute pareille montre que les parties du fluide, qui sont à 90° de la lune, sont portées vers le centre de la terre avec une augmentation de pesanteur, et que celles qui sont en conjonction ou en opposition, c'est-à-dire, aux deux extrémités du diamètre terrestre qui passe par la lune, ont leur gravité diminuée par l'action de cet astre, ainsi que les parties voisines, jusqu'à environ 35° de distance. Il est donc nécessaire, pour que ce fluide se mette en équilibre, qu'il s'abaisse vers les quadratures, c'est-à-dire, dans les lieux qui ont la lune à l'horizon, et qu'il s'élève aux deux extrémités du diamètre dirigé à cette planète et aux environs; d'où il suit qu'il formera un sphéroïde ayant son grand axe tourné vers la lune; cette éminence ou tumeur des eaux n'auroit qu'un mouvement fort lent, c'est-à-dire, égal à celui d'une révolution lunaire, si la terre n'avoit aucun mouvement diurne. Nous n'avons parlé encore que de la lune, parce que, vu sa proximité, c'est elle dont l'action sur les eaux de la mer est la plus sensible; mais le soleil y a aussi sa part. Elle est moindre, malgré son immense masse, à cause de son prodigieux éloignement; tout cela est une suite d'un des corollaires de la 66e proposition du premier livre des *Principes Mathématiques* de Newton.

On conçoit facilement comment l'eau de la mer doit s'élever au-dessous de la lune, c'est-à-dire, au point qui a la lune à son zénith et aux environs, jusqu'à un certain éloignement; car il est bien aisé de voir que cette eau, attirée par la lune plus que ne l'est le centre de la terre, sa gravité vers la terre est d'autant diminuée, ce qui trouble l'équilibre du fluide. Mais on ne conçoit pas aussi aisément pourquoi une pareille élévation doit arriver au point diamétralement opposé à celui qui regarde le soleil. On peut néanmoins le rendre tout-à-fait sensible par la considération suivante.

Si la terre, livrée à sa seule pesanteur vers la lune ou le soleil, se rapprochoit de l'un ou de l'autre, il est évident que le point le plus voisin de la lune en étant plus attiré, en recevroit un plus grand mouvement, et laisseroit de plus en plus en arrière le corps ou le noyau de la terre. Par une semblable raison, ce noyau, plus voisin de la lune, se mouvroit aussi plus rapidement en se rapprochant de cet astre, que les parties qui lui sont diamétralement opposées; ces dernières resteroient de plus en plus en arrière. Ainsi l'on voit que l'effet de l'action de la lune sur la terre, tend à en écarter non-seulement les parties qui la regardent, mais encore celles qui lui sont diamétralement opposées; c'est-à-dire, à diminuer la pesanteur des unes et des autres vers la terre; d'où il suit que le fluide qui environnera la terre, s'élevera des deux côtés, et formera un sphéroïde dont le grand axe regardera la lune.

Ce que nous venons de dire est ce qui arriveroit si la terre étoit en repos, ou n'avoit aucun mouvement de rotation sur son axe. Considérons maintenant ce qui arrivera, la terre ayant un mouvement de rotation, ou, ce qui revient au même, la lune se mouvant à l'entour d'elle d'orient en occident. Dans ce cas l'inertie de la masse des eaux ne permettant, pas à ce sphéroïde, de suivre la lune avec la rapidité dont elle se meut, l'axe qui la regarderoit restera un peu en arrière. Ainsi une île située au milieu même de l'Océan n'aura pas tout-à-fait pleine mer au moment où la lune passera par son méridien, mais quelques heures après. Il en sera de même de la basse-mer, elle suivra seulement de quelques heures le coucher ou le lever de la lune, et même sur certaines côtes où le mouvement des eaux sera rompu par de nombreux obstacles, ce mouvement pourra être si lent, que le flux arrivera 5 ou 6 heures et même 12 heures plus tard; de manière que tout semblera dérangé, la haute-mer se faisant quand auroit dû se faire la basse, et celle-ci quand on auroit dû avoir la haute-mer. Newton recherche dans son livre des *Principes*, la force avec laquelle le soleil agit sur les eaux de la mer, et il trouve qu'en vertu de cette action la gravité des parties de l'Océan, qui sont à 90° du soleil, est augmentée d'une 38604600e, tandis que celle des parties qui répondent perpendiculairement au-dessous de cet astre, sont moins pesantes d'une quantité double ; d'où il suit que la force avec laquelle le soleil tend à changer la figure du fluide qui couvre la terre, est la somme de ces forces, ou une 12868200e de la gravité ; je dis la somme de ces forces, parce que toutes deux tendant également à altérer la figure du fluide, cela revient au même que si le soleil n'agissoit point sur les parties éloignées de 90°, et que ces deux forces fussent employées à allonger le fluide, dans le sens du diamètre qui le regarde. Mais, ajoute Newton, la force centrifuge, qui n'est qu'une 289e. de la pesanteur, change la figure du fluide terrestre, et le fait élever de 85820 pieds de Paris ; d'où il suit que la force ci-dessus le fait seulement s'élever de 1 pied 11 pouces $\frac{1}{8}$. Telle seroit, selon Newton, l'élévation des plus hautes marées, si le soleil étoit l'unique cause de ce phénomène.

Pour déterminer quelle est la force de la lune, la masse de cette planète n'étant point connue, Newton observa que les hautes marées des conjonctions ou des oppositions, sont produites par les forces réunies du soleil et de la lune, et au contraire celles des quadratures par la différence de ces forces. Ensuite employant quelques observations des marées faites dans ces circonstances à Plymouth et près de Bristol, et faisant entrer dans son raisonnement la considération de la déclinaison de la lune, de l'inégalité de ses distances dans les quadrures et dans les syzygies, ainsi que dans son apogée et son périgée, il en déduit que la force de la lune est à celle du soleil à-peu-près comme 4 $\frac{1}{2}$ est à 1. Ainsi, dit-il, la hauteur à laquelle la lune élevera les eaux de la mer, sera, en supposant les deux astres à leur distance moyenne, de 8 pieds 8 pouces, hauteur qui pourra aller à 12 pieds $\frac{1}{2}$, lorsque la lune sera dans son périgée.

Quoique Newton eut jeté les fondemens solides de la théorie des marées, il avoit encore laissé beaucoup à faire pour l'explication complète de ce phénomène. Ces raisons portèrent les géomètres, l'Académie des sciences, Clairaut, d'Alembert, Fontaine, Maupertuis, à proposer, en 1738, ce sujet pour le prix de l'année 1740. Cette invitation donna naissance à trois excellentes pièces sur ce sujet, qui partagèrent le prix. Elles étoient de Daniel Bernoulli, Maclaurin et Euler, qui employèrent tous trois des principes conformes à ceux de Newton. Elles sont dans le *Recueil des prix de l'Académie*, et dans le 3e volume de Newton, édition de Jacquier et le Seur. Tous employent l'attraction neutonienne, à cela près néanmoins que MM. Bernoulli et Euler font quelques efforts pour la réconcilier avec le systême de l'impulsion ; mais ensuite faisant abstraction de toute modification, ils l'emploient

ploient comme fait et comme principe. Les commissaires de l'Académie jugèrent néanmoins devoir, apparemment pour montrer de l'impartialité ou par complaisance pour les vieux cartésiens de l'Académie, Fontenelle, Mairan, Cassini, Nollet, &c. faire partager le prix à une pièce du P. Cavalleri, jésuite, qui est toute dans les principes des tourbillons cartésiens; on ne peut guère disconvenir qu'elle ne soit ingénieuse; mais c'est tout ce qu'on peut en dire. C'est un des derniers efforts de la physique cartésienne expirante. Les trois grands géomètres qui avoient concouru, se signalèrent également. Nous analyserons la pièce de Bernoulli, parce qu'elle est plus détaillée. Celle d'Euler contient de profonds calculs sur l'inertie des eaux, ou cette force qui fait qu'elles se prêtent difficilement à l'effet des attractions, et qu'elles conservent le mouvement acquis même après que la cause a cessé; mais Bernoulli s'occupe davantage à comparer les phénomènes des marées avec l'hypothèse du sphéroïdeque l'attraction doit produire.

Après avoir brièvement discuté l'opinion de Descartes sur le flux et le reflux de la mer, et avoir exposé les raisons pressantes qui doivent déterminer en faveur de celle de Newton, Bernoulli examine quel est le rapport des attractions qu'une particule de matière éprouve au pôle et sous l'équateur d'un sphéroïde qui diffère extrêmement peu d'une sphère, sur quoi il donne des formules également faciles et générales; de-là il passe au problême qui consiste à déterminer quel sera l'allongement de la figure terrestre produit par l'attraction du soleil ou de la lune.

Pour cela il faut avoir égard à plusieurs considérations, et démêler avec soin les différentes forces qui agissent sur chaque point du globe terrestre. Nous supposerons, afin de fixer nos idées, avec Bernoulli, un canal recourbé à angle droit, dont une des branches regarde l'astre attirant et forme l'axe du sphéroïde, et dont l'autre va du centre à un point de l'équateur. Chaque point du premier canal est poussé par trois forces; la première, celle de la pesanteur vers le centre du sphéroïde, pesanteur qui varie suivant la situation de cette particule, ou sa proximité plus ou moins grande du centre, ainsi que selon l'allongement du sphéroïde; la seconde, qui agit en sens contraitre, est l'attraction qu'exerce le soleil ou la lune sur chacune des particules de fluide qui remplissent ce canal.

Telles sont les forces et les directions des forces qui agissent sur chacun des points de ce canal. A l'égard du second, celui qui va vers l'équateur, il est évident, par ce que nous avons dit au commencement, que l'action du soleil ou de la lune augmente la pesanteur vers le centre, ce que l'on démontre de la même manière qu'on fait voir que l'action du soleil sur la lune augmente sa pesanteur vers la terre dans les quadratures. Et quant à la force centrifuge, elle n'agit que perpendiculairement aux parois du canal; ainsi elle n'est ici d'aucune importance. Il ne s'agit donc plus que d'égaler les pressions de chaque canal sur le centre, et cette équation donnera l'excès de l'un sur l'autre, c'est-à-dire, l'élévation des hautes-mers par-dessus les basses. Tel est le procédé de M. B. qui trouve, de cette manière, la marée solaire sur la terre supposée homogène.

Mais d'Alembert a remarqué que dans la généralité que Bernoulli a voulu donner à sa solution, il a commis une petite erreur. Ce savant géomètre ne se bornant pas au sphéroïde homogène pour lequel sa conclusion est exacte, supposoit la terre composée d'un noyau sphérique dont les couches différassent en densité, selon une loi quelconque, et recouvert d'un fluide peu élevé. Or, pour déterminer la figure que devoit prendre ce fluide, il supposoit, dans les deux canaux dont nous avons parlé plus haut, que chaque particule de fluide étoit de la densité de la couche où elle se trouvoit, ce qui le conduisoit à diverses conséquences curieuses; par exemple, que si la terre étoit creuse et formée d'une seule calotte sphérique et fort mince, recouverte de fluide, il n'y auroit point de flux et de reflux; que si le noyau de la terre, restant solide, étoit recouvert de divers fluides différens en densité, la hauteur à laquelle ils s'éleveroient par l'action de l'astre attirant, seroit réciproquement comme la densité; dernière conclusion qui eût été fort utile pour l'explication des vents continus.

Mais le vice consiste en ce qu'ayant supposé solide ce noyau sphérique de différentes densités, il le perce d'un tube recourbé, comme nous avons vu, et il y fait les particules du fluide de même densité que celle de la couche dans lequel il se trouve. Or, ces deux suppositions ne vont pas ensemble. En effet, supposons que l'équilibre s'étant fait dans l'hypothèse de B. les parties du canal qui sont dans le noyau se consolident, l'équilibre ne subsistant plus; car ces deux parties du canal pèsent inégalement quand elles sont fluides. Elles seroient, à la vérité, d'égale pesanteur s'il n'y avoit aucun agent extérieur; mais dès qu'on suppose un pareil agent, la pesanteur de chaque partie de l'une des colonnes est diminuée et celle de l'autre est augmentée. Ainsi des deux canaux entiers et en équilibre, supprimant des parties inégalement pesantes, les restes ne sauroient être en équilibre. Les deux suppositions ci-dessus ne peuvent donc pas être substituées l'une à l'autre, puisqu'il en résulte des effets différens.

Il faut, par cette raison, prendre une autre route pour déterminer quelle sera la forme du fluide superficiel attiré par un corps étranger, en supposant le noyau spérique, solide et d'inégale densité. C'est ce que fait Clairaut dans sa figure de la terre, en supposant, au lieu d'un canal passant par le centre, un canal circulaire placé sur le noyau même, et établissant la communication de deux canaux, dont l'un est dans l'axe du sphéroïde et l'autre dans le plan de son équateur. Il s'agit seulement de déterminer quel effet produira, sur ces deux canaux, l'action d'un astre, de la lune par exemple. Cette supposition est absolument conforme à l'état de la nature; car si l'on suppose le fluide arrivé à un état permanent et qu'on mène le canal ci-dessus, il est évident que ce fluide restera dans le même état et ne baissera ni dans l'un ni dans l'autre des canaux, et puisque la quantité de fluide dont la terre est couverte est supposée une partie extrêmement petite de la masse totale de ce globe, cette partie ne sauroit exercer sur chaque particule du fluide renfermé dans le tuyau qu'une action comme infiniment petite ; conséquemment en supposant anéanti tout ce qui est hors du tuyau, le fluide y restera à un infiniment petit près dans le même état. Telle est la manière dont on peut raisonner pour établir l'identité, ou absolue, ou très-approchée des deux hypothèses.

Bernoulli après avoir jeté, dans les propositions préliminaires que nous venons d'exposer, les fondemens de l'explication des marées et de ses phénomènes, fait voir comment ils dérivent de ces principes.

Le premier phénomène est la marée diurne, ou cette intumescence des eaux de l'Océan qui les fait s'élever sur nos côtes, et ensuite s'abaisser deux fois dans un intervalle de 24 heures $\frac{1}{4}$ environ. On a suffisamment fait voir, dans le commencement de cet article, comment ce mouvement réciproque naît de l'équilibre rompu entre les eaux de l'Océan. Bernoulli parcourt de même les phénomènes des marées suivant les distances du soleil à la lune, suivant les latitudes des lieux, et suivant les déclinaisons du soleil et de la lune, et leurs distances à la terre. On peut voir aussi le détail de ces phénomènes expliqués par la même hypothèse dans le traité du cit. de la Lande, d'une manière très-simple. On doit citer encore le P. Boscovich, dont on a une excellente dissertation sur ce sujet, intitulée *de Maris aestu*, qui parut à Rome en 1746. Cette pièce est digne de son auteur, tant par diverses idées neuves qu'elle contient, que par la clarté et l'élégance de ses démonstrations. Mais Bernoulli, ainsi que Maclaurin, Euler et Boscovich, écrivoient dans un temps où les lois du mouvement des fluides n'avoient point été discutées, et leurs explications ne pouvoient s'accorder qu'à-peu-près avec les phénomènes.

XII.

Nouvelle théorie des Marées.

C'est le cit. de la Place qui a traité ce sujet d'une manière complette dans les *Mém. de l'Académie* pour 1775, 1789 et 1790, et surtout dans sa *Mécanique céleste*. Nous allons donner une idée de son procédé, qui est compliqué, parce que la nature du problême l'exigeoit.

Après avoir établi les conditions d'équilibre pour un point sollicité par un nombre quelconque de forces agissantes dans des directions quelconques, le cit. de la Place considère les conditions de l'équilibre des fluides, la propriété qui les caractérise étant une mobilité parfaite, il faut, pour qu'une masse fluide soit en équilibre, que chacune des molécules qui la composent soit en équilibre en vertu des forces qui l'animent. Partant de ce principe, il détermine la relation qui doit exister entre les forces qui sollicitent le systême, pour que cette condition soit remplie, et il en fait l'application à l'équilibre d'une masse fluide homogène recouvrant un noyau solide, fixe et de figure quelconque.

Il introduit ensuite dans ses équations différentielles, les forces qui troublent l'état d'équilibre. Ces forces sont, 1°. l'attraction du soleil et de la lune; 2°. l'attraction de la couche aqueuse dont le rayon intérieur est celui du sphéroïde en équilibre, et le rayon extérieur, celui du sphéroïde troublé. Considérant d'abord le cas où la terre supposée sphérique n'auroit pas de mouvement de rotation, la profondeur de la mer étant supposée constante, il cherche les oscillations que doivent y exciter les actions réunies du soleil et de la lune.

L'intégration des équations différentielles présentant beaucoup de difficultés, l'auteur se borne à un cas fort étendu, qui est celui où la profondeur de la mer n'est fonction que de la latitude. Dans ce cas même la recherche du rayon du sphéroïde conduit à une équation différentielle linéaire dont l'intégration surpasse les forces de l'analyse ; mais l'auteur observe que pour déterminer les oscillations de l'Océan, il n'est pas nécessaire d'intégrer généralement cette équation, et qu'il suffit d'y satisfaire, parce que les parties de ces oscillations, dépendantes de l'état primitif de la mer, ont dû bientôt disparoître par l'effet des obstacles extérieurs; ensorte que sans l'action du soleil et de la lune, la mer seroit depuis long-temps parvenue à un état permanent d'équilibre; d'ou il suit que l'action de ces deux astres l'en écarte sans cesse, et qu'ainsi il suffit de considérer les oscillations qui en dépendent.

Développant les termes qui les produisent, le cit. de la Place les partage en trois classes ; les premiers ne dépendant nullement du mouvement de rotation de la terre, mais seulement du mouvement de l'astre attirant dans son orbite; ils varient avec une grande lenteur, et ne redeviennent les mêmes qu'après un long intervalle. Les termes de la seconde classe dépendent principalement du mouvement de rotation de la terre, et redeviennent les mêmes après un intervalle d'un jour à-peu-près. Enfin, ceux de la dernière classe dépendent d'un angle double, et par conséquent redeviennent les mêmes après un demi jour. De-là résultent trois espèces d'oscillations différentes, et dont les périodes sont les mêmes que celles des termes qui les produisent; l'accroissement du rayon du sphéroïde étant donné par une équation linéaire, ces oscillations se superposent sans se confondre, ce qui permet à l'auteur de les considérer séparément.

Il examine d'abord les premiers, en supposant la terre une ellipsoïde de révolution, ce qui rend la profondeur de la mer fonction de la latitude seulement, et il fait voir que si l'astre attirant est assez éloigné, on peut calculer ces oscillations comme si la profondeur de la mer étoit à-peu-près constante ; la partie de ces oscillations qui dépend du mouvement des nœuds de l'orbe lunaire, peut être très-considérable ; mais l'auteur démontre que ces grandes oscillations sont presqu'entièrement anéanties par les résistances que la mer éprouve dans ses mouvemens, et qu'elles sont à fort peu près les mêmes que si la mer se mettoit à chaque instant en équilibre sous l'astre qui l'attire : ce résultat est d'autant plus exact, que l'astre attirant se meut avec plus de lenteur dans son orbite; l'erreur est par conséquent insensible pour le soleil, et les observations faisant reconnoître que les oscillations de cette classe sont très-petites, on peut employer la même considération pour la lune, malgré la rapidité de son mouvement.

Passant aux oscillations de la seconde espèce, le cit. de la Place développe les termes qui les produisent, lesquels dépendent principalement du mouvement de rotation de la terre. Cette observation est ici très-importante, et devient même indispensable pour qu'on puisse déduire de ces termes une loi de profondeur de la mer. Elle donne le moyen d'exprimer d'une manière fort simple les oscillations de cette espèce, lorsque le sphéroïde est de révolution. De ces oscillations dépend la différence des marées d'un même jour. Cette différence est très-petite, comme les observations l'indiquent; au lieu que, dans l'hypothèse ordinaire, la différence seroit très-grande : il faut donc que la profondeur de la mer soit à-peu-près constante. L'auteur détermine, dans cette hypothèse, les oscillations qu'il vient d'examiner.

Il calcule, dans la même supposition, les oscillations de la troisième espèce ; observant ensuite que les résistances éprouvées par la mer dans ses mouvemens, rendent celles de la première espèce indépendante de la loi de sa profondeur, il en conclut qu'il suffit de considérer les lois de la profondeur de la mer, dans lesquelles on peut déterminer à la fois les oscillations de la seconde et troisième espèce ; ce qui se réduit à supposer la profondeur de la mer à-peu-près constante. Il donne, dans cette hypothèse, l'expression numérique des oscillations et du flux et reflux de la mer dans diverses suppositions de profondeur.

Après avoir ainsi déterminé les oscillations de la mer, en supposant la terre un sphéroïde de révolution, l'auteur se rapproche du cas de la nature, en donnant à la terre une figure quelconque, et il établit les équations des mouvemens de la mer, quelle que soit la loi de sa profondeur. Dans ce cas les oscillations de la première espèce, presqu'anéanties par les résistances que la mer éprouve, seront les mêmes que précédemment.

Relativement aux autres oscillations, il se propose de déterminer les lois de la profondeur de la mer, dans lesquelles elles peuvent être nulles sur toute la terre ; pour y parvenir, il égale à zéro la variation qu'elles introduisent dans le rayon du sphéroïde ; il en déduit, 1°. que les oscillations de la seconde espèce ne peuvent disparoître pour toute la terre, que dans le cas seul où sa profondeur est partout la même.

2°. Que la disparition des oscillations de la troisième espèce supposeroit la profondeur de la mer infinie à l'équateur et nulle au pôle ; ensorte qu'il n'y a aucune loi admissible qui puisse les rendre nulles pour toute la terre. L'auteur appliquant ensuite au cas général, d'une profondeur quelconque, l'analyse dont il fait usage quand le sphéroïde recouvert est de révolution, obtient l'expression approchée de la hauteur à laquelle les actions du soleil et de la lune élèvent les molécules de la mer au-dessus de sa surface d'équilibre, et cette formule, beaucoup plus générale que les précédentes, embrasse aussi un grand nombre de phénomènes que la nature nous présente, et qui échappent au cas où la profondeur de la mer n'est fonction que de la latitude. Telle est la différence entre l'heure de la marée et le passage au méridien de l'astre qui la produit ; différence qui peut et doit être variable pour différens ports ; mais, malgré sa généralité, la formule précédente ne satisfait pas encore à toutes les observations, et l'on n'en doit pas être étonné, quand on considère l'irrégularité des contours de l'Océan, et la variété des résistances qu'il éprouve ; causes qu'il est impossible de soumettre au calcul, et qui doivent modifier les oscillations de cette masse fluide. L'auteur conclut, de ces observations, qu'il faut se borner à analyser les phénomènes généraux résultans des attractions du soleil et de la lune, et tirer des observations, les données indispensables pour completter, dans chaque port, la théorie du flux et du reflux de la mer.

En conséquence, il reprend les valeurs obtenues précédemment pour les forces qui animent les molécules de la mer, et il les décompose en trois autres forces ; la première dirigée suivant le rayon terrestre ; la seconde perpendiculaire à ce rayon et dans le plan du méridien ; la troisième perpendiculaire à ce plan. Considérant ensuite l'action du soleil, supposé mu uniformément dans le plan de l'équateur et toujours à la même distance du centre de la terre, l'auteur observe que les forces résultantes de cette attraction, sont composées de deux parties ; l'une indépendante du temps et constante pour les molécules situées à la même latitude ; l'autre dépendante du mouvement de la terre et de la position de l'astre dans son orbite ; et comme les parties constantes de ces forces ne font qu'altérer un peu la figure permanente que prendroit la mer en vertu du mouvement de rotation de la terre, l'auteur se borne à considérer les parties variables qui donnent naissance aux oscillations du fluide. Il établit ensuite ce principe général, que l'état d'un système de corps dans lequel les conditions initiales du mouvement ont disparu en vertu des résistances qu'il éprouve, est périodique, ainsi que les forces qui l'animent ; et comme les forces variables dont nous venons de parler redeviennent les mêmes après un demi-jour, il en conclut qu'il doit y avoir un flux et un reflux dans cet intervalle.

Il suit encore de-là que si l'on conçoit une courbe dont les abcisses représentent le temps, et les ordonnées les hauteurs correspondantes de la mer, la partie de la courbe correspondante à l'abscisse qui représente un demi-jour, déterminera la courbe entière qui sera la répétition indéfinie de cette première partie.

Pour déterminer cette courbe, on conçoit un second soleil parfaitement semblable au premier, et mu de la même manière dans le plan de l'équateur, avec cette seule différence qu'il précède le premier soleil d'un certain angle. Après avoir évalué les forces qui résultent de l'action de ce second soleil, on en imagine un troisième dont on détermine la masse et la position, et qui feroit à lui seul le même effet que les deux autres ; et comme toutes choses égales d'ailleurs, l'élévation de la mer doit être proportionnelle à la masse des astres qui la produisent, on obtient facilement la hauteur correspondante à ce troisième soleil en fonction de la hauteur que produiroit le premier soleil dans la même position ; mais par la nature des oscillations infiniment petites qui se superposent, sans se confondre, la hauteur de la mer due aux actions des deux premiers soleils, est égale à la somme des hauteurs que chacun d'eux produiroit séparément; en égalant cette somme à celle que donne l'hypothèse du troisième soleil, il en résulte une équation linéaire aux différences finies entre trois ordonnées de la courbe des hauteurs de la mer. L'auteur satisfait à cette équation par le théorème de Taylor, qui sert à développer une fonction selon les puissances de la variable, par le moyen des différentielles de différens ordres (*Methodus incrementorum*), et il en déduit l'expression de la hauteur de la mer, qu'il construit d'une manière très-élégante. Cette expression renferme deux arbitraires, dont la première dépend de la grandeur de la marée totale dans le port que l'on considère, et dont la seconde dépend de l'heure de la marée, ou du temps dont elle suit le passage du soleil au méridien.

Il semble, au premier coup d'œil, que l'heure de la marée devroit coïncider avec le passage au méridien de l'astre qui la produit, et cela auroit lieu en effet si la terre étoit un sphéroïde de révolution; mais il n'en doit pas être ainsi dans la nature. Pour en sentir la raison, il faut observer que les phénomènes des marées sont très-sensibles dans une grande masse fluide, parce que les impressions que reçoit chaque molécule s'y communiquent à la masse entière, et doivent être peu sensibles dans les lacs et dans les petites mers, telles que la mer Caspienne et la mer Noire. Si donc on conçoit un large canal communiquant avec la mer, et s'avançant fort loin dans les terres sous le méridien de son embouchure, le flux et reflux, propres à ce canal, y seroient insensibles; mais il n'en seroit pas de même de celui qui auroit lieu à son embouchure; et les ondulations produites à cette extrémité se propageant successivement dans toute la longueur du canal, formeroient à chacun de ses points un flux et reflux soumis aux mêmes lois, mais dont les heures retarderoient à mesure que les points seroient plus éloignés de l'embouchure.

Le cit. de la Place considère ensuite l'action de la lune, en la supposant mue uniformément dans le plan de l'équateur, et toujours à la même distance du centre de la terre; il est clair qu'il doit en résulter un flux et reflux semblable à celui que produit le soleil: il l'évalue de la même manière, il réunit ces deux oscillations, qui, étant très-petites, par rapport au rayon terrestre, se superposent sans se confondre, et il en déduit, pour la hauteur totale de la marée, une expression qui, d'après ce qui a été dit plus haut, renferme quatre constantes arbitraires. Cette hauteur est la plus grande, lorsque les deux marées lunaire et solaire coïncident; elle est la plus petite lorsque la haute-mer de l'astre qui produit le plus grand effet coïncide avec la basse-mer de l'autre. Si donc la marée solaire l'emportoit sur la marée lunaire, le *maximum* et le le *minimum* auroient lieu à la même heure du jour : dans le cas contraire, la plus petite marée auroit lieu à l'instant de la basse-mer solaire, et suivroit par conséquent d'un quart de jour l'heure de la plus grande marée. Ceci fournit à l'auteur un moyen simple de reconnoître laquelle des deux actions lunaire et solaire est la plus grande : toutes les observations prouvent que c'est la première.

Si l'on considère, comme ci-dessus, un large canal communiquant avec la mer, il est visible qu'il faudra un certain temps aux oscillations qui auront lieu à son embouchure, pour se propager jusqu'à son extrémité, et suivant que ce temps approchera plus ou moins d'être égal à un nombre exact de jours lunaires ou solaires, les marées lunaires ou solaires à cette extrémité se rapprocheront aussi plus ou moins de l'heure du passage au méridien des astres qui les produisent. On voit par-là combien il est nécessaire, dans la théorie des marées, d'avoir égard aux circonstances locales du port; et la considération de la courbe des hauteurs de la mer, en introduisant des arbitraires dépendantes de ces circonstances, forme un moyen très-simple d'y avoir égard. L'auteur fait voir qu'il est nécessaire d'en tenir compte pour pouvoir déterminer, par les phénomènes des marées, les forces attractives du soleil et de la lune. Il applique ensuite ces formules au cas où le canal dont nous avons parlé auroit deux embouchures tellement situées, que la haute-mer eût lieu à la première, en même-temps que la basse-mer à la seconde et réciproquement, et il fait voir que si les deux marées mettent le même temps à parvenir à l'extrémité du canal, il n'y aura point de flux et reflux à cette extrémité, en vertu des oscillations dont la période est d'un demi-jour. Ce cas singulier, qui dépend entièrement des circonstances locales, a été observé à Batsha, port du royaume de Tunquin, et dans quelques autres lieux.

L'auteur considère ensuite le cas où le soleil et la lune, toujours mus dans le plan de l'équateur, seroient assujétis à des inégalités dans leurs mouvemens et dans leurs distances; et enfin il passe au cas de la nature, dans lequel il faut avoir égard aux déclinaisons de ces astres. Il fait voir que ce cas général peut, ainsi que les précédens, être ramené à celui de plusieurs astres mus uniformément dans le plan de l'équateur, mais à des distances différentes du centre de la terre, et avec des mouvemens différens dans leurs orbites. Réunissant ces actions partielles, il en conclut la hauteur de la marée due aux attractions de la lune et du soleil, dans le cas de la nature où ces astres se meuvent dans des orbites inclinées à l'équateur.

Cette expression donne lieu à deux sortes de phénomènes, les uns relatifs aux hauteurs des marées, les autres relatifs à leurs intervalles. Pour les comparer aux observations, l'auteur les considère à leur *maximum* vers leurs syzygies, et à leur *minimum* vers les quadratures. Les observations dont il a fait usage sont tirées du recueil de celles qui furent faites à Brest, sur l'invitation de l'Académie des sciences, pendant six années consécutives, et que le cit. de la Lande a publiées dans son *Traité*. Le cit. de la Place discute avec le plus grand soin toutes celles qu'il a employées.

Parmi les phénomènes que nous présente le systême du monde, il en est peu qui soient plus important que le flux et reflux de la mer; non-seulement sa connoissance précise intéresse les travaux journaliers des ports, elle est encore utile pour prévenir les accidens qui pourroient résulter des inondations produites par les grandes marées vers les syzygies. Ce résultat des attractions célestes, a encore l'avantage de servir à confirmer de la manière la plus positive, la théorie de la pesanteur universelle, et c'est ce que l'auteur a surtout pris soin d'établir, en faisant ressortir avec habileté l'accord frappant des observations avec la théorie. Il résulte de cette comparaison, qu'à Brest l'influence de la lune sur les phénomènes des marées, est à-peu-près triple de celle du soleil. Cette théorie est une des plus intéressantes du grand ouvrage de la mécanique céleste; on y trouve tout ce qui pourroit être utile pour la pratique dans les différens ports, les phénomènes qu'il importe de suivre et dont les élémens sont encore douteux; enfin, on trouveroit difficilement un plus beau modèle de l'art important qui consiste à bien discuter les phénomènes, et à faire ressortir, par des combinaisons adroites, ceux que l'on veut examiner. Nous nous sommes étendus sur cet ouvrage, pour faire voir et les difficultés que l'auteur a surmontées, et l'importance d'une théorie aussi neuve que difficile.

Le cit. de la Place a voulu voir encore si la mer peut influer sur les mouvemens de la terre, à raison de la couche aqueuse, qui, par les attractions du soleil et de la lune, se dépose sur la surface d'équilibre de la mer. Il évalue ces forces, les substitue dans les équations du mouvement des corps solides, les développe, et fait voir qu'elles sont les mêmes que si la mer formoit une masse solide avec le sphéroïde quelle recouvre.

L'analyse précédente, quoique très-générale, suppose que la mer recouvre en entier le sphéroïde terrestre, que sa profondeur est régulière et qu'elle n'éprouve point de résistance de la part du sphéroïde quelle couvre. Ces suppositions peuvent faire douter que les résultats précédens aient lieu dans le cas de la nature. L'auteur en donne une seconde démonstration indépendante de ces hypothèses.

Le principe des aires que l'auteur a souvent employé a ici l'avantage d'être également vrai, quand le systême éprouve des changemens ou des mouvemens brusques comme cela a lieu pour la mer, quand elle vient se briser contre les rivages. Si le corps est soumis à l'action de forces étrangères, la somme des aires décrites pendant l'élément du temps n'est plus une quantité constante, mais il est aisé d'obtenir sa variation qui est indépendante de la liaison mutuelle des parties du systême. Cela posé, si l'on conçoit une masse en partie fluide et en partie solide, dérangée de l'état d'équilibre par l'action des forces très-petites, qui laissent en repos son centre de gravité, la somme des aires décrites pendant l'élément du temps, sera (aux quantités près du second ordre) la même que si la masse eut été entièrement solide. Delà il suit qu'après un temps quelconque la somme des aires sera encore la même dans les deux hypothèses.

Cela posé, considérant la terre comme un sphéroïde de révolution, très-peu différent d'une sphère, et recouvert d'un fluide de peu de profondeur, l'auteur évalue la somme des aires dans les deux cas dont nous avons parlé; et égalant ces deux sommes entr'elles, il en déduit que les mouvemens de la terre autour de son centre de gravité, sont les mêmes que si la mer formoit avec elle une masse solide. Il étend ensuite cette démonstration au cas où la terre auroit une figure quelconque.

Après avoir établi ce beau théorême, le cit. de la Place examine si les vents alizés qui soufflent constamment d'Occident en Orient, entre les tropiques, n'altèrent pas le mouvement de rotation de la terre par leur choc contre les continens et les montagnes qu'ils rencontrent, mais le principe des aires fait bientôt voir que ces vents, produits par la chaleur solaire, ne sauroient produire un pareil effet, puisque cette chaleur dilatant également les corps dans tous les sens, la somme des aires n'en est pas altérée; ensorte que pendant que les vents alizés qui ont lieu à l'équateur, diminuent le mouvement de rotation de la terre, les autres mouvemens de l'atmosphère, qui ont lieu au-delà des tropiques, en vertu de la même cause, accélèrent ce mouvement de la même quantité. L'auteur applique ce raisonnement aux tremblemens de terre, aux torrens, et en général à tout ce qui peut agiter la terre dans son intérieur et à sa surface, et il en conclud que ces causes ne troublent en rien le mouvement de rotation de la terre, qui ne pourroit être altéré que par le déplacement de ces parties; mais cet effet, pour être sensible, supposeroit de grands changemens dans la constitution intérieure de la terre.

La constance du mouvement de rotation de la terre est de la plus grande importance, puisque c'est d'elle que dépend la durée des jours. Ce théorême et les recherches précédentes de l'auteur, dans lesquelles il détermine l'effet de la réaction des eaux de la mer sur l'axe de la terre, sont bien propres à prouver l'étendue et la puissance de l'analyse, au dégré où elle a été portée dans ce dix-huitième siècle.

On a objecté cent fois aux Newtoniens que si l'attraction de la lune étoit la cause des marées, elles auroient lieu dans la Méditerranée et les autres petites mers. Mais la réponse est déjà dans les livres que nous avons cités; il ne peut y avoir de marée sensible que lorsqu'une mer s'étend assez considérablement pour que l'inégalité de l'action du soleil et de la lune sur ses parties opposées soit sensible. Prenons pour exemple la Méditerranée; c'est de toutes les mers intérieures la plus étendue en longitude; car du détroit de Gibraltar jusqu'au fond de cette mer on compte environ 30 degrés; supposons le soleil dans le méridien le plus oriental de cette mer, ce sera alors qu'il exercera sur les eaux de cette partie la plus grande force pour en troubler l'équilibre, et si l'étendue de cette mer alloit jusqu'à 90° ou l'excédoit, il est très-certain qu'on y appercevroit une réciprocation de l'est à l'ouest, et de l'ouest à l'est. Car tandis que d'un côté le soleil ou la lune diminueroit la pesanteur des eaux, cette pesanteur seroit augmentée à l'autre extrémité. Mais à 30 degrés de distance de l'un ou l'autre de ces astres, l'action est trop peu différente. Ainsi l'équilibre est à peine troublé, et l'inertie de la masse des eaux ne lui permettant pas d'y obéir sur-le-champ, le mouvement imprimé est bientôt détruit par un contraire; ainsi il ne doit résulter de cette inégalité qu'un mouvement insensible. Au reste, on trouve dans le traité du cit. de la Lande un grand nombre d'observations du cit. d'Angos, qui prouvent qu'à Toulon il y a un pied de marée, trois heures après le passage de la lune au méridien. On s'en apperçoit aussi au fond du golfe Adriatique, et l'on éprouve à Venise un flux et reflux qui n'excède pas deux pieds, à moins qu'il ne soit secondé par un vent impétueux de sud-est qui enfile directement ce golfe et en porte les eaux vers le fond. *Toaldo novae tabulae Barometri aestusque maris*, 1763. *Della vera influenza de gli astri*, 1781.

Bianchi a donné un traité particulier sur le flux et reflux de la mer Adriatique. Il y a un mémoire du P. Pézénas dans le *Recueil de l'Observatoire de Marseille sur les marées de ce port.*

Si la mer Méditerranée éprouve à peine un flux et reflux tant soit peu sensible, à plus forte raison la mer Baltique beaucoup plus septentrionale, la mer Caspienne, entièrement close, ne doivent-elles en éprouver aucun. On peut voir des calculs à ce sujet dans les pièces de Bernoulli et d'Euler, qui donnent à cet égard des détails rigoureux, et dans le *Traité du flux et reflux de la mer, par le cit. de la Lande*, 1781, p. 119 et suiv. où il a démontré des formules que Bernoulli n'avoit fait qu'indiquer.

HISTOIRE

DES

MATHÉMATIQUES.

CINQUIEME PARTIE,

Qui comprend l'Histoire de ces Sciences pendant le dix-huitième siècle.

LIVRE SEPTIÈME,

Qui traite des Tables astronomiques, des Ephémérides, du Calendrier, des Instrumens, des Observatoires, et de l'Astrologie judiciaire.

I.

Des Tables astronomiques.

DE tous les temps les astronomes ont publié des tables qui ne sont que des moyens d'abréger des calculs qui, sans cela seroient d'une prolixité extrême ; car à chaque lieu par exemple d'une planète à déterminer, il faudroit reprendre le calcul depuis ses premiers élémens ; les tables épargnent tout ce chemin souvent très-pénible ; leur auteur l'a pris sur lui, et ne laisse que le dernier pas à faire au calculateur.

Nous avons suffisamment parlé en divers endroits de cet ouvrage des *Tables de Ptolémée*, de celles des astronomes arabes et persans qui en produisirent un grand nombre, et dont la plupart ne sont connues que de nom, et des *Tables alphonsines* qui ont eu une grande célébrité, tome I. page 510; mais nous donnerons ici l'histoire de celles qui ont été publiées depuis la renaissance de l'astronomie parmi nous. Quelque imparfaites que fussent les Tables alphonsines, l'Europe savante fut obligée de s'en tenir là pendant plusieurs siècles. Heureusement le calcul assez approché d'une éclipse ou des diverses phases de la lune quoique ce qui frappe le plus le vulgaire n'est rien moins que ce que l'astronomie a de plus difficile; sans quoi je pense que l'honneur de la science eut été bien souvent compromis.

Les Tables alphonsines ont été imprimées pour la première fois en 1483. On lit à la fin *Finis tabularum alphonsi regis castellae impressionem quarum emendatissimam Ehrardus Radtolt Augustensis mira arte sua et impensa felicissimo sidere complere curavit*, *anno salutis* 1483, *sole in vigesimo gradu cancri gradiente hoc est* 4 *non. Julii anno mundi* 7681. *Soli deo dominanti astris gloria*. Elles furent de nouveau imprimées en 1592 sous le titre de *Tabulae astronomicae Alfonsi X*, *regis*, et finissent suivant l'usage du temps par ces mots, *expliciunt Tabulae astronomicae divi Alfonsi romanorum* 2 (et) *castellae reg. illustrissimi. Opera et arte mirifica viri solertis Joannis Hamman de Landoya dictus Hertzog*, *cura q: sua non mediocri; impressione complete existunt felicibus astris; anno à prima rerum aetherearum circuitione*, 8476. *Sole in parte* 18 *gradiente scorpii sub solo veneto anno salutis* 1492, *currente*, *pridie calendas novembris*, *Venetiis*. On peut s'étonner ici de la première qui est daté de l'an du monde 7681; et la seconde qui, d'après le même ère, auroit dû l'être de l'an du monde 7689 ou 7690, l'est de l'an 8476. L'inspection des deux éditions expliqueroit peut-être la différence. Quoiqu'il en soit, ce sont des curiosités typographiques, surtout la première édition qui paroît beaucoup plus rare que la seconde. Il y en a eu encore une troisième édition en 1518, sous le titre de *Tabulae astron. divi Alfonsi regis romanorum et castellae*, *nuper quam diligentissime cum additionibus emendate ex officina litterana Petri Lichtenstein*, 1518. *Venet. item.* 1555.

Après les tables alphonsines, je trouve les suivantes : *Tabulae astronomicae Elisabethae* (*Isabellae*) *reginae Hispaniae et Siciliae*, *ab Ant.* DE CORDUBA, 1503. *Venet*, in-4°. *it. ibid.* 1517. J'ignore quel étoit le mérite de ces tables. On voit par le titre que le cardinal Borgia, fameux par ses crimes et sa méchanceté, fut un des promoteurs de cet ouvrage. Il aimoit apparemment l'astronomie, ou plus probablement l'astrologie.

Tabulae astronomicae quae vulgo quia et difficultate et obscuritate carent resolutae dicuntur ex quibus tum erraticorum tum etiam fixorum siderum motus, tam ad praeterita quam ad quantumvis etiam longa saecula facillime calculari possunt per Jo. Schonerum &c. Authore Jo. de Monteregio *math. clarissimo. Norib.* 1536, in-4o. *it. Vitteb.* 1588, in-4°.

Ces tables étoient en effet ce qu'il y avoit de mieux vers ce temps-là, Copernic, le premier restaurateur de l'astronomie dans le seizième siècle, après trente ans d'observations et de calculs, publia de nouvelles Tables des Mouvemens, en 1543, dans son fameux ouvrage de *Revolutionibus orbium celestium*, qui a été imprimé en 1566, 1593 et 1617.

Bientôt on s'occupa de perfectionner les tables de Copernic; voici celles qui parurent successivement. *Prutenicae tabulæ caelestium motuum, autore Erasmo* Reihnoldo *Salveldensi, &c. Tubingae*, 1551, in-4°. *it. Tub.* 1562; *it.* 1571. *ibid.*; *it. Witteb.* 1585, in-4°. *gr.*

Ces tables avoient l'avantage d'avoir été calculées d'après le véritable système du monde. Et quoique les détails particuliers des hypothèses de Copernic fussent encore loin de l'exactitude, elles ont été pendant long-temps celles qui représentoient le mieux l'état du ciel, et semblent n'avoir été éclipsées que par les *Tables Rudolphines*, ouvrage de Tycho et de Kepler.

Luminarium et motus planetarum tabulae LXXXV, omnium ex his qui Alfonsum sequuntur quam faciles: auctor. Jo. Blanchino, *Nicolao* Pruckneero, et *Georgio* Purbachio. *Basil.* 1553, in fol.

Ces astronomes pouvoient se dispenser des frais de l'édition de ces tables.

Orontii finaei *canonum astronomicorum libri duo in suos de mundi sphaera libros et in planetarum theoricas. Lutet.*, 1553, in-4.

Tabulae Bergenses aequabilis et apparentis motus orbium caelestium, &c. per Joannem Stadium, *regium et Sabaudiae ducis mathematicum, &c. opus astronomis, astrologis, medicis, politicis, œconomicis, poetis, &c. necessarium Colon. Agrip.* 1560, in-4°.

Ces tables sont appelées *Bergenses*, parce qu'elles sont dédiées à Robert de Bergis, prince évêque de Liége.

Francisci Junctini *Tabulae astron. resolutae de supputandis siderum motibus secundum obs. Nicolai Copernici prutenicarumque tabularum rationes. Lugd.* 1573, in-4°. *it. int. opera. t. II.*

Josephi Moletii, *Tabulae Gregorianae ex prutecinis deductae pro motu octavae spherae et Luminarium. Venet.* 1580, in-4.

Elles sont appelées grégoriennes, parce qu'elles sont dédiées au pape Grégoire XIII, le célèbre réformateur du calendrier.

J. Ant. Magini *Patavini tabulae secundorum mobilium celestium congruentes cum obs. Copernici et canonibus prutenicis atque ad novam anni gregoriani rationem ac emendationem ecclesiastici calendarii accomodata secundum longit. inclytae Venet. urbis. Venet*, 1585, in-4°.

Speculum uranicum (seu tabulae) in quo vera loca tum octavae sphaerae tum septem planetarum mira facilitate ad quod libet datum tempus ex prutenicarum ratione colligitur, auth. Joh. Paulo Gallucio, aloensi, Venet. 1593, in-fol..

Tabulae synopticae pro eliciendis veris locis planetarum ex prutenicis derivatae et forma Ptolemaica dispositae à Christop. FEMELIO; *math. profess. Ersurthensi. Wittembergae*, 1599, in-4°.

Tycho-Brahé surpassa tous ceux qui l'avoient précédé par le nombre prodigieux d'observations qu'il fit dans son île d'Huenne, sur la fin du seizième siècle, et il fournit la matière d'une nouvelle suite de tables plus parfaites en tout que les anciennes: Kepler, qui fit dans l'astronomie de si belles découvertes par le secours des observations de Tycho, est aussi celui auquel nous devons les fameuses *Tables Rudolphines*, qu'il fit imprimer à ses frais à Lintz, sur le Danube, dans la Haute-Autriche, 1627, *in-folio*, 115 pages de tables, et 125 de préceptes.

Kepler travailla à ce grand ouvrage pendant plusieurs années en se faisant même aider dans ses calculs. Il avoit fort à cœur de suivre le projet de Tycho, qui, dès l'année 1564 s'étoit proposé de publier de nouvelles tables. On voit combien cette entreprise avoit coûté de peine à Kepler, dans une lettre qu'il écrivit à Bernegger, lors même qu'il y mettoit la dernière main. Voici ses termes: *Tabulas ex patre Tychone-Brahe conceptas totis* 22 *annis utero gessi formavi que ut pedetentim formaretur foetus; et ecce me dolores partus opprimunt.* (*epist. Joan. Kepleri et mat. Berneggeri mutuae argentorati*, 1672.) Voyez Bailly, *Histoire de l'astronomie moderne*, t. II. pages 95 et 125.

La publication de ces tables fut une époque pour le renouvellement de l'astronomie; elles furent imprimées à Paris en 1650. Voici le titre de ces tables de Kepler:

Tabulae Rudolphinae, quibus astronomicae scientiae temporum longinquitate collapsae restauratio continetur, à Tychone primum animo conceptae et destinatae à 1564. *et inde obs. syderum accuratissimis maxime post annum* 1572 *serio tractata jussu et stipendiis trium imperatorum Rudolphi, Mathiae, Ferdinandi, fundamentis observationum Brahaei, continuis multorum an. speculationibus compositae et perfectae, &c. Ulmae*, 1627, in-fol. Ces tables de Kepler donnèrent lieu à plusieurs autres.

Tabulae frisicae lunisolares quadruplices e fontibus Ptolemaei, regis Alphonsi, N. Copernici et *Tychonis Brahaei recens constructae &c. auth. Nicolao* MULLERIO *Brugensi it* 1611. *Alcmariae.*

Tabulae motuum celestium, Auct. Chr. Severino LONGOMONTANO. *Hafn.* 1624, in-4°. *Amstelod.* 1640, in-fol.

Elles

Elles font partie de son *Astronomia Danica.*

Christiani Reinharti, *tabulae astronomicae, partim propria industria, partim ex Reinholdi, Tychonis, Longomontani et Origani ad merid. Hafniensem constructae. Wittebergae*, 1630, in-4°.

Philippi Lansbergii *tabulae motuum caelestium perpetuae, ex omnium temporum observationibus ad meridianum goesanum constructae, temporum que omnium observationibus consentientes, item novus motuum caelestium theoricae et astron. observationum thesaurus. Middelburgi*, 1632, in-fol.

Cette annonce pompeuse n'a pas été justifiée par les observations. *Astronomie, art.* 2044.

Laurentii Eichstadii, *tabulae harmonicae caelestium motuum tum primorum, tum secundorum, observationibus Tychonicis innixae. Stetini*, 1644, in-fol.

Tabulae Richelianae queis et loca planetarum et fixarum inveniuntur et luminarium eclipses supputantur. (*ad calcem novarum planetarum theoricarum.*) *Auth. Natanael* Duret. Paris, 1635.

Ces Tables Richelienes n'ont pas fait fortune parmi les astronomes.

Tabulae medicaeae universales quibus post unicum prostaphereseon orbis canonem planetarum calculus exhibetur Juxta Rudolphinas, Danicas, Lansbergianas, Prutenicas, Alphonsinas et Ptolemaicas, Auth. Vincentio Reinerio, *prim. acad. Pisanae mathematico. Pisis*, 1639, in-4°.

Andreae Goldmayeri *Harmonia celestis seu tabulae harmonicae pro motu solis et lunae ad meridianum Noriberg. accommodatae. Norib.* 1639, in-4°.

Ismaelis Bullialdi, *tabulae philolaicae, ad meridianum vraniburgensem accommodatae, &c.* 1645.

Ce grand et important ouvrage contient les observations, les méthodes et les tables les plus parfaites qu'on eût à cette époque.

Mariae Cunitiae *Urania propitia, seu tabulae astronomicae mire faciles vim hypothesium physicarum Kepleri complexa, facillimo calculandi compendio absque logarithmis, praemisso usu tabularum vernaculo et latino idiomate. Olsnae silesiorum*, 1650, in-fol.

J.-B. Riccioli S. J. Tabulae novae astronomicae (*astron. reformatae*, t. I. *insertae*). *Bon.* 1665, in-fol.

Elles sont au nombre de 102; il y a un recueil complet de toutes les tables dont les astronomes avoient besoin, et un nouveau catalogue des étoiles, dont les positions sont calculées pour l'année 1700.

Tabulae Lodoicaeae de doctrina eclipsium, tabulis praecep-

tis et demonstrationibus explicata à Jac. de Billy, *compendiensi, E. S. J. Divione*, 1656, in-4°.

Astromical tables, fitted for the meridian of London, and according to the Copernical system as it is illustrated by Bullialdus, and to cary way of calculation lately published by D. Ward. (*in the Astronomia Britannica*). *By John Newton. Londini*, 1657, in-4°.

Tables astronomiques du comte de Pagan, *données pour la juste supputation des planètes, des éclipses et des figures célestes, avec les méthodes de trouver facilement les longitudes, tant sur mer que sur terre. Paris*, 1657, in-4°.

Ægidii Strauchii, *prof. math. Wittebergensis, tabulae per universam mathesim necessariae* (*inter quas sunt etiam astronomicae.*) *Witteb.* 1662, in-8°.

Tabulae Carolinae, à th. Street, (*astronomiae Carolinae subjectae.*) *Lond.* 1661, in-4°.

Ces tables étoient fort bonnes, puisque Halley, en donnant en 1710 une nouvelle édition de l'*Astronomia Carolina*, n'a pas dédaigné de les réimprimer avec des additions et quelques corrections. Il leur rend le témoignage que ce furent celles qui représentèrent le mieux le passage de Mercure sous le soleil en 1693.

Francisci Leverae, *tabulae motuum solarium, addito fixarum catalogo ad annum* 1660, *reducto*, (*ad finem prodomi astron. universae restitutae*,) *Romae*, 1663, in-fol.

Levera promettoit une infinité de choses qu'il n'a pas tenues; et malgré sa jactance, il n'a pas fait fortune parmi les astronomes.

Jac. Grandamici E. S. J. Tabulae astronomicae. Paris.

Je ne connois ces tables astronomiques que par la mention qu'en fait Cassini dans son écrit sur l'*Origine et les progrès de l'Astronomie.*

Vincentii Wing, *Tabulae astron. novae* (*ejusdem astronomicae Britannicae*, p. V. *insertae.*) *Lond.* 1669, in-fol.

Aurora Lavenica seu tabulae revolutionum solis; auct. J. Car. Gallet, *ecclesiae Avenionensis praeposito. Aven.* 1670, in-4°.

Gallet étoit un observateur industrieux, mais il avoit beaucoup de fausses idées, comme sur les comètes qu'il faisoit naître des taches du soleil, parce qu'il avoit vu une comète paroître peu après la disparition d'une de ces taches. Il croyoit aussi que le phénomène de l'anneau de Saturne n'étoit qu'une apparence optique; sur quoi Cassini, à qui il en avoit écrit, tâcha de le détromper.

Tabularum astronomicarum pars prior, de motibus solis et lunae, nec non de positione fixarum ex ipsis observationibus deductae; cui adjecta est geometrica methodus computanda-

rum eclipsium per solam triangulorum analysim admeri. l. Paris. Auct. Philippo DE LA HIRE, *regio mathes. professore. Parisiis*, 1687, in-4°.

Cette première partie des tables de la Hire ne fut completée qu'en 1702, qu'il en donna une nouvelle édition où étoient les tables des planètes.

Tabulae Ludovici magni jussu et munificentia exaratae in quibus solis, lunae reliquorum que planetarum motus ex ipsis observationibus, nulla habita hypothesi traduntur, &c. Adjecta sunt contructio et usus instrumentorum astronomiae practicae inservientium, varia que problemata astronomis geographis que perutilia ad meridianum obs. Parisiensis. Auct. Philippo DE LA HIRE. *Parisiis, &c.* 1702, in-4°. *it. ibid.* 1727. *it. ibid.* 17 , in-4°. *en françois. it. Germanice, Norimberge*, 1725, in-4°.

Ces tables de la Hire furent long-temps regardées comme les meilleures ; elles étoient supérieures à tout ce qui avoit précédé, et l'on s'en est servi jusqu'au temps où celles de Cassini ont été publiées avec ses *Elémens d'astronomie*, en 1740, 2 vol. *in*-4°. Celles-ci occupèrent à leur tour le premier rang.

Angeli CAPELLI, *astronomiae prof. et canonici Parmensis, astrosophia numerica, in qua (parte IV.) continentur tabulae novissimae Saturni, Jovis, Martis, Veneris et Mercurii, &c. &c. Venet.* 1733, in-4°.

Ejusdem astrosophiae numericae pars posterior, in qua motus singulorum planetarum continentur, &c. ibid. 1736, in-4°.

Weidler fait l'éloge de cet ouvrage pour la méthode, et la perspicacité.

L'on peut voir tout ce qui a rapport aux auteurs de ces tables, jusqu'à ce temps-là, dans l'ouvrage de Weidler, intitulé : *Historia Astronomiae*, Wittebergæ, 1741, *in*-4°. et le détail de tous les auteurs qui ont écrit sur l'astronomie, dans la *Bibliographie-Astronomique* du même auteur. On le verra mieux encore dans celle du cit. de la Lande qui est sous presse.

Les tables de HALLEY parurent à Londres en 1749, *in*-4°. telles que l'auteur les avoit fait imprimer en 1717.

Astronomical tables fort computing the places of the sun, moon, planets and comets by Edmund HALLEY. *Lond.* 1749, in-4°. *it.* 1752, in-8°.

Il y avoit long-temps que ces tables étoient imprimées, l'envie de les vérifier avoit engagé l'auteur à en différer la publication. Mais il les avoit communiquées à plusieurs personnes ; on en avoit publié une partie ; enfin le docteur Bevis en procura la publication en entier après la mort de Halley, arrivée en 1742.

Elles furent bientôt après traduites, savoir la première partie sous ce titre :

Tables astronomiques de M. Halley, première partie, qui contient aussi les observations de la lune avec les préceptes pour calculer les lieux du soleil et de la lune, et découvrir les erreurs des tables pendant une période de 235 lunaisons; ouvrage principalement destiné à l'usage de la navigation et aux progrès de la physique; par M. l'abbé DE CHAPPE D'AUTEROCHE. *Paris*, 1754. *in*-8°. 1 *vol.*

La suite sous ce titre :

Tables astronomiques de M. Halley pour les planètes et les comètes, augmentées de plusieurs tables nouvelles de différens auteurs pour les satellites de Jupiter et les étoiles fixes, avec des explications détaillées et l'histoire de la comète de 1759, *par M.* DE LA LANDE, *de l'Académie des Sciences de Paris et de celle de Prusse. Paris*, 1759, in-8°.

Tabulae solares quas è novissimis solis observationibus deduxit N. L. DE LA CAILLE, *in alma studiorum universitate Parisiensi math. prof. et R. S. A. astronomus. Parisii*, 1758, in-4°. p. 27.

Les tables de Halley, pour les planètes, eurent la préférence jusqu'à ce que le cit. de la Lande publia les siennes en 1771, dans la seconde édition de son *Astronomie*.

Enfin, la troisième édition en 1792 a fourni une nouvelle collection de tables bien supérieures à tout ce qui avoit précédé; les unes sont du cit. Delambre, les autres du cit. de la Lande, et les Tables de la lune sont celles de Mayer, corrigées en Angleterre, par Mason. Celles-ci vont être refaites par M. Burg, à Vienne, en Autriche.

Les tables de Mercure ont été encore corrigées par le cit. de la Lande, *dans la Connoissance des Temps* de l'an 6, (1798), et celles de Mars ont été refaites par son neveu Michel-le-François de la Lande, dans le volume de l'an XII. C'est ainsi que le zèle actif et continu des astronomes ne cesse de perfectionner les théories, et de produire de nouvelles tables.

Pour donner une idée de ce que contiennent les tables, nous prendrons pour exemple celles dont les astronomes font le plus d'usage, qui sont les *Tables du soleil*. La première table contient les époques des longitudes moyennes du soleil pour le premier jour de janvier à midi moyen, lorsque l'année est bissextile, ou pour le jour précédent quand l'année est commune; on en peut voir la construction, les fondemens et les calculs dans le sixième livre de l'*Astronomie* du cit. de la Lande.

La seconde est pour le mouvement du soleil de jour en jour tout le long de l'année, à raison de 59′ 8″ par jour. La troisième présente le même mouvement pour les heures, minutes et secondes.

La quatrième est la table de l'équation du centre, ou de l'équation de l'orbite du soleil calculée pour chaque degré d'anomalie moyenne, dans l'hypothèse de Kepler, c'est-à-dire, dans une ellipse dont l'excentricité est 0,01681, c'est ce qu'il faut ajouter à la longitude moyenne, ou en ôter pour avoir la longitude vraie.

La cinquième est la table des logarithmes des distances du soleil à la terre, pour chaque degré d'anomalie. Ces distances ne sont autre chose que les rayons vecteurs de la même éllipse, calculés aussi dans l'hypotèse de Kepler.

Ce sont là les seuls élémens qu'on ait employés dans les *Tables du Soleil* de Kepler, de Boulliau, de Street, de la Hire, de Cassini, de Halley. Mais depuis que les calculs de l'attraction ont fait connoître les dérangemens causés dans le mouvement de la terre par les attractions de la lune, de Venus, de Jupiter, de Mars, et le changement des points équinoxiaux par l'effet de la nutation, il a fallu ajouter cinq autres tables pour les inégalités de la longitude du soleil. Elles se trouvent dans les tables de Mayer, publiées à Londres, dans celles de la Caille, dans celles de Delambre, qui sont dans la troisième édition de l'*Astronomie*, et dans celles de M. le baron de Zach. Ce sont là les seules tables du soleil dont les astronomes fassent usage actuellement en attendant celles dont le cit. Delambre est occupé.

Les tables du soleil renferment encore deux tables pour l'équation du temps, dont on est obligé de faire usage toutes les fois qu'on veut réduire le temps vrai en temps moyen ou réciproquement, et l'on ne peut jamais faire un calcul en astronomie sans convertir le temps solaire apparent en temps moyen ou uniforme.

Les tables des planètes ne donnent que la longitude héliocentrique; et pour en conclure la longitude géocentrique, il est nécessaire de résoudre un triangle, ou de calculer la parallaxe annuelle; on a également construit des tables pour dispenser de ces calculs, elles sont très-utiles à ceux qui calculent des éphémérides. Riccioli, dans son *Astronomie réformée*, a donné des tables de la plus grande parallaxe annuelle pour chaque planète en degrés et minutes; pour Saturne et Jupiter, elles sont de 15 en 15 degrés d'anomalie du soleil, et de 3 en 3 degrés, ou de 6 en 6 degrés d'anomalie de la planète. Pour Mars et Mercure, elles sont pour chaque signe seulement de l'anomalie du soleil et pour 2, 3 ou 6 degrés de celle de la planète. Pour Vénus de 3 en 3 de l'anomalie du soleil, et de signe en signe de celle de Vénus. Il y a ensuite une table générale qui est en degrés, minutes et secondes, calculée par M. de Saint-Légier, qui occupe 12 pages *in-folio*, dans laquelle pour chaque dégré de la plus grande équation, et pour chaque dégré de la distance à la conjonction l'on a l'équation actuelle ou la parallaxe du grand orbe, qu'il appelle *Prostaphaeraesis orbis.*

On trouve encore des tables de la parallaxe du grand orbe dans Longomontanus, *Astronomia danica*; dans Wing, *Astronomia Britanica*; dans Renerius, *Tabulae medieae*, et Lansberge, *Tabulae perpetuae*. M. Wurm en a donné pour la planète de Herschel dans l'ouvrage qu'il a publié sur cette planète.

Les tables de réfraction de Cassini, et ensuite celle de Lacaille et de Mayer ont eu successivement la préférence parmi les astronomes. Elles ont été remplacées par celle de Bradley, étendue considérablement dans la troisième édition de l'*Astromie.* On commence à croire qu'il y a dans cette table 7 à 8″ de moins pour 15 à 18° de hauteur.

D'ailleurs, la règle sur laquelle cette table est fondée, que les réfractions sont comme les tangentes des distances au zénit diminuées de trois fois la réfraction, n'est qu'une approximation à laquelle il faudra appliquer d'autres termes; c'est ce que Borda avoit entrepris quelque temps avant sa mort, en y appliquant la théorie et l'expérience.

Le recueil le plus complet de tables astronomiques est celui que l'Académie de Berlin publia en 1776. Ce recueil contient comme celui du cit. de la Lande, les *Tables du soleil et de la lune*, *des planètes*, *des satellites*, *des étoiles fixes*. Mais pour les planètes ce sont les tables de Halley que Lambert préféra. Bode étendit beaucoup plusieurs de ces tables. On y trouve des tables pour les comètes, pour le calendrier, pour les taches de la lune, pour son passage au méridien, et sa déclinaison pour les éclipses, par Lambert, et les perturbations de Jupiter et de Saturne qu'il avoit déterminées empiriquement; les variations de situation des orbites planétaires, d'après les formules de la Grange, des tables des arcs semi-diurnes, et des amplitudes par Schulze, les dimensions de la terre, les longitudes des villes, les phases de Vénus, les sinus en arcs de cercles, les angles de position, les réfractions, &c. calculées en partie par Lambert; enfin, tout ce qu'un astronome peut désirer pour la pratique et l'uge des observations. Ce recueil est encore utile, quoique beaucoup d'articles aient été perfectionnés. Il a exigé des calculs immenses, le caractère en est fort serré et il contient près de 900 pages *in*-8°.

Le calcul des éclipses est l'objet d'un grand nombre de tables que les astronomes ont calculées: tables des épactes astronomiques pour trouver les conjonctions moyennes, table des parallaxes, tables du nonagésime, table de la grandeur et de la durée des éclipses de la lune ; on les trouve dans Riccioli, *Astronomia reformata*, dans les Tables de Cassini ; on en trouve une partie dans l'*Astronomie* du cit. de la Lande, *dans la Connoissance des Temps* pour 1775. Le P. Pilgram a donné dans les *Ephémérides* de Vienne en Autriche, des tables pour calculer les projections dans les éclipses de soleil et les ellipses qui représentent les différents parallèles de la terre. Mais le plus grand recueil de tables pour les éclipses est celui du cit. Pierre l'Evêque, intitulé : *Tables générales de la hauteur et de la longitude du nonagésime pour tous les pays de la terre.* Avignon, 1776, en 2 vol. *in*-8°.

Le nonagésime est le point le plus élevé de l'écliptique, ou celui qui est à 90° du point qui se lève et de celui qui se couche : ainsi des tables du nonagésime servent à faire connoître, pour un instant donné, la situation de l'écliptique, et par conséquent celles des astres que les astronomes ont coutume de rapporter à l'écliptique. Parmi les méthodes employées pour le calcul des parallaxes, soit dans les éclipses, soit dans les observations de distances entre la lune et les étoiles qui se font en mer, la méthode du nonagésime a paru la plus facile à réduire en tables. En conséquence, Kepler en donna une table en 1627. Riccioli la publia en 1665 dans son *Astronomia reformata*, quoique peu étendue et peu complète. Le cit. de la Lande, dans la première édition de son grand ouvrage d'astronomie, publiée en 1764, donna le modèle d'une table du nonagésime beaucoup plus commode que celle de Kepler ; et dans la *Connoissance des temps* de 1767, il donna un table détaillée pour la latitude de Paris. Il engagea le cit. Mougin à en calculer de semblables pour différentes latitudes, et il les publia dans la *Connoissance des Temps* de 1775, et dans les suivantes ; enfin, il engagea le cit. Lévêque, en 1773, à terminer ce travail pour l'utilité de la marine, et il se chargea d'en accélérer la publication pour coopérer à la révolution heureuse qui commencoit à se faire depuis quelques années dans la navigation de France, par les observations des longitudes ou des distances de la lune aux étoiles ; elles devenoient alors de jour à autre plus fréquentes et plus utiles ; il sentoit avec raison, que quand on observoit des conjonctions ou de petites distances, par le moyen des héliomètres, ou mégamètres, les tables générales du nonagésime deviendroient d'un usage important pour les navigateurs. Il est vrai que l'on observe plus communément et plus facilement de grandes distances depuis 15° jusqu'à 100° avec les instrumens à réflexion, et pour ces observations-là l'on a les grandes tables publiées à Londres par le bureau des longitudes ; mais enfin la méthode des longitudes est si importante, qu'il étoit utile de donner aux marins comme aux astronomes une facilité pour les observations même les moins ordinaires. Aussi le ministre de la marine crut devoir favoriser l'impression de ces nouvelles tables, en souscrivant pour cent exemplaires en faveur du cit. Aubert, d'Avignon, qui avoit le courage d'en entreprendre l'impresssion. Quand on connoît la nonagésime et qu'on veut avoir la parallaxe de longitude et de latitude, il faut employer une formule assez compliquée. Mais si l'on ne veut qu'une précision de quelques secondes, on peut recourir aux tables qui sont dans Riccioli : *Astronomia reformata.*

Les catalogues d'étoiles doivent être compris au nombre des tables astronomiques les plus importantes et les plus usuelles. Ceux de Flamsteed, la Caille, Mayer et Bradley étoient les plus utiles avant celui du cit. de la Lande. Les quatre premiers ont été réunis en 1780 dans un grand ouvrage intitulé : *A specimen of a general astronomical catalogue* ou *Catalogue général des étoiles rangées par zones de distance au pôle* pour le premier janvier 1790, contenant la comparaison des positions moyennes des étoiles, des nébuleuses, des amas d'étoiles de Herschel et des principaux astronomes, avec le plan d'une méthode régulière d'observer tout le ciel par le concours des astronomes de toutes les nations, de former un registre exact de son état présent et de découvrir les altérations auxquels il peut être sujet, par François WOLLASTON, de la Société royale de Londres, 272 pages *in-folio.*

Les catalogues d'étoiles alors connus contiennent environ 6000 étoiles, mais les unes sont pour 1690, les autres pour 1750. Les astronomes avoient besoin de les avoir toutes pour le temps actuel, et surtout de voir les différences qu'il y a pour la même étoile entre les divers astronomes. M. Bode l'avoit fait déjà dans le *Recueil des tables de Berlin*, en 1766 et dans son atlas, en 1782. M. Wolaston l'a fait avec bien plus d'étendue et plus de soin, et son ouvrage est une chose essentielle pour tous les astronomes, ce qui nous porte à rendre compte de cet ouvrage avec un certain détail.

L'ouvrage est dédié au roi d'Angleterre, à qui l'astronomie a les plus grandes obligations, qui la cultive personnellement, à qui nous devons le grand télescope de M. Herschel, et qui a placé à l'Observatoire royal de Greenwich M. Maskelyne, à qui l'on doit le plus précieux recueil d'observations que nous ayons actuellement, en 3 vol. *in-folio.*

M. Wollaston, ministre du Saint-Evangile à Chislehurst, près de Greenwich, (où il a 14 enfans vivans) aime l'astronomie, la cultive, et a donné des mémoires dans les *Transactions*

tions philosophiques de la Société royale de Londres; il avoit commencé ce recueil général des catalogues pour son usage particulier, il l'avoit rangé par zones, parallèles à l'équateur, ce qui est quelquefois plus commode que l'ordre des ascensions droites, qu'on trouve dans les autres catalogues, et qui portent sans cesse d'une étoile fort élevée à une fort basse, dont on n'a presque jamais besoin tout-à-la-fois. Cet ordre est du moins plus commode que celui des constellations que Flamsteed a suivi dans le *Catalogue britannique*, où l'on est obligé de chercher quelquefois au commencement et à la fin deux étoiles qui sont tout près l'une de l'autre.

Aussi le cit. de la Lande en commençant un catalogue plus complet des étoiles a-t-il partagé le ciel par zones de deux degrés, et il y trouvoit l'avantage de passer toutes les étoiles en revue, et de mettre de suite toutes celles qui sont dans la même région du ciel; mais excepté ce cas-là, il faut convenir qu'un catalogue par ascensions droites seroit plus convenable, aussi M. Wollaston en a mis un dans son recueil.

Bode, en suivant les constellations de Flamsteed à la tête de son atlas, en 1782, avoit été obligé de mettre à la fin de chacune un grand appendix pour les étoiles déterminées par Hévélius, la Caille, Mayer, Lemonnier, Messier, Darquier, et toutes réduites à 1780; mais il n'y avoit mis que les dégrés et les minutes, et cela ne pouvoit pas suffire aux astronomes.

Les étoiles du *Catalogue britannique* ont été réduites d'après l'édition de 1725, quoique dans celle que le cit. de la Lande a donnée dans le huitième volume de ses *Ephémérides*, en 1783, il y ait beaucoup de fautes corrigées, et de notes ajoutées. A chaque étoile on trouve la position déduite des autres catalogues, avec les noms ou les chiffres qui les indiquent. Les ascensions droites y sont aussi en temps, ce qui est fort nécessaire aux astronomes qui veulent les observer. Cette réduction, ainsi que celle des positions à 1790 est si nécessaire, que le cit. de la Lande à Paris, et M. Barry, à Manheim, l'avoient entreprise chacun séparément pour leur usage particulier. Les nébuleuses et les étoiles doubles, dont Herschel a fait de vastes catalogues dans les *Transactions* de 1782 et 1786, se trouvent aussi à leur place, du moins celles qu'on peut voir avec des télescopes ordinaires.

Les 36 étoiles déterminées par M. Maskelyne avec un soin tout particulier, y sont rapportées à 1790, d'après un nouveau manuscrit de l'auteur, où le mouvement propre marqué pour chacune de ces étoiles est dans une colonne séparée. Ces 36 étoiles que l'auteur a encore repassées en 1800 sont actuellement le fondement de toutes les observations que l'on fait sur les étoiles, et c'est à juste titre, puisque jamais on n'en avoit déterminé avec d'aussi bons instrumens, et par un si grand nombre d'excellentes observations. Le catalogue des étoiles zodiacales de Mayer a été employé à juste titre par M. W. mais il paroît lui donner sur celui des étoiles zodiacales de la Caille un grand avantage, et nous remarquerons à ce sujet que le cit. de Lambre en ayant vérifié plusieurs, a trouvé que celles de la Caille sont plus exactes, malgré la réputation de Mayer, et que c'est une véritable obligation que nous avons à Bailly, qui, en 1763 commençant à s'occuper d'astronomie, se chargea de réduire, de calculer et de publier ce catalogue. C'est le même Bailly qui, après avoir présidé les Etats Généraux en 1789 d'une manière distinguée, fut proclamé maire de Paris, le 15 juillet, par la voix publique de ses concitoyens, et qui a été assassiné le 11 novembre 1793, sous une forme qu'on appeloit juridique, parce qu'on donnoit le nom de tribunal aux bourreaux que les brigands révolutionnaires chargeoient de leurs assassinats.

M. Edouard Garrett, élève de M. Wales, a calculé les mouvemens de précession de toutes ces étoiles, par les tables et les règles que Maskelyne a données dans le premier volume de ses observations. Chaque étoile a d'abord été réduite au milieu de l'intervalle, entre l'époque du catalogue et celle de 1790. On a ensuite calculé la précession annuelle pour ce temps-là, et celle-ci multipliée par le nombre total d'années, a donné le mouvement total; enfin la précession annuelle a été encore recalculée pour cette année 1790 avec la nouvelle position.

Ce travail immense exigeoit un calculateur laborieux et exact, surveillé encore et vérifié de temps en temps par M. Wollaston; mais il y a quelques étoiles voisines du pôle pour lesquelles on auroit dû employer les formules rigoureuses que le cit. de Lambre a données dans la *Connoissance des Temps* de 1789 et 1793. En parlant du catalogue de Bradley qui contient 380 étoiles publiées dans *le Nautical almanac* de 1773; l'auteur nous annonce que ce n'est qu'une très-petite partie de ce qu'on auroit pu tirer des papiers de ce grand astronome, si ses héritiers n'avoient pas dérobé le reste au public; mais ils ont été enfin reclamés comme appartenans à l'État. Le chancelier de l'échiquier les remit à l'université d'Oxford, où M. Hornsby a publié les cinq premières années de ces observations en 1798.

Bradley avoit calculé tout le catalogue de Flamsteed pour 1744, et en avoit observé toutes les étoiles deux fois, d'abord avec les instrumens qui étoient à Greenwich avant 1750, ensuite avec ceux qu'il avoit obtenus à cette époque; mais nous n'avons encore que les 380 étoiles dont nous venons de parle : elles ont été réduites à 1790, avec grand soin par M. George Gilpin, gardien de la Société royale, et qui a été assistant ou adjoint de l'Observatoire royal de Greenwich, depuis le 5 avril 1776, jusqu'au 5 août 1781, après M. Hellins, et avant M. Lindley. Cette place d'assistant a toujours été occupée par des gens de mérite, et d'excellens observateurs : elle rend autant que les pensions des astronomes de l'Académie de Paris; mais étant une place subalterne, on n'y attache pas la moindre importance.

Les étoiles qui ne sont qu'à 9° du pôle étant en petit nombre, sont toutes dans la même page et forment une zone; les deux suivantes sont de 5° et 4°. Ensuite chacune occupe un degré du méridien seulement, quoi qu'il y en ait de peu nombreuses, par exemple de 21° à 22 de distance au pôle, il n'y a dans tout le tour du ciel que cinq étoiles qui aient été observées; mais le catalogue des étoiles que le cit. de la Lande a formé et qui monte à 50 mille étoiles, suppléera abondamment à cette pénurie des catalogues actuels, et remplira le vœu de M. W., qui désiroit que les astronomes continuassent le travail qu'il a commencé.

Les étoiles que les cit. Messier et Darquier ont données comme supplémens au catalogue de Flamsteed, avoient été disposées pour être mises à leur place; mais lorsque l'auteur vint à les arranger ensemble, il trouva des différences provenantes de la manière de calculer les positions des étoiles auxquelles on les avoit comparées, et il a mieux aimé y renoncer que de revenir sur ces positions; il a laissé à chacun le soin d'ajouter son propre travail à celui dont il a enrichi l'astronomie. Il y a cependant mis les cent nébuleuses dont le cit. Messier avoit donné le catalogue, mais il ne parle point des étoiles données en 1759 par le Monnier, qui sont cependant au nombre de 595, et méritent une grande confiance : ceux d'Hévélius et de Zannotti ont été également négligés. En rapprochant les positions de la même étoile, observées quelquefois par quatre astronomes, l'auteur a vu des différences qui, quelquefois, viennent des fautes d'impression, mais il se contente d'en avertir dans ses notes : il les a rarement corrigées, il n'a fait aucune observation pour accorder les astronomes, ni pour vérifier les erreurs; mais il avertit les observateurs d'en faire, surtout pour les étoiles où y il a des doutes. C'est un astronome de cabinet qui avertit les astronomes d'observatoire.

Le catalogue de 1000 étoiles de Mayer fut fait en deux ans. La Caille observa 10000 étoiles au Cap, du 6 août, 1751, au 18 juillet 1752. Les astronomes d'Europe devroient rougir, dit M. W., de n'avoir pu entre eux tous fournir autant d'étoiles dans la partie boréale; mais M. Herschel est occupé depuis plusieurs années à visiter ainsi le ciel par petites zones, et le cit. de la Lande a déjà 50000 étoiles du pôle au tropique d'hyver.

Le cit. de Lambre a commencé un cours d'observations pour reconnoître quelles sont les positions que l'on doit préférer quand les astronomes ne sont pas d'accord ; ainsi les vœux de M. W. sont déjà remplis; le cit. de la Lande a déjà trouvé 180 étoiles qui ne sont point à la place où on les a marquées, et 170 où il y a des erreurs telles qu'on ne pourroit en faire usage, et il a déjà publié une partie de ces utiles remarques.

Le cit. de la Lande a aussi publié un nouveau catalogue de plus de 12000 étoiles dans les volumes de la *Connoissance des Temps* depuis l'an 7 (1799) jusquà l'an 12. Presque toutes sont des étoiles nouvelles, c'est-à-dire, qui n'avoient jamais été observées.

Les tables de précession dont les astronomes font un usage continuel servent à trouver le changement des étoiles en ascension droite et en déclinaison. Celles du cit. de Lambre dans la *Connoissance des Temps* de 1792, sont les plus étendues et les plus commodes. Le cit. Mougin est occupé à en calculer de nouvelles, en diminuant un peu la précession, car le cit. de Lambre avoit adopté la précession annuelle de 50″ 25 trouvée par le cit. de la Lande, et l'on croit actuellement qu'elle n'est que 50″ 1.

Mais il nous manque encore une table où l'on puisse avoir à la vue et sans aucun calcul la précession en ascension droite pour les étoiles australes ou boréales, telle que le cit. de la Lande en a donné le modèle dans la *Connoissance des Temps* de l'an 6, (1798) page 246.

Les tables d'aberration et de nutation pour les étoiles sont celles dont les astronomes font le plus souvent usage. Les dernières et les plus étendues sont celle du cit. de Lambre dans le tome IX des Ephémérides du cit. de la Lande. Mais il faut avoir des tables particulières pour les principales étoiles, et il y a pour cet effet un ouvrage de Mezger, publié à Manheim, en 1778; un de M. le baron de Zach, imprimé en 1747, mais qui n'est pas encore public, et beaucoup de tables dans les *Ephémérides de Vienne*, et dans la *Connoissance des Temps* de 1789, 1790, 1791 et 1801, calculées par le cit. de Lambre et par madame la duchesse de Gotha, ensorte que nous avons plus de 1000 étoiles dont les aberrations particulières ont été calculées en ascension droite et en déclinaison.

Dans les Ephémérides du cit. de la Lande, tome VII et VIII, le cit. Guérin a publié des tables fort utiles pour avoir l'ascension droite, la déclinaison et l'angle de position pour toutes les minutes de longitude de l'écliptique, en dixièmes de secondes.

Les angles de position pour tous les points du ciel de 3 en 3° sont dans la *Connoissance des Temps* de 1766 ; elles sont pour les 600 étoiles principales dans celle de l'an IX, et pour les étoiles zodiacales dans les *Ephémérides de Vienne*, pour 1799.

Les tables des amplitudes et des arcs semidiurnes dont on fait grand usage sur mer, sont dans plusieurs volumes de la *Connoissance des Temps*, et dans tous les livres de navigation. Les tables des arcs semidiurnes pour Paris sont avec un grand détail dans le tome VIII des *Ephémérides* du cit. de la Lande pour le soleil et pour la lune, et dans la *Connoissance des Temps* de 1762 pour le soleil.

L'équation des hauteurs correspondantes pour tous les pays, par M. Wales, est dans le *Nautical almanac* de 1773.

La table pour avoir promptement le passage de la lune au méridien, *Connoissance des Temps*, 1782, page 233.

La table du crépuscule pour Paris, *Connoissance des Temps*, 1775, page 265.

Les tables des changemens de hauteur près du méridien sont devenues très-importantes depuis qu'avec les cercles multiplicateurs on observe les hauteurs un quart-d'heure, et plus, avant et après les passages au méridien. Il y en a dans le livre de Cassini, Méchain et le Gendre publié en 1791. *Exposé des opérations faites en France pour la jonction des observatoires de Paris et de Greenwich.* Il y en a une pour l'étoile pôlaire à Paris, dans la *Connoissance des Temps* de l'an 8, 1798, et le cit. de Lambre en a calculé une générale et abrégée en 1801, qui est dans la *Connoissance des Temps* de l'an 12.

La table des segmens de Cerle est, avec une étendue immense, dans le livre de Sharp, *Geometry improved.* 1717, où il y a 50 pages et les segmens à 17 chiffres.

Il y en a un abrégé dans le *Calculator* de Dodson, 1747.

Enfin, il y en a un abrégé dans la *Connoissance des Temps* de 1793, à l'occasion des satellites de Jupiter, dont le cit. de la Lande détermina le diamètre, et il observe que cette table est bien aisée à calculer, puisque le segment est la moitié de la différence entre l'arc et le sinus.

Les tables des parties proportionnelles sont au nombre des plus importantes dont les astronomes fassent usage ; il y a deux grands ouvrages pour cet effet : *Sexcentenary table*, que M. Bernoulli a donnée en 1779, pour les proportions dont le premier terme est 10 minutes, et *Sexagesimal table*, par Taylor, 1780, pour les proportions dont 60 est le premier terme.

Les interpolations ou les corrections qu'exigent les secondes différences, ont été calculées au long par le cit. Guérin, dans la *Connoissance des Temps* de 1771. Il y en a de moins étendues dans les *Ephémérides de Berlin* pour 1776 ; mais elles sont pour les différences 1e, 2es, 3es, 4es et 5es, de 10 en 10 minutes de temps : celles-ci sont de Lambert. Le cit. Guérin en a calculé de plus étendues ne 1801.

Herwarti, *Tabulae arithmeticae. Munich*, 1718, *in-fol.* On y trouve les produits de tous les nombres jusqu'à 1000 fois 1000.

Tables of the products, and powers, By. ch. Hutton, *in-fol.*

Le détail de toutes les tables que les astronomes ont calculées, et dont ils font usage, occupe 45 pages *in-fol.* dans le 4e volume des *Supplémens de l'Encyclopédie in-fol.* qui parut en 1777. M. Bernoulli, savant astronome de Berlin, épuisa toute son érudition pour donner une notice complète de toutes ces tables ; mais il y en a beaucoup qui ne sont plus d'usage, et dont nous avons cru inutile de parler.

Il y a aussi un grand nombre de tables astronomiques relatives à la marine, et dont nous parlerons dans le livre suivant, surtout les tables horaires qui servent à trouver l'heure par le moyen de la hauteur du soleil ou des étoiles, dont les astronomes peuvent faire souvent usage, et que le cit. de la Lande a publiées en 1793 dans son *Abrégé de navigation.*

I I.

Des Ephémérides.

Les éphémérides des mouvemens célestes sont encore des ouvrages que les astronomes sont dans l'usage de publier depuis la renaissance de l'astronomie, et nous avons cru qu'il entroit dans une histoire complète de cette science de faire connoître les principaux de ces ouvrages. On conserve à la Bibliothèque nationale des éphémérides de 1442. (*Journal des Savans*, 1702, p. 347.

Regiomontanus, peu avant de quitter l'Allemagne pour aller à Rome, où il mourut, publia à Nuremberg des éphémérides qui présentoient l'état du ciel depuis 1475 jusqu'en 1506. On lit à la fin, suivant l'usage du temps : *Explicitum est opus anno Chr. Dn.* M. CCCC. LXXIV, *ductu Joannis de Monteregio.* Ces éphémérides furent ensuite réimprimées en divers endroits, particulièrement à Venise, avec ou sans date.

Il y eut ensuite des éphémérides de Engel : *J. Angeli Ephemerides motuum celestium ab anno* 1494, *ad annum* 1500. *Viennae*, 1494, *in*-4°.

L'Espagne nous fournit encore des éphémérides vers le même temps.

Sumario en el qual se contienen la conjunciones y opposiciones, los eclypses del sol y luna, fiestas movibles desde el ano M. CCCC. LXXXVIII, *hasta el* M. D. L, *por Bernardo de* Granolachs. Nous apprenons de Nicolas Antonio, dans sa *Bibliotheca hispana*, que ce Bernard de Granolachs étoit un docteur en médecine de Barcelone. L'ouvrage, quoique sans date, est probablement de 1487, ou 1488.

Jo. Stoeffleri, *Ephemerides Astronomicae ab A.* 1499, *ad ann.* 1531, *ex tabulis alphonsinis ad meridianum ulmensem. Ulmae*, 1499; il continua jusqu'à 1556.

R. Abraham Zacuthi, *Almanach perpetuum, à J. Michaele, Germano Budorensi interpolatum et auctum. Venet.* 1499.

Almanach nova plurimis annis venturis inservientia per Joannem Stoefflerinum justingensem et Jacob. Pflaumen ulmensem accuratiss. Supputata, et toti fere Europae dextro sydere impertita. Venet. 1507.

Mais il est inutile de transcrire les titres de toutes les éphémérides, on les trouvera dans la *Bibliographie astronomique* du cit. de la Lande, nous nous contenterons d'indiquer les principaux auteurs.

1529. Perlach, à Vienne.

1532. Schoner.

1538—1578, Apian.

1544—1562, Pitatus, à Venise, réimprimées à Tubinguet. Voy. Riccioli, *Almag. nov.* t. I, pag. 338, qui cite beaucoup d'auteurs d'éphémérides.

1551. Rheticus, à Leipzig.

1554—1568, Simi, à Bologne.

1554—1606, J. B. Stadius (Stadt), pour le méridien d'Anvers, imprimées à Cologne.

1556—1606, Leovitius, à Augsbourg.

1558—1577, Carelli.

1564—1584, Moletius, à Venise.

1577.—1590, Mæstlinus.

1589—1600, Jos. Scala, *Venetiis*, citées dans le *Voyage des Hollandois*.

1590—1610, Martinus Everartus.

1581—1630, Magini, à Venise.

1595—1654, David Origan.

1620—1700, André Argoli, à Venise.

1617—1628, Kepler.

1629—1636, Kepler et Bartschius.

1633—1636, Vlacq.

1636—1675, Eichstadius.

1637—1700, Noel Durret.

1652—1671, Wing, à Londres.

1661—1666, Malvasia, à Bologne.

1672—1701, Gadbury.

1666—1680, Hecker, à Danzig, réimprimées à Paris.

1655—1675, Duliris, *Ephéméride maritime* in-fol.

1675—1720, Mazzavacca, à Bologne.

1681—1692,, Zirch, à Berlin.

1701—1703, Ulricus Junius.

1701—1703, Lahire fils, à Paris.

1701—1713, Hofmann, à Berlin.

1701—1715, Beaulieu, à Rouen.

1703—1714, Beaulieu, à Paris; c'étoit Desforges, *Ephém. de la Lande*, *Préface*, p. iv.

1704—1705, Lieutaud; Desplaces et Bomie lui aidoient.

1715—1725, Desplaces, à Paris.

1715—1720, Gaupius, ministre à Lindau, imprimées à Augsbourg.

1715—1750, Eustache Manfredi, à Bologne. Il y a un volume d'introduction qui contient des tables et des additions utiles.

1721—1756, le marquis Ghisleri, à Bologne.

1725—1745, Desplaces, à Paris.

1731—1736, Capelli.

1731—1774, la Caille.

1751—1786, Eustache Zanotti.

1775—1810, de la Lande. Ces trois volumes contiennent beaucoup d'additions et de tables intéressantes; ces *Ephémérides de Paris* n'ont point été continuées.

1787—1810, Matteucci, à Bologne, aidé par Isolani, Zanotti, Guglielmini, Sacchetti et Canterzani, père et fils.

Mais indépendamment de ces éphémérides publiées longtemps d'avance, et pour plusieurs années, on a des éphémérides annuelles des sociétés savantes, dont les usages sont plus étendus. C'est un recueil des tables les plus usuelles pour le calcul des mouvemens célestes, avec l'indication de tous les phénomènes qui doivent arriver ou peuvent être observés chaque jour. L'Académie des sciences paroît être la première qui ait publié un ouvrage semblable, sous le nom de *Connoissance des Temps*. Le premier volume de cette éphéméride, pour 1679, parut en 1678. Ce fut d'abord Picard, un des membres les plus illustres de l'Académie naissante, qui publia quelques années cet ouvrage. Il fut remplacé par Lefebvre; celui-ci par Lieutaud, en 1702, Godin en 1730, Maraldi en 1735, jusqu'en 1760, que le calcul en fut confié au cit. de la Lande. Jusqu'à cette époque, il faut en convenir, la *Connoissance des Temps*,

calquée,

calquée, pour ainsi dire, sur un modèle uniforme, étoit comme un vieux almanac sans utilité, au moment où expiroit l'année pour laquelle il étoit fait; mais elle n'a pas été plutôt confiée à cet astronome, qu'elle est devenue d'une utilité générale et presque constante, par les additions qu'il y a faites. Telles sont celles des notices des nouvelles découvertes astronomiques, faites les années précédentes, des discussions de points fondamentaux de l'astronomie, sur la réfraction, l'obliquité de l'écliptique, la nutation de l'axe terrestre, &c. de nouvelles méthodes ou formules de calcul; des tables particulières difficiles à se procurer, ou d'autres calculées exprès, des indications des livres nouveaux sur l'astronomie; quelques détails enfin sur les personnes et les travaux des astronomes célèbres qui venoient de terminer leur carrière. Le dirai-je, le cit. de la Lande eut d'abord quelques désapprobateurs, tant il est vrai qu'il est difficile de secouer une vieille habitude, et d'en prendre une meilleure. Mais il est aisé de sentir que c'étoit-là un moyen d'augmenter l'intérêt de cet ouvrage; aussi le cit. de la Lande a-t-il été imité par ses successeurs, Jeaurat et Méchain. Depuis ce temps, la *Connoissance des temps* est un ouvrage à conserver parmi les livres astronomiques, à consulter presqu'à chaque moment; et depuis 1795 que le cit. de la Lande en a repris la rédaction, il a encore étendu cet utile ouvrage.

Il restoit, relativement à cet almanac, quelque chose à désirer; c'étoit que sa publication anticipât davantage l'année à laquelle il étoit destiné, afin qu'il pût parvenir à temps dans les endroits les plus éloignés du globe, et servir à la navigation, et à la perfection de la géographie. Les derniers volumes, en se succédant plus rapidement, ont rempli cet objet; car en 1801, nous avons déjà le volume de 1803; ainsi il pourra arriver même à Pékin avant cette époque, et servir au retour.

La Société Royale de Londres, dont la constitution est fort différente de celle de l'Académie des sciences, n'avoit jamais publié de pareilles éphémérides; mais le bureau des longitudes, ou la commission établie pour examiner les inventions tendantes à résoudre le problême des longitudes sur mer, a senti, il y a quelques années, l'utilité d'une semblable publication pour les navigateurs anglois. Il commença, en 1767, à publier un almanac nautique *The nautical almanac, or astronomical ephemeris*, qui est déjà imprimé pour 1805. Cet ouvrage calculé à grands frais, et avec une précision extrême sous la diction de M. Maskelyne, est extrêmement important pour les navigateurs.

L'Académie royale des sciences et belles lettres de Prusse publie aussi annuellement, depuis 1766, des éphémérides semblables à la *Connoissance des temps*, sous le titre de : *Astrono-*

mickes jahrbuch, *&c.* Cet ouvrage contient, outre le tableau des mouvemens célestes pour l'année, une multitude de dissertations et de petits mémoires intéressans sur toutes les parties de l'astronomie. C'est un précieux recueil d'excellentes choses qui fait honneur au rédacteur, M. Bode, astronome de l'Académie.

Les astronomes de Vienne commencèrent en 1757 un semblable recueil; le P. Hell, le P. Pilgram, M. Triesnecker et M. Burg en ont été les auteurs.

En 1775, M. de Cesaris, à Milan donna aussi des éphémérides qu'il a continuées jusqu'à présent, où MM. Oriani et Reggio n'ont cessé de mettre des mémoires intéressans.

III.

Du Calendrier grégorien.

La réformation du calendrier, exécutée par Grégoire XIII, et dont nous avons parlé, tom. I, p. 674, n'a pas été d'abord reçue dans tous les pays chrétiens, même en ce qui concerne l'année solaire, sur laquelle il aurait dû avoir l'assentiment général. La scission d'une partie de l'Europe d'avec Rome, étoit trop récente pour que l'ouvrage du pontife romain, quelque parfait qu'il eût été, fût admis par les peuples qui s'étaient séparés de sa communion. Une partie considérable de l'Allemagne, le Danemarck, la Suède et l'Angleterre restèrent donc attachés à leur ancien calendrier, malgré ses vices reconnus. Je ne dis rien de l'Eglise grecque et de ses différentes branches, dont l'horreur pour Rome, depuis le schisme de Photius, égale, si elle ne la surpasse, celle des communions protestantes pour leur ancienne métropole.

Tout le reste du seizième siècle et la totalité du dix-septième se passèrent ainsi; une partie de l'Europe faisant usage de l'ancien calendrier, et l'autre du nouveau. On voit cependant par les mémoires des sciences et des beaux arts (janv. 1708) qu'on y avait pensé; on y rend compte d'un ouvrage intitulé : *Disputationes tres de optimâ temporum emendatione, praeside Henrico Klausing Wittembergae praelo Gerdessano*, *in-4°.*

L'auteur dit que dès l'année 1612, l'empereur Mathias avoit sollicité les Protestans d'éviter les inconvéniens qui naissoient de l'usage de deux calendriers différens dans le même pays, dans les mêmes villes. Une foule d'écrivains, aussi entêtés Luthériens, qu'ignorans astronomes, s'y opposèrent. Des mathématiciens plus sensés proposèrent des moyens de conciliation.

Erhard Weigel est celui dont on a suivi le projet, qui consistoit à retrancher du calendrier onze jours, et à régler la fête de Pâques, par le calcul astronomique, sur les *Tables rudolphines* de Kepler, selon le premier concile de Nicée. Le Danemarck, la Suède, les Provinces-Unies, les Cantons Suisses, ont suivi l'exemple des Protestans d'Allemagne. L'auteur avoue que cette réformation du calendrier est encore sujette à de grands défauts, qu'elle met en danger de célébrer Pâques avec les Juifs, et de s'éloigner insensiblement de la manière de compter des Catholiques. La Diète avoit chargé trois fameux mathématiciens de perfectionner le projet de Weigel; et l'électeur de Brandebourg établit une académie qui devoit travailler sur le même dessein. Ainsi tout le courant du siècle dernier, on comptoit le 10 mars dans toute l'Allemagne protestante, en Suède et en Angleterre, tandis que dans l'Allemagne catholique, la France, l'Italie et l'Espagne, on en étoit au 20 mars, et ainsi de tous les autres jours de l'année, moins avancés de dix jours dans les premières de ces contrées que dans les dernières. Il seroit venu un temps où l'on eût été en décembre dans les pays dont nous parlons, pendant que nous aurions été au mois de mars, et à l'entrée du printemps.

On sentit enfin vers la fin du siècle dernier, en Allemagne, la nécessité de se rapprocher du reste de l'Europe, et de se mettre mieux d'accord avec le mouvement du soleil; car les dissidens de Rome ne pouvoient se dissimuler que le calendrier dont ils se servoient, ne fût si vicieux, qu'il falloit une correction quelconque. L'histoire de cette réforme partielle présente quelques traits qui nous engagent à entrer ici dans des détails que nous avions négligés dans notre première édition.

Malgré l'importance dont étoit la correction dont nous parlons, on avoit atteint l'année 1696 sans qu'on s'en fût pour ainsi dire occupé. Ce fut Christian V, roi de Danemarck, qui donna le mouvement à cette opération; il y fut excité par une conversation qu'il eut avec Roemer, à l'occasion de la présentation du calendrier auquel, en sa qualité de premier astronome, il présidoit. Christian chargea, en 1696, Roemer d'écrire à son ministre auprès du roi de Suède, pour engager ce monarque à se joindre à lui. Erhard Weigel, mathématicien de Iena, et homme d'une grande réputation, étant venu à Copenhague, eut avec Roemer plusieurs conférences sur la réformation du calendrier, et entra parfaitement dans ses vues. Roemer le présenta au roi, qui non seulement l'accueillit beaucoup, mais le chargea d'aller en Suède, pour en conférer avec les mathématiciens de ce pays. Roemer écrivit aussi à André Spole, le principal des mathématiciens, pour l'engager à mettre, conjointement avec le ministre danois, le ministère suédois dans ce projet. Spole répondit d'abord à Roemer par une lettre dans laquelle il proposoit un systême particulier de réforme qui, loin de diminuer la confusion, l'eût augmentée; il eut néanmoins le bon esprit de se rendre aux observations contenues dans une seconde lettre de Roemer dont l'avis étoit d'adopter purement et simplement la correction grégorienne. Mais il ne paroît pas que Spole ait eu aucune part de plus à cette affaire. Son avis ayant été communiqué à Jean Bilberg, théologien et mathématicien, celui-ci en fit valoir un qui, comme nous le verrons plus bas, valut à la Suède l'avantage d'avoir un calendrier qui pendant douze ans ne s'accorda avec aucun des autres.

Erhard Weigel étant néanmoins retourné en Allemagne, muni de recommandations puissantes de Christian auprès des princes d'Allemagne, et aidé du ministre danois à la Diète, parvint enfin à mettre le corps évangélique en mouvement sur cet objet. On nomma une sorte de commission qui fut composée de Weigel, de Sturm, professeur de mathématiques à Altdorff, et d'Hamberger, professeur à Iena. Mais Weigel étant mort au mois de mars 1699, on adjoignit aux deux autres Jean Meyer, professeur à Ratisbone, et ce fut sur eux, et principalement sur ce dernier, que roula ensuite l'affaire du calendrier.

On juge aisément que dans la circonstance où l'on se trouvoit, les mémoires et avis adressés à la Diète furent nombreux. Parmi ces avis, il y en eut de fort bizarres; les mathématiciens suédois, entraînés par l'autorité, je ne sais quelle, de Bilberg, proposèrent les moyens les plus ridicules de correction, ou plutôt de confusion perpétuelle; car il falloit, selon eux, retrancher d'abord à la fin de février 1700, sept jours; et ensuite omettre des années 1704, 1708, 1712, les intercalations; au moyen de quoi l'on se seroit trouvé en 1712 d'accord avec le reste de l'Europe; c'étoit en quatre temps acquérir ce qu'on pouvoit faire en un seul avec la même facilité. Ils vouloient d'ailleurs qu'au lieu d'omettre dans quatre années centénaires trois bissextiles, comme on fait dans le calendrier grégorien, on adoptât l'intercalation gélaléène qui consiste à omettre à chaque trente-deuxième année le jour intercalaire, et à n'intercaler ce jour qu'à la trente-troisième année, ce qui eût eu l'inconvénient de ne s'accorder à compter le même jour avec le reste de l'Europe qu'environ trente-deux fois dans quatre cents ans.

Un autre proposoit quelque chose de plus singulier encore. Reiher, professeur en Allemagne, crut qu'il faudroit pour cet effet diviser le jour naturel, non en 24 heures, comme on fait ordinairement, mais en 29 heures longues et en 33 courtes, ou, pour être encore plus exact, en 16 heures très-longues et en 37 très-courtes. Il publia sur ce sujet un petit livre *in*-4°. imprimé à Kiel, dont voici le titre en abrégé : *Novum horologium, mediante quo, dies naturalis semper hactenus in horas 24 longas divisus, ob duplicem cyclum intercalarem, non tantùm in 29 breves, &c. distribuitur, ut annus solaris exactè mensurari, et calendarium in certam, immutabilem, naturae que convenientem formam redigi, meridiani etiam accuratissimè disponi, ac hoc modo locorum longitudines corrigi, queant. Opus astronomis, &c.*

Cependant au milieu de tous ces débats, le temps s'écoulait, et les trois quarts environ de 1699 étoient passés, que l'on n'avoit encore rien décidé. Enfin la Diète se détermina à prendre un parti, et sur le rapport, à ce qu'il nous paroît, de Meyer, étayé de ceux de Sturm et Hamberger, elle prononça la réforme. Le *conclusum* des états évangéliques, donné le 23 septembre 1699, fut en substance :

1°. Que l'année suivante, 1700, tous les jours de février, passé le 18, seroient supprimés, en sorte que le jour suivant, au lieu d'être le 19 février, seroit le 1er mars.

2°. Que pour la fixation de la Pâque et autres fêtes mobiles en dépendantes, on auroit recours au calcul astronomique, c'est-à dire que le jour et moment de l'équinoxe du printemps et de la pleine lune seroient calculés astronomiquement. La proclamation suivit quelques jours après, et telle est la forme de calendrier dont usent les états protestans d'Allemagne depuis le commencement de ce siècle.

On croit communément que ce fût Weigel qui influa principalement par son avis sur cette décision. Mais on est dans l'erreur; Weigel avoit adopté la façon de penser de Roemer qui, tout en reconnoissant les défauts (inévitables) du calendrier grégorien, pensoit qu'on devoit l'adopter, et qui ne se laissoit pas toucher par les petites raisons d'humeur ou d'inimitié contre la cour de Rome. Mais l'histoire nous apprend que ce sont précisément ces raisons qui décident les assemblées nombreuses, où presque toujours les passions exercent le plus leur empire. Weigel étoit mort dès le mois de mars 1699; et dans ce qui nous reste de ses écrits donnés à la Diète, on ne voit point qu'il ait conseillé le calcul astronomique pour déterminer la pleine lune pascale. Il vouloit le calendrier grégorien; mais pour ne pas blesser les oreilles protestantes, il l'appeloit le *calendrier Julien corrigé*.

Des Protestans impartiaux n'ont pas laissé échapper les défauts de cette décision. Il paroît du premier abord que rien n'est mieux imaginé que de recourir au calcul astronomique pour fixer la pleine lune pascale, puisqu'elle dépend du moment de l'équinoxe vernal et de celui de cette pleine lune qui qui sera pascale, ne suivît-elle que d'une minute le moment de l'équinoxe. Mais le *conclusum* des états évangéliques ne dit mot sur la manière dont se fera ce calcul. Faudra-t-il le faire d'après les temps moyens ou les temps vrais? Quelles tables emploiera-t-on pour cela, et quel sera le méridien duquel on comptera le moment de l'équinoxe et celui de la pleine lune?

Sur la première question je sens que l'on pourroit dire qu'on doit calculer les temps vrais; car puisqu'on abandonne les règles qui sont fondées sur les temps moyens, c'est annoncer qu'on abandonne aussi ces derniers.

Quant aux tables à employer, il étoit d'usage de se servir des *Tables rudolphines*, et de prendre pour méridien celui de ces tables, qui est le méridien d'Uranibourg. Cela n'étoit cependant pas sans inconvénient; car ces tables, malgré leur mérite intrinsèque et relatif au temps où elles furent faites, commencent à être surannées, et, quant au mouvement de la lune, peuvent fort bien s'écarter de la vérité de quelques minutes. Qu'arrivera-t-il donc, si la nouvelle lune étant fort voisine de l'équinoxe, ces tables la donnoient ou trop tôt ou trop tard de quelques minutes, ce qui feroit omettre la vraie lune pascale, ou prendre pour telle une nouvelle lune qui ne le seroit pas? Aussi en 1724, les Protestans et les Catholiques célébrèrent la Pâque à sept jours de distance; ce qui fut le sujet de grands mouvemens en Allemagne, selon Horrebow. Mais cela doit arriver, et les Protestans même doivent être différens entre eux. On devroit adopter de part et d'autre des tables exactes, puisqu'on en a actuellement.

Quant au méridien, celui d'Uranibourg paroît assez bien choisi, attendu qu'il paroît partager assez bien en deux également l'Europe chrétienne; car enfin il faut en choisir un, et même dans le calendrier grégorien, on a adopté celui de Rome, comme la métropole des églises catholiques.

En effet, supposons que chaque église s'en tenant exactement aux décrets du concile de Nicée, imaginât de prendre son méridien particulier pour déterminer la Pâque, il pourroit arriver souvent qu'avec une unité de créance, on y célébrât la Pâque à des jours différens; car supposons une église catholique des plus reculées vers l'orient, quoiqu'encore dans l'Europe, vers les bouches du Danube, par exemple, elle commencera le 21 mars, 3 heures plutôt qu'une église des plus occidentales, comme Cadix ou Séville. Si donc une nouvelle lune arrive quelques minutes avant minuit pour le milieu de l'Europe, elle ne sera pas pascale pour ce lieu et la partie occidentale, et elle le sera pour la partie orientale qui aura compté le 21 mars quelques heures auparavant, que sera-ce des églises de la communion romaine, disséminées dans l'orient, dans l'Amérique? Il étoit donc indispensable de convenir d'un méridien pour tous les pays.

Nous n'avons encore parlé de l'admission du nouveau calendrier que dans l'Allemagne. Le Danemarck, malgré ce que pensoit intérieurement Roemer, s'y conforma aussi, apparemment pour le bien de la paix. Mais la Suède fut plus récalcitrante; elle suivit l'avis vicieux de Bilberg, consigné dans un écrit intitulé : *Amica consultatio de reformatione utriusque calendarii Juliani et Gregoriani*, &c. (1), qui n'est en grande partie qu'une diatribe violente contre le calendrier grégorien et Rome. En conséquence la Suède, au lieu de retrancher avec les Protestans d'Allemagne 10 jours de son calendrier, se borna d'abord à en retrancher la bissextile de 1700, ensuite dans le mois de novembre une semaine entière seulement; au moyen de quoi les Suédois eurent un calendrier qui ne s'accordoit ni avec le julien, ni avec le grégorien, ni avec celui des états protestans d'Allemagne, ni avec le Russe. La confusion crût même les années suivantes; car pour avoir égard à ce qu'ils avoient retranché de moins que les Protestans, ils supprimèrent en 1704, 1708 et 1712 les bissextiles, et alors ils se trouvèrent avoir retranché 11 jours, tandis que, pour s'accorder avec le reste du continent, ils n'auroient dû avoir retranché que 10 jours. Ce désordre jetant l'embarras dans toutes les relations commerciales et politiques de la Suède, il y fut enfin apporté remède en 1712 par l'intercalation du jour mal-à-propos retranché de trop. Tel fut le succès de l'ignorante consultation de ce mal adroit théologien, qualifié néanmoins de mathématicien.

L'Angleterre est le dernier des états de l'Europe qui ait corrigé son calendrier; elle continua, malgré l'exemple des Protestans d'Allemagne, a suivre le calendrier julien; l'année 1700 fut chez elle bissextile, suivant ce calendrier, et jusque vers le milieu de ce siècle, son calendrier restoit en arrière de 11 jours à l'égard de celui de tous les autres pays de l'Europe. Enfin le Parlement prit la chose en considération, et pour faire cesser cette discordance dans la manière de compter les jours par rapport au reste de l'Europe, il fut ordonné en 1751 de retrancher 11 jours; ce qui a été exécuté. Ce ne fut cependant pas sans quelques oppositions, même dans le Parlement; il y eut aussi des gens qui tentèrent de faire voir au peuple anglois que sa liberté étoit ébranlée par ce chan-

(1) *Inter opp. Horrebovii*, tom. III.

gement; mais d'autres plus raisonnables tournèrent la chose en plaisanterie, et firent voir que si toute une nation libre devoit dormir pendant 11 jours consécutifs, ses ennemis devoient nécessairement dormir aussi. Quant à la manière dont la Pâque est déterminée en Angleterre, d'après le calcul astronomique des momens de l'équinoxe vernal et de la nouvelle lune, il peut fort bien arriver qu'on ne s'accorde pas toujours avec les autres pays protestans; car sans doute l'Angleterre n'emploie pas à ce calcul les Tables Rudolphines, et ne compte pas d'après le méridien d'Uranibourg, comme l'on fait en Allemagne.

Dans le temps qu'on traitoit cette question en Allemagne, Clément XII établit une congrégation pour l'examen du calendrier; Bianchini qui en étoit secrétaire, fit à cette occasion un savant ouvrage intitulé : *Solutio problematis paschalis*, 1703, qui contient une très-bonne doctrine, soit en histoire ecclésiastique, soit en astronomie, et des vues fort justes sur la perfection du calendrier. Parmi les nouveautés du ressort de cet ouvrage qu'on y rencontre, est une période remarquable de 1184 ans, tellement constituée, que de quatre années séculaires, la première seule soit bissextile, suivant l'usage du calendrier grégorien, mais que la dernière année du cycle, qui devroit être bissextile, ne le soit pas. Cette période à l'avantage de ramener à son renouvellement les nouvelles lunes et la célébration de Pâque, précisément au même jour et à la même minute. Bianchini applique cette remarque à un nouveau système de calendrier. Il propose aussi un nouveau cycle de huit lettres seulement, pour renfermer toutes les variations des nouvelles lunes et des fêtes mobiles; et dans un ouvrage particulier intitulé : *de calendario et cyclo Caesaris*, il fait voir que ces huit lettres, sur l'usage desquelles on s'étoit trompé jusqu'alors, en les prenant pour *nundinales*, ou servant à indiquer les jours de marché, dépendoient d'un cycle lunaire; ce qui est un curieux morceau d'érudition et d'antiquité astronomique.

Cassini communiqua aussi ses vues à la congrégation du calendrier, dans divers mémoires dont on voit le précis parmi ceux de l'Académie des sciences des années 1701 et 1702. Ce n'étoit pas seulement à cette occasion que ce célèbre astronome avoit examiné le calendrier grégorien; il y avoit déjà longtemps que réfléchissant sur les légers défauts qui s'y trouvent, il avoit publié une nouvelle méthode pour fixer invariablement les équinoxes au même jour, et régler les épactes et les nouvelles lunes d'une manière plus parfaite. Cet ouvrage avoit paru en 1679, *in*-4°. On trouve aussi dans le catalogue de ses écrits le projet d'une période luni-solaire et paschale, mais qui n'a jamais vu le jour. Dans les mémoires qu'il communiqua à l'assemblée du calendrier, il se borna à remarquer la nécessité de suivre exactement le projet de réformation tel que Grégoire XIII l'avoit d'abord proposé, et de corriger l'anticipation des nouvelles lunes astronomiques sur les ecclésiastiques, que Clavius, induit par des raisons qu'il n'approuve pas, avoit laissé subsister, et qui est d'environ un jour. C'est-là l'unique endroit défectueux que Cassini ait trouvé dans le calendrier grégorien. Il lui donne d'ailleurs de grands éloges, et il y observe plusieurs perfections remarquables, en ce qui concerne la détermination de la grandeur des années, soit solaire, soit lunaire. Il faut cependant remarquer ici qu'on n'a pas eu égard aux réflexions de Cassini et Bianchini, que nous venons d'exposer. Les raisons de Clavius pour cette anticipation dont nous avons parlé t. I, p. 685, quoique rejetées par ces habiles astronomes, paroissent avoir fait impression sur la congrégation du calendrier, ou du moins elle ne jugea pas ce défaut assez considérable pour devoir être corrigé, vu l'embarras que cette correction auroit occasionné. Les choses ont resté dans le même état qu'auparavant.

I V.

Du Calendrier françois.

Aussitôt que le gouvernement eut changé en France, on voulut en consacrer la date; le 2 janvier 1792, il fut décrété que cette année seroit appelée la 4e. de la liberté sur les monnoies et sur les actes.

Après la mort de Louis XVI, en 1793, on décida que cette année seroit appelée la première de la république; cela donna l'idée d'un calendrier républicain; dès le 12 janvier 1793, le député Romme, président du comité d'instruction publique de la convention, écrivit à l'Académie des sciences pour demander des commissaires à ce sujet; le cit. de la Lande, qui portoit la parole, protesta contre le changement de calendrier. Il représenta en vain que l'objet unique du calendrier est que l'on s'entende, et le résultat de tout changement est que l'on soit long-temps à ne s'entendre pas; que le changement introduit par Grégoire XIII avoit été une sottise, et qu'il ne falloit pas en faire une seconde. Tout cela fut inutile, il fut obligé de faire un calendrier; il préféra douze mois égaux, à l'exemple des Egyptiens, avec cinq jours intercalaires; il tira les dénominations du climat de Paris; que Fabre d'Eglantine rendit d'une manière harmonieuse et sonore par les mots de vendémiaire, brumaire, frimaire; nivôse, pluviôse, ventôse; germinal, floréal, prairial; messidor, thermidor et fructidor.

Le premier décret fut rendu le 5 octobre 1793; il y en eut un autre le 24 novembre 1793, ou 4 frimaire, l'an 2 de la république, sur le commencement et l'organisation de l'année, et sur les noms des jours et des mois.

La convention nationale, après avoir entendu son comité d'instruction publique, décrète ce qui suit:

Art. Ier. L'ère des François compte de la fondation de la république, qui a eu lieu le 22 septembre 1792, de l'ère vulgaire, jour où le soleil est arrivé à l'équinoxe vrai d'automne, en entrant dans le signe de la balance, à 9h 18′ 30″ du matin, pour l'observatoire de Paris.

II. L'ère vulgaire est abolie pour les usages civils.

III. Chaque année commence à minuit avec le jour où tombe l'équinoxe vrai d'automne pour l'observatoire de Paris.

IV. La première année de la république françoise a commencé à minuit le 22 septembre 1792, et a fini à minuit, séparant le 21 du 22 septembre 1793.

En conséquence du premier dé cret du 5 octobre 1793, on datta le 7 à la convention, du 6e jour de la seconde décade du premier mois, qui avoit commencé le 22 septembre; les noms des mois n'étoient pas encore décrétés.

Lorsque le cit. de la Lande, qui étoit à Bourg dans ce temps-là, vit ce décret, il se plaignit de l'article 3, qui excluoit toute règle d'intercalation; mais on n'osoit pas alors faire beaucoup d'objections aux terroristes et aux meneurs, et il attendit un moment plus favorable. Après le 9 thermidor, il revint à la charge; le comité d'instruction publique convoqua les astronomes et les géomètres le 29 germinal; de Lambre fit un rapport, Romme fit le sien au comité, et il alloit être suivi d'un décret qui auroit établi une intercalation régnliere comme celle du calendrier grégorien; mais la conjuration du 1er. prairial, qui fit condamner à mort Romme et quelques autres jacobins, suspendit encore la conclusion de cette affaire: nous allons cependant donner un extrait de ce rapport qui fut imprimé le 28 juin 1795, 10 messidor an 3, quoique Romme fût mort, et qui fut annoncé dans le journal de Paris du 16 juillet. Ce rapport a 7 pages; il ne porte point de date, mais il avoit été fait quelques jours avant le 1er. prairial, ou 20 mai 1795, jour de l'insurrection des terroristes.

Le rapporteur, après avoir expliqué la forme du calendrier,

ajoute : Un degré de perfection lui manquoit dans la manière d'exécuter l'art. 3 du décret du 4 frimaire, qui fixe le commencement de l'année.

De Lambre, astronome distingué (chargé de mesurer un arc du méridien pour déterminer avec précicision l'unité naturelle et générale de toutes nos mesures), a calculé les difficultés qui résulteroient de l'exécution trop rigoureuse de cet article, et la possibilité de les lever toutes par une règle simple et fixe, en restant dans les limites les plus rapprochées du décret, dans les cas peu nombreux où il y auroit de l'inconvénient à s'y renfermer tout-à-fait.

Ses calculs ont été examinés dans une conférence où ont été appelés la Grange, Pingré, la Place, la Lande, Messier, Nouet, Barthelemy et Garat ; ces deux derniers sous le rapport de la chronologie que cette question intéresse. Nous invoquions les lumières de l'auteur d'Anacharsis, sa modestie nous en a privés.

Il paroissoit naturel, pour conserver toujours l'incidence des saisons aux mêmes époques de l'année, de renoncer à toute espèce de règle pour la distribution des jours intercalaires, et de faire résulter l'intercalation de la cumulation des différences annuelles, rectifiées sur les observations récentes, en ajoutant un jour aussitôt que la somme de ces différences sortiroit des limites d'un minuit à l'autre.

C'est dans cet esprit qu'a été rédigé l'article 3 du décret, après avoir consulté les hommes éclairés, nommés dans le rapport qui fut fait alors. Cet article demande que l'année commence avec le jour où tombe l'équinoxe vrai pour l'observatoire de Paris.

Mais un examen plus approfondi de cette question par la Lande, la Place, mais surtout par de Lambre, a fait sentir la nécessité de faire toutes les années égales, et de soumettre toutes les intercalations à une règle fixe.

En effet, lorque l'équinoxe vrai tombera, près de minuit, comme en 144, où il doit arriver à $11^h 59' 40''$ du soir, suivant les tables actuelles, ne pouvant répondre de cette détermination qu'à 3 ou 4′ près, il peut aussi bien tomber en-deçà qu'au-delà de minuit, c'est à-dire, le lendemain ou le sur lendemain du 5e. complémentaire de l'année, ce que l'observation seule ne pourra pas même décider, en supposant que le temps ne s'y opposât pas. Jusques-là on seroit incertain si l'année doit ou ne doit pas être sextile.

Cette incertitude auroit des suites fâcheuses pour la chronologie, le commerce, les actes civils ; il faut donc l'éviter.

En supposant même qu'on puisse déterminer exactement, et d'avance, le jour de l'équinoxe vrai, il résulteroit de l'exécution rigoureuse de l'article une distribution très-irrégulière des jours intercalaires.

Le plus souvent ils arriveroient de quatre en quatre ans, mais quelques-uns n'arriveroient qu'après cinq ans, et cela a des intervalles inégaux ; il en résulteroit de plus que les sextiles tomberoient, tantôt sur des années paires, tantôt sur des années impaires.

Cette singularité ne pourroit être soumise à aucune régle facile, une règle d'intercalation levera tous les inconvéniens; celle que vous proposent les astronomes conduit à trois corrections indispensables. Voici le projet de décret.

Projet de décret.

La convention nationale, après avoir entendu son comité d'instruction publique, sur la proposition faite par les géomètres et les astronomes nommés au rapport, d'adopter une règle d'intercalation pour maintenir les saisons aux mêmes époques de l'année, décrète :

Art. Ier. La quatrième année de l'ère de la république, sera la première sextile ; elle recevra un sixième jour complémentaire, et terminera la première franciade.

II. Les années sextiles se succéderont de quatre en quatre ans, et marqueront la fin de chaque franciade.

III. Sur quatre années séculaires consécutives, sont exceptées de l'article précédent, la première, la deuxième, la troisième années séculaires, 100, 200, 300, qui seront communes, la quatrième sera sextile.

IV. Il en sera ainsi de quatre en quatre siècles, jusqu'au 40e, qui se terminera par une année commune l'an 4000.

Après la mort de Romme, Grégoire, qui lui avoit succédé, n'osa pas proposer le décret, parce qu'il craignoit qu'on n'ajournât le calendrier auquel on n'étoit pas favorable.

Le changement de gouvernement amena des idées très-différentes, au point que le 3 avril 1798, le directoire défendit aux journalistes d'accoler le calendrier grégorien au nouveau calendrier, et que pour comble d'absurdité, on défendit de mettre le calendrier grégorien dans la *Connaissance des Temps* de l'an 9 (1801), qui parut le 16 janvier 1799, et le bureau des longitudes fut obligé d'en détacher la partie la plus importante, les additions que le cit. de la Lande y avoit faites suivant son usage, et elles se sont distribuées séparément sous le titre de *Mélanges d'Astronomie*, parce qu'on y avoit fait usage du calendrier grégorien.

Mais en 1795, cette fureur de calendrier nouveau n'existoit pas, on disputoit seulement sur sa forme.

C'est par une suite de ces incertitudes et de ces tracasseries que l'on vit une contradiction dans l'*Abrégé d'Astronomie* du cit. de la Lande, qui parut le 21 juillet 1795; car à la pag. 209 on voit les années 3, 7, 11, 15, 20, sextiles, et dans l'addition qui est à la fin, pag. 418, on trouve que ce seront les années 4, 8, 12, 16, 20. Mais on trouva mauvais que le cit. de la Lande eût fait ce changement sans qu'il y eût un décret; cependant les membres même de ce comité lui conseilloient de le faire, parce qu'on craignoit que si la question étoit portée à l'assemblée, cela n'occasionnât le discrédit du calendrier auquel alors on étoit peu favorable. Ainsi, cet *errata* de la pag. 418 a besoin d'un autre *errata*, ou doit être supprimé.

Le cit. de la Lande avoit donc pris sur lui d'annoncer dans le Journal de Paris, que l'année 3 ne devoit pas être sextile; le bureau des longitudes craignit une tracasserie, et l'on mit un article contraire. Ainsi, l'on disputoit dans les journaux si l'année 3 devoit être sextile; le cit. de la Lande fut appelé au comité pour rédiger un décret, et il étoit le maître de décider la question; mais tous les almanacs étoient imprimés, il craignit une trop grande confusion, et il préféra de laisser subsister le calendrier tel qu'il étoit; il ne voulut pas sacrifier à son amour-propre et à sa conviction, l'intérêt d'une foule de libraires, et exposer tous les départemens à la confusion et à l'incertitude. Voici le décret du 5e. jour complémentaire an 3, tel qu'il fut imprimé dans les journaux.

Lakanal, au nom du comité d'instruction publique et du bureau des longitudes, vient répondre à la question faite de savoir s'il y aura cette année 5 ou 6 jours complémentaires. Cette question, dit-il, est décidée par l'article 3 du décret du 5 octobre 1793, qui porte que l'année républicaine commencera toujours à l'équinoxe vrai. Cette disposition n'est pas rigoureusement conforme aux principes de l'astronomie; mais le décret est rendu, il n'y a pas à y revenir, et il est décrété que cette année aura six jours complémentaires.

Le 30 septembre 1799, le cit. de la Lande s'adressa à l'assemblée : on nomma une commission; mais la révolution du 18 brumaire an 8, 9 novembre 1799, empêcha la conclusion.

Ainsi, le calendrier républicain reste toujours affecté de cette erreur, et le cit. de la Lande paroît plus occupé de le faire rejeter que de le perfectionner, parce qu'il voit l'impossibilité de le faire adopter, quoique plus simple et plus commode. Quoi qu'il en soit, voici le commencement des 25 premières années républicaines; on les trouve pour 400 ans dans la *Connoissance des Temps* de l'an, 7 1799.

Années républicaines.

An.	Septembre.		An.	Septembre.		An.	Septembre.	
2....	22....	1793.	10....	23....	1801.	18....	23....	1809.
3 s..	22....	1794.	11 s..	23....	1802.	19....	23....	1810.
4....	23....	1795.	12....	24....	1803.	20 s..	23....	1811.
5....	22....	1796. b.	13....	23....	1804. b.	21....	23....	1812. b.
6....	22....	1797.	14....	23....	1805.	22....	23....	1813.
7 s..	22....	1798.	15 s..	23....	1806.	23....	23....	1814.
8....	23....	1799.	16....	24....	1807.	24 s..	23....	1815.
9....	23....	1800.	17....	23....	1808. b.	25....	23....	1816. b.

V.

Des Instrumens d'Astronomie.

On a fait dans ce siècle des progrès immenses pour la perfection des instrumens, et c'est une partie des causes de la perfection de l'astronomie.

Les gnomons avoient été autrefois les plus grands et les plus importans de tous les instrumens, comme on l'a vu t. I, p. 304, 486, 553. Nous avons même parlé de celui de Cassini à Bologne, t. II, p. 560, il a été restauré en 1776 par Zanotti, qui a publié, en 1779, un ouvrage à ce sujet, *la Meridiana del Tempio di San Petronio Rinovata l'anno* 1776.

Gassendi voulant observer, en 1636, la hauteur solsticiale du soleil, comme il l'avoit promis à Wendelinus, forma, dans le collége de l'Oratoire à Marseille, un gnomon de 51 pieds 8 pouces 4 lignes de hauteur (*Gass. Op. V*, p. 526), avec lequel il observa la hauteur solsticiale du bord supérieur du soleil 70° 25′ 59″.

Le gnomon du P. Henrich à Breslaw en 1708, avoit 35 pieds, comme je le trouve dans les manuscrits de Joseph de l'Isle; mais M. Scheibel n'a pu en trouver de vestiges.

Picard, en 1669, commença une méridienne dans la grande salle de l'observatoire de Paris; elle a 97 pieds ½ de longueur, le gnomon a 30 ½ pieds.

Cassini le fils la refit en 1730, et elle fut ornée de marbres avec des divisions et des figures pour chaque signe. *Mém. de l'Acad.* 1732.

La méridienne des chartreux de Rome, aux thermes de Dioclétien, est la plus ornée que l'on connoisse ; il y a deux gnomons, l'un de 62 ½ pieds de hauteur au midi, l'autre de 75 pieds du côté du nord. Cet ouvrage fut construit par Bianchini en 1701. Voyez sa dissertation *de Nummo et Gnomone Clementino*, à la suite de son livre *de Kalendario et Cyclo Cesaris. Romae*, 1703, *in-fol.* le livre publié par Manfredi, à Verone en 1737, *Francisci Bianchini astronomicae observationes*, et le *Voyage en Italie* du cit. de la Lande, t. IV, p. 311, édition de Paris, 1786.

La méridienne de Saint-Sulpice de Paris fut entreprise en 1727 par Sully, horloger : Lemonnier l'a refaite en grand avec soin et avec magnificence (*Mém. Acad.* 1743). Le gnomon a environ 80 pieds de hauteur ; il y a un objectif de 80 pieds de foyer, et Lemonnier s'en servoit chaque année, en marquant sur un marbre la trace des bords de l'image, pour observer l'obliquité de l'écliptique, il en concluoit qu'elle étoit invariable. Les objections que le cit. de la Lande a faites contre ce résultat, se trouvent dans les *Mém. de l'Acad.* pour 1762, et Lemonnier lui-même est convenu ensuite que cette méridienne prouvoit une diminution dans l'obliquité de l'écliptique. *Mém.* 1774.

M. de Cesaris et M. Reggio ont fait une méridienne en 1786, dans la cathédrale de Milan, le gnomon à 73 pieds de hauteur (*Éphém. de Milan*, 1788). Ces sortes d'instrumens seroient encore les meilleurs de tous, si les bâtimens étoient absolument immobiles ; mais le cit. de la Lande a fait voir combien les grands édifices sont sujets à varier.

La petite ville de Tonnerre est la seule en France où il ait une grande et belle méridienne, avec la courbe du temps moyen.

M. Baudouin de Guémadeuc, ancien maître des requêtes, connu par différens mémoires, avoit choisi Tonnerre pour retraite dans un revers inopiné de fortune. L'espèce de contrainte où il vivoit, capable d'abattre l'esprit le plus philosophique, ne servoit au contraire qu'à élever le sien. Il saisit des ressources indépendantes du caprice des hommes, et, dans l'infortune, il fit, pour la société, ce qu'il n'eût peut-être pas fait dans la prospérité. Il aimoit l'astronomie, il voulut décorer son séjour, par un monument astronomique ; l'église de l'hôpital de Tonnerre réunissoit tous les avantages possibles pour l'établissement d'un gnomon, et à cette position locale se joignoit la circonstance favorable de posséder dans cette ville deux savans estimables, l'avocat Daret, versé dans les calculs astronomiques, et dom Camille Férouillat, qui, d'après une pratique consommée de la gnomonique, étoit en état de conduire à sa fin une entreprise de cette nature et d'en assurer le succès.

Le cit. de Guémadeuc développa son plan dans un mémoire que l'administration de l'hôpital approuva. La marquise de Louvois, représentant la fondatrice, y donna son consentement.

Le cit. de la Lande fit exprès le voyage de Tonnerre pour reconnoître la possibilité de l'exécution du projet. Le cit. Morel, architecte du prince de Conti, proposa le plan d'une pyramide antique, élevée dans le lieu du solstice d'hiver. Enfin, les maire et échevins ne voulant pas élever aux dépens des pauvres, un monument qui ne pût être utile qu'aux sciences, en proposèrent l'exécution, par la voie d'une souscription, à laquelle (après avoir eux-mêmes concouru), se sont jointes des personnes de tous rangs et de tous états, et il en a résulté un beau gnomon qui imite les fameuses méridiennes dont nous avons parlé.

La courbe du temps moyen qu'on y a tracée, est une partie importante et que l'on devroit employer partout. On règle, en France, toutes les horloges sur le temps vrai, et comme il est inégal et irrégulier, on a proposé depuis long-temps de se servir du moyen qui seroit plus régulier; mais pour cela il faut qu'on puisse le voir sur la méridienne. Deparcieux, dans son *Traité de Gnomonique*, en 1771, en donna la description. Il dit que c'étoit Grandjean de Fouchy, qui le premier en avoit fait une chez le comte de Clermont. Dom Bedos, en fit aussi chez le marquis de Bonnelle et chez le marquis d'Houel, et il en donna la description détaillée dans son *Traité de Gnomonique*, dont la seconde édition parut en 1774, par les soins de dom Monniote, son confrère et son ami. Mallet en a tracé une à Genève, et le sonneur donne le temps moyen avec la grosse cloche tous les jours à midi à tous les horlogers qui sont en grand nombre dans cette ville.

Mais nous passons à des instrumens plus utiles et plus parfaits que ce siècle a vu éclore.

Le premier est le secteur, que Graham fit en 1725, lorsqu'un riche amateur, Molyneux, voulut constater les changemens des étoiles; il s'adressa à cet horloger célèbre dans les arts, et qui étoit capable d'imaginer des moyens et de les exécuter. On trouve la description d'un secteur pareil dans le livre intitulé : *Degré du Méridien entre Paris et Amiens*, 1742; celui-ci est à Paris, il y en a un à Greenwich, dans l'observatoire royal d'Angleterre, et plusieurs autres ailleurs.

La même année Graham fit pour Halley, qui étoit à l'observatoire royal de Greenwich, un quart de cercle mural de 8 pieds (7 $\frac{1}{2}$ de France), avec une perfection toute nouvelle.

Bird, célèbre artiste de Londres, a fait, depuis 1750, plusieurs quarts de cercles de la même grandeur, un pour Greenwich, deux pour Oxford, un pour Pétersbourg, un pour Manheim et deux

deux pour Paris; feu M. Bergeret, receveur-général des finances, en fit faire un au commencement de 1775, qui a été acquis par l'École militaire en 1786, et dont le cit. d'Agelet et ensuite le cit. de la Lande ont fait un grand usage : ce précieux instrument lui a procuré les positions de 50 mille étoiles, et il a fait de ce mural une constellation.

L'erreur des divisions ne va presque jamais au-delà de quatre secondes ; celui de Padoue est de M. Ramsden, qui en a fait un pour Milan. C'est le plus parfait de tous ; il est décrit dans les *Éphémérides de Milan* pour 1792.

Sisson fit, en 1770, un arc mural de 142° pour l'observatoire du roi d'Angleterre à Richmond : cet artiste est mort vers 1780 Bird a fait aussi deux muraux de 6 pieds pour Gottingue et pour Cadix ; et M. Ramsden en a fait deux, dont un est à Blenheim ; nous en parlerons bientot plus au long : c'est une des plus belles machines d'astronomie qu'on ait jamais faite. Les muraux de Bird étoient déjà si parfaits, que le gouvernement d'Angleterre acheta sa méthode, et la publia en 1767 (*The Method of Dividing, &c.* London. 1767, *in*-4°.) Elle a été traduite en françois.

Dans la plupart de ces quarts de cercle, on a deux divisions par lignes en 90 et en 96, quelquefois une division par points entre les deux autres.

On en trouve une description très-étendue par Lemonnier dans les *Arts de l'Académie ;* et ces instrumens ont donné une nouvelle face à l'astronomie-pratique, en même-temps que les calculs de l'attraction ont étendu et perfectionné la théorie.

Le mural étant l'insrument le plus important de toute l'astronomie, Ramsden s'y est distingué par l'extrême exactitude des divisions, par la manière dont il a su dresser les plans en les travaillant dans une situation verticale ; il place le fil à-plomb derrière l'instrument, pour qu'on ne soit pas obligé de l'ôter lorsqu'on observe près du zénith. Sa manière d'éclairer l'objectif, et en même-temps les divisions, et de suspendre la lunette, sont encore nouvelles et par conséquent plus parfaites. Dans ceux de 8 pieds qu'il a faits pour les observatoires de Padoue et de Vilna, que M. Maskelyne a examinés, la plus grande erreur ne passe pas 2″ ½ ; celui de Milan est de la même grandeur, et surpasse encore les autres.

Le mural de milord Marlborough, à Blenheim, qui a 6 pieds, est, pour ainsi dire, un autre instrument que les astronomes ont admiré ; il tient à un assemblage de quatre colonnes qui tournent sur deux pivots, de façon que l'on peut mettre l'instrument au nord et au midi en une minute. Cet instrument est aussi beau qu'il est parfait ; mais personne n'étoit plus digne que milord Marlborough d'en être le possesseur : les astronomes de profession n'ont pas plus de zèle, d'assiduité ni d'exactitude. C'est pour ce bel instrument que M. R. a imaginé un moyen pour rectifier l'arc de 90° sur lequel M. Hornsby, habile astronome, avoit élevé quelques difficultés; mais avec un fil horizontal et un fil à-plomb, formant une espèce de croix qui ne touche pas au quart de cercle, il lui montra qu'il n'y avoit pas une seule seconde d'erreur sur 90°, tandis que dans un mural de Bird à Oxford, l'arc de 90° contient plusieurs secondes de trop, parce qu'il n'avoit jamais été vérifié par une méthode aussi exacte que celle de Ramsden.

Au lieu d'un quart de cercle mural, on a dit dès le commencement du siécle, qu'un cercle placé dans le méridien, donneroit encore plus d'exactitude, Romer le proposoit en 1700 (*Miscell. Berolin.* t. III). Mayer l'indiquoit pour la marine. M. Bugge en a décrit un de 4 pieds, qu'il a fait faire à Copenhague (*Observations* de 1784); et M. Ramsden, le plus célèbre ingénieur qu'il y ait eu depuis 20 ans pour les grands instrumens, ne vouloit plus faire que des cercles entiers; il en a fait un de 5 pieds en 1788, pour M. Piazzi, astronome de Palerme, et un de 11 pieds pour Dublin. On y trouve plusieurs grands avantages qu'on ne peut avoir avec un quart de cercle; 1°. on peut tourner le cercle et le rendre parfaitement plan, au lieu qu'un quart de cercle est toujours gauche ou voilé dans quelques parties de son plan; on ne peut vérifier le quart de cercle que par des hauteurs correspondantes, et il faudroit en avoir à tous les points, au lieu que le cercle tourné rond sur son axe même, il n'y a jamais d'erreur; 2°. on peut vérifier la position du centre par les deux points diamétralement opposés, au lieu que dans un quart de cercle, le centre peut s'user et se fausser sans qu'on ait aucun moyen de le vérifier; on peut s'assurer que l'axe est perpendiculaire au plan, et qu'il est bien horizontal; 4°. on a deux points pour chaque observation, un en haut, un en bas; 5°. Il est plus facile de diviser, on peut reconnoître même l'inégalité des divisions; 6°. la dilatation est uniforme, et ne produit aucune inégalité dans les divisions; 7°. on peut retourner le cercle tous les jours, et vérifier le premier point de division; 8°. si l'on met un cercle horizontal au-dessous, on peut avoir les azimuts, et observer les réfractions indépendamment de la mesure du temps; 9°. l'axe autour duquel il tourne, fait que ce cercle mural est encore un instrument des passages : par ce moyen, on peut, avec un cercle de 8 pieds de diamètre, s'assurer d'une seconde, tandis qu'avec un quart de cercle de 8 pieds de rayon, l'on pourroit se tromper de 4 à 5 secondes. Le cercle dont nous venons de parler est placé dans un chassis de quatre colonnes, et ce chassis tourne sur deux pivots, un en haut et l'autre en bas, et on le place dans le méridien par une pièce de cuivre, contre laquelle il est arrêté. L'axe est soutenu par des roulettes et des ressorts qui ne laissent qu'une petite partie du poids de l'instrument sur les véritables pivots qui règlent la situation et le mouvement du cercle. Enfin, ce cercle tourne sur un cercle horizontal avec lequel on peut avoir l'azimut, qu'on n'a pu observer exactement jusqu'ici; et M. Piazzi s'en est servi pour déterminer les réfractions, comme on le peut voir dans le grand ouvrage de M. Piazzi, *della specola di Palermo*, 1793, 1794, *in-fol.*

On a remarqué dans ce cercle la nouvelle invention de Ramsden, pour rendre l'axe parfaitement horizontal par le moyen d'un fil à-plomb, qui est cependant au-dehors de la machine.

Le theodolite des anglois n'étoit, avant lui, qu'une lunette tournant sur un cercle divisé de 3 en 3 minutes par le moyen d'un vernier; mais entre les mains de M. R. il est devenu un instrument nouveau et parfait qui sert pour mesurer les hauteurs comme pour lever les plans. Le plus grand et le plus admirable de tous les théodolites, est celui qu'il fit pour le major général Roy, et qui a servi pour mesurer les triangles qui réunissent aujourd'hui l'Angleterre avec la France, et dans lequel on ne se trompe pas d'une seconde, quoiqu'il n'ait que 18 pouces de rayon. On en trouve la description dans le livre de M. Vince, *à Treatise on Practical Astronomy*, 1790.

Mais le cercle est devenu d'un usage bien plus important, par l'idée heureuse de mesurer l'angle que forment deux objets terrestres, en répétant successivement les observations sur toutes les parties de la circonférence d'un cercle : cette idée est due au célèbre Tobie Mayer, et c'est une des plus belles découvertes de ce siècle On la trouve dans les *Mémoires de Gottingen*, 1752, t. II, p. 325. Supposons une lunette LM (*fig.* 11) montée sur un alidade AB, et dirigée sur un objet terrestre; on mesure la distance des deux points A et L, on tourne l'assemblage jusqu'à ce que la lunette L réponde sur un autre objet, et l'alidade restant seule fixe, on amène la lunette sur le premier objet, et l'on a le double de leur distance. En multipliant ainsi les opérations jusqu'à ce qu'on ait fait 360°, on mesure de nouveau la distance des points A et L, et l'on voit ce qu'il faut ajouter à l'angle mesuré.

Mayer appliqua cette idée heureuse aux instrumens nautiques; mais il restoit à faire, d'après cette idée, un instrument qui fût propre aux opérations géodésiques, et qui, s'il étoit possible, servît également aux observations astronomiques; ce qui a été fait vers l'année 1789, par le cit. de Borda, auquel la géométrie et la marine ont des obligations multipliées, et qui a produit une heureuse révolution dans l'astronomie, par la perfection qu'il a donnée à cet instrument.

Ramsden avoit exécuté des cercles, comme nous l'avons dit; mais, dans ces cercles, l'observation ne se faisant que sur un point fixe de la circonférence, on perd l'avantage inestimable de diminuer les erreurs de la division, en multipliant les observations, avantage qui ne peut être compensé par la précision que cet habile artiste mettoit dans l'exécution de ses instrumens.

On trouve la description, la figure et l'usage de ce cercle dans la *Connoissance des Temps* de lan 6, 1798, et dans le livre du cit. Cassini, *Exposé des opérations faites en France*, *&c.* 1791. Cet à cet instrument que l'on doit l'avantage d'avoir actuellement à une seconde les hauteurs du pôle et les déclinaisons; la longueur des degrés mesurés par les cit. de Lambre et Mechain, a dû à ces cercles toute son exactitude.

Ces cercles multiplicateurs ont deux alidales, une qui porte la lunette et une qui porte le niveau; celui-ci étant bien calé, et sur le même point, quand l'instrument est tourné à l'Orient et ensuite à l'Occident, la lunette marque le double de la distance de l'astre au zénit. Après cela on retourne le cercle, on dirige la lunette sur l'astre, l'on dispose le niveau comme la première fois, et l'on commence une nouvelle paire d'observations; on en fait ainsi vingt et plus, tant avant qu'après le passage au méridien, et les réduisant toutes au méridien, l'on a la hauteur méridienne à une seconde près et même mieux.

L'instrument des passages où la lunette méridienne, en anglois *Transit*, est une acquisition précieuse de ce siècle-ci pour l'astronomie, et nous lui devons la perfection actuelle des catalogues d'étoiles et des tables des planètes.

La nécessité où sont les astronomes d'observer sans cesse les différences d'ascension droite entre les planètes et les étoiles, leur a fait chercher un instrument qui pût être placé bien exactement dans le méridien; dans le quart de cercle mural, quelque soin qu'on prenne à le dresser exactement, on ne sauroit avoir un plan assez régulier et assez parfait pour que la lunette décrive le méridien à quelques secondes près, du zénit jusqu'à l'horizon, et l'erreur est souvent de 7 à 8 secondes de temps. Pour obtenir de la précision dans les passages au méridien, il faut recourir à une lunette montée sur un axe qui soit tourné avec grand soin. L'opération du tour étant, par sa nature, la plus exacte qu'il y ait dans les arts, un instrument fait sur le tour est aussi le plus parfait.

Le premier dont on ait parlé, suivant le cit. de la Lande, est celui de Romer, qui le décrivit lui-même en 1700 (*Miscell. Berolin.* t. III, Horrebow, *Basis Astronomiae*, 1735). Romer s'étoit fait, en 1689, à son etour en Dannemarck, un observatoire dans lequel il avoit placé plusieurs instrumens, entr'autres une lunette fixée à angles droits sur un axe de 5 pieds de long et d'un pouce de diamètre, avec un arc pour indiquer les hauteurs, et un poids pour soutenir le milieu de l'axe et empêcher la flexion; et depuis 1692, il s'en servoit avec succès. Halley fit faire, en 1721, un pareil instrument, que l'on conserve encore à Greenwich, mais dont on ne fait plus d'usage: l'axe est de fer, et la lunette a environ 5 pieds de long.

Graham, vers l'an 1735, en ayant fait construire de plus parfaits, M. le Monnier en donna la description dans son *Histoire céleste* 1741. Il en fit venir un lui-même dont il se servit longtemps, mais qui étoit trop petit pour être bien exact. En 1760, la Caille en fit faire un dont il se servit pendant deux ans; mais on en fit en Angleterre de beaucoup plus considérables, et il y en a maintenant dans tous les observatoires. Il y a des lunettes méridiennes dont l'axe a 4 pieds, à Greenwich, à Oxford, à Richmond, à Manheim, à Blenheim, à Dublin, à Gotha, les lunettes ont 8 pieds, et sont acromatiques; celle d'Oxford a 10 pieds, et elle a 4 pouces d'ouverture, mesure d'Angleterre; celles de Paris ont 5 pieds, et 3 $\frac{1}{2}$ pouces d'ouverture; il y en a une à l'observatoire national et une dans celui de la maison du Champ-de-Mars, ou Ecole Militaire, dont le cit. de la Lande, son parent Michel le Français de la Lande, et le cit. Burckhardt, ont fait et font encore un usage précieux pour l'astronomie.

Pour rendre l'axe parfaitement horizontal, on se sert des niveaux d'esprit-de-vin; mais Ramsden trouvoit qu'ils ne peuvent donner toute l'exactitude à laquelle il aspira toujours. Il suspend un fil à-plomb devant la lunette placée verticalement; ce fil passe sur deux points qui sont marqués sur deux pièces fixées, l'une au haut, l'autre au bas de la lunette, et dont une a un petit mouvement. Le fil est absolument détaché de la lunette, et quand il répond sur les mêmes points, dans les deux situations de la lunette, on est sûr que l'axe est horizontal, comme le cit. de la Lande l'a fait voir dans son astronomie.

Mais ce qu'il y a de plus ingénieux et de plus neuf dans la méthode de Ramsden, c'est que le fil à-plomb ne passe quelquefois que par les images des points, qui sont formés au foyer d'une lunette, parce qu'il est obligé quelquefois d'écarter beaucoup le fil de l'instrument et du point; mais l'exactitude n'en est pas diminuée, et il n'y a aucune parallaxe. Ce n'est pas le point qui me servira, disoit-il en plaisantant, c'est seulement le *ghost*, comme on dit l'esprit ou le revenant.

La machine parallatique, appelée aussi lunette parallatique, est destinée à suivre le parallèle d'un astre, ou son mouvement diurne d'Orient en Occident, en décrivant le même parallèle. Lorsque l'astre est placé une fois sur le fil de la lunette, il le décrit sans s'en écarter, et à quelque heure du jour qu'on dirige la lunette vers l'astre, on voit toujours celui-ci parcourir le fil de la lunette. Pour remplir cet objet, il ne s'agit que de placer la lunette sur un axe qui soit parallèle à l'axe du monde, et qui tourne sur lui-même dans le sens et dans la position du mouvement diurne; lorsque cet axe tourne, il emporte avec lui la lunette, et par ce moyen elle accompagne l'astre dans sa révolution journalière, qui se fait autour du même axe. Plusieurs instrumens anciens avoient aussi un pareil mouvement; mais la plus ancienne machine parallatique dans le goût de celles que l'on emploie, me paroît être celle qui fut décrite en 1626, par Scheiner (*Rosa ursina*, p. 347), il l'appelle *instrumentum telioscopicum*, et en attribue l'invention au P. Gruenberger; elle fut d'un très grand usage pour observer les taches du soleil. Dominique Cassini s'en servoit beaucoup; Cassini le fils la perfectionna, et en donna la description (*Mem. de l'Acad.* 1721), et dans ce siècle-ci, elle a produit un instrument important appelé l'équatorial.

L'ÉQUATORIAL est en effet un instrument de même espèce que la lunette parallatique, composé de deux cercles qui représentent l'équateur et le cercle de déclinaison; on y ajoute un quart de cercle qui sert à élever l'équateur pour la latitude du lieu, et un cercle qui sert de base à toute la machine.

Cet instrument a par conséquent du rapport avec le cadran équinoxial et l'anneau astronomique; mais dans sa forme actuelle il est moderne, et le plus ancien que le cit. de la Lande ait vu, fut fait à Lunéville vers 1735, par Vayringe, artiste, né en 1685, près Longuyon, du côté de Luxembourg. Il étoit serrurier, il devint ensuite horloger, et enfin professeur de physique expérimentale à l'académie que le duc Léopold, mort en 1729, avoit établie à Lunéville (Bexon, *Histoire de Lorraine*, 1777, t. I.) Vayringe mourut en 1746. Le cit. de la Lande a un petit équitorial de 7 à 8 pouces de diamètre, qui porte son nom, et peut être regardé comme le principe de ceux qu'on a fait depuis. Il ne porte point de date, mais il doit être antérieur à l'année 1737, temps où les ducs de Lorraine quittèrent Lunéville. Sisson en avoit fait de plus importans: Short accrédita surtout ces instrumens en Angleterre; lorsqu'il en eut fait un, dont la description se trouve dans les transactions de 1749. Il y en a une autre par Nairne dans les *Transactions* de 1779: *Description and use af à New constructed équatorial telescope*, or *portable observatory*, Made by, M. Edward, Nairne (*Philosos. Trans.* vol. LXI, 1779). Il faut voir aussi deux ouvrages intéressans sur le même sujet: *Description and use of the New invented equatorial instrument, by P. and. J.* DOLLOND. *Des-*

cription of à New. universal équatorial Made *by* Ramsden. Cette dernière est de M. Mackensie. Elle a été faite vers 1779. On y voit que Ramsden ôta d'abord la vis sans fin qui, en pressant le centre, en détruisoit la précision; il plaça le centre de gravité sur le centre de la base; il fit en sorte que tous les mouvemens eussent lieu sur tous les sens: il indiqua les moyens de rectifier l'instrument dans toutes ses parties, et il y appliqua une petite machine très-ingénieuse, pour mesurer ou corriger l'effet de la réfraction. Cette invention est antérieure à celle que M. Dollond avoit donnée dans les *Transactions philosophiques*. Ramsden eut un privilége exclusif pour cette espèce d'équatorial. Il a fait des instrumens semblables, dont les cercles ont 10 pouces de diamètre; ceux de 7 pouces coûtent 60 guinées, ou 60 louis. On y distingue les minutes une à une; la lunette grossit depuis 40 jusqu'à 80 fois. Le roi d'Angleterre en a un à Richmond, où il y a un cercle de déclinaison de deux pieds et demi de diamètre. M. Troughton en a fait un à Londres pour le Portugal en 1787, dont le cercle de déclinaison a 20 pouces et le cercle azimutal 34 pouces. Il a coûté 260 guinées, ou 6700 livres. Mais le plus grand instrument qui existe dans ce genre est celui que Ramsden a construit pour M. le chevalier Schuckburgh, et qui est placé dans le château de même nom, 25 lieues N. E. de Londres. Il a été dix ans à terminer: l'axe a 5 pieds 4 pouces, mesure d'Angleterre; les cercles ont 49 $\frac{1}{2}$ pouces de diamètre, et l'axe est formé par 6 grandes colonnes de 5 pieds 1 pouce 10 anglois. Ce bel instrument est décrit dans les *Transactions* de 1793. Tous les artifices imaginables pour les microscopes, les lampes, la correction des réfractions, les verifications de toutes les parties ont été employées par ce célèbre artiste, qui a pris cet ouvrage à cœur, comme un instrument unique, universel, et qui tient lieu de tous les autres.

M. Schuckburgh fait voir par des observations et des calculs, que l'erreur des observations ne doit pas passer 2″ dans chacun des deux cercles, et en total 7″ sur la déclinaison et 3″ sur l'ascension droite, en mettant toutes les erreurs du même sens. Une lunette de 65 pouces de foyer, et de 4, 2 pouces d'ouverture répond à tout le reste. Un oculaire prismatique, où l'on observe de côté, sert pour les étoiles très-hautes.

Ce grand mémoire finit par des tables très étendues de la correction de réfraction pour les déclinaisons et les ascensions droites que l'on observe avec ce bel équatorial.

Presque tous les instrumens que nous venons d'indiquer sont décrits fort au long avec les figures, les vérifications et les usages, dans *l'Astronomie* du cit. de la Lande.

Nous avons parlé, dans l'histoire de l'optique, tom. III, des lunettes acromatiques, des télescopes et des instrumens à réflexion dont on fait usage dans la marine; ainsi, nous terminerons ici l'article des instrumens d'astronomie.

V I.

Des Observatoires.

Après avoir parlé des instrumens d'astronomie, il est naturel de parler des observatoires. On a déjà vu (tom. II, pag. 5ɔɔ), l'histoire des deux plus grands établissemens de ce genre en France et en Angleterre; mais ce siècle-ci a été fécond, à cet égard, comme on le peut voir dans le recueil pour les astronomes et dans les nouvelles littéraires de M. Bernoulli, ainsi que dans la preface de l'astronomie du cit. de la Lande.

Mais si nous devons beaucoup aux travaux réunis d'une foule d'astronomes disséminés sur toutes les parties de l'Europe, on ne disputera cependant pas aux observatoires de Paris et de Greenwich, ainsi qu'aux deux sociétés célèbres, la société royale de Londres et l'académie des sciences de Paris, ou l'institut qui lui a succédé en 1796, d'avoir été et d'être encore les premiers et les principaux sanctuaires de l'astronomie. On ne sera donc pas surpris que dans le dessein où nous sommes de faire connoître ces divers foyers des lumières astronomiques, nous parlions encore de ces deux observatoires, et d'abord de celui de Paris, qui a sur celui de Greenwich, le droit d'aînesse, et la supériorité de l'édifice, qui coûteroit deux millions de francs actuellement.

Dans l'Observatoire de Paris, on voit successivement s'occuper de l'avancement de l'astronomie, le célèbre J. Domin. Cassini, qui poussa sa carrière encore assez avant après le commencement de ce siècle, et trois de ses descendans qui ont marché sur ses traces, et dont le dernier Cassini IV a été plusieurs années à la tête de cet établissement. On lui doit en particulier la restauration de ce monument célèbre de l'astronomie (car il commençoit à éprouver des dégradations qui le menaçoient d'une ruine prochaine); il s'occupoit de l'acquisition d'instrumens précieux, dont il faut convenir que cet observatoire n'étoit pas meublé comme il convenoit, et enfin de l'établissement d'une école d'astronomes et d'observateurs, Nouet, Perny, Villeneuve, qui ont rendu des services à l'astronomie. Le cit. Cassini a publié pendant plusieurs années les observations qu'on y faisoit, jusqu'à ce que la révolution l'ait obligé de l'abandonner.

Ce fameux observatoire a été aussi l'habitation de plusieurs astronomes

astronomes célèbres, tels que Picard de la Hire, Maraldi, oncle et neveu, Lefevre, Fouchy, Legentil, Chappe, actuellement les cit. Mechain et Bouvard. Il est enfin peu d'astronomes à l'académie qui n'y aient fait en quelque sorte leurs premières armes. Le cit. de la Lande, qui en étoit directeur depuis le 17 Mai 1795, obtint un grand mural par le crédit du général Bonaparte; le bureau des longitudes, établi par la loi du 25 juin 1795, s'est occupé de la perfection de cet établissement.

Ce n'est pas dans ce seul endroit de la capitale que l'astronomie a été cultivée avec succès; il y a eu et il y a encore à Paris un assez grand nombre d'observatoires particuliers. L'observatoire de l'Ecole-Militaire est, après le précedent, le plus célèbre de Paris. Dès 1768, le duc de Choiseul ayant ordonné la construction d'un observatoire à l'Ecole-Militaire, le cit. de la Lande demanda qu'on y fît un gros mur propre à recevoir un grand quart de cercle mural qui manquoit au grand observatoire, et qui étoit nécessaire pour l'entreprise qu'il méditoit; on n'avoit pas l'instrument, mais il disoit ce que la loi des servitudes dit de la pierre d'attente, *perpetuò clamans*, et il ne s'est pas trompé; car après avoir fait des efforts inutiles auprès des ministres les plus savans et les plus célèbres, Malesherbes et Turgot, pour avoir un mural, il l'obtint en 1774, de Bergeret, receveur général des finances; avec ce nouveau secours, il délégua au jeune d'Agelet, son élève, qui étoit professeur à l'Ecole-Militaire, la description du ciel étoilé; il commença en 1782 à s'en acquitter d'une manière utile; mais pour son malheur et celui de l'astronomie, le voyage de la Perouse nous l'enleva le 23 juin 1785, et cette perte étoit difficile à réparer. Le cit. de la Lande s'étant trouvé seul en possession de cet observaire, y continua les observations, tant par lui que par son neveu Michel le Français de la Lande, et il en a résulté le plus grand travail astronomique qu'on ait jamais exécuté. Les observations de 50000 étoiles qui ont été publiées dans le t. I de l'*Histoire céleste Françoise*, par le cit. de la Lande en 1801.

Joseph de l'Isle, à son retour de Russie, en 1748, s'établit rue des Mathurins, dans l'hôtel de Clugny; le cit. de la Lande y travailloit avec lui depuis 1749, et le cit. Messier y observe depuis 1753: il a rendu cet observatoire mémorable par la découverte de plusieurs comètes.

Louville avoit observé dans la coupole du Luxembourg à Paris; de l'Isle et de la Lande y ont aussi travaillé.

Godin et Fouchy avoient leur observatoire dans la rue des Postes, près l'Estrapade.

Le Monnier obtint en 1742, par le crédit des Noailles, aux capucins de la rue Saint-Honoré, un observatoire qui a toujours été muni des instrumens les plus grands et les plus précieux, et il y a fait, jusqu'au 10 novembre 1791, un grand nombre d'observations importantes.

La Caille s'en étoit pratiqué un au collége des Quatre-Nations, ou collége Mazarin, où il a vacqué à l'observation jusqu'à sa mort, arrivée en 1762; il a été ensuite à la disposition du cit. de la Lande, qui y a fait beaucoup d'observations, et qui se propose de le faire rétablir comme un lieu très-remarquable et très-solide. Enfin, étant venu habiter, en 1776, au collége de France, il obtint un observatoire commode, dans lequel il a continué d'observer, aidé de son parent le cit. le Français, et même de madame le Français, épouse de celui-ci, qui, aux agrémens de son sexe, réunit les connoissances astronomiques qui l'ont mise en état de calculer les *tables horaires* qu'il a publiées en 1793 pour l'utilité de la navigation, et qui a fait les calculs de dix mille étoiles observées à l'Ecole-Militaire.

Je ne dois pas omettre l'observatoire que M. Geoffroy d'Assy, ancien caissier des receveurs généraux des finances, a établi chez lui, rue de Paradis, pour le cit. de Lambre. Ce secours l'a mis en état de faire des observations précieuses.

Le président de Saron avoit chez lui, rue de l'Université, un observatoire et de beaux instrumens.

Pingré en avoit établi un à sainte Geneviève.

M. Cagnoli, rue de Richelieu, passage Saint-Guillaume.

Il étoit d'une grande utilité de déterminer exactement les situations respectives de tous ces observatoires particuliers, pour que les observations faites dans l'un fussent en quelque sorte communes à tous. C'est ce qu'a fait le cit. de Lambre dans le t. VIII des *Éphémérides* du cit. de la Lande; on y voit jusqu'aux 10es des secondes la différence en longitude et en latitude de ces divers lieux d'observations.

Le marquis de Courtanvaux, qui porta l'amour de l'astronomie et du bien public jusqu'à faire construire à ses frais une frégate pour l'essai des nouvelles montres marines, avoit aussi élevé dans sa maison de Colombes, près Paris, un observatoire où rien ne manquoit de ce qui étoit nécessaire pour l'observatoire. Il y rassembloit, dans les circonstances remarquables, ceux des membres de l'Académie qui n'avoient pas d'observatoire à eux et les amateurs de la science.

Le duc de Croy en avoit fait bâtir un sur la hauteur de Châtillon, où le Monnier fit diverses observations.

Le feu cardinal de Luynes s'en étoit formé un à Noslon, maison de plaisance de son archevêché de Sens. Comme il y faisoit son séjour le plus habituel, il ne manquoit guère d'y prendre part personnellement et avec d'autres astronomes, tels que le cit. Messier, aux phénomènes astronomiques.

L'observatoire de Montpellier fut établi par une société affiliée à l'Académie des sciences de Paris. On y a vu depuis le commencement du siècle l'astronomie cultivée successivement par divers membres de cette société, et souvent cet observatoire, placé sous un ciel plus serein et plus méridional, a suppléé à celui de Paris : le soin en étoit confié, ces dernières années, à de Ratte et Poitevin.

La ville de Beziers, située sous un ciel plus favorable encore que celui de Montpellier, jouissoit depuis bien des années du même avantage, et elle le devoit à Bouillet, qui, à la pratique de la médecine, réunissoit des connoissances très-variées et un grand goût pour l'astronomie. Mais cet astronome est mort en 1777.

Il y a déjà plusieurs années que la ville de Toulouse a vu l'établissement d'un observatoire construit aux frais de Garipuy, ingénieur de la généralité et géomètre habile, qui y observoit vers 1745, et a continué d'y observer plusieurs années après et jusqu'à sa mort : le cit. Vidal, un de nos plus habiles astronomes, en a maintenant la direction.

Le cit. Darquier illustre aussi la ville de Toulouse dans les fastes astronomiques. Il a fait usage d'une partie de sa fortune pour se former un observatoire meublé des meilleurs instrumens. Il a publié plusieurs recueils d'observations qui lui assurent une place parmi les astronomes les plus laborieux et les plus éclairés.

Le président de Bonrepos, de l'illustre famille des Riquet, s'est fait un observatoire dans sa terre. Il a légué ses instrumens au cit. Vidal, qui en a fait à Mirepoix un excellent usage, comme on le voit dans divers volumes de la *Connoissance des Temps*.

A Lyon, les jésuites avoient fait pratiquer, dans leur magnifique collége, un observatoire dans une situation des plus avantageuses. Il avoit été fondé et construit par les soins du P. de Saint-Bonnet, homme zélé pour l'avancement des sciences mathématiques, quoique je ne connoisse de lui aucun ouvrage. Il fut remplacé par le P. Rabuel, savant commentateur de la géométrie de Descartes, auquel succéda le P. Duclos, professeur de mathématiques au collége de Lyon; et enfin, le P. Beraud, physicien ingénieux, excellent géomètre, et observateur zélé et industrieux, qui l'a tenu jusqu'à la malheureuse catastrophe de sa société en 1762.

Après cet événement, l'usage de cet observatoire fut confié à M. Crozet, ancien professeur d'hydrographie à Rochefort, qui y a observé jusqu'en 1775, époque de sa mort. M. Crozet remplissoit l'almanac de la ville de Lyon de beaucoup de calculs et de tables utiles à l'astronomie et aux sciences qui en dépendent, ce qui en faisoit un almanac à la fois civil et astronomique.

Le P. Beraud mourut en 1777; on a de lui une excellente *Dissertation sur les Éclipses annulaires du Soleil, et spécialement sur celle du 1er avril* (Lyon, 1764, *in*-8°.), et plusieurs dissertations physiques, ou pièces couronnées par diverses académies. Je suis charmé d'avoir cette occasion de jeter ici quelques fleurs sur la tombe de ce savant et respectable jésuite, qui m'a mis en quelque sorte dans les mains le premier livre de géométrie, de même qu'aux cit. la Lande et Bossut.

Je dirai ici à la louange de cette Société savante et si cruellement traitée, que dans plusieurs de ses colléges il y avoit des observatoires; de ce nombre étoit celui de Marseille, où ont observé pendant long-temps le P. Laval, hydrographe de la marine, auteur d'observations fort justes sur l'instabilité de l'horison apparent et des réfractions horizontales; le P. Pezenas, et son élève et co-adjuteur le P. Rivoire. Après la dissolution de la société, le P. Pezenas continua d'y observer jusqu'à sa mort. Le soin en fut ensuite confié à M. de Saint-Jacques-Sylvabelle, habile géomètre, duquel nous avons quelques pièces savantes sur les points les plus épineux de l'astronomie-physique, publiées il y a bien des années. M. de Saint-Jacques-Sylvabelle a eu pour adjoint, en 1768, le cit. Bernard, astronome et mécanicien habile; ensuite le cit. Thulis, qui fait encore de bonnes observations.

Avignon étoit encore une de ces villes de France décorées d'un observatoire dépendant du collége des jésuites. L'astronomie étoit fort cultivée dans cette ville dès le milieu du siècle dernier. On voit souvent figurer parmi les observateurs, le P. Bonfa, jésuite; l'abbé Gallet, auteur de quelques tables astronomiques, et Comiers. Mais il n'y a plus d'astronomes à Avignon.

La ville de Dijon, ainsi que la Bourgogne, avoit paru, jusqu'à ces dernières années, peu sensible aux charmes de la géométrie et de l'astronomie; car dans tout le volume *in-fol.* des auteurs de la bibliothèque de Bourgogne, il ne se trouve pas un mathématicien. Mais enfin cette ville a ouvert ses portes vers 1785, du moins à l'astronomie, et conséquemment à la géométrie; car la première ne sauroit marcher sans la compagnie de sa sœur. Il s'est établi, par les soins et le zèle ardent de l'abbé Fabarel, un observatoire dans Dijon, et l'usage en fut commis à l'abbé Bertrand, qui, par diverses observations utiles, a prouvé l'utilité de cet établissement. Il publia en 1786 des tables astronomiques à l'usage de l'observatoire de Dijon (Dijon, 1786, *in*-8°. p. 52). Lorsqu'il partit pour le voyage autour du monde, cet observatoire devint inutile.

A Montauban, le cit. Duc-la-Chapelle, fils du receveur des finances, après avoir travaillé à Paris, a été dans son pays fonder un observatoire à ses frais. Le bureau des longitudes lui a envoyé un secteur de la Caille, et depuis 1789, on a reçu de lui un grand nombre de bonnes observations.

Le cit. Flaugergues, à Viviers, s'est aussi formé un observatoire; le bureau des longitudes lui a envoyé divers instrumens, et il y travaille utilement.

A Brest, on avoit fait un petit observatoire pour l'académie de marine, à l'hôtel de Saint-Pierre, rue de Siam; cet hôtel sert à présent de logement au commandant de la marine, et l'observatoire ne sert plus; mais on espère en avoir un plus considérable, le bureau des longitudes ne cesse de le solliciter.

A Genève, Jacques-André Mallet, avoit obtenu en 1771 un observatoire qu'on éleva sur les remparts de la ville; il y établit de bons instrumens faits à Londres, et il y fit beaucoup d'observations avec Trembley et Pictet. Dans les lettres de M. Bernoulli, on voit un plan de cet observatoire, qui est un octogone de 9 pieds de côté. Dans les troubles de 1782, l'observatoire fut dévasté par les troupes de France et de Piémont, que les magistrats négatifs avoient appelés à leur secours contre les représentans, et M. Mallet fut obligé de transporter ses instrumens à Avully, où étoit sa maison de campagne. Il est mort en 1790. (*Voyez* son éloge dans le *Guide astronomique* pour 1791).

Après avoir parlé des observatoires de France, le premier qui appelle notre attention est l'observatoire de Greenwich, près de Londres; il nous présente également une succession d'astronomes dans les fastes de cette science. D'abord Flamsteed, qui, ainsi que J. D. Cassini, déjà célèbre plusieurs années avant la fin du siècle précédent, prolongea dans celui ci sa carrière jusqu'en 1730. Il eut pour successeur le célèbre Halley, qui remplit sa place jusqu'en 1742. Il a été si fréquemment parlé des travaux de l'un et de l'autre, que nous sommes dispensés d'en rien dire de plus.

Bradley occupa la place d'astronome du roi à Greenwich jusqu'en 1762. Ses observations, qui devoient être imprimées tout de suite, ont été long-temps à paroître; les tuteurs de sa fille s'en étoient emparés sous prétexte qu'ils leur appartenoient et non à la nation. On leur intenta un procès au nom du roi, procès non jugé jusqu'en 1777, que le docteur Samuël Peach ayant épousé la fille de Bradley, en fit hommage au gouvernement, s'en remettant à sa générosité. Les papiers furent en conséquence remis à l'université d'Oxford pour les mettre au jour, et M. Hornsby en a publié la moitié en 1798.

Nathanael Bliss, successeur de Bradley, mourut en 1764; il fut remplacé le 26 février 1765, par le docteur Nevil Maskelyne (né le $\frac{5}{16}$ octobre 1732). On peut voir dans les lettres astronomiques de M. Bernoulli, des détails sur l'état de cet observatoire et sur les instrumens magnifiques dont il est meublé. On n'y trouve aucun de ceux de Flamsteed; comme ils avoient été faits aux frais de cet astronome, ou lui avoient été donnés par des mécènes de l'astronomie, sa veuve les revendiqua; cela prouve que chez la nation même la plus éclairée, il y a des momens d'insouciance et de létargie sur certains objets. Tout l'ameublement astronomique actuel de l'observatoire de Greenwich, est donc absolument moderne, et au fond cela n'en est pas plus mal, l'astronomie-pratique ayant presque changé de face depuis 50 ou 60 ans. On imagine bien, au surplus, que dans le pays des plus grands fabricateurs d'instrumens astronomiques, l'observatoire de Greenwich doit être fourni de plus beaux et des plus précieux.

Les observatoires de Paris et de Greenwich sont dans le cas de se correspondre tellement, qu'il étoit de la plus grande importance d'établir avec la plus grande précision leur position respective; c'est ce qui a été fait, comme on le voit, dans le livre intitulé: *Exposé des opérations faites en France pour la jonction des observatoires de Paris et de Greenwich, par Cassini, Méchain et le Gendre, avec la description d'un nouvel instrument pour mesurer les angles à la précision d'une seconde*, chez Bluet, libraire, rue Dauphine. *Journ. des Savans*, février 1791.

Il y avoit aussi à Londres quelques observatoires particuliers, où observoient *Canton*, *Bevis*, *Short*, *Bird*. En général, l'air de Londres est peu favorable à l'astronomie, à cause des vapeurs du charbon de terre, seul combustible qu'on brûle dans cette immense ville. Mais quelques amateurs de l'astronomie se sont formés des observatoires à peu de distance de Londres. Milord Morton, président de la société royale, en avoit un dans sa terre de Chiswick; le lord Macclesfield, aussi président de la société royale, s'en étoit formé un au château de Sherburn, à moitié de chemin de Londres et d'Oxford; et milord Marlborough dans son château de Blenheim.

Le roi actuel, Georges III, a fait construire un observatoire à Richmond, près de son palais de Kew, lieu enchanteur, et qui présente d'ailleurs aux amateurs de la botanique, que ce prince aime et cultive, ainsi que l'astronomie, les plus rares trésors du monde végétal. Cet observatoire est meublé des instrumens les plus grands et les plus précieux, tous ouvrages des plus célèbres artistes de Londres, entr'autres de Sisson. Le soin en fut confié au docteur Bevis, et ensuite au docteur de Mainbray, physicien célèbre, que de vastes connoissances avoient rendu cher à Georges III; et ce prince, dans les momens qu'il passoit à Kew, alloit y faire des observations. *Jour. des Savans*, juin 1772.

Un observatoire qui mérite encore ici une mention spéciale, est celui de Blenheim, formé par milord duc de Marlborough, descendant du général de ce nom, trop célèbre dans les annales militaires. On ne peut rien ajouter à la richesse, à la beauté et à l'excellence de l'ameublement astronomique qu'il contient. Lorsque plusieurs de nos académiciens furent chargés d'aller en Angleterre y faire, de concert avec les astronomes anglois, les opérations nécessaires pour lier la méridienne de France avec celle d'Angleterre, ils ne pouvoient manquer de faire une visite à cet observatoire; ils y furent reçus par milord Marlborough avec une distinction particulière, ainsi que le cit. de la Lande, en 1788. A Oxford, on a bâti, de 1772 à 1774, un grand et bel observatoire, qui a 175 pieds de long, dont M. Hornsby a la direction; l'on y a placé deux muraux de 8 pieds, faits par Bird en 1772, et qui ont coûté 800 guinées (chacune de 25 francs), un secteur de 12 pieds, 200 guinées, un secteur équatorial de même prix, un instrument des passages de 150 guinées, dont l'axe a 4 pieds et la lunette 10. On y voit en plein jour des étoiles de 5e grandeur. Cet observatoire a déjà coûté près de 500 mille livres, et il n'est pas encore fini. Cette somme est provenue des fonds laissés par Ratclif à l'université d'Oxford. Milord Marlborough, qui a donné le terrain, a fait présent aussi du télescope de 12 pieds de Short. M. Hornsby y a fait d'excellentes observations.

M. Herschel est établi à Slough, près Windsor; on y voit non un observatoire formé, mais les plus grands et les meilleurs télescopes, et l'observateur le plus courageux et le plus industrieux. Son télescope de 40 pieds a surpassé nos espérances; il a été terminé en 1789: mais M. Herschel observe en plein air.

A Cambridge, M. Shepherd en a fait un au collége de Christ (M. Bernoulli, p. 119) et M. Guillaume Heberden un autre au collége de Saint-Jean (M. Bernoulli, *Nouvelles littéraires*, 3e. cahier, p. 77), et quoique les instrumens ne soient pas très-grands dans ces deux observatoires, ils forment cependant des assortimens complets qui suffiroient à des observations suivies et utiles.

Celui de Saint-Jean a été occupé pendant plusieurs années par le docteur Ludlam, auteur de recueils d'observations astronomiques; après son départ pour aller occuper un bénéfice dans le comté de Lincoln, il a été remplacé par M. Pellington. A ces astronomes et observateurs, fixés à Cambridge, il faut joindre le docteur Long, recteur du collége de Pembrocke, auteur d'un grand traité d'astronomie, qui est mort en 1770 à 90, ans après avoir été une partie de sa vie occupé d'astronomie. Ces observatoires enfin ont été le berceau de nombre d'astronomes qui se sont fait un nom par des travaux utiles, comme Williams, Parkinson, Ashwood, Jean Smith, Lyons, &c.

M. le chevalier Shuckburgh a un grand et bel instrument dans son château; nous en avons parlé à l'occasion de l'équatorial.

A Édimbourg, on posa la première pierre d'un observatoire le 22 juillet 1776; il étoit sur un Catton-Hill, et se bâtissoit aux dépens de la ville et de l'université; l'on frappa même une médaille à ce sujet: mais il n'a pas été achevé. En 1786 il a été établi un professeur d'astronomie; c'est M. Robert Blair, il a acheté la maison du célèbre Napier, ou Neper, où il y a une tour très-solide. Il se proposoit, en 1788, d'y faire un observatoire.

A Dublin, on a bâti un grand observatoire qui a 25 croisées de face, et dont les plans ont été gravés en 1783. M. Usher en avoit la direction; mais il est mort en 1790. Il y a une lunette miridienne de 6 pieds, et M. Ramsden a fait pour cet observatoire un cercle de 11 pieds de diamètre.

En revenant dans le continent, nous devons passer par les Pays-Bas; mais M. Hennert, dans la préface de ses *Dissertations physiques et mathématiques*, se plaint, avec raison, de ce qu'on a négligé l'astronomie en Hollande; il y a cependant des noms distingués à citer: M. Klinkenberg à la Haye, M. Lulofs à Leyde, MM. Dowes, Nettis, Blassiere, Ypey, Gabry, Van Swinden et M. Hennert, qui a donné de savantes dissertations et deux volumes d'astronomie dans son cours de mathématiques en 1771.

Les administrateurs de l'université de Leyde avoient établi en 1690, un observatoire au haut du collége de l'université; mais en 1774, le cit. de la Lande n'y vit ni astronomes, ni instrumens que l'on puisse citer; les directeurs se proposoient bien de s'en procurer, mais cela n'a point encore eu lieu.

Les magistrats de la république d'Utrecht consacrèrent, en 1726, à l'usage de l'astronomie une ancienne tour de la ville. On y plaça divers instrumens: le célèbre van Musschenbroek, alors professeur de philosophie et de mathématiques dans l'université d'Utrecht, y fit quelques observations, et M. Hennert, qui en a la direction depuis 1774, en a fait également, ainsi que M. le baron d'Utenhove. Mais l'observatoire est peu commode, et il y a peu d'instrumens. M. Hennert se proposoit d'en obtenir de la ville; mais les troubles de 1786 l'obligèrent de quitter les Pays-Bas.

Bas. Cependant il est retourné en 1789 à Utrecht pour reprendre, malgré son grand âge, ses utiles travaux.

Dans les Pays-Bas autrichiens, actuellement françois, l'astronomie ne paroît pas avoir été cultivée ; le seul observateur de ce pays est un gentilhomme anglois, M. Pigott, qui, après avoir passé à Caen plusieurs années occupé de l'observation, et en ayant fait de fort curieuses sur les étoiles changeantes, s'étoit fixé, en 1772 et 1773, dans les Pays-Bas, pour y coopérer à un grand travail désiré par le gouvernement, qui consistoit à rectifier la carte du pays, ce qu'il a fait gratuitement et même à ses frais. Une foule d'observations intéressantes pendant ce séjour, tant par M. Pigott que par son fils, dans toutes les parties des Pays-Bas, en ont été le fruit. On les lit dans le premier volume des *Mém. de l'Acad. de Bruxelles*. Mais MM. Pigott sont retirés aujourd'hui en Angleterre.

L'Allemagne ne s'est pas moins distinguée que l'Angleterre, par le nombre d'observatoires. L'exemple d'Hévélius fut d'abord suivi par le sénat de la ville impériale de Nuremberg, qui fit construire, en 1678, un observatoire, où Geoige-Christophe Eimmart observa jusqu'en 1705. Philippe Wurzelbau fit construire à Nuremberg, en 1692, pour son usage particulier, un autre observatoire dont on peut voir la description dans son ouvrage, qui a pour titre : *Uranies noricae Basis*. 1697. Ses instrumens ont été acquis par le magistrat, mais ils sont anciens (M. Bernoulli, *Lettres sur différens sujets*, 1777, tom. I, p. 27).

A Danzig, où Hévélius avoit fait fleurir l'astronomie, il n'y avoit plus d'observatoire ; peut-être l'incendie de l'observatoire d'Hévélius avoit privé de toute commodité, à cet égard, quelques mathématiciens que nous présente cette ville, comme Hanov, mathématicien, connu par divers ouvrages ; Kuhn, dont on a aussi quelques petits écrits physico astronomiques *sur les taches du soleil, sur les queues des comètes*, insérés dans le t. I. de la *Société des curieux de la nature, de Danzig* (en allemand). Mais il y a quelques années qu'un citoyen riche de cette ville, le docteur Wolf, a travaillé à rétablir la gloire astronomique de Danzig, en y fondant et élevant à ses frais un observatoire, dont, par son testament, il a fait don à la société dont nous venons de parler, sous la protection du sénat de cette ville. Il publia en 1784, ses observations astronomiques faites à Danzig dans un ouvrage intitulé : *Obs. astr. Dantisci factae ab ann.* 1774 *ad A.* 1784, *una cum aliis Warsaviae et Dirsaviae factis ab ann.* 1764 *ad* 1773, per D. de Wolf, *adjecta est descriptio observatorii Gedanensis*. Berol. 1785. On y voit que c'étoit un observateur assidu. On trouve dans le *Journal astronomique* de

Leipzig (*Leipsiger magasin*), premier trimestre de 1786, les plan, coupe et élévation de cet observatoire, avec divers autres détails relatifs à la vie du docteur Wolf, son fondateur, qui indépendamment de son goût pour l'astronomie et de son habileté pour la médecine qu'il exerçoit avec succès, avoit une foule de connoissances variées. Remarquons qu'il n'a pas même voulu abandonner son observatoire après sa mort; car il ordonna par son testament qu'on l'enterrât dans le caveau qu'il s'y étoit préparé à côté de son quart de cercle mural. C'est ce qu'a demandé aussi, par son testament, le cit. de la Lande. Il y avoit à Danzig un horloger à qui le docteur Wolf avoit inspiré le goût de l'astronomie, et dont il s'étoit fait un coopérateur utile et zélé, soit dans l'observation, soit dans la fabrication des instrumens: il se nommoit Fulbach.

En parlant de Danzig, nous sommes trop près de Kœnigsberg, capitale de la Prusse royale, pour omettre un astronome habile de cette ville, M. Reccard, dont on a divers morceaux astronomiques publiés, soit séparément, soit dans les actes de Leipzig. M. Reccard est un ecclésiastique respectable, pasteur d'une des églises de Kœnigsberg. A Greiffswalde, en Poméranie, il y a un observatoire qui a été formé par M. Mayer. *Lettres* de M. Bernoulli, 1777. On en a bâti un nouveau. *Nouvelles littéraires*, t. IV.

A Berlin, Frédéric Ier, roi de Prusse, ayant fondé, en 1700, une académie des sciences sous la présidence de Leibnitz, y fit bâtir un observatoire, qui fut achevé en 1711. C'est une grande tour carrée fort solide; mais ce ne fut qu'en 1712 qu'on en fit usage. Godefroi Kirch, qui s'étoit fait connoître avantageusement parmi les astronomes par des éphémérides annuelles et par diverses observations, avoit été appelé à Berlin dès 1700, en qualité d'astronome royal; mais il ne put avoir la satisfaction de prendre possession de cet observatoire. Il mourut en 1710, et fut remplacé par Hoffmann, qui, étant mort lui-même en 1715, eut pour successeur dans la direction de l'observatoire, Christian Kirch, qui remplit cette place jusqu'en 1740. On a de lui diverses observations utiles dans les *Miscellanea Berolinensia*. Son successeur fut Wagner, dont je ne retrouve plus de trace au-delà de 1744. Le grand Frédéric ayant renouvelé l'académie en 1745, on recommença à y observer plus assiduement par les soins de Grischow et Kies. Le cit. de la Lande en fut chargé en 1751 et 1752, et il y fit élever des pierres énormes pour placer des muraux au nord et au midi. En 1755, M. Hubert en fut chargé; il se retira en 1758. M. Bernoulli lui succéda; c'est actuellement M. Bode à qui l'on doit les éphémérides qui se publient annuellement, et depuis 1776, sous le titre d'*Astronomisches Jahrbuch*, et qui sont enrichies chaque année de mémoires et d'observations de divers astronomes. A l'égard de M. Bernoulli, nous lui devons le journal astronomique, sous le titre de *Recueil des Astronomes*, avec des supplémens sous celui de *Nouvelles littéraires de divers endroits*, de 1771 à 1779, et des lettres astronomiques qui ont pour objet de faire connoître l'état de l'astronomie-pratique dans les parties de l'Europe. Ce sont autant d'ouvrages qui attestent le savoir et le zèle de ce dernier des Bernoulli. Le roi de Prusse vient encore d'accorder une somme considérable pour rendre son observatoire plus utile.

A Manheim, dans le Palatinat, le prince Charles-Théodore, électeur de Bavière, a fait bâtir, vers 1772, un grand observatoire qui a 108 pieds de hauteur, mesure du Rhin. On y voit un mural de 8 pieds de rayon fait par Bird, une excellente lunette méridienne de Ramsden, un secteur au zénit fait par Sisson, une grande lunette méridienne, &c. Le P. Christian Mayer y a fait beaucoup d'observations, comme on le voit dans son ouvrage *De novis in cœlo sidereo phœnomenis*, 1779 : il étoit secondé par le P. Metzger. Ils sont morts l'un et l'autre. M. Barry, missionnaire de Saint-Lazare, astronome de l'électeur depuis le mois de novembre 1788, y a fait un grand nombre d'observations importantes, secondé par M. Henry, jeune missionnaire de la même congrégation; l'un et l'autre s'étoient exercés à Paris chez le cit. de la Lande : la guerre de 1793 a interrompu ce cours d'observations.

L'observatoire de Gotha est le plus moderne, mais le plus beau, le plus célèbre, le plus utile de tous les observatoires d'Allemagne. M. le duc régnant Ernest, né en 1745, a fait bâtir, en 1788, ce bel observatoire sur la hauteur de Seeberg, à une demi-lieue de la ville : le plan est dans les *Éphémérides de Berlin* pour 1795. On y voit une lunette méridienne de 7 $\frac{1}{2}$ pieds, avec 4 pouces d'ouverture sur un axe de 4 pieds. Un quart de cercle de Dollond, un télescope de Herschel, et une multitude d'autres instrumens : M. le duc de Saxe-Gotha en a encore ajouté cette année.

M. le baron de Zach, qui en est le directeur, a déjà publié une quantité d'observations importantes, des tables du soleil, un catalogue d'étoiles d'une exactitude singulière.

Le journal qu'il publie chaque mois, depuis le mois de janvier 1798, est un répertoire précieux d'observations et de mémoires, que le cit. de la Lande et ses autres correspondans s'empressent d'enrichir; il fait graver leurs portraits avec leurs vies, et il répand l'émulation dans toute l'Allemagne par ses voyages et ses écrits, comme par les élèves qu'il a formés; il n'y a point d'astronome à qui l'on ait plus d'obligation.

Le cit. de la Lande, qui a été visiter ce bel observatoire en

1798, a été enchanté de l'astronome, et de la souveraine, qui s'occupe elle-même singulièrement des calculs d'astronomie.

A Cremsmunster, dans la Haute-Autriche, sept lieues au midi de Lintz sur le Danube, l'abbé Alexandre Filxmillner fit bâtir, en 1748, un bel observatoire, et le P. Placide Fixlmillner, bénédictin de cette abbaye, né en 1721, a fait depuis 1761 beaucoup d'observations, comme on l'a vu dans son ouvrage, qui a pour titre : *Meridianus speculae astronomicae Cremifanensis, styrae*, 1765 ; exemple rare jusqu'à présent dans les cloîtres, mais digne d'être cité. Cet observatoire est décrit dans les lettres de M. Bernoulli. M. Fixlmillner a publié deux recueils considérables d'observations, et il y en a beaucoup dans les éphémérides de Vienne et de Berlin ; il a été remplacé par le P. Dœiflinger, qui s'en occupe avec le même zèle.

A l'abbaye d'Ochsenhausen, en Souabe, il y a de très-beaux instrumens, suivant M. de Zach, *Éphémér.* août 1798, p. 180 ; mais il n'y a pas d'observateur.

A Lilienthal, près de Brème, M. Schrœter a formé un observatoire et a acquis des instrumens avec lesquels il a fait des observations curieuses; on trouve la description de son observatoire dans les *Ephémérides de Berlin* pour 1788, et il a publié des ouvrages sur les taches de la lune, de Vénus, &c.

L'observatoire de Gottingue est célèbre par les travaux de Tobie Mayer sur la théorie de la lune et son catalogue d'étoiles. Il fut fondé en 1734, par les soins de Segner, habile géomètre-astronome et physicien, qui l'occupa jusqu'en 1755 qu'il fut appelé à l'université de Halle. Il fut remplacé, à cette époque, par Tobie Mayer, qui y observa jusqu'en 1762, et y jeta les fondemens de ses nouvelles tables de la lune les plus exactes qui eussent paru. Une mort précoce ayant moissonné à l'âge de 39 ans cet illustre astronome, la place fut confiée à M. Lowitz, qui, avec beaucoup de talent, étant doué d'un caractère difficile et inconstant, l'abandonna bientôt pour passer à Pétersbourg, et de-là périr malheureusement entre les mains des soldats du rebelle et imposteur Pugatchew. L'observatoire de Gottingue fut alors confié à M. Kœstner, dont la réputation, comme géomètre-astronome et écrivain ingénieux, est connue de tous ceux pour qui la littérature allemande n'est pas entièrement étrangère. L'observatoire de Gottingue, pendant que les François occupèrent cette ville, leur servit pendant tout un hiver de poste avancé. Il faut croire que cet usage étoit forcé par les circonstances ; car la nation françoise a donné assez de preuves des égards qu'elle a pour les gens de lettres et les savans, même chez ses ennemis. Quoi qu'il en soit, M. Kœstner, déjà avancé en âge en 1769, s'étoit adjoint M. Lichtenberg. Ils ont été remplacés par M. Scheffer, qui s'occupe peu d'observations. On trouve la description de cet observatoire, et de plusieurs autres, dans les *Lettres astronomiques* de M. Bernoulli, 1771.

A Vienne, il y a un observatoire fondé en 1755 par l'impératrice reine, et confié pendant une longue suite d'années au savant abbé Hell, ex-jésuite et astronome de leurs majestés impériale et royale. Dès le commencement de ce siècle, Marinoni, ingénieur impérial, savant astronome, avoit, comme simple particulier, préludé à cette institution; car il avoit formé dans sa maison un observatoire qu'il avoit meublé des meilleurs insmens de son temps. Il en a donné une description *in-fol.* en 1745; mais l'abbé Hell, alors encore jésuite, trouva le moyen de rétablir l'astronomie, et leurs majestés impériales firent les frais de l'établissement d'un nouvel observatoire dont le premier fonds d'instrumens fut formé de ceux qu'elles achetèrent des héritiers Marinoni. Le soin en fut confié au P. Hell, qui fut décoré du titre d'astronome impérial et royal. Il a publié successivement depuis 1757 des éphémérides très-intéressantes, tant par les calculs et tables qui font l'objet principal de ces sortes d'ouvrages, que par les divers morceaux qu'il étoit en usage d'y joindre concernant divers sujets astronomiques. Il a été long-temps aidé par l'abbé Pilgram, son confrère, et ensuite par MM. de Raix et Gusmann, astronomes de l'université, par l'abbé Mayr, ex-jésuite comme lui.

Je regrette beaucoup que Hell n'ait pas effectué son projet d'imprimer son *Expeditio litteraria* dans le Nord. Peut-être le chagrin des débats qu'a éprouvés son observation du passage de Vénus en 1769 en est-elle la cause.

L'astronomie a continué d'être cultivée à Vienne, et l'on y a vu encore, pendant plusieurs années, l'abbé Liesganig, ex-jésuite, auteur d'une mesure de plusieurs degrés du méridien; qui s'est depuis transporté à Lemberg, où il s'est formé un observatoire; l'abbé Saynovicz, ex-jésuite et compagnon du P. Hell, dans son observation de Vénus à Wardhus, auteur d'ailleurs d'un curieux ouvrage sur la presque identité de la langue lappone avec l'hongroise; j'y ajouterai MM. Triesnecker et Burg, deux des plus habiles astronomes qu'il y ait actuellement.

L'observatoire de Tyrnau, en Hongrie, affecté ci-devant au collége des jésuites, a été bien remarquable par les observations du P. Veiss: M. Taucher en a actuellement la direction. Ce que j'ai dit à l'occasion de l'observatoire de Lyon, peut s'appliquer ici; il y avoit peu de grands colléges de la société, soit en Allemagne, soit dans les pays circonvoisins où l'astronomie n'eût un observatoire, comme ceux d'Ingolstadt en Bavière, de Gratz en

Styrie, de Breslau et Olmutz en Silésie, de Prague en Bohême, Posen, ou Posnanie en Lithuanie, &c. &c. Mais plusieurs de ces observatoires paroissent avoir suivi le sort de la société.

Cependant, il y en a qui ont surnagé à la submersion de cette société, comme celui de Prague ; cet observatoire achevé en 1749, fut occupé, pendant un assez grand nombre d'années par le P. Steppling, habile géomètre et astronome, à qui l'université de Prague doit principalement l'introduction des sciences exactes dans son sein, et qui avoit fait la dépense de l'observatoire avec le P. Retz ; le P. Steppling, sécularisé ensuite, continua, jusqu'en 1776 ou 1777, de diriger l'observatoire, aidé par M. Wydra, son élève ; il mourut en 1778 ; il fut remplacé par M. Strnadt qui est mort à son tour.

Le landgrave de Hesse, Charles 1er. a fait construire, en 1714, un nouvel observatoire à Cassel. Il y en avoit eu un célèbre par les observations du landgrave, mais il étoit devenu inutile. Le nouvel observatoire fut confié à M. Matsko, mais il est mort en 1796.

En Silésie, M. le comte de Matuscha a établi dans sa terre, voisine de Breslau, un observatoire bien meublé d'instrumens, dans lequel il ne se borne pas à être spectateur des observations, mais où il observe lui-même, souvent aidé de M. Scheibel, auteur d'une bibliographie astronomique dont il a déjà publié plusieurs cahiers. M. de Matuscha n'est pas moins versé dans la théorie que dans l'observation, et enrichit souvent l'*Almanach astronomique de Berlin*, de morceaux intéressans.

A Polling, en Bavière, M. Prosper Goldover, chanoine régulier, a fait plusieurs observations dans un observatoire nouvellement construit.

A Gratz, capitale de Styrie, le collége des jésuites forma un observatoire dont le P. Tirnberger avoit la direction et le P. Meyer y étoit à la tête de dix jeunes jésuites consacrés spécialement aux mathématiques : il a été pendant deux ans dans l'observatoire du P. Liesganig. La description de l'observatoire de Gratz est dans les lettres de Bernoulli.

Il y a encore en Allemagne d'autres astronomes qui méritent d'être cités, comme M. Wurm, curé de Blaubeuren, près de Ulm, dans la Suabe, à qui M. le duc de Gotha a fait présent d'un télescope. Il suffit de lire le journal de M. le baron de Zach, ou les éphémérides de M. Bode, pour être étonné du grand nombre d'astronomes que fournissent les différens états de l'Allemagne.

L'observatoire royal de Vilna en Lithuanie doit son institution primitive à une dame polonoise, la comtessse Puzynina (née Ogynska), palatine de Mcislaw. Douée d'un goût vif pour l'astronomie, cette dame fit en 1753 les frais de cet établissement, qui fut d'abord sous la direction du P. Zébrowski, jésuite, et ensuite sous celle du P. Poczobut. M. Parowski, en faisant l'oraison funèbre de cette illustre fondatrice, lui appliquoit, quoique dans un sens très-différent, ces paroles de l'écriture, *una mulier fecit confusionem genti* (Judith XIV.) Il est elevé sur le troisième étage du collége académique. Il contient deux grandes salles, l'une au-dessus de l'autre, et deux tours, une à l'orient, une à l'occident. Comme il dépendoit du collége des jésuites de Vilna, la chute de la société en eût sans doute aussi entraîné la ruine, si madame la comtesse Puzynina ne fût venue à son secours. Elle le dota en 1767 d'un fond de 66 mille francs, dont le revenu devoit servir à lentretien de l'observatoire et de l'observateur. Cette protectrice de l'astronomie étant morte peu après, l'observatoire de Vilna trouva dans le roi Stanislas II. un nouveau protecteur. Ce prince lui donna le titre d'observatoire royal, en décorant de celui de son astronome, M. l'abbé Poczobut, qui continua d'y observer, et a publié sous ses auspices divers ouvrages utiles au progrès de l'astronomie. Il a formé, pour honorer son mécène de quelques étoiles non employées dans les constellations anciennes, une nouvelle constellation sous le nom du *Taureau de Poniatowski,* comme avoit fait anciennement Halley, en formant une constellation du chêne royal en mémoire de celui qui avoit servi de retraite à Charles II, fuyant les émissaires de Cromwel, et à l'exemple d'Hévélius qui en avoit aussi formé une nouvelle en l'honneur du grand Sobiesky, sous le nom de bouclier de Sobiesky. M. l'abbé Poczobut a eu pour coopérateur M. l'abbé Strzecky, qui avoit fait un voyage en Angleterre et dans d'autres parties de l'Europe pour y visiter les principaux observatoires, et s'y former dans l'art d'observer.

Depuis ce temps le roi Stanislas a donné à M. l'abbé Poczobut une nouvelle marque de faveur, en faisant frapper une médaille. M. Poezobut a fait faire ensuite un autre observatoire plus commode, et l'on y a placé un mural de huit pieds fait par Ramsden. Le comte Moczynsky avoit fait un observatoire à Varsovie, et en 1779 il y avoit des instrumens. M. le comte de Thiesenhaus, grand trésorier de Lithuanie, en avoit fait un à Grodno, il avoit fait dejà fait acheter en Angleterre plusieurs instrumens de prix, mais depuis quelques années on n'a pas vu d'observations de Pologne. A Mittau, capitale de la Courlande, il y a un observatoire confié à M. Beitler, professeur de mathématiques du nouvel établissement formé par le duc pour l'éducation de la jeunesse, sur le plan de M. Sulzer. Il a publiée beaucoup d'observations dans les *Ephémérides de Berlin.* M. Bernoulli, *Nouvelles littér.* cinquième cahier.

Le Danemarck est un pays célèbre dans l'astronomie par le nom de Tycho. Nous avons parlé, mais légèrement, dans le volume précédent, de l'observatoire de Copenhague, l'un des plus anciennement fondés. Il réclame en quelque sorte une mention plus marquée en cet endroit destiné à présenter l'histoire de ces établissemens voués à la culture de l'astronomie. Cet observatoire, commencé en 1637 par le roi de Danemarck Christian IV, à la sollicitation de Longomontanus, fut achevé en 1656, sous le règne de Frédéric III. C'est une tour octogone de 48 pieds de diamètre dans œuvre et de 115 pieds danois de hauteur (de 11 pouces 7 lignes). Au centre s'élève un noyau de 12 pieds de diamètre, qui, avec le mur extérieur, renferme un escalier spiral, d'une pente assez douce pour qu'une voiture puisse monter au haut. Horrebow atteste (1) que la Czarine y monta en 1716, et même en carrosse à 6 chevaux, tandis que le Czar y monta à cheval. Mais après 7 révolutions $\frac{1}{2}$ on ne monte plus aux salles astronomiques et appartemens ménagés dans le haut, ainsi qu'à la terrasse, que par l'escalier central. Longomontanus étant mort avant l'achèvement de cet observatoire, ce fut son petit-fils, Christian, fils de Jean, qui en eut la direction pendant quelques années; car il y fit fabriquer un octant de 4 pieds de rayon en 1655. Je ne connois cependant aucun détail des travaux de ce Longomontanus, et ce monument astronomique paroît avoir été de peu d'usage jusqu'au temps de Roemer, qui, revenu de France en 1681, fut décoré du titre d'astronome royal, et y observa jusqu'en 1710, époque de sa mort. Roemer néanmoins s'étoit aussi formé un observatoire particulier dans une maison qu'il possédoit hors de la ville, et dont Horrebow donne la description. Tout le monde connoît les obligations qu'a l'astronomie au célèbre Roemer, dont le successeur Pierre Horrebow a publié différens ouvrages, et beaucoup de détails sur sa manière d'observer, ses instrumens et ses vues pour la perfection de l'astronomie-pratique. Il faut cependant remarquer que Roemer fut fort distrait de l'observation par les charges civiles et honorables dont il fut revêtu depuis 1696 jusqu'à sa mort.

Pierre Horrebow, né en 1679, lui succéda en 1714, et a rempli la place d'astronome royal jusqu'en 1764. Cet astronome s'efforça de déterminer la parallaxe annuelle des étoiles, et croyoit y être parvenu (*Cop. triumphans*) Mais on a fait voir que l'aberration qu'il trouvoit dans le lieu des fixes n'étoit point dans le

(1) *Bas. astron.* cap. I.

sens

sens qu'il falloit pour prouver la parallaxe annuelle de l'orbe de la terre. C'étoit en quoi s'étoit aussi trompé le docteur Hooke. On a d'Horrebow un grand nombre d'ouvrages géométriques, astronomiques et même d'astronomie-physique, rassemblés en 3 vol. *in*-4°. (petit format), où il y a beaucoup de choses intéressantes. Le fils aîné d'Horrebow lui succéda dans sa place; mais étant mort peu d'années après et son frère n'ayant pas le goût de l'astronomie, la place a été donnée à M. Bugge, déjà connu par divers ouvrages, et qui continue de la remplir avec distinction, tant par son assiduité à observer que par les différens morceaux astronomiques qu'il publie, ou séparément, ou dans l'*Almanac astronomique* (*Astronomisches Jahrbuch*), de Berlin.

L'astronomie a compté encore en Dannemarck divers astronomes, comme Borgrewing, Rodkier et Kratzenstein.

La Suède n'a pas négligé l'astronomie; en 1739 on bâtit à Upsal un observatoire qui fut d'abord confié à M. Celsius, astronome habile, qui avoit aidé les académiciens françois dans leur mesure d'un degré voisin du cercle polaire, et dont on a quantité de pièces astronomiques. Après sa mort, il fut dirigé par M. Wargentin, dont nous avons beaucoup parlé. Il s'y adonna principalement à perfectionner la théorie des satellites de Jupiter, travail qu'il continua lorsque, appelé à Stockholm pour remplir la place de secrétaire de l'académie des sciences, il fut mis en possession de l'observatoire attaché à cet établissement. Quoique plusieurs astronomes modernes, et en particulier les deux Maraldi et Bradley, eussent jeté de grandes lumières sur des points encore incertains de cette théorie, les observations et réflexions de M. Wargentin semblent avoir porté cette partie de l'astronomie à un point de perfection très-remarquable. L'observatoire de Stockholm a été commencé en 1748 et achevé en 1773, qu'on en fit l'inauguration, en présence du roi, par un discours du baron de Hoepken, président; l'astronomie est d'ailleurs cultivée à Stockholm par plusieurs astronomes, comme MM. Prosperin, Nicander, Melanderhielm, et elle ne fleurit pas moins à Upsal, qui est proprement l'Athènes suédoise, ainsi qu'à Abo, et Lunden par les soins de MM. Bergmann, Mallet, Planmann, et divers autres, tous recommandables par divers travaux utiles, et tendans de plus en plus à la perfection de la science.

En Russie, lorsque le czar Pierre Ier appela les sciences dans son vaste empire, en fondant l'académie de Pétersbourg (en 1725), une des premières choses auxquelles il songea, fut l'établissement d'un observatoire, et pour cet effet il appela de France M. Joseph-Nicolas de l'Isle, déjà de l'académie des sciences de Paris, frère du célèbre géographe de ce nom, et son frère Louis de l'Isle de la Croyère. Ce fut en grande partie sous la direction du premier que fut bâti l'observatoire de Pétersbourg, l'un des mieux fournis en instrumens précieux et l'un de ceux où l'astronomie fut le plus assiduement cultivée. De l'Isle en eut la direction jusqu'en 1747, que l'amour de sa patrie le ramena en France. Il y fit une foule d'observations de toute espèce; quantité de mémoires sur toutes les branches de l'astronomie et de nombreux projets de perfection.

A la retraite de M. de l'Isle et pendant les divers voyages qu'il entreprit dans des vues astronomiques, le soin de l'observatoire paroît avoir été confié à M. G. Heinsius; ce savant s'étant retiré à Leipzig, il fut remplacé par Grischow, qui a enrichi les mémoires de l'académie de Pétersbourg de divers morceaux astronomiques. Cet astronome ayant quitté la Russie vers 1758, la direction de l'observatoire a été confiée à M. J. Albert, fils du célèbre Léonard Euler, et ensuite à M. Rumousky.

Divers astronomes se sont formés à cet école, comme MM. Rumowski, Lomonosof, Popow, Islenief, Inochodzow.

L'observatoire de Pétersbourg fut brûlé en 1747, ce qui dégrada tous les instrumens d'astronomie. Le fameux globe de Holstein-Gottorp fut endommagé, mais de manière à pouvoir être réparé. On répara l'observatoire avec assez de célérité pour pouvoir y travailler en 1748. *Voyez* le Ier t. des *nouv. Mém. de Pétersbourg*. Il y a une description imprimée en 1737, des beaux bâtimens de l'académie de Pétersbourg, dont l'observatoire fait partie. Il y a un grand mural de Bird que M. Henry a mis en place en 1796; mais cet observatoire est fort négligé actuellement.

Après avoir parcouru le Nord, il est temps que nous repassions dans les contrées méridionales de l'Europe, pour faire connoître les grands observatoires qu'on y trouve; nous commençons par l'Italie, où nous donnerons le premier rang à l'observatoire de Bologne, le plus ancien et le plus célèbre de l'Italie. Le comte de Marsigli en y fondant l'institut, n'oublia pas de lui destiner un observatoire, sans lequel l'astronomie ne peut être cultivée. Cet édifice fut achevé en 1714 (1), et Eustache Manfredi, qui avoit été créé professeur d'astronomie dès 1712, fut chargé d'y observer, ce dont il s'acquitta avec l'applaudissement de l'Europe, jusqu'en 1740, année de sa mort. Il eut une part distinguée à l'observation des phénomènes célestes les plus remarquables de son temps, et il fut auteur de divers ouvrages, fort accueillis des astronomes, tels que sa description du gnomon élevé par J.-D. Cassini, ses observations et les siennes propres; les *Ephemerides motuum celestium*, calculées sur les tables manuscrites du même,

(1) L'observatoire de Boulogne a 272 palmes de hauteur.

pour les années 1715-1725, et continuées ensuite jusqu'à présent; son traité *De annuis stellarum inerrantium aberrationibus*, où il discute les observations alléguées en preuve de la parallaxe annuelle des fixes. Nous croyons devoir observer ici qu'Eustache Manfredi étoit frère de Gabriel Manfredi, qui observoit avec lui, et qui s'est fait surtout un nom parmi les géomètres, par son livre *De constructione equationum differentialium secundi gradus*. Ajoutons que mademoiselle Manfredi, leur sœur, avoit aussi un goût particulier pour l'astronomie, et y étoit assez versée pour aider son frère dans les observations et dans les calculs. Après la mort de Manfredi, l'observatoire de Bologne a été tenu par divers astronomes de mérite, Zanotti, Canterzani, Matteucci, et actuellement par M. Guglielmini et Ciccolini.

A Rome il y a eu plusieurs observatoires; un au collége Romain, où observoit le P. Asclepi, depuis l'abbé comte Asclepi, ex-jésuite. Il avoit succédé au P. Boscovich dans la place de professeur de mathématiques au collége Romain; on a de lui divers morceaux astronomiques. Il y avoit un autre observatoire au couvent de la Minerve, où observoit le P. Audiffredi, bibliothécaire de cette maison, dont on a plusieurs bonnes observations et pièces relatives à l'astronomie. L'église des chartreux, formée d'une des salles des thermes de Dioclétien, présente aux observateurs un gnomon élevé par Bianchini.

Le duc de Sermoneta, don Francesco Gaetani, a élevé depuis peu d'années et garni d'instrumens de choix, un observatoire dont il a confié le soin à MM. les abbés Veiga et Cavalli, qui ont publié leurs observations du passage de Mercure sur le soleil en 1769, ainsi que des éphémérides calculées pour le méridien de Rome, et commençant à 1768 (1); mais on n'y fait plus d'observations actuellement.

A Pise, l'observatoire est une tour bâtie vers 1730, aux dépens de l'université et meublée de bons instrumens; on y voit un quart de cercle mural de 5 pieds, fait par Sisson, une lunette méridienne de 5 pieds; un télescope de Short, de 5 pieds; deux pendules de Graham. Pérelli avoit la direction de cet observatoire : M. Slop de Cadenberg, son successeur, s'occupa assiduement des observations astronomiques, et il en a publié des recueils importans en 1770, 1778 et 1789 : son fils est adjoint à l'observatoire.

L'astronomie a été aussi cultivée à Florence, sous les auspices du grand duc de Toscane, par le P. Ximenez, qui a donné

(1) *Tavole dell' effemeridi Astronomiche per l'anno 1787 calcolate al mezzogiorno di Roma ad uso della Specola Gaetani : Dedicate à S. E. il Sig. Don Francesco Gaetani Duca di Sermoneta dell' abbate*, Eusebio Veiga, *in*-8°. Roma.

divers mémoires astronomiques parmi ceux de la société italienne des sciences. Ximenez a, en particulier, continué d'avoir l'usage de l'observatoire établi à l'ancien collége des Jésuites, aujourd'hui des Écoles-Pies, et il a sacrifié à son ameublement, en instrumens, le revenu des autres places que le grand-duc avoit accordées à son mérite d'ingénieur; la foudre étant tombée en 1777 sur le dôme, où est la fameuse méridienne de Toscanella, que Ximenez avoit rétablie, il s'empressa d'instruire le monde savant que ce monument astronomique avoit resté intact.

Venise, assez stérile en astronomes, nous en présente néanmoins quelques-uns. Avelloni, Miotti et Luigi-Zucconi, dont le premier est auteur de quelques écrits sur les comètes, et en particulier sur celles de 1769 et 1770; le dernier a aussi écrit sur le même sujet, sur l'héliomètre et sur la machine parallactique.

Mais Venise, qui étoit le centre du gouvernement de la république, n'étoit pas, en général, le séjour des lettres. C'est Padoue qui est l'Athènes de cet état, et l'astronomie y a été cultivée. Il y a un observatoire dans la fameuse tour du cruel tyran Ezellin, mort en 1259 (*Voyez* le *Voyage d'Italie* du cit. de la Lande, t. IX); on la disposa en 1769 pour faire un observatoire. Ce changement donna lieu au distique suivant du P. Boscovich:

Quae quondam infernas turris ducebat ad umbras,
Nunc venetum auspiciis pandit ad astra viam.

On y voit un grand mural de 8 pieds de Ramsden, fait en 1778. Toaldo, qui en avoit la direction, s'occupoit utilement de l'astronomie. Toaldo a publié divers ouvrages, surtout un excellent traité de météorologie en 1771. Il est mort en 1797: il a été remplacé par M. Chiminello, son neveu.

L'état de Venise a vu aussi à Vérone un observatoire intéressant que M. Cagnoli y forma à ses frais dans sa maison. C'est à lui que l'on doit une excellente trigonometrie en françois et en italien, qu'il a publiée en 1786, pendant un séjour de quelques années fait à Paris, où il avoit acquis d'excellens instrumens en 1782. Revenu dans sa patrie en 1786, il y a formé l'observatoire dont nous parlons, et y a observé depuis 1787, jusqu'au temps où Bonaparte, ayant conquis l'Italie, appela Cagnoli à Milan, à la sollicitation du cit. de la Lande. Il a publié un *Almanac astronomique* pour 1791 et suiv. accompagné de beaucoup de notices intéressantes. Il est à présent professeur à Modène, mais il n'observe plus.

La ville de Milan est celle où l'astronomie est le plus assiduement cultivée. Les jésuites y firent un bel observatoire en 1765. On y appela le P. Lagrange, jésuite, ci-devant professeur de mathématiques et astronome de Marseille; il étoit à la tête de l'observatoire de cette ville, alors attaché au collége des jésuites; il y a observé pendant plusieurs années, et a eu pour successeurs ou pour élèves plusieurs astronomes distingués, comme MM. Oriani de Cesaris, et Reggio; de Cesaris publie chaque année depuis 1775, des éphémérides bien faites, avec des observations et des mémoires auxquels contribuent habituellement ces trois habiles astronomes.

L'établissement de la nouvelle académie de Turin, auquel avoit préludé celui de la société privée (*societas privata Taurinensis*), en 1760, nécessitoit en quelque sorte l'érection d'un observatoire; il a été construit, mais il n'a pas encore été mis en activité.

A Palerme, en Sicile, on a construit un observatoire dans le palais du vice-roi. Le P. Piazzi est venu à Paris au mois d'avril 1787, pour travailler à l'astronomie avec le cit. de la Lande: il est allé en Angleterre pour faire construire des instrumens; il a une lunette méridienne et un cercle entier du célèbre Ramsden. Il est retourné à Palerme à la fin 1789, et nous en avons eu des observations importantes. M. le prince de Caramanico, vice-roi de Sicile, fut le protecteur éclairé à qui nous dûmes cet établissement.

A Malte, le grand-maître Emmanuel de Rohan, élu en 1775, amateur et protecteur éclairé des Sciences, avoit appelé auprès de lui M. le chevalier d'Angos, qui fit disposer, en 1783, un observatoire dans une tour du palais; il assure y avoir fait beaucoup d'observations qu'il se promettoit de publier; mais la nuit du 13 au 14 mars 1789, le feu ayant pris à l'observatoire, les instrumens ont été fracassés et les papiers brûlés; perte d'autant plus fâcheuse pour l'astronomie, qu'il n'y a point d'observatoire aussi méridional que celui-là, qui est à 36° de latitude.

L'Espagne, un peu tardive dans la culture des sciences exactes, a commencé, il y a déjà plusieurs années, à accueillir ces sciences, et en particulier l'astronomie. L'exemple des Ulloa George-Juan, qui avoient coopéré, avec les académiciens français, à la mesure des degrés terrestres au Pérou, a influé sur cette nation, capable de tout quand elle voudra s'y appliquer, et qui a un si grand intérêt à cultiver surtout la navigation et à mettre ses forces maritimes dans l'état le plus respectable. L'école des gardes-marines de Cadix est aujourd'hui une pépinière d'excellens marins et de nombre d'astronomes. Elle jouit d'un observatoire dont la fondation fut due en partie aux sollicitations et aux soins de Godin, de l'Académie des Sciences, lorsqu'à son retour du Pérou, il fut fait directeur de cette école. Don George-Juan, qui lui succéda en cette qualité, étoit trop éclairé pour ne pas suivre à cet égard les traces de Godin.

Nous y avons vu deux observateurs espagnols, Tofino et Varla, qui y ont travaillé utilement; ils ont publié, en 1776, leurs observations de 1773, 1774 et 1775 en langue espagnole. Don Médina, qui a accompagné l'abbé Chappe en Californie, don Vincent Roz, don Gonzales de Canas, don Fr. Xaverio, Winthuysen sont encore des officiers de la marine espagnole, qui cultivent particulièrement l'astronomie et l'observation. Don Tofino succéda à don George-Juan, dans la direction de l'école et de l'observatoire de Cadix. On peut voir dans le *Suppl. au recueil pour les Astronomes*, ou *Nouvelles littéraires de divers pays, &c.* par M. Bernoulli, des détails satisfaisans sur cet observatoire et les observations dont nous parlons.

Le général Mazarredo a fait bâtir, en 1799, un bel observatoire à l'île de Léon, près Cadix, et il y a placé quatre observateurs, de qui l'on espère des travaux utiles comme le furent ceux de Tofino et Varela.

Mais quoique Cadix paroisse être aujourd'hui le principal séjour de l'astronomie en Espagne, il ne laisse pas d'y avoir quelques astronomes et observateurs répandus dans divers endroits de ce royaume.

A Madrid, M. le comte de Florida-Blanca faisait bâtir un observatoire par ordre du roi, dans le grand édifice du Musée, et M. Mégnié, habile artiste françois, a été appelé pour y construire des instrumens. En attendant que l'observatoire du Musée fut fini, il en obtint un à la Verrerie, qui est près de la grande rue d'Alcala, par la protection de M. Valdés, ministre d'état; mais le ministère a changé, ce petit observatoire n'existe plus, et le grand n'est point encore habitable, malgré les instances de M. Chaix, astronome espagnol, qui s'est exercé quelque temps à Paris. Le duc de Villa-Hermosa s'intéressoit à l'astronomie, à Madrid; M. l'abbé Clouet, un des membres de la société des Jésuites, y a fait diverses observations. Il y a eu aussi le P. Richard, commentateur et éditeur d'Apollonius; le P. Saragoza; le P. Kresa, auteur d'une trigonométrie analytique, qui a son mérite. Salamanque nous présentoit encore un observateur ou du moins un astronome théoricien dans don Gallardo, professeur de mathématiques dans cette ville, auteur d'un almanac économico-astronomique.

A ces astronomes espagnols, nous joindrons encore don Pedro Alonzo de Salanova y Guillarte, auteur d'un *Suenno astronomico en el cabinete de urania*, fiction astronomique à l'occasion de l'éclipse de 1778.

Un autre astronome, qui me paroît résident à Valence, est don Manuel Munoz de Vigastro, qui publia, en 1785, une éphéméride du cours de la nouvelle planète Herschel pour l'année 1786, avec l'histoire de la découverte de cette planète (1) : je remarque que cet astronome porte le même nom qu'un astronome du seizième siècle et de la même ville, et qui fut un de ceux qui raisonnèrent le plus pertinemment sur le phénomène de la nouvelle étoile de 1572, qu'il trouva comme Tycho sans parallaxe sensible. Tycho fait l'éloge de son écrit.

Il ne nous reste qu'à parler du Portugal. Cette ville possède depuis long-temps un observatoire, et l'on a dans les *Transactions philosophiques* de 1754 diverses observations du P. Chevalier et de M. Carbone.

L'Académie royale des sciences de Lisbonne ayant fait bâtir un nouvel observatoire sur la tour orientale du château Saint-George, l'inauguration en fut faite le 3 janvier 1787 ; et il nous est déja parvenu des observations de M. Limpo.

Les autres parties du monde offrent peu de traits à notre histoire ; cependant, M. de Beauchamp, vicaire-général de Babilone et correspondant de l'académie royale des sciences, à qui M. le maréchal de Castries avoit accordé de nouveaux instrumens à la sollicitation de la Lande, fit bâtir un observatoire à Bagdad, et il y mit l'inscription suivante, gravée par lui-même sur un marbre blanc :

Observatorium
in Bagdad constructum
Post Caldeos Arabes que renovatum
Ex munificentia regis christianissimi ejusque
ministri de Castries,
variis instrumentis ornatum
Divae Uraniae ipsiusque amanti dilectissimo
de la Lande
dedicavit, anno 1786,
P. J. de Beau-Champ. Babiloniae vicarius generalis.

Il étoit glorieux pour la France d'avoir pu ressusciter l'astronomie, et établir un nouveau cours d'observations dans le même endroit où les anciens Caldéens jetèrent les premiers fondemens de l'astronomie, et où les Califes arabes en procurèrent le renouvellement. M. de Beauchamp y a fait, jusqu'en 1789, beaucoup d'utiles observations. (*Journ. des Savans*, mai, 1787).

On voit encore à Bagdad un bâtiment appelé Ressad-Kané,

(1) *Curso del nuevo Planeta Hersel en el anno* 1786, &c. &c. *Sue autor Manuel Munoz de Vigastro*. Valencia, 1785, *in*-12.

lieu d'observation, près du pont, bâti en briques, et un grand bâtiment appelé Madras-Kané, lieu d'étude.

A Batavia, M. Mohr a publié plusieurs observations.

Au Cap de Bonne-Espérance, M. Eichteen en a fait quelques-unes.

Nous terminerons cette histoire des observatoires et des observateurs principaux, par l'Amérique septentrionale. Cette partie du monde a accueilli l'astronomie avec un zèle digne de l'ancienne Angleterre. Il s'est formé à Philadelphie une société qui commença, en 1771, à publier sur les sciences des mémoires à l'exemple des *Trans. Philos.* (1). Le premier volume contient un grand nombre d'observations des phénomènes principaux : on est étonné du nombre des astronomes qui y sont dénommés, tels que Shippen, Williamson, Pearson, Thompson, Prior, Ewing, Rittenhouse, Smith, Lukens, Owen Bidle et Joel Bayly, navigateurs. On cite encore M. Benjamin West à la Providence, le comte de Stirling, dans sa terre en New-Jersey, M. Boole à Wilmington et M. Oliver à Salem; il est auteur d'un curieux ouvrage intitulé : *On comets*, &. (*Salem.* 1772, *in*-8°.) traduit en françois sous le titre d'*Essai sur les Comètes*, *in*-12; il contient des idées neuves sur ces astres errans.

En 1780, il se forma aussi une académie à Boston, et elle publia en 1785 un volume de mémoires où il y a des observations de MM. Willard, Williams, Payson, Cutler, Clarke, Wright, Brown, West, Winthrop, Sewall et Gannett.

On voit par-là que l'Amérique angloise marchoit alors à grands pas sur les traces de l'Europe à l'égard des sciences et spécialement de l'astronomie. Mais j'ai peine à croire que les sciences ne se soient beaucoup ressenties de la guerre longue et cruelle que cette partie du monde a soutenue pour se soustraire à la tyrannie de l'Angleterre. Il est cependant parlé d'une société d'astronomes à Cambridge, dans la nouvelle Angleterre, dans le *Journal des Savans*, janvier 1787.

A Mexico, don Alzate y Ramirez a fait diverses observations, dont il est parlé dans le *Journal des Savans.*

On trouvera encore d'autres observatoires indiqués dans la préface de l'*Astronomie* du cit. de la Lande, troisième édition de 1792, dans le *Journal des Savans*, dans les *Nouvelles littéraires* de Bernoulli; mais nous finirons ici cette notice que nous avons cru propre à terminer les détails où nous sommes entrés sur les différentes parties de l'astronomie, et leur accroissement

(1) *Transactions of the American society held at Philadelphia*, &c. *in*-4°. 1771. Il en a paru un second en 1786.

successif depuis le commencement du dix-huitième siècle. Elle est propre à donner une idée du zèle qui, depuis quelques années semble enflammer les esprits pour la perfection de cette science ; et à faire naître l'espérance de la voir atteindre le degré de perfection dont sont susceptibles les connoissances humaines. Car il en est de la perfection absolue comme de l'asymptote de l'hyperbole ; on peut en approcher de plus en plus, et à mesure qu'on en approche, les progrès deviennent de plus en plus petits, et la ligne ne peut toucher absolument.

VII.

Histoire de l'Astrologie.

Rien n'est plus chimérique, sans doute, que l'Astrologie, ou cet art prétendu d'annoncer les événemens physiques ou politiques, la constitution, les inclinations, la vie et la mort des hommes d'après l'observation de la position des astres au moment de leur naissance. Cependant l'Astrologie, il faut l'avouer à la honte de l'esprit humain, a été intimement liée à l'astronomie parmi la plupart des peuples anciens, et même parmi nous, jusqu'à une époque qui n'est pas fort éloignée. Les premières tables que Joseph de l'Isle calcula sur la théorie de Newton furent faites pour des thèmes de nativité. On venoit encore quelquefois, au commencement du dix-huitième siècle, consulter sur l'avenir des astronomes de l'académie. En 1705, Lieutaud crut devoir mettre à la tête de la *Connoissance des Temps* : « On ne trouvera ici aucune prédiction, parce que l'académie n'a jamais reconnu de solidité dans les règles que les anciens ont données pour prévoir l'avenir par les configurations des astres. »

Ainsi nous croyons devoir donner ici quelque place au tableau historique de cette vaine science. Car si la partie principale de l'histoire de l'esprit humain est celle de ses progrès dans les connoissances réelles et solides, ses erreurs et ses folies, pour ainsi dire, en forment une qui n'est pas entièrement indigne de considérations philosophiques. L'astronomie solide a d'ailleurs tant d'obligations à cette sœur aînée et bâtarde, qu'il y auroit une sorte d'injustice à la passer ici entièrement sous silence. Enfin, le spectacle des chimères dont elle a si long-temps bercé l'esprit humain peut être amusant jusqu'à un certain point.

Rien n'est plus insensé que de désirer connoître l'avenir, puisque s'il étoit astreint à des lois immuables comme celle du mouvement des astres, il seroit impossible d'éviter le sort qu'il nous recelle; telle est cependant l'inquiétude de l'esprit humain, que dans tous les temps il a ambitionné de lever le voile qui le couvre. Delà l'astrologie et toutes les pratiques superstitieuses dont des imposteurs et quelquefois des gens persuadés ont abusé la crédulité humaine.

L'origine de l'astrologie me paroît due à la vanité autant qu'à la crédulité de l'esprit humain. L'homme vain des facultés qui l'élèvent au-dessus des autres êtres, rampans comme lui sur la terre, semble en avoir conçu l'idée qu'il y avoit entre le ciel et lui une sorte d'affinité et de correspondance. Les mouvemens des astres sont astreints à une régularité merveilleuse, et quelques-uns d'eux influent d'une manière sensible sur divers phénomènes de la nature, on les a regardés comme des instrumens dont la Divinité se sert pour annoncer ses decrets aux hommes. Ajoutez à cela les concours accidentels de quelques calamités avec quelques phénomènes frappans, comme des éclipses de soleil et de lune, ou quelque comète. Il n'en fallut pas davantage dans l'enfance du genre humain pour persuader que tous les grands événemens tenoient aux mouvemens célestes; que les grands de la terre ne mouroient point sans quelque phénomène céleste, enfin par degrés que tout homme avoit son destin écrit dans le ciel, et qu'il n'étoit question que de savoir y lire.

Les apparences particulières que présentent les planètes, les noms qu'on leur a accidentellement donnés, furent de nouvelles sources d'erreurs à cet égard. La planète de Saturne marche lentement, elle a une lumière pâle et plombée; elle fut donc d'abord l'emblême et ensuite la cause de la décrépitude, des maladies. Mars a une lumière rougeâtre, il reçut le nom du dieu de la guerre, il dut produire les hommes courageux, guerriers, inhumains. Il en est de même des signes du zodiaque : les noms qu'ils reçurent primitivement, ouvrage du hasard, ou suite de quelques phénomènes naturels qui suivent l'entrée du soleil dans chacun d'eux, ou sa simple approche, furent suffisans pour leur faire attribuer des propriétés productives de ces effets. Le lion, par exemple, qui fut d'abord l'emblême de la chaleur qui a lieu quand le soleil approche de ce signe, fut bientôt la cause de la naissance des hommes forts et même féroces. Ainsi quand un homme naissoit sous la planète de Mars placée dans le lion, ou le lion conspirant avec Mars suivant certaines règles inventées dans la suite, ce devoit être un héros, ou un brigand. On ne sauroit trop s'étonner de voir l'homme donner à de pures dénominations, qui étoient son ouvrage, une puissance physique. C'est le cas du sculpteur qui avoit fait un Jupiter si terrible et si imposant, qu'il ne pouvoit plus le regarder sans trembler.

Mais voici une difficulté à laquelle les fondateurs de l'astrologie durent d'abord parer. Si tous ceux qui naissent, Mars étant dans le lion ou dans un certain aspect avec le lion doivent devenir des héros, voilà bien des héros dans l'univers, et il n'y en a déjà que trop. Il falloit donc des modifications au moyen desquelles le plus grand nombre resteroit dans la classe ordinaires; ainsi il y eut des planètes amies et des planètes ennemies; des positions où elles conspiroient, d'autres où elles se contrarioient. Vénus fut amie de Mars et ennemie de Saturne; car les femmes aiment les guerriers, et non pas les vieillards. Les astres ennemis se réconcilient cependant, suivant certains aspects, et les amis se brouillent ou sont en froid suivant d'autres: l'aspect de *trine* par exemple, ou à la distance de 120°; celui de *sextile* ou à la distance de 60°; l'opposition, la quadrature, l'octant produisoient d'autres effets. Enfin il y avoit les aspects ascendans et les aspects descendans, les levers et les couchers, les culminations ou passages par le méridien, &c. De tout cela devoit naître une complication au moyen de laquelle étant données la naissance et la mort d'un homme quelle qu'elle fût, un habile astrologue ne pouvoit manquer de trouver, selon les règles de l'art, que son dernier moment et tous les événemens de sa vie étoient écrits dans le ciel. Mais malheureusement pour ces devins, il n'en étoit pas de même quand on se bornoit à demander le temps et le genre de mort, en connoissant seulement la naissance, ou *vice versa*. C'étoient-là qu'ils étoient en défaut, comme on l'a vu souvent par des exemples illustres.

Ce sont les Caldéens et les Egyptiens qui furent les inventeurs de ce vain art; les premiers se rendirent même si célèbres en ce genre, que le nom de Caldéen et celui d'astrologue ou devin par les astres furent synonymes. Ce fut surtout la folie de ces peuples, et à ce qu'il paroît l'unique motif qui les engagea à cultiver l'astronomie proprement dite, ou la science du cours des astres. Car on ne pouvoit pas toujours observer la position des astres au moment de la naissance d'un individu. Il falloit donc, au moyen de la connoissance du moment de cette naissance déterminer d'une manière quelconque la configuration ou le lieu de ces astres. Tel fut l'aiguillon qui porta les hommes à s'appliquer à démêler les mouvemens des planètes. Ce n'étoit pas assez que l'esprit humain cherchât à découvrir la nature ou l'arrangement des corps célestes, et le système de l'univers pour lui-même, mais il désiroit le connoître pour déterminer à chaque instant la position des corps qui le composent, et par-là les événemens qui devoient s'en suivre. Peut-être même est-ce à ce frivole motif que nous devons la conservation de presque tous les ouvrages mathématiques à travers tant de siècles barbares qui nous séparent de la Grèce savante. Car quel pouvoit être l'appas des vérités purement géométriques d'un certain ordre pour des hommes aussi enveloppés dans la matière? Mais l'arithmétique, la géométrie, l'optique même telle qu'elle étoit alors étoient des échelons pour arriver à l'astronomie. Celle-ci étoit le préliminaire à toute prédiction astrologique. La passion, la folie pour l'astrologie furent donc ce qui conserva tous les livres anciens qui traitent de ces sciences, et c'est ce que nous avons voulu dire au commencement de cet article, en parlant des obligations qu'eut l'astronomie solide à l'astrologie.

Les Caldéens et les Egyptiens paroissent avoir été les premiers peuples infectés de la confiance en ce vain art. Suivant Suidas (1) le fameux Zoroastre en fut le fondateur chez les premiers, et fut suivi par Hostanes duquel les Egyptiens et les Grecs reçurent cette doctrine : on cite encore Belèzes, qui, dit-on, prédit à Arbace la victoire qu'il remporta sur Sardanapale. Il n'étoit pas bien difficile de prédire la défaite ou la défection des troupes d'un prince que sa tyrannie et sa vie voluptueuse faisoient à la fois abhorrer et mépriser. Un homme enfin qui se fit un grand nom dans ce genre futile fut le fameux Bérose qu'on doit, à ce que nous pensons, distinguer de l'historien, et qui établit dans l'île de Cos une école des sciences cultivées dans sa patrie. On rapporte que ses prédictions lui firent tant d'honneur dans la Grèce qu'on lui éleva à Athènes une statue. On peu douter de ce fait rapporté par un seul historien; mais il paroît que la Grèce, lui dût des choses plus utiles que l'astrologie, savoir le premier cadran solaire et la division du jour naturel en douze parties égales. Les Grecs au surplus ne paroissent pas avoir fait grand cas de ce vain art de prédire l'avenir; car les prédictions d'Hésiode, d'Eudoxe, de Callippus, d'Aratus, d'Hipparque et des autres auteurs de calendriers grecs, n'étoient qu'une météorologie fondée sur le mouvement du soleil et sur l'expérience. On ne trouve que bien long-temps après des ouvrages grecs prétendans enseigner la destinée des hommes d'après l'inspection des étoiles.

Quant aux Egyptiens, leur attachement à l'astrologie judiciaire est constaté par le témoignage de Diodore de Sicile (2) et de Porphyre (3), car le premier dit que leurs prêtres avoient trouvé, indépendamment du cours des planètes, leurs influences sur la génération des hommes et sur ce qui devoit leur arriver de bon ou de mauvais; et suivant le second, les Egyptiens

(1) Tit. *Astronomia*.
(2) Lib. II. cap. 3.
(3) *Epistola ad Anebonem*.

étoient persuadés que ce que nous croyons dépendre de notre volonté ou notre détermination, étoit lié aux mouvemens des astres, et que c'étoit là la destinée. On a lieu de croire que les ouvrages astrologiques attribués, soit justement, soit injustement à Ptolemée, ne sont que le résumé de l'ancienne astrologie égyptienne. On sait aussi qu'il y avoit deux manières de dresser un thème de nativité, celle des Caldéens et celle des Egyptiens; ce qui assure à ces deux peuples l'invention de ces méthodes. Voyez *Goguet, de l'Origine des Lois, des Arts et des Sciences*, 1758, t. I. page 216. t. III. p. 115. *in*-4°.

Ce fut partout vers le commencement de l'ère chrétienne, ou peu avant que les rêveries astrologiques, jusques-là circonscrites dans l'orient et l'Egypte, envahirent en quelque sorte l'empire romain; Rome en fut inondée; en vain le sénat donna plusieurs fois des décrets contre cette espèce de devins connus sous le nom de Caldéens, ou sous celui de mathématiciens qu'ils s'étoient arrogés; ils s'y maintinrent, et quelques-uns s'y firent un nom par leur prétendue habileté, comme Nigidius Figulus; Trasyllus, l'astrologue de Tibère; Tarutius Firmanus, ami pourtant de Cicéron et de Varron, et surtout le poëte Manilius dont le poëme intitulé *Astronomicon*, est presque tout astrologique. Ajoutons à ces hommes Julius Firmicus Maternus, qui vivoit vers le commencement du quatrième siècle de l'ère vulgaire et dont on a l'ouvrage intitulé: *Astronomicon sive Matheseos, Libri VIII*, publié en 1551 avec quelques autres opuscules grecs et arabes du même genre; c'est une sorte de cours d'astrologie judiciaire où sont développées au long toutes les règles de cet art imaginaire. Il n'y a presque rien qui tende au progrès de la solide astronomie.

Le goût pour l'astrologie s'introduisit vers le même temps chez les Grecs. Ptolemée lui-même céda au torrent de son siècle, s'il est vraiment l'auteur de deux ouvrages donnés sous son nom, le *Tétrabiblon, seu liber quadripartitus de Apotelesmatibus et judiciis astrorum*, publié à Nuremberg, en 1535, avec celui qui est intitulé, *Carpos* ou *Centiloquium*. Le premier contient les règles de cet art, et le second est une sorte de recueil d'aphorismes astrologiques au nombre de cent. Divers astrologues pénétrés de respect pour le dernier, l'enlèvent à Ptolemée, et en font don au célèbre Mercure trismégiste. J'aime à croire que Ptolemée n'en fut point auteur puisque dans son grand et important ouvrage de l'*Almageste*, il n'y a pas un seul mot d'astrologie. Au contraire, les deux ouvrages dont je viens de parler peuvent être regardés comme le précis de l'astrologie égyptienne que quelque amateur, si ce n'est Ptolemée, a compilés d'après les écrits jusqu'alors cachés des anciens Egyptiens. On peut lui associer un certain Paul d'Alexandrie, qui composa vers l'an 375 une introduction à l'astrologie publié en 1588, d'après un manuscrit de la bibliothèque du comte de Rantzau.

Mais c'est surtout chez les Arabes que les visions astrologiques firent une grande fortune. La solide astronomie fut chez eux presqu'entièrement subordonnée à l'astrologie. L'histoire arabe est remplie de traits qui prouvent le foible qu'avoit ce peuple pour cet art. Le nombre des auteurs qui en ont traité presque uniquement formeroit un assez long catalogue, mais nous en citerons seulement quelques-uns. Tel fut le juif Messalah, naturalisé Arabe, dont on a divers ouvrages astrologiques, en tout ou en partie ; tel fut encore Albumasar, ou Abumashar, dont l'ouvrage est un chef-d'œuvre pour ceux qui ont la manie astrologique. Cet ouvrage contient néanmoins des choses curieuses à d'autres égards. On doit leur joindre les célèbres Alchindi et Ali-Ben-Rodoam, que Cardan ne pouvoit trop admirer, Alcabitius (1), Alfarabius; Alboacen, Aliaben Ragel (2), Albubater (3), Almansor (4), Omar de Tibériade (5), Abdilazis, Zahel ou Zahel Bebis (6) et nombre d'autres dignes de l'obscurité où ils sont aujourd'hui, si ce n'est pour quelques visionnaires. Les astrologues arabes osèrent enfin en 1179 annoncer pour l'année 1186 une sorte d'inondation générale et des ouragans affreux qui devoient tout boulverser Ce devoit être suivant eux la suite d'une conjoncture des cinq planètes tant supérieures qu'inférieures qui seroient précédée par une grande éclipse de soleil; l'orient et l'occident furent allarmés pendant sept ans ; mais l'événement donna le démenti à l'art, car cette année, au rapport d'Aimoin, ne fut marquée par aucun des malheurs annoncés (7). Nous verrons une prédiction semblable faite en Allemagne pour 1526, qui ne fut pas plus heureuse.

Il y eut cependant dans tous les temps des hommes d'un sens droit qui apprécièrent justement l'astrologie. Cicéron en

(1) *Alcabitius cum comm. J. de Saxonia*. Venet. 1502, *in-4°*. 1503 et et 1512, *in-fol.*

(2) *De judiciis astrorum*, 1503, 1571, *in fol.*

(3) *Albubater et centiloquium divi hermetis*. Venet. 1501, *in fol.*

(4) Venet. 1497, *in-fol.*

(5) *De nativitatibus*, &c. Venet. 1503, *in-fol. It.* 1538, *in-fol.*

(6) *De interrogationibus*, &c. Venet. 1493, *in-fol.*

(7) On lit dans la *Bibliothèque orientale*, de d'Herbelot, au mot *Anuari*, poëte astronome, ou astrologue arabe, que l'an 581 de l'hégire, qui revient à 1185 de J. C., il y eut une conjonction des 7 planètes dans le troisième degré du signe de la balance, qui étant un signe aërien, donna lieu à cet *Anuari* de faire des prédictions; elles lui firent si grand tort, qu'il se vit obligé d'abandonner la cour du sultan et de se réfugier à Balke, où encore put-il à peine être reçu.

parle avec mépris dans son second livre de *Divinatione*. Varron n'en pensoit pas mieux ; Sénèque la traite d'art chimérique; Sextus Empiricus la combat avec des armes solides; enfin le philosophe Favorinus chez Aulugelle, livre XIV, explique raisonnablement comment les astrologues font des dupes. Plusieurs décrets du sénat de Rome proscrivirent ces imposteurs sous le nom de mathématiciens, qu'ils s'étoient arrogé selon Aulugelle. Quelques empereurs, Tibère lui-même, quoiqu'il eût à ses gages Trasyllus, les persécuta à toute outrance ainsi que Dioclétien et Vitellius qui faisoit tuer tous ceux qui lui étoient dénoncés. Le seul soupçon suffisoit pour attirer la peine de mort. Ainsi il étoit dangereux de cultiver l'astronomie même, car des calculs vraiment astronomiques pouvoient passer pour une supputation astrologique ; comme on a vu en 1757 Trébuchet, astronome d'Auxerre, passer en Bretagne pour espion, être dénoncé et arrêté comme tel d'après des calculs d'une éclipse qu'il avoit laissés sur une table de son auberge ; et qui plus est, avoir peine à se justifier auprès de l'intendant de la province.

On sent aisément que la religion chrétienne en commençant à s'étendre à Rome ne pouvoit que proscrire l'astrologie. Le moindre foible pour elle, étoit puni par l'expulsion de la société chrétienne ; et en effet, les dogmes astrologiques sont incompatibles avec ceux du christianisme ; que dis-je, de toute morale et législation humaine ; car si tout ce qui doit nous arriver, c'est-à-dire tout ce que nous devons faire pendant notre vie, dépend de la configuration des corps célestes au moment de notre naissance, quel mérite a l'homme de bien sur le scélérat?

Les Européens ayant reçu, par l'entremise des Arabes, les premières notions de l'astronomie, elles leur parvinrent imprégnées de leur foible pour l'astrologie. En général, dans tous ces siècles obscurs qui précédèrent la renaissance des sciences et des lettres, on ne doutoit pas de l'influence des astres sur la destinée des hommes, et la plupart de ceux qui étudioient ou cultivoient l'astronomie, ne le faisoient que dans cette vue. A la vérité, suivant qu'on étoit plus ou moins religieux, on modifioit cette influence : on la bornoit au physique de l'homme, aux variations de la température de l'air, à l'effet des remèdes ou bien on l'étendoit jusques sur les qualités morales. Mais qui le croiroit, qu'un cardinal de la S. E. R. (le cardinal d'Ailly) fût assez occupé de la croyance à l'astrologie pour oser dresser le thème astrologique de Jésus Christ, de la naissance duquel connoissant ou croyant connoître le moment, il ne manqua pas de trouver écrit dans le ciel tous les événemens de sa vie et surtout sa mort? La manière dont il échappoit au reproche d'une véritable impiété n'étoit pas moins ridicule que l'assertion. Car il disoit que Dieu le père ayant prévu de toute éternité la vie et la mort de son fils, l'avoit fait naître au moment où la configuration des astres annonçoit tout ce qui devoit lui arriver.

L'astrologie eut cependant vers ce temps un ennemi terrible, c'est le fameux Jean Pic de la Mirandole, qui publia en 1495 douze dissertations contre ce vain art. Mais cela ne dessilla pas les yeux, et même l'astrologie fut défendue par divers astrologues ou astronomes comme Luc Bellantius, Jean Abiosus et plusieurs autres, de manière que la crédulité continua d'étendre ou de conserver son empire.

Il seroit long et fastidieux de passer en revue tous les hommes qui ont écrit sur cet art ridicule, ou qui l'ont pratiqué. Il suffira de parler des plus fameux. On peut mettre parmi eux au premier rang Regiomontanus, le restaurateur de l'astronomie, né en 1436. Guide Bonatus de Forli, qui fut auteur de dix traités astrologiques, Stoeffler qui publia pendant longues années des éphémérides farcies de prédictions astrologiques. Dans celle de 1499, il annonçoit pour 1514 une effroyable inondation dans toute l'Europe, à cause de la réunion de planètes supérieures dans le signe des poissons, prédiction qui fut renouvellée en 1521 par J. Virdangus, dans un écrit particulier; les bateaux en renchérirent dans l'Allemagne, mais cette prédiction fut réfutée par Augustin Niphus et George Tanstetter, et mieux encore par l'événement; car cette année fut un peu plus sèche que les précédentes.

Stoeffler occupa ainsi le trône astrologique par ses prédictions annuelles jusques vers le milieu du seizième siècle, où il eut pour successeur Cyprianus Léovitius, qui écrivit divers ouvrages de ce genre. Parmi les astrologues ou fauteurs de l'astrologie, pendant cette période de temps, fut encore Lucas Gauricus, dont la moitié des œuvres sont de pure astrologie. Cela ne l'empêcha pas cependant d'être élevé au siége épiscopal de Civita Vecchia. On est fâché de trouver ici le savant Camérarius, l'une des lumières de l'Allemagne avec Mélanchton, donner une édition soignée d'une troupe d'astrologues grecs, latins, arabes. Il faut croire qu'il envisageoit la chose plus du côté littéraire que du côté scientifique. Mais le plus illustre pour ainsi dire de ces astrologues fut Cardan, dont nous avons tracé ailleurs le portrait. Cet homme bizarre au-delà de toute expression ne pouvoit manquer d'adopter les visions astrologiques. Il osa, comme le cardinal d'Ailly, déduire de la configuration des astres, au moment de la naissance de Jésus-Christ les divers événemens de sa vie. Toutefois dans le pays où l'on avoit brûlé quelques siècles auparavant Cecchi d'Ascoli, ainsi que les os de Pierre d'Abano, et où l'on brûla bientôt après Jordan Brunus, on ne dit mot à Cardan; tant il est vrai qu'il n'y a dans ce monde qu'heur et malheur. On dit que Cardan pour ne pas faire mentir son horoscope se laissa mourir de faim, cela n'est pas vrai. Il mourut même plutôt qu'il ne s'y attendoit. On peut voir les éditions de tous ses ouvrages dans la *Bibliographie astronomique* du cit. de la Lande.

Junctinus mérite encore ici une place à cause de ses ouvrages dont le premier tome est absolument consacré à l'astrologie pure; le second l'est aux vérités astronomiques et n'est pas sans mérite pour le temps. Junctinus, dont le nom étoit Giontini, vint en France avec Catherine de Médicis, dont il fut l'astrologue, en même-temps qu'il étoit aumônier du duc d'Anjou. Ce fut pour lui que fut élevée la colonne qu'on voit encore à la Halle au Blé. Mais ces titres ne l'empêchèrent pas de mourir à Lyon, fort disgracié de la fortune; car il fut sur la fin de sa vie correcteur d'imprimerie. Il n'avoit pas vu cela dans le ciel.

Enfin, un grand protecteur de l'astrologie dans le même siècle, fut le comte de Rantzau, allié de Tycho-Brahé; on a de lui un ouvrage assez étendu où il en prend la défense; mais il servit l'astronomie par quelques ouvrages utiles, ainsi que par son crédit à la cour de Copenhague et à celle de l'empereur. Ce crédit fut de la plus grande utilité à Tycho-Brahé, qui n'auroit peut-être jamais obtenu l'île d'Huène, ni les secours de l'empereur Rodolphe, si Rantzau ne les eût vivement sollicités.

Le dix-septième siècle, jusques vers la moitié de son cours, fut encore infecté des rêveries de l'astrologie judiciaire. On vit pendant cette période de temps plusieurs astronomes habiles tenir encore à ce préjugé. De ce nombre fut Argoli, qui travailla d'ailleurs assez utilement pour l'astronomie. Il donna en 1608 un ouvrage où il présente quelques centaines de thèmes célestes d'hommes célèbres de son temps, pour démontrer par-là l'influence des astres sur leur vie et leur mort. Mais les lois de l'astrologie sont si vagues, si versatiles, que sachant la vie d'un homme et sa mort, on trouvoit toujours un thème céleste qui les annonçoit. Il est plaisant de voir Argoli dresser des horoscopes d'après l'heure et la minute de la naissance de plusieurs de ces hommes sortis d'un état si bas, que ce seroit beaucoup leur accorder d'avoir connu le jour où ils étoient venus au monde. A qui persuadera-t-on, par exemple, que le père de Sixte V, gardeur de cochons, eût conservé l'heure et la minute de la naissance de son fils, comme on le faisoit pour un dauphin de France?

Que ne pouvons nous effacer entièrement du nom de l'immortel Kepler la légère tache d'avoir encore tenu à l'astrologie!

On le voit dans plusieurs de ses lettres discuter sérieusement avec quelques-uns de ses amis la meilleure manière de dresser un thème céleste ; avoir même une querelle avec un ancien ami et condisciple sur ce qu'il lui avoit annoncé des choses désagréables d'après son thème natal. Ainsi ce qu'on allègue pour le disculper d'avoir cultivé et pratiqué l'astrologie judiciaire, est peu fondé. Il avoit sacrifié au préjugé vulgaire, comme Tycho-Brahé et avant lui Regiomontanus. Ce fut à la vérité avec une certaine modération qui ne leur laissa pas faire comme Stoeffler, Virdungus et Cardan de ces prédictions hardies qui déshonorent l'art et l'artiste quand elle ne se vérifient pas; d'ailleurs en mettant dans ses tables Rudolphines un article d'astrologie, il s'en excuse pour ainsi dire en disant : *Ne mater vetula se destitutam et despectam a filia ingrata et superba queratur.*

Mais ce qui a contribué sur-tout à plonger l'astrologie dans l'avilissement qu'elle mérite, ce sont les nouvelles découvertes astronomiques qui illustrèrent ce siècle, et surtout l'établissement du systême de Copernic, qui, victorieux des obstacles élevés contre lui par le préjugé, l'ignorance et la superstition, commença enfin à dominer en astronomie. Car dès qu'il fut reconnu par tous les esprits judicieux que la terre n'est point au centre de l'univers, qu'elle n'est qu'un des petits satellites du soleil, que loin que cet astre et les étoiles tournent à l'entour de la terre, c'est elle-même qui tourne sur son axe pour recevoir la lumière et la chaleur du soleil ; qu'enfin les étoiles fixes sont reculées à une distance de nous qui effraye l'imagination, comment admettre que toute cette vaste machine soit subordonnée aux habitans de ce petit et chétif globe, et ait pour destination de présider à leur sort physique et moral. Le moucheron qui voltige dans un palais doré seroit moins déraisonable de former dans sa petite tête l'idée que toute cette décoration l'a eu pour objet. Aussi peut-on regarder les efforts de Morin pour ranimer l'astrologie judiciaire comme les derniers soupirs de cet art expirant. Morin, né en 1583, fut aussi déterminé astrologue qu'enragé contradicteur du mouvement de la terre. *Famosi problematis de telluris motu vel quiete hactenus optata solutio.* Il travailla trente ans à son *Astrologia Gallica.* Il tua vingt fois par ses prédictions son adversaire, le doux et savant Gassendi, qui sembloit ne relever de ses maladies fréquentes que pour donner un démenti aux prédictions. Il osa même prédire la mort de Louis XIII, qui ne se porta jamais mieux qu'à l'époque annoncée par Morin. Enfin, ses livres et ses prédictions toujours démenties par l'événement, furent bafoués par tous ceux de ses contemporains qui eurent quelque réputation dans les sciences et les lettres. Il est fâcheux que Morin ait donné dans la double folie et de protéger l'astrologie et de combattre le mouvement de la terre. Car c'étoit un bon astronome pour la théorie, comme on le voit dans son livre *Longitudinum scientia*, ou *Astronomia restituta*, 1634. Et il fut le premier qui vit les étoiles en plein jour. Morin mourut en 1656. Il est le dernier astrologue que l'on puisse citer.

Depuis ce temps le crédit de l'astrologie a toujours été en déclinant, au point qu'on ne trouveroit peut être pas aujourd'hui en Europe quatre hommes qui sussent dresser un thême céleste. On raconte plaisamment dans l'éloge d'Ozanam qu'un seigneur polonois qui le croyoit grand astrologue, ayant voulu avoir son horoscope, Ozanam céda à ses instances et le lui dressa au hasard, en employant les termes et les figures usitées par ces charlatans; quel fut son étonnement d'apprendre bien des années après que la plupart de ses prédictions s'étoient vérifiées?

On a pourtant vu encore dans le dix-huitième siècle le fameux comte de Boulainvilliers donner dans le travers de l'astrologie. On a de lui divers manuscrits où il en prenoit la défense. Mais celui qui trouvoit le gouvernement féodal, le chef-d'œuvre de l'esprit humain, et qui respectoit assez peu les droits de l'humanité pour gémir de l'affranchissement des François, étoit bien digne de croire à l'astrologie.

L'astrologie a encore conservé son crédit dans l'Orient. L'astronomie n'y est cultivée, ou plutôt connue, qu'autant qu'elle est nécessaire à l'astrologie; car les Turcs peuvent aussi peu se persuader que les Européens étudient l'astronomie sans croire à l'astrologie, qu'imaginer que l'on puisse examiner des ruines et des inscriptions antiques sans chercher des trésors.

On lit dans le *Mercure de France*, janvier 1763, 2e. vol. p. 95, une lettre où le cit. de la Lande racontoit la curiosité que le sultan eut en 1762 de recevoir tous les ouvrages publiés par les astronomes de l'Académie; on remarquera qu'il demandoit, sur, tout les prédictions qui se faisoient sur l'avenir par la science des astres. Peut-être sa hautesse ne désiroit nos livres d'astronomie, que dans l'espérance d'y voir le sort des puissances qui sembloient alors acharnées à se détruire. Depuis l'ambassade du comte de Choiseul-Gouffier, en turquie, on y a vu paroître quelques étincelles de lumière. On a traduit en turc les *Tables astronomiques* en 1785, comme le raconte M. Toderini dans son *Histoire de la littérature des Turcs*. Mais le visir Hali pacha et le Capitana-Bey, où vice-amiral, qui furent décapités, étoient ceux qui contribuoient le plus à cette émulation.

Nous ne rapporterons rien ici des règles de l'astrologie, si ce n'est la division du ciel en 12 maisons; elle se faisoit par des cercles tirés de l'horizon septentrional à l'horizon méridional, par 12 points de l'équateur également espacés.

La première maison céleste, qui est au-dessous de l'horizon à l'Orient, est appelée Horoscope, et la maison de la Vie, ou l'Angle oriental.

La seconde maison céleste qui suit plus bas est appelée la maison des Richesses.

La troisième, la maison des Frères.

La quatrième, dans le plus bas du ciel, la maison des Parens et l'Angle de la terre.

La cinquième, la maison des Enfans.

La sixième, celle de la santé

La septième, la maison du Mariage et l'Angle d'Occident.

La huitième, la maison de la Mort, et porte Supérieure.

La neuvième, la maison de la Piété.

La dixième, la maison des Offices.

La onzième, la maison des Amis.

La douzième, la maison des Ennemis.

Mais c'est peut-être avoir trop parlé d'astrologie ; nous devons nous en excuser comme le cit. de la Lande, qui a fait dans son *Astronomie* un article sur l'astrologie, et qui le termine en disant : « Peut-être aurois-je dû omettre ici tout ce qui a » rapport à l'astrologie, et jusqu'au nom de cette vaine doc- » trine. Quoi qu'il en soit, ce sera une occasion de déplorer » l'ignorance et l'aveuglement du vulgaire, qui s'est laissé abuser » si long-temps par de si sottes prédictions, et de faire observer » combien il étoit utile pour le genre humain de pénétrer et » d'approfondir des sciences qui devoient tirer les hommes d'une » si misérable imbécillité, et d'une stupidité si flétrissante. »

Fin du septième Livre de la cinquième Partie.

HISTOIRE
DES
MATHÉMATIQUES.

CINQUIEME PARTIE,

Qui comprend l'Histoire de ces Sciences pendant le dix-huitième siècle.

LIVRE HUITIÈME,

Histoire des progrès de la navigation dans le dix-huitième siècle, pour la construction et la manœuvre.

I.

De la Construction.

On est maintenant bien convaincu de l'influence de la marine sur la puissance des empires et le bonheur des peuples; tous les esprits se dirigent vers ce grand objet, et les gouvernemens multipliant les moyens d'instruction en ce genre, doivent amener promptement toutes les parties de cet art au degré de perfection dont elles sont susceptibles. Cette science a fait de grands progrès dans le dix-huitième siècle, et nous en rendrons compte en détail.

Nous avons donné dans le tome II. page 648, l'histoire de la navigation jusqu'à la fin du dix-septième siècle; elle étoit peu éclairée, et l'on avoit peu cultivé l'art de la construction et de la manœuvre. La navigation maintenant doit être considérée sous deux aspects différens. C'est l'art de construire un bâtiment et de le conduire à travers le sein des mers au moyen des puissances mécaniques qui doivent le mettre en mouvement. Ainsi c'est à cet égard proprement une branche de la mécanique, mais si importante, qu'on est généralement convenu de l'en détacher et d'en faire une science particulière ; et cela est d'autant plus fondé, que ce n'est pas sans peine qu'on est parvenu à développer la manière dont les principes mécaniques s'y appliquent. La plupart des questions qui naissent des considérations mathématiques appliquées à la navigation ne demandent pas moins que les moyens les plus recherchés de la haute géométrie et de la dynamique. Heureusement, il faut en convenir, les essais multipliés des hommes, leur ont fait trouver à cet égard à-peu-près ce qui étoit le plus avantageux. La théorie n'est venue que secondairement.

Sous le second aspect, la navigation est en quelque sorte une partie de l'astronomie, dont elle emprunte les secours, et c'est principalement à cet égard qu'elle doit aux mathématiques, tous les moyens que les navigateurs ont pour se reconnoître à chaque instant dans les plus vastes mers, et pour se diriger avec sûreté vers le lieu auquel on doit aborder. Sans la boussole et les moyens que fournit l'astronomie pour en reconnoître la déclinaison, variable à chaque jour à mesure qu'on traverse les mers, comment se dirigeroit-on exactement suivant le rumb de vent convenable ? sans les instrumens pour prendre hauteur, comment reconnoîtroit-on le parallèle de la terre où l'on se trouve? sans les observations des éclipses ou des positions de la lune, et sans les horloges marines, comment sauroit-on sous quel méridien ou à quelle longitude terrestre on se trouve?

La première de ces deux branches de la marine renferme la construction et la manœuvre des vaisseaux, et c'est celle dont nous allons parler.

En 1681, il se tint à Paris des conférences qui contribuèrent à la perfection de l'architecture navale, où assistèrent le marquis Duquesne, le chevalier Renau, des constructeurs habiles. Depuis ce temps-là l'on a beaucoup écrit sur cette matière qui n'a cessé de se perfectionner.

En 1697, le P. Hoste, jésuite, publia sa *Théorie de la construction des vaisseaux*, et c'est le premier ouvrage où l'on ait vu des principes; mais la pratique, ou plutôt la routine des constructeurs, fut long-temps leur seul guide.

Le traité de Witsen, constructeur hollandois, eut beaucoup de réputation; mais les états-généraux, jaloux de leurs pratiques, en ordonnèrent la suppression.

Cependant l'expérience avoit aussi formé en France d'habiles constructeurs. Le P. Fournier, dans son *Hydrographie*, cite un navire de 72 canons, nommé la Couronne, construit en France, comme le plus grand et le plus beau navire de son temps, (1640.) Il avoit 44 pieds de large.

Mais c'est principalement à la célèbre rivalité entre l'Angleterre et les Provinces-Unies, que la marine dût les plus grands progrès : alors on vit des flottes nombreuses, et ce fut un nouveau genre de perfection que la hardiesse avec laquelle on chargea d'artillerie des navires de foibles dimensions : lorsque Louis XIV voulut ensuite partager l'empire des mers, comme il l'eut en 1690, de nouveaux chefs-d'œuvres s'élevèrent, et bientôt la construction françoise se distingua par la perfection des formes de la carène : on ôsa faire le Royal-Louis pour porter des canons de 48, 24 et 12 livres dans les trois batteries, et ce navire construit à Toulon par Coulomb, fut célèbre pour sa stabilité. Il seroit à souhaiter qu'on publiât le plan du Lys, de 74 construit par Blaise Pangalo vers le commencement du siècle, qui fut levé avec soin par le célèbre Olivier le père, mort en 1745. Ce vaisseau étoit remarquable par toutes les qualités que peut avoir un vaisseau, et Dugay-Trouin le choisissoit de préférence. C'est le vaisseau qu'il commanda dans un grand nombre d'actions glorieuses. Un vaisseau de 74 est une citadelle imprénable quand il est bien commandé. On vit aussi l'Amazone, le Jason, qui feroient même à présent de très-bons voiliers ; mais on faisoit un secret des plans et des moyens de construction. Duhamel, en 1752, publia sur la construction des vaisseaux, un ouvrage qui manquoit à la marine, ainsi que son Traité de la corderie. Il fit établir une école des ingénieurs constructeurs. Vers ce temps-là, Olivier perfectionna tous les genres de construction, changea la forme de la carène et la distribution des batteries des frégates.

Gauthier, Deslauriers, Groignard se distinguèrent; l'académie de marine fut établie à Brest en 1752, par Rouillé, ministre de la marine.

Les ouvrages de Bouguer sur la construction, sur la manœuvre en 1746 et 1757, celui de dom George-Juan en 1771, ont éclairé la construction.

Les habiles constructeurs, en prévenant la théorie par ce sens droit et ce coup-d'œil juste qui sont la base du vrai génie, ont assuré à la France la gloire d'avoir fait les découvertes les plus importantes.

Si jamais on a eu lieu d'espérer la plus grande perfection dans l'architecture navale, c'est depuis que les ingénieurs-constructeurs réunissent à la pratique les connoissances les plus profondes.

Instruit dans cet art par l'un d'eux (Deslauriers), le cit. Dumaitz de Goimpy, qui a fait un excellent ouvrage sur cette matière, rend cette justice à ce corps éclairé et important pour la marine.

On en verra la preuve dans les différens chapitres de ce livre, où nous avons indiqué les meilleurs ouvrages dans chaque partie, et nous devons annoncer spécialement le *Dictionnaire de marine, de l'Encyclopédie méthodique, ou par ordre de matières* publié de 1783 à 1787, et qui contient fort en détail tout ce qui s'est fait de mieux pour le progrès de la marine.

Les prix de l'Académie des Sciences y ont surtout contribué.

Rouillé, comte de Meslay, par son testament du 12 mars 1714, légua 5000 de rente à l'Académie pour proposer des prix. Son fils unique, héritier d'une grande fortune, eut la bassesse de plaider aux requêtes de l'Hôtel et au Parlement contre l'Académie et contre le testament de son père; mais heureusement il perdit; et les prix de l'Académie ont été une source de recherches importantes pour la marine, comme pour la physique céleste.

En 1727, Bouguer et Camus écrivirent sur la mâture des vaisseaux.

En 1731, Bouguer sur la boussole.

En 1733, Poléni sur la meilleure manière de mesurer sur mer le chemin d'un vaisseau.

En 1737, on proposa la forme et la fabrication des ancres; Jean, et Daniel Bernoulli, Poléni et Tresaguet travaillèrent sur ce sujet.

En 1739 et 1741, il y eut sept pièces sur le cabestan.

En 1742, 1744 et 1746, trois sur l'aiman, par Daniel et Jean Bernoulli, Euler, Dutour.

En 1745 et 1747, sur la manière de trouver l'heure en mer, par Bernoulli et quatre anonymes.

En 1751, une sur les courans, par Bernoulli.

En 1753, sur la manière de suppléer à l'action du vent, par Daniel Bernoulli, Euler, et Mathon géomètre de Lyon.

En 1755, sur le roulis et le tangage, par Chauchot; en 1757, par Bernoulli; en 1759, par Euler et par Groignard.

En 1761, sur l'arrimage des vaisseaux, par Euler et Bossut; en 1765, quatre pièces, par Bossut, Bourdé capitaine de vaisseaux de la Compagnie des Indes, et par deux de nos plus fameux constructeurs, Groignard et Gauthier.

En 1773, sur les horloges marines, par le Roy l'aîné.

En 1777, sur l'aiman, par M. Vanswinden et le cit. Coulomb.

En 1789 et 1791, on proposa la résistance des fluides.

Pour 1793, on avoit proposé la question de la dérive; mais l'Académie fut supprimée le 8 août par les vandales qui s'étoient emparés du gouvernement.

Les

Les Anglois n'ont pas négligé de suivre l'exemple des François : en 1791 il se forma à Londres une société pour la perfection de l'architecture navale; elle proposa pour 1792, 270 guinées de prix pour les meilleurs mémoires sur la résistance des fluides, les proportions des mâts, les plans de vaisseaux, le jaugeage, la manière de retirer l'eau de la calle, d'empêcher les progrès du feu, &c. L'on ne peut douter que cette association ne produise de nouvelles lumières et de nouveaux progrès dans l'art de la construction.

Le vaisseau l'Invincible, qui a péri sur les côtes d'Angleterre, avoit été construit en 1766. Mais à cette époque il y en avoit beaucoup en Angleterre qu'on avoit construit sur le modèle de l'Invincible, pris aux François, par le lord Anson, dans la guerre de 7 ans (1756, 1763;) et les Anglois convenoient que les constructeurs françois étoient bien supérieurs à ceux d'Angleterre.

Le Magnanime, vaisseau françois que les Anglois avoient pris, étoit un de ceux dont on faisoit le plus de cas.

Les Anglois avoient deux ouvrages de Sunderland et de Mungo Murray sur la construction, mais l'amiral Knowl avouoit au cit. de la Lande que ces ouvrages ne valoient rien.

Dans un projet imprimé en 1789 pour perfectionner la construction des vaisseaux en Angleterre, l'auteur dit qu'un constructeur sincère avouera sincèrement qu'il n'y a pas d'amélioration dans la construction angloise qui ne vienne de la France, et qu'en se rappelant les trois dernières guerres, on verra que chaque vaisseau pris sur les Français a été choisi par les officiers anglais de préférence à ceux du pays. Ces remarques, ajoute l'auteur, déplairont à quelques personnes, mais elles auront la liberté de répondre dans le même journal, (*European magazine.*)

Malgré l'aveu des Anglois, on a vu le 3 août 1801 un article signé C. P. d'un militaire de quatre-vingts ans, qui a beaucoup navigué et qui donne l'avantage aux vaisseaux anglois; voici ses raisons : *Moniteur* du 15 thermidor.

Leurs vaisseaux sont en général tiercés (largeur un tiers de la longueur), afin de pouvoir mieux faire leurs évolutions, et les nôtres sont entre le tiers et le quart. Ils ont une quête et un élancement qui leur donne non seulement de la grâce, mais encore beaucoup de commodité dans les œuvres mortes, et surtout une entrée de carène plus propre à couper l'eau avec moins de résistance que les nôtres, qui n'ont presque pas d'élancement.

L'entrée de la carène du vaisseau anglois approche de la forme d'un tétraèdre qui décompose le courant de l'eau en deux sens, et celle de nos vaisseaux s'en écarte et se rapproche plus de celle d'un prisme quadrangulaire qui ne le décompose que dans le sens horizontal. Leurs fourcas sont conduits de plus loin que dans nos vaisseaux, afin de faciliter le courant du sillage pour frapper plus directement le gouvernail, dont la pelle est aussi plus large.

Les vaisseaux anglois tirent peu d'eau par devant, ce qui contribue encore à les faire arriver ou venir au vent avec plus de facilité. Ils donnent beaucoup de tonture à leurs bâtimens. C'est par cette raison et par la force de leur precintes, qu'ils ne paroissent jamais arqués comme les nôtres.

Les bas mâts de leurs vaisseaux de 74 canons sont de 10 pieds plus courts, et leurs mâts de hune de 10 pieds plus longs. Leur vergues sont aussi plus longues, et les boutsdehors des bonnettes surtout le sont encore proportionnellement plus.

Leurs bases voiles sont plus courtes, mais plus larges que les nôtres ; les huniers sont plus grands, et ont quelquefois jusqu'à deux ris de plus que ceux de nos vaisseaux ; ils sont d'une toile plus légère que leurs basses voiles.

Les perroquets, les voiles d'étay, et surtout les bonnettes, sont d'une toile très fine, très-légère, serrée, et beaucoup plus grandes que les nôtres ; l'étendue de ces dernières est d'autant mieux raisonnée, qu'on n'en fait usage que quand il n'y a que peu de vent, et par conséquent peu de danger.

Tous leurs cordages, tant dans les manœuvres courantes que dormantes, sont aussi plus légers et d'un meilleur fil. Le fil de carret espagnol est cependant meilleur que le leur.

Toutes ces recherches, et une infinité d'autres que je pourrois citer, sont le fruit de la méditation d'une nation qui semble ne s'être occupé que de sa marine ; son gouvernement, surtout, n'a jamais perdu de vue tous les moyens d'encouragement qui ont pu contribuer à sa perfection.

Le principal défaut de nos vaisseaux pour manœuvrer, surtout en ligne, est d'être trop longs. Ils n'arrivent ou ne viennent au vent que très-difficilement ; pour en citer un exemple, je rappelerai que le combat des Saintes n'a eu lieu qu'à cause de ce défaut essentiel : il occasionna l'abordage de la Ville de Paris et du Zélé. Cet abordage fut cause ensuite d'un combat qui n'auroit pas eu lieu sans cet accident. Au reste ces objections seroient peut-être sujettes à contestation ; il me suffit de les avoir rapportées ; on y à même déjà répondu dans le même journal.

On avoit fait en Angleterre un vaisseau en fer de 150 tonneaux, mais cet essai n'a pas eu de suite.

Depuis trente ans on a commencé en Angleterre à doubler les vaisseaux en cuivre : ils vont mieux, et les Anglois en ont profité dans la guerre ; il ne s'y attache ni goëmon ni coquillage : la viscosité de l'eau n'a point de prise sur cette enveloppe ; la piqûre des vers ne l'endommage pas. On dit que les doublages anglois durent dix ans, mais on en a vu qui, au bout de sept ans, étoient hors de service, et ceux de France durent moins.

Le poids du doublage est environ la centième partie du port en tonneaux. Le cuivre revient à 1500 liv. le millier à Brest : un navire de 600 tonneaux en exige 12 milliers, dont 10 en planches, et 2 en clous.

Le pied carré pèse une livre et onze onces, quand de six lignes d'épaisseur, il est réduit à un tiers de ligne pour le doublage. On peut voir à ce sujet un grand article du cit. Forfait, actuellement ministre de la marine, dans le *Dictionnaire de marine de l'Encyclopédie méthodique* de 1786. L'auteur ne croit pas qu'il y ait de l'économie dans cet usage. Camus de Limar avoit un grand établissement à Romilly, près le pont de l'Arche, en Normandie, et il avoit fourni du cuivre pour le doublage de beaucoup de vaisseaux.

Pour un vaisseau de 110 canons, le port étant de 2400 tonneaux, le poids du doublage seroit de 24 tonneaux, en conséquence on diminue le lest, pour que le changement qui en résulte sur le centre de gravité du vaisseau en charge ne soit pas trop considérable. (De la Lande, *Abrégé de navigation.*)

Lorsque l'on considère les qualités nombreuses dont un vaisseau doit être doué pour remplir toutes les vues qu'on se propose dans sa construction, on ne peut s'empêcher de regarder une pareille machine comme une de celles où éclate davantage l'intelligence humaine. Il doit en effet d'abord avoir sur l'eau une stabilité telle que les chocs latéraux, soit des flots, soit des vents appliqués à ses voiles, ne puissent le déranger beaucoup de sa situation primitive ou horizontale, ou du moins, que s'il est violemment et considérablement écarté de cette situation, il tende à la reprendre par un effet mécanique de sa forme, sans quoi le vaisseau courroit risque d'être submergé. C'est-là ce qui m'a engagé à donner à cette qualité d'un vaisseau le premier rang entre toutes celles dont il doit être doué.

Mais un vaisseau doit marcher avec célérité, et même fendre l'eau avec la plus grande facilité s'il est possible; car il est des circonstances où le salut du navire dépend de sa célérité à éviter le danger.

Il doit enfin être sensible à l'action du gouvernail; car à quoi serviroit-il qu'il marchât avec rapidité, s'il ne pouvoit se diriger? mais malheureusement ces différentes qualités se contrarient toujours un peu dans un vaisseau. Il faut en quelque sorte prendre un milieu, en donnant plus au moins à l'une ou à l'autre de ces qualités, suivant la nature et la destination du bâtiment. Nous allons faire connoître les principes sur lesquels sont fondées les recherches des géomètres sur ces différens points.

Un instinct naturel, aidé d'une expérience grossière, suggérèrent d'abord aux hommes qu'une embarcation quelconque devoit avoir en longueur plusieurs fois sa largeur : or cela étant universellement reçu,. il s'ensuit qu'un bâtiment court infiniment moins de risque d'être submergé dans le sens de sa longueur que dans celui de sa largeur. Ainsi c'est principalement de sa coupe transversale que dépend la stabilité qu'on doit lui procurer.

Nous commencerons donc par traiter de cette première qualité d'un vaisseau. Mais l'on peut considérer un bâtiment sous deux aspects différens, ou comme en repos, ou comme mis en mouvement par les puissances destinées à agir sur lui; ce qui donne lieu de diviser cette stabilité en deux espèces, l'une qu'on pourroit nommer hydrostatique, l'autre hydrodynamique. La première étant la base essentielle de la seconde, elle doit d'abord nous occuper.

Archimède est le premier, et jusqu'à ces derniers temps le seul qui ait jeté quelque principes sur la stabilité des corps nageans dans l'eau ou sur un fluide quelconque, dans ses deux livres *de Innatantibus in fluido*; ils n'ont jamais été retrouvés qu'en arabe, et à ce qu'il paroît fort défigurés, car on n'y reconnoît guère la tournure des démonstrations d'Archimède; au point que quelques géomètres, comme Borelli et Benoît Castelli, ont préféré d'en donner de nouvelles et à leur manière. Quoi qu'il en soit, Archimède fait voir que cette stabilité dépend de l'effort du fluide pour élever dans la perpendiculaire le centre de gravité de la partie submergée combiné avec l'effort du centre de gravité de la partie non submergée, qui tend en bas. Si ces deux efforts se balançant sur le centre de gravité de la figure totale pressent dans des directions opposées, la figure se remettra dans un état tel que les trois centres se trouvent dans la ligne verticale ou perpendiculaire à l'horizon. Ainsi tirée de cet état, du moins jusqu'à certain point, cette figure s'y remettra. Je dis jusqu'à un certain point, car il en est toujours un, passé lequel la figure se renverseroit en sens contraire; c'est le cas d'un vaisseau qui chavire absolument, et qui, s'il n'avoit sur son pont aucune ouverture donnant accès à l'eau surnageroit, la quille hors de l'eau.

Archimède applique ce principe à quelques corps surnageans, et d'abord à des corps en forme de segmens sphériques, ce qui n'a pas grande difficulté; mais ensuite il passe à des corps en forme de conoïdes paraboliques, et fait voir dans quels cas, plongés en partie et inclinés, le sommet ou la base dans le fluide, ils se relèveront où ne se relèveront pas; il trouve des déterminations fort ingénieuses et fort compliquées.

Cette spéculation purement mathématique sur la stabilité et la situation des corps flottans dans un fluide a été dans la suite fort étendue par Euler (*Scientia navalis*, 1749.) Il y examine avec une curiosité que l'esprit géométrique excuse aisément, les diverses situations dans lesquelles un grand nombre de corps de différentes figures s'arrangeront ou se maintiendront en surnageant dans un fluide, suivant leur différens rapports de pesanteur spécifique. Il y a apparence qu'Euler ne connoissoit pas la détermihation d'Archimède; car quoiqu'il donne la formule d'après laquelle on peut déterminer la situation que prendra un conoïde parabolique de dimensions données, plongé dans un fluide de pesanteur spécifique aussi donnée, il n'entre à cet égard dans aucun détail, et il est probable qu'il auroit eu la curiosité de voir jusqu'à quel point ces déterminations s'accordoient avec les résultats de sa solution générale. Euler examine aussi d'autres corps plus compliqués, entr'autres un qui se rapproche de la formé d'un vaisseau, en supposant que ses trois coupes, l'une horizontale, l'autre longitudinale et verticale, et la troisième verticale et transversale, seroient des courbes données.

Mais le Traité du navire de Bouguer, publié en 1746, contient une réunion précieuse de la théorie et de la pratique, et on lui doit la principale partie des progrès de cet art de la construction. Il traite d'abord de la stabilité du navire, c'est le premier objet de son livre qui nous servira égalément de guide relativement à la matière que nous traitons dans cette partie de notre ouvrage. Nous le suivrons d'autant plus volontiers dans tout ce qui nous reste à dire à cet égard, que par une sorte de concert unanime, tous les auteurs qui ont écrit depuis sur cette matière ont adopté sa théorie et jusqu'aux termes nouveaux qu'il y a introduits.

Il sera donc ici d'abord question avec Bouguer de la stabilité qu'il nomme hydrostatique, de celle que doit avoir un bâtiment lorsqu'il est considéré en repos et surnageant une eau tranquille. Cette stabilité ne doit pas être telle que celle d'un bâton qu'on feroit tenir droit sur un de ses bouts avec bien de la peine, et que le plus léger effort renverseroit. Elle doit être telle que ce corps éloigné d'une certaine quantité de cet état d'équilibre y revienne de lui-même. Or cette propriété dépend de la position d'un point que Bouguer a nommé le *Métacentre*, et dont il faut conséquemment que nous commencions à donner une idée distincte.

Supposons, pour nous faire mieux entendre, la coupe APC

du corps surnageant (*fig.* 12), faite par un plan perpendiculaire à son axe longitudinal, lequel plan sera aussi perpendiculaire au fluide et dans leque lse trouveront l'axe vertical du corps et les centres de gravité tant de la partie submergée que de la masse totale: le corps restera en repos tant que cet axe restera vertical ; car les deux efforts, l'un de la masse totale du corps, réunie à son centre de gravité qui tend en bas, et celle de l'eau qui agit perpendiculairement dans un sens opposé sur le centre de gravité de la partie submergée, sont directement opposés.

Mais lorsqu'un effort quelconque fera pencher ce corps d'un côté et inclinera l'axe ci-dessus, la partie submergée changera de position et deviendra BD. Conséquemment son cenre de gravité changera aussi de place, la direction de la pression de l'eau qui agit toujours verticalement et en poussant en haut, sur ce centre, rencontrera nécessairement l'axe ci devant vertical du vaisseau, maintenant incliné dans un point quelconque M. C'est ce point M qu'on nomme le *Métacentre.*

Maintenant ce point M se trouvera ou au-dessous ou au-dessus du centre de gravité de la masse totale du corps, ou enfin ils coïncideront ensemble. S'il se trouve au-dessous, le corps continuera de s'incliner. Car de ce centre de gravité soit tirée une perpendiculaire au fluide, ce sera la direction de l'effort de la masse totale pour incliner encore plus cet axe, et les deux efforts celui de l'eau sur le centre de gravité de la partie submergée, et le précédent conspireront au même effet, savoir à faire tourner de plus en plus cet axe jusqu'à ce que le corps soit absolument renversé ; dans ce cas donc il n'y aura aucune stabilité.

Mais que le centre G de la masse totale soit au-dessous du métacentre, ce ne sera plus la même chose. La ligne tirée verticalement de ce centre de gravité au fluide agira en sens contraire de l'effort de l'eau pour relever l'axe vertical, et ils conspireront tous deux à produire cet effet. Ainsi le bâtiment aura dans ce cas de la stabilité et reviendra à son premier état.

On se rendra cet effet plus sensible par l'exemple et la figure qui suivent. Soit une ligne inflexible AB (*fig.* 13) inclinée à l'horizon, et que la puissance C agisssant en *c* dans la direction C*c*, une seconde puissance D agisse de *d* en D, il est évident que leurs efforts combinés tendront à faire tourner AB sur le centre A, ou incliner AB de plus en plus. Mais si C agissant comme on vient de le dire la puissance E agit de E en *e*, il est tout aussi évident que l'effet sera de redresser la ligne AB.

Il y a un troisième cas, celui où le métacentre se trouveroit coïncider avec le centre de gravité du corps. Alors la conclusion seroit simple, le corps seroit indifférent à toute situation. C'est le cas d'un globe homogène plus léger spécifiquement que l'eau et plus ou moins plongé dans ce fluide. Car à quelque hauteur de son diamètre qu'il y enfonce, la ligne tirée verticalement en haut du centre de gravité de la partie submergée passera toujours par le centre, qui est le centre de gravité de la masse totale ; ainsi ce dernier coïncide avec le métacentre. Aussi sait-on qu'un pareil corps sera indifférent à quelque espèce de situation qu'on le mette.

Mais si nous supposons cette sphère plongée, par exemple, jusqu'à la moitié de son rayon, soit coupée par un plan qui en retranche un segment quelconque, alors le centre de gravité du segment restant sera au-dessous du métacentre, ou du centre de la sphère, et le segment aura de la stabilité comme Archimède l'avoit trouvé dans son premier livre de *Insidentibus in humido.*

Il est encore aisé de voir que cette stabilité sera d'autant plus grande, que le segment sera une moindre portion de la sphère : car qu'il soit seulement la demi-sphère ; comme le centre de gravité de la demi sphère est éloignée de son centre des $\frac{3}{5}$ du rayon, le métacentre, ou le centre de la sphère sera alors encore plus élevé à l'égard de ce centre de gravité ; et il le sera d'autant plus, qu'on supposera le segment surnageant moindre que l'hémisphère.

Ces exemples suffisent pour faire sentir que la détermination de la stabilité hydrostatique d'une figure plane ou solide surnageant dans un fluide dépend de celle de la position du centre de gravité de la partie submergée après l'inclinaison. Bouguer donne des procédés et des formules pour trouver les centres de gravité et les métacentres dans toutes les espèces de vaisseaux, et juger de leur stabilité. Il fait voir combien le lest qu'on met au fond de la carène y contribue ; et je ne doute pas que le simple sentiment n'ait indiqué aux réparateurs de la race humaine de placer au fond de l'arche les plus gros animaux et les poids les plus lourds ; ce qui faisoit descendre le centre de gravité au-dessous de la moitié de la hauteur.

Le corps formé en prisme triangulaire rectangle étant analysé, présente une propriété singulière, savoir qu'à quelle profondeur qu'il enfonce, son angle droit étant en bas, son métacentre est autant au dessus de la surface du fluide que le centre de gravité de sa masse est au dessous ; aussi il aura toujours de la stabilité, et cette stabilité sera d'autant plus grande que cet angle sera plus ouvert, comme au contraire elle diminuera d'autant plus que cet angle deviendra plus aigu.

De tous les corps reguliers géométriques, celui qui approche le plus de la forme d'un vaisseau est un demi-sphéroïde oblong coupé par un plan passant par son axe, ou si l'on veut, par un plan parallèle à cet axe et qui en soit peu distant. Supposons à ce sphéroïde une longueur quadruple ou quintuple de ce petit diamètre; c'est assez généralement la longueur d'un vaisseau relativement à sa plus grande largeur, et c'est aussi à-peu-près le rapport de sa largeur ou de son maître-bau à son tirant d'eau. Dans un pareil corps toutes les coupes transversales étant des demi-cercles, le métacentre de chacune est à son centre, et conséquemment celui du volume total est au centre de la coupe passant par le centre de gravité du vaisseau. Mais ce centre de gravité étant aux deux cinquièmes du rayon, il sera conséquemment toujours au-dessous du métacentre d'environ les deux cinquièmes de son tirant d'eau.

Mais il faut observer ici que les œuvres mortes du bâtiment, et sa mâture, tendent à élever le centre de gravité et à le rapprocher du métacentre; dans un vaisseau de guerre même, l'immense poids de son artillerie tend à le rapprocher encore davantage. D'un autre côté on peut l'éloigner au moyen du lest en y employant les matières les plus lourdes, comme les métaux, ou même les pierres, dont la pesanteur spécifique est considérable relativement aux autres matières qui forment ordinairement la charge du vaisseau. Ainsi avec l'expérience on peut toujours mettre le centre de gravité de la masse du bâtiment au-dessous du métacentre.

Pour diminuer le mouvement de roulis, il faut rejeter sur les côtés les poids les plus considérables, afin de donner un plus grand mouvement d'inertie, comme on le verra ci-après; mais il est bon de remarquer ici que l'on a quelquefois mal pris cette conséquence très bien fondée: on a perdu la stabilité de plus d'un vaisseau, en rejettant sur les aîles grande quantité de lest de fer, parce qu'en éloignant ces poids du milieu, et les soutenant au bout de la varangue, on les exhaussoit; dans un bâtiment qui n'a qu'une stabilité suffisante, il ne faut rejeter les plus grands poids sur les aîles qu'autant que cela peut s'accorder avec la condition de ne pas les exhausser, afin de ne pas changer la distance du centre de gravité au métacentre.

Nous convenons que la comparaison que nous avons faite d'un navire à un sphéroïde allongé coupé par un plan passant par son axe ou parallèle et à peu de distance de cet axe est à bien des égards imparfaite, car la coupe longitudinale d'un vaisseau n'est pas précisément une demi-ellipse allongée. Les coupes transversales ne sont pas des ellipses à cause des façons de l'arrière, ou du rétrécissement qui commence à environ $\frac{2}{5}$ de distance de la proue. Il a donc fallu trouver une méthode pour se rapprocher de la réalité, pour trouver la grandeur et le centre de gravité de la carène. C'est ce qu'enseigne Bouguer dans

dans son ouvrage, et il en donne des exemples, ainsi que la manière d'évaluer suffisamment tout le poids d'un navire et son centre de gravité quand il est chargé. Cela est long, mais trop important pour le négliger.

Une considération qu'il faut encore employer relativement au métacentre, c'est que ce point varie à mesure que l'inclinaison augmente. Il peut se rapprocher du centre de gravité du vaisseau; et s'il l'atteignoit, toute stabilité seroit perdue. Il est donc très-important de s'assurer que cela ne peut avoir lieu effectivement. Cela ne sauroit guère arriver dans les inclinaisons de 15° environ qu'un vaisseau prend quand ses voiles sont chargées par le vent. Mais enfin si, par un cas extraordinaire, le vaisseau étoit absolument à la bande, et cela arrive quelquefois dans de très-grosses mers, tout seroit perdu, s'il n'avoit pas encore la force de se relever. Bouguer considère ce cas, et donne même une construction graphique au moyen de laquelle on peut s'assurer si le métacentre peut assez approcher du centre de gravité pour donner lieu à ce danger.

Après la considération du métacentre, une des plus importantes encore est de déterminer les mouvemens d'oscillations ou de balancement auquel un vaisseau sous voile est sujet; car si ce mouvement est trop vif, il fatigue la mâture au point de la rompre; s'il est trop lent, le vaisseau tarde trop à se relever, ce qui est un autre inconvénient. Tout cela dépend de la distribution de la charge et surtout des poids les plus lourds plus ou moins près du centre de gravité, comme on le verra dans l'article du roulis.

Cette détermination suppose au reste la solution d'une autre question, savoir quel est le point autour duquel tourne un vaisseau par l'effet de la poussée de l'eau appliquée au centre de gravité de la carène, tandis que le poids total du bâtiment agit sur le centre de gravité de la masse totale. Car pour que le vaisseau soit en repos, il faut, si ces deux centres ne sont pas dans une même verticale, qu'ils s'y remettent.

On a été partagé sur cette question; on a prétendu, sur des raisons assez spécieuses et qui se présentent d'abord, que ce point est entre les deux centres de gravité. Mais Bouguer a prouvé solidement que ce point central de rotation est le centre de gravité même du navire. C'est aussi le résultat de la recherche d'Euler sur ce sujet. On peut donc donner pour un fait constaté et comme un principe, que le navire tourne sur son centre de gravité; et Bouguer s'en sert pour déterminer la durée des oscillations ou des roulis d'un navire.

Euler traita aussi tous ces problêmes en 1749 dans la *Scientia navalis* avec une immense profusion de géométrie, après quoi il donna en françois, en 1772, un ouvrage plus élémentaire pour lequel le gouvernement françois, à la sollicitation de Condorcet, lui envoya une récompense ; et que M. de Kéralio, ancien gouverneur du duc de Parme, fit réimprimer à Paris en meilleur françois avec ce titre : *Théorie complette de la construction et de la manœuvre des vaisseaux, mise à la portée de ceux qui s'appliquent à la navigation, par M. Léonard* Euler, nouvelle édition, corrigée et augmentée, 268 pages *in*-8°. avec figures.

Dom Georges Juan a aussi traité ces problêmes, en 1771, dans son *Examen maritime*, que nous ferons connoître en détail.

Il y a un *Traité de la construction des vaisseaux* par le cit. Dumaitz, connu aussi sous le nom de Goimpy, publié en 1776. Cet habile officier, qui est un ancien chef d'escadre retiré, avoit été chargé par le gouvernement de faire des mémoires sur la fixation des rangs des vaisseaux de guerre ; et invité à continuer de s'occuper de cette partie des connoissances relatives à la marine, il eut occasion de composer cet ouvrage où il y a des choses neuves et que nous citerons plus d'une fois.

Le cit. Dumaitz, en différant quelquefois de Bouguer, ne laisse pas de lui rendre justice : on ne remarque, dit-il, ses erreurs que parce que son ouvrage est trop utile pour les laisser subsister. C'est lui qui a eu la gloire de porter la théorie dans un sujet où elle avoit jusque-là été étrangère ; nous suivons même ses principes, en regrettant qu'il ne les ait pas portés plus loin.

M. de Chapman, constructeur des armées navales de Suède, nous a fourni un excellent traité de construction ; il publia dès 1768 de grandes planches avec une explication intitulée : *Architectura navalis Mercatoria.*

On voyoit par plusieurs constructions ponctuées sur les plans, que l'auteur étoit un véritable ingénieur. Il donna ensuite en 1775 un traité de construction en langue suédoise. Le cit. Vial du Clairbois entreprit d'en faire la traduction. M. de Lowenorn, officier de la marine danoise, qui occupe aujourd'hui une grande place, servoit dans notre armée française ; jeune homme plein d'esprit, de connoissances, il mit le traducteur à portée de l'entendre et de le bien traduire.

Ce traité est plein de choses neuves, quelques-unes très-bien vues : d'autres ne présentent que des apperçus ; mais si l'auteur n'est pas parvenu au but, au moins paroît-il être dans la bonne route, et nous lui aurons obligation en partant du point où il est arrivé par ses propres forces, surtout pour la question de la résistance du fluide sur les corps en mouvement. Il doit fournir des idées naturelles, lesquelles semées dans les génies analystes qui s'occupent de cette question importante, pourront mener à sa maturité ce fruit si long-temps attendu que l'on ne peut guère espérer d'un seul individu. J'avois quelqu'inquiétude, dit le cit. Vial, sur une liaison que M. de Chapman sembloit vouloir établir entre son traité et l'ouvrage en planches publié sept ans auparavant. Ce dernier ne se trouve pas en France, et coûte 180 livres en Hollande, en feuilles; ainsi il n'est pas à la portée de tout le monde. Si ces deux ouvrages s'étoient trouvés liés d'une façon inséparable, il n'y eût eu que le gouvernement qui eût pu faire la dépense de la publication. Mais comme je l'avois espéré, ils n'ont qu'un rapport éloigné, et si l'on en excepte le douzième chapitre du traité qui n'est qu'une répétition de l'écrit qui accompagne l'ouvrage en planches, tout ce traité peut s'entendre parfaitement, en ajoutant aux figures du livre trois plans de vaisseaux pris dans les grandes planches : et c'est ce que j'ai fait.

L'astronome le Monnier en a aussi donné une traduction, mais celle de Vial est de beaucoup préférable; il a mis tous les constructeurs a portée de connoître les pratiques des autres nations et leurs différens essais, afin de les multiplier.

Ce célèbre constructeur donne une nouvelle méthode pour le calcul du déplacement, qui, sans être beaucoup plus longue que celle que l'on emploie communément, procure un résultat plus exact; on considère ordinairement les parties curvilignes des plans de flotaison ou des gabarits, c'est-à-dire, des plans transversaux, entre les extrémités des ordonnées, comme des lignes droites; M. de Chapman les regarde comme des arcs paraboliques; et de la nature de cette courbe et du trapèze, il tire une expression sur laquelle il fonde un calcul assez simple. Quelques personnes pourront trouver cette précision minutieuse; mais en réfléchissant sur cet objet, on verra qu'il demande tous les soins et toutes les peines imaginables. Il n'est que trop vrai que de nos jours on manque encore des vaisseaux, et cela probablement, par beaucoup de négligences qui, quoique petites en elles-mêmes, se trouvant par hasard dans le même sens, font des sommes, et causent des erreurs dangereuses.

M. de Chapman a donné une table des proportions et capacités des vaisseaux de commerce de quatre espèces, qui ne peut provenir que grandes recherches. Les constructeurs seuls pourront l'apprécier en y comparant une grande quantité de bons vaisseaux. Si cette table est aussi bonne qu'il y a lieu de le croire, c'est une chose précieuse.

Cet auteur entre dans la même discussion au sujet des bâtimens pour la course, qui convient aux frégates les plus considérables, et où l'on trouve une utilité directe pour la marine de l'Etat. Rien ne lui échappe; mâture, voilure, gréement, armement, munitions de guerre et de bouche, arrimage, &c. Il donne les poids de tous ces objets, la détermination de leur emplacement : des formules générales qui peuvent convenir à tous les bâtimens propres à la guerre (excepté les vaisseaux de ligne) avec plusieurs tables, desquelles on peut dire ce que l'on a dit de la première.

C'est aux officiers qui s'occupent de constructions, et au corps des ingénieurs-constructeurs, de les apprécier par des comparaisons entr'elles et les frégates et autres bâtimens qu'ils reconnoissent pour bons. C'est aussi à ces mêmes personnes qu'il appartient de les faire cadrer avec les vaisseaux de ligne, plusieurs objets pouvant convenir aux uns et aux autres.

En 1776 parut un ouvrage très-propre à avancer la perfection de la pratique des marins ; c'est l'*Essai géométrique et pratique sur l'architecture navale, à l'usage des gens de mer ;* par M. Vial du Clairbois, ingénieur - constructeur à Brest ; ouvrage où la théorie dirige continuellement la pratique. La théorie est sans doute le principe de toutes les connoissances importantes d'un marin. Cependant comme elle est faite pour être appliquée, il faut avoir une parfaite connoissance des objets auxquelles elle peut être applicable. L'objection qu'un savant du premier ordre seroit moins en état de conduire un vaisseau en mer qu'un vieux marin qui ne sauroit pas lire, n'est pas sans fondement : mais aussi il est également vrai que quelques années d'exercice au flambeau de la géométrie, feront d'un jeune homme, le maître de ces vieux marins qui ont pratiqué cinquante ans, sans réflexions sur les causes et les principes.

Ceci est une vérité qui a été parfaitement reconnue : avec de bons principes, on fait un progrès rapide dans les arts auxquels on veut s'adonner, la pratique en est bientôt familière, et l'on y marche d'un pas assuré. C'est la raison pour laquelle les jeunes gens destinés à commander sur mer sont aujourd'hui instruits avec soin dans les mathématiques.

Bezout, qui avoit fait pour leur usage un excellent cours en six volumes, où ils peuvent puiser toutes les conoissances spéculatives qui leur sont nécessaires, a composé aussi un traité de navigation qui en dérive.

Le pilotage n'est qu'une des trois parties essentielles qui constituent la sience de l'homme de mer : la manœuvre et la construction sont les deux autres. Peut-être ne convient-il qu'à un officier consommé, de traiter de la manœuvre : quelques-uns l'ont fait habilement ; et quant à l'architecture navale, Bezout a mis ses lecteurs sur la voie. Avec les connoissances qu'on aura acquises par la lecture de son livre, on peut entreprendre l'Étude du navire de Bouguer. Pour les connoissances de pratique, on a les *Elémens d'architecture navale de Duhamel.*

Mais ces deux ouvrages forment plus de mille pages *in*-4°. L'ouvrage de Bouguer est fort long, parce qu'il n'avoit pas toujours eu en vue l'homme pour qui il écrivoit. Il est souvent transcendant quoiqu'il démontre ailleurs les choses les plus élémentaires; d'ailleurs il s'est beaucoup étendu sur des propositions curieuses, mais qui laissent le regret de les voir établies sur un fondement vicieux, sur une théorie de la résistance des fluides contrariée par l'expérience. Duhamel a écrit avant que le systême actuel d'enseignement fût établi. Gêné en quelque façon par l'ignorance des sujets pour qui il écrivoit, il n'a pu être court, et il a dû travailler beaucoup pour n'être pas plus long.

Epargner aux commençans la lecture de ces deux ouvrages, ne rien laisser à désirer au moyen d'un traité de 400 pages *in*-8°. c'étoit faire une chose utile : tel fut le but du cit. Vial. Il a constamment en vue le sujet qu'il instruit, c'est-à-dire, pour l'intelligence de sa première partie, un élève qui sait les deux ou trois premiers volumes de Bezout, et pour l'intelligence de la seconde, celui qui sait tout le cours; au moyen de quoi il en dit d'autant moins que cet académicien en a dit davantage. Il ne dit rien qui ne soit fondé sur des principes géométriques qu'il a établi quelquefois, mais pour lesquels il renvoie le plus souvent aux articles.

L'auteur enseigne à former des maîtres-couples, (sections transversales,) des couples ou couples extrêmes, à faire des réductions pour les couples intermédiaires, des plans verticaux, tant selon la longueur que selon la largeur des navires; des plans horizontaux, des plans obliques selon les lisses qui environnent le navire. Pour la pratique de ces divers objets, il a puisé souvent dans l'ouvrage de Duhamel. Il applique ses méthodes à une gabare de 80 pieds de longueur, sur les fonds de laquelle il fait voir que l'on peut construire un vaisseau de 66 pièces de canon, en en doublant les dimensions. Il passe ensuite à la cubature de la carène, tant hors-d'œuvre, pour obtenir le déplacement, que dans-œuvre, pour se procurer la jauge du navire. Il donne des méthodes de faire des échelles de la solidité, dont on néglige trop l'usage.

Il traite aussi des différentes espèces de navires, d'abord sommairement de ceux de marche; ensuite d'une manière assez étendue, des autres espèces, avec l'application à une flûte dans le gout des bâtimens du nord. Enfin, des vaisseaux de ligne avec application à un vaisseau de 74 canons, qui est celui dont on fait plus de cas, et que l'on pratique le plus. Il calcule la stabilité, la place du métacentre, les formes de carène qui le font baisser ou monter dans l'inclinaison du navire; le centre de gravité de la partie submergée, considérée comme homogène. Il donne quelques vues pour trouver le centre de gravité de tout le vaisseau par expérience, le calcul pour cette recherche étant long à cause de l'hétérogénéite du total. Il parle des problêmes qui dépendent de la théorie du choc des fluides, tels que la détermination de l'emplacement de la mâture et de sa hauteur, ou du point vélique. L'auteur n'a pas cru pouvoir se dispenser de traiter ces dernières questions, quoique fondées sur une théorie qui n'est pas satisfaisante, parce qu'il a craint que son ouvrage ne parût incomplet, si on les omettoit, mais il l'a fait brièvement, et il laisse sur ce sujet les calculs à faire. Il s'est conduit différemment à l'égard de la stabilité, objet sur lequel le géomètre physicien peut prononcer, et il donne un exemple des calculs indiqués par les formules algébriques; enfin, cet ouvrage a contribué beaucoup à l'instruction de nos jeunes navigateurs. Le cit. Vial du Clairbois fut encore chargé de faire un traité de construction pour les officiers, et il publia en 1787 son *Traité élémentaire de la construction des vaisseaux*, *à l'usage des élèves de la marine.*

Le ministre pensa, avec raison, que les officiers de la marine devoient savoir un peu la construction pour connoître mieux les vaisseaux qu'ils sont chargés de conduire, et auxquels leur vie et leur honneur sont attachés. Personne n'étoit plus en état de leur procurer cette instruction que le cit. Vial du Clairbois: la traduction qu'il avoit faite du traité de construction du célèbre ingénieur suédois, Chapman, et l'ouvrage précédent l'avoient engagé dans des recherches toutes particulières sur les choses de théorie; un service d'une activité extrême, qui avoit duré autant que la guerre, conduit toujours par l'esprit de spéculation, lui avoit donné lieu de connoître et d'approfondir jusqu'au moindre détail de la pratique des chantiers: ainsi son ouvrage est complet.

L'auteur a fait un traité encore plus étendu pour la collection des arts de l'Académie des Sciences, et qui ne laisse rien à désirer. Il s'est servi de plusieurs excellens dessins qui lui ont été fournis par le cit. de Gay, ingénieur-constructeur, qui les a faits d'après les objets dans les constructions qu'il a suivies: ils ont le mérite d'être parfaitement conformes à la chose. Il n'y a pas une cheville qui n'y ait été placée en même-temps et de la même façon que dans le vaisseau. Cet ouvrage n'a pas encore paru.

La même année parut un ouvrage utile pour répandre les lumières et le gout des réflexions des expériences et des calculs, c'est l'*Art de la marine*, ou *Principes et préceptes généraux de l'art de construire*, *d'armer*, *de manœuvrer et de conduire des vaisseaux*, par M. Romme, correspondant de l'Académie des Sciences, et professeur de navigation à Rochefort, 587 pages *in*-4°. avec plusieurs planches.

C'est un traité complet de tout ce qu'un marin doit savoir, l'art du constructeur, celui du manœuvrier, celui du pilote, et même de l'officier qui commande une escadre. La manière de trouver les longitudes en mer, le calcul de la stabilité des vaisseaux et celui de la résistance des fluides sur leur proue, y sont expliqués en abrégé, et l'on y trouve des expériences nouvelles que l'auteur a étendues depuis sur la résistance des corps de différente forme, où l'on voit combien les idées reçues s'écartent de la vérité. On y voit avec étonnement qu'un demi-cylindre et un prisme triangulaire éprouvent presque la même résistance, ensorte que l'on peut faire varier considérablement la capacité de la proue sans nuire à la propriété de bien marcher. M. Romme en déduit aussi un phénomène important, c'est l'influence de la forme de l'arrière sur la résistance de l'avant. C'est en réunissant ainsi l'expérience avec le calcul que l'on pouvoit espérer de faire, pour le progrès de la marine, des choses véritablement utiles. L'auteur parcourt les devis déposés au contrôle de la marine, il discute les plans et les expériences des vaisseaux les plus estimés, et il rend raison des bonnes qualités et des inconvéniens qu'on y remarque. On n'avoit point vu depuis Bouguer un professeur de navigation rendre son séjour dans les ports aussi utile aux progrès de la marine.

Le cit. Romme avoit déjà donné parmi les arts de l'Académie, l'art de la mâture et de la voilure : aussi cet article est traité ici avec beaucoup de détails. On y trouve même une table de dix-neuf pages qui contient les dimensions des manœuvres ou cordages d'un vaisseau et d'un détail qui est le fruit de nombreuses observations faites par le cit. Targès sur l'art du gréement et de la manœuvre qu'il a exercé d'une manière si distinguée, que des fonctions de maître d'équipage, il est parvenu par son mérite et ses longs services au grade d'officier dans la marine de l'état. Assez long-temps les procédés de la construction avoient été cachés sous le voile d'une mystérieuse ignorance, il étoit temps que la communication des lumières en accélérât les progrès, et le cit. Romme y a contribué pour beaucoup, ainsi que le cit. Vial du Clairbois, dont nous avons annoncé les différens ouvrages sur la construction des vaisseaux. La construction ainsi perfectionnée devoit procurer aux vaisseaux la moindre dérive dans les routes obliques, et la théorie de la dérive avoit été parfaitement traitée par Bouguer, ses tables supposent que la dérive peut aller à 20 degrés, et probablement on peut la diminuer. Il est certain du moins que de nouvelles expériences pourroient ajouter quelque chose à nos connoissances dans cette partie ; voilà pourquoi l'Académie proposa le 10 avril 1793, pour sujet du prix de l'année 1795, les moyens de diminuer le plus qu'il est possible la dérive d'un vaisseau de guerre dans les routes obliques, en combinant ensemble de la manière la plus favorable à cet effet la forme de la carène, le tirant d'eau, la position du maître-couple et la stabilité.

L'Académie connoît trop la difficulté de ce problême pour en demander et pour en espérer la solution par la seule théorie. Mais sans prescrire à cet égard des bornes aux recherches des géomètres, elle invite les savans marins à traiter principalement la question par la voie des observations, puisées soit dans leur propre fonds, soit dans les journaux où les commandans de vaisseaux rendent compte à la fin d'une campagne ou d'un voyage quelconque de la conduite que ces machines ont tenue à la mer.

Le prix sera de 4000 livres, savoir de 2000 livres pour le prix courant et de 2000 livres réservées sur celui de la résistance des fluides, dont on avoit donné la moitié. L'Académie des Sciences ayant été supprimée le 14 août par le vandalisme qui s'exerçoit alors, il n'y eut point de pièces envoyées au concours ; mais l'Institut, qui a remplacé l'Académie, y a suppléé cette année 1801 en proposant le même sujet.

I I.

De l'Arc des vaisseaux.

Un des grands inconvéniens de la construction est la courbure que prend un vaisseau quand l'avant et l'arrière ne sont pas assez liés ensemble. Bouguer pense qu'un vaisseau qui arque diminue de largeur, et que les ponts s'allongent. C'est ce qu'on voit, dit-il, quand on prend une tasse en gondole, et qu'en la baissant par les deux extrémités, on tâche de la courber en-dessous, on la rétrécit, en même-temps qu'on l'allonge par en haut : la même chose doit arriver aux navires qui s'arquent. Si les baux (poutres transversales), au lieu d'être courbes continue-t-il, étoient parfaitement droits, il paroît qu'ils auroient beaucoup plus de force pour empêcher les navires de se rétrécir : Dumaitz réfute Bouguer dans tout cet article. Les baux ont leur convexité en haut ; le poid de l'artillerie, des équipages, des bordages même, fait un effort qui tend à les redresser, et ils ne peuvent se redresser sans élargir le vaisseau. Si au contraire ils étoient droits, le poids de l'artillerie les courberoit, ensorte

ensorte qu'ils présenteroient leur convexité en bas, ce qui rétreciroit les vaisseaux : ils passeroient de la ligne droite à la ligne courbe : il suit de-là que l'expédient proposé par Bouguer produiroit un effet opposé à celui qu'il veut obtenir. Enfin il n'est pas douteux que les vaisseaux, ceux surtout qui ont servi en mer, et qui ont une tonture de baux considérable, ne s'élargissent depuis leur construction jusqu'à ce qu'on les refonde : c'est ce que Dumaitz a reconnu autrefois dans le Superbe et le Saint-Michel.

Bouguer, trompé pareillement par l'expression incorrecte de quelques personnes, qui nomment la largeur du maître gabarit, largeur du maître bau, désireroit que les baux se terminassent aux membres et non pas aux bordages, c'est-à-dire, qu'au lieu de les placer à côté des membres, on les mit en dedans en les faisant plus courtes, mais cela s'est toujours pratiqué, ainsi qu'on peut le reconnoître en lisant les plus anciens livres de construction : il n'y a nul bâtiment, soit marchand, soit de guerre, où cette disposition ne soit suivie, et cela ne remédie point.

Lorsque les navires s'arquent, les ponts, suivant Bouguer, se rallongent; je n'ai jamais remarqué, (dit Dumaitz), de telles augmentations de longueur, au moins d'une quantité sensible. L'exemple de la gondole n'est nullement applicable aux vaisseaux : un navire de 150 pieds qui a 12 pouces d'arc, supposant que l'arc forme une portion de cercle, devroit s'allonger d'environ 14 pouces si l'étambot et l'étrave faisoient les mêmes angles sur l'extrémité de la quille : ayant suivi diverses refontes, je n'ai jamais vu d'allongement sensible; j'ai trouvé aussi souvent des diminutions que des augmentations, et ce sont souvent des erreurs de mesures presqu'inévitables. Le plus grand nombre des courbes ou guirlandes que Bouguer désireroit qu'on mît vers les extrémités, en les appésantissant, ne feroit qu'augmenter l'arc : les vaisseaux construits à Brest par Solinac avoient beaucoup de ces liaisons, et s'arquoient considérablement, mais on a vu des corvettes, telles que l'Anémone, l'Amaranthe et la Calipso, qui ne s'arquoient pas même de plus d'un pouce.

Rien ne peut suspendre l'effet de ces lois de la nature : ces môles immenses que l'art élève pour dompter la fureur des vagues, qui résistent à leurs efforts, sont détruits promptement, si le moindre filet d'eau vient à s'y ouvrir un passage; l'arc est pareillement l'effet d'une de ces lois, de l'effort que fait chaque partie pour occuper un déplacement égal à sa pésanteur, et c'est dans leur égalité à chaque partie du navire qu'on trouvera les moyens les plus sûrs pour empêcher l'arc. Au reste, tant qu'il n'est point porté au point de gêner les canons des extrémités de la première batterie, cela peut passer pour une chose qui n'est pas d'une très-grande conséquence. Il est vrai que les lignes d'eau grosissent en avant et en arrière; mais il en résulte une plus grande stabilité, et ainsi il est possible de regagner une partie du désavantage qui résulte de l'arc, en en allégeant un tel vaisseau.

Tous les soins doivent donc se borner à faire ensorte qu'un vaisseau soit susceptible de peu d'arc; il seroit certainement préférable de l'empêcher absolument, mais il suffit de tâcher de le modérer; alors, il n'en résultera que de très-foibles désavantages.

J'ai dit, ajoute Dumaitz, qu'on se flattoit en vain de prévenir l'arc par le plus grand nombre de courbes, et dont le poids ne feroit que l'augmenter; qu'on ne s'imagine cependant pas que je regarde les liaisons des navires comme de peu d'importance; il faut conserver toutes celles que la pratique de la construction a montrées nécessaires pour fortifier les extrémités; un constructeur qui en essayeroit la diminution, ne devroit le faire qu'avec ces attentions qui dédommagent de la perte d'une quantité de la force par une meilleure application de celle qu'on emploie.

Les guirlandes de fer ont été employées dans quelques navires, mais tous ceux qui ont examiné les liaisons résultantes des pièces de bois ou de fer, on peut même dire presque tous les constructeurs, trouvent qu'il n'y a nulle comparaison. Effectivement un clou qui traverse une épaisseur considérable de bois a beaucoup moins de jeu, a une plus grande tenacité, est bien plus resseré par les fibres du bois et par leur élasticité particulière, qu'un clou qui traverse une courbe de fer. C'est ce que toutes les raisons possibles, et l'on peut dire l'expérience, ont confirmé : personne n'en doute. On a cependant eu recours en France aux courbes de fer, à cause de la rareté des courbes de bois; mais il suffit de ne pas se rendre si difficile sur la forme des courbes, et l'on en trouvera toujours, puisque les Anglois n'en manquent pas.

III.

Des Rames.

Après avoir parlé des progrès de la construction des vaisseaux nous traiterons de leur mouvement et des forces qui doivent le produire.

Les rames sont le moyen le plus naturel, et par conséquent le plus ancien que les hommes aient employé.

Mais ce moyen, le premier que suggéra l'imagination pour faire mouvoir un corps nageant dans un fluide profond, dût bientôt paroître insuffisant quand on entreprit des navigations un peu longues, ou dans des mers un peu dures. Aussi l'usage de la voile paroît-il presque aussi ancien que l'origine de la navigation; et s'il n'a pas entièrement exclu celui de la rame parmi les anciens c'est qu'ils ne sortirent guère des mers médiocres ou petites, comme la Méditerranée, la mer Rouge. La voile seule paroît avoir été employée par les navigateurs de l'Océan Indien.

La rame est dans notre navigation actuelle un moyen rarement employé; il l'est cependant encore dans certains bâtimens, comme les galères; ainsi nous avons cru devoir lui donner place et en faire connoître la véritable théorie, d'autant qu'elle fut mal connue des anciens. Ils virent bien à la vérité que la rame étoit une espèce de levier; mais ils se trompoient en la regardant comme un levier de la première espèce, où le point d'appui est entre la puissance et le poids à soulever. C'est un levier de la seconde espèce et d'une nature particulière, où le poids à mouvoir est entre la puissance et le point d'appui, et le point d'appui au lieu d'être absolument fixe, est lui-même mobile, mais cependant où l'extrémité de la rame éprouve une impression plus forte que celle que la résistance du poids, ou du vaisseau qui doit aller en avant, oppose au point de la rame où cette résistance est appliquée. Ainsi le batteau ou vaisseau est poussé en avant par l'excès de l'un des efforts sur l'autre.

Bouguer donna des calculs sur cette matière dans son *Traité du navire*, en 1746, et Euler dans les *Mémoires de Berlin*, en 1747; mais dom Georges-Juan, dans son *Examen maritime* en 1771, combattit les résultats de Bouguer; celui-ci prétendoit que plus la partie extérieure de la rame est courte, la pale étant augmentée à proportion, afin que son mouvement soit toujours le même, plus la vîtesse de l'embarcation (ou du navire) doit être grande. C'est d'après ce principe qu'il fonde tout son calcul qui, par conséquent doit partout se ressentir du vice du principe. Le motif qui a déterminé cet auteur à augmenter la pale, est qu'il a imaginé qu'en diminuant la partie extérieure de la rame, le rameur ne pourroit pas contrebalancer le mouvement de la pale, attendu que le moment qu'il employe est toujours constant et doit être égal à celui de la pale. Cette erreur vient de ce qu'il n'a considéré ces momens que comme simples et non comme des momens d'inertie, tels qu'ils le sont effectivement: que la pale soit grande ou petite, le rameur par son effort fait toujours équilibre à son moment, parce que ce moment est le produit de la résistance que la pale éprouve dans l'eau par sa distance au centre de rotation de la rame, et la résistance est comme la vîtesse de la pale, si cette vîtesse est petite. En mouvant la pale avec plus de vîtesse, on augmentera son moment, sans qu'il soit nécessaire d'altérer sa distance au tolet, point d'appui de la rame; et au contraire si l'on diminue la distance au tolet on augmentera le moment sans altérer la pale, en la mouvant seulement avec plus de vîtesse. Les marins connoissent parfaitement tout cela. On observera encore qu'avec la même rame, on ne fait pas toujours usage de la même pale; quand le rameur enfonce dans l'eau une moindre portion de la rame, il la tire avec plus de vîtesse, et réciproquement; l'une et l'autre manière de ramer est bonne suivant les circonstances, la première quand la mer est calme, et qu'il ne fait point de vent, et l'autre dans le cas contraire: c'est ordinairement le défaut d'expérience qui fait tomber les géomètres dans de pareilles erreurs En supposant la pale infinie, cas dans lequel Bouguer prétend que la vîtesse de l'embarcation seroit aussi infinie, cet auteur est si éloigné de la vérité, que même cette vîtesse seroit nulle. Outre ces défauts et l'omission de beaucoup d'autres attentions absolument nécessaires, le calcul dépend encore du principe que les résistances qu'éprouve l'embarcation sont comme les quarrés des vîtesses, et par conséquent il est parvenu à de nouveaux résultats non moins éloignés de la vérité.

Euler, dans les *Mémoires de l'Académie de Berlin*, de 1747, traita de la théorie de la rame avec grande attention. Il fit remarquer l'erreur de Bouguer et fit entrer dans son calcul beaucoup de considérations nécessaires; mais il fonda toutes ses recherches sur le même principe, que les résistances des fluides sont comme les quarrés des vîtesses: en outre, quoiqu'il ait égard au poids de la rame, qui est une considération nécessaire, ce n'est pas pour le retrancher de la force qu'emploie le rameur, comme cela devroit être, puisque ce poids est pour lui la cause d'une fatigue continuelle. Il fait seulement usage de cet élément pour faire remarquer que dans l'action du rameur, il produit une quantité de moment: mais Juan a fait voir que cette quantité est négligeable. Il y a aussi un excellent traité des rames dans la pièce de Daniel Bernoulli qui remporta le prix de l'Académie en 1753; on y trouve une savante théorie de l'économie des forces et de leurs effets et des calculs importans fondés sur l'expérience.

Mais la théorie des rames a été traitée par D. G. Juan en 1771 d'une manière neuve, et l'accord des résultats du calcul avec les faits que présente la pratique lui fournit une nouvelle confirmation de la théorie des résistances. Il donne des formules rigoureuses pour déterminer les forces et les vîtesses en tenant compte de toutes les circonstances. Il fait voir combien il importe que la partie extérieure de la rame soit aussi légère qu'il se peut; il trouve la force et la vitesse de l'action du rameur les plus avantageuses pour que l'embarcation acquierre la plus grande vîtesse possible : il détermine le rapport le plus avantageux entre les parties extérieures et intérieures de la rame, fait voir que ce rapport n'est pas constant, quoique dans la même embarcation et avec les mêmes rameurs, parce qu'il dépend de la force qu'ils emploient, et du rapport entre le temps qui s'écoule entre deux coups de rames consécutifs et le temps que la rame est maintenue dans l'eau : de façon que les grandes embarcations exigent une moindre longueur dans la partie extérieure. Il considère dans tout ce calcul la force des rameurs, et trouve que la meilleure disposition de la rame est à fort peu près celle dont les marins font usage : en prenant cependant quelques précautions indiquées par la différence des embarcations. Il applique sa théorie à une galère.

Le cit. Dumaitz considère aussi ce qui concerne les rames dans son traité de 1776; il observe que les solutions d'Euler, dans le livre intitulé : *Scientia navalis*, et dans la *Théorie complète de la construction des vaisseaux*, sont différentes, et il donne les longueurs qui lui paroissent convenables. Le rameur ayant une vîtesse de deux pieds $\frac{1}{2}$ par seconde, si le vaisseau fait 1500 toises par heure, le rapport des parties intérieures et extérieures est de 10 à 20, et la longueur de la partie extérieure doit augmenter d'une partie pour 150 toises de plus de vîtesse; si elle étoit 4500 toises, ce seroit le rapport de 10 à 40. Ce rapport est proportionel à la force du rameur. S'il fait par exemple 3 pieds par seconde, alors ce sera à 1800 toises que correspondra une augmentation de longueur de la partie extérieure de la rame double de l'intérieure. Quant à la force que les rameurs peuvent employer, on l'évalue communément à 32 livres, mais le temps qui est employé pour retirer la rame de l'eau et la remettre étant à-peu-près la moitié du temps que le rameur travaille, on peut supposer que cet effort se réduit à 16 livres, et ce n'est pas la seule diminution. Lorsque le vaisseau va vîte et fait 3000 toises par heure, la longueur de la partie extérieure étant trois fois celle de la partie intérieure, il faut diminuer cette force dans le rapport de 3 à 1. Ainsi le rameur n'emploie que 5 $\frac{1}{3}$ livres pour faire avancer le navire. Quelque foible que soit cet effort, l'auteur doute qu'il soit possible d'inventer aucune machine, où il y ait une moindre perte : celle qui résulte de la vîtesse du navire est indispensable, car il faut toujours que la rame ou ce qui en tiendra lieu ait une vîtesse plus grande que celle du navire ; ainsi pour donner 2 pieds $\frac{1}{2}$ de vîtesse à la rame ou à la machine, si la vîtesse du navire est 7 pieds $\frac{1}{2}$, il faudra qu'elle ait une vîtesse de 10 pieds : si c'est une roue, il faudra un diamètre quadruple. La seule chose sur laquelle on puisse espérer de gagner, c'est sur le temps que la rame ne sert point, qui est celui qu'on la tire de l'eau, mais il pense que la rame étant un levier simple, se ramène plus aisément, surtout si on charge la poignée que toute autre espèce de machine qui n'auroit pas un mouvement continu.

Il lui semble donc qu'il est impossible de faire aucune découverte utile en ce genre, à l'exception de proportioner et agrandir les pales, quand la vîtesse du navire doit être petite.

I V.

De l'usage des Voiles.

L'usage de la rame est sujet à divers inconvéniens ; surtout celui de la multitude d'hommes à employer, conséquemment de solde à leur donner, de vivres et de provisions à porter, au lieu qu'une voile de 30 pieds en tout sens, ce qui n'est qu'une grandeur fort médiocre, exposée à un vent fort modéré, comme de 20 à 30 pieds par seconde, produit un effort qui excède celui d'un grand nombre d'hommes, et qu'un très-petit nombre de bras suffit pour la manœuvrer.

On commença donc dès l'enfance même de la navigation à élever un mât avec une voile, et cela plus sur l'avant que sur l'arrière ; car il fut aisé de sentir que l'effort de la voile, si elle étoit placée vers l'arrière, tendroit, pour peu qu'il fut latéral, à faire tourner le vaisseau sur son centre situé vers le milieu, plutôt qu'à le mouvoir en avant.

Bientôt on ajouta un second mât pour augmenter la force, et pour avoir plus de facilité à faire mouvoir le vaisseau.

Malgré l'importance dont il étoit d'analyser les forces qui mettent un vaisseau en mouvement, il ne paroît pas que jusques vers le milieu de ce siècle, l'esprit humain se fut conduit dans leur emploi autrement que par une sorte d'instinct ; et il faut en convenir, cet instinct ne l'a pas trop mal servi ; car il paroît qu'à force de changemens et de tatonnemens, l'art nautique, en ce qui concerne la manœuvre, la disposition et la multiplication des mâts et des voiles, leurs grandeurs et leurs proportions, est à-peu-près en possession de tout ce qu'on pouvoit trouver à cet égard. Mais il faut l'avouer aussi, ce problême de mécanique ne pouvoit guère être soumis au calcul que lorsque cette science et l'analyse auroient acquis des forces qu'elles n'ont guère que depuis le commencement du dix-huitième siècle.

Cette difficulté porta donc l'Académie des sciences, en 1725, à proposer pour le sujet d'un de ses prix de 1727, la question de la mâture des vaisseaux. Il s'agissoit de *déterminer quelle est la meilleure manière de mâter les vaisseaux, tant par rapport à la situation, qu'au nombre et à la hauteur des mâts.*

Cette question paroît avoir été l'origine de toutes les recherches et méditations qui ont principalement occupé Bouguer pendant une grande partie de sa vie; car dans la pièce qu'il envoya pour ce prix, on trouve le germe de toutes ces recherches : ce fut aussi celle qui fut couronnée, et l'on fut étonné que ce fût l'ouvrage d'un aussi jeune géomètre, car Bouguer n'avoit que vingt-sept ans, étant né en 1698. Deux autres pièces, l'une françoise, l'autre latine, furent citées avec éloge par l'Académie et jugées dignes de l'impression. La première étoit de Camus, et la seconde de Daniel Bernoulli.

L'effet de la voile pour faire avancer un vaisseau auquel elle est appliquée, paroît d'abord assez simple; mais il y entre cependant des considérations de dynamique assez fines pour avoir échappé, avant Bouguer, à tous ceux qui s'étoient occupés de ce problême.

Les anciens, à l'exemple d'Aristote, voyoient dans le mât d'un vaisseau un levier, mais il falloit lui trouver un point d'appui, et ils ne savoient où le mettre. Or l'expérience a appris que l'énergie des voiles supérieures, toutes choses d'ailleurs égales, est bien plus grande que celle des inférieures. Il falloit donc envisager cet objet sous un autre point de vue que celui du levier. Nous allons le faire d'après Bouguer, et développer la manière dont agit la puissance appliquée à la voile ou au mât pour pousser le vaisseau en avant.

Soit une ligne AB (*fig.* 14) chargée de poids dont C soit le centre de gravité; soit implantée en D une droite perpendiculaire DE et une puissance appliquée en E dans une direction EF; il est d'abord évident que si le point E coïncidoit avec le point D, cette puissance ne feroit autre chose que mouvoir la ligne AB dans la direction DA; mais appliquée à un autre point quelconque E, elle tendra à lui imprimer en même-temps un mouvement de rotation par lequel tandis que le point A sera abaissé, le point B sera soulevé vers le haut. Il est inutile ici d'examiner autour de quel point se fera cette rotation; car sur cet article, Bernoulli ne pensoit pas comme Bouguer. Si donc il n'y avoit pas en A une puissance tendante à le soutenir, le corps AB tourneroit de plus en plus et en avançant; s'il reposoit sur une surface non résistante, il formeroit absolument un quart de conversion. C'est un problême particulier de dynamique que la détermination de ce mouvement, mais elle est inutile ici.

Si donc AB (*fig.* 15) représente le corps d'un vaisseau dont A est la proue et B la poupe, la force du vent appliquée en un point E du mât, où l'on peut la concevoir comme concentrée, feroit plonger de plus en plus cette proue et submergeroit le vaisseau, s'il n'y avoit pas une force appliquée en G capable de la contre-balancer. Mais elle existe, cette force, dès que la proue tend à plonger; car la proue d'un bâtiment ayant d'ordinaire un élancement en avant et communément courbe, le bâtiment ne peut s'enfoncer dans l'eau sans la choquer, et de ce choc résulte une force GV tendante en en haut et en sens contraire de celle qui agit sur le mât, force qui augmentera à mesure que la proue plongera davantage et que le bâtiment acquerra quelque vîtesse, jusqu'à ce qu'elle soit en équilibre avec la première, c'est-à-dire que la proue ne plonge plus au-delà de ce qu'elle a fait. Que la direction de cette force GV rencontre celle du vent en V, c'est ce point V que Bouguer nomme le *point vélique*, de la position et détermination duquel dépendent diverses propriétés de la mâture.

En effet, en suivant Bouguer dans cette analyse, nous verrons que ce point V est le concours de deux puissances, l'une qui pousse dans le sens de VE, l'autre qui agit dans le sens de VD; il en résultera donc une direction moyenne VH dépendante du rapport de VE à VD en prenant VE pour l'expression de la force appliquée à la voile. La force VD étant d'abord peu considérable, car le vaisseau ne prend que par degrés sa vîtesse, quoique dans un temps assez court, cette ligne VH approche beaucoup de l'horizontale, et une partie de cette force exprimée par VF est employée à accélérer le mouvement du vaisseau, tandis que l'autre V*f*, dans laquelle VH se décompose, ne tend qu'à soulever le vaisseau dans le sens de V*f*. Mais à mesure que ce mouvement s'accélère, la force VD s'augmente, et même tellement, que V*f* diminue de plus en plus, jusqu'à ce que le mouvement du vaisseau ne s'accélérant plus, la force VF devient nulle et V*f* devient perpendiculaire à l'horizon, pendant que le vaisseau cingle avec toute la vîtesse dont il est susceptible avec le degré de vent donné, elle ne sert plus qu'à le soulever perpendiculairement; d'où il suit, ce qui est aisé à voir, que si ce point est trop en en avant, il soulèvera la proue et fera plonger la poupe; comme au contraire, s'il est trop de l'arrière, il fera plonger la proue en soulevant la poupe; et enfin, s'il est au-dessus immédiatement du centre de gravité du vaisseau, le vaisseau restera dans la situation horizontale, ce qui est le plus avantageux. Il est donc à propos de faire en sorte par la position du mât et la hauteur de la voile, que ce point, s'il n'y a qu'un mât et une voile, se trouve verticalement au-dessus du centre de gravité. Il est, je crois, à propos d'observer que par la position de la voile, quelque force qu'on emploie pour la brasser, elle ne forme jamais un plan perpendiculaire, mais incliné; en sorte que la direction VE de la force motrice du vent, au lieu d'être horizontale, porte toujours un peu en haut, comme V*e*, ce qui change un peu les déterminations précédentes.

Telle est donc la mécanique de la voile. Mais il y a encore ici une attention à faire. Ce que nous venons de dire seroit exactement vrai, si le centre de gravité du vaisseau étoit le seul point à considérer; mais il en est un autre d'une grande importance, comme on l'a vu page 389 lorsqu'on a parlé de la construction et des mouvemens d'un vaisseau; c'est celui du métacentre.

Chapman traite avec toute l'habileté qu'on doit attendre de lui, l'objet du centre d'effort du vent dans les voiles, et du moment de la voilure comparé avec la stabilité et la force du vent, qui en est un des élémens; il donne une expression qu'il tient de l'expérience, et qui revenant au même pour les personnes instruites, est beaucoup plus simple pour celles qui le sont moins. Il déploie encore toute sa théorie pour parvenir à déterminer un emplacement de mâture tel que le vaisseau étant assez ardent, ne le soit pas trop, en comparant le centre d'effort de cette impulsion avec celui du vent dans les voiles. Il donne un exemple d'un long calcul à ce sujet, auquel on doit se livrer d'autant plus volontiers lorsqu'on aura à construire des vaisseaux d'une forme particulière, que ce constructeur fait voir qu'il cadre parfaitement avec ce qu'on observe dans les meilleurs vaisseaux.

Don George-Juan a traité aussi fort au long de la théorie des voiles; il détermine la figure qu'elles prennent par l'action du vent, figure bien différente de la *chaînette*. Il détermine l'effort absolu des voiles, et fait voir qu'il ne dépend pas seulement de l'angle du vent avec les vergues, mais encore de la courbure plus ou moins grande que la voile prend vers les extrémités, et qui varie suivant la force du vent, la grandeur de la voile et sa qualité. Il détermine ensuite la direction de la résultante de l'effort des voiles, ainsi que son centre, et fait voir qu'il tombe toujours vers la poupe, plus que le centre même des voiles, ce qui est une des causes qui obligent le navire à venir au vent. Il applique ensuite cette théorie à différens cas de pratique, et fait voir la grande dérive que les vaisseaux doivent éprouver par la seule augmentation du vent, indépendamment des lames et des coups de mer, que les marins regardent dans ce cas comme la seule cause de cette dérive. Enfin il donne des tables de la surface de chaque voile, l'élévation de leur centre de gravité et la valeur de leurs momens, tant verticaux qu'horizontaux, avec des applications à tous les cas qui se présentent ordinairement dans la pratique. Nous ne pouvons qu'indiquer ces longues et savantes recherches.

V.

De la Manœuvre des vaisseaux.

Quoique la manœuvre, ou l'art de conduire un vaisseau au moyen des puissances mécaniques du vent, de la voile ou de la rame, soit une des parties les plus essentielles de la navigation, ce n'est que bien tard que les mathématiciens en ont fait l'objet de leurs spéculations ; le besoin et l'instinct avoient déjà fait à cet égard à peu près tout ce dont on avoit besoin, lorsqu'on s'est avisé de considérer ce sujet mathématiquement ; ainsi les deux poëmes d'Homère, les tragédies de Sophocle et d'Euripide existaient avant qu'Aristote et les autres songeassent à tracer les règles qui avoient dirigé les auteurs de ces ouvrages en les créant.

Je ne vois personne avant le chevalier Renau, né en 1652, qui ait considéré ce sujet avec l'attention qu'il méritoit. Il tenta le premier d'appliquer les mathématiques à l'art de la manœuvre, et publia en 1689 son livre intitulé *Théorie de la manœuvre des vaisseaux*, qui fut, comme on le verra bientôt, l'occasion de quelques discussions polémiques, et celle d'autres ouvrages savans. Mais avant que d'entrer dans les détails de ces discussions, il faut donner une idée de l'ouvrage qui les occasionna.

Il y a dans l'art de la manœuvre deux parties principales à considérer ; l'une est la résistance que le vaisseau éprouve dans ses divers mouvemens en fendant l'eau dans un sens ou dans l'autre, d'où provient la vîtesse qu'il peut prendre dans les routes obliques, et la dérive, qui entre nécessairement dans la considération de la route ; l'autre est l'action du vent sur les voiles et la manière de les orienter pour produire l'effet qu'on a en vue. On doit aussi y joindre l'effet du gouvernail, qui fait obéir le vaisseau par sa résistance latérale. Nous traiterons à part ces différens objets, après avoir donné une idée de l'ouvrage du chevalier Renau.

Comme il est rare qu'un vaisseau marche vent-arrière, et qu'au contraire le plus souvent il ne marche que par une impulsion oblique sur ses voiles, le premier pas à faire dans cette recherche étoit de déterminer quelle direction un vaisseau devoit prendre dans ce cas. Pour cela Renau décomposant la force d'impulsion, qui est toujours perpendiculaire à la voile, en deux parties, l'une dans la direction de la quille, l'autre dans une direction perpendiculaire à celle-ci, observe que si le vaisseau avoit une égale facilité à fendre l'eau par le flanc et par la proue, il suivroit la diagonale du rectangle établi sur cette direction de la force d'impulsion par les deux lignes, l'une perpendiculaire à la quille, l'autre dans sa prolongation. mais un vaisseau a incomparablement moins de facilité à fendre l'eau par le flanc que par la proue. Il faudra conséquemment établir entre ces lignes un rapport semblable à celui de ces facilités, et la diagonale de ce nouveau parallélogramme sera la route que prendra le vaisseau, et l'angle fait par cette ligne avec la quille prolongée sera la dérive.

La vîtesse du vaisseau sera aussi donnée, et il trouve que les lignes qui l'expriment respectivement sous les diverses inclinaisons de la voile à la quille, partant d'un même point, ont leurs extrémités dans un demi-cercle décrit sur la quille comme diamètre, ce qui le met à portée de résoudre avec élégance divers problêmes relatifs à la position de la voile, suivant les objets qu'on peut se proposer, comme de serrer davantage le vent, de marcher avec le plus de célérité dans une direction donnée, &c. Il examine aussi l'action du gouvernail et sa position la plus avantageuse. Sur tout cela il règne dans cet ouvrage une géométrie et une mécanique plus savantes qu'on n'étoit en droit de l'attendre d'un homme qui avoit passé la plus grande partie de sa vie dans les camps ou dans des expéditions navales (1).

L'ouvrage de Renau portoit sur des fondemens si spécieux, qu'il fut généralement reçu comme un ouvrage fondamental et présentant les vrais principes de la manœuvre ; mais il ne parut pas tout-à-fait tel à Huygens, et cela engagea entre lui et Renau une discussion scientifique qui dura quelques années. Huygens contesta en effet à Renau le principe qu'il employoit

(1) Voyez son éloge dans l'*Histoire de l'Académie* de 1719.

pour déterminer la vîtesse du vaisseau ; il proposa ses objections dans le *Journal de la République des lettres* ; Renau y répondit ; Huygens répliqua, et la contestation en resta là pour le moment : d'ailleurs, Huygens mourut en 1695. Mais cette dispute ayant partagé les mathématiciens, le marquis de l'Hôpital désira savoir ce qu'en pensoit Jean Bernoulli, et lui en envoya un exposé d'après lequel celui-ci se rangea du côté de Renau.

Cette espèce de triomphe auroit peut-être duré beaucoup plus long-temps, si un nouveau mémoire de Renau, publié en 1712, sur la question agitée entre lui et Huygens, n'eût été pour Bernoulli un motif d'examiner encore de quel côté étoit la raison. Informé par Montmort que ce mémoire alloit voir le jour, il lut enfin le livre de Renau, qu'il n'avoit pas encore eu occasion de voir ; cette lecture le convainquit qu'il avoit eu tort. Non-seulement il trouva que Huygens avoit eu raison en prétendant que le principe de Renau étoit erroné, mais il reconnut encore une autre méprise importante touchant la dérive, que Huygens n'avoit pas remarquée, et même qu'il avoit passée comme une vérité. Ce fut pour lui l'occasion de travailler sur la même matière et de résoudre les mêmes problêmes d'après les vrais principes. Cet objet et divers autres de pure géométrie, relatifs à la résistance que les différentes figures éprouvent en se mouvant dans un fluide ; leurs directions, la courbure des voiles et leur force moyenne, &c. &c. formèrent bientôt entre ses mains un volume, qu'il publia en 1714 sous le titre d'*Essai d'une nouvelle théorie de la manœuvre des vaisseaux*.

Mais avant que cet ouvrage de Bernoulli parût, Renau ayant fait imprimer son mémoire en envoya un exemplaire à Bernoulli. Celui-ci lui répondit par une lettre fort polie, mais où il ne déguisoit point la vérité, et où il lui faisoit part des raisons qui lui démontroient les deux méprises dont nous avons parlé ; Renau lui en adressa une aussi fort honnête où il établissoit, il faut en convenir, par des raisonnemens spécieux, sa manière de penser ; mais ils ne convainquirent pas Bernoulli, qui répliqua par une autre lettre. Renau ne répondit rien à celle ci, soit qu'il reconnût la vérité, soit qu'il ne jugeât pas à propos de contester davantage. On trouve ces dernières pièces à la suite de l'*Essai* dont nous avons parlé plus haut, et dans le second tome des Œuvres de Bernoulli, qui comprend aussi l'*Essai de sa nouvelle Théorie*. Il est temps maintenant d'entrer dans des détails sur les objets de cette contestation.

Le premier est la vîtesse imprimée au vaisseau dans les routes obliques. Voici le raisonnement de Renau : Soit un vaisseau

HBM (*fig.* 16) dont la vergue et la voile tendue autant qu'elle peut l'être sont représentées par DC, la direction du vent, AB. La direction imprimée à la voile, et par elle au corps du vaisseau est dans la perpendiculaire BG; sur laquelle, comme diamètre, soit décrit le cercle GH. Si le vaisseau pouvoit fendre l'eau dans la direction perpendiculaire à son flanc, avec la même facilité que dans le sens de la quille, il s'avanceroit dans un temps donné de B en G. Mais comme il fend l'eau avec plus de facilité par la proue, il s'avancera dans ce sens de la quantité BK en supposant que de G on ait abaissé sur la direction de la quille HBK, la perpendiculaire BK; car le mouvement par BG se résoud en deux, perpendiculaires l'un à l'autre BK et KG ou B*g*; et le vaisseau par ces deux mouvemens, s'ils étoient également faciles, se mouvroit sur BG. La vîtesse du vaisseau sur la première de ces directions ou de la proue sera donc BK, tandis que celle dans le sens perpendiculaire à son flanc sera KG; et si nous supposons que la résistance dans le sens de la quille ne soit que la dixième partie de celle qu'éprouveroit le vaisseau dans le sens perpendiculaire, en faisant K*h* dans la même raison à KG, et tirant BL ce seroit la route du vaisseau à raison de la dérive, qui sera mesurée par l'angle KBL; la vîtesse étant exprimée par BL.

Ce raisonnement paroît, au premier abord, concluant; et il le seroit en effet, comme le remarque ailleurs Huygens, si les résistances de l'eau au mouvement étoient comme les vîtesses. Mais cela n'est pas. Huygens, en faisant abstraction de la dernière partie du raisonnement de Renau, nia que la ligne BK représentât la vîtesse du vaisseau dans le sens de la quille, et prétendit que les résistances étant comme les quarrés de la vîtesse, cette vîtesse étoit la ligne BS, en prenant BS moyenne proportionnelle entre BG et BK; ce qui place tous les points S dans une espèce d'ovale qui embrasse le cercle (et qui est une courbe du 6e. dégré.) En effet, dit Huygens, la force suivant BG et suivant laquelle le vaisseau est poussé, se résoud en deux forces comme, BK et B*g*, ou BK et KG; ainsi la force suivant BG est à la force suivant BK dans le rapport des résistances opposées dans ces deux sens. Mais ces résistances sont comme les quarrés des vîtesses avec lesquelles l'eau choqueroit le vaisseau suivant BG et BK; donc, si BG et BK exprimoient les vîtesses respectives, on auroit la force suivant BG à celle suivant BK, c'est-à-dire, BG à BK, comme BG^2 à BK^2, ce qui ne peut être. Mais prenant BG moyenne proportionelle entre BG et BK, ou égale à $\sqrt{BG \times BK}$, on aura les forces suivant BG et BK dans le rapport de BG^2 à BS^2, car BG : BK, : : BG^2 : $BG \times BK$; c'est donc BS moyenne proportionelle entre

BG et BK qui exprimera la vîtesse selon laquelle le vaisseau se mouvra dans le sens de la proue; d'où il suit encore ce dont Huygens faisoit en quelque sorte grâce a Renau, que BL n'exprimera pas davantage la vîtesse du vaisseau dans sa route. Il lui accordoit aussi mal-à-propos que la vraie détermination de cette route fût selon BL, car Bernoulli a démontré depuis que dans le cas d'un vaisseau rectangulaire, il faut faire KL à GK, non dans la simple raison inverse des résistances selon B*g* et BK, mais en raison soudoublée inverse de ces résistances.

Renau ne tarda pas de répondre à Huygens, et celui-ci répliqua. Mais il faut convenir que quoique Huygens eût la raison de son côté, il ne l'établit pas sur des preuves portant absolument avec elles l'évidence; ensorte que comme nous l'avons déjà dit, les mathématiciens furent partagés, et le marquis de l'Hôpital, lui-même, n'y vit pas si clair qu'il ne crût devoir consulter Bernoulli, qui mit hors de doute le peu de solidité du principe de Renau, contesté par Huygens et même celle de son raisonnement sur la dérive, mal à-propos regardé comme juste par Huygens.

Après quelques principes préliminaires admis aujourd'hui par tous les mécaniciens comme élémentaires, Bernoulli examine la direction que prendra un navire poussé par le vent dans une direction oblique à son axe, et choqué aussi tant sur le flanc que sur sa proue par un fluide, résistant au mouvement en raison du quarré de la vîtesse. Il suppose d'abord pour plus de simplicité ce navire de forme rectangulaire fort allongée. Soit donc, dit-il, le navire ABCD, (*fig.* 17) dont la quille est HI, la vergue étant dans la situation FG, et le vent souflant dans une direction quelconque NE; l'impression qu'il fera sur la voile représentée par FG, agira suivant la direction EM perpendiculaire à cette voile; que la route du vaisseau soit ER, il s'agit de trouver qu'elle est sa situation relativement à EI et EM, à la quille et à la voile.

Pour y parvenir, on doit considérer que le vaisseau se mouvant suivant ER, c'est la même chose que si restant immobile et soutenu seulement par la force appliquée en E, dans la direction EM, le fluide choquoit les flancs et la proue avec la même vîtesse que celle dont le vaisseau se meut selon ER. Or dans ce cas il est évident que le vaisseau ne pourra se soutenir dans cette direction qu'autant que la résultante des chocs de l'eau contre les côtés AD et DC du vaisseau se trouvera dans la direction EM; mais la force de l'eau contre la proue AD est en raison composée de AD, et du quarré du sinus d'incidence de l'eau sur AD, lequel sinus est exprimé par EI, en supposant EM le sinus total. Ainsi l'expression de cette force agissant selon la direction IE, sera $AD \times EI^2$; on trouvera de même pour l'expression de l'effort de l'eau sur DC la quantité $DC \times IR^2$; ces deux forces seront conséquemment comme $AD \times EI^2 : DC \times IR^2$, ou prenant de part et d'autres les moitiés de AD et DC, comme $ID \times EI^2$ à $LD \times IR^2$; or LD est $= EI$, conmment ces expressions seront comme $ID \times EI$ à IR^2.

Soit maintenant construit dans l'angle KEH un rectangle POEQ dont les côtes EO, EQ soient comme les forces ci-dessus respectivement, il faudra que la diagonale EP de ce rectangle soit dans la prolongation de ME. Il y aura conséquemment même raison de EO à OP, ou de $ID \times EI$ à IR^2, que EI à IM; d'où il suit que $ID \times IM = IR^2$. La direction EM selon laquelle se meut le vaisseau sera donc telle, que IR sera moyenne proportionnelle entre ID et IM. Cela diffère beaucoup de la proportion que Renau prétendoit établir; car suivant lui, la résistance du vaisseau à être mu selon la direction KL étant à la résistance à être mu selon HI comme m à n, il falloit simplement diviser IM en R, de sorte que IM fût à IR comme m à n: ce qui donne une raison constante entre IM et IR, tandis que selon le raisonnement de Bernoulli cette raison varie selon toutes les inclinaisons de la voile, ou de la force mouvante à l'axe longitudinal du vaisseau. Or il est incontestable que le raisonnement de Bernoulli est à l'abri de toute objection, comme conforme à tous les principes de la mécanique, d'où il suit que Renau s'est trompé dans le sien.

Il n'est pas hors de propos de déduire ici quelques-unes des conséquences qui suivent de l'analyse de Bernoulli et de les comparer à celles qui suivoient du principe de Renau. Ainsi par exemple, si la voile étoit inclinée à la quille de manière à être perpendiculaire à ED, la direction du vaisseau devoit être ED; car supposant IM tombant sur ID, il est évident que IR devenoit égale à ID; mais suivant Renau, il eût fallu partager ID en n, de manière que ID fût à IR, dans la raison ci-dessus énoncée de m à n, et la vraie direction du vaisseau eût été E n.

Quant à la vîtesse du vaisseau selon ER, elle est aussi différente selon Bernoulli de ce qu'elle est suivant Renau, car au lieu de donner pour courbe terminatrice des lignes exprimant les vîtesses, un demi-cercle décrit sur EM comme le trouvoit Renau, on a une courbe d'un ordre bien différent. Mais nous abandonnerons ici cette discussion ; nous ne doutons même point que lorsque la *Théorie de la manœuvre des vaisseaux* de Bernoulli vit le jour, Renau ne se soit rendu à ses raisonnemens.

Quoique la figure rectangulaire ne soit rien moins que celle d'un vaisseau, il étoit en quelque sorte nécessaire que Bernoulli fît d'abord cette supposition pour simplifier sa recherche des véritables principes du mouvement d'un vaisseau. Il passe bientôt après à une hypothèse qui approche davantage de la réalité; c'est celle où le vaisseau auroit la forme d'un rhombe allongé, dont la grande diagonale seroit la quille. Il examine dans cette supposition la route que tiendroit dans un fluide une pareille figure mise en mouvement par une force appliquée à une voile faisant un angle quelconque avec la quille. Il y a plusieurs cas, suivant que dans le mouvement de la figure, le fluide frappe les deux côtés contigus ou un seul. Bernoulli assigne dans ces différens cas l'impression que recevra la figure, du fluide qui la frappe, et sa direction à laquelle doit être directement opposée celle qui agit sur la voile.

Bernoulli vient enfin à une supposition qui se rapproche encore davantage de l'état réel des choses. Il suppose que la carène du vaisseau est formée de deux courbes ayant pour axe commun la quille. C'est ici qu'il faut le secours d'une géométrie plus élevée; car il faut d'abord déterminer la quantité de résistance qu'une ligne courbe frappée par un fluide éprouve, comparativement à sa base, et c'est en effet d'abord ce que Bernoulli établit par une formule différentielle qui prend une forme finie lorsque d'après l'équation de la courbe on y a substitué la valeur de la différentielle d'une des coordonnées exprimée par l'autre.

Il en résulteroit des difficultés de calcul inextricables, si pour la courbe des flancs du vaisseau l'on prenoit la courbe véritable qui d'ailleurs varie depuis la quille jusqu'à la ligne d'eau. Mais l'on peut supposer cette courbe être formée de deux arcs de cercle sur une même corde qui représente la quille, et cette supposition approche d'autant plus de représenter l'état des choses, qu'en effet vers le milieu du tirant d'eau la courbure des flancs d'un vaisseau va se terminer en angle vers l'étambot en arrière et vers l'étrave en avant, si ce n'est que vers la dernière elle est plus arrondie, et qu'en général un vaisseau a sa partie antérieure, jusqu'au deux cinquièmes environ de la proue, plus renflée que la partie de l'arrière. On en verra la raison lorsqu'il sera question du gouvernail.

En supposant donc le vaisseau ainsi formé par deux arcs de cercle, Bernoulli analyse les différens cas suivant lesquels cette figure pourra être choquée par le fluide dans lequel elle marche; il y en a plusieurs; car si le vaisseau suit la direction de la quille, les deux côtés seront choqués également; s'il marche avec une certaine obliquité, il peuvent être choqués l'un et l'autre, mais inégalement; enfin, il y a une obliquité de marche qui est telle, que l'un des flancs est absolument dérobé au choc de l'eau.

Il

Il examine chacun de ces cas et détermine pour chacun, en supposant donnée la direction de la marche, quelle doit être la direction de la force mouvante, ou la position de la voile qui lui est toujours perpendiculaire.

Il est à remarquer ici que le problême direct seroit, la position de la voile étant donnée, de chercher quelle sera la direction de la route du vaisseau. Mais le problême envisagé sous cette face présenteroit des difficultés qui obligent de l'envisager du côté indirect, c'est-à-dire de déterminer, la direction de la route étant donnée, la position de la force mouvante; ce qui au fond revient au même. Car il est nécessaire de former une table, où l'angle de la voile avec la quille étant donné, on détermine la route que prendra le vaisseau et sa vîtesse. Ainsi il importe peu qu'on détermine la route par la position de la voile, ou celle ci par la direction de la route; car la table une fois dressée, on trouvera la dernière par la première. C'est aussi le parti que prend Bernoulli, et qu'ont pris Euler, Bouguer et les autres.

Cette table une fois construite sert à résoudre divers problêmes de la manœuvre. Car, par exemple, étant donnée la position de la voile, veut-on connoître la route que tiendra le vaisseau, ou la dérive qu'il éprouvera à l'égard de la direction de sa quille, il n'y aura qu'à chercher dans la table l'angle d'inclinaison de la voile à la quille, et l'on trouvera dans la colonne suivante l'angle cherché. On trouvera aussi la vîtesse avec laquelle il se mouvra dans cette direction. Ainsi si l'on veut chercher la position la plus avantageuse pour courir avec la plus grande vîtesse, ou s'éloigner d'un point donné le plus promptement, on trouvera, en cherchant dans la table, la plus grande vîtesse, et l'on verra dans la première colonne l'inclinaison de la voile relativement à la quille, qui doit donner la plus grande vîtesse. En général, l'inclinaison de la voile à la quille qui donne la plus grande vîtesse est celle qui la rend perpendiculaire à la ligne tirée du pied du mât à l'angle sous le vent du rectangle dans lequel seroit inscrite la figure du vaisseau.

Bernoulli termine sa dissertation par quelques recherches sur la meilleure position des mâts; et sur la direction de l'action du vent sur la voile; sur quoi il démontre un théorême curieux, c'est que lorsqu'une voile est enflée par le vent, la direction moyenne de tous les efforts des filets d'air qui la choquent est dans la ligne qui partage en deux également l'angle des deux tangentes de sa courbure; le surplus de ce que dit Bernoulli sur l'identité de la courbe voilière et de la courbe lintéaire n'est plus de notre sujet.

Quelque savant et solide dans ses principes que fût l'ouvrage de Bernoulli, il faut cependant convenir qu'il étoit plus propre à satisfaire les géomètres qu'à éclairer les navigateurs. Ce fut ce qui engagea Pitot, qui ayant long-temps vécu sur les bords de la Méditerranée, connoissoit mieux la pratique de la navigation, à étendre la théorie de Bernoulli aux cas les plus usuels de la pratique de cet art. C'est ce qui a donné naissance, en 1731, à son ouvrage intitulé : *Théorie de la manœuvre des vaisseaux réduite en pratique*, ou *Principes et règles pour naviguer le plus avantageusement qu'il est possible* (119 pages *in*-4°.). Il y résoud les problêmes les plus usuels de la manœuvre, et parlant d'ailleurs le langage de la mer, il s'y rend accessible aux marins qui ont quelques connoissances de géométrie et de mécanique. Il donne les moyens de calculer les impulsions du vent et de l'eau, les angles du vent, de la quille, des voiles, de la route et du gouvernail, dans les diverses circonstances, et pour produire les différens effets, les impulsions du vent et de l'eau, les vîtesses du vent et du vaisseau, les surfaces des voiles et de la carène, les causes qui rendent un vaisseau bon voilier; il réduit en tables les principaux problêmes de la manœuvre; mais il employe les rapports de l'ancienne théorie des resistances.

Il étoit difficile qu'un sujet aussi intéressant et qui prétoit matière à tant de recherches profondes de la plus difficile mécanique n'excitât pas la sagacité des géomètres, surtout de Bouguer, qui avoit habité un port de mer ; ce fut lui qui porta dans cette matière les plus grands traits de lumière par son *Traité du navire*, en 1746 : nous en parlerons bientôt en détail.

Après l'ouvrage de Bouguer vint celui d'Euler : *Scientia navalis*, 1749. Il traite dans la première partie de la situation des corps qui nagent; étant donnée la figure d'un corps et la pesanteur spécifique par rapport au fluide, il cherche quelle est la situation dans laquelle il se placera et restera en équilibre. Il en fait une application curieuse et satisfaisante pour ceux à qui plaisent les spéculations purement géométriques sur un grand nombre de corps de figures différentes. De-là il passe à examiner la force avec laquelle chacun de ces corps tend à se maintenir dans sa situation; et ensuite il détermine la stabilité et la force qui seroit nécessaire pour retenir ce corps dans une situation qui n'est pas celle d'équilibre, ainsi que le mouvement oscillatoire qu'il prendra lorsqu'il sera rendu à lui-même. Il s'occupe ensuite à déterminer l'effet que les différentes puissances qu'on peut appliquer à ce corps peuvent produire sur lui pour le déranger de sa situation soit en le plongeant davantage, soit en l'inclinant sur un axe donné, ou tendant à le faire tourner sur un axe vertical.

Mais ce corps qu'on a d'abord considéré comme immobile représentant un vaisseau, est destiné à être mis en mouvement, et dans ce mouvement il doit éprouver de la part du fluide une résistance. Cela conduit naturellement Euler à chercher cette résistance; et d'abord simplifiant le problême il examine celle que les figures planes soit rectilignes soit terminées par des lignes courbes, symétriques néanmoins avec l'axe selon lequel elles se meuvent, éprouvent de la part d'un fluide qu'elles traversent; et par occasion il détermine les figures qui dans certaines suppositions éprouvent le moins de résistance. Si par exemple on demandoit quelle est la figure qui, sur une base donnée, comprenant le même aire, éprouveroit la moindre résistance, on trouve que cette courbe fait une pointe à son sommet, en présentant de part et d'autre une concavité au fluide. Euler examine aussi quelle résistance éprouve une surface plane différemment terminée, lorsqu'elle se meut de chan dans un fluide, et il détermine tant la diminution de vîtesse qui en résulte que la force avec laquelle elle est soulevée, et la direction de cette force.

Toutes ces recherches étoient nécessaires pour s'élever à celle de la résistance des solides mus dans un fluide, pour laquelle il suppose un corps semblable à un demi-conoïde dont les trois coupes, l'une horisontale, ou celle de la ligne d'eau, l'autre verticale, passant par l'axe et allant de la proue à la poupe, et la troisième transversale au même axe soient des courbes exprimées par des équations quelconques, pourvu qu'elles soient symétriques à l'égard de l'axe et du plan vertical. Il en résulte une équation générale exprimant la surface du vaisseau exposé au choc de l'eau quand il se mouvra dans la direction de son axe, expression qui se simplifie suivant les suppositions qu'on peut faire de la nature de ces courbes ou de la figure de l'avant du vaisseau: Euler examine ainsi la résistance de l'eau contre un avant fait en forme de cône, de conoïde elliptique ou parabolique, de conoïde elliptique dont la section verticale différeroit de l'horisontale; déterminations qui, à la vérité, sont plus satisfaisantes pour l'esprit géométrique qu'utiles pour la pratique, mais qu'ensuite il y réduit avec adresse. Il examine aussi quelles sont les figures solides qui, sous certaines suppositions, éprouvent la moindre résistance. Enfin il traite du mouvement progressif d'un corps mu à travers un fluide soit par des forces extérieures comme celle du vent frappant sur une voile ou un plan attaché dans une position quelconque à ce corps, soit par un principe interne de mouvement comme des rameurs, et il détermine les directions et la plus grande vîtesse qu'il peut acquérir.

Après avoir ainsi jeté les fondemens purement mathématiques de la science navale, Euler, dans la seconde partie de son ouvrage, l'applique à la pratique et à l'état actuel des choses. Pour cet effet il examine les différentes formes qu'on peut donner à un vaisseau suivant sa destination, et celles qui sont les plus avantageuses pour lui concilier la stabilité dont il doit jouir, ou la force avec laquelle il doit tendre à se remettre dans son état d'équilibre, quand par l'effet du vent ou des vagues il en est dérangé; la mesure de cette stabilité, l'effet et la position la plus avantageuse des mâts et des voiles, l'action du gouvernail, et enfin les routes obliques qu'un vaisseau est obligé de prendre lorsque les forces qui le poussent agissent dans une direction oblique à sa quille. Il établit à ce dernier égard une loi pour la dérive, en employant la résistance que le vaisseau éprouveroit en marchant dans la direction de sa quille; celle qu'il éprouveroit s'il étoit forcé de marcher dans la direction transversale, et la tangente de l'angle fait par la voile ou la direction de la force avec la quille, et il trouve la tangente de la dérive.

Tel est l'esquisse des recherches que présente le savant ouvrage d'Euler, l'un de ceux qui font le plus d'honneur à sa sagacité et son inépuisable fécondité.

Euler sentit ensuite que cet ouvrage tel qu'il l'avoit donné en 1749, étoit un ouvrage fait pour des hommes capables de suivre les calculs les plus épineux; c'est pourquoi il crut devoir le rendre plus accessible à ceux qui n'ont qu'une médiocre connoissance de ces calculs. Il donna en conséquence, en 1772, un nouveau traité dont nous avons parlé page 394, où il use de beaucoup d'artifices ingénieux pour arriver à des résultats qui s'ils ne sont pas rigoureusement exacts le sont du moins assez pour être regardés comme des vérités de pratique. Ainsi par exemple pour déterminer la stabilité d'un vaisseau il considère qu'il tient un milieu entre le vaisseau parallélipipède et un vaisseau inscrit dans ce parallélipipède formé en losange. Car la courbure ordinaire d'un vaisseau est inscrite dans le premier, circonscrite au second, d'où il suit que sa stabilité suivant un de ses axes quelconques doit tenir le milieu entre celles de ces deux bâtimens. Et du reste que s'il a une stabilité suffisante à l'entour de son grand axe, il en aura une suffisante autour de quelque axe que ce soit. Après avoir aussi réduit à des expressions plus simples la direction que prend un vaisseau et la vîtesse avec laquelle il se meut, la position de la voile à l'égard de la quille étant donnée, ainsi que l'angle du vent avec la quille, il calcule et réduit en tables ces déterminations pour six espèces de vaisseaux dans les limites des plus ou des moins alongés, ensorte qu'il n'y qu'à les consulter pour résoudre tous les problêmes qu'on peut proposer sur la marche d'un vaisseau.

Les marins eurent obligation à Euler d'avoir ainsi pris la peine de réduire son grand et savant ouvrage à ses moindres termes. Mais ce fut encore Bouguer qui éclaira le plus la science de la manœuvre, il nous apprend lui-même combien il en avoit senti le besoin.

S'il fut jamais nécessaire, dit-il, de joindre la pratique à la théorie, c'est principalement dans la marine. Outre qu'il faut examiner sur le vaisseau même ce grand nombre de cordages qui servent à la manœuvre, le navigateur doit savoir une infinité de choses de fait ou de détail que nous n'avons pas essayé de décrire, et qu'il n'apprendra jamais bien que dans des voyages réitérés. Quelqu'un qui se confiant trop dans ses connoissances spéculatives, entreprendroit de conduire un navire la première fois qu'il s'embarque, feroit trop certainement une expérience fatale de son peu de capacité. Avant qu'il eût le temps de saisir l'état actuel des choses dans leur changement continuel, qu'il eût rassemblé toutes ses idées, et qu'il eût formé une résolution, il auroit laissé échapper l'instant favorable, et son navire seroit brisé contre quelqu'écueil. Il faut donc allier nécessairement la pratique à la spéculation : après que le navigateur a pris une connoissance suffisante des maximes utiles, il faut qu'il se les rende familières par un grand exercice, pour pouvoir les appliquer comme machinalement et sans le secours pénible de la réflexion.

Le vaisseau recevant, par le moyen du gouvernail et des voiles, tous les mouvemens qu'on lui imprime, l'homme de mer ne se sera pas encore assez exercé dans son art, si un coup-d'œil ne lui suffit, pour se rendre présentes toutes ces parties mobiles. Le navigateur ne parvient, il est vrai, à cet état qu'après plusieurs années d'un travail opiniâtre ; mais combien la difficulté ne sera-t-elle pas diminuée, si on joint l'étude des mécaniques à celle de la marine? on ne verra rien ensuite, à quoi on ne soit préparé d'avance, et dont on ne puisse se donner l'explication à soi-même. Ainsi pour faire de grands progrès dans la pratique, ou pour contracter l'habitude qui la constitue, il suffira de répéter souvent les mêmes actes, ou de prendre part à toutes les manœuvres qu'on verra faire. Comme on ne sera plus obligé de rien exécuter à l'aveugle, on sentira bientôt les heureux effets qu'un exercice réfléchi doit produire, et la qualité de bon praticien coûtera par conséquent beaucoup moins à acquérir.

On deviendra non-seulement manœuvrier beaucoup plus promptement par cette route, on donnera à la pratique des fondemens plus parfaits et plus solides. Lorsqu'on fait une manœuvre en présence d'un jeune marin, il ne sait souvent ni pourquoi on l'exécute, ni comment agissent les instrumens dont on se sert. Il se trouve environné de gens trop occupés pour qu'il puisse en tirer des éclaircissemens. Qu'on juge donc combien il doit perdre de temps pour prendre ces notions même grossières qui lui tiendront lieu de théorie, ou qui serviront de bases peu sûres à la pratique qu'il regarde comme son principal objet? Les connoissances imparfaites auxquelles notre jeune marin parviendra, seront à la honte de la raison, le fruit du plus long travail, et néanmoins comme elles se ressentiront toujours de leur origine vicieuse, elles ne l'éclaireront jamais assez, elles le laisseront toujours manquer de règles, ou de méthodes exactes sur lesquelles il puisse absolument compter. Il donnera par exemple, une certaine obliquité aux voiles, et il recevra le vent avec une incidence déterminée; mais saura-t-il s'il n'y auroit pas quelque chose à changer dans un sens ou dans l'autre à l'une et l'autre disposition? A-t-on jamais fait les expériences nécessaires pour s'en assurer? c'est à quoi Bouguer a réussi dans son beau *Traité de la manœuvre.*

La première occasion de cet ouvrage fut le capitaine de Chézac qui contribua plus que personne à exciter cette louable ardeur avec laquelle on tâchoit d'allier dans toutes les parties de l'art de naviguer la théorie à la pratique. Afin de mieux inspirer aux gardes de la marine, auxquels il commandoit à Brest, son goût pour toutes les connoissances propres à des officiers, il demandoit des élémens de mécanique et de dynamique dont les principes fussent continuellement appliqués à la navigation et c'est ce que Bouguer a supérieurement exécuté.

Machault, qui étoit alors ministre de la marine, cherchoit aussi à en perfectionner toutes les parties; mais cela étoit trop nouveau, et n'empêcha pas les Anglais de remporter de grands avantages sur la marine française. Ils nous attaquèrent, en 1756, sous des prétextes frivoles; précisément pour empêcher les progrès rapides qui s'annonçoient dans notre marine.

Bouguer qui avoit donné, dès 1727, une belle pièce sur la mâture, et qui n'avoit cessé de cultiver toutes les branches de la navigation, avoit donné, en 1746, son excellent *Traité du navire*, où les véritables principes des mouvemens de cette admirable machine furent développés pour la première fois. Il résolut ensuite quelques-uns des plus épineux problêmes de la manœuvre (1) qui sont de l'espèce de ceux de *Maximis et minimis*. Enfin, rassemblant le travail d'une longue suite d'années, il donna, en 1757, cet ouvrage intitulé : *De la manœuvre des vaisseaux*, ou *Traité de mécanique et de dynamique, dans lequel on réduit à des solutions très-simples les problêmes de marine les plus difficiles qui ont pour objet le mouvement du navire.*

Le premier livre de cet ouvrage est un excellent traité de mécanique et de dynamique, ainsi que d'hydrostatique et d'hydrodynamique, où l'auteur établit les principes de ces deux sciences qui sont indispensables à entendre pour le suivre dans les deux livres suivans. Le second a pour principal objet les mouvemens d'évolution ou de rotation du navire. Bouguer y examine l'énergie du gouvernail pour faire tourner le vaisseau, nous parlerons à part de cette partie si nécessaire à un bâtiment; il examine ensuite l'effet et l'énergie des voiles pour produire dans le vaisseau le même mouvement de rotation. On sait assez qu'on employe les voiles de l'avant pour *arriver*, c'est-à-dire, pour prendre une direction plus approchante de celle du vent, et celles de l'arrière pour serrer le vent. Cette manœuvre fort simple en elle-même présente néanmoins à Bouguer le sujet de quantité de réflexions utiles, et suggérées par la plus savante mécanique, tant pour accélérer ces effets que pour les rendre plus certains.

C'est surtout dans le troisième livre qu'éclatent la sagacité et la savante géométrie de Bouguer par la solution de divers problêmes intéressans sur la manière de disposer le plus avantageusement possible les voiles du vaisseau (qui, comme on l'a vu ailleurs, peuvent toujours se réduire à une seule) soit pour faire la route la plus rapide dans une direction donnée, soit pour s'éloigner avec le plus de célérité d'une ligne donnée, ou pour fuir avec le plus de vîtesse un point déterminé. Chacun de ces cas a lieu à la mer. Dans la solution du premier de ces problêmes gît la perfection de la navigation, puisque l'objet de tout navigateur est d'arriver le plutôt qu'il est possible du lieu d'où il part au lieu où il a dessein d'aller. La direction est bien donnée et l'on suppose le vent déterminé. Mais il y a plusieurs manières d'orienter la voile pour suivre la direction donnée, et parmi ces différentes manières, il en est une qui donne au bâtiment dans cette direction la plus grande vîtesse.

Un vaisseau, par exemple doit faire route ouest pour arriver au lieu pour lequel il est destiné, et le vent est nord-est. Il pourroit mettant le cap à l'ouest, orienter ses voiles perpendiculai-

(1) *Mémoires de l'Académie des Sciences*, ann. 1754 et 1755.

rement à la quille, il recevroit le vent sous un angle de 45°. et iroit droit à l'ouest. Ce n'est cependant pas là la manière dont il prendra la plus grande vîtesse. On trouve par la théorie qu'il fera route plus vîte en mettant le cap plus près du vent. Mais on anroit tort d'exiger d'un pilote les calculs nécessaires pour déterminer la position de sa voile et du point où il doit mettre le cap. C'est pourquoi Bouguer y supplée par des tables tellement arrangées que quelque soit l'angle du vent avec la route déterminée, on y voit l'angle de la voile avec la quille, et celui de la quille avec la route pour que le vaisseau marche dans cette route avec le plus de vîtesse.

Le second problême a lieu lorsqu'il est question de s'éloigner avec un vent donné d'un point déterminé dans une direction quelconque, mais avec la plus grande célérité. Tel est le cas d'un vaisseau qui prend chasse devant un autre. Il importe peu de quel côté pourvu qu'il s'en éloigne le plus vîte. Il faut alors non-seulement choisir la route la plus favorable, mais encore la position la plus favorable des voiles, ensorte que ce sont, pour ainsi dire en quelque sorte, deux problêmes *de maximis et minimis* combinés ensemble, ou dans lesquels il faut choisir un *maximum* parmi plusieurs *maxima*.

On suppose enfin un vaisseau tout-à-coup en vue d'une côte dangereuse, il faut la fuir avec la plus grande diligence. Mais il est moins essentiel de prendre la plus grande vîtesse que de prendre la direction la plus avantageuse pour s'en éloigner, et cette direction est celle qui fait le plus grand angle avec la ligne donnée, ou plutôt qui dans un temps donné éloignera davantage de cette ligne. Ce problême le plus difficile de tous est aussi résolu par Bouguer, soit analytiquement pour les navigateurs géomètres, soit au moyen des tables pour les marins que les résultats seuls intéressent. Pitot avoit donné des tables de cette espèce en 1731, mais celles de Bouguer sont fondées sur une théorie plus exacte. L'on y trouve de degré en degré 1°. les dispositions les plus avantageuses lorsque la route est donnée, que le navire dans lequel on navigue n'a qu'une voile et qu'on peut négliger sa dérive.

2°. Les dispositions les plus avantageuses pour s'éloigner d'une côte ou d'une ligne droite dont le gissement est donné, lorsqu'on navigue dans un navire dont on peut négliger la dérive, et qui n'a qu'un voile.

3°. Les dispositions les plus avantageuses, lorsque la route est donnée, et qu'on navigue dans un navire qu'on peut rapporter à un parallélipipède rectangle et qui n'a qu'une voile.

4°. Les dispositions les plus avantageuses avec les vitesses que prend le navire, qu'on peut rapporter à un parallélipipède rectangle

tangle seize fois plus long que large lorsque ce navire n'a qu'une voile et que la route est donnée.

5°. Les dispositions lorsque la route est donnée, qu'on est dans un navire qui n'a qu'une voile, et qu'on peut rapporter à une figure formée de deux arcs de cercle.

6°. Les dispositions les plus avantageuses lorsque la route est donnée et qu'on est dans un navire, dont on peut négliger la dérive, mais qui a deux voiles; quantité dont les angles d'incidence apparens du vent doivent être plus petits, lorsque le navire a deux voiles.

7°. Enfin, une table des dispositions qui servent à s'éloigner d'une côte ou d'une ligne donnée de position lorsqu'on est dans un navire dont on peut négliger la dérive, mais qui a deux voiles.

L'angle de vent avec la quille étant une des choses dont on a le plus souvent besoin, D'ons-en-Bray donna dans les Mémoires de 1731 une machine très-simple sur laquelle on voit cet angle à tout moment, de même que celui de la boussole.

Clairaut ayant lu les solutions de Bouguer dans les *Mémoires* de 1754, sur les conditions de la plus grande vîtesse, et le *maximum maximorum* pour l'orientation des voiles, voulut aussi les trouver à sa manière, et il le fit par une route nouvelle, avec une analyse plus simple, qui fournit une construction plus facile, *Mémoires* de 1760.

Dom Georges-Juan a aussi traité ce qui concerne les angles que les voiles et le vent doivent faire avec la quille pour produire la plus grande marche possible. Il suppose d'abord que l'angle du vent avec la quille est constant, et donne une formule qui exprime celui que doit faire la voile avec la quille pour procurer la plus grande marche; et cette formule indique que cet angle n'est pas constant, comme on l'a cru généralement, qu'il dépend non-seulement de la relation des résistances latérale et directe, mais encore de la quantité des voiles que porte le vaisseau et de leur courbure : de sorte que cet angle doit être d'autant plus petit, que le rapport des résistance sera plus grand, que l'appareil de voilure sera plus grand, et que la courbure des voiles sera plus petite. Il en apporte plusieurs exemples. Dans un vaisseau de 60 canons, allant à la bouline avec tout son appareil, on trouvera cet angle de 28° 47′; et s'il navigue seulement sous ses quatre voiles majeures, cet angle est de 40° 42′ : c'est à-peu-près ce dernier que les marins emploient dans tous les cas. Il cherche ensuite quel est le vent qui fait marcher le vaisseau le plus qu'il est possible, et démontre que ce n'est pas toujours le même, ni le vent arrière, quoi qu'on ait cru jusqu'alors qu'il étoit le plus avantageux lorsque l'appareil de voilure restoit le même; car lorsque l'expérience a fait voir que les vaisseaux alloient mieux vent largue que vent arrière, on a attribué cet effet à ce que, dans le vent arrière, les voiles s'abritent et se dérobent le vent les unes aux autres. La formule qui donne cet angle le plus avantageux fait voir qu'il est variable, qu'il dépend aussi du rapport des résistances de côté et de proue, de la quantité de voiles déferlées et de leurs courbures, c'est-à-dire, de la moindre ou plus grande vîtesse du vent. Pour le même vaisseau de 60 canons, lorsqu'il ne porte pas plus de 8934 pieds quarrés de voilure, c'est le vent arrière qui est le plus avantageux; mais ce n'est plus celui-là lorsqu'on augmente de voiles; et enfin lorsqu'il porte un appareil de 17680 pieds quarrés, c'est l'angle de 41° 56′ avec la quille qui lui donnera la plus grande vîtesse. Substituant ces angles les plus avantageux dans la formule qui donne la vîtesse, on trouve le *maximum maximorum* de la vîtesse. Dans le vaisseau de 60 canons qui sert toujours d'exemple à l'auteur, cette plus grande vîtesse est de $\frac{74}{100}$ de celle du vent; dans un chebec, elle est de $\frac{163}{100}$, ou de $\frac{63}{100}$ plus grande que celle du vent. La formule qui donne la plus grande vîtesse avec laquelle le vaisseau peut gagner au vent est très-compliquée, elle fait voir que les angles qui lui répondent ne sont pas les mêmes que ceux qui procurent le plus grand sillage; qu'ils en diffèrent beaucoup, mais qu'ils dépendent des mêmes élémens autrement combinés; et l'auteur fait voir qu'on peut gagner au vent un tiers de plus qu'on ne l'a fait jusqu'ici,

Selon la théorie ordinaire, dit Juan, le vaisseau ne peut prendre que $\frac{100}{336}$ de la vîtesse du vent, en le supposant même un des meilleurs voiliers, et naviguant avec toutes voiles, vent arrière, ou vent largue; deux positions qui paroissent indifférentes à Bouguer : suivant Mariotte, Clarke et Derham, et d'après les propres expériences de l'auteur, on ne peut pas supposer que le vent parcoure plus de 24 pieds par seconde, encore est-il fort douteux qu'il ait autant de vîtesse : lorsqu'un vaisseau navigue à toute voile, le vaisseau ne pouvant prendre que les $\frac{100}{336}$ de la vîtesse du vent, cela répond à 4 milles $\frac{1}{2}$ par heure; résultat bien éloigné de 9, 10 et 11 milles qu'un vaisseau fait en pareille circonstance, comme le savent tous les marins. Pour que le vaisseau parcourut 11 milles, il faudroit d'après ce principe, que le vent eût une vîtesse de 60 pieds anglois par seconde; vîtesse excessive, et qui est à-peu-près celle qu'observa Derham dans un ouragan. Ces conséquences sont même déduites en prenant la théorie du côté le plus avantageux, car il y a un autre cas, mentionné par Bouguer, où le vaisseau ne devoit faire que 3 milles $\frac{2}{3}$; où, ce qui revient au même, où le vent devroit avoir une vîtesse de 77 pieds $\frac{2}{3}$ pour que le vaisseau parcourût 11 milles, ce qui forme un ouragan complet.

Ces résultats étranges firent d'abord croire à Juan qu'il pouvoit y avoir quelques erreurs de calcul; mais ayant calculé de nouvelles formules, il demeura convaincu que la faute venoit de la théorie adoptée. En traversant de Cadix au port Sainte-Marie dans un canot, et mesurant le sillage avec exactitude, tandis qu'on mesuroit à terre la vîtesse du vent; l'auteur a trouvé par des expériences réitérées, et à son grand étonnement, que le canot alloit à-peu-près aussi vîte que le vent, de sorte que celui-ci parcourant 10 à 11 pieds, le canot en parcouroit à-peu-près 10 : phénomène qui paroîtra singulier, surtout à ceux qui ont cru que la vîtesse du vent étoit énorme à l'égard de celle du vaisseau; mais qui n'en est pas moins certain, comme chacun peut s'en assurer en répétant ces expériences dans tous les ports qui permettent de passer à la voile d'un côté à l'autre, comme dans la baye de Cadix. De cette ville au port Sainte-Marie, il y a 304000 pieds anglois, et le vent faisant 12 pieds par seconde, les barques, courant vent largue, font ce trajet en $\frac{3}{4}$ d'heure, ou 2700 secondes : ce qui donne 11 pieds $\frac{7}{27}$ de vîtesse à l'embarcation.

Enfin, la théorie lui apprit non-seulement que quelques navires doivent aller, vent largue, presque aussi vîte que le vent, mais encore que quelques-uns ont une vîtesse qui surpasse celle du vent, mais dont il donne la démonstration, non dans le sens que l'entendoit Jean Bernoulli, (tome II. n°. XCIII.) c'est-à-dire qu'on pourroit déployer une voilure d'une étendue infinie; supposition tout-à-fait chimérique, et qui ne peut s'apliquer à la pratique : mais en n'employant que ce qui est consacré par les faits, et ce qui arrive journellement dans plusieurs bâtimens tels que les galères, les chebecs, &c.

Cette idée tout étrange qu'elle puisse paroître au premier aspect n'est pas particulière à don Georges-Juan; avant lui plusieurs marins avoient senti la possibilité qu'un vaisseau puisse avoir une vîtesse aussi grande et même plus grande que celle du vent. Le célèbre amiral Anson étoit de cette opinion, (*Voyage autour du monde*, livre III, chapitre V). On peut même concevoir la vérité de cette propsition par un raisonnement fort simple. Lorsqu'un vaisseau navigue vent arrière il se soustrait continuellement à l'action du vent, et la vîtesse du vaisseau parvient à un état constant et uniforme. Mais si le vaisseau est orienté vent largue, la route faisant un angle avec la direction du vent, les voiles et autres parties du vaisseau qui sont exposées à l'impulsion du vent la reçoivent à-peu près toute entière et à tous les instans, quelque vîtesse qu'ait ce vaisseau. Il est donc aisé de sentir que puisque dans ce cas l'impulsion du vent sur les voiles n'est presque pas diminuée par la vîtesse du sillage, ce choc répété sans cesse, et avec la même énergie, doit imprimer au vaisseau, toutes choses égales d'ailleurs, une vîtesse beaucoup plus grande que lorqu'on cingle vent arrière. On doit concevoir en même temps que dans certaines positions, il est possible que le vaisseau acquière une vîtesse égale, ou même plus grande que celle du vent. Cette explication fait voir que les moulins à vent ordinaires, dont les aîles se meuvent verticalement sont supérieurs à ceux qu'on a imaginés, ou qu'on pourra imaginer, qui se mouvroient horizontalement. Bouguer fait voir aussi que si le vent souflant, par exemple perpendiculairement à la quille, les voiles étoient orientees de manière à faire avec la quille un angle de 15° quelque rapide que fût la course du vaisseau, il ne cesseroit d'être accéléré jusqu'à ce qu'il eût pris une vîtesse plus grande que celle du vent dans le rapport de 4 à 3; supposé toutefois que le vaisseau fût taillé assez avantageusement pour pouvoir dans une course directe prendre une vîtesse égale aux $\frac{3}{4}$ de celle du vent.

Mais quoique cette spéculation soit juste dans la théorie, deux obstacles s'y opposent dans la pratique. 1°. Je doute qu'aucun vaisseau, à moins d'une construction particulière, pût jamais prendre une vîtesse égale aux $\frac{3}{4}$ de celle du vent. 2°. La manière dont les manœuvres et la mâture sont disposées dans un vaisseau ne permet pas d'en disposer les vergues de manière à faire avec la quille un angle aussi aigu, c'est tout au plus si elles en peuvent faire un de 30 à 40°; on pourroit peut être l'amener jusqu'à 30°, au moyen de quelques changemens dans cet arrangement, et alors dans le cas supposé, et le vent frappant perpendiculairement la voile, on trouve que le vaisseau pourroit acquérir une vîtesse de 1,034, celle du vent étant 1, par conséquent un peu plus grande que celle du vent. Dans l'état actuel des choses où l'angle avec la quille ne peut pas être moindre que d'environ 40°, cette vîtesse pourroit monter aux $\frac{19}{20}$ de celle du vent, ce seroit sans doute encore une vîtesse étonnante, car un vent un peu frais fait souvent 30 pieds par seconde; ainsi le vaisseau en feroit 171000, ou 6 lieues marines, par heure, filant 18 nœuds. On a vu quelquefois cette vîtesse dans la pratique.

Le cit. Dumaitz est le premier qui ait avancé que la vîtesse du vent pouvoit être de 140 pieds par seconde; il dit que l'on convient assez généralement qu'on lui supposoit trop peu de vîtesse; et certainement, vu le peu de densité de l'air, les effets souvent désastreux du vent et des ouragans en indiquent une très-grande. Il convient que ce que dit don Georges-Juan de ses expériences dans la baye de Cadix y est contraire; mais il se fonde aussi sur l'expérience pour affirmer la vîtesse de 140 pieds.

En traitant des inclinaisons des vaisseaux produites par l'action du vent, Juan applique la théorie à la pratique, et calcule les inclinaisons qu'on observe journellement dans la navigation, ce qui ne s'accorderoit pas suivant l'ancien systême des résistances. L'auteur explique ce qu'on a entendu par le *point vélique* dont on a cherché la position, afin d'obtenir que les vaisseaux n'éprouvent aucune inclinaison, il fait voir l'impossibilité d'une détermination rigoureuse. Il examine aussi l'accident dont les marins parlent quand ils disent *coëffer* ou *masquer*, lorsque le vent prend la voile par-devant; il démontre le grand risque de périr dans cette circonstance qui n'est pas encore suffisament redoutée des marins. Il termine enfin cette théorie des inclinaisons par l'examen des changemens qui arrivent à la stabilité lorsque l'on fait quelque changement, soit au volume submergé de la coque, soit à son poids, et il en déduit des conséquences très-utiles par leur usage journalier.

V I.

Du Gouvernail.

Parmi les puissances qui servent à la manœuvre d'un vaisseau, il n'en est point de plus importante que celle du gouvernail. Car, à quoi serviroient des voiles et toutes les puissances qui peuvent pousser un vaisseau en avant, s'il n'avoit la faculté de se diriger à volonté, et cette faculté dépend du gouvernail qui lui fait faire tous les mouvemens et les évolutions qu'on juge à propos.

Le gouvernail est une pièce de charpente attachée à l'arrière du bâtiment, sur la pièce de poupe appelée l'*étambot*, depuis la quille jusqu'au-dessus de la flotaison, et tournant sur ses gonds au gré du pilote ou du timonier. Lorsqu'on n'a vu que des gouvernails de bateaux de rivière, on ne peut s'empêcher d'être frappé de la disproportion des uns et des autres. Cela vient de la construction particulière de ces bateaux, bien différente de celle des bâtimens de mer. Dans les premiers la partie de la poupe plongée dans l'eau n'a aucun rétrécissement, et soustrait pour ainsi dire le gouvernail au choc de l'eau; il faut par cette raison qu'il se prolonge fort en arrière. Mais cette construction seroit impraticable à la mer; le moindre coup de mer emporteroit le gouvernail. Il a fallu ne lui donner que peu de largeur, et par une suite nécessaire, il a fallu pincer le vaisseau en arrière, ensorte que sa courbure aille, dans ses œuvres vives, mourir sur l'étambot; par ce moyen l'eau coulant le long des flancs du navire va nécessairement choquer le plan du gouvernail, presque avec la vîtesse dont le vaisseau est lui-même emporté. C'est ce choc qui est souvent de plusieurs milliers de livres, qui sert à faire tourner le vaisseau autour d'un axe vertical passant à-peu-près par son centre de gravité.

En effet, soit dans la fig. 18 le gouvernail représenté par la ligne AB, lorsqu'il sera dans la direction de la quille, suivant laquelle nous supposons le vaisseau se mouvoir; il sera frappé également et fort obliquement par l'eau coulant le long des flancs. Mais supposons qu'il soit placé dans la direction AC. Alors une de ses surfaces se dérobera en partie au choc de l'eau, et l'autre s'y trouvera exposée plus directement. De la différence de ces efforts résultera une puissance qui sera appliquée à la surface plus directement frappée par l'eau, et cet effort étant résolu en deux l'un parallèle à la quille qui ne tend qu'à retarder tant soit peu le sillage, l'autre perpendiculaire à la quille; celui ci tendra à faire tourner le bâtiment, et conséquemment à porter sa proue du même côté où est porté le gouvernail; et comme on ne met le gouvernail en mouvement que par une barre AD attachée à sa tête, et manœuvrée par le timonier, et que la barre étant portée à tribord, ou à droite, le gouvernail fait un mouvement en sens opposé, il suit que le vaisseau porte le cap du côté opposé à celui vers lequel la barre se meut. Dans les grands vaisseaux, on gouverne au moyen d'une roue, posée sous la dunète. L'art du timonier consiste à opérer ces mouvemens d'une manière moëlleuse; car un coup sec du gouvernail peut quelquefois jeter à la mer des hommes occupés à certaines manœuvres; il consiste aussi à laisser par un mouvement facile revenir le gouvernail à sa première position pour lui donner une nouvelle impulsion du même côté, ou du côté opposé selon les circonstances. Car le gouvernail est pour ainsi dire dans un mouvement continuel, et d'après cela le chemin du navire n'est presque jamais qu'un composé de petites lignes droites dont la direction moyenne est la route du vaisseau.

Le gouvernail a d'autant plus d'énergie pour faire tourner le vaisseau que son centre de gravité est plus éloigné. Car le centre de rotation est, suivant les principes de la mécanique, un peu au-delà du centre de gravité. Ainsi le vaisseau gouvernera d'autant mieux que son centre sera porté en avant. C'est sans doute pour cette raison que tous les vaisseaux sont plus renflés par l'avant que par l'arrière; cela porte le centre de gravité vers la proue ; il en résulte à la vérité la perte de quelqu'autre avantage, celui de la marche ; mais celui de bien gouverner est si important qu'on est obligé de lui donner le premier rang.

Le gouvernail ne se meut pas sur un axe vertical ; mais ses pantures l'attachant à l'étambot qui est ordinairement incliné d'un angle de 75 à 80° à l'horizon, il en doit résulter quelque différence dans son action. La largeur du vaisseau ne permet guère de donner au gouvernail une inclinaison à la quille qui excède environ 30° ; mais ce qu'on ne fait pas en un coup de gouvernail se fait en deux ou trois, car si le premier n'a pas mis sur la direction demandée, le timonier laisse revenir librement le gouvernail dans la direction de la quille, et alors il donne un second coup pour continuer le mouvement de rotation du vaisseau.

Ce que nous venons de dire ne concerne encore l'action du gouvernail que dans les routes directes du vaisseau. Lorsqu'il tient une route oblique, ce qu'on vient de dire n'a qu'une application fort modifiée. Car il est aisé de voir que le mouvement du vaisseau le dérobe à l'impulsion de l'eau du côté qui est au vent, et qu'il l'augmente sous le vent, ensorte que la situation ou le gouvernail est sans action, n'est plus la direction de la quille, mais celle de la route, de la houache, ou du sillon d'eau que le vaisseau laisse derrière lui ; et c'est de l'angle du gouvernail à l'égard de cette houache, que dépend sa force, comme dans la course directe elle dépend de l'angle avec la quille. Si donc nous supposons par exemple un vaisseau dérivant de 15° à tribord, comme alors la houache sera inclinée à la quille d'environ 15° à basbord, la barre du gouvernail aura pour gouverner 15° seulement à parcourir à tribord, et 45 à basbord ; et si cette dérive étoit de 30° la barre touchant à tribord, quand le gouvernail seroit dans la houache, il n'y auroit plus moyen de gouverner en portant davantage la barre de ce côté, tandis qu'elle auroit de l'autre un angle de 60° a parcourir utilement. On voit clairement par ce développement pourquoi dans les courses obliques d'un vaisseau l'action du gouvernail est moindre au vent que sous le vent, ou pour faire venir le vaisseau au vent que pour le faire *arriver* et porter davantage dans la direction du vent. Il faut alors faire usage de quelqu'une des voiles de l'arrière, et c'est une de leurs destinations d'aider ou de suppléer le gouvernail.

On a coutume de proposer ce problême sur le gouvernail : *Quelle est la situation où il doit se trouver avec la quille, afin que son impression pour faire tourner le vaisseau soit la plus grande ?*

Ce problême, considéré dans la spéculation, n'est pas bien difficile à résoudre ; il est de la classe des premiers problêmes *de maximis et minimis*. Et en supposant que les filets d'eau qui choquent le gouvernail ayent une direction parallèle à la quille, on trouve que l'angle sous lequel il fait son plus grand effort pour faire tourner le vaisseau est celui de 54° 44′, le même que celui selon lequel les ailes d'un moulin à vent doivent être inclinées à leur axe pour avoir le plus de force. Mais il y a des circonstances qui changent beaucoup les données d'après lesquelles on envisage communément ce problême ; car à l'exception des environs de la quille du vaisseau, l'eau n'arrive point sur le gouvernail parallélement à sa direction : partout ailleurs et en montant de plus en plus vers la surface de l'eau, le renflement de la carène fait que si l'eau se mouvoit parallélement à la quille, elle n'atteindroit même pas le gouvernail, et c'est pour cette raison que les constructeurs ont rétréci les œuvres vives du vaisseau vers la poupe ; mais malgré cette précaution, sans laquelle le vaisseau gouverneroit à peine, l'eau n'arrive au gouvernail que sous différentes sortes d'obliquités dont il seroit impossible de déterminer la loi. En prenant néanmoins un certain milieu entre toutes les vîtesses et les obliquités, on trouve que l'angle sous lequel le gouvernail fait sa plus grande impression, n'excède pas beaucoup 40°.

Don Georges-Juan traite fort au long du gouvernail et de son action, relativement aux angles qu'il forme avec la quille, tant du côté du vent que du côté qui est sous le vent, et relativement encore à sa figure, qui contribue à son effet, quoiqu'avant lui on n'eût pas eu égard à cette circonstance importante. Il détermine l'angle sous lequel le gouvernail produit le plus grand effet ; il fait voir le peu d'avantage qui peut en résulter, et donne les raisons qui doivent porter à donner la préférence aux angles usités par les marins sur ceux que la géométrie détermine.

La longueur du vaisseau diminue la facilité de gouverner ; mais le cit. Dumaitz observe que les nouveaux constructeurs, maîtres de donner aux vaisseaux les différentes qualités, ont préféré d'assurer principalement leur stabilité ou leurs forces pour porter la voile : ils ont en même-temps cherché à donner une marche avantageuse. Cette double vue se remplissoit en allongeant les navires et en diminuant leur artillerie, ou ce qui est la même chose, en augmentant les proportions principales ; aussi l'on a donné aux vaisseaux de 64 canons la même longueur qu'au Royal-George, vaisseau du premier rang anglois. Des frégates de 26 canons ont eu plus de longueur que les vaisseaux de 60 canons anglois ; peut-être la supériorité du nombre de vais-

seaux

seaux de la marine angloise a-t-elle fait penser que tout devoit être subordonné à la promptitude du sillage.

Mais il arrive souvent que ces navires très-longs, n'ont pas la supériorité de marche à laquelle tout a été sacrifié. Une théorie plus approfondie a fait connoître que, même relativement à cette qualité, la longueur de la carène doit avoir des limites, parce qu'elle a un rapport avec la hauteur de la voilure, qui, nécessairement est bornée. Les frégates construites par Guignace, ou le rapport des longueurs aux largeurs, est renfermé dans les anciennes limites, marchent aussi bien que celles qui sont plus longues.

Dès-lors, il est absolument désavantageux d'affoiblir autant les navires qu'on l'a fait quelquefois par une longueur excessive qui, faisant qu'on gouverne mal, c'est-à-dire dans un grand espace, rend les navires peu propres à la guerre.

L'auteur fortifie ses considérations, en rappelant les désavantages que nous avons eu dans la guerre de 1759, et en recherchant les causes, il semble, dit-il, qu'on ait oublié que la qualité de bien gouverner, est la plus essentielle dans les combats, car on a fait tout ce qu'il falloit pour assurer aux Anglois cet avantage. Les surfaces de nos gouvernails sont moindres de moitié que celles de leurs navires : ainsi, pendant que d'un côté la difficulté de tourner est augmentée par la longueur, d'un autre, on employe pour la vaincre, une moindre force.

On a trouvé étrange que les François n'abordoient plus, mais ce n'est pas la faute des officiers de la marine : on peut cependant regarder comme une. maxime incontestable que le navire françois qui est au vent, ne peut, dans l'état actuel de la construction, aborder un navire anglois qui est fort près de lui, pour peu que ce dernier ait attention à sa manœuvre, et l'auteur avoit droit de le dire, parce qu'il avoit eu lieu de le reconnoître en combattant le Bedfort.

D'ailleurs, ce genre de combat devient moins aisé par l'augmentation des équipemens de navires anglois. Les vaisseaux de 50 canons par exemple, avoient 220, 240 hommes d'équipage, maintenant ils en ont 350. Ils sont à-peu-près armés comme les nôtres, et la distribution ordonnée par l'amirauté d'Angleterre, paroît sagement combinée.

En lisant les *Mémoires* de du Gay-Trouin, on voit qu'il avoit une plus grande difficulté à vaincre les navires hollandois que les anglois à l'abordage ; qu'importe, comme dit le roi de Prusse au général de Fouquet, de voir ou de lire, si ce n'est que pour entasser des faits dans sa mémoire, qu'importe en un mot l'expérience, si elle n'est dirigée par la réflexion. Il y avoit donc une cause particulière qui occasionnoit cette différence. On la trouve, en combinant les réglemens de l'artillerie des deux nations : alors les Anglois ne chargeoient leurs pièces que d'un seul boulet, dans la crainte de les faire créver, ainsi leur feu étoit moindre de moitié, car on ne peut compter le temps nécessaire pour mettre un boulet de plus ; la supériorité de leur artillerie, a fait corriger cette pratique.

Le cit. Dumaitz compare, sans prévention, nos proportions avec celles des vaisseaux anglois. Cette nation ne s'est pas fait une peine d'imiter ce qui se trouvoit d'avantageux dans notre construction, ainsi, elle a adopté en général le retranchement des demi-batteries dans les frégates. Elle a substitué les vaisseaux percés pour 14 et 15 canons aux anciens navires à trois ponts de 80 canons, et l'on pourroit même dire que notre construction a été adoptée; si ce n'est que nous l'avons changée depuis : nous devons pareillement imiter leur peu de rentrée dans les longueurs, et ne pas sacrifier inutilement et la force des navires et la facilité de gouverner.

Le cit. Dumaitz ayant été chargé de la fixation des rangs des vaisseaux et des frégates sur lesquels il n'y avoit rien de déterminé, traite cette matière dans son livre sur la *Construction*. Il convient qu'on ne peut fixer un rapport des longueurs aux largeurs, qui soit démontré le meilleur possible. Mais il suffit qu'on trouve des vaisseaux regardés comme d'excellens voiliers, faits sur un rapport quelconque, pour qu'il ne puisse rester aucun doute sur la possibilité d'en faire de bons avec ce même rapport. Si les longueurs ne sont pas outrées, ces navires gouverneront bien, et auront cet avantage sur ceux qui auront les mêmes qualités du côté de la marche avec une plus grande longueur. Il examine donc ce que chaque système de guerre exige. On doit en considérer trois, celui des combats en ligne, celui de vaisseau à vaisseau, au canon, et à l'abordage.

Dans le premier cas, la facilité de virer et de gouverner est essentielle. Il faut pouvoir arriver dans peu d'espace : il est inutile de citer tous les cas où il peut être nécessaire d'arriver, mais il faut perdre peu de vent, sans cela le navire ne peut que ratrapper son poste. On ajoutera même qu'il faut beaucoup plus gouverner par le gouvernail que par les voiles; il faut encore que les navires portent bien la voile pour ne pas perdre l'usage de leur première batterie.

Dans les combats de vaisseau à vaisseau, au canon, la facilité de gouverner est un très-grand avantage, parce quelle permet de se maintenir dans les positions favorables, il faut encore bien porter la voile.

Si l'on veut aborder, la principale, et presque l'unique qualité que doit avoir le vaisseau, est de bien gouverner. La marche est nécessaire à la vérité pour gagner le vent, quand on est sous le vent : on sent bien qu'on n'aborderoit pas un navire qui, ayant une marche supérieure, voudroit se tenir loin, ou au vent ; il en est de même, si le navire supérieur en marche, vouloit éviter toute sorte de combat, mais cela n'empêche pas qu'on ne puisse dire que le succès de l'abordage dépend de la facilité d'arriver. Il est essentiel d'observer que le navire très-long et qui arrive difficilement, ne peut jamais aborder l'ennemi qui est sous le vent et même très-près, s'il fait attention à sa manœuvre, et qu'il seroit même très-dangereux de vouloir s'y opiniâtrer. Il n'y a donc qu'un seul genre de combat, où la qualité de gouverner soit d'une foible importance, c'est lorsqu'on se canonne à grande distance.

Jusques dans les choses les plus simples, dit le cit. Dumaitz, il semble qu'on ait renoncé à l'avantage de gouverner. N'est il pas étrange que nos gouvernails aient leurs surfaces d'environ $\frac{1}{3}$ ou $\frac{1}{4}$ plus foibles que ceux des navires anglois. Il suffit d'indiquer cette erreur de notre construction, pour espérer qu'on la corrigera dans les vaisseaux de guerre.

Comme la marche est en même-temps une qualité importante il faut chercher un rapport des longueurs aux largeurs qui ait donné de très-bons voiliers. Le Soleil Royal avoit 48 pieds 6 pouces de large, et 183 de long ; le Bizarre, 40 pieds 6 pouces de large, et 183 de long. J'adopte ce rapport, c'est celui de $3\frac{4}{5}$ à 1, ou de 23 à 5.

On ne trouve pas que l'Orient, le Solitaire, le Duc de Bourgogne aient eu un avantage sur ces vaisseaux, et ainsi cette proportion paroît convenir. Le Foudroyant étoit proportionnellement plus court. Le Magnanime, dont les Anglois ont fait le plus grand, avoit à-peu-près ce rapport.

Comme on a eu d'ailleurs plusieurs vaisseaux de 74 canons de Brest, qui n'en étoient pas fort éloignés, le cit. Dumaitz pense qu'il ne peut rester aucun doute sur la facilité de faire ces vaisseaux, ayant 43 pieds de large, et 163 de long, puisque plusieurs ont même été construits avec ces mêmes proportions, et que nous retranchons un grand poids de bordage.

La diminution de longueur de canons permet d'en diminuer un peu l'intervalle, parce que les refouloirs et écouvillons sont plus courts.

Enfin, pour augmenter encore la facilité de faire ces vaisseaux, on doit observer que le poids de l'artillerie est diminué d'environ $\frac{1}{12}$, que les bordages des ponts doivent être seulement de 4 pouces pour porter le 36 et 3 pour le 18.

Cependant, pour prévenir les objections, il donne en général à tous les vaisseaux 6 pouces de largeur et 3 pieds de plus de longueur qu'il n'est nécessaire.

Le cit. Dumaitz, fait entrer dans son calcul le nombre de canons, et la quantité de l'équipage pour ce qui concerne le vaisseau de 74 canons; il a toujours insisté sur ce rang; parce qu'il constitue des vaisseaux de force; et l'opinion du vicomte de Morogues, et de Gauthier, s'étant trouvée la même, il a vu avec plaisir, quand il l'a communiqué à Deslauriers, que non-seulement il étoit de même avis, mais qu'il avoit proposé en 1758 de faire un tel vaisseau. Ce projet avoit été agréé, et le vaisseau qu'il devoit construire avoit été nommé l'Astronome, les circonstances ont arrêté cet essai: Deslauriers vouloit $41\frac{1}{2}$ et 152 pieds. Quoique cette dimension et celle que propose le cit. Dumaitz soient bonnes toutes les deux, il s'en tient à celle qu'il avoit fixée de 43 et 163. La diminutions de longueur et de poids des canons actuels faisant que 41 pieds sont plus considérables et donnent plus d'aisance pour le 18 que 43 pieds, avec l'ancienne artillerie et autant que 44 pieds: Quelques personnes trouveront d'ailleurs que la proportion demandée par Deslauriers, rendroit les vaisseaux proportionnellement trop courts; mais il s'agit moins ici de cette différence de largeur, qui, en 1758 étoit convenable, que de rendre justice aux vues de Deslauriers qui a senti la nécessité de ce rang de 74 canons.

Le cit. Dumaitz n'est pas pour les vaisseaux de 116 canons, il leur faudroit 50 pieds 6 pouces de large au moins, et leur grande longueur feroit qu'ils ne seroient pas plus forts que des navires qui auroient 8 canons de moins. D'ailleurs, de tels navires ont plus d'épaisseur d'allonge, et les bois de fort échantillons, sont toujours d'une plus foible durée. On trouve dans son traité une table des rangs de vaisseau de guerre depuis 54 jusqu'à 116 canons.

Il traite aussi des frégates, c'est principalement pour les frégates que la longueur a varié, elle a été $3\frac{4}{5}$, et jusqu'à $4\frac{1}{4}$; on convient que les frégates sont faites pour marcher; mais ce grand rapport de la longueur à la largeur, a-t-il donc assuré la marche? un exemple particulier n'est pas suffisant, parce que cet exemple dépend quelquefois d'une circonstance singulière et de ce qu'on n'avoit que de mauvaises frégates pour terme de comparaison, mais on peut citer l'Opale, la Belle Poule, la Syrène, surtout, dont la marche s'est soutenue vis-à-vis un grand nombre de bâtimens différens, et qui n'a été prise que quand on a oublié qu'une frégate n'étoit pas un navire marchand. Leur longueur est $3\frac{4}{5}$ la largeur.

On a eu plusieurs frégates fort longues, la Nimphe qui a été la plus longue, le maréchal de Belle Isle joint par des frégates angloises de peu de réputation. La Silphide, qui dans l'Inde a eu une grande réputation. La Therpsicore, bonne voilière, mais sans avantage sur la Chimère; la Danaé, l'Aigrette, la Vestale, la Bouffonne, que des navires proportionnellement plus courts, ont quelquefois jointes.

Ces grandes longueurs ne donnent donc point une marche incontestablement supérieure, et du côté de la guerre, elles donnent un désavantage certain. La théorie en indique la cause, elle est dans la grande élévation du point vélique, si on suppose même plan, même différence de tirant d'eau; il est vrai qu'on le corrige en partie par l'arrimage. L'allégissement leur est peu favorable d'ailleurs, ainsi l'avantage que donne la longueur se perd en très grande partie; il semble cependant que quoique la marche soit avantageuse, quand on voit des frégates aussi longues et même plus que les anciens vaisseaux de 64 canons, que le Magnanime, ancien vaisseau à 3 ponts porter 26 canons: il est difficile de ne pas penser que ce sont des découvertes fort chères. On a été jusqu'à faire ces frégates sans canons de gaillards; on a ensuite diminué le nombre des canons en batterie; est-il donc démontré que ce retranchement est avantageux à un point qui fasse que l'on doive y compromettre l'honneur des armées? car quand ces frégates, qui sont très longues, sont prises par des bâtimens de plus foibles dimensions, il s'en fait une comparaison publique qui est d'un mauvais effet pour nos équipages, qui encourage les navires anglois, et leur fait prendre une idée de supériorité. Enfin, si elles joignent une frégate angloise, elles auront un désavantage.

On a retranché les canons des gaillards dans un très-grand nombre de ces navires, c'est une pratique condamnée par le cit. Dumaitz. En effet, dit-il, quel usage se propose-t-on de faire des frégates: servent-elles en escadre; et suppose-t-on qu'elles n'ont à remplir que la fonction de découvertes? Si on craint que les canons de gaillard n'empêchent de remplir cet objet, si on a même éprouvé qu'ils sont nuisibles à la marche, on les mettra dans la calle, et tout sera réparé; mais il leur arrivera quelquefois de joindre un navire qu'il sera important de dégréer, on remontera ces canons, c'est l'affaire d'un quart-d'heure. Si elles sont détachées pour convoyer, leurs canons de gaillards sont indispensables; enfin, comme elles sont à même de mettre leurs canons dans la calle, quand ils nuiront à la marche, le pis aller sera d'avoir la peine de faire cette manœuvre: il n'y a donc nulle raison plausible pour faire des frégates sans canons de gaillard. Le pis aller, c'est de les porter et rapporter sans s'en être servi. Ainsi, l'honneur de la marine exigeoit qu'on les rétablît, c'est ce que le cit. Dumaitz prouve en détail, il donne pour les frégates des tables de dimensions, de batteries, d'équipages d'après la théorie et l'expérience, de manière qu'on ne peut douter que cet habile officier n'ait contribué à la perfection de la navigation dans cette partie par ses observations et ses calculs qui sont dans ce traité de la construction des vaisseaux.

VII.

De la résistance de l'eau sur les différentes figures de vaisseaux.

Les savantes recherches de Bouguer et d'Euler sur la théorie de la construction supposoient que la résistance des fluides étoit 1°. comme la surface frapée; 2°. comme le carré du sinus d'incidence; 3°. comme le carré de la vîtesse; mais toutes ces règles avoient besoin d'être vérifiées et modifiées par l'expérience. Newton avoit dit, d'après la théorie, que la résistance pour la sphère ne devoit être que la moitié de celle qu'éprouve le cylindre. Cela étoit facile à vérifier, et on ne la point fait avant que Borda essayât de réparer cette omission par des expériences. Le P. Hoste, dans sa *Théorie de la construction des vaisseaux*, en 1687, se plaignoit de ce qu'on n'avoit point encore examiné d'où vient la peine que trouvent les corps à fendre les liqueurs où ils se meuvent. On ne comprenoit pas encore comment un corps fend plus aisément l'eau par son gros bout, que par le bout le plus mince: ayez, dit-il, une poutre de figure conique surnageant; si vous la poussez en la frappant contre sa pointe elle ira plus aisément et plus loin que si vous la poussiez avec la même force en frappant contre sa base. Aussi les gens de mer remorquent-ils ces sortes de bois par le gros bout: de même on donne aux bâtimens de mer un gros avant et un arrière plus délié. Les poissons les plus vîtes sont gros en avant et minces en arrière. Enfin, le P. Hoste, qui a précédé de grands géomètres modernes, tels que Newton, Bernoulli, Bouguer et autres, semble s'être approché de la vérité de la nature dans quelques-unes de ses propositions.

Bouguer en avoit compris la difficulté, peut-être, dit-il, que le plan deux fois plus grand ne reçoit pas un choc précisément double, et cela à cause du plus ou du moins de facilité que trouvent les fluides à se retirer après avoir accompli leur choc, selon que la surface est plus ou moins grande; mais il n'est pas permis à tout le monde de faire des expériences sur ces matières, parce qu'il faudroit leur donner beaucoup d'étendue, les faire en grand, et examiner principalement les cas extrêmes.

Plus loin Bouguer avoue encore qu'il arrive peut-être des variétés que nous ne connoissons nullement au choc que souffrent les surfaces qui se meuvent dans l'eau, toutes ces particularités veulent être étudiées, non par de simples méditations, mais par des épreuves faites avec beaucoup d'adresse.

Le chevalier de Borda, ingénieur et géomètre, fut le premier qui entreprit de satisfaire aux besoins de la théorie et de la marine. Il fit d'abord à Dunkerque, en 1763, des expériences sur la résistance de l'air avec une espèce de volant tournant circulairement dans le sens vertical, et aux extrémités duquel il attachoit successivement différentes surfaces qui frappoient et divisoient l'air dans leur rotation; elles indiquoient bien un changement dans la théorie, mais n'étoit point directement applicables à la construction des vaisseaux qui vont en ligne directe, et dans l'eau qui n'est pas sensiblement compressible, tandis que les solides de ces expériences frappant successivement l'air, en circulant, dérangeoient l'équilibre: d'ailleurs, la grande élasticité de ce fluide ne pouvoit permettre d'assimiler à cet égard, les expériences dans l'air, à celles qu'on auroit faites dans l'eau avec les mêmes conditions.

Il fit donc aussi des expériences sur la résistance de l'eau par le moyen d'un volant dont les révolutions rotatoires étoient horizontales, mais elles ne réussissoient pas assez bien pour qu'on pût en conclure quelque chose de bien précis. Il se contenta d'en rapporter qui lui paroissoient prouver que les résistances de l'eau sont à-peu-près proportionnelles aux carrés des vîtesses. Il vit incontestablement qu'un solide de forme cubique, éprouvoit plus de résistance dans la direction de la diagonale que dans la direction perpendiculaire à un de ses côtés, ce qu'on a vu ensuite par les expériences du cit. Thévenard. Cela détruisoit les règles de la théorie sur les chocs obliques de l'eau, la résistance dans la direction de la diagonale devoit être plus petite que dans l'autre direction dans le rapport de 7 à 10 à-peu-près, au lieu que par l'expérience de Borda, elle se trouve plus grande dans le rapport de 7 à $5\frac{1}{2}$, cette différence n'avoit pas été si sensible dans l'air.

L'insuffisance des expériences, dit-il, que je présente vient de ce qu'elles n'ont pas l'avantage d'avoir été faites en grand, et ne sont pas en assez grand nombre pour servir de fondement à une nouvelle théorie. Il seroit à souhaiter, ajouta-t-il, que quelqu'un pût en entreprendre de plus étendues: peut-être une suite bien choisie d'expériences, faites avec précision, suppléeroit en quelque sorte à la vraie théorie; (il pouvoit ajouter, et en détermineroit les règles.) Ce moyen auroit même l'avantage de porter avec lui une conviction plus générale que la théorie la mieux démontrée, parce que les faits inspirent plus de confiance que les calculs; du moins on seroit sûr, par la voie des expériences, de n'acquérir que des connoissances certaines sur la résistance des fluides, et de détruire les anciens préjugés.

Les principaux résultats qu'il se permit de déduire de ses expériences, furent 1°. que les résistances que les corps éprouvent en se mouvant, soit dans l'air, soit dans l'eau, sont, toutes choses égales d'ailleurs, proportionnelles aux carrés des vîtesses; 2°. que les résistances des surfaces planes qui se meuvent dans l'air, croissent en plus grand rapport que l'étendue de ces surfaces; 3°. Que la théorie ordinaire est entièrement fausse dans l'estimation des résistances des surfaces planes, frappées obliquement par les fluides, et quelle trompent également dans l'estimation des résistances des surfaces courbes; avec cette différence qu'elle donne celles-ci plus grandes, qu'elles ne se trouvent par l'expérience, et qu'au contraire l'expérience donne les autres plus grandes qu'elles ne se trouvent par la théorie ordinaire, (*Mémoires de l'Académie*, 1763, p. 358. 1767, p. 595.)

Le cit. Dumaitz fit voir aussi l'insuffisance des règles reçues, comme on le voit dans ses *Remarques*, imprimées en 1765, à la suite de l'*Abrégé du pilotage*, par le Monnier, avec l'approbation de l'Académie. Don Georges Juan donna dans son *Examen maritime*, de 1771, un traité absolument nouveau de la théorie des fluides; l'auteur y expose d'abord les principes fondamentaux de sa théorie, et traite de l'action des fluides sur les corps tant dans l'état de repos que dans celui de mouvement. Il fait connoître les erreurs auxquelles conduisent les théories des géomètres lorsqu'on les applique aux fluides pesans: il fait voir les différences qui ont lieu selon que la surface est entièrement submergée, ou qu'elle ne l'est qu'en partie, à cause de la dénivellation des fluides qui a lieu dans ce dernier cas. Il traite ensuite des résistances horizontales qu'éprouvent les corps mus dans les fluides, et de celles qu'ils éprouvent lorsqu'étant en repos, ils sont choqués par le fluide, car ces deux cas ne sont pas du tout les mêmes comme on l'avoit cru jusqu'alors. Il combine des expériences et fait voir combien elles s'accordent avec la théorie. Il examine les résistances verticales dans les mêmes circonstances, et déterminant les altérations produites par les dénivellations occasionnées par le mouvement des corps, il fait voir en quoi les résistances dépendent de la longueur des corps: il traite ensuite des lignes et des surfaces qui éprouvent les moindres résistances, et de celles qui, jouissant de cette propriété, doivent terminer des bases données et renfermer un corps déterminé.

Juan examine le rapport entre les temps, les espaces parcourus et et les vîtesses des corps mus dans le fluide : il démontre qu'ils ne peuvent parvenir à leur plus grande vîtesse, qu'après un temps infini, et après avoir parcouru un espace infini : mais que cependant après un temps très-court, ils acquierent une vîtesse peu différente de la plus grande.

Il fit différentes recherches pour découvrir une théorie exempte de tous les défauts de l'ancienne. J'ai trouvé, dit-il, la force de l'eau courante contre une surface non-seulement dans certains cas, quatre fois plus grande que ne lui assigne Mariotte dans son *Traité du mouvement des eaux*, mais dans d'autres jusqu'à huit fois plus grande. Cela vient de ce que cette force ne dépend pas seulement de la grandeur de la surface choquée, comme on l'avoit cru jusqu'alors, mais encore de la quantité plus ou moins grande dont elle est enfoncée dans le fluide, de sorte que la même surface parallélogramme rectangle étant posée avec son grand côté horizontal, éprouve beaucoup moins de résistance que lorsque le même côté est vertical. C'est, ajoute l'auteur, une observation très-importante pour la marine, et qui n'avoit été faite par personne, quoiqu'elle soit une conséquence évidente de la gravitation. Lorsque la surface avoit une longueur quadruple de sa largeur, la résistance en mettant le plus grand côté vertical étoit près de deux fois plus grande qu'avec le même côté horizontal. Ainsi, un navire qui a ses dimensions linéaires doubles de celle d'un autre, aura les résistances à-peu-près dans le rapport de $5\frac{3}{5}$ à 1 ; au lieu que suivant l'ancienne théorie elles devroient être comme 4 : 1 :, différence qui, comme on le voit, mérite d'être considérée.

Les expériences de l'auteur lui firent juger encore que les résistances ne suivent pas la loi du quarré des vîtesses, et des quarrés des sinus des angles d'incidence, mais à-peu-près celles des simples vîtesses et des simples sinus d'incidence.

Mais il ne suffisoit pas d'avoir mis à découvert les défauts de la loi des résistances, établie par la théorie généralement reçue, malgré le doute qu'elle devoit suggérer, et qui servit à la rendre suspecte ; il falloit en trouver une autre dont les conséquences fussent conformes à l'expérience. Ayant tenté de prendre pour fondement de la théorie, le rapport entre la vîtesse avec laquelle le fluide jaillit hors d'un vase par un orifice, et le poids que supporteroit la superficie qui boucheroit cet orifice, tant dans le cas où le fluide est en repos que dans celui où il est en mouvement, l'auteur eut la plus exacte conformité entre les formules déduites de ce rapport, et les résultats de l'expérience au moins pour la relation qui règne entre les forces, sinon pour leur mesure absolue.

Suivant cette nouvelle théorie, les résistances sont comme

les densités des fluides, comme les surfaces choquées, comme les racines quarrées des profondeurs auxquelles elles sont submergées, comme les simples vîtesses, et comme les simples sinus des angles d'incidence sous lesquels elles sont choquées. Cependant ce n'est pas encore tout, les résistances ne suivent cette loi que dans le cas où la surface est entièrement submergée dans le fluide, et où la partie antérieure du corps est semblable à sa partie postérieure. Lorsqu'une partie de la surface est hors du fluide, il y a une nouvelle quantité à considérer dans les résistances, qui ne dépend nullement de la surface choquée, mais qui provient seulement de la vîtesse : cette quantité n'est ni comme les simples vîtesses, ni comme leurs quarrés, mais comme leurs quatrièmes puissances. Dans certains cas il doit encore entrer une troisième quantité dans l'expression de la résistance, qui est comme le quarrés des vîtesses et comme les surfaces choquées. Enfin, il y a d'autres circonstances où il faut avoir égard à une quatrième quantité qui ne dépend nullement des vîtesses, mais seulement des surfaces choquées. Ainsi, dans la théorie de don Georges-Juan, les résistancees dépendent de quatre quantités distinctes, dont quelques-unes s'évanouissent dans certains cas. Dans les recherches concernant la marine, elles se réduisent ordinairement au seul premier terme que nous avons énoncé; cependant dans le cas d'une très-grande vîtesse, on ne peut se dispenser d'avoir égard au second terme; quant à la troisième quantité qui est la seule dont on ait tenu compte jusqu'ici, il est ordinairement inutile d'y avoir égard.

L'auteur ne dissimule pas les inquiétudes que lui causoient ses expériences, lorsqu'il considéroit que des épreuves faites en petit ne donnent pas à beaucoup près les mêmes résultats lorsqu'elles sont faites en grand, où les effets de divers accidens deviennent beaucoup plus sensibles. Il s'agissoit, surtout, d'obtenir les résultats que présentent les mouvemens et les diverses actions des vaisseaux. Mais cette théorie n'a fait que gagner à cette épreuve, elle donne les vîtesses des navires précisément telles qu'on les observe journellement, soit qu'ils naviguent vent arrière, vent largue ou à la bouline.

En 1768, le cit. Thévenard étant capitaine de port à l'Orient fut engagé par Borda et Bezout à faire des expériences sur les résistances des fluides, on en trouve les détails dans ses mémoires relatifs à la marine. Il se servit d'un canal de 228 pieds, sur 12 pieds de profondeur, il employa des solides de différentes figures qui lui donnèrent des résultats très-importans. Il n'a pu donner qu'en 1800, après avoir quitté le ministère, le détail de ces expériences qui avoient été terminées le 5 janvier

1771, dont le *Journal des Savans* donna connoissance dès 1772, et dont la priorité sur ce qui a été fait et écrit depuis 30 ans sur cette matière est incontestable. Il remplit très-bien le but des savans qui l'invitèrent à l'entreprendre, qui en étayèrent le projet auprès du gouvernement, et en soutinrent l'exécution par leur zèle, par leur crédit et par leurs conseils.

Borda avoit vû que les résistances des surfaces planes croissent en plus grand rapport que les surfaces mêmes: par exemple les surfaces de quatre pouces en quarré et de neuf pouces en quarré sont entre elles comme 16 et 81, tandis que les résistances que ces surfaces éprouvent, sont entre elles comme 16 à 95 $\frac{1}{2}$; il avoit trouvé la même chose pour des surfaces d'un pied quarré et de 6 pouces quarrés.

Il avoit cherché si les résistances de l'air étoient proportionnelles aux quarrés des sinus des angles d'incidence; il employa des prismes de surfaces angulaires de différentes inclinaisons, et il vit par ses résultats, que ces résistances n'étoient pas proportionnelles aux quarrés des sinus des angles d'incidence, mais qu'elles étoient, à peu de choses près, proportionnelles aux sinus de ces angles; il procéda de la même manière pour les cônes que pour les prismes, les rapports des résistances étoient à-peu-près les mêmes que dans les prismes; elles étoient proportionnelles aux sinus, et non aux quarrés des sinus des angles d'incidence, d'où résultoit que la théorie ordinaire étoit contredite par l'expérience.

Borda trouva que la forme de la partie du corps qui ne recevoit pas le choc de l'air, ne faisoit rien, ou faisoit très-peu de chose à la résistance que le corps éprouve. Cette assertion peut avoir quelque fondement par rapport à la résistance de l'air, qui est fort élastique et très-rare; mais il n'en est pas ainsi des corps mus dans l'eau, qui n'est point élastique, et dont la densité est presque 800 fois plus grande que celle de l'air, la forme de la partie postérieure des corps opère de grandes différences en plus ou en moins sur la résistance du fluide aqueux.

Le cit. Thévenard a employé un triangle équilatéral rectiligne; l'ayant ensuite recouvert d'une ellipse, les deux lignes droites devoient, par la théorie ordinaire, éprouver la plus petite résistance. Cependant, la différence qui se trouve à cet égard, entre la théorie et l'expérience est considérable, puisque les rapports de la résistance sur trois courbes ont été 133, 111 et 110, et auroient dû être 133, 266 et 220 par la théorie ordinaire. Il a reconnu enfin que les surfaces planes frappées obliquement avoient des résistances plus grandes par l'expérience que par la théorie, et que pour les surfaces courbes, les résistances se trouvoient plus grandes par cette théorie que par l'expérience. Il a trouvé qu'il n'est pas vrai que la partie du corps qui ne reçoit pas le choc fasse peu de chose à la résistance que ce corps éprouve. Il détruit aussi complètement l'opinion de quelques marins, que la réunion des filets d'eau, après avoir choqué la proue et avoir dépassé l'endroit le plus gros de la carène, tend par la pression en se réunissant vers l'arrière du vaisseau à faciliter sa vîtesse, ou à diminuer la résistance du fluide sur le corps.

Il a trouvé que les corps dont la partie postérieure est angulaire et allongée vers l'arrière de la partie antérieure qui reçoit le choc, éprouve moins de résistance relativement à la progression de cet allongement, phénomène qui a du rapport avec celui du mât flottant sur l'eau, qui éprouve moins de résistance étant remorqué ou tiré par le gros bout que par le petit bout. D'autres expériences de solides de différentes formes et les plus allongés en arrière de la partie antérieure qui reçoit le choc, lui ont donné le moyen d'expliquer la cause de cet effet.

Le cit. Thévenard observe qu'il y a une cause directe et primordiale qui dérange la théorie ; c'est une proue d'eau accumulée en avant du corps, en formant une proue qui s'allonge elliptiquement plus ou moins, en raison du plus ou moins de vîtesse et de surface, et qui reçoit le choc. C'est donc une proue d'eau qui éprouve dans ce cas la résistance du fluide, résistance très-variable. Cette proue est une surface composée de molécules mobiles qui roulent et glissent par un frottement presque insensible contre les autres molécules d'eau qui viennent les toucher, pendant la course plus ou moins accélérée ; ces parties intégrantes du fluide en mouvement semblent ne pouvoir être saisies par le calcul.

Cette proue d'eau en avant d'une surface choquée avec plus ou moins de vîtesse, sembleroit être une simple assertion, si on n'en voyoit une sorte de preuve dans l'expérience des bâtimens à la mer. Si, par exemple, d'un navire cinglant avec la vîtesse de trois nœuds, ou une lieue par heure, on laisse tomber de l'extrémité du boute-hors de beaupré un petit corps léger sur la mer, ce corps ainsi flottant ne vient pas toucher immédiatement la partie antérieure de la proue ; mais à une certaine distance avant que d'y arriver, il se détourne un peu de la direction de l'axe du bâtiment, et passe à quelque distance au large de la joue et des flancs du navire, parce que avant d'arriver au contact de la proue, il a rencontré l'obstacle de la masse immobile d'eau que cette proue pousse en avant; et si le sillage augmente de vîtesse, comme de 6 nœuds ou 2 lieues par heure, le choc devient double de ce qu'il étoit ; faisant alors augmenter en longueur la masse d'eau immobile poussée en avant ; le petit corps flottant la rencontrant à une plus grande distance de la proue qu'elle n'étoit dans le cas de la moindre vîtesse, il se détourne plutôt de la direction de de l'axe du vaisseau, et passe à plus de distance de la joue et le long de ses côtés, que dans l'autre circonstance supposée ; cette expérience est à la portée de gens les moins instruits.

Le cit. Thévenard a beaucoup insisté sur la propriété de l'allongement de la partie postérieure des corps, en rétrécissant surtout leur extrémité postérieure ; elle est importante pour faire diminuer la résistance du fluide à leur partie antérieure : et en l'appliquant autant que peut le permettre la pratique, cette connoissance fondée sur l'expérience sera utile pour l'art de construire les vaisseaux et pour la navigation.

Il trouve que la courbe à-peu-près elliptique est la forme qui éprouve le moins de résistance du fluide ; l'expérience l'a prouvé, et voici la cause qu'il en donne.

La masse d'eau immobile que pousse un solide cube au-devant de sa surface antérieure lorsqu'il se meut, est, comme on peut le voir à la vue simple, de forme demi elliptique, et par cette forme antérieure de la courbe, il arrive une résistance moindre que celle qu'éprouveroit la face du cube, si les filets d'eau venoient jusqu'à la choquer immédiatement. Ce mécanisme de la nature semble indiquer que la forme elliptique d'un solide présentée au choc du fluide, est la plus convenable de toutes pour éprouver le moins de résistance, comme les expériences l'ont fait voir ; car en courbant une ellipse, c'est-à-dire en circonscrivant une ellipse sur l'angle d'un triangle équilatéral, par exemple, ce demi-ellipsoïde opposé au choc, produit une masse d'eau fort mince dans le sens de l'axe, qui ne peut que faciliter la division du fluide, en adoucir le choc, et favoriser par la mobilité réciproque des molécules choquantes et choquées, l'écoulement du fluide d'un côté et de l'autre de la proue par les côtés de toute la masse du solide.

Il rapporte aussi des expériences de solides mus au-dessous de la surface de l'eau, comparativement à la résistance qu'ils ont éprouvées, flottant vers sa surface, comme les bâtimens qui naviguent ; il trouve que la résistance sur ceux-ci est un peu plus grande que pour ceux qui sont entièrement submergés. Il donne l'explication des causes d'augmentation de résistance, le solide étant mu à fleur d'eau sur celle du même solide entièrement plongé à différentes profondeurs par la lame mince d'eau qui s'élève sur sa surface, causée par le choc de la face antérieure contre le fluide, et qui le fait s'élever un peu au-dessus de sa surface naturelle, en frappant cette face antérieure de consistance dure, qui ne cédant pas, fait céder les parties mobiles de l'eau ; celles-ci s'élevant un peu, couvrent instantanément la partie du corps mu et s'échappant vers l'arrière avec une vîtesse relative à celle de la course, se rident par des ondulations très-vives, très-aiguës et très-répétées ; en fuyant ainsi rapidement et comme violentées de dessus la surface du corps, elles y causent des saccades visibles et un frottement qui retarde la course.

Il est indifférent pour les résistances que les corps mus sous l'eau y soyent plongés de 6, 12 et 18 pouces, et même plus profondément, la masse d'eau qui les couvre et dont la partie inférieure glisse sur la surface supérieure du solide, étant absolument de même nature que les parties du même fluide glissant contre la face inférieure et celles des côtés.

La résistance est plus grande, le solide mu exactement à fleur-d'eau, que plongé et mu au-dessous de sa surface, parce qu'il ne peut éprouver dans ce dernier cas ces rides, ces petites vagues, en partie onduleuses, en partie aiguës à leur sommet, le mouvement de trépidation et le frottement, forces perturbatrices qui retardent un peu la course.

L'auteur voulut connoître par expérience l'effet des lignes d'eau convexes et celui des mêmes lignes concaves vers la partie antérieure de la proue pour la marche des bâtimens. Dès 1757, il avoit essayé cette comparaison sur deux frégates de 26 canons qu'il construisit à Grandville, toutes deux sur le même plan, avec des mâtures, des gréemens et des apparaux semblables ; et présidant à ces opérations pour obtenir une grande égalité entre elles, il eut soin d'en faire les chargemens de parties semblables pour les deux navires, tant en qualités ou pesanteurs qu'en quantités, et il présida à l'arrimage pour qu'ils fussent égaux en tout point ; ils sortirent du port le même jour, entièrement armés, il monta sur l'un d'eux pour comparer leurs courses et leurs évolutions, louvoyant dans la vaste baie de Cancalle, pour arriver au mouillage ordinaire de cette côte.

Mais avec cette grande égalité qu'il tâchoit d'obtenir entre ces bâtimens, il avoit mis une grande différence, peu sensible aux yeux du vulgaire, qui n'en pouvoit prévoir les conséquences : l'une de ces frégates avoit la quille plus courte de 8 pieds que la seconde, c'est-à-dire que sur une même longueur absolue de flotaison, la première avoit 12 pieds d'élancement d'étrave, et l'autre 4 pieds seulement ; et les marins jugeoient que ce bâtiment, auquel ils voyoient ce qu'ils nommoient une pince et une forme apparente aiguë vers l'endroit le plus bas de la proue, auroit l'avantage pour mieux marcher et mieux pincer au vent que son compétiteur. Sans être entièrement opposé à cet avis, le cit. Thévenard avoit des doutes par lesquels il avoit fondé en secret l'essai et la comparaison qu'il vouloit faire pour l'avantage de l'art.

Le résultat de toutes les observations sur les manœuvres, les mouvemens et les vîtesses de ces frégates fut que la première, dont la quille étoit raccourcie de 8 pieds, qui n'avoit pas cette pince, dont la vue avoit été séduite, dont les lignes d'eau vers la partie basse de l'avant n'étoient point concaves, marchait mieux sous toutes les allures, tenoit un peu mieux au vent, et viroit de bord avec un peu plus d'aisance que celle dont la quille, plus longue de 8 pieds, sembloit devoir procurer plus de parties latérales contre la dérive, et mieux diviser l'eau.

Le cône de moindre résistance de Newton (*Principes mathématiques de la philosophie naturelle*), développé par Bouguer (*Traité du navire*, liv. III.), ayant été l'un des résultats de la théorie ordinaire, parut au cit. Thévenard de trop grande importance pour ne pas faire exécuter ce solide et en comparer les résistances à toutes celles qu'il découvriroit; mais il ne lui trouva pas l'avantage qu'on avoit espéré, et il confirma l'avantage des formes elliptiques sur toutes les autres formes employées dans ses expériences, ainsi que sur le conoïde rectifié par Bouguer, et qui devoit avoir l'avantage sur celui qui avoit été proposé par Newton. Enfin il vit combien l'expérience, invoquée par les plus célèbres mathématiciens, contredit avantageusement, pour les progrès de l'art, la théorie ordinaire.

Ainsi ces expériences ont prouvé en général, 1°. que les solides mus sous l'eau ont éprouvé moins de résistance que ceux qui flottent à la surface.

2°. Que les solides mus à 6, 12 et 18 pouces au-dessous de la surface de l'eau éprouvent des résistances égales.

3°. Quelles sont plus grandes, les solides étant mus à fleur d'eau, de manière que la surface supérieure fasse une même ligne avec celle de la mer.

4°. Que les surfaces antérieures ou proues des solides, de figures rectilignes, éprouvent plus de résistance que celles dont les proues sont formées de courbes, de quelque nature qu'elles soient.

5°. Que les résistances sur de certaines proues rectilignes angulaires, comme de 90, 100 ou 110 degrés au sommet, est plus grande que celle qui a des surfaces planes, perpendiculaires au choc.

6°. Que dans ce dernier cas, les surfaces planes et perpendiculaires à la direction du choc, poussent en avant d'elles une masse d'eau immobile dont la partie antérieure semble être de courbure elliptique, et s'allonge proportionnellement à la vîtesse.

7°. Que l'allongement d'un solide vers l'arrière de sa plus grande largeur, augmente la vîtesse qu'il éprouvoit sans cet allongement, surtout lorsqu'il se rétrécit vers l'arrière ; que la vîtesse augmente en raison de de cet allongement et du rétrécissement ; qu'elle augmente encore, lorsqu'il se termine en pointe à son extrémité postérieure, ce qui exprime en quelque sorte la poupe des bâtimens de mer.

8°. Que des solides allongés d'une même mesure à leur partie postérieure, mais dont la courbure des flancs est différente, et dont la manière de se réunir à l'extrémité postérieure est différente, procurent des résultats de résistances dissemblables.

Après les expériences du cit. Thévenard, nous rapporterons celles du cit. Bossut ; elles sont dans un petit ouvrage intitulé : *Nouvelles expériences sur la résistance des fluides*, par les citoyens d'Alembert, Condorcet, l'abbé Bossut, membres de l'Académie des sciences et le cit. Bossut rapporteur, 1777, 232 pages *in*-8°. avec 4 planches. Le ministre Turgot ayant chargé au commencement de 1775, d'Alembert, Condorcet et Bossut, d'examiner les moyens de perfectionner la navigation dans l'intérieur de la France, ils regardèrent le problême de la résistance des fluides comme le premier objet de leurs recherches. Avant d'y appliquer la géométrie et le calcul, ils crurent devoir consulter l'expérience, soit pour vérifier les élémens des théories déjà connues, soit pour leur procurer des données qui pussent servir de bases à de nouvelles solutions. Turgot qui aimoit véritablement les sciences, et qui les avoit lui-même cultivées avec distinction au milieu des occupations attachées aux grandes places qu'il avoit remplies, accorda des fonds pour faire les expériences dont ils avoient besoin ; elles furent exécutées pendant les mois de juillet, août et septembre 1776, sur une grande pièce d'eau située dans l'enceinte de l'Ecole Militaire, la plupart des professeurs, Anthelmi, Dez, Grou, Libour, Boizot, Legendre, Monge, Demaritan, secondèrent ces académiciens avec zèle.

On a fait, dit le cit. Bossut, des expériences exactes et curieuses sur la résistance des fluides indéfinis. M. de Borda a été le premier. On apprend aussi dans un mémoire de M. de Marguerie, imprimé parmi ceux de l'Académie de marine de Brest, que M. Thévenard a exécuté à l'Orient, plusieurs expériences sur la résistance de l'eau indéfinie, et même M. Marguerie en rapporte quelques-unes auxquelles il applique la théorie.

On voit par ces expériences que les résistances d'une même surface mue avec différentes vîtesses dans un fluide indéfini, suivent à peu-près la raison des quarrés des vîtesses. Cette loi s'observe s'observe tant pour la résistance directe que pour les résistances qui proviennent des chocs obliques. Cependant on voit qu'à la rigueur la résistance augmente en plus grand rapport que le quarré de la vîtesse. La raison physique de cette augmentation de rapport est facile à trouver : aussitôt que le corps flottant vient à se mouvoir, le fluide est obligé de se diviser et de céder pour lui faire place ; or, l'eau ne peut pas se prêter, dans un instant indivisible, au mouvement du bateau ; dans le commencement de ce mouvement, la vîtesse s'accélère par degrés, tant quelle est fort petite, l'eau se détourne facilement, et coule le long des parois du corps flottant, de manière que le fluide demeure de niveau, au moins sensiblement, de l'avant à l'arrière du corps dont il s'agit. Mais à mesure que la vîtesse augmente, le fluide a plus de peine à se détourner ; il s'amoncèle au-devant de la proue, il y forme une espèce de proue fluide qui a plus ou moins d'étendue, selon que la vîtesse est plus ou moins grande, et que la proue solide a plus ou moins de largeur. De plus, le fluide s'abaisse vers la partie postérieure du bateau. Ce double effet est d'autant plus sensible, toutes choses d'ailleurs égales, que la vîtesse est plus grande ; ainsi l'augmentation de vîtesse doit faire augmenter la résistance que le bateau trouve à diviser le fluide.

Il en est de même pour la résistance des corps qui se meuvent dans des fluides où ils sont entièrement submergés. Par exemple, la résistance qu'éprouve un boulet de canon à fendre l'air, doit augmenter en plus grande raison que le quarré de sa vîtesse. Plus le boulet va vîte, plus l'air déplacé par la partie antérieure a de difficulté à couler par les côtés, et à venir remplir le vide qui se forme à chaque instant vers la partie postérieure.

On trouve aussi que pour des surfaces également enfoncées dans le fluide, et qui ne diffèrent que par les largeurs, la résistance pour une même vîtesse, est sensiblement proportionnelle à l'étendue de la surface qui est plongée dans l'eau au premier instant du mouvement. Ce n'est que sensiblement ; car la résistance augmente dans une raison un peu plus grande que n'augmente l'etendue de la surface : on sent que cela doit être, car plus la surface est grande, plus l'eau, qu'elle pousse continuellement devant elle, a de peine à se détourner, et à se remettre de niveau avec le reste du fluide. Le cit. Bossut examina aussi l'effet du remoult, c'est-à-dire, de cette différence de niveau entre le fluide qui s'élève au-devant de la proue et qui s'abaisse vers l'arrière, et il donna une table des résistances calculée, eu égard au remoult, en supposant que l'abaissement de l'eau derrière la poupe ait les trois-quarts de son élévation au devant. Il convient que cela est un peu hypothétique, cependant la considération des rémoults lui sert à ramener les résultats de l'expérience à ceux de la théorie.

Les expériences faites sur des corps inégalement enfoncés, fournirent une autre table où l'on voit que les résistances des surfaces inégalement enfoncées dans le fluide, suivent un ordre opposé à celui des résistances des surfaces également enfoncées. Pour celles-ci la vîtesse étant la même, la résistance augmente en plus grande raison que la surface primitivement enfoncée dans le fluide; pour celles-là il arrive tout le contraire: d'où nous devons conclure qu'ayant simplement égard à la surface présentée au choc du fluide, et tout étant d'ailleurs le même, les corps entièrement submergés doivent éprouver une résistance un peu moindre que celle des corps qui ne le sont qu'en partie.

Le calcul appliqué aux expériences du cit. Bossut, lui fit trouver, à quelques légères différences près, que la résistance perpendiculaire et directe d'une surface plane qui se meut parallèllement à elle-même dans un fluide indéfini, est égale au poids d'une colonne du même fluide, laquelle auroit pour base la surface choquée, et pour hauteur celle d'où tomberoit un corps pour acquérir la vîtesse avec laquelle se fait la percussion. La tenacité de l'eau est une force que l'on doit regarder comme infiniment petite par rapport à la résistance qui provient de l'inertie. La même chose doit s'entendre du frottement de l'eau le long des parois du corps flottant; ce frottement ne pourroit devenir sensible que dans le cas ou le bateau auroit une longueur excessive par rapport à sa largeur.

La résistance des fluides dans des canaux étroits, étoit un des objets des expériences de nos académiciens, parce que le canal de Picardie paroissoit trop étroit, et que les ingénieurs étoient contraires à l'entreprise de Laurent; mais le cit. de la Lande leur objecta dans le *Journal des Savans* 1777, qu'il suffisoit de donner quelques pouces de plus au canal pour détruire les objections tirées des expériences. On voit dans le même ouvrage un mémoire de Condorcet pour trouver la loi des résistances d'après les expériences. Cette méthode a l'avantage d'être beaucoup moins arbitraire, et comme il seroit utile que tous les savans qui s'occupent de physique, pussent employer ces méthodes, et les appliquer à leurs expériences, il proposa celle-ci qui est d'un usage très-simple, et n'exige que des connoissances élémentaires d'analyse. D'ailleurs, lorsqu'il s'agit de méthodes qui doivent devenir d'une pratique générale, on ne sauroit trop les multiplier, parce qu'il n'y a guère que l'habitude qui puisse apprendre quelle est celle qui dans l'usage mérite la préférence.

L'avantage qu'ont les méthodes algébriques de réduire à des opérations pour ainsi dire techniques, des recherches qui demanderoient sans cela des connoissances très-étendues et beaucoup de sagacité, suffiroit, peut-être, pour faire préférer ces méthodes dans les applications des mathématiques aux sciences naturelles.

En 1778, le cit. Bossut fit de nouvelles expériences destinées en grande partie à découvrir la loi suivant laquelle diminue la résistance d'une proue angulaire à mesure que l'angle de cette proue devient plus aigue. Dez, d'Agelet et Verkaven, professeurs de mathematiques à l'Ecole-Militaire lui aidèrent dans ce travail. Les expériences furent faites à l'ancien réservoir des eaux construit sous l'administration de Turgot le père, prévôt des marchans, pour arroser le boulevard et pour nettoyer l'aqueduc vulgairement nommé le Grand Egout, qui va se décharger dans la Seine, près de Chaillot. Ce réservoir situé à l'extrémité nord de la Vieille rue du Temple, est un quarré long, ou plutôt un parallélipipède rectangle, dont la longueur est de 200 pieds, et la largeur de 100 pieds; la profondeur d'eau, au temps de ces expériences, a toujours été d'environ 8 pieds et demi.

Le détail est dans les *Mémoires de l'Académie* de 1778. On y trouve une table des résistances sur des proues depuis 12 degrés jusqu'à 180. On voit par cette table, que les résistances effectives ne diminuent pas en même raison que les quarrés des sinus des angles d'incidence: l'expérience s'éloigne de plus en plus de ce rapport à mesure que les angles d'incidence deviennent plus petits, et la différence est énorme. Le frottement le long des parois du bateau, peut augmenter au point de former une résistance sensible comparable et additive à celle qui provient du choc de l'eau.

Quelque soit la loi de la résistance des proues angulaires simples, elle n'est pas appliquable aux proues poligônes et curvilignes; ou du moins elle n'y est applicable qu'avec des modifications ou des coëfficiens que l'on n'a pu découvrir jusqu'ici. Borda avoit déjà remarqué que la théorie donne les résistances des surfaces courbes plus grandes quelles ne se trouvent par l'expérience, tandis qu'au contraire l'expérience donne les résistances des surfaces planes plus grandes quelles ne se trouvent par la théorie. On fit ici la même observation, et l'on en constata la justesse par un grand nombre d'expériences, où l'on employa des proues composées de parties planes, et de parties angulaires, et des proues circulaires.

La résistance des proues curvilignes et celle des proues angulaires simples, contredisent en sens opposé la théorie ordinaire. On n'a pas encore trouvé de formule propre à représenter généralement ces deux espèces de résistances. Pour espérer de parvenir à une telle formule, il faudroit faire directement des expériences sur des proues poligônes ou curvilignes d'un très-grand nombre d'espèces : mais on sent combien un pareil travail est difficile. Un autre moyen de parvenir au même but, seroit d'étudier avec attention dans les bateaux ordinaires, dans les vaisseaux flottans à la mer, les propriétés dépendantes de la résistance du fluide, et de combiner l'effet de cette résistance avec la forme de la carène. Des tables construites sur de semblables observations variées et multipliées, serviroient à déterminer la loi de la résistance, et à régler la proportion des parties de chaque vaisseau relativement à son objet : les défauts qui se glissent presqu'inévitablement dans les constructions de toutes les machines pourroient être ensuite corrigées, du moins en grande partie par le moyen de l'arrimage.

Les expériences firent voir aussi qu'une poupe alongée fait augmenter sensiblement la vîtesse du sillage, et comme on connoît par ces expériences les rapports des temps employés à parcourir un même espace, on est en état de déterminer les rapports des résistances : ainsi, on trouvera que sous la même vîtesse le bateau garni d'une poupe triangulaire isocèle, dont l'angle du sommet est de 48 degrés, éprouve une résistance moindre que celle qu'il éprouvoit quand il n'avoit pas de poupe, dans le rapport de 15 $\frac{1}{4}$ à 14 environ.

On examina de même si la longueur d'un vaisseau influe sur la vîtesse du sillage ; cette question est en quelque sorte comprise dans les précédentes, et se résout par les mêmes moyens. Il est constant, par les expériences de 1775, que les résistances perpendiculaires de différentes surfaces planes, pour une même vîtesse, sont sensiblement proportionnelles aux étendues de ces surfaces, mais cette loi n'a lieu que pour des bateaux qui ont une certaine longueur relative à leur largeur. Il résulte que le fluide écarté par devant n'a pas une liberte suffisante pour couler le long du bateau et pour venir occuper le creux qui se forme à l'arrière. Il existe donc dans tous les cas un certain rapport entre la largeur et la longueur d'un vaisseau, pour que la vîtesse du sillage acquière toute la plénitude dont elle est susceptible ; mais ce rapport dépend en partie de la direction des molécules fluides en partie de la forme de la carène, et en partie de la vîtesse même du sillage. Vainement on entreprendroit de la soumettre aux formules d'analyse, les élémens de la question sont trop compliqués, trop peu appréciables, trop mêlés ensemble. Mais les expériences font voir que pour la résistance directe et pour des vîtesses de 2 ou 3 pieds par seconde, la longueur du vaisseau doit être au moins triple de sa largeur, si l'on veut que la vîtesse du sillage atteigne son *maximum*. Si la vîtesse étoit plus grande, le rapport de la longueur du vaisseau à sa largeur seroit aussi plus grand. La longueur étant une fois suffisante pour la vîtesse du sillage, on ne pourroit que diminuer cette vîtesse en augmentant la longueur du vaisseau, puisqu'on augmenteroit par-là le frottement le long de ses côtés, mais ce frottement est peu sensible, et il ne le deviendroit que sur des longueurs considérables.

Enfin, la dernière question que le cit. Bossut entreprit d'éclaircir étoit celle des changemens qui peuvent arriver dans la vîtesse du sillage, lorsque l'on couvre d'une pointe triangulaire le milieu d'une proue plane, ou d'une poupe plane; l'expérience fit voir que l'une et l'autre fait diminuer la résistance, et les expériences peuvent servir à en faire le calcul.

Don Juan, dans son *Examen maritime* démontre la nécessité que la proue soit plus pleine ou plus volumineuse que la poupe; ce que les constructeurs ont toujours pratiqué contre le vœu des géomètres qui ont toujours recommandé les proues aiguës, qu'ils appeloient de moindre résistance, pour faire mieux marcher, sans penser qu'elles seroient continuellement submergées, et que, non-seulement elles feroient courir les risques d'un naufrage, mais encore ne produiroient aucun gain pour la marche qui est l'objet unique qu'ils avoient en vue; car les résistances croîtroient à mesure que ces proues se submergeroient davantage par l'action répétée des lames, sur le navire comme dans les roulis et les tangages. Il semble que les calculs des géomètres n'aient été proposés que pour des mers enchantées, et non pour celles qu'on trouve le plus souvent, qui passent par-dessus les vaisseaux, qui les inondent et les font périr. L'auteur finit en parlant de l'endroit où il convient de placer le fort, et de la figure que doivent avoir les couples pour obtenir plus de perfection dans le mouvement de tangage.

Juan trouvoit par la théorie que la résistance étoit proportionnelle à trois quantités dont une est comme les simples vîtesses, l'autre comme leurs quarrés, et la dernière comme les quarrés des quarrés. Mais la théorie ne suffisoit pas pour cela, et l'on s'en apperçut aussitôt que l'on fit des expériences. Aussi l'Académie des Sciences chercha les moyens de réveiller l'attention des physiciens et des navigateurs pour cette partie.

En 1787, l'Académie proposa pour le sujet du prix de l'année 1789 la question suivante: « Essayer d'expliquer les expériences » qui ont été faites sur la résistance des fluides, en France, en » Italie, en Suède, ou ailleurs, soit en y appliquant les méthodes » déjà connues, soit en combinant ensemble ces méthodes et » faisant servir l'une de supplément à l'autre: soit enfin en éta-

» blissant une nouvelle théorie qui représente au moins sensi- » blement les principaux phénomènes de la résistance des fluides » que les expériences ont constatés ». N'ayant reçu aucune pièce qui eût rempli ses vues, l'Académie proposa de nouveau le même sujet pour l'année 1791, avec un prix double, c'est-à-dire, de 4000 livres, en invitant les concurrens à faire de nouvelles expériences aussi en grand qu'il leur seroit possible. On ne reçut point encore cette année-là de pièces où la question fût suffisamment résolue, conformément aux conditions prescrites; cependant, parmi celles qui lui furent envoyées, elle en distingua deux qui lui parurent mériter des récompenses ; l'une contient des principes de théorie qui peuvent devenir fort utiles, l'autre plusieurs expériences curieuses et bien discutées; en conséquence, l'Académie crut devoir partager également la moitié du prix entre ces deux pièces, c'est-à-dire, adjuger 1000 livres à chacun de leurs auteurs; la première étoit de M. Gerlach, professeur de philosophie à l'Académie des Ingénieurs à Vienne en Autriche; la seconde, est anonyme. Romme se fit connoître pour auteur; je vais donner une idée des expériences qu'il fit à cette occasion d'après ce qu'il m'en a écrit.

Convaincu, par des expériences antérieurement faites par plusieurs savans et par lui-même, que la résistance de. l'eau ne suivoit pas les lois qu'on lui attribuoit, il crut devoir considérer les fluides sous un nouveau point de vue. Il fit remonter ses recherches expérimentales jusqu'à la pression de l'eau, avant de s'occuper de la résistance qu'elle oppose aux corps en mouvement. Il pensa que, si on avoit bien jugé que dans les eaux calmes, chaque molécule exerce une pression égale au poids de la colonne fluide verticale à laquelle elle sert de base, on n'avoit pas apperçu que dans un courant horizontal, la pression d'une molécule n'est pas égale au poids de la colonne fluide supérieure; et que la hauteur de cette colonne, pour servir de mesure à une telle pression, doit être diminuée de toute la hauteur de laquelle un corps devroit tomber pour acquérir la vîtesse du courant supposé.

L'expérience confirma ces premières idées qui pouvoient s'appliquer à une foule de phénomènes, tels que la pression de l'air en mouvement, l'action des différentes parties d'une lame élevée par le vent, &c. Il examina ensuite comment l'eau agit sur les vaisseaux qui la refoulent, pour lui frayer une route. On avoit toujours regardé cette action comme un choc, et l'auteur n'y crut voir qu'une pression qui augmentoit sur l'avant du vaisseau en mouvement, tandis qu'elle diminuoit sur la partie de l'arrière, et il s'en assura par des expériences simples et faciles à répéter.

Soit un tube recourbé *abc*, (*fig.* 19) ouvert et plongé à la profondeur *rb*, dans une eau dont le niveau est *om*. Si un observateur maintient verticalement la branche *ab* de ce tube, pendant qu'il est emporté horizontalement dans un canot qui se meut dans le sens *om*, avec une vîtesse due à la hauteur *h*, la colonne fluide *rbc* renfermée dans le tube en état de repos, s'alonge jusqu'en *u*, lorsque le canot est en mouvement, et lorsqu'en *c* elle refoule le fluide qu'elle rencontre dans sa translation progressive et horizontale. Cette hauteur est $= h$; mais si pendant un égal moment, le tube *abc*, est retourné par l'observateur, et si son ouverture *c* fuit le fluide lorsque le canot s'avance suivant *om*, alors la colonne *rb* diminue de la hauteur *ri*, ou son niveau *r* s'abaisse dans le tube de $ri = h$. Ce dernier effet a lieu aussi dans le tube vertical *nf* qui est ouvert par les deux bouts, c'est-à-dire, que la colonne fluide étant *of* lorsque le canot est en repos elle n'est plus que *zf* lorsque le canot a le mouvement supposé, *oz* étant égal à *h*.

De ces expériences, dont les résultats avoient été pressentis, l'auteur a déduit des conséquences nombreuses; il en a conclu 1°. qu'un vaisseau qui suit une route directe, n'éprouve sur sa partie d'arrière, qu'une pression inférieure à celle que l'eau exerçoit sur elle lorsque le vaisseau étoit en repos; tandis que la pression sur l'avant doit au contraire recevoir des accroissemens relatifs au mouvement du corps; 2°. que la différence éventuelle de ces deux pressions doit constituer la résistance que l'eau oppose aux vaisseaux sollicités au mouvement par des causes quelconques; 3°. que si l'avant des vaisseaux refoule l'eau qui est sur sa route, il est suivi à l'arrière dans sa marche, par toute l'eau qui est placée à une profondeur égale, ou supérieure à la hauteur de laquelle devroit tomber un corps pour acquérir la vîtesse du navire; 4°. que la partie arrière étant enveloppée d'eaux mortes qui l'accompagnent dans une route directe, la pression qu'elles exercent sur elle doit être combinée avec celle de l'eau qui est refoulée par l'avant, ce qui influe sur le lieu et la hauteur de la mâture; 5°. que le gouvernail ne reçoit pas toute l'impression qu'on attribue d'ordinaire à l'eau qui l'environne; 6°. que la seule partie inférieure du gouvernail reçoit la pression du fluide qu'elle refoule réellement, et contribue seule à faire gouverner un vaisseau. Une foule d'autres conséquences sembloient renfermées dans les premières opérations, et cependant toutes devroient être confirmées par des expériences choisies.

Dans ces vues, Romme avoit fait mouvoir des corps de forme connue et d'une grandeur considérable, mais au milieu d'une eau calme. Il ne se dissimuloit pas que les vaisseaux rarement sillonnent une mer tranquille, et rarement gardent dans leur marche le même état de flotaison. Cependant il pensa que si les lois de la résistance des eaux calmes pouvoient être découvertes, il en résulteroit beaucoup de lumières sur celles de la résistance et même de l'action des eaux agitées. C'est pourquoi il chercha à ajouter de nouvelles expériences à celles qui avoient été faites avant lui, et surtout à les exécuter aussi *en grand* que les circonstances pourroient le permettre. Persuadé que ce n'est pas en mer qu'on peut juger de l'influence des formes de l'arrière et de l'avant des vaisseaux, des parties du gouvernail qui sont seules utiles pour les évolutions d'un vaisseau; des déviations d'une route donnée; et des variations de la résistance de l'eau, dans leurs rapports avec les contours des lignes d'eau, avec les différences de tirant d'eau, avec la surface du maître-couple, et avec les inclinaisons que les bâtimens gardent dans leur marche progressive; il dirigea en conséquence, vers tous ces objets, les expériences sur la résistance des eaux calmes, afin de trouver des résultats qui pussent être utiles et immédiatement applicables à la marine. Il en prépara le plan, de manière à établir une distinction et un isolement nécessaire de différens effets intéressans qu'on ne peut trouver en mer que dans un état de combinaison, ou comme résultant de plusieurs puissances simultanées et diverses. Il laissoit aux marins le soin de recueillir toutes les aberrations susceptibles de résoudre d'autres questions importantes qu'on ne peut éclaircir qu'en mer. Car c'est en mer que des vaisseaux peuvent être comparés dans leur marche, au milieu de la mer élevée, soit avec eux-mêmes, soit avec d'autres bâtimens. C'est-là que leurs oscillations peuvent être mesurées dans leur rapidité et leur amplitude. C'est là qu'on peut examiner et découvrir pourquoi un bâtiment s'élève plus ou moins facilement avec les lames qui l'abordent, tandis que d'autres sont inondés par une grosse mer; pourquoi ils sont ardens ou lâches suivant les circonstances, et comment leurs défauts, ou leurs bonnes qualités se développent et perdent ou acquièrent de l'énergie, dans les changemens de voilure, de sillage, d'arrimage, de tirant d'eau, et de l'état des vents et de la mer. Enfin, il voyoit dans la réunion de ces observations, aux expériences réunies qui seroient faites sur les eaux calmes, un ensemble dont la théorie pourroit lier un jour toutes les parties pour en conclure des règles usuelles et sûres pour l'art entier de la marine.

Des expériences furent donc exécutées dans des eaux calmes, et principalement avec des corps de 14 pieds de longueur et plus ou moins semblables aux vaisseaux en usage dans la marine. Un de ces corps qui servoit de terme de comparaison, étoit prismatique,

prismatique, et il avoit pour base, le maître-couple d'un vaisseau de 74, nommé l'*Illustre*. Un second étoit le *modèle parfait* de ce vaisseau, et un troisième qui n'avoit, avec ce même vaisseau, que des rapports particuliers, en étoit un *modèle altéré*. Les dimensions principales, la quille, l'étrave, l'étambot, le maître-couple étoient parfaitement les mêmes, et semblablement placés dans les deux modèles, mais les lignes d'eau étoient différentes. Elles étoient courbes comme dans l'Illustre, dans le Modèle parfait; mais dans le Modèle altéré, elles étoient terminées par des lignes droites menées de divers points du contour du maître-couple, à l'étrave et à l'étambot. De tels corps, et beaucoup d'autres, furent mis en mouvement, à l'aide de différens poids moteurs, sur un canal de 20 pieds de longueur, et ils servirent à prouver que les résistances exercées par l'eau contre un même corps sont en raison des quarrés des vîtesses; qu'elles suivent le rapport approché des surfaces, mais qu'elles s'éloignent étrangement de la loi des quarrés des sinus d'incidence. Cette dernière loi étant celle sur laquelle étoient fondées les formes adoptées des carènes des vaisseaux, et ne pouvant plus être suivie conséquemment soit à ces expériences soit à celles qui avoient été faites précédemment, il en résultoit un vide immense dans les principes de l'architecture navale.

L'auteur, après s'être assuré de l'erreur de cette dernière loi, ne négligea pas de chercher de nouveaux principes à substituer à ceux que la nature forçoit d'abandonner. En considérant la résistance, comme la différence des pressions de l'eau, sur l'avant et sur l'arrière d'un corps en mouvement, il en concluoit qu'elle doit, conformément aux expériences, suivre les rapports des quarrés des vîtesses, et des surfaces. Il en résultoit aussi qu'on ne devoit plus, suivant l'opinion générale, estimer la résistance qu'une eau calme oppose à un corps en mouvement, comme étant égale à l'impulsion que le même corps en repos, recevroit d'un courant qui agiroit sur lui avec une même vîtesse.

En étendant ses réflexions, il pensa que la pression de l'eau se transmettant dans tous les sens, celle qui est imprimée par l'avant du corps se communique à tout le fluide environnant et sur toutes les directions; que la diminution de la pression exercée sur la partie arrière du corps doit aussi se faire sentir dans toute la masse fluide. Ainsi il présuma que la retraite du fluide antérieur doit se faire sur une direction moyenne, tandis que le fluide postérieur accompagne le corps dans son mouvement et sur sa propre direction, en laissant derrière lui près de la surface de l'eau, un vide dont la profondeur doit égaler la hauteur à laquelle est dûe la vîtesse actuelle du corps. Ces idées conduisoient à prévoir que le Modèle parfait et le Modèle altéré du vaisseau l'Illustre devroient, (toutes choses égales d'ailleurs), éprouver une même résistance. L'expérience confirma ces résultats importans, et elle prouva ainsi, d'une manière incontestable, que des lignes d'eau plus ou moins fines, ou renflées dans deux vaisseaux, qui d'ailleurs auroient mêmes dimensions principales, un égal maître couple avec même quille, étrave, et étambot doivent avoir une marche égale dans les mêmes circonstances, si toutefois l'arimage, le gréement, et l'art de manœuvrer ne doivent y apporter aucune différence.

Cette conséquence nouvelle ouvroit une nouvelle carrière, et elle tendoit à simplifier singulièrement l'architecture navale. En effet, il devenoit évident que tout bâtiment de mer doit d'autant mieux marcher que son maître-couple présente moins de surface, lorsque les dimensions principales sont fixées. Il devenoit aussi d'autant plus facile de satifaire à cette condition que l'expérience autorisoit à augmenter, sans crainte de nuire à la marine, les capacités des lignes d'eau, qui, d'ailleurs pouvoient être conformées pour assurer et le port et la stabilité nécessaires et la qualité de s'élever aisément avec les lames. En donnant alors au maître-couple une forme plus fine et par conséquent une varangue plus acculée, on garantiroit aussi à un bâtiment ainsi conformé et la plus grande facilité de gouverner et la qualité de peu dériver. Le grand problême de l'architecture navale étoit donc presque résolu par des expériences décisives; mais cela ne suffisoit pas pour diriger et éclairer toutes les parties de la construction de différens bâtimens de mer. Il falloit encore remonter aux causes probables de tous les phénomènes observés.

En conséquence, l'auteur après avoir réuni une foule de faits chercha à exprimer toutes les idées, qui l'avoient conduit dans le plan de ses expériences, ou qui lui avoient été suggérées par ces dernières. Il est parvenu à une formule générale composée d'élémens qui la font varier suivant les diverses suppositions qu'on peut faire dans l'exercice de la marine. Il s'est servi de cette formule pour expliquer les expériences faites par différens savans, et les résultats qu'il en a déduits, présentent une conformité rare avec ceux des expériences, comme on pourra s'en convaincre, par les tableaux comparatifs consignés dans les mémoires qui ont été couronnés par l'Académie, lorsqu'il seront imprimés. On y verra d'autres résultats intéressans par les réflexions qu'ils font naître, sur la nécessité d'une parfaite simétrie dans la forme des carènes des vaisseaux; sur les déviations nécessaires d'un vaisseau à la bande, à l'égard de la route sur lequelle il est dirigé; sur la partie du gouvernail qui est seule utile aux effets qu'on en attend; sur l'inflence de la différence des tirans d'eau de l'avant et de l'arrière; sur l'effet des semelles que portent des bâtimens à fonds plats dans des routes obliques; sur la navigation extraordinaire qu'on raconte des gros volans des îles Marianes, dont les formes ingénieuses s'écartent de toutes les formes connues, et dont la marche est d'une rapidité que les bâtimens des nations les plus éclairés n'ont pu encore atteindre.

Aussi les commissaires de l'Académie des Sciences disoient dans leur rapport « qu'il est très-probable que les proues peuvent » beaucoup varier, le maître-couple restant toujours le même, » sans que la résistance de l'eau éprouve des changemens sen- » sibles; et qu'on a de grandes obligations à M. Romme d'avoir » prouvé par des expériences, cette vérité qui est de la plus » grande importance pour l'art de la construction, et qui peut » beaucoup contribuer à sa perfection ».

Le cit. Dumaitz a parlé d'un nouveau genre de résistance de fluides qu'il nomme accidentelle, et qu'il explique dans son ouvrage. Un vaisseau mal en assiète a une grande difficulté à marcher, parce que le vaisseau est plus ou moins jeté sur le devant. Des vaisseaux semblables ayant le même tirant d'eau, ont des différences de marche, d'un petit vent, principalement si la voilure est différemment placée quoique la même en quantité. Il y voit la cause des disparates qu'on a observées dans les expériences sur la résistance des fluides; des différences de marche sur des vaisseaux faits sur le même plan. C'est peut-être, dit-il, l'observation la plus importante de ce traité de construction. C'est surtout quand la mer est agitée qu'il en résulte une résistance accidentelle, surtout au plus près; elle fait que le tirant d'eau, la voilure et la vîtesse des vents étant les mêmes, la vîtesse du vaisseau diminue; or il est certain que, quand la mer est agitée, quand on voit par l'inclinaison latérale que la force du vent est la même, la marche des vaisseaux diminue souvent de plus de moitié de ce qu'elle seroit d'une belle mer. Après avoir calculé le *Défenseur*, vaisseau de 74 canons, la *Malicieuse*, frégate de 32 et quelques autres, il lui parut qu'on pouvoit regarder la résistance accidentelle comme égale à la surface absolue d'une partie du maître-couple qui auroit pour hauteur le quart de celle de la vague, prenant cette partie vers la flottaison.

L'auteur nomme cette résistance accidentelle, parce que cette plus grande difficulté vient d'une mauvaise disposition des voiles eu égard au fond, et qu'on peut la faire disparoître. Il a étendu ce nom à cette difficulté de marcher qui est occasionnée par une mer agitée quand on a ce que les marins appellent la mer debout, parce que c'est encore un accident particulier. Personne n'a eu plus de facilité que lui de vérifier ses idées, ayant eu communication de plus de 40 plans, ayant suivi les rapports faits au contrôle de Brest, et ayant fait des expériences multipliées en commandant des flottes, et surtout par la comparaison des deux frégates la Thétis et l'Héroïne, faites sur le même plan, qui ont navigué ensemble et qu'il a commandées toutes les deux; il a calculé tous ces vaisseaux dont il avoit les plans; sur quelques-uns, il a fait tous les calculs possibles indiqués à la fin de son ouvrage et dont il a donné les exemples, sa méthode de calcul étant plus courte que celles de Bouguer et Duhamel.

Ceux qui n'ont jamais été en mer, ou qui n'ont été que sur des vaisseaux seuls sans les connoître, ou qui se sont refusés à l'ennui du calcul, ont été privés de l'avantage de faire des expériences utiles.

Le cit. Dumaitz a marqué avec soin les différens articles où ses opinions étoient différentes de celles de Borda. Selon l'expérience de celui-ci, on ne peut rien conclure sur la loi des fluides, toutes les formes seroient à-peu-près égales, puisque l'on voit que le cube allant par la diagonale au lieu d'avoir la résistance comme 7 à 10, l'a, au contraire comme 7 à $5\frac{1}{3}$ d'où la résistance seroit presque la même, et cependant comment alors expliquer que des vaisseaux en tiennent d'autres avec $\frac{1}{4}$ ou $\frac{1}{5}$ de leurs voiles même à sec, c'est-à-dire, n'ayant de force impulsive que celle du vent sur la poupe, haubans, cordages, poulies, vergues et les voiles serrées. Enfin, il en conclud qu'on ne conciliera jamais les expériences sur les vaisseaux et les fluides si on néglige le point de traction, ou le centre d'impulsion.

Le compte que nous venons de rendre de toutes les expériences faites sur la résistance des fluides nous conduit à cette conclusion, que le meilleur moyen, et peut-être le seul qui puisse rendre les expériences utiles à la construction, est de les faire sur les vaisseaux même, construits dans différentes proportions, et que l'on fera naviguer en observant leurs qualités à la mer, et examinant soigneusement, et par le calcul, les circonstances que nous avons indiquées.

Le cit. Dumaitz a reconnu qu'il falloit calculer l'action des fluides sur la partie postérieure de la carène, de même qu'on le faisoit pour la partie antérieure, regardant la dernière comme un excès d'impulsion et la première comme un défaut d'impulsion, eu égard à l'état d'équilibre; pour éviter les longueurs il nomme la vîtesse avec laquelle l'eau choque l'avant *vîtesse d'accès*, et celle avec laquelle elle se soustrait en arrière *vîtesse de fuite*.

Il y a dans le Traité du navire de Bouguer un chapitre qui traite de l'impulsion de l'eau sur la partie postérieure; mais après avoir fait les calculs immenses qu'exige son hypothèse, le cit. Dumaitz a reconnu qu'elle étoit insoutenable. Les calculs auxquels le cit. Dumaitz a été obligé de se livrer lui ont fait penser que ce seroit rendre un véritable service aux calculateurs que de donner une Méthode pratique qui les abrège beaucoup.

La considération de la partie postérieure du vaisseau n'a pas échappée à M. Chapman : le vaisseau étant en repos, dit-il, sa carène est pressée dans tous ses points, par le fluide où il est plongé ; lorsqu'il est mis en mouvement, aux pressions de l'avant doit être ajoutée l'impulsion de l'eau, mais l'arrière se dérobant au fluide, il y a une cessation de pression, une espèce d'impulsion négative sur cette partie qui revient à une impulsion positive de l'avant, et doit être ajoutée à celle qui a lieu sur cette partie. Voilà l'idée de M. Chapman, en conséquence de laquelle il calcule la résistance sur les deux parties, d'après un résultat synthétique assez satisfaisant ; il fait une somme de résistance, qu'il vérifie d'ailleurs par une considération fort juste de l'élévation de l'eau vers la proue, et de sa chute dans le remout ; il donne des exemples de ces calculs qui ne laissent rien à désirer.

VIII.

Du Roulis et du Tangage.

Les mouvemens de roulis et de tangage étoient une partie essentielle à la construction et à la manœuvre, et l'Académie des sciences revint plusieurs fois à ce sujet ; elle obtint quatre pièces importantes, deux de pratique et deux de théorie.

L'on entend par roulis les balancemens que le vaisseau fait d'un côté à l'autre ; et par tangage, ceux qu'il fait dans le sens de sa longueur. Les roulis sont quelque fois produits par la variation de l'impulsion du vent sur les voiles, quelquefois par le choc des lames, qui viennent frapper le flanc du navire ; et lorsque ces causes l'ont une fois fait incliner, la poussée verticale de l'eau, qui ne se réunit plus dans le centre de gravité de sa carène, le ramène à son état d'équilibre ; revenu à ce point, la vîtesse qu'il a acquise le fait repasser de l'autre. Le navire continue ainsi ses oscillations jusqu'à ce que la résistance de l'eau ait anéanti totalement son mouvement. Le tangage a à-peu-près les mêmes causes que le roulis ; mais comme ce mouvement ne peut avoir lieu sans que le navire éprouve beaucoup de résistance et sans qu'il déplace beaucoup d'eau ; il ne se perpétue guère qu'autant que de nouvelles causes le produisent.

La première pièce qu'on trouve sur cette matière est celle

de Chauchot, en 1755. Il y donne la manière d'augmenter la stabilité des vaisseaux, pour diminuer les effets des lames contre les flancs du vaisseau ; il cherche la figure des gabarits, qui sont les plus favorables, des effets du lest pour augmenter le moment de l'inertie.

La hauteur de la quille, l'élancement de l'étrave, la quête de l'étambot influent beaucoup sur la propagation des mouvemens des roulis. En supprimant tout-à-fait l'élancement de l'étrave, on augmente considérablement la résistance que le navire éprouve en se balançant d'un côté à l'autre ; il en est de même de la suppression de la quête de l'étambot.

On gagneroit encore en mettant une contre-quille ; cette pièce de bois ne pouvant se mouvoir sans déplacer un très-grand volume d'eau, ne laisseroit pas de faire perdre du mouvement aux navires. Mais ce qu'il avoit découvert de plus avantageux, c'est qu'il faut faire presque les mêmes choses pour diminuer la propagation des mouvemens de roulis, et pour procurer aux navires la propriété de pincer le vent.

Comme l'élancement de l'étrave diminue la résistance, ce qui est favorable à la promptitude du sillage, il ne faudra pas négliger, lorsque l'on fera l'étrave perpendiculaire, de tailler en couteau la pièce de bois qui le recouvre, et qu'on nomme *taille-mer*, sans quoi la résistance sur l'étrave sera considérable, et peut-être un quart de la résistance totale.

Plusieurs personnes disent que la suppression de l'élancement de l'étrave empêche de virer de bord ; cependant il y a plusieurs vaisseaux auxquels on a donné des étraves perpendiculaires qui virent de bord fort bien, entr'autres le Prothée, de 64 canons, qui tient mieux le vent qu'aucune frégate, et qui vire de bord assez aisément, quoiqu'il soit de cinq pieds plus long que les vaisseaux de son rang. Au reste, si l'on veut se conserver la facilité d'arriver, il faudra, lorsque l'on supprimera l'élancement de l'étrave, porter le grand mât plus sur l'arrière, et approcher le plus qu'on pourra le mât de misaine de l'extrémité de la proue, augmenter la saillie du beaupré et l'étendue des forts ; alors, lorsque l'on ne fera agir que les voiles de l'avant, leur effort sera bien plus considérable pour faire abattre le navire.

Chauchot fait voir que le trapèze est la figure la plus avantageuse de toutes, soit pour diminuer l'étendue des mouvemens de roulis, soit pour modérer leur vivacité, soit pour empêcher qu'ils ne se propagent trop long-temps. Il est vrai qu'il faut émousser les angles ; mais pour que l'avantage soit sensible, il ne faut pas trop altérer cette figure : cela pourroit faire croire que la difficulté de trouver du bois propre à former de pareils membres, doit faire évanouir tous ces avantages ; en effet, il seroit très-difficile, en suivant la méthode ordinaire, de trouver des pièces qui puissent former les genoux d'un pareil gabarit : mais on peut obvier à cet inconvénient. M. Gefroy le cadet, sous-constructeur, pensant que ce seroit une grande épargne pour l'Etat, si l'on pouvoit construire les navires avec du bois droit, s'en étoit servi pour construire l'Héroïne, frégate de 24 canons ; il est vrai qu'il fut obligé d'employer des pièces de bois beaucoup plus courtes, mais il rendit les liaisons aussi fortes pour le moins, en mettant trois rangs de bois l'un à côté de l'autre, pour former les membres, au lieu de deux que l'on avoit coutume d'employer ; et de là il résulte un nouvel avantage, qui est que l'on pourra recevoir dans nos ports un nombre infini de pièces de bois qui ne s'y reçoivent pas, parce qu'elles sont trop courtes, suivant le tarif qui a été formé sur ce qu'exigeoit la méthode ordinaire. Il est facile de voir qu'en suivant la nouvelle méthode, l'on pourra donner aux gabarits la forme qu'on voudra.

L'auteur avertit ceux qui voudroient former leurs gabarits par des lignes droites, de prendre garde à la façon dont ils conduiront le fort de leur navire. Comme les vaisseaux sont faits pour s'incliner et pour naviger plus ou moins léges, il faut conserver les mêmes largeurs au fort pendant un espace considérable, savoir depuis la flotaison du navire, lorsqu'il est le plus lége, jusqu'à deux ou trois pieds au-dessus de la flotaison, lorsqu'il est calé autant qu'il doit l'être.

Les mouvemens de tangage ne se perpétuent point comme le roulis, car les coupes longitudinales du navire étant beaucoup plus éloignées de la figure circulaire que celles qui sont perpendiculaires à la quille, le navire doit éprouver beaucoup plus de résistance lorsqu'il oscille suivant sa longueur. Les causes qui le produisent sont les mêmes qui produisent le roulis, et l'agitation de la lame est la principale ; en conséquence, il propose de faire des vaisseaux qui n'aient pas leur gaillard d'avant continuellement submergé par la mer ; qui s'élèvent facilement sur les lames et qui ne fatiguent point leur mâture. Les lames peuvent produire de deux façons les mauvais effets du tangage, savoir en frappant le navire, et alors il est obligé d'enfoncer dans la mer une de ses extrémités, tandis que l'autre s'élève, ou bien la mer s'abaisse tout-à-coup sous la proue ou sous la poupe, et alors le poids de cette partie, qui n'est plus soutenue, retombe et entraîne avec elle le reste du navire. Il fait voir qu'on peut adoucir le mouvement, en rendant la poupe à-peu-près semblable et égale à la proue, aux environs de la ligne d'eau en charge, au-dessus et au-dessous de la flotaison. En effet, quand la vague rencontre un arrière fort gros, la partie du navire qu'elle enveloppe est très-grande; et la proue trop aiguë pouvant s'enfoncer sans déplacer un grand volume d'eau, toute la partie d'avant doit se trouver submergée. Si au contraire la vague vient frapper l'avant, l'effort qu'elle fera étant peu considérable, et l'arrière ne pouvant s'enfoncer sans trouver une résistance énorme de la part de la poussée de l'eau, le vaisseau restera comme fixe, et la vague continuant à s'élever à la partie d'avant, submergera toute cette partie et en noyera continuellement le gaillard. Tels sont les vaisseaux qui ont le défaut de ne point s'élever sur la lame; ces vaisseaux, trop taillés de l'avant, n'ont pas leur arrière assez étroit à proportion, surtout au dessus du niveau de l'eau: tant que la mer est calme, ils ont un sillage très-favorable; mais dès qu'elle commence à grossir, leur partie d'avant qui se plonge actuellement, rencontre ensuite un plus grand volume d'eau, et il arrive alors qu'ils ont une marche moins avantageuse que n'auroient d'autres vaisseaux dont la proue seroit plus renflée. Il en est de même d'un vaisseau plus maigre à l'arrière qu'à l'avant. Aux environs de la ligne d'eau en charge, il s'élève à la vérité sur la lame avec facilité; mais cette facilité est trop grande: l'arrière, qui n'oppose aucune résistance à ce mouvement, s'enfonce tout-à-coup jusqu'à son fort, et la grande largeur que le navire acquièrt en cet endroit anéantissant tout-à-coup son mouvement, la mâture, qui n'a pas encore perdu tout le sien, communique au navire les plus rudes secousses. On évitera tous ces inconvéniens, dit Chauchot, en rendant la proue semblable à la poupe un peu au-dessus et au-dessous de la ligne de flotaison; car alors si l'arrière est fort large, et donne beaucoup de prise à la lame, l'avant renflé à proportion résistera d'autant plus, et tout gardera un espèce d'équilibre. Les bateaux qui vont de Brest aux environs et les bateaux de pêche du même port soutiennent mieux la mer et s'élèvent mieux sur la lame que les canots et les chaloupes; c'est parce qu'ils sont pointus de l'arrière comme de l'avant, et qu'en conséquence le rapport des capacités de l'avant et de l'arrière est mieux observé. Il en est de même des yoles, qui sont extrêmement étroites et pointues par les deux bouts. Les habitans de la côte de Norwége ne craignent point de mettre ces bâtimens à la mer, lorsque les vaisseaux ont des ris pris dans les huniers; ce n'est donc pas, comme le croient quelques marins, parce que certains navires sont trop étroits, qu'ils donnent du nez dans l'eau, mais c'est parce que l'arrière est trop large: au contraire, il y aura toujours de l'avantage à rétrécir le navire pour augmenter sa longueur, parce

parce que la lame étant toujours supposée d'une grandeur uniforme, elle enveloppera une partie du navire, d'autant moindre que celui-ci sera plus étroit. Et comme l'inertie croît en raison des cubes des longueurs, lorsque l'on considère l'étendue des couples comme donnée, tandis que le bras du levier par lequel agit la lame ne croît que comme les longueurs, le navire ne pourra pas prendre une si grande vîtesse ; et alors le tangage se faisant avec plus de lenteur, le navire ne sera plus exposé à ces secousses fâcheuses qui fatiguent beaucoup le vaisseau, interrompent une partie de la marche et mettent la mâture en danger de se rompre.

Quand un vaisseau est mis à l'eau, si par hasard son arrière se trouvoit trop maigre, et que sa différence de tirant d'eau fût plus grande que celle que l'on espéroit lui donner, il faudroit bien se garder de corriger ce vice par l'arrimage, car en ce cas on rendroit le navire encore plus mauvais. En effet, si l'on surcharge l'avant de lest pour le ramener à son tirant d'eau, l'on fait sortir de l'eau, une partie de l'arrière, déjà trop peu renflée par rapport à l'avant, et celle qui vient ensuite au niveau de l'eau l'étant encore moins, il s'en faut de beaucoup que les capacités de l'avant et de l'arrière ne soient égales en dessus et en dessous de la ligne de flotaison. Les mouvemens d'un tel vaisseau doivent donc fatiguer sa mâture.

Delà est venu cet axiome de marine que l'on doit à la pratique : que tout vaisseau mal balancé à les mouvemens rudes. Les constructeurs entendent par balancement, le rapport qu'il y a entre les capacités de l'avant et celles de l'arrière. En effet, si une de ces parties est beaucoup plus maigre que l'autre, il est impossible que la ligne d'eau de l'arrière ait assez d'analogie avec celle [illegible]avant. Pour avoir la facilité de bien balancer son vaisse[illegible] faudra donc rapprocher le maître-couple le plus que l'on pourra du milieu, par-là on aura plus de facilité à observer l'analogie indiquée entre les capacités de l'avant et celles de l'arrière. L'on perd un peu sur l'inertie du navire en approchant le maître-couple du milieu ; mais d'un autre côté on gagne sur la vîtesse du fluide qui frappe le gouvernail. En effet, dès-lors qu'on se permet de reculer le maître-couple vers le milieu, on peut rendre la proue plus aiguë, et diminuer la résistance qu'elle éprouve. Alors la vîtesse du sillage venant à augmenter, le gouvernail doit frapper l'eau avec plus de force ; et loin de perdre sur la propriété de gouverner, l'on y gagnera certainement.

Ainsi, dans les frégates qui sont sujettes à tourmenter beaucoup à la mer, et qui ne sont point faites pour combattre en ligne, mais dont la principale destination est de faire la course et d'aller à la découverte, il faudra embrasser la disposition qui favorise le plus le balancement et la propriété de bien marcher, perdre un peu sur la propriété de bien gouverner par le moyen des voiles, et porter le maître-couple un peu plus en avant que dans les gros vaisseaux qui doivent se prêter au mouvement dans les combats, et virer de bord avec facilité, et dont la masse énorme nuit autant à la qualité de bien gouverner, quelle est favorable pour modérer la vivacité des roulis et la rapidité du tangage. Ces différentes façons de placer le maître-couple ont lieu dans la pratique. Il y a même des constructeurs qui font encore mieux, ils le placent toujours au milieu du vaisseau, et ensuite ils ont soin de renfler plus ou moins l'avant de la carène, suivant la destination du navire, mais autrefois l'on portoit le maître-couple plus avant, et c'est un défaut dont les constructeurs se sont corrigés.

Au reste, les mouvemens de tangage ne sont pas toujours produits par une lame qui vient frapper le navire ; le plus souvent la mer se soustrait à l'avant ou à l'arrière, et laisse en l'air une partie considérable de la carène. Alors la poussée de l'eau se trouvant diminuée de la quantité que la lame abandonne, retombe avec un effort égal à cette quantité multipliée par la distance du bras de levier, qui croît comme les longueurs. Il faut donc tâcher de diminuer cette partie, car pour les longueurs, bien loin d'y perdre, on gagne à les augmenter. On y parviendra, en augmentant ce renflement de la lisse des façons, et en diminuant celui de la lisse du fort. Si l'on vouloit saisir tout-à-coup le point le meilleur, il faudroit rendre nulle la hauteur des façons, et rendre les lisses tout-à-fait droites; mais le navire qui ne recevroit presque plus d'impulsion dans le sens vertical, enfonceroit sa proue sans pouvoir s'élever sur la lame, et passeroit tout au travers, c'est ce qui arrive aux bâtimens trop plats par-dessous. D'ailleurs l'on perdroit beaucoup sur la stabilité du vaisseau, parce que l'on diminueroit de la hauteur du métacentre, et du centre de gravité de la carène. Chauchot conseille mieux, c'est d'augmenter la longueur du vaisseau, puis de placer le métacentre le plus haut que l'on pourra, en ménageant pourtant un peu de soutien dans les fonds du navire. Alors le navire jouira de la propriété de bien marcher, de bien porter la voile, roulera peu; ses mouvemens de tangage ne fatigueront pas la mâture, parce qu'ils seront assez lents, et le métacentre placé à une grande hauteur, donnera assez d'inclinaison à la carène pour glisser sur la lame, et pour s'y élever. Si l'on craignoit pourtant qu'il ne s'élevât pas assez et que le navire n'embarquât de l'eau par son avant, il faudroit avoir soin d'incliner la proue en avant au-dessus de la flottaison, de donner de la sortie aux allonges de revers vers l'avant, et d'augmenter un peu la hauteur de cette partie au-dessus de l'eau, en faisant croître la tonture du bâtiment. Pour ce qui est de la courbure précise de la proue, il n'en dit rien, parce que le problême est de nature à ne laisser aucune prise à la géométrie, et que tout le calcul qu'on pourroit donner à cet égard ne seroit qu'une parade inutile, dont on ne pourroit tirer aucun avantage pour la construction des vaisseaux; mais il est évident que dès que la longueur du navire sera augmentée par rapport à sa grosseur, les lames qui viendront le frapper de l'avant ou de l'arrière, auront moins de prise, et comme il résistera plus au mouvement, il fatiguera peu sa mâture, ce qui est le principal.

Ainsi les moyens que cet habile constructeur déduisoit de ses recherches consistoient d'abord à faire l'aire du maître-couple la moindre qu'il est possible, par rapport à la longueur, en conservant cependant les mêmes capacités, ou en les augmentant un peu. Il est vrai que l'on diminue en même temps la stabilité et le moment de l'inertie par rapport à l'axe perpendiculaire aux largeurs qui passe par le centre de gravité. Mais l'on pourra en conservant la même marche au navire, ou même en lui en procurant une plus avantageuse, diminuer en plus grande raison la hauteur des mâts et la longueur des vergues : alors la voilure moins étendue fatiguera moins le vaisseau, et sera moins propre à lui communiquer des mouvemens, soit de tangage, soit de roulis. D'ailleurs, l'action des lames sur le flanc d'un navire, qui est la principale cause du roulis, diminuera, comme les cubes des largeurs, tandis que dans les cas, où l'on augmente la longueur, pour conserver les mêmes capacités à la carène que l'on rétrécit, le moment de l'inertie ne diminue que comme les quarrés des largeurs, et la stabilité comme les seules largeurs. Ce sont là les motifs qui doivent engager à augmenter les longueurs le plus que l'on pourra, en conservant à-peu-près les mêmes capacités. Les mathématiques ne fixent point de bornes à cet allongement, c'est à l'expérience et à la pratique à le fixer. Il fait voir que le gabarit le plus avantageux pour marcher et pour porter la voile, l'est encore pour augmenter le moment de l'inertie, et pour diminuer la dérive, en même-temps qu'il est le plus propre pour arrêter la propagation des roulis. C'est pour empêcher qu'ils ne se perpétuent trop long temps, qu'il conseille de supprimer l'élancement de l'étrave et la quête de l'étambot. Pour ce qui est du tangage, il s'est contenté de faire remarquer les défauts qu'il faut éviter. Il donne des moyens pour bien balancer le navire. Il fait voir les avantages qu'il y a à augmenter la longueur pour adoucir ce mouvement. Il expose la cause des différens phénomènes du roulis et du tangage suivant les différentes routes que fait le navire ; et après avoir examiné en quoi l'impulsion du vent sur les voiles et la résistance de l'eau sur la proue peuvent altérer les différens balancemens du navire, il en conclut qu'il faut élever, le plus que l'on peut, le point ou la direction du choc de l'eau coupe la verticale élevée du centre de gravité ; en même-temps que l'on approchera de ce point, le centre d'effort de la voilure, ce qui donnant au navire la faculté de porter plus de voiles, lui procurera une marche plus avantageuse.

Ainsi tout concourt à faire voir que les mêmes moyens qu'il employe pour diminuer le roulis et le tangage font gagner en même-temps sur la marche, la dérive, et la qualité de porter la voile. Il est vrai que la nécessité d'avoir de l'artillerie, ne laisse pas jouir le constructeur de tout l'avantage qu'il pourroit avoir s'il étoit maître d'augmenter la longueur.

L'Académie reçut en 1759, un excellent mémoire de M. Groignard, constructeur à l'Orient, il est dans le septième volume des *Prix*. Il examine toutes les parties qui entrent dans la structure d'un vaisseau, et il en déduit des moyens pour empêcher un vaisseau de se racourcir ou de se rétrécir, pour empêcher la désunion des côtés, l'alongement des baux. Il donne une nouvelle manière de tracer les plans des vaisseaux.

Pour mettre le vaisseau en état de résister plus long-temps aux efforts du tangage, il faut, dit-il, diminuer autant qu'il est possible, le nombre des parties qui peuvent s'alonger dans le sens de sa longueur, et il indique de nouvelles méthodes de former la partie de l'avant, les membres et les ponts. Il faut rendre les ponts et les préceintes les plus droits en tout sens, pour augmenter leur résistance et leur difficulté à céder à l'allongement du navire, ajuster les écarts des quilles, contre-quilles, de façon que toutes ces pièces s'opposent avec plus de force aux efforts que le vaisseau fait pour se recourber et se racourcir par en bas en s'allongeant par en haut; avoir une attention singulière dans la construction et dans l'arrimage, pour rendre le poids de chaque partie du vaisseau le plus proportionnel au volume d'eau qu'elle déplace.

Pour mettre le vaisseau en état de résister plus long-temps aux efforts du roulis, il faut augmenter la force de ses côtés, en faisant la partie de l'avant, les membres et les ponts comme pour le tangage. Rendre les baux les plus droits dans le sens de la largeur du vaisseau, ainsi que toutes les autres pièces qui peuvent s'allonger dans ce sens; fortifier les côtés de l'œuvre morte au-dessus du second pont par des courbes verticales et bordages de chêne, enfin avoir attention, dans l'arrimage, d'éloigner du centre de gravité, ou du milieu du vaisseau, le lest de fer ou autres parties lourdes qui se trouvent dans les calles ou sur les ponts.

Ses nouvelles méthodes pour former les différentes parties du vaisseau qui s'opposent le plus directement aux efforts du tangage conviennent également pour résister aux efforts du roulis. La forme qu'il donne à ces parties ne sauroit préjudicier aux autres qualités du vaisseau, puisqu'elle ne change point la figure de sa carène, et quelle n'augmente pas la pesanteur de sa coque. Cette nouvelle forme doit contribuer à conserver au vaisseau ses bonnes qualités, en lui faisant garder plus long-temps sa première figure. L'expérience nous apprend que les vaisseaux se comportent toujours mieux dans leurs premières campagnes que dans les dernières, où l'arc et la plus grande largeur qu'ils ont acquis ont changé la figure de leur ligne d'eau, et augmenté la résistance de la proue.

Enfin, la nouvelle méthode de former l'avant, les membres et les ponts des vaisseaux, paroît à cet habile coustructeur beaucoup plus économique; ainsi les moyens qu'il proposoit pour procurêr aux différentes parties du vaisseau la solidité nécessaire pour résister aux efforts du roulis et du tangage, conviennent à la pratique de la construction, et ne sauroient préjudicier aux autres bonnes qualités du vaisseau.

En adjugeant le prix de 1755 à Chauchot, l'Académie vit bien que l'objet étoit susceptible de recherches plus profondes. Elle proposa le même sujet pour 1757, et elle reçut deux pièces savantes de Daniel Bernoulli et de Léonard Euler qui sont dans le huitième volume des *Prix* que le cit. de la Lande publia en 1771. Bernoulli traita géométriquement de la stabilité des corps flottans pour différentes figures et différentes inclinaisons; de son effet pour diminuer le roulis et le tangage; de la durée et de l'étendue des balancemens; des figures de la carène propres à remédier à ces inconvéniens; des axes de rotation, de la différence entre les roulis forcés et les roulis libres; de la nature des lames; des lois hydrostatiques suivant lesquelles se fait la poussée de l'eau, et des changemens qu'on pourroit faire dans la construction pour diminuer le danger des trop grands mouvemens.

Les résultatats de la théorie ne sont pas applicables sans distinction à la pratique, mais un constructeur habile y trouvera de quoi guider ses méthodes pratiques, et de quoi choisir entre les divers inconvéniens qu'on est obligé de tolérer plus ou moins dans les diverses constructions destinées aux différentes circonstances.

La pièce d'Euler est moins étendue et renferme moins d'applications; mais il y donne de savans calculs sur les efforts qu'ont à soutenir les différentes parties du vaisseau, soit en repos, soit en mouvement; des forces et des résistances; du choc des lames, et du changement que produit l'inclinaison du navire. Il tire même quelques conclusions de sa théorie pour l'usage des constructeurs.

Il semble, dit-il, plus convenable qu'en procurant au moment d'inertie la plus grande valeur, on tâche de diminuer par d'autres moyens le moment de résistance; ce qui se pourroit faire en donnant au navire une telle figure, qu'avant de s'enfoncer jusqu'à son fort, il éprouve déjà une grande résistance qui soit capable de diminuer assez sa vîtesse. Mais ensuite le fond de l'accastillage ne devroit pas être plan, mais terminé obliquement, afin que l'enfoncement se fasse peu à peu, et que la direction du choc ne soit pas verticale, mais inclinée à l'horizon autant qu'il se peut.

Comme le tangage est le plus dangereux, lorsque la force qui s'oppose à son mouvement est extrêmement grande, la même chose doit avoir lieu dans le mouvement de roulis, où la résistance doit aussi augmenter les efforts des membres sur l'assemblage.

Mais le plus grand danger doit se trouver dans le roulis, lorsque le vaisseau court au plus près, et cela par la même raison qui éteint sitôt le mouvement; car, puisque la force du vent sur les voiles concourt avec la stabilité, pour s'opposer à une inclinaison ultérieure, les efforts des membres sur l'assemblage en sont aussi augmentés, et ils seront d'autant plus violens que la continuation du mouvement trouvera plus d'obstacles, et c'est précisément le cas ou le mouvement de roulis est capable de démâter les vaisseaux: or connoissant la véritable cause de ces effets, il sera moins difficile de découvrir des moyens propres à les éviter.

Le cit. Dumaitz a traité du roulis et tangage des vaisseaux, en considérant la mer agitée; il avoit donné un mémoire à ce sujet, dans le recueil des *Savans étrangers*. Il est devenu plus complet dans son *Traité de construction*, tant par des observations qu'il eut lieu de faire en commandant des vaisseaux, que par l'examen de quelques opinions d'Euler. Il s'étoit occupé beaucoup de la théorie des vagues et des roulis, sur lequel il avoit fait des expériences. Il en tire des règles de pratiques qui seront utiles aux marins; et il l'avoit déjà fait dans ses *Remarques sur le pilotage* que le Monnier imprima en 1766, dans un *Abrégé du pilotage*; il donna des remarques importantes d'après des expériences multipliées, et l'étude qu'il avoit faite des mouvemens des vaisseaux. Il observe que les flottaisons changent considérablement dans les roulis, ainsi la forme des hauts doit contribuer à leur vivacité : ils doivent être d'autant plus prompts, que le navire a moins de rentrée. Cet examen a fourni quelques règles de construction : lorsqu'un navire, par son peu de bricole (ou poids supérieur) par la qualité de son chargement et par la forme de ses fonds a beaucoup de stabilité, il doit avoir plus de rentrée pour rendre les mouvemens de roulis plus doux. A la vérité cette rentrée a des incovéniens réels pour l'appui des mâts, et le service du canon ; mais d'un autre côté rien ne fatigue plus la mâture que des roulis fort vifs. Pour éviter cette nécessité d'une rentrée considérable, il ne faut pas trop diminuer la bricole des navires : des frégates de très-grande dimension ne doivent donc pas être sans canons de gaillards. Lorsqu'elles portent une artillerie proportionnée à leur grandeur, la stabilité diminue un peu par cette diposition ; elle doit être augmentée par la plus grande étendue des flottaisons inclinées. Alors on retirera tous les avantages possibles ; les roulis ne seront pas plus prompts, les mâts seront mieux tenus, le navire aura plus de force, et le service de l'artillerie se fera plus aisément, sans que la marche puisse être altérée. Lorsque les vivres et le lest sont donnés dans les navires de guerre, la variation qu'on peut attendre d'une transposition latérale de poids pour la vivacité du roulis, est peu considérable : il a cru cette observation importante. C'est par une diminution de stabilité, qu'on peut le plus diminuer la vivacité des roulis.

Dumaitz parle d'une observation qu'il a eu lieu de faire dans un démâtement. Les livres de manœuvre conseillent en général de mâter en avant quelques mâts de hune, pour avoir la facilité d'arriver, et on a coutume de commencer par-là. Cette règle est bonne lorsqu'on a beaucoup de temps pour remédier à ces accidens, mais quand on est fort près d'une côte, que la mer est très-grosse, la difficulté qu'on éprouve à mâter sur le gaillard d'avant, rend cette manœuvre lente et dangereuse pour les équipages, ainsi il est préférable de mâter vers le milieu du navire. Il en tient bien moins le vent, et les points d'appui qu'on a pour cette opération, la rendent facile : si par hasard faute d'avoir mâté assez en avant, malgré les voiles légères qui peuvent se placer sur l'avant, le navire ne gouvernoit pas, il faudroit alors jeter le navire sur l'arrière, en pompant une partie de l'eau, ou par le moyen des canons.

Enfin, don Georges a traité la théorie du roulis et du tangage d'une manière complète, dans son *Examen maritime*. Suivant lui, on avoit commis de grandes erreurs sur cet objet important, on avoit considéré ces balancemens comme dépendans seulement de l'état et de la position du vaisseau, sans avoir égard au volume et aux vîtesses des lames qui en sont les principales causes. Il considère d'abord le vaisseau comme un pendule simple, ainsi que l'avoient fait tous les auteurs, et donne non-seulement l'expression du temps dans lequel il achève son roulis, mais encore celle de la vîtesse avec laquelle il l'exécute, ainsi que l'action que les mâts et le corps du navire éprouvent dans ce balancement. Il fait voir que cette action, qui est la première chose à laquelle on doive faire attention, n'est pas précisément en raison inverse des temps; qu'elle dépend aussi de la grandeur du roulis; et cette grandeur, le vaisseau toujours considéré comme un pendule simple, ne dépend en aucune manière du temps; elle est si éloignée d'en dépendre, que la plus grande action a lieu précisément au moment où le vaisseau cessant de se mouvoir est sur le point de se redresser.

Il examine ensuite le roulis qu'occasionne la lame, et le temps qu'elle emploie à passer sous le vaisseau, il fait voir combien la vîtesse de la lame influe sur ce balancement, et le peu dont les voiles altèrent ces effets; il démontre que ce temps est grand dans les petites lames, qu'il diminue jusqu'à être un *minimum*, et qu'il augmente de nouveau dans les plus grandes lames. Dans un vaisseau de 60 canons, la lame qui est à un peu plus de trois pieds de hauteur est celle qui passe le plus promptement sous sa carène, toutes les autres plus grandes ou plus petites emploient plus de temps; il fait remarquer la différence qui existe entre les lames agitées par un vent constant et celles qui subsistent après que le vent qui les a produit s'est calmé. L'auteur fait connoître à ce sujet l'erreur dans laquelle est tombé Bouguer sur ces dernières lames, en croyant que les roulis de la frégate le Triton duroient 4 secondes $\frac{1}{4}$. Il analyse scrupuleusement les avantages et les inconvéniens des différentes dispositions qu'on pourroit donner aux fardeaux qui composent la charge, soit en les éloignant ou les rapprochant du centre de gravité, soit en faisant varier la hauteur du métacentre, et il fait voir les grands inconvéniens qui auroient lieu en diminuant la distance du métacentre au centre de gravité; parce qu'alors les lames passeroient par-dessus le vaisseau et l'inonderoient; objet de la plus grande importance et qu'on n'avoit pas encore considéré.

Il donne ensuite la vraie théorie du roulis; il en déduit sa véritable durée, et fait voir qu'elle tient un milieu entre celle qu'on obtient en considérant le vaisseau comme un pendule, et celle qui auroit lieu par la seule action de la lame. Il détermine ensuite la grandeur du roulis, et fait voir qu'elle augmente considérablement lorsqu'on éloigne les poids de l'axe de rotation, ou qu'on diminue la hauteur du métacentre, sans que sa durée augmente sensiblement; d'où il résulte beaucoup plus d'inconvéniens d'inconvéniens que d'avantages. En effet, ayant trouvé la formule qui exprime l'action qu'éprouve la mâture, et en ayant déduit la moindre action, en faisant varier la durée du roulis, le vaisseau considéré comme un pendule simple, on trouve que cette durée correspondante à la moindre action est égale à celle que le vaisseau emploiroit à faire un roulis par la seule action de la lame : d'où il suit que pour obtenir cet avantage, il faudroit changer l'arrimage pour chaque espèce de lame, ce qui est impossible dans la pratique. De-là l'auteur conclud qu'il faut s'en tenir à une disposition d'arrimage qui convienne à un état moyen des lames, qui, par leur grandeur, peuvent faire craindre pour la mâture.

L'auteur calcule de même la moindre action de la mâture en faisant varier la distance du métacentre au centre de gravité; il trouve que dans ce cas il n'y a point de limites; que plus cette résistance sera grande plus la mâture sera exposée. Ce résultat pourroit induire à diminuer cette résistance le plus qu'il est possible; mais outre que ce parti seroit préjudiciable à la qualité de porter la voile, il en résulteroit nécessairement que la mer passeroit par-dessus le corps du navire; c'est ce qu'indique la formule qui exprime la hauteur des eaux sur le côté du vaisseau; enfin, on trouve que ces hauteurs sont comme les quarrés des durées des roulis : nouveau motif pour ne pas l'augmenter trop.

L'auteur applique sa théorie à des exemples. Le vaisseau de 60 canons étant arrimé d'une manière régulière, une lame de 36 pieds de hauteur s'élève sur son côté de 15 pieds $\frac{1}{2}$: en éloignant les poids de l'axe de rotation de $\frac{2}{5}$, la même lame s'élèvera de 21 pieds $\frac{1}{3}$; et en diminuant la distance du métacentre au centre de gravité de manière à la réduire au $\frac{2}{3}$ de ce qu'elle étoit, la lame s'éleveroit de 19 pieds; ainsi le côté de ce vaisseau ayant seulement 16 à 17 pieds au-dessus de la flotaison, il en résulte que, dans les deux dernières dispositions, chaque lame passeroit par-dessus le corps du navire et l'inonderoit; accident très-fâcheux, qui pourroit devenir funeste, et qu'il faut prévenir en renonçant un peu à la plus grande sûreté des mâts. Si d'un côté elle exige que ces roulis durent 4 ou 5 secondes, de l'autre l'élévation des eaux ne permet pas cette durée, elle en permet au plus une de 3 secondes. — Les frégates sont encore plus exposées à ces inondations, et exigent par cette raison qu'on tienne à proportion le métacentre plus élevé. Enfin, l'auteur apporte des exemples du peu de soin qu'on donne à ce point important, et finit ce qui concerne les roulis en donnant des règles pour se conduire avec sûreté dans ce point essentiel, et spécifiant des cas où les roulis peuvent devenir encore plus extraordinaires, et par conséquent plus redoutables. Don Georges traite ensuite le tangage dans le même ordre et avec la même étendue que le roulis; d'où il sembleroit résulter d'abord qu'on devroit en déduire les mêmes conséquences. Mais dans les roulis il n'étoit pas nécessaire d'avoir égard à la vîtesse du vaisseau, tandis que cette considération devient indispensable dans la théorie du tangage. C'est donc en considérant cet élément de plus qu'il détermine la vraie durée du tangage, et trouve qu'elle est d'autant plus petite que le sillage du navire est plus grand. Le vaisseau de 60 canons naviguant à la bouline avec 10 pieds de vîtesse par seconde, la lame ayant 9 pieds de hauteur, achèvera son tangage en moins de temps qu'en le considérant comme un pendule. Examinant ensuite la grandeur du tangage, sa plus grande vîtesse, l'action qui en résulte sur la mâture, et le cas de la moindre action, le vaisseau considéré comme un pendule, il en déduit les mêmes conséquences que pour le roulis. Mais dans ce dernier cas la durée de l'oscillation est moindre que celle qui seroit causée par la seule action de la lame, tandis que c'est le contraire dans le tangage. Par cette raison, au lieu d'éloigner les poids du centre de gravité pour soulager la mâture comme il seroit nécessaire dans le roulis, il faudroit au contraire les en rapprocher pour le tangage, en allégeant le plus qu'il est possible les extrémités du vaisseau.

L'auteur démontre également que l'action qu'éprouve la mâture dans le tangage est comme les quarrés des longueurs des navires; d'où l'on voit qu'il convient de ne pas trop les allonger dans la seule vue de leur procurer un peu plus de marche. La diminution de la distance du métacentre au centre de gravité conduit encore comme dans les roulis à diminuer le travail de la mâture; mais il en résulte aussi que les élévations des eaux à la proue seroient plus considérables; et d'autant plus que la vîtesse du vaisseau contribue dans le tangage à augmenter cet effet. Dans le vaisseau de 60 canons, naviguant à la bouline avec 10 pieds de vîtesse par seconde, il trouve qu'une lame de 9 pieds de hauteur s'élève de plus de 9 pieds à la proue, tandis quelle ne s'éléveroit même pas de 6 pieds si le vaisseau ne marchoit pas. Dans le même vaisseau, avec une lame de 36 pieds, l'eau s'éléveroit à 16 pieds, si le vaisseau étoit sans mouvement progressif, tandis qu'en lui supposant un sillage de 15 pieds par seconde, elle s'éléveroit jusqu'à 20 pieds $\frac{4}{25}$; c'est-à-dire plus de 3 pieds au-dessus du corps du navire. Ceci fait voir la nécessité de diminuer la voilure dans les vents forcés, comme le font tous les marins, et démontre l'impossibilité de porter toute la voilure comme l'a prétendu Bouguer. Lorsque les lames choquent par la poupe, la vîtesse du vaisseau produit un effet tout contraire; elle diminue l'élévation des eaux. Dans le cas ci-dessus, le vaisseau de 60 canons cinglant avec une vîtesse de 15 pieds par seconde, les lames ayant 36 pieds de hauteur, on trouve que les lames doivent s'élever seulement de 10 pieds $\frac{1}{2}$ à la poupe, tandis qu'on vient de voir quelles s'élèveroient de 20 pieds $\frac{4}{25}$ à la proue: cinq pieds de plus de vîtesse dans le vaisseau, ne diminueroient que d'un demi-pied l'élévation des eaux à la poupe. On voit de-là le peu de nécessité qu'il y a, naviguant vent arrière, de forcer beaucoup de voiles dans la vue seule de fuir la lame; il suffit d'en porter assez pour donner au vaisseau un sillage de 15 pieds par seconde, ou un peu plus.

I X.

De l'Arrimage.

La manière de lester et d'arrimer un vaisseau, ou d'en distribuer la charge dans ses différentes parties influe beaucoup sur sa marche et sur ses autres propriétés; aussi l'Académie des Sciences s'en occupa beaucoup, et elle a publié plusieurs pièces intéressantes sur ce sujet.

En 1761, il y eut deux pièces d'Euler et de Bossut; elles sont dans le septième volume des *Prix*.

En 1765, il y en eut quatre du cit. Groignard et du cit. Gauthier, habiles constructeurs, des citoyens Bossut, Bourdé de Vilhuet, officier de la marine marchande, connu par différens bons ouvrages, mort en 1787; elles sont dans le neuvième volume que le cit. de la Lande nous a procuré en 1777.

Groignard observe en commençant qu'il n'y avoit eu jusqu'alors pour l'arrimage aucune règle connue. On arrime encore aujourd'hui, dit-il, comme on faisoit au milieu du siècle dernier. On donne aux vaisseaux neufs la quantité de l'est assignée aux vaisseaux du même rang. On le place également dans tous, de la même façon; et si, lorsque l'arrimage est fini, le tirant d'eau n'est pas tel qu'on l'avoit projeté, on corrige cette différence avec du lest qui est en réserve, et que l'on transporte à une des extrémités pour rappeler le vaisseau au tirant d'eau que l'on désire. On tatonne un peu moins à la seconde campagne, et après plusieurs voyages, on se fait une espèce de règle pour la quantité de lest à mettre, et pour le tirant d'eau du vaisseau en mettant ce lest.

Les constructeurs un peu instruits, ne se trompent pas sur la quantité de lest à mettre dans les vaisseaux neufs, du moins pour ce qui regarde la hauteur de la batterie qu'ils se sont proposé de donner. Il leur suffit pour cela, de dresser un état exact de tous les poids qui entrent dans la construction et l'armement des vaisseaux, et cet état ne demande pas de grandes discussions ; mais le plus grand nombre d'entr'eux ne sauroit aller plus loin ; il est rare qu'ils déterminent avec précision la différence du tirant d'eau, le vaisseau étant sur son lest. L'auteur les a vu s'y tromper ; cependant, quoique cette connoissance influe sur le placement des diverses matières, autres que le lest, elle est moins importante que l'examen de l'arrimage, par rapport à la stabilité. Cet examen n'est pas plus minutieux que celui des pesanteurs, et on ne peut procéder à celui-ci sans rassembler les matériaux nécessaires pour l'autre. Il est vrai que ce n'est pas tant la stabilité que l'on doit chercher, que la quantité de cette stabilité, et son influence sur l'allure, le tangage et le roulis ; mais c'est toujours beaucoup que d'avoir reconnu que le vaisseau portera la voile. Il eut été à desirer qu'on s'en fut occupé dans la construction de tous les vaisseaux, au lieu de comparer simplement à l'œil les vaisseaux à faire aux vaisseaux construits et connus, et c'est ausi ce que Groignard entreprend de faire dans cette pièce.

Il explique les méthodes usitées dans les ports pour arrimer et lester les vaisseaux de toutes sortes de grandeurs et de différentes espèces. Il détaille la place de chaque chose soit dans les vaisseaux de roi, soit dans les vaisseaux marchands, qui servent aux différentes branches du commerce. Il explique le poids et la distribution des matières qu'on emploie dans l'arrimage des vaisseaux, et l'effet qu'elles produisent sur le sillage, sur les lignes d'eau, sur les propriétés de bien gouverner, de bien porter la voile, d'être doux à la mer, et sur les autres qualités du vaisseau.

Il calcule le déplacement d'eau de toutes les parties d'un vaisseau de 74, et chacune des parties qui y entrent ; il y expose les inconvéniens, et il propose des remèdes. Par exemple, il y entre deux cents tonneaux de lest ; mais cette quantité de lest sera-t-elle suffisante pour que le vaisseau porte bien la voile, et sera-t-elle distribuée de façon que lorsque le vaisseau sera chargée, il ait l'assiette ou la différence d'eau projettée. C'est là l'ouvrage du plus habile constructeur qui joint la théorie à la pratique, et la condition la plus essentielle du bon arrimage, qui étant une suite des combinaisons et des calculs de ce constructeur, doit concourir à procurer à son vaisseau les qualités qu'il a projetté de lui donner.

En combinant le plan de son vaisseau, il a calculé ses capacités ou son déplacement, et les a comparées aux poids qu'il doi porter; il a fixé la quantité de lest relativement à ces capacités; il examine si, avec cette quantité et telle espèce de lest répandu le plus uniformément dans la calle, et le plus éloigné des extrémités, le centre de gravité commun de toutes les matières, seroit effectivement au dessous du métacentre, et si son vaisseau auroit la stabilité nécessaire. D'après ces calculs il a déterminé le tirant d'eau de l'avant et de l'arrière, ou l'assiette de son vaisseau; il a arrêté et travaillé son plan en conséquence, trouvé les lignes d'eau les plus douces et les plus propres à diviser le fluide, il a placé le centre de gravité par rapport à la longueur du vaisseau, ou le centre de rotation le plus avantageusement, pour bien gouverner, et avoir les mouvemens doux; il a déterminé le point vélique; enfin, il a fait sur ce plan tous les calculs nécessaires pour s'assurer au plus haut degré de toutes les bonnes qualités que peut réunir le meilleur vaisseau de ce rang et de cette espèce.

Quelqu'attention qu'ait pris cet habile constructeur pour procurer à ce vaisseau les qualités supérieures, il ne faut qu'un mauvais arrimage pour en faire un mauvais vaisseau: cent tonneaux de lest de plus ou de moins, et différemment placés, vont tout gâter, et voici les inconvéniens qu'ils peuvent produire.

Je suppose qu'au lieu de 200 tonneaux de lest, qui, joints aux poids des différentes parties du chargement font un poids égal au déplacement d'eau du vaisseau, on en met 300, le vaisseau au lieu de conserver le tirant d'eau qu'il devoit avoir, enfoncera jusqu'à ce qu'il ait déplacé un volume d'eau égal à ce plus grand poids de 100 tonneaux, ce qui fait à-peu-près, pour un pareil vaisseau, une tranche ou excès de tirant d'eau d'environ six pouces; ainsi ce vaisseau qui devoit avoir cinq pieds de batterie n'aura plus que quatre pieds six pouces, et ne sera plus en état de se servir de sa première batterie pour peu que la mer soit grosse, ce qui mettroit dans le cas d'être pris par un vaisseau beaucoup plus petit.

Ce n'est pas là le seul inconvénient, ce plus grand tirant d'eau de six pouces ayant augmenté d'autant la colonne d'eau que sa proue doit refouler, sa marche doit être d'autant plus retardée que son poids a augmenté de 100 tonneaux. Il doit par la même raison trouver plus de difficulté à se mouvoir de côté, à virer de bord, et à obéir à son gouvernail, dont la partie haute ne fait pas grand effet. La stabilité de ce vaisseau ne devant exiger que 200 tonneaux de lest, l'augmentation inutile de 100 tonneaux doit rendre ses mouvemens trop durs et trop vifs, fatiguer le corps du vaissseau, et rompre sa mâture.

Enfin, si en mettant ces 100 tonneaux de lest de plus on les place au hazard, et de façon que le vaisseau n'enfonce pas parallèlement au premier tirant d'eau projetté, il doit en résulter un changement total dans la figure des lignes d'eau, dans la position du centre de gravité, et de rotation, du métacentre, du point vélique, ce n'est plus le même vaisseau, et toutes les combinaisons du constructeur deviennent inutiles.

Si au lieu de mettre 100 tonneaux de lest de plus, on mettoit 100 tonneaux de lest de moins que celui qu'on a trouvé nécessaire, le vaisseau en seroit d'autant plus léger et plus flottant, et il s'en faudroit d'environ six pouces, qu'il n'eût le tirant d'eau projetté c'est-à-dire, qu'au lieu d'avoir cinq pieds de batterie, il auroit cinq pieds et demi : mais alors cette plus grande hauteur de batterie et de tous les autres poids élevant le centre de gravité, et augmentant la bricole, et la quantité de lest n'étant pas suffisante à la stabilité du vaisseau, il ne porteroit pas la voile, et ne sauroit naviguer avec sûreté.

Dans le cas où il faut augmenter le lest sans produire des mouvemens trop durs, il faudroit avoir attention de choisir ce nouveau lest le plus léger qu'il est possible; de supprimer même le lest de fer qu'on avoit jugé nécessaire à la stabilité du vaisseau, pour le remplacer en pierres; d'élever le lest autant qu'on pourroit sur les aîles, ou sur le bout des varangues, et de faire ensorte que cette plus grande quantité de lest ne fasse pas trop baisser le centre de gravité commun du vaisseau par rapport au métacentre, ou n'augmente pas trop la stabilité : c'est-là le moyen de faire un bon arrimage et de tirer le meilleur parti d'un vaisseau, dont le plan a été bien fait et bien combiné.

Ceci doit s'appliquer aux vaisseaux de la Compagnie des Indes comme aux vaisseaux marchands : un bon constructeur, connoissant l'objet du commerce et la destination de chaque vaisseau, combine l'espèce et le poids des matières qu'il doit porter, et lui donne des capacités, un tirant d'eau, et une figure relative : mais si on changeoit l'espèce et la pesanteur spécifique des marchandises que ce vaisseau devoit porter, il faudroit augmenter, diminuer ou supprimer la quantité de lest, relativement à la différence du poids de ces marchandises.

Si on chargeoit, par exemple, un vaisseau de canons, de mortiers, de fer, ou de plomb, dont la pesanteur spécifique seroit considérablement plus grande que celle des matières qu'il devoit porter, il ne faudroit pas remplir sa calle de ces canons, parce que leur pesanteur étant beaucoup plus forte que leur déplacement, le vaisseau couleroit bas sous ce chargement; mais il faudroit en mettre seulement une quantité d'un poids égal au port du vaisseau. Comme cette espèce de chargement en canons seroit beaucoup plus lourd, tiendroit moins de place dans la calle, et auroit son centre de gravité beaucoup plus bas que le chargement ordinaire, la stabilité du vaisseau en seroit considérablement augmentée, et sa coque ainsi que sa mâture seroient en grand danger par la vivacité des mouvemens du tangage et du roulis ; c'est ce que l'expérience ne prouve que trop souvent pour de pareils arrimages faits au hasard.

On a jusqu'à aujourd'hui regardé comme impossible, ou très-difficile, de faire un bon arrimage de cette espèce. Le sûr moyen d'y réussir est de répandre et d'élever tout le changement qui occupera peu d'espace dans la calle, de façon que son centre de gravité se trouve à-peu-près semblablement placé par rapport à la longueur du vaisseau et à la même distance au-dessous du métacentre, que devoit être le centre de gravité du chargement ordinaire.

On peut se servir de plusieurs moyens pour élever ce chargement ou ces canons au-dessus de la carlingue ou du fond de calle. Je préférois, dit Groignard, un grillage de bois de sapin, le plus léger, où je pratiquerois le plus de vide, aux autres matières, comme fagots, billettes qui se compriment et se broyent dans les mouvemens du vaisseau, et ne produisent plus leur effet.

Le mémoire de Gauthier sur le même sujet n'a que 18 pages, mais il contient toutes les réflexions d'un savant constructeur sur la manière de procurer par l'arrimage ce qui manque aux qualités d'un vaisseau, et les avantages d'une contre-quille de fer dans certains cas.

Bourdé de Villhuet, qui avoit beaucoup d'expérience, donne aussi des réflexions utiles sur le défaut des arrimages ordinaires. On doit d'abord chercher, dit-il, à modérer le tangage, parce que c'est ce qui retarde le sillage, en même-temps que le mouvement fatigue extraordinairement un vaisseau et sa mâture : c'est presque toujours dans une de ces secousses qu'on voit les mâts se rompre, particulièrement quand l'avant se relève après avoir plongé.

Le roulis est proportionnellement plus grand que le tangage, mais on ne voit que peu d'accidens arriver par ce mouvement qui est toujours lent : cependant il est à propos de le prévenir le plus qu'il est possible, parce que la lame vient souvent de travers, et porte le vaisseau à de très-grandes inclinaisons sur le côté. On y parviendra facilement, sans empêcher le vaisseau de bien porter la voile, en arrimant le lest, quand il est en fer, sur les empalures des varangues de fond, parce qu'il rappelera avec moins de force le navire, lorsqu'il aura incliné en agissant sur un point qui sera un peu éloigné tribord et babord, plus bas que le centre de gravité du navire chargé. On observera de ne pas faire monter trop haut le lest des deux côtés du vaisseau, en remplissant l'entre-deux du premier et second plan, même du troisième, s'il est nécessaire, avec du bois, afin de les rendre immuables; ensuite on arrimera le reste en plein sans laisser de vide pour le bois au milieu, et lorsque tout le lest sera disposé et arrimé autour et sous le centre de gravité du vaisseau, comme nous venons de le dire, en l'étendant un peu sur l'avant et l'arrière de 20 à 30 pieds de ce point, en mettant plus dans l'une ou l'autre de ces parties pour tenir le vaisseau exactement au tirant d'eau marqué par le constructeur, on arrimera par-dessus très-solidement et à l'ordinaire la cargaison, observant de placer au fond les parties les plus pesantes et les plus capables de supporter le poids des autres que l'on doit arrimer par-dessus.

Il place le lest autour et fort près du centre de gravité du vaisseau, afin de rendre le mouvement du tangage moins rude que si le poids étoit éloigné sur l'avant et l'arrière de ce point. On verra ci-après d'autres réflexions de cet habile officier.

Les cinq commissaires qui jugeoient les pièces des prix crurent devoir associer à trois pièces d'une pratique éclairée celle du cit. Bossut, qui contenoit beaucoup d'algèbre, mais dans laquelle il en faisoit une application savante et utile aux influences de l'arrimage sur le mouvement du vaisseau et sur ses oscilations afin de les rendre plus petites: il donne la manière de terminer la position du métacentre; il en fait l'application au vaisseau de 90 canons, la Ville de Paris, construit par Deslauriers, en 1764, et dont il s'étoit procuré des mesures exactes.

Il examine l'influence de l'arrimage sur les mouvemens de rotation produits par le gouvernail et par les voiles. Il rapporte plusieurs exemples d'arrimage, et les jugemens portés par les capitaines sur les divers mouvemens des vaisseaux dont il s'agit, qui confirment plusieurs réflexions générales répandues dans le corps de son ouvrage. La plus importante de toutes, et qu'on ne sauroit trop répéter, est que la forme du vaisseau, la quantité et l'arrangement du lest relativement à la durée de la campagne, ont ensemble une étroite liaison, qu'il faut étudier, parce que de-là dépend le sort de la navigation.

Le cit. Dumaitz nous fournit aussi sur l'arrimage des considérations utiles. Il fait voir que le lest seul diminue le désavantage, que l'abaissement du centre de figure occasionne, et qu'ainsi s'il est permis de donner de la profondeur aux coupes qui portent le lest; comme tout ce qui se porte vers les extrémités n'a qu'une pésanteur spécifique très-foible, leur centre de figure doit être très-élevé, ce qui prouve l'utilité des façons et donne l'exclusion à une figure qui avoit été proposée et exécutée

en

en prétendant que c'étoit d'après l'expérience, ainsi qu'aux figures, qui, ayant le tirant d'eau ordinaire, auroient leur coupe principale formée en trapèze, et les côtés des autres coupes parallèles à ceux de la coupe principale : et cet auteur en tire une confirmation des figures reçues.

Lorsque le vaisseau s'incline beaucoup dans les routes obliques vû les gabarits ordinaires, le centre d'impulsion se porte plus avant, ainsi la position de la voilure restant la même, le vaisseau vient plus au vent. Radouai, ancien officier général de la marine, fit heureusement usage de cette remarque, dans une occasion très-importante : son navire se perdoit infailliblement, si, pour le faire arriver, il n'eût fait passer la plus grande partie de son équipage du côté du vent, pour diminuer l'inclinaison. Au reste, on voit que cette manœuvre ne doit réussir que dans les vaisseaux d'une certaine forme, mais elle n'en est pas moins utile, puisque cette forme est celle que les navires ont souvent.

Il restoit cependant encore beaucoup d'expériences à faire, et beaucoup de considérations de détail à discuter; ce fut l'objet d'un ouvrage intitulé : *Arrimage des vaisseaux*, publié sous le ministère du comte de la Luzerne, ministre et secrétaire d'Etat, ayant le département de la marine et des colonies, par M. Missiessy-Quiès, lieutenant de vaisseaux. Il commence à rendre justice à Bourdé auteur d'un des quatre mémoires de 1765. Cet auteur découvrit le vrai principe fondamental de l'arrimage, en supposant le vaisseau coupé de l'arrière à l'avant en un certain nombres de tranches verticales pour faire ensorte que chacune de ces tranches, y compris son poids et celui de tout ce qu'elle contient, ne fût pas plus pesante que son déplacement d'eau. De cette manière le vaisseau semble bien porter partout sa charge; mais Bourdé ajouta à cette idée qu'il vaut mieux que les tranches des extrémités déplacent plus d'eau quelles ne pèsent, parce qu'étant obligées d'enfoncer dans le fluide par leur adhérence aux tranches du milieu, que l'on chargera davantage, elles seront soutenues par la poussée verticale de l'eau et empêcheront en partie la tendance que tous les vaisseaux ont à se délier dans le sens de leur longueur, en même temps quelles diminueront le mouvement du tangage, puisqu'elles tendront continuellement à le lever, ainsi le sillage ne sera que peu retardé par le mouvement qui deviendra très-lent. M. Missiessy regarde la chose comme susceptible d'une application très-essentielle et fort praticable dans les vaisseaux de guerre qui ont toujours une partie de leur cale à vide.

M. Bourdé de Vilhuet, dit dans un autre endroit du même mémoire, que les câbles et les cordages de rechange, au lieu d'être placés à l'avant, seroient bien mieux au milieu, parce qu'ils ne chargeroient pas l'extrémité du vaisseau et le fatigueroient moins.

Tels ont été les principes que le comte de Kersaint, capitaine de vaisseau a employés en 1787, dans l'armement du vaisseau le Léopard de 74 canons qu'il commandoit pour en faire l'essai, avec d'autres changemens proposés par lui dans la mâture, dans la voilure, dans le grément, et presque dans toutes les parties qui constituent l'équipement d'un vaisseau. Il a été le premier à faire exécuter la division du vaisseau en plusieurs tranches verticales, à faire calculer le déplacement d'eau de chacune de ces tranches, à faire connoître le poids de chaque objet composant la charge du vaisseau, à faire des changemens dans la disposition générale de ces objets, pour alléger les extrémités du vaisseau, et les charger des poids consommables; à faire placer les câbles, les cordages de rechange et les poids durables dans le centre. Il y a fait d'autres innovations très-utiles, dont la marine lui est redevable; on lui doit surtout d'avoir excité un grand mouvement dans les esprits pour approfondir les différentes parties de la marine. Par une suite de ce mouvement général et des changemens opérés sur le Léopard, les idées du de M. Missiessy se sont étendues, et lui ont fait appercevoir d'autres conditions dans l'arrimage. Il les développe dans son livre ainsi que la méthode qui lui a paru la plus facile dans la pratique, pour parvenir aux moyens de les connoître, car il en est de l'arrimage comme des qualités qu'exige la construction, elles se contrarient presque toutes, et ce n'est qu'en les conciliant par des sacrifices qu'on parvient à faire le meilleur vaisseau.

Le développement de cette méthode est ici appliqué à l'arrimage d'un vaisseau de 74 canons armé en guerre avec 700 hommes d'équipage, sept mois de vivres et quatre mois d'eau, semblable au vaisseau le Léopard, le seul dont on connoisse assez les dimensions pour assurer les résultats.

Les conditions de l'arrimage sont que la distribution des objets composant la charge du vaisseau procure la plus grande stabilité; que chaque partie du vaisseau soit chargée d'un poids proportionné à son déplacement d'eau; que les poids durables soient placés de préférence au centre du vaisseau, et ceux qui se consomment, aux extrémités, afin que la consommation générale des objets consommables dans les différentes parties du vaisseau procure le moyen de le maintenir constamment dans l'assiette qui lui est la plus avantageuse : enfin, que chaque objet par la position qu'il occupe, donne la facilité d'en faire usage et maintienne la conservation qui lui est nécessaire.

L'auteur donne en détail les dimensions, le poids et le déplacement d'un navire. Le poids total est de 1540 tonneaux, chacun de deux milliers, et il y en a 939 pour la totalité des objets qu'on peut distribuer dans les différentes parties pour obtenir le meilleur arrimage. Il divise le vaisseau en huit tranches verticales dont il détermine le volume, le poids et la destination d'après l'expérience. Il divise la hauteur en quatre plans horizontaux, dans lesquels il distribue tous les objets de l'arrimage.

C'est en conséquence des avantages que lui a fait appercevoir l'état général des objets inamovibles, qu'il établit la méthode la plus facile pour obtenir les conditions de l'arrimage le meilleur possible. Elle consiste à dresser un état général des objets consommables, accompagné d'observations qui rendent compte des motifs de la position que chaque objet y occupe, parce qu'en vérifiant ces motifs, ainsi que les résultats du poids de chacun d'eux dans les tranches, on parviendra à connoître les changemens qu'il est avantageux de faire et à quel point il faudra s'arrêter. C'est en agissant ainsi, et en vérifiant plusieurs fois la position donnée à chaque objet que M. Missiessy a senti la nécessité de placer le biscuit dans le milieu du vaisseau pour obtenir chaque mois un rapport de consommation entre les tranches correspondantes, semblable au rapport de leur déplacement. Il a senti aussi qu'il étoit avantageux de placer autant d'objets consommables qu'il seroit possible dans le centre du vaisseau, et sans diminuer la stabilité, parce qu'on jouiroit même en partant du plus grand allègement aux extrémités, tandis qu'autrement on ne pourroit obtenir cet avantage qu'au bout d'un mois ou deux de campagne.

Les nouvelles cuisines proposées par Kersaint et exécutées à bord du Léopard, ayant prouvé par l'expérience quelles réunissoient les avantages qu'on pouvoit désirer, et quelles s'alimentoient indifféremment avec du bois et du charbon de terre; l'auteur a employé le charbon de terre de préférence au bois, parce qu'il est facile de placer le charbon de terre pour sept mois de campagne, et qu'il est impossible de loger le bois pour tout ce temps; d'ailleurs, le bois qui auroit pu être contenu dans la cale, n'auroit jamais été placé aussi avantageusement que le charbon de terre l'est pour sept mois de campagne. Dans la table générale des objets inamovibles compris dans la charge, on trouve des observations sur les objets susceptibles de changement, par exemple : pour les ancres des bossoirs. Dans l'état général des objets inconsommables on trouve également des observations sur la position de chacun, surtout pour le lest. Il a pour objet de compléter la charge du vaisseau et d'augmenter la stabilité. Pour que le lest procure toute la stabilité possible, il faut qu'il soit placé dans les parties les plus éloignées de la ligne de flottaison en charge; l'endroit le plus loin

Ppp 2

seroit de l'arrière par la différence de tirant d'eau sur lequel le vaisseau navigue; mais la différence d'acculement rend l'arrière plus près de la ligne de flottaison que le centre. C'est donc dans le centre qu'il faut placer le lest, en le répandant de l'arrière et de l'avant de manière que la superficie de la totalité du lest soit une ligne parallèle à la ligne de flottaison en charge, pour qu'il occupe la position la plus avantageuse. La charge du vaisseau ayant besoin d'être complétée par deux cents tonneaux de lest, et l'ordonnance prescrivant de faire usage du lest de fer, on a employé ici deux cents tonneaux de lest de fer. On voit dans les planches la manière dont on les a placés.

La position des câbles est aussi l'objet d'un changement utile, comme ils sont fort lourds, ils doivent être placés au centre du vaisseau, dans une position qui réunisse les avantages de la stabilité, et la facilité pour en faire usage, et qui soit à l'abri des boulets de l'ennemi. Ainsi l'auteur rend compte de la position de chaque partie des objets inconsommables. On trouve ensuite un état général des objets consommables avec des remarques.

La farine, mise en quarts ou en boucaults doit être placée, ainsi que les autres espèces de vivres, dans la cale, afin qu'elle contribue à la plus grande stabilité, et doit être répartie de manière qu'elle concourre, par sa consommation, au balancement de la consommation générale, et quelle soit le plus près possible du centre du vaisseau, afin que dès en partant les extrémités aient une grande légèreté. L'auteur a placé la farine en conséquence sur les pièces du second plan, en trois plans, et il l'a repartie dans trois tranches, le plus près possible du centre du vaisseau; ainsi sa position procure tous les avantages désirables.

La troisième tranche en avant renferme 48 quarts de farine; la deuxième tranche avant 144 quarts; la deuxième tranche arrière 144 quarts. Le biscuit doit être distribué de manière que sa consommation concourre au balancement de la consommation générale; qu'il occupe les parties du vaisseau les moins susceptibles d'humidité, qu'il soit placé de préférence dans des soutes, à cause de son encombrement; que ces soutes aient peu d'étendue pour prévenir la pourriture, et quelles soient le plus près possible du centre du vaisseau, sans nuire à la stabilité, afin que même en partant, les extrémités aient une grande légèreté. L'auteur place le biscuit dans différentes tranches, une partie entre le faux pont et la soute aux poudres, et le reste sur le faux pont dans des soutes de peu d'étendue, et rapprochées également du centre du vaisseau autant qu'il a été possible, en conservant la même stabilité; ainsi sa position procure tous les avantages qu'on peut désirer.

Après avoir ainsi expliqué la position de tous les objets, le cit. M... donne la comparaison du poids de la charge de la consommation de chaque mois, entre les tranches correspondantes, avec le rapport de leur déplacement d'eau. En comparant le rapport des poids avec celui des déplacemens, il trouve quelles sont les tranches qui sont trop chargées ou trop peu, pour qu'il y ait une juste proportion entre des résultats relatifs à la stabilité, à la charge de chaque tranche, à la légèreté de la charge des extrémités du vaisseau, aux poids durables dans le centre du vaisseau et à ceux qui se consomment vers les extrémités, à la consommation générale qui doit conserver le vaisseau dans l'assiette qui lui est la plus avantageuse, enfin à la facilité de faire usage de chaque objet, et à la conservation qui lui est nécessaire.

Cet ouvrage a procuré à la marine une collection de maximes et de préceptes, qui ont avancé beaucoup la doctrine de l'arrimage.

Ce qu'on appelle l'Installation des vaisseaux a beaucoup de rapport à l'arrimage et le cit. Missiessy en a fait, en 1798, le sujet d'un ouvrage considérable que le ministre de la marine a fait imprimer, afin qu'il y eût dans tous les vaisseaux des principes fixes et une unité de dispositions; c'étoit une des parties de la marine les moins avancées, quoi qu'elle constitue pour ainsi dire l'organisation du bâtiment, en appropriant chaque lieu à la qualité, et au volume des objets fixes et mobiles à y placer, et en le disposant à tout ce que la navigation, l'attaque et la défense peuvent en exiger. Peut-être que les rapports de l'installation avec le grément et l'arrimage sont cause qu'on a négligé de l'envisager théoriquement et ont empêché de lui donner cette attention particulière, qui compare les dispositions usitées avec les principes résultans de nos connoissances. Marche que doit tenir l'esprit pour faire des progrès dans les arts et réformer les erreurs.

C'est cette analyse qui a conduit l'auteur a reconnoître que l'installation devoit comprendre l'établissement de ce qui reste fixé a demeure dans les différentes parties du bâtiment, de ce qui concourt à l'attaque et à la défense, et de ce qui, dans le logement des individus, est susceptible de déplacement dans le branle-bas, c'est-à-dire, lorsqu'on est obligé d'y détendre les hamacs, pour se préparer au combat. Cet ouvrage offre une analyse fondée sur l'expérience et la méditation de l'usage auquel est destinée chaque partie du bâtiment et des objets qui lui sont propres : il indique ensuite avec méthode toutes les améliorations et tous les changemens avantageux qu'on peut y faire, pour la qualité et le volume des objets fixes et mobiles à placer dans chacune d'elles, et tout ce que la navigation, l'attaque et la défense peuvent en exiger, soit arrangé et disposé de manière à concourir à la stabilité du bâtiment, à l'allégement de ses extrémités, à la salubrité de l'air, au bien-être de tous les individus, au facile usage, à la conservation de chaque objet, et à l'accélération du dispositif du combat, et de celui d'une manœuvre générale, qui auroient lieu en même-temps dans un branle-bas pressé ou de surprise.

La cale est envisagée, dans cet ouvrage, comme devant être libre et dégagée de tous les objets que la sûreté du bâtiment, sa liaison et le service ne nécessite pas, afin qu'elle conserve la plus grande capacité, et que tous les objets utiles dans ce lieu puissent y être placés de la manière la plus favorable : en conséquence l'auteur indique l'emménagement et la dimension de la soute aux poudres, des caissons à gargousses, de l'archipompe, du puits à boulets, pour qu'ils assurent tous les avantages qui leur sont propres, en occupant le moins d'étendue possible.

Le faux pont y est considéré comme établi pour mettre une séparation d'avec les objets de la cale dont l'adhérence seroit nuisible, pour faciliter la communication de l'avant à l'arrière, et dans la largeur du bâtiment, pour placer en lieu sûr et à portée des secours les malades et les blessés pendant le combat, pour faire coucher au-dessus une partie de l'équipage, pour renfermer les vivres secs, les rechanges et les hardes de chaque individu, qui se trouvent ainsi préservés de l'humidité et du déplacement dans le branle-bas. En conséquence, il fixe le nombre et l'emplacement des hamacs désignés aux personnes par des numéros, ainsi que la position et l'étendue des établissemens nécessaires aux vivres secs, aux rechanges du vaisseau, aux hardes de chaque individu, pour qu'ils concourent non-seulement aux chargemens des tranches proportionnément au poids de leur déplacement d'eau, à l'allégement de ses extrémités, et aux moyens de faciliter un balancement dans la consommation journalière ; qui maintienne le vaisseau dans l'assiette qui lui est la plus avantageuse ; mais encore pour qu'ils n'empêchent pas la circulation de l'air dans le faux-pont, et qu'ils donnent les moyens de réparer ou de boucher avec facilité et célérité une voie d'eau, ou un trou de boulet. A la suite de cela, il présente tout ce que nécessite un branle-bas de surprise la nuit, et fait voir que la manière dont il place et dispose chaque chose contribue à accélérer le dispositif du combat et celui d'une manœuvre générale qui auroient lieu en même-temps.

La première batterie y est envisagée comme devant faciliter les moyens de communications avec le faux-pont et la calle; donner à l'artillerie qui y est placée tous les moyens d'assujettissement pendant la navigation, et de facilité dans le service. Contenir les armes pour les hommes de la première batterie qui font partie du rôle d'abordage, avoir les échelles qui peuvent rendre facile la communication de la première batterie à la deuxième, afin que le nombre, que l'attaque ou la défense de l'abordage est dans le cas de nécessiter, puissent monter tout-à-la-fois. Séparer les objets de l'équipement, de chaque canon renfermant de la poudre, afin qu'ils soient à l'abri de tout accident. Renfermer tout ce qui contribue à la retenue des cables, lorsqu'on est au mouillage ; avoir tous les établissemens qui peuvent favoriser le prompt appareillage des ancres ou autres manœuvres, et la mobilité de la barre du gouvernail. Renfermer les hamacs de toutes les personnes qui peuvent y coucher sans gêne et sans nuire au prompt dispositif du combat, ainsi que le four double, afin de pouvoir donner du pain frais à l'équipage de temps-en-temps, et même le nourrir en entier, si un départ pressé n'avoit pas donné le temps de confectionner du biscuit.

La seconde batterie y est envisagée comme la première, pour ce qui leur est commun, et comme devant faciliter l'action de la fausse barre du gouvernail et sa mise en place, l'orientement des basses voiles pour qu'elles soient le plus possible dans le plan de leur vergue, et l'assujettissement des bâtimens à rames, afin qu'ils ne cèdent pas au mouvement du bâtiment; on y voit les établissemens nécessaires, si le vaisseau n'a pas de dunette pour loger le capitaine, sans cependant occasionner le moindre retard au dispositif du combat. La place des ustenciles, celle de la cuisine en fer, dans le genre de celle de Kersaint, comme la plus avantageuse de toutes; le reste des hamacs, pour que chaque individu de l'équipage ait le sien, et tendu sans que leur position, lorsqu'ils sont en place, puissent empêcher de tirer les canons de la seconde batterie, les charniers à eau, la mâture de rechange sur potence sous les baux des gaillards, afin qu'elles soient plus à portée de se voir et plus à l'abri des boulets et de la mitraille. Les boucles, les poulies pour les cordages, dont l'action simultanée en carguant tous les voiles à-la-fois, n'auroit pas le développement nécessaire sur les gaillards. Enfin les ustenciles de table et de cuisine d'un usage journalier. A la suite de cela, il présente comme dans le faux-pont et la première batterie, tout ce que nécessite un branle-bas de surprise la nuit, et fait voir que les nouvelles dispositions indiquées contribuent à l'accélération du dispositif du combat et à celui d'une manœuvre générale qui auroient lieu en même-temps.

Les gaillards et les passe-avants y sont envisagés sous les rapports de la défense et de la manœuvre, et comme devant contenir la roue du gouvernail et l'axiomètre, les habitacles pour les timonniers et pour l'officier de quart, les boucles, les poulies de retour, les rouets de poulies et les taquets d'amarage nécessaires à toutes les manœuvres ; on place autour de chaque mât celles dont l'aboutissement y est le plus avantageux et celles qui sont dans le cas de servir pendant le combat, afin que le service des canons de gaillards ne soit pas interrompu par la manœuvre, et le long du bord toutes celles qui ne sont pas dans le cas de servir pendant le combat. Il faut avoir les taquets d'amarage pour des grosses ancres, et des ancres à jêt aux différentes parties du vaisseau le moins contraires à ses qualités.

Il faut rendre le bastinguage moins pénétrable par la mitraille, et le moins accessible au feu et à la poudre enflammée, sans qu'il soit trop pesant et trop difficile à enlever. On y voit les établissemens nécessaires, si le vaisseau a une dunette pour loger le capitaine. Les échelles pour communiquer avec la dunette sans qu'il soit nécessaire de les déplacer dans le branle-bas ; les pavillons, les flammes et guidons pour les signaux afin qu'ils soient très-en vue et sous la main à l'instant qu'on en a besoin. Les bouées de sauvetage, le porte-voix, les bailles renfermant les lignes et plombs de sonde et les drisses des huniers. Il présente, comme dans le faux pont, la première et la seconde batterie tout ce que nécessite un branle-bas de surprise, et prouve que la manière dont il y établit et dispose chaque chose, favorise l'accélération du dispositif du combat. L'ouvrage contient aussi les dimensions et la forme des hunes, pour qu'avec moins de surface et de poids, elles donnent un plus grand soutien dans les efforts du travers et du vent arrière, et fatiguent moins la toile des huniers ; enfin tout ce que le dispositif du combat nécessite dans les hunes. Les dehors du vaisseau sont envisagés dans les dimensions de la poupe et de la poulaine, pour que leur volume et leur poids nuisent le moins possible aux qualités du vaisseau ; dans les dimensions du gouvernail, pour qu'il obtienne par sa forme la plus grande puissance avec le moins de prise possible à la lame. Dans celles des porte-haubans, pour qu'ils facilitent les moyens de donner à chaque bas-mât les mêmes angles d'épatement pour le travers et le vent-arrière, afin qu'ayant des angles de soutien égaux, la surveillance sur un seul mât suffise pour connoître l'effort que les autres éprouvent au même instant : ils sont aussi envisagés dans la position de toutes les manœuvres qui y font dormant, c'est-à-dire qui ont une partie, quoique le reste du cordage ait du mouvement dans l'angle de position des bossoirs avec la quille et dans leur saillie, pour faire à la ralingue de bordure de la misaine, depuis le point où elle s'amure jusqu'au premier hauban dessous le vent le même angle avec la quille que celui que fait la ralingue de bordure de la grande voile, depuis son dogue d'amure jusqu'au premier hauban dessous

sous le vent, afin que l'orientement de ces deux voiles soit égal autant qu'il est possible; dans les ouvertures pour donner de l'air dans les faux ponts; enfin dans les rouleaux en dehors des écubiers pour faciliter la rentrée du cable dans l'appareillage des ancres. Ainsi cet ouvrage, réuni au précédent, contient tout ce qu'on pouvoit dire de mieux pour la perfection de l'arrimage.

Nous avons fait voir jusqu'ici combien la réunion de la théorie et de la pratique ont été utiles à la navigation, et doivent l'être encore : posséder cette théorie dans toute son étendue, paroît surpasser les forces de l'esprit humain ; on est donc obligé de se contenter d'une partie de cette science vaste, c'est-à-dire, d'en savoir assez pour donner aux vaisseaux les qualités principales dont on a besoin :

1°. Qu'un bâtiment, avec un certain tirant d'eau, puisse contenir et porter la charge pour laquelle il est destiné.

2°. Qu'il ait une stabilité suffisante.

3°. Qu'il se comporte bien à la mer, de façon que les mouvemens de roulis et de tangage n'en soient pas trop vifs.

4°. Qu'il marche bien vent arrière comme au plus près et qu'il gagne dans le vent.

5°. Qu'il ne soit pas trop ardent, et cependant qu'il vire facilement de bord.

Dans toutes ces qualités, il y en a dont les causes se contrarient directement; il s'agit de trouver, au moyen de la théorie et de la pratique, un milieu qui produise un maximum pour l'objet qu'on se propose. C'est le sujet du traité de Bouguer et de don Georges qui sont précieux par la réunion de la théorie et de la pratique.

Mais la construction a un grand désagrément, c'est que quand même on auroit suivi la théorie avec la plus grande exactitude, et qu'on auroit, d'après les règles, exécuté avec le plus grand soin, le constructeur peut cependant courir risque de perdre sa réputation; car, quoique un vaisseau ait été construit d'après toutes les règles que prescrivent la théorie et la pratique, que ses mâts et vergues soient bien placés et dans leur vrai rapport, qu'on soit sûr enfin que ce bâtiment possède toutes les meilleures qualités; il peut cependant arriver qu'un tel vaisseau se comporte très mal.

1°. Quoique le grément du vaisseau, quand les mâts et les vergues sont placés en leur lieu, et sont dans un juste rapport, ne soit pas un objet si considérable que chaque marin n'en doive connoître les proportions, il arrive cependant souvent qu'on emploie des manœuvres trop fortes et des poulies trop grosses, ce qui produit un poids trop considérable dans les hauts. Il peut aussi se trouver que les voiles soient mal coupées, le vaisseau perdra par cette raison, l'avantage de bien marcher au plus près, de bien virer de bord : d'où il peut résulter de grands inconvéniens, où la forme du bâtiment n'ait aucune part.

2°. Le vaisseau est encore exposé à perdre de ses qualités par une mauvaise disposition de son arrimage. Si la charge est trop bas, le moment de stabilité deviendra trop grand, ce qui doit produire des mouvemens de roulis durs. Au contraire, si l'on élève trop le poids de la charge le vaisseau portera mal la voile, lorsqu'il ventera bon frais, et il ne pourroit se relever d'une côte où il seroit affalé. Si on le charge trop à ses extrémités, il sera sujet à un grand mouvement de tangage, qui retardera beaucoup sa marche, et a plusieurs autres inconvéniens qui ne proviennent pas d'avantage du bâtiment en lui-même.

3°. La bonne manière de se comporter d'un navire dépend aussi beaucoup de la manœuvre, car si les voiles ne sont pas bien orientées, par rapport à la direction du vent et de la route, on perdra de la marche. Il pourra devenir lâche au point de manquer de virer de bord, ce qui met souvent un vaisseau dans une position critique. Dans les soins du manœuvrier, on comprend l'attention au tirant d'eau, et à la manière de vider les haubans et étais, dont dépendent beaucoup les qualités du vaisseau : au surplus, la bonne manœuvre est d'une plus grande conséquence sur un corsaire que sur un bâtiment marchand.

Le manœuvrier doit savoir tirer le meilleur parti des qualités de son bâtiment pour parvenir à ses fins, puisqu'il a affaire à un ennemi qui pourroit profiter de ses fautes pour se rendre maître de l'attaquer, et le réduire à la seule défensive; ou bien il est possible qu'il manque de se retirer de devant un ennemi supérieur, quoique son vaisseau soit bon. Ainsi, un armateur peut faire des pertes considérables moins par les défauts de son bâtiment, que par l'ignorance de celui qui le commande. Aussi ne voit-on que trop souvent qu'un vaisseau montre les meilleures qualités pendant une campagne, et les plus mauvaises pendant une autre.

Un vaisseau de la meilleure construction ne manifestera ses bonnes qualités que lorsqu'il sera en même-temps bien gréé, bien arrimé, et bien manœuvré de la part de ceux qui le commandent. Voilà ce qui rend l'art de la marine si difficile, voilà ce qui fait qu'il y a si peu de bons marins, qu'il faut si long-temps pour les former, et que la supériorité d'une nation dans la marine ne peut être que le fruit d'une longue expérienee et d'une théorie éclairée. Le ministère françois changeoit trop souvent de principes relativement à la marine, elle a été alternativement pratiquée et négligée ; la révolution l'a presque anéantie; mais Bonaparte en a trop bien senti les avantages pour que nous n'espérions pas de la voir se relever.

X.

*De l'*Examen maritime *de don Georges-Juan.*

Je ne puis mieux terminer cette histoire de la navigation qu'en faisant connoître en détail l'ouvrage le meilleur, le plus savant et le plus complet qu'il y ait sur la construction et la manœuvre, et je le ferai d'après le savant traducteur, le cit. Pierre Lévêque, qui l'a augmenté et amélioré, et qui m'en a donné une notice, qu'aucun autre que lui n'auroit pu faire aussi bien. J'ai déjà parlé plusieurs fois de cet excellent ouvrage, ainsi je ne mettrai ici que les parties sur lesquelles je n'ai pas eu occasion d'insister dans les articles précédens. Voici d'abord le titre de l'ouvrage.

Examen maritimo theórico-práctico, ó Tratado de mechanica applicado á la construccion, conocimiento y manejo de los navios y demas embarcaciones; por D. Jorge Juan, *comendador de Aliaga en la orden de San-Juan, xefe de esquadra de la real armada, capitan de la compania de Gardias marines, de la sociedad de Londres y de la academia real de Berlin. — En Madrid*, M. DCC. LXXI, 2 vol. *in*-4°.

Qui descendunt mare in navibus facientes operationem in aquis multis :
Ipsi viderunt opera domini et mirabilia ejus in profundo.

Il y a peu d'ouvrages aussi importans pour la marine, et cependant il ne fut point connu en France avant 1783, époque où la traduction françoise a été publiée (1). Juan avoit le rare avantage d'être un profond géomètre et un des plus grands navigateurs; il avoit accompagné Bouguer au Pérou, pour la mesure de la terre, dès 1736.

Juan sentit de bonne heure que le concours de la théorie et de l'expérience est absolument nécessaire à la perfection du grand art de la marine; mais en jetant un coup-d'œil sur les difficultés que cette réunion présente, on ne doit pas être étonné de l'ignorance des siècles précédens. L'homme de mer, occupé tout entier de la pratique, destiné à l'action, et fatigué par des travaux forcés, ne trouve plus le temps, ni les dispositions d'esprit nécessaires pour des études aussi étendues et aussi pénibles. D'un autre côté, le savant qui a besoin d'une grande tranquillité pour ses méditations, ne cherche nullement à s'exposer aux fatigues extrêmes et aux risques dans lesquels le navigateur passe sa vie. Cependant l'expérience ne manque

(1) On trouve cette traduction, à Paris, chez Firmin Didot.

jamais d'apprendre des choses qu'il eût été presque impossible de découvrir, même de prévoir, par la seule théorie : don Georges-Juan réunissoit la théorie et l'expérience à un très-haut degré ; aussi a-t-il donné des règles très-importantes, et rejeté un grand nombre de celles qui étoient admises par les hommes les plus éclairés.

Nous allons donc donner une analyse succincte des principaux objets traités dans l'*Examen maritime*, dont nous ne pouvons trop conseiller la lecture et l'étude à tous les navigateurs, surtout à ceux qui se destinent à l'art de la construction des vaisseaux, et à ceux qui les conduisent.

L'auteur commence par établir les principes de mécanique, particulièrement sur l'action et le mouvement des fluides; tous ces objets conviennent à la marine et conduisent directement à la solution des questions délicates et embarrassantes que cette science présente. Il explique les lois du mouvement simple et composé ; de la composition et décomposition du mouvement et des forces agissantes ; des centres de gravité et des puissances. Il expose la théorie du mouvement de rotation d'un système de corps libres ou liés entr'eux ; la théorie des pendules ; les propriétés des leviers des trois genres, considérés dans l'état de mouvement, et non-seulement dans celui de repos, comme on l'avoit toujours fait. Il détermine le rayon de rotation et son centre, et fait voir que ce point ne peut être fixe, à moins qu'il ne soit le centre de gravité. Suit une théorie absolument nouvelle et très-étendue de la percussion. L'auteur applique sa théorie à plusieurs expériences, et compare la force de percussion à celle de pression ou à la gravité, autant qu'il est possible. Ce chapitre est un des plus remarquables de cette partie de la mécanique. Il fait voir que les centres de percussion et d'oscillation ne sont pas toujours les mêmes, comme l'ont cru plusieurs auteurs. Il traite après cela du mouvement des corps sur des plans inclinés ou sur des surfaces courbes. La théorie du frottement y est exposée dans le plus grand détail ; il fait voir qu'il n'est pas seulement proportionnel à la pression, comme on l'a enseigné d'après Amontons et Billinger. Il fait connoître le défaut de la théorie d'Euler, et met en évidence la conformité de la sienne avec les faits. Enfin, ce premier livre est terminé par la théorie des machines simples, en ayant égard au frottement, attention absolument nécessaire pour en déduire leurs véritables effets. Il calcule leur plus grand et leur plus petit effet, et en donne l'application à quelques faits de pratique.

Nous avons parlé de sa théorie des fluides ; il développe les momens dont les corps éprouvent l'action dans leur mouvement progressif horizontal dans les fluides ; la stabilité qui résulte de ces momens, tant dans le cas du repos que dans celui du mouvement ; les inclinaisons que prennent les corps par l'impulsion de puissances quelconques, et l'auteur éclaircit le tout par des exemples.

Il s'agit ensuite des momens que subissent les corps dans leur rotation dans les fluides, au tour d'un axe passant par leur centre de gravité. Enfin, il donne les formules des vîtesses angulaires des mêmes corps, et détermine la longueur des pendules dont les oscillations sont isochrones avec les leurs, et les plus grandes et plus petites vîtesses qu'ils peuvent acquérir dans leurs oscillations. Enfin, le premier volume est terminé par deux appendices, le premier sur la théorie des cerf-volans, que les Espagnols appellent des *comètes* ; le second est sur la résistance des fluides dans les machines qu'ils mettent en mouvement. Ces deux circonstances fournissent à l'auteur une confirmation aussi sensible qu'importante à sa *Théorie des fluides*. Les expériences contenues dans le deuxième appendice sont de J. Smeaton, et faites avec une machine de son invention, pour déterminer la force que l'eau exerce sur les roues quelle fait tourner, telles que les roues des moulins. Les résultats des vingt-sept expériences sont entièrement d'accord avec la théorie de don Georges, et sont d'autant plus concluantes qu'elles ont été faites long temps auparavant, dans des vues très différentes.

Le second volume traite des applications directes des principes à la marine; il est divisé en cinq livres. Dans le premier livre, l'auteur traite de tout ce qui appartient à la connoissance et à la construction du navire ; il donne d'abord une idée générale des bâtimens de mer, des propriétés qui leur conviennent, traite de leur figure, de la manière de les gouverner, de la disposition de leurs mâts et voiles, de la variété qu'il peut y avoir dans les bâtimens de mer ; et il expose les procédés les plus anciens employés pour les construire, et l'art de tracer les plans de ces anciennes constructions. L'auteur traite ensuite du tracé des plans suivant la pratique actuelle des constructeurs françois et anglois les plus instruits, et expose une nouvelle méthode géométrique de son invention pour tracer ces plans en formant tous les couples d'une extrémité du navire à l'autre par un systême d'arcs de cercle; on évite par ce moyen le grand nombre de tâtonnemens qui sont inévitables par les autres méthodes. Ce livre est terminé par la description des œuvres mortes et par celle des ponts.

L'auteur examine, dans le livre II, le corps du navire, ses différens centres, ses forces et ses momens. On y voit les propriétés de la ligne de flottaison, et son influence sur les qualités du vaisseau, avec beaucoup d'exemples d'une pratique journalière, tant pour régler le poids total du vaisseau que celui de sa coque. On y trouve les volumes déplacés par les vaisseaux de différens rangs, et la relation qu'ont ces volumes avec les dimensions linéaires des capacités. L'auteur donne aussi des préceptes faciles pour régler l'échantillon des pièces qui entrent dans les différentes parties de la construction, et pour déterminer la grandeur des vaisseaux relativement à l'artillerie qu'ils doivent porter, et à la variété des autres poids dont ils doivent être chargés ; ainsi que les rapports que les capacités ont, et doivent avoir, avec le poids total des vaisseaux, y compris leurs munitions, et les autres objets qui composent le total de l'armement.

Don Georges Juan donne la manière de trouver le centre du volume déplacé, et en fait l'application à un exemple ; il explique comment il peut arriver que ce centre varie, et donne la manière de le trouver dans des vaisseaux semblables par leur fond, ayant déterminé d'avance celui d'un seul ; il fait voir que la même méthode peut s'appliquer aux cas où il y auroit quelque petite différence entre les vaisseaux. Après avoir enseigné à trouver la hauteur du métacentre au-dessus du centre de volume, tant dans les inclinaisons latérales que dans les inclinaisons longitudinales ou de poupe à proue, et avoir fait l'application des régles à un exemple, il enseigne la manière de trouver le centre de gravité de la coque et même du vaisseau entier en entrant dans le détail de toutes ses parties et des différentes places quelles occupent, puis donne un exemple du calcul. Il explique aussi la manière de trouver ces mêmes centres par une expérience facile faite sur un vaisseau donné, ayant égard ensuite à la différence qu'il peut y avoir entr'eux ; delà il déduit différens corollaires importans tant sur la variation en hauteur du centre de gravité, que sur celles de la stabilité du vaisseau, où les inclinaisons différentes qu'il prend, toutes les fois qu'on fait varier son volume et son poids dans quelques-unes de ses parties. Enfin, à cette occasion l'auteur fait voir combien Bouguer s'est trompé en disant que dans les vaisseaux à trois ponts le métacentre est seulement élevé d'un ou deux pieds au-dessus du centre de gravité.

Vient ensuite l'article des résistances horizontales tant directes que latérales ; l'auteur donne l'ordre qu'il faut suivre dans le calcul pour éviter la confusion. Ce calcul donne seulement deux quantités dans l'expression des résistances, dont l'une suit le rapport des simples vîtesses, et l'autre qui provient de la dénivellation du fluide de la poupe à la proue, suit le rapport de leur quatrième puissance. Les deux autres quantités qui se trouvent dans la formule des résistances sont négligeables dans les considérations relatives aux actions du vaisseau, et même celle qui est comme les quatrièmes puissances des vîtesses peut être négligée dans les vaisseaux d'une grande capacité; mais on ne peut se dispenser d'y avoir égard dans les petits vaisseaux.

Don Georges Juan enseigne ensuite la manière de calculer les momens du vaisseau dans les inclinaisons qu'il prend par l'action du vent sur les voiles, tant dans le cas du repos que dans celui du mouvement; parce que ces moments peuvent être très-différens dans ces deux cas. Il enseigne aussi à calculer les variations qu'éprouvent ces momens selon que le vaisseau est plus ou moins calé dans le fluide; et la manière de conclure les mêmes momens pour des vaisseaux semblables dans leurs fonds, ou dont la différence est petite. Il fait voir combien il importe pour la qualité de porter la voile, que le centre des résistances horizontales soit le plus élevé qu'il est possible, et que les côtés du vaisseau, à partir du plan horizontal passant par le centre de gravité, soient verticaux autant qu'il se peut; car cette qualité ne dépend pas seulement du plan de flottaison comme on l'a cru jusqu'à lui.

L'auteur calcule ensuite les momens du vaisseau dans ses rotations horizontales, lorsqu'il *vire*, ou comme disent les marins lorsqu'il vient au lof ou qu'il arrive. Il fait connoître la propension naturelle du navire à arriver, s'il n'en étoit empêché par d'autres forces. Il calcule la variation de ces momens lorsque le vaisseau est plus ou moins calé, et les détermine pour des vaisseaux de fonds semblables ou à-peu-près.

La théorie du roulis et du tangage, et le calcul des momens dans ces oscillations sont traités ici dans le plus grand détail; et ce livre II est terminé par le calcul des momens qui font arquer les vaisseaux; il analyse les causes qui produisent cet effet, et fait voir que la force d'un seul côté seroit capable de le prevenir, si ce n'étoit la désunion ou le jeu qu'il y a ordinairement dans la charpente et la ferrure des vaisseaux; d'où il résulte la nécessité de veiller davantage à la liaison des pièces, quoique la principale attention à avoir pour éviter, ou au moins pour diminuer cet accident, consiste dans la figure des fonds du navire, et dans le soin de rassembler, le plus qu'il est possible, le poids vers son centre de gravité. L'auteur prouve combien le vaisseau est plus exposé à s'arquer lorsqu'il est vide que lorsqu'il est chargé: il considère ensuite l'arc latéral, ou dans le sens de la largeur qu'aucun auteur n'avoit encore discuté, quoiqu'il soit très-considérable, surtout dans les vaisseaux de guerre, lorsque leurs batteries s'élèvent beaucoup au-dessus du centre de gravité, et il fait connoître le mauvais ordre qu'on observe ordinairemen dans leur répartition, et les règles qu'il conviendroit de suivre pour éviter cet inconvénient. L'auteur traite dans le troisième du gouvernail, des voiles, des rames comme nous l'avons indiqué dans les articles respectifs de notre histoire.

Le livre IV traite des actions et des mouvemens du navire : c'est un des plus importans de l'ouvrage. L'auteur fait l'examen de la marche, ou du mouvement progressif imprimé au vaisseau par l'action du vent sur les voiles, et du rumb qu'elle l'oblige de suivre. Il donne quatre formules qui expriment les quatre vîtesses qu'il distingue dans le vaisseau, savoir, la vîtesse directe où suivant la quille de poupe à proue ; la vîtesse latérale ou perpendiculaire au côté ; la vîtesse oblique qui résulte des deux premières, et que le vaisseau suit effectivement ; enfin, la vîtesse avec laquelle le vaisseau s'élève dans le vent, suivant la ligne même de sa direction, et il en déduit l'expression de l'angle de la dérive. Ces formules font voir que les quatre vîtesses seroient proportionnelles à celles du vent, si la courbure des voiles n'altéroit pas un peu cette proportion : que plus le rapport entre les résistances latérale et directe sera grand, plus la vîtesse directe sera grande et la vîtesse latérale petite : que pour que le vaisseau gagne au vent, il faut que ce rapport soit plus grand que celui de la tangente de l'angle du vent avec la quille, à la tangente de l'angle que la perpendiculaire à la quille forme avec la direction de l'effort des voiles. Ces mêmes formules prouvent encore que les quatre vîtesses augmentent à mesure qu'on augmente la voilure, et que les vîtesses directe et oblique augmentent à un tel point, quand on navigue vent largue avec tout son appareil, qu'elles arrivent enfin à être plus grandes que celle du vent. L'auteur indique les cas ou cela arrive, et quoiqu'ils n'aient pas lieu dans les navires ils se rencontrent dans les galères et les chebecs. Il applique ensuite ces formules à des exemples relatifs à la disposition ordinaire des appareils employés à la mer, tant vent arrière que vent largue ou au plus près, et trouve des résultats conformes avec les faits ; ce qui n'a nullement lieu dans les formules déduites de l'ancienne théorie des résistances.

Ayant déduit l'expression de la vîtesse directe en série, il en déduit la manière de combiner les dimensions principales des vaisseaux pour qu'ils prennent la plus grande marche possible : en augmentant leur longueur et en diminuant à proportion de leur creux, on augmente la vîtesse, mais cela n'est pas sans inconvénient ; la vîtesse augmente encore lorsqu'on augmente la longueur et qu'on diminue la base à proportion, dans le cas où la longueur seroit constante, et qu'on feroit diminuer le bau ou le creux. Il trouve qu'il est avantageux pour naviguer vent arrière ou avec un vent très-largue, d'augmenter le bau et de diminuer

diminuer le creux; mais que c'est tout le contraire en naviguant à la bouline, ou avec des vents très-près. Ces résultats s'observent journellement, et ne peuvent se déduire de l'ancien système des résistances. Enfin, l'auteur démontre d'après ses formules, qu'avec des vents modérés, les petits bâtimens doivent mieux marcher que les grands qui leur seraient semblables, et que les grands bâtimens ont l'avantage de la marche avec un vent violent.

Vient ensuite la théorie du gouvernement ou du manège du vaisseau, et la combinaison des forces qui tendent à le faire tourner; le gouvernail en est une, mais dans bien des cas n'est pas la plus énergique. En supposant les voiles planes et le vaisseau sans inclinaison, l'axe de la force motrice ne concourt pas avec celui des resistances; ces deux axes ne coincident qu'en vertu de la courbure des voiles et de l'inclinaison que prend le vaisseau. Ces deux choses dépendent de la force plus ou moins grande du vent, de la plus ou moins grande quantité de voiles déferlées, et de leur hauteur, l'une venant à varier, l'axe de la force motrice varie aussi, et le manège devient très-inconstant, quoi qu'on ait enseigné jusqu'ici le contraire. L'auteur met en évidence les cas où le vaisseau doit venir au vent ou arriver, soit par quelque altération dans la force du vent, soit parce qu'on augmente ou diminue l'amplitude ou la hauteur des voiles, soit enfin par quelque changement dans l'état de la charge, dans les dimensions même du corps du vaisseau, surtout dans la quantité de l'élancement ou de la quête, d'où dépend principalement la perfection du manège, quoique plusieurs constructeurs de réputation aient pensé le contraire, ou n'aient pas cru à cette influence. Enfin, l'auteur traite de l'emplacement des mâts, d'où dépend encore la qualité de bien gouverner, et de l'effet produit par la variation dans la voilure et dans la force du vent, tous objets nouveaux, ou traités d'une manière nouvelle.

Nous avons parlé fort au long de ses recherches sur le roulis et le tangage. Enfin, Juan termine son ouvrage par une récapitulation, sans aucun calcul analytique, où il traite de la force des navires, de l'échantillon des bois qui entrent dans leur construction : il fait voir la foiblesse avec laquelle les vaisseaux sont construits, et la force démesurée qu'on donne aux frégates, quoique les vaisseaux soient à proportion plus surchargés d'artillerie. Il donne des règles pour une construction mieux proportionnée, pour les épaisseurs, le poids et la force des bois, lors même qu'ils sont de différente qualité ou espèce. En traitant de la grandeur des vaisseaux, il fait remarquer qu'on les a augmentés depuis quelque temps sans beaucoup de nécessité ; il discute les avantages que comportent ces deux systêmes, et donne les préceptes pour les proportionner à l'artillerie qu'ils doivent porter, d'où on infère combien il est important que l'artillerie soit courte, non-seulement pour qu'elle soit plus maniable et le vaisseau moins chargé, mais encore pour sa plus grande durée, parce qu'alors les momens d'inertie sont beaucoup plus petits.

Il fait aussi une récapitulation très-instructive de ce qui a été dit sur l'action des voiles relative à la stabilité ; il fait voir l'erreur dans laquelle on tomberoit, en augmentant les appareils des grands vaisseaux, comme l'ont prétendu quelques marins spéculatifs, par la seule raison que leur stabilité est plus grande à proportion que celle des petits. Il recherche la variation qui doit arriver à cette qualité, en faisant varier quelques-unes des dimensions, le poids ou la coque du vaisseau, et éclaircit le tout par les exemples nécessaires. — A l'occasion de la marche et du rumb que suivent les vaisseaux, lorsque les formules analytiques démontrées sont trop compliquées pour être mises à la portée des navigateurs, l'auteur les réduit à des constructions géométriques d'une intelligence très-facile, et en même-temps très-élégante.

Enfin, cet ouvrage est terminé par des considérations de la plus grande importance sur le manège des vaisseaux ; l'auteur y fait connaître le degré d'action de toutes les puissances qui y contribuent, ainsi que les avantages qui résultent de la bonne position des mâts. Il donne aussi des règles fort utiles pour adoucir les roulis et les tangages, avec un grand nombre d'exemples. « Si sur le tout, dit l'auteur, on a soin de consulter l'expé» rience, on verra clairement sa correspondance exacte avec » notre théorie ; c'est l'unique moyen d'accréditer les principes » sur lesquels elle est fondée ».

Le cit. Lévêque, a qui nous devons la traduction françoise de cet important ouvrage, ne pouvoit manquer de l'augmenter et de le perfectionner. Egalement versé dans la géométrie et dans la marine, il a fait des notes et des explications très-étendues : il a développé les idées qui, dans l'original, ne sont pas présentées avec assez de clarté ; il y a corrigé plusieurs calculs, et il en a souvent indiqué l'esprit. Lorsque la partie analytique était trop compliquée, il en a exposé les principes et les détails, en les rapportant autant qu'il a été possible, à ce qui est enseigné dans le *Cours de mathématiques*, qui est entre les mains de tous les constructeurs et de tous les marins.

Don Gabriel Ciscar, habile géomètre autant que navigateur, capitaine de frégate de la marine d'Espagne, et directeur des études de l'académie des garde-marines du département de Cartagène, a entrepris de publier une seconde édition de l'*Examen Maritime*. Le premier volume a paru à Madrid en 1793, avec des augmentations considérables, dont le but est de rendre cet ouvrage classique, et de réunir dans le même ouvrage tous les principes nécessaires à son intelligence. Ce premier volume contient 628 pages, grand *in*-4°. outre 98 pages pour le discours préliminaire, les tables, etc. et ne renferme que la mécanique des solides, c'est-à-dire le livre premier du premier volume de l'ouvrage de D. G. Juan : nous allons indiquer sommairement les aditions faites à cette édition.

Le commentateur expose les principes généraux qui doivent faciliter l'intelligence de l'*Examen Maritime*, cette partie est très-élémentaire; il y traite d'abord des fonctions proportionnelles, et des attentions qu'il faut avoir pour les mettre sous la forme d'équation, et pour les comparer : il parle ensuite des séries à différentes constantes, des racines des équations générales et de celles qui n'appartiennent pas au problême, de la construction des équations aux surfaces, des courbes à double courbure; il expose la théorie des logarithmes, et termine cette partie par un traité élémentaire du calcul différenciel et intégral.

Ciscar donne ensuite le texte de l'*Examen Maritime*; les augmentations sont de deux espèces : savoir, des notes sur les différens articles, et des additions à chaque chapitre. Comme les notes ont presque toujours pour objet d'éclaircir le texte, et d'en développer les expressions analytiques; cette partie est plus étendue que l'ouvrage même, les réflexions de l'éditeur sont très-judicieuses, et présentées avec toute la clarté et le développement que peuvent desirer les commençans. Souvent il présente certaines propositions sous un point de vue plus général que ne l'avoit fait D. G. Juan; il propose des vues et des applications nouvelles, et indique quelques corrections.

Les additions au chapitre premier contiennent la notion des puissances en général et de leur comparaison. Ciscar discute ce qu'on a entendu par les forces vives et les forces mortes; il y traite de la gravité, de la force des agens animés, et de la manière de calculer les effets des puissances variables, suivant une certaine loi; des puissances variables en raison des temps, ou en raison des vîtesses, et en applique les formules aux vîtesses que prennent les boulets, par l'action de la poudre. Sur quelques points d'astronomie physique, et dans plusieurs autres endroits, on trouve des considérations nouvelles, et partout une grande clarté.

Les additions au chapitre deuxième ont 58 pages; elles traitent des puissances proportionnelles, de l'effet d'une puissance quelconque, suivant une direction donnée, et des puissances qui agissent au moyen des cordes; l'auteur donne la théorie de la chaînette, et l'applique à quatre problêmes importans; il traite aussi de l'attraction, des trajectoires, des projectiles, et applique la théorie à plusieurs cas de physique et d'astronomie.

Outre les notes qui accompagnent le texte du chapitre troisième, D. G. Ciscar donne 20 pages d'additions, dans lesquelles il traite du centre des puissances, il donne les formules pour trouver les centres de gravité, les applique à plusieurs exemples, démontre la règle de Guldin; il l'applique à trouver ces centres par une méthode graphique : enfin, il traite de la stabilité des corps qui reposent sur un ou plusieurs points, expose la théorie des forces centrifuges, et finit par l'examen de la courbe qui a son centre de gravité le plus bas, et fait voir que c'est la chaînette.

Le chapitre quatrième qui traite de la rotation d'un systême, est accompagné de notes très importantes, où l'auteur éclaircit quelques endroits du texte, y fait de légères corrections, et généralise plusieurs propositions. Les additions occupent 48 pages. L'auteur y traite de la résistance des leviers et de leur point d'appui, et donne à ce sujet quelques formules plus générales que celles de D. G. Juan. Il entre dans de grands détails sur la pression qu'exercent les léviers sur leur point d'appui, et fait quelques applications de cette théorie intéressante. Ensuite il expose les avantages et les désavantages qui peuvent résulter de l'augmentation de poids des léviers; donne les formules qui doivent servir à résoudre les problêmes relatifs au mouvement giratoire, et en fait l'application à la théorie des pendules; il expose la manière de calculer les momens d'inertie, en fait l'application à plusieurs corps, et aux solides de révolution, puis détermine à quelle distance du centre d'une sphère doit s'exercer une impulsion, pour lui communiquer une vîtesse angulaire, qui soit à sa vîtesse absolue dans une raison donnée.

Don G. Ciscar traite ensuite de la manière de trouver le centre d'oscillation, et en fait l'application à plusieurs cas; il examine quelle est la nouvelle vîtesse angulaire que prennent les corps, lorsque l'axe fixe change instantanément, que la quantité de masse augmente ou diminue, et que les particules perdent le mouvement parallèle à une direction determinée; il fait des applications de sa théorie, et traite ensuite de la manière de conserver l'uniformité du mouvement dans quelques machines : ces additions contiennent plusieurs choses nouvelles.

Le chapitre cinquième traite de l'axe et du rayon de rotation. Il est également accompagné de notes et d'additions qui ont pour objet d'examiner la situation et les mouvemens de l'axe de rotation. L'auteur donne une expression du rayon de rotation, plus générale que celle de D. G. Juan; et la conséquence finale de sa théorie, est qu'il n'y a pas d'axe fixe, si ce n'est celui qui est placé à une distance du centre de gravité, égale à la longueur du pendule simple isochrone avec le système.

Le chapitre sixième est un des plus importans de l'ouvrage, par la nouveauté et l'originalité de la théorie qu'il renferme, il a pour objet la percussion. D. G. Ciscar a fait un grand nombre de notes sur ce chapitre; elles ne sont pas toutes dans le sens des principes de l'auteur, mais elles contribuent à le mieux entendre; elles présentent souvent cette théorie sous un point de vue plus vaste et plus général, et quelquefois plus exact. Le cit. Lévêque rend témoignage à l'adresse et à l'habileté que D. G. Ciscar a manifestées dans cette partie importante de son travail.

Dans les additions à ce chapitre sixième, on traite du choc des corps élastiques, de la résistance que les cordes opposent à la percussion : cette théorie est très-développée, et est appliquée à plusieurs cas. L'auteur y traite aussi des machines qui agissent par le moyen de la percussion, et expose toute la théorie relative au centre de percussion, avec tout le détail qu'on peut desirer, et qu'on chercheroit vainement ailleurs.

Le chapitre septième a pour objet le mouvement des corps posés sur des surfaces; les notes de D. G. Ciscar sont encore ici très-intéressantes. Dans les additions, il traite du choc oblique des corps sphériques, de leur mouvement sur les surfaces convexes, et il fait voir que les pendules composés emploient plus de temps à décrire de grands axes de cycloïde, puis il termine par l'examen de la ligne de plus vîte descente.

Le chapitre huitième traite du frottement et de l'altération qu'il produit dans le mouvement des corps posés sur des surfaces. Les réflexions et les corrections de D. G. Ciscar sur les percussions, trouvent encore ici leur application, et font souvent l'objet de ses annotations. Dans les additions, il traite des vîtesses que les surfaces planes qui se meuvent, peuvent communiquer aux corps qui y sont posés; de leur mouvement giratoire, de la force verticale et de la poussée que les fermes où les solives exercent sur les murs, sur lesquels elles s'appuient, on trouve dans ces aditions plusieurs objets qui paroissent traités pour la première fois.

Le chapitre neuvième et dernier traite de l'effet du frottement dans les machines simples. Les notes de D. G. Ciscar sont encore ici de la même importance. L'auteur y donne une formule générale de la puissance qu'on peut exercer au moyen de la vis; sa théorie est plus générale que celle de D. G. Juan et de tous les autres auteurs. Il traite de la diminution du frottement, en interposant un corps étranger entre les surfaces frottantes, et entre dans des détails intéressans sur l'effet des rouleaux ou roues de friction, sur les roues des charriots et des différentes voitures à 2 ou 4 roues : il parle du frottement qui résulte du poids de la machine sur l'axe dans le treuil vertical. Enfin, il termine son ouvrage en parlant de l'effet des rouleaux qu'on emploie pour diminuer le frottement de l'axe; cette partie est traitée d'une manière qui nous a paru nouvelle.

On voit, par cet exposé, que l'ouvrage de D. G. Ciscar est un traité très-complet de dynamique, fait à l'occasion de l'*Examen Maritime* de D. G. Juan, et non un simple commentaire de cet ouvrage. Le but de la traduction françoise du cit. Lévêque étoit seulement de faire connaître en France l'*Examen Maritime*, qu'on peut regarder comme une production du génie, et l'une des plus remarquables du siècle. Le cit. Lévêque a voulu mettre les savans, à qui la langue espagnole n'est pas familière, à portée d'apprécier les nouvelles théories que cet ouvrage renferme, et diriger les esprits vers les grands objets que Juan a eu en vue. Il a voulu aussi en faciliter l'étude aux constructeurs et aux navigateurs, et c'est-là l'objet des notes et des développemens nombreux qu'il y a ajoutés.

On doit désirer que D. G. Ciscar continue son travail sur le plan qu'il a adopté; alors cet ouvrage ne pourra avoir moins de 4 volumes, grand *in*-4°. tels que celui dont nous venons de faire l'analyse, d'après le cit. Lévêque.

X I.

Du Jaugeage des Navires.

La manière de mesurer et de calculer ce qu'un bâtiment peut contenir et ce qu'il peut porter, a été l'objet de beaucoup de recherches de théorie et de pratique.

On évalue la capacité et le port en tonneaux de 2000 livres pesant, ou de 42 pieds de capacité; on prend l'un pour l'autre, en supposant le vaisseau chargé de barriques de vin.

Les méthodes-pratiques usitées dans les ports étoient fort grossières. On trouvera des méthodes plus parfaites et plus variées dans les ouvrages de Bouguer, Juan, Bellery, et surtout dans l'ouvrage intitulé : *La Théorie et la Pratique du jaugeage des tonneaux, des navires et de leurs segmens*, par feu P. Pezenas, professeur royal d'hydrographie à Marseille, seconde édition, augmentée de deux *Mémoires sur la nouvelle jauge*, par M. Dez, professeur royal de mathématiques de l'école royale militaire; à Avignon, chez Jean Aubert, 1778, *in*-4°. On peut voir aussi les *Mémoires de l'Académie*, pour 1721, 1724, 1725. La méthode de Mairan, adoptée par l'académie, qui en donna un certificat à l'amiral de France, (*Histoire de l'Académie*, 1725) consiste à mesurer la surface de la section horizontale du navire chargé et non chargé, la surface moyenne multipliée par la hauteur comprise entre ces deux surfaces, donne la solidité ou le volume de l'espace, dont la charge fait enfoncer le navire, mais cette méthode est pénible, et l'on n'est pas toujours maître de l'employer.

Suivant la méthode la plus usitée, on partage la longueur du navire en 6 ou 8 parties, par des plans verticaux, dont on cherche la surface, en prenant leur largeur en haut, en bas et au milieu; le milieu entre les largeurs est la largeur moyenne. On prend la hauteur dessous le pont, à mi-épaisseur des baux, le milieu entre toutes les largeurs moyennes se multiplie par le milieu entre toutes les hauteurs et par la longueur du vaisseau, on à la capacité en pieds cubes; mais si l'on veut avoir les tonneaux de port, suivant l'évaluation admise communément, on divise la capacité par 42.

Dans le rapport sur la navigation françoise, fait à l'assemblée nationale, au nom de ses comités de marine et de commerce, par Delattre, le 22 septembre 1791, on trouve des tables pour le jaugeage, et une règle qui devoit être généralement suivie, quand la loi aurait été portée; on a décrété une méthode bien moins utile; ainsi, nous préférons d'indiquer la règle qui nous paraît la meilleure, et qui se trouve aussi dans l'*Abrégé de Navigation* du cit. de la Lande. Suivant cette règle, on mesure la longueur depuis le trait extérieur de la rablure de l'étrave, jusqu'au trait extérieur de la rablure de l'étambot; la largeur prise en dehors au plus fort du navire; enfin le creux, depuis le dessus du pont supérieur jusqu'à la quille, ou depuis le niveau des plats bords, si le vaisseau n'est pas ponté, et on multiplie ces trois dimensions l'une par l'autre. On prend la largeur du navire aux endroits qui sont à un douzième, en partant de la rablure de l'étrave et de celle de l'étambot, et l'on prend le milieu entre ces deux largeurs, prises vers les extrémités.

L'excès de la plus grande largeur au fort, sur cette largeur moyenne des extrémités, combiné avec la largeur au fort, fait trouver dans la table un diviseur qui est entre 84 et 130; divisant par ce nombre le produit des trois dimensions, on a le nombre des tonneaux cherchés. Par exemple, pour un navire de 40 pieds de large, si l'excès était nul, on diviserait par 84; si cet excès étoit de 15 pieds, on diviseroit par 127, ce sont les nombres que fournit la table, et qui est dans l'*Abrégé de Navigation*.

Cette table, dont l'idée est de Borda, est le résultat de grand nombre de vaisseaux de différens constructeurs, que le cit. Vial du Clairbois, jaugea exactement en 1787. Pour comparer le résultat avec la règle ci-dessus, et en déduire ce que la pratique devoit fournir pour résultat probable du jaugeage, il opéra au Hâvre, sur 15 à 20 bâtimens de toute espèce; il envoya à Bordeaux, à Saint-Malo, au Croisic, à Bayonne et à Marseille, une instruction sur laquelle on en jaugea autant dans chaque port. Le cit. Lévêque y mit beaucoup de temps, de peines et de dépenses, et ce fut le résultat de 27000 proportions, qui servit à Vial pour construire ces tables. Le diviseur 61 est celui qu'il a trouvé plus convenable aux différentes espèces de chargemens pour que le nombre de pieds cubes donne le nombre de tonneaux d'arrimage, au lieu de 42 qu'on a coutume de supposer. Mais comme l'espace compris dans le vaisseau n'est que $\frac{11}{12}$ du produit des trois dimensions, c'est 98, qui est le moyen diviseur de ces tables. Au reste, comme ce n'est ici qu'une aproximation ou une estime, il est indifférent qu'il y ait quelque chose de plus ou de moins, mais il est important que la règle soit uniforme et générale, et c'est ce que l'on peut avoir par la nouvelle méthode et les tables que nous avons indiquées.

Pour bien sentir le fondement de cette règle, il faut se rappeller que le problême du jaugeage consiste à trouver la quantité de tonneaux d'arrimage que peut contenir la cale d'un navire, (le tonneaux d'arrimage étant une capacité de 42 pieds cubes.)

Il est aisé de jauger un navire, lorsqu'il est déchargé; il suffit alors de cuber la cale par parties, et de diviser par 42 le nombre des pieds cubes qu'on a trouvés, le quotient est le nombre de tonneaux d'arrimage que la cale peut contenir : mais il faut aussi pouvoir le jauger lorsqu'il est chargé, et alors comme on ne peut mesurer que les dimensions extérieures et le creux, il faut tirer parti de ces dimensions pour en conclure la quantité de tonneaux d'arrimage.

La chose seroit aisée, si les cales des navires étoient toutes semblables, ou que du moins elles fussent allongées ou applaties proportionnellement; car alors déterminant par une expérience la quantité de tonneaux d'arrimage dans un navire donné, et comparant ensuite ce nombre de tonneaux avec le produit, savoir, la longueur, la largeur et le creux, exprimés en pieds, le quotient de ce dernier nombre divisé par le premier, seroit un diviseur commun, par lequel il faudroit diviser le produit des trois dimensions d'un autre navire quelconque, pour avoir son jaugeage.

Mais les cales des navires ont des formes très-différentes les unes des autres. Quelques navires, comme par exemple les Hollandois,

Hollandois, sont presque des parelellipipèdes, tandis que les Anglois et les François sont pincés de l'avant et de l'arrière, et que leur maître-couple approche de la ligne circulaire : d'après cela, le diviseur qu'on auroit trouvé dans l'expérience précédente, si on avoit procédé sur un vaisseau françois, seroit beaucoup trop grand pour donner le jaugeage d'un navire hollandois, et réciproquement. Ainsi en général, plus le bâtiment est fin, plus le diviseur doit être grand. Il s'agissoit de trouver une règle qui indiquât à-peu-près le diviseur, dont on devoit se servir pour chaque espèce de bâtiment; voici comme on a raisonné.

Lorsqu'un constructeur veut donner à son navire une grande capacité, (les dimensions principales restant les mêmes,) il augmente l'etendue du maître gabarit, en lui donnant une figure plus approchante du parallélograme, et en même-temps il renfle les parties de l'avant et de l'arrière, de manière que sa ligne de flotaison approche aussi du parallélograme. D'après cela la figure de la ligne de flotaison indique le plus ou moins de capacité du navire, comme l'indiqueroit la figure même du maître-gabari. Si cette ligne forme un angle aigu à l'avant et à l'arrière, le vaisseau est très-fin; si l'angle est obtus, le vaisseau est d'une capacité ordinaire; et si l'angle est presque de 180° sa capacité est très-grande. Borda pensa en conséquence qu'il étoit possible de déterminer avec quelque précision les diviseurs dout nous avons parlé ci-dessus, en les faisant dépendre de la figure des lignes de flotaison. On a jaugé avec beaucoup de soin plusieurs bâtimens vides de différens genres, anglois, françois, hollandois, suédois, espagnols, et comparant le jaugeage avec le produit des trois dimensions, on a trouvé le diviseur qui convenoit à chacun de ces bâtimens: ensuite dans chaque bâtiment on a mesuré deux largeurs de la ligne de flotaison l'une à la douzième partie de la longueur, en commençant de l'avant, et l'autre également à la douzième partie de la longueur en commençant de l'arrière. On a pris la moitié de la somme de ces deux largeurs, et comparant cette quantité à la largeur du bâtiment prise à son milieu on a eu un certain rapport qu'on a regardé comme indicateur du plus ou moins de finesse ou de capacité du bâtiment, et par conséquent aussi comme indicateur du diviseur qui lui convenoit.

On a fait une table de tous les bâtimens jaugés et de leurs diviseurs trouvés, avec les rapports indicateurs des capacités; et remplissant les intervalles par des interpolations, on a formé la table générale, où l'on trouve le diviseur qui convient à un bâtiment quelconque, pourvu qu'on connoisse le rapport de sa plus grande largeur, à la demi-somme des largeurs prises vers les extrémités.

Tout cela suppose qu'en effet lorsque dans deux bâtimens le rapport que nous avons appelé indicateur est le même, les deux bâtimens doivent avoir aussi le même diviseur. Il peut arriver quelquefois que cela ne soit point ainsi; mais on a remarqué, en examinant le résultat des calculs faits par Vial, que plus le rapport indicateur s'approchoit de l'unité, plus le diviseur trouvé par l'expérience étoit grand, comme cela devoit être; ensorte que l'on peut regarder cette manière de déterminer le jaugeage comme aussi exacte que la matière le comporte.

Le tonneau est chez les Anglois comme chez nous environ deux milliers, car ils comptent leur quintal de 112 livres avoir du poise, et cette livre est à celle de France comme 25 est à 27. Les Hollandois et les autres nations commerçantes emploient également un tonneau d'environ deux milliers. Dans l'établissement des nouvelles mesures, le même tonneau contiendra 980 kilogrammes ou nouvelles livres décimales, dont chacune vaudra 2,044 des anciennes. Le plus grand vaisseau de 48 pieds de large est évalué à 2500 tonneaux; les vaisseaux de la Compagnie des Indes du port de 1200 tonneaux sont de la force des vaisseaux de 64 canons.

Un vaisseau de 60 canons et de 36 pieds de large est évalué 1000 tonneaux; les vaisseaux de 900 tonneaux répondent aux vaisseaux de guerre de 50 canons; ceux de 600 tonneaux répondent à des frégates de 26 canons.

XII.

Des Cordages.

L'*Art de la corderie*, publié par Duhamel en 1747 et 1769 en 572 pages *in*-4°. a contribué à éclairer cette partie de la marine; il résulte des expériences de Duhamel, qu'en général on leur donne trop de tord, qu'ils sont trop commis, c'est-à-dire que les fils sont trop racourcis dans les diverses opérations par lesquelles ils passent avant de devenir des cordages. On a vérifié la justesse de ces observations; mais cette partie est traitée d'une façon très-satisfaisante dans le traité de la corderie et dans son supplément. C'est un modèle de la manière dont les questions de physique doivent être discutées. On y remarque toutes les difficultés décomposées, l'examen particulier de chaque opération, de plusieurs réunies, et les expériences multipliées de l'ensemble des divers inconvéniens qui peuvent déterminer à sacrifier une partie de la force à la durée.

Une observation importante, tirée du supplément au traité de la corderie, est que la résistance des cordages ne doit pas être évaluée à plus de la moitié de ce que donnent les tables ordinaires; un cordage de deux pouces ne doit pas être exposé à porter plus de mille livres, ou peut-être même huit cent livres : car on voit dans ce traité combien les cordages perdent par les successions de temps, et on ne doit compter pour la force des cordages employés au grément que celles qu'ils conservent après une certaine durée.

Si on venoit à suppléer au gaudron par quelqu'espèce de moyen qui permît de défendre les cordages de l'humidité, il faudroit prévenir les accidens qu'occasionneroit la tension des haubans, s'ils conservoient toute leur élasticité, et si on les ridoit, c'est-à-dire, roidissoit d'un temps sec, parce que l'humidité en les racourcissant, leur feroit emporter les porte-haubans, et pourroit occasionner d'autres accidens ; car la plus grande variabilité d'extention des cordages gaudronnés, leur peu de racourcissement par l'humidité font qu'on n'a pas à craindre de pareils efforts. Enfin cette partie de la manœuvre a été très-perfectionnée dans ce siècle, et c'est pour cela que nous en avons fait un petit article.

XIII.

Moyen pour désaler l'eau de la mer.

Depuis plus d'un siècle on s'est occupé en Angleterre et en France des moyens de rendre potable l'eau de mer; Hauton, Valcot, Fitzgérald, Hales, Appleby, Leibnitz, Gautier, médecin de Nantes, &c. ont donné des moyens. On peut voir les expériences de Hales dans les *Transactions* de 1755, page 312. En 1763, M. Poissonnier donna la description d'une cucurbite pour distiller et désaler l'eau de la mer. On en fit plus de 80 expériences qui réussirent à merveille. Poissonnier s'embarqua sur le vaisseau les *Six Corps*, pour faire en pleine mer cette opération qu'il répéta ensuite dans la rade de ce port. Suivant les rapports de Chésac qui commandoit ce vaisseau, et de tous les officiers qui furent témoins des essais, l'eau que Poissonnier avoit déssalée, se trouva douce, pure, légère comme l'eau de pluie, et la salubrité en fut prouvée par l'expérience de plusieurs personnes qui en burent pendant long-temps. La machine destinée à l'opération ne cause aucun embarras dans le vaisseaux : le service s'en fait d'une manière simple, sans aucune espèce d'inconvénient. Elle est disposée de manière que l'eau salée ne se mêle point avec l'eau douce. Le citoyen de Bougainville, dans son *Voyage autour du Monde*, convient qu'il dût à l'usage de l'eau distillée par cette machine le salut de son équipage. On en trouve la description et la figure dans le troisième volume de la *Chimie du cit. Baumé*. On y voit qu'il conseilloit d'ajouter 6 onces d'alkali marin à chaque baril d'eau de mer, afin que les dernières parties fussent aussi bonnes que les premières. Avec une barique de charbon de terre on peut se procurer six à sept barriques d'eau douce, ce qui fait une grande économie pour la place et l'arrimage.

Courcelles, médecin de la marine à Brest, assura au cit. de la Lande qu'une des grandes cucurbites dépensoit en vingt-quatre heures 200 livres de charbon de terre et en produisoit 600 d'eau douce. Il y auroit encore plus d'économie en continuant la distillation plus long-temps.

Fin du huitième Livre de la cinquième Partie.

HISTOIRE

DES

MATHÉMATIQUES.

CINQUIEME PARTIE,

Qui comprend l'Histoire de ces Sciences pendant le dix-huitième siècle.

LIVRE NEUVIÈME,

Histoire des progrès de la Navigation relativement au pilotage, c'est-à-dire au chemin et à la situation du navire.

I.

De la Boussole.

Pour connoître la situation d'un navire à la mer on n'a eu long-temps que la boussole et le loc, nous devons donc commencer notre histoire par celle de la boussole. Il paroît quelle étoit connue en France, et employée par les marins vers l'an 1260. (*Astron.* art. 380. *Ximénès, del vecchio gnomone, p. lix.*) Le cit. Devillebrune croit que la boussole étoit en usage dans le douzième siècle, au temps de Madoc; Albert-le-Grand, dans le siècle suivant, en parloit comme d'une chose commune. Elle étoit connue auparavant des Chinois, mais il n'en faisoient aucun usage. Flavio-Gioïa, d'Amalfi, dans le royaume de Naples, répandit l'usage de la boussole dans la marine, et il passa pour auteur de cette découverte vers l'an 1300.

Géblin, dans le *huitième volume du Monde primitif*, en 1781, soutint que les Phéniciens connoissoient la boussolle, mais cet auteur aimoit les idées singulières.

Aussitôt qu'on fit usage de la boussole sur mer on plaça l'aiguille sur un pivot; mais on a successivement perfectionné toutes les parties de cet instrument. La Hire expliqua dans les *Mémoires de l'Académie* pour 1716, une méthode pour en observer la déclinaison, qui, comme on le verra ci-après, a lieu presque par tout. Radouay en 1727, dans ses *Remarques sur la navigation* donna la construction d'un nouveau compas de variation. En 1732, Bouguer qui remporta le prix de l'Académie donna des calculs utiles sur l'observation de la déclinaison. Buache, la même année, proposa une boussole qui donne par une seule opération l'inclinaison et la déclinaison avec plus de précision qu'on ne l'avoit jusqu'alors. En 1743, l'Académie ayant proposé pour sujet de prix l'inclinaison de l'aimant, Daniel-Bernoulli donna la manière de faire les boussoles d'inclinaison, Magni en fit à Paris de très-bonnes. Bouguer, dans son *Traité de Navigation*, en 1753, donna encore de nouvelles perfections à la boussole. Anthéaume proposa en 1759 un moyen de rendre l'aiguille plus libre. Au lieu de placer au milieu du fond de la boîte un pivot aigu, il y place un petit pilier assez gros pour recevoir une chape de verre ou d'Agathe qui y est mastiquée, l'ouverture tournée en haut. Il en ajuste une pareille au centre de la rose, il fait un petit fuseau de cuivre pointu par les deux bouts, dont l'un entre dans la chape de la rose. Trois petits contre-poids disposés en triangle vers le milieu de la hauteur du fuseau, ont assez de puissance pour rappeler la rose dans la situation horizontale. Cette petite addition, toute simple qu'elle est, procure à la rose une mobilité qu'on ne soupçonneroit pas avant de l'avoir vue.

Mais cette grande mobilité pouvoit causer un inconvénient considérable: un vaisseau en mer est dans un mouvement continuel, et ces aiguilles si mobiles pourroient devenir ce qu'on nomme *volages*, c'est-à-dire, qu'avant qu'elles fussent fixées, un nouveau mouvement du navire les éloigneroit de leur direction. Il proposoit de petites aîles de papier collées perpendiculairement sous la rose et qui remédient à ces oscillations: sans changer sensiblement la rose, elles éprouvent dans l'air une résistance qui suffit pour la fixer assez promptement sans lui rien faire perdre de sa justesse. Les aiguilles construites suivant ces principes, reviennent toujours à leur première direction à moins d'un demi-degré près, lorsqu'on les en dérange;

au lieu que les boussoles ordinaires ne s'y remettent qu'avec une différence de deux ou trois. Duhamel et Anthéaume travaillèrent utilement tant pour perfectionner les aiguilles et leur suspension, que pour deviner et rendre public le secret que Knight, physicien anglois faisoit de ses *Appareils magnetiques*, (*Histoire de l'Académie*, 1750).

Dans la pièce qui partagea le prix de l'Académie en 1777 sur les aiguilles aimantées, et qui est dans le neuvième volume des mémoires présentés, on trouve une méthode ingénieuse du cit. Coulomb pour suspendre les aiguilles avec un fil; elle n'est guères praticable sur mer, mais elle a au moins cet avantage que l'on peut observer très-exactement dans un port la déclinaison de l'aiguille, et vérifier celles qu'on embarque sur les vaisseaux.

On a beaucoup disputé sur la forme des aiguilles. Celle qui a paru long-temps réussir le mieux est une forme de rhomboïde très-allongé; la matière doit être d'un bon acier trempé; et la longueur pour la mer de 6 à 7 pouces; la chappe doit être d'agate, c'est de toutes les matières celle qui, suffisamment commune est la plus propre à résister à l'usure et au frotement par la pointe du pivot. Ce pivot enfin doit être trempé très-dur afin de conserver toujours le poli et la pointe aigüe qui doit donner au mouvement de l'aiguille la plus grande liberté.

M. Vanswinden dans la pièce qui partagea le prix et qui est dans le huitième volume, donne la préférence sur les différentes formes d'aiguilles employées jusqu'ici à des barreaux aimantés plus larges qu'épais, suspendus dans le sens de leur épaisseur, et qui ne sont point percés par le centre. La suspension qu'il préfère est celle où l'aiguille est armée d'une pointe, qui repose sur une plaque de verre où l'on pratique une petite cavité.

La boëte qui renferme l'aiguille étoit dans la plupart des boussoles d'une forme vicieuse. Deux boëtes quarrées dans une autre boëte quarrée sont sujettes à se heurter par leur fond dans de grand roulis, ce qui imprime à l'aiguille un mouvement irrégulier qui la rend comme affolée. On a remédié à cet inconvénient en formant les boëtes intérieures en forme d'hémisphères ou de cul-de-lampes. Il est bon que celle qui porte le pivot soit de cuivre mince; il faut s'être assuré qu'il n'y a point de parties ferrugineuses, car il est des cuivres qui en contiennent et qui attirent l'aimant; l'utilité de cette précaution est aisée à sentir, car si une boëte de bois se déjette, comme cela est fort facile par une suite de la chaleur et de l'humidité alternative dans une longue route, le pivot perdra sa situation ainsi que le centre de la rose, et toutes les observations faites par une pareille boussole seront vicieuses.

La rose des vents qui porte sur l'aiguille, et doit servir par sa direction vers la proue, à désigner le rumb de vent, doit être à-la-fois solide et légère. Le carton dont on se servoit, et dont on se sert encore dans la marine marchande, est sujet à se déjeter par l'humidité. Les Anglois, dit Radouay, se servent d'une lame de tôle très-fine, sur les deux surfaces de laquelle est collée une feuille de papier fin, dont celle de dessus est la rose des vents; on concilie ainsi la solidité et la légèreté.

Bouguer, dans sa pièce de 1732, ne changeoit rien à la construction de la boussole; mais la Condamine proposoit en 1733 une construction de boussole au moyen de laquelle le même observateur pouvoit prendre seul, et sans l'aide d'un second, soit le vertical de l'astre, soit la position de la rose. Il en fit un usage assez satisfaisant dans son trajet d'Europe à Saint-Domingue, lors de son voyage au Pérou.

La Caille, dans sa nouvelle édition du *Traité de Navigation* de Bouguer, proposa aussi lui-même un léger changement qui mettroit à portée d'observer plus exactement le vertical de l'astre et de faire cette observation tout seul et sans aide. Ce seroit de couvrir la boussole, non d'une glace plane, mais de deux glaces en forme de toît ayant leur concours ou arestier dans le sens perpendiculaire à la ligne des pinnules; d'étendre sur cette double glace un fil d'une pinnule à l'autre, ensorte qu'il passe bien à-plomb au-dessus de la rose. Alors tournant l'instrument jusqu'à ce que l'ombre du fil dont on vient de parler tombe précisément sur le centre de la rose, on a d'un même coup-d'œil la déclinaison du vértical du soleil à l'égard de la ligne nord et sud. Mais soit attachement des navigateurs à leurs anciennes pratiques, soit qu'on ait trouvé des difficultés et des inconvéniens à cet arrangement de boussole, je ne sache pas qu'il ait été employé.

Il y a eu souvent à la mer un usage vicieux, c'étoit d'accoupler dans l'habitacle deux boussoles : on se persuadoit qu'elles s'aidoient en quelque sorte mutuellement, et que quand elles montroient le même rumb, on avoit une confirmation. Elles se nuisent au contraire, et c'est ce qui résulte des expériences de Lous dans l'ouvrage intitulé : *Tentamen experimentorum ad compassum perficiendum et unicuique usui tam nautico, quam terrestri accommodando, ut et ad virium magneticarum quantitatem explorandam spectantium*, à Crist. Car. Lous (Hafniæ. 1734. 4.) Cet ouvrage est plein de vues et d'expériences intéressantes.

L'aiguille aimantée ne se dirige pas exactement vers le Nord, cette remarque fut faite par Sébastien Cabot, ou William Burrough, même avant la découverte de l'Amérique; il est donc essentiel

essentiel de savoir combien l'aiguille s'éloigne du vrai nord. c'est la déclinaison, qui est ou vers l'orient ou vers l'occident. On sait qu'à Paris, par exemple, l'aiguille aimantée décline de 22° en 1801 vers l'ouest; on sent quelle erreur on commettroit sur sa route, en prenant pour le vrai rumb celui qu'indique la boussole, puisqu'avec une pareille déclinaison l'on se tromperoit de deux rumbs de vent.

Il seroit à souhaiter qu'on pût chaque jour réitérer l'opération nécessaire pour connoître cette erreur; mais malheureusement on ne le peut pas toujours; l'opération est délicate, et exige de l'adresse, c'est pourquoi divers astronomes et navigateurs ont cherché des boussoles ou *compas de variation* qui présentassent des facilités pour cette observation.

Elle est fondée sur ce que connoissant la latitude du lieu où est le vaisseau et la déclinaison du soleil, on peut déterminer l'amplitude ortive ou occase du soleil, c'est-à-dire la distance entre le vrai point d'orient ou d'occident et le point sur lequel se lève ou se couche le soleil. Dans la *figure* 20. si S est le soleil levant, EQ le rayon de l'équateur, DE la déclinaison du soleil dont SO est le sinus; on peut en résolvant le triangle SOQ trouver l'amplitude SQ; on peut même avec un compas prendre SQ sur la figure, et la portant de A en B l'on a l'amplitude AC. Au reste, on la trouve dans tous les livres de navigation et dans plusieurs volumes de la *Connoissance des Temps*, ce qui épargne la peine de ce calcul.

On prend donc une boussole particulière qu'on appelle *compas de variation*, à la différence de l'autre qu'on nomme *compas de route*. Cet autre compas diffère de celui-ci en ce qu'il est ordinairement un peu plus grand, et que la boëte en est garnie à ses côtés de deux pinnules, servant à prendre la direction du centre du soleil vers son lever ou son coucher. Un fil est étendu de l'une à l'autre en passant au-dessus du centre de la rose. Ce compas de variation étant donc établi dans un lieu du vaisseau où l'on ait la libre vue du levant ou du couchant, un des observateurs vise au soleil à travers les ouvertures des pinnules, ayant l'attention d'en partager le disque en deux par les fentes des pinnules, et l'autre observateur remarque de combien la ligne nord et sud de la boussole s'écarte du plan de ces deux fentes, ce qu'il est aisé de faire en regardant quel degré de la rose est perpendiculairement au-dessous du fil. Cette observation donne donc l'amplitude ortive ou occase à l'égard de la boussole. Le calcul ou les tables donnent l'amplitude vraie, et conséquemment la différence est la déclinaison de l'aiguille. faut aussi, à cause de la réfraction, avoir l'attention de prendre soleil non au moment où son centre est dans l'horizon, mais quand son bord inférieur est élevé sur l'horizon d'environ un de ses demi-diamètres, et un peu plus à cause de l'inclinaison de l'horizon de la mer; car c'est-là le vrai moment ou le centre est véritablement dans l'horizon.

Si l'on pouvoit toujours observer le soleil à son lever ou à son coucher, il n'y auroit rien à désirer dans cette méthode, si ce n'est peut-être de pouvoir faire l'observation seul; mais comme il arrive souvent que l'horizon n'est pas libre et pur au lever ou au coucher du soleil, on est obligé de le prendre à une certaine hauteur. Pour cet effet on relève au moyen des pinnules du compas la direction du soleil à l'égard de la rose des vents; ce qui ne peut être fait aussi exactement que lorsqu'il est à l'horizon même, surtout quand il est fort élevé; car alors on est obligé de le rapporter aux pinnules avec un fil à-plomb. Il faut aussi prendre sa hauteur, et connoissant la déclinaison et la latitude comme ci-dessus, on trouve l'azimut ou l'angle que doit faire à ce moment le vertical du soleil avec le méridien. Ainsi par la comparaison de cet angle calculé ou donné par des tables, ou par une figure, avec celui que fait ce vertical avec la ligne nord et sud de la boussole, on a la déclinaison de l'aiguille.

Mais, comme on l'a dit plus haut, il est assez difficile de relever exactement le soleil au moyen des pinnules du compas ordinaire, ce qui joint à l'erreur qui peut provenir de la proximité du fil transversal, à l'égard du centre de la rose, rend l'opération assez délicate.

L'Académie des Sciences ayant proposé pour le prix de 1732 le meilleur moyen d'observer la variation de la boussole en mer, le prix fut remporté par Bouguer. Il donna de grands et savans détails sur les positions où il est à propos d'observer le soleil; car il en est où l'incertitude du vertical, et l'erreur qu'on peut commettre en le prenant, peut être fort grande, et d'autres où elle peut être beaucoup moindre.

Comme il arrive souvent qu'on ne peut observer en mer la varriation du compas, on y supplée par des cartes où elle est marquée pour différens pays. Halley en publia une en 1700, Mountaine et Dodson en 1750. *Phil. Trans.* 1757. Dans le cinquième volume de l'*Histoire Naturelle des Minéraux* que Buffon publia en 1788, et qui fut son dernier ouvrage, on trouve 362 pages de tables pour la variation du compas, et pour l'inclinaison dans tous les pays de la terre. En 1700, le Monnier s'en occupa beaucoup aussi, et donna un ouvrage intitulé : *Lois du Magnétisme* comparées aux observations et aux expériences dans les différentes parties du globe terrestre pour indiquer les courbes magnétiques, 1776, 1778. 2 vol. *in*-8°.

Il seroit utile d'avoir une hypothèse avec laquelle on pût calculer la déclinaison de l'aiguille. Pour cela on a essayé de déterminer le point de la surface de la terre vers lequel se dirige l'aimant; Halley en 1683, Euler en 1745, le Monnier en 1776, Buffon en 1788, de la Lande en 1799 ont cherché à en fixer la situation; et un physicien des États-Unis de l'Amérique, M. Churchman vint à Paris en 1794 proposer au gouvernement français d'ordonner un voyage dans le nord pour déterminer la situation de ce pôle magnétique. Il avoit publié en 1794 un ouvrage dont il est parlé dans la *Connoissance des Temps* de l'an 4, 1796, où il donne une hypothèse pour calculer la déclinaison de l'aiguille aimantée en divers lieux et en différens temps. Le cit. de la Lande a voulu voir comment elle s'accordoit avec les dernières observations (*Connoissance des Temps* de l'an 12). Il en avoit rapporté une dans le vol. de l'an 5, 1797, p. 357, faite en 1778 à Nootka vers 48° 36′ de latitude, et 129° à l'occident de Paris; la déclinaison y étoit de 19° 44′ à l'est. Dans le même temps elle étoit à Paris de 19° 33′ en sens contraire; en supposant que les aiguilles se dirigeassent vers le même point et dans des plans de grands cercles, il trouve que ce point seroit à 77° 4′ de latitude. Euler le mettoit à 75 dans les *Mémoires de Berlin* 1757, le Monnier à 73°. *Lois du magnétisme* 1776; Buffon à 71, ce qui semble annoncer peu de changement. Euler supposoit à la vérité deux pôles qui n'étoient pas diamétralement opposés; mais les deux observations dont nous venons de parler sont assez voisines du pôle nord pour pouvoir le déterminer indépendamment du pôle-sud. Churchman ne met qu'à 60° le pôle-nord, ce qui est trop éloigné des autres. Ces deux observations détermineroient mal la longitude du pôle magnétique, parce que l'angle au pôle est trop obtus, le cit. de la Lande a cherché une observation qui eût été faite entre deux; il a trouvé qu'à Norriton 40° 10′ de latitude et 77° 36′ à l'occident de Paris, la déclinaison étoit en 1770 de 3° 8′. (*Trans. Améric.*, p. 117.) Et il en a conclu le pôle 110° 35′ à l'occident de Paris; il est vrai que l'année n'est pas la même que pour les deux premières observations, mais la différence ne peut pas être considérable.

Il trouve encore que dans l'observation du passage de Vénus faite à la baye d'Hudson en 1769 à 58° 48′ de latitude et 96° 30′ à l'occident de Paris, la déclinaison étoit de 9° 41′ à l'ouest (*Phil. Trans.*, 1769, page 483.) Cela donne 86° seulement pour la longitude du pôle à l'occident de Paris, le milieu seroit 98° ou 282 de longitude. Euler mettoit 115, et Buffon 100° à l'occident de Paris; Le Monnier 50° seulement; mais il faut considérer que le parallèle étant très-petit, une grande différence de longitude fait peu de chose sur la véritable position de ce point-là, et que les années sont différentes. Il semble donc que l'on pourra partir des résultats précédens pour la position du pôle magnétique nord; lorsque dans la suite on aura des déclinaisons exactes de la boussole observées dans les mêmes pays, et qu'on voudra déterminer le changement du pôle magnétique. La différence est bien connue pour Paris depuis 140 ans, mais elle ne l'est pas de même pour l'Amérique; ainsi nous ne pouvons pas encore établir des calculs sur le mouvement du pôle-nord; il paroît seulement que l'hypothèse de Churchman s'accorde peu avec les observations dont nous venons de rapporter les calculs.

Le pôle magnétique boréal répond donc à la côte NO de la baye de Baffins, là, où le cit. Buache met l'entrée de l'Alderman Jones dans la carte de la partie septentrionale du globe, qu'il a publiée en 1782. C'est aussi sur la route que Ferrer Maldonado suivoit en 1598, suivant une relation espagnole qui fut lue à l'Académie, il y a quelques années, mais à laquelle on n'ajoute pas une bien grande confiance.

Les géographes n'attendent que la paix pour proposer au gouvernement d'envoyer vérifier sur les lieux ce fait important et curieux de physique; et le zèle qu'il témoigne pour les sciences nous donne de justes raisons de l'espérer. Le savant qui est à la tête du gouvernement (1) sent comme nous le grand et important résultat des méditations du célèbre Buffon sur la nature de l'homme : que la SCIENCE EST SA VÉRITABLE GLOIRE, ET LA PAIX SON VÉRITABLE BONHEUR.

Le cit. Burckardt, un de nos plus habiles astronomes, a cherché une formule pour représenter les déclinaisons observées à Paris, il trouve que t étant le nombre d'années écoulé depuis 1663, la tangente de la déclinaison est $0{,}449 \sin.(25' 7'')\, t + 0{,}0425 [\sin.(50' 13'')\, t]^4 + 0{,}0267 [\sin.(1^\circ. 40'. 26'')\, t]^4$. Il suit de cette formule que la déclinaison orientale a diminué depuis 1448, année où arriva le *maximum* de 24° 10′ jusqu'à 1663 où elle étoit nulle. En remontant dans le même ordre on trouve une diminution depuis 1448 jusqu'à 1233 où elle étoit nulle. C'est depuis cette époque que la boussole fut inventée, de sorte qu'il n'est pas étonnant qu'on ne s'apperçût point alors de la déclinaison de l'aiguille aimantée en Europe.

Depuis l'année 1663 jusqu'à 1831, la déclinaison orientale ira en augmentant; elle sera au maximum de 24° 26′; elle diminuera de 1831 jusqu'à 1853 environ, qu'elle sera de 24° 5′ et elle augmentera de nouveau depuis 1853 jusqu'à 1878 qu'elle

(1) Bonaparte.

sera de 24° 10′. Ces derniers changemens sont assez petits pour qu'ils puissent se confondre avec les anomalies de la marche générale de l'aiguille aimantée.

Mandillo, pilote de Gênes, avoit trouvé une méthode pour corriger la déclinaison. Poinsinet de Sivry, en 1771, et Chanvallon en firent beaucoup de cas, le cit. de la Lande fit faire une boussole de cette espèce par Pelletier en 1786, et reconnut qu'il ne s'agissoit que de mettre deux aiguilles l'une au-dessus de l'autre à une certaine distance; mais par-là on ne corrige la déclinaison que quand on en connoît la quantité, ainsi cela ne peut servir pour la marine.

Les aimans artificiels sont une découverte intéressante dont il est naturel de donner ici une idée. Quoique les aiguilles des compas de route fussent toujours touchées avec des pierres d'aimant, on a reconnu que l'on pouvoit s'en passer en donnant au fer les mêmes propriétés. Grimaldi dans son *Traité de la lumière*, dit qu'une barre de fer, tenue verticalement, à des pôles ainsi que l'aimant; et il ajoute: l'extrémité inférieure attire la pointe de l'aiguille qui est tournée vers le sud, son extrémité supérieure la repousse. Si l'on retourne la barre, ses pôles changent aussitôt, car c'est toujours la partie inférieure qui attire la pointe sud de l'aiguille.

Rouhault ajouta quelque chose à cette expérience; il rapporta qu'ayant fait rougir un morceau d'acier, long et délié, et l'ayant ensuite trempé en le tenant suspendu verticalement, c'est-à-dire, perpendiculairement à l'horizon, cet acier avoit non-seulement des pôles, mais qu'il attiroit encore assez bien la limaille de fer. Réaumur a contesté ce dernier fait, (*Mémoires de l'Académie* de 1723). Quoiqu'il en soit, ce n'étoit là qu'une vertu passagère dans le fer, et qui disparoissoit dès que la barre changeoit de position; mais le hazard apprit encore aux phisiciens, vers le milieu du dernier siècle, que du fer exposé à l'air acquéroit une vertu plus durable et devenoit un véritable aimant. Gassendi rapporte, dans la vie de Peiresc, que le tonnerre ayant renversé la croix qui étoit sur le clocher de Saint-Jean d'Aix en Provence, on apperçut qu'une croute de rouille qui s'étoit formée sur le fer engagé dans la pierre, avoit une très-forte vertu magnétique. Cela donna occasion sur la fin du dernier siècle, lorsqu'on rétablissoit le clocher de Notre-Dame de Chartres, d'examiner si les barres de fer qui lioient les pierres du clocher donneroient aussi des marques de magnétisme; il s'en trouva en effet qui étoient devenues comme de véritables aimants.

La Hire suivit ces expériences, et ayant mis, en 1695, dans de la pierre de Saint-Leu des fils de fer élevés d'environ 60°

dans le méridien, il trouva dix ans après qu'ils avoient acquis la vertu magnétique, *Mémoires de l'Académie*, 1705.) Réaumur et Dufay firent des expériences de ce genre; le dernier, en 1728, examinant les effets d'une barre de fer suspendue verticalement, ajouta aux expériences de Rouhault et Réaumur un fait assez intéressant : on savoit depuis longtemps que les outils sur lesquels on frappe pour couper le fer, attirent la limaille de fer, et par conséquent s'aimantent par le choc. Dufay suspendit verticalement une barre de fer et frappa à coups de marteau sur une extrémité, aussitôt les pôles changèrent; la partie frappée qui, auparavant attiroit le nord de l'aiguille commença à attirer le sud. Il renversa cette barre, et frappant l'extrémité qui se trouvoit en bas, les pôles changèrent de nouveau; la partie inférieure attiroit toujours le sud, et se dirigeoit vers le nord : mais cette vertu n'étoit pas passagère, et subsistoit même en plaçant horizontalement cette barre de fer. Il trouva le moyen de frotter des barreaux d'acier de manière à leur donner une vertu magnétique. Toutes ces expériences apprenoient que le fer avoit une disposition à devenir comme de l'aimant, et qu'il pouvoit acquérir par différens moyens un certain degré de magnétisme.

Knight, en Angleterre, fit des expériences curieuses, mais il les cachoit, Mitchell parvint à en faire; Canton y prétendit aussi. Il y a un traité des aimans artificiels par Mitchell, et Canton, traduit par le P. Rivoire en 1752. Duhamel et Antheaume en France poussèrent ces expériences plus loin. Antheaume trouva que le fer avoit la propriété magnétique sans aucune préparation et dans un degré éminent. Personne avant lui n'avoit songé à mettre en expérience deux bares de fer bout-à-bout séparées par un petit intervalle. C'est à cela néanmoins que tenoit l'expérience la plus curieuse que l'on eût encore faite; car les deux barres de fer sans être verticales, sans avoir resté long-temps exposées à l'air, sans avoir été chauffées ou trempées, enfin sans avoir été frappées ni frottées comme dans les expériences faites avant lui, donnèrent dans presque toutes les positions des marques de magnétisme, mais plus encore quand elles étoient élevées sous un angle d'environ 70° au-dessus de l'horizon du côté du midi, ou 29° au-dessus de l'équateur, du moins dans le lieu et dans le temps où furent faites ces expériences.

La manière la plus ordinaire d'aimanter consistoit à glisser l'aiguille ou la lame qu'on vouloit aimanter sur un des deux pôles de l'armure d'un aimant, ou sur l'extrémité d'un barreau magnétique. Suivant cette méthode, il n'y a que l'extrémité de l'aiguille qui sort de dessus le talon de l'armure qui conserve une vertu sensible. Les extrémités de l'aiguille prennent successivement des pôles de différens noms suivant que l'on glisse ce talon vers l'une ou l'autre extrémité, parce que chaque fois qu'on fait glisser ce talon en le faisant revenir sur ses pas, on détruit la vertu qu'on avoit d'abord communiquée. En examinant la raison de cette expérience, Antheaume pensa qu'il faudroit faire glisser la lame qu'on veut aimanter sur l'équateur d'une barre beaucoup plus longue quelle, et suivant sa longueur, afin de ne point passer sur les pôles qui détruisent la vertu magnétique acquise dans l'équateur ; mais comme par ce moyen, il n'est pas possible de faire passer le fluide magnétique de la grande barre dans la petite, à cause de la continuité de toutes les parties de la grande qui ne fournit aucune issue dans le milieu, il imagina de couper cette grande barre pour en intérompre seulement la continuité, ou ce qui revient au même, de prendre deux barres de fer qui, étant mises de file, ou bout-à-bout par leurs pôles attractifs ou de dénominations différentes étoient séparées seulement par l'épaisseur d'un carton.

Voici sa méthode, tel qu'il l'explique lui-même dans un mémoire publié en 1760 : sur une planche inclinée dans la direction du courant magnétique, c'est-à-dire, pour Paris, inclinée à l'horizon de 70° du côté du nord, il plaça de file deux barres de fer quarrée, des quatre à cinq pieds de longueur sur quatorze à quinze lignes d'épaisseur, limées quarrément par leurs extrémités intérieures, ou qui se regardoient, entre lesquelles il laissa un intervalle de six lignes : il appliqua à chacune de ces extrémités une espèce d'armure formée avec de la tôle de deux lignes d'épaisseur, quatorze à quinze lignes de largeur, et une ligne de hauteur, dont le côté qui devoit être appliqué à la barre étoit limé et entièrement plat : trois des bords de l'autre face étoient taillés en biseau ou chanfrein : le quatrième, qui devoit excéder d'une ligne l'épaisseur de la barre, et limé quarrément pour former une espèce de talon. Pour remplir le reste de l'intervalle, il mit entre les deux armures une petite languette de bois de deux lignes d'épaisseur. Tout étant ainsi disposé et placé dans la direction du courant magnétique, il glissa sur ces deux talons à la fois, suivant la longueur des barres de fer, le barreau d'acier qu'il vouloit aimanter, le faisant aller et venir lentement d'un de ses bouts à l'autre, comme on feroit si on aimantoit sur les deux talons d'une pierre d'aimant. Il fut surpris lui-même de voir qu'il aimantoit ainsi tout d'un coup, non-seulement de petites barres, comme Mitchell et Canton, mais de grosses barres d'acier d'un pied de longueur, et même plus, ce qu'on n'obtiendroit jamais par leurs méthodes. Une autre expérience faite ensuite lui fit connoître que cette opération produit des effets encore plus surprenans, en employant des barres de fer de dix pieds de longueur chacune : la force magnétique que reçoit pour lors la barre d'acier qu'on aimante, égale celle qu'elle recevroit d'un très-bon aimant.

C'est ainsi qu'on est parvenu à faire des aimans artificiels d'une force extraordinaire ; le Maire en avoit fait qui pesoient 6 livres et qui en portoient 45 ; mais le Noble, en 1773, en a fait qui portoient 230 livres. Ces aimans artificiels donnent aux aiguilles de boussole plus de force qu'on n'en donnoit autrefois, et tous les marins peuvent s'en procurer aisément, pour renouveller la vertu magnétique lorsqu'elle vient à s'affoiblir dans les compas de route.

L'explication physique des propriétés de l'aimant n'est peut-être pas directement du ressort de cette histoire ; mais l'hypothèse que Buffon a donnée est assez curieuse, pour que nous croyions intéresser nos lecteurs, en en donnant une idée. Elle est dans le 5e vol. *in*-4°. de son *Histoire naturelle des minéraux*, qui parut en 1788.

Après quelques réflexions sur les forces de la nature en général, Buffon considère le feu intérieur de la terre comme étant la cause de l'électricité. Les émanations continuelles de cette chaleur intérieure, s'élèvent perpendiculairement à chaque point de la surface de la terre ; elles sont bien plus abondantes à l'équateur que dans toutes les autres parties du globe. Assez nombreuses dans les zônes tempérées, elles deviennent nulles ou presque nulles aux régions polaires qui sont couvertes par la glace ou resserrées par la gelée. Le fluide électrique, ainsi que les émanations qui le produisent, ne peuvent donc être jamais en équilibre autour du globe. Ces émanations doivent nécessairement partir de l'équateur, où elles abondent, et se porter vers les pôles où elles manquent.

Ces courans électriques qui partent de l'équateur et des régions adjacentes, se compriment et se resserrent, en se dirigeant à chaque pôle terrestre, à-peu-près comme les méridiens qui se rapprochent les uns des autres. Dès-lors la chaleur obscure qui émane de la terre et forme ces courans électriques, peut devenir lumineuse et se condenser dans un moindre espace, de la même manière que la chaleur obscure de nos fourneaux devient lumineuse lorsqu'on la conduit en la tenant enfermée, et c'est-là la vraie cause de ces feux, qu'on regardoit autrefois comme des incendies célestes, et qui ne sont néanmoins que des effets électriques, auxquels on a donné le nom d'*aurores boréales*.

Ce phénomène sert à expliquer les tremblemens de terre et les volcans. En conséquence, l'auteur suit sur toute la surface de la terre, la trace des volcans, ou brûlans ou éteints, que l'on retrouve par-tout.

Mais, dit Buffon, quel est, ou peut-être l'agent ou le moyen employé

employé par la nature, pour déterminer et fléchir l'électricité du globe ou magnétisme vers le fer, de préférence à toute autre masse minérale ou métallique? Si les conjectures et même de simples vues sont permises sur un objet qui, par sa profondeur et son ancienneté contemporaine des premières révolutions de la terre, semble devoir échapper à nos regards et même à l'œil de l'imagination, nous dirons que la matière ferrugineuse, plus difficile à fondre qu'aucune autre substance métallique, s'est établie sur le globe avant toute autre substance métallique; et que dès-lors elle fut frappée la première, et avec le plus de force et de durée par les flammes du feu primitif; elle dut donc en contracter la plus grande affinité avec l'élément du feu, affinité qui se manifeste par la combustibilité du fer et par la prodigieuse quantité d'air inflammable ou feu fixe qu'il rend dans ses dissolutions; et par conséquent de toutes les matières que l'électricité du globe peut affecter, le fer, comme ayant spécialement plus d'affinité, avec ce fluide de feu, et avec la force dont il est l'ame, en ressent et marque mieux tous les mouvemens, tant de direction que d'inflexion particulière, dont néanmoins les effets sont tous subordonnés à la grande action et à la direction générale du fluide électrique de l'équateur vers les pôles.

L'auteur fait voir ensuite les rapports de l'électricité avec l'aimant, d'après une quantité d'observations de toute espèce. Les personnes dont les nerfs sont délicats et sur lesquelles l'électricité agit d'une manière si marquée, reçoivent aussi du magnétisme des impressions assez sensibles; car l'aimant peut, en certaines circonstances, suspendre et calmer les irritations nerveuses, et appaiser les douleurs aiguës. L'action de l'aimant qui, dans ce cas est calmante et même engourdissante, semble arrêter le cours, et fixer pour un tems le mouvement trop rapide ou déréglé des torrens de ce fluide électrique qui, quand il est sans frein, ou se trouve sans mesure dans le corps animal, en irrite les organes et l'agite par des mouvemens convulsifs.

Il existe des animaux dans lesquels, indépendamment de l'électricité vitale qui appartient à tout être vivant, la nature a établi un organe particulier d'électricité. et, pour ainsi dire, un feu électrique et magnétique. La torpille, l'anguille électrique de Surinam, le tembleur du Niger, semblent réunir et concentrer dans une même faculté la force de l'électricité et celle du magnétisme. Ces poissons électriques et magnétiques, engourdissent les corps vivans qui les touchent; et suivant M. Schilling et quelques autres observateurs, ils perdent cette propriété lorsqu'on les touche eux-mêmes avec l'aimant. Il leur ôte la faculté d'engourdir, et on leur rend cette vertu en les touchant avec du fer, auquel se transporte le magnétisme qu'ils avoient reçu de l'aimant. Les guérisons que M. l'Abbé le Noble a opérées par le moyen de l'aimant, sont rapportées ici fort en détail, à l'appui de cette théorie.

On peut donc dire que tous les effets magnétiques ont leurs analogues dans les phénomènes de l'électricité ; mais on doit convenir, en même-tems, que les phénomènes électriques n'ont pas tous de même leurs analogues dans les effets magnétiques ; ainsi nous ne pouvons plus douter dit l'auteur, que la force particulière du magnétisme ne dépende de la force générale de l'électricité, et que tous les effets de l'aimant ne soient des modifications de cette force électrique. Et ne pouvons-nous pas considérer l'aimant comme un corps perpétuellement électrique, quoiqu'il ne possède l'électricité que d'une manière particulière, à laquelle on a donné le nom de magnétisme ? La nature des matières ferrugineuses, par son affinité avec la substance du feu, est assez puissante pour fléchir la direction du cours de l'électricité générale, et même pour en ralentir le mouvement, en le déterminant vers la surface de l'aimant. Tel est le fondement de l'explication ingénieuse des attractions magnétiques imaginée par Buffon, dont il faut voir les détails et les preuves dans son ouvrage.

Le changement de direction dans l'aiguille aimantée, doit avoir lieu par plusieurs causes. L'on peut compter comme une des plus puissantes, l'éruption des volcans et les torrens de laves et de basaltes, dont la substance est toujours mêlée de beaucoup de fer. Ces laves et ces basaltes occupent souvent de très-grandes étendues à la surface de la terre, et doivent par conséquent influer sur la direction de l'aimant ; ensorte qu'un volcan qui, par ses éjections, produit souvent de longues chaînes de collines composées de laves et de basaltes, forme, pour ainsi dire, de nouvelles mines de fer, dont l'action doit seconder ou contrarier l'effet des autres mines sur la direction de l'aimant. Ces basaltes peuvent former, non-seulement de nouvelles mines de fer, mais aussi de véritables masses d'aimant, car leurs colonnes ont souvent des pôles bien décidés d'attraction et de répulsion, suivant Faujas de St.-Fond.

Les grands incendies des forêts produisent aussi une quantité considérable de matière ferrugineuse et magnétique. La plus grande partie des terres du Nouveau-Monde étoient non-seulement couvertes, mais encore encombrées de bois morts ou vivans, auxquels on a mis le feu, pour donner du jour et rendre la terre susceptible de culture. C'est sur-tout dans l'Amérique septentrionale que l'on a brûlé et que l'on brûle encore ces immenses forêts dans une vaste étendue, et cette cause particulière peut avoir influé sur la déclinaison vers l'ouest, que l'aimant acquiert en Europe.

Buffon donne ensuite une explication plus détaillée de la nature et de la formation de l'aimant, par une plus violente ou plus longue impression du feu primitif, et par l'action successive de la cause générale qui produit le magnétisme du globe. On voit par le témoignage de Théophraste, que l'aimant étoit rare chez les Grecs, qui ne lui connoissoient d'autre propriété que celle d'attirer le fer; mais du tems de Pline, c'est-à-dire, trois siècles après, l'aimant étoit devenu plus commun, et aujord'hui il s'en trouve plusieurs mines dans les terres voisines de la Grèce, ainsi qu'en Italie, et particulièrement à l'île d'Elbe. On peut donc présumer que la plupart des mines de ces contrées ont acquis, depuis le tems de Théophraste, leurs vertus magnétiques à mesure qu'elles ont été découvertes, soit par des effets de la nature, soit par le travail des hommes ou par le feu des volcans.

Le feu, la percussion et la flexion, suspendent ou détruisent également la force magnétique, parce que ces trois causes changent également la situation respective des parties constituantes du fer et de l'aimant. Ce n'est même que par ce seul changement de la situation respective de leurs parties, que le feu peut agir sur la force magnétique. Car on s'est assuré que cette force passe de l'aimant au fer, à travers la flamme, sans diminution ni changement de direction; ainsi ce n'est pas sur la force même que se porte l'action du feu, mais sur les parties intégrantes de l'aimant ou du fer, dont le feu change la position; et lorsque, par le refroidissement, cette position des parties se rétablit telle qu'elle étoit avant l'incandescence, la force magnétique reparoît, et devient quelquefois plus puissante qu'elle ne l'étoit auparavant.

La répulsion dans l'aimant n'est que l'effet d'une attraction en sens contraire et qu'on oppose à elle-même; toutes deux ne partent que du corps de l'aimant, mais proviennent et sont des effets d'une force extérieure, qui agit sur l'aimant en deux sens opposés; et dans tout aimant, comme dans le globe terrestre, la force magnétique forme deux courans, en sens contraire, qui partent tous deux de l'équateur, en se dirigeant aux deux pôles.

Buffon explique en détail toutes les expériences qui ont été faites sur l'aimant, pour en reconnoître les différentes propriétés. On pourroit en conclure l'explication de la méthode par laquelle on faisoit des aiguilles sans déclinaison, comme nous l'avons dit, en plaçant deux aiguilles l'une au-dessus de l'autre, de manière qu'elles pussent se repousser mutuellement. On trouve ensuite divers procédés pour produire et completter l'aimantatoin du fer.

On peut sans aimant ni fer aimanté, et par un procédé aussi remarquable qu'il est simple, exciter dans le fer la vertu magnétique à un très-haut degré; ce procédé consiste à poser sur la surface polie d'une forte pièce de fer, telle qu'une enclume, des barreaux d'acier, et à les frotter ensuite un grand nombre de fois, en les retournant sur leurs différentes faces, toujours dans le même sens, au moyen d'une grosse barre de fer tenue verticalement, et dont l'extrémité inférieure doit être aciérée et polie.

On trouve ensuite dans ce livre les procédés de Mitchel, Canton, Æpinus, Knigth, pour faire les aimans artificiels les plus forts.

L'article qui traite de la direction de l'aimant et de sa déclinaison, est un des plus importans, à cause des besoins de la navigation; aussi Buffon l'a-t-il completté par un recueil de 150 pages d'observations et par de grandes cartes magnétiques, où il a marqué la déclinaison et l'inclinaison de l'aiguille dans tous les pays de la terre. Personne n'en avoit recueilli un si grand nombre : il a comparé ces observations pour tracer sur la terre les lignes sans déclinaison; il établit l'existence d'un pôle magnétique, très-puissant dans le nord des terres de l'Amérique, à 71° de latitude et 260 de longitude, comptée de Paris. Il fait voir que la bande ou la déclinaison est nulle, s'étend dans la mer Pacifique depuis le septième degré de latitude nord, jusqu'au cinquantième degré de latitude sud. Cette bande traverse l'équateur vers le 232e degré de longitude, comptée de Paris; mais à 24 degrés de latitude australe, elle paroît fléchir vers les côtes occidentales de l'Amérique méridionale, ce qui semble être l'effet des masses ferrugineuses que l'on doit trouver dans ces contrées, si souvent brûlées par les feux des volcans, et agitées par les foudres souterraines.

Il doit y avoir un autre pôle vers les terres de Diémen, où Abel Tasman observa en 1642 que ses boussoles ne se dirigeoient plus sur aucun point fixe.

L'augmentation d'inclinaison dans les aiguilles, en approchant des pôles, s'explique d'une manière bien naturelle par la théorie de Buffon; le magnétisme du globe est une modification d'une force plus générale, qui est celle de l'électricité ou des émanations de la chaleur propre; elles partent de l'équateur et des régions adjacentes, se portent, en se courbant et se plongeant sur les régions polaires où elles tombent, dans des directions d'autant plus approchantes de la perpendiculaire, que la chaleur est moindre, et que ces émanations se trouvent dans les régions froides plus complettement éteintes ou supprimées. Or, cette augmentation d'inclinaison, à mesure que l'on s'avance vers les pôles de la terre, représente parfaitement l'incidence de plus en plus approchante de la perpendiculaire des rayons ou faisceaux d'un fluide animé par les émanations de la chaleur du globe; lesquelles, par les lois de l'équilibre, doivent se porter en convergeant et s'abaissant de l'équateur vers les deux pôles. Ainsi les élémens de l'inclinaison sont plus simples que ceux de la déclinaison, puisque celle-ci résulte de la combinaison de deux forces agissantes dans deux directions différentes, tandis que l'inclinaison dépend principalement d'une cause simple dans une direction inclinée et relative à la courbure du globe. C'est par cette raison que l'inclinaison paroît être, et est en effet plus régulière, plus suivie et plus constante que la déclinaison, dans toutes les parties de la terre.

I I.

Du Loc.

Ce n'est pas assez de savoir se diriger à son gré sur la mer, il faut avoir un moyen de connoître le chemin qu'on parcourt ou qu'on a parcouru par un certain air de vent. Si l'on avoit pour cet effet un moyen entièrement exact, on pourroit presque se passer de toute observation astronomique; mais dans l'état actuel de la navigation, la connoissance du chemin parcouru dans une direction déterminée, sert souvent de supplément à l'observation qui ne peut pas toujours avoir lieu.

On parvient à cette mesure au moyen de l'instrument qu'on appelle le *Loc*, ce nom vient de log, qui signifie une pièce de bois. C'est en effet un triangle de bois attaché par son sommet à une ficelle, et dont la base est chargée d'un poids suffisant pour que le bois étant plongé dans une eau tranquille il se tienne debout.

Cette ficelle, à 30 ou 40 pieds du loc, commence à être divisée en parties d'une certaine longueur marquées par des nœuds, et elle est roulée sur un petit tourniquet ou rouet bien libre. On a enfin une petite horloge ou sablier qu'on nomme *Ampoulette*, et qui doit durer juste 30''. C'est le temps que dure l'opération qu'on va décrire.

J'observerai qu'anciennement au lieu du triangle, chargé comme on vient de dire, c'étoit un petit bloc de bois formé en bateau. Mais comme il n'opposoit pas à l'eau une résistance suffisante, il a fait place au loc triangulaire qui ne peut pas être entraîné par le vaisseau, et oppose une résistance assez grande pour pouvoir être regardé comme sensiblement immobile.

On jette donc à la mer ce triangle après y avoir adapté une petite cheville qui, avec sa ficelle, doit le forcer à se tenir vertical, et l'on laisse couler, sans compter la portion de ficelle non-divisée qu'on nomme la *ligne sèche*. Au moment qu'on sent sous le doigt le premier nœud, qui ne se compte point, on tourne l'ampoulette. La ligne se dévide de dessus son rouet, l'on compte les nœuds qui passent par les doigts, et au moment où l'ampoulette finit on arrête la ficelle ; puis au moyen d'une petite sacade donnée à la machine, la cheville qui tenoit le triangle de bout, se détache, et il peut être ramené àbord presque sans résistance. On compte de nouveau les nœuds qni ont passé pendant la durée de l'opération, c'est-à-dire, la portion de ficelle divisée au-delà du premier nœud ; on juge par-là du chemin parcouru par le vaisseau.

Car, supposons que le loc ait été immobile ; il est évident que le chemin parcouru par le vaisseau, pendant une demi-minute, sera égal à l'étendue de la ficelle devidée depuis le premier nœud ; et son chemin pendant une heure égal à 120 fois cette longueur. Or, une lieue marine à raison de 20 au degré est de 2850 toises. Ainsi pour que le vaisseau parcoure en une heure une lieue marine, il doit filer dans une demi-minute 142 $\frac{1}{2}$ pieds ; et pour faire un tiers de lieue, 47 $\frac{1}{2}$. Et comme on a voulu diviser la route en tiers de lieue, on a mis ou dû mettre entre chaque nœud une distance de 47 pieds $\frac{1}{2}$. Et alors si dans l'opération on file un nœud, cela indiquera que la marche a été d'un tiers de lieue marine dans une heure. Trois nœuds indiqueront une lieue. Un vaisseau qui file de 6 à 9 nœuds est censé faire une bonne marche, puisque c'est de 48 à 72 lieues marines par jour. On dit donc : *nous filions tant de nœuds*, sans y ajouter par heure comme font quelques personnes ; car ce n'est pas par heure, mais par demi-minute que l'on a filé plus ou moins de nœuds.

Malgré la clarté de la démonstration qu'on vient de voir sur la longueur à donner à chaque intervalle des nœuds, on ne peut dissimuler que chaque pilote, chaque navigateur avoit là-dessus sa mesure particulière. Il y en avoit qui faisoient cette distance moindre que 47 pieds $\frac{1}{2}$, et même seulement de 42 pieds. D'autres, au lieu d'une *ampoulette* de 30'' ou de demi-minute, n'en employoient qu'une de 27 secondes. Les premiers paroissent avoir été conduits à ce raccourcissement par une observation qu'ils avoient faite, savoir : qu'en allant en Amérique, s'ils avoient fait usage d'une ligne ayant 47 $\frac{1}{2}$ pieds entre ses nœuds ils étoient aux atterrages beaucoup plutôt qu'ils n'avoient estimé devoir y être, et ils en donnoient pour raison que le trop grand intervalle entre les nœuds leur avoit fait compter moins de chemin, et conséquemment que leur estime étoit restée en arrière de la quantité du chemin parcouru. Mais il est reconnu aujourd'hui que dans l'océan atlantique, il y a entre les tropiques un courant général allant de l'est à l'ouest, et qu'on a estimé de 3 à 4 lieues par 24 heures. C'est l'effet nécessaire des vents alisés qui règnent entre les tropiques et qui tiennent toujours de l'est. Ils ne peuvent depuis tant de siècles souffler ainsi sans avoir imprimé à la surface de la mer un mouvement général à l'ouest. Dans un voyage que je fis sur un vaisseau du roi en 1764 et 1765, vers les côtes de la Guyanne, où le duc de Choiseul vouloit faire une colonie, je parlai de ce courant aux officiers et aux pilotes; mais ils témoignoient ne pas y ajouter beaucoup de foi. Je prévis dès-lors que nous pourrions bien être aux atterrages plutôt qu'ils ne comptoient, et ma conjecture étoit juste. On s'estimoit à plus de 100 lieues de terre, et tout-à coup, en plein midi, on se trouva dans les eaux vertes de l'Amazone, qui annoncent, que l'on n'en est guère qu'à une trentaine de lieues. Dès le soir on eût fonds de 18, 20 à 25 brasses, on fit petite voile pendant la nuit, et le lendemain matin on vit distinctement la terre. Aussi depuis quelques années, il n'est presque aucun navigateur éclairé qui ne se soit élevé contre cette erreur des pilotes qui racourcissoient le loc, car il faut vouloir fermer les yeux à la lumière pour se refuser à la démonstration de la longueur qui doit être entre les intervalles des nœuds de la ligne de loc. Si même il falloit y faire quelque changement, ce seroit peut être de l'augmenter plutôt que de la diminuer; car on suppose le bateau du loc absolument immobile, tandis que très-probablement il est un peu entraîné par le vaisseau, et ainsi on fait un peu plus de chemin qu'on n'en marque.

Pierre Bouguer, dans les *Mémoires de l'Académie* de 1747, expliqua la manière de corriger le loc, et l'expérience l'a justifié, mais on est bien fondé à désirer un moyen plus exact de mesurer le chemin d'un vaisseau. Aussi divers mathématiciens et navigateurs ont ils proposé sur cela des vues et des méthodes nouvelles.

Pitot proposa en 1732, un moyen de mesurer la vîtesse avec laquelle un corps se meut dans un fluide. Il est fondé sur un principe d'hydraulique connu depuis long temps; savoir que si un tube est rempli d'un fluide, et qu'on le laisse se vider, ce fluide s'écoule à chaque instant avec une vîtesse qui est comme la racine de la hauteur au-dessus de l'orifice. Delà il suit que si l'on a une tube recourbé et qu'on en présente l'embouchure à une eau coulante, l'eau s'élèvera non-seulement jusqu'à son niveau, mais au dessus, et que cet excès de hauteur sera comme le quarré de la vîtesse avec laquelle l'eau se présentera à son embouchure. Ce sera donc la même chose si dans une eau dormante on promène ce tube en présentant son embouchure directement à l'eau ; car il est indifférent que ce soit l'eau qui se meuve ou bien le tube, pourvu que la vîtesse respective soit la même.

Si donc on ajuste dans une monture convenable un tube vertical et recourbé horizontalement, et qu'on le plonge à la poupe d'un bateau, de manière que l'embouchure du tube horizontal, un peu évasée en entonnoir, se présente à la proue, le bateau étant en mouvement, l'eau montera au-dessus du niveau, et il sera facile d'en déduire la vîtesse.

Suivant Pitot, (*Mémoires*, 1732, p. 372,) l'eau s'élève de 4 pouces pour une vîtesse de 3 lieues par heure, et les élévations sont comme les quarrés de vîtesses, étant égales à celles des chutes d'eau, qui peuvent produire ces vîtesses. On estime aussi que la force de l'impulsion est égale au poids d'un solide d'eau, qui auroit pour hauteur celle d'où l'eau auroit dû tomber pour acquérir la vîtesse du courant. D'après cela, on feroit aisément une table des hauteurs de l'eau au-dessus de la flotaison pour chaque vîtesse du sillage, mais il vaudroit encore mieux la faire d'après l'expérience.

Pitot nous raconte qu'ayant fait des expériences de sa machine dans un bateau remontant la Seine à la voile par un grand vent, et ayant mesuré le chemin qu'il avoit fait pendant une heure, en tenant compte de la vîtesse de la rivière, il avoit trouvé le chemin parcouru assez conforme au calcul.

Il seroit donc question pour appliquer ceci à la navigation de percer vers le point de sa quille le plus voisin du centre de mouvement du vaisseau, un trou par lequel passeroit la monture du tuyau. Comme il seroit aisé d'interdire tout accès à l'eau par cette ouverture, il n'y auroit nulle crainte à cet égard; l'eau du tuyau s'élèveroit dans le vaisseau, et l'on verroit à chaque moment l'état de sa marche. Mais je ne sais si l'on a fait cette épreuve en mer. Le risque d'affoiblir par un trou d'un pouce seulement une pièce aussi essentielle que la quille d'un vaisseau, a paru peut-être trop imminent. Quand on considère néanmoins la force de cette pièce, il n'y a pas d'apparence qu'un trou d'un pouce quarré fût dangereux, d'autant plus qu'on pourroit en cette partie laisser plus de largeur à la pièce, ou la raffermir par d'autres expédiens. Les corps étrangers qui entreroient dans le tuyau feroient un obstacle à cette méthode; mais on pourroit fort bien arranger un tube qui se retireroit quand on ne s'en serviroit pas, et que l'on mettroit dans le puits pour faire l'expérience.

On trouve dans les *Transactions Philosophiques*, de 1732, d'autres tentatives de Saumarez, gentilhomme guernésien, qui, pour mésurer le chemin d'un vaisseau, proposoit deux moyens différens ; il faisoit une nouvelle espèce de loc, ayant deux branches divergentes, chacune portoit une espèce de palette, faisant assez de résistance pour n'être pas entraînée par le vaisseau en mouvement. Ce loc étoit attaché à une ligne qui venoit passer dans un canal pratiqué à côté de l'étambot, ou de la poupe; cette ligne tirée avec plus ou moins de force, mettoit en mouvement une aiguille qui marquoit sur un cadran la route plus ou moins grande que faisoit le vaisseau.

L'autre invention de Saumarez consistoit en un tourniquet horizontal, arrangé pour se mouvoir toujours dans un même sens, étant plongé tout entier dans l'eau. Il devoit être placé à la poupe sous l'étambot, et son essieu remontoit perpendiculairement dans une cavité pratiqué à côté de l'étambot. Cet essieu mis en mouvement par le tourniquet avec plus ou moins de vîtesse suivant le sillage, devoit montrer de même sur un cadran la vîtesse du vaisseau. Il dit avoir fait sur le canal du parc Saint-James et sur la Tamise, des épreuves de sa double invention, et avoir trouvé exactement le chemin parcouru, quoique le mouvement du bateau eût été tantôt retardé, tantôt accéléré. Mais les inconvéniens sont sensibles : le tourniquet ne sauroit soutenir les coups de mer; cet inconvénient rendra toujours insuffisant tout mécanisme qui seroit adapté extérieurement au corps du vaisseau. Il a dû se présenter, et il s'est en effet présenté mille fois à l'esprit de gens qui n'avoient jamais vu la mer, des mécanismes de roues, de vannes, devant être mises en mouvement plus ou moins vîte par l'eau, coulant le long des flancs d'un vaisseau. Mais ceux qui connoissent les effets de ce terrible élément ne sauroient approuver ces inventions.

Vitruve dit bien que les Phéniciens mesuroient le sillage par une roue garnie de vannes, qui tournoit plus ou moins vîte, suivant la vîtesse du navire ; mais l'expérience y a fait renoncer.

Bouguer, dans ses *Élémens de navigation* en 1753, fit voir comment on pourroit calculer la vîtesse d'un vaisseau, par la mesure de la résistance ou de l'impulsion de l'eau sur un globe d'un pied de diamètre, qui est de 70 livres, quand on fait quatre lieues par heure, et seulement de 10 et demi quand on ne fait qu'une lieue.

Le capitaine Phips, dans son voyage vers le pôle boréal, en 1777, fit l'expérience de la méthode indiquée par Bouguer, et ces expériences eurent assez de succès. On essaya aussi une autre espèce de loc de MM. Vussel et Foxon, dont on fut satisfait.

L'académie de Bordeaux adjugea un prix, en 1772, à M. Aubery, chanoine régulier de Sainte Geneviéve, pour un instrument qu'il appelloit *Trochomètre* (*Cursus mensura*). Voyez le tome VI des *Supplémens de l'Encyclopédie*, page 463. Il consiste en une surface place planée dans l'eau au bas d'une tringle verticale : on oppose directement la surface au courant de l'eau, en mesurant avec des poids l'effort nécessaire pour la maintenir dans cette position. Cette espèce de girouette dans l'eau, abandonnée à elle-même, marque aussi la route du vaisseau.

En 1780, M. Douenés proposa d'employer la résistance d'un boulet passant sur un tambour, et qui feroit fermer des trous d'un sablier, proportionnés à la vîtesse, ce qui donneroit la somme de toutes les vîtesses, au lieu de la vîtesse d'un moment.

De Gaulle, habile ingénieur, dans son *Sillomètre*, présenté à l'académie en 1781, employe un cône de bois, dont la base est en plomb et a 6 pouces de diamètre au bout d'une ligne de 25 brasses, qui tire un ressort en demi cercle. La tension du ressort fait mouvoir l'aiguille d'un cadran, où sont marqués les milles parcourus, d'après des expériences que le Gouvernement fit faire sur un bâtiment armé au Havre, sous le ministère du maréchal de Castries. Les navigateurs peuvent s'en procurer chez l'auteur, qui en a fait exécuter sous ses yeux. Voyez l'ouvrage intitulé : *Construction et usage du Sillomètre*, *au Havre*, 1782, 30 pages *in-8°*.

Le citoyen Vallet, ci-devant à la manufacture de Javelle, près Paris, actuellement en Angleterre, a fait des expériences à Liverpool, en 1790, avec un balancier, dont l'extrémité inférieure porte une plaque de cuivre pour recevoir l'impulsion de l'eau, et l'extrémité supérieure presse sur un ressort qui cède plus ou moins, et meut un moulinet de cuivre à quatre aîles, qui tourne dans un cylindre. Dans le même temps un Anglois faisoit des expériences sur un paquebot avec une autre machine destinée à produire le même effet. (La Lande, *Abrégé de navigation*).

En 1791, l'académie reçut un sillomètre à barillet, par Baussard, capitaine de frégate de Honfleur ; un globe flottant sous la quille, suspendu dans un puits au ressort d'un barillet, tireroit plus ou moins, suivant que la vîtesse et l'impulsion seroient plus ou moins grandes : une aiguille sur l'axe du barillet marqueroit la vîtesse, d'après l'expérience qu'on auroit faite.

Malgré tous ces projets, on conserve encore l'usage du loc que nous avons décrit ; mais il y a des pilotes qui ont une si grande habitude pour juger de la vîtesse d'un vaisseau, qu'en regardant seulement l'effet de l'eau sur le côté, ils peuvent dire nous filons tant de nœuds.

On a vu un corsaire filer 17 nœuds, il faisoit donc 136 lieues par jour et 26 pieds par seconde.

Quand on a observé la direction et la vîtesse du navire, on rapporte le chemin parcouru sur une carte; mais la manière de dresser une carte marine, est encore une chose qui doit entrer dans notre histoire. Les cartes réduites, c'est-à-dire, les cartes marines de Mercator ou de Wright, sont les plus utiles qu'il y ait, parce que les routes y sont des lignes droites; on peut en regarder l'invention comme une des découvertes importantes du 16e siècle. Gérard Mercator publia vers l'an 1568 une carte, où les degrés de latitude alloient en augmentant vers les pôles, dans le même rapport que les parallèles diminuent; mais il n'en expliqua point les principes, ce fut Edward Wright, anglois, qui, vers l'an 1590, découvrit les vrais principes sur lesquels ces cartes devoient être construites: il en fit part à Jodocus Hondius, graveur, qui s'en attribua l'invention, mais elle fut revendiqué par Wright, dans son livre intitulé: *Certain errors in navigation detected and corrected*, où il rend justice d'ailleurs à Mercator: celui-ci a eu l'idée, mais Wright est le véritable auteur de cette belle découverte. *Astronomie*, *art.* 4070.

III.

Des Instrumens pour prendre hauteur en mer.

L'usage de la boussole et du loc seroient insuffisans pour connoître la situation du vaisseau si l'on n'observoit pas la latitude, aussi les navigateurs prennent-ils exactement tous les jours la hauteur du soleil à midi; si l'on a trouvé, par exemple, la hauteur du soleil de 64°, lorsque sa déclinaison boréale est de 23°, on est certain que l'équateur est élevé de 41°, et par conséquent le pôle de 49°, c'est la latitude du vaisseau.

Mais si l'on fait attention à la grande différence qu'il y a entre un observatoire terrestre, solide, et même rendu tel par des constructions faites à dessein, et un observatoire sans cesse agité par les flots, l'on n'aura pas de peine à concevoir que les instrumens à employer dans le vaisseau, doivent être d'une nature et d'une construction toutes différentes; à la mer, l'observateur et l'instrument doivent en quelque sorte faire corps ensemble; et l'observateur attentif à tous les mouvemens du navire avec lesquels il doit être familier, doit chercher, en s'y prêtant, à conserver toujours sa position; encore est-il bien difficile qu'il conserve long temps les objets dans le champ de la lunette, ce n'est, pour ainsi dire, qu'en passant qu'on peut l'ajuster ; et il en est de l'art d'observer à terre à celui d'observer en mer, comme de l'art de tirer à un objet posé, à celui de tirer au vol. On ne doit donc pas attendre du navigateur des observations aussi exactes que celles qu'on fait sur terre. Prendre hauteur en mer sans commettre une erreur de 30″, nous paroît exiger beaucoup d'adresse et d'habitude ; et il n'y a pas 50 ans qu'on n'aspiroit qu'à la précision de 2 ou 3 minutes.

Il ne paroît pas que les anciens ayent jamais employé dans leurs navigations des observations astronomiques, si ce n'est l'inspection grossière de l'étoile polaire ou du soleil à midi.

Il y a lieu de croire que les premiers instrumens dont on se servit pour cet objet, furent des instrumens à suspension ; tels que l'anneau astronomique, connu depuis bien des siècles, ou le simble astrolabe, c'est-à-dire, un cercle divisé en degrés ou demi-degrés, suspendu par un point d'où commençoit la division, et garni d'une alidade mobile, dont une pinnule admettoit le rayon du soleil, et indiquoit sa hauteur quand il tomboit sur un point déterminé de la pinnule inférieure. Mais il est aisé de sentir combien un pareil instrument, malgré la meilleure suspension pour le retenir dans sa situation verticale, étoit difficile à employer. Car dans l'astrolabe il falloit saisir, malgré les mouvemens du navire, le moment où le filet de lumière solaire passant par la petite ouverture de la pinnule supérieure tomboit sur l'ouverture inférieure.

La difficulté étoit un peu moindre, à la vérité, dans l'anneau astronomique, car l'ouverture pour admettre le rayon solaire qui étoit à 45° du zénith étant fixe, et la bande de l'annean ayant une certaine largeur, comme d'un pouce, sur laquelle les degrés étoient marqués par des transversales, il étoit plus facile de saisir la division où tomboit le rayon solaire, lorsque le plan de l'instrument étoit dans celui du vertical du soleil. Il y avoit de plus l'avantage, que sous la même dimension d'instrument les degrés y étoient doubles, parce que la demi-circonférence comprise entre le rayon horisontal et le vertical, étoit divisée en 90 parties, exprimant chacune un degré. Ainsi cet instrument étoit encore le meilleur de ceux de suspension ; aussi Chazelles dit il qu'il l'avoit éprouvé sur la Méditerranée avec assez de succès. Mais il est à remarquer que rien n étoit si grossier dans ce temps-là que la pratique nautique des navigateurs de cette mer ; et ce qui pouvoit être bon pour eux, ne pouvoit qu'être absolument insuffisant pour ceux qui avoient à traverser les vastes plaines de l'Océan, et être plusieurs mois entiers privés de l'aspect de toute terre.

Aussi dès que les grandes navigations, comme celles des Indes et de l'Amérique commencèrent à devenir communes, il fallut recourir à des instrumens plus exacts. On peut dire néanmoins que celui qu'on substitua aux premiers n'avoient pas sur eux un grand avantage. Cet instrument fut l'arbalête ou l'arbalestrille, comme d'autres l'ont nommé.

Cet instrument étoit déjà connu dans la géométrie-pratique ou même dans l'astronomie de ces temps-là, sous le nom de *Bâton de Jacob*, de *Croix géométrique* par les géomètres, et de *Rayon astronomique* par les astronomes. C'est une longue verge quarrée de 3 à 4 pieds de longueur, qu'on appelloit la *flèche*, le *bâton*, la *verge*, traversée par une autre moindre, comme de 2, de 6 ou de 12 pouces, mobile sur la première, et qu'on appelloit *curseur*, *traversaire*, *marteau*; une pinnule à l'extrémité de la flèche, et une autre pinnule à chaque bout du curseur. Les géomètres voulant mesurer une distance, appliquoient l'œil à la pinnule de la flèche, et avançoient ou reculoient le *curseur*, jusqu'à ce que, par ses deux pinnules, ils apperçussent les extrémités de la distance à mesurer. Les divisions portées sur la flèche leur donnoient l'angle soutendu par la distance. Nous allons donner l'histoire de cet instrument, d'après le citoyen de la Lande, dans l'*Encyclopédie méthodique*, au mot ARBALÊTE.

Jean-Werner, né à Nuremberg, en 1468, fut le premier qui decrivit l'arbalète en 1514, et il la recommandoit aux marins pour observer les longitudes en mer par les distances de la lune aux étoiles, (*Wales astronomical observations*, 1777, introd. p. 24.) Je crois que ce sont les observations de Werner qui furent imprimées en 1514, mais son livre de *Motu octavae spherae*, est de 1522. (Weidler, p. 335,) Appian, en 1524, et Gemma-Frisius, en 1530, en recommandoient aussi l'usage.

Le P. Fournier, dans son *Hydrographie*, p. 495, dit que ce que les Caldéens appeloient bâton de Jacob, et les Astronomes, rayon astromique, est nommé arbalête, ou flèche par Martin-Cortez, et Michel-Coignet, en leurs ouvrages, et généralement par tous les matelots. Les Flamands, dit-il; l'appèlent graëlboge. On écrit graart boogh en hollandois. Les Espagnols l'appèlent *balesta* ou *balestilla*. Le P. Dechalles l'appèle *crux geometrica*.

On a des marteaux de trois grandeurs différentes : c'est-à-dire, de 12 pouces, de 6 et 1 $\frac{1}{2}$, (Fournier, p. 496.) Dans le *Dictionnaire de marine d'Aubin*, il y a curseur et marteau. Ozanam, dans son *Dictionnaire*, p. 256, dit que le traversier ou marteau se meut le long de la flèche, et qu'on appelle cet instrument verge d'or par excellence, parce qu'il est le plus commode de tous les instrumens.

Ozanam dans la table, met flèche d'arbalète, ce qui prouve qu'il adopte le nom d'arbalète de préférence. Bouguer et la Caille, p. 181, édit. de 1769, *in*-8°. l'appellent *arbalestrille.*

Gemma-Frisius, (*Principia astronomiae et cosmographiae* 1530,) est le premier qui ait parlé de trois marteaux dans l'arbalète, il en est parlé dans Michel-Coignet d'Anvers : instruction nouvelle des points plus excellens et nécessaires touchant l'art de naviguer; et dans Waeghener, Hollandois, qui fut si célèbre par ses *Cartes marines*, que les matelots anglois nomment encore un Waeghener, un volume de cartes pour la navigation.

Thomas-Digges, en 1578, parle des lignes transversales qui étoient dans son arbalète, comme étant imaginées depuis long-temps par Richard-Chanceler.

Pierre-Massé, dans son *Histoire des Indes*, dit que Martin de Bohême, disciple de Regiomontanus, recommandoit l'astrolabe, c'est-à-dire, un cercle divisé en degrés, et suspendu à une boucle pour prendre hauteur en mer : mais l'on ne voit pas que l'on s'en servît alors. Werner qui décrit l'arbalète, en recommande l'usage, ainsi que Appian dans sa *Cosmographie*, écrite vers 1522, (Wales, p. 23.) On faisoit aussi une demi-arbalète, où il n'y avoit qu'un demi marteau, et les degrés y étoient une fois plus grands que sur les flèches ordinaires.

Avant 1600, l'on subsitua un arc de cercle à la place des marteaux : Davis, celui qui donna son nom au détroit de Davis par lequel on alla dans la baie de Baffins, sous le cercle polaire, vers 1583, publia en 1594 un livre intitulé : *Seaman's secrets*, où il décrit le back-staff, parce qu'on tournoit le dos au soleil pour l'observer. Il est décrit dans Métius : *Astronomica institutio*, 1605. *De Arte-Navigandi*, 1624. *Doctrina sphaerica*, 1630. D'abord il n'y avoit qu'un arc où glissoit le marteau de l'œil; celui qui forme l'ombre étoit fixé à une règle droite emmortaisée à l'extrémité du rayon de l'instrument, et il étoit plus loin du centre ou du marteau de l'horizon, que l'arc même de l'instrument. On l'appelle back-staff, bâton de derrière, par opposition à l'arbalète, appelée fore-staff (Robertson.) Dans le *Lexicon technicum* de Harris, il est décrit au au mot back-staff, et il l'appèle aussi *back-quadrant*, *Davis quadrant.* L'ancienne arbalète est décrite au mot cross-staff, quoique l'auteur dise qu'on l'appèle communément fore-staff, il dit : *voyez* cross-staff.

Le quartier de Davis avoit un arc de 60°, et sur un des rayons un marteau ou pinnule qui couloit et portoit une ouverture, mais il ne garda pas long-temps cette forme : car vers 1600, ou à-peu-près, on étendit l'arc jusqu'à 90° partie au-dessus du rayon et du marteau d'ombre qui y étoit fixé, jusqu'au degré qui parut le plus convenable, et dans cet état, il fut généralement connu sous le nom de *bow* (arc) arbalète. Peu d'années après il reçut une autre perfection et prit la forme qu'il a actuellement, le marteau d'ombre étant jusqu'alors placé à une grande distance du centre, l'ombre étoit trop mal terminée sur le marteau d'horizon ; et si le temps n'étoit pas très-clair, on ne la distinguoit pas du tout. Il fallut donc diminuer le rayon de cette partie où est la pinnule d'ombre : l'on ne sait pas aujourd'hui à qui l'on doit cette perfection ; quelques-uns pensent que ce fut l'auteur lui-même. Ces trois instrumens, l'astrolabe, l'arbalète, et le quart de Davis, prirent différentes formes ; le premier produisit le demi-cercle *sea-rings*, anneau marin, *sea quadrant* (quartier marin) ; le second produisit la demi arbalète, le bâton de Hood, *hood's staff*. Le dernier produisit le *plough*, (charrue,) ainsi nommé à cause de sa forme, parce que l'arc plus petit et le marteau plus grand lui donnoient presque la forme d'une charrue. Il y eut encore le quartier d'Elton, (*Elton's quadrant*,) qui différoit un peu des deux précédens. M. Wales, p. 29.

Bouguer appèle l'instrument dans sa forme actuelle, quartier anglois, ou quart de nonante, il dit que l'arc de 60° à 8 ou 9 pouces de rayon, l'autre 30° et 18 à 20 pouces ; il appelle les vanes des Anglois des espèces de pinnules, ou de petits marteaux, et se sert indifféremment de ces deux mots pinnule ou marteau.

Bourdé, dans son *Manuel des marins*, 1773, ne se sert que des mots quart de nonante et de marteau. Aubin, dans son *Dictionnaire de marine*, 1702, l'appelle aussi quart de nonante ; Roberson, dans ses *Elémens de navigation*, t. II, décrit seulement celui qu'il appelle *Davis's quadrant*, et que les étrangers appellent, dit-il, *English quadrant*. Suivant cet auteur, il y a un arc de 65° d'un plus petit rayon sur lequel glisse la pinnule de l'ombre *shade vane*, ou *glass vane*, si l'on y met un verre ou une lentille. Il y a aussi un arc de 25° d'un rayon trois fois plus long sur lequel glisse la pinnule de l'œil, *sight vane* ; l'œil se place au petit trou de cette pinnule, et regarde l'horizon par la fente de la pinnule du centre, appelée *horizon vane*, sur laquelle tombe aussi le bord supérieur de l'ombre de la première pinnule.

Flamsteed et Halley ajoutèrent une lentille sur le marteau d'ombre, pour que l'on distinguât mieux l'image du soleil. On fit encore quelques tentatives pour corriger ou perfectionner le quartier anglois, et la manière de prendre hauteur : on voit dans l'ouvrage de Radouay, l'un des officiers de la marine royale, les plus instruits, quelques idées à ce sujet. Il changeoit la forme du quartier anglois, et en formoit un instrument qu'il appeloit cadre, parce qu'il étoit en effet formé d'un quarré qui portoit à deux de ses côtés opposés un quart de cercle entier. Il prétendoit y trouver beaucoup d'avantages, surtout en ce qu'il pouvoit lui appliquer un niveau, pour prendre la hauteur d'un astre lorsque l'horizon est embrumé. Il est difficile de croire qu'on puisse à la mer user d'un instrument aussi mobile qu'un niveau à bulle d'air. Radouay dit néanmoins s'en être servi avec succès, mais il convient lui-même que ce seroit trop exiger du commun des navigateurs.

Ces tentatives de Radouay pour perfectionner la manière de déterminer la latitude en mer furent, peut-être, ce qui donna occasion à l'Académie des Sciences de proposer pour sujet du prix de 1729, *de déterminer la meilleur méthode d'observer les hauteurs sur mer par le soleil et par les étoiles, soit par des instrumens déjà connus, soit par des instrumens de nouvelle invention.* Ce prix fut remporté par Bouguer, alors seulement professeur d'hydrographie au Croisic; mais cette pièce qui, d'ailleurs fait beaucoup d'honneur à Bouguer, à raison de ses savantes recherches sur la réfraction et sur la courbe que décrit un rayon de lumière dans l'atmosphère, ne produisit d'ailleurs que des réflexions fort justes sur le degré de perfection ou d'imperfection des divers instrumens employés jusqu'alors dans la marine pour prendre hauteur, il ne paroît pas qu'elle ait influé sensiblement sur leur amélioration; si ce n'est, peut-être, qu'elle ait excité Grandjean de Fouchy à s'occuper du même sujet. En effet, cet académicien proposa bientôt après, en 1732, à l'Académie des Sciences, un moyen de perfectionner le quartier anglois qui probablement auroit été adopté dans la marine si Hadley n'avoit pas proposé le quartier de réflexion. On ne trouve à la vérité, aucune trace de cela dans les *Mémoires de l'Académie*, de 1732; mais Gallonde a décrit le quartier de Fouchy parmi les machines approuvées par l'Académie à cette datte.

Le moyen proposé par Fouchy étoit celui-ci. D'abord il supprimoit en entier le petit arc; il substituoit à la pinnule du centre un miroir plan, fixé à ce centre, et perpendiculaire à la ligne zéro du grand arc. Au lieu de la pinnule oculaire et mobile, il mettoit une alidade mobile, portant une lunette dont l'axe devoit être bien parallèle au plan de l'instrument et à la ligne du milieu de cette alidade. Cette lunette enfin étoit disposée de manière à recevoir par une moitié de l'objectif l'image du soleil réfléchie par le miroir, tandis que par l'autre

moitié

moitié l'on voyoit l'horizon. Ainsi l'observation se faisoit en ayant le soleil à dos comme dans les quartiers ordinaires. Le plan de l'instrument étant placé dans le vertical du soleil, on élevoit ou baissoit l'alidade, ensorte que mirant à l'horizon, on l'apperçût d'un côté, et de l'autre l'image du soleil réfléchie par le miroir. On faisoit après cela ensorte que la ligne de l'horison rasât le bord du disque du soleil, et alors l'arc compris entre la division zéro et celle que montroit l'alidade, donnoit la hauteur du soleil au-dessus de l'horizon; sauf les réductions à faire pour la dépression de l'horizon, la réfraction et le demi-diamètre de l'astre.

Il est aisé de voir que rien n'étoit mieux imaginé, et c'est avec raison que Fouchy dit que c'étoit la première fois qu'on eût employé une seule lunette à représenter à-la-fois deux objets éloignés. C'eût été, nous le répétons, une perfection ajoutée au quartier anglois, et qui eût fait révolution dans la marine sans l'invention de l'octant de Hadley qui réunit un avantage de plus, celui de tenir les deux objets comme collés l'un à l'autre, malgré tous les mouvemens du vaisseau et de l'observateur, avantage que n'avoit pas le quartier de Fouchy; nous ne savons point pourquoi cette innovation faite au quartier anglois ne parut point dans les Mémoires de l'Académie. Peut-être que Fouchy, informé de la lecture de Hadley, à la Société Royale, ne jugea plus à propos d'insérer son mémoire.

Dans la suite, en 1740, Fouchy, sur les invitations du comte de Maurepas, ministre de la marine, reprenant ses idées sur la perfection des instrumens à prendre hauteur, proposa un autre secteur ou octant, où par le moyen de deux miroirs disposés autrement que dans l'instrument de Hadley, avec une lunette, il remplit le même objet. Il fit part à cette occasion de ses tentatives longtemps inutiles pour remédier à l'inconvénient de la double et même multiple image des miroirs de glace; et il employa, pour le corriger, un expédient particulier et ingénieux qu'on peut voir dans le mémoire même, mais sur l'exactitude duquel nous croyons qu'on peut élever des doutes fondés. Au reste cet inconvénient est aujourd'hui levé par l'emploi du platine qui fournit des miroirs propres à résister même à l'eau forte. Tous ces moyens de prendre hauteur en mer ont fait place à celui des instrumens à réflexion que Hadley proposa en 1731, et dont on a vû la description dans le second livre de cette cinquième partie, où il a été question de l'optique.

Il arrive souvent qu'on ne peut prendre hauteur à midi, mais qu'on l'observe avant ou après; or, connoissant deux hauteurs d'un astre, et l'intervalle des deux observations avec la hauteur du pôle, on peut trouver la déclinaison et l'angle horaire; et si l'on connoît la déclinaison, trouver la hauteur du pôle et l'angle horaire. La méthode que Douwes donna en 1754, dans le premier volume des *Mémoires de Harlem*, fournit une approximation quand on ne connoît pas la hauteur du pôle. Elle est commode et aussi exacte qu'on peut le désirer. Elle a été adoptée dans le *Nautical Almanac* de 1771 et de 1781, et l'on a fait des tables commodes dans celui de 1797 et dans plusieurs autres livres, (*Astronomie*, art. 3994).

I V.

Tentatives pour trouver les longitudes en mer.

Aussitôt que les progrès de la navigation, la soif des richesses, où la curiosité des hommes leur eurent inspiré la hardiesse de traverser les immenses plaines de l'Océan, sans autre guide que les astres, la nécessité de déterminer la longitude en mer dut se faire sentir. On pouvoit facilement déterminer la latitude du vaisseau, en prenant la hauteur du soleil à midi, comme on l'a vu ci-devant ; par-là on connoissoit le parallèle de la surface de la terre, où l'on se trouvoit au moment de l'observation ; mais de combien étoit-on avancé vers l'est ou vers l'ouest à l'égard d'un méridien déterminé, c'est ce qu'il étoit bien plus difficile de découvrir, et c'est un problème qui n'a pu recevoir que depuis fort peu de temps une solution satisfaisante.

On a connu presque dès les premiers temps de l'astronomie, la manière de déterminer la différence de longitude entre deux lieux de la terre par l'observation : si l'on a un moyen de savoir qu'il est à Paris 8^h du matin, et qu'on observe au Cap de Bonne-Espérance qu'il est $9^h\ 4'$, on voit qu'il y a $1^h\ 4'$ ou 16° de différence en longitude entre Paris et le Cap.

Mais comment savoir qu'il est 8 heures à Paris, c'est-là précisément la question ; le navigateur n'a point d'observateur correspondant ; les montres ou instrumens à marquer l'heure, à peine assez exacts sur la terre, se dérangent à la mer. Ainsi l'on ne peut, ou au moins on ne pouvoit autrefois conserver à bord le temps du lieu du départ, pour le comparer à celui que donne l'observation faite dans le vaisseau.

Comment faisoient donc les premiers navigateurs, ces hommes intrépides, qui doublèrent le Cap de Bonne-Espérance et arrivèrent aux parties les plus éloignées des Indes ; ceux qui découvrirent l'Amérique en 1492? ils se conduisoient, à l'égard de la longitude, par l'estime dont nous avons expliqué les principes et l'usage. Quand, par ce moyen très-incertain, ils croyoient approcher des attérages, ils faisoient petites voiles et n'approchoient qu'avec circonspection. Mais combien de navigateurs furent victimes de cette estime incertaine, et rencontrant terre bien avant le temps qu'ils présumoient, firent de tristes naufrages.

Les navigateurs ont donc bientôt cherché des moyens plus sûrs de connoître leur longitude. Un de ceux qui se présentèrent fut celui-ci. Supposons que, d'après des éphémérides ou almanachs, tels que les astronomes en publièrent dès avant le 16e siècle, on connût l'heure d'une éclipse de lune pour un lieu déterminé, on pouvoit observer cette éclipse en mer; et comme on peut avoir l'heure où l'on a fait l'observation sur le vaisseau par la hauteur du soleil ou d'une étoile, comme on le verra ci-après, on pouvoit déterminer l'heure où le phénomène étoit arrivé, et la différence des heures devoit donner la différence de longitude. Tel étoit le raisonnement qu'on faisoit, mais il n'y a que rarement des éclipses de lune, et l'on a besoin de connoître sa longitude chaque jour. D'ailleurs, ces calculs d'éclipses étoient alors bien loin de l'exactitude nécessaire. Il n'étoit pas rare qu'on s'y trompât d'un quart-d'heure : ainsi ce moyen étoit tout-à-fait insuffisant, et divers astronomes en sentirent fort bien l'insuffisance, et en cherchèrent un autre. Ils firent pour y parvenir ce raisonnement. Il y a dans le ciel un astre, dont le mouvement propre est assez rapide pour changer sensiblement de place dans un temps assez court, c'est la lune. On observera son lieu dans le ciel, soit en le comparant à celui d'une ou de plusieurs étoiles fixes, dont la position est donnée; on calculera ensuite par des tables du mouvement de la lune le moment auquel elle se trouveroit dans cet endroit du ciel, pour le pays ou les tables ont été construites, (il seroit facile de les réduire aux ports principaux). Enfin on comparera l'heure trouvée par le calcul, avec celle où l'observation aura été faite, et leur différence donnera la longitude. Il y a en quelques heures une différence de position assez grande pour être sensible et mesurable dans cet intervalle de temps, avec une certaine exactitude.

Telle est à-peu-près la méthode proposée par divers astronomes du 16e siècle; comme Appianus, Munster, Oronce Finée, notion de la longitude en mer, Gemma Frisius, Nonius; mais il est aisé de voir que c'étoit une simple spéculation, inutile pour lors dans la pratique de la navigation, tant à cause de la difficulté de faire sur mer une observation du lieu de la lune, qu'à cause de l'irrégularité de cette planète; car on ne connoissoit encore alors que les deux premières inégalités de ce mouvement. Comment donc calculer son lieu, pour le comparer au lieu observé, sans être exposé à commettre une erreur qui pouvoit facilement monter à un demi-degré? or il faut près d'une heure à la lune pour parcourir un demi-degré. Ainsi on auroit pu commettre à cet égard seulement une erreur de près d'une heure, ou de 300 lieues sur l'équateur. Ajoutons que ces auteurs, à l'exception de Nonius, avoient encore omis une chose fort essentielle ; savoir, de faire à leur observation la correction de la parallaxe de la lune et même de la réfraction ; élémens qui compliquent beaucoup le calcul nécessaire pour déduire le lieu vrai de la lune du lieu observé, et qui n'en sont pas moins essentiels ; mais l'idée n'étoit pas moins belle, et c'est encore celle que l'on suit actuellement.

Le problême de la détermination des longitudes en mer, étoit trop essentiel dans la navigation, pour qu'on doive s'étonner de voir des princes et des états s'intéresser à sa solution. Le roi d'Espagne Philippe II, voulant encourager les mathématiciens à s'en occuper, proposa pour celui qui le résoudroit une récompense de cent mille écus ; et les états de Hollande, au commencement du 17e siècle, promirent aussi à l'heureux Oedipe de cette question un prix de 30000 florins.

Beaucoup de personnes s'occupèrent alors de ce problême ; celui qui fit le plus de bruit fut Guillaume le Nautonnier, sieur de Castel-Franc, dans le Haut-Languedoc, vers 1610. Il avoit lu dans Jean-Baptiste de la Porte, Michel Coignet, Livius Sanutus, Toussaint Bessard, etc., que l'on pouvoit trouver la longitude par la déclinaison de l'aiguille aimantée, il crut avoir trouvé deux pôles magnétiques fixes, vers lesquelles l'aiguille aimantée se dirige perpétuellement. Ces deux pôles diamétralement opposés, étoient, selon lui, situés à 23° du pôle boréal et du pôle austral, sur un méridien peu éloigné de celui de l'île de Fer. Lorsqu'on se trouvoit sur un méridien coupant perpendiculairement celui sur lequel étoient les pôles magnétiques, la déclinaison étoit la plus grande qu'elle pût être sur cette latitude, et au contraire nulle lorsqu'on étoit sur le méridien de ces pôles. Enfin ce n'étoit plus qu'un problême trigonométrique facile, que celui de déterminer la déclinaison de l'aiguille, étant donnée la longitude et la latitude d'un lieu de la terre, et *vice versâ.* Il tâcha d'étayer son systême par les observations, c'est l'objet de sa *Mécométrie de l'aimant.* C'est une chose singulière que de voir comment il fait venir à ses fins les observations qui leur sont les plus contraires. Cependant il étoit si persuadé d'avoir rencontré juste, qu'il calcula d'amples tables, qui lui coûtèrent beaucoup de peine ; il ne paroît pas au reste qu'il ait persuadé beaucoup de monde. Sa *Mécométrie de l'aimant* fut réfutée avec force et solidité en 1611 par Dounot, de Bar-le-Duc, dans un ouvrage intitulé : *Confutation de l'invention des longitudes par la Mécométrie de l'aimant.* Paris, *in-4°.*

La prétention de Castel-Franc nous conduit à parler ici de quelques autres, qui crurent pouvoir employer l'aimant à la détermination des longitudes. De ce nombre est Henri Bound, qui publia vers 1670 à Londres, sa prétendue découverte dans un livre intitulé : *Longitude Found, etc.*, ou la *Longitude trouvée*. Il employoit l'inclinaison de l'aimant avec la latitude du lieu ; il supposoit très gratuitement plusieurs choses, savoir, que l'inclinaison de l'aiguille aimantée, suivoit quelque loi dépendante de la latitude, et connue ; qu'elle étoit invariable dans chaque lieu, et enfin qu'elle étoit facilement observable en mer ; mais il y a d'immenses étendues de pays où l'inclinaison est sensiblement la même, elle varie continuellement ; et enfin loin qu'il soit facile de l'observer en mer, ce n'est qu'avec peine qu'on peut l'observer à terre, par la difficulté d'équilibrer parfaitement l'aiguille ; et ce qui ajoute à la difficulté d'observer sur mer, c'est qu'il faut que le plan du mouvement de l'aiguille coincide avec celui du méridien magnétique. Ainsi la prétendue découverte d'Henri Bound n'est-elle qu'une chimère ; aussi parut-il un écrit intitulé : *Longitude not Found, etc.*, ou la *Longitude non trouvée, etc.*, ouvrage de Blackoroug, qui suivit de près celui d'Henri Bound.

J'ai connu vers 1750 à Paris, un ancien pilote Génois nommé Mandilo, qui avoit la même prétention, et qui fit imprimer vers ce temps un écrit où il l'annonçoit. Celui-ci mesuroit l'inclinaison par un petit contre-poids qui servoit à tenir l'aiguille dans sa situation horizontale. Rien de plus mal imaginé, mais il tenoit trop à son idée pour pouvoir y renoncer. Il est mort bien persuadé qu'on ne lui rendoit pas justice.

Cependant quoique la déclinaison et l'inclinaison de l'aimant ayent été entre les mains de ces auteurs des moyens infructueux, on ne doit pas les regarder tout-à-fait, du moins la déclinaison, comme une ressource absolument inutile pour découvrir, jusqu'à un certain point d'exactitude, la longitude dans quelques parties de la terre.

Halley ayant rassemblé un prodigieux nombre d'observations de la déclinaison de l'aiguille aimantée, trouva qu'il y a sur la surface de la terre 3 lignes courbes où l'aiguille ne décline point. En 1580, l'une de ces lignes étoit à l'est de Paris, et passoit par Paris en 1666 environ ; elle l'a dépassé depuis d'environ 23°. A l'ouest de cette ligne, les déclinaisons sont à l'est, et du côté opposé elles sont ouest, en croissant de plus en plus à mesure qu'on s'éloigne, jusqu'à un certain point où elles décroissent peu à peu, et enfin s'anéantissent. Aidé d'une foule d'observations, soit de lui, soit des Journaux des Pilotes, et savamment discutées, Halley traça sur une carte hydrographique et pour l'époque déterminée de 1700, les lignes où la déclinaison étoit nulle, nous en avons parlé ci-devant (page 514); il y joignit celles où la déclinaison étoit de 5, 10, 15° orientale ou occidentale. Ces lignes qui coupoient les parallèles de la terre, devoient servir aux navigateurs pour déterminer leur longitude. Car supposant, par exemple, un vaisseau dans la mer Atlantique, ayant observé sa latitude de 25° nord, et la déclinaison de la boussole de 10° à l'est, il n'y avoit qu'à chercher le point où la ligne de déclinaison occidentale de 10°, coupoit le parallèle de 25° nord, ce point devoit être le lieu du vaisseau.

Mais Halley n'ignoroit pas lui-même que la variation de l'aiguille aimanté étoit sujette dans tous les lieux de la terre à un accroissement ou décroissement; et de-là il résulte que ces lignes de déclinaison n'ont pas une position fixe. Elles paroissent avoir dans l'océan Atlantique une marche progressive de l'est à l'ouest, ensorte que la ligne où il n'y a point de déclinaison, est aujourd'hui rapprochée du continent de l'Amérique, ainsi que les autres lignes de déclinaison, soit orientale, soit occidentale, qui l'accompagnent. Le même phénomène a eu lieu dans les mers de l'Inde et dans l'océan Pacifique.

Ces raisons engagèrent en 1744 MM. Mountaine et Dodson, de la société royale de Londres, à publier une nouvelle carte des variations de l'aiguille aimantée; ils ne furent pas découragés par le peu d'accueil des navigateurs, et ils en publièrent, en 1759, une seconde, construite pour l'époque de 1756; elle y est accompagnée d'une exposition de la méthode qu'ils avoient suivie dans la construction de cette carte, et des secours qu'ils avoient trouvés dans les dépôts de la marine angloise, et qu'ils avoient eu de la part de divers savans et navigateurs. Elle a été publiée sous une échelle un peu moindre par Bellin en 1765, dans son *Atlas de la marine*.

Les navigations faites dans ces dernières années autour du monde par Cook, Byron, Carteret, Wallis, etc., ont beaucoup ajouté à cet égard à l'exactitude de cette carte; car il faut convenir qu'on n'avoit encore qu'un petit nombre d'observations, et assez grossièrement faites, dans la mer Pacifique; mais cette mer ayant été parcourue dans tous les sens par ces savans navigateurs, accompagnés, pour la plupart, par des astronomes de profession; il en a résulté une foule d'observations qui ont mis dès l'année 1776 M. Samuel Dunn en état de publier un ouvrage en forme d'atlas, intitulé (en anglois) : *Atlas magnétique* ou *Nouvel Atlas des variations de l'aiguille aimantée pour les océans Atlantique, Éthiopique et Indien*, etc. etc., *ouvrage destiné à faciliter la navigation des Indes orientales, et à trouver la longitude dans les principales parties de ces mers, à un degré ou 60 milles près.* Cet atlas contient en outre deux cartes générales des variations, construites selon la projection de Wright, six cartes particulières des variations dans les différentes mers, sur une échelle beaucoup plus grande que celle de Halley, et de Mountaine et Dodson. On en lit dans les actes de Léipzig de 1776, une analyse intéressante faite par M. Bugge, astronome Danois, où il en compare les déterminations avec celles des cartes de ce genre, publiées précédemment; les différences en sont assez grandes, mais il paroît que les observations dont Dunn a fait usage, étant plus récentes et en général plus exactes, ses cartes méritent plus de confiance. Il n'a pu s'aider, pour la mer Pacifique, que des observations qui ont été faites par les célèbres navigateurs que je viens de citer; mais MM. Wales et Bayley y ont, à quelques égards, suppléé par l'ouvrage où ils ont fait part aux astronomes de toutes ces observations.

On trouve dans l'*Histoire de l'Académie* pour 1741, p. 131, que M. de la Croix avoit projetté un grand travail pour trouver les longitudes par l'inclinaison et la déclinaison de l'aiguille. Il est bon de s'aider de tous les moyens pour connoître en mer sa route et sa position; mais je ne crois pas qu'on doive jamais attendre de celui que je viens d'exposer une exactitude bien grande. Il y a dans un vaisseau tant de difficulté à observer la déclinaison de l'aiguille aimantée, que les observations sur lesquelles la construction de ces cartes est appuyée, ne peuvent que paroître incertaines, à quelques degrés près. Louons donc le zèle de ceux qui ont offert aux navigateurs ce moyen de reconnoître leur route, faute de quelque chose de mieux; mais gardons-nous de lui confier entièrement le salut de nos navigateurs.

Nous allons maintenant parler d'une tentative pour la détermination des longitudes, qui fit grand bruit dans son temps, et qui fut le sujet d'une vive querelle. C'est celle de J.-B. Morin, professeur royal et astronome françois, qui étoit un homme de mérite, quoiqu'il ait toujours combattu le mouvement de la terre, et qu'il ait été un partisan opiniâtre de l'astrologie judiciaire.

Morin employoit la lune à la détermination de la longitude d'une manière beaucoup plus savante et mieux raisonnée que les astronomes qui, avant lui, avoient eu la même idée. Dans la persuasion où il étoit qu'il n'y avoit rien à lui opposer, il proposa en 1734 sa découverte au cardinal de Richelieu. Ce ministre pénétré de l'utilité de l'entreprise, nomma des commissaires pour l'examiner et lui en rendre compte. Ce furent Pascal le père, Mydorge, Beaugrand, Boulenger et Herigone, sous la présidence du commandeur de la Porte, grand maître de l'artillerie.

Ces commissaires s'assemblèrent à l'Arsenal le 30 Mars, et Morin, après un discours, dans lequel il leur fit diverses questions, tendantes à établir les principes propres à servir de base à leur jugement, principes dont on convint à-peu-près, entra en matière et exposa sa méthode ou plutôt ses méthodes ; car il en avoit plusieurs adaptées aux différens cas ; il est à propos de faire connoître la principale et la plus praticable.

Cette méthode consistoit à observer en même-temps ou dans des momens très-rapprochés la hauteur de la lune, celle d'une étoile, dont la position soit suffisamment connue, ainsi que la distance de l'une à l'autre. Au moyen de ces élémens, il montroit comment à une heure quelconque en mer on pouvoit déterminer la déclinaison et l'ascension droite de la lune, conséquemment sa latitude et longitude et son lieu dans le ciel. Il falloit calculer ensuite, d'après les meilleures tables, celles de Kepler, par exemple, l'heure à laquelle la lune avoit cette même position dans le ciel, pour le lieu auquel ces tables étoient destinées, et dont la longitude étoit connue. La différence des temps, convertie en degrés, devoit donner la longitude du vaisseau pour le moment de l'observation.

Morin proposoit quelques autres méthodes, par exemple, d'observer la lune et une étoile dans le méridien même, ou dans un même vertical, ce qui simplifie beaucoup le calcul ; mais cela est presque impraticable en mer ; il proposoit aussi d'observer la distance de la lune à deux étoiles de positions connues avec leurs hauteurs.

Les commissaires, il faut en convenir, furent d'abord séduits, et à la pluralité des voix rédigèrent, mais sans le signer, un jugement avantageux. Ils y disoient que Morin avoit démontré géométriquement et de plusieurs manières la science des longitudes, et mieux qu'aucun des mathématiciens qui l'avoient précédé, que cette méthode pouvoit se pratiquer à terre pourvu qu'on eut des tables de la lune justes, et qu'il n'est nullement impossible de le faire à la mer, surtout par un de ses moyens, savoir, de prendre la lune et l'étoile lorsqu'elles sont dans le même vertical. Morin tira dans la suite grand parti de ce premier jugement dans sa querelle avec ses commissaires ; ceux ci s'étant rassemblés et ayant de nouveau conféré ensemble, ils changèrent d'avis, et donnèrent le 10 mars, 1634, un nouveau jugement signé, et par lequel ils déclaroient :

1°. Que la science des longitudes, par le mouvement de la lune, avoit déjà été trouvée par Gemma-Frisius, Apian, Werner, Nonius, Métius et autres. Mais j'observerai qu'il n'y a nulle comparaison pour l'exactitude et le savoir entre le moyen de Morin, et ceux de ces astronomes.

2°.

2°. Qu'absolument parlant Morin n'avoit pas démontré sa science des longitudes. Cependant, en considérant la chose spéculativement, les moyens de Morin sont rigoureusement établis, et ce sont presque ceux dont on se sert actuellement.

3°. Les commissaires disoient que l'invention de Morin ne pouvoit se pratiquer sur mer; en ceci ils avoient raison; les instrumens dont on se servoit alors pour mesurer les hauteurs des astres sur mer, et les tables de la lune, n'étoient point assez exacts pour s'en servir à observer et à calculer un lieu de cette planète avec assez d'exactitude pour être à l'abri des 2 ou 3 degrés d'erreur en longitude. Morin prétendoit être en état de fournir des instrumens au moyen desquels on auroit fait ces observations avec une suffisante exactitude et à 3 ou 4 minutes au plus d'erreur. Il prétendoit aussi être en état, pourvu qu'il fût aidé, de donner des tables des étoiles, du soleil et de la lune parfaitement exactes. D'ailleurs, il prétendoit ne s'y être point engagé, et que l'état de la question étoit uniquement, si les lieux des étoiles, et les tables de la lune étant suffisamments exacts, son moyen étoit légitime et mathématiquement démontré.

4°. Les commissaires disoient que c'étoit à tort que Morin se flattoit de pouvoir, par sa science des longitudes, réformer les *Tables Astronomiques*, en quoi sans doute ils avoient raison.

On sent aisément que Morin fut fort mécontent de ce jugement. Il opposa et avec solidité et en plusieurs points le premier jugement au second, il fit plus, il écrivit à plusieurs astronomes comme Galilée, Longomontanus, Gassendi, de Valois qui tous lui donnèrent des témoignages favorables pour sa méthode. Il les fit imprimer, et les opposa au sentiment de ses commissaires, mais le cardinal de Richelieu décida d'après eux, parce qu'il n'avoit rien fait, qui eut perfectionné la théorie de la lune. Il me semble cependant que son travail étoit assez beau pour mériter plus d'accueil. Quelques années après le comte de Pagan dans ses *Tables Astronomiques* proposa une méthode plus simple qui ne demandoit que la hauteur de la lune, et c'est en effet celle que le Monnier et Pingré proposoient de notre temps.

Tandis que Morin déclamoit en France contre ses juges et s'efforçoit d'obtenir quelque récompense pour son invention, un homme plus heureux que lui en obtint par une invention fort inférieure à celle de l'astronome françois. Il s'agit de Vanlangren ou Langrenus, astronome et cosmographe de S. M. catholique dans les Pays-Bas. Vanlangren publia en 1644 un écrit espagnol intitulé : *la Verdadera longitud por mar y tierra dedicada à su mag. cath. Phelipe IV, por Miguel florencis*

Vanlangren. Et cet astronome emploie aussi la lune à la détermination de la longitude, mais il suppose qu'on observe le passage de la lune au méridien, et qu'on sache par les tables le lieu du nœud en ce même moment. Or, on ne peut savoir précisément la distance au méridien, comptée sur l'écliptique qu'on ne sache déjà la différence des temps entre le lieu des tables et le moment de l'observation; car ce n'est que par ce moyen qu'on peut connoître le point de l'écliptique culminant. Cependant Vanlangren ne laissa pas d'aller en Espagne y solliciter une récompense, et s'il n'obtint pas la somme promise pour la découverte des longitudes, il obtint au moins une pension de 1200 écus. Morin s'en plaint beaucoup dans son *Factum* imprimé en 1644. Ses plaintes eurent cependant à la fin quelque effet, et il obtint une pension de 2000 livres dont il jouit le reste de sa vie.

Galilée qui avoit découvert les satellites de Jupiter comprit bien qu'une des premières utilités que présentoit sa découverte étoit la détermination des longitudes en mer. En effet, si l'on pouvoit trouver un moyen de s'assurer par une bonne théorie des mouvemens, au moins du premier satellite pour prédire son occultation, et qu'on pût trouver le moyen d'observer en mer le moment de ce phénomène, la différence des temps donneroit la différence des méridiens. On suppose, comme l'on voit ici, qu'il est toujours possible d'avoir, par l'observation céleste, l'heure du vaisseau, comme nous l'expliquerons ci-après; et Galilée ne désespéra point d'amener la théorie des satellites au point de pouvoir prédire, à une minute près, les éclipses du premier satellite. Ses travaux furent dirigés longtemps vers cet objet; quant au second, il ne désespéroit pas qu'on put observer en mer ces éclipses. Il ne lui avoit cependant pas échappé que cette observation étoit difficile à la mer, à cause de son agitation et du roulis du vaisseau, qui permettent à peine de mettre l'astre dans le champ de la lunette, à plus forte raison de l'y conserver longtemps. Mais il avoit imaginé un moyen ingénieux qu'on a trouvé dans ses manuscrits; c'étoit une espèce de casque dont les ouvertures répondantes aux yeux étoient chacune garnie d'une lunette tellement adaptée qu'on y vit le même objet. En supposant chacune de ces lunettes assez forte pour faire appercevoir les satellites, l'observateur affublé de ce casque devoit voir Jupiter continuellement comme avec ses deux yeux, et conséquemment observer l'immersion du satellite. Cette idée seroit encore bien plus praticable aujourd'hui qu'on a trouvé le moyen de faire des lunettes acromatiques de 7 à 8 pouces avec lesquelles on peut appercevoir les satellites. D'ailleurs Besson avoit déjà imaginé, en 1567, de suspendre l'observateur dans une chaise à deux axes, comme les boussoles; et cette idée a été renouvellée de nos jours par M. Irwin en Angleterre, comme on va le voir ci-après.

Mais Galilée n'eut pas le temps de porter ces idées au degré de perfection dont elles étoient peut-être susceptibles Les querelles nombreuses que les ennemis de sa gloire lui intentèrent, sa malheureuse affaire avec l'inquisition détournèrent tellement son attention qu'il ne put que laisser appercevoir ses vues sur ce sujet: enfin, lorsque les Etats-Généraux de Hollande lui députèrent les mathématiciens Hortensius et Blaew pour l'engager à suivre ses vues utiles, et pour l'aider même dans ses calculs s'il en étoit besoin, il étoit déjà comme privé de la vue, et dans un état d'infirmité qui le rendoit incapable de travail. Ainsi cette mission n'eut d'autre effet que de procurer à Galilée un témoignage flatteur de la haute réputation qu'il s'étoit faite dans toute l'Europe.

Peiresc, conseiller au parlement d'Aix, l'ami et le promoteur de la fortune de Gassendi, avoit eu les mêmes vues que Galilée, il s'étoit attaché deux jeunes astronomes dont l'un étoit Morin, pour observer et former une théorie de satellites. L'un de ces astronomes fut même envoyé à ses frais en Asie pour faire des essais de cette méthode de déterminer les longitudes. Mais informé que Galilée s'en occupoit, il y renonça soit par honnêteté, soit par l'idée que personne ne pouvoit mieux réussir que le philosophe italien.

Quelque spécieuse que soit cette idée, il s'en faut cependant qu'elle ait les avantages qu'on croit d'abord y appercevoir, même en supposant qu'on put facilement la mettre en pratique; car il y a d'abord plusieurs mois de l'année où l'on n'apperçoit pas Jupiter; il en est quelques autres où par la position de son ombre on ne peut voir exactement ni les immersions, ni les émersions des satellites. Cependant les navigateurs ont besoin de phénomènes qui soient plus fréquemment en leur pouvoir, et il faut convenir qu'ils étoient fondés à desirer une autre moyen de trouver la longitude.

Ce seroit pourtant toujours un moyen subsidiaire, et utile dans certaines circonstances à employer; c'est pourquoi l'on a vu éclore de nouveaux moyens pour observer facilement en mer les éclipses des satellites. Telle est l'invention de la chaise marine de M. Irwin, gentilhomme irlandois; il en fit en 1759 divers essais qui eurent un succès attesté par le lord Howe. Voici une idée de cette invention.

Sous le tillac d'un vaisseau, et aussi près qu'il est possible du centre de gravité du vaisseau, sont fortement attachées l'une au-dessous de l'autre, deux portions de sphères creuses, qui embrassent une boule de cuivre de manière à lui laisser un mouvement facile, sans pourtant qu'il le soit assez pour que la moindre impressiou puisse la déranger. Ces deux portions de sphère sont percées, l'une par sa partie supérieure, l'autre par l'inférieure d'ouvertures assez grandes pour y laisser passer une forte barre de fer qui traverse la boule, faisant corps avec elle. La partie supérieure de cette barre porte perpendiculairement et un peu au-dessus du tillac un petit plancher assez solide et assez grand pour contenir la chaise de l'observateur et le pied sur lequel repose le télescope. Le tillac est coupé en cet endroit de manière à donner passage à la barre supérieure et ne porter aucun obstacle à ses mouvemens.

La barre inférieure porte à la distance la plus grande qu'il se peut un poids suffisant pour ramener toujours cette barre à la situation perpendiculaire, et conséquemment le plancher de l'observateur à la situation horizontale.

On conçoit maintenant que l'observateur, assis sur ce plancher, ne devoit éprouver que des mouvemens fort légers et qu'avec quelque exercice il ne devoit pas lui être impossible de conserver dans le champ de son télescope l'astre qu'il observoit. M. Irwin en fit d'abord un essai assez heureux, pour lui faire obtenir du lord Howe une attestation portant que cette invention méritoit d'être éprouvée plus en grand. Elle le fut en effet dans un voyage de six semaines où il changea plusieurs fois de vaisseau et où il éprouva toutes sortes de temps; aucun ne l'empêcha d'observer, ensorte que le lord Howe lui donna une seconde attestation portant que d'après une plus grande expérience il pensoit que l'on pouvoit observer sur cette chaise l'immersion des satellites sans être exposé à une erreur plus grande que de 3′ de temps. M. Irwin avoit déterminé la longitude du lieu de son retour après ses six semaines de navigation à 17 milles seulement de différence; ce qui étoit 7 milles moins que n'exige l'acte du parlement pour obtenir au moins la moitié du prix.

Tel étoit l'état de l'affaire de M. Irwin au commencement de 1760. Le bureau des longitudes devoit prononcer s'il avoit mérité le prix ou partie du prix. Mais cela n'a pas eu de suite, la découverte des horloges marines éclipsa toute autre idée; au reste, le cit. de la Lande remarque que l'idée de suspendre l'observateur se trouvoit déjà dans le *Cosmolabe de Jacques Besson*, imprimé à Paris, en 1567. (Astronomie, art. 4173.)

Depuis longtemps on espéroit d'avoir des horloges qui donneroient sur le vaisseau l'heure et la minute du premier méridien. L'application du pendule aux horloges astronomiques présentoit naturellement un moyen spécieux de mésurer aussi le temps à la mer. Aussi Huygens, l'inventeur de cette application, ne manqua pas de le tenter. On voit même qu'il en fut fait des essais qui sembloient annoncer un succès complet. Une pendule ou plutôt deux parfaitement isochrones, pour se suppléer l'une l'autre en cas d'accident, devoient être suspendues dans un endroit commode du vaisseau, et réglées de manière à marquer l'heure du lieu du départ, pour le comparer à celui que les observations astronomiques donneroient dans le vaisseau. Huygens publia sur ce sujet, en hollandois une instruction qu'on trouve traduite en latin, dans le premier tome de ses *Reliqua*. On lit dans les *Transactions philosophiques* année 1665, et dans l'*Horologium oscillatorium* d'Huygens, le résultat d'un essai de ce moyen fait par un navigateur écossois, le capitaine Holmes. Il paroît qu'il partit de la côte d'Afrique, muni de deux pendules et avec trois autres vaisseaux, qu'étant arrivé à l'île Saint-Thomé qui est sous la ligne il les régla, et que delà faisant voile à l'ouest il courut 700 milles anglois; qu'alors il rebroussa chemin, et qu'ayant couru du côté de l'est quelques centaines de milles, ses compagnons de voyage vouloient toucher à la barbade, pour y faire de l'eau, vû qu'ils se croyoient trop éloignés de la côte d'Afrique; qu'ils lui communiquèrent leurs estimes, qui les en faisoient loin de 80, 100 milles et plus, tandis que ses pendules le faisoient à 30 milles de l'île du Feu, qu'il découvrit en effet le lendemain à l'est, ensorte qu'elles avoient exactement marqué l'heure.

Huygens rapporte encore quelques preuves de leur justesse d'après des observations faites dans la Méditerranée : lorsque le duc de Beaufort alla porter du secours à Candie, ses pendules donnèrent exactement la longitude de cette île, ainsi que de quelques autres points importans des côtes de la Méditerranée.

Cependant malgré ces témoignages nous ne devons point dissimuler que ce succès des pendules d'Huygens pour déterminer la longitude sur mer ne s'est point soutenu. Il est reconnu aujourd'hui qu'elles ne sauroient être employées à cet usage. Il faut nécessairement un autre régulateur qu'un pendule. Il est trop exposé à être dérangé par les coups de mer, le roulis et surtout le tangage.

Huygens l'avoit senti lui-même, et proposa une autre suspension de sa lentille ; mais sans doute elle n'eut pas de succès. Cet homme célèbre avoit encore d'autres vues sur le moyen de donner au pendule un mouvement régulier à la mer; car il l'annonça, en forme de logogryphe, dans les dernières années de sa vie. Mais il est mort sans l'expliquer, et le mot de cette énigme ne s'est point trouvé dans ses écrits.

Robert Hooke tenta d'y suppléer avec plus d'apparence de succès vers 1660, suivant l'historien de sa vie mise en tête de l'édition de ses ouvrages. Il eut vers cette époque, et peut-être antérieurement, l'idée de l'application du ressort spiral pour régler les montres et pendules. Et il en conçut aussitôt l'idée qu'elle pouvoit procurer à des horloges marines la régularité nécessaire. Il s'en tenoit pour si assuré, que cet historien cite un acte passé à cette datte, entre lui, Boyle et quelques autres particuliers pour régler le profit que chacun retireroit de cette découverte; mais apparemment les premiers essais répondirent si peu à leurs espérances que je ne sache pas qu'il en ait été rendu compte. En effet, quoique le ressort spiral ajoutât beaucoup à la perfection des montres, il étoit encore bien loin de leur donner le degré de justesse nécessaire pour conserver longtemps en mer l'heure du lieu du départ; ce qu'il eût fallu pour déterminer la longitude. Il falloit que l'horlogerie inventât d'autres artifices pour leur concilier ce degré de régularité.

Quant à l'invention du ressort spiral pour régler les montres et pendules, on l'attribue, sans hésiter en Angleterre, à Hooke, mais il paroîtroit bien étrange qu'une invention aussi intéressante pour l'horlogerie fût restée pendant si longtemps cachée dans les papiers de Hooke, tandis qu'en France elle eut tout de suite tant de succès, qu'elle y changea pour ainsi dire, la face de l'horlogerie.

Le ressort spiral fut imaginé en 1674 par Huygens, et exécuté par Turet, habile horloger de ce temps-là; Hooke en Angleterre, et l'abbé de Hautefeuille à Paris, prétendirent aussi chacun en avoir été l'inventeur, c'est ce qui a fait dire, dans un mémoire publié en 1751, sous le nom de M. Andrieu, avocat de la communauté des horlogers de Paris, contre Rivaz, que l'abbé de Hautefeuile en étoit l'inventeur, et Huygens le plagiaire, et cela sous prétexte que le premier y avoit appliqué, dit-on à-peu-près dans le même temps un ressort ordinaire. Le fameux Leibnitz, dont le nom seul est un éloge, dans ses remarques sur Sully. (*Règle artificielle du temps*, p. 187,) nous dit précisément qu'il étoit alors à Paris, et que l'abbé de Hautefeuille, qui fit un procès à Huygens, fut débouté de ses demandes. (*Lepaute, Traité d'horlogerie*, 1755. p. 53.)

La détermination de la longitude en mer par la mesure du temps n'avoit pas entièrement échappé à la sagacité de Leibnitz. On lit dans le *Journal des Savans* un écrit de lui où il propose un moyen de concilier aux montres et horloges où le pendule ne peut être employé, une grande exactitude. Ne trouvant pas qu'un seul ressort spiral pût remplir parfaitement cet objet, il propose d'y employer deux ressorts spiraux et deux balanciers, alternativement mis en mouvement par un mécanisme qu'il expose, et du jeu alternatif desquels devoit résulter une compensation des irrégularités auxquelles un seul pouvoit être sujet, et ce moyen a été adopté de nos jours.

L'Académie des Sciences ayant reçu, d'après le testament du comte de Meslay, le fond d'un prix à proposer chaque année sur un objet utile à la perfection des différentes parties de la marine, propoposa pour l'année 1720 un prix de 1500 francs, pour celui qui trouveroit la manière la plus parfaite de conserver sur mer l'égalité du mouvement d'une pendule, soit par sa construction, soit par sa suspension.

L'abbé de Hautefeuille, célèbre alors par la proposition d'une multitude d'inventions, la plupart indigestes, ou abandonnées à leur sort dès leur naissance, publia à ce sujet dans le *Mercure* de juin 1719, un écrit adressé à l'Académie des Sciences, et dans lequel repassant en revue les différentes idées pour la perfection de la marine, il osoit promettre une pendule plus juste sur mer que les pendules astronomiques sur terre. Mais quand on lit cet écrit on est étonné de n'y trouver qu'une idée absurde. Il propose de suspendre par un mouvement de genou une pendule à poids dans une caisse où la verge de la pendule et sa lentille tremperoient dans de l'eau de mer. Il prétendoit par là corriger les mouvemens irréguliers du pendule et la contraction et dilatation de sa verge, source d'inégalités continuelles; mais qui ne voit que dans son vaisseau l'eau contenue dans le vase contracte bientôt par ses différens mouvemens une oscillation capable de déranger le pendule le plus régulier.

On voit par cet écrit que l'abbé Hautefeuille prétendoit aussi avoir inventé une machine sur laquelle un pilote assis pourroit observer les satellites de Jupiter avec une lunette convenable. Mais cette idée étoit déjà ancienne. Il y parle aussi d'un traité *sur la Perfection des instrumens de mer*, imprimé en 1715, mais il est sujet à annoncer avec emphase des inventions à demi-apperçues.

Un plus habile homme se mit sur les rangs peu d'années après pour le même objet; c'est l'horloger anglois Sully qui avoit adopté la France pour sa patrie. On sait que ce fut un des plus habiles horlogers de son temps. Il présenta en 1724 à l'Académie des Sciences une pendule marine, et la décrivit quelques années après dans un traité particulier intitulé: *Description abrégée d'une horloge de nouvelle invention pour l'usage de la navigation*, &c. dédié au roi, par M. Sully, Paris, 1724. Il avoit imaginé un nouveau régulateur par un levier horizontal; on en fit d'abord des épreuves à Paris en lui faisant éprouver divers mouvemens irréguliers et le résultat en fut favorable.

Sully s'étant ensuite transporté à Bordeaux, sa pendule, à ce qu'il rapporte, fut éprouvée sur la Garonne dans différentes embarcations et dans différens temps même très-orageux, et elle soutint ces épreuves. Il ne restoit plus qu'à la soumettre à celle d'un voyage de long-cours ainsi que le desiroit Radouay, capitaine de vaisseau très-célèbre par ses idées sur la navigation. Sully ne le refusoit pas; mais j'ignore si l'épreuve en a été faite. On lit seulement dans le *Journal étranger*, mars 1760, qu'il eut le déplaisir de voir ses espérances trompées par les épreuves qu'il en fit; c'est-à-dire, apparemment par cette dernière épreuve; (car il témoigne beaucoup de satisfaction des premières), et qu'il en conçut un très-violent chagrin qui, ne contribua pas peu à sa mort qui eut lieu peu de temps après, au mois d'octobre 1728. On voit au surplus par cet écrit de Sully qu'il éprouva beaucoup de tracasseries et de difficultés que lui suscitèrent la jalousie et la prévention. Cette mort l'empêcha de perfectionner sa pendule, et de mettre au jour divers autres inventions dont il étoit en possession pour l'utilité de la marine.

Dudlay, *In arcanis maris*, proposoit pour mesurer le temps une clepsidre de mercure et Zumbach ed Koesfeld a travaillé à la rectifier. Kratzeinstein, *Annotationes circa constructionem horologii marini. Novi commen. Petropolitanae*, t. III. ad. an. 1750, 1751.

Je termine ici l'exposé de ces premiers efforts de l'horlogerie pour la résolution du problême des longitudes en mer. Je continuerai dans l'article suivant à l'occasion de la montre de Harrison qui est enfin parvenu, après 30 ans de travail a produire ce chef-d'œuvre d'horlogerie.

Si nous voulions rendre compte ici de toutes les tentatives qu'a occasionnées le problême des longitudes, nous tomberions dans une prolixité superflue, car ce problême, ainsi que ceux de la quadrature du cercle et du mouvement perpétuel, a produit une foule de prétendues solutions, ridicules pour la plupart, et le plus souvent l'ouvrage de l'ignorance, jointe à la présomption. La plupart de ceux qui cherchent la quadrature du cercle, sont dans la persuasion que la détermination des longitudes en dépend; il ne faut pas avoir la moindre idée d'astronomie pour le penser.

En 1734, L. de la Jonchere adressa au parlement d'Angleterre un écrit intitulé : *Découverte des longitudes*, mais il employoit le passage au méridien, qu'on ne peut observer en mer.

Une des idées les plus bizarres, est celle que proposèrent Whiston et Ditton, quoique gens de mérite à d'autres égards, même en géométrie et en astronomie; leur ouvrage est intitulé :

tulé : *A New method for discovering the longitude both at sea and land.* Londres, 1724, *in*-4°. Ils proposent de fixer de distance en distance des vaisseaux, dont chacun, à l'heure précise de minuit, feroit partir une bombe qui, suivant eux, devoit s'élever à 6440 pieds anglois. Les vaisseaux qui se seroient trouvés à proximité, auroient remarqué avec attention le moment auquel ils auroient apperçu le feu de l'explosion, et dans quel rumb de vent ils l'auroient vu ; d'où ils devoient ensuite, suivant des procédés qu'ils donnoient, tirer leur longitude ; cela ne mérite guère de réfutation.

V.

Découverte des horloges marines.

Les Anglois devenus au commencement du 18e siècle de grands navigateurs, ne pouvoient marquer de s'intéresser beaucoup à la science des longitudes. Aussi le 4 Juin 1714, le parlement d'Angleterre ordonna un comité pour l'examen des longitudes, et de ce qui y a rapport. Newton, Whiston, Clarke y assistèrent. Newton présenta un mémoire au comité, dans lequel il exposa différentes méthodes propres à trouver les longitudes en mer, et les difficultés de chacune. La première, est celle d'une horloge ou d'une montre qui mesureroit le temps avec une exactitude suffisante ; mais ajoute-t-il le mouvement du vaisseau, les variations de la chaleur et du froid, de l'humidité et de la sécheresse, les changemens de la gravité en différens pays de la terre, ont été jusqu'ici des obstacles trop grands pour l'exécution d'un pareil ouvrage. Newton exposa aussi les difficultés des méthodes, où l'on emploie les satellites de Jupiter et les observations de la lune. Le résultat fut qu'il convenoit de passer un bill, pour l'encouragement d'une recherche si importante : il fut présenté par le général Stanhope, Walpole, depuis comte d'Oxford, et le docteur Samuel Clarke, assistés de M. Whiston, et il passa unanimement.

Cet acte ou statut de la douzième année de la reine Anne, est intitulé : *An act for providing a public reward, for such person or persons as shal discover the longitudine at sea.* Il établit d'abord une commission pour l'examen des choses qui seront proposées à ce sujet, et ces commissaires sont choisis parmi ceux dont les charges supposent une connoissance suffisante dans ces matières. Ces commissaires et même cinq d'entr'eux sont autorisés à recevoir toutes les propositions qui leur seront faites pour la découverte des longitudes ; et dans le cas où ils en seroient assez satisfaits pour désirer des expériences, ils peuvent en donner leur certificat aux commissaires de l'amirauté, qui sont tenus d'accorder la somme que les commissaires de la longitude auront estimée convenable, et ce jusqu'à la somme de deux mille livres sterling (49200 francs, monnoie de France). Le même acte ordonne que le premier auteur d'une découverte ou d'une méthode pour trouver la longitude, recevra dix mille livres sterling, s'il détermine la longitude à un degré près, c'est-à-dire, à la précision de 60 milles géographiques d'Angleterre, ou 25 lieues communes de France; qu'il en recevra quinze mille, si c'est à deux tiers de degré, et enfin vingt mille livres sterling, s'il détermine la longitude à un demi degré près. La moitié de cette récompense doit être payée à l'auteur, lorsque les commissaires de la longitude, ou la majeure partie, conviendront que la méthode proposée suffit pour la sûreté des vaisseaux à 80 mille des côtes où sont ordinairement les endroits les plus dangereux; l'autre moitié de la même récompense doit être remise à l'auteur, après que le vaisseau aura été à l'un des ports de l'Amérique, désigné par les commissaires, sans se tromper de la quantité fixée ci-dessus.

Ce fut en vertu de cet encouragement, aussi bien que des promesses du Régent, que Sully construisit une pendule marine en 1726, comme on l'a vu ci-dessus, et que Jean Harrison entreprit vers le même temps de parvenir au même but. Cet artiste célèbre, alors charpentier dans une province d'Angleterre, vint à Londres; il s'occupa d'horlogerie, sans autre secours qu'un talent naturel: il visa d'abord à la plus haute perfection, et dès l'année 1726, il étoit parvenu à corriger la dilatation des verges de pendule, de manière qu'il fit une horloge, qu'il dit n'avoir jamais varié d'une seconde par mois; vers le même temps il fit une autre horloge destinée à éprouver le mouvement des vaisseaux sans perdre sa régularité.

Pour cet effet Harrison substitua au poids moteur de sa pendule un ressort, et au pendule régulateur, il substitua deux balanciers placés dans le même plan et faisant leurs oscillations en sens contraires, afin que si les secousses du navire en dérangeoient un, en l'accélérant, la même secousse produisît un effet contraire sur le second. Comme la régularité des vibrations dépend beaucoup de celles du ressort spiral, il donna à ce dernier toute l'égalité possible par quatre ressorts cylindriques de même force, placés au-dessus et au-dessous de chaque bras des deux balanciers.

Dans la première construction de son horloge, il s'étudia aussi à diminuer les frottemens, et il y parvint par divers moyens ingénieux. Il falloit encore qu'elle ne s'arrêtât pas dans le temps qu'on la remontoit, il y pourvut au moyen d'un ressort qui n'agissoit que pendant ce temps. Enfin il rassembla tout cet assemblage dans une boëte suspendue à la manière des boussoles, mais avec plus d'art.

Lorsque Harrison eut amené les choses à cet état, il fit l'essai de son horloge sur un petit bâtiment, dans une rivière, et par un temps orageux. Son succès fut tel, qu'il crut pouvoir l'essayer dans un trajet de Portsmouth à Lisbone et de Lisbone à Portsmouth. Il trouva à son retour précisément la même longitude, tandis qu'à l'entrée de la Manche l'estime du vaisseau l'écartoit d'un degré et demi. Tout ceci se passa vers 1735, et cette année là, Halley, Bradley, Machin, Graham et Smith, étonnés du talent et des succès de Harrison, attestèrent dans un écrit signé d'eux, qu'il avoit découvert et exécuté avec beaucoup de peines et dépenses, une machine pour mesurer le temps en mer, sur des principes qui paroissoient promettre une précision très-suffisante pour trouver la longitude; en conséquence, ils estiment que Harrison a mérité le plus grand encouragement de la part du public, et qu'il importe de faire l'épreuve des différentes inventions par lesquelles il est parvenu à prévenir les irrégularités qui proviennent naturellement des différens degrés de température et du mouvement des vaisseaux.

Ce fut alors que Harrison crut pouvoir s'adresser aux commissaires des longitudes. Muni des certificats convenables de ses premiers succès, il exposa les vues tendantes encore à simplifier et réduire le volume de son horloge; il fut accueilli et reçut en 1737 des secours propres à le mettre en état de suivre ses vues, de sorte qu'en 1739, il produisit sa seconde machine. Elle fut soumise à de nouvelles expériences, dont le résultat fut qu'on pouvoit espérer qu'elle donneroit la longitude dans les limites exigées par l'acte du parlement.

Harrison continua donc de travailler avec une nouvelle ardeur, et en 1741, il produisit une nouvelle machine plus petite, et qui parut supérieure aux deux premières. Douze membres de la société royale attestèrent qu'elle leur paroissoit plus commode et plus simple, et moins sujette à se déranger; ajoutant qu'ils ne pouvoient trop recommander aux commissaires de la longitude un homme doué de tant de talens, pour l'aider à mettre la dernière main à cette troisième machine.

Le 30 novembre 1749, M. Folkes, président de la société royale, annonça dans l'assemblée de cette illustre compagnie, que Harrison avoit obtenu le prix ou la médaille d'or qu'on donne chaque année à celui qui a fait l'expérience ou la découverte la plus curieuse, en conséquence de la fondation de Godefroy Copley, et que Hans Sloane, exécuteur testamentaire de M. Copley, avoit recommandé Harrison à la société royale, à raison de l'instrument curieux qu'il avoit fait pour la mesure du temps; le président lui adjugea cette médaille, sur laquelle le nom de Harrison étoit gravé, et il prononça en même-temps un discours, où il fit connoître la singularité et le mérite des inventions de Harrison dans un assez grand détail : on en trouve un abrégé dans la *Connoissance des temps*, de 1765.

On y voit « que Harrison, avant que de venir à Londres, » demeuroit à Barrow, dans le comté de Lincoln, près de Barton » sur Lhumbert; il n'étoit pas destiné d'abord à la profession dans » laquelle il a excellé depuis, mais il y fut porté par inclination » et par curiosité; il suivoit son génie, et cela vaut mieux que » tous les préceptes de l'art; il travailla dans sa jeunesse avec » son père, qui étoit charpentier et menuisier; cela lui fit exa- » miner d'abord la nature du bois, et il y trouva quelques avan- » tages, qu'il sut mettre à profit : il fit des horloges, où les » pivots étoient de cuivre, et tournoient dans du bois sans » qu'il fût besoin d'huile, et sans qu'il y eût de l'usure à craindre. » Il employa aussi des rouleaux de bois à la place des aîles de » pignons, il s'en trouva très-bien; enfin il imagina un échap- » pement nouveau, où la roue ne frottoit point du tout sur les » palettes ou sur la pièce d'échappement ». Ce discours contient la suite des essais et des inventions de ce célèbre et ingénieux artiste.

Harrison avoit fini sa troisième machine, elle n'occupoit pas plus d'un pied en quarré, avec tout ce qui en dépend; il y avoit ajouté beaucoup de perfections. Il avoit diminué le nombre des roues d'où dépend proprement la mesure du temps et l'exactitude de la machine, parce que la roue qui agit immédiatement sur les palettes dans la troisième machine, et celle qui la suit dans la seconde, étoit mise en mouvement, non par la force du grand ressort, mais par deux autres ressorts placés uniquement pour mouvoir ces dernières roues, et qui sont eux-mêmes remontés par le grand ressort à chaque minute dans la seconde machine, et deux fois par minute dans la troisième : ainsi l'on peut dire que la seconde machine, en ce qui concerne la mesure du temps et l'égalité du mouvement, n'avoit que deux roues, et la troisième machine une seule roue; puisque toutes les autres ne sont employées qu'à remonter les ressorts du dernier mobile, et que le peu d'inégalité qui peut rester dans le frottement de ces autres roues, n'influe en aucune façon sur le régulateur. Un autre avantage de ce dernier instrument, étoit d'avoir changé la disposition et la figure des balanciers.

Enfin en 1758, Harrison imagina une quatrième machine,

qu'il a exécutée depuis. Mais assez satisfait de la troisième, il crut enfin devoir s'adresser à la commission des longitudes qui, après divers délais apparemment employés à des examens et à des épreuves, ordonna enfin le 12 Mars, que l'épreuve de la montre de Harrison seroit faite conformément à l'acte du parlement. Guillaume Harrison fut substitué à son père, sur sa demande, pour le voyage à faire à la Jamaïque. Cette destination fut choisie, tant parce que ce voyage est ordinairement de six semaines, que pour que la machine fût dans le cas d'éprouver des températures d'air fort différentes.

Divers contre temps le retardèrent cependant encore plus de six mois. Enfin les instructions nécessaires pour diriger l'épreuve en question ayant été dressées, de concert avec la société royale, Harrison le fils s'embarqua à Portsmouth sur le Deptfort, chargé de porter à la Jamaïque le gouverneur Littleton, et mit à la voile le 18 Novembre 1761.

Les détails de sa traversée sont assez curieux. Après dix huit jours de route, le 6 décembre, les pilotes du vaisseau se faisoient par 13° 50′ de longitude *est* à l'égard de Portsmouth, tandis que la montre donnoit 15° 19′ ; ainsi la différence étoit de près d'un degré et demi, de sorte que déjà on la condamnoit comme inutile et mauvaise ; mais Harrison ayant dit qu'il se tenoit pour assuré que si l'île de Portland étoit bien marquée dans la carte on la verroit le lendemain, le capitaine tint ferme pour ne pas changer de route, et en effet le lendemain à 7 heures on découvrit cette île, ce qui rétablit Harrison et son instrument dans l'estime de tout l'équipage du Deptfort, qui sans cela auroit été privé pendant tout le reste de la traversée des raffraîchissemens dont il avoit besoin.

La reconnoissance de la Désirade, l'une des Antilles, fut pour Harisson un nouveau sujet de triomphe ; car il l'annonça à point nommé au moyen de sa montre, ainsi que les autres îles qu'on rencontre de-là jusqu'à la Jamaïque. Il toucha enfin à Port-Royal de cette dernière île le 19 janvier 1762, soixante-un jours après son départ.

Le 26, on fit les observations et les calculs nécessaires pour constater la manière dont la montre avoit annoncé la longitude de Port-Royal ; on trouva qu'en supposant la longitude de Port-Royal, telle que le donnoit l'observation du passage de Mercure en 1743, de 5h 7′ 2″ de temps à l'ouest de Greenwich ; et à l'égard de Portsmouth, de 5h 2′ 51″, la montre avoit marqué ce temps à 5″ près, car elle marquoit à Port-Royal, après 81 jours, 5h 2′ 46″.

Le retour de Harrison à Portsmouth, ne fut pas moins favorable à son instrument. Dès qu'il eut obtenu les certificats nécessaires des vérifications faites à la Jamaïque, il se rembarqua sur un très-petit bâtiment pour l'Europe. Il y éprouva les plus mauvais temps, et cependant aux atterrages son estime se trouva, à peu de chose près, conforme à la vérité, sur un point, qu'un vaisseau du roi l'*Essex* venoit de vérifier à la vue des terres; Harrison rentra à Portsmouth, après 161 jours depuis son départ. Quelques jours après on fit les observations nécessaires pour constater l'heure que marquoit la montre après un intervalle de temps si considérable, et l'on trouva qu'elle l'avoit conservée à 1′ 5″ près, ce qui ne donne qu'une erreur de 18 milles anglois, ou moins d'un tiers de degré dans deux traversées.

On ne laissa pas, dans le bureau des longitudes, d'élever des difficultés tendantes à affoiblir ces avantages. On prétendit d'abord que peut-être la longitude de Port-Royal établie sur le passage de Mercure, sur le soleil en 1743, n'étoit pas aussi sûre que si elle eût été établie sur des éclipses des satellites de Jupiter. On prétendit qu'il avoit pu se faire, que les inégalités de la montre se fussent corrigées les unes les autres dans les deux traversées, en sens contraires. Harrison répondit à ces difficultés d'une manière satisfaisante; mais cela n'empêcha pas que le bureau ou entraîné par des suggestions dont Harrison s'est plaint, ou dans la vue de mieux constater la découverte, ne déclarât que ce voyage n'étoit pas suffisant, et qu'il n'en exigeât un second plus décisif. Mais en attendant il adjugea, le 17 août 1762 à Harisson, une somme de 2500 livres sterlings, (61500 francs) comme à-compte sur la récompense, le surplus devant lui être délivré, si le second voyage avoit un plein succès, et lorsque Harisson auroit dévoilé la construction de son horloge, et par-là mis les artistes en état d'en fabriquer de semblables. Il y consentit, et demanda seulement 4 ou 5 mois de délai pour faire quelques changemens à sa montre. Mais sur ses représentations, il fut décidé qu'il lui seroit remis une somme de 5000 sterlings au lieu de 2500, à la charge d'une nouvelle épreuve dans un voyage de six semaines, et du surplus des conditions exigées par le bureau des longitudes.

Il y avoit un autre moyen de faire l'épreuve de la montre de Harisson, anciennement proposé par Halley, c'étoit d'embarquer l'instrument sur un navire, qu'on feroit rouler pendant deux mois autour des Dunes, et qui auroit pu toutes les semaines, par des signaux, correspondre avec un observateur placé dans un des forts et muni d'une bonne pendule, mais ce moyen, quoiqu'excellent, ne fut pas agréé.

Nous avons dit qu'un acte de parlement, en 1762, exigea que Harrison, pour recevoir le prix, expliquât sa méthode aux commissaires: en même-temps que cet acte passoit dans les deux

Chambres sans aucune contradiction, le roi y ayant donné son royal assentiment, le duc de Nivernois, ambassadeur de France, fut invité à faire venir de Paris des personnes capables d'entendre et d'examiner la découverte de Harirson qui alloit être révélée aux onze commissaires. C'étoit une marque d'estime et d'amitié qu'on donnoit à la France, et un moyen de rendre plus prompt, plus général et plus utile l'usage de cette machine. En conséquence, le duc de Saint-Florentin, ministre, ayant consulté l'Académie des Sciences, chargea au mois d'avril Camus de se transporter a Londres avec Ferdinand-Berthoud, et de se réunir avec le cit. de la Lande, qui y étoit allé pour son instruction particulière. Ils virent toutes les machines que Harrison avoit faites depuis quelques années, et Berthoud, qui avoit douté d'abord du succès, admira son génie et ses ressources. Cependant l'explication, et la publication du secret de la dernière qui sembloient être prêtes à se faire, furent retardées. M. Maskelyne qui soutenoit la méthode des longitudes par la lune et quelques-uns des onze commissaires jugèrent qu'il étoit de leur devoir de s'assurer par eux-mêmes, et par leur propre expérience, que les autres ouvriers seroient en état d'exécuter de semblables machines.

« Le 9 mai, 1763, dit le cit. de la Lande, j'allai avec le » cit. Berthoud chez Harrison, il nous fit voir trois horloges » de longitudes : le cit. Berthoud les trouva très-belles, très- » ingénieuses, très-bien exécutées ; et quoique la régularité an- » noncée pour sa montre lui parût bien difficile à croire, il » n'étoit que plus impatient de la voir après qu'il eut vû les » trois horloges. Nous sollicitions les commissaires, M. Scott » nous faisoit espérer qu'il se contenteroit, si les horlogers » declaroient qu'ils étoient en état de faire une montre pareille » à celle de Harrison, mais lord Morton et Charles Cavendish » nous dirent que le parlement les blâmeroient s'ils payoient » si cher un secret sans s'assurer de la réussite et de la sin- » cérité de l'auteur. »

En conséquence, les commissaires requirent Harrison, le 13 avril 1763, de faire exécuter d'autres montres pareilles sous leurs yeux, et par des ouvriers dont on conviendroit pour être ensuite examinés. Harrison leur représentât que l'acte du parlement n'exigeoit point de lui des épreuves, et des constructions nouvelles, mais seulement le détail et l'explication de la montre qui étoit faite; il offrit de l'expliquer de vive voix et par écrit, avec les figures, les dessins et les procédés, de manière que tous les ouvriers fussent en état de l'exécuter. Mais une partie des commissaires ayant persisté à juger que cela n'étoit pas suffisant pour remplir l'objet et l'intention du parlement. Les François quittèrent l'Angleterre au mois de juin, (*Connoissance des Temps*, 1765.)

Harrison fils partit donc une seconde fois pour l'Amérique, le 28 mars 1764; le terme de son voyage fut seulement la Barbade où il arriva le 13 mai, et il fut de retour en Angleterre, le 18 septembre de la même année.

Ce second voyage ne laissa plus aucun doute sur le droit de Harrison à la récompense promise. Il fut décidé unanimement par le bureau des longitudes qu'il avoit déterminé la longitude de la Barbade, même en deçà des limites prescrites, par l'acte de la reine Anne, pour la récompense entière; cinq mille livres sterlings lui furent de nouveau accordées, le surplus devant lui être payé lorsqu'il auroit dévoilé la construction de sa montre et mis les artistes à portée d'en faire de semblables. Harrison satisfit à ces dernières conditions suivant l'attestation que lui en donnèrent les commissaires nommés pour cet effet par le bureau, et qui étoient tous des hommes célèbres, Nevil-Maskelyne, John-Mitchell, Ludlam, Bird, Mudge, Mathews et Kendal. Ils attestèrent que Harrison leur avoit développé la construction et les principes de sa montre à leur entière satisfaction, &c. On parloit encore, avant que de le payer entièrement, d'exiger de lui, indépendamment de cette explication, qu'il eût déjà mis quelque artiste en état de construire une semblable montre; mais sur ses réclamations on n'insista pas, et en effet il étoit temps que Harrison âgé d'environ 75 ans, qui avoit consacré sa vie entière à un objet aussi utile à l'Angleterre et à l'humanité entière jouît de la récompense qu'on lui devoit. Harrison obtint en 1765 10 mille livres sterlings, ou 246 mille francs. (*Connoissance des Temps*, 1767.)

Le parlement assigna en même-temps, une récompense de 3000 livres sterlings au célèbre Euler de Berlin, une autre de 3 milles livres aux héritiers de Tobie Mayer de Gottingue, en reconnoissance des *Tables Lunaires* qu'ils avoient dressées, et une troisième récompense de 5 mille livres sterlings fut promise à ceux qui feroient dans la suite des découvertes utiles à la navigation. Les principes de la montre de Harrison furent enfin publiés, mais Harrison avoit conçu, d'après les difficultés qu'il avoit éprouvées, beaucoup d'humeur contre le genre humain, ensorte qu'il n'eut pas la confiance d'employer qui que ce soit pour rédiger la description de ses inventions, son mémoire est intitulé : *A description concerning such mecanism as will afford a nice or true mensuration of time, Lond.*, 1767. Ouvrage qui prouve qu'autant il avoit de génie pour l'invention, autant il étoit incapable de rédiger ses idées par écrit, et il mourut le 24 mars 1776, âgé de 82 ans.

Son

Son mémoire fut traduit en françois par le P. Pézénas, la même année à Avignon. Voici une idée des moyens ingénieux par lesquels ce fameux artiste avoit remédié aux inconvéniens des horloges et des montres. Il s'agissoit d'abord de rendre les vibrations du ressort spiral isochrones; Harrison se servit d'une pièce qu'il appeloit clou à cycloïde : lorsqu'il touche le ressort du balancier, il tend à accélérer ses vibrations; et ce ressort abandonnant plus longtemps ce clou dans les grandes vibrations qu'il ne le fait dans les moindres vibrations, le balancier en est moins accéléré dans le premier cas qu'il ne l'est dans le second. Par conséquent, l'action du clou tend à réduire le temps des différentes vibrations à l'égalité.

Lorsque le ressort du balancier est en repos, il touche le clou à cycloïde, et il ne commence à l'abandonner que dans le moment où le balancier a décrit un arc de 45° au-delà du point de repos, le ressort étant dans cet intervalle en état de se débander.

Pour corriger la dilatation du ressort spiral, il se servit d'un thermomètre métallique, composé de deux platines minces de cuivre et d'acier, rivées ensemble à différens endroits, de manière que le cuivre se dilatant plus que l'acier par la chaleur, et se resserant plus par le froid, cette verge devient convexe par la chaleur du côté du cuivre, et convexe par le froid du côté de l'acier : d'où il suit que l'une de ses extrémités étant fixe, l'autre bout prend un mouvement correspondant aux divers changemens du froid et du chaud. Or, le ressort du balancier passe entre les deux pointes qui sont à ce bout du thermomètre, et il en est pressé alternativement à mesure qu'il se bande ou qu'il se débande, ce qui le racourcit ou l'allonge, selon les divers changemens du chaud et du froid.

Pour le ressort spiral, il lui donne toute l'égalité possible par quatre ressorts cilindriques de même force, placés au dessus et au-dessous de chaque bras des deux balanciers. Il restoit à donner au ressort, moteur de toute la machine, une force toujours égale, malgré les différences de température d'air, il y parvint au moyen d'un chassis ou gril de cuivre et de fer, semblable à celui par lequel il avoit corrigé les inégalités de son pendule. Lors de la première construction de sa montre, il s'étudia aussi à diminuer les frottemens et il y parvint par des moyens ingénieux. Il falloit encore que la montre ne s'arrêtât pas dans le temps qu'on la remontoit; il y pourvut au moyen d'un ressort qui n'agissoit que pendant ce temps.

Il y a dans cette montre quatre ressorts : le premier est le grand ressort, le second est renfermé dans l'intérieur de la fusée, pour faire marcher la montre, pendant qu'on la monte. Le troisième est un ressort qui se bande huit fois dans chaque minute, et le quatrième est celui du balancier.

Les trois premiers sont de la façon de Maberley.

La fusée a six tours et un quart.

Le volant sert à modérer la vîtesse, que le ressort imprimeroit au balancier en se débandant.

Les trous où tournent les pivots sont tous percés dans des rubis, et les pivots ont des diamans à leur pointes.

Les pallettes sont des diamans.

Le P. Pézénas, en publiant la description de Harrison, observa que celui ci se plaignoit beaucoup de M. Maskelyne, astronome royal, jusqu'au point de le qualifier de son ennemi, et de lui imputer des manœuvres pour le faire échouer. Ce célèbre astronome n'en étoit sûrement pas capable; mais on ne peut disconvenir que l'analyse excessivement sévère qu'il fit de la marche de la montre de Harisson semble au moins justifier l'imputation d'une défaveur qu'elle avoit dans son esprit, et qui, selon Harisson, avoit pour cause la préférence qu'il donnoit à la méthode des longitudes, fondées sur la théorie de la lune, méthode que M. Maskelyne avoit particulièrement cultivée et qui fait la base de son *British mariner's guide*.

Depuis ce temps-là plusieurs artistes anglois sont parvenus à faire des montres de poche qui jouissent presque de toutes les perfections des montres de Harrison. Le comte de Brülh, amateur de l'astronomie, en avoit acquis une de Mudge dont l'exactitude étoit telle, que mise à la seconde sur le méridien de Londres, après une tournée en poste de plusieurs semaines elle s'y trouvoit encore d'accord à quelques secondes près. Cette bonté s'est soutenue dans les courses qu'il a faites en Allemagne, ensorte qu'il a pu déterminer par-là, plus exactement que par toute autre voie, les longitudes de beaucoup de villes de Flandre, de Hollande et d'Allemagne où l'on n'avoit jamais fait d'observation astronomique pour déterminer leurs positions. MM. Mudge et Arnold, ne les livroient que fermées de manière à ne pouvoir être ouvertes pour en examiner le mécanisme. Quelques François, en particulier le président de Saron de l'Académie des Sciences, dont le goût et les connoissances en astronomie étoient bien connus, en avoit fait venir une qui a subi nombre d'épreuves qui ont constaté la vérité de ce qu'on en rapporte. Aujourd'hui plusieurs artistes anglois en font, notamment Kendal, Mudge, Arnold, Emery.

Nous avons maintenant à parler de ce que les artistes françois ont fait dans ce genre; mais on ne peut ôter à la nation angloise l'honneur d'avoir été la première à produire ce chef-d'œuvre de l'art, puisque l'on peut dire, qu'à divers degrés de perfection près, successivement ajoutés à sa montre, Harrison datte de 1735; et qu'aucun artiste françois ne peut citer une époque aussi ancienne de ses inventions ni même de ses tentatives en ce genre.

Berthoud et le Roy, dont les talens et le zèle pour la perfection de leur art sont connus, semblent avoir été encouragés par la découverte et les succès vers lesquels Harrison s'acheminoit à grands pas. Ils crurent devoir en quelque sorte prendre datte à cette égard en 1754; le premier par un écrit cacheté et remis à l'Académie le 20 novembre, et dont la souscription annonçoit qu'il contenoit la description d'une horloge marine; l'autre par un semblable écrit remis aussi cacheté le 18 décembre suivant, mais sans désignation, qui contenoit les principes d'une pareille horloge, ainsi que l'a depuis constaté la copie certifiée remise par le secrétaire de l'Académie au cit. le Roy.

Les deux artistes françois se mirent donc à travailler, et produisirent à l'Académie, l'un en février 1763, l'autre en décembre de la même année, deux horloges marines qui méritèrent ses éloges. Elle desira même qu'elles fussent éprouvées à la mer, ce qui eut lieu quelque temps après.

Le ministère françois ne tarda pas à sentir qu'il importoit à l'honneur des arts en France de mettre les artistes à portée de concourir à quelques égards avec les Anglois pour la mesure du temps en mer. Les moyens d'Harrison étoient encore inconnus, ainsi l'on ne pouvoit accuser les François de plagiat s'ils réussissoient; et dans ce cas il étoit du moins glorieux pour la nation d'avoir trouvé la même chose ou un équivalent.

Le ministre de la marine fit en conséquence armer exprès, au mois de septembre 1764, au port de Brest la corvette l'*Hirondelle*, dont le commandement fut donné au chevalier de Goimpy-Dumaitz, dont nous avons déjà parlé, pour faire l'épreuve d'une des horloges de M. Berthoud, numérotée 3; cette épreuve fut faite en mer sous les yeux de Duhamel et de Chappe, qui en rendirent compte à l'Académie dans la séance publique du 14 novembre de la même année 1764. Nous ne pouvons dire quel en fut le succès, car ce rapport n'a point été imprimé, et le cit. Berthoud n'en doune aucune idée; mais il dit que Chappe désira emporter avec lui cette même horloge lorsqu'il partit pour le Mexique, et qu'elle lui servit à rectifier la longitude de la Vera-Cruz, comme on le voit dans la relation de son voyage, quoique le rédacteur n'ait pas dit que c'étoit une montre du cit. Berthoud.

Le marquis de Courtanvaux affranchit le ministère françois des dépenses nécessaires pour l'épreuve des horloges de le Roy. On vit alors un simple particulier faire construire à ses frais une corvette de 66 pieds, qui fut nommée l'*Aurore*. Lorsqu'elle fut équipée, le marquis de Courtanvaux, accompagné de Pingré, de Messier et de le Roy, avec ses horloges, s'y embarquèrent après avoir fait les observations astronomiques qu'exigeoit cette épreuve, ils éprouvèrent des temps fort variés. Le récit intéressant de ce voyage a été publié en 1768, sous le titre de *Voyage de M. le marquis de Courtanvaux, pour essayer, par ordre de l'Académie, plusieurs instrumens relatifs à la longitude, mis en ordre par M. Pingré.*

Il résulta de cette épreuve, qu'une des horloges ne s'étoit écartée que de 7″ en 46 jours, du mouvement constaté à terre, et l'autre de 38″, malgré des roulis plus violens que ceux des gros vaisseaux.

Mais ce n'étoit pas assez pour un objet aussi intéressant : le ministère françois envisagea bientôt la chose plus en grand, et ordonna, au commencement de 1768, l'armement d'une frégate nouvellement construite au Havre, dans laquelle le cit. Cassini eut ordre de s'embarquer avec les horloges marines de le Roy. Cette frégate devoit aller d'abord à l'île Saint-Pierre et à Miquelon ; et de là traversant de nouveau tout l'océan Atlantique, aller à Salé, d'où elle retourneroit en France en touchant à la côte d'Espagne. Cassini se rendit au Havre avec son père, le 20 mai, et avant son embarquement fit, de concert avec lui et avec Wallot, jeune astronome de Manheim, venu en France pour y cultiver l'astronomie, les observations nécessaires pour constater l'état des horloges, ils s'embarquèrent enfin et firent voile le 13 juin ; on toucha à l'île Saint-Pierre, en Amérique, le 25 juillet, et l'on en repartit le 13 août pour Sallé, où la frégate arriva le 24 août ; après 15 jours de séjour dans cette rade, elle partit pour Cadix, où elle arriva le 13 septembre, et y séjourna pour faire dans l'observatoire de la marine les observations nécessaires. Enfin le cit. Cassini quitta Cadix le 14 octobre, et arriva à Brest le 30 du même mois, après avoir tenu la mer environ 4 mois et demi. Il nous a donné une relation de ce voyage aussi intéressante pour les lecteurs ordinaires, par les descriptions des lieux et des objets, que pour les astronomes, par les détails astronomiques et les observations qui l'avoient fait entreprendre : *Voyage fait par ordre du roi en* 1768, *pour y éprrouver les montres marines de M. le Roy*, 1770, *in*-4°.

Le résultat, quant aux montres marines de le Roy, fut qu'en 40 jours une des montres n'avoit donné qu'un huitième de degré d'erreur sur la longitude.

Un autre voyage eut lieu bientôt après. Un des objets de celui-ci fut d'éprouver les montres du cit. Berthoud. Le cit. de la Lande avoit été désigné pour ce voyage; il engagea Pingré à se charger de cette mission, pour laquelle il s'embarqua sur la frégate l'*Isis*, commandée par le cit. Fleurieu, officier des vaisseaux du roi, depuis ministre de la marine, que son zèle et ses connoissances en astronomie et en géographie rendoient spécialement propre à commander une pareille expédition. Les horloges du cit. Berthoud furent mises en expérience dès le 14 novembre 1768, d'abord à Rochefort, et ensuite à l'île d'Aix jusqu'au 18 janvier 1769, d'où la frégate ayant mis à la voile le 18, elle toucha successivement à Cadix; à Praya, l'une des îles du Cap-Verd; au Fort-Royal de la Martinique; au Cap François, île Saint Domingue; à Angra, l'une des Açores; à Sainte Croix de Ténériffe; à Cadix pour la seconde fois, et fut de retour à l'île d'Aix le 1er novembre. Les détails de cette expédition astronomique ont été publiés par le cit. de Fleurieu dans une relation très-étendue: *Voyage fait en* 1768 *et* 1769, *pour éprouver en mer les horloges marines inventées par M. F. Berthoud* 1773, 2 vol. *in*-4°. On y voit que la somme des erreurs absolues après 287 jours, n'étoient pour le n°. 6 que de 3 quarts de degré.

La description des procédés de le Roy se trouve dans le livre que nons avons cité, avec le mémoire sur la meilleure manière de mesurer le temps en mer; qui avoit remporté le prix double au jugement de l'Académie des Sciences en 1769; c'est la description de la montre à longitudes présentée au roi, le 5 août 1766.

On voit dans la description qu'il croyoit avoir atteint le but pour les six articles suivans qu'il s'étoit proposés.

1°. Réduire les frottemens à la moindre valeur, et rendre le régulateur aussi libre et aussi puissant qu'il soit possible.

2°. Donner à ses vibrations l'isochronisme le plus parfait

3°. Y appliquer un échappement au moyen duquel cet isochronisme ne soit point troublé.

4°. Y compenser les effets de la chaleur et du froid avec exactitude et simplicité; il le fait avec deux petits thermomètres.

5°. Disposer le régulateur de manière que toutes les parties étant dans un état non contraint, elles restent les mêmes, après avoir subi les plus grandes différences dans la température.

6°. Rendre la machine invariable dans les différentes positions et les secousses qu'elle peut éprouver.

Le résultat des épreuves est contenu dans le jugement de l'Académie prononcé le 5 avril 1769, où il est dit: « La marche » de la montre de M. le Roy, observée à la mer dans plusieurs » voyages, dont une a été des côtes de France à Terre-Neuve, » et de Terre-Neuve à Cadix, a paru en général assez régulière » pour mériter à l'auteur cette récompense, dont le but principal » est de l'encourager à de nouvelles recherches, car l'Acadé- » mie ne doit pas dissimuler que dans une des observations qui

» ont été faites sur cette montre, elle a paru, même étant à » terre, avancer assez brusquement de 11 ou 12'' par jour: » d'où il s'ensuit qu'elle n'a pas encore le degré de perfection qu'on peut y desirer ».

Mais le Roy avoit trouvé une chose importante pour ces machines, c'est l'isochronisme du ressort spiral. Ce n'est que depuis quelque temps, dit le Roy, que j'ai enfin reconnu ce fait si important qui désormais doit servir de base à la théorie des montres, et de guide aux ouvriers qui les construisent : savoir qu'il y a dans tout ressort d'une étendue suffisante, une certaine longueur où toutes les vibrations grandes ou petites sont isochrones, que cette longueur étant trouvée, si vous racourcissez ce ressort, les grandes vibrations seront plus promptes que les petites : si au contraire vous l'alongez, les petits arcs s'acheveront en moins de temps que les grands. C'est de cette propriété du ressort, ignorée jusqu'ici, que dépend particulièrement la régularité de ma montre marine. D'après ce qui précède, on sent que la justesse des montres dépend en grande partie de la longueur donnée au ressort spiral ou réglant. Si avec le même échappement certaines montres à repos vont mal, tandis que d'autres sont très-régulières, on en voit ici la cause; mais il y a plus, la nouvelle observation peut être d'un grand secours dans la disposition des pendules, soit petites, soit à secondes, ou le pendule est suspendu par un ressort. En effet, on sent par ce qui précède qu'il doit y avoir une longueur dans le ressort de suspension, où toutes les vibrations de ces pendules peuvent être isochrones. (le Roy, page 15. à la suite du *Voyage de Courtanvaux*).

Le Roy dit ailleurs que le cit. Berthoud n'avoit fait cette découverte qu'en 1768, 18 mois plus tard que lui. (*Précis des Recherches*, 1773, p. 17.) Quoiqu'il en soit, le Roy l'ayant publié le premier, il est juste de lui en laisser la gloire.

Le ministère françois non-content de ces deux épreuves crut devoir en faire faire une nouvelle et fit armer pour cet effet, vers la fin de 1771, à Brest, la frégate la *Flore* dont le commandement fut donné au cit. de Verdun-de-Lacrenne; très-versé lui-même en astronomie, et très-propre à coopérer à cette opération; le chevalier de Borda, avec Pingré eurent ordre de s'y embarquer, ils avoient deux montres de le Roy et une de Berthoud n°. 8, celle qui avoit déjà subi l'épreuve dans le *Voyage de l'Isis* par le cit. de Fleurieu et qui s'étoit le mieux comportée à la mer. Ce vaisseau partit de Brest le 26 octobre 1771, toucha à Cadix, à Sainte Croix de Ténériffe, à Gorée, à Praya, au Fort-Royal de la Martinique; delà au Cap-François, à l'île Miquelon, à Patrix-Fiord en Irlande, à Copenhague;

il rentra à Brest le 10 octobre 1772, après un an de navigation, (moins quelques jours.) On peut voir les détails intéressans de ce voyage dans la narration donnée par Pingré et Borda en 1778, en 2 vol. *in-4°.* sous le titre de *Voyage fait en* 1771 *et* 1772, *en diverses parties de l'Europe, de l'Afrique et de l'Amérique, pour vérifier l'utilité de plusieurs méthodes et instrumens.*

On y voit que les deux montres marines de le Roy et de Berthoud, ont rempli les espérances qu'on en avoit conçues, quelles méritent la confiance des navigateurs, et que les montres qui leur ressembleront ne peuvent être que d'un très-bon usage pour la détermination des longitudes sur mer.

En 1768, le Roy publia un exposé succint des travaux de Harrison et des siens dans la *Recherche des longitudes en mer* et des épreuves faites de leurs ouvrages; il y donne l'extrait du voyage fait en 1767 du Hâvre en Hollande, et en 1768, sur la frégate l'*Enjouée* en Amérique; mais il fait remonter ses premières tentatives à 1748, où il présenta à l'Académie un échapement dont l'idée parut neuve et susceptible de beaucoup d'avantages, et surtout à 1754 qu'il déposa la description d'une nouvelle horloge pour l'usage de la mer, dans un paquet cacheté, et qu'il a fait imprimer en 1768.

Le cit. Berthoud a publié un grand nombre de bons ouvrages, voici les principaux :

En 1763, *Essai sur l'horlogerie*, 2 vol. *in-4°.*

En 1773, *Traité des horloges marines*, *in-4°.*

En 1787, *de la Mesure du temps*, ou *Supplément au Traité des horloges marines*, *in-4°.*

Il dit dans cet ouvrage qu'il a construit et exécuté 45 horloges, ou montres à longitudes, et il décrit les dernières. On y voit aussi que son neveu Louis Berthoud en exécutoit sous sa direction qui étoient d'une très-grande exactitude.

En 1792, *Traité des montres à longitudes.*

En 1797, *suite du Traité des moutres à longitudes*, contenant 1°. la construction des montres verticales portatives, et celle des horloges horizontales pour servir dans les plus longues traversées. 2°. La description et les épreuves des petites horloges horizontales plus simples et plus portatives.

Le cit. Berthoud, dans les *Eclaircissemens* qu'il publia en 1773, pour répondre au *Précis* de le Roy, parle d'un dépôt fait à l'Académie le 20 novembre 1754, un mois avant le dépôt du 18 décembre par le Roy; mais le papier a été perdu; il soutient qui est le premier artiste qui, depuis Sully, se soit occupé en France du travail des horloges marines, le premier qui ait consigné des projets, le premier qui en ait exécuté, le premier dont les horloges aient été éprouvées en mer. Le Roy lui lui objectoit qu'avant le voyage d'Angleterre en 1763, il étoit éloigné du but, puisqu'il ne croyoit même pas à la perfection annoncée par Harrison (1). Je ne crois donc pas qu'il me soit possible de décider de la priorité d'idées entre ces deux habiles artistes ; mais le cit. Berthoud a travaillé bien plus longtemps que le Roy. On lui doit un grand nombre de montres excellentes qui ont été très-utiles. Son neveu, Louis Berthoud, en a exécuté ensuite plusieurs dont on fait usage avec succès, et il forme actuellement des élèves pour le seconder et le remplacer dans ces ouvrages difficiles.

Nous finirons en annonçant que les cit. de Mole et Magnin, artistes de Genêve, qui avoient travaillé à Paris chez le cit. Berthoud, ont exécuté en 1798 une montre marine qui a été éprouvée avec le plus grand succès dans l'observatoire de Genêve, (*Bibliothèque britannique*, an 7). Ils y font usage de l'art de percer les rubis anciennement porté de Genêve en Angleterre, et qu'ils ont appris du cit. Mallet, qui avoit travaillé à Londres chez Harlay possesseur de cet art; le cit. Louis Berthoud se l'est aussi procuré.

V I.

Méthode des longitudes par le moyen de la lune.

On a vu dans l'article IV que parmi les tentatives faites en divers temps pour trouver les longitudes, celles de Morin avoient eu une grande célébrité, et qu'il se servoit du mouvement de la lune. Cette idée étoit ancienne, mais Morin avoit donné des méthodes très-lumineuses et très-complètes.

On a beaucoup varié sur la manière d'observer la lune pour avoir la longitude, Gemma-Frisius avoit proposé, dès 1578, de mesurer la distance à une étoile, et c'est la méthode que l'on suit actuellement; mais cette observation étoit difficile à faire ; et Halley en 1710, s'en tenoit aux appulses ou conjonctions de la lune avec les étoiles.

Mais la découverte des instrumens à réflexion fit revenir à la mesure des distances ; du moins le Monnier, en 1746, dans ses *Institutions astronomiques*, pages 320 et 396, en proposoit l'observation.

(1) Le cit. de la Lande, qui y étoit, dit qu'avant que d'avoir vu les horloges de Harrison, le cit. Berthoud ne pouvoit croire au degré de précision qu'on en racontoit; mais que quand il eût vu les premiers travaux et les premières idées de Harrison, il commença d'y croire, et qu'il fut enchanté des ressources et des idées de Harrison. Après les avoir vus une seconde fois, il se familiarisa avec ces idées et il ne les admiroit plus autant.

Avant qu'on eût ces instrumens, Radouay, habile officier de la marine royale, que nous avons cité plusieurs fois, et qui faisoit vers le commencement de ce siècle des efforts pour perfectionner la marine françoise, proposoit d'observer l'heure où la lune passe au méridien; connoissant en effet la latitude du lieu du vaisseau, on peut toujours, au moyen de l'observation du soleil couchant, trouver l'heure qu'il est en ce moment pour le méridien du vaisseau, et cette heure peut être conservée avec assez d'exactitude avec une bonne montre à secondes. On connoîtra donc à quelle heure la lune passera quelques heures après, ou aura passé quelques heures avant par ce cercle.

On cherchera ensuite dans la *Connoissance des Temps* le moment auquel la lune aura passé ou doit passer ce même jour au méridien de Paris; ce moment est calculé pour chaque jour. Ainsi, en supposant pour un moment que la lune fût sans aucun mouvement, on auroit par la différence de ces temps la différence des méridiens de Paris et du lieu du vaisseau. Mais comme la lune n'a pas été immobile pendant l'intervalle de temps qu'elle a mis d'un méridien à l'autre, il y aura ici une réduction à faire à raison de la marche en ascension droite que la lune aura eue depuis le premier de ces momens jusqu'au dernier. Le mouvement horaire de la lune tant en longitude qu'en ascension droite est donné par les *Ephémérides*. On suppose d'ailleurs toujours la longitude déjà connue à 2 ou 3° près par l'estime. Ainsi l'on dira si 15° donnent tant de mouvement horaire, combien donneront les degrés de longitude estimée. Cette quantité convertie en temps sera déduite du temps trouvé par l'observation, et l'on aura la différence de temps en longitude corrigée, qu'il sera facile de réduire en degrés et minutes.

Ctte première longitude corrigée pourroit servir de base à une nouvelle correction qui donneroit une longitude plus exacte.

Bouguer remarquant ensuite qu'on ne peut pas toujours saisir la lune au méridien, croyoit parvenir au même objet en prenant des hauteurs correspondantes de cet astre; et le Monnier qui ne regardoit pas comme absolument mauvaise la méthode de Radouay, pense que celle de Bouguer seroit quelquefois préférable à celle des distances de la lune aux étoiles, qui a été adoptée ensuite. (De la correction introduite pour accourcir la ligne du lock, Paris, 1790, *in*-8°. page 26). La raison qu'il en donne est que cette méthode n'exige pas des instrumens bien parfaits, et qu'elle n'a besoin que d'un observateur; et dans le cas où les hauteurs ne seroient pas parfaitement correspondantes, le vaisseau ayant changé de place dans l'intervalle, (ce qui aura presque toujours lieu), on pourroit, ajoute-t-il, tenir compte de l'un et de l'autre en résolvant le triangle sphérique qui donne l'angle au pôle; tout cela enfin seroit facilité par les tables des *Angles horaires* que le cit. de la Lande a données dans son *Abrégé de navigation*, en 1793, et dont nous parlerons à la fin de cet article.

Il falloit parler de cette méthode puisqu'elle n'avoit pas été dédaignée par des hommes tels que Bouguer et le Monnier; mais elle est sujette à de trop grands inconvéniens; car en supposant même des hauteurs exactement correspondantes comme la lune change rapidement de déclinaison et assez inégalement, voilà une première correction à faire, dont l'incertitude influera sur celle du moment où la lune aura passé au méridien; et comme le vaisseau aura aussi changé de place, le plus souvent ce sera une nouvelle correction à faire dont l'erreur pourra se cumuler avec la première. On peut dire aussi à l'égard de la méthode de Radouay que le moment du passage du soleil ou de la lune au méridien est toujours accompagné de l'incertitude de quelques minutes; ainsi en somme, l'une et l'autre de ces méthodes ne sont guère à adopter que faute de mieux; et si Radouay l'a employée avec succès dans sa navigation en 1725, pour redresser l'estime des pilotes, il y a eu plus de bonheur qu'on ne devoit en espérer. D'ailleurs, l'erreur des *Tables de la lune* rendoit alors ces méthodes sujettes à des écarts considérables.

Le Monnier a témoigné dans plusieurs de ses écrits faire cas d'une autre méthode qui procède par les hauteurs observées de la lune. Il faut pour cet effet mesurer la hauteur de la lune, au moment où elle passe par le méridien, ainsi qu'une autre hauteur du même astre avant ou après celle-là; connoître enfin l'intervalle de temps écoulé entre l'observation méridienne, et l'autre hauteur: au moyen de ces élémens on détermine le lieu de la lune sans avoir besoin de mesurer la distance à une étoile, et ce lieu de la lune étant trouvé, il n'y a qu'à comparer le moment de l'observation avec celui où la lune a occupé le même lieu pour un méridien déterminé comme Paris, on aura la différence des longitudes de Paris, et du vaisseau.

Telle est la méthode que le Monnier dit, dans le second tome de ses *Observations célestes*, imprimées en 1754, lui être venue en idée dans son retour de Lapponie, et il dit l'avoir mise en usage avec assez de succès. En conséquence il engagea Pingré à calculer les ascensions droites de la lune avec une grande précision dans son *État du ciel*.

Voici la méthode qu'il suivoit: (*État du ciel*, année 1757). En supposant qu'on eût observé la hauteur de la lune pour trouver l'angle horaire de la lune, c'est-à-dire sa distance au méridien, en supposant la déclinaison connue par les tables, sans avoir besoin d'observer la hauteur méridienne ; son procédé est aussi simple qu'il puisse être, en employant les angles horaires, et il peut servir même à terre, pour trouver la longitude lorsqu'on ne peut pas comparer la lune à une étoile. Ayant observé en pleine mer la hauteur du bord de la lune, on y fait les quatre corrections qui dépendent de la hauteur de l'œil au-dessus de la mer, de la réfraction, de la parallaxe, et du demi diamètre de la lune, et l'on a la hauteur vraie de la lune. On sait toujours, à une demi-heure près, la longitude du lieu où l'on observe ; par conséquent on peut savoir l'heure qu'il est à Paris au moment où l'on a observé, et l'on peut calculer par les tables ou l'almanach nautique la déclinaison de la lune ; on connoît aussi la latitude dv lieu où l'on observe, car elle est surtout nécessaire dans cette méthode-ci ; l'on a donc la distance du pôle au zénith ; ainsi résolvant un triangle, on trouvera l'angle horaire pour le lieu de l'observation.

Connoissant ainsi l'angle horaire de la lune par le moyen de la hauteur observée, on cherche à quelle heure cet angle horaire devoit avoir lieu au méridien de Paris : la différence entre l'heure de Paris et l'heure où l'on a observé est la différence des méridiens. Si cette différence trouvée est à-peu-près la même que celle qu'on a d'abord supposée pour calculer la déclinaison, la supposition est justifié ; il n'y a rien à changer au calcul précédent.

Si la différence trouvée n'est pas à-peu-près celle qu'on a employée, la déclinaison n'est pas juste ; alors on fait une autre supposition pour la longitude du lieu, on cherche de même dans cette nouvelle supposition l'heure de Paris et la déclinaison de la lune par les tables pour cette heure-là. Avec cette nouvelle déclinaison, on résout une seconde fois le triangle, et l'on trouve l'angle horaire. On cherche à quelle heure de Paris cet angle horaire y devoit avoir lieu, et la différence entre cette heure de Paris, et l'heure de l'observation sera la différence des méridiens. Si cette différence est la même que celle qu'on a adoptée dans la seconde supposition, celle ci sera vérifiée. Mais s'il y a encore une erreur, ou une différence dans le résultat, on écrira cette erreur au-dessous de la première supposition, on en prendra la somme ou la différence, selon quelles seront de même dénomination ou de dénomination différente, et l'on fera cette proportion : la somme des erreurs est à la plus petite erreur, comme celle ci est à la quantité dont il faut corriger la différence des méridiens trouvée, dans la supposition qui a donné la plus petite erreur. (*Astronomie*, art. 4212).

Ce fut pour faciliter l'usage de cette méthode en mer que Pingré calcula pour les années 1754, 55, 56, 57, une excellente éphéméride, qui avoit pour titre : *État du ciel*. Jamais on n'avoit mis tant d'exactitude et de temps à calculer une éphéméride. On y trouvoit pour midi et pour minuit de chaque jour le lieu de la lune, sa latitude, son angle horaire, sa déclinaison, sa distance au soleil, le mouvement horaire en longitude, le changement horaire de l'angle au pôle; tout cela calculé en secondes avec la dernière précision; ensorte que les calculs de la longitude dont je viens de donner l'explication d'après Pingré, devenoient très-faciles.

Il eut la constance de continuer seul ce travail pendant quatre ans : mais le peu d'usage qu'on en faisoit alors parmi les marins le détermina à suspendre un travail aussi pénible jusqu'au temps où il pourroit devenir plus utile; cependant Pingré eut l'avantage de donner l'exemple pour l'avenir, et de faire voir qu'un habile asronome pouvoit fournir lui seul tous les calculs dont les navigateurs ont besoin.

Lorsque le cit. de la Lande fut chargé de la *Connoissance des Temps*, il donna dans le volume de 1761 et dans les suivans, les lieux de la lune calculés avec la même précision, sur les meilleures tables, pour midi et pour minuit, qui sont le fondement de tous les autres calculs.

Lacaille, dans son voyage au Cap-de-Bonne-Espérance, en 1751, avoit senti toute l'utilité de la méthode des longitudes en mer par le moyen de la lune; mais il préféra les distances de la lune au soleil, et aux étoiles. Il donna en 1755, dans le cinquième volume des *Ephémérides* des détails intéressans sur la manière d'observer, et de calculer les observations, et il donna le modèle d'un almanach nautique pour rendre cette méthode facile et à la portée de tout le monde. Dans les *Mémoires* de 1759, il prouva qu'elle étoit de beaucoup préférable à celle des hauteurs que le Monnier avoit voulu accréditer. M. Maskelyne aujourd'hui astronome royal d'Angleterre, ayant été en 1761 à l'île Saint-Hélène pour observer le passage de Vénus, s'occupa de cette méthode et réveilla l'attention des commissaires de la longitude en Angleterre. Il y parvint à faire décider qu'on publieroit chaque année un *Nautical almanac*, et depuis 1767 on n'a pas discontinué.

Cette méthode est détaillée dans son livre intitulé : *British mariner's guide*, 1763. Elle fut adoptée par Mayer : *Theoria lunæ et methodus longitudinum promota*, 1767. Il ne s'agit que de mesurer une distance de la lune au soleil, ou à une étoile de position bien connue, en observant à-peu-près les hauteurs tant de la lune, que de l'étoile ou du soleil. On peut déterminer d'après ces données la distance vraie de la lune, ou du soleil à l'étoile; calculant donc ensuite le moment pour un méridien donné, où la lune auroit eu la même distance, ou bien le tirant d'une éphéméride toute calculée, on aura la différence en longitude des deux lieux, celui de l'héphéméride et celui du vaisseau.

Cette méthode est sans doute la meilleure, et il n'y a rien à y objecter. Elle exige le calcul de la parallaxe et de la réfraction dans le sens de la distance; mais on y a remédié par diverses méthodes comme on le verra ci-après.

Les *Tables de la Lune* sont depuis quelques années portées à un degré de perfection qui permet de déterminer, à 30 secondes près, la position de la lune et sa distance à une étoile donnée. Ce dernier travail est un des objets des éphémérides destinées à l'usage de la navigation comme la *Connoissance des Temps* de Paris, le *Nautical almanac* de Londres. On y trouve, depuis bien des années pour chaque jour, la distance de la lune à quelqu'une des principales étoiles du ciel, avec laquelle elle est observable ce jour-là; et comme le navigateur est censé avoir une de ces éphémérides, il a dû voir quelle étoile il devoit observer avec la lune pour faire cette comparaison.

Supposons donc la distance du bord de la lune à une étoile mesurée exactement, ainsi que la hauteur de la lune et de l'étoile sur l'horizon, on doit d'abord corriger la distance de la lune à l'étoile en y ajoutant ou en ôtant le demi-diamètre apparent de la lune, qui est donné pour chaque jour dans l'almanac, car il varie sensiblement. On aura par-là la distance apparente de l'étoile au centre de la lune.

Mais la lune et l'étoile sont affectées d'une autre cause qui les fait paroître où elles ne sont pas. C'est pour la lune la parallaxe qui l'abaisse, et la réfraction qui l'élève, et pour l'étoile la réfraction seule; ainsi il faut corriger les hauteurs de l'une et de l'autre, en en retranchant la réfraction convenable à la hauteur observée, et à l'égard de la lune y ajoutant la parallaxe relative à sa hauteur apparente et à sa distance à la terre qui fait varier cette parallaxe. Tout cela est donné par les *Éphémérides*; on aura, au moyen de ces corrections, les hauteurs vraies de l'étoile et de la lune, telles qu'elles paroîtroient du centre de la terre.

Nous avons maintenant, d'après ces données, à déterminer par la trigonométrie la distance vraie de l'étoile et de la lune; il nous suffira d'en développer ici le principe: soit dans la *figure* 21 H B A l'horizon, Z le zénit, Z A, Z B, des verticaux dans lesquels on a observé la lune en L, et l'étoile en E. Leurs hauteurs apparentes B L, et A E; les lieux corrigés sont *l* et *e*. La parallaxe ni la réfraction n'affectant point ces verticaux, on aura dans le triangle Z E L les trois côtés donnés, et conséquemment on pourra trouver l'angle en Z. Ensuite dans le triangle *eZl* on aura les côtés *Ze* et *Zl* distances au zénit corrigées, de l'étoile et de la lune, avec l'angle *eZl*; ainsi l'on aura la grandeur de *el* qui est la distance vraie de l'étoile au centre de la lune. Tout dépend, comme on voit, de la résolution de deux triangles sphériques dans l'un desquels on connoît les trois côtés, et dans l'autre deux côtés et l'angle compris. Ce sont, il est vrai, les cas les plus laborieux de la trigonométrie sphérique. Mais on est parvenu à faciliter cette opération soit par une espèce de formule qui en abrège le calcul, soit par des opérations graphiques, et par des tables toutes calculées.

Il nous reste à déterminer à quel moment, pour le méridien déterminé des éphémérides, la lune et l'étoile ont paru distantes de la quantité trouvée. On sent aisément qu'on ne trouvera jamais cette distance précise; mais on en trouvera toujours une plus grande et une moindre ainsi que les momens où elles ont eu lieu. Dans les Ephémérides on trouve ces distances de 3 en 3 heures, pour le méridien de Paris, ou pour celui de Greenwich, il ne s'agit que d'y comparer la vraie distance qu'on a déduite de l'observation.

Supposons donc par exemple, que pour le moment de 5^h $40' 30''$ du soir un vaisseau cinglant d'Europe en Amérique ait trouvé la distance vraie de la lune à l'épi de la Vierge de $39^\circ 25' 40''$, et que dans la *Connoissance des Temps* on ait trouvé que sous le méridien de Paris, la lune étoit à six heures du soir du même jour, à $38^\circ 45'$ de distance de cette étoile, et à minuit, à $40^\circ 3'$. Il n'y aura donc qu'à faire cette proportion; si $1^\circ 18'$ différence de $38^\circ 45'$ à $40^\circ 3'$ proviennent de 3 heures de distance en temps, que donneront $40' 40''$, différence de $38^\circ 45'$ à $39\ 25' 40''$. On trouvera $1^h 33\ 51''$, ainsi ce sera à $7^h 33' 51''$, après midi, qu'on aura vu sous le méridien de Paris la lune éloignée de l'épi de la Vierge de $39^\circ 25' 40''$. On l'a vu sous le méridien du vaisseau à $5^h 40' 30''$ du soir; la différence sera $1^h 53' 21''$, qui reviennent en longitude à $28^\circ 20' 15''$ à l'ouest de Paris.

Je crois avoir mis à la portée de quiconque a quelque connoissance astronomique la méthode de trouver les longitudes par les distances de la lune à quelque étoile, observées en mer. Celle de les trouver par la distance de la lune au soleil est à peine différente; on mesure avec l'instrument la distance des deux bords les plus voisins du soleil et de la lune; il faudra, à cette distance observée, ajouter la somme des demi-diamètres apparens des deux astres, qui sont donnés par les Ephémérides pour chaque jour, et l'on aura la distance entre les deux centres, d'après laquelle on opérera de la même manière. On pourra d'ordinaire s'abstenir d'avoir égard à la parallaxe du soleil, parce que n'étant à l'horizon que de 8″ $\frac{2}{3}$, elle sera moindre quand le soleil s'élèvera au-dessus de l'horizon.

On préfère la mesure des distances de la lune au soleil, à celle des distances de cette planète à une étoile fixe; la raison en est que l'observation en est plus facile, ou du moins celle des hauteurs de la lune sur l'horizon. Car souvent on ne peut voir assez distinctement le bord de l'horizon pendant la nuit pour mesurer la hauteur de l'étoile. Mais on n'a pas toujours la lune et le soleil à-la-fois sur l'horizon; ainsi l'observation des distances de la lune à quelques fixes est nécessaire à employer dans bien des cas.

Le P. Pézénas fit imprimer à Avignon en 1773 un petit mémoire intitulé: *Examen de la méthode de la Caille*, pour prouver que la distance de la lune à une étoile ne suffisoit pas, et il donnoit des formules pour en évaluer les erreurs; mais quoiqu'il en dise, l'erreur sur la latitude de la lune influe trop peu sur la distance pour qu'on ait besoin de s'arrêter à cette difficulté et de compliquer la méthode.

Il n'y a pas une nécessité absolue d'être pourvu d'une Ephéméride pour la détermination de la longitude en mer. Un astronome, muni de *Tables de Soleil et de la Lune*, pourroit y suppléer, en calculant pour un lieu déterminé, Paris par exemple, ou Londres, le moment auquel devoit arriver un phénomène tel que celui qu'il auroit observé; la différence des temps, l'un celui de l'observation, l'autre celui du calcul pour le méridien déterminé donneroit la différence de longitude des deux méridiens. Mais ce seroit trop exiger des navigateurs que de leur demander de pareils calculs; c'est déjà beaucoup que de leur demander les opérations assez longues et pourtant nécessaires, pour réduire par des tables à la distance vraie, la distance observée.

On a vu que celui qui, le premier a travaillé utilement pour le progrès de la méthode fut la Caille; sa navigation au Cap-de-Bonne-Espérance, et dans l'Océan Indien en 1751 et 1752, le mirent à portée d'éprouver les méthodes et de juger à quel degré de facilité il étoit à propos de les porter pour les rendre d'un usage commun dans la marine. Il sentit bien d'abord que les calculs ne convenoient pas aux navigateurs; c'est pourquoi il imagina des opérations graphiques plus à leur portée. Elles ont été décrites avec tout le détail nécessaire dans la *Connoissance des Temps*, de 1762, et ensuite dans divers ouvrages astronomiques. Le cit. de la Lande jugea avec raison très-utile aux navigateurs de l'insérer dans la *Connoissance des Temps*, de 1762, et dans son *Astronomie*. Il eut encore la satisfaction de contribuer à accréditer ces observations dans la marine de France par le moyen de Véron dont nous allons parler.

Le Mégamètre, qui peut remplacer dans certains cas les instrumens à réflexion pour mesurer de petites distances, est décrit dans le *Mémoire sur l'observation des longitudes en mer*, publié en 1767, par M. de Charnières, enseigne des vaisseaux du roi. Il avoit été présenté à l'Académie des Sciences qui lui avoit donné une approbation distinguée. Le duc de Praslin, ministre, qui en ordonna l'impression, voulut qu'il fut envoyé dans tous les ports et distribué aux officiers de la marine, pour exciter leur émulation et les engager à suivre l'exemple de Charnières. On se plaignoit depuis longtemps de ce que la manière de trouver la longitude par les observations de la lune, quoique portée à un extrême degré de perfection et de facilité pour les travaux des astronomes, n'étoit encore employée sur aucun vaisseau, ni par aucun des officiers de la marine françoise. Charnières, quoique jeune, voulut donner le premier exemple, et dans une campagne qu'il fit, il observa des distances de la lune aux étoiles, les calcula, et s'en servit pour rectifier l'estime des pilotes; il fit plus; en voulant perfectionner la méthode d'observer les distances de la lune aux étoiles, il fit construire un instrument nouveau qu'il appela Mégametre, semblable à quelques égards à l'héliomètre de Bouguer qui est décrit fort au long dans l'*Astronomie* du cit. de la Lande, mais d'un usage plus commode à la mer. Il donna dans son mémoire la figure de cet instrument et la manière de s'en servir. Le cardinal de Luynes, le duc de Chaulnes, Bory, Cassini, le Monnier qui examinèrent cet instrument au nom de l'Académie et qui en firent l'expérience, le trouvèrent aussi exact que commode.

Charnières expliquoit aussi dans son mémoire la méthode dont il s'étoit servi pour calculer ses observations et en déduire la longitude. Enfin il donnoit les principales tables dont les astronomes se servent pour ces sortes de calculs, et même la correction de la parallaxe de la lune, relativement à l'applatissement de la terre, dont de la Lande avoit donné la théorie et les formules dans son grand traité d'*Astronomie*. Nous souhaitons, disoit le *Journal des Savans*, « que l'exemple de Char-
» nières devienne fécond, et détermine à l'imiter les officiers
» de vaisseaux et les pilotes qui peuvent aisément suivre les
» mêmes traces. Charnières cite à ce sujet Véron qui s'est dis-
» tingué dans ce genre, et nous avons eu nous même lieu d'en
» parler à l'occasion de l'embarquement qui s'est fait d'un na-
» turaliste et d'un astronome pour la mer du Sud, (*Journal des Savans*, 1767, p. 573) ».

Le

Le cit. de la Lande expliquoit au Collège - Royal, à Paris depuis 1761, l'astronomie et la navigation; et Véron, l'un de ses auditeurs, embarqué sur un vaisseau en 1765 comme aide-pilote donna à Charnières les premières leçons de pratique : celui-ci présenta ses observations à l'Académie, le 15 novembre 1766, et publia trois ouvrages en 1767, 68 et 72. Il fut fait lieutenant de vaisseaux : les encouragemens donnés par le ministre au jeune Charnières furent un objet d'émulation pour les officiers de la marine, et cela a servi à procurer beaucoup d'observations de longitudes. Aussi le cit. de la Lande dit-il, que le pauvre pilotin Véron qui avoit stimulé et guidé l'officier Charnières, avoit acquité lui seul, envers la France, tout ce que la chaire d'Astronomie du Collège-Royal avoit coûté depuis sa fondation. Voyez le *Nécrologe* de 1774, où est l'éloge de Véron.

Nous allons maintenant entrer dans quelques détails sur les précautions à prendre pour tirer de cette manière d'observer les longitudes, la détermination la plus exacte. Car il y a diverses précautions et attentions à mettre en usage pour éviter des erreurs dans l'observation, qui quoique légères pourroient en occasionner de grandes dans les résultats.

1°. Pour réussir bien dans une pareille opération, il faut au moins la réitérer après un intervalle de temps peu considérable, comme de 5 ou 10 minutes, et prendre un résultat moyen entre les distances à l'étoile, et les hauteurs observées, pour un temps moyen entre ceux des deux observations. Ou bien ce qui vaudroit encore mieux, si l'on étoit au moins deux observateurs, chacun observeroit en même-temps, soit la distance, soit les hauteurs des deux astres, et l'on prendroit un milieu entre les résultats, d'après lequel on établiroit les calculs.

Mais le moyen de réussir le plus complètement seroit d'être trois observateurs dont le premier mesureroit à trois reprises différentes, et à des intervalles de 5 minutes, la distance des deux astres; le second mesureroit de même de 5 en 5 minutes la hauteur du soleil ou de l'étoile; et le troisième à des intervalles semblables la hauteur de la lune. On prendroit ensuite le tiers de la somme des 3 distances; en faisant la même chose pour les hauteurs mesurées, et le temps écoulé, on auroit très-probablement avec une grande précision la distance des deux astres et leur hauteur pour le temps qui tient le milieu.

2°. Il ne faut pas omettre de rectifier le moment de l'observation, soit par la hauteur du soleil, soit par celle de l'étoile; car il y aura toujours quelques erreurs sur le temps écoulé depuis la dernière observation de Midi.

3°. On doit faire ces observations avec un bon sextant, ou mieux encore avec un cercle de réflexion dont nous avons parlé dans le troisième volume.

4°. Il ne faut pas que les deux astres soient ni trop voisins, ni trop éloignés. Une distance entre 60 et 40 degrés paroît la plus convenable.

5°. Il est à propos que les deux astres ne soient pas trop voisins de l'horizon, à cause de l'irrégularité des réfractions qui a lieu dans la proximité de ce cercle. Dix ou douze degrés au moins au-dessus de l'horizon paroissent être une limite convenable à cette observation.

6°. Il faut employer dans le calcul de bonnes tables de logarithmes comme sont celles que Firmin-Didot a stéréotypées, d'après celle de Gardiner, publiées en 1742, réimprimées en 1770 à Avignon, et à Paris, *in*-8°. Au défaut de ces tables il y en a aujourd'hui un grand nombre où le calcul est poussé à ce nombre de décimales, comme celles de Hutton, de Schultze, de Vega. (Nous en avons parlé t. III. p. 356.

Il ne restoit plus d'autres difficultés dans la pratique de cette méthode, que le calcul de la réfraction et de la parallaxe dans chaque distance apparente, ce calcul est long. Lyons, (mort vers 1775) avoit donné une méthode commode pour le faire, dans le *Nautical Almanac* de 1767, avec des tables qui pouvoient déjà contribuer à abréger le calcul. Maskelyne en a donné une dans le livre que j'ai cité, et il en a rendu l'usage plus aisé par le moyen de trois tables qui sont dans le *Nautical Almanac* de 1772. On en trouve la démonstration dans la seconde édition de l'*Astronomie* de la Lande, de même que de la méthode de Lyons. Dans la troisième édition on trouve la démonstration de la méthode de Dunthorn, mort en 1775, qui est la plus simple, pourvu qu'on ait la table des différences logarithmiques, insérée dans le *Nautical Almanac*, de 1767, dans la *Connoissance des Temps*, de 1779, et avec plus d'étendue, dans les *Tables requisite*, de 1781.

Enfin, il y a une méthode de Mendoza, publiée en 1801 en Angleterre, et qui semble encore plus courte.

Les commissaires de la longitude engagèrent M. Lyons, M. Parkinson le jeune et M. Williams, maître-ès-arts et membre du collége de Christ à Cambridge, à calculer de grandes tables détaillées qui parurent en 1772, en un immense volume *in-folio*, intitulé : *Tables for correcting the effects of parallax and refraction on the observed distance taken between the moon and sun or a fixed star*, etc., c'est-à-dire, *Tables pour corriger les effets de la parallaxe et de la réfraction sur la distance observée entre la lune et le soleil, ou une étoile fixe*, *d'où l'on déduit exactement par la seule inspection la distance vraie et le temps correspondant à Greenwich.* Londres. Le docteur Shepherd fut le promoteur de cette entreprise.

M. Williams a pris part à ce travail jusqu'à 93° de distance, les deux autres ont fini l'ouvrage. On a calculé par la règle de M. Lyons les nombres qui répondent aux distances de 4 en 4°.

Pour rendre l'usage de ces tables plus faciles, M. Margetts a imaginé d'en représenter les nombres par 101 grandes figures en 70 planches *in-folio*, au moyen desquelles quand on se contente d'une précision de 10 à 12″, on peut prendre à la seule inspection et sans tirer une seule ligne la distance vraie. Chaque figure contient un grand nombre de lignes verticales, où sont marquées les hauteurs de la lune de degré en degré; tandis que des lignes courbes obliques désignent par leurs ordonnées les hauteurs du soleil ou de l'étoile. La correction à faire à raison de la réfraction et de la parallaxe (supposée à l'horizon de 53′) est marquée par des lignes horizontales de minute en minute. Mais comme la parallaxe horizontale de la lune varie de 53′ à 62, il a été nécessaire d'y ajouter une petite correction, qui se prend avec la plus grande facilité sur un triangle à part, dont les abscisses expriment les différentes quantités de cette parallaxe, et les ordonnées, la correction à faire en conséquence de la première. Il semble qu'on ne peut rien imaginer de plus commode que cette invention de M. Margetts.

Tandis que M. Margetts mettoit au jour cet utile travail, l'Académie des sciences de Paris proposoit un prix, dont l'objet étoit la même correction à trouver par quelque moyen affranchissant les marins de tout calcul. Cet objet a été rempli par le cit. Richer, habile artiste de Paris, à qui l'Académie donna le prix en 1791. Le moyen de Richer consiste en un instrument, par lequel on fait, au moyen de quelques règles mobiles, tournantes les unes sur les autres, la résolution des deux triangles sphériques qu'exige la distance apparente en distance vraie, comme nous l'avons dit ci-devant. L'idée de cet instrument est fondée sur une théorie des projections du cit. de la Grange, au moyen de laquelle on peut représenter en plan, et par des lignes droites, les triangles sphériques. C'est ainsi qu'une idée heureuse qui sembloit n'être qu'une simple spéculation, mais saisie par un homme doué de génie est appliquée utilement aux arts. Cet instrument est décrit dans l'*Abrégé de navigation* du cit. de la Lande, mais Richer l'a considérablement perfectionné en 1801.

Il est nécessaire de dire ici quelques mots sur un autre problême, duquel dépend toute la pratique des longitudes en mer, soit qu'on les cherche au moyen du garde-temps, soit qu'on y emploie les observations de la lune. C'est celui de déterminer avec une exactitude suffisante l'heure qu'il est sur le vaisseau au moment de l'observation.

L'Académie des sciences en avoit senti l'importance dès les premières distributions de prix qu'elle eût à faire, d'après la fondation de Meslay; car elle proposa pour l'un de ceux de 1720, la question de *déterminer* la meilleure manière de trouver l'heure à la mer par les observations astronomiques.

Les géomètres et astronomes ont imaginé un assez grand nombre de moyens pour trouver l'heure à la mer; mais dans ces moyens ils ont eu le plus souvent pour objet de résoudre des problêmes difficiles et singuliers, que de servir la pratique de la navigation. On peut voir dans l'*Astronomie nautique* de Maupertuis, et dans l'*Astronomie des marins* de Pézénas, un grand nombre de ces problêmes résolus par une analyse savante, mais ces solutions sont hors de la portée des navigateurs.

Le plus simple de ces moyens, le plus sûr et le plus communément à portée d'être employé, c'est celui de la hauteur du soleil sur l'horizon, lorsqu'on connoît la latitude du vaisseau et la déclinaison du soleil. Or, la latitude du vaisseau est toujours connue, ou moins, à peu de chose près, par l'estime et l'observation de la hauteur méridienne; il en est de même de la déclinaison du soleil donnée par les tables pour chaque jour d'un lieu donné, dont on connoît la distance, à quelques degrés près. Cette estime grossière est ici suffisante, la plus grande variation horaire du soleil en déclinaison étant de moins d'une minute par heure lorsqu'il est près de l'équateur, et presque nulle vers les tropiques.

Ainsi que dans la figure 21 BO représente l'horizon; HZP le méridien; P le pôle; Z le zénith; L le soleil, dont LB sera la hauteur sur l'horizon; LP la distance au pôle qui donne la déclinaison, il est aisé de voir que dans le triangle PZL, le côté ZL sera connu comme complément de la hauteur mesurée; ZP le complément de la hauteur du pôle donnée, ou de la latitude, le sera également; ainsi que LP, complément de la déclinaison aussi connue. Ainsi il ne sera question dans ce triangle sphérique, dont tous les côtés sont connus, que de trouver l'angle ZPL, qui est l'angle horaire, lequel réduit en heures, minutes et secondes, à raison de 15° par heure, donnera la distance au midi; savoir, l'heure avant midi, si l'observation a été faite le matin, après-midi si elle a été faite le soir.

Un géomètre ne seroit pas embarrassé ici; quelques minutes de calcul lui feront trouver cet angle. Mais cette opération paroît longue et difficile à tous ceux qui ne sont pas très-exercés aux calculs astronomiques; et lors même qu'on employe le calcul, il étoit très-utile, pour éviter les fautes, d'avoir une verification facile par des tables qui n'exigeâssent que quelques additions et soustractions, et tout au plus encore quelques légères parties proportionnelles. On avoit fait des tables fort étendues, pour corriger les distances observées, en cherchant l'effet de la réfraction et de la parallaxe. On a simplifié par des tables, toutes les autres parties de calculs de la longitude; mais celle qui consiste à trouver l'heure, avoit toujours été négligée. Cependant cette partie alonge beaucoup la méthode des longitudes, et empêche beaucoup de navigateurs de s'occuper de ces recherches : s'ils négligent encore ces observations au risque de leurs fortunes et de leurs vies, c'est le devoir des astronomes de leur applanir les difficultés et de les rappeller à de pressans intérêts.

Le cit. de la Lande avoit formé depuis long-temps le projet de donner ce secours aux navigateurs, et dans la seconde édition de son *Astronomie*, qui s'imprimoit en 1770, et qui parut en 1771, il disoit qu'il espéroit pouvoir bientôt le procurer; il s'adressa à plusieurs calculateurs, qui commencèrent ce travail; enfin ces tables furent terminées en 1791, et l'Assemblée constituante en décréta l'impression le 9 juin. (*Journal des Savans*, 1791, *page* 439). M. Margetts, qui avoit publié à Londres des cartes sur lesquelles on peut prendre au compas la réduction des distances, publia en 1791 des cartes qu'il appelle *tables horaires*, pour trouver la hauteur, les temps et l'azimut; mais comme ces quantités ne sont pas aussi petites que celles de la réduction des distances, les planches de M. Margets ne peuvent pas avoir la même précision que le calcul contenu dans les tables horaires.

Le bureau des longitudes d'Angleterre qui a fait de si grandes et de si utiles dépenses pour la science de la navigation, auroit pu sans doute procurer les tables horaires, j'ignore, dit le cit. de la Lande, ce qui l'a empêché de le faire. « Lorsque j'ai pro- » posé celles-ci, le bureau m'a répondu qu'on lui avoit fait plu- » sieurs offres de ce genre; mais il ne m'a pas dit ce qui l'avoit » empêché de les accepter. Je ne puis comprendre qu'on ait pu » avoir de bonnes raisons pour s'en priver : quoi qu'il en soit, » c'est à la France que les navigateurs devront cette nouvelle » facilité pour l'observation des longitudes et pour la perfection » de la marine ».

Le cit. de la Lande, dont la sollicitude pour tout ce qui peut intéresser l'astronomie et la navigation est connue, a donné ces tables en 1793, dans son *Abrégé de navigation historique, théorique et pratique*. Elles donnent l'heure cherchée pour toutes les latitudes, croissantes de degré en degré depuis 0° jusqu'à 60°, et pour des hauteurs du soleil croissantes de deux en deux degrés depuis 0° jusqu'à certain terme, et ensuite de degré en degré. On doit remarquer ici que la plus grande partie de ces calculs est l'ouvrage d'une jeune dame sa nièce, (madame le Français) qui, de la même main, dont en bonne mère de famille elle manie l'aiguille une partie de la journée, tient pendant l'autre la plume, dont elle aide son oncle dans ses calculs, manie la lunette, ainsi que le quart de cercle, &c. Ces tables sont un vrai présent fait aux navigateurs.

« Ces tables horaires, dit le cit. de la Lande, ont exigé bien » du temps; ces sortes de calculs sont minutieux et pénibles, » mais ici à nos yeux ils prennent un plus grand caractère, » ils s'annoblissent par l'idée de ce qui en résulte pour la pros- » périté des nations, la vie des navigateurs, et la perfection » même de l'espèce humaine qu'opère la marine, en rappro- » chant toutes les parties de l'univers ».

Si ces tables étoient continuées depuis o jusqu'à 90° pour les déclinaisons, les latitudes et les hauteurs, elles satisferoient à tous les cas de la trigonométrie sphérique. Mais le cit. de la Lande s'est contenté de la partie dont les navigateurs avoient le plus besoin.

Il y a long-temps que les astronomes désirent des tables universelles pour les triangles sphériques, mais on ne pourroit jamais les employer que pour des calculs approximatifs; l'inégalité des différences en rendroit l'usage très-imparfait pour des calculs rigoureux.

Il est bon d'observer ce que produit la petite incertitude de quelques uns de ces élémens, comme de la latitude, qui a changé depuis la dernière observation, qui, elle-même, a pu être sujette à l'erreur d'une ou peut-être deux minutes; celle de la quantité précise de la déclinaison, puisqu'on ne connoît que par estime sa différence de longitude avec le lieu pour lequel les tables sont calculées; celle enfin de la hauteur de l'astre, qui peut aller à 1 ou 2′, quelque instrument qu'on employe, ainsi on ne sauroit guère compter sur l'heure qu'à une trentaine de secondes près. C'est le sentiment du cit. Cassini, qui a été à portée de joindre à la théorie, la pratique acquise pendant un voyage sur mer de plus de six mois.

On pourroit encore employer à cet objet la hauteur d'une étoile quelconque, dont la position seroit bien exactement connue, ce qu'on peut dire de toutes les étoiles remarquables. Prenons, par exemple, *Regulus* ou le *Cœur du lion*. On trouvera dans la table, et précisément de la même manière, l'angle horaire entre Regulus et le méridien; mais il y aura un calcul de plus à faire, calcul au reste facile au moyen des tables, qui donnent à chaque instant la différence d'ascension droite entre Regulus et le soleil.

Mais il faut remarquer que ces observations de hauteurs

d'étoiles à la mer sont assez difficiles, à cause de l'obscurité de l'horizon.

Il ne nous reste qu'à indiquer les livres où l'on peut trouver plus de détails sur ces matières ; la dernière édition du *Traité de navigation*, de Bouguer et la Caille, publiée en 1792, avec des notes de la Lande ; le *Guide du navigateur*, par Léveque, Nantes, 1779, *in*-8°., dont l'auteur promet une nouvelle édition ; l'*Astronomie des marins*, du P. Pezenas, (Avignon, 1776); l'*Astronomie*, de la Lande, (Paris, 1764 et 1792) ; la *Description des octans et sectans Anglois*, par M. de Magellan, (en anglois, Londres, 1774, *in*-4°. ; en françois, Paris, 1775, *in*-4°.) ; le *British mariner's guide*, &c. par M. Maskelyne, (Londres, 1763, *in*-4°.) ; la *Connoissance des temps* de 1762, &c. ; le *Nautical almanac*, publié chaque année par l'ordre des commissaires de la longitude ; la *Dissertation sur l'observation de la longitude à la mer*, &c. par M. de la Coudraye, (Bordeaux, 1785, *in*-8°.) ; l'*Abrégé de navigation historique, théorique et pratique*, de M. de la Lande, (Paris, 1793, *in*-4°.). Les deux voyages, l'un de MM. de Fleurieu et Pingré sur l'*Isis*, en 1768 et 1769 ; l'autre sur *la Flore*, par MM. de Verdun, de Borda et Pingré, en 1778 ; la *Description du cercle de réflexion*, par Borda, 1787, *in*-4°. ; l'*Astronomie nautique lunaire*, &c. de le Monnier, (Paris, 1771, *in*-8°.), et ensuite son *Exposition des moyens les plus faciles de résoudre plusieurs questions dans l'art de la navigation*, &c. (Paris, 1772, *in*-8°.). On trouve notamment dans ce dernier la construction et l'usage des échelles de Gunter, dont les navigateurs anglois font beaucoup d'usage ; et une *Table des sinus verses*, trop négligée dans nos tables trigonométriques, dont cet habile astronome avoit compris l'utilité.

Il y a tant en anglois, qu'en hollandois et en espagnol, d'autres livres où la méthode des longitudes en mer est exposée et développée.

Je dois citer d'abord un recueil imprimé trois fois à Londres : *Tables requisite to be used with the nautical ephemeris for finding the latitude and longitude at sea*, 1766, 1781.

Les *Elements of navigation*, &c., par Robertson, nouvelle édition donnée par M. Wales en 1786. (Londres, *in*-8°. 2 vol.). L'ouvrage de M. Waddington, intitulé : *A Practical method for finding the longitude at sea.* (Londres, 1763, *in*-4°.).

En Hollandois, il y a un très-bon ouvrage de MM. Wanswinden et Nieuwland.

En Espagnol, le *Tratado de navegacion*, par don Joseph de Mendoza y Rios. (Madrid, 1787, *in* 8°., 2 vol.).

Coleccion de tablas, para varios usos de la navigacion, par don Joseph de Mendoza. Madrid, 1800, *in-fol.*

Ce volume qui a plus de 500 pages, contient toutes les tables dont les navigateurs ont besoin pour trouver les longitudes et les latitudes, réfractions, parallaxes, arcs semi-diurnes, amplitudes, équations des hauteurs correspondantes; latitudes croissantes dans la sphère et dans le sphéroïde applati d'un 321° des tables de logarithmes adaptées aux usages de la marine; les sinus verses naturels, avec des méthodes nouvelles pour les employer à réduire les distances observées en distances vraies; des tables très-étendues de parties proportionnelles pour 24 heures et pour 3 heures; des tables pour trouver l'heure de la marée, la déclinaison et l'ascension droite du soleil; le temps que les astres employent à s'élever d'une minute; une table pour corriger la latitude par deux hauteurs, suivant la méthode de Douwes.

Enfin, M. de Mendoza vient d'en publier un autre également important, sous ce titre : *Tables for facilitating the calculations of nautical astronomy, by Joseph de Mendoza Rios.* London, 1801, 407 pages *in*-4°.

Ce recueil de tables est composé de 33 tables, dont les principales sont : des tables subsidiaires, les logarithmes sinus, doubles sinus, les logarithmes des tangentes et des nombres, &c. Il y a 8 tables pour corriger la hauteur observée du soleil, de la lune et des étoiles; et six tables pour réduire les distances observées de la lune au soleil, ou à une étoile, afin de trouver la longitude; savoir, un angle auxiliaire, des sinus verses et des corrections pour l'applatissement de la terre. Sa méthode, réduite à l'addition de 5 sinus verses, la réduction des distances; enfin il y a 14 tables pour diverses recherches; comme celles de l'équation du midi pour les hauteurs correspondantes, de l'amplitude du soleil, des arcs semi-diurnes. M. de Mendoza publiera bientôt un *Traité de navigation* en 2 vol. *in*-4°. en Angleterre.

Il ne paroît pas avoir eu connoissance des tables horaires publiées par le cit. de la Lande en 1793, qui simplifient beaucoup le calcul du temps vrai sur le vaisseau.

Nous terminerons ici l'histoire de la navigation, et celle des progrès des mathématiques dans le 18e siècle, où l'on a pu voir combien ce siècle fournit de choses nouvelles et intéressantes, qui semblent le mettre au niveau du 17e siècle, ce qu'on n'auroit pas osé espérer; mais, dit Sénèque, *Multum adhuc restat operis, multumque restabit, nec ulli nato post mille saecula praecludetur occasio aliquid adhuc adjiciendi.* (Epist. 64).

Fin du neuvième Livre de la cinquième Partie.

SUPPLÉMENS

SUPPLÉMENS

A L'HISTOIRE

DES MATHÉMATIQUES.

PREMIER SUPPLÉMENT.

SUR LE CABESTAN.

Les inconvéniens du cabestan avec lequel on lève les ancres, avoient été sentis depuis long-temps, puisque l'Académie proposa ce sujet pour le prix de 1739 et de 1741, et qu'elle publia dans le cinquième volume des pièces des prix, sept mémoires, dont quatre partagèrent le prix et trois eurent des accessit : ils forment 296 pages *in*-4°.

Mais il nous suffira de donner une idée du dernier cabestan qui ait été proposé ; c'est celui du cit. Etienne Charles de la Lande, autrefois professeur de mathématiques à l'Ecole militaire. Son cabestan a l'avantage de virer sans choquer. Nous allons transcrire le rapport qu'en fit le chevalier de Borda au bureau de Consultation le 29 mars 1794. Cet habile officier étoit le meilleur juge qu'il fût possible de consulter.

Lorsqu'on élève un poids ou un fardeau quelconque, au moyen d'un cabestan ordinaire, la corde, à mesure qu'elle vient se rouler sur la cloche ou tambour du cabestan, se place au-dessous des tours qui y sont déjà, et par conséquent à chaque révolution, descend d'une quantité égale à son diamètre. Il arrive de-là, qu'après un certain nombre de révolutions, elle parvient à la partie inférieure de la cloche, et qu'alors elle sortiroit du cabestan, où elle chevaucheroit sur les tours déjà placés, si on ne suspendoit, pour un temps, l'action de la machine, afin de remonter les tours de cordes vers la partie supérieure de la cloche. Pour cela, on arrête d'abord la corde dans un de ses points extérieurs, pour empêcher le fardeau de remonter; ensuite on dévire un peu le cabestan, afin de donner du mou à la corde, et alors on a la facilité d'en remonter les tours vers vers la partie supérieure, et de reprendre le mouvement. C'est cette opération qu'on appelle en général *choquer*.

Les fréquentes interruptions occasionnées par la nécessité où l'on est de choquer, sont, comme l'on voit, un inconvénient majeur du cabestan ordinaire, et il seroit intéressant de l'éviter, sur-tout dans les vaisseaux où toutes les manœuvres sont presque toujours commandées par le moment, et où une petite perte de temps peut causer de fâcheux événemens.

Les mécaniciens ont imaginé pour cela différens moyens qu'on peut partager en deux classes : dans l'une, la corde qui se roule autour de la cloche, glisse en remontant sur la cloche, depuis le bas du cabestan jusqu'en haut, comme cela a lieu dans le cabestan du cit. Deshayes des Vallons, qui a servi à la remorque des cônes des digues de Cherbourg, et dans celui du cit. Duval; dans l'autre classe sont ceux où le cabestan étant composé de deux tambours ou cloches, la cloche en passant d'un tambour sur l'autre, s'élève d'une quantité égale à son diamètre, et parvient ainsi à la partie supérieure, sans avoir glissé sur aucun des tambours, et sans avoir éprouvé de frottement; de ce dernier genre, est le cabestan de Ludot, qui dernièrement a été simplifié et perfectionné par le cit. Marcel Cardinet.

Le cabestan du cit. de la Lande se rapporte au premier genre, c'est-à-dire, à celui dans lequel on n'employe qu'un seul tambour. Il consiste en une hélice qui est placée autour du cabestan, et dont les filets qui forment une espèce de peigne, ne sont éloignés de la cloche que d'environ trois lignes. Le modèle qui est sous les yeux du Bureau, fait voir la disposition de ces filets d'hélice; ils sont portés par quatre pièces montantes, qui forment, autour du cabestan, un petit bâtis de charpente à quatre faces : ces pièces sont fortement maintenues dans leur position, par des chapeaux qui les assemblent, en les recouvrant, et qu'on peut démonter et remonter aisément, ainsi que les filets de l'hélice. Voici maintenant l'effet de cette machine.

Lorsque la corde arrive au cabestan, elle entre dans le bâtis de charpente, par la partie inférieure de l'hélice, et en même-temps qu'elle vient s'appliquer sur la circonférence de la cloche, elle pose sur le filet inférieur; alors le cabestan venant à tourner, la corde se trouve soulevée par le plan incliné de l'hélice, et est forcée de remonter en glissant sur la surface du cabestan. Chaque partie de la corde passe ainsi, de la partie de l'hélice qui est dans une pièce montante, jusqu'à celle qui est dans la pièce voisine, et après avoir parcouru successivement tous les filets, elle sort par la partie supérieure du cabestan.

Cherchons maintenant à évaluer l'effort qu'ont à soutenir les filets des hélices, et la quantité de frottement qui en résulte. L'expérience a appris que, lorsqu'il y a quatre tours de corde passés autour de la cloche d'un cabestan, on n'a point à craindre que la corde glisse sur la surface de cette cloche, et par conséquent que la résistance du frottement se trouve alors plus considérable que le poids du fardeau. Supposons qu'elle soit égale à une fois et demi ce poids, il s'ensuivra que les filets des hélices auront à vaincre une résistance qui sera, par rapport au poids, comme 3 est à 2; mais ces filets agissent par des plans inclinés, et la tangente de l'inclinaison de ces plans se trouve à-peu-près égale à un vingt-deuxième; par conséquent l'effort réel de l'hélice sera égal à un quarante-quatrième, ou à-peu-près un quinzième du poids du fardeau, et ce sera la quantité de frottement résultant du glissement de la corde sur la surface du cabestan.

Quant à la force que doivent avoir les filets des hélices, nous remarquerons, qu'en supposant quatre tours de corde sur le cabestan, cette corde sera supportée par 16 filets; d'après cela, prenant un terme moyen, chacun de ces filets fera un effort égal à la seizième partie de leur action totale, c'est-à-dire, à un deux cent quarantième du poids du fardeau. Ainsi, en supposant que le poids ou la force motrice soit égale à dix milliers, comme cela a lieu sur nos grands vaisseaux, l'effort moyen de chaque filet sera de 42 livres; mais les filets inférieurs ont une plus grande résistance à vaincre, parce que la corde contre laquelle ils agissent, est serrée avec plus de force, et que d'ailleurs, dans les mouvemens du vaisseau, pendant qu'on lève une ancre, le cabestan éprouve de fortes secousses par intervalles. Nous pensons donc que les filets inférieurs doivent être assez forts pour pouvoir porter 100 livres; or nous remarquerons que, par la disposition et les dimensions que leur donne le cit. de la Lande, ils sont capables d'une résistance encore bien plus grande.

D'après ce que nous venons d'exposer, on voit que le cabestan du cit. de la Lande doit produire, d'une manière très-sûre, l'effet principal qu'on doit se proposer dans cette machine; celui de virer sans choquer. Nous ferons d'ailleurs observer au Bureau que toutes les parties de ce cabestan sont construites avec beaucoup d'art et d'intelligence, et que l'assemblage du bâtis de charpente qui environne la cloche est simple, bien entendu, et d'une grande solidité. On peut, à la vérité, reprocher à cette machine l'inconvénient du frottement de la corde sur la cloche, frottement qui est toujours aux dépens de la force motrice; mais indépendamment de ce que ce défaut est commun à tous les cabestans, dans lesquels il n'y a qu'un seul tambour, nous avons déjà dit que ce frottement n'est que le quinzième de l'effort total, ce qui est peu considérable, et nous ferons même remarquer que celui que la mèche du cabestan éprouve dans l'étambrai qu'elle traverse, est au moins deux fois plus grand.

Le cit. de la Lande ne s'est bas borné à donner à son cabestan la propriété principale de virer sans choquer. Il a cherché aussi à perfectionner la manière d'arrêter le cabestan, pour l'empêcher de devirer quand le poids du fardeau l'emporte sur l'action de la force motrice. On se sert ordinairement pour cela d'un linguet ou cliquet, qui est placé sur le pont auprès du cabestan, et qu'on fait arc-bouter contre des adens pratiqués dans la circonférence inférieure de la cloche. Ce moyen a le désavantage d'obliger à veiller le mouvement du cabestan pour pouvoir placer le cliquet au besoin, et éviter les accidens qui pourroient résulter d'un devirement forcé. Pour éviter cet inconvénient, on a proposé d'employer un ressort qui, agissant continuellement sur le cliquet, le force d'entrer successivement dans tous les adens. Mais le cit. de la Lande a pensé qu'il valoit mieux employer un encliquetage, dont l'effet seroit produit par le poids même du cliquet. Pour cela, il construit ses adens au-dessous de la cloche du cabestan, en forme de rochet, et le cliquet ou loquet, qui tourne verticalement sur un axe horizontal, a une queue assez pesante pour obliger le bout inférieur d'entrer dans tous les adens qui se présentent. Le rochet a six adens, et il y a deux cliquets qui sont disposés de manière, que lorsque l'un entre dans un adent, l'autre se trouve au milieu de l'intervalle, entre deux adens voisins; par conséquent, le devirement du cabestan ne peut jamais être de la douzième partie de la circonférence, et on ne peut plus craindre aucun accident.

SECOND SUPPLÉMENT.

HISTOIRE DE LA GÉOGRAPHIE.

Quoique la géographie dont nous allons traiter ne soit pas proprement une partie des mathématiques, elle touche néanmoins de si près à l'astronomie dont nous venons de parler, que nous avons pensé devoir donner ici un tableau de ses progrès et de son état chez les anciens, et jusqu'à l'époque actuelle.

Dès que l'homme réuni en société a commencé à établir des relations avec ses voisins, il lui a été nécessaire d'être instruit de la position des pays qui environnoient celui qui l'avoit vu naître, et bientôt même sa curiosité a dû lui faire désirer de connoître et la forme de sa demeure et les particularités des pays les plus lointains. Aussi voyons-nous qu'à peine les sciences eurent pris naissance chez les Grecs, que leurs philosophes s'occupèrent de cet objet. On raconte qu'Anaximandre mit sous les yeux de la Grèce assemblée une carte de la Grèce et des pays circonvoisins, il fut imité par Hécatée de Milet son compatriote. Ces cartes devoient être bien imparfaites; mais c'étoient les premiers essais de l'art naissant; environ 560 ans avant l'ère vulgaire.

C'est à cette datte proprement qu'on peut et qu'on doit fixer l'invention des cartes géographiques. Car rien n'est moins prouvé que la prétendue expédition de Sésostris au retour de laquelle il exposa, dit-on en Egypte, le tableau des pays qu'il avoit conquis, ou plutôt parcourus en brigand.

Le commerce, et le goût des avantures qui l'accompagne d'ordinaire, furent sans doute l'occasion des recherches géographiques. Nous ne pouvons en douter à l'égard des Phéniciens. Ce peuple commerçant reconnut le premier les côtes de la Méditerannée, et ses navigateurs sortant même de cette mer par le détroit qu'il nommèrent de Gades, (aujourd'hui de Gibraltar,) ils entrèrent dans l'Océan, et portèrent des colonies soit dans l'Ibérie, aujourd'hui l'Espagne; le pays de Tarsis, (l'Andalousie), soit sur les côtes occidentales de l'Afrique. *Carthaginenses negotiatiores tui argento, ferro, stanno, plumboque repleverunt nundinas tuas*, Ezechiel, 27. Le savant Bochart, guidé par les analogies des langues orientales, a suivi les traces de ce peuple soit sur les côtes de la Méditerrannée, soit sur celles de l'Océan. Quoique ces analogies soient souvent des guides peu sûrs, on ne peut cependant nier que la ville de Cadix ne fût une colonie phénicienne, et ce ne fut pas la seule.

Au temps de Salomon, ses flottes équipées par des Phéniciens partoient du port de la Mer-Rouge, appelé *Asiongaber*, sortoient de cette mer par le détroit de *Babel-Mandel*, et alloient commercer dans l'Océan Indien. Le pays d'Ophir où ils alloient, devoit être très-éloigné, puisqu'ils mettoient trois ans à cette expédition. On est fort partagé sur ce pays d'Ophir que quelques-uns placent sur la côte d'Afrique où est aujourd'hui Sofala, d'autres dans la *Taprobane*, ou *Ceylan*; d'autres dans l'île de Sumatra où il y a encore un lieu qui se nomme *Ophir*. La poudre d'or et le morfil ou les dents d'éléphant paroissent prouver que c'étoit un lieu de l'Afrique. D'un autre côté Sofala étoit bien près pour que les flottes de Salomon missent trois ans à aller et revenir, et cette identité de la côte d'Ophir avec celle de Sofala n'est guère fondée que sur une ressemblance de nom assez éloignée. Je serois porté à penser que ces Phéniciens fesoient déjà le tour de l'Afrique, tour auquel ils mettoient trois ans, parce qu'ils hyvernoient deux fois, et que l'Ophir étoit quelque lieu sur la Côte-d'Or, ainsi appelée parce qu'en effet une grande partie de ce qu'on en rapporte consiste en poudre d'or; on y trouve aussi le morfil. Quant à l'opinion de ceux qui placent *Ophir* au Brésil, cela n'a aucune probabilité; car les fleuves de ce pays-là ne donnent pas de poudre d'or, il n'y eut jamais d'éléphans au Brésil, et conséquemment de morfil.

Les Carthaginois, colonie des Phéniciens, les imitèrent. On sait qu'ils envoyoient dans l'Océan des vaisseaux qui naviguoient jusqu'au pays de Cornouailles dans l'île d'Albion, aujourd'hui l'Angleterre. Là, ils tiroient des entrailles de la terre, ou traitoient avec les naturels du pays, l'étain, métal précieux dans ces temps reculés; c'étoient là ces fameuses îles Cassitérides, dont la connoissance étoit si précieuse, que des vaisseaux carthaginois, suivis d'un vaisseau romain, aimèrent mieux périr en se faisant échouer, que de laisser reconnoître le but et le terme de leur voyage.

Ce même peuple fit aussi des tentatives pour reconnoître fort avant les côtes de l'Afrique occidentale. Il nous reste une relation du voyage que fit le navigateur Hannon; qualifié par Solin de roi des Carthaginois, tandis qu'il n'en étoit qu'un des capitaines ou des amiraux. Dodwel a regardé le périple (1) de Hannon comme fait par un Grec, mais d'après des conjectures assez bien établies par Bougainville (2), on est fondé à

(1) *περίπλος*, *circumnavigatio*.
(1) *Mémoires de l'Académie des Inscriptions*, 1755, tome XXVI.

penser qu'Hannon pénétra le long des côtes d'Afrique jusqu'au cap des Trois Pointes, situé vers le milieu de cette partie de la côte d'Afrique qui court de l'ouest à l'est vers le golfe de Guinée, à 5° de latitude nord. Ce voyage eut lieu vers l'an 350 avant l'ère vulgaire.

Ces navigateurs carthaginois firent aussi, autant qu'on le peut conjecturer d'après le récit de Diodore (1) la découverte d'une terre située sur l'Océan atlantique, qui fournissoit toutes les choses agréables à la vie ; quelques-uns ont prétendu que c'étoit l'Amérique ; il est bien plus probable que ce sont les îles du Cap-Verd. Mais le sénat de Carthage prit, pour empêcher l'émigration de ses sujets, des mesures telles que la mémoire en a été presque étouffée.

L'histoire nous parle encore de quelques voyages entrepris par ordre des rois d'Égypte ou de ceux de Perse pour reconnoître l'étendue de l'Afrique. Hérodote (2) rapporte que le roi Nécos ou Nécar chargea des navigateurs phéniciens de naviguer le long des côtes de l'Afrique pour les reconnoître de nouveau ; je dis de nouveau, car les premiers voyages des Phéniciens à l'entour de cette presqu'île paroissent d'une datte antérieure. Quoi qu'il en soit, Hérodote dit que ces navigateurs firent le tour de l'Afrique, et entrant dans la Méditérannée arrivèrent en Egypte. Ce voyage datte d'un siècle environ avant Hérodote, ou de l'an 610 avant l'ère vulgaire.

Bougainville, dans le tome XXVI des *Mémoires de l'Académie des Inscriptions*, a donné la traduction du periple d'Hannon avec une dissertation intéressante ; il y en a un extrait dans l'*Encyclopédie*, au mot *périple*, nous allons le rapporter.

Hannon partit du port de Carthage à la tête de soixante vaisseaux, qui portoient une grande multitude de passagers, hommes et femmes, destinés à peupler les colonies qu'il alloit établir. Cette flotte nombreuse étoit chargée des vivres nécessaires et de munitions de toute espèce, soit pour le voyage, soit pour les nouveaux établissemens. Les anciennes colonies carthaginoises étoient semées depuis Carthage, jusqu'au détroit : ainsi les opérations ne devoient commencer qu'au-delà de ce terme.

Hannon ayant passé le détroit, ne s'arrêta qu'après deux journées de navigation, près du promontoire Hermeum, aujourd'hui le cap Cantin ; et ce fut au midi de ce cap, qu'il établit sa première peuplade. La flotte continua sa route jusqu'à un cap ombragé d'arbres, qu'Hannon nomme Solaé, et que

(1) *Diod. Siculus.* Hist. liv. XV.

(2) Lib. IV. *seu Melpomene.* cap. 42.

le périple de Scylax met à trois journées plus loin que le précédent. C'est vraisemblablement le Cap-Bojador, ainsi nommé par les Portugais, à cause du courant très-dangereux que forment à cet endroit les vagues qui s'y brisent avec impétuosité. Les Carthaginois doublèrent le Cap; une demi-journée les conduisit à la vue d'un grand lac voisin de la mer, rempli de roseaux, et dont les bords étoient peuplés d'éléphans et d'animaux sauvages. Trois journées et demie de navigation séparent ce lac d'une rivière nommée Lixus, par l'amiral carthaginois. Il jeta l'ancre à l'embouchure de cette rivière, et y séjourna quelque temps pour lier commerce avec les Nomades Lixites répandus le long des bords du Liceus. Ce fleuve ne peut être que le rio-do-ouro, espèce de bras de mer ou d'étang d'eau salée, qu'Hannon aura pris pour une grande rivière à son embouchure.

Ensuite la flotte mouilla près d'une île qu'Hannon appelle Cerné, et il laissa dans cette île des habitans pour y former une colonie. Cerné n'est autre que notre île d'Arquin, nommée Ghir par les Maures : elle est à 20° de latitude à cinquante milles du Cap-Blanc, dans une grande baie formée par ce cap et par un banc de sable de plus de cinquante milles d'étendue du Nord au Sud, et un peu moins d'une lieue de large de l'est à l'ouest. Sa distance du continent de l'Afrique n'est guère que d'une lieue.

Hannon s'étant remis en mer, s'avança jusqu'au bord d'un grand fleuve qu'il nomme Chrés à l'extrémité duquel il vit de hautes montagnes habitées par des sauvages vêtus de peaux de bêtes féroces. Ces sauvages s'opposèrent à la descente des Carthaginois, et les repoussèrent à coup de pierres : selon toute apparence ce fleuve Chrés, est la rivière de Saint-Jean qui coule au sud d'Arquin, à l'extrémité méridionale du grand Banc. Elle reçoit les eaux de plusieurs lacs considérables, et forme quelques îles dans son canal, outre celles qu'on voit au nord de son embouchure. Ses environs sont habités par les Nomades de la même espèce que ceux du Lixus. Et ce sont-là probablement les sauvages que vit Hannon.

Ayant continué sa navigation le long de la côte vers le midi; il arriva à un autre fleuve très-large et très-profond, rempli de crocodiles et d'hyppopotames. La grandeur de ce fleuve, et les animaux féroces qu'il nourrit, désignent certainement le Sénégal. Hannon borna sa navigation particulière à ce grand fleuve, et rebroussant chemin, il alla chercher le reste de sa flotte dans la rade de Cerné.

Après douze jours de navigation, le long d'une côte unie, les Carthaginois découvrirent un pays élevé, et des montagnes ombragées de forêts. Ces montagnes boisées d'Hannon doivent

être

être celles de Sierra Leona, qui commencent au-delà de Rio-Grande, et continuent jusqu'au Cap-Saint-Anne.

Hannon mit vingt-six jours, nettement exprimés dans son Périple, à venir de l'île de Cerné, jusqu'au golfe, qu'il nomme la Corne du Midi. C'est le golfe de la côte de Guinée, qui s'étend jusqu'au côtes de Bénin; et qui, commençant vers l'ouest du Cap-des-Trois-Pointes, finit à l'est par le Cap-Formoso.

Hannon, découvrit dans ce golfe une île particulière, remplie de sauvages, parmi lesquels il crut voir beaucoup plus de femmes que d'hommes. Elles avoient le corps tout velu, et les interprêtes d'Hannon les nommoient Gorilles. Les Carthaginois poursuivirent ces sauvages qui leur échappèrent par la légèreté de leur course. Ils saisirent trois des femmes, mais on ne pût les garder en vie tant elles étoient féroces; il fallut les tuer, et leurs peaux furent portées à Carthage, où jusqu'au temps de la ruine de cette ville, on les conserva dans le temple de Junon.

L'île des Gorilles est quelqu'une de celles qu'on trouve en assez grand nombre dans ce lac. Les pays voisins sont remplis d'animaux pareils à ceux qu'Hannon prit pour des hommes sauvages. C'étoit, suivant la conjecture de Ramusio, commentateur d'Hannon, des singes de la grande espèce dont les forêts de l'Afrique intérieure sont peuplées.

Le Cap-des-Trois-Pointes fut le terme des découvertes d'Hannon. La disette de vivres l'obligea de ramener sa flotte à Carthage, il y rentra plein de gloire, après avoir pénétré jusqu'au cinquième degré de latitude, pris possession d'une côte de près de six cents lieues, fait l'établissement de plusieurs colonies, depuis le détroit jusqu'à Cerné, et fondé dans cette île, un entrepôt sûr et commode pour le commerce de ses compatriotes, qui s'accrut considérablement depuis cette expédition.

On n'a pas de preuves que les Carthaginois aient dans la suite conservé toutes les connoissances qu'ils devoient au voyage d'Hannon. Ils n'allèrent guères au-delà du Sénégal; mais l'île de Cerné fut toujours l'entrepôt de leur commerce.

Le cit. Gosselin, qui a discuté avec une érudition singulière toute l'ancienne géographie, soutient que les différens passages des auteurs anciens, qui ont toujours annoncé que les Phéniciens et les Grecs avoient fait le tour de l'Afrique sont insuffisans pour attester l'exécution de ce voyage. Le passage d'Hérodote y est discuté avec étendue; et il croit avoir démontré que cette relation est un roman fondé sur les connoissances historiques des Egyptiens. (*Géographie des Grecs, analysée par Gosselin,* 1790. *Recherche sur la Géographie systématique et positive des anciens pour servir de base à l'Histoire de la Géogra-*

phie ancienne, par P. F. J. Gosselin, an VI, ou 1798, 2 vol. *in-4°.*) Cependant le cit. Gosselin admet, p. 207, des voyages plus anciens, où la géographie avoit été perfectionnée; il y a des témoignages nombreux que toutes les côtes du continent avoient été parcourues, et cela suffit à la question qui nous occupe. On peut voir à l'appui de ces voyages anciens, ce que Bailly dit de l'*Astronomie Antediluvienne*, *Histoire de l'Astr.* 1775, p. 307.

Xercès, vers l'an 480, avant l'ère vulgaire, au rapport d'Hérodote, donna une pareille commission à un de ses satrapes, nommé Sataspes, qui avoit été condamné à mort. Il entra dans l'Océan par le détroit de Gades, tirant au Sud, et cotoyant la terre, il doubla un cap nommé Syloco, que Riccioli regarde comme pouvant être le Cap de-Bonne-Espérance, (*Géographia reformata*, p. 84.) Il porta delà au Sud pendant quelque temps, après quoi il rebroussa chemin; il en donna pour raison qu'il avoit rencontré une mer remplie d'herbes qui lui avoient fermé le passage. Mais cette raison parut une mauvaise défaite à Xercès qui le fit mettre en croix. Ce prince fut peut-être trop précipité dans ce jugement; car il est certain qu'il existe des parages quelquefois si chargés de fucus, qu'un vaisseau a peine à s'y faire jour. Telle est la *mer Sargasse* des Portugais qui est entre les îles du Cap-Verd, les Canaries et la côte d'Afrique. Sataspes pouvoit raisonnablement craindre de ne pouvoir s'en tirer s'il s'y engageoit.

Nous devons encore à Hérodote la mémoire d'une navigation entreprise par Scylax, vers l'an 422 avant l'ère vulgaire, par les ordres de Darius, fils d'Hystape. Scylax s'embarqua sur l'Indus, et le suivit jusqu'à son embouchure, d'où il se rendit en 30 mois dans le Golfe Arabique, ou la Mer Rouge. Ce Scylax ne doit pas être confondu avec une autre plus moderne dont on a un périple de la mer Erithrée, ou Mer Rouge.

Les conquêtes d'Alexandre eurent au moins l'avantage d'ajouter aux lumières géographiques de son temps; car elles firent connoître aux Grecs le fleuve *Indus*, ainsi que plusieurs parties du vaste pays qui en reçoit son nom. Il ne pénétra pas jusqu'au Gange, mais son expédition en prépara la connoissance; car bientôt après on alla jusqu'à Palibothra, ville située sur le fleuve au confluent d'une autre rivière venant de l'ouest. Les compagnons d'Alexandre descendirent l'*Indus* jusqu'à ses bouches dans la mer des Indes, où ils virent, pour la première fois, le phénomène du flux et du reflux de la mer, qui leur causa une grande terreur. Ce fut delà qu'Alexandre détacha, l'an 327, deux de ses capitaines, Néarque et Onésicrite, pour reconnoître les côtes de la mer de l'Inde. Néarque eut ordre de revenir par la Mer Rouge, ce qu'il effectua ; il nous est parvenu quelques fragmens de son périple ou navigation, sur lesquels a paru un grand ouvrage dont voici le titre : *Voyage de Néarque des Bouches de l'Indus jusqu'à l'Euphrate*, ou *Journal de l'expédition de la flotte d'Alexandre, rédigé sur le journal de Néarque conservé par Arrien, à l'aide des éclaircissemens puisés dans les écrits et relations des auteurs géographes ou voyageurs, tant anciens que modernes, et contenant l'Histoire de la première navigation que des Européens aient tentée dans la Mer des Indes*. Traduit de l'anglois de William Vincent, par Billecocq, an 8. (1800.) 656 pages *in* 4°. avec beaucoup de cartes. Onésicrite navigua à l'Est, et si l'on en croit la renommée, il donna les premières connoissances un peu assurées de la fameuse Taprobane, que généralement on croit être l'île de Ceylan. Mais il faut convenir que les mesures transmises par Onésicrite en disant qu'elle avoit 7000 stades d'étendue, ne conviennent pas à Ceylan, a moins qu'on ne l'explique de son contour. Si cela doit s'entendre de la longueur, cette mesure convient mieux à Sumatra. Les relations de Néarque et d'Onésicrite subsistoient au temps de Strabon, qui dit de ce dernier qu'il surpasse en exagération tous les autres historiens de l'expédition d'Alexandre. On ne peut en disconvenir d'après diverses citations de Strabon ; mais en même temps il faut reconnoître qu'il dit quantité de choses qui se rapprochent beaucoup de ce que nous savons aujourd'hui des Indiens, et des productions de leur pays, car il parle de la canne à sucre, du coton, du bambou, &c.

Les rois d'Egypte, successeurs d'Alexandre, s'intéressèrent aussi au progrès de la géographie. Le second de ces rois, Ptolemée Philadelphe envoyant dans l'Inde, vers l'an 280, deux ambassadeurs, Mégasthène et Daimachus, leur adjoignit son mathématicien Dionisius. Mégasthène étoit envoyé au roi de Palibothra sur les bords du Gange, et Daimachus à un autre roi. Il ne nous reste rien de Dionisius et de Daimachus. Mais Mégasthène avoit donné une relation de son voyage que Strabon cite fréquemment, et accuse souvent d'être un tissu de contes et d'exagérations. Ces citations sont tout ce qui nous en reste ; car la relation donnée sous le nom de Mégasthène est une imposture littéraire comme les ouvrages de Bérose, de Manethon, de Ctésius.

Sous le règne de Ptolemée Lathyrus, vers l'an 115, avant l'ère vulgaire, on vit se renouveller les idées de voyager autour de l'Afrique. Eudoxe de Cysique ayant encouru sa disgrace, sortit par le détroit de Gades, et fit le tour de l'Afrique revenant par la Mer Rouge. Remarquons cependant que Strabon dans le deuxième livre représente Eudoxe comme un aventurier qui abusa à plusieurs reprises des fonds remis pour cette entreprise. Il révoque même en doute les voyages attribués à Eudoxe par des raisons qui ne me paroissent pas concluantes. Enfin, sous le règne de Ptolémée, surnommé Alexandre, environ 90 ans avant l'ère vulgaire, Agatarchide, qui avoit été son gouverneur, fut chargé de naviguer dans la Mer Erythréene, (la Mer Rouge) dont il écrivit le *Périple*. Mais il ne subsiste plus que quelques extraits conservées par Photius dans sa *Bibliothèque*, ouvrage du neuvième siècle.

Le commerce fut toujours un des objets des découvertes. Ainsi l'on ne sera pas étonné de voir les Marseillois jouer un rôle parmi ces navigateurs anciens qui travaillèrent à étendre nos connoissances en géographie. Ce furent Pythéas et Euthymène, 320 ans avant l'ère vulgaire. Ce dernier entré dans l'Océan par le détroit de Gades tourna au Sud pour reconnoître la côte d'Afrique; c'est tout ce qu'on en sait. Quant à Pythéas il alla au Nord, reconnut les côtes de l'Espagne et de la Gaule, fit le tour de l'île d'Albion, et s'élévant encore six journées de navigation, au nord, il parvint à une île qu'on croit être l'Islande moderne, ou la Thulé des anciens. *Terrarum ultima Thule*. Peut-être néanmoins n'étoit-ce que les îles de Féroé. Nous avons parlé de Pytheas, t. I. p. 190. Strabon qui étoit prévenu contre Pytheas, le traite de menteur, et se fonde principalement sur ce que son réçit est accompagné de circonstances incroyables. En prenant cependant ces circonstances, non à la lettre, mais dans un sens figuré et poétique, elles représentent assez bien l'état de la mer et du ciel dans ces pays disgraciés de la nature. Pythéas fit plus; il entra à ce qu'il paroît le premier des Grecs dans la Mer Baltique.

Nous venons de tracer l'histoire des premières excursions par lesquels les hommes se sont à-peu près élevés à la connoissance de notre globe. Il nous faut maintenant faire connoitre les principaux géographes de l'antiquité jusques vers l'extinction des lettres dans l'empire romain; après quoi nous présenterons un tableau de l'idée qu'on y avoit alors de la terre habitée.

La géographie étant une connoissance subordonnée à la géométrie et à l'astronomie, elle fut l'objet des considérations de plusieurs astronomes et géomètres de l'antiquité. Nous avons déjà nommé Anaximandre de Milet auquel Strabon joint Hécatée son compatriote. On cite aussi Démocrite, Eudoxe de Cnyde et Parmenide auquel on attribue la division de la terre en zones. Ils furent suivis par Eratostène, vers l'an 240 avant l'ère vulgaire. Hipparque, vers l'an 162, Polybe, Géminus et Possidonius. Eratostène avoit écrit trois livres de géographie dont Strabon critique quelques endroits ; mais il en prend fréquemment la défense contre Hipparque qui semble le contredire avec quelque affectation. Polybe avoit aussi écrit sur la géographie, ainsi que Géminus et Possidonius, qui sont fréquemment cités par Strabon. Polybe, suivant Géminus raisonnoit très-bien sur la possibilité qu'il y avoit à ce que la Zône Torride fut habitée ; et même il faisoit voir, par une raison qui est fort plausible, que les pays sous l'équateur même étoient plus tempérés que ceux qui sont situés dans le voisinage des tropiques.

Nous ne devons pas omettre ici un géographe et géomètre qui vivoit vers le temps d'Alexandre. C'est Dicearque, le Messénien, disciple de Théophraste, qui avoit fait une description de la Grèce en vers ïambiques. Il en subsiste des fragmens ; mais ce qui le rend remarquable, c'est qu'il mesura géométriquement diverses montagnes, auxquelles on donnoit une hauteur démesurée. Il trouva par exemple le Mont Cyllène haut de quinze stades au plus, et le Satabyce d'environ quatorze. En prenant la stade de $94\frac{1}{2}$, toises, on trouve pour la première de ces hauteurs 1400 toises au plus ; ce qui est bien moindre que les 300, 400 ou 500 stades que les anciens donnoient à leurs hautes montagnes, car dans ce genre le peuple exagère toujours.

A côté de Dicearque nous ne pouvons mieux faire que de mettre un autre géomètre cité par Plutarque dans la *Vie de Paul Emile* ; il se nommoit Xénagore, et il avoit, comme le disciple d'Aristote, mesuré la hauteur des montagnes. Car il l'avoit aussi réduite à sa juste valeur, il ne donnoit au mont Olympe que 15 stades ; ce qui ne fait que 1417 toises.

Il y eut encore dans ces siècles qui précédèrent immédiatement l'ère vulgaire plusieurs autres géographes, comme Artémidore d'Ephèse qui écrivit une géographie ou périple en onze livres qui ne nous est pas parvenue ; Scymnus de Chio, auteur d'une *Périégèse* ou *Description de la terre envers ïambes*, qui ne nous est parvenue que tronquée ; Isidore de Charax qui donna une description de l'empire des Parthes, et Scylax de Caryade auteur d'un *Périple* de la Mer Méditerannée que nous avons.

Mais ce ne sont que des opuscules en comparaison de la Géographie de Strabon, en dix-sépt livres qui nous est parvenue entière. C'est un des plus précieux ouvrages de l'antiquité par l'esprit de discussion qui y règne, et le nombre de traits curieux que cet auteur a recueillis des divers géographes et voyageurs qui l'avoient précédé, et dont il ne reste que ce qu'il en a extrait. Strabon vivoit sous Auguste et Tibère, et il eut à-peu-près pour contemporain Pomponius Méla dont l'ouvrage de *Situ orbis* est un précis assez décharné, mais cependant précieux, de ce que l'on connoissoit de son temps sur l'état de la terre habitable. Julius Solinus qui les suivit de près, traita aussi de la géographie dans son *Polyhistor*, compilation assez précieuse par les traits curieux qu'il y a rassemblés. Enfin, Marin de Tyr fut à ce qu'il paroit un géographe distingué, et précéda de peu Ptolemée qui emploie une grande partie de son premier livre à discuter les moyens dont il fait usage pour déterminer la position respective des lieux.

C'est à Ptolemée qu'on doit l'ouvrage le plus mathématique que l'antiquité ait produit sur cette science : une géographie en huit livres, qui est un des principaux monumens des travaux de cet auteur. C'est-là qu'on vit pour la première fois les principes mathématiques de la construction des cartes tant générales que particulières, celle des projections diverses de la sphère, enfin, les lieux de la terre distribués selon leurs longitudes et leurs latitudes. Cet ouvrage ne put être que le résultat combiné d'une foule de relations de voyageurs d'historiens et d'astronomes, mais tout cet échaffaudage a été supprimé par l'auteur. On ne peut au reste disconvenir que, malgré toutes ces combinaisons, le tableau de la terre tracé par Ptolemée ne soit très-défectueux ; mais c'étoit une suite de moyens qu'il étoit obligé d'employer, comme les distances itinéraires données par les voyageurs, la durée des plus longs et des plus courts jours, et quelques éclipses observées de loin en loin et par hazard dans divers lieux. Cet ouvrage de Ptolemée a eu de nombreuses éditions. On doit remarquer que les premières cartes qu'on trouva jointes aux manuscrits de cet auteur sont d'Agathodœmon d'Alexandrie qu'on croit avoir vécu dans le troisième ou le quatrième siècle. La longitude de Londres, suivant Ptolemée étoit de 20°, nous la trouvons de 17° 40′, erreur de 2° 20′ ; Lutèce ou Paris 23° 30′ au lieu de 20° 0′. Longitude de Londres à l'égard d'Alexandrie, 40° 0′ au lieu de 30° 16′ ; erreur de Ptolemée 9° 44′ ; mais en diminuant les distances qu'il avoit réduites outre mesure, l'erreur de Ptolemée ne seroit pas de 2°. *Voyage de Néarque*, p. 601. Il y eut ensuite Arrien de Nicomédie, auteur de deux Périples fort curieux, celui du Pont-Euxin et celui de la mer Rouge, auxquels il ajouta des fragmens de navigation de Néarque et d'Onésicrite. Dodwel les juge controuvés, mais il est cependant certain qu'ils existoient au temps de Strabon qui les cite dans son quinzième livre.

Nous terminerons cette énumération des géographes anciens par Dionysius Afer, auteur d'une *Description de la terre*, ou *Périégese en vers* qui lui a valu le nom de Denis le Périégète.

Il a été traduit en vers latins par Priscianus, et ensuite par Avienus, en 1083 vers hexamètres. On a de plus d'Aviénus une description des côtes maritimes en vers Iambes dont il ne reste qu'environ 700. On peut encore citer Marcianus d'Héraclée qui écrivit après Ptolemée ; Agathemère qui fut auteur de deux livres de géographie. Dodwell conjecture qu'il vivoit entre l'an 200 et 230 de l'ère vulgaire. OEticus, auteur du *Quatrième Siècle* dont on a une cosmographie, Etienne de Bizance, auteur d'une *Nomenclature des Villes*, qui l'a fait appeler *Stéphanus de urbibus ;* les *Itinéraires d'Antonin, et les Cartes de Peutinger* qui sont un ouvrage précieux pour la géographie.

On trouve l'histoire de ce monument dans le dix-huitième tome de l'*Académie des Inscriptions*, p. 249. et dans l'*Histoire de l'Académie des Sciences*, pour 1761, p. 141. La carte de Peutinger, telle quelle est en original dans la bibliothèque impériale, suivant les mesures qu'a prises Buache, sur un exemplaire de la magnifique édition qu'en a donné Scheele en 1753, a exactement un pied de France en hauteur, sur 20 pieds 8 pouces de long : elle comprend toute l'étendue de l'Empire Romain, depuis Constantinople jusqu'à l'océan, et depuis les côtes d'Afrique, jusqu'aux parties septentrionales de la Gaule; mais le tableau qu'elle offre de cette vaste étendue de pays, n'est guère propre à en faire reconnoître la figure, puisque tandis que les 35° de longitude qu'elle contient occupent 20 pieds 8 pouces, 13° de latitude n'y tiennent que l'espace d'un pied : aussi les pays qu'elle représente y sont-ils si défigurés, que la Méditerranée n'y paroît que comme une grosse rivière, et que toutes les terres y sont racourcies, du Nord au Sud au point de n'être pas reconnoissables.

La plupart de ceux qui ont vu cette ancienne carte, l'ont regardée comme l'ouvrage brut et grossier d'un homme peu versé dans la géographie, et plus ignorant encore en mathématiques. Mais Edmond Brutz, a compris que le racourci de cette carte étoit du genre de celui qu'on voit dans quelques morceaux de perspective, qu'il faut regarder d'un point déterminé et assez proche du plan sur lequel ils sont tracés, pour y appercevoir les objets dans leur proportion naturelle.

Buache soupçonnoit depuis longtemps que cette carte étoit construite avec plus d'art et plus de science qu'il n'en paroissoit au premier coup d'œil et que les irrégularités apparentes qu'on y observe y avoient été introduites à dessein et pour tirer de plus grands avantages de ce qui en fait l'objet principal. En effet, comme les routes romaines s'étendoient presque toutes de l'est à l'ouest, on avoit plus besoin des mesures dans ce sens que dans la hauteur, et la carte devoit acquérir par ce moyen la commodité de se rouler facilement et d'être très-portative.

Jusques-là Buache, n'avoit que des conjectures; un travail entrepris dans une vue toute différente, lui mit sous les yeux le véritable artifice de la carte de Peutinger.

Il venoit de tracer une échelle des climats et de la longueur des jours et des nuits, pour être jointe à de petites cartes des différens pays de l'Europe. Comme l'espace qu'il avoit étoit assez étendu en hauteur, mais d'une très-petite largeur, il eut l'idée de tracer une espèce de carte sur deux échelles, l'une assez étendue pour les latitudes, et l'autre beaucoup plus racourcie pour les longitudes, observant les sinuosités des côtes et des frontières de chaque état.

Cette disposition qui défiguroit étrangement les pays quelle représentoit, lui fit imaginer que cette carte pouvoit bien être l'inverse de celle de Peutinger. C'en fut assez pour l'engager à construire une autre carte sur le même principe, mais dans laquelle l'échelle des longitudes étoit beaucoup plus grande que celle des latitudes. Il vit alors qu'il avoit bien deviné, et que cette carrte qu'il venoit de construire étoit très-ressemblante à celle de Peutinger.

Cette dernière n'est en effet qu'une carte plate construite sur deux échelles : celle des longitudes fort grande, et celle des latitudes beaucoup plus petite, à-peu-près comme les coupes forcées de terreins inégaux, dans lesquelles on emploie deux échelles inégales, l'une pour les longueurs, et l'autre pour les hauteurs.

Une seule difficulté arrêtoit Buache : en supposant qu'on eût observé dans cette carte l'usage établi aujourd'hui chez les géographes de représenter les méridiens par des lignes perpendiculaires au bas de la carte, et les parallèles à l'équateur, par des lignes parallèles à ce même côté, il s'y trouvoit une erreur considérable. Le fond du golfe de Venise et Rome ne se trouvoient plus comme il devroient l'être, sous un même méridien; mais il vit bientôt la solution de cette difficulté.

La manière de placer les méridiens parallèles aux côtés de la carte, est de pure convention, et probablement n'avoit point été observée dans cette carte : les anciens géographes romains ayant considéré que l'Italie étoit naturellement partagée par l'Apennin, suivant sa longueur en deux parties presqu'égales, ont d'abord rendu la longueur de l'Italie, depuis Trente jusqu'au bout de cette péninsule, parallèle au bord inférieur de la carte, et ont arrangé ensuite les autres parties qu'elle contient conformément à cette disposition; et comme la longueur de l'Italie n'est pas dans un parallèle à l'équateur, il est arrivé néces-

cessairement

sairement que les méridiens et les parallèles, si on les y avoit tracés, n'auroient été parallèles, ni aux côtés ni au bord inférieur de la carte, et que la ligne verticale, passant par Rome, devoit rencontrer le golfe de Venise vers sa moitié. Mais aussi cette ligne n'est-elle pas un méridien, et il ne manque en ce point à la carte de Peutinger qu'un méridien. Ainsi cette carte n'est pas un ouvrage aussi grossier qu'on se l'étoit imaginé, elle est faite dans toutes les règles ; il semble même que l'auteur y ait employé d'assez bons matériaux, les positions y étant placées d'une façon qui s'éloigne peu des observations modernes.

Les petits ouvrages des auteurs que nous avons cités ayant été publiés pour la plupart en divers temps, et étant fort difficiles à rassembler, le savant Hudson, les rassembla dans une collection publiée en 1698, 1702, 1712, sous le titre de *Geographiae veteris scriptores graeci minores*, (4 vol. *in*-8°.) avec la traduction latine, des notes et des dissertations sur chacun par Dodwel. On y trouve Hannon, Scylax, Néarque, Agatarchide, Arrien, Marcien d'Héraclée, Dicæarque, Isidore de Charax, Scymnus, Agathemère, Denis le périégète, Arthémidore, Denis de Bisance, Avienus, Priscianus ; des fragmens de Strabon, de Plutarque, de Ptolemée, d'Abulfeda, d'Ulug-Beg ; c'est un recueil précienx, et que sa rareté a fait réimprimer il y a quelques années à Leipzig.

Traçons maintenant un tableau succinct de la terre habitable telle que l'on se la figuroit vers l'ère vulgaire et quelques siècles après. On savoit d'abord que la terre étoit un globe : il n'y avoit plus sur cela de contestation. On l'avoit même mesurée jusqu'à un certain point d'exactitude, comme l'apprend l'histoire de l'astronomie. Quant à la connoissance détaillée des pays habités, on avoit celle de l'Europe, ou du moins de tout ce qui avoit été soumis à l'Empire romain jusqu'aux bords du Danube et du Rhin ; la Germanie, la Sarmatie étoient encore assez semblables pour les mœurs à l'intérieur de l'Amérique septentrionale, mais étoient plus peuplées, parce que la culture de la terre commençoit à y être pratiquée, non à la vérité par des mains libres, mais par celles des esclaves. Cela a continué parmi les Polonois et les Russes, encore vrais Sarmates à cet égard. On avoit cependant pénétré à plusieurs reprises dans la Germanie dès le temps d'Auguste, témoin la défaite de Varus arrivée l'an 9 de l'ère vulgaire. On avoit quelque connoisance de la mer Baltique; Auguste avoit envoyé une flotte qui avoit pénétré et reconnu jusqu'à la Peninsule qu'on nommoit alors la Chersonèse Cimbrique aujourd'hui le Jutland. La mer Baltique étoit renommée par son ambre gris. L'Angleterre étoit connue par les incursions de Jules-César, de Claude, &c.,

mais le nord de cette île et l'Irlande (Hybérie) étoient des pays de sauvages. Enfin, le terme des terres connues au Nord étoit la Thulé de Pythéas ou l'Islande, s'il est pourtant bien certain que la Thulé soit cette île; mais c'est l'opinion vulgaire.

A l'égard de l'Asie, on la connoissoit à l'Est jusqu'au Gange. L'immense étendue de terre comprise entre l'Indus et le Gange faisoit ce qu'on appeloit l'Inde en deçà du Gange. Plus loin et au nord de la Chine vers les montagnes où ces fleuves prennent naissance, on plaçoit une multitude de peuples, de plusieurs desquels on faisoit des contes absurdes. Plus au-delà encore en tirant à l'est on plaçoit les Seres et sur la côte d'un golfe qui est celui de la Cochinchine, que Ptolemée nomme *sinus magnus*, étoient les Sines, ainsi nommé par ce dernier géographe; mais inconnus à Strabon, Pomponius Mela et Solin, Les Seres étoient probablement les Chinois septentrionaux, et les Sines les Chinois méridionaux qui, anciennement occupoient la Cochinchine, le Tunquin, &c. Pays qui, par la suite ont fait des dominations à part. On alloit par terre commercer avec les Seres, et l'on en voit le chemin dans une des cartes de Ptolemée. Au-delà des Seres étoit suivant Strabon, et Pomponius Mela, la mer Orientale. Mais Ptolemée manquant de mémoires assez certains laissa la chose indécise et y mit des terres inconnues. Au reste, on portoit cette extrémité de l'Asie beaucoup plus à l'est qu'elle n'est réellement; car les Seres et les Sines étoient par le 180eme. degré de longitude, tandis que le méridien de Pékin ou du milieu environ de la Chine actuelle, n'est qu'à 134° en comptant la longitude de la plus occidentale des Canaries, comme faisoit Ptolemée. Au nord de l'Inde, on plaçoit indéfiniment les Scytes, les Hyperboréens, &c. (aujourd'hui les Tartares, les Samoyèdes,) qui étoient réputés former de ce côté une barrière insurmontable, et ayant derrière eux l'océan glacial qu'on croyoit communiquer avec la mer Caspienne, quoiqu'il y ait 450 lieues de distance.

La barrière de l'Asie au midi étoit l'océan indien. On reconnoissoit sa communication par un détroit mal figuré avec la mer Rouge; on avoit connoissance du golfe Persique qui est néanmoins aussi fort défiguré dans les cartes faites d'après Ptolemée; car il y est presque en forme de rombe, la côte qui qui s'étend delà jusqu'aux embouchures de l'Indus étoit aussi connue, mais delà jusqu'aux bouches du Gange, elle y étoit fort mal représentée, car on l'y continuoit presque en ligne droite; il est même probable que ce que Ptolemée appelle la Taprobane n'est autre chose que la presqu'île de l'Inde fort défigurée; d'ailleurs nulle trace de l'île de Ceylan qui est un peu à l'est de sa pointe.

La situation de cette Taprobane si célèbre parmi les anciens est un grand problême. On tient communément que c'est notre île de Ceylan, mais les mesures des anciens rendent cette hypothèse douteuse; il y en a qui ont cru que c'étoit plutôt Sumatra. Quoi qu'il en soit on avoit aussi une connoissance obscure de la presqu'île de Malaca, qu'on appeloit la Chersonèse d'Or; on l'avoit tournée, et l'on avoit reconnu le golfe que fait ensuite la mer et qui est celui de la Cochinchine. Mais comment alors avoit-on pu ne pas reconnoître Java, Borneo et cette foule d'îles qui font en ce lieu le plus grand Archipel de l'univers. Il est également singulier que les Maldives aient échappé à la connoissance de ces navigateurs. Cela paroît prouver qu'ils ne tenoient guère la Haute-Mer et même qu'ils s'éloignoient fort peu des côtes. Il est vrai que Ptolemée dit que son île de Taprobane étoit environnée de plusieurs centaines d'îles de quelques-unes desquelles il donne les noms; mais tout cela est d'une obscurité impénétrable.

Quant à l'Afrique elle n'étoit connue que le long des côtes et à une médiocre profondeur, si ce n'est l'Egypte. Celle-ci l'étoit jusqu'aux cataractes du Nil et un peu plus haut, savoir jusqu'à l'île de Méroé vers le 20e degré de latitude nord. La connoissance des côtes de l'Afrique le long de la mer Rouge se bornoit à-peu-près à celle des bords, excepté dans la partie dépendante de l'Egypte, l'intérieur n'étant habité que par des nations féroces et intraitables. On connoissoit bien moins encore celles qui sont au-delà du détroit, et apparemment Ptolemée ne croyoit pas aux voyages faits autour de cette partie du monde; car il la laisse sans être terminée du côté du Midi; mais Strabon et Pomponius Méla en font décidemment une presqu'île, ne tenant au reste du continent que par l'Isthme que nous nommons aujourd'hui de Suez. Ils n'avoient au surplus aucune connoissance de la belle et grande île de Madagascar que Ptolemée paroit cependant avoir connue, quoique imparfaitement, sous le nom de l'île Ménuthias. La côte d'Afrique sur la mer Méditerranée étoit alors couverte de villes dépendantes de l'Empire romain cultivées et florissantes, tandis qu'elle ne présente aujourd'hui qu'un repaire de pirates que la jalousie des grandes nations commerçantes soutient, à la honte et au préjudice des états policés. Car quel beau pays s'il étoit habité par des nations industrieuses, puisqu'il est à-la-fois susceptible des cultures propres aux pays tempérés, comme le blé, et au cultures particulières aux climats les plus chauds. Je ne doute point que la canne à sucre, l'indigo, le café, le cotonnier ne vinssent très-bien en Afrique, et les chaleurs y étant moindres que dans nos îles du golfe du Mexique, des hommes blancs pourroient travailler à la culture. Au sortir du détroit de Gades on connoissoit la côte jusqu'à un cap appelé Hespérion-Kéras qui paroît être le cap Vert, ou le cap le plus avancé vers l'ouest, quoique dans les cartes de Ptolemée il soit retiré en arrière. Les îles fortunées, ou Hespérides, aujourd'hui les Canaries, plus connues de renommée que d'effet, étoient finalement les bornes de la géographie à l'ouest, comme les Seres et les Sines à l'orient. Il paroit cependant que les îles du cap Vert n'étoient pas entièrement inconnues. C'étoient probablement les Gorgades appelées Gorgones par d'autres, qui étoient supposées à deux journées de navigation au couchant des *Hespérion-Kéras*.

Nous venons de tracer le tableau des connoissances géographiques jusques vers les premiers siècles de notre ère; les ténèbres de l'ignorance qui ne tardèrent pas à couvrir tout l'occident ne permirent pas à cette science de prendre des accroissemens pendant long temps. S'il y eut quelques voyageurs qui parcoururent des pays encore peu connus, c'étoient des gens si ignorans, que leurs voyages donnèrent peu de nouvelles lumières. Il y eut par exemple un nommé Cosmas, qui voyagea dans l'Inde, ce qui lui valut le surnom d'*Indopleuste*, et qui donna la relation de son voyage sous le nom de *Géographie sacrée*. Il étoit si ignorant qu'il crut avoir découvert que la terre étoit plate et que ce qui causoit la diversité des saisons, et l'inégalité des jours et des nuits étoit une haute montagne, sise au nord, derrière laquelle le soleil se cachoit plus ou moins.

Les voyages des Arabes dans l'Inde procurèrent des lumières ultérieures sur cette vaste partie du monde; dominateurs de la mer Rouge, et propagateurs fanatiques de leur religion ils pénétrèrent jusqu'aux extrémités de l'Inde. On les voit dans le neuvième siècle aller à la Chine, et Renaudot a publié deux de leurs relations où l'on reconnoit assez bien les lieux visités par leurs auteurs. Leur *Serendib*, si célèbre dans leurs contes n'est autre chose que Ceylan; car *dib* ou *dit* en langue malaye signifie île, ensorte que *Serendib*, signifie l'île de Seren ou Selan. Ces relations au reste ne donnent pas des Chinois une idée aussi avantageuse que le fait leur histoire. Si l'on en croit ces voyageurs arabes, ce peuple étoit encore à cette datte passablement barbare.

En Europe le goût des voyages commença avec la renaissance des lettres dans le quinzième siècle. On retrouva d'abord les îles Canaries sous le règne d'Henri III, roi d'Espagne, en 1395.

1415. Le prince Henri III, fils de Jean, roi de Portugal, envoya le long de l'Afrique.

1417. Les îles Canaries furent conquises par Bethancourt, neveu de l'amiral de France.

1420. L'île de Madère fut reconnue par Jean Gonsalve et Tristan Vaz, Portugais.

1446. Le cap Vert, par Denis Fernandez.

1487. Le cap de Bonne-Espérance, par Barthelemi Diaz.

C'est ainsi que l'on préludoit à la découverte de l'Amérique.

Ce grand événement qui donna un nouvel essor à l'espèce humaine, est l'article le plus important pour l'histoire de la géographie.

Il se présente d'abord ici plusieurs questions curieuses à discuter; la première est celle de l'existence de l'Atlantide. A-t-elle existé ou bien est-ce l'Amérique? Enfin y a-t-il quelque probabilité que l'Amérique ait été connue des anciens.

L'Atlantide a trouvé parmi de très-habile gens des partisans qui ont fait tous leurs efforts pour lui donner une réalité. Mais je crois pouvoir dire qu'ils ne l'ont fait qu'en passant sous silence des traits de la narration de Platon, qui prouvoient évidemment la supposition.

En effet, suivant cette narration de Platon dans son Timée, narration qu'il attribuoit aux Egyptiens, l'Atlantide étoit un vaste continent au-devant des colonnes d'Hercule, et habité par un peuple nombreux. Dans les temps les plus anciens, ce peuple fit une irruption sur notre continent, il se répandit comme un torrent sur les côtes; enfin il fut repoussé par les Athéniens, qui remportèrent sur eux une grande victoire. Dans la suite ces Atlantes (c'est le nom de ce peuple) d'abord amis des dieux, s'attirèrent leur vengeance par leur corruption. L'Atlantide fut submergée, et la mer qui a pris sa place est innavigable, par le limon épais dont elle est infectée.

Tels sont les traits essentiels de cette narration célèbre, qui semble une fable inventée par la vanité grecque et mise dans une bouche égyptienne. Car ces temps très-anciens chez Solon, que pouvoient ils être que quelques milliers d'années avant lui. Mais qu'étoient alors et Athènes et les Athéniens, puisque le premier homme qui civilisa les habitans de l'Attique fut Cécrops, venu d'Egypte, qui vivoit seulement 1650 ans environ avant l'ère vulgaire. Athènes et les Athéniens n'existoient donc pas au temps auquel on leur attribue cette grande victoire sur les Atlantes. L'Attique, et même toute la Grèce, si elle étoit habitée, ne l'étoit encore que par des peuples sauvages, puisque Inachus y amena le premier une colonie, 1856 ans avant l'ère vulgaire, et fonda la ville d'Argos, dans le Péloponèse. Ainsi l'on ne peut douter que cette histoire de l'Atlantide ne soit une fable; elle est d'ailleurs contraire au progrès connus de la civilisation sur la surface de la terre. Le foyer de cette civilisation a été incontestablement l'Egypte, l'Ethiopie, et la partie de l'Asie voisine de l'Euphrate et du Tigre ; c'est-là que nous reconnoissons les plus anciennes peuplades policées de l'Univers, et que nous les voyons de-là s'étendre à l'est et à l'ouest. Voilà cependant un continent séparé du notre, où le genre-humain est déjà parvenu, suivant notre histoire, à un degré de civilisation fort supérieure, pendant que toute l'Europe est encore sauvage ; il faudroit des monumens plus certains qu'une histoire incidemment racontée par un philosophe doué de beaucoup d'imagination, une histoire qui heurte de front les faits historiques les plus anciennement admis, comme la fondation des premiers royaumes de la Grèce. Ajoutons qu'il y a dans cette narration de l'Atlantide d'autres faits, dont l'examen attentif prouve qu'ils sont de création grecque ; cela auroit dû dessiller les yeux à ceux qui ont cherché à élever le récit de Platon au rang des vérités historiques.

Supposons néanmoins que ce récit de Platon ou des prêtres Egyptiens, en le dépouillant de ses circonstances évidemment fabuleuses, ne soit pas entiérement destitué de réalité, c'est-à-dire, qu'il ait autrefois existé au-devant des colonnes d'Hercule une vaste terre ; on peut se demander si cette terre n'est pas l'Amérique, dont les anciens auroient eu quelque connoissance obscure, ou bien quelque grande et vaste île, qui étoit au-devant des colonnes d'Hercule, quoique à une distance bien moindre que celle de l'Amérique. On a supposé que cette vaste île occupoit l'espace des Açores et peut-être des Canaries ; et que dans une grande convulsion du globe les terreins bas auront été engloutis, et il n'en sera resté que les plus hautes et les plus solides.

M. Baert, dans son *Essai sur l'Atlantide*, la trouve dans la Judée. Chaupy pensoit que c'étoit la France, l'Espagne, l'Allemagne et l'Italie. *Voyage Pittoresque d'Italie*, *Journal de Paris*, 21 mars 1780.

Bailly avoit cherché à prouver l'existence d'un peuple antediluvien, au nord de l'Asie ; il entreprit de prouver dans ses lettres sur l'Atlantide, en 1779, que ce peuple étoit celui des Atlantes, sortis de l'Atlantide, et il les place dans la mer Glaciale. Ce sera, dit-il, peut-être au Spitzberg ; les Atlantes ont vu dans cet île le règne d'Uranus, d'Hesper et d'Atlas. Le royaume de Saturne, situé à l'occident, sera le Groenland, qui peut-être tient au Spitzberg. Ces peuples surchargés de leur population, manquant de subsistance, auront senti la nécessité de s'étendre du côté de l'Oby.

Hercule en débarquant a dû y poser des colonnes, c'est-à-dire, les limites les plus reculées de ces contrées, où jamais mortel eût pénétré ; leurs descendans remontant l'Oby et le

Jenisea, furent chassés vers le midi par de nouvelles émigrations. Ils se réfugièrent vers la mer Caspienne et le Caucase, peuplèrent l'Asie, cultivèrent les sciences, et furent ensuite détruits par une irruption d'Atlantes, qui firent périr, dit-on, tous les guerriers dans l'espace d'un jour et d'une nuit. Quelques individus échappèrent à la destruction. Voyez le *Journal des Savans de* 1780, page 12. Ce furent les Brames réfugiés et cachés dans les montagnes du Thibet ; c'est Fohi qui éclaira la Chine. Voilà l'abrégé du système de Bailly.

Il y a un siècle qu'il parut un grand et savant ouvrage en quatre volumes *in-folio*, intitulé : *Olaï Rudbeckii Atlantica*, Upsal, 1674, 1698, en allemand et en françois, dans lequel Rudbeck établit aussi l'Atlantide de Platon dans le nord ; il employa la plus vaste érudition pour prouver que c'étoit la Suède. Bailly convient qu'il s'est beaucoup servi de cet auteur ; mais comme il lui faut une île pour l'Atlantide, il avance jusqu'au 79°. Voyez *le Journal des Savans*, page 15, où le cit. de la Lande fait voir qu'on explique toutes les fictions anciennes par des levers et des couchers d'étoiles beaucoup mieux que par l'érudition de Rudbeck et de Bailly.

On voit donc qu'il n'est possible que de former sur cela des conjectures, et je serois porté à croire que Platon a fait une peinture idéale d'un peuple qu'il vouloit donner aux Grecs pour exemple, sous un nom et avec une situation absolument arbitraires. Plutarque dit en effet que c'est une fable, et Bartelemi, dans ses *Réflexions impartiales*, 1780, y trouve une allégorie des malheurs d'Athènes, *Journal des Savans*, Janvier 1781.

Il nous reste maintenant à examiner la troisième question ; savoir, si l'Amérique a été connue des anciens. On a été longtemps persuadé que c'est une découverte absolument nouvelle, et de 1492 ; mais depuis quelque temps divers savans ont allégué des autorités, au moyen desquelles ils ont entrepris deprouver que la connoissance de ce vaste continent n'est point nouvelle, qu'on y avoit été avant Christophe Colomb, et que ce navigateur célèbre n'avoit fait que renouveller cette connoissance dans un temps plus favorable. Nous allons examiner ces diverses autorités.

Nous ne nous arrêterons pas à la conjecture ou prédiction de Sénèque, dans ses *Questions naturelles* : un homme de génie a pu soupçonner que dans cette immense espace qu'il y avoit entre la côte occidentale de l'Europe, et la côte orientale de l'Asie, il pouvoit et devoit se trouver quelque terre.

Mais voici quelque chose de plus séduisant. On dit que des navigateurs Carthaginois ayant pénétré dans l'océan, furent jettés sur une terre inconnue ; qu'à leur retour ils en firent à leurs compatriotes une description si flatteuse, que si le sénat de Carthage n'y eût mis ordre, la plupart des Carthaginois eussent abandonné leur patrie pour aller habiter ce pays nouveau. Il est vrai que les mesures qu'il prit, furent bien dignes de la férocité punique, car, comme les morts ne parlent point, il fit mourir tous ces navigateurs infortunés pour être plus sûr du secret. Mais cela prouve-t-il que ce pays fut l'Amérique? Non, sans doute. Les Phéniciens et les Carthaginois naviguoient le long de la côte d'Afrique, sur l'Océan. Il étoit bien difficile que des accidens de mer n'en jettâssent quelques uns sur les Açores ou plutôt sur les Canaries, dont la température et la fertilité répondent parfaitement à la description brillante qu'ils en faisoient à des habitans d'un climat aride comme la côte de Carthage. D'ailleurs les vaisseaux Carthaginois équipés comme des vaisseaux qui perdent à peine la terre de vue, n'étoient point en état de faire un trajet de 14 ou 1500 lieues, sans que tout le monde fût exposé à mourir de faim. Je n'ignore pas qu'on a envoyé de l'Amérique septentrionale à Court de Gebelin (1), une inscription en caractères ou plutôt hiéroglyphes inconnus, où ce savant a habilement trouvé l'Histoire abrégée d'un voyage fait sur cette côte par des Phéniciens ou des Carthaginois. Mais, 1°. je suis fort porté à penser que c'est une plaisanterie de la part du savant Américain qui lui envoya cette inscription. 2°. On ne doit pas être dupe de ces explications; car avec de l'esprit et de l'érudition, il n'est rien qu'on n'explique d'une manière spécieuse. L'histoire des Hiéroglyphes donnée à deviner par la reine Christine à des savans de Rouen, en fournit une preuve.

Mais que dirons-nous de certains passages de Rabbins hébreux, et en particulier de R. Kim-hi, où il est parlé d'un bois qu'il nomme le brésil. On n'a pas manqué d'en conclure que le Brésil étoit connu au moins 400 ans avant Colomb; car c'est la date du temps où vivoit ce célèbre juif. Mais une observation fort simple détruit cette conséquence: le Brésil n'a jamais porté ce nom chez les naturels du pays; et de ce que l'on a remarqué dans les langues de ces divers peuples quelques mots qui tiennent à l'Hébreu, au Phénicien, &c. Doit-on en conclure que les Phéniciens ou les anciens Israélites voyageoient en Amérique? Mais les habitans de cette partie de l'univers doivent, dit-on, tirer leur origine de ceux de notre continent qui y ont passé, soit par l'Itshme de terre qui réunissoit peut-être jadis l'Asie à l'Amérique, soit en traversant le détroit peu large, que les navigations nouvelles y ont fait reconnoître, et auquel les

(1) *Monde primitif*, tome V.

navigateurs

navigateurs Espagnols du 16e siècle avoient donné le nom de *Détroit d'Anian*. Ces hommes portèrent avec eux leur langage, dérivé de celui de leurs anciens auteurs ; il n'est pas surprenant que quelques mots s'en soient conservés, quoique défigurés au point, qu'il faut de la sagacité pour démêler leur filiation ; ce sont-là des conjectures auxquelles il est inutile de nous arrêter.

M. Forster, dans son *Histoire des découvertes* faites dans le nord, raconte une découverte des Danois, qui paroît bien positive.

Leïf, nous dit-il, fils d'Erick Raude, équipe un vaisseau, prend avec lui Biorn, fils d'un Islandois, Herjof. Il part avec trente hommes pour aller à la découverte : ils arrivent dans un pays pierreux, stérile, qu'ils appellent Helleland : un autre, où ils découvrent des bois, est appellé Marckland. Deux jours après ils voyent un nouveau pays, et à sa partie septentrionale une île, où il y avoit un fleuve qu'ils remontent. Les buissons portoient des fruits d'une saveur douce. Enfin ils arrivent à un lac, d'où le fleuve sortoit. Dans les plus courts jours ils n'y virent le soleil que huit heures sur l'horizon. Ce pays devoit donc être à 49° de latitude septentrionale, au sud de Groënland, ou une autre côte de la rivière de Saint-Laurent. Leïf appella ce pays Winland, parce qu'il y trouva du raisin. Le printemps suivant il revint en Groënland. Thowald, frère de Leïf, y retourna avec le même monde, et y mourut des blesures qu'il reçut dans un combat contre les naturels du pays. Thorstins, troisième fils d'Erick Raude, passa la même année à Winland avec sa femme, ses domestiques, en tout vingt-cinq personnes. Il mourut. Sa veuve épousa Thorfin, illustre islandois, celui-ci y mena soixante-cinq hommes et cinq femmes, et y fonda une colonie. Il commença à trafiquer avec les Skallingers, habitans du lieu, ainsi appellés à cause de leur petite taille. Ce sont sans doute les Esquimaux, même peuple que celui de Groënland. Les descendans de ces Normands qui se fixèrent en Amérique, s'y sont maintenus long-temps, mais depuis le voyage de l'Evêque islandois Erick, en Winland, l'an 1121, on n'en a plus entendu parler.

M. Filson, dans son *Histoire de Kentuke*, dit d'après les *Annales Bretonnes*, qu'en l'an 1170, Madoc, fils d'Owen Gwynnedh, prince de Galles, mécontent de la situation des affaires de son pays, abandonna sa patrie, comme le rapportent les historiens Gallois, pour chercher de nouveaux établissemens. Laissant l'Irlande au nord, il avança à l'ouest jusqu'à ce qu'il rencontrât une contrée fertile, où, ayant laissé une colonie, il retourna chez lui, persuada à plusieurs personnes de le suivre, partit de nouveau avec dix navires, sans qu'on ait entendu parler de lui depuis cette époque. Ce recit a plusieurs fois exercé l'attention des savans. On a, dit-on, peut-être trop légèrement, avancé que c'étoit une pure fable, ou au moins qu'il n'existoit aucune trace de cette colonie. En dernier lieu néanmoins les habitans de l'ouest ont entendu parler d'une nation qui habite à une grande distance sur le Missouri, ces sauvages semblables aux autres Indiens, pour les mœurs et l'extérieur, parlent la langue Galloise, et conservent quelques cérémonies de la religion chrétienne : ce qui, à la fin, a été regardé comme un fait constant.

Le capitaine Abraham, chapelain de Kentuke, sur la véracité duquel on peut compter, a assuré à M. Filson, qu'étant avec sa compagnie à Kaskasky, il y vint quelques Indiens, qui, parlant la langue Galloise, furent parfaitement entendus de deux Gallois qui étoient dans sa compagnie, avec lesquels ils conversèrent beaucoup, et qu'ils leur parlèrent d'une manière parfaitement conforme à ce qu'en rapportent les habitans de l'ouest.

Le célèbre Cook a trouvé au nord de la Californie une partie de l'ancienne colonie Galloise, refoulée par les autres Sauvages, comme la masse de la peuplade, a été forcée de quitter son ancien local, lorsque les Espagnols s'emparèrent du Mexique, M. de Villebrune cite aussi un Monument publié à Londres en 1777, *in*-8°., par M. Owen le jeune, dans un recueil d'*Antiquités Bretonnes*, pag. 103. On y trouve la déposition du Chapelain qui, en 1669, évita la mort par l'usage de la langue Galloise parmi des Sauvages. Le docteur Plott, dans les *Transactions philosophiques*, parle du second voyage de Madoc ; il y en a même qui disent que Madoc fit trois voyages en Europe, et s'en retournoit, emportant des instrumens pour l'agriculture et les arts. (*Villebrune, sur les Mémoires de Ulloa*, p. 481).

Herbert remarque (Liv. III), que les Espagnols trouvèrent quelques vestiges de cette émigration de Madoc, lorsqu'ils arrivèrent en Amérique. Les Mexicains n'avoient pas encore oublié que vers l'époque à laquelle Madoc passa en Amérique, des étrangers y étoient arrivés sur des vaisseaux. C'est ce qu'attestent Colomb, François Lopez, et autres. Ces étrangers y avoient répandu quelque connoissance de Dieu, montré l'usage des chapelets, des reliques, du crucifix : Lopez de Gomara assure qu'on en trouva dans ces contrées quand on y arriva. Il faut aussi faire attention à ce que Cortez rapporte. Observant que les Indiens avoient nombre de cérémonies, il demanda à Motézuma, père de Quabutino, dernier roi du Mexique, d'où ils les tenoient. Motezuma répondit qu'il y avoit nombre d'années qu'une nation étrangère avoit débarqué dans la contrée : que l'honnêteté, la piété exemplaire de cette nation, l'avoit fait recevoir favorablement, mais qu'il ne pouvoit dire ni d'où elle venoit, ni comment elle s'appelloit. Dans une autre circonstance, Motezuma, remerciant les Espagnols de quelque faveur, leur dit que la principale raison pour laquelle il avoit affectionné leur nation, étoit qu'il avoit entendu son grand-père assurer, d'après une tradition constante (que peu de générations avant lui) ses ancêtres y étoient arrivés comme étrangers et par hazard, ayant avec eux un homme de qualité.

Que cet homme étant parti peu de temps après, revint, mais trouva morts la plupart de ceux qu'il avoit laissés : qu'au reste c'étoient d'eux qu'ils croyoient eux-mêmes descendre. Ce récit si conforme aux circonstauces de Madoc, prouve que c'étoit plutôt des Gallois qu'ils descendoient, que des Espagnols ou de tout autre peuple.

Ulloa, dans ses *Mémoires concernant la découverte de l'Amérique*, pense que le Continent peut avoir été peuplé par des navigateurs, que le vent y porta des îles qui sont à l'ouest de l'Afrique. Les raisons qu'il produit me paroissent fondées : ces îles étoient peuplées de très-ancienne date, puisque Ptolemée nomme même l'île de Canarie. Or, plusieurs navigateurs ou habitans de ces îles, ont pu être jettés sur les côtes du Nouveau-Monde, comme il étoit arrivé à un navigateur, dont on a dit que Colomb avoit logé chez lui à Madère, et en avoit eu des instructions et des mémoires, d'après lesquels il entreprit son premier voyage. Les débris d'un vaisseau que Colomb apperçut sur les côtes, où il aborda, prouvent encore que d'autres y avoient été jettés avant le navigateur qui l'avoit précédé. Ulloa, tome II, page 122.

On cite aussi une carte marine faisant partie d'un manuscrit italien conservé dans la bibliothèque de Saint-Marc à Venise. Cette carte fort bien dessinée est en dix feuilles, sur la première desquelles on lit : *Andreas Biancho de Venetiis me fecit*, 1436. Sur une des feuilles on voit les Antilles tracées de la même main, et indiquées par ces mots : *isola Antillia*. Mais comment persuader qu'en 1436, et même auparavant, il se soit fait aux îles Antilles des navigations assez suivies pour en lever la carte sans que l'Europe en ait rien sçu. 1°. Le nom d'Antilles donné aux îles qui se présentent les premières à l'entrée du golfe du Mexique est un nom assez moderne. 2°. Pourquoi *isola Antillia*, comme s'il n'y en avoit qu'une, et non pas *isole Antillie*. 3°. Cet André Biancho est un personnage absolument inconnu; n'y auroit-il pas dans l'inscription l'omission d'un C, et alors la datte seroit de 1536. Enfin, ne seroit-il pas possible, en supposant que la datte écrite de 1436 soit réelle, que la partie des Antilles y ait été postérieurement ajoutée comme pour compléter la carte par les nouvelles découvertes géographiques.

Il nous reste à examiner les prétentions singulières que quelques auteurs allemands ont élevé en faveur de Martin Beheim de Nuremberg, relativement à cette brillante découverte. Suivant Wagenseil, Martin Beheim ayant passé au service du roi de Portugal en obtint le commandement d'un vaisseau avec lequel il découvrit les îles Acores, et ensuite en 1486 le continent de l'Amérique et même le détroit de Magellan. Vagenseil et ceux qui ont adopté cette opinion s'autorisent d'un globe fait par Martin Beheim et qui existoit encore à Nuremberg, ou Doppelmayer, la fait graver en deux hémisphères, dans son livre de *Math. Norimbergensibus*. Quand on a vu ce planisphère de Beheim, on est bien étonné qu'on ait cru y voir l'Amérique. En effet, dans l'un des deux hémisphères l'ancien continent y est comme dans nos planisphères ordinaires, mais l'Asie n'y est pas toute contenue, elle est prolongée à l'orient de manière à venir occuper presque la place de l'Amérique. Ceylan y est presque à la place du Chili, et le Japon sous le nom de *Ci-Pangu*, presque à la place où sont Saint-Domingue ou Cuba. Les Açores beaucoup plus à l'ouest qu'elles ne sont réellement, sont fort rapprochées de ces îles imaginaires, voisines du Catay. Nulle trace de continent et de terres entre les Açores et l'Asie; on voit au sud un archipel d'îles absolument placées au hasard, et qui apparemment répondoit dans l'idée de Martin Beheim, à cet archipel, formé par les Philippines, les Moluques, &c. dont on avoit reçu en Europe une connoissance obscure par ceux qui avoient été dans l'Inde. Et voilà ce que Wagenseil et d'autres ont donné pour une preuve des navigations de Beheim en Amérique. Il faut convenir que ce sont-là de foibles raisonnemens. Tout ce que cette carte auroit pu faire c'est de préluder à la découverte de l'Amérique en donnant l'idée quoique fausse, que l'extrémité orientale du continent de l'Asie n'étoit pas fort éloignée de l'Europe, et conséquemment qu'on pouvoit l'atteindre après une navigation d'une médiocre longueur. C'étoit en effet ce que Colomb disoit être son pis aller s'il ne rencontroit pas de nouvelles terres à l'ouest.

Nous n'entrerons pas dans la discussion de quelques questions incidentes à la découverte de l'Amérique, comme l'origine des Péruviens que quelques auteurs prétendent venir des Chinois, ou celle des Mexicains chez lesquels d'autres trouvent des traces d'une filiation égyptienne. Je ne vois dans les langues de ces peuples rien qui ressemble au Chinois, à l'ancien égyptien. Passe encore pour les Chinois, ou les Tartares septentrionaux, mais comment les Egyptiens auroient-ils été fonder des peuplades au

Mexique, ou même sur la côte orientale de l'Amérique au-dessus de la Californie; à moins qu'on n'adopte l'opinion de savant de Guignes qui faisoit des Chinois une colonie égyptienne. Que devons nous croire enfin des voyages que, suivant le même savant, les Chinois faisoient de leur pays en Amérique. Si par l'Amérique on entend les côtes du Mexique et du Pérou; j'ai bien peine à le croire. Mais s'il s'agit de la partie septentrionale de l'Amérique, je n'y vois rien d'impossible, et c'est probablement là qu'étoit ce *Ta-han* où ils naviguoient: car ces mots signifient la grande terre. Si enfin on veut que les Mexicains et les Péruviens viennent des Chinois, ou des Chino-Egyptiens, ce seront peut-être des peuplades laissées par eux sur cette côte qui se seront peu à peu portées au midi pour y jouir d'une plus douce température. Mais en voilà assez sur cet objet étranger à notre histoire.

Ce fut, comme tout le monde sait, en 1492, que Christophe Colomb découvrit l'Amérique, il étoit de Gênes, ou au moins de son territoire où il naquit vers l'an 1440. Le cit. de la Lande qui a fait dans son voyage d'Italie des recherches sur cet homme célèbre s'exprime ainsi: on croit en général qu'il étoit du petit village de *Cuculetto* qui est à cinq lieues de Gênes, sur la rivière du Ponant, dans lequel il y a encore des pêcheurs, qui disent être de ses parens. D'autres croyent qu'il étoit de Cogireo. Son père étoit marchand à Savone. On trouve dans les archives des notaires que Dominique Colombo, Génois, fils de Jean Colombo, de Quinto près de Gênes, exerçoit à Savone le métier d'ouvrier en laine, *laniere*; qu'il y avoit une maison et une boutique vers 1450. Il est prouvé que c'étoit le père de Christophe; suivant un acte fait le 12 mars 1500, par le notaire Thomas de Moneglia, les enfans de Conrado de Cunéo, assignèrent le curateur à la succession vacante de Dominique Colombo, pour payer un terrein qui lui avoit été vendu par Conrado, plusieurs années auparavant, et assignèrent aussi les voisins des frères Christophe, Barthelemi et Jacques de Diégo tous fils de Dominique, et petits-fils de Jean, qui étoient tous fils de Dominique, et petits-fils de Jean, qui étoient absens étant allés du côté de l'Espagne.

Lorsque Colomb eut pris la résolution de tenter par mer la découverte d'un nouveau monde, il s'adressa d'abord à la république de Gênes, (vers l'an 1485); mais occupés alors à la guerre contre les Turcs et les Florentins, elle n'eut aucun égard à ses propositions, il fut obligé de s'adresser ensuite au roi de Portugal. Son père lui avoit fait faire d'assez bonnes études, le destinant à la navigation, et l'avoit déjà envoyé en Portugal. Il se rendit fort habile dans cet art, et même dans l'astronomie, s'il est vrai qu'il annonça une éclipse aux Indiens, comme un signe de la colère céleste, s'ils ne lui fournissoient pas les vivres dont il avoit besoin. Ses réflexions le conduisirent à penser que la terre étant un globe, celui qui navigueroit de l'est à l'ouest, ou devoit rencontrer de nouvelles terres, ou enfin arriver au Cathai, ou pays voisins, qu'on faisoit alors beaucoup plus avancés vers l'orient et conséquemment beaucoup plus rapprochés de l'Europe. Son raisonnement étoit juste. Il consulta pourtant Paul Toscanelli, habile astronome qui le confirma dans ses idées. On croit aussi qu'il avoit eu connoissance d'un vaisseau que le hasard y avoit porté; quoi qu'il en soit à Gênes et ailleurs, on le traitoit de visionnaire, il alloit passer en Angleterre où il auroit peut-être éprouvé le même sort, lorsqu'il fut rappelé par le confesseur de la reine Isabelle de Castille, femme de Ferdinand le Catholique, roi d'Arragon. Ce bon père protégeoit l'entreprise par des motifs religieux. Hélas! il ne prévoyoit pas que les Espagnols tueroient cent fois plus d'Indiens qu'ils n'en convertiroient. Quoi qu'il en soit, on venoit de s'emparer de Grenade, dernière retraite des Maures. On crut pouvoir confier un vaisseau et deux caravelles à un homme qu'on ne regardoit guère encore que comme un aventurier. Colomb partit donc de Palos en Andalousie, le 3 août 1492. Il eut besoin de toutes les ressources de son esprit, de sa patience et de sa fermeté pour contenir ses équipages qui, lassés d'une navigation de plus de soixante jours voulurent plus d'une fois le jeter à la mer; enfin, le 11 octobre on apperçut des lumières, et le 12 au matin, on fut en vue d'une île des Lucayes, appelée par les naturels *Guanahani* et que par reconnoissance il nomma *San-Salvador*. Après quelques jours de repos, il tira au sud-ouest, et rencontra l'île d'Haiti aujourd'hui Saint-Domingue, puis *Cuba* qui a conservé son ancien nom. Enfin, après avoir laissé dans la première de ces îles une troupe d'Espagnols, il retourna en Espagne, où il fut reçu avec les plus grands honneurs. Une seconde expédition commencée en 1493 lui fit reconnoître diverses îles des Antilles, et ensuite la Jamaïque. Dans une troisième de 1468, il découvrit l'île de la Trinité, et le continent, ou la Terre Ferme, comme la côte des Caraques, de Comana, &c. Cet homme à qui l'Espagne avoit marqué d'abord tant de respect eut des jaloux, et dans leur nombre on compte le roi même et son ministre, l'évêque de Badajos, qu'on pouvoit alors nommer le ministre des Indes, parce qu'il étoit chargé de tous les ordres qui regardoient les nouveaux établissemens; il prit cette occasion pour nuire à Colomb. Il recevoit familièrement, Alfonse d'Ojéda, qui étoit retourné depuis peu à la cour d'Espagne.

Cet adroit aventurier n'ayant pas eu de peine à découvrir que l'évêque avoit pris de l'aversion pour les Colomb, cela lui inspira le desir de partager avec eux la gloire des découvertes : après avoir obtenu la communication des plans et des mémoires de l'amiral, il sollicita la permission d'armer pour continuer une entreprise qui ne demandoit plus que de l'industrie et du courage. Il l'obtint de l'évêque, qui la signa de son nom ; mais elle ne fut point signée, et peut-être fut-elle ignorée du roi catholique. Elle portoit qu'Ojéda pourroit découvrir le continent et tout ce qui s'offriroit à ses recherches, sans autre condition que de ne pas entrer sur les terres de Portugal, ni sur celles qui avoient été découvertes au nom de l'Espagne, jusqu'à l'année 1495. C'étoit violer formellement les conventions de l'amiral avec la couronne.

Cette commission d'un ministre à qui leurs majestés avoient confié toutes les affaires des Indes, eut bientôt rassemblé quantité d'Espagnols et d'étrangers qui brûloient de tenter la fortune, ou de se signaler par des aventures extraordinaires. Ojéda trouva des fonds dans Séville pour armer quatre vaisseaux. Il prit pour premier pilote Jean de la Cofa, natif de Biscaye, homme d'expérience et de résolution. Améric Vespuce, riche négociant, Florentin, né en 1447, versé dans la cosmographie et la navigation s'intéressa dans l'armement, et voulut courir aussi tous les dangers du voyage. La flotte se trouva prête le 20 mai, et mit le même jour à la voile. On prit la route de l'ouest; et tournant ensuite au sud, on ne fut pas plus de vingt-sept jours à découvrir une terre, qu'on reconnut bientôt pour le continent, vers 310° de longitude : *Histoire des Voyages*, tome 45. *in*-12. p. 242.

Vespuce fit un second voyage en 1502 : à son retour il fut comblé de faveurs, chargé de diriger les routes, d'examiner les pilotes, de rédiger les rapports, ce qui lui donna des facilités de joindre son nom à ces découvertes de pays immenses, surtout après que Colomb fut mort le 20 mai 1505, jaloué dépouillé, abandonné, malgré tant de titres à la faveur, à l'admiration, à la reconnoissance. Vespuce n'ayant point d'ennemis, trouva moins de difficultés dans son ambition ; il obtint même des lettres patentes qui donnèrent le nom d'Améric au nouveau continent. Il mourut en 1508. Maria Manni, dans son livre de *Florentinis inventis*, a rassemblé tout ce que l'on peut dire en faveur de Vespuce ; mais il a abusé de la permission d'attribuer des découvertes à sa patrie. Car, quelles découvertes pour le pays de Galilée, &c. que celles de l'*Angelus* dont il fait un chapitre de son ouvrage; mais le nom ne fait rien pour la gloire de Vespuce, et n'ôte rien à celle de Colomb.

Tout le monde sait la révolution que cette découverte a occasionnée dans le systême politique du monde ancien. Cela n'est point de notre objet. Il nous suffira de dire que bientôt après le commencement du seizième siècle, on reconnut les côtes tant méridionales que septentrionales de l'Amérique. Magellan s'est fait un nom immortel par la découverse du détroit au moyen duquel il pénétra dans la mer du Sud, et fit le premier, le tour du globe de la terre, où du moins son vaisseau; car il eut le malheur d'être tué (comme l'a été ensuite le capitaine Cook), dans une démêlé avec les insulaires des îles Mariannes, appelées îles des Larrons. Il fut imité successivement par François Drack, en 1575, par le Maire, Hollandois, qui découvrit le détroit de son nom au sud de l'Amérique, par Olivier de Noort, en 1600, et plusieurs autres.

Il nous importe peu, pour notre objet, de discuter si la découverte de l'Amérique a été utile ou non pour le bonheur du genre humain. Elle nous a sans doute procuré beaucoup de jouissances nouvelles, et beaucoup de maux qui les balancent; mais elle nous a donné la connoissance de la conformation de notre globe.

On peut voir tout ce qu'il est possible de dire à ce sujet dans l'ouvrage de Genty, publié en 1787 : *de l'Influence de la découverte de l'Amérique, sur le bonheur du genre humain.*

Voici les dattes des principales découvertes qui suivirent celle de Colomb.

1496. La Floride, par Sébastien Gabot, Anglais.

1498. Les Indes, par Vasco de Gama.

1499. La rivière des Amazones, par Yanez Pinçon.

1500. Le Brésil, par Alvarez Cabral, Portugais.

1504. Terre-Neuve, par des Normands.

1518. Le Mexique, par Ferdinand Cortez.

1519. Le détroit de Magellan, la mer du Sud, et les Philippines, par Ferdinand Magellan.

1525. Le Canada, par Jean Verrazan, Florentin, pour François Ier.

1525. Le Pérou, par François Pizaro, Espagnol.

1527. La Nouvelle Guinée, par Alvaro de Salvédra.

1534. Le Chili, par Diégo Almagro.

1535. La Californie, par Ferdinand Cortez.

1567. Les îles de Salomon, par Alvaro de Mendoza.

1618. La Nouvelle Hollande, par Zéchaen.

1642. Les terres de Diemen et de Tasman, Par Abel Jasen Tasman.

1643. Terre de Brower.

1654. La Nouvelle Zélande.

1662. La Carpenterie, par Carpenter, Hollandois.

1678. La Louisianne, par Robert Cavelier de la Salle, gouverneur de Frontenac.

1700. La Nouvelle Bretagne, par Dampier, Anglois.

1739. Le Cap de la Circonsion, par les vaisseaux françois, l'Aigle et la Marie, contesté par les Anglois.

1721. L'île de Pâques, par Rogewin, qui alloit à la découverte des Terres Australes, que son père avoit proposée en 1669, les habitans y sont doux et familiers.

1767. Isle de Taïti, découverte par Wallis.

1778. Isles de Sandwich, découverte par Cook. (Voyez ses trois voyages).

On compte vingt-cinq voyages autour du monde, suivant Pagès; *Nouveaux Voyages autour du monde*, 1798. 3 vol. *in*-8°. Mais il en a omis quelques-uns, voici les noms des voyageurs: Magellan, Drak, Cavendish, Noort, Spilberg, Lemaire, L'hermite, Clippington, Carréri, Shelvak, Dampier, Cowley, Wood, Rogers, Legentil, Anson, Wallis, Roggewin, Bougainville, Surville, Dixon, Cook trois fois, la Pérouse, Marchand, Vancouver, Pagès. Baudin en 1800, en a commencé un à la Nouvelle Hollande, qui est une île de deux mille lieues de tour, que Cook et d'Entrecasteaux, ne nous ont fait connoître qu'en partie.

Je finirai par dire un mot des grands recueils de cartes ou atlas géographiques. Ortelius publia, dès 1570, un atlas sous le nom de *Théâtre;* on eut ensuite celui de Mercator, continué par Hondius, qui mourut en 1611.

Les deux plus grands recueils de géographie qui aient paru dans le dernier siècle sont les suivans.

Nouveau Théâtre du monde, ou *Nouvel Atlas*, comprenant les tables et descriptions de toutes les régions de la terre, divisés en trois volumes, Amsterdam, chez jean Jansson, 1649.

Il en parut trois autres volumes en 1650. Ensuite l'*Harmonia macrocosmica seu atlas universalis novus totius universi, studio et labore, Andreae Cellarii palatini scholae hornanae, in hollandia, rectoris, amstelodami, apud Joannem Janssonium*, 1671.

Le grand Atlas ou *Cosmographie Blaviane*, en laquelle est exactement décrite la terre, la mer et le ciel; à Amsterdam, chez Jean Blaeu, 1663, 12 volumes.

Cela fait voir que l'atlas de Blaeu, et celui de Janson sont deux choses fort différentes; et quoique le premier des Blaeu mit Janson avec son nom, cela n'empêche pas qu'il n'y ait eu ensuite une famille de Jansson différente de celle de Blaeu. Lenglet du Fresnoi, dans les notes qu'il avoit laissées pour sa méthode d'étudier la géographie, disoit qu'une personne bien instruite l'avoit averti de la méprise qu'il avoit faite en les distinguant, et qu'il avoit été confirmé par la Bibliothèque belgique de Coppens, qui nomme le père Guillaume Janson Blaeu; mais Barbeau de la Bruyère, en publiant cet ouvrage en 1768, avertit qu'on doit distinguer les Janssons et les Blaeu, ces deux familles étoient rivales ; la preuve est dans l'avertissement signé Jean Jansson, mis à la tête de l'atlas de Mercator, augmenté en 1633; de ne pas se laisser abuser par l'appendix du théâtre, d'Ortelius et de Mercator que Guillaume Blaeu avoit publié en 1631.

Il est vrai que celui-ci, a mis quelquefois Guillaume Jansson Blaeu ; cela vouloit dire fils de Jean : mais dans les grands atlas de Jean Blaeu, fils de Guillaume, on ne trouve jamais le nom de Jansson, qui, dans les siens ne prend point celui de Blaeu. Ces raisons ont fait laisser ce que Lenglet avoit mis dans ses premières éditions sur la différence de ces deux auteurs.

Ces grands atlas ont été suivis par ceux des Sanson, de l'Isle Homman, Jaillot, Robert de Vaugondy, d'Anville, le plus savant et le plus exact de tous les géographes, et l'atlas moderne, chez la Marche, &c. Mais la géographie change de face d'année à autre; ainsi l'on ne peut plus se fier à l'atlas d'un auteur; il faut pour composer un atlas prendre de chaque pays et de chaque auteur les cartes faites avec le plus de soin; je me contenterai d'indiquer les Cartes du dépôt de la marine en France, que l'on renouvelle à mesure que les nouveaux voyages l'exigent; elles se trouvent chez Dézauche, qui peut, ainsi que le cit. de la Marche, rue du Foin, indiquer aux amateurs ce qu'il leur convient de réunir pour être bien assortis en cartes de tous les pays. Je parle des cartes générales; car pour les cartes particulières, le détail en est immense; témoin le Neptune oriental donné par Daprès pour la navigation des Indes, qui comprend deux volumes *in-folio*, et la carte de France encore plus volumineuse, puisqu'elle contient 183 feuilles sur papier grand aigle ; sans compter les départemens réunis depuis la révolution française, qui a augmenté le territoire français.

TROISIÈME SUPPLÉMENT.

HISTOIRE DE LA QUADRATURE DU CERCLE.

Nous avons parlé plusieurs fois dans les premiers volumes de cet ouvrage, des tentatives faites pour parvenir à la quadrature du cercle, t. I. p. 253. t. II. p. 6, 81, 86. Nous avons publié en 1754, une *Histoire des recherches sur la Quadrature du cercle*, *in*-12. Mais il nous a paru convenable de traiter ici séparément de cette grande question, à raison de sa célébrité. Nous ne craindrons pas d'y faire entrer quelques-unes des folies que ce problême a inspirées à des esprits faux et opiniâtres ou exaltés. Ce sera pour les uns une diversion amusante, et pour les autres un préservatif contre de nouvelles erreurs.

Quarrer le cercle, ou toute autre figure curviligne, c'est assigner géométriquement les dimensions d'un quarré égal au cercle, ou à cette figure; ou plus généralement, c'est assigner les dimensions d'une figure rectiligne qui lui soit égale; car c'est ensuite un problême de la plus simple géométrie que de transformer une figure rectiligne en un quarré. On a donc pu tenter de diverses manières la quadrature du cercle, d'abord en tâchant de trouver immédiatement un quarré égal au cercle, ou une autre figure rectiligne quelconque qui fût égale. Comme on eut bientôt vu que le rectangle du rayon par la demi-circonférence étoit égal à l'aire du cercle, le problême fut bientôt réduit à déterminer géométriquement la longueur de la circonférence, relativement au rayon. Nous ne pouvons croire qu'Archimède ait été le premier qui ait fait connoître cette vérité, car elle est une suite nécessaire de ce qu'on savoit déjà sur la mesure des polygones réguliers dont le cercle est la limite ou le dernier de tous.

Le cercle étant après les figures rectilignes la plus simple en apparence, devoit naturellement exciter bientôt les recherches des géomètres pour en trouver la mesure. Aussi voit-on que le philosophe Anaxagore s'en occupa dans sa prison. Mais c'est là tout ce qu'on en sait. Après lui, Hippocrate de Chio tenta le problême, et ce fut pour lui l'occasion de la découverte de ce qu'on appelle sa Lunulle, espace en forme de croissant, terminé par deux arcs de cercle, et qui est absolument égal à un quarré donné; il montra même une autre construction de lunulle, telle que si l'on pouvoit trouver un espace rectiligne qui lui fût égal, on auroit la quadrature du cercle. Hippocrate enfin trouvoit deux lunulles inégales qui étoient ensemble égales à une figure rectiligne, ensorte que si l'on eût pu trouver leur rapport, on auroit eu encore la solution de ce problême, (voyez t. I. p. 152). Mais c'est ce que personne n'a pu faire jusqu'à présent, et ne fera probablement jamais. Nous devons encore à Simplicius la mémoire d'un pythagoricien nommé Sextus, qui prétendoit avoir résolu le problême ; mais son raisonnement ne nous a pas été transmis. Enfin, dès ces temps anciens cette recherche devint si fameuse qu'Aristophane, pour ridiculiser Méton, le présente sur la scène dans sa *Comédie des Nuées*, comme promettant de quarrer le cercle, environ 430 ans avant l'ère vulgaire. Cela étoit d'autant plus propre à faire rire que le peuple croit que chercher la quadrature du cercle c'est chercher à faire un cercle quarré ; ce qui implique une contradiction visible. C'étoit pourtant là ce Méton si célèbre pour sa découverte du cycle de dix-neuf ans, que le comédien dévouoit avec Socrate à la risée publique.

Aristote fait mention de deux hommes de son temps, ou peu antérieurs, Bryson et Antiphon qui travaillèrent à la quadrature du cercle. Si ce que nous apprend Alexandre Aphrodisée est vrai, rien de si grossièrement inexact que la prétendue quadrature de Bryson ; car il faisoit la circonférence du cercle égale à trois fois, et $\frac{1}{4}$ le diamètre. Mais Antiphon disoit qu'ayant inscrit un quarré dans un cercle, si dans chacun des segmens restant on inscrivoit un triangle isoscèle, ayant la corde pour base, et dans chacun des huit segmens restans un pareil triangle et ainsi de suite la somme de tous ces espaces rectilignes égaloit le cercle ; rien de si vrai, et sans doute Aristote a tort de traiter Antiphon de paralogiste. Car c'est sur un procédé semblable qu'est fondée l'une des deux quadratures de la parabole données par Archimède ; mais ce moyen n'a pu jusqu'à ce moment réussir à l'égard du cercle.

On pourroit croire qu'Archimède s'occupa de la solution de ce problême, et qu'il ne donna sa mesure approchée de la circonférence du cercle, qu'au défaut d'une mesure rigoureusement exacte cherchée pendant long-temps. Ses découvertes sur la spirale, si elles ont précédé son livre sur la dimension du cercle, étoient bien propres à lui inspirer l'espérance de trouver la longueur de la circonférence. Quoi qu'il en soit, Archimède fit voir vers l'an 250 avant l'ère vulgaire, que si le diamètre d'un cercle est 1, sa circonférence est moindre que 3 et $\frac{10}{70}$ ou $\frac{1}{7}$ et plus grande que $3\frac{10}{71}$; l'erreur en prenant $3\frac{1}{7}$ est moindre que $\frac{1}{497}$ du diamètre. Le calcul d'Archimède présente une adresse singulière, et qui va au-devant de l'objection faite par quelques-uns de ceux qui rejettent son rapport sur le fondement qu'il n'a pu extraire exactement les racines de divers nombres employés dans son calcul. Mais j'ai connu de ces gens-là, et je n'en ai jamais trouvé un seul qui connût Archimède autrement que de nom.

Nous savons encore par le témoignage de Simplicius que Nicomède et Apollonius avoient tenté de quarrer le cercle; le premier au moyen de la courbe qu'il appelle *quadrans* ou la quadratrice, dont cependant on attribue communément l'invention à Dinostrate, et le second, au moyen de certaine ligne qu'il appeloit la sœur de la ligne *tortueuse*, ou la spirale, et qui n'étoit autre chose que la quadratrice de Dinostrate. Cette quadratrice en effet inventée primitivement pour diviser un angle en raison quelconque, donneroit aussi la quadrature, si on pouvoit trouver le dernier point où elle se termine sur le rayon. Peut-être Apollonius ou Nicomède découvrit cette propriété; quoi qu'il en soit, Eutocius nous apprend qu'Apollonius avoit poussé plus loin qu'Archimède le rapport approché du diamètre à la circonférence, et qu'un autre géomètre nommé Philon de Gadare ou de Gadez, étoit allé encore plus loin; de manière que l'erreur n'excédoit pas un 100000. Les modernes ont porté l'exactitude bien au-delà.

Il y eut enfin parmi les anciens beaucoup de ces gens, indignes du nom de géomètre, qui prétendirent avoir trouvé par différens moyens la quadrature du cercle. Jamblique, cité par Simplicius, le dit expressement. Mais leurs faux raisonnemens ne nous sont pas parvenus, et sans doute ne le méritoient pas.

Les Arabes qui succédèrent aux Grecs pour la culture des sciences eurent sans doute aussi leurs quadrateurs; mais tout ce que nous en savons, c'est que quelques-uns d'entr'eux avoient cru trouver que le diamètre du cercle étant un, la circonférence étoit la racine de dix, erreur grossière; car il excède 3, 162, et la circonférence, suivant le rapport d'Archimède, n'est pas tout-à-fait 3, 141. Nous voyons au reste dans les catalogues d'écrits arabes plusieurs ouvrages intitulés : *de quadratura circuli;* comme divers autres sur la trisection de l'angle, la duplication du cube, &c.

Nous passons rapidemment sur les siècles d'ignorance qui produisirent quelques traités sur la quadrature du cercle, restés manuscrits dans la poussière des bibliothèques, pour arriver au temps de la renaissance des lettres parmi nous. Le fameux cardinal de Cusa se distingua vers cette époque par ses tentatives malheureuses sur ce problême; (voyez t. I. p. 538). Il essaya pourtant un moyen ingénieux; il faisoit rouler un cercle sur un plan ou une ligne, et supposant que sa circonférence s'y appliquoit continuellement jusqu'à ce que le point qui l'avoit d'abord touchée la touchât de nouveau ; il en concluoit avec raison que cette ligne seroit égale à la circonférence. Il se figuroit même la trace de la courbe que devoit décrire le point qui avoit touché d'abord la ligne droite, ce qui forme la courbe depuis appellée la cycloïde. Mais il supposoit, ainsi que Charles de Bovelle, dans le siècle suivant, que cette courbe étoit elle-même un arc de cercle, et d'après cela il prétendoit le déterminer par une construction géométrique qui n'avoit rien que d'arbitraire, n'étant fondée sur aucune propriété réelle de ce mouvement. Il tenta encore un autre moyen d'après lequel il donnoit la solution suivante du problême. Un cercle étant donné, ajoutez à son rayon le côté du quarré inscrit, et sur cette ligne comme diamètre, décrivez un cercle où soit inscrit un triangle équilatéral ; le contour de ce triangle sera, dit le cardinal de Cusa, égal à celui du premier cercle.

Il ne fut pas difficile à Régiomontanus de prouver que Cusa se trompoit ; car ce rapport de la circonférence au diamètre tomboit hors des limites démontrées par Archimède, c'est-à-dire que suivant ce rapport, le diamètre seroit à la circonférence comme 1 à un nombre plus grand que $3\frac{1}{7}$ déjà trop grand. Au reste, le cardinal savant pour son temps, quoique fort adonné à l'astrologie, fournit dans le recueil de ses ouvrages divers opuscules géométriques qui sont pleins de paralogismes.

Nous venons de parler de Charles de Bovelle, ou Carolus Bovillus, qualifié dans le temps de noble philosophe. Il se signala par les idées les plus étranges (1). Il donna en 1507 un ouvrage intitulé : *Introductonum geometricum*, traduit en françois, et réimprimé en 1552, par les soins d'Oronce Finée, sous le titre de *Géométrie Pratique, composée par le noble philosophe, maître Charles de Bovelle*, &c. Il prétend y donner la quadrature du cercle d'après l'idée du cardinal de Cusa, qu'il dit lui être venue en voyant une roue avancer sur le pavé ; mais la construction par laquelle il croit donner la longueur de la ligne à laquelle s'applique la circonférence du cercle roulant est absolument arbitraire, et il s'ensuivroit que le diamètre seroit à la circonférence comme 1 est à la racine de 10, ou à 3,1618, ce qui est de beaucoup hors des limites d'Archimède. Ce qu'il y a de singulier encore, c'est que dans ce même livre et dans un appendice ajouté au premier des ouvrages précédens, il parle de la découverte de la quadrature du cercle faite par un pauvre paysan, suivant laquelle, le cercle ayant

(1) Voyez *Liber de intellectu, de sensu, &c.* Amb. 1510, *in*-4°.

8 pour diamètre, est égal au quarré ayant 10 pour diagonale, c'est-à-dire à 50, ce qui est faux ; car le cercle est dans ce cas moindre que $50 \frac{2}{7}$, et plus grand que $50 \frac{18}{71}$, et la quadrature de Bovelle ne s'accorde pas avec celle du paysan qu'il regarde comme vraie ; car celle-ci donne le rapport du diamètre à la circonférence exactement comme 10000 à 3125. Le noble philosophe s'écarte même plus de la vérité en excès que le paysan en défaut, et on auroit pû lui dire que quand on se trompe, on ne doit pas au moins se contredire soi-même ; c'est faussement que ce Bovelle dit que ces rapports coïncident. Ou il n'avoit pas fait le calcul ou il ne savoit pas assés d'arithmétique pour extraire par approximation une racine quarrée ; ces ouvrages de Bovelle sont pitoyables ; c'est surtout une chose absurde que sa manière de cuber la sphère.

Nous sommes fâchés de trouver dans la même classe un professeur royal de ce 16e. siècle, qui, par ses nombreux ouvrages s'acquit une sorte de célébrité. C'est Oronce Finée. Il donna dans sa *Protomathesis* une quadrature du cercle, un peu plus adroite, il est vrai, que celle de Bovelle ; mais qui n'en est pas moins un paralogisme. Prêt à mourir en 1555, il recommanda fort à Mizault de Montluçon, son ami, de publier ses découvertes non-seulement sur ce sujet, mais encore sur les problêmes les plus fameux de la géométrie comme la trisection et multisection de l'angle, et la duplication du cube ; l'inscription au cercle de tous les polygones réguliers. Mizault lui tint parole et publia en 1556, cet assemblage de paralogismes sous ce titre : *De rebus mathematicis hactenus desideratis, libri IV*. La plupart de ces problêmes sont, suivant lui, résolus de plusieurs manières, il se trouve que ses différentes solutions du même problême ne s'accordent pas entr'elles, ni avec celles de Bovelle, et de son paysan géomètre, qu'il avoit approuvées en les publiant ; c'étoit le comble du déraisonnement en géométrie ; aussi fut-il facilement réfuté par le géomètre Butéon qui avoit été son disciple au Collège-Royal, par Nonius ou Nunez, géomètre portugais et divers autres ; mais enfin il mourut content, bien persuadé que son nom alloit être mis à côté de ceux des Archimèdes et des Apollonius. On vit renouveller ce scandale parmi les professeurs royaux, en 1600, où Monantheuil, l'un d'eux publia une quadrature du cercle.

Un certain Simon à Quercu, (sans doute Duchêne ou Van Eek), parut sur la scène quelques années après, en 1585, et proposa une quadrature du cercle. Sa prétendue découverte s'écartoit apparemment beaucoup moins de la vérité que celles de ses prédécesseurs, et tomboit dans les limites d'Archimède. Aussi Pierre Metius qui entreprit de le réfuter fut obligé de chercher un rapport beaucoup plus approché du diamètre à la circonférence, et il trouva que l'un étoit à l'autre à très-peu près, comme 113 à 355. La prétendue quadrature de Duchêne ne tint pas à cette épreuve, et ne doit être citée que pour avoir occasionné la découverte curieuse et élégante de Métius; car ce rapport de 113 à 355, réduit en décimales est le même que celui de 10000000 à 31415929; ce qui ne s'écarte de la vérité en excès que de trois dix-millioniémes du diamètre au plus. Ainsi le diamètre terrestre n'étant que de 6542816 toises, l'erreur commise en employant ce rapport sur la circonférence d'un cercle de cette grandeur, seroit à peine de deux toises. Si ceux qui lient dans leur tête le problême de la quadrature du cercle avec celui des longitudes, savoient ce que nous venons de dire, ils seroient détrompés de leur erreur; car si ces problêmes tenoient l'un à l'autre, quelle seroit l'erreur de deux toises en longitude sur une route du tour de la terre?

Le chevalier Jaime Falcon, Espagnol, de l'ordre de N. D. de Montesa, publia en 1587, à Anvers, ses paralogismes sur la quadrature du cercle. Son livre est plaisant par un dialogue préliminaire et en vers, entre lui et le cercle qui le remercie fort affectueusement de l'avoir quarré. Mais le bon et modeste chevalier en attribue tout l'honneur à la sainte patrone de son ordre. Le paralogisme étoit apparemment si grossier que personne n'a pris la peine de le réfuter.

Mais un homme bien plus célèbre que tous les précédens, se donna en spectacle à l'Europe savante, par ses prétentions sur la quadrature du cercle; c'est le fameux Joseph Scaliger. Plein d'amour propre, il pensa qu'il n'avoit qu'à se présenter dans la carrière géométrique, et que ce qui avoit été jusques-là l'écueil des géomètres ne résisteroit pas à un littérateur de sa force. Il chercha donc la quadrature du cercle, et mit au jour, avec beaucoup de jactance, le résultat de ses méditations sur ce sujet dans un livre qui parut en 1592 : *Nova cyclometria;* mais il n'eut pas lieu de se louer d'avoir ainsi voulu prendre rang parmi les géomètres. Car il fut réfuté par Clavius, par Viete, par Adrianus Romanus, par Christman, &c. qui firent voir chacun à sa manière, que la grandeur qu'il assignoit à la circonférence du cercle étoit seulement un peu moindre que le polygone inscrit de 192 côtés; ce qui étant absurde montroit le faux du raisonnement de Scaliger; mais il ne se rendit pas; et jamais un homme qui a cru avoir trouvé la quadrature du cercle, la trisection de l'angle, la duplication du cube, ou le mouvement perpétuel ne s'est rendu aux raisonnemens les plus clairs. Il niera plutôt les propositions les plus simples de la géométrie, comme Molinensis Cano qui ne trouvoit pas moins

de

de 27 propositions fausses dans le *premier livre d'Euclide*. Scaliger répondit avec aigreur aux géomètres improbateurs de sa quadrature; il les traita avec dédain, et surtout Clavius qui l'avoit déjà blessé par une réponse à son attaque contre le calendrier grégorien. Malheureusement pour l'honneur de Scaliger, des injures ne sont pas des raisons. Il n'est pas de géomètre élémentaire qui ne soit en état de voir le faux de son raisonnement; et il est resté pour constant que Scaliger, un aigle en littérature, n'étoit rien en géométrie.

Il en est de ces quadrateurs, comme du Rameau d'or de Virgile : *Avulso uno non deficit alter*. A peine Scaliger avoit-il disparu de la scène, qu'un nommé Thomas Gephirauder vint le remplacer. Mais il n'avoit pas l'orgueil de Scaliger; il convenoit, dès le titre de son ouvrage, que sa découverte étoit un pur effet de la grace divine. Nous en verrons plusieurs autres doués de cet esprit d'humilité. Le *Paralogisme* de Gephirauder étoit cependant palpable; car il consistoit à prétendre que si l'on avoit entre deux grandeurs un rapport géométrique quelconque, ce même rapport subsistoit, en ôtant de chacune la même quantité. Ainsi, par exemple, ayant 3 et 6 qui sont en rapport sous double, ce même rapport devoit, suivant cet illuminé, subsister entre 2 et 5, puisqu'on ne fait qu'ôter de chacun de ces nombres la même quantité, savoir l'unité. Mais parmi les folies que l'esprit faux et l'orgueil de ne point revenir de ses erreurs, inspire journellement à ces visionnaires, il n'en est guère d'égales à celles de Alph. Cano de Molina, dans un livre intitulé : *Nuevos descubrimientos geometricos*. Il y réforme tout Euclide, et à peine une de ses propositions trouve grace devant lui. Cependant qui le croiroit : il trouva un autre fou nommé Janson ou Jansen, qui le traduisit en latin sous le titre de *Nova reperta geometrica*, &c. Au surplus, Cano convenoit qu'il ne se doutoit pas de géométrie, jusqu'à ce que la divinité, qui se plaît à humilier les superbes et à éclairer les ignorans, l'eut inspiré.

Un semblable illuminé présentoit dans le même temps en France ses *Paralogismes* sur la quadrature du cercle et la duplication du cube. C'étoit un négociant de la Rochelle nommé Delaleu. Celui-ci prétendoit aussi tenir de la révélation divine la solution de ces problêmes, et annonçoit que la réunion des Juifs, des Musulmans, des Payens à la religion chrétienne, tenoit à la manifestation de cette vérité. En effet, selon lui la quadrature du cercle étoit la quadrature du temple céleste, et la duplication du cube celle de l'autel élémentaire, terrestre et aquatique, d'où découloit la conversion des Juifs, des Idolâtres, &c. Aussi quelques dévots, à tête exaltée par la méditation s'en mêlèrent, et même le supérieur de la maison professe des Jésuites, engagea quelques habiles géomètres de ce temps, comme Mydorge, Hardy, &c. de conférer avec Laleu. On sent aisément quel put en être le résultat, il n'est pas possible de raisonner avec des gens avec qui l'on n'a point de principes communs. Hardy fit voir clairement la fausseté des solutions d'une manière palpable pour tous les géomètres ; car, comme ce Laleu donnoit plusieurs solutions du même problême, Hardy faisoit voir qu'elles ne s'accordoient pas même entre elles. Mais Laleu, secondé par Pujos, son teneur de livres, et par un autre nommé J. de Dumbar, écossois, ne cessèrent de contester jusqu'à la mort de Laleu.

Nous passons légèrement sur quelques autres quadratures du cercle proposées par un anonyme de ce temps, et par un certain Benoît Scotto, que Saint-Clair, professeur royal, et Hardi réfutèrent, pour arriver à Longomontanus, qui souilla, pour ainsi dire, les dernières années de sa vie par ses prétentions sur la quadrature du cercle. Cet astronome, autrefois disciple de Tycho-Brahé, et connu par un bon ouvrage d'Astronomie, s'avisa en 1622 de croire avoir trouvé la solution de ce problême célèbre, et il la publia sous le titre de *Cyclometria lunulis reciproci demonstrata*, &c. Il prétendoit avoir trouvé que le diamètre est à la circonférence, comme 1 est à 3,14185. Ce fut en vain que Snellius, Henri Briggs, Guldin, l'avertirent avec modération de son erreur, en lui montrant que le diamètre étant 1, la circonférence est plus grande que 3,14159, et moindre que 3,14160, l'erreur étoit manifeste. Mais Longomontanus étoit bien éloigné de se rendre. Il entassa mille mauvaises raisons contre les calculs de Viete, d'Adrianus Romanus, de Ludolph Vanceulen, de Snellius, dont le consentement unanime lui étoit opposé. Bientôt il vit la quadrature du cercle dans les propriétés mystérieuses des nombres 7, 8, 9, et de la proportion sesqui-tierce, ou de 3 à 4. Il passa les dernières années de sa vie à publier de nouvelles rêveries ; ses diverses quadratures ne s'accordent même pas ensemble. Le géomètre Pell tenta vers 1644 de le ramener ; il lui faisoit voir par un calcul où il n'entre aucune extraction de racine, que son rapport donnoit une circonférence plus grande que le polygone circonscrit de 236 côtés ; l'obstiné et irascible vieillard mourut en 1647, persuadé qu'il avoit seul raison contre tous.

On vit encore vers le même temps en France un nouveau prétendant à l'honneur de quarrer de cercle, dans un S. Oudart d'Agen, auteur d'un ouvrage intitulé : *Supplementum supplementi continens*. Celui-ci donnoit une construction géométrique assez ingénieuse, et qui donneroit en effet une ligne égale à la circonférence, si trois points qu'il supposoit être en ligne droite y étoient en effet ; du reste il n'en tiroit aucun rapport numérique. Son raisonnement étoit à-peu-près le même que celui de Mallemant de Messange, qui, parmi beaucoup d'ouvrages insignifians, donna en 1685 une *Quadrature du cercle*, avec une histoire assez raisonnable du *Problême*. Celui-ci supposoit les 3 points en une ligne circulaire, en quoi il n'est pas plus fondé. On ne les jugea pas dignes de réfutation ; l'un et l'autre auroit pu se détromper, en faisant sa construction seulement de 2 pieds de diamètre.

On ne doit point ranger parmi ces quadrateurs le P. Grégoire de St-Vincent dont j'ai parlé avec éloge. T. II, p. 81, et dont je parlerai encore à la fin de cet article.

Le fameux Hobbes parut peu après sur la scène vers 1650, avec ses prétentions, non-seulement à la quadrature du cercle, mais à la trisection de l'angle, à la rectification de la parabole, &c. Mais ses prétendues solutions ayant été réfutées par Wallis, il en prit occasion d'écrire contre les géomètres et la géométrie même. Presque toutes les années il donnoit quelque nouvel écrit sur ce sujet, et il alloit toujours de paralogisme en paralogisme ; un de ces écrits est intitulé : *Rosetum geometricum* ou le *Bouquet géométrique*. Il dit beaucoup d'injures aux géomètres, et en particulier à Wallis, qui montra de plusieurs façons que toutes ses prétendues découvertes étoient ridicules.

Bertrand la Coste publia en 1666, & de nouveau en 1677, un ouvrage intitulé : *la Démonstration de la quadrature du cercle*, qui est l'unique couronne et principal sujet de toutes les mathématiques, par laquelle on fait voir la particule dont Archimède fait mention, laquelle tant de bons esprits et sages philosophes ont cherchée, sans la pouvoir trouver depuis des centaines d'années avant la nativité de Jésus-Christ ; et par même moyen on fait voir la ligne de la Roulette, laquelle personne n'a jamais pu trouver, faute d'avoir découvert la *Quadrature du cercle*, *in*-8°. et *in*-4°. Hamb. Cette prétendue découverte envoyée à Carcavi pour être présentée à l'Académie des Sciences, en éprouva l'accueil qu'elle méritoit. Alors la Coste décocha contre Carcavi et sa compagnie quatre ouvrages terribles. Le Réveille matin, pour réveiller les prétendus mathématiciens de l'Académie royale des Sciences. Hamb. 1674, *in*-8°. Le *Monde désabusé* ou *Démonstration des deux moyennes proportionnelles*, 1675, *in*-8°. *Ne trompez plus personne*, ou *Suite du réveille-matin*. Enfin ce n'est pas la mort aux rats ni aux souris, mais aux Académiciens de Paris, ou Démonstration de la Trisection de l'angle. *Ibid*, *in*-8°. Mais l'Académie ne dit pas un mot, et laissa la Coste jouir de son triomphe.

Trois autres Visionnaires demi-mystiques, présentèrent au

public des *Rêveries sur la quadrature du cercle*. Un certain Jean Bachou, Lyonnois, annonça en 1657 sa découverte par un ouvrage intitulé : *Demonstratio divini Theorematis quadraturae circuli, theologica, philosophica, geometrica et mecanica, cum ratione quantitatum incommensurabilium*. On se seroit contenté de la quadrature géométrique ; et l'on peut juger de l'auteur par l'accouplement de ces moyens divers.

Un anonyme annonça en 1671, que le règne du plus grand roi de l'Univers devoit être illustré par la plus brillante découverte, et tenta de le prouver par une brochure *in*-4°. intitulée : *Démonstration du divin Théorème de la quadrature du cercle, du mouvement perpétuel et du rapport de ce Théorème avec la vision d'Ezéchiel et de l'Apocalypse de Saint Jean*. L'auteur ne manque pas, à l'exemple de ses confrères, d'attribuer sa découverte à une grace spéciale de la Divinité, suivant ce passage de l'Ecriture : *Revelasti ea parvulis*. On voit en effet à la suite de l'ouvrage une grande planche mystérieuse, présentant sur un centre commun quatre pyramides décroissantes de cercles et d'anges, qui représentent la *Hyérarchie angélique*.

Le troisième fou s'appelloit Dethlef Cluver, petit-fils ou neveu du célèbre géographe de ce nom. A force de creuser la science de l'infini, sur laquelle il promettoit un grand traité, il découvrit enfin que ce problême, trouver la quadrature du cercle, se réduisoit à celui-ci, construire un monde analogue à l'intelligence divine, *construere mundum divinae menti analogum* ; il promettoit de donner la solution du premier géométriquement et rigoureusement. En attendant il déquarroit la parabole, et prétendoit que tout ce que les géomètres avoient trouvé sur les figures courbes étoit inexact. (Voyez *Acta lipsiensia julii*, 1686, octobre 1687). Leibnitz proposa pour s'amuser quelques doutes sur ces visions. Il auroit voulu mettre aux prises ce Cluver avec Nieuwentit qui, dans le même temps, entassoit beaucoup de pitoyables objections contre les nouveaux calculs de l'infini, cela auroit amusé les géomètres ; cette petite malice ne réussit pas.

Mais une espèce de phénomène, c'est celui qui seul encore, parmi tous ces inventeurs de la quadrature du cercle, a cependant reconnu son erreur. C'est Richard Albius (en anglois White), jésuite anglois, auteur d'un ouvrage intitulé : *Chrysaespis seu quadratura circuli*, dans lequel il donnoit une fausse solution du problême. Mais quelques amis lui dessillèrent les yeux, et il reconnut aussi son erreur sur la rectification de la spirale.

Les lumières géométriques, en s'étendant de plus en plus, n'ont pas préservé le 18e siècle de semblables folies. Il n'est même nul doute que les siècles suivans ne ressemblent à cet égard aux précédens. En 1713, un M. G. A. Roerberg entreprit de faire voir que le cercle étoit égal au quarré du côté du triangle équilatéral inscrit, il ne voyoit pas qu'il en résultoit que la circonférence seroit précisément triple du diamètre ou égale à l'exagône inscrit.

On annonça aussi en 1714, avec beaucoup d'emphase, la résolution des 3 problêmes qui agitent depuis si long-temps les esprits faux; la quadrature du cercle; le mouvement perpétuel et la trisection de l'angle. La première découverte étoit d'un S. Daniel Wayvel, Hollandois, et c'étoit un paralogisme palpable. Il en résultoit que ce diamètre étant 1, la circonférence étoit 3,142 tout juste, ce qui est beaucoup trop.

Ordinairement les quadrateurs en sont quittes pour le désagrement de voir leurs découvertes négligées ou bafouées par leurs contemporains; mais il en coûta plus cher en 1728 à Mathulon de Lyon. Celui-ci annonça au monde savant son insigne découverte de la quadrature du cercle et du mouvement perpétuel. Il étoit si sûr de son fait, qu'il consigna 1000 écus pour celui qui lui démontreroit qu'il se trompoit sur l'un ou l'autre de ces points. Mais Nicole, fort jeune alors, et déjà de l'Académie des Sciences, démontra son erreur, et Mathulon en convint; mais il incidenta sur le payement de la somme que Nicole avoit abandonnée à l'Hôtel-Dieu de Lyon. L'affaire fut jugée à la Sénéchaussée de cette ville, et les 1000 écus furent adjugés aux pauvres. Les idées de Mathulon sur le mouvement perpétuel et sur la physique céleste, sont aussi pitoyables que sa quadrature.

Malgré ce malheureux succès, on vit bientôt après paroître un nouveau prétendant à l'honneur de quarrer le cercle. Ce fut Basselin, professeur de l'université; ses calculs étoient d'une complication et d'une prolixité telles qu'on n'auroit pas daigné les suivre et les vérifier. Mais il est dans ce cas un moyen de reconnoître l'erreur. Barbeu du Bourg, depuis voué à la médecine, l'employa en faisant voir que les résultats de Basselin sortoient des limites connues. Au reste, il étoit si neuf en géométrie, qu'il ignoroit qu'Archimède eût quarré le parabole. J'ai vu cependant un beau poëme latin qui célébroit la gloire de Basselin et ceux du collége que sa découverte illustroit.

L'abbé Falconet, frère du célèbre Académicien de ce nom, publia aussi vers 1740 un petit ouvrage, dans lequel il prétendoit avoir trouvé la quadrature du cercle. Son procédé étoit moins mal-adroit que beaucoup d'autres, mais la Lande qui étoit son ami, essayoit inutilement, quelques années après, de le détromper.

Leistner, officier au service de l'Empereur, fit plus de bruit, il trouva moyen de faire établir une commission impériale pour juger de la vérité réelle ou prétendue de sa découverte; il étoit, comme bien d'autres, dans la persuasion que dans la suite des nombres, il y en a deux qui expriment le rapport du diamètre à la circonférence, et que si la quadrature du cercle n'est pas trouvée, c'est que personne n'a été assez heureux pour mettre le doigt sur ces nombres. C'est-là d'abord une idée très-fausse, puisqu'il est démontré qu'il n'y a aucun couple de nombres qui exprime exactement le rapport du côté du quarré à la diagonale; et il est également démontré qu'il n'y en a aucun qui exprime le rapport du diamètre à la circonférence : mais Leistner croyoit avoir trouvé ces nombres privilégiés dans ceux ci 1,225 et 3,844. Car ces nombres sont deux quarrés et même premiers entr'eux. Ils proviennent de 33 et 31 qui, suivant Leitsner, expriment le rapport du quarré au cercle circonscrit, et les quarrant l'un et l'autre, et quadruplant le dernier, ils devoient exprimer le rapport du diamètre à la circonférence. Mais Marinoni, rapporteur de la commission, fit voir que ce rapport de 1225 à 3844, n'est pas même aussi exact que celui 1 à $3\frac{1}{7}$, et qu'il donne une circonférence qui tombe au-dessous de la moindre des limites $3\frac{1}{7}$ et $3\frac{10}{71}$, dont la dernière est moindre que le polygone de 196 côtés. Il y a quantité d'autres couples de nombres jouissant des propriétés réputées si merveilleuses par Leistner, et qui donnent une valeur plus approchée de la circonférence, comme l'a fait voir Lambert dans ses *Beytrage* ou *Mémoires de Mathématiques*, tome II, 1770, pag. 156. Ce que Leitsner croyoit avoir trouvé par une faveur signalée du ciel, se peut trouver de mille manières par un procédé analytique. La commission, sur le rapport de Marinoni, rejetta la découverte de Leitsner qui, à l'exemple de ses confrères, appella du jugement par un écrit intitulé : *Nodus Gordius.* Cela donna lieu à Marinoni de publier un ouvrage, où le procédé de déterminer les limites du raport du diamètre à la circonférence, est développé et exposé d'une manière à convaincre tout autre qu'un homme qui croit avoir trouvé la quadrature du cercle.

En 1751, un pasteur ou prédicateur de Kattembourg, annonçoit au public cette belle découverte; et bientôt après un habitant de Rostoch se mit sur les rangs pour le même objet. L'un des deux prétendoit qu'ayant donné l'hospitalité à un François, celui ci avoit vû quelques-uns de ses papiers, et en avoit abusé. Cependant, vers 1750, Henri Sullamar annonça en Angleterre la quadrature du cercle et la trouvoit dans le nombre 666 de l'Apocalypse; il publioit périodiquement tous les deux ou trois ans quelque nouveau pamphlet où il tâchoit d'étayer sa découverte. Paris jouit bientôt d'un spectacle semblable. On y vit en 1753, le chevalier de Causans, officier aux gardes qui, jusqu'alors, ne s'étoit pas douté de géométrie, trouver tout-à-coup la quadrature du cercle en faisant couper une pièce circulaire de gazon, et ensuite s'élevant de vérités en vérités, expliquer par sa quadrature le péché originel et la Trinité. Il s'engagea par un écrit public à déposer chez un notaire jusqu'à la concurrence de 300000 francs pour parier contre ceux qui voudroient se présenter contre lui, et déposa effectivement 10000 fr. qui seroient dévolus à celui qui lui démontreroit son erreur. Cela n'étoit sûrement pas difficile; car il résultoit de sa découverte que le quarré circonscrit au cercle lui étoit égal, et le tout a sa partie. Quelques personnes se mirent sur les rangs pour gagner les 10000 francs, entr'autres une jeune demoiselle actionna le chevalier de Causans au Châtelet; quelques autres répondans à son défit, déposèrent des sommes chez des notaires. Mais le roi jugea que la fortune d'un homme ne devoit pas souffrir d'un pareil travers d'esprit, qui étoit innocent au fond; car sur tout autre objet le chevalier de Causans étoit un homme très-estimable. La procédure fut arrêtée et les paris déclarés nuls. Le chevalier de Causans trouva cependant le moyen de faire juger l'Académie, qui s'y refusoit par ménagement, et qui fut enfin obligée de s'expliquer.

Nous passerons plus rapidement sur d'autres prétendues inventeurs de la quadrature du cercle. Tondu de Nangis la trouvoit en mesurant, non les courbes par des droites, mais les droites par des courbes. Liger a rempli les Mercures de folies semblables sur la quadrature du cercle. Il la démontroit par le *mécanisme en plein des figures*, mécanisme qui indépendamment de la quadrature du cercle lui donnoit la commensurabilité du côté du quarré avec la diagonale, en faisant que 288 sont égaux à 289. Découverte sur laquelle est aussi tombée il y a quelques années le chevalier de Culant, qui sans doute eût aussi trouvé la quadrature du cercle si la mort ne l'eût enlevé. La Frenaye, valet-de-chambre du duc d'Orléans, a passé vingt ans à errer de paralogisme en paralogisme, et à ressasser les nombres 7, 8 et 9 où gissoit selon lui tout le mystère de la quadrature.

Le chevalier Clerget trouvoit de la contradiction dans les rapports plus ou moins rapprochés du diamètre à la circonférence donnés en décimales; et avoit d'ailleurs trouvé la grandeur du point de contact d'une sphère avec un plan. Maure fatiguoit il y a quelques années tous ceux qui vouloient l'écouter par le reçit des injustices des géomètres et de l'Académie des Sciences; il alloit passer en Angleterre, où il étoit persuadé de trouver dans la Société-Royale des juges plus équitables.

Nous ne devons pas oublier une des quadrateurs modernes qui l'emportoit sur beaucoup d'autres en confiance et en absurdité ; c'est le Rohberger de Vausenville. Les défis qu'il avoit faits aux géomètres de toutes les nations, même Turcs et Arabes, ainsi qu'à toutes les Académies, l'action judiciaire intentée à l'Académie des Sciences pour se faire délivrer le capital du prix fondé par le comte de Meslay; ses sorties indécentes contre tous les géomètres qui ont tâché de l'éclairer ou qui l'ont éconduit, l'ont rendu célèbre parmi ceux qui ont couru cette carrière.

Son théorême final est que le quarré du diamètre est à celui de la circonférence, comme 22 fois le rayon multiplié par racine de 3 est à 432 fois le rayon. Un géomètre plus exercé auroit dit plus simplement comme onze fois la racine de 3 est à 216. Cela donnoit la circonférence dont le diamètre est 1 égale à 3.36 ; qui s'écarte de la proportion connue, dès le second chiffre. Il résulteroit de la prétendue découverte de Vausenville que la circonférence du cercle excéderoit la longueur du polygone régulier circonscrit de 12 côtés.

Actuellement même le cit. Tardi, ancien ingénieur, s'adresse à l'Institut, au Corps Législatif et à tout l'univers pour démontrer sa quadrature. Il fait imprimer des mémoires, mais il attend le produit d'une souscription. Nous venons de recevoir aussi un imprimé qui a pour titre : *Solution définitive* du diamètre du cercle à sa circonférence, ou la découverte de la quadrature du cercle, par Chrétien Lowenstein, architecte, Cologne, 1801. Son moyen consiste à appliquer à un grand quart de cercle une bande de fer; et il trouve pour la circonférence, 3,1426.

Ces sortes d'écrits nous parviennent surtout au printemps où les accès de folies sont plus fréquens, et le cit. de la Lande, qui a passé une année à Berlin, dit que c'étoit dans la même saison que l'Académie de Berlin en recevoit le plus.

Nous avons peut-être eu tort d'avoir trop insisté sur ces folies, nous passons à un article plus important relativement à ce sujet.

L'impossibilité de trouver la quadrature du cercle a été soutenue par Jacques Grégory, géomètre écossois, dans son traité intitulé : *Vera circuli et hyperbolae quadratura*, Patav. 1664. *in*-4°. car il entendoit par vraie quadrature, celle qu'il tiroit des approximations.

On est tenté de croire cette quadrature impossible à l'esprit humain, quand on considère les efforts inutiles qu'ont fait dans tous les temps les géomètres pour la trouver. Je ne parle pas des efforts pitoyables de ceux que nous venons de passer en revue, mais je parle des efforts des géomètres modernes tels que Saint-Vincent, Wallis, Newton, Léibnitz, Bernoulli, Euler, &c.

&c. qui ont trouvé des méthodes nouvelles pour déterminer les aires des courbes, et qui, par leur moyen, ont trouvé celle de quantité de courbes, moins composées en apparence que le cercle, tandis que celui-ci a toujours échappé à leurs efforts.

Il faut d'ailleurs faire à cet égard une distinction : il y a deux quadratures du cercle, l'une définie, l'autre indéfinie. La quadrature définie seroit celle qui donneroit la mesure exacte du cercle entier, ou d'un secteur ou segment déterminé ; sans donner indéfiniment celle d'un secteur ou segment quelconque. La quadrature indéfinie qui seroit la plus parfaite, en donnant la quadrature d'une partie quelconque, comprendroit évidemment l'autre. Ce n'est guère que la première que cherchent les vulgaires quadrateurs.

A l'égard de la quadrature définie, on est communément dans la persuasion qu'il n'y a pas de démonstration absolument convaincante qui en prouve l'impossibilité (1). Jacques Grégory cependant prétendoit en donner une démonstration irréfragable. Elle étoit fondée sur la marche de la progression qui représente la croissance et la décroissance des polygones inscrits et circonscrits, et dont le dernier terme seroit le cercle même. Mais cette démonstration ne parut pas convaincante à Huygens, et ce fut l'origine d'une contestation entre ces deux géomètres, dont retentirent les journaux du temps, (voyez t. II. p. 87.) Il faut convenir que quoique le raisonnement soit digne d'une tête comme celle de Grégory, l'un des précurseurs de Newton ; cependant comme ce dernier terme dont il est question est pour ainsi dire située dans les nuages de l'infini : l'esprit n'est pas frappé d'une conviction intime. Je ne mettrai pas cependant dans la même classe une prétendue démonstration de cette impossibilité donnée par Hanow. Ce n'est qu'un raisonnement pitoyable. Un anonyme donna, il y a quelques années, une petite brochure intitulée : *Démonstration de l'incommensurabilité, &c.* Il prétend prouver l'impossibilité de la quadrature du cercle. Ses calculs sont exacts quoique plus compliqués qu'il n'étoit nécessaire ; mais ils ne prouvent ni l'incommensurabilité de la circonférence au diamètre, ni l'impossibilité de sa mesure ; car une complication d'incommensurables ne prouve pas démonstrativement l'incommensurabilité du produit ou du quotient. Deux quantités irrationnelles à une troisième, multipliées l'une par l'autre peuvent donner un produit rationel. Il en est de même d'un plus grand nombre. Une

(1) L'auteur jugeoit pourtant que Grégory avoit raison pour la quadrature, même définie ; *Histoire des recherches sur la quadrature du cercle*, pag. 293 et dernière Mais probablement il avoit changé d'avis depuis 1754.

quantité peut même être compliquée d'une infinité de quantités irrationnelles, et ne représenter qu'une quantité rationelle. Mais le cit. Legendre, à la fin de sa géométrie, note IV. p. 320. de l'édition de 1800, démontre que le rapport de la circonférence au diamètre, et son carré sont des nombres irrationnels, et cela avoit déjà été démontré par Lambert, *Mém. de Berlin*, 1761.

Une quantité irrationelle est susceptible de construction géométrique. Ainsi en supposant la circonférence irrationnelle ou incommensurable au diamètre, on ne laisseroit pas de pouvoir la déterminer géométriquement, et ce seroit sans doute avoir trouvé la quadrature du cercle.

Quant à la quadrature indéfinie, Newton me paroît avoir suffisamment démontré qu'aucune courbe fermée, et revenant sans cesse sur elle-même comme le cercle n'en est susceptible. (*Princ. phil. nat. math. lib. I.* Lem. XXVIII. p. 106). Cette démonstration tient à la théorie des sections angulaires et des équations. J'ai tenté, en 1754, de la rendre plus claire et plus développée dans mon *Histoire des Recherches*, &c. Je suis obligé d'y renvoyer et je pense qu'elle est propre à convaincre. D'ailleurs, quoique la géométrie présente des exemples sans nombre de courbes quarrés ou quarrables, il n'en est aucune que je sache parmi les courbes fermées, et retournant sur elle-même, qui soit dans ce cas. On verra ci-après que Condorcet croyoit à l'impossibilité de cette quadrature indéfinie. Cependant d'Alembert dans le quatrième volume de ses *Opuscules*, 1768, dit qu'il a de la peine à se rendre aux raisonnemens de Newton pour prouver l'impossibilité de la quadrature, ou de la rectification indéfinie du cercle. Je vois, dit-il, que des raisonnemens semblables, appliqués à la rectification de la cycloïde, conduiroient à une conclusion fausse : il n'y a ce me semble de différence ici, qu'en ce que le cercle est une courbe rentrante, et que la cycloïde ne l'est pas. Mais je ne vois rien dans le raisonnement de Newton qui puisse être changé par cette disparité, d'autant plus que la cycloïde, si elle n'est pas une courbe rentrante comme le cercle, est du moins une courbe continue et dont les branches ne sont point séparées : en un mot, le raisonnement de Newton me paroît porter uniquement sur cette supposition que dans le cercle il répond une infinité d'arcs à une même abscisse, d'où il conclut que l'équation entre l'arc et l'abscisse doit être d'un degré infini, et par conséquent l'arc irrectifiable algébriquement; or, en appliquant ce raisonnement à la cycloïde, j'en conclurai que l'équation entre l'abscisse et l'arc correspondant, doit être aussi d'un degré infini, et par conséquent l'arc irrectifiable algébriquement, ce qui est faux. D'Alembert en donna le calcul et finit par dire : il me semble que ces réflexions peuvent mériter l'attention des géomètres, et les engager à chercher une démonstration plus rigoureuse de l'impossibilité de la quadrature et de la rectification indéfinie des courbes ovales, (p. 68).

Nous allons maintenant tracer un tableau racourci des principales découvertes sur la quadrature du cercle. Comme elles ont pour la plupart trouvé place parmi les découvertes géométriques de divers genres exposées assez au long dans mes premiers volumes, je me bornerai à les rapprocher ici sans entrer dans les détails.

Archimède trouva le premier que la circonférence étoit moindre que le triple du diamètre et $\frac{1}{7}$, et plus grande que le triple et $\frac{10}{71}$. Quelques anciens, comme Apollonius et Philon de Gadare trouvèrent des rapports plus rapprochés ; mais on ignore ce que c'étoit.

Delà, jusqu'à Régiomontanus, on se contenta de ce rapport qui est suffisant pour les cas ordinaires et communs ; Régiomontanus, en 1464, réfutant le cardinal de Cusa, n'alla pas plus loin.

Vers 1585, Pierre Métius, combattant la fausse quadrature de Simon Duchêne donna son rapport approché de 113 à 355. On a fait voir plus haut combien il est exact. Vers le même temps Viete, Adrianus Romanus publièrent aussi des rapports exprimés en décimales, et approchans beaucoup plus de la vérité. Viete porta l'approximation à 10 décimales au lieu de 6 ; et enseigna d'ailleurs diverses constructions assez simples qui donnoient la valeur du cercle, ou de la circonférence à quelques millionèmes près. Il donna aussi une espèce de série qui, prolongée à l'infini, donne la valeur du cercle.

Adrianus Romanus porta l'approximation jusqu'à 17 chifres. Mais tout cela est bien au-dessous de ce que fit Ludolph Van-Ceulen, et qu'il publia dans son livre *de Circulo et adscriptis* ; dont Snellius publia une traduction latine à Leyde, en 1619. Ceulen aidé par Petrus Cornelius son disciple, trouva par un travail inconcevable un rapport en 32 décimales, voyez t. II. p. 6.

Snellius trouva des moyens pour abréger ce calcul par quelques théorêmes fort ingénieux, et s'il ne surpassa pas Van-Ceulen, il vérifia par-là son résultat qu'il mit hors de toute atteinte. Ses découvertes en ce genre se trouvent dans le livre intitulé : *Willebrordi Snellii cyclometricus de circuli dimensione*, &c. *Lugd.* Bat. 1621. *in*-4°. 102 pages.

Descartes trouva aussi une construction géométrique qui, prolongée à l'infini, donneroit la circonférence circulaire, et dont il lui étoit fort facile de tirer une expression en forme de série, (voyez ses *Opera posthuma*).

Grégoire de Saint-Vincent est un de ceux qui se sont le plus distingués dans cette partie. A la vérité il prétendit à tort avoir trouvé la quadrature du cercle et de l'hyperbole; mais la chute à cet égard fut précédée d'un si grand nombre de belles découvertes géométriques, déduites avec beaucoup d'élégance à la manière des anciens, qu'il eût été injuste de le mettre au rang des paralogistes dont nous avons fait mention. Il annonça en 1647 ses découvertes dans son livre intitulé : *Opus geometricum quadraturae circuli et sectionum coni, libris X comprehensum.* On admira toutes les belles choses contenues dans ce livre, on blama seulement la conclusion. Grégoire de Saint-Vincent s'égara dans le dédale de ses raisons qu'il appelle *proportionalités*, et qu'il introduisit dans ses spéculations. Ce fut le sujet d'une querelle assez vive entre ses disciples d'un côté et ses adversaires de l'autre, Huygens, Mersenne et Leotaud, de 1652 à 1664. On en a vu l'histoire plus développée, t. II. p. 81.

Si cet habile géomètre ne se fût pas trompé, il eût seulement résulté de ses recherches que la quadrature du cercle dépendroit des logarithmes, et conséquemment de celle de l'hyperbole; ce seroit encore une belle découverte, mais il n'a pas eu même cet avantage.

Ce fut à ce qu'il paroît pour Huygens l'occasion de diverses recherches sur cet objet. Il démontra divers théorêmes nouveaux et curieux sur la mesure du cercle : *Theoremata de quadratura hyper. ellipsis et circuli*, 1651. *De circuli magnitudine inventa*, 1654. Il donna divers moyens d'approcher beaucoup plus rapidement de sa quadrature que par les voies ordinaires. Il démontra rigoureusement un théorême que Snellius avoit plutôt supposé que démontré. On y trouve aussi diverses constructions géométriques fort simples qui donnent des lignes singulièrement approchantes d'un arc quelconque donné. Si par exemple un arc n'est que de 60° environ, l'erreur va à peine à une 6000e.

Jacques Gregory se distingua dans cette partie, et quelque jugement qu'on porte sur sa démonstration de l'impossibilité de la quadrature définie du cercle, on ne peut lui contester d'être auteur de plusieurs théorêmes curieux sur le rapport du cercle avec les polygones inscrits et circonscrits, et leurs rapports entr'eux. Au moyen de ces théorêmes, il donne avec infiniment moins de peine que par les calculs ordinaires, et même ceux de Snellius, la mesure du cercle et de l'hyperbole (et conséquemment la construction des logarithmes) jusqu'à plus de 20 décimales. Il y donne aussi, à l'exemple de Huygens, des constructions de lignes droites égales à des arcs de cercle, et dont l'erreur est encore moindre. Par exemple, que la corde d'un arc de cercle soit A, que la somme des deux cordes égales inscrites dans cet arc soit b; faites ensuite cette proportion $A + B : B :: B : C$, si vous prenez la quantité suivante $\frac{8C + 8B - A}{15}$, cette quantité n'excède que d'une 3500e. pour un demi-cercle; à 120° de moins qu'une 40 000e. Enfin, pour un quart-de cercle, l'erreur n'est pas d'une 300 000e.

Les découvertes de Wallis, exposées dans son *Arithmetica infinitorum*, publiée en 1655, le conduisirent à une expression singulière du rapport du cercle au quarré de son diamètre; c'est une fraction de cette forme :

$$\frac{3 \times 3 \times 5 \times 5 \times 7 \times 7 \times 9 \times 9 \times 11 \times 11 \text{ \&c.}}{2 \times 4 \times 4 \times 6 \times 6 \times 8 \times 8 \times 10 \times 10 \times 12}.$$

Cette fraction, prolongée à l'infini, exprimeroit exactement le rapport ci-dessus; *Arithmet. infinit.* prop. 191. Mais si l'on se borne à un nombre fini de termes, comme on y est obligé, on aura alternativement un rapport plus grand et un plus petit que le véritable, suivant qu'on prendra un nombre pair ou impair de termes du numérateur et du dénominateur; ainsi $\frac{3}{2}$ exprime un rapport trop grand, et $\frac{3 \times 3}{2.4}$ donne un rapport trop petit. On aura un rapport trop petit en prenant cette fraction $\frac{3 \times 3 \times 5 \times 5 \times 7 \times 7}{2 \times 4 \times 4 \times 6 \times 6 \times 8}$, et celle-ci $\frac{3.3.5.5.7.7.9.}{2.4.4.6.6.8.8.}$ en donnera un trop grand. Mais pour approcher de plus près encore dans l'un et l'autre cas, Wallis prescrit de multiplier ce produit par la racine quarrée d'une fraction formée de l'unité plus l'unité divisée par le dernier chiffre auquel on a terminé la série; alors le produit, quoique beaucoup plus approché, sera trop grand si ce chiffre est le dernier du numérateur, et trop petit si c'est le dernier du dénominateur. Ainsi l'on aura successivement pour la raison cherchée et alternativement en excès et en défaut, les expressions suivantes : $\frac{3.3.5.5.}{2.4.4.6.}\sqrt{1 + \frac{1}{5}}$; $\frac{3.3.5.5.}{2.4.4.6.}\sqrt{1 + \frac{1}{6}}$; $\frac{3.3.5.5.7.7.}{2.4.4.6.6.8.}\sqrt{1 + \frac{1}{7}}$; $\frac{3.3.5.5.7.7.}{2.4.4.6.6.8.}\sqrt{1 + \frac{1}{8}}$, &c. Ces valeurs, alternativement moindres ou plus grandes, tombent entre les limites connues.

Voici une autre expression du rapport du cercle au quarré du diamètre, que trouva vers le même temps le lord Brounker. Le cercle étant 1, ce quarré est exprimé par une fraction de cette forme, prolongée à l'infini, $1 + \cfrac{1}{2 + \cfrac{9}{2 + \cfrac{25}{2 + \cfrac{49}{2 + \text{\&c.}}}}}$ Cette fraction est telle, comme l'on voit, que le dénominateur est un nombre entier plus une fraction dont le dénominateur est toujours 2, plus le quarré d'un nombre impair 1, 3, 5, 7, &c Lorsqu'on la terminera, l'on aura alternativement des limites par excès ou par défaut.

Telles étoient les connoissances des géomètres sur ce problême célèbre, lorsque Newton et Leibnitz parurent dans la carrière. Leibnitz annonça en 1682, dans les *Actes de Leipzig*, ce qu'il avoit trouvé dès l'année 1673, savoir que le quarré du diamètre étant l'unité, l'aire du cercle est exprimée par la suite infinie de termes $1 - \frac{1}{3} + \frac{1}{5} - \frac{1}{7} + \frac{1}{9}$, &c. Elle suit de ce qu'il avoit trouvé vers le même temps que le rayon du cercle étant l'unité, et la tangente d'un arc étant t, cet arc lui-même est $t - \frac{1}{3}t^3 + \frac{1}{5}t^5 - \frac{1}{7}t^7$, &c. Si donc cet arc est de 45°, la tangente t est égale au rayon ou à l'unité ; ainsi l'arc de 45° est $1 - \frac{1}{3} + \frac{1}{5} - \frac{1}{7}$, &c. Qu'on le quadruple, on aura la demi-circonférence qui, multipliée par le rayon, donnera l'aire du cercle égale à $4 - \frac{4}{3} + \frac{4}{5} - \frac{4}{7}$, &c. le quarré du diamètre étant 4. Ainsi le quarré du diamètre étant supposé l'unité, l'aire du cercle sera $1 - \frac{1}{3} + \frac{1}{5} - \frac{1}{7}$, &c. à l'infini.

On peut encore exprimer cette aire par $\frac{2}{3} + \frac{2}{35} + \frac{2}{99} + \frac{2}{195}$, savoir en ajoutant ensemble les deux premiers termes, et ainsi de deux en deux, ou bien encore de cette manière : $1 - \frac{2}{15} - \frac{2}{63} - \frac{2}{143}$, &c. où il est aisé de voir que les numérateurs sont successivement dans la première les quarrés de 2, de 6, de 10, &c. diminués de l'unité, et dans la seconde ceux de 4, de 8, de 12, pareillement diminués. Mais il faut en convenir, ces diverses séries ne convergent pas assez rapidement pour pouvoir en tirer une valeur suffisamment approchée sans l'addition d'un prodigieux nombre de termes ; mais Euler y a trouvé un remède.

Les découvertes faites par Newton, même antérieurement à Leibnitz, l'avoient aussi mis en possession de divers moyens d'exprimer la circonférence et l'aire du cercle, ainsi que de ses segmens, par des suites infinies. Rien n'est plus connu aujourd'hui de tous ceux qui ont des connoissances, même élémentaires des nouveaux calculs ; mais parmi ces séries, celles qui ont été employées avec le plus de succès pour cet effet, sont les deux suivantes :

Soit CAF (*fig.* 20.) un quart de cercle dont le rayon AQ soit l'unité, QB une abscisse $= x$, on trouve l'aire du segment QBAF représenté par cette série $x - \frac{1}{2.3}x^3 - \frac{1}{2.3.4}x^5 - \frac{1.3}{1.4.6.7}x^7$, &c.

Supposons maintenant QB ou x égale à $\frac{1}{2}$, cette suite se réduit à celle-ci : $\frac{1}{2} - \frac{1}{48} - \frac{1}{1280} - \frac{1}{000000} - \frac{1}{0000000}$, &c. Calculant donc en fractions décimales chacun de ces termes, et ôtant la somme des négatifs du premier, qui est positif, on aura la valeur du segment QBAF, dont il faudra ôter la valeur du triangle ABQ, calculée en pareil nombre de décimales, il restera le secteur FAQ, qui est le tiers du quart de cercle, ou la 12e. du cercle entier. Ainsi multipliant cette valeur par 12, on aura celle du cercle pour un diamètre égal à 2; et enfin divisant celle-ci par 4, on aura celle du cercle au diamètre. Les 10 premiers termes ci-dessus, traités de cette manière, donnent le rapport approché du diamètre à la circonférence de 1 à 3.141.

On pourroit aussi employer à la même détermination la tangente d'un petit arc, comme de celui de 30°; car cette tangente est $\frac{\sqrt{1}}{3}$ où $\frac{1}{\sqrt{3}}$; d'ailleurs, si le rayon est l'unité et la tangente t, l'arc est, comme on l'a déjà remarqué, $t - \frac{1}{3}t^3 + \frac{t^5}{5} - \frac{t^7}{7} + \frac{t^9}{9} - \frac{t^{11}}{11}$. Ainsi t étant supposée $= \frac{1}{\sqrt{3}}$, cette serie se réduira à $\frac{1}{\sqrt{3}} - \frac{1}{3.3\sqrt{3}} + \frac{1}{5.9\sqrt{3}} - \frac{1}{7.27\sqrt{3}} + \frac{1}{9.81\sqrt{3}} - \frac{1}{11.243\sqrt{3}} + \frac{1}{13.729\sqrt{3}} - \frac{1}{15.2187\sqrt{3}} + \frac{1}{17.6561\sqrt{3}} - \frac{1}{19.19683\sqrt{3}}$, &c. dont la progression est aisée à appercevoir. Cette suite, en faisant passer le radical au numérateur sous la forme de $\sqrt{\frac{1}{3}}$, devient $\sqrt{\frac{1}{3}} - \frac{\sqrt{\frac{1}{3}}}{3.3} + \frac{\sqrt{\frac{1}{3}}}{5.9} - \frac{\sqrt{\frac{1}{3}}}{7.27}$, &c. qui se réduit encore à cette expression $\sqrt{\frac{1}{3}}\left(1 - \frac{1}{3.3} + \frac{1}{5.9} - \frac{1}{7.27} + \frac{1}{9.81} - \frac{1}{11.243}, \&c.\right)$; ainsi il faudra prendre $\sqrt{\frac{1}{3}}$ en autant de décimales qu'on voudra en employer dans l'approximation, ou un peu plus, pour être plus assuré des derniers chiffres; ensuite on divisera successivement cette valeur par 3.3 ou 9, par 5.9 ou 45, par 7.27 ou 189, par 9.81 ou 729, &c. : on aura la valeur de chaque terme, approchée en autant de décimales qu'on en a dans la valeur de $\sqrt{\frac{1}{3}}$. On ajoutera tous les termes positifs, et de leur somme on soustraira celle des négatifs : on aura par-là une valeur très-approchée de l'arc de 30°, qui étant multiplié par 12, sera la valeur de la circonférence au diamètre 2; la moitié conséquemment sera celle de la circonférence au diamètre 1.

C'est par ce moyen et d'autres analogues, que Samuel Sharp prolongea jusqu'à 75 décimales le rapport approché de Ludolph, qui n'en avoit que 35. Machin, vers le commencement de ce siècle, le poussa jusqu'à 100; Lagny, en 1719, le porta jusqu'à 128, et un autre jusqu'à 155. Ainsi le diamètre du cercle étant 1 suivi de 128 zéros, la circonférence est, selon

Lagny, plus grande que 3,14159 26535 89793 23846 26433 83279 50|288 41971 69399 37510 58209 74944 59230 78164 06286 20899 86280 34825 34211 70679 82148 08651 32723 06647 09384 46, et moindre que le même nombre augmenté de l'unité. J'ai séparé par un trait les 32 décimales de Ceulen. L'erreur sur un cercle d'un diamètre cent millions de fois plus grand que celui de la sphère des étoiles fixes, en supposant la parallaxe de l'orbe terrestre d'une seconde seulement, seroit encore plusieurs milliards de milliards de fois moindre que l'épaisseur d'un cheveu. Le 114e. chiffre, ou le chiffre 7 que nous avons marqué, doit être un 8; M. Véga s'en est assuré, comme on le voit dans ses grandes tables de logarithmes, page 633, où il donne les valeurs des séries. M. le baron de Zach a vu dans un manuscrit de la bibliothèque de Ratclif, à Oxford, le calcul poussé encore plus loin, et jusqu'à 155 chiffres; après 446, ajoutez 09 55058 22317 25359 40812 84802.

On pourroit encore aller plus loin, et avec moins de peine que ne l'ont fait ces calculateurs, si on vouloit faire usage de l'expédient trouvé par Euler pour employer la suite qui donne l'arc par la tangente (1); cet expédient mérite de trouver place ici.

Il consiste dans la remarque faite par ce grand géomètre, que tout arc dont la tangente est rationnelle ou commensurable au rayon (l'arc de 45°, par exemple, dont la tangente est 1), peut être divisé en deux arcs, dont les tangentes beaucoup moindres lui seront aussi commensurables. C'est une suite du théorême qui donne la tangente de la somme ou de la différence de deux arcs, dont les tangentes sont données. Car n'entrant dans cette formule aucune extraction de racine, si deux arcs ont leurs tangentes rationnelles, la tangente de la somme le sera aussi, et *vice versâ*, un arc à tangente rationnelle se divisera en deux arcs, dont les tangentes beaucoup moindres seront rationnelles. Ainsi l'arc de 45° se divisera en deux (à la vérité incommensurables entr'eux), de l'un desquels la tangente sera $\frac{1}{2}$ et l'autre $\frac{1}{3}$. On trouvera donc par la suite qui donne l'arc par la tangente, chacun de ces arcs, et leur somme (quoiqu'ils soient irrationnels entr'eux et au rayon), n'en sera pas moins l'arc de 45° qui, quadruplé, donnera le rapport de la demi-circonférence au rayon ou de la circonférence au diamètre; car la première de ces séries sera $\frac{1}{2} - \frac{1}{3 \cdot 2^3} + \frac{1}{5 \cdot 2^5} - \frac{1}{7 \cdot 2^7} + \frac{1}{9 \cdot 2^9} - \frac{1}{11 \cdot 2^{11}}$, &c., ou $\frac{1}{2} - \frac{1}{24} + \frac{1}{160} - \frac{1}{896} + \frac{1}{4608} - \frac{1}{22528}$, &c., et la seconde sera $\frac{1}{3} - \frac{1}{3 \cdot 3^3} + \frac{1}{5 \cdot 3^5} - \frac{1}{7 \cdot 3^7}$, &c. c'est-à-dire $\frac{1}{3} - \frac{1}{81} + \frac{1}{1215} - \frac{1}{15309} + \frac{1}{177147} - \frac{1}{17537553} + \frac{1}{165526791}$, &c. Or, dans l'une et l'autre

(1) *Mém. de Pétersb.* tom. IX, ou ann. 1737.

de

de ces séries, les termes diminuent assez rapidement pour approcher de fort près de leurs vraies valeurs ; car dans la seconde, en en prenant seulement sept termes, l'erreur est déjà au-dessous d'une 186 000 000e.

Euler fait même voir qu'il est encore possible d'approcher plus rapidement du but ; car il observe qu'on peut diviser l'arc, dont la tangente est $\frac{1}{2}$ en deux, dont les tangentes sont $\frac{1}{3}$ et $\frac{1}{7}$, ce qui donne l'arc de 45° égal à 2 fois la seconde des séries ci-dessus, plus celle-ci $\frac{1}{7} - \frac{1}{3 \cdot 7^3} + \frac{1}{5 \cdot 7^5}$, &c. ou $\frac{1}{7} - \frac{1}{1129} + \frac{1}{89035}$.

Nous observerons enfin qu'on peut diviser l'arc dont la tangente est $\frac{1}{3}$ en deux, dont les tangentes sont $\frac{1}{5}$ et $\frac{1}{8}$, ce qui fournit un moyen d'avoir deux suites encore plus convergentes que celle qui donne l'arc répondant à la tangente $\frac{1}{3}$. Il seroit plus facile de calculer par ces 3 ou 4 suites la circonférence du cercle jusqu'à 200 décimales, qu'il ne le fut à Viete ou à Romanus de la calculer par leurs procédés jusqu'à 10 ou 15 décimales. Nous passons sous silence les autres artifices de calculs présentés par Euler dans le même mémoire et dans un autre, tome XI, pour 1739, par lesquelles il ne faudroit que 80 heures de travail pour trouver les 128 chiffres de Lagny. Il y en a aussi dans Stirling, de *Summatione serierum*, dans Simpson, *The doctrine of fluxions*, 1750 (1). Kraft, dans le 13e volume de Pétersbourg pour 1741, page 121, a donné des constructions mécaniques très-simples et très-approchées.

Tous ces moyens qui se confirment incontestablement les uns les autres, ne laissent aucun doute sur l'expression numérique du rapport approché du diamètre du cercle à sa circonférence ; ce rapport est la vraie pierre de touche pour éprouver les prétendues quadratures du cercle, sans entrer dans le dédale des raisonnemens pitoyables et souvent inintelligibles de ceux qui se donnent pour les heureux œdipes de cette énigme. On ne peut même mieux faire que de les livrer à leur agréable illusion. Car l'expérience a appris qu'on chercheroit en vain à les en tirer ; c'est ce qui a engagé l'Académie des Sciences à annoncer qu'elle n'examineroit plus de quadratures du cercle, non plus que de trisections de l'angle ou de duplications du cube et de mouvemens perpétuels. *Histoire de l'Académie*, 1775, p. 64. Voici la manière dont s'exprime le secrétaire de l'Académie, qui étoit lui-même un très-grand géomètre (Condorcet).

« On peut considérer cette solution sous deux points de vue.

(1) Il donne à la page 403 une série dont 8 termes donnent plus d'exactitude que cent mille de la série ordinaire.

En effet, on peut chercher ou la quadrature du cercle entier, ou la quadrature d'un secteur quelconque, dont la corde est supposée connue; le second de ces problêmes est regardé comme absolument insoluble. Gégory, Newton dont l'autorité est si grande, même dans une science où l'autorité a si peu d'empire, ont donné des démonstrations différentes de l'impossibilité de cette quadrature indéfinie. Jean Bernoulli a prouvé que le secteur cherché étoit exprimé par une fonction logarithmique réelle, mais qui, dans sa forme, renferme des imaginaires; il en résulte qu'aucune fonction réelle, soit algébrique, soit logarithmique et sous une forme réelle, ne peut représenter la valeur d'un secteur de cercle indéfini; que l'équation entre le secteur et la corde ne peut être construite par l'intersection des branches de surfaces courbes ou réelles, ou mises sous une forme réelle, et on peut conclure de cette réflexion, l'impossibilité absolue de la quadrature indéfinie.

Les géomètres sont moins d'accord sur l'impossibilité du premier problême, parce qu'il arrive souvent de trouver pour des valeurs particulières des quantités dont l'expression est impossible en général; mais une expérience de plus de soixante-dix ans, a montré à l'Académie qu'aucun de ceux qui lui envoyoient des solutions de ces problêmes n'en connoissoient ni la nature, ni les difficultés, qu'aucune des méthodes qu'ils employoient n'auroit pu les conduire à la solution, quand même elle seroit possible. Cette longue expérience a suffi pour convaincre l'Académie du peu d'utilité qui résulteroit pour les sciences de l'examen de toutes ces prétendues solutions.

D'autres considérations ont encore déterminé l'Académie: il existe un bruit populaire que les gouvernemens ont promis des récompenses considérables à celui qui parvient à résoudre le problême de la quadrature du cercle, que ce problême est l'objet des recherches des géomètres les plus célèbres; sur la foi de ces bruits, une foule d'hommes beaucoup plus grande qu'on ne le croit, renonce à des occupations utiles pour se livrer à la recherche de ce problême, souvent sans l'entendre, et toujours sans avoir les connoissances nécessaires pour en tenter la solution avec succès: rien n'étoit plus propre à les désabuser que la déclaration que l'Académie a jugé devoir faire. Plusieurs avoient le malheur de croire avoir réussi, ils se refusoient aux raisons avec lesquelles les géomètres attaquoient leurs solutions, souvent ils ne pouvoient les entendre, et ils finissoient par les accuser d'envie ou de mauvaise foi. Quelquefois leur opiniâtreté a dégénéré en une véritable folie; mais on ne la regarde point comme telle, si l'opinion qui forme cette folie ne choque pas les idées reçues des hommes, si elle n'influe pas sur la conduite de la vie, si elle ne trouble pas l'ordre de la société. La folie des quadrateurs n'auroit donc pour eux aucun autre inconvénient que la perte d'un temps souvent utile à leur famille, mais malheureusement la folie se borne rarement à un seul objet, et l'habitude de déraisonner se contracte et s'étend comme celle de raisonner juste ; c'est ce qui est arrivé plus d'une fois aux quadrateurs. D'ailleurs ne pouvant se dissimuler combien il seroit singulier qu'ils fussent parvenus sans étude à des vérités que les hommes les plus célèbres ont inutilement cherchées, ils se persuadent presque tous que c'est par une protection particulière de la Providence qu'ils y sont parvenus, et il n'y a qu'un pas de cette idée à croire que toutes les combinaisons bizarres d'idées qui se présentent à eux sont autant d'inspirations. L'humanité exigeoit donc que l'académie, persuadée de l'inutilité absolue de l'examen qu'elle auroit pu faire des solutions de la quadrature du cercle, cherchât à détruire, par une déclaration publique, des opinions populaires qui ont été funestes à plusieurs familles ».

Des considérations aussi sages ne pouvoient exciter l'animadversion que d'un écrivain comme Linguet, dans ses *Annales politiques*. Il avoit trouvé aussi qu'il n'est pas vrai que les images des objets extérieurs se peignent renversés sur la rétine, et que la marée du fleuve des Amazones ne peut pas remonter jusqu'à Pauxis, où la Condamine l'a observée. Rien ne m'étonne plus que de voir des gens d'esprit avoir assez peu de bon sens pour s'obstiner dans des choses qu'ils n'entendent pas, avec autant d'assurance et de chaleur que s'ils y avoient passé toute leur vie, et qu'ils y eussent acquis une véritable supériorité ; mais l'espèce humaine est sujette à ces inconséquences.

QUATRIÈME SUPPLÉMENT.

HISTOIRE DE LA MUSIQUE.

LORSQUE nous avons parlé de l'origine et des progrès de la musique grecque, dans le tome I, pages 125 — 141, la crainte d'une prolixité excessive nous a engagés à renvoyer à un supplément ce qui nous restoit à dire sur ce sujet, et nous l'avons annoncé page 141. Il s'agit ici de considérer un peu plus mathématiquement le système de musique grecque et l'origine du genre diatonique dont elle faisoit usage. Cette discussion présente en effet des objets dignes de remarque.

Il est certain que dans la musique grecque primitive, tous les tons de l'octave étoient égaux et majeurs dans le rapport de 8 à 9, et que les intervalles nommés semi-tons étoient dans le rapport de 243 à 256. C'est ce qui résulte évidemment de la division du monocorde ou du canon donné tant par Euclide, à la fin de sa *Musique*, que par d'autres musiciens anciens, comme Aristide Quintilien. Ainsi les différens intervalles qui se trouvent dans l'octave étoient comme il suit : la quinte $\frac{2}{3}$ et la quarte $\frac{3}{4}$, comme dans notre système moderne; mais la tierce majeure étoit dans le rapport de 64 à 81, et la tierce mineure dans celui de 27 à 32; le ton étoit exprimé par celui de 8 à 9, car il étoit constamment mesuré par la différence entre la quinte et la quarte, qui donne ce rapport; ensorte que le semi-ton, reste de la quarte après en avoir ôté deux tons, ou de la quinte après en avoir ôté trois tons, étoit exprimé nécessairement par le rapport de 243 à 256; de là il résultoit que l'octave grecque étoit plus parfaite que la nôtre dans ses divisions, en ce qu'il n'y avoit aucune quinte fausse, d'un ton de l'octave à l'autre; car c'étoit parmi les musiciens grecs un principe que tous les tons de l'octave, ou plutôt de leur tétracorde, devoient avoir dans les tons successifs leurs quintes justes ainsi que leurs quartes. Cet avantage ne se trouve pas dans notre échelle moderne, où la quinte, par exemple du *re* au *la*, est trop foible de l'intervalle exprimé par $\frac{80}{81}$, appelé *comma majeur*.

Il est vrai que d'un autre côté il résultoit de la division de l'échelle diatonique grecque, que les tierces n'étoient point consonantes, car la tierce majeure consonante doit être dans le rapport de 4 à 5, et la mineure dans celui de 5 à 6. Aussi les Grecs ne rangèrent-ils jamais les tierces au nombre des consonances, et en voilà la raison ; mais cela leur importoit peu, car il ne paroît pas qu'ils ayent jamais tenté de faire de la musique à plusieurs parties, où les accords de tierces et ceux qui en dérivent sont de toute nécessité.

C'est une question qui se présente naturellement, si le chant naturel suit la division grecque ou la nôtre ; si le chant, non contraint par les instrumens à touches ou par un effet du tempérament, ou tous les intervalles sont plus ou moins altérés, a tous les tons majeurs et égaux dans le rapport de 8 à 9, et les semi-tons dans celui de 243 à 256 ; nous n'en doutons nullement, et nous avons sur cela des preuves d'expérience que l'abbé Roussier, aussi grand praticien que savant théoricien en musique, a développées. Tel est aussi le sentiment du célèbre P. Martini, auteur d'une *Histoire de la Musique ancienne et moderne*, et auquel personne de ceux qui l'ont connu ne refusera autant de pratique que de théorie. Fondé sur ces autorités et sur quelques autres qu'on verra plus loin, nous sommes portés à penser que le chant naturel à l'homme est le diatonique ancien, appelé par les Grecs diatonique diton, ou le synton de Pythagore et non celui de Ptolemée, comme on le verra plus bas.

Il nous paroît aussi impossible de se refuser à reconnoître que ce diatonique ancien doit son origine au sentiment de la quinte, qui, après l'octave, est le mieux imprimé dans les oreilles bien organisées. Il est en effet aisé de démontrer, comme l'a fait Roussier, que tous les tons du diatonique de Pythagore dérivent d'une succession de quintes rapprochées, de manière à être contenues dans l'intervalle d'une octave. Qu'on prenne en effet cette suite de quintes descendantes,

si, *mi*, *la*, *re*, *sol*, *ut*, *fa*, *si*♭,

dont les longueurs des cordes sont respectivement comme il suit:

$$1,\ \frac{3}{2},\ \frac{9}{4},\ \frac{27}{8},\ \frac{81}{16},\ \frac{243}{32},\ \frac{729}{64},\ \frac{2187}{128},$$

ou en multipliant par le dernier dénominateur pour faire disparoître la forme fractionnaire

128, 192, 288, 432, 648, 972, 1458, 2187.

Prenant ensuite *si*♭ ou 2187 pour premier terme et rapprochant tous ces sons autant qu'ils peuvent l'être, en les élevant ou abaissant d'octaves pour les ranger en leur place, on a la succession suivante avec la valeur respective de ses sons,

la,	*si*♭,	*si*,	*ut*,	*re*,	*mi*,	*fa*,	*sol*,	*la*.
2304,	2187,	2048,	1944,	1728,	1536,	1458,	1296,	1152.

Et en prenant l'octave au-dessous, on aura toute l'échelle, comme l'a vue plus haut, et montante :

la, *si*, *ut*, *re*, *mi*, *fa*, *sol*, *la*, *si* ♭,
4608, 4096, 3888, 3456, 3072, 2916, 2592, 2304, 2187,

si, *ut*, *re*, *mi*, *fa*, *sol*, *la*.
2048, 1944, 1728, 1536, 1458, 1296, 1152.

Dans cette succession, toutes les quintes sont justes et dans le rapport de 2 à 3, tous les tons sont majeurs et tous les semi tons sont dans le rapport de 243 à 256. Ce sont les nombres en moindres termes que donne la division du canon ou monocorde suivant Euclide, Aristide Quintilien, et tous les autres musiciens géomètres.

Si l'on vouloit prolonger plus loin cette suite de quintes descendantes, après *si* ♭ on trouveroit

mi ♭, *la* ♭, *re* ♭, *sol* ♭, *ut* ♭, *fa* ♭,

avec les nombres qui suivent et expriment respectivement leurs valeurs,

$\frac{6561}{256}$, $\frac{19683}{512}$, $\frac{59049}{1024}$, $\frac{177147}{2048}$, $\frac{531441}{4096}$, $\frac{1594323}{8192}$.

Et suivant le même procédé que ci-dessus, l'on trouvera pour la succession de l'échelle chromatique grecque en bémols,

la, *si* ♭, *si*, *ut* ♭, *ut*, *re* ♭, *re*, *mi* ♭, *mi*, *fa* ♭, *fa*, *sol* ♭, *sol*, *la* ♭, *la*,

où l'on voit qu'un *ut* ♭ n'est point un *si*, et que *fa* ♭, n'est point un *mi*; mais nous remarquerons cela un peu plus bas d'une manière plus expresse et plus développée.

Il ne sera pas inutile de rechercher ici, suivant le systême de génération des sons, la succession des notes diésées qui, suivant un passage de Plutarque, ne furent pas entièrement inconnues aux anciens ; nous la trouverons facilement : car de même que nous avons descendu de quinte en quinte, *si*, *mi*, *la*, *re*, *sol*, &c. pour trouver la valeur des notes bémol, en remontant et donnant à *si* sa valeur ci-dessus, 2048, on aura

fa ♯, *ut* ♯, *sol* ♯, *re* ♯, *la* ♯, *mi* ♯.
$1365\frac{1}{3}$, $910\frac{2}{9}$, $606\frac{22}{27}$, $404\frac{44}{81}$, $269\frac{169}{243}$, $179\frac{581}{729}$.

Et rapprochant ces sons pour les faire entrer dans l'étendue d'une seule octave, on aura, à commencer du *la*, la succession suivante :

la, *la* ♯, *si*, *ut*, *ut* ♯, *re*, *re* ♯, *mi*,
2304, $2157\frac{137}{243}$, 2048, 1944, $1820\frac{4}{9}$, 1728, $1618\frac{14}{81}$, 1536,

mi ♯, *fa*, *fa* ♯, *sol*, *sol* ♯, *la*.
$1438\frac{274}{729}$, 1458, $1365\frac{1}{3}$, 1296, $1213\frac{17}{27}$, 1152.

Prenant les notes bémolisées de l'échelle ci-dessus, on aura la succession entière de la gamme, en commençant par le *la* la *mèse* des Grecs.

la, 2359296; *si* ♭, 2239488; *la* ♯, 2209345 $\frac{77}{243}$; *ut* ♭, 2125764; *si*, 2097152; *ut*, 1990656; *re* ♭, 1889568; *ut* ♯, 1864135 $\frac{1}{9}$; *re*, 1769472; *mi* ♭, 1679616; *re* ♯, 1657008 $\frac{80}{81}$; *fa* ♭, 1594323; *mi*, 1572864; *fa*, 1492992; *mi* ♯, 1472896 $\frac{640}{729}$; *sol* ♭, 1417176; *fa* ♯, 1398101 $\frac{1}{3}$; *sol*, 1327104; *la* ♭, 1259712; *sol* ♯, 1242756 $\frac{20}{27}$; *la*, 1179648; *si* ♭, 1119744; *la* ♯, 1104672 $\frac{160}{243}$; *ut* ♭, 1062882; *si*, 1048576; *ut*, 995328.

Nous avons exprès prolongé cette succession au-delà du *la* octave du premier, afin d'y avoir en même-temps la succession des mêmes notes dans notre octave d'*ut* à *ut* et de ne pas nous répéter.

On voit par-là que toutes les notes bémol et supérieures tombent chacune au-dessous de l'inférieure diésée; le *re* ♭, par exemple, est plus bas que l'*ut* ♯, et cela n'est pas seulement dans l'échelle diatonique grecque provenant de la succession des quintes, mais dans la moderne même, si l'on raisonne mathématiquement. Aussi les oreilles délicates, les excellens violons, par exemple, lorsqu'ils ne sont pas contraints par les instrumens à touches tempérés, ne manquent pas de faire, par un sentiment naturel, le *si* ♭, le *mi* ♭, par exemple au-dessous du *la* ♯, du *re* ♯. L'abbé Roussier cite à cet égard le témoignage de deux célèbres virtuoses, Duport et Vachon.

Ainsi donc, on croit démontré que tout le systême des Grecs antérieurs à Dydime et Ptolemée étoit fondé sur le sentiment de la quinte, comme le premier et le plus naturel de tous, tandis que le nôtre l'est sur le sentiment combiné de la quinte et de la tierce majeure, ou plutôt de la 12e. et de la 17e. majeures. Ce dernier, en fournissant des tierces consonantes que n'avoit pas le systême grec, a donné naissance à l'accompagnement ou à la musique à plusieurs parties, qui étoit impossible chez les Grecs. Car quel accompagnement seroit-il possible de faire avec l'octave, la quinte, la quarte, qui n'est qu'une quinte renversée, et les autres accords dérivés de l'un ou de l'autre, qui n'en sont que des représentatifs? Ainsi la question agitée souvent, savoir si les Grecs avoient une musique à plusieurs parties, n'a pu, ce me semble, naître que de l'ignorance de ces détails précis sur la division de l'échelle grecque et la valeur exacte de ses sons. Tel est aussi l'avis de Roussier, dont le suffrage en ces matières est certainement du plus grand poids, car personne n'a traité de la musique ancienne avec plus de connoissances pratiques et théoriques de l'art.

On trouve dans ce développement de l'origine de la musique grecque, l'explication d'un phénomène musical. Les Chinois ont des instrumens et des airs où l'on ne voit dans leur gamme musicale que cinq notes qui, exprimées à notre manière, seroient *mi*, *sol*, *la*, *si*, *re*, *mi*. Il y a, comme l'on voit, deux lacunes dans leur octave ; cela vient de ce qu'ils n'ont pris que cinq termes, *si*, *mi*, *la*, *re*, *sol*, dont les sons étant ordonnés dans l'étendue de l'octave, donnent *mi*, *sol*, *la*, *si*, *re*, *mi* ; voilà la gamme chinoise. On trouve de même que la lyre de Mercure, *mi*, *la*, *si*, *mi*, dérive des trois premiers termes de la suite de quintes, *si*, *mi*, *la*. La gamme pythagoricienne, *mi*, *fa*, *sol*, *la*, *si*, *ut*, *re*, *mi* vient de la succession des quintes, *si*, *mi*, *la*, *re*, *sol*, *ut*, *fa*. Enfin le grand système de modulation grecque, *si*, *ut*, *re*, *mi*, *fa*, *sol*, *la*, *si*♭, *si*, *ut*, *re*, *mi*, *fa*, *sol*, *la*, vient de la succession des quintes descendantes, *si*, *mi*, *la*, *re*, *sol*, *ut*, *fa*, *si*♭. Tout cela a été savamment développé par Roussier, dans son *Mémoire historique et pratique sur la musique des anciens*. Mais revenons à notre sujet, en exposant les innovations que Ptolemée et quelques autres mathématiciens grecs firent dans la théorie exposée ci-dessus.

On avoit sans doute absolument perdu le fil du principe générateur de l'échelle diatonique grecque, lorsque Ptolemée crut y trouver un défaut en ce que les deux tons qui suivoient le demi-ton par lequel elle commençoient, étoient égaux. Il pensa y remédier en établissant deux espèces de tons, l'un majeur, l'autre mineur ; le premier dans le rapport de 8 à 9, et le second dans celui de 9 à 10, et il donna au semi-ton le comma dont l'un des deux étoit diminué, de sorte qu'il devint dans le rapport de 15 à 16. Ainsi dans la succession *si ut re mi*, *si ut* étoit un semi-ton de 15 à 16, *ut re* un ton majeur, et *re mi* un ton mineur de 8 à 9, au moyen de quoi l'octave fut ainsi divisée : un semi-ton majeur, un ton majeur, un ton mineur, un semi-ton majeur, un ton majeur, un ton mineur et un ton majeur. A la vérité, quelques siècles après, Dydime d'Alexandrie entreprit de changer cette disposition, et proposa de placer le ton mineur de *ut* à *re* ; mais en adoptant l'innovation de Ptolemée, quant à l'inégalité des tons, on n'a pas adopté le changement proposé par Dydime.

Le principe qui guida Ptolemée fut probablement celui-ci : l'octave représentée par la fraction $\frac{1}{2}$ se divise en deux intervalles inégaux, la quinte et la quarte représentées par $\frac{2}{3}$ et $\frac{3}{4}$; ainsi il faut diviser de même la quinte en deux intervalles les plus simples possibles : or ces intervalles les plus simples sont ceux de $\frac{4}{5}$ et $\frac{5}{6}$, dont le premier $\frac{4}{5}$ se divise lui-même en deux

deux autres rapports les plus simples, $\frac{8}{9}$ et $\frac{9}{10}$. Ici, à la vérité, le principe nous abandonne, car il faudroit de même partager le rapport $\frac{5}{6}$ en deux autres les plus simples, qui seroient $\frac{10}{11}$ et $\frac{11}{12}$, et le ton majeur exprimé par $\frac{8}{9}$ devroit être partagé en ces deux $\frac{16}{17}$ et $\frac{17}{18}$. Mais ces rapports sont tout-à-fait irrationnels à l'oreille, et en effet ce seroit une erreur que de penser que l'oreille mesure cette plus ou moins grande complication arithmétique de rapports, quoique son plaisir en entendant une succession de sons, ou les entendant ensemble, soit proportionné à la simplicité du rapport qui les exprime.

Un autre motif de cette augmentation du semi-ton aux dépens des tons voisins, fut peut-être l'envie d'avoir plus d'espace pour le partager en deux, afin de former le quart de ton ou dièse enharmonique; car le demi-ton devenant dans le rapport de 15 à 16, on pouvoit facilement y appliquer le même raisonnement que sur l'octave divisée en quinte et quarte, et la quinte divisée en tierce majeure et mineure. On auroit eu alors pour les deux quarts de ton $\frac{30}{31}$ et $\frac{31}{32}$. Mais tout cela, nous le répétons, n'est pas plus fondé dans la nature que les espèces de demi-tons d'Aristoxène, de 16 à 17 et de 17 à 18, et ses quarts de ton de 32 à 33 et de 33 à 34.

Au reste, quoiqu'il en soit des motifs de Ptolemée, cette innovation a été généralement adoptée par les musiciens modernes. Ils ont, il est vrai, un peu disputé pendant un temps si l'on prendroit le ton majeur de l'*ut* au *re* ou du *re* au *mi*; mais à la fin, on est convenu de mettre le ton majeur entre l'*ut* et le *re*, parce que dans cette disposition il y a moins d'intervalles altérés. Ainsi nous comptons aujourd'hui de *ut* au *re* un ton majeur; de *re* au *mi* un ton mineur; de *mi* au *fa* un semi-ton majeur, ou de 15 à 16; du *fa* au *sol* un ton majeur; du *sol* au *la* un ton mineur; du *la* au *si*, un ton majeur; et du *si* à l'*ut* un semi-ton majeur.

A la vérité, dans cette distribution de l'octave il y a une quinte altérée, celle par exemple de *re* à *la*, qui est trop foible d'un comma de 80 à 81. Il en est de même de la tierce mineure de *re* à *fa*, qui est trop foible d'un pareil intervalle pour atteindre au rapport de 5 à 6. Il faut même observer que de quelque manière qu'on s'y prenne en distribuant ces tons majeurs et mineurs, on aura nécessairement au moins une quinte et quelques tierces fausses; mais comme la distribution de Ptolemée a l'avantage de donner le moins de ces intervalles altérés, on lui a donné la préférence. Il résulte d'ailleurs de ce changement, qui donne la plupart des tierces tant majeures que mineures, qu'il est possible de faire de la musique à plusieurs parties, par la multitude d'accords nouveaux introduits dans la musique. Quant à cette fausseté de quelques intervalles, on y a porté un remède peut-être pire que le mal, par le tempérament : il consiste à altérer tous les intervalles insensiblement, en sorte qu'on peut dire que sur un clavecin bien accordé, il n'y a pas une quinte, ni une tierce, ni un intervalle quelconque qui soit juste rigoureusement, à l'exception des octaves.

Nous n'avons plus que quelques mots à dire pour compléter cette exposition mathématique de la musique ancienne, c'est d'exposer dans le diatonique de Ptolemée que nous avons adopté, la valeur de tous les tons, soit diatoniques, soit chromatiques, comme nous avons fait pour l'échelle grecque ancienne. Or prenant comme ci-dessus pour la valeur du *proslambanomine*, ou *la* inférieur 4608, on a *si*, 4096 ; *ut*, 3840 ; *re*, 3456 ; *mi*, 3072 ; *fa*, 2880 ; *sol*, 2560 ; *la*, 2304 ; *si* ♭, 2160 ; *si*, 2048 ; *ut*, 1920, &c. Enfin si l'on cherche, par un procédé semblable aux précédens, les sons chromatiques, tant par *bémols* que par *dièses*, on aura finalement l'octave chromatique de *ut* en *ut*, à notre manière, comme il suit : *ut*, 3840 ; *re* ♭, 3645 ; *ut* ※, 3640 ; *re*, 3456 ; *mi* ♭, 3240 ; *re* ※, 3236 ; *mi*, 3072 ; *fa*, 2880 ; *sol* ♭, 2731 ; *fa* ※, 2730 ; *sol*, 2560 ; *la* ♭, 2430 ; *sol* ※, 2427 ; *la*, 2304 ; *si* ♭, 2160 ; *la* ※, 2157 ; *si*, 2048 ; *ut*, 1920. On voit ici que les sons chromatiques, soit bémols, soit dièses, approchent tellement les uns des autres, qu'ils coïncident presque. Mais encore est-il vrai de dire que le dièse de la note inférieure, *ut* ※ par exemple, est plus haut que le bémol de la note supérieure, comme *re* ♭.

Je crois ne pouvoir me dispenser de parler ici d'un paradoxe musical auquel le célèbre J. J. Rousseau n'étoit pas éloigné d'adhérer. Il avoit toujours passé pour constant que le rapport de la quinte étoit exactement exprimé par $\frac{2}{3}$. L'auteur du paradoxe dont il s'agit prétend qu'on est dans l'erreur. Son raisonnement, dépouillé de formules algébriques, est celui-ci : En prenant quatre tons de suite, montant de quinte en quinte, comme *ut*, *sol*, *re*, *la*, *mi*, et rabaissant ce *mi* de deux octaves, on a, *ut* étant 1, ce *mi* exprimé par $\frac{64}{81}$; mais le vrai *mi* donné par la résonnance du corps sonore est $\frac{4}{5}$, ou $\frac{64}{80}$, qui est plus bas : donc la quinte exprimée par $\frac{2}{3}$ est trop haute, et rigoureusement parlant elle est exprimée par $\frac{2.006}{3}$, qui est un son plus bas. De même si vous prenez une suite de quintes après *ut*, comme *sol*, *re*, *la*, *mi*, *si*, *fa* ※ ; *ut* ※, *sol* ※, *re* ※, *la* ※, *mi* ※, *si* ※, ce *si* ※ devroit être à l'unisson de l'*ut* ; or il est reconnu qu'il est plus élevé que cet *ut*. La quinte génératrice étoit donc trop haute.

Pour répondre à un pareil raisonnement, nous dirions volontiers que vouloir ainsi examiner l'exactitude de la quinte par la tierce, c'est vouloir mesurer la justesse d'une pendule en y employant une montre de poche. Il est bien vrai que le *mi* donné par la résonnance du corps sonore, après son abaissement à deux octaves est exprimé par $\frac{4}{5}$; mais il est encore plus vrai que la tierce donnée par le même phénomène est exprimée par $\frac{2}{3}$. On diroit que l'auteur de cette objection a oublié ou ignoré que le corps sonore donne encore plus distinctement la quinte d'*ut*, ou du moins la douzième qui est sa réplique, que le *mi*. Le sentiment de cette quinte est bien plus profondément gravé dans toute oreille musicale que celui de la tierce; quel est le musicien qui, pour accorder son instrument, n'employe pas la quinte, sauf dans les instrumens à touches à faire les altérations nécessaires pour faire accorder les tierces et les quintes, inconciliables entr'elles. Quel est au contraire le musicien qui s'est jamais avisé d'employer la tierce pour accorder son instrument. On auroit conséquemment bien plus de raison de dire que la vraie expression de la tierce n'est pas $\frac{4}{5}$ que de dire que celle de la quinte n'est pas $\frac{2}{3}$. Si la quinte et la tierce sont sœurs, la première est incontestablement l'aînée, et au lieu de recevoir des lois de la tierce, ce seroit à elle qu'il appartiendroit de lui en donner. L'auteur de cette opinion, (M. de Boisgelou), magistrat respectable, homme d'esprit, et versé dans les mathématiques, étoit un de ces hommes qui, par une subtilité malheureuse, trouvent des difficultés à tout. C'est ainsi qu'il prétendoit que l'équation algébrique si connue du cercle, l'abcisse partant du centre étoit faussse; que M. de l'Hôpital s'étoit trompé en calculant les différences du second ordre; qu'un calcul enfin qu'il donnoit valoit mieux que le calcul différentiel (1). Son opinion sur la quinte et la tierce sont du même genre.

J'ai déjà cité plusieurs auteurs anciens sur la musique; j'ajouterai Théon de Smyrne, dont Boulliau a donné la traduction, et Boece, qui a traité le même sujet à la suite de Nicomaque. Psellus en a aussi parlé.

Je finirai cet article en faisant connoître quelques ouvrages modernes sur la musique ancienne.

Musica libris quatuor comprehensa. (Parisiis, 1496, 1512 et 1552, *in*-4°.) C'est l'ouvrage de Jacques Faber d'Etaples (*Jacobus Faber Stapulensis*). On y trouve rassemblé d'un manière fort claire et précise la doctrine des anciens musiciens, surtout des géomètres.

(1) *Traité de l'Opinion*, tome III.

Della musica antica è moderna; dialogo di vincenzio Galilei, (Fir. 1582, *in folio*). Cet auteur étoit le père du célèbre Galilée. Son ouvrage est rare et estimé ; il fut le sujet d'une querelle vive et prolongée entre lui et Zarlino.

Compendio del trattato de' generi è modi della musica, di Giov. Bat. Doni (Romæ, 1635, *in*-4°.). *De praestancia musicae veteris, auct. J. B. Doni* (Flor. 1647 *in*-4°.). Il parroîtroit par-là que Doni avoit auparavant écrit un ouvrage plus étendu sur les genres et les modes de la musique ; mais je ne l'ai jamais rencontré. Ces ouvrages furent estimés de ses contemporains, et lui firent un nom parmi les savans et les musiciens.

Sistema musico, overo, musica speculativa dove si spiegano i piu celebri sistemi de' trè generi. Da Lemmi Rossi Perugino (Perugia, 1666, *in* 8°. 1668, *in*-4°.). C'est un traité des plus étendus et des plus profonds sur la musique ancienne. J'ai cependant osé m'écarter de sa manière de voir, en ce qui concerne les modes ou plutôt les tons de cette musique.

De la musique des anciens, par M. Perrault, &c. (Paris, 1680, *in*-12). Perrault y est bien décidément de l'avis que les anciens n'avoient point notre musique à plusieurs parties, et il y explique d'une manière bien vraisemblable tous les passages allégués en leur faveur.

Dialogue sur la musique des anciens, *&c.* par l'abbé de Châteauneuf. (Paris, 1725, *in*-8°.). L'auteur s'est principalement attaché à réfuter Perrault, ce qu'il fait en employant alternativement les armes du raisonnement et du sarcasme. Mais des plaisanteries ne sont pas des raisons ; cet écrivain auroit dû faire voir comment les anciens auroient fait de la musique à plusieurs parties avec des tierces telles que les leurs qui n'étoient pas consonantes.

Je termine enfin cette notice d'ouvrages instructifs sur la musique ancienne par celui de l'abbé Roussier, intitulé : *Mémoire historique et pratique sur la musique des anciens*, *où l'on expose le principe des proportions authentiques*, dites de Pythagore, *et de divers systèmes de musique chez les Grecs, les Chinois et les Egyptiens, avec un parallèle entre le système des Egyptiens et celui des modernes.* Paris, 1777, *in*-4°. Il n'est point d'ouvrage où cette matière ait été traitée avec plus d'érudition et de connoissances musicales. Roussier étoit un grand compositeur ; et j'avouerai que j'ai cru devoir réformer d'après lui une grande partie de ce que j'avois dit sur ce sujet dans la première édition de cet ouvrage.

CINQUIÈME SUPPLÉMENT.

Apologie plus étendue des philosophes de l'antiquité, sur les sentimens qui leur ont été attribués.

QUOIQUE j'aie déjà eu plus d'une occasion de venger quelques-uns des anciens philosophes des imputations que leur ont faites divers auteurs tels que Plutarque, Achilles-Tatius; Stobée, &c. j'ai cru devoir y destiner plus particulièrement un article. On diroit en effet que ces auteurs ne se sont proposé que de dégrader les philosophes en leur prêtant les plus grossières absurdités; je n'ignore pas que dans ces commencemens de la philosophie on a dû souvent s'égarer avant de trouver le chemin unique et difficile de la vérité. Telle est la marche de l'esprit humain. Mais il y a de si monstrueux et de si ridicules sentimens parmi ceux qu'on impute à ces philosophes que je ne saurois croire qu'ils aient pu les avoir et les enseigner comme le disent les auteurs dont nous parlons. Qui ne sera pas révolté en lisant dans Plutarque (1) qu'Anaximandre, dont nous avons vu tant de traits de sagacite, pensoit que les étoiles étoient les astres les plus voisines de nous; que les cercles du soleil et de la lune étoient des espèces de roues remplies dans leur concavité d'un feu qui sortoit par une ouverture ronde; que l'éclipse arrivoit quand quelque accident venoit à boucher cette ouverture. Cette ridicule imputation n'auroit-elle pas pris son origine de l'invention de la sphère armillaire et matérielle. Anaximandre avoit probablement représenté par des cercles évidés et mobiles les orbes de ces planètes pour rendre d'une manière sensible leurs mouvemens respectifs; mais quelque soit le sort de cette conjecture, qui pourra croire qu'Anaximandre ait pu se former du soleil et de la lune une idée aussi absurde, lorsqu'il saura que ce philosophe avoit appris de son maître Thalès la cause de ces éclipses, et au moins de celle du soleil, puisque Thalès en prédit une, mémorable par l'événement auquel elle donna lieu, ainsi que nous l'avons vu dans l'histoire de ses découvertes ou de ses idées astronomiques.

Ce n'est pas tout : on veut encore qu'Anaximandre se soit écarté de Thalès en disant que la terre étoit faite comme une colonne. Anaximène, son successeur, adopta dit-on des opinions encore plus monstrueuses; car non seulement il suivit le prétendu sentiment d'Anaximandre sur ces roues célestes; mais il ôta à la terre la rondeur qu'Anaximandre son maître lui avoit conservée en partie; il la fit plate comme une table et infinie

(1) *De Placitis philosophorum.*

en profondeur, ce qui le conduisit à dire que les astres ne tournoient pas par-dessous la terre, mais qu'après avoir touché l'occident ils couloient derrière elle le long de l'horizon pour gagner l'orient et y recommencer leurs course ; ce que le crédule auteur de cette narration, (Achilles Tatius), compare au mouvement d'un bonnet autour de la tête. Quant à Démocrite il enseigna, dit-on, que la terre étoit creuse comme un bassin pour contenir la mer qui, sans cela, se seroit écoulée de tous côtés.

Les Pythagoriciens ont aussi été chargés de ridicules imputations. On leur attribue d'avoir enseigné que le soleil n'étoit qu'un miroir qui réfléchissoit le feu primigène de l'univers; si on leur demandoit pourquoi le soleil arrivé aux tropiques rétrogradoit, ils répondoient, dit-on, que c'étoit parce que les tropiques étoient des barrières qui s'opposoient à son mouvement. On leur attribuoit encore d'avoir dit que la voie lactée étoit le chemin que Phaéton avoit autrefois brûlé en s'égarant, où celui que le soleil avoit d'abord suivi, ou bien, ce qui étoit une troisième opinion, la soudure encore apparente des deux moitiés de l'univers, autrefois créés à part, et ensuite réunies en un globe.

Pour peu qu'on soit doué d'un esprit de critique et d'équité envers ces anciens philosophes, on n'hésitera point à rejeter cette prétendue histoire de leurs sentimens, comme fausse et prodigieusement altérée par la crédulité et l'ignorance de ceux qui ont entrepris de nous la transmettre. En effet, je remarque d'abord à l'égard des premiers chefs de l'Ecole Ionienne que la plupart de ces imputations sont détruites parce que nous apprennent Diogène-Laërce et Pline. Le premier attribue à Anaximandre une doctrine très-sensée et très-juste sur la figure de la terre, et sur la distribution des sphères. Cela est encore confirmé par Aristote, suivant lequel Anaximandre disoit que la terre étoit immobile au centre de l'univers à cause de son uniformité. Et lorsqu'il parle de l'opinion de ceux qui faisoient de la terre une colonne, c'est-a-dire qui lui donnoient une forme circulaire dans un seul sens, il ne parle point d'Anaximandre. Or, l'on sait qu'Aristote étoit porté à attribuer à ses prédécesseurs des opinions fausses, pour avoir occasion de les combattre plutôt que de les excuser en taisant leur nom. Plutarque pourroit bien aussi avoir dit d'Anaximandre ce qu'il auroit dû dire de Leucippe à qui l'on attribue plus généralement cette opinion sur la figure de la terre. C'est à-peu-près ainsi qu'il se trompe en deux endroits différens au sujet d'Aristarque de Samos, lorsqu'il nous le représente comme un adversaire de l'opinion du mouvement de la terre et comme un accusateur de Cléante, tandis que c'est tout le contraire ; car Archimède dans la préface de son *Psam-*

mites ou *Arenarius*, attribue nommément à Aristarque l'opinion que le soleil est au centre de l'univers, et la terre en mouvement autour de lui.

L'autorité de Plutarque, quoique écrivain célèbre, n'est pas si imposante qu'on ne puisse la rejetter du moins en grande partie. Il y a déjà long-temps que les critiques n'adoptent qu'avec précaution ce qu'il raconte. On s'apperçoit d'abord en le lisant qu'il est bien plus jaloux d'étaler de vastes connoissances que de mettre du choix dans ses matériaux. Il est en particulier aisé de montrer qu'il n'a pas mis beaucoup d'exactitude dans son traité *De placitis philosophorum*. Sa méprise au sujet d'Aristarque en faisoit une preuve; en vain voudroit-on regarder cette méprise comme une simple faute de copiste qui auroit transformé le nom d'Aristarque en celui de Cléante, et *vice versâ*; mais cela n'est guère probable par ce que la faute est répétée. On trouve au reste une nouvelle preuve de l'inexactitude de Plutarque dans ces matières parce qu'il dit du sentiment d'Aristarque sur la cause des phases de la lune; sentiment conforme à la vérité, comme nous en pouvons juger par son livre de *Magnitudinibus solis et lunae* que nous avons encore. Cependant, qui le reconnoîtra dans l'énoncé de Plutarque qui lui fait dire : *Lunam circa solis orbem verti*, *umbram que suis inclinationibus inferre?* N'est-on pas porté à penser qu'Aristarque faisoit tourner la lune autour de l'orbe ou du corps du soleil; et en effet, l'auteur de l'origine ancienne de la physique moderne se l'est tellement persuadé qu'il impute cette grossière erreur à Aristarque. Cet ancien astronome étoit bien éloigné de donner une pareille explication des phases de la lune, puisqu'il en tire une méthode ingénieuse de mesurer la distance du soleil. Voyez ci-devant tome I. page 208. Que signifient ces paroles de Plutarque : *Umbram suis inclinationibus inferre*. Elles prouvent qu'il n'avoit nulle idée de la manière dont les phases de la lune sont produites; si donc dans une matière si claire on voit l'intelligence de Plutarque en défaut, quel jugement devons nous porter de son exactitude à nous rendre les opinions mêlées d'obscurités des autres philosophes. Aussi Casaubon voyant les contradictions de Plutarque avec Diogène Laërce suspectoit les récits du premier; et nous dirons hardiment qu'on ne doit lui donner aucune confiance, lorsqu'il impute à des hommes qui étoient les meilleurs esprits de leur siècle des sentimens absurdes comme la plupart de ceux qu'il rapporte.

Les autres écrivains qui se sont en quelque sorte plû à compiler cette ridicule histoire des opinions des philosophes comme Achilles Tatius, Stobée, &c. méritent encore moins de confiance; car ces derniers n'ont guère fait que copier Plutarque. Ainsi ils n'ajoutent aucun poids à son réçit. L'auteur du livre intitulé : *Philosophumena*, qui a pris le nom d'Origène, ne mérite pas plus de croyance. Achilles Tatius, dans son *Introduction aux phénomènes d'Aratus*, fait voir qu'il n'avoit aucune intelligence en ces matières.

Une cause qui a peut être beaucoup contribué à ces contes ridicules sur les sentimens des philosophes est l'ambiguité de leurs expressions et la contrainte à laquelle ils étoient sujets. Les Grecs avoient en effet sur la nature des astres et de la terre des opinions qu'il n'étoit pas permis à leurs philosophes de contredire. Anaxagore fut obligé de fuir pour avoir osé dire que les astres étoient de la même nature que la terre ; et Aristarque faillit être accusé d'impiété pour avoir pensé que la terre étoit en mouvement autour du soleil, comme s'il eût attenté au respect dû à Vesta, en troublant son repos au centre de l'univers. Tels étoient enfin les préjugés d'un peuple ignorant qu'on encouroit au moins un ridicule singulier en les contredisant. Ainsi la terre passoit pour être infinie en profondeur et on la façonnoit à-peu-près comme une borne dont le dessus étoit l'habitation du genre humain. C'est là l'idée qu'on attribue à Xénophane qui, peut être, aima mieux la respecter que de la contredire. Il falloit par conséquent que les astres qui avoient d'ailleurs un mouvement oblique à l'horizon pour le climat de la Grèce, passassent obliquement à côté, et non au-dessous de la terre. Ainsi cette opinion n'étoit point celle d'Anaximandre ni d'Anaximène, mais celle du vulgaire qu'ils ne contredisoient pas entièrement en s'énonçant ainsi. D'ailleurs, l'invention de la sphère armillaire, attribuée à Anaximandre, le conduisoit nécessairement ainsi qu'Anaximène à montrer que dans le climat de la Grèce les astres ont un mouvement oblique à l'horizon. Tout cela brouillé dans la tête d'un vulgaire ignorant et incapable d'entendre ces matières, put faire dire que ces philosophes donnoient aux astres un mouvement oblique à l'égard de la terre ; et que suivant eux les astres ne passoient point au-dessous de la terre, mais à côté. C'est ainsi que ridiculisant, ou n'entendant pas l'opinion d'Anaxagore sur les couleurs des corps, on lui fit dire que la neige étoit noire. Ce philosophe ne disoit probablement autre chose sinon que les couleurs n'existent pas dans les corps mêmes ; que sans la lumière tout étoit sans couleur, et que la neige n'en avoit pas davantage qu'un corps noir.

Il est encore une autre cause qui a pu beaucoup contribuer à défigurer les opinions de ces philosophes, c'est que plusieurs d'entreux écrivirent en vers, et firent de leurs traités de physique des espèces de poëmes, quelquefois embellis d'expressions figurées, plutôt que des ouvrages didactiques. On a des exemples dans

dans *Empedocle*, cité par Achilles Tatius, dans *Parmenide*, dont il nous est parvenu des fragmens; et il est assez probable que Leucippe et Xénophanes avoient aussi publié de cette manière leurs pensées. Eratosthène le fit encore dans un temps assez postérieur. Ces philosophes poëtes, ou quelques poëtes pythagoriciens feignirent peut-être que la voie lactée étoit l'ancienne route du soleil dans le ciel, ou la trace de celui que Phaéton avoit incendié. Il n'en fallut pas davantage pour leur imputer comme une opinion réelle, ce qui n'étoit qu'une fiction poétique. Empédocle avoit dit sans doute quelque part que les tropiques étoient les barrières du cours du soleil; nous le dirions encore poëtiquement aujourd'hui; on l'interpréta à la lettre, et on lui fit dire, de même qu'aux pythagoriciens, que ces cercles étoient des barrières matérielles qui obligeoient le soleil de rebrousser chemin. Comment les phythagoriciens à qui les découvertes de la secte ïonique à cet égard ne pouvoient être inconnues, pouvoient-ils ignorer que ce rebroussement apparent n'étoit que l'effet de l'obliquité du zodiaque ou de l'écliptique, trouvée dans cette école.

Mais si l'on disoit que tout ceci n'est que conjecture, je répondrais qu'il est facile de démontrer par un exemple, qu'un vers d'Empédocle a servi à lui imputer une grossière absurdité. Achilles Tatius lui fait dire que la lune est un morceau arraché du soleil, et qu'elle preuve en cite ce philologue peu intelligent? c'est un vers très-vrai et très-poëtique du philosophe pythagoricien, qui en parlant de la lune dit: *Circulare circa terram volvitur alienum lumen* : cet *alienum lumen*, ou flambeau ou lumière d'emprunt lui a suffi pour imputer à Empédocles l'opinion ridicule dont je parle, tandis qu'on n'y voit aujourd'hui que le sentiment des anciens et des modernes sur l'illumination de la lune par le soleil; d'après cela on peut regarder l'évêque Tatius comme un homme étranger à la physique et à l'astronomie.

C'est peut-être par une semblable méprise que l'on a imputé aux pythagoriciens d'avoir pensé que le soleil n'étoit qu'un miroir réfléchissant le feu primigène de l'univers. C'étoit probablement une expression allégorique par laquelle ils vouloient dire que le feu répandu d'une manière invisible dans l'univers nous étoit renvoyé et rendu sensible par le soleil; c'est-là sans doute une opinion qui n'est point si déraisonnable, et qui a été celle de philosophes très-instruits. Le soleil qui nous fait sentir ce feu principe vivifiant de la nature pouvoit en être appelé poëtiquement le miroir, le représentatif, comme celui qui le rassemble et nous le renvoye en flots lumineux. Des compilateurs sans connoissances prirent l'expression à la lettre, et c'est ainsi que les erreurs s'établissent.

L'idée de cette seconde terre appelée *antictone*, toujours opposée à celle que nous habitons est à la vérité plus difficile à justifier. Je crois que par quelque raison tirée des propriétés des nombres ou d'une fausse physique, les pythagoriciens reléguant le soleil au centre de l'univers trouvoient que le nombre des planètes que nous connoissons étoit incomplet. Il falloit donc, selon eux, une planète de plus pour compléter ce nombre, et comme personne ne pouvoit se vanter d'avoir vu cette planète, il falloit qu'elle tournât de manière à être invisible pour nous, c'est-à-dire qu'elle se mût diamétralement opposée à la terre et d'un mouvement égal au sien. Cependant Cléomède a expliqué cette antictone par les antipodes, où l'hémisphère terrestre qui nous est opposé; cette explication est plus favorable aux pythagoriciens; mais je ne sais si elle est susceptible d'être conciliée avec ce que les pythagoriciens disoient de leur antictone. Quoi qu'il en soit, qui croira que des philosophes aient pu dire autrement que par fiction poëtique, que les tropiques étoient les barrières réelles qui empêchoient le soleil de s'écarter de l'équateur au-delà d'un certain terme; que la voie lactée étoit l'ancien chemin incendié par Phaéton, ou la soudure des deux hémisphères célestes?

Je termine cette discussion par une réflexion qui me paroit péremptoire; c'est que cette histoire des sentimens des philosophes donnée par Plutarque, Tatius, Origène, &c. est entièrement contraire à la marche de l'esprit humain dans les mathématiques. En effet, on voit par Diogène Laërce et plusieurs autres que les fondateurs de la philosophie grecque avoient des sentimens très-justes sur la figure de la terre, sur l'obliquité de l'écliptique, ou de la route du soleil, sur la distribution de la sphère, et divers autres phénomènes. Cependant on verroit leurs disciples et leurs successeurs, c'est-à-dire les meilleurs esprits de leurs écoles s'égarer aussitôt; et malgré la lumière que jettent des vérités mathématiques une fois connues, enfanter de monstrueuses absurdités. Ce ne fut jamais là la marche des sciences et surtout des mathématiques. Il me paroît donc démontré que ces histoires philosophiques de leurs sentimens sont des tissus d'inexactitudes, et que ceux qui les ont rapportées étoient des gens sans critique.

SIXIÈME SUPPLÉMENT.

DU CALCUL DES DÉRIVATIONS, *par le cit.* ARBOGAST.

UN de nos plus habiles géomètres a publié en 1800 une nouvelle espèce de calcul qu'on peut regarder comme une découverte dans l'analyse. Il avoit déjà envoyé en 1789 un mémoire sur des principes du calcul différentiel, indépendans de la notion des infiniment petits et des limites. Ce mémoire n'avoit pour objet que l'établissement de ceux des principes du calcul différentiel qui se rapportent au passage des quantités discrètes aux quantités continues; mais il est dans ce calcul une seconde espèce de principes dont il ne s'y occupoit point; ce sont ceux qui concernent les règles pratiques pour former les différentielles successives. En méditant sur la nature de ces principes, il vit naître dès-lors les premiers germes des idées et des méthodes qu'il vient de développer dans le grand ouvrage du calcul des dérivations.

Les coéfficiens différentiels successifs offrent l'exemple de quantités qui dérivent les unes des autres par un procédé uniforme d'opérations ; Arbogast donne une extension heureuse et hardie à cette idée, en considérant des quantités arbitraires quelconques comme dérivant les unes des autres, non en elles-mêmes, mais seulement dans les opérations qui les assemblent ; c'est ainsi qu'en développant une fonction de polynome dont les coéfficiens sont des quantités quelconques a, b, c, &c. il les considère dans le développement comme s'engendrant successivement par la nature de l'opération développante, qui n'admet que a dans le premier terme de la série, que a et b dans le second, que a, b et c dans le troisième et ainsi de suite ; de sorte que les dérivées qu'il considère sont moins des dérivées de quantités que des dérivées d'opérations.

Cette idée heureuse appliquée au développement de fonctions quelconques, non-seulement d'un seul, mais de plusieurs polynomes simples, doubles, triples, &c., c'est-à-dire, ordonnés selon les dimensions d'une, de deux, de trois lettres, conduit à des formules très-élégantes, et à des règles très-concises et faciles pour calculer, soit les termes successifs de ces développemens, soit un terme quelconque isolé, indépendamment des termes antérieurs.

Dans ces développemens, les coéfficiens se composent généralement de deux espèces de quantités ; les unes restent affectées du signe de la fonction, les autres s'en dégagent ; il n'entre que le premier terme du polynome dans les premières ; les dernières présentent des grouppes composés des coéfficiens du polynome; l'auteur les appelle avec justesse, des quantités polynomiales. Les quantités qui restent soumises au signe de la fonction suivent dans leurs dérivations les lois même du calcul différentiel, en supposant la différentielle de la variable constante et égale à l'unité. La formation des quantités polynomiales constitue proprement les procédés dérivatifs qui sont si simples et si expéditifs, qu'en faisant dériver ces quantités les unes des autres, on en peut écrire, sans s'arrêter, le développement tout réduit, et même écrire sur-le-champ l'expression toute réduite d'un terme quelconque du développement indépendamment des autres. Mais il faut voir dans le volume d'Arbogast le détail de ces règles, et des notations qu'il emploie, elles sont simples, peu nombreuses, caractéristiques, analytiques. Elles procurent à l'analyse un avantage bien sensible, celui de pouvoir faire entrer dans les calculs l'expression symbolique d'un terme quelconque du développement d'une fonction, d'un ou de plusieurs polynomes.

Ce nouveau calcul influera nécessairement sur les progrès de l'analyse : il donne à la science des développemens une facilité et une simplicité inconnues jusqu'à ce jour; il fournit à l'analyse de nouveaux moyens aussi puissans que variés; Il apporte dans beaucoup de recherches de grandes simplifications, surtout, par la faculté qu'il donne de représenter par des signes analytiques des séries entières, de les développer quand on le juge à propos, et d'arrêter le développement à tel degré d'expansion qui paroît convenable.

Il offre au calcul différentiel, qui n'en est qu'un cas particulier, des secours essentiels, surtout pour calculer les différentielles des ordres supérieurs dans les cas compliqués, soit totales, soit partielles, et des formules neuves et générales pour les rapports différentiels tirés d'une équation à deux variables sans passer par la voie laborieuse des substitutions successives.

Il enchaîne par des liens nouveaux les principales branches de la théorie des suites; comme la théorie des séries récurrentes simples et multiples; le retour général des séries et celui des fonctions; la transformation, la sommation et l'interpolation des suites; la doctrine des produits continus de facteurs en progression arithmétique; le développement de certaines fonctions et des suites qui procèdent selon les sinus ou cosinus des multiples d'un même arc; la théorie de l'élimination, &c. &c. ce sont autant de branches qui se lient naturellement aux dérivations, et en reçoivent des accroissemens ou des simplifications, et dont la plupart ont été enrichies par le nouveau calcul de formules fécondes, et de théorêmes intéressans.

En associant au calcul des dérivations la méthode de séparation des échelles d'opérations, dûe au même géomètre, et exposée dans le même ouvrage, on parvient à établir avec une simplicité étonnante les formules les plus importantes du calcul direct et inverse des différences (finies); plusieurs théorêmes sur le rapport entre les différences et les différentielles, entre les sommes et les intégrales; les conditions d'intégrabilité; les formules pour les cas compliqués de la méthode des variations; enfin, des théories entières de calcul différentiel et intégral. Cette méthode consiste à détacher, quand cela se peut, les signes d'opérations de la fonction qu'ils affectent dans une équation, à traiter l'équation composée de symboles et de quantités qui en provient, comme si ces symboles étoient des quantités, à multiplier ensuite le résultat par la fonction qu'on avoit détachée. Depuis Leibnitz, les géomètres préludèrent en quelque sorte à cette méthode; quelques-uns y touchèrent de très-près sans l'apercevoir. Il semble que la méthode d'Arbogast est ce que Waring paroissoit desirer quand il parloit d'une méthode de déduction, (*Meditiones analaticae, cantabrigiae*, 1785); mais il falloit pour réaliser cette idée un des premiers géomètres de ce siècle.

ADDITION *pour la page* 22.

Le 1er. janvier 1801 M. Piazzi, astronome de Palerme, découvrit une nouvelle planète située entre Mars et Jupiter, et dont voici les élémens calculés par le cit. Burckhardt le 1er. mars 1802.

Epoque de 1802 (la veille à midi). . . .	5s	5°	32′	35″.
Aphelie.	10	26	44	37.
Nœud.	2	21	2	20.
Mouvement annuel.	2	18	13	18.

Distances moyennes, celle du soleil étant 1. . . 2,76587.
42 millions de myriamètres, ou 95 millions de lieues.

Excentricité, 0,07887. Equation, 9° 2′ 38″. Inclinaison, 10 37 17.

Révolution tropique, 1679j 84, ou 4 ans, 7 mois, 9j 20h 15′.

Révolution sinodique, ou retour des conjonctions et oppositions, 456,85, ou 1 an, 91j 20h 21′.

Révolution sidérale, 1680j 17. Durée de la rétrogradation, 92j. Arc de rétrogradation, 13° 10′. Diamètre, 290 lieues environ.

Enfin le 28 mars 1802, M. Olbers a découvert à son tour, à Bremen, une nouvelle planète, dont nous n'avons pas encore les élémens; ils seront à la fin de la table de ce volume.

SUR LA VIE ET LES OUVRAGES
DE MONTUCLA,

Extrait de la Notice historique lue par Auguste-Savinien LE BLOND, *à la Société de Versailles*, *le* 15 *janvier* 1800.

AVEC DES ADDITIONS PAR JÉRÔME DE LALANDE.

JEAN-ETIENNE MONTUCLA, membre de l'Institut National, de l'Académie de Berlin, censeur royal, &c. naquit à Lyon le 5 septembre 1725. Son père étoit négociant, et le destinoit à la même profession; mais les premières leçons de calcul auxquelles il le fit initier de bonne heure, devoient germer en lui d'une manière bien plus brillante. Les premiers développemens furent le fruit de l'éducation soignée que l'on donnoit à Lyon.

Le collège des Jésuites de Lyon étoit un des plus complets qu'il y ait jamais eu, et l'on y envoyoit des élèves même des pays étrangers; Montucla y prit cette connoissance intime des langues anciennes, par laquelle il lui fut si aisé dans la suite de se familiariser avec les langues modernes. Des dictionnaires lui suffirent en effet pour apprendre l'italien, l'anglois, l'allemand, le hollandois.

C'est aussi dans ses classes qu'il donna à sa mémoire cette immuable fidélité à laquelle n'échappa jamais le moindre détail des objets qui l'avoient occupé.

On sent combien il eut à se louer toute sa vie de systême d'instruction, dont il eût été bien plus philosophique de régulariser les corrections que de tout détruire, sans avoir même soupçonné les moyens de remplacement.

On ne voit de nos jours, dans les anciennes études, que le laborieux sacrifice des premières années de l'homme à l'acquisition exclusive du grec et du latin. Pourquoi ne pas ajouter qu'en apprenant le latin on apprenoit aussi l'histoire, la chronologie, la physique, les mathématiques.

Pourquoi ne pas apprécier aussi ce goût du travail, cette

noble émulation, ce desir de ne pas se contenter de la surface du savoir, cette application, enfin, qui ne tendoit pas sans doute à faire des hommes universels, mais qui préparoit souvent des hommes profonds, et presque toujours des esprits justes, droits, et fidèlement attachés à l'ordre d'instruction que leur imposoit la place qu'ils devoient occuper dans la société.

Montucla n'eut point à cet égard d'obstacles à vaincre. Les mathématiques, vers lesquelles il se sentoit entraîné, étoient trop honorées par ses professeurs. L'ordre des Jésuites a produit des mathématiciens célèbres, et il y en avoit plusieurs à Lyon, entr'autres le P. Béraud, le P. Dumas, qui formèrent quelques années après Lalande, Bossut, &c. On a vu dans plusieurs endroits de cette histoire combien Montucla conservoit de reconnoissance pour les Jésuites; et son ami Lalande partage ces sentimens au point de faire imprimer dans le *Bien-Informé* du 3 février 1800, un article sur les Jésuites: « Ce fut, dit-il, » le plus bel ouvrage des hommes, dont aucun établissement » humain n'approchera jamais, l'objet éternel de mon admi- » ration, de ma reconnoissance, de mes regrets ».

A seize ans Montucla avoit perdu son père; et l'aïeule restée protectrice de son éducation ne survécut que quatre ans. Après avoir fini ses études, il alla faire son droit à Toulouse. Fier encore de son capitole, l'ancien chef-lieu de la province romaine conservoit presque dans sa pureté le droit romain qui régissoit la France méridionale; c'est dans cette arène qu'une jeunesse luttant de force logique et d'adresse oratoire, se donnoit l'activité d'esprit que réclament les fonctions du barreau.

Tout homme qui n'embrassoit pas le parti des armes, croyoit se devoir cet accroissement d'instruction; et dans le titre d'avocat se préparoit, pour le reste de sa vie, le fruit et le souvenir d'une éducation soignée.

Il vint ensuite chercher à Paris ce que Paris seul peut offrir, leçons dans toutes les parties, par des maîtres consommés; riches collections des productions de la nature et de l'art; bibliothèques immenses, et plus encore réunions des savans et des gens de lettres dans tous les genres.

Ces réunions n'étoient point organisées comme elles le sont à-présent; mais déjà elles étoient utiles.

Parmi les sociétés qu'il fréquenta il y en eut une dont nous devons parler plus particulièrement, puisque le jeune Montucla lui dut à-la-fois et l'inspiration de son grand ouvrage, et le gage de son état futur.

On a souvent vu les gens de lettres rechercher dans la librairie des r ports également essentiels à leur gloire et à leurs intérêts; et plus d'une existence scientifique a dépendu de tel ou tel degré de facilités offertes par le commerce à la publication d'un ouvrage; c'est le témoignage que Lalande rend au libraire Desaint.

Mais la maison de Jombert avoit véritablement un caractère plus intéressant par l'aisance et la bonne humeur du maître, et les agrémens de sa femme; ce magasin étoit devenu le chef-lieu de la librairie des sciences et des arts.

C'est là que riant des Académies, et de la morgue dont chacun d'eux au Louvre n'avoit garde de se défendre, le mathématicien et le poëte, le moraliste et le tacticien, le peintre et le médecin, se réunissoient chaque soir, et pour conserver une de leurs expressions familières, s'émoustilloient mutuellement pour entretenir leur esprit dans la vivacité et le ressort, nécessaires à toutes ses opérations, et où des soupers agréables terminoient souvent des soirées intéressantes.

Le rapprochement étoit d'autant plus piquant chez Jombert, que son onds, principalement consacré aux mathématiques, s'étendoit nécessairement à deux ramifications bien riches, l'art militaire et l'architecture, et que parce celle-ci, aussi bien que par la perspective, se rattachoit le peu de livres que les beaux-arts aient fournis.

Aussi avec Diderot, d'Alembert, e Gua, se trou voient Lalande, Blondel, Cochin, Coustou, le Blond, mort en 1781, et son neveu (1).

C'est parmi eux qu'il trouva non-seulement des émules, mais

(1) Oncle de celui qui a rédigé cette Notice.

des amis pour le reste de sa vie; et le Blond, d'Alembert, Cochin furent ceux qui survécurent le plus.

Après avoir vu Montucla sur un pareil théâtre, nous ne chercherons pas ce qui lui fit sentir la nécessité de coordonner les connoissances mathématiques dont il trouvoit autour de lui tant de matériaux épars, de rendre à tant de grands noms ce qui leur manquoit de gloire, et d'établir le juste degré de reconnoissance due à chacun.

Ce n'étoit plus qu'en se délassant qu'il pouvoit se prêter à des sujets moins vastes; et quoiqu'il eût fait un livre tout neuf des *Récréations mathématiques d'Ozanam*, par la multitude d'articles ajoutés, élagués, substitués, il garda si bien l'anonyme que cette nouvelle édition lui fut renvoyée comme censeur de la librairie pour les ouvrages mathématiques (2).

Il en usa de même pour divers opuscules qu'il donna aux presses de Jombert, et pour les reproductions d'anciens traités, dont il se chargeoit de confiance.

C'est-à-peu près vers ce temps qu'il concourut à plusieurs années de la *Gazette de France*.

L'année 1756 avoit offert à la France la solution du grand problême de l'inoculation tentée sur la personne du premier prince du sang. Montucla traduisit de l'anglois tout ce qui conservoit les traces naissantes de cette pratique naturalisée en Angleterre en 1721, par Milady Montague revenant de Constantinople. C'étoit presque un recueil de pièces justificatives qu'il ajoutoit au mémoire de la Condamine.

Mais ce n'est plus comme éditeur que nous devons considérer notre confrère.

Dès 1754, il avoit mis au jour son *Histoire des recherches sur la Quadrature du cercle;* ouvrage du plus grand intérêt, à raison de la multitude de spéculateurs qui s'égaroient encore à cette recherche trompeuse, et des vérités curieuses qu'elle avoit fait éclore.

L'accueil que l'on fit à cet ouvrage ne fut pas, sans doute,

(1) Les suivantes ont cependant les initiales de son nom.

le moindre des encouragemens qui portèrent l'auteur à étendre son travail, et à se charger de l'honorable tâche de décrire les progrès de l'esprit humain dans une carrière où l'on peut dire que l'esprit humain a tout créé ; et où il falloit autant d'érudition que de savoir en mathématiques.

Avec quel intérêt ne suit-on pas dans l'histoire des mathématiques le fil artistement disposé qui, de siècle en siècle, de peuple à peuple, de savant à savant, nous rend sensible le développement de chacune des vérités, et le secours mutuel qu'elles se sont prêté ! Avec quel plaisir nous reconnoissons dans leur antique simplicité le germe nécessaire de ce qu'elles étalent aujourd'hui de luxe et de richesse ! Avec quelle reconnoissance nous voyons passer en revue tant d'hommes célèbres qui ne comptoient leurs instans d'existence que par les pas nouveaux qu'ils faisoient faire à la science ! Avec quel religieux respect, enfin, nous admirons la progression sans cesse croissante des trésors accumulés pour nous depuis l'origine des siècles !

L'école de Pythagore qui occupe une place si importante dans l'ancienne philosophie, nous offre les premiers pas dans la géométrie et dans la science des nombres, les premières règles de la science musicale ; et vingt siècles ont à peine ajouté aux principes des consonnances et des dissonnances.

C'est de même à l'occasion d'Hipparque que se développe le systême solaire ; à Ptolemée se précise celui des planètes ; Platon, ou plutôt Eratosthène, amène les sections coniques ; Archimède, les courbes, la pesanteur spécifique, et le pouvoir de réflexion ; Euclide, l'art des démonstrations, et une synthèse, dont Montucla aima toujours la marche rigoureuse.

C'est dans des bibliothèques entières, c'est dans toutes les langues, c'est souvent au milieu d'un chaos informe, qu'il falloit chercher une liaison, remonter à une première pensée, rectifier une prétendue découverte, et la rétablir à son véritable auteur. L'histoire des mathématiciens arabes l'occupa long-temps.

Ici Descartes et Newton sont comparés ; là Newton et Léibnitz sont en scène ; ailleurs Galilée ; plus loin Huygens ; par tout les anecdotes qui peuvent égayer la matière et soutenir l'attention ; les querelles littéraires ; les subterfuges et les tentatives de l'esprit de parti ; enfin, il le falloit bien aussi pour la fidélité de l'histoire, les discussions souvent trop vives dont les génies les plus élevés ont quelquefois scandalisé l'univers.

Les théories les plus délicates, les systèmes les plus profonds, l'analyse la plus abstraite devoient se fondre, s'amalgamer si bien dans le style narratif, qu'on ne crût lire qu'une histoire lorsque réellement on se trouvoit initié dans tous les mystères des mathématiques. Il étoit d'ailleurs très-bon géomètre, les *Sections coniques de la Hire* l'avoient familiarisé avec la géométrie ancienne; et l'on a vu de lui des mémoires d'analyse qui prouvoient du talent, mais qu'il n'a jamais publiés.

L'*Histoire des mathématiques* parut en 1758, en 2 vol. *in*-4°. elle assura à son auteur une place distinguée dans le monde savant; et si la modestie avec laquelle il s'annonça lui-même ne permet pas d'exiger par tout de lui un style également riche et recherché, on doit rendre justice à l'extrême clarté et a la précision vraiment admirable avec lesquelles il a su traiter les matières qui en paroissoient le moins susceptibles.

Aussi l'étranger honora-t-il les efforts de Montucla : l'Académie de Berlin se l'étoit associé le 3 juillet 1755, et de tous côtés il étoit fortement pressé d'aborder le 18e. siècle pour lequel il annonçoit dès lors un troisième volume, que même il regardoit comme très-avancé.

Mais il fut attiré à Grenoble en 1761 comme secrétaire de l'intendance, son caractère égal et paisible l'éloigna des sociétés bruyantes ; la maison même où s'élevoit pour lui une compagne, n'étoit pour lui qu'une retraite où son inclination se déguisoit à elle-même sous le spécieux intérêt d'une correspondance littéraire : le plus souvent il se bornoit à tenir au père fidèle compagnie, tandis que la mère et la fille alloient remplir au-dehors les inutilités que la société appelle des devoirs, et se livrer à des distractions qu'elle suppose des plaisirs ; mais la fille étoit aimable.

L'amitié du père seconda les dispositions de la fille, et Montucla forma en 1763 avec Marie-Françoise Romand des nœuds qui, jusqu'à la fin de ses jours, ont contribué à son bonheur.

Le chevalier Turgot ayant été chargé en 1764, par le duc de Choiseul, de former une colonie, avec Thibaut de Chanvallon, à Cayenne, il demanda comme premier secrétaire Montucla, qui joignit à ce titre celui d'astronome du roi. Les malheurs de cette expédition ne laissèrent pas à l'astronome le temps de joindre ses propres travaux à tous ceux qu'il avoit si bien décrits.

Je n'ai pu me procurer la relation qu'il fit sous le nom du gouverneur, et dans laquelle se trouve la liste des plantes qu'il rapporta aux serres de Versailles. De ce nombre étoient le cacao et la vanille, qu'il présenta à Louis XV à son arrivée. Un haricot sucré; *le gros perlé*, cultivé depuis cette époque dans le potager.

Rendu au bout de quinze mois à sa patrie, c'est à Grenoble qu'il la retrouva toute entière dans la famille de sa femme; et c'est à Grenoble que l'amitié de Cochin lui fit parvenir le choix qui lui ouvroit une nouvelle existence.

La somptuosité des bâtimens avoit pris un tel essor sous Louis XIV, que tous les arts n'avoient presque plus en France de destination, que de les construire, de les embellir, de les varier; et les Académies (des arts), et les manufactures sembloient si bien absorbées dans ce magique concours, qu'il en étoit résulté une sorte de ministère particulier, d'autant plus recherché que la grande raison d'Etat ne venoit jamais combattre les décisions du chef.

Le marquis de Marigny avoit su se faire aimer dans une place qu'il devoit au titre de frère de la marquise de Pompadour; et la confiance qu'il eut en Cochin, honorable pour le directeur-général, parce qu'elle étoit méritée par l'artiste, devint utile à Montucla. Cochin n'éprouva de difficultés pour en faire un premier commis des bâtimens, que de la part de cette modestie qu'il portoit à l'excès; mais enfin il accepta des fonctions qui le replaçoient au centre de ses anciens amis, qui le mettoient à portée de les servir, de les favoriser, de leur rendre justice, de leur préparer des encouragemens, de leur faciliter les occasions que reclamoient leurs talens. Désormais il n'étoit plus une faveur qui ne dût leur arriver par lui, ni un de leurs besoins qu'il ne voulût prévenir.

L'abbé Terray, en réunissant au maniment des finances celui des bâtimens, crut aussi devoir déranger leur administration, et les fonctions de Montucla en éprouvèrent de grandes diminutions. On ne le vit jamais cependant se plaindre de ceux même qui pouvoient avoir profité de ce changement d'organisation, ni chercher à se prévaloir de la confiance qu'il retrouva sous le comte d'Angiviller.

Plus de vingt-cinq années d'assiduité administrative ne nous offriront rien pour l'éloge du savant; il s'occupoit cependant de l'Histoire des Mathématiques, dont l'édition étoit épuisée depuis long-temps; mais il le faisoit en secret, pour que le directeur-général des bâtimens ne le soupçonnât pas de négliger les fonctions de sa place.

Il n'étoit pas moins connu et estimé des savans; Lalande fut chargé de lui offrir une place dans l'Académie des Sciences, et il la refusa, par délicatesse, parce qu'il sentoit qu'il n'auroit pas assez de loisir pour la bien remplir.

La portion de temps que d'autres croyoient pouvoir donner à leur plaisir, abandonner à leur famille, c'étoit toujours aux détails de sa place qu'il la rapportoit, ou bien à ses études.

Il ne se réservoit pas même les soirées, où l'usage de Versailles appeloit chez lui de nombreuses sociétés. S'il y paroissoit, ce n'étoit que quelques minutes, et comme pour trouver une nouvelle vigueur aux travaux de cabinet: il disparoissoit, et n'en étoit au souper que plus franchement disposé à plaisanter et à rire.

Il parloit avec aisance, mais avec simplicité et sans prétention, contoit avec beaucoup de naïveté, et respiroit dans toute son habitude la bonhomie de la vertu, et la délicatesse du bon goût.

La traduction des *Voyages de Carver* est le seul monument de sa plume pendant cette longue époque; encore ne la fit-il que par le desir d'utiliser un délassement qu'il ne pouvoit refuser à sa famille, en même-temps qu'il concouroit à ses fonctions habituelles. Chargé spécialement des correspondances avec les voyageurs dont le gouvernement prescrivoit le but, il se faisoit un devoir de connoître toutes les relations qui paroissoient en Europe. Celle de l'anglois Carver promettoit des détails vraiment neufs sur l'intérieur de l'Amérique septentrionale. Il n'essaya d'abord que d'en amuser ses enfans : mais il sentit bientôt que cette traduction instantanée occuperoit à peine quelques instans de plus s'il la transcrivoit à mesure, et qu'alors elle produiroit un bon ouvrage ; il le publia en 1783.

Il auroit pû faire des ouvrages utiles à ses intérêts; mais ses émolumens suffisoient à ses besoins, à son aisance ; il voyoit dans sa position des ressources assurées pour l'éducation de ses enfans, de justes motifs d'espérer pour eux un établissement honorable ; il trouvoit dans une sage économie les ressources d'une industrieuse bienfaisance : son ambition ne pouvoit s'élever davantage; aussi perdit-il tout en perdant sa place, à la révolution.

Ce fut alors que Lalande le pressa de s'occuper d'une nouvelle édition de l'*Histoire des Mathématiques*; et détermina Panckoucke à le dédommager de ses pertes.

Les détails de sa seconde édition étoient d'autant plus attachans pour lui, qu'il ne s'agissoit pas seulement de corriger la première, mais de lui donner cette extension qu'il avoit promise ; et quarante ans avoient bien ajouté à ce grand dessein. Il avoit à présenter un siècle entier; ce siècle est celui des Euler, des Bernoulli, des Clairaut, des d'Alembert, des Condorcet, et pour ne prononcer que deux des noms qui appartiennent déjà à la postérité, des la Grange et des la Place.

Les séries reconnoissent des lois ; les courbes se classent ; de nouvelles différentielles ajoutent encore à la théorie des infinis ; les fluides se pèsent ; le système planétaire se vérifie ; l'harmonie des mondes n'est plus un système ; et la gravitation manifestée dans ses moindres effets devient l'agent universel.

Enfin, par quel sublime résultat semblent se couronner devant nous les travaux de tous les siècles; théorie de la terre; dilatabilité des métaux; lois des réfractions; tout ce que le génie des observations réclame de délicatesse; tout ce que le choix des instrumens et la fidélité des opérations suppose de sagacité, est réuni dans le grand système des poids et mesures.

En attendant, il publia le 7 août 1799 les deux premiers volumes. On y vit des améliorations de toute espèce; beaucoup de faits qui n'étoient qu'annoncés dans la première édition sont détaillés dans la seconde : on trouve d'ailleurs beaucoup plus de précision dans toutes les citations : enfin, une augmentation de la moitié de la première édition. En même temps il faisoit imprimer le troisième volume, mais il ne put le conduire que jusqu'à la page 336; on a vu dans la préface de ce troisième volume de quelle manière le cit. de la Lande y a suppléé.

Montucla fut de l'Institut national dès sa création; il avoit eu les secondes voix à la dernière nomination de l'Académie des Sciences pour la place d'associé libre, qui fut donnée à Dietrick. En 1794, toutes les administrations furent chargées de dresser des listes complettes de ce qui restoit de gens ayant cultivé les sciences, ou propres aux emplois. Tous venoient se faire inscrire, et Montucla sembloit craindre d'être apperçu. La voix d'un ouvrier se fit entendre, et ce nom vraiment cher aux sciences fut placé par toute la section en tête d'une foule insignifiante; mais il avoit besoin d'un emploi : le gouvernement de 1795 le chargea de l'analyse assez délicate des traités déposés aux archives des affaires étrangères, et en 1794 il fut porté sur le premier état des gratifications nationales assignées aux gens de lettres par le comité de salut public.

Nommé professeur de mathématiques d'une école centrale à Paris, le mauvais état de sa santé ne lui permit pas d'accepter; et le Département s'honora de le placer dans le Jury central d'instruction.

Ce fut par le même esprit que la Société de Versailles voulut posséder en lui l'ancien administrateur des arts et des manufactures. La connoissance parfaite de ce qu'étoient sous l'ancien ordre de choses les ressorts industriels et les produits essentiels des manufactures, peut seule mettre les sociétés d'agriculture en état d'apprécier le plus ou moins d'espoir qui reste de les utiliser; et Montucla avoit été un des promoteurs de la création rurale de Rambouillet; où le comte d'Angiviller, seul intermédiaire entre le roi et les agens, favorisa puissamment la naturalisation de ces belles laines que nous avons à présent la satisfaction de voir comparer à celles d'Espagne.

Un bureau de loterie nationale étoit depuis deux ans la seule ressource qu'il pût offrir aux besoins de sa famille; et il n'a joui que quatre mois d'une pension de 2400 francs que le ministre François de Neufchâteau lui donna à la mort de Saussure. Une rétention d'urine, suite d'une vie sédentaire et pénible, prit le 4 novembre un caractère menaçant pour ses jours; il le jugea avec cette tranquillité philosophique, résultat d'une belle ame; et il conserva assez de calme, assez de présence d'esprit, pour apprécier même par la nature des remèdes les progrès que le mal faisoit : en un mot, il compta ses dernières heures jusqu'à la dixième du soir, 18 décembre 1799.

Il laisse une veuve respectable, une fille mariée en 1783, et un fils employé dans les bureaux de l'intérieur.

Montucla avoit été placé auprès de M. de Marcheval, intendant de Grenoble, par M. Baudouin de Guemadeuc; sa reconnoissance a éclaté lorsque celui a été malheureux, calomnié et exilé : Montucla l'a défendu et aidé d'une manière qui prouve un courage très-rare, et une belle ame, pour qui la reconnoissance est un sentiment au-dessus de tout autre, et un besoin supérieur à tous les ménagemens. Le cit. de Lalande a tâché de concourir avec Montucla à adoucir le sort d'un ami malheureux.

Montucla étoit modeste et bienfaisant à un degré que son mérite et son peu de fortune rendoient véritablement admirables.

Fin du quatrième et dernier volume.

TABLE

TABLE
DES MATIÈRES
CONTENUES DANS CES DEUX DERNIERS VOLUMES.

Le chiffre romain indique le tome, et le chiffre arabe la page.
Lorsque ce dernier n'est pas précédé du chiffre romain, il se rapporte au plus voisin avant lui.

A.

B.

C.

D.

E.

F.

G.

H.

I.

J.

K.

L.

M.

N.

O.

P.

S.

T.

Fin de la Table des matières.

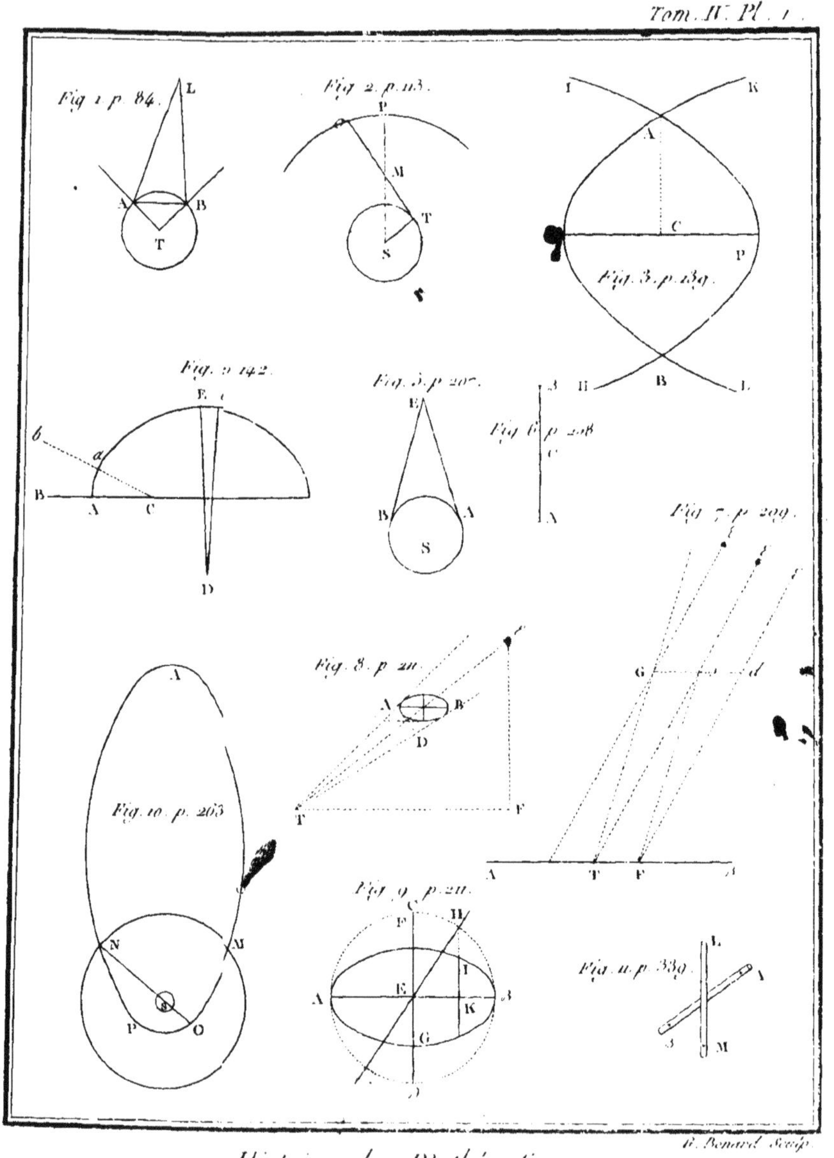

R. Benard Sculp.

Histoire des Mathématiques.

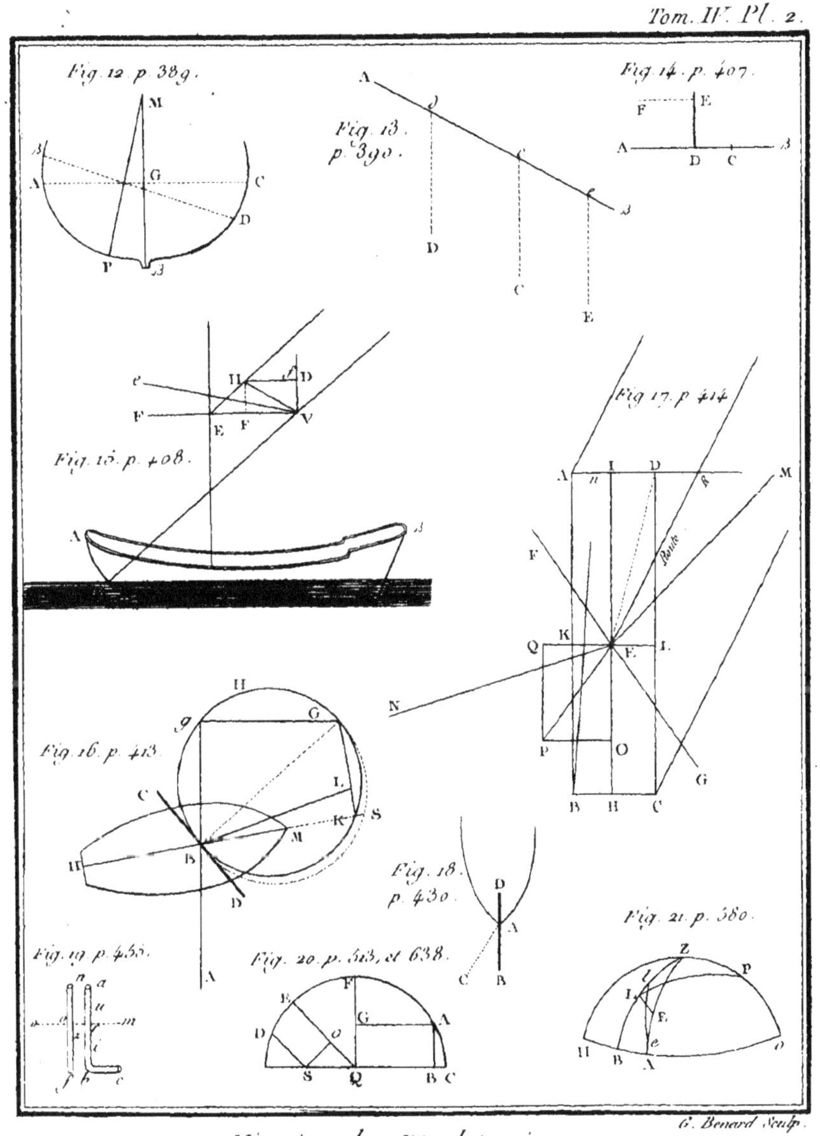

G. Benard Sculp.

Histoire des Mathématiques.

www.ingramcontent.com/pod-product-compliance
Ingram Content Group UK Ltd.
Pitfield, Milton Keynes, MK11 3LW, UK
UKHW020611230726
13926UKWH00005B/2330

9 782013 691970